개정판

하천수리학

우효섭 · 김 원 · 지 운 지음

청문각

머리말

하천은 공학적으로 자유수면을 가진 개수로이다. 따라서 개수로 수리학은 하천수리학의 기본이다. 그러나 하천은 인공수로와 달리 그 경계면이 자갈, 모래, 실트와 같은 충적재료로 되어 있어 흐름에 의해 쉽게 변형, 이송되기 때문에 단순 개수로에 비해 흐름해석이 어렵다. 따라서 하천흐름을 완전히 이해하기 위해서는 개수로 수리학의 지식뿐만 아니라 유사이송과 하천형태학 등의 지식이 요구된다. 뿐만 아니라, 하천기술자들이 보다 더 관심을 가지고 다루어야 할 분야 중 하나는 물과 유사에 의한 오염물의 이송과 귀착 등을 대상으로 하는 하천환경 수리학과 수생서식처의 보전, 복원을 다루는 생태수리학 등 이른바 환경수리학이다. 따라서 하천수리학의 대상은 전통적인 개수로 수리학에서 시작하여 유사수리학, 나아가 하천환경 수리학을 망라하여야 한다.

이 책은 제1저자가 2001년에 출간한 '하천수리학'을 사실상 전면 개정한 것이다. 그 당시 저술 동기는 국내에서 일반 수리학이나 하천공학에 관한 책은 나와 있으나, 하천의 수리현상, 특히 유사이송에 의한 수리문제를 전문적으로 다룬 저서는 없다는 것이었다. 그에 따라 국내에서 하천수리학을 공부하기 위해서 외국서적을 보아야 하는 불편을 줄이고 국내자료를 이용한 교재의 필요성이 커져서 책을 출간하게 된 것이다. 그 당시 출간한 하천수리학은 그 분야 최초의 전문서적이라는 점과 국내외 자료와 풍부한 문헌을 인용하였다는 '칭찬'이 있었던 반면에, 책이 분량이 많고 어렵다는 지적이 이어졌다. 특히 대학에서 학부생을 대상으로 하는 강의교재로 쓰기에는 부담이 있다는 평이 많았다. 더욱이 15년이 지난 현재 컴퓨터를 이용한 수리해석 기술이 보편적으로 사용되고 그에 따라 과거에 사용하던 상당수의 방법이나 도표가 더 이상 필요가 없게 되어 주위에서 하천수리학의 개정 요구가 커졌다. 이에 제1저자는 하천현장 경험이 남다르고 수치해석에 밝은 제2저자와 유사수리학 분야에서 신진이면서 상당한 실무경험이 있는 제3저자와 같이 개정판을 출간하게 된 것이다. 개정의 기본방향은 무엇보다도 국내 하천에 적용성이 높은 이론과 기술에 초점을 맞추는 것이며, 동시에 대학교재로서 완성도를 높이는 것이다.

이 책은 제1부 개수로 수리학, 제2부 유사수리학, 제3부 하천환경 수리학 등 3개 부 총 13개 장으로 구성되어 있다. 제1부는 하천수리학의 기본이 되는 개수로의 수리학이다. 자연하천은 수리학 측면에서 보면 인공수로와 같은 개수로이다. 다만 여기서는 하천의 경계면, 즉 하상을 구성하는 재료들이 흐름에 의해 움직이지 않는다는 전제가 있다. 따라서 고정상 수리학이라 할 수 있다. 이 부는 모두 6개의 장으로 구성되어 있으며, 처음 2개 장은 개수로 흐름의 기본법칙을 설명한다. 다음 4개의 장은 흐름특성을 각각 등류, 점변류, 급변류, 부정류 등으로 나누어 설명한다.

제2부의 유사수리학은 하상을 구성하는 재료들이 흐름에 의해 움직이는 것을 전제로 하는 이동상 수리학이다. 이 책은 일반 하천수리학에서 다루는 유사

이송의 범주를 넘어 하천의 형태변화와 유역의 유사유출까지 망라한다. 제2부는 모두 5개의 장으로 구성되어 있다. 이 부의 처음 2개 장은 유사수리학의 기초적인 사항들로, 충적하천의 유사, 사립자와 물의 상호작용을 설명한다. 다음 2개 장은 유사수리학에서 응용부분으로, 하상형태와 흐름저항과의 관계, 유사이송 문제를 다룬다. 마지막 1개 장은 유사수리학에서 실제적으로 부딪치는 실무문제들을 다룬다.

제3부의 하천환경 수리학은 하천의 환경적 기능을 수리학적 측면에서 다룬 것이다. 환경수리학이 하천, 호소, 지하수, 해안과 해양 등 수역의 환경에 관련된 수리학을 의미한다면, 하천환경 수리학은 하천에 국한되어 환경에 관련된 수리학을 의미한다. 이 부는 앞선 두 개의 부에 비해 비교적 간단해서 모두 2개의 장으로 구성되어 있으며, 먼저 혼합현상을 다루고 다음 생태수리를 다룬다.

이 책은 주로 대학의 강의교재로 만들어졌으나, 일반 하천실무 참고서로도 충분히 이용할 수 있게 하였다. 이를 위해 각 장의 주요 항목마다 예제를 수록하고 장 말미에는 문제를 다수 수록하였다. 특히 각 장별로 관련 참고문헌을 최근 것을 중심으로 다수 수록하여 관련 분야를 쉽게 찾아볼 수 있게 하였다. 이 책은 토목공학, 환경공학 등 하천 해석과 설계에 관련된 학과에서 학부와 대학원 과정을 대상으로 하고 있다. 동시에 이 책은 일반 실무를 담당하는 하천 관리자와 설계자는 물론 수환경, 생물, 생태 전문가들이 참고할 수 있을 것이다. 이 책을 대학의 학부과정으로 한 학기 이용할 경우 제1부 개수로 수리학 6개 장 모두가 대상이 될 수 있으며, 제2부와 3부는 선택적으로 이용할 수 있을 것이다. 대학원과정의 경우 제1부와 2부 각각 한 학기 과정이 될 수 있을 것이며, 제3부는 선택적으로 이용할 수 있을 것이다.

저자들은 이 책이 발간되기까지 많은 사람들의 도움을 받았다. 우선 저자들이 하천수리학의 이론과 실무를 쌓게 하여준 한국건설기술연구원과 동료직원들에게 감사드린다. 그 동안 물과 하천 분야 국내 유일한 국책연구원에서 연구하면서 국내 수많은 하천현장을 조사하고 분석한 경험을 바탕으로 이 책이 완성되었음을 상기하면 그러한 여건을 마련해준 연구원에 감사한 마음을 지울 수 없다. 동시에 이 책이 나오기까지 주변에서 격려하고, 지원해준 하천, 환경, 생태 분야 대학교수들과 기술자들에게도 진심으로 감사하게 생각한다. 마지막으로 이 책이 갈수록 위축되고 있는 국내 하천공학과 물환경공학 분야에 신선한 자극제가 되었으면 하는 바람이다.

2015년 7월
우효섭, 김원, 지운

1 개수로 수리학

차 례

1 개수로 수리학

제1부는 하천수리학에서 기본이 되는 개수로(開水路, open channel)의 수리학이다. 개수로는 중력에 의해 흐름이 형성되는 '물길'로서 크게 인공수로와 자연하천으로 나누어진다. 대부분의 인공수로는 단면이 균일한 형태로 흐름의 기본법칙을 비교적 간단하게 적용할 수 있는 반면, 자연하천은 하상, 하폭 등이 불규칙하게 변화하여 매우 복잡한 형태의 흐름이 형성된다. 제1부에서 다루는 내용은 인공수로와 자연하천에서 형성되는 흐름이며, 하상재료가 움직이지 않는 고정상(固定床, fixed-bed) 하도를 대상으로 한다.

개정판에서는 컴퓨터의 발달과 더불어 더 이상 사용하지 않는 고전 수리학의 내용이나, 실제 사용되지 않는 이론적인 내용, 교재의 수준을 넘어서는 수치기법에 대한 내용 등은 기본이론상 필요하지 않는 범위에서 삭제하였다. 대신에 하천의 물리현상을 나타내는 그림이나 도표를 추가하였고, 국내의 실제 사례를 최대한 추가하여 이해를 돕도록 하였다.

구체적으로 1장은 개수로 흐름의 기본개념을 이해하기 위하여 개수로의 의미부터 시작하여 흐름의 분류, 기본법칙, 개수로 흐름을 1차원 흐름으로 단순화함에 따른 보정문제에 대해서 알아본다. 2장에서는 개수로 흐름의 에너지와 운동량 방정식에 대해서 알아본다. 3장에서는 개수로 흐름에서 마찰저항의 의미를 알아본다. 4장에서는 개수로 흐름 중에서 가장 많이 쓰이는 점변류의 해석과 계산방법을 설명한다. 5장은 시간에 대해 흐름이 변하지 않는 정상류이지만 유선이 급하게 휘어서 압력이 정수압 분포를 벗어나고, 에너지 손실이 발생하여 통상적인 에너지 보존식을 적용할 수 없는 급변류에 대해서 알아본다. 마지막으로 6장에서는 개수로에서 오히려 보편적인 흐름인 부정류 전파를 해석한다. 이 장은 자연하천에서 발생하는 홍수파나 서지의 전파를 해석하는 홍수파 수리학이라고 할 수 있다.

Open-channel Hydraulics

Chapter 1

개수로 흐름의 기본개념

▲ 자연하천
(강원도 지역의 산지하천)

이 장에서는 하천수리학의 기본이 되는 개수로 흐름의 기본개념을 이해하기 위하여 개수로의 의미부터 시작하여 흐름의 분류, 흐름을 지배하는 기본법칙, 개수로를 1차원 흐름으로 단순화함에 따른 속도와 압력 보정에 대해 알아본다.

1.1 개수로의 정의

(1) 개수로의 의미

개수로(開水路, open channel)는 중력에 의해 물이 흐르는 '길'로서, 대기압이 미치는 자유수면이 있다는 점에서 관수로(管水路, closed conduit, pipe)와 구분된다. 개수로는 자연상태의 크고 작은 하천을 비롯하여 인위적으로 만든 수로, 운하, 하수구 등 많은 예를 볼 수 있다. 관수로에서 물이 압력 차에 의해 흐르는 것과는 달리 개수로에서 물은 중력에 의해 흐른다. 개수로는 관수로와 달리 폭포, 수파, 와류 등 다양한 자유수면의 형태를 가진다. 개수로와 관수로의 또 다른 차이는 대부분의 관수로는 그 경계면과 재질이 일정하지만, 개수로는 자연하천과 같이 그 경계면의 형상과 재질이 수로마다 다르다는 것이다.

개수로와 관수로의 차이를 좀 더 구체적으로 살펴보면, 그림 1.1과 같이 개수로는 그 단면의 개폐와 관계없이 수면이 대기와 맞닿아 있는 반면, 관수로는 단면이 대기와 맞닿지 않아서 그 안의 물이 대기압과 다른 압력을 받고 있다.

개수로와 관수로는 한 수로에서 동시에 연속적으로 발생할 수 있다. 그림 1.2와 같이 상류구간은 개수로이나 하류구간이 물 속에 잠긴 경우 하류구간은 관수로가 된다. 이러한 현상은 개수로와 개수로를 연결하는 역사이펀이나 수력발전소의 도수터널이나 관로 등에서 나타난다. 또한 개수로로 흐르는 하수관거에 우수가 집중적으로 유입하는 경우와 같이 한 수로 내에서도 개수로가 관수로로 될 수 있다.

개수로와 관수로는 일정한 수로를 통한 물의 흐름이라는 점에서 압력과 에너지의 변화에 유사성이 있다. 그림 1.3(a)에서 관수로의 한 단면에 위압관(位壓管, piezometer tube)을 꽂아 놓으면 물이 기준면에서 일정한 높이$(y+z)$까지 올라간다. 이 높이를 그 단면의 위압수두(位壓水頭, piezometric head)라 하며, 두 단면의 위압수두를 연결한 선을 동수경사선(動水傾斜

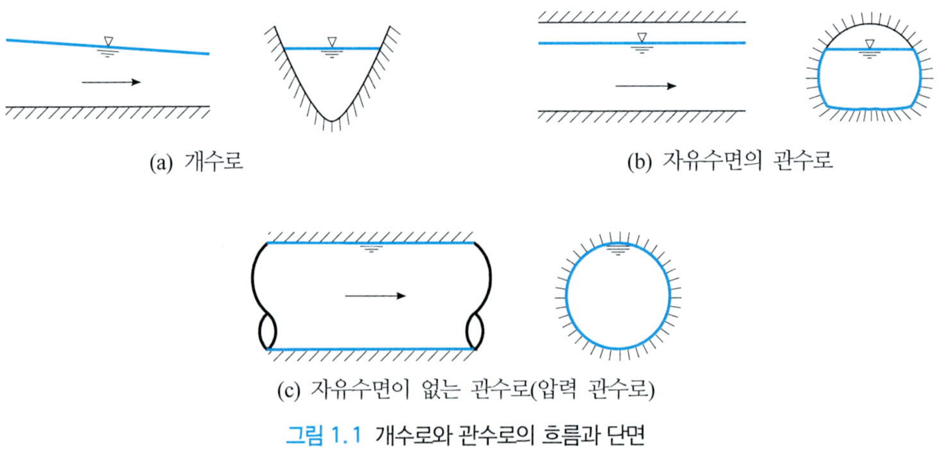
(a) 개수로　(b) 자유수면의 관수로

(c) 자유수면이 없는 관수로(압력 관수로)

그림 1.1 개수로와 관수로의 흐름과 단면

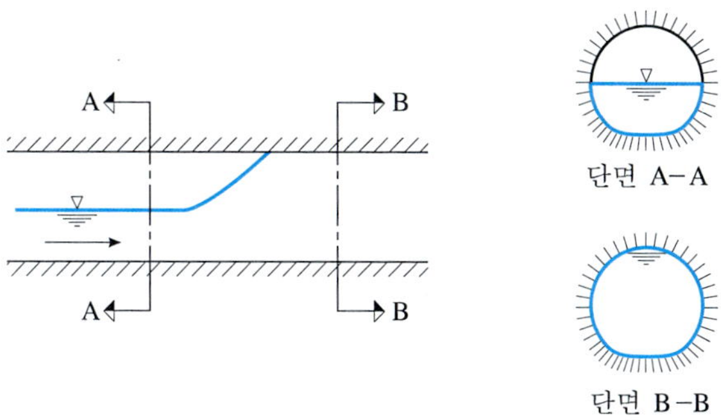

그림 1.2 개수로와 관수로의 연결 흐름 및 단면

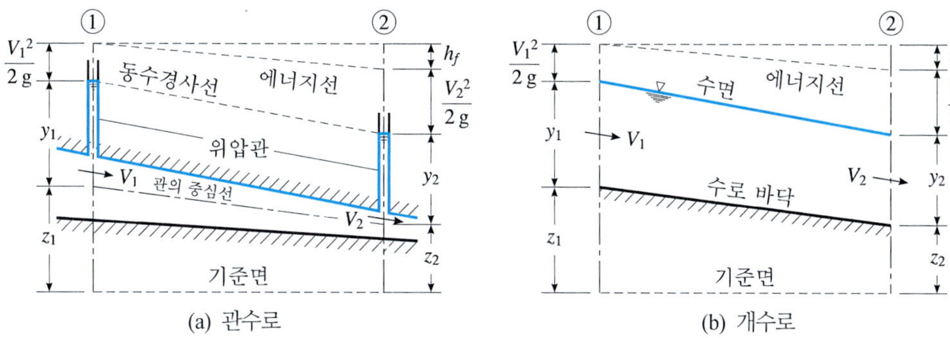

그림 1.3 개수로와 관수로 흐름의 비교

線, hydraulic grade line)이라 한다. 위압수두에 속도수두($V^2/2g$)를 더하면 그 단면의 에너지가 되며, 두 단면의 에너지를 연결한 선을 에너지선(energy line)이라 한다. 두 단면의 에너지 차이는 물과 관벽의 마찰 등에 의한 두 단면 사이의 에너지 손실 h_f 를 가리킨다. 개수로의 경우에도 그림 1.3(b)와 같이 비슷한 그림을 그릴 수 있다. 개수로에서 물의 흐름은 서로 평행이며, 수로바닥의 경사는 작으며, 단면의 유속은 일정하다고 하면 수심은 관수로의 압력에 해당하며, 수면은 동수경사선이 된다. 마찬가지로 각 단면의 수위에 속도수두를 더하면 그 단면의 에너지가 되며, 이를 연결하면 그 수로의 에너지선이 된다.

(2) 개수로의 종류와 단면형태

개수로는 크게 인공개수로와 자연개수로, 즉 하천으로 나눈다. 인공개수로에는 수로 또는 운하(canal), 플룸(flume), 급경사 수로(chute)와 낙차공(drop), 암거(culvert), 수로 터널 등이 있다. 하천의 종류는 제2부에서 다룬다.

균일수로(prismatic channel)는 상당한 수로길이에 대해 개수로의 단면형, 경계면 조도, 선형, 경사 등이 일정한 수로이다. 여기서 수로의 선형(線形, alignment)이 거리에 따라 크게 변하지 않고 완만하게 곡선을 이루는 경우 균일수로로 취급할 수 있다. 또한 수로에 풀이 나고 시들어서 계절적으로 경계면 조도가 변하는 흙수로의 경우도 균일수로로 취급할 수 있다. 그렇지 않고 거리에 따라 개수로 단면형과 경사 등이 변하는 수로를 비균일수로(non-prismatic channel)라 한다. 상당부분의 인공수로는 균일수로이다.

(3) 개수로의 용어

개수로에서 흐름방향에 직각방향으로 자른 단면을 수로단면(channel section)이라 한다. 그림 1.4와 같이 개수로 단면의 기하형태와 수면과의 관계를 정의하는 용어는 다음과 같다.

- 수로수심(水路水深, channel depth) y는 수로단면의 가장 낮은 점에서 수면까지의 수직높이를 가리킨다. 반면에 단면수심(斷面水深, section depth)d 는 수면에서 직각으로 수로바닥까지 측정한 깊이이다. 그림 1.4와 같이 수로수심 y 와 단면수심 d 는 다음과 같은 관계가 있다.

$$y = \frac{d}{\cos\theta} \tag{1-1}$$

수로경사가 매우 급한 수로를 제외하고 대부분의 수로에서 수로경사는 1 : 10 ($\theta=6°$) 이하이므로 $\cos\theta=0.995$ 이상이 되어 두 수심 y 와 d 는 사실상 같다. 이 경우 수로수심과 단면수심은 구분하지 않고 통상 수심(depth)이라 한다.

- 수위(水位, stage) h 는 한 기준면에서 수면까지 높이를 가리킨다. 기준면을 특별히 지정하지 않으면 통상 평균 해수면을 기준면으로 쓴다. 기준면이 수로 바닥이 되는 경우 수위는 수심이 된다.
- 수면 폭(top width) T는 수면에서 수로단면의 폭을 가리킨다. 이를 규칙적으로 변하는 단면에서 단면적 A와 수심 y 의 미분식으로 표시하면,

$$T= \frac{dA}{d(y\cos\theta)} \tag{1-2}$$

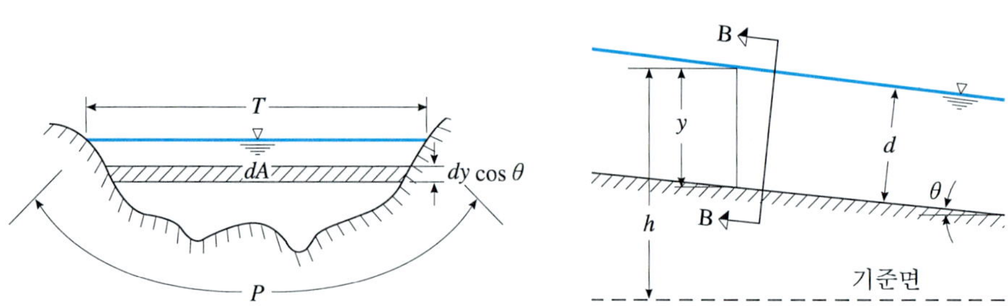

그림 1.4 개수로의 단면과 기하 요소

- 바닥폭(bottom width) b는 수로바닥의 폭을 가리킨다.
- 단면적(斷面積, cross sectional area) A는 흐름방향에 직각방향으로 자른 면적을 가리킨다.
- 윤변(潤邊, wetted perimeter) P는 수로단면에서 물과 경계면이 맞닿는 경계선의 길이를 가리킨다(여기서 물과 공기가 맞닿는 자유수면의 길이는 통상 제외한다).
- 경심(徑深), 수리반경(水理半徑, hydraulic radius) R은 단면적 A와 윤변 P의 비를 가리킨다.

$$R = \frac{A}{P} \tag{1-3}$$

- 수리수심(水理水深, hydraulic depth) D는 단면적 A와 수면 폭 T의 비를 가리킨다.

$$D = \frac{A}{T} \tag{1-4}$$

수리수심은 수면폭에 대한 평균수심을 의미한다.

- 단면계수(斷面係數, section factor) Z는 한계류 조건에 관련된 단면형상 특성을 가리키는 지표로서, 다음과 같이 정의된다.

$$Z = \sqrt{\frac{A^3}{T}} \tag{1-5a}$$

$$= A\sqrt{D} \tag{1-5b}$$

- 수로경사(水路傾斜, channel slope) S_o는 수로 상·하류 두 단면 바닥의 표고 차를 단면 사이의 수로거리로 나눈 값으로, 수로의 기울기를 가리킨다.
- 수면경사(水面傾斜, water surface slope) S_w는 수로 상·하류 두 단면의 수면고 차를 단면 사이의 수로거리로 나눈 값으로, 수면의 기울기를 가리킨다.
- 에너지경사(energy slope) S_e는 수로 상·하류 두 단면 사이에서 흐름의 경계면 마찰과 기타 손실에 의한 에너지 총손실을 두 단면 사이의 거리로 나누어 준 값으로, 에너지선의 기울기를 가리킨다.

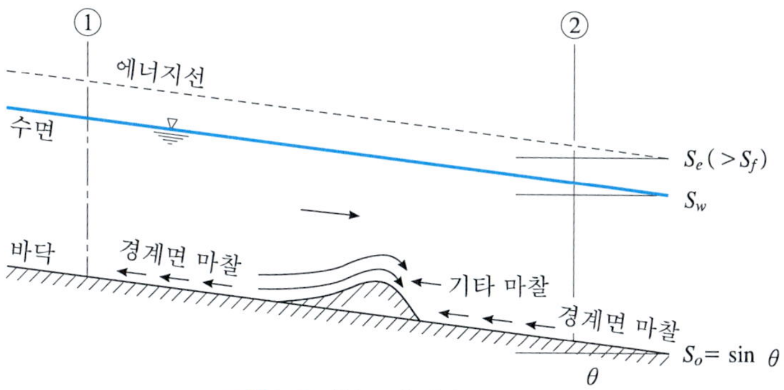

그림 1.5 개수로의 경사

- 마찰경사(摩擦傾斜, friction slope) S_f 는 수로 상·하류 두 단면 사이에서 흐름의 경계면 마찰에 의한 에너지 손실을 두 단면 사이의 거리로 나누어 준 값으로, 마찰 이외의 에너지 손실이 없는 경우 에너지경사와 같다.

위의 네 경사선을 그림으로 나타내면 그림 1.5와 같다.

표 1.1은 실무에서 접하는 규칙 단면형의 각종 개수로 기하 요소를 정리한 것이다.

표 1.1 수로 단면형의 기하요소

수로 형태			
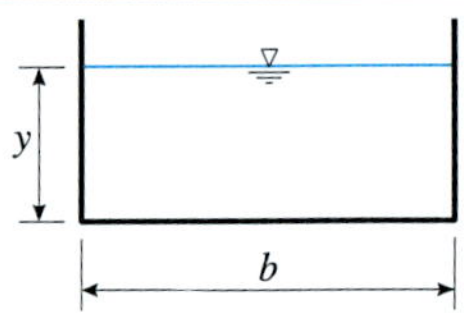	단면적 A	윤변 P	수리 반경 R
	by	$b+2y$	$\frac{by}{b+2y}$
	수면 폭 T	수리 수심 D	단면 요소 Z
	b	y	$by^{1.5}$
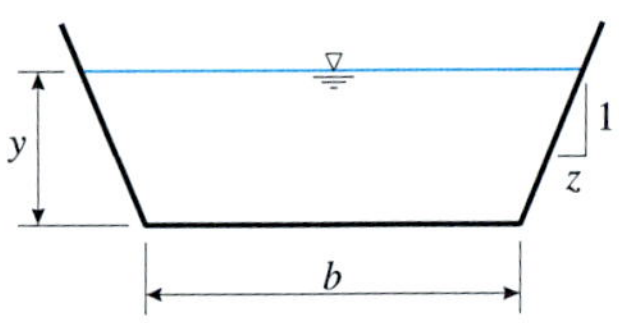	단면적 A	윤변 P	수리 반경 R
	$(b+zy)y$	$b+2y\sqrt{1+z^2}$	$\frac{(b+zy)y}{b+2y\sqrt{1+z^2}}$
	수면 폭 T	수리 수심 D	단면 요소 Z
	$b+2zy$	$\frac{(b+zy)y}{b+2zy}$	$\frac{[(b+zy)y]^{1.5}}{\sqrt{b+2zy}}$
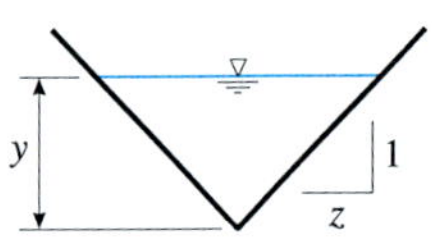	단면적 A	윤변 P	수리 반경 R
	zy^2	$2y\sqrt{1+z^2}$	$\frac{zy}{2\sqrt{1+z^2}}$
	수면 폭 T	수리 수심 D	단면 요소 Z
	$2zy$	$\frac{1}{2}y$	$\frac{\sqrt{2}}{2}zy^{2.5}$
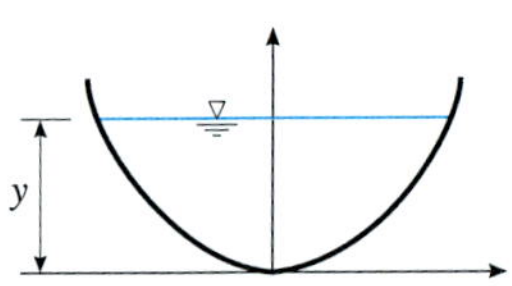	단면적 A	윤변 P	수리 반경 R
	$\frac{2}{3}Ty$	$T+\frac{8}{3}\frac{y^2}{T}$ 주)	$\frac{2T^2y}{3T^2+8y^2}$
	수면 폭 T	수리 수심 D	단면 요소 Z
	$\frac{3}{2}\frac{A}{y}$	$\frac{2}{3}y$	$\frac{2}{9}\sqrt{6}\,Ty^{1.5}$
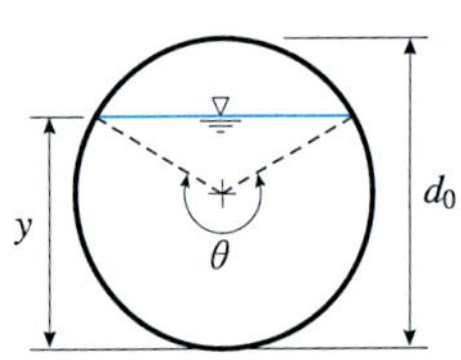	단면적 A	윤변 P	수리 반경 R
	$\frac{1}{8}(\theta-\sin\theta)d_o^{\,2}$	$\frac{1}{2}\theta d_o$	$\frac{1}{4}\left(1-\frac{\sin\theta}{\theta}\right)d_o$
	수면 폭 T	수리 수심 D	단면 요소 Z
	$2\sqrt{y(d_o-y)}$	$\frac{1}{8}\left(\frac{\theta-\sin\theta}{\sin\frac{1}{2}\theta}\right)d_o$	$\frac{\sqrt{2}(\theta-\sin\theta)^{1.5}}{32\sqrt{\sin\frac{1}{2}\theta}}d_o^{2.5}$

주) $0<4y/T\le 1$ 인 경우에 적합

$4y/T>1$의 경우 $P=\frac{T}{2}\left[\sqrt{1+\left(\frac{4y}{T}\right)^2}+\frac{T}{4y}ln\left\{\frac{4y}{T}+\sqrt{1+\left(\frac{4y}{T}\right)^2}\right\}\right]$

1.2 개수로 흐름의 분류

개수로 흐름은 시간과 공간에 따른 변화 여부에 의해 그림 1.6과 같이 분류할 수 있다.

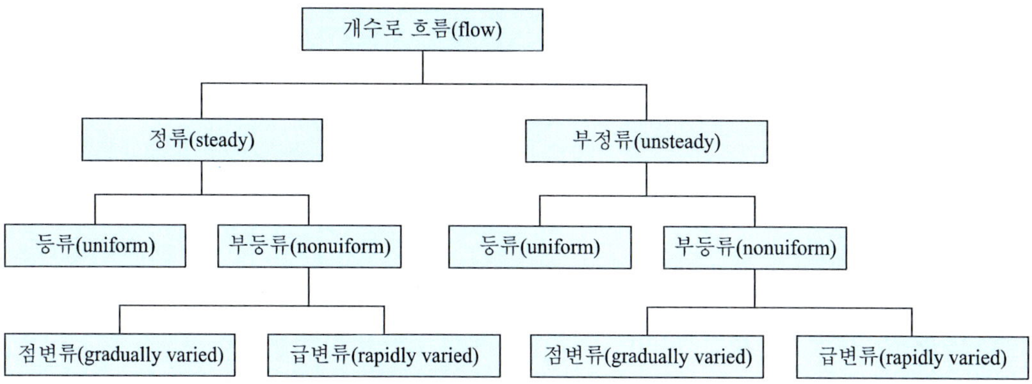

그림 1.6 개수로 흐름의 분류

(1) 정류와 부정류 - 시간에 따른 흐름의 변화

어느 한 수로 단면, 또는 지점에서 수심, 유속 등 흐름특성이 시간에 따라 변하는 흐름을 부정류(不定流) 또는 비정상류(非定常流, unsteady flow)라 하며, 그렇지 않고 흐름특성이 일정한 흐름을 정류 또는 정상류(定常流, steady flow)라 한다. 이를 시간 t 에 대한 편미분식으로 표시하면 부정류는 $\partial(\ )/\partial t \neq 0$ 이고, 정상류는 $\partial(\ )/\partial t = 0$ 이다. 여기서 괄호 안은 유속, 수심, 유량, 에너지 등 흐름변수이다. 흐름의 특성식을 시간 t 에 대한 편미분식으로 표시한 것은 어느 고정된 지점 x 에 있어 시간 t 에 대한 흐름의 변화 유무가 정상류와 부정류를 구분하는 기준이기 때문이다.

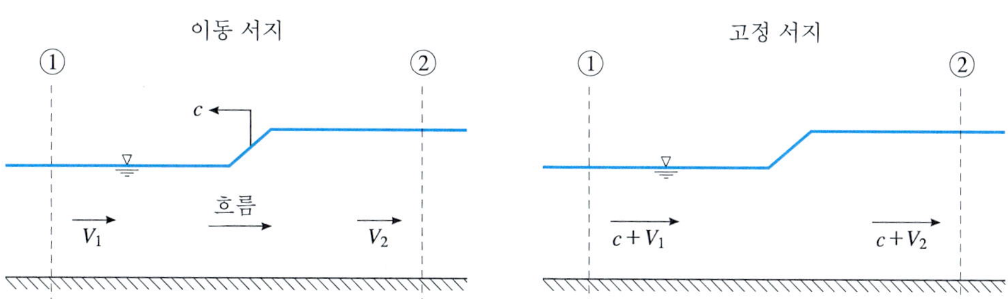

(a) 강둑에서 관찰자가 본 부정류　　(b) 서지와 같이 이동하는 관찰자가 본 정상류

그림 1.7 개수로의 서지(관찰자의 시점에 따라 부정류가 정상류가 됨)

이러한 분류는 절대적인 것은 아니며, 관찰자의 시점에 따라 바뀔 수 있다. 예를 들어 수리실험실에서 그림 1.7과 같이 물이 일정하게 흐르는 플륨의 우측에서 판자로 급히 흐름을 막으면 서지(surge), 또는 단파(段波)라 불리는 수파가 형성되어 상류로 전파된다. 이와 비슷한 자연 현상은 하구에 조류가 밀려오는 경우 볼 수 있으며, 이를 특히 조류(潮流) 보어(tidal bore) 또는 간단히 보어라 한다.

이 경우 그림 1.7과 같이 관찰자가 수로 밖에서 흐름을 관찰하는 경우 서지가 지나감에 따라 한 지점의 수심, 유속(V)이 달라지기 때문에 이를 부정류 현상으로 볼 것이다. 그러나 관찰자가 서지의 전파속도(c)와 같은 속도로 서지를 따라 상류로 움직이는 경우 관찰자에게는 서지의 수심과 유속은 시간에 따라 변하지 않고 일정한 것으로 보이므로 이를 정상류 현상으로 볼 것이다.

이러한 시점변화에 따른 부정류 - 정상류 변환은 단지 학구적인 흥미에 국한되는 것은 아니다. 2장에서 구체적으로 다루겠지만 이러한 변환은 복잡한 부정류 현상을 비교적 간단한 정상류 현상으로 바꾸어 주면서 흐름현상의 수학적 취급이 매우 간단해진다. 그러나 자연의 모든 부정류 현상을 정상류로 바꿀 수는 없다. 예를 들어 하천에 홍수파가 지나가는 경우 관찰자가 둑에서 홍수파의 파속과 같은 속도로 달리게 되면 시간에 따라 흐름이 변하는 홍수파를 처음에는 정상류로 보게 된다. 그러나 자연의 홍수파는 흐름의 마찰 때문에 시간이 갈수록 파고가 감쇠되고 파형이 변형되기 때문에 달리는 관찰자에게도 결국 홍수파는 시간에 따라 변화하는 흐름으로 보일 것이다. 이 경우 홍수파는 부정류로 취급하는 수밖에 없다.

일반적으로 하천에서 나타나는 수문곡선에 의해 부정류와 정류를 구분하면 그림 1.8과 같다. 일반하천에서 흐름은 대부분 부정류로 볼 수 있으며 엄밀한 의미에서 시간에 따라 전혀 변화하지 않는 정류는 거의 없다고 할 수 있다.

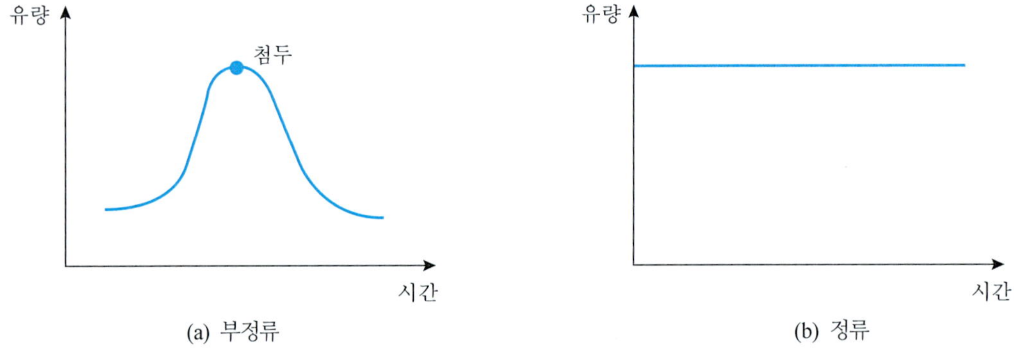

그림 1.8 일반하천에서 부정류와 정류

(2) 등류와 부등류 - 공간에 따른 흐름의 변화

어느 한 시점에 개수로 상당구간에 걸쳐 수심, 유속 등의 변화가 없는 흐름을 등류(等流, uniform flow)라 하며, 그렇지 않은 흐름을 부등류(不等流, nonuniform flow), 또는 변류(變流, varied flow)라 한다. 이를 위치 x 에 대한 편미분식으로 표시하면 부등류는 $\partial(\ )/\partial x \neq 0$ 이고 등류는 $\partial(\ )/\partial x = 0$ 이다. 여기서 괄호 안은 앞에서와 같이 흐름변수이다. 흐름의 특성식을 위치 x 에 대한 편미분식으로 표시한 것은 어느 고정된 시간 t 에 있어 거리 x 에 대한 흐름의 변화 유무가 등류와 부등류를 구분하는 기준이기 때문이다.

이러한 설명은 흐름이 1차원인 경우이며, 실제 개수로 흐름과 같이 3차원 흐름에서는 엄밀한 의미에서 등류는 수로 전구간 단면(x) 의 모든 점(y, z) 에서 유속의 크기와 방향이 바뀌지 않아야 한다. 그러나 대부분의 개수로 흐름에서 그러하듯이, 흐름방향으로의 변화가 가장 중요하므로, 어느 한 시점에 균일수로에서 수심과 흐름방향 유속이 변하지 않으면 한 단면 내에서 위치에 따라 유속은 변하더라도 등류로 간주한다. 예를 들어 어느 한 수로 단면에서 흐름방향의 유속은 수로바닥에서 0이 되고 수면으로 갈수록 커지지만, 그러한 연직 유속분포가 흐름방향에 대해 변하지 않고 일정하다면 그 흐름은 등류로 취급할 수 있다.

부등류 또는 변류는 수심과 유속 등 흐름변수가 비교적 짧은 구간 내에서 크게 변하는 급변류(急變流, rapidly varied flow)와 서서히 변하는 점변류(漸變流, gradually varied flow)로 구분한다. 급변류의 예는 도수나 초기 댐붕괴파 등에서 볼 수 있으며, 점변류의 예는 댐 상류의 배수(背水, backwater)나 일반적인 홍수파 등에서 볼 수 있다. 급변류와 점변류의 구분은 각 흐름에 적용되는 지배방정식의 구성이 달라진다는 점에서 중요하다. 그림 1.9(a)는 정상류에서 점변류(GVF)와 급변류(RVF)를 수리구조물 주위의 흐름을 이용하여 도식적으로 나타낸 것이다.

(3) 정상등류와 비정상부등류 - 시간과 공간에 따른 흐름의 변화

시간에 따른 흐름의 변화를 기준으로 하는 정상류와 부정류 구분과 위치에 따른 흐름의 변화를 기준으로 하는 등류와 부등류 구분을 조합하면 4개의 서로 다른 흐름조건이 가능하다.

이 중 가장 간단한 흐름은 시간과 위치에 따라 흐름이 변하지 않는 정상등류(定常 等流, steady uniform flow)이다. 이러한 흐름은 자연에서 흔하지 않지만 다양한 흐름형태를 해석하는 데 가장 기초적인 단계로서 그 의미가 크다. 실제로 이 책의 3장은 전적으로 이러한 정상등류를 다룬다.

정상부등류(steady nonuniform flow)는 아마 개수로 수리학에서 가장 광범위하게 취급하는 흐름조건 중 하나로서, 시간에 따라 흐름특성은 변하지 않지만 위치에 따라 수로의 형태가 변하고 유량이 변할 수 있으므로 다양한 수면형태를 가진다. 정상부등류는 다시 단면이 점차

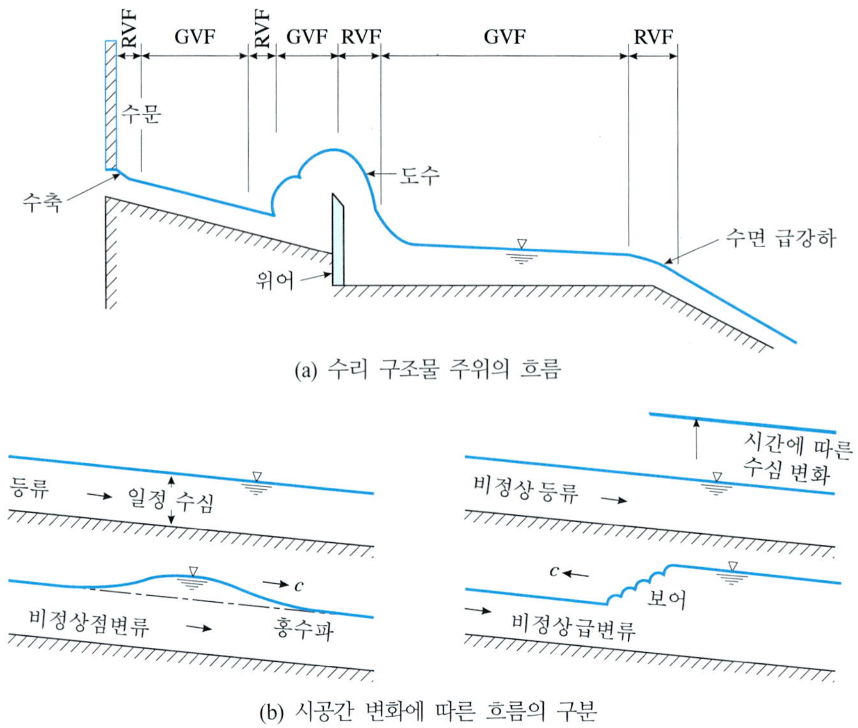

그림 1.9 다양한 형태의 개수로 흐름

변하여 그에 따라 수면곡선이 점차 변하는 정상점변류와 구조물 주위의 흐름이나 천이단면의 흐름과 같이 수면곡선이 급히 변하는 정상급변류로 나눌 수 있다. 정상점변류는 이 책의 2, 4장에서 다루며, 정상급변류는 5장에서 다룬다.

비정상등류(unsteady uniform flow)는 흐름이 위치에 따라 변하지 않지만 오히려 시간적으로는 변하는 흐름이다. 이 흐름은 자연상태에서는 흔하지 않지만 복잡한 흐름현상을 단순화시키는 데 유용한 개념이다. 비정상등류로는 긴 등류수로에 균일하게 비가 오거나, 바닥에서 새거나, 수면에서 증발하는 경우를 들 수 있다.

비정상부등류(unsteady nonuniform flow)는 위의 4개의 흐름조건 중에서 가장 복잡한 흐름으로서, 시공간 모두에 대해 흐름특성이 변하는 흐름이다. 비정상부등류는 다시 비정상점변류와 비정상급변류로 나눌 수 있다. 비정상점변류는 자연하천에서 홍수파의 전파와 같이 흐름이 시공간적으로 변하지만 공간적으로는 점차적으로 변하는 흐름으로, 이 책의 6장에서 중점적으로 다룬다. 비정상급변류는 서지나 초기 댐붕괴파와 같이 시간적으로 변하면서 특히 공간적으로 급하게 변하는 흐름으로, 이 또한 이 책의 6장에서 다룬다.

지금까지 기술한 흐름 조건의 예를 도식적으로 나타내면 그림 1.9(b)와 같다. 그림 1.10은 일반하천에서 흔히 발생하는 비정상부등류 사례이다. 유량의 변화에 따른 하천 지점별 수면경사 및 수위의 시간별 변화를 확인할 수 있다.

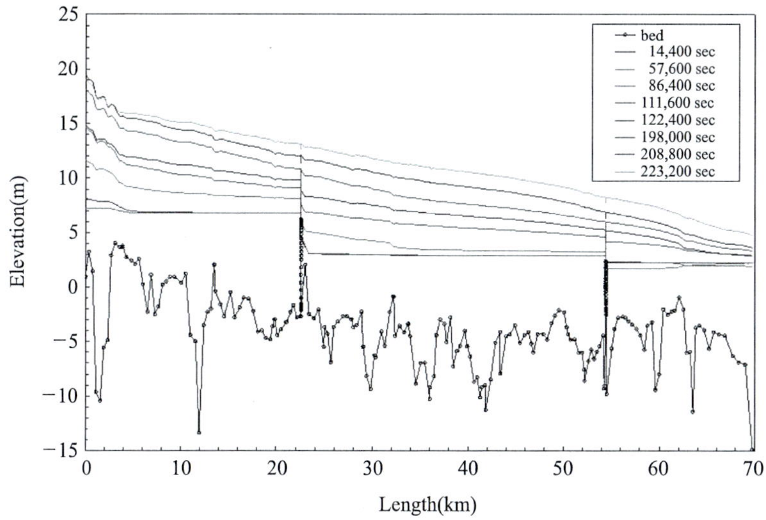

그림 1.10 일반하천에서 발생하는 비정상부등류 사례(한강) (김원 등, 2005)

(4) 층류와 난류 - 관성과 점성의 비에 따른 흐름의 변화

개수로 흐름도 일반 유체흐름과 같이 층상으로 부드럽게 흐르는 층류(層流, laminar flow)와 흐름이 불규칙한 난류(亂流, turbulent flow), 그리고 그 중간성격의 천이류(遷移流, transitional flow)로 구분할 수 있다. 이러한 구분의 기준은 물의 관성력과 점성력의 비인 레이놀즈 수(Reynolds number, $Re = VR/\nu$; $\nu =$ 물의 동점성 계수)를 이용하며, 관수로의 흐름기준에 준하여 개수로흐름을 구분하면[1] 다음과 같다.

$$Re < 500 \quad \text{층류} \tag{1-6}$$

$$500 \leq Re \leq 12{,}500 \quad \text{천이류} \tag{1-7}$$

$$12{,}500 < Re \quad \text{난류} \tag{1-8}$$

위의 기준에 의하면, 수로폭 3 m, 수심 1 m인 직사각형 단면의 개수로에서 흐름이 층류가 되기 위해서는 평균유속이 1 mm/s 이하여야 한다. 자연하천의 경우 평균수심 2 m의 폭이 넓은 하도에서 흐름이 층류가 되기 위해서는 평균유속이 0.25 mm/s 이하여야 한다. 그러나 실제로 이렇게 유속이 작은 흐름은 거의 없고, 있더라도 문제가 되지 않으므로 관심 있는 대부분의 개수로 흐름은 난류로 보아도 무방하다. 다만 수심이 매우 작고 바닥마찰이 큰 박층류(薄層流, sheet flow)는 층류가 될 수 있다.

1 관수로에서 수리반경 $R = (\pi D^2/4)/(\pi D) = D/4$이므로 $D = 4R$이다. 따라서 관수로의 흐름조건에서 $Re = VD/\nu = 4VR/\nu$가 된다. 관수로에서 층류의 상한선은 $Re = 2{,}000$ 정도이므로 개수로에 해당하는 층류의 상한선 $Re(= VR/\nu)$는 500이 된다.

(5) 상류와 사류 - 관성과 중력의 비에 따른 흐름의 변화

개수로 흐름과 같이 중력에 의해 움직이는 흐름에서는 관성력과 중력의 비가 흐름의 특성을 좌우한다. 개수로 흐름은 물의 관성력과 중력의 비인 프루드 수(Froude number, $Fr = V/\sqrt{gL}$; g = 중력 가속도, L = 흐름의 특성 길이)를 기준으로 상류, 한계류, 사류 등으로 구분한다.

$$Fr < 1 \quad \text{상류} \tag{1-9}$$

$$Fr = 1 \quad \text{한계류} \tag{1-10}$$

$$Fr > 1 \quad \text{사류} \tag{1-11}$$

흐름의 특성길이로 수리 수심을 이용하면 상류(常流, subcritical flow)는 $Fr < 1$인 흐름으로 중력의 영향이 지배적이다. 대부분의 자연하천의 흐름은 상류이다. 사류(射流, supercritical flow)는 $Fr > 1$ 인 흐름으로 관성력의 영향이 지배적이다. 예를 들어 수심 2 m의 하천흐름이 사류가 되려면 평균 유속이 4.5 m/s 이상 되어야 한다. 댐의 여수로, 수로의 낙차공, 자연하천의 폭포 등에서 흐름은 통상 사류이다. 한계류[2](限界流, critical flow)는 $Fr = 1$ 인 흐름으로 중력과 관성력이 평형을 이룬다. 한계류는 상류에서 사류로 바뀌는 곳에서 발생한다.

이 외에도 하천에서 발생하는 흐름에는 여러 종류가 있다. 특히 12장에서 다루는 흐름은 밀도에 의해서 발생하는 흐름이다. 밀도와 관련되어 발생하는 균질류와 성층류에 대해서는 개정전 하천수리학 제1장을 참고하기 바란다.

1.3 흐름의 기본법칙

개수로 흐름은 물이라는 유체가 고체 경계면을 가진 개수로에서 중력에 의해 흐르는 것으로서 유체흐름의 하나이다. 따라서 유체흐름을 지배하는 물리법칙들은 적절한 경계조건과 함께 개수로 흐름에 그대로 적용된다. 유체흐름을 지배하는 물리법칙들은 질량 보존, 운동량 보존, 에너지 보존 등 세 가지이다. 이러한 법칙들을 이해하는 데 유효한 도구로서 유선과 유관 개념이 있다.

이 장에서는 개수로 흐름을 본격적으로 해석하기 전에 흐름을 지배하는 일반적인 물리 법칙의 기본적인 원리를 설명한다. 이러한 원리를 잘 이해하면 나중에 개수로라는 특별한 경계조건에서 물의 흐름을 해석하는 데 도움이 될 것이다.

2 이 책에서는 기존 용어와의 혼란을 피하기 위해 한계류라는 용어를 계속 사용하지만 엄밀한 의미에서 상류와 사류 사이 흐름상태의 변화를 지칭하는 용어로는 특정 한계를 지칭하는 '한계류'보다는 경계에 있음을 나타내는 '임계류'가 더 적절하다고 할 수 있다.

(1) 유선과 유관

유선과 유관은 실제 물리적인 흐름 형태가 아닌 가상적인 개념이지만 흐름을 해석하는 데 유효한 도구이다. 유선(流線, streamline)은 그림 1.11(a)와 같이 어느 순간에 그 선을 가로지르는 흐름이 없으며, 따라서 그 선상 한 점에서의 유속은 그 선에 접하는 가상적인 선을 가리킨다. 유관(流管, streamtube)은 그림 1.11(b)와 같이 유선의 다발로 이루어진 가상의 관으로서, 그 관벽을 가로지르는 흐름은 없다. 정상류에서는 유선과 유관의 형태가 시간에 따라 변하지 않지만, 부정류에서는 시간에 따라 그 형태 자체가 변한다.

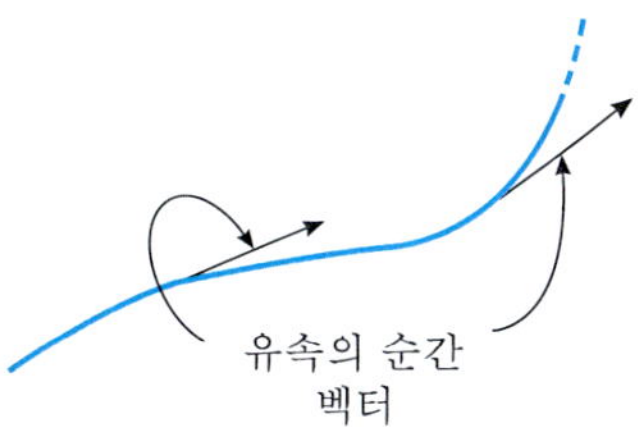

(a) 유선

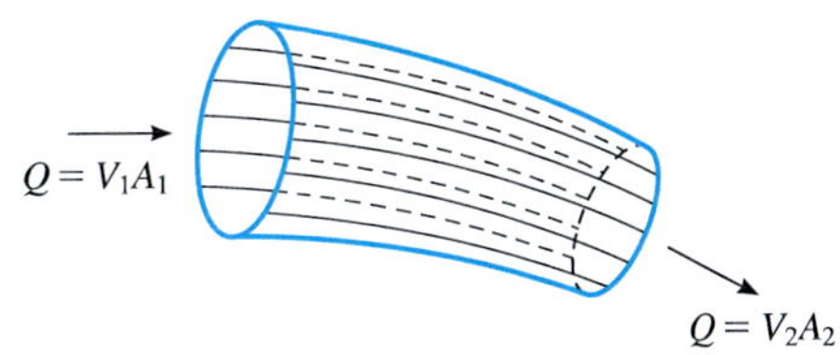

(b) 유관

그림 1.11 유선과 유관

(2) 질량의 보존 - 흐름의 연속성

뉴턴 역학체계에서 질량보존의 법칙에 의하면 물질은 새로이 생성될 수도, 소멸될 수도 없다. 이러한 법칙은 '물'이라는 액체의 흐름에서도 적용된다. 먼저 그림 1.11(b)와 같은 한 유관에 정상류 상태로 물이 흐르는 경우 유관 내에서 물은 생성될 수도, 소멸될 수도 없으므로 단위시간당 단면 1로 들어가는 물의 질량은 단면 2로 나가는 물의 질량과 같아야 한다. 여기서 물의 밀도가 변하지 않는 경우, 즉 비압축성인 경우 단위시간당 흐르는 물의 질량은 단위시간당 흐르는 물의 부피로 해석할 수 있다. 따라서 단위시간당 흐르는 물의 부피, 즉 유량(流量, discharge) Q를 이용하면 정상류에서 비압축성 유체의 연속방정식(Continuity Equation)은 다음과 같다.

$$Q_1 = V_1 A_1 = V_2 A_2 = Q_2 \qquad (1-12)$$

위에서 V는 유관단면 A에 대해 직각방향의 평균 유속으로서, $V \equiv Q/A$로 정의된다. 이 책에서 다루는 물은 모두 비압축성을 전제로 하고 있으므로 정상류에서 식 (1-12)는 공히 적용된다. 개수로에서는 위 식의 A는 수로단면적이 된다.

여기서 수로 전체폭에 흐르는 유량을 수로폭으로 나눈 것을 단위폭당 유량이라 하며, 이는 특히 사각형 단면이나 폭이 넓은 수로나 하천을 다루는 데 유용한 개념이다. 이를 수식으로

표시하면 단위폭당 유량 q 는 수면 폭 T 를 이용하여

$$q \equiv \frac{Q}{T} \tag{1-13}$$

따라서 평균 유속은

$$V = \frac{Q}{A} = \frac{qT}{yT} = \frac{q}{y} \tag{1-14}$$

부정류의 경우 시간에 따라 수심과 유속이 변하기 때문에 연속방정식은 식 (1-12)와 같이 간단히 표시되지 않는다. 그러나 개수로에서 수심의 변화는 자유수면의 변화 하나뿐이므로 그림 1.12에서 보듯이 어느 짧은 시간간격 Δt 동안에 단면 1과 단면 2로 들어가고 나가는 물의 부피 차는 같은 시간에 두 단면 내에서 증가하거나 감소하는 물의 부피와 같아야 한다.

우선 두 단면에서 단위시간당 들어가고 나가는 물의 부피 차는 거리에 대한 유량의 1차 편미분식을 이용하면 다음과 같이 표시된다.

$$Q_1 - Q_2 = -\frac{\partial Q}{\partial x}\Delta x \tag{1-15}$$

한편 단위시간당 두 단면 사이의 부피의 증가량은 수면폭 T 와 어느 한 기준면에서 수면까지의 높이 h 를 이용하여 다음과 같이 표시된다.

$$T\frac{\partial h}{\partial t}\Delta x \tag{1-16}$$

물의 연속성에 의해 상기 두 양은 같아야 하므로, 부정류에서 개수로의 연속 방정식은 다음과 같다.

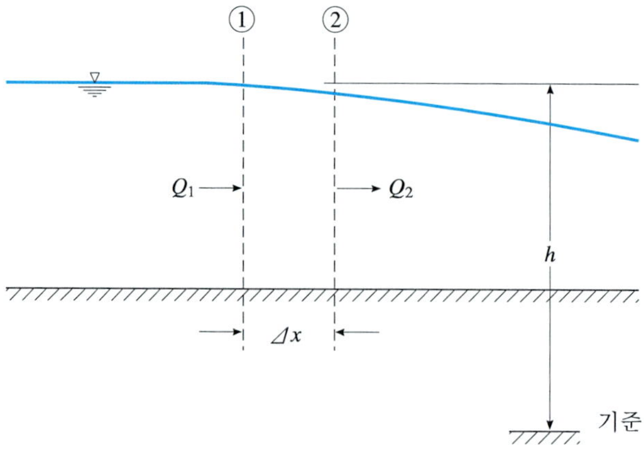

그림 1.12 개수로에서 물의 연속성

$$\frac{\partial Q}{\partial x} + T\frac{\partial h}{\partial t} = 0 \qquad (1-17)$$

위 식에서 알 수 있듯이 흐름방향으로 유량이 증가하면 수심은 시간에 따라 작아지며, 반대로 유량이 감소하면 수심은 커진다.

(3) 운동량의 보존 - 운동량방정식

운동방정식은 뉴턴의 운동 제2법칙을 그대로 유체에 적용한 것이다. 여기서 운동량을 이용한 운동 제2법칙인 '운동량의 시간변화율은 힘'이라는 개념을 이용하면 운동량방정식이라는 유체운동에 관한 매우 유용한 표현을 얻을 수 있다. 운동량 보존원리를 유체에 적용하려고 할 때 걸리는 문제, 즉 형태가 고정된 물체가 아닌 흐르는 유체라는 어려움을 넘기기 위해 그림 1.13과 같이 바닥이 점차적으로 높아지는 개수로에서 정상류를 생각해보자. 이 경우 개수로 흐름은 사실상 하나의 유관이다. 따라서 운동 제2법칙에 따라 유관 내 단면 1을 통해 들어가는 운동량과 단면 2를 통해 나가는 운동량의 차의 시간 변화율은 그 유관에 작용하는 힘이 되어야 한다. 여기서 Δt 시간에 단면 1을 통해 들어가는 운동량은

$$(\rho A_1 V_1 \Delta t) V_1 = (\rho Q V)_1 \Delta t \qquad (1-18)$$

위 식에서 유선의 유속 v 대신 단면 평균유속 V를 이용하였다. 마찬가지로 Δt 시간에 단면 2를 통해 나가는 운동량은

$$(\rho A_2 V_2 \Delta t) V_2 = (\rho Q V)_2 \Delta t \qquad (1-19)$$

따라서 단면 1과 2를 통해 나가고 들어가는 운동량의 차의 시간 변화율은 그 유관에 작용하는 외력의 합, ΣF가 되어야 하므로

$$\Sigma F\,[= F_{p1} - F_{p2} - F_D] = (\rho Q V)_2 - (\rho Q V)_1 \qquad (1-20)$$

위의 운동량방정식은 시간에 따른 흐름의 변화가 없는 정상류의 경우에 유도된 것이다. 부정류의 경우 시간에 따른 유관 내 운동량($\rho V d\forall$)의 변화를 식 (1-20)의 우변에 더하여야 하므로,

$$\Sigma F = \frac{\partial}{\partial t}\int (\rho V)\, d\forall + (\rho Q V)_2 - (\rho Q V)_1 \qquad (1-21)$$

위 식에서 $\forall$는 유체요소의 부피이다. 그러나 대부분의 흐름과 경계조건에서 위 식의 우변 첫 번째 항의 적분은 쉽게 얻어지지 않으며, 이러한 점에서 부정류 문제를 정상류 문제로 변환시키는 것이 유체현상의 해석에 유리하다.

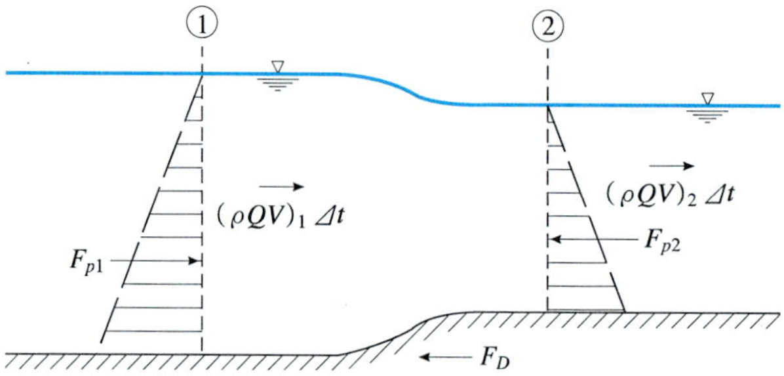

그림 1.13 하상이 점차적으로 높아지는 개수로 흐름 – 운동량 보존 원리의 적용

(4) 에너지의 보존 - 베르누이 방정식

정상류 운동방정식은 다음 식과 같다.

$$\frac{d}{ds}(p+\gamma z)+\rho v\frac{dv}{ds}=0 \tag{1-22}$$

이 식을 길이 방향 s 에 대해 적분하여 정리하면,

$$\frac{p}{\gamma}+z+\frac{v^2}{2g}=H\,(\text{총에너지})=\text{일정} \tag{1-23}$$

위 식은 에너지보존식 또는 Bernoulli 방정식[3]이라 불리며, 각 항의 단위는 길이 차원으로 단위 중량당 물이 가지고 있는 에너지를 의미한다. 그러나 엄격한 의미에서 압력은 에너지가 아니므로 상기 식을 에너지 식이라고 부르기보다는 '흐름에 의한 일'의 식이라는 표현이 더 정확하나(Henderson, 1966, p. 8), 관행적으로 에너지 식으로 불린다. 또한 완전한 의미의 에너지 식은 식 (1-23)과 같은 기계적 에너지뿐만 아니라 외부와의 열교환 또는 일교환까지 망라하나, 개수로 수리학에서 다루는 에너지는 보통 식 (1-23)으로도 충분하다.

여기서 위압 수두($p/\gamma+z$)는 바닥 경사가 작고 흐름의 가속도가 없는 개수로 흐름에서는 수심 y 와 수로 바닥 높이 z 의 합과 같으므로 베르누이 방정식은 다음과 같게 된다.

$$y+z+\frac{v^2}{2g}=H \tag{1-24}$$

운동량방정식과 에너지방정식의 상호보완 효과에 대해서는 개정전 하천수리학 제1장을 참고하기 바란다.

3 Daniel Bernoulli(1700~1782)는 네덜란드에서 태어나 스위스 바젤에서 아버지 Johann Bernoulli로부터 배웠다. 그는 1738년에 Petesburg에서 동수역학의 고전적 법칙 중 하나인 베르누이 법칙 등을 수록한 "Hydrodynamica"를 완성함으로써 큰 명성을 얻었다.

1.4 속도분포와 압력분포

(1) 속도분포

지금까지 개수로의 흐름을 설명할 때 한 단면에서 유속은 단면 내 위치에 관계없이 모두 같은 것으로 보고 1차원적인 접근을 하였다. 그러나 실제 바닥과 측벽에서 존재하는 마찰의 영향으로 한 단면에서의 유속은 위치에 따라 다르다. 그림 1.14는 대표적인 개수로 단면에서 유속분포이고 그림 1.15는 우리나라 자연하천에서 발생하는 유속분포 사례를 보여준다. 이렇게 단면 내 유속분포의 변화를 고려하지 않고 단면의 대표유속, 또는 평균유속으로 에너지와 운동량을 계산한 값들은 실제 유속분포를 고려하여 계산한 값들로 보정해줄 필요가 있다. 이러한 보정계수를 에너지의 경우 에너지 보정계수(energy correction coefficient), 또는 단순히 에너지 계수라 하며, 운동량의 경우 운동량 보정계수(momentum correction coefficient) 또는 단순히 운동량 계수라 한다.

1 에너지 보정계수

에너지 방정식 (1-22)에서 단면 내 유속 분포를 고려하려면 유속에 관련된 에너지는 운동에너지이므로 단면 내 임의의 미소면적을 통과하는 미소 운동에너지를 전체 단면에 대해 적분하면 된다. 즉, 단위시간당 단면 내 미소면적 ΔA 를 통과하는 미소 운동에너지 흐름률(flux)[4]은

$$\frac{1}{2}(\rho v \Delta A) v^2 = \frac{1}{2}\rho v^3 \Delta A \qquad (1-25)$$

이를 단면 A 에 대해 적분하면 다음과 같이 단위시간당 단면 A 를 통과하는 운동에너지 흐름률이 된다.

$$\frac{1}{2}\rho \int v^3 dA \qquad (1-26)$$

한편 실제 유속분포 대신 단면의 평균 유속 V 를 사용하여 운동에너지를 구하면 속도수두 $V^2/2g$ 에 적절한 보정계수 α 를 고려하여 단위 시간당 단면적 A 를 통과하는 물의 중량을 곱하면 되므로,

$$\alpha \frac{V^2}{2g}(\rho g V A) \qquad (1-27)$$

따라서 단면의 평균유속을 사용하여 속도수두를 계산함에 따른 에너지 보정계수는 식 (1-26)

4 흐름률(flux)은 단위시간당 어느 한 단면을 통과하는 성질(property, 질량, 운동량, 에너지, 열 등)의 양을 말한다.

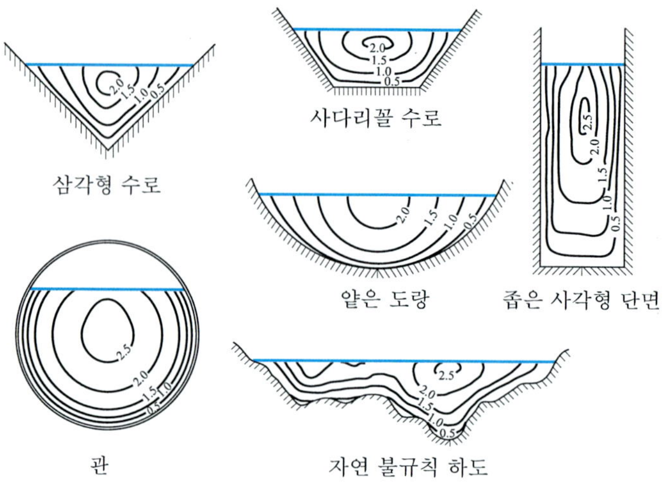

그림 1.14 여러 가지 개수로 단면에서의 유속 분포(Chow, 1959)

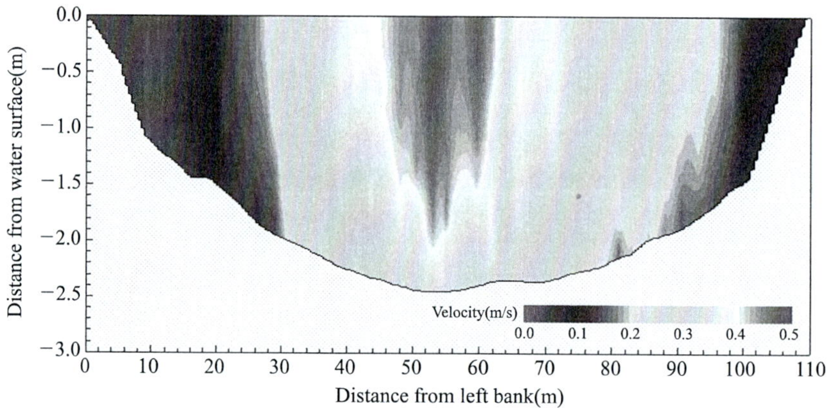

그림 1.15 자연하천 유속 분포 사례(금강 공주, 유량 약 50 cms) (이찬주, 2007)

과 (1-27)을 같게 놓음으로써 구할 수 있다. 이 계수를 통상 에너지 계수 또는 Coriolis 계수 α라 하며 다음과 같이 표시된다.

$$\alpha = \frac{\int v^3 dA}{V^3 A} \qquad (1-28)$$

에너지 계수 α 는 단면의 유속이 일정한 경우 1이 된다. 그 밖에 단면 내 유속변화가 커질수록 1보다 커지며, 1 미만이 될 수 없다. 다만 한 단면 내에서 부분적으로 역류가 있는 경우 유속이 '-'가 되므로 이론적으로 1보다 작거나 '-'가 될 수 있다. 에너지 계수는 단면 내 유속분포가 수식으로 표시되는 경우 위 식에 의해 해석적으로 구할 수 있다. 그 밖에 그림 1.14(a)와 같이 실측자료를 이용하여 단면의 등유속 분포도를 만들어 구할 수 있다.

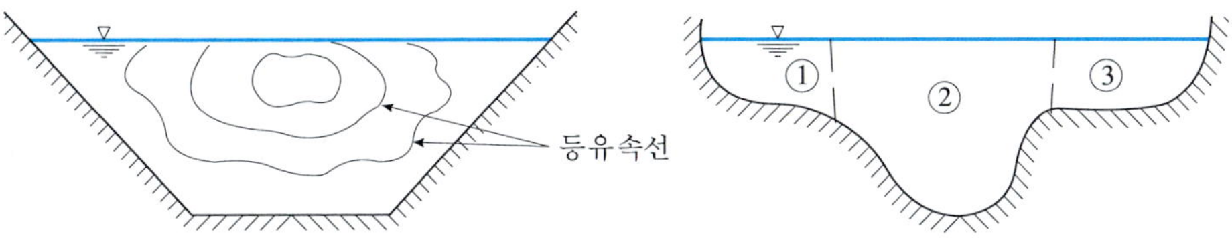

$\alpha = 1.15$

(a) 단순 단면 수로

$\alpha = 2.0$

(b) 복단면 수로나 자연 하도

그림 1.16 개수로 단면과 유속-에너지 계수의 산정

그러나 대부분의 자연하천 단면은 그림 1.14(b)와 같이 저수(低水)시에도 물이 흐르는 저수로 부분과 홍수시에만 물이 흐르는 양 옆 홍수터로 되어 있으며, 이러한 단면을 복단면(compound section)이라 한다. 이 경우 저수로, 우측 홍수터, 좌측 홍수터 등 각 소단면의 평균유속은 서로 크게 다르며, 이러한 차이는 각 소단면 내 유속의 변화에 따른 에너지 계수의 변화보다 훨씬 큰 변화를 준다. 따라서, 이 경우 각 소단면의 에너지 계수를 정확히 구하는 것보다 소단면 내 유속은 일정하다고 보고 소단면 간 유속 차이에 의한 에너지를 보정하는 방법이 소개되고 있다(Chow, 1959; Henderson, 1966). 따라서 이 경우 에너지 계수 α 는

$$\alpha = \frac{v_1^3 A_1 + v_2^3 A_2 + v_3^3 A_3}{V^3 (A_1 + A_2 + A_3)} \tag{1-29}$$

여기서 v_i, $A_i (i = 1,2,3)$는 각각 소단면의 평균유속과 단면적이며, V는 다음과 같이 전체 단면의 평균유속이다.

$$V = \frac{v_1 A_1 + v_2 A_2 + v_3 A_3}{A_1 + A_2 + A_3} \tag{1-30}$$

유속특성이 비슷한 소단면이 더 많은 경우도 위와 같은 방법으로 에너지 계수를 구할 수 있다.

2 운동량 보정계수

운동량 보정계수도 에너지 계수를 구하는 개념을 이용하여 구할 수 있다. 운동량 방정식 (1-20)에서 단면 내 유속분포를 고려하려면 단면 내 미소면적을 통과하는 미소 운동량을 구해 이를 전체 단면에 대해 적분하면 된다. 즉 단위시간당 단면 내 미소 면ΔA 를 통과하는 미소 운동량 흐름률 $\rho(v\Delta A)v = \rho v^2 \Delta A$ 를 단면 A 에 대해 적분하면 다음과 같이 단위시간당 단면 A 를 통해 통과하는 운동량 흐름률이 된다.

$$\rho \int v^2 \, dA \tag{1-31}$$

한편 실제 유속분포 대신 단면의 평균유속 V 를 사용한 운동량은 $\rho V^2 A$ 이므로 이 값을 상기 식과 같게 하기 위한 보정계수 β 는

$$\beta = \frac{\int v^2 dA}{V^2 A} \qquad (1-32)$$

위 식의 β 를 운동량 보정계수 또는 Boussinesq 계수라고 한다.

운동량 계수 β 는 에너지 계수 α 와 마찬가지로 유속이 일정한 단면에서는 1이 되고, 단면 내 유속변화가 커질수록 1보다 커지며, 1 미만이 될 수 없다. 또한 에너지 계수 α 는 유속의 세제곱에 관련되어 있는 반면에 운동량 계수 β 는 제곱에 관련되어 있기 때문에 역류의 경우를 제외하고는 α 가 β 보다 항상 크다. 자연하천과 같이 단면이 복단면인 경우 식 (1-29)의 에너지 계수와 마찬가지 방법으로 운동량 계수를 구할 수 있다.

표 1.2는 인공수로와 자연하천의 전형적인 α , β 값을 보여준다. 여기서 인공 개수로와 같이 단면형이 사각형, 사다리꼴, 원형 등 정형화된 경우 α 값은 난류 상태에서 통상 1.15 이하이다. 이 정도는 1에 가깝고 유속측정의 불확실성 등을 감안하면 이러한 단면의 경우 α , β 값은 고려하지 않을 수 있다.

표 1.2 전형적인 하천 단면의 α 와 β (Chow, 1959)

수로 단면	α	β
규칙 단면	1.10～1.20	1.03～1.07
자연 하천	1.15～1.50	1.05～1.17
수면이 결빙된 하천	1.20～2.00	1.07～1.33
하곡(河谷)이 잠긴 하천	1.50～2.00	1.17～1.33

예제 1.1

수심이 5.0 m로 균일하고 폭이 넓은 하천에서 유속을 측정하였다. 유속은 바닥에서 0 m/s이고 수면으로 가면서 높이 1.0 m까지는 선형적으로 증가하고, 그 후부터 수면까지는 3.5 m/s로 일정한 유속분포를 가진다. 이 흐름의 에너지 계수와 운동량 계수를 각각 구하시오.

풀이

식 (1-28)에서 단면 평균유속 V 는 연직선의 평균유속을 이용하여

$$V = \frac{(4 \times 3.5 + 1 \times 3.5/2)}{5.0} = 3.15\,[\mathrm{m/s}]$$

(계속)

(1) 단면적 A로 수심 5 m를 이용하면 식 (1-29)에서 α는

$$\alpha = \frac{\left(\int_0^1 (3.5y)^3 dy + \int_1^5 3.5^3 dy\right)}{3.15^3 \times 5.0} = \frac{[3.5^3(1^4-0^4)/4 + 3.5^3(5-1)]}{156} = 1.17$$

(2) 식 (1-32)에서 β는

$$\beta = \frac{\left(\int_0^1 (3.5y)^2 dy + \int_1^5 3.5^2 dy\right)}{3.15^2 \times 5.0} = \frac{[3.5^2(1^3-0^3)/3 + 3.5^2(5-1)]}{49.6} = 1.07$$

(2) 압력분포

개수로의 압력분포는 흐름의 조건에 따라 다르다. Euler 방정식 가속도 항이 없으면 위압력은 일정해지고 흐름 내의 압력분포는 정수압이 된다. 따라서 흐름이 있더라도 유속이 등속이면 가속도가 없어서 수압은 정수압이 된다. 그러나 이 식에서 알 수 있듯이 흐름이 부정류가 되어 국부가속도가 있거나, 또는 정상류에서도 이송 가속도가 생기면 수압은 정수압 분포에서 벗어난다. 또한 바닥경사가 큰 개수로에서 흐름이 바닥에 평행이어서 흐름의 가속도가 없어도 흐름 내 압력은 정수압과 다를 수 있다. 여기서는 우선 개수로 바닥경사가 큰 경우 압력분포를 알아본 다음 정상류 상태에서 흐름이 곡류가 되는 경우 압력분포를 알아본다.

1 경사수로에서 평행흐름의 압력분포

그림 1.17과 같이 수로의 바닥 경사가 θ인 개수로에 단면유속이 일정하고 바닥과 평행인 흐름을 고려하자. 수로바닥 임의의 미소 면적 dA에 미치는 수압 p는 그 위 물기둥의 무게에

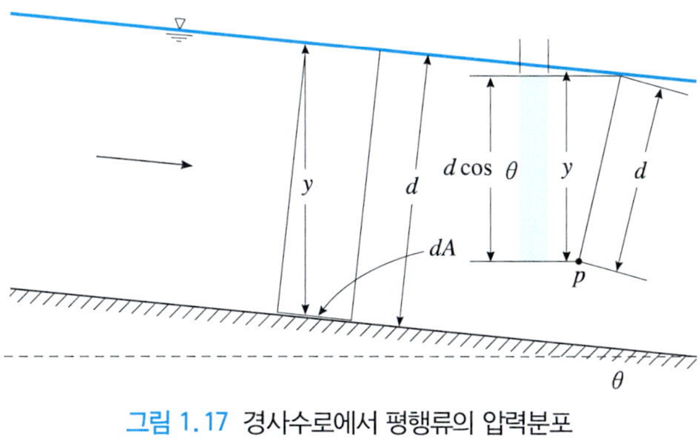

그림 1.17 경사수로에서 평행류의 압력분포

의한 것이다. 여기서 물기둥의 무게는 물의 단위 중량 γ 에 기둥 높이 d 와 기둥 단면적 dA 를 곱한 $\gamma d(dA)$이다. 이 무게 중 미소 면적 dA 에 직각으로 작용하는 힘은 $\gamma d\cos\theta\, dA$ 이다. 그런데 $d=y\cos\theta$ 이므로 힘은 $\gamma y\cos^2\theta\, dA$ 가 된다. 이를 미소면적 dA 에서 받는 수압의 힘 $p\,dA$ 와 같게 놓아서 수압 p 를 구하면,

$$p=\gamma\, y\cos^2\theta \qquad (1-33)$$

그림 1.17에서 y 는 수직으로 측정한 값이며(수로 수심), d 는 흐름에 직각으로 측정한 값이다(단면 수심). 개수로의 수심은 흐름에 직각방향으로 측정하는 것보다는 중력방향으로 측정하는 것이 쉽다.

수로경사가 1 : 10 정도로 매우 급한 흐름의 경우에도 위 식에서 $\cos\theta=0.995$이므로 $\cos^2\theta=0.990$이 되어 수압은 사실상 평면에서 흐름의 경우와 같다. 또한 중력방향의 수심과 수로바닥에 직각방향의 수심은 거의 같다고 볼 수 있다. 따라서 압력보정은 수로경사가 아주 급하지 않은 경우를 제외하고는 불필요하다. 실제로 개수로 수리학에서 대부분의 흐름식 유도와 전개에서 바닥경사가 매우 큼에 따른 압력보정($\cos\theta$)보다는 유속분포가 다름에 따른 에너지 보정(α)이 더 보편적이다.

2 곡류의 압력분포

그림 1.18과 같이 위아래로 수로가 휘어서 그에 따라 흐름도 휘는 곡류에서는 유선에 직각방향으로 작용하는 원심력에 의해 위압력은 일정하지 않고 변한다. 즉, 식 (1-22)에서 s 를 유선에 직각방향으로 잡으면 $\rho v\,(dv/ds)\neq 0$ 이다. 이 경우 정수압에 곡류에 의한 원심력을 추가로 고려해야 실제 작용하는 압력을 구할 수 있다.

그림 1.18(a)에서 흐름 내 임의의 미소단면 dA 에서 받는 정수압에 의한 힘은 $\gamma y_s\, dA$ 이다. 한편 흐름이 아래로 휨에 따라 아래 방향으로 원심력이 작용하여 미소단면 dA 에서 추가적인 압력 역할을 한다. 곡류의 반경을 r , 미소단면에서 유속을 V 라 하면 원심가속도는 V^2/r 이

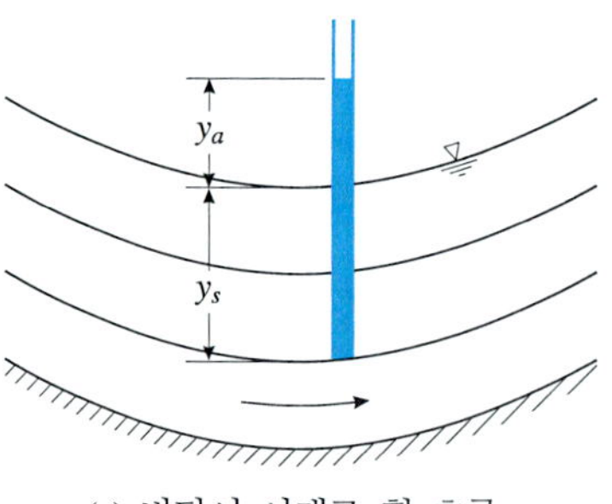

(a) 바닥이 아래로 휜 흐름

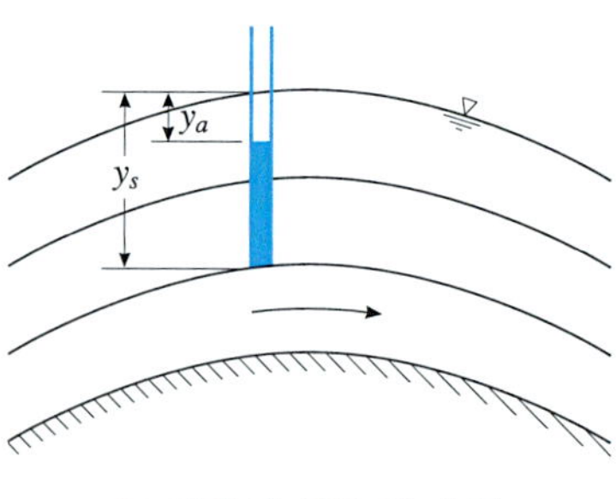

(b) 바닥이 위로 휜 흐름

그림 1.18 곡류에 작용하는 원심력

된다. 따라서 미소면적 dA에 작용하는 원심력은 그 위 물기둥의 질량에 가속도를 곱한 것으로

$$(\rho y_s \Delta A)\frac{V^2}{r} \tag{1-34}$$

곡류에 의한 추가적인 압력수두 y_a는 위 원심력을 γdA 로 나눈 값으로

$$y_a = \frac{1}{g} y_s \frac{V^2}{r} \tag{1-35}$$

따라서 곡류에서 압력수두는 정수압과 원심력에 의한 추가압력을 합한 값으로

$$\text{총 압력수두} = y_s\left(1 \pm \frac{1}{g}\frac{V^2}{r}\right) \tag{1-36}$$

위 식에서 '+' 기호는 바닥이 아래로 휜 곡류(a)의 경우이며, '−' 기호는 바닥이 위로 휜 곡류(b)의 경우이다. 따라서 이러한 흐름에 압력계를 넣으면 아래로 휜 곡류는 y_a 만큼 물기둥이 수면 위로 올라가며, 위로 휜 곡류는 y_a 만큼 물기둥이 수면 아래로 내려간다.

원심력이 작용하는 흐름에서 프루드 수는 다음과 같이 표시할 수 있다.

$$Fr = \frac{V}{\sqrt{\left(1 \pm \frac{1}{g}\frac{V^2}{r}\right) gL}} \tag{1-37}$$

수리모형 실험을 위해 사용되는 기본적인 개념인 상사와 물리모형에 대해서는 개정전 하천수리학 제1장을 참고하기 바란다.

연습 문제

1.1 다음 흐름은 관찰자의 시점에서 정상류인지, 부정류인지 구분하시오.

경 우	관찰자의 위치
(1) 저수지에 배가 지나감	(a) 배에 있음
	(b) 물가에 서 있음
(2) 배를 타고 하천을 거슬러 올라감	(a) 배에 있음
	(b) 제방에 서 있음
(3) 홍수파가 하천을 따라 내려감	(a) 제방에 서 있음
	(b) 홍수파의 움직임과 같은 속도로 제방 위에서 하류를 향해 달려감
(4) 하구에서 보어가 상류로 올라옴	(a) 제방에 서 있음
	(b) 보어의 전파 속도와 같은 속도로 제방 위에서 상류를 향해 달려감

1.2 다음의 경우 흐름은 층류인가, 난류인가?

(1) 폭이 넓은 하천에 수심 1 m, 평균유속이 10 cm/s인 조용한 흐름

(2) 평평하고 넓은 사면에 수심 4 mm, 평균유속이 10 cm/s인 빠른 흐름

1.3 바닥마찰이 전혀 없는 경사수로에서나 바닥이 완전히 평탄한 수로에서 등류가 가능한지를 알아보시오. 가능하다면 그 이유는?

1.4 당신은 하천의 제방에 서서 상류에서 내려오는 홍수파를 보고 있다. 서 있는 장소에서 한 시점에 홍수량은 2,000 m^3/s이며, 홍수위는 시간당 50 cm의 비율로 상승하고 있다. 하폭은 상하류 상당구간이 500 m이다. 이 시점에 서 있는 곳에서 10 km 상류 지점의 홍수량을 1장에서 설명한 흐름의 기본 물리법칙을 이용하여 개략적으로 추정할 수 있는지 알아보시오. 그 양은 얼마인가?

1.5 다음과 같은 하천단면에서 가장 낮은 곳을 기준으로 잰 수심의 변화에 따른 수면폭, 단면적, 윤변, 동수반경(경심), 단면계수 등을 구하여 관계 곡선을 각각 도시하시오(괄호 안의 숫자는 각각 수평, 수직 좌표임).

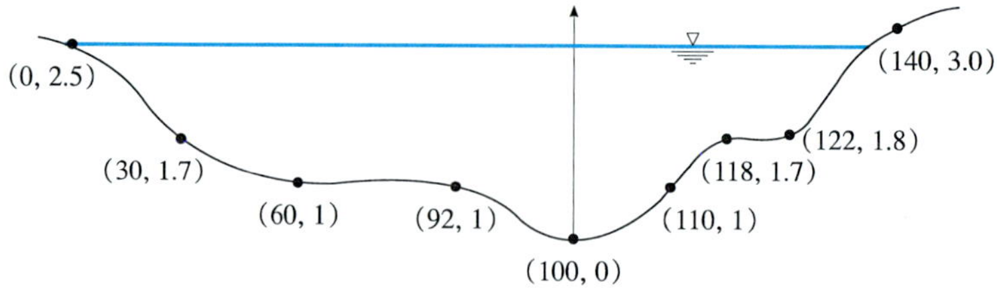

1.6 수심이 3 m인 폭이 넓은 사각형 수로의 중심선에서 잰 유속이 다음과 같은 경우 그 단면의 평균유속을 구하시오. 이 경우 무엇을 가정해야 하는가?

수심(m)	0.0	0.5	1.0	1.5	2.0	2.5	3.0
유속(m/s)	0.0	1.7	2.5	3.0	3.2	3.4	3.5

1.7 다음과 같은 층류와 난류의 개수로 흐름에서 에너지 계수 α 와 운동량 계수 β 를 각각 구하시오. 다음, 각 흐름에 대해 $(\alpha-1)/(\beta-1)$의 값을 구하시오.

층류의 연직 속도분포 : $\dfrac{v}{v_o}=\sin\dfrac{\pi y}{2y_o}$, $v_o=$ 수면 유속, $y_o=$ 수심

난류의 연직 속도분포 : $\dfrac{v}{v_o}=\left(\dfrac{y}{y_o}\right)^n$, $n=$ 레이놀즈 수에 따라 변하는 계수($\cong 1/7$)

1.8 폭이 넓은 하천에서 어느 단면의 연직 유속분포가 다음과 같은 경우 에너지 계수 α 와 운동량 계수 β 를 구하시오. 수치 적분에는 Simpson 법칙을 이용하시오.

수심(m)	0.0	0.2	0.4	0.6	0.8	1.0	1.2	1.4	1.6
유속(m/s)	0.0	1.5	2.2	2.6	3.0	3.3	3.5	3.7	3.8

1.9 하천에서 연직방향의 유속분포로 다음과 같은 대수식(log-law)을 이용하는 경우 에너지 계수 α와 운동량 계수 β를 상대속도 r을 이용하여 표시하시오(여기서, k 는 von Kármán 상수, y 는 수심, V는 평균 유속임).

$$v=5.75\,v_o\log\frac{30y}{k};\quad \text{여기서 } v_o=\text{최대 유속},\ r=\frac{v_o}{V}-1$$

1.10 다음과 같이 복단면으로 구성된 하천에 홍수시 좌측 홍수터의 평균유속은 2.5 m/s, 저수로 부분은 4.1 m/s, 우측 홍수터는 3.2 m/s로 측정된 흐름에서 각각 에너지 계수와 운동량 계수를 추정하시오.

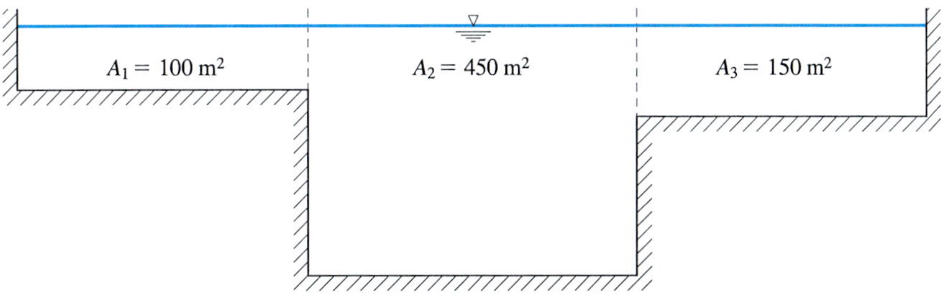

1.11 폭이 넓은 수로에서 수심 d에 대한 유속분포가 $u/u_{\max} = (y/d)^n$으로 표시되는 경우 운동량 계수를 구하는 식을 유도하시오. 여기서 유속은 수면에서 최대($u_{\max}$)가 된다. 다음 $n=1/7$인 경우 운동량 계수값은?

1.12 문제 1.11에서 에너지 계수를 구하는 식을 유도하시오. 다음 $n=1/7$인 경우 그 값을 구하시오.

1.13 폭이 100 m이고 수심이 비교적 일정한 하천에 곡률반경 600 m의 만곡부에서 흐름의 단면 평균유속은 3 m/s, 평균 수심은 3 m일 때 만곡부 바깥 부분의 근고(根固, toe)에서 받는 총압력은?

1.14 다음과 같은 flip bucket형 여수로의 곡률반경이 20 m, 단면 $B-B$에서 유속이 22 m/s, 수심이 4.5 m인 경우 여수로 바닥 C점에서 압력을 구하시오.

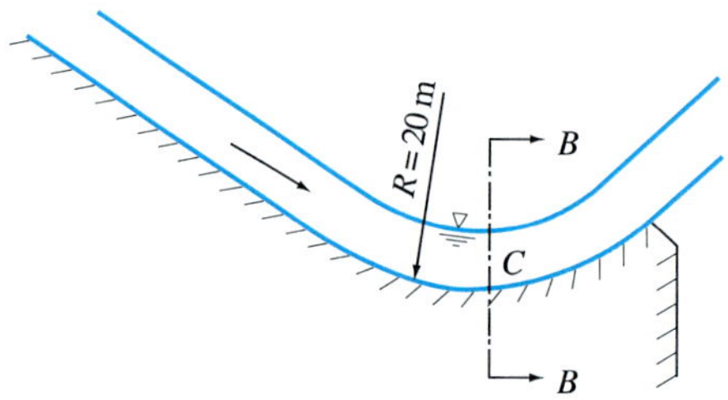

1.15 가로, 세로가 모두 0.3 m인 정사각형 단면의 수로터널의 중앙에 직경 7.5 cm의 실린더가 있다. 이 실린더 전후방의 압력차가 수주 높이로 21.8 cm이고 각 단면에서 위압수두는 같다. 상류 단면 1에서 등분포 유속이 3.1 m/s라 할 때 하류 단면 2에서 운동량 보정계수와 에너지 보정계수를 구하시오. 또한 실린더에 작용하는 항력을 구하시오.

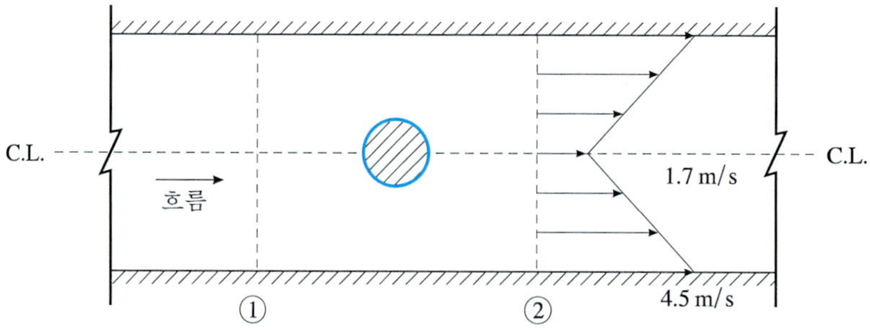

1.16 수심이 2.0 m인 사각형 수로에서 수로경사가 20°인 경우 수로의 측벽에 미치는 압력을 구하시오.

1.17 수리학 측면에서 개수로와 관수로의 일반적인 차이를 설명하시오.

1.18 개수로에서 물의 흐름과 일반적인 유체 흐름의 차이를 연속 방정식, 운동량 방정식, 에너지 방정식 측면에서 설명하시오.

1.19 충적하천에서 바닥을 구성하는 하상재료가 흐름에 의해 이동하는 현상과 유체역학의 기본 가정인 경계면에서 'no-slip' 조건(경계면에 접하고 있는 유체는 경계면과 일체가 되어 움직이거나 정지되어 있다는 가정)은 상충되는지, 아닌지를 설명하시오.

참고 문헌

1. 김원, 한건연, 우효섭, "일차원 상류이송형 모형의 자연하도에 대한 적용", **한국수자원학회 논문집**, 제38권 제5호, 2005. 5.
2. 이찬주, **엔트로피 개념에 기초한 하천 유속 분포식의 적용성 분석**, 서울대학교 석사학위논문, 2007, p. 58.
3. Chow, V. T., *Open-Channel Hydraulics*, McGraw-Hill Book Co., New York, 1959, pp. 24~29.
4. Henderson, F. M., *Open Channel Flow*, MacMillan Pub. Co., Inc., New York, 1966, pp. 18~21.

Chapter 2

에너지와 운동량 법칙

▲ **조류 보어의 상류 전파 (일산 앞 한강; 우측에서 좌측으로 전파)**

이 장에서는 개수로 흐름에 에너지와 운동량 방정식이 어떻게 응용되는지 알아본다. 이를 위해 우선 에너지와 운동량 방정식을 직접 유도한다. 다음, 에너지 법칙을 개수로 흐름에 적용하는 데 유용한 수단으로 비에너지식의 개념과 응용방법을 설명한다. 또한, 한계류의 형성과 물리적 의미를 구체적으로 설명하고, 수로단면에서 한계류가 발생하여 흐름을 통제하는 현상을 설명한다. 두 번째로, 에너지 법칙으로 해석할 수 없는 에너지 손실 흐름에 대해서 운동량 법칙을 이용한 해석방법에 대해 설명한다. 이를 위하여 비력의 개념을 설명하고, 비력 개념의 대표적인 응용 예인 도수현상과 응용방법을 설명한다.

2.1 에너지 식의 유도와 응용

(1) 에너지 식의 유도

유체의 에너지 보존은 '주변에서 어느 한 시스템에 준 열, 즉 열전달(heat transfer) Q_h는 그 시스템에 의해 주변에 행해진 일 W와 그 시스템에서 증가한 에너지 H의 합과 같다'라는 열역학 제1법칙에서 출발한다. 즉,

$$dQ_h = dW + dH \tag{2-1}$$

또는
$$\frac{dQ_h}{dt} = \frac{dW}{dt} + \frac{dH}{dt} \tag{2-2}$$

여기서 식 (2-2)의 우변의 첫 번째 항은 시스템에 의해 행해진 일률(단위시간당 일)로서 압력, 전단력, 유체 기계 등에 의한 일률을 생각할 수 있다. 그러나 개수로 흐름에서는 통상 다음과 같이 수로단면에 직각으로 작용하는 압력에 의해 행해진 일률만 고려한다.

$$\frac{dW}{dt} = \int_{cs} p\,\bar{v} \cdot \bar{n}\, dS \tag{2-3}$$

식 (2-2)의 우변의 두 번째 항은 시스템의 에너지 증가율로서, 시스템 내 에너지의 시간 변화율과 단위시간당 검사표면을 통해 순수하게 나가는 에너지의 합이 되어야 한다. 따라서 단위질량당 에너지 $e = H/m$를 이용하여 에너지의 변화율은 다음과 같이 표시할 수 있다.

$$\frac{dH}{dt} = \frac{\partial}{\partial t}\int_{cv} \rho e\, d\forall + \int_{cs} \rho e\,(\bar{v} \cdot \bar{n}\, dS) \tag{2-4}$$

식 (2-4) 우변의 유체 내 단위질량당 에너지 e는 통상 유체의 온도에 관련된 내부 에너지와 유체의 위치 에너지 gz와 유체의 운동 에너지 $v^2/2$로 구성된다. 그러나, 개수로 흐름에서는 수온변화가 작고 그에 따른 내부 에너지 변화도 작으므로 이를 무시하면 단위 질량당 에너지는 $(gz + v^2/2)$가 된다. 따라서 이를 고려한 식 (2-3)과 (2-4)를 식 (2-2)에 대입하여 정리하면,

$$\frac{dQ_h}{dt} = \frac{\partial}{\partial t}\int_{cv} \rho\left(gz + \frac{v^2}{2}\right) d\forall + \int_{cs} \rho\left(\frac{p}{\rho} + gz + \frac{v^2}{2}\right)(\bar{v} \cdot \bar{n})\, dS \tag{2-5}$$

마지막으로 개수로 흐름에서 물의 에너지가 경계면과의 마찰에 의해 열로 변환되어 손실되는 것을 고려하지 않으면 위 식 좌변의 열전달 Q_h도 0이 된다. 더욱이 정상류 상태만 고려하면 위 식은

$$\int_{cs}\rho\left(\frac{p}{\rho}+gz+\frac{v^2}{2}\right)(\bar{v}\cdot\bar{n})\,dS=0 \qquad (2-6)$$

여기서 상하류 두 단면으로 둘러싸인 개수로 검사체적을 고려하면 위 식은 상류단면에서 들어가는 에너지와 하류단면으로 나가는 에너지의 차는 0이 되며, 두 에너지는 같다는 것을 보여준다. 여기서 단면 내 유속분포가 같고 흐름을 비압축성으로 보면 위 식은

$$\left[\frac{p}{\gamma}+z+\frac{V^2}{2g}\right]_2-\left[\frac{p}{\gamma}+z+\frac{V^2}{2g}\right]_1=0 \qquad (2-7)$$

$$\text{또는 } \frac{p}{\gamma}+z+\frac{V^2}{2g}=H\,(\text{일정}) \qquad (2-8)$$

압력분포가 정수압 분포인 경우 $p=\gamma y$ 이므로 위 식은 앞서 소개한 베르누이 방정식 (1-24)가 된다. 결국 Euler 방정식을 적분한 식과 에너지 보존법칙에서 유도된 식 모두 베르누이 방정식으로 귀착된다.

베르누이 방정식 (1-24) 또는 (2-8)은 흐름의 압력분포는 정수압 분포를 따르며 단면의 유속분포는 일정하다는 전제에서 얻어진 식이다. 그렇지 않고 바닥경사가 매우 큰 경우 수심 y는 식 (1-33)과 같이 바닥경사 θ를 이용하여 수정되어야 할 것이다. 흐름이 곡류가 되어 원심력을 받는 경우에는 식 (1-36)과 같이 수두 보정을 한다. 또한 단면의 유속분포가 일정하지 않고 상당히 다른 경우 속도수두는 에너지 계수 α를 고려하여야 한다. 따라서 바닥경사가 매우 크고 유속분포가 매우 다른 경우 일반적인 베르누이 방정식은

$$y\cos^2\theta+z+\alpha\frac{V^2}{2g}=H \qquad (2-9)$$

(2) 에너지 식의 응용

다음은 베르누이 방정식 (1-24)가 어떻게 개수로 흐름의 해석에 응용되는가를 보자. 우선 가장 간단한 예제로서 그림 2.1과 같이 폭이 3 m이고 바닥이 평탄한 개수로에 개구(開口) 수문(sluice gate)에 의해 유량과 상하류 수위가 조절되는 흐름을 검토하자.

이 흐름조건은 에너지 방정식 (1-24)를 적용하여 필요한 흐름변수를 얻는 데 이상적이다. 우선, 수문 끝이 날카롭고 상하류 거리가 짧은 수문의 특성상 물이 수문을 통과할 때 마찰이나 난류에 의한 에너지 손실이 최소이기 때문에 에너지 손실을 고려하지 않을 수 있다. 또한, 바닥이 평탄하고 흐름이 평행이기 때문에 흐름의 압력분포는 정수압으로 볼 수 있고[5], 유량의

5 물론 수문 직하류는 유선이 곡선을 이루기 때문에 이송가속도가 있으며 따라서 압력분포는 정수압이 아니나, 여기서 관심 있는 곳은 흐름이 다시 평행류가 되는 상하류 단면 1, 2이다. 1장에서 설명한 바와 같이 에너지 방정식은 검사 체적 내 흐름에 대해서는 어떤 정보도 제공하지 못한다.

시간변화도 없으므로 정상류 상태이다.

따라서 수로 바닥을 기준으로 상하류 단면 1, 2에 에너지 방정식을 적용하면,

$$2.4 + \frac{{V_1}^2}{2g} = 0.6 + \frac{{V_2}^2}{2g} \tag{2-10}$$

연속 방정식에 의해 $(3 \times 2.4)\,V_1 = (3 \times 0.6)\,V_2$ 이므로, 두 식을 연립하여 풀면,

$$V_1 = 1.5\ \text{m/s}, \quad V_2 = 6.1\ \text{m/s}, \quad \therefore Q = 3 \times 2.4 \times 1.5 = 11.0\ \text{m}^3/\text{s}$$

위와 같은 문제는 기본적으로 관 단면이 점차 축소하는 벤튜리 관에서 에너지 방정식을 적용하는 것과 같다. 그러나 관수로에서는 상하류 단면의 제원을 미리 알고 유속이나 압력 등 흐름변수를 구하지만, 개수로에서는 바닥의 상승이나 단면의 축소 등 외부 경계조건의 변화에 의해 상하류 수심이 변하기 때문에 관수로에 비해 문제가 간단하지 않다. 사실 에너지 방정식에서 개수로의 수심은 관수로의 압력 역할을 하지만 동시에 개수로 단면의 제원이 되기 때문에 연속 방정식과도 관련이 된다. 이러한 차이는 그림 2.2와 같이 관수로 단면이 점차 축

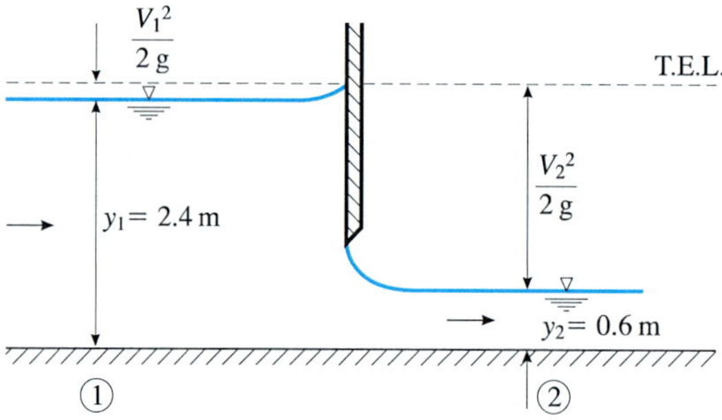

그림 2.1 개구 수문 상하류의 수위 변화

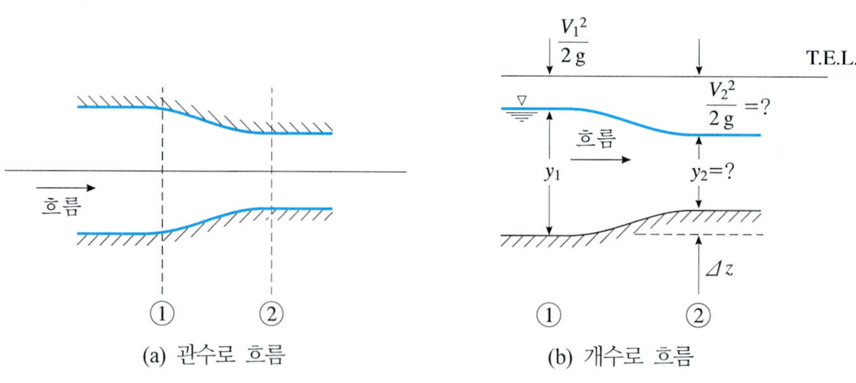

그림 2.2 관수로와 개수로의 단면천이 문제

소되는 경우와 개수로 바닥이 점차 상승하는 경우의 흐름을 비교함으로써 알 수 있다. 여기서 점차 상승, 또는 점차 축소라는 표현을 쓴 것은 이러한 점진적인 천이단면에서는 에너지 손실을 무시할 수 있어 문제를 단순화시킬 수 있기 때문이다. 여기서 관수로의 단면변화 자체는 이미 알 수 있다. 그에 따른 유속과 압력의 변화가 관심이지만, 개수로는 관수로와 달리 바닥이 Δz 만큼 상승하면 상하류 수심이 어떻게 변할지 당장 알 수 없다. 따라서 개수로의 경우 다음과 같이 에너지 방정식을 상하류 단면에 적용하여 수심과 유속을 구하여야 한다.

$$y_1 + \frac{{V_1}^2}{2g} = \Delta z + y_2 + \frac{{V_2}^2}{2g} \tag{2-11}$$

문제를 간단히 하기 위해 폭이 넓은 사각형 수로를 고려하여 단위폭당 유량 q 와 상류 수심 y_1 은 주어졌다고 하자. 그러면 연속방정식 $q = Vy$ 에서 상류단면의 유속 V_1 은 q/y_1 이고 하류단면의 유속 V_2 는 q/y_2 로 표시되므로, 위 식은 다음과 같이 표시된다.

$${y_2}^3 - \left(y_1 + \frac{q^2}{2g{y_1}^2} - \Delta z\right){y_2}^2 + \frac{q^2}{2g} = 0 \tag{2-12}$$

위 식은 y_2 에 관한 3차 방정식으로 해는 3개이다. 그러나 세 개의 수학 해 중에는 '−' 값 등 물리적으로 의미가 없는 해도 있을 것이다. 그렇다면 나머지 해는 물리적 의미가 있는 것인지? 이러한 문제의 답은 베르누이 방정식을 그대로 적용하는 것보다 다음에 소개할 비에너지 개념을 이용하면 쉽게 얻을 수 있다.

2.2 비에너지

(1) 비에너지의 개념

비에너지(specific energy)는 1912년 러시아의 Bakhmeteff[6]에 의해 처음 제안된 것으로, 개수로 흐름을 해석하는 데 아주 유효한 개념이다. 비에너지 개념은 어떤 의미에서 물리적 관점을 약간 바꿈으로써 새로운 세계를 볼 수 있는 좋은 예이다. 비에너지는 수로의 바닥을 기준으로 한 에너지로서 다음과 같이 정의된다.

$$E = y + \frac{V^2}{2g} \tag{2-13}$$

6 Boris Alexandrovitch Bakhmeteff(1880~1951)는 러시아의 Tiflis 출신으로 1912년에 러시아어로 '개수로 수리학'을 처음 출간하였다. 그 후 미국으로 건너가서 컬럼비아 대학에서 강의하면서 1932년에 영어로 강의용 교재인 '개수로' 책을 냈다. 이런 점에서 그는 개수로 수리학의 태두라 할 수 있다.

여기서 문제를 단순화시켜 비에너지 개념을 쉽게 이해하기 위하여 당분간 폭이 넓은 사각형 수로를 고려하자. 실제로 상당수의 하천구간은 폭이 넓은 사각형 단면으로 볼 수 있기 때문에 단위폭당 유량개념은 하천 수리학에서 매우 유용하다. 단위폭당 유량 q를 이용하면 비에너지는

$$E = y + \frac{q^2}{2g\,y^2} \tag{2-14}$$

비에너지 E와 수심 y의 관계를 보기 위하여 위 식을 y에 대해 정리하면

$$(E - y)\,y^2 = \frac{q^2}{2g} = \text{일정} \tag{2-15}$$

따라서 E와 y의 관계는 y에 대한 3차 방정식으로, 그림 2.3과 같이 45°선인 $E = y$ 선과 E축에 점근하며, y가 음수가 되는 또 하나의 선이 있다. 여기서 수심 y가 음수가 되는 것은 물리적 의미가 없으므로 제외한다. 수심이 커지게 되면 유속은 그만큼 작아지며 따라서 속도수두도 작아지므로 식 (2-13)에서 y는 E에 접근하게 되어 45°선에 점근하게 된다. 또한 수심이 작아지면 유속은 그만큼 커지며 따라서 속도수두도 커지므로 비에너지는 거의 속도수두로만 구성된다.

비에너지 곡선에서 중요한 사실은 꼭지점 C를 제외하고는 한 비에너지값에 대해 반드시 2개의 수심이 존재한다는 것이다. 한 수심은 원점 O와 C를 연결하는 선 위쪽에 있으며, 다른 한 수심은 아래쪽에 있다. 이러한 두 수심을 대응수심(alternate depth)이라 한다. 꼭지점 C에서 두 수심은 하나가 되며, 이를 한계수심(critical depth)이라 하며, 이때의 흐름을 한계류(限界流, critical flow)라 한다. 한계수심을 기준으로 이보다 수심이 더 큰 흐름, 즉 원점 O와 C를 연결하는 선 위에 있는 흐름을 상류(常流, subcritical flow)라 하며, 그보다 수심이 작은

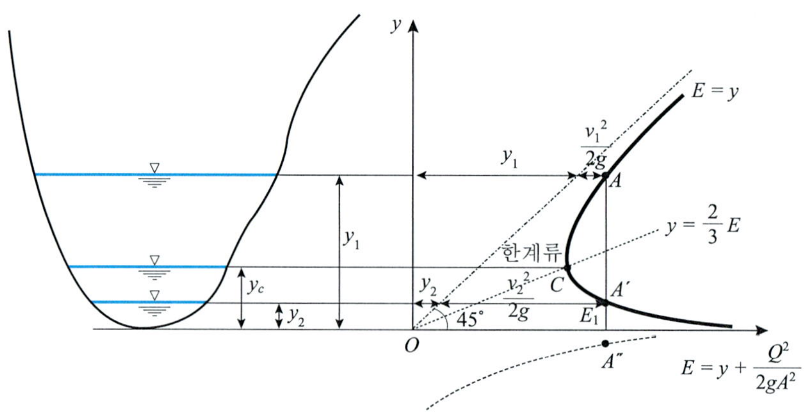

그림 2.3 개수로 흐름과 비에너지 곡선

흐름, 즉 원점 O와 C를 연결하는 선의 아래에 있는 흐름을 사류(射流, supercritical flow)라 한다. 따라서 대응수심은 같은 비에너지를 가진 상류와 사류의 수심을 의미한다. 이러한 수심과 흐름의 특성에 대해서는 3절과 4절에서 구체적으로 설명한다.

단위폭당 유량이 커지게 되면 그림 2.3과 같이 비에너지 곡선도 원점 O와 C를 연결하는 선을 따라 우상측으로 이동한다. 반대로 유량이 감소하면 곡선은 좌하측으로 이동한다. 여기서 원점 O와 C를 연결하는 선은 나중에 유도되겠지만, $y = 2/3E$ 직선이 된다.

(2) 천이구간에서 비에너지

비에너지 개념을 이용하면 그림 2.2에서 설명한 바닥이 점차적으로 상승하는 개수로 흐름 문제도 쉽게 접근할 수 있다. 그림 2.4와 같이 바닥이 Δz 만큼 점차적으로 높아지는 개수로 흐름에서는 단면변화에 따른 에너지 손실을 무시할 수 있으므로 단면 1, 2의 총 에너지는 같다. 따라서 단면 2에서 바닥을 기준으로 한 비에너지는 단면 1보다 Δz 만큼 작다. 여기서 단면 1의 개수로 바닥과 비에너지 그림의 E축을 일직선상에 평행으로 같게 놓으면 수면을 연장하여 비에너지 곡선과 만나게 되는 점이 바로 단면 1의 비에너지와 수심 관계점이 된다. 이 점을 A라 한다면 단면 2의 비에너지와 수심 관계점은 단면 1의 비에너지보다 Δz 만큼 작은 B점이나 B' 점이 될 것이다. 문제는 실제 흐름에서 단면 2의 수심이 B점이 될 것인가 B' 점이 될 것인가이다. 여기서 비에너지 곡선은 어느 일정한 유량에 대해 그린 것임을 상기하면 흐름은 해당 비에너지 곡선을 벗어날 수는 없으며, 따라서 A 점에서 곡선을 따라 B로 가든지 아니면 더 가서 C점을 지나 B' 점으로 갈 것이다. 에너지 방정식은 어느 점까지 갈 것인가에 대한 답을 줄 수 없지만, 비에너지 곡선은 어느 정도 답을 줄 수 있다. 즉 바닥상승고 Δz가 A 점과 C점의 비에너지 차이 ΔE보다 작으면 흐름은 A 점에서 시작하여 B 점까지만 갈 것이다. 이 경우 상하류 두 수심의 차는 Δy가 된다. 여기서 위 흐름(上流)[7] 수면고는 y_1 이고 아래 흐름(下流)의 수면고는 $y_2 + \Delta z$ 이며, 45° 직선보다 기울기가 큰 상류(常流)측 비에너지 곡선의 특성상 Δy는 Δz 보다 크므로 하류 수면고는 상류 수면고보다 낮다. 즉,

$$y_1 - (y_2 + \Delta z) = \Delta y - \Delta z > 0 \qquad (2-16)$$

이는 개수로 흐름에 장애물이 있는 경우 이를 뛰어넘는 것이 아니라 '숙여서' 흐른다는 것으로, 물의 흐름에 대한 직관적인 생각과 정반대의 결과이다. 그러나 빠른 여울과 같이 흐름이 B' 에서 시작하는 경우 장애물이 있으면 수위는 오히려 높아진다. 이는 세차게 흐르는 개울에 큰 돌을 놓으면 흐름은 그 위로 타고 넘는 현상과 일치한다.

7 여기서 위 흐름(上流)과 보통 흐름(常流)을 구분하기 위해 당분간 상류(上流)는 위 흐름, 하류(下流)는 아래 흐름이라 표현한다.

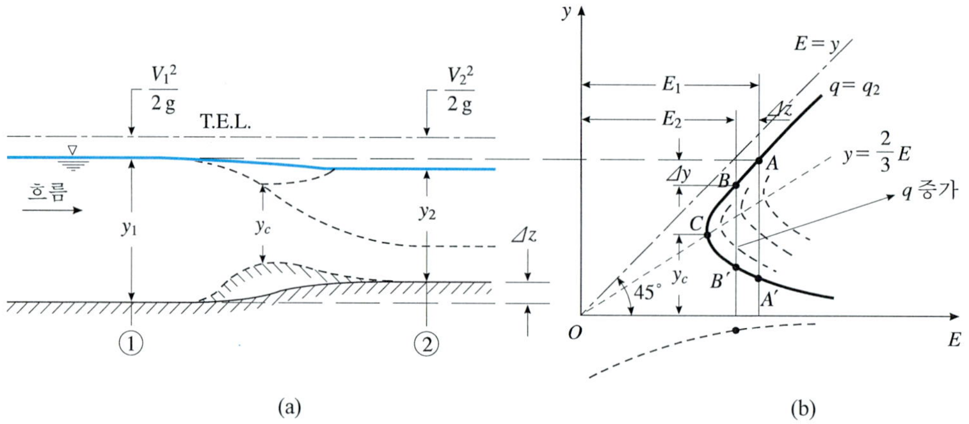

그림 2.4 바닥이 점차적으로 상승하는 개수로 흐름과 비에너지 곡선

만약 Δz 가 ΔE 와 같게 되면 단면 2의 흐름은 C 점까지 가서 한계류가 될 것이다. 이 그림에서 명백히 알 수 있듯이 Δz 는 ΔE 보다 더 커질 수 없다[8]. 그러나 그림 2.4와 같이 상하류 중간에 하류보다 더 높은 상승부분이 있어 여기서 한계류가 생기고 하류단이 사류영역이라면 흐름은 A 점을 지나 곡선을 따라 C 점을 통과하여 궁극적으로 B' 점에 도달하게 된다.

이번에는 그림 2.5와 같이 수로의 폭이 점차 좁아졌다 다시 원형태로 되는 개수로의 흐름을 생각해보자. 이 경우 다시 개수로 바닥과 비에너지 곡선의 가로축을 일직선상에 놓으면 흐름의 수면을 수평으로 연결하여 비에너지 곡선과 만나는 점들이 그 단면에서의 비에너지와 수심 관계점들이 된다. 여기서 단면폭이 점차 좁아지면 단위폭당 유량은 점차 커져서 그에 해당하는 비에너지 곡선은 우측으로 이동하게 된다. 수로폭이 완만하게 점차적으로 축소되었다 다시 확대되기 때문에 이로 인한 에너지 손실은 없다고 보면, 단면 1, 2, 3에서 비에너지는 모두 같다. 따라서 하류로 가면서 흐름은 단면 1의 관계 점 B 에서 시작하여 C' 점을 지나 B' 점에 도달한다. 이 경우도 정확한 흐름의 변화는 하류단의 수심 등 하류특성에 의해 결정되지만 단면 3에서 사류영역이 된다고 전제하면 상류에서 사류로 가는 도중에 C' 점과 같은 한계수심을 반드시 거쳐야 할 것이다[9].

다음 그림 2.4 경우를 연장하여 바닥이 점차적으로 상승되었다 다시 원래로 되돌아가는 개수로 흐름에서의 비에너지 곡선변화를 생각해보자. 이 경우 단위폭당 유량변화가 없으므로 하류단이 사류영역 내에 있다고 전제하면 그림 2.5(c)와 같은 한 비에너지 곡선에서 다른 길로는 갈 수 없고 다만 $B-C-B'$ 길을 택할 것이다. 여기서 이 흐름 또한 한계수심을 거쳐 사류영역으로 들어간다.

8 Δz가 ΔE보다 더 커지게 되면 나중에 4절에서 설명하듯이 흐름은 질식되어 위 흐름의 수위가 높아지면서 새로운 비에너지 곡선이 형성된다.

9 이 경우도 앞서 설명한 바닥 상승의 경우와 같이 한계조건 이상으로 폭이 좁아지게 되면 흐름은 질식되어 위 흐름의 수심은 커지고 새로운 비에너지 곡선이 형성된다.

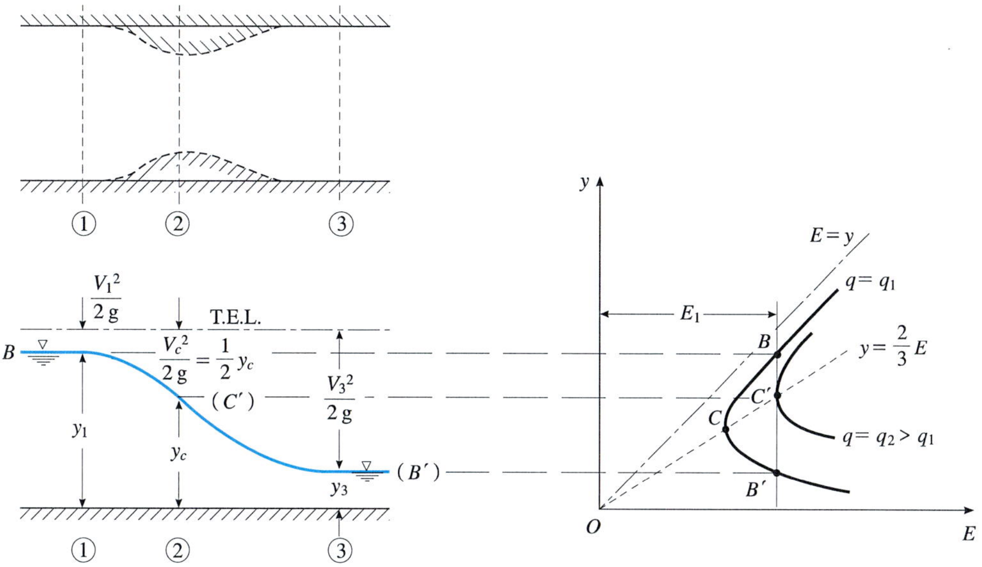

(a) 측면도 (b) $E-y$ 평면도

그림 2.5 폭이 좁아졌다 다시 커지는 개수로 흐름과 비에너지 곡선

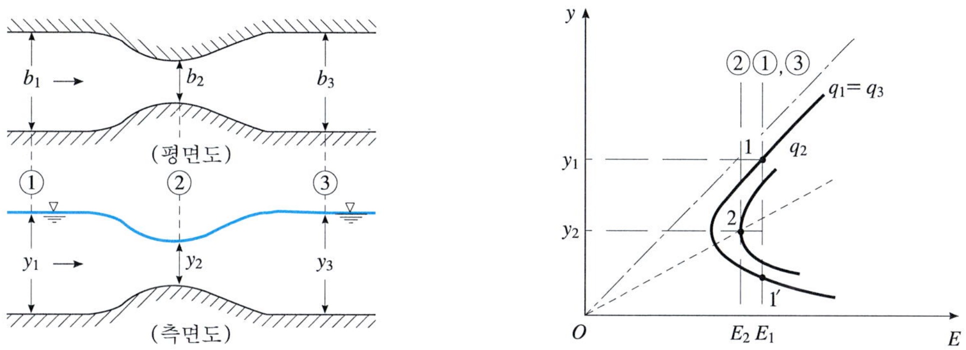

(a) 평면도와 측면도 (b) 비에너지 곡선

그림 2.6 수로폭과 바닥높이가 동시에 변하는 수로에서 비에너지 관계

마지막으로, 그림 2.6과 같이 수로폭과 바닥높이가 동시에 변하는 수로에서 비에너지 관계를 검토하자.

우선 위 흐름의 단면 1에서 수심 y_1 은 그림 2.6(b)의 비에너지 곡선에서 점 1로 표시된다. 흐름이 하류로 감에 따라 바닥이 높아져서 비에너지는 줄어드는 동시에 폭이 좁아져서 단위폭당 유량이 증가하여 비에너지 곡선은 우측으로 점차 이동한다. 마침내 흐름은 바닥이 가장 높고 폭이 가장 좁은 단면 2에서 한계류가 되며($E_1 - \Delta z \leq E_{2C}$), 이는 비에너지 곡선의 점 2로 표시된다. 다시 하류로 감에 따라 수로 폭이 커져서 단위폭당 유량이 감소하여 비에너지 곡선은 점 2에서 원래의 점 1로 이동하게 된다. 여기서 하류단의 조건에 따라 흐름은 사류가 되거나 상류가 되므로, 사류가 되는 경우 비에너지 곡선의 점 1′ 으로 가며 상류가 되는 경우 다시 원래의 점 1로 갈 것이다.

2.3 한계류

전 절에서 간단히 언급했듯이 비에너지 곡선의 특성을 보면 그림 2.3의 C 점에서 비에너지는 최소가 된다. 이 점에서의 흐름이 한계류이다. O 점과 이 점을 연결하는 직선을 기준으로 위의 비에너지 곡선은 수심이 커질수록 비에너지가 증가하는 반면에 아래 비에너지 곡선은 수심이 작아질수록 비에너지가 증가한다. 여기서 위 영역이 상류가 되고 아래 영역이 사류가 된다. 이렇게 상반된 반응을 고려한다면 이 두 영역은 뚜렷이 다른 물리현상을 보일 것이라고 짐작할 수 있다. 실제로 비에너지가 최소가 되는 한계수심을 기준으로 그 보다 큰 수심에서의 흐름과 작은 수심에서의 흐름의 특성들은 뚜렷한 차이가 있다. 실로 이러한 차이는 개수로 흐름에서 중요한 역할을 한다. 이러한 물리적 특성을 이해하기 위해 우선 비에너지 곡선의 꼭지점에 해당하는 흐름, 즉 한계류를 해석해 보자.

(1) 한계류의 계산

이해를 쉽게 하기 위해 우선 사각형 수로에서 비에너지와 수심과의 관계부터 출발한다. 식 (2-14)를 다시 쓰면

$$E = y + \frac{q^2}{2g y^2} \qquad (2-14)$$

$E \sim y$ 곡선의 꼭지점을 찾기 위해 위 식을 수심 y 에 대해 미분하여 이를 0 으로 놓으면

$$\frac{dE}{dy} = 1 - \frac{q^2}{g y^3} = 0 \qquad (2-17)$$

$$\therefore q^2 = g y_c^3 \qquad (2-18)$$

$$\text{또는} \quad V_c = \sqrt{g y_c} \qquad (2-19)$$

여기서 y_c 는 한계류의 수심, 즉 한계수심(critical depth)이라 하며, V_c 는 한계류의 유속, 즉 한계유속(critical velocity)이라 한다. 한계수심 y_c 를 유량으로 표시하면 식 (2-18)에서

$$y_c = \sqrt[3]{\frac{q^2}{g}} \tag{2-20}$$

한계흐름의 비에너지, 즉 한계 비에너지(critical specific energy) E_c는 식 (2-18)을 식 (2-14)에 대입해서 얻어진다. 즉

$$E_c = y_c + \frac{g{y_c}^3}{2g{y_c}^2} = \frac{3}{2} y_c \tag{2-21}$$

$$\text{또는 } y_c = \frac{2}{3} E_c \tag{2-22}$$

위 식에서 알 수 있듯이 한계류의 비에너지는 수심의 1.5배가 된다. 혹은 한계수심은 한계류 에너지의 2/3를 차지하며, 나머지 1/3은 한계류의 속도수두이다. 즉 한계류에서 속도수두는 수심의 1/2이다. 따라서

$$\frac{V_c^2}{2g} = \frac{y_c}{2} \tag{2-23}$$

예제 2.1

폭이 3 m인 사각형 단면의 개수로에서 유량이 18 m^3/s인 흐름의 한계수심과 한계유속을 구하시오.

풀이

우선 단위폭당 유량을 구하면

$$q = \frac{Q}{b} = \frac{18}{3} = 6.0 \text{ m}^3/\text{s}/\text{m}$$

(1) 한계수심 y_c는 식 (2-20)에서

$$y_c = \sqrt[3]{\frac{q^2}{g}} = \sqrt[3]{\frac{6^2}{9.8}} = 1.54 \text{ m}$$ [10]

(2) 한계유속 V_c는 식 (2-19)에서

$$V_c = \sqrt{g y_c} = \sqrt{9.8(1.54)} = 3.9 \text{ m/s}$$

10 하천수리학에서 유속, 수심, 유량 등 변수의 유효숫자는 대부분 두세 자리이다. 본 예제에서도 유량, 수심 등 측정자료를 유효 숫자 두 자리로 주었기 때문에 해석도 두 자리 숫자로 충분하나, 계산된 한계수심은 다음 한계유속계산에 바로 이용되므로 세 자리까지 표기하였다. 여기서 강조하는 것은 하천에서 실측자료를 포함한 가용자료의 유효숫자가 대부분 두세 자리 이내임에도 불구하고 계산결과를 4, 5자리 이상 쓰는 것을 종종 볼 수 있는데, 이는 불필요한 과잉이라는 것이다. 이러한 예는 특히 컴퓨터를 이용한 수리계산이 보편화되면서 자주 볼 수 있게 되었다. 다만 그림 2.3에서 알 수 있듯이, 비에너지 곡선의 특성상 한계수심 근처에서는 비에너지의 작은 변화에도 수심이 크게 변하므로 비에너지 계산은 전자계산기를 이용하여 충분한 정도로 계산한 후 그 결과는 측정자료나 주어진 자료의 유효숫자의 수에 맞게 표기하는 것이 바람직하다. 이는 5절에서 설명하는 비력곡선의 경우에도 마찬가지이다.

예제 2.2

그림 2.4와 같이 바닥이 점차 높아지는 개수로에서 $y_1 = 3\text{m}$, $q = 8.0\text{m}^3/\text{s}/\text{m}$, $\Delta z = 0.4\text{m}$ 인 경우 y_2 를 구하고 이를 비에너지 곡선에 표기하시오.

풀이

단면 1과 2의 비에너지는 같으므로

$$E_1 = E_2 + \Delta z$$

$$E_1 = y_1 + \frac{q^2}{2gy_1^2} = 3 + \frac{8^2}{2(9.8)(3)^2} = 3.36\text{ m}$$

$$\therefore E_2 = 3.36 - 0.4 = 2.96\text{ m}$$

$$y_2 + \frac{q^2}{2gy_2^2} = y_2 + \frac{8^2}{2(9.8)y_2^2} = 2.96 \quad \rightarrow \quad \therefore y_2 = 2.4\text{ m}$$

따라서 비에너지 곡선에서 상하류 수심은 아래 그림과 같다.

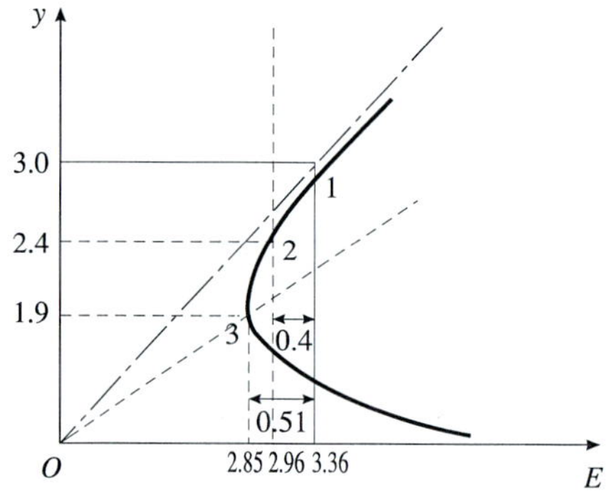

참고로 이 흐름의 한계수심은

$$y_c = \sqrt[3]{\frac{q^2}{g}} = \sqrt[3]{\frac{8^2}{9.8}} = 1.9\text{ m}$$

로서 단면 2는 아직 한계류에 도달하지 못하고 여전히 상류이다. 단면 2에서 한계류를 발생시키려면 단면 1의 에너지와 한계류의 에너지 차이만큼 바닥을 높여야 한다. 한계류의 에너지는

$$E_c = (3/2)\,y_c = (3/2)1.9 = 2.85\text{ m}$$

이므로 한계류를 발생시키는 바닥의 상승고는

$$\Delta z = E_1 - E_c = 3.36 - 2.85 = 0.51\text{ m}$$

예제 2.3

그림 2.5와 같이 수로폭이 점차 좁아지는 개수로에서 유량 $80\,\text{m}^3/\text{s}$, $b_1 = 10\text{m}$, $y_1 = 3\text{m}$, $b_2 = 8.5\text{m}$ 인 경우 수로폭이 좁아지는 단면 2에서 수심 y_2 를 구하고 이를 비에너지 곡선에 표기하시오.

풀이

단면 1과 2의 비에너지는 같으므로 $E_1 = E_2$

$$V_1 = \frac{Q}{by_1} = \frac{80}{10(3)} = 2.67\ \text{m/s}$$

$$\therefore E_1 = y_1 + \frac{V_1^2}{2g} = 3 + \frac{2.67^2}{2(9.8)} = 3.36\ \text{m}$$

$$E_2 = y_2 + \left(\frac{Q}{b_2 y_2}\right)^2 \frac{1}{2g} = y_2 + \left(\frac{80}{8.5 y_2}\right)^2 \frac{1}{2g} = 3.36 \quad \rightarrow \quad \therefore y_2 = 2.8\ \text{m}$$

참고로 단면이 축소된 단면 2에서 한계류를 발생시키는 단위폭당 유량을 구하면

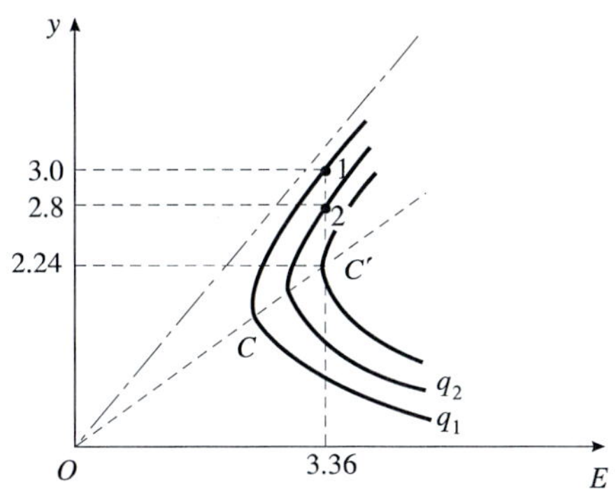

$$y_c = \frac{2}{3} E_c (= E_1) = \frac{2}{3}(3.36) = 2.24\text{m}$$

$$q_c = \sqrt{g y_c^3} = \sqrt{9.8(2.24)^3} = 10.5\text{m}^3/\text{s/m}$$

따라서 수로폭은 $b_c = Q/q = 80/10.5 = 7.6\text{m}$ 이어야 한다.

1 비에너지가 일정한 경우 수심과 단위유량과의 관계

지금까지는 유량이 일정한 흐름에서 비에너지의 한계조건을 검토하였으나, 다음에는 비에너지가 일정한 흐름($E = E_o$) 에서 유량과 수심의 변화를 검토하자. 이를 위하여 식 (2-14)를 q 에 대해 정리하면

$$q^2 = 2\,g\,y^2 (E_o - y) \tag{2-24}$$

따라서 y 가 0 이나 E_o 가 되면 q 가 0 이 되므로 수심과 유량과의 관계는 그림 2.7과 같다.

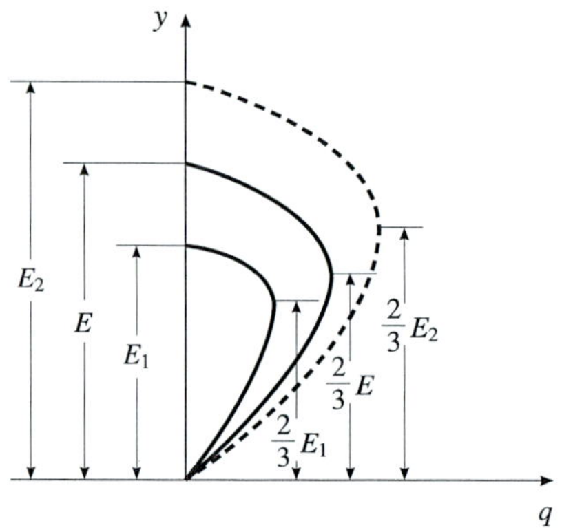

그림 2.7 비에너지가 일정한 흐름에서 수심과 유량 관계 곡선

이 곡선에서 우리가 관심 있는 것은 주어진 비에너지 조건에서 수심이 얼마일 때 유량이 최대가 되는가이다. 이는 식 (2-24)에서 유량을 수심에 대해 미분하여 0 으로 놓으면 얻을 수 있다. 즉,

$$2q\frac{dq}{dy} = 4gyE_o - 6gy^2 = 0 \tag{2-25}$$

$$\therefore y = \frac{2}{3}E_o \tag{2-26}$$

식 (2-22)와 (2-26)은 그 형태가 똑같다. 즉 한계 흐름에서의 수심은 비에너지의 2/3 이지만, 동시에 주어진 비에너지 조건에서는 수심이 비에너지의 2/3 가 되는 흐름에서 유량은 최대가 된다. 그러나 이보다 더 중요한 것은 식 (2-19)로 표시되는 한계유속이다. 이에 대한 물리적 의미는 실로 매우 크다.

(2) 비사각형 단면에서 한계유속과 천이흐름

1 한계유속

지금까지 개수로 흐름의 물리적 해석을 쉽게 설명하기 위하여 사각형 단면의 개수로 흐름에서 단위폭당 흐름개념, 즉 1차원적 흐름개념을 이용하였다. 이러한 개념은 단면 자체는 불규칙하지만 수심에 비해 폭이 넓은 자연하천에서도 적용된다.

그러나 사다리꼴, 반원형, 삼각형, 포물선형 단면 등 인위적인 비사각형 단면에서 흐름은 단위폭당 유량개념을 사용하지 못하기 때문에 비에너지나 한계흐름이 지금까지 설명한 것보다는 상당히 복잡하게 표시된다. 특히 사다리꼴 단면형은 인공 개수로에서 가장 널리 쓰이기 때문에 실무적인 면에서도 중요하다. 다음에서는 그림 2.8과 같은 비사각형 규칙단면에서 수로 경사도 크고 단면 유속분포도 크게 다른 일반적인 흐름에서의 비에너지를 해석한다.

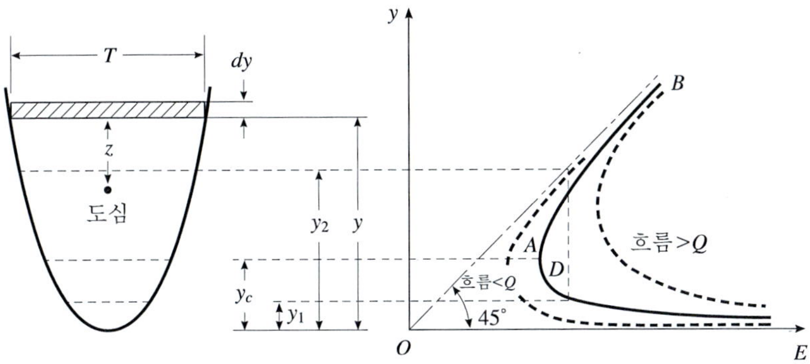

그림 2.8 비사각형 규칙 단면과 비에너지 곡선

이 경우 식 (2-13)의 비에너지는 전체유량 Q, 수로 단면적 A, 바닥 경사 θ, 에너지 계수 α를 사용하여 다음과 같이 표시된다.

$$E = y\cos^2\theta + \frac{\alpha Q^2}{2gA^2} \tag{2-27}$$

비에너지가 최소가 되는 흐름조건, 즉 한계류 조건을 구하기 위해서는 단위폭당 흐름개념과 마찬가지로 위 식을 수심에 대해 미분하여 0으로 놓으면 구할 수 있다.

$$\frac{dE}{dy} = \cos^2\theta - \frac{\alpha Q^2}{gA^3}\frac{dA}{dy} = 0 \tag{2-28}$$

여기서 $dA/d(y\cos\theta)$는 규칙적인 단면에서 수면 폭 T가 되므로

$$\cos\theta - \frac{\alpha Q^2}{gA^3}T = 0 \tag{2-29}$$

따라서 한계 수리수심 D_c는

$$D_c\left(\equiv \frac{A}{T}\right) = \sqrt[3]{\frac{\alpha Q^2}{gT^2}\frac{1}{\cos\theta}} \tag{2-30}$$

한편, 한계유속 V_c는 $Q = AV_c$를 위 식에 대입하여 정리하면

$$V_c = \sqrt{gD_c\frac{\cos\theta}{\alpha}} \tag{2-31}$$

프루드 수 Fr은 특성길이 L 대신 수리수심 D를 사용하여

$$Fr = \frac{V}{\sqrt{g\,D\dfrac{\cos\theta}{\alpha}}} \qquad (2-32)$$

위 식에 수리수심 D와 유속$V(=Q/A)$를 다시 대입하여 정리하면

$$Fr^2 = \frac{\alpha\,Q^2}{gA^3}\frac{T}{\cos\theta} \qquad (2-33)$$

한편 식 (2-28)을 $\cos^2\theta$로 나누면

$$\frac{1}{\cos^2\theta}\frac{dE}{dy} = 1 - \frac{\alpha\,Q^2}{gA^3}\frac{dA}{d(y\cos\theta)}\frac{1}{\cos\theta} \qquad (2-34)$$

$T = dA/d(y\cos\theta)$ 임을 고려하여 식 (2-32)를 식 (2-34)에 대입하여 정리하면

$$\frac{1}{\cos^2\theta}\frac{dE}{dy} = 1 - Fr^2 \qquad (2-35)$$

아주 급경사 수로를 제외한 대부분의 개수로 흐름에서 $\cos^2\theta \cong 1$ 이므로, 위 식은

$$\frac{dE}{dy} = 1 - Fr^2 \qquad (2-36)$$

위 식은 사각형 단면뿐만 아니라 비사각형 단면에 공히 적용되는 식으로, 4장 부등류 해석에서 중요한 역할을 한다.

마지막으로 단면 유속분포가 비교적 일정한 경우 $\alpha \cong 1$ 이므로 한계 수리수심과 한계유속은 식 (2-30)과 (2-31)에서 각각

$$D_c = \sqrt[3]{\frac{Q^2}{g\,T^2}} \qquad (2-37)$$

$$\text{또는}\quad \frac{D_c}{2} = \frac{V_c^{\,2}}{2g} \qquad (2-38)$$

$$V_c = \sqrt{g\,D_c} \qquad (2-39)$$

따라서 비사각형 규칙단면의 경우 사각형 수로와 비슷하게 한계유속은 한계 수리수심과 중력가속도의 곱의 제곱근으로 표시된다.

예제 2.4

바닥폭이 6 m이고 측면경사(1 : z)가 1 : 2인 사다리꼴 단면의 개수로에서 유량이 17 m^3/s로 흐르는 경우 한계수심과 한계유속을 구하시오. 수로경사는 완만하고 단면 내 유속분포는 일정하다고 가정하시오.

풀이

우선 단면적 A, 수면폭 T, 수리 수심 D, 평균유속 V 등을 수심 y 의 함수로 표시하면 표 1.1에서

$$T = b + 2zy = 6 + 4y$$

$$A = (b + zy)y = (6 + 2y)y$$

$$D = \frac{A}{T} = \frac{(3+y)y}{3+2y} \qquad V = \frac{Q}{A} = \frac{17}{2(3+y)y}$$

식 (2-31)에서 한계유속과 한계 수리수심과의 관계는

$$\frac{17}{(6+2y)y} = \left[9.8\frac{(3+y)y}{3+2y}\right]^{1/2}$$

이를 간략히 하면

$$7.4(3+2y) = [(3+y)y]^3$$

시행착오법에 의해 한계수심을 구하면 $y_c = 0.848\,\text{m}$ 이며, 그에 따른 한계유속은

$$V_c = \frac{17}{2(3+0.848)0.848} = 2.6\,\text{m/s}$$

French(1985, pp. 50～51)는 사다리꼴을 포함한 대표적인 규칙단면에 대해 한계수심을 구하는 반경험적 공식을 소개하고 있다. 이 방법을 이용하면 시행착오법을 이용하지 않고 한계수심을 직접 구할 수 있다. 이 방법은 표준단위와 영미단위에 공히 적용된다.

여기서 실무에서 가장 많이 쓰이는 사다리꼴 단면수로에서 한계수심을 구하는 방법을 제시하면

$$y_c = 0.81\left(\frac{\psi}{z^{0.75}b^{1.25}}\right)^{0.27} - \frac{b}{30z} \tag{2-40}$$

$$\psi = \frac{\alpha Q^2}{g} \tag{2-41}$$

위 식은 SI 단위에서 $0.055 < Q/b^{2.5} < 2.2$ 에서만 유효하다. $Q/b^{2.5} < 0.055$ 이면 사각형으로 보고 한계수심을 구할 수 있다.

최근에 Swamee(1999)는 사다리꼴 단면수로에서 시행착오법을 이용하지 않고 한계수심을 직접 구하는 식을 소개하였다. 그의 식은

$$y_c = \left[\left(\frac{gb^2}{Q^2}\right)^{0.7} + \left(\frac{gz^2}{2Q^2}\right)^{0.42}\right]^{-0.476} \tag{2-42}$$

위 식은 계산 오차 2% 범위에서 정확하며, 특히 적용범위가 제한되지 않는 장점이 있다.

예제 2.5

식 (2 - 40)과 Swamee 방법을 이용하여 예제 2.4의 수로흐름에 대해 각각 한계수심을 구하시오.

풀이

먼저 $Q/b^{2.5} = 17/6^{2.5} = 0.19 < 2.2$이므로 식 (2.40)을 적용할 수 있다.

$$\psi = \alpha Q^2/g = 1.0(17)^2/9.8 = 29.5$$

$$\therefore y_c = 0.81\left(\frac{29.5}{2^{0.75}6^{1.25}}\right)^{0.27} - \frac{6}{30(2)} = 0.86 \text{ m}$$

이 결과를 예제 2.4의 정확 해 0.848 m와 비교하면 이 방법은 비교적 정확하다고 할 수 있다. 다음, Swamee 공식으로 한계수심을 구하면

$$y_c = \left[\left(\frac{9.8(6)^2}{17^2}\right)^{0.7} + \left(\frac{9.8(2)^2}{2(17)^2}\right)^{0.42}\right]^{-0.476} = 0.83 \text{ m}$$

이 결과를 정확해와 비교하면 오차는 2% 범위임을 알 수 있다.

비사각형 단면의 한계수심을 구하는 세 번째 방법은 전통적으로 그림 2.9와 같은 무차원 계산도표를 이용하는 것이다. 이 도표를 이용하기 위해서는 단면형상의 특성을 나타내는 단면계수를 구해야 한다. 한계류의 단면계수 Z는 식 (2-29)에서 흐름 변수와 단면형 관련 변수를 분리하면

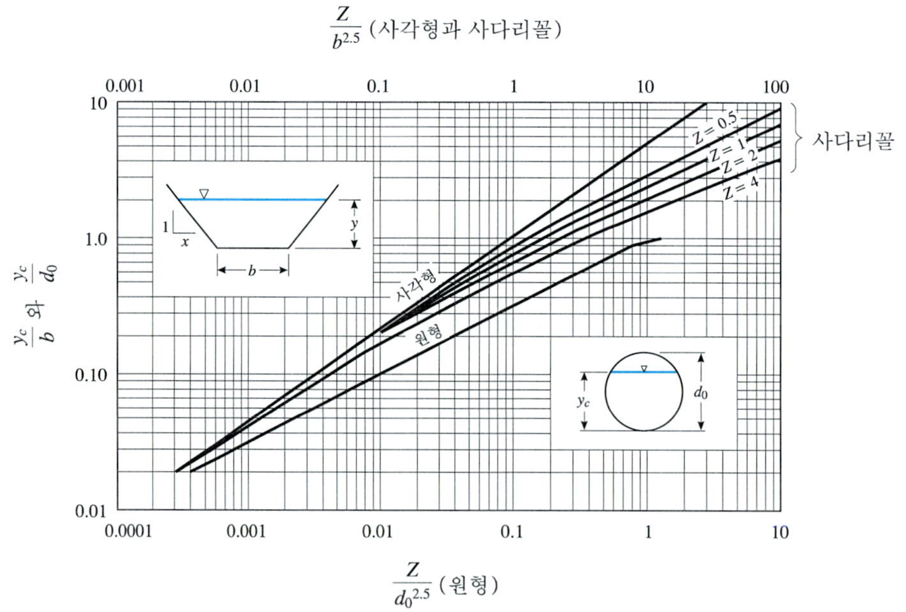

그림 2.9 비사각형 규칙 단면의 단면계수와 한계수심의 관계(French, 1985, p. 52)

$$\frac{Q}{\sqrt{g\cos\theta/\alpha}} = \sqrt{\frac{A^3}{T}} = Z \qquad (2-43)$$

따라서 위 식에서 단면계수 Z 값을 구한 후 $Z/b^{2.5}$ 을 계산하여 그림 2.9의 종축에서 해당 단면형의 무차원 수심을 읽어서 한계수심을 구할 수 있다.

불규칙한 단면형을 가진 자연하천의 한계류 조건도 규칙단면에 준하여 식 (2-43)을 이용하여 구할 수 있다. 이 식을 이용하여 자연하천에서 주어진 유량에 대해 한계조건을 구하려면 우선 수심과 단면계수 Z 의 관계 곡선을 그린다. 이때 수심은 통상 가장 낮은 하상고를 기준으로 한다. 다음, 식 (2-43)의 좌변을 계산하여 이를 Z 로 놓고 $Z \sim y$ 관계도에서 계산된 Z 값에 대응하는 y 값을 읽으면 한계수심이 얻어진다.

예제 2.6

그림 2.10(a)와 같은 자연하도 단면에서 유량 5,000 m^3/s에 해당하는 한계수심을 구하시오. 또한 자연하도를 폭 500 m의 단순한 사각형 단면으로 보고 한계수심을 구하시오. 두 결과를 비교 검토하시오. 여기서 하천경사는 매우 작으며, 에너지 계수는 1.0으로 본다. 이 하천단면의 좌안을 x축의 기준점으로, 중앙 최심부를 y축의 기준점으로 본 하천단면의 좌표는 다음 표와 같다.

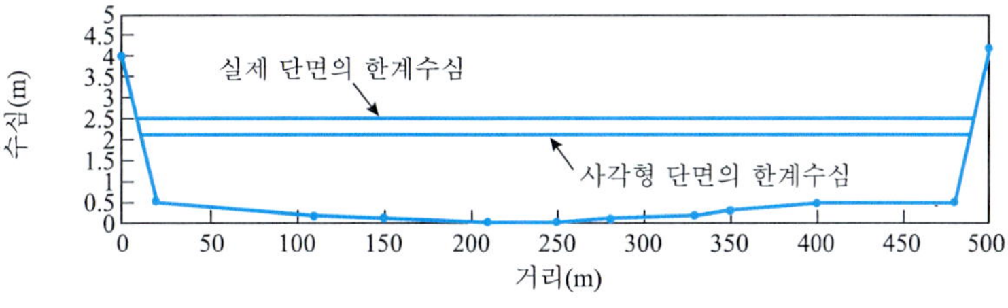

그림 2.10(a) 예제의 자연하도 단면

x(m)	0	20	110	150	210	250	280	330	350	400	480	500
y(m)	4.0	0.5	0.2	0.1	0	0	0.1	0.2	0.3	0.5	0.5	4.2

풀이

식 (2-43)의 우변에서 수심 y 에 대한 A, T, Z 값을 위 하천단면에서 적절한 방법으로 구하면 다음 표와 같다.

y(m)	A(m^2)	T(m)	Z(m)
0.5	150	380	94.2
1.0	381	466	345
1.5	616	471	704
2.0	853	477	1,140
2.5	1,093	483	1,640
3.0	1,336	489	2,210
3.5	1,581	494	2,830
4.0	1,830	500	3,500

(계속)

위의 표를 이용하여 수심과 Z값과의 관계를 그리면 그림 2.10(b)와 같다.

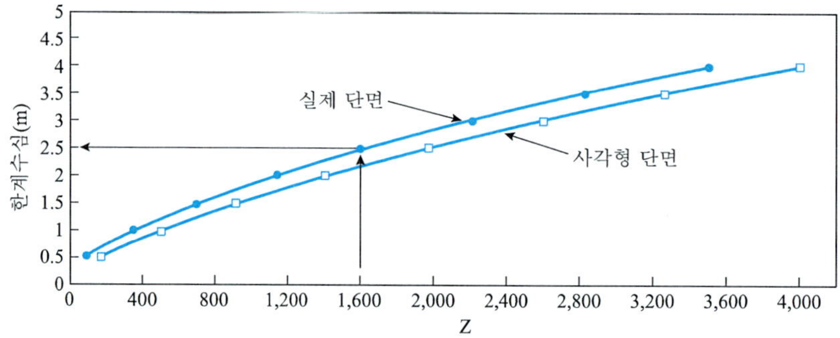

그림 2.10(b) 예제의 Z값과 한계수심 관계도

다음, $Q = 5{,}000\,\mathrm{m^3/s}$ 에 해당하는 Z값을 식 (2-43)의 좌변에서 구하면

$$Z = \frac{5000}{\sqrt{9.8}} \cong 1600$$

위의 Z값을 이용하여 위 그림에서 한계수심 y_c 를 읽으면 2.5 m가 된다. 다음, 위의 하천 단면을 폭 500 m의 사각형으로 보고 한계수심을 구하면 식 (2-20)에서

$$y_c = \sqrt[3]{\left(\frac{Q}{T}\right)^2 \frac{1}{g}} = \sqrt[3]{\left(\frac{5000}{500}\right)^2 \frac{1}{9.8}} \cong 2.2[\mathrm{m}]$$

따라서 자연 하천단면을 사각형으로 보고 구한 한계수심은 실제 단면을 이용하여 구한 한계수심에 비해 10% 정도 작게 나타난다.

2 천이흐름

다음은 비사각형 단면을 가진 수로의 바닥이 높아지거나 단면폭이 좁아지는 천이구간에서 흐름을 해석한다. 해석의 편의를 위해 에너지 계수와 바닥경사항은 고려하지 않는다. 이 경우 식 (2-27)에서 양변을 천이구간 위 흐름의 한계수심 y_c 로 나누면

$$\frac{E}{y_c} = \frac{y}{y_c} + \frac{Q^2}{2gA^2 y_c} \tag{2-44}$$

식 (2-30)에서 $\cos\theta = \alpha = 1$ 로 놓고 양변을 세제곱하여 정리하면

$$\frac{Q^2}{g} = \frac{A_c^3}{T_c} = \frac{{y_c}^3 {T_c'}^3}{T_c} \tag{2-45}$$

여기서 A_c 와 T_c 는 각각 한계류의 단면적과 수면폭이며, $T_c'(=A_c/y_c)$ 은 한계류에서 단면적 A_c 와 수심 y_c 에 해당하는 가상의 사각형 단면의 수로폭이다. 식 (2-45)을 식 (2-44)에 대입하여 정리하면

$$\frac{E}{y_c}=\frac{y}{y_c}+\frac{1}{2}\left(\frac{y_c}{y}\right)^2\left[\frac{T_c'^3}{T_cT'^2}\right] \tag{2-46}$$

여기서 $T'=A/y$ 로서 단면적 A 와 수심 y 에 해당하는 가상의 사각형 단면의 수로폭이다. 위 식의 우변에서 대괄호 안의 항은 일종의 단면특성을 나타내는 항으로서 규칙단면에 대해 해석적으로 구할 수 있다. 위 식은 비사각형 규칙단면에 대한 무차원 비에너지 식이 된다. 사각형 수로의 경우 $T_c'=T_c=T'=b$ (수로 폭)가 되어 위 식은 무차원 비에너지식이 된다.

다음 예제는 위 방법을 이용하여 비사각형 수로의 천이구간의 흐름을 계산하는 예로서, 위 방법을 이해하는 데 도움이 될 것이다.

예제 2.7

다음 그림 2.11과 같이 바닥 폭 6.1 m, 측면 경사 $1:z=1:2$, 유량 110 m^3/s, 등류수심 3.7 m인 사다리꼴 수로가 있다. 이 수로 위로 교량이 지나가면서 한 개당 폭 0.9 m의 교각들이 그림과 같이 놓인 경우 교량 밑의 수심을 구하시오.

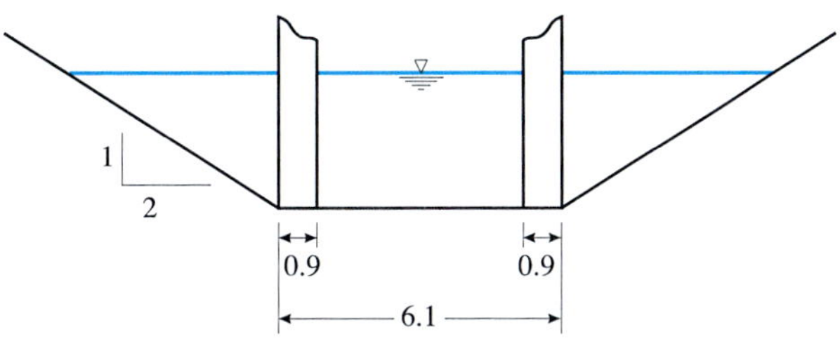

그림 2.11 교각에 의한 사다리꼴 수로의 수심변화

풀이

식 (2-46)을 이용하기 위해서는 우선 단면 특성계수를 구해야 한다. 특성계수 T' 은

$$A=\frac{[b+(b+2zy)]y}{2}=T'y \quad \Rightarrow \quad T'=b+zy$$

먼저 교량 상류단면에서 한계수심을 구해야 하므로 Swamee 식 (2.42)를 이용하면

$$y_c=\left[\left(\frac{9.8(6.1)^2}{110^2}\right)^{0.7}+\left(\frac{9.8(2)^2}{2(110)^2}\right)^{0.42}\right]^{-0.476}=2.44\text{ m}$$

다음 $$T_c'=b+zy_c=6.1+2(2.44)=11.0\text{ m}$$

$$T'=b+zy=6.1+2(3.7)=13.5\text{ m}$$

(계속)

$$T_c = b + 2zy_c = 6.1 + 2(2)(2.44) = 16.0\,\text{m}$$

따라서

$$\left[\frac{T_c'^3}{T_c T'^2}\right] = \left[\frac{11.0^3}{16.0(13.5)^2}\right] = 0.46$$

지금까지 구한 값들을 식 (2-46)에 대입하면

$$\frac{E_1}{y_{c1}} = \frac{3.7}{2.47} + \frac{1}{2}\left(\frac{2.44}{3.7}\right)^2 (0.46) = 1.6$$

교량 단면에서는 교각에 의해 바닥 폭이 6.1 m에서 1.8 m 만큼 줄어든 4.3 m가 되므로 이에 해당하는 한계수심을 Swamee 식으로 구하면 2.74 m가 된다. 이 경우 식 (2-46)을 위한 특성계수를 구하면

$$T_c' = b + zy_c = 4.3 + 2(2.74) = 9.78\,\text{m}$$

$$T' = b + zy = 4.3 + 2(3.7) = 11.7\,\text{m}$$

$$T_c = b + 2zy_c = 4.3 + 2(2)(2.74) = 15.3\,\text{m}$$

따라서

$$\left[\frac{T_c'^3}{T_c T'^2}\right] = \left[\frac{9.78^3}{15.3(11.7)^2}\right] = 0.45$$

여기서 T' 값의 계산은 교량단면에서 수심 y_2를 알아야 하나 일단 상류단면에서의 수심 y_1 을 쓰고 나중에 확인한다. 위 값들을 식 (2-46)에 대입하면

$$\frac{E_2}{y_{c2}} = \frac{y_2}{y_{c2}} + \frac{1}{2}\left(\frac{y_{c2}}{y_2}\right)^2 (0.45)$$

여기서 교각에 의한 에너지 손실이 없다고 보고 상류단면 1과 교각 단면 2에서 비에너지를 같게 놓으면($E_1 = E_2$) 무차원 에너지 관계에서

$$\frac{E_1}{y_{c1}} = \frac{E_2}{y_{c2}}\frac{y_{c2}}{y_{c1}} = 1.6 \quad \Rightarrow \quad \frac{E_2}{y_{c2}} = 1.6\,\frac{2.44}{2.74} = 1.4$$

이 결과를 무차원 에너지 식 (2-46)의 좌변에 대입하면 y_2 에 관한 3차 방정식이 된다. 즉,

$$1.4 = \frac{y_2}{2.74} + \frac{1}{2}\left(\frac{2.74}{y_2}\right)^2 (0.45)$$

여기서 y_2 를 구하면 3.45 m가 된다. 이 값과 처음 T' 계산을 위한 가정치 $y_2 = 3.7$ 과의 차이에 의한 단면 특성항의 차이를 알아보면 $T' = 4.3 + 2(3.45) = 11.2$ 에서

$$\left[\frac{T_c'^3}{T_c T'^2}\right] = \left[\frac{9.78^3}{15.3(11.2)^2}\right] = 0.49$$

이 결과는 처음 가정치 0.45와 큰 차이가 없으므로 y_2 계산에 큰 영향을 주지 않을 것이다.

따라서 교량 단면의 수심은 3.45 m로 계산을 끝낼 수 있다(여기서 한번 더 계산한다면 0.45 대신에 0.49를 이용하여 y_2 에 대한 3차 방정식을 풀면 3.40 m가 된다).

(3) 복단면의 비에너지 계산

인공수로는 대부분이 규칙단면이지만 자연하천은 불규칙 단면으로 되어 있다. 다행히 많은 경우의 하천에서 수심에 비해 폭이 넓기 때문에 국부적으로는 하천의 단면형이 대단히 불규칙하여도 단위폭당 흐름해석은 큰 무리없이 적용가능하다. 그러나 저수로와 홍수터가 같이 있는 복단면 자연하천의 경우는 단위폭당 흐름개념을 그대로 적용할 수 없다. 이러한 복단면 하천은 저수시에도 물이 흐르는 저수로와 양옆 홍수터로 구성된다. 특히 정비된 하천은 대부분 복단면이다. 따라서 이러한 복단면에서 비에너지를 계산하는 것은 하천실무에 중요하다.

1장에서 에너지 방정식을 적용할 때 단면 내 유속분포가 서로 다른 경우 속도수두를 보정해주기 위한 에너지 계수를 설명하면서 복단면 하천에서의 에너지 계수를 구하는 방법도 소개하였다. 그러나 이 방법은 적용상 간단하지만 그 기본가정은 실제현상과 잘 맞지 않는다. 구체적으로, 복단면을 몇 개의 소단면으로 나누어 각 단면을 독립된 요소로 보고 수리계산을 하는 방법의 기본적인 가정은 1) 각 소단면 사이의 경계면에는 전단응력이 작용하지 않고 따라서 윤변으로 보지 않으며, 2) 소단면 내 유속분포의 차이는 소단면 간 평균유속의 차이에 비해 적으므로 무시할 수 있다는 것이다. 그러나 Myers(1978)나 Rajaratnam과 Ahmadi(1979)는 실험을 통해 복단면 개수로에서 각 소단면 간에는 상당한 운동량 교환이 일어나서 전단응력은 무시할 수 없을 정도인 것을 보여 주었다. 또한 Blalock(1980)은 이론과 실험을 통해 소단면 내 유속의 변화는 결코 무시할 수 없을 정도라는 것을 보여 주었다. 따라서 식 (1-29)는 개략적인 산정 수준임을 알 수 있다.

여기서 Blalock이 제시한 복단면의 한계흐름의 특성을 구체적으로 검토한다. 그림 2.11(a)와 같은 복단면 하도에서 수심에 따른 비에너지를 계산하면 그림 (b)와 같이 꼭지점이 두 개가 생겨 한계수심은 두 개가 된다. 점 1은 저수로에서 한계류이고 점 2는 홍수터가 잠긴 흐름에서 한계류이다. 이 점들에서 프루드 수는 공히 1이 되어야 하나, 식 (2-32)로 계산된 프루드 수는 그림 (c)의 1번 곡선과 같이 때로는 1보다 훨씬 큰 값을 보인다.

이러한 차이는 에너지 계수 산정의 부적절성에서 기인하는 것으로, 이를 극복하기 위하여 Blalock(1980), Blalock과 Sturm(1981), 또는 Konemann(1982)은 에너지 계수는 수심에 따라 변하는 것으로 보고 식 (2-39)를 y 에 대해 미분할 때 $d\alpha/dy$ 를 고려하여 한계흐름 조건을 구하였다. 위와 같은 다양한 방법에 의한 수심과 프루드 수 관계곡선은 그림 2.12(c)에 1~5의 번호로 구분되어 있다.

여기서 계산이 상대적으로 간단한 Konemann 방법에 의한 복단면의 프루드 수 F_K 는 다음과 같다(그림 2.12(c)에서 5번 곡선에 해당).

$$F_K = \left[\frac{Q^2}{2g}\left(\frac{3\,BdM - MdB}{M^4}\right)\right]^{1/2} \qquad (2-47)$$

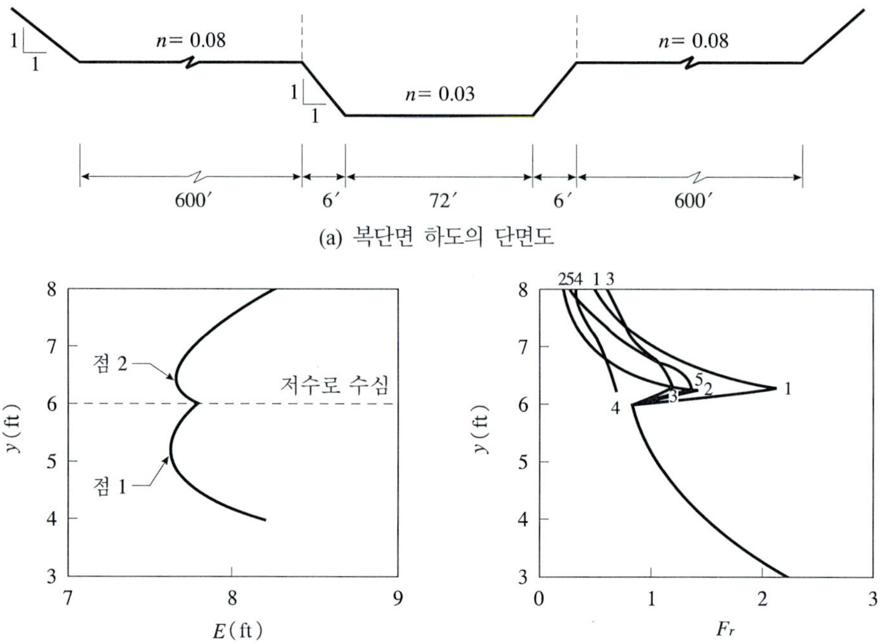

(a) 복단면 하도의 단면도

(b) 비에너지 관계도

(c) 프루드 수 관계도

그림 2.12 복단면 하도의 비에너지 관계(Blalock, 1980)

위 식에서

$$B=\sum_{i=1}^{N}\left[\left(\frac{1}{n_i}R_i^{2/3}\right)^3 A_i\right] \quad (2-48)$$

$$dB=3\sum_{i=1}^{N}\left[\left(\frac{1}{n_i}R_i^{2/3}\right)^3 T_i\right] \; M=\sum_{i=1}^{N}\left[\left(\frac{1}{n_i}R_i^{2/3}\right)A_i\right] \quad (2-49)$$

$$dM=\frac{5}{3}\sum_{i=1}^{N}\left[\left(\frac{1}{n_i}R_i^{2/3}\right)T_i\right] \quad (2-50)$$

위 식들에서 첨자 i 는 각 소단면의 번호이며, n_i 는 i 소단면의 Manning(매닝) 조도계수이다. 따라서 주어진 유량과 수심 조건에 대해 Konemann이 제시한 방법에 따라 프루드 수를 구하려면 우선 복단면에서 주어진 수심에 따른 B, dB, M, dM 등의 계수를 구하고 이를 식 (2-47)에 대입하면 된다. 비에너지를 구하려면 식 (2-27)을 프루드 수 F_K 와 수리수심 D 로 나타낸 다음과 같은 식을 이용한다.

$$E=\frac{F_K^{\,2}}{2}D \quad (2-51)$$

마지막으로 주어진 유량에 대한 한계수심을 구하려면, 여러 수심에 대해 프루드 수를 구해서 이를 수심과 프루드 수에 대해 도시한 후 프루드 수가 1이 되는 수심을 찾아내면 된다.

또는 수심과 비에너지 관계곡선을 구해 비에너지가 최소가 되는 수심을 찾아낸다.

2.4 흐름의 변화

앞 절에서 간략히 언급했지만 한계류의 수면에 작은 교란이 발생하면 교란의 전파속도는 흐름의 유속과 같기 때문에 그 교란은 상류로는 전파되지 못하고 하류로는 원 전파속도의 2배의 속도로 전파된다. 그러면 한계수심보다 큰 수심의 흐름, 다시 말하면 그림 2.3과 같이 비에너지 곡선에서 $y = 2/3\,E$ 로 표시되는 직선 위 영역 흐름에서 미소 수면파는 그 전파속도가 흐름의 속도보다 크기 때문에 하류는 물론 상류로 전파될 수 있을 것이다. 반대로 한계수심보다 작은 수심의 흐름, 즉 $y = 2/3\,E$ 직선 아래 영역 흐름에서 미소 수면파는 그 전파속도가 흐름의 속도보다 작기 때문에 상류로 전파되지 못하고 하류로만 전파될 것이다.

여기서 한계수심보다 큰 수심의 흐름, 혹은 한계유속보다 작은 유속의 흐름이 상류이며, 이러한 흐름에서는 $y > y_c$이며 $V < \sqrt{gy}$ 이다. 그 반대로 한계수심보다 작은 수심의 흐름, 혹은 한계유속보다 큰 유속의 흐름이 사류이며, $y < y_c$이며 $V > \sqrt{gy}$ 이다. 개수로 흐름에서 상류와 사류, 또는 한계류의 특성은 기체흐름에서 아음속, 초음속, 또는 음속흐름의 특성과 상당히 유사하다. 후자가 자연 기체인 공기의 관성과 압축성의 비인 마하 수를 기준으로 흐름을 구분한 것과 같이, 전자도 자연액체인 물의 관성과 중력의 비인 프루드 수를 기준으로 흐름을 구분한다. 또한 공기의 경우 에너지 관점에서는 차이가 없음에도 불구하고 아음속에서 초음속으로 가기는 가능해도 초음속에서 아음속으로 가려면 많은 에너지 손실을 수반한다. 마찬가지로 물의 경우도 상류에서 사류로 가는 것은 가능해도 사류에서 상류로 가기 위해서는 도수(hydraulic jump) 등을 통해 많은 에너지 손실을 수반한다. 마지막으로 공기의 경우 아음속에서 초음속으로 가기 위해서는 노즐을 통해 흐름단면을 급격히 축소했다 다시 팽창시켜야 하듯이, 물의 경우도 폭을 줄이거나 바닥을 높이는 등 흐름단면의 축소를 통해서만 상류에서 사류로 갈 수 있다.

(1) 상류와 사류

우리는 이미 제1장에서 프루드 수를 흐름의 관성력과 중력의 비, $Fr = V/\sqrt{gL}$ 로서 정의하였다. 이를 수심 y 인 사각형 개수로 흐름에서 다시 쓰면 $Fr = V/\sqrt{gy}$ 이다. 물의 흐름특성을 구분하는 기준으로 프루드 수는 공기흐름의 마하 수와 매우 유사하다. 실로 중력이 지배적인 개수로 흐름에서 프루드 수의 중요성은 아무리 강조해도 지나치지 않을 것이다. 또한 그 중요성은 이동상 수리학에도 여전하다.

프루드 수를 이용하여 상류, 한계류, 사류를 다시 쓰면

상 류 $Fr < 1,\ y > y_c,\ V < V_c$, 흐름의 속도 < 교란의 전파속도

한계류 $Fr = 1,\ y = y_c,\ V = V_c$, 흐름의 속도 = 교란의 전파속도

사 류 $Fr > 1,\ y < y_c,\ V > V_c$, 흐름의 속도 > 교란의 전파속도

이러한 흐름특성과 미소수면파의 파속과의 관계는 그림 2.13과 같다. 그림 2.13의 왼쪽 그림은 수면상에서 프루드 수에 의한 파동변화를 나타낸 것이다.

이 그림에서 알 수 있듯이 흐름에 작은 돌을 던져 생기는 수면파는 상류에서는 아래로는 물론 흐름을 거슬러 위로 전파되나, 사류에서는 위로 전파될 수 없고 단지 아래로만 전파된다. 한계류에서도 이론적으로 위로 전파되지 못하고 아래로만 전파된다. 그러나 한계류는 대부분 상류상태에서 사류상태로 바뀌는 단면에서 발생하므로 한계류 발생 단면에 미소수면파가 생성되면 실제의 경우 바로 위 흐름은 상류상태이므로 그 위 방향으로 전파된다.

비사각형 단면에서 프루드 수의 식 (2-32)를 다시 쓰면

$$Fr = \frac{V}{\sqrt{g\,D\cos\theta/\alpha}} \tag{2-52}$$

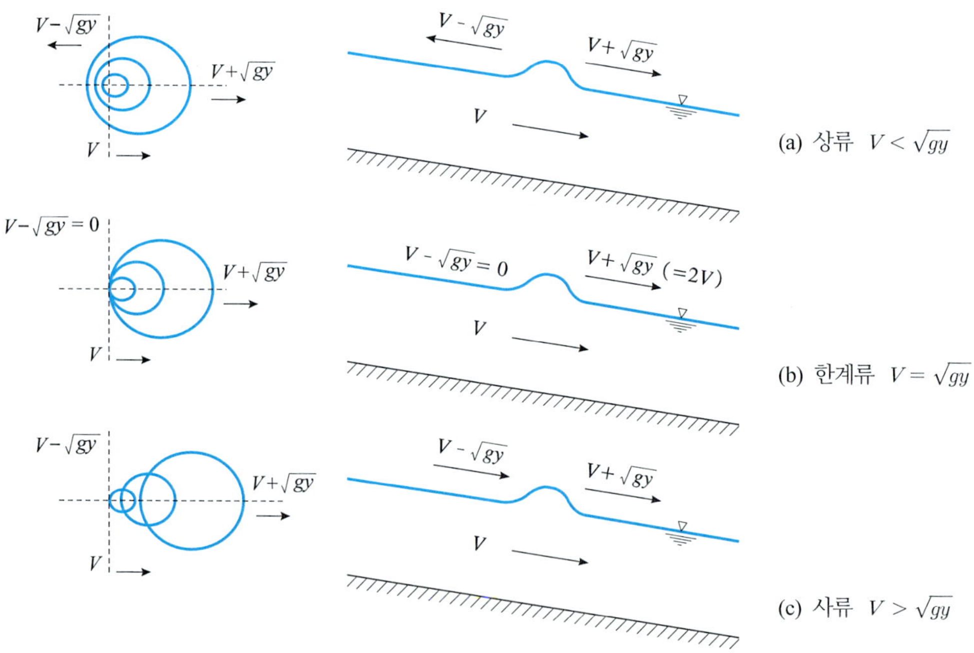

그림 2.13 흐름조건과 미소수면파의 전파

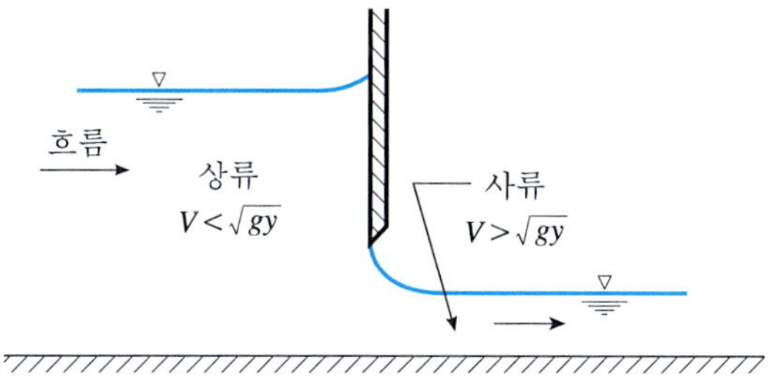

그림 2.14 상류와 하류 통제기구로서 개구 수문의 흐름

수로경사가 작고 단면 유속분포가 비교적 일정한 경우에 프루드 수는

$$Fr = \frac{V}{\sqrt{gD}} \tag{2-53}$$

위 식과 식 (2-39)를 비교하면 비사각형 단면에서도 사각형 단면의 경우와 같이 한계류의 프루드 수는 1.0임을 알 수 있다.

이러한 흐름속도와 미소수면파의 전파속도와의 관계는 개수로 흐름에서 중요한 의미를 지닌다. 이러한 관계는 아래 그림 2.14와 같이 흐름을 조절하는 개구 수문을 가지고 설명할 수 있다. 수문의 위 흐름은 상류이고, 아래 흐름은 사류이다. 한계류는 수문 직하류 어딘가에 생긴다. 여기서 분명한 것은 위 흐름에는 수문에 의한 영향, 즉 배수(背水)[11] 효과가 미치고 있으며, 따라서 위 흐름은 하류의 통제를 받고 있다는 것이다. 위에서 특별한 흐름조건, 즉 '신호'가 내려오더라도 배수효과에 의해 물에 잠기게 되고 그 영향은 곧 소멸된다. 반면에 수문 아래 흐름에서 신호는 위로 올라올 수 없으며, 단지 수문의 조작에 의해 흐름이 변화될 뿐이다. 면 아래에서 신호가 올라오더라도 사류에 의해 곧 쓸려 내려간다. 따라서 상류에서는 아래 흐름의 통제를 받으며, 사류에서는 위 흐름의 통제를 받는다. 상류에서는 위에서 무슨 일이 일어나는지 모르며, 사류에서는 아래에서 무슨 일이 일어나는지 모른다. 나중에 구체적으로 설명하겠지만 이러한 위, 아래 흐름 통제는 수로나 하천에서 수리계산의 방향을 결정할 때 중요하다.

(2) 흐름의 질식

지금까지 비에너지 개념의 응용예를 들기 위하여 수로바닥이 점차 상승하거나 단면폭이 점차 줄어드는 경우를 고려하였다. 그렇다면 바닥을 점차 높여서 원래 수면 높이까지 올리거나 단면폭을 점차 줄여서 좌우 단면이 붙을 정도까지 되면 흐름이 어떻게 될까? 이러한 의문

11 수심이 같은 유량의 등류 수심보다 큰 상류에서 아래 흐름영향이 위로 미치는 흐름으로, 통상 댐이나 수문의 위 흐름상태를 말한다. 다음 4장에서 이를 특히 M-1 곡선이라 한다.

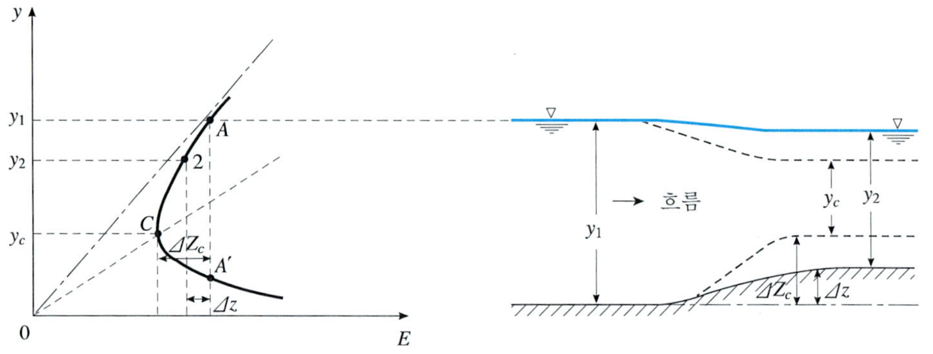

그림 2.15 바닥상승으로 인한 흐름의 질식

은 학구적 관심 이전에 우리가 어렸을 때 물과 흙을 가지고 작은 댐을 만드는 장난을 했을 때 경험했던 흐름현상일 것이다. 비오는 날에 길바닥의 조그만 물길에 흙을 쌓아 점차 높이면 높인 구간에서 흐름은 점차 빨라지고 물이 빠지기 어려워지면서 결국은 수위가 높아지기 시작하여 좌우 낮은 곳으로 빠져나가기 시작한다. 단면폭을 점차 줄이는 경우에도 비슷한 흐름이 된다. 이렇게 단면축소가 심해지면서 상류에 영향을 주기 시작하는 시점에서 흐름은 질식(choke)되었다고 한다. 이 때 축소된 단면에서는 한계류가 발생한다.

이러한 현상을 그림 2.15를 통해 구체적으로 살펴보면, 처음 수심 y_1 인 흐름이 바닥이 Δz 만큼 올라간 곳에서는 y_2 가 된다. 여기서 바닥마찰에 의한 에너지 손실을 고려하지 않기 위하여 바닥상승은 부드럽되 짧은 구간에서 일어난다고 가정한다. 그러나 바닥을 점차 높이게 되면 그 위에 흐름은 점차 빨라지고 그에 따라 수심은 점차 작아진다. 마침내 바닥 상승고 Δz 가 위 흐름 단면의 비에너지 E_1과 단위폭당 유량 q 의 한계 비에너지 E_c 의 차이와 같게 되면 이 그림에서 분명히 알 수 있듯이 바닥 상승단면에서 한계류가 발생하게 된다. 그러나 그 이상으로 바닥을 높이면 비에너지 곡선에서는 해를 구할 수 없게 된다. 이 경우 실제 물리현상은 하류의 단면축소의 영향이 위로 미침으로써 위 흐름수심이 커지면서 단면 1의 비에너지는 원 비에너지보다 커지게 된다. 그러나 바닥 상승단면에서는 여전히 한계류가 발생하며 새로운 흐름조건에서 바닥 상승고 Δz 는 단면 1에서 새로운 비에너지 E_1 과 한계 비에너지 E_c 의 차이가 된다.

단면이 질식된 경우 그에 따른 하류의 수면곡선은 위아래 흐름조건에 따라 달라진다. 즉 그림 2.15와 같이 위 흐름조건 A에서 출발한 흐름이 한계흐름 C에 도달한 다음 다시 A로 갈 것인지 A'으로 갈 것인지는 아래 흐름조건에 의해 결정된다. 여기서 바닥상승이 없는 일정 경사 수로의 흐름이 상류였다면 아래에서 다시 상류가 될 것이다. 그러나 천이구간 상하류 짧은 구간만 고려하면 상류에서 한계류로 감에 따른 수류의 수축은 한계류를 지나도 그대로 작용하여 아래에서 사류가 될 것이다.

반대로 위 흐름이 사류인 경우 A'에서 출발한 흐름은 단면 상승부에서 C에 도달하고 그 다음 A'으로 다시 갈 것인가 아니면 A로 갈 것인가 역시 아래 흐름조건에 의해 결정된다. 마찬가지로 바닥상승 전의 흐름이 사류였다면 아래 흐름은 다시 사류가 될 수 있다.

단면폭의 축소도 마찬가지 흐름현상을 만든다. 그림 2.5와 같이 상류상태에서 단면 1의 흐름은 B에서 출발하여 단위폭당 유량이 바뀜에 따라 새로운 비에너지 곡선을 찾아 아래로 내려간다. 단면축소에 따른 에너지 손실은 없기 때문에 어느 곳이나 비에너지는 같게 되어 흐름상태는 B에서 수직으로 내려간다. 이 때 이 선이 $y = 2/3E$ 직선과 만나는 점이 단면축소로 인한 새로운 비에너지 곡선의 꼭지점, 즉 한계흐름이 된다. 그러나 단면축소가 더 이루어져 그에 따른 비에너지 곡선이 BC' 연직선의 우측으로 있게 되면 단면질식이 시작된다. 이 경우 바닥상승과 마찬가지로 단면 1에서 수심은 커지고 그에 따라 비에너지도 커진다.

이러한 단면 질식현상은 실무에서 중요한 의미가 있다. 예를 들어 하천을 횡단하여 교량을 건설하는 경우 통상 비용을 줄이기 위해 홍수터는 성토를 하고 저수로 부분만 교량을 놓는다. 이 경우 상류수위를 높이지 않고 최대로 단면을 축소하는 범위를 찾으려면 그 단면이 질식되는 조건을 찾으면 된다. 이 경우 통상 미리 알고 있는 것은 유량과 위 흐름의 수심이 되며, 알고자 하는 것은 교량이 놓이는 단면폭이 된다. 따라서 위 흐름의 비에너지를 구해 이를 교량단면에서 한계 비에너지로 보고 해당 단면폭을 구하면 된다.

요약하면, 단면의 축소가 과대하여 상류에 영향을 주는 것을 흐름을 질식시킨다고 하며, 이러한 단면을 질식단면이라 한다. 질식단면은 통제단면의 하나로서, 한계류가 생긴다는 점이 특별하다. 위와 같은 논리는 비사각형 단면이나 불규칙 단면에서도 단면 전체유량 Q를 사용함으로써 공히 적용된다. 그러나 지금까지는 마찰에 의한 에너지 손실을 무시하였지만 실제의 흐름에서는 마찰을 무시하기 어려우며 질식현상의 완전한 해석은 마찰을 고려한 4장 점변류에서 다룬다.

예제 2.8

1992년 7월 31일에 신행주대교의 건설 도중 상판이 추락하여 한강바닥에 가라앉았다. 하천관리자는 홍수시 이 추락물로 인한 수위상승을 우려하였다. 이 지점의 하폭은 1,540 m였으며, 이 중 우안 끝에서 좌안으로 800 m 지점까지 추락한 상판이 있었다. 이 문제에서는 개략적이고 보수적인 해석을 위해 추락한 상판이 하폭전체에 걸쳐 있다고 가정하고, 50년 빈도 홍수량 25,500 m^3/s, 홍수위 9.72 m와 계획홍수량 37,000 m^3/s, 홍수위 11.3 m 등 두 유량 조건에 대해 교량 상판에 의한 상류수위의 상승 가능성을 검토하시오. 이 지점의 단면은 비교적 평탄하고, 상판은 하천바닥에서 4.5 m 높이로 일정하게 놓여 있다고 가정한다(실제는 교량단면에서 수심의 변화가 크고, 상판 자체도 불규칙하게 놓여 있었음). 또한 상판에 의한 흐름의 에너지 손실은 없다고 가정한다(실제는 상판에서 와류가 형성되어 어느 정도 에너지 손실이 있을 것임). 마지막으로, 수위와 수심을 같다고 가정한다.

(계속)

풀이

50년 빈도 홍수와 계획홍수의 유속은 각각

$$V_{50} = 25500/(1540 \times 9.72) = 1.7\ \mathrm{m/s}\ ,\ \ V_{계획} = 37000/(1540 \times 11.3) = 2.1\ \mathrm{m/s}$$

교량상판의 존재를 하천 바닥이 올라간 것으로 보고 직상류 단면의 비에너지를 구하면 50년 빈도와 계획 홍수에 대해 각각

$$\frac{V_{(50)}^2}{2g} + y_{(50)} = \frac{1.7^2}{2(9.8)} + 9.72 = 9.87\ [\mathrm{m}]$$

$$\frac{V_{(계획)}^2}{2g} + y_{(계획)} = \frac{2.1^2}{2(9.8)} + 11.3 = 11.5\ [\mathrm{m}]$$

한편 두 유량조건에 대한 프루드 수는 각각

$$Fr(50) = 1.7/\sqrt{9.8 \times 9.72} = 0.17,\quad Fr(계획) = 2.1/\sqrt{9.8 \times 11.3} = 0.20$$

따라서 두 흐름 조건 모두 상류(常流)이다. 상판 단면에서 각 홍수량에 대해 한계류 조건을 구하면 식 (2-20)에서

$$y_{c(50)} = \sqrt[3]{\frac{(25500/1540)^2}{9.8}} = 3.0[\mathrm{m}],\ E_{c(50)} = 1.5y_{c(50)} = 1.5 \times 3.0 = 4.5[\mathrm{m}]$$

$$y_{c(계획)} = \sqrt[3]{\frac{(37000/1540)^2}{9.8}} = 3.9[\mathrm{m}],\ E_{c(계획)} = 1.5y_{c(계획)} = 1.5 \times 3.9 = 5.9[\mathrm{m}]$$

상판 위에서 50년 빈도와 계획 홍수의 비에너지는 원래 비에너지에서 상판의 높이 4.5 m를 각각 빼준 값이므로

$$E_{2(50)} = 9.72 - 4.5 = 5.22 > 4.5 \qquad E_{2(계획)} = 11.30 - 4.5 = 6.8 > 5.9$$

위의 값들은 상판 단면에서 한계류 비에너지값들보다 각각 크므로 상판에 의해 흐름은 질식되지 않고, 따라서 상류에 배수 효과를 주지 않는다.

2.5 비 력

지금까지 소개한 에너지 방정식은 마찰에 의한 에너지 손실은 없거나 아주 적어서 무시할 수 있는 흐름에 적용할 수 있다. 그러나 실제로 모든 흐름에는 크건 적건 에너지 손실이 있다. 매우 천천히 흐르는 층류에도 위아래 층간의 유속 차이로 물의 점성에 의한 전단응력이 발생하고, 이러한 층간의 전단응력은 결국 경계면으로(개수로의 경우 바닥이나 측벽) 전달되어 마

찰이 발생하며 흐름의 운동 에너지와 위치 에너지는 열로 소멸된다. 난류의 경우에는 점성마찰보다 운동량 교환이 훨씬 크기 때문에 이에 따른 에너지 손실도 훨씬 크다.

이러한 경계면 마찰에 의한 에너지 손실 이외에 그림 2.16이나 2.17과 같이 사류가 상류로 바뀌면서 격렬한 난류와 와류가 형성되어 흐름이 가지고 있는 에너지의 일부가 손실되는 경우가 있다. 이를 도수(跳水, hydraulic jump)라 하며, 그 흐름특성은 다음 절에서 집중적으로 해석될 것이다.

또한 그림 2.18과 같이 수로의 폭이 급격히 변하는 천이단면에서의 유선은 경계면을 따르지 못하고 이탈하여 와류(수축 단면에서는 상류에, 확대 단면에서는 하류에)가 생겨 에너지 손실이 있게 된다. 마지막으로 그림 2.19와 같이 개수로 바닥에 상류에서 쓸려 내려온 거목이나 큰 장애물이 있는 경우 유선이 장애물의 경계면에서 이탈하여 뒤에 커다란 와류를 형성시킴으로써 에너지 손실이 발생한다.

이러한 에너지 손실이 상당한 흐름에는 에너지 방정식 (1-24)에 상류 단면1과 하류 단면2를 기준으로 두 단면 내 에너지 손실 ΔH를 고려하여 다음과 같이 쓸 수 있다.

그림 2.16 도수의 발생(괴산댐)

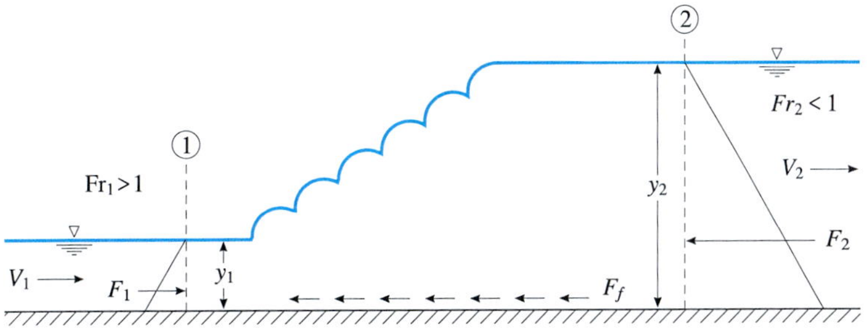

그림 2.17 사류가 상류로 바뀌는 도수에서 격렬한 난류와 와류의 형성

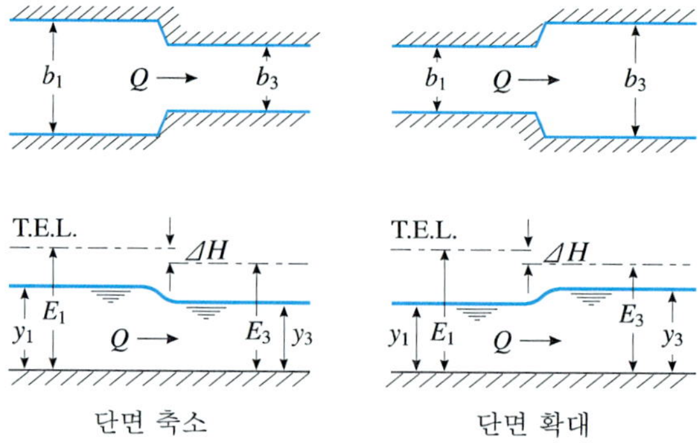

그림 2.18 단면의 급축소와 급확대에 따른 에너지 손실

$$y_1 + z_1 + \frac{{V_1}^2}{2g} = y_2 + z_2 + \frac{{V_2}^2}{2g} + \Delta H \qquad (2-54)$$

이 방정식을 이용하여 흐름 상하류의 변수를 구하려면 에너지 손실 ΔH를 알아야 한다. 그러나 대부분의 경우 이러한 에너지 손실은 오히려 위 식을 이용하여 상하류 두 단면의 에너지 차이를 구해 얻을 수 있다.

이러한 점에서 도수, 급격한 천이단면에서 흐름, 장애물에 의한 와류의 형성 등 흐름이 에너지 손실을 수반하는 경우에는 에너지 방정식의 응용은 사실상 불가능하다. 그러나 위에 열거한 어느 흐름에서도 운동량의 손실은 없으며 보존된다. 따라서 에너지 손실이 수반되는 흐름에 작용하는 모든 힘을 알 수 있다면 운동량 법칙을 적용하여 필요한 흐름변수를 구할 수 있다.

(1) 비력의 유도

개수로 흐름에 운동량 법칙을 적용하기 위하여 그림 2.19와 같은 수로 바닥에 장애물이 있어 흐름이 변화하는 경우를 고려하자. 여기서 장애물의 형상과 크기에 따라 그 정도는 다르겠지만, 장애물 뒤로 와류가 형성되어 에너지 손실이 있고 장애물 자체가 흐름에 저항을 주는 (이 경우 작용-반작용 법칙에 의해 흐름은 장애물에 같은 항력을 주고 있음) 일반적인 경우

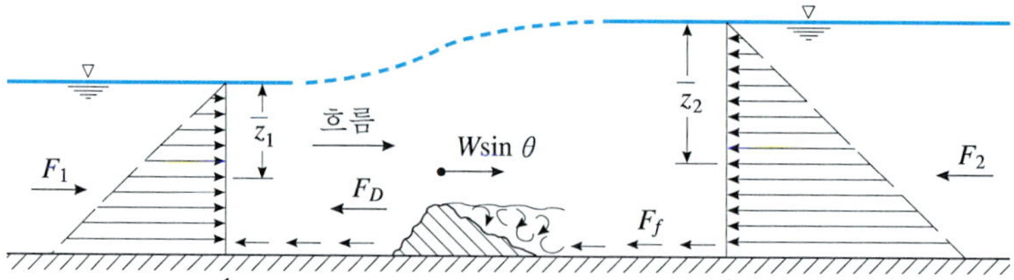

그림 2.19 운동량 법칙을 적용하기 위한 개수로 흐름과 검사 체적

를 고려하자. 또한 단면 1과 단면 2의 유속분포는 충분히 균일하여 운동량 계수는 1에 가깝기 때문에 고려하지 않아도 된다고 가정하자.

이 경우 상하류 구간에 작용하는 운동량과 힘의 관계는 운동량 보존식 (1-20)을 적용하여 구할 수 있다. 여기서 검사표면은 도수 상하류의 연직단면과 수로바닥, 그리고 수면 위 일정한 면으로 구성되어 있다. 먼저 검사체적에 작용하는 외력의 합 ΣF는 단면 1에 작용하는 압력에 의한 힘 F_1과 단면 2에 작용하는 압력에 의한 힘 F_2, 검사체적 내 물 무게 W의 흐름 방향 분력 $W\sin\theta$ (여기서 θ는 수로바닥의 경사), 그리고 검사체적 내에 작용하는 장애물에 의한 항력 F_D, 수로바닥에서 마찰력 F_f, 기타 미지력 등을 생각할 수 있다. 즉

$$\Sigma F = F_1 - F_2 + W\sin\theta - F_D - F_f \tag{2-55}$$

여기서 문제를 간단히 하기 위해 수로바닥 경사는 작아서 $W\sin\theta \cong 0$ 이고, 지배체적의 길이가 짧기 때문에 $F_f \cong 0$ 이라고 하면 외력의 합은

$$\Sigma F = F_1 - F_2 - F_D \tag{2-56}$$

또한 각 단면에 작용하는 압력의 힘은 그림 2.21과 같이 단면적 A 에 수면에서 단면의 도심까지 거리 $\bar{z}$ 에 물의 단위중량을 곱한 값이므로, 이를 고려하면 식 (2-55)는 정상류에서 다음과 같이 표시된다.

$$\gamma A_1 \overline{z_1} - \gamma A_2 \overline{z_2} - F_D = \rho Q(V_2 - V_1) \tag{2-57}$$

따라서 장애물에 의한 항력 F_D 는 다음과 같이 표시된다.

$$\frac{F_D}{\gamma} = \left(\frac{Q^2}{gA_1} + \overline{z_1}A_1\right) - \left(\frac{Q^2}{gA_2} + \overline{z_2}A_2\right) \tag{2-58}$$

여기서 우변의 괄호 안의 값을 M 이라고 하면

$$\frac{F_D}{\gamma} = M_1 - M_2 \tag{2-59}$$

$$M = \frac{Q^2}{gA} + \bar{z}A \tag{2-60}$$

위에서 M 을 비력(比力, specific force) 또는 운동량 함수(momentum function)[12]라 한다. 비력은 단위중량당 물이 가지는 운동량이다. 따라서 각 단면의 비력이 같으면 식 (2-59)에 의

12 물리량 M에 대해 일찍이 Chow(1959)는 비력(specific force), Henderson(1966)은 운동량 함수(momentum function)라고 불렀다.

해 그 검사체적 내에 특별히 작용하는 힘은 없다.

비력의 함수의 특성을 검토하기 위하여 편의상 사각형 단면에서 단위폭당 비력을 고려하자. 이를 위하여 식 (2-59)와 (2-60)을 수로 폭 b 로 각각 나누면 $Q/b=q,\ A/b=y$ 이고 $\bar{z}=y/2$ 이다. 편의상 단위폭당 항력과 비력으로 전체 폭에 대한 부호들을 그대로 쓰면 식 (2-59)는 그대로이고 식 (2-60)은

$$M=\frac{q^2}{gy}+\frac{y^2}{2} \qquad (2-61)$$

(2) 비력의 특성

비력의 특성을 파악하기 위하여 먼저 M 이 최소가 되는 조건을 알아보자. 이를 위하여 비력 식 (2-60)을 수심 y 에 대해 미분하면

$$\frac{dM}{dy}=-\frac{Q^2}{gA^2}\frac{dA}{dy}+\frac{d(\bar{z}A)}{dy}=0 \qquad (2-62)$$

여기서 위 식의 우변의 둘째항을 평가하기 위하여 $\bar{z}A$의 미소 증가량을 검토하자. 이는 그림 2.8에서 수면고가 Δy 만큼 증가할 때 $\bar{z}A$의 증가분으로서

$$\Delta(\bar{z}A)=\left[A(\bar{z}+\Delta y)+(T\Delta y)\frac{\Delta y}{2}\right]-\bar{z}A \qquad (2-63)$$

Δy 의 2차항을 무시하면

$$\Delta(\bar{z}A)=A\Delta y \quad \rightarrow \quad d(\bar{z}A)=A\,dy \qquad (2-64)$$

따라서 식 (2-62)의 우변의 둘째항은 A가 된다. 수리 수심 $D=A/T$를 이용하면 이 식은

$$\frac{V^2}{2g}=\frac{D}{2} \qquad (2-65)$$

위 식은 식 (2-38)과 같은 한계류의 조건식으로서, 결국 비에너지와 마찬가지로 비력이 최소가 되는 조건에서 한계류가 발생한다. 다시 말해서, 한계류에서 비력은 최소가 된다.

마찬가지로 단위폭당 비력 식 (2-61)을 y에 대해 미분하여 0으로 놓으면 비에너지에서 얻어진 한계류 조건식 (2-18)과 같은 한계류 조건이 얻어진다.

$$\frac{dM}{dy}=-\frac{q^2}{gy^2}+y=0 \qquad (2-66)$$

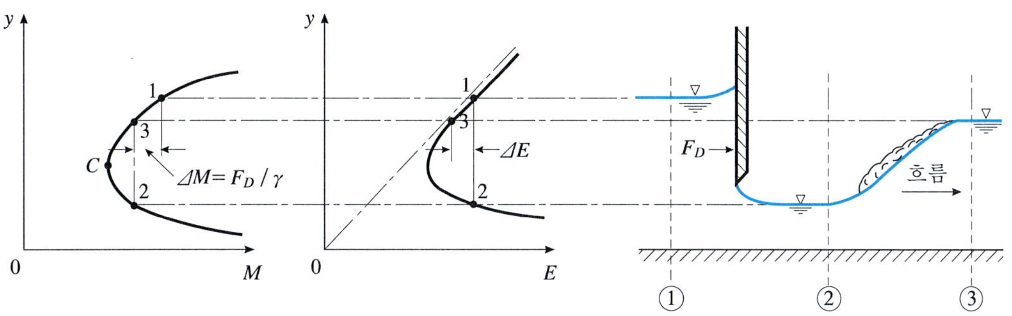

그림 2.20 비력과 비에너지의 상관성과 개구 수문에 의한 도수

$$\therefore q^2 = g\, y_c^3 \tag{2-67}$$

식 (2-61)을 비에너지 식과 같이 $M \sim y$ 축에 도시하면 그림 2.20과 같다. 여기서 비력과 비에너지의 물리적 상관성을 설명하기 위해 개구 수문에 의한 도수를 같이 도시하였다.

우선 비력은 식 (2-60)이나 (2-61)의 특성상 $y \to 0$ 에서 $M \to \infty$ 이외에 비에너지와 달리 $M = y$ 점근선이 없다. 다만 비에너지 곡선과 같이 한계수심에서 비력은 최소가 되고 그 다음은 비에너지 곡선과 비슷한 형태를 가진다. 여기서 비력곡선은 비에너지 곡선과 같이 꼭지점 C 를 제외하면 어느 한 비력값에 대해 두 수심 (2, 3)이 공존한다. 이를 공액수심(共軛水深, conjugate depth 또는 sequent depth)이라 한다. 공액수심은 비에너지 곡선의 대응수심에 상당한다. 즉, 그림 2.20과 같이 수문 위 흐름의 수심은 비력이나 비에너지 곡선에서 모두 같은 점 1에 해당하며, 수문을 통과한 다음 사류 수심은 점 2가 되고, 도수 후의 하류 수심은 점 3이 된다. 여기서 흐름이 수문을 통과할 때 수문에 힘 F_D 를 미치게 되며, 이는 식 (2-59)에서 수문 상하류 비력의 차이가 된다. 따라서 수문 직하류의 사류 수심은 그림 2.20의 비력곡선에서 점 1보다 $\Delta M(= F_D/\gamma)$ 만큼 작은 공액수심 중 사류에 해당하는 점 2가 된다. 반면에 수문에 의한 흐름의 에너지 손실은 없고, 바닥에서 마찰손실도 적다고 전제하면 비에너지 곡선에서 직하류 수심은 점 1이 가지는 비에너지를 그대로 가지므로 점 2가 된다. 다음, 아래에서 사류에서 상류로 바뀌면서 도수가 일어나면 에너지 손실이 수반되나 운동량은 보존된다. 따라서 도수 후의 하류수심은 비력곡선에서 사류 수심 점 2의 공액수심에 해당하는 점 3이 된다. 반면에 이 점은 비에너지 곡선에서는 도수에 의한 에너지 손실 ΔE 를 뺀 대응 수심중 상류에 해당하는 점 3이 된다. 여기서 두 곡선상의 점 1, 2, 3과 수문에 의한 도수 현상의 수심 1, 2, 3은 각각 일치한다.

비력곡선의 꼭지점, 즉 한계 수심점은 비에너지 곡선과 마찬가지로 단위폭당 유량이 증가하면 우측으로 이동하게 된다. 꼭지점 이동선의 궤적 식은 식 (2-67)을 식 (2-61)에 대입하여 q 를 소거하여 얻을 수 있으며, $M = 3/2\,y^2$ 이다. 따라서 비력곡선의 꼭지점의 궤적은 비에너지 곡선의 경우($E = 3/2\,y$ 직선)보다 횡축에 더 근접한다.

이밖에 그림 2.20에서 알 수 있는 것은 두 공액수심은 대응수심과 마찬가지로 한쪽이 상류이면 다른 한쪽은 사류가 되어야 한다는 것이다. 반대로 한쪽이 사류이면 다른 한쪽은 상류가 된다. 또한 공액수심의 한쪽이 증가하면 다른 한쪽은 감소하여야 한다.

공액수심과 대응수심과의 관계를 잘 보여주는 또 다른 예로서 그림 2.21과 같이 수로 바닥이 부드럽게 올라갔다 다시 내려가면서 바닥 마루에서 한계류가 발생하는 경우를 고려하자. 여기서 바닥의 변화는 에너지 손실을 무시할 만큼 충분히 부드럽고 짧다고 가정하자. 이 경우 위 흐름이 상류라면 단면 1의 수심 1은 비에너지 곡선과 비력 곡선에서 같은 점으로 표시된다. 다음, 바닥 마루 앞의 단면 2의 수심은 바닥이 상승한 것만큼 비에너지가 작아지고, 바닥에 의한 저항력만큼 비력이 작아져서 두 곡선 모두 2로 표시된다. 다음 바닥 마루에서 흐름은 한계류가 되어 두 곡선에서 공히 꼭지점은 3으로 표시된다. 다음 바닥이 서서히 내려가서 4에 도달하면 하류 조건에 따라 사류가 되는 경우 두 곡선에서 4로, 상류가 되는 경우 4′으로 표시된다. 마침내 하류 단면 5에서는 하류가 사류인 경우 대응 수심 5로 표시되나, 비력곡선에서는 공액 수심보다 조금 큰, F_D 만큼 비력이 작아진 점 5로 표시된다. 그러나 하류가 상류인 경우 비에너지 곡선에서는 점 1로 돌아오며, 비력곡선에서는 비력이 F_D 만큼 줄어든 점 5′으로 표시된다.

비에너지 경우와 같이 단위폭당 비력식을 무차원으로 표시하기 위해 식 (2－61)에서 양변을 한계수심 y_c^2 로 나누면

$$\frac{M}{y_c^2} = \frac{q^2}{g\,y\,y_c^2} + \frac{y^2}{2\,y_c^2} \tag{2－68}$$

위 식에서 $q^2 = g\,y_c^3$ 임을 감안하고, $M' = M/y_c^2$, $y' = y/y_c$ 로 무차원화하면

$$M' = \frac{1}{y'} + \frac{y'^2}{2} \tag{2－69}$$

위 식으로 나타나는 $M' \sim y'$ 관계는 $M \sim y$ 관계와 그 형태가 같다. 한계류는 $y' = 1$에서 발생한다. 여기서 무차원 비력 식 (2－69)는 무차원 비에너지 식의 역의 형태와 비슷하다.

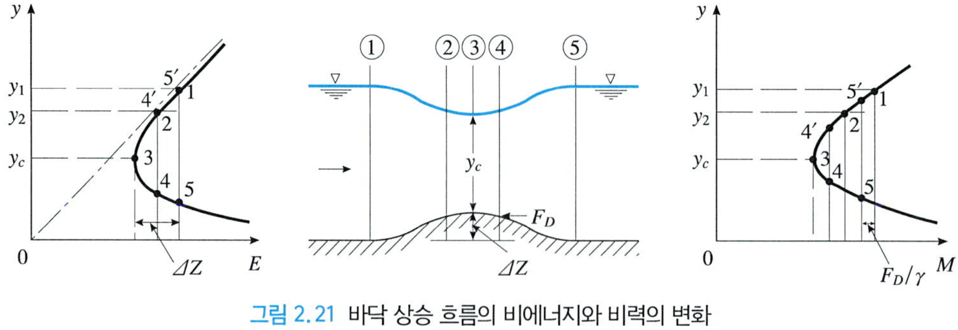

그림 2.21 바닥 상승 흐름의 비에너지와 비력의 변화

2.6 도 수

도수는 사류가 상류로 바뀌면서 가지고 있는 에너지의 일부를 격렬한 와류와 난류를 통해 소모하는 현상으로, 비력 개념의 대표적인 적용예이다. 이는 공기역학에서 초음속에서 아음속으로 돌아올 때 일어나는 충격파(shock wave) 현상과 유사하며, 다만 충격파는 흐름방향으로 전파되는 반면에 도수에 의한 중력파는 흐름방향에 직각으로 서 있는 형태가 된다. 또한 파의 두께도 충격파에 비해 매우 커서 통상 상하류 수심 차의 수배가 된다. 도수는 댐 여수로 등에서 나오는 수류의 과다한 에너지를 소모하여 하류에 충격을 줄인다는 점에서 수리구조물 설계에 중요하다. 그림 2.22는 댐 여수로에서 발생하는 도수를 보여주고 있다.

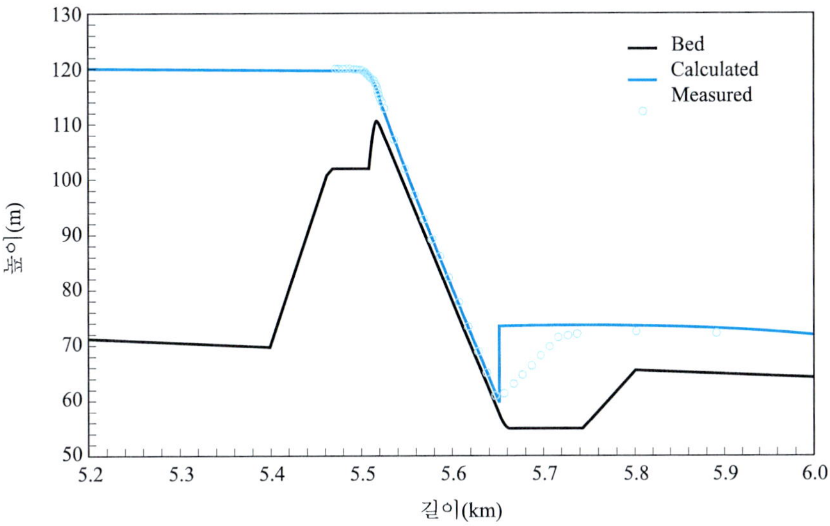

그림 2.22 댐 여수로의 도수 발생

(1) 공액 수심의 유도

그림 2.17과 같은 도수에서 상하류의 수심과 프루드 수와의 관계를 알아보기 위해 식 (2-59)에서 $F_D = 0$인 경우, 즉 검사체적 내에 특별한 힘이 작용하고 있지 않은 경우를 고려하자. 문제를 쉽게 하기 위하여 다시 사각형 수로에서 단위폭당을 기준으로 한다. 이 경우 식 (2-59)와 (2-61)에서

$$\frac{q^2}{gy_1} + \frac{y_1^2}{2} = \frac{q^2}{gy_2} + \frac{y_2^2}{2} \qquad (2-70)$$

이를 유량항과 수심항으로 나누면

$$\frac{q^2}{g y_1 y_2} = \frac{1}{2}(y_2 + y_1) \tag{2-71}$$

여기에 $q = V_1 y_1$ 을 대입하여 정리하면

$$\frac{V_1^2}{g y_1} = Fr_1^2 = \frac{1}{2}\frac{y_2}{y_1}\left(\frac{y_2}{y_1} + 1\right) \tag{2-72}$$

위 식은 도수의 기본식이며, Fr_1 은 단면 1에서 프루드 수이다. 여기서 V_1, y_1, Fr_1 등 도수 전의 흐름조건을 알면 도수 후의 흐름 조건 V_2, y_2, Fr_2 등을 알 수 있다. 이를 y_2/y_1의 형태로 다시 쓰면

$$\frac{y_2}{y_1} = \frac{1}{2}\left(\sqrt{1 + 8Fr_1^2} - 1\right) \tag{2-73}$$

혹은 y_1/y_2 의 형태로 쓰면

$$\frac{y_1}{y_2} = \frac{1}{2}\left(\sqrt{1 + 8Fr_2^2} - 1\right) \tag{2-74}$$

식 (2-72)~(2-74)는 모두 도수 식이며, y_1 과 y_2 는 공액수심이다. 여기서 요구하는 흐름 변수는 도수 전의 흐름 조건 V_1, y_1, Fr_1이나 도수 후의 흐름조건 V_2, y_2, Fr_2이다. 식 (2-72)~(2-74)에 이용된 프루드 수는 기본적으로 운동량 방정식 (2-58)에서 유도된 것으로, 이 식에서는 바닥경사 $\cos\theta$ 와 운동량 계수 β 를 모두 1.0으로 가정하였다. 여기서 위 두 계수를 고려한 식 (2-72)~(2-74)의 프루드 수는 $Fr = V/\sqrt{gy\cos\theta/\beta}$ 가 된다. 특히 비사각형 단면에서 보편적으로 쓸 수 있는 프루드 수는

$$Fr = \frac{V}{\sqrt{gD\dfrac{\cos\theta}{\beta}}} \tag{2-75}$$

가 되어 에너지 식의 프루드 수인 식 (2-32)와 계수 α, β 의 차이가 있다.

지금까지 설명한 도수는 수학적인 표현이고 과연 위와 같은 조건에서 항상 물리적으로 도수가 일어날 것인가는 하류 조건에 크게 관계한다. 다시 말하면 하류 수심 y_2 가 바닥 마찰이나 기타 조절 방법으로 이미 정해진 경우 도수는 하류 수심 y_2 의 공액수심에 해당하는 상류 수심 y_1 을 찾아 도수는 위아래로 이동한다. 이러한 도수의 불안정성은 도수구간이 짧은 실험실 수로에서 쉽게 관찰할 수 있다. 그러나 이러한 도수 위치의 불안정성은 실제 개수로에서는 바닥마찰 등에 의해 통상 안정화된다.

(2) 개구 수문의 도수 계산 예

식 (2-72)~(2-74)로 표시되는 도수 상하류의 수심 관계식의 응용 예로서 다시 그림 2.20의 개구 수문에서의 도수 현상을 검토하자. 여기서 수로단면은 폭 5 m의 직사각형이고, 유량 Q는 150 m^3/s, 개구 수문의 상류 수심 y_1은 10 m, 하류 수심 y_2는 2 m라 하자. 이 경우 수문에 미치는 힘 F_D, 맨 하류의 수심 y_3, 도수에 의한 에너지 손실 ΔE 등을 구해보자.

1 흐름이 수문에 미치는 힘

흐름이 수문에 미치는 힘 F_D를 구하기 위해 식 (2-59)와 (2-61)을 단면 1, 2에 적용하자. 여기서 식 (2-59)는 수문의 단위폭에 미치는 힘임을 유의하자. 먼저 $q=150/5=30$ m^3/s/m이므로

$$M_1=\left[\frac{q^2}{gy_1}+\frac{y_1^2}{2}\right]=\left[\frac{30^2}{9.8(10)}+\frac{10^2}{2}\right]=59.2\ [\mathrm{m}^2]$$

$$M_2=\left[\frac{q^2}{gy_2}+\frac{y_2^2}{2}\right]=\left[\frac{30^2}{9.8(2)}+\frac{2^2}{2}\right]=47.9\ [\mathrm{m}^2]$$

$$\frac{F_D}{\gamma}=M_1-M_2=59.2-47.9=11.3\ [\mathrm{m}^2]$$

$$\therefore\quad F_D=11.3(9.8\,\mathrm{kN})=111\ \mathrm{kN/m}$$

따라서 전 수로폭에 대한 힘은 $111\times 5=555$ kN이 된다.

2 맨 하류의 수심

맨 하류의 수심 y_3를 구하려면 도수 공식중 하류의 수심을 구하는 식 (2-73)에서 단면번호 1, 2 대신 2, 3을 사용하자. 먼저 V_2와 Fr_2를 구하면

$$V_2=q/y_2=30/2=15\ \mathrm{m/s}$$

$$Fr_2=V_2/\sqrt{gy_2}=15/\sqrt{9.8(2)}=3.39$$

$$\therefore y_3=\frac{y_2}{2}\left(\sqrt{1+8Fr_2^2}-1\right)=\frac{2}{2}\left(\sqrt{1+8(3.39)^2}-1\right)=8.64\ \mathrm{m}$$

3 에너지 손실과 동력

도수에 의한 에너지 손실은 단면 2, 3에서 에너지 차이 $\Delta E(=E_2-E_3)$를 구하면 되므로, $V_3=q/y_3=30/8.64=3.47$ m/s에서

$$E_2 = y_2 + \frac{V_2^2}{2g} = 2 + \frac{15^2}{2(9.8)} = 13.48\ [\mathrm{m}]$$

$$E_3 = y_3 + \frac{V_3^2}{2g} = 8.64 + \frac{3.47^2}{2(9.8)} = 9.25\ [\mathrm{m}]$$

$$\therefore \Delta E = 13.48 - 9.25 = 4.23\ [\mathrm{m}]$$

소멸되는 동력은 단위시간당 손실된 에너지이므로

$$P = \Delta E \gamma Q = 4.3(9.8)(150) = 6{,}320\ \mathrm{kW}$$

(3) 비사각형 단면 수로에서의 도수

원형, 삼각형, 사다리꼴, 포물선형 등 비사각형 규칙단면의 도수는 사각형 단면에 적용되는 식 (2-72)~(2-74)는 더 이상 쓸 수 없고 식 (2-59)와 (2-60)에서 $F_D = 0$인 비력 식에서 직접 구해야 한다. 이 식의 해는 여러 단면형에 대해 경험적, 혹은 반해석적으로 구해진다 (French, 1985, pp. 80~85). 다행히 실제 도수현상의 해석에서 가장 많이 나타나는 단면형은 사각형 단면이고 그 다음이 사다리꼴 단면이며, 기타 단면은 학구적인 의미가 크다. 여기서는 사각형 단면 다음으로 실무에서 중요한 사다리꼴 단면에서 도수를 구하는 방법에 대해서만 간단히 설명한다.

Silvester(1964)에 의하면 규칙 단면에서 도심까지의 거리 $\bar{z}$ 는 다음과 같이 단면 최대 수심의 함수로 표시할 수 있다.

$$\bar{z} = k'y \tag{2-76}$$

여기서 k'은 계수이다. 위 식을 이용하면 $F_D = 0$인 도수에서 식 (2-59)는

$$A_1 k_1' y_1 - A_2 k_2' y_2 = \frac{Q^2}{g}\left(\frac{1}{A_2} - \frac{1}{A_1}\right) \tag{2-77}$$

위 식을 다시 정리하면

$$k_2' \frac{A_2}{A_1}\frac{y_2}{y_1} - k_1' = Fr_1^2 \frac{A_1}{y_1 T_1}\left(1 - \frac{A_1}{A_2}\right) \tag{2-78}$$

여기서 Fr_1^2은 프루드 수로서 $Q^2/(gA_1^2 y_1)$ 이며, 비사각형 단면의 경우 수리 수심 D를 이용하면 $Q^2/(gA_1^2 D_1)$ 이다. Silvester는 삼각형과 포물선형 단면에 대해서 k' 값으로 각각 1/3과 2/5를 얻어서 식 (2-77)에서 A_2/A_1, 혹은 y_2/y_1을 구할 수 있었지만, 사다리꼴 단면에 대해서는 $k' = b/zy_1$으로 표시되는 단면 형상계수를 이용하여 식 (2-78)을 직접 풀어야 했다. 여

기서 b 와 z 는 각각 사다리꼴 단면의 바닥 폭과 측벽의 경사이다. 그림 2.23은 여러 단면형에 대해 식 (2-78)을 풀어서 프루드 수 Fr_1 과 수심 비 y_2/y_1 와의 관계를 도시한 것이다. 여기서 사다리꼴의 경우 k' 의 값에 따라 두 관계가 변하는 것을 보여준다.

마지막으로, 비사각형 단면에서 도수에 의한 에너지 손실을 구하려면 상하류 각 단면에서의 비에너지의 차이를 구하면 된다.

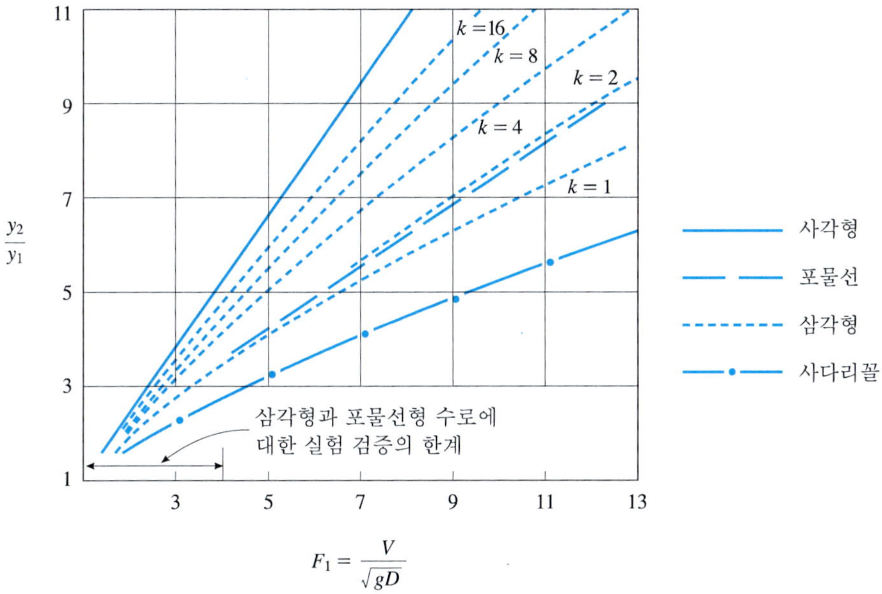

그림 2.23 비사각형 단면에서 도수조건(Silvester, 1964)

예제 2.9

바닥폭 5 m, 측벽경사 2 : 1인 사다리꼴 단면의 수로에 수심 1 m의 사류가 유량 100 m³/s로 흐른다. 이 수로의 하류에 도수를 생기게 하는 수심조건을 구하고, 도수에 의한 에너지 손실을 구하시오.

풀이

(1) Silvester의 방법을 이용하면

$$A_1 = (b + zy_1)y_1 = [5 + 2(1)]1 = 7 \text{ m}^2$$

$$T_1 = b + 2zy_1 = 5 + 2(2)1 = 9 \text{ m}$$

$$D_1 = \frac{A_1}{T_1} = \frac{7}{9} = 0.78 \text{ m}$$

$$V_1 = \frac{Q}{A_1} = \frac{100}{7} = 14.3 \text{ m/s}$$

(계속)

$$Fr_1 = \frac{V_1}{\sqrt{gD_1}} = \frac{14.3}{\sqrt{9.8(0.78)}} = 5.2$$

$$k' = \frac{b}{zy_1} = \frac{5}{2(1)} = 2.5$$

위의 Fr_1 과 k' 값을 이용하여 그림 2.23에서 y_2/y_1을 구하면 4.7이 된다. 따라서 도수를 만드는 하류 수심은

$$y_2 = 4.7(1) = 4.7 \text{ m}$$

(2) 도수에 의한 에너지 손실은 $\Delta E = E_1 - E_2$에서

$$E_1 = y_1 + \frac{V_1^2}{2g} = 1.0 + \frac{14.3^2}{2(9.8)} = 11.4 \text{ [m]}$$

$$E_2 = y_2 + \frac{V_2^2}{2g} = 4.7 + \frac{1.48^2}{2(9.8)} = 4.81 \text{ [m]}$$

$$\therefore \Delta E = E_1 - E_2 = 11.4 - 4.8 = 6.6 \text{ [m]}$$

연습 문제

2.1 그림 2.1과 같은 개구 수문에서 에너지 손실이 없으면 위 흐름은 항상 상류이고 아래 흐름은 항상 사류가 됨을 보이시오.

2.2 평평한 바닥의 사각형 개수로 흐름에서 식 (2-53)과 같이 $db/dx=0$ 에서 $Fr=1$이 되는 경우 수로 폭 b는 최소이며, 최대가 아님을 보이시오(힌트 : 상류와 사류 각각에 대해 폭 b의 변화에 따른 유속 V와 수심 y의 변화검토).

2.3 폭이 넓고, 사각형으로 생긴 단면의 하천에 수심 3 m, 유속 3 m/s의 흐름에서 1) 30 cm의 점진적인 하상 상승, 2) 30 cm의 점진적 하상저하가 있는 천이단면에서 각각 수위를 구하시오. 또한 3) 위 흐름의 수위를 올리지 않는 범위 내에서 최대 하상상승고를 구하시오.

2.4 문제 2.3에서 하천의 폭이 100 m인 경우 1) 하폭이 90 m로 점차적으로 줄거나, 2) 110 m로 점차적으로 늘어나는 천이단면에서 각각 수위를 구하시오. 또한 3) 위 흐름의 수위를 올리지 않는 범위 내에서 최대로 줄일 수 있는 하폭을 구하시오.

2.5 문제 2.4에서 천이단면의 하상이 점차적으로 60 cm 상승하는 경우 위 흐름의 수위를 올리지 않으려면 동시에 하폭은 얼마나 늘어나야 하는가?

2.6 불규칙 단면을 가진 자연하도에서 주어진 비에너지에 대해 흐름이 한계류이면 유량은 최대가 됨을 보이시오.

2.7 에너지 계수 α가 수심의 함수인 경우 식 (2-37)에서 프루드 수를 구하시오.

2.8 저수지 출구에서 저수지 수위가 경사가 급한 수로바닥보다 3 m 높은 경우 방류량은? 여기서 개수로는 폭 3 m의 직사각형 단면으로 되어 있다. 또한 개수로 단면이 바닥 폭 3 m, 측벽 경사 $1:z=1:2$의 사다리꼴인 경우 방류량은?

2.9 광정 위어로 되어 있는 저수지 출구에서 저수지 수위는 바닥에서 3 m이다. 이 광정위어 출구 바로 아래는 바닥이 50 cm 내려간 급경사 개수로이다. 개수로에서 흐름이 사류라면 이 단면의 평균유속, 수심, 프루드 수는?

2.10 바닥 폭 6 m이고 측벽 경사가 1 : z=1 : 2인 사다리꼴 단면수로에 유량 55 m^3/s가 수심 2.5 m로 흐른다. 이 사다리꼴 단면수로가 점차적으로 바닥이 60 cm 낮아지면서 폭 6 m의 사각형 단면수로로 천이된다. 사각형 수로에서 수위변화와 수심을 구하시오. 또한 상류 수위에 영향을 주지 않는 범위 내에서 최소한의 바닥 하강고는?

2.11 사각형 단면수로에서 대응 수심이 y_1, y_2라면 한계 수심 y_c를 y_1, y_2만의 함수로 표시하시오.

2.12 다음과 같은 복단면 하도에서 유량이 100 m^3/s에 해당하는 한계수심과 한계 비에너지를 Konemann 방법으로 구하시오.

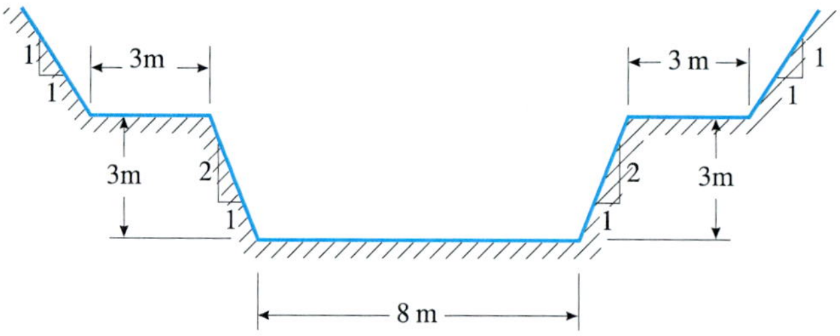

2.13 사각형 단면수로의 도수 식 (2 – 73)이나 (2 – 74)를 이용하여 위 흐름은 항상 사류이고 아래 흐름은 항상 상류임을 증명하시오.

2.14 수심 y_1인 사각형 수로의 바닥이 Δz 만큼 서서히 올라가서 수심이 y_2가 되는 흐름에서 단위폭당 바닥 상승부에 흐름방향으로 미치는 힘을 상하류 수심비 $\eta(=y_2/y_1)$, 상류 수심, 바닥 상승고의 함수로 표시하시오.

2.15 수심 y_1인 사각형 수로의 폭이 b_1에서 b_2로 서서히 변하여 수심이 y_2가 되는 흐름에서 흐름방향으로 폭 변화부에 미치는 힘을 상하류 수심비, 폭 변화율 $k(=b_2/b_1)$ 및 상류 수심의 함수로 표시하시오.

2.16 폭 6 m의 사각형단면 수로에 유량 18 m^3/s의 흐름에 해당하는 비에너지 곡선과 비력 곡선을 그리시오. 수심 0.3 m에 해당하는 대응수심과 공액수심은? 도수에 의한 에너지 손실은?

2.17 폭이 3 m인 사각형 단면의 수평수로에 개구 수문을 설치하여 수문을 1 m 열어 물을 방류하고 있다. 이때 수문 상류의 수심은 3 m이다. 수문의 수축계수가 0.61이라면 수문에 미치는 힘을 1) 정확한 방법과 2) 수문에 미치는 압력은 정수압이라고 가정한 근사법으로 각각 구하여 그 결과를 비교 검토하시오.

2.18 문제 2.17에서 수문 하류에 도수가 발생하기 위한 하류 수심과 에너지 손실을 구하시오.

2.19 폭이 6 m인 수로에 수심 1 m, 유속 6 m/s의 사류에 도수를 형성하기 위한 아래 흐름의 수심을 구하고, 도수에 의한 에너지 손실과 소멸되는 동력을 구하시오.

2.20 폭 12 m의 사각형 단면의 여수로를 이용하여 저수지에서 유량 300 m^3/s로 물을 방류한다. 기준면에서 저수지 수위는 60 m이고 하류 하천의 수위는 30 m이다. 여수로에서 에너지 손실이 없다고 하면 하류 감세지에서 도수를 만들기 위한 감세지 바닥의 표고를 구하시오.

2.21 바닥 폭이 6 m이고 측벽의 경사가 $z=2$인 사다리꼴 단면수로에 도수가 일어나고 있다. 유량이 30 m^3/s이고 도수 하류의 수심이 2.5 m라면 위 흐름의 수심과 에너지 손실, 그리고 소멸되는 동력을 구하시오.

2.22 감세지 내에 도수를 유도하기 위하여 다음 그림과 같이 2열의 감세블록이 설치되어 있다. 감세 블록의 항력계수는 상류 수심이 블록의 높이를 넘지 않는 한 감세블록의 앞 면적의 합과 상류 유속을 기준으로 0.3이다. 유량이 30 m^3/s이고 상류 수심이 0.6 m라면 도수를 형성하기 위한 하류 수심과 에너지 손실을 1) 감세 블록이 없는 경우와 2) 있는 경우에 대해 각각 구하고 그 결과를 비교 검토하시오.

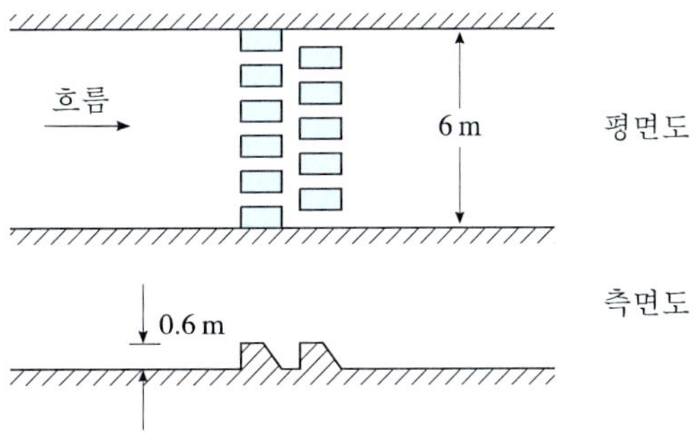

참고 문헌

1. Blalock, M. E., *Minimum Specific Energy in Open Channels of Compound Section*, MS Thesis in Civil Engineering, Georgia Institute of Technology, Atlanta, GA, June, 1980.
2. Blalock, M. E. and Sturm, T. W., "Minimum Specific Energy in Compound Open Channel", *J of the Hydraulics Division*, ASCE, vol. 107, no. HY6, June, 1981.
3. Chow, V. T., *Open-Channel Hydraulics*, McGraw-Hill Book Co., New York, 1959.
4. French, R., *Open-Channel Hydraulics*, McGraw-Hill Book Co., New York, 1985.
5. Henderson, F. M., *Open Channel Flow*, MacMillan Pub. Co., Inc., New York, 1966.
6. Konemann, N., Discussion of "Minimum Specific Energy in Compound Open Channel", *J. of the Hydraulics Division*, ASCE, vol. 108, no. HY3, March, 1982.
7. Myers, W. R. C., "Momentum Transfer in Compound Channels", *J. of Hydraulic Research*, IAHR, vol. 16, no. 2, 1978.
8. Rajaratnam, N. and Ahmadi, R. M., "Interaction between Main Channel and Flood-Plain Flows", *J. of the Hydraulics Division*, ASCE, vol. 105, no. HY5, May, 1979.
9. Silvester, R., "Hydraulic Jump in All Shapes on Horizontal Channels", *J. of the Hydraulics Division*, ASCE, vol. 90, no. HY1, Jan., 1964.
10. Swamee, P. K., Discussion of "Formula for Calculating Critical Depth of Trapezoidal Open Channel", by Wang Z., *Technical Note, J. of Hydraulic Engineering*, ASCE, vol. 125, no. 7, July, 1999.

Chapter 3

흐름저항 - 등류의 계산

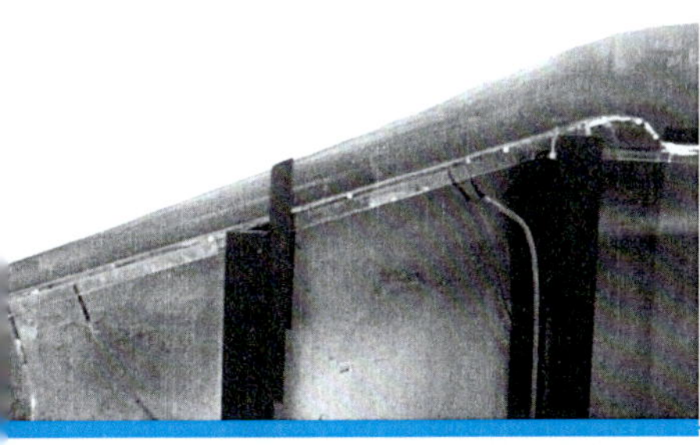

▲ 댐 여수로 모형실험에서 등류 형성과정

이 장에서는 개수로 흐름에서 마찰저항의 의미를 알아보고 이를 단면 전체에 대해 평균한 전단응력 개념을 소개한다. 다음, 개수로 흐름 중 가장 간단한 흐름인 등류의 특성과 등류의 저항식, 즉 평균 유속공식을 설명한다. 또한, 등류의 수심과 경사 등을 계산하는 실용적 방법을 소개하고, 마지막으로 등류의 응용 예로서 최적 수리단면, 경사-면적법에 의한 유량 추정, 그리고 복단면에서의 등류 계산방법 등을 알아본다.

3.1 흐름저항의 개념

(1) 마찰의 의미

앞서 2장에서 우리는 인공수로나 강에 물이 흘러가는 현상을 보존법칙으로 수식화하였다. 수식화를 떠나서 이러한 흐름은 결국 중력에 의해 '물'이라는 물질이 높은 곳에서 낮은 곳으로 움직이는 것이다. 우리는 힘이 계속적으로 작용하는 물체는 가속도를 얻어 그 속도는 시간이 갈수록 변하는 것을 잘 알고 있다. 그러나 수로나 강물의 흐름은 하류로 가면서 계속 빨라지지 않고 어느 정도 일정한 속도로 흐른다. 다시 말하면 개수로 흐름에는 중력이 지속적으로 작용함에도 불구하고 가속도가 없다. 따라서 중력에 반하는 힘이 흐름에 지속적으로 작용하여야 한다. 이것이 바로 흐름저항(flow resistance)이다.

저항이란 물질의 움직임을 억제시키는 것으로 고체는 물론 유체에서도 공히 존재한다. 고체에 미치는 저항은 땅 위에서 물체를 끌 때 땅과 물체의 경계면에서 생기는 마찰은 물론 돌부리 같은 물체 주위의 장애물에 의해 생기는 직접적인 저항을 생각할 수 있다. 유체의 경우도 마찬가지로 2장의 그림 2.19와 같이 물의 흐름과 수로 바닥재료의 경계면에 생기는 마찰저항(frictional resistance)과 바닥에 놓인 장애물에 의해 흐름의 정면에서 마주치는 형상저항(form resistance)을 생각할 수 있다. 여기서 물과 공기와의 경계면인 수면에서 생기는 마찰저항도 생각할 수 있으나, 이것은 물과 고체 경계면의 마찰에 비해 통상 매우 작으므로 생략한다[13].

책상 위의 물체를 잡아당길 때 생기는 마찰저항에서 직관적으로 알 수 있듯이, 마찰 저항력은 움직이는 물체의 무게와 두 경계면의 거친 정도에 따라 달라진다. 물과 같은 유체의 경우 층류에서 마찰 저항력은 움직이는 유체의 점성 전단응력에 따라 달라진다. 점성의 근원은 유체를 구성하는 분자의 운동량 교환이다. '운동량의 시간 변화가 힘'이라는 물리법칙을 다시 상기하면 유속이 서로 다른 두 경계층에서의 분자운동에 의해 흐름방향에 직각방향으로 이동하여 새로운 흐름 층으로 들어오고 나가는 분자의 운동량 교환은 결국 다음과 같은 힘 $\overline{F}$을 유발한다.

$$\overline{F} = \rho Q(\overline{v_2} - \overline{v_1}) \tag{3-1}$$

여기서 $\overline{v_2}$ 와 $\overline{v_1}$ 은 각각 인접한 두 층의 유속이고, ρQ 는 운동량 교환에 의해 층 1에서 층 2로 이동한 유체의 단위시간당 질량 흐름률이다. 따라서 이러한 운동량 교환은 두 층 사이에 $\overline{F}$ 라는 전단력을 일으킨다. 물과 같은 액체의 경우 이러한 전단력은 물분자의 운동량 교환 이외에 물분자간의 응집력이 가세한다. 흐름의 각 층 간의 운동량 교환에 의해 발생하는 전단

13 유체의 저항력은 유속의 제곱과 유체 밀도에 비례하며, 공기의 밀도는 물의 밀도의 1/800 정도이다.

력은 결국 경계면인 바닥에 전달되어 경계면과 흐름 간 마찰력으로 나타난다. 따라서 흐름을 아래로 끌어내리는 중력은 수로바닥이나 측벽에서 물과 경계면과의 마찰력에 의해 상쇄된다. 흐름이 계속됨에 따라 물이 가진 운동에너지와 위치에너지는 경계면에서 마찰에 의해 행해진 일로 변환된다. 마찰에 의한 일은 결국 액체와 고체의 마찰열과 소리 등으로 변환된다.

우리가 관심 있는 개수로 흐름은 난류이다. 난류에서는 물분자의 운동량 교환이라는 미시적인 움직임보다는 거시적으로 '물 입자(water particle)'의 불규칙한 운동에 의한 운동량 교환이 훨씬 크고 지배적이다. 이러한 난류 운동량 교환이 개수로 흐름에서 결국 마찰저항을 야기한다.

경계면에서 마찰저항 이외에도 그림 2.19와 같이 흐름 속의 장애물은 물의 흐름을 정면으로 방해한다. 이러한 방해는 유선이 장애물의 경계면을 따라 흐르지 못하고 경계면 중간에서 분리되어 벗어나기 때문이다. 이에 따라 흐름이 분리된 장애물 뒤에는 와류가 형성되어 흐름이 가지는 운동에너지는 격렬한 난류운동으로 인해 열에너지 등으로 소멸된다. 이러한 형상저항은 바닥 경계면에서 마찰저항과 같이 흐름에 직접적인 저항을 준다.

(2) 경계면 전단응력의 분포

이제 개수로 경계면의 마찰저항에 초점을 맞추어 보자. 다시 개수로 흐름과 관수로 흐름을 비교하면, 1장의 그림 1.3과 같이 관수로는 압력이 흐름을 유발하는 힘인 반면에 개수로는 중력이 흐름을 유발한다. 관수로에서도 중력이 작용하나 이 중력을 극복하는 압력차가 있어야만 뉴턴의 운동법칙에서 흐름이 생길 수 있다. 이러한 중력과 압력이라는 흐름의 유발력은 결국 흐름과 경계면의 마찰력에 의해 상쇄된다.

이보다도 더 중요한 차이는 1장의 그림 1.1과 같이 관수로는 자유수면이 없고 단면형상과 재질이 비교적 일정하여 한 단면 내 마찰력의 분포가 통상 균일한 반면에 개수로는 그렇지 않다는 것이다. 개수로는 반드시 자유수면이 있으며, 따라서 물과 공기와의 마찰은 상대적으로 매우 작으므로 개수로의 전단응력 분포는 관수로와 달리 근본적으로 비대칭이다. 따라서 전단응력은 수로 바닥이나 측벽에서만 작용하게 된다. 문제를 어렵게 하는 것은 이러한 전단응력의 분포는 단면형과 단면의 구성재료의 불규칙성 때문에 더욱 복잡하다는 것이다. 여기에 이차류(secondary flow)의 존재는 개수로에서 전단응력의 분포에 대해 해석적인 접근을 매우 어렵게 하고 있다. 이차류는 개수로 흐름에 직각방향으로 흐름의 바깥쪽에서 안쪽으로 생기는 흐름으로, 곡선수로(이 경우 이차류는 흐름의 안쪽에서 바깥쪽으로 향함)뿐만 아니라 정도 차이는 있지만 직선수로에서도 발생한다.

결국 이러한 수리변수의 불규칙한 분포문제는 단면의 평균치로서 대표하는 수밖에 없다. 따라서 개수로 경계면에서 전단응력의 분포도 이른바 단면의 평균 전단응력(mean shear stress)

개념을 도입하여 관수로 등 대칭흐름에서 도출된 흐름해석을 적용한다. 이러한 평균 전단응력 개념은 흐름에 의해 경계면 구성재료가 이동하는 이동상 수리학에서 단면 내 유사이송 능력을 해석할 때 하나의 기준이 된다.

참고로, 개수로에서 경계면의 전단응력은 힘으로 표시하여 통상 소류력(掃流力, tractive force)이라 한다. 이는 흐름이 하상바닥을 쓸면서 내려간다는 의미로서, 특히 이동상 하천에서 흐름에 의해 바닥에서 쓸려 내려가는 유사입자, 즉 소류사(掃流砂)를 다룰 때 많이 쓰인다.

(3) 평균 전단응력

개수로 흐름에서 중력과 경계면의 마찰력이 평형을 이루면 흐름은 가속도가 없고 유속은 일정해진다. 여기에 수로 단면의 형상과 바닥경사가 일정한 균일수로에서는 그러한 일정 유속과 수심은 수로 전 구간에 걸쳐 계속 유지된다. 이를 등류(等流, uniform flow)라 하며, 이때의 유속을 등류유속, 수심을 등류수심이라 한다.

이러한 등류상태에서 경계면에 작용하는 평균 전단응력을 구하기 위하여 그림 3.1과 같은 흐름을 고려하자. 이 그림과 같이 수로 내 흐름방향으로 길이 Δx, 수심 y, 폭 ΔT인 작은 물기둥을 고려하면 이 기둥에 미치는 중력은 $\gamma y \Delta x \Delta T$이다. 여기서 기준면에서 바닥까지 높이와 수면까지 높이를 각각 z, h라 하고 하류로 감에 따른 바닥과 수면경사가 충분히 작다고 보면 ($\Delta z / \Delta x \cong \Delta h / \Delta x \cong 0$) 압력은 정수압 분포를 할 것이다. 흐름방향으로 작용하는 중력의 분력은 중력에 $\Delta h / \Delta x$를 곱한 $\gamma y \Delta h \Delta T$가 된다. 단면 내에서 Δh는 일정하고, $y \Delta T$의 합은 흐름 단면적 A가 되므로 유체체적에 작용하는 중력의 흐름방향 분력을 단면 전체에 대해 모두 합하면 $\gamma A \Delta h$가 된다.

이 힘과 맞서는 마찰력은 단면평균 전단응력 τ_o와 윤변 P를 이용하면 $\tau_o P \Delta x$가 된다. 이 마찰력은 흐름방향의 중력과 반드시 같은 선에서 작용하지 않으나, 바닥경사와 수면경사가 작은 경우 힘의 작용선은 같다고 볼 수 있다. 이 경우 두 힘은 같아야 하므로 흐름방향을 '+'로 보고 Δh는 근본적으로 '−'임을 고려하면

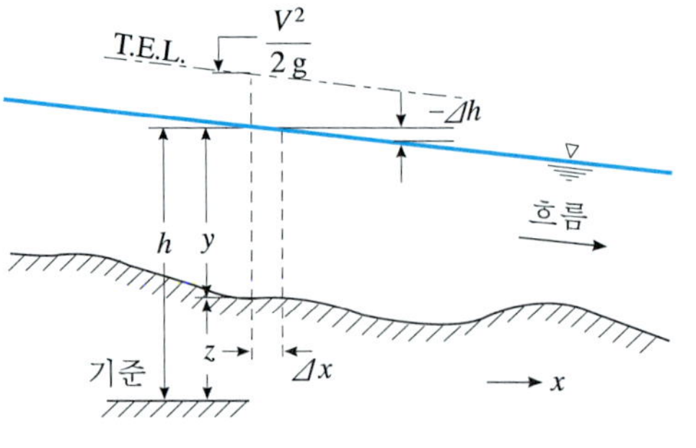

그림 3.1 흐름 저항식의 유도를 위한 하천 종횡단면도

$$-\gamma A\,\Delta h - \tau_o P\,\Delta x = 0 \tag{3-2}$$

따라서 등류의 단면평균 전단응력 τ_o 는

$$\tau_o = \gamma R S_o \tag{3-3}$$

여기서 S_o 는 바닥경사($-\Delta z/\Delta x = -\Delta h/\Delta x$)로서, '-' 부호를 사용한 것은 개수로는 통상 하류로 갈수록 바닥 높이가 작아져서 Δz 는 '-'가 되나 경사 S_o 자체는 '+' 부호를 사용하는 것이 편리하기 때문이다.

한편 흐름이 등류가 아니고 가속도가 있는 흐름을 생각해보자. 이 경우 식 (3-2)는 더 이상 0이 아니고 가속도를 가지게 된다. 정상류에서 국부 가속도는 생략하고 이송 가속도만 고려하면 가속도 항 $v\,dv/dx$ 에 미소 유체체적의 질량 $\rho A\Delta x$ 를 곱하면 힘이 되므로 식 (3-2)는

$$-\gamma A\,\Delta h - \tau_o P\,\Delta x = (\rho A\,\Delta x)\,V\frac{dV}{dx} \tag{3-4}$$

위 식에서 더 이상 시간 항이 없기 때문에 상미분으로 바꾸었고, 유선에서 유속 v 대신 단면 평균유속 V 를 사용하였다. 식 (3-4)를 다시 τ_o 에 대해 정리하면

$$\tau_o = -\gamma R\left(\frac{dh}{dx} + \frac{V}{g}\frac{dV}{dx}\right) = -\gamma R\frac{d}{dx}\left(h + \frac{V^2}{2g}\right) \tag{3-5}$$

$$\therefore \tau_o = \gamma R S_f \tag{3-6}$$

식 (3-6)은 이송 가속도가 있는 흐름의 단면평균 전단응력이다. S_f 는 마찰경사(friction slope), 또는 에너지경사(energy slope)로서 총 수두 $H(=h+V^2/2g)$ 를 이용하면 $-dH/dx$ 이다. 가속도가 없는 흐름을 등류라고 하듯이, (이송) 가속도가 있는 흐름을 부등류라 한다. 여기서 분명히 구분할 것은 그림 3.1과 같이 흐름이 가지는 에너지를 소모하는 것이 바닥 마찰만인 경우 에너지경사와 마찰 경사는 같고, 두 용어는 혼용하여 쓸 수 있다. 그러나 나중에 설명하겠지만 에너지의 소모가 경계면의 마찰뿐만 아니라 형상저항 등이 포함되는 경우 에너지경사와 마찰 경사는 구분할 필요가 있다. 이 경우 에너지경사는 마찰 경사에다 형상저항에 의한 추가적인 손실 경사를 더한 것이 된다.

요약하면, 식 (3-3)이나 (3-6)으로 표시되는 평균 전단응력은 경사 S 만 적절히 정의하면 등류이건 부등류이건 흐름 조건에 관계없이 적용할 수 있다. 즉,

$$\tau_o = \gamma R S \tag{3-7}$$

여기서 등류의 경우 바닥경사 S_o , 수면경사 S_w , 마찰경사 S_f 는 모두 같게 되며, 따라서

$S = S_o = S_w = S_f$ 이다. 반면에 부등류의 경우 일반적으로 세 경사는 서로 같지 않으며, 식 (3 - 7)의 S 는 반드시 식 (3 - 6)에 의해 S_f 이어야 한다.

폭이 넓은 수로에서는 동수반경 R 은 수심 y 와 근사적으로 같으므로 식 (3 - 7)은 다음과 같이 된다.

$$\tau_o = \gamma y S \tag{3-8}$$

(4) 흐름저항에 영향을 주는 요소

지금까지 개수로 흐름에 저항을 주는 요소로 흐름과 개수로 경계면과의 마찰에 초점을 맞추었다. 그러나 특히 자연하천에서는 이러한 경계면 마찰저항 이외에 하천변 식생에 의한 저항은 물론 하상형태의 변화에 따른 저항 등과 같은 추가적인 저항이 작용하고 있다. 이러한 저항은 때로는 경계면 조도(boundary roughness)에 의한 마찰보다 더 큰 역할을 한다.

이러한 저항은 그림 3.2와 같이 크게 1) 개수로 경계면의 조도에 의한 소규모 조도, 2) 사구(砂丘) 등 하상형태(河床 形態)에 의한 중규모 조도, 3) 만곡(彎曲), 다지(多枝), 사주(砂州) 등에 의한 대규모 조도 등으로 나눌 수 있다. 개수로 경계면의 소규모 조도는 시멘트로 만들어진 인공수로나 모래하천에서 바닥과 측벽을 구성하는 재료의 특성으로서, 관수로와 같이 유체 역학적 접근이 비교적 가능한 조도이다. 그 규모는 통상 수 mm 이하이나, 자갈하천의 경우 수십 cm까지 가능하다[14]. 이 책의 제1부 고정상 하천수리학에서는 주로 이러한 소규모 조도를 다룬다. 중규모 조도는 제2부의 이동상 하천수리학에서 주로 다루는 조도로서 하상형태가 변함으로써 생기는 흐름저항이며, 경계면 조도에 추가되는 조도이다. 이러한 조도는 통상 형상조도(形狀 粗度, form roughness)라 한다. 이러한 조도는 규모면에서 수십 cm에서 수 m까지로, 보통 수심 규모이다. 대규모 조도는 수로의 만곡(彎曲)이나 분기(分岐) 등 수로의 선형, 수로변 점 사주(point bars)나 교호 사주(alternate bars) 등 수로의 불규칙성에 의한 흐름 저항으로서, 수로형태가 흐름 자체에 직접적으로 미치는 저항이다. 이러한 저항의 조도를 구

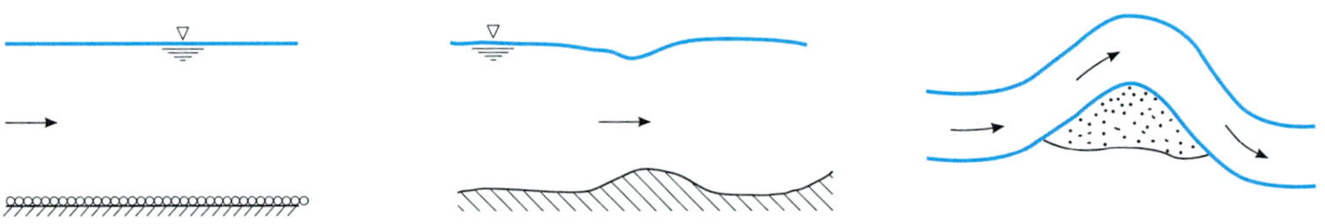

(a) 하상 재료　　(b) 하상 형태　　(c) 마곡과 사주

그림 3.2 개수로의 흐름 저항의 구분

14 산지계류에서 하상재료의 크기는 수 mm에서 수 m까지이나, 이 경우 경계면 조도의 유체역학적인 접근은 사실상 매우 어렵다.

태여 크기로 표시한다면 수십 m에서 수백 m까지로, 보통 수로폭 규모이다. 여기에 수로변 식생에 의한 저항이나 수로 내 부목이나 기타 부유물 등 장애물에 의한 추가적인 저항을 생각할 수 있다. 자연 하천에서는 이러한 식생에 의한 저항이 지배적인 역할을 할 때도 있다.

인공 수로의 경우 주로 소규모 조도가 지배적이며, 일부 수로만곡 등 선형에 의한 대규모 조도까지 생각할 수 있다. 그러나 피복(lining)이 안 된 흙 수로에서는 식생에 의한 추가적인 조도가 상당한 역할을 하기 때문에, 때로는 수리계산에서 이에 대한 고려는 필수적이다. 자연 하도에서는 위의 세 가지 조도와 식생조도 등 총 네 가지 형태의 조도가 모두 작용하는 것이 오히려 보편적이다. 그에 따라 자연하도의 수리계산에서는 위 세 가지 형태조도의 정량적인 고려가 필요하다. 그러나 현재의 지식으로는 인공수로와 마찬가지로 소규모 조도에 대해서만 정량적인 검토가 가능하며, 중규모 조도에 대해서는 아직 소규모 조도만큼 충분한 지식이 축적되어 있지 않다. 이에 대해서는 제2부 9장에서 집중적으로 다룬다. 대규모 조도와 식생에 의한 조도 등에 대해서는 기존의 소규모 조도계수를 수정하는 경험적인 수준에 머물고 있다. 여기서는 우선 흐름 경계면에서의 조도, 즉 소규모 조도를 추정하는 방법을 검토한다. 다음, 이러한 조도에 식생과 수로의 불규칙성을 경험적으로 고려하는 방법을 검토한다.

3.2 흐름 저항식 - 등류 공식

식 (3 - 3)은 등류의 기본식으로, 이를 토대로 경계면에 미치는 전단응력과 평균유속과의 관계에서 평균유속 공식을 검토할 수 있다. 이러한 관계식으로 가장 널리 쓰이는 것은 Darcy-Weiswach[15]의 평균유속 공식으로 식 (3 - 9)와 같다.

$$\tau_o \equiv \frac{f}{4}\left(\rho\frac{V^2}{2}\right) \qquad (3-9)$$

위 식에서 f 는 Darcy-Weiswach의 마찰계수, 또는 간단히 마찰계수라 한다. 위 식은 전단응력과 평균유속과의 관계를 나타내는 정의임을 강조하기 위하여 항등식 부호(≡)를 사용하였다. 이러한 평균유속은 결국 등류유속이고, 흐름 저항식은 등류공식을 의미한다. 여기서 등류공식을 구체적으로 검토하기 전에 등류의 의미와 형성에 대해 설명한다.

15 Henry P. G. Darcy(1803~1858)는 프랑스 Dijon에서 태어나 파리에서 교육을 받고 프랑스 공병단에서 일한 후 고향으로 돌아와 도시 상수도 업무를 담당하였다. 그는 다수의 관수로 실험을 통해 차원이 있는 경험적 계수를 도입한 마찰공식을 제안하였다. 반면에 Julius Weisbach(1806~1871)는 독일의 Saxony 지방에서 태어나 독일과 오스트리아 등에서 수학하고 Freiberg의 광산학교에서 가르쳤다. 그는 다수의 관수로 실험을 통해 처음으로 식 (3-13)과 같은 무차원 계수를 이용하는 마찰공식을 제안하였다.

(1) 등류의 형성

등류의 형성과정을 이해하기 위하여 그림 3.3과 같이 저수지에서 수로를 거쳐 자유 낙하하는 가상적인 흐름을 생각하자. 문제를 간단히 하기 위하여 수로는 균일수로로 생각하자. 저수지의 물은 정지 상태에서 수로로 들어옴으로써 점차 가속도가 생긴다. 이에 따라 유속은 증가하지만 물이 가지고 있는 에너지는 일정하므로 (유입부에서 약간의 손실이 있겠지만) 수위는 내려간다. 그러나 유속이 증가함에 따라 식 (3-9)와 같이 전단 응력도 증가하여 결국 어느 구간에서는 그림 3.3(a)와 같이 중력과 저항력이 균형을 이루고 가속도가 없어져 유속은 일정하게 된다. 이 그림에서 N.D.L.은 등류수심선(Normal Depth Line)이며, C.D.L.은 한계수심선(Critical Depth Line)이다. 저수지 유출부에서 유속이 일정하게 되는 지점까지 구간은 천이구간으로, 부등류 구간이다. 다음부터는 수로 자체가 변하지 않는 한 흐름은 변할 이유가 없으며, 수로경사 등 특성에 따라 일정한 유속과 수심을 가진다. 그러면서 물이 가지고 있는 에너지는 경계면과의 마찰에 의해 끊임없이 소모된다. 수로 하단부는 벼랑이므로 흐름은 자유낙

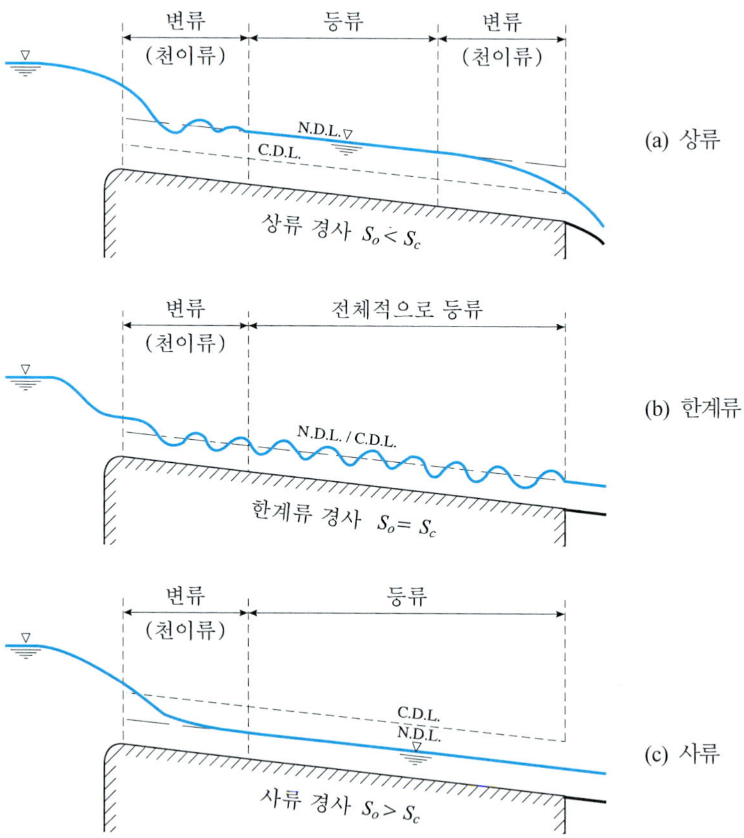

그림 3.3 긴 수로에서 등류의 형성(Chow, 1959, p. 90)

하를 하고 벼랑 끝에서 한계류가 발생할 것이다[16]. 한계류 발생 단면 전후의 일정구간은 등류가 한계류로 바뀌거나 한계류가 사류로 바뀌는 천이 구간으로, 부등류 구간이다. 따라서 상하류 두 천이구간 사이만 등류구간이 된다.

그림 3.3(b)와 같이 수로 경사가 한계류를 발생시키는 경사인 경우 흐름은 전 구간이 한계류가 된다. 다시 말하면 한계류의 등류가 된다. 그러나 한계류는 그 특성상 불안정하기 때문에 전 구간에 걸쳐 수심과 유속이 파형을 이루게 된다. 따라서 엄격한 의미에서 등류는 아니다. 반면에 그림 3.3(c)와 같이 수로경사가 사류를 발생시키는 경사인 경우 흐름은 저수지 유출부 천이구간을 지나면 전 구간에서 사류의 등류가 발생할 것이다. 여기서 천이구간의 길이는 유량과 수로조도 및 경사, 유입부 형상 등 수로의 특성에 따라 달라진다. 수로의 길이가 충분하지 않아 천이구간 길이보다 작은 경우 등류는 발생하지 못한다. 이러한 등류의 특성을 간추려 설명하면 1) 수심, 유속(단면 평균유속), 단면적, 유량 등 흐름변수가 모든 단면에서 같고, 2) 에너지경사(마찰경사), 수면경사, 바닥경사가 서로 모두 같은, 즉 에너지선, 수면, 바닥이 모두 서로 평행인 흐름이다. 이러한 등류는 사실상 자연하천에서는 매우 드물다. 그러나 인공수로와 같이 장거리를 장시간에 걸쳐 균일수로로 물을 보내는 경우 통상 등류로 본다. 흐름은 등류이나 수위, 유속 등이 시간에 따라 변하는 흐름인 비정상 등류는 생각은 할 수 있으나 실제로 흔하지 않다. 따라서 하천수리학에서 관심이 있는 등류는 정상류이다. 유속이 매우 큰 흐름에서는 수면에서 공기가 연행되어 흐름이 불안정해져서 줄 단파(roll wave)가 형성되어 부정류가 된다(Chow, 1959, p. 210).

(2) 흐름저항의 기본식

흐름 저항식, 또는 등류공식은 수로의 기하특성과 경계면의 저항 특성을 가지고 등류유속, 또는 유량을 구하는 공식이다. 따라서 유속이나 유량에 영향을 주는 모든 변수들을 이용하여 회귀분석으로 구할 수도 있다. 그러나 그 결과는 분석에 이용된 흐름조건과 유사한 흐름에만 적용할 수 있으며, 따라서 일반성이 없다. 그보다는 다음과 같은 해석적인 방법이 더 보편성이 있다.

식 (3-7)과 (3-9)를 같게 놓으면

$$\frac{f}{4}\left(\rho\frac{V^2}{2}\right) = \gamma RS \qquad (3-10)$$

$$\therefore\ V = C\sqrt{RS} \qquad (3-11)$$

여기서

16 실제는 하단에서 한계수심의 3~4배 되는 거리의 상류지점에서 발생한다.

$$C = \sqrt{\frac{8g}{f}} \qquad (3-12)$$

위 식에서 C는 마찰계수 f에 관련된 계수로서 다음에 구체적으로 설명하겠지만 Chezy(체지) 계수라 한다. 지금까지 등류에 대해 설명하였지만, 식 (3－11)은 개수로 흐름저항의 기본식으로 경사 S의 정의에 따라 등류나 부등류 모두 적용할 수 있다.

1 Chezy(체지) 식

식 (3－11)로 표시되는 흐름 저항식은 체지 식으로 불리며, 유럽에서는 다음에 설명할 Manning(매닝) 식만큼 보편적으로 이용되고 있다. 체지는 18세기 프랑스의 기술자로서, 1768년에 파리의 상수도를 위한 수로 설계의 임무를 맡고 있으면서 이 식을 제안하였다. 그가 식 (3－11)로 표시되는 평균 유속식을 제안한 근거는 유속의 제곱에 비례하는 수로의 저항력은 결국 수로경사에 의해 정해지는 중력과 평형을 이루어야 한다는 것이다. 여기서 그는 당연히 등류를 상정하였겠지만 경사항을 적절히 정함에 따라 모든 종류의 정상류에 적용할 수 있다.

여기서 체지 계수, 또는 '체지의 C'라고 불리는 계수를 유체역학 입장에서 검토해보자. 체지가 활동했던 18세기에는 과학적 유체역학이 태동하기 훨씬 전이지만 그의 경험적, 직관적 사고는 20세기 들어서 Prandtl이나 von Kármán 등에 의한 경계층 이론에 의해 그 합리성이 입증되었다. 식 (3－12)에서 중력가속도 g는 상수이므로 C를 알기 위해서는 f의 특성을 알아야 한다. 원형 관수로의 마찰 계수 f에 대해서는 1930년대 Nikuradse와 Colebrook-White 등에 의해 광범위하게 연구되어 실용화되었다. 그러나 그에 대응하는 C에 대해서는 개수로의 마찰범위가 워낙 크고, 수로 단면형의 변화가 커서 관수로만큼 충분히 검토되지 못했다. 따라서 체지 계수 C의 특성에 대한 검토는 이미 잘 알려진 f의 특성과 연관시켜 간접적으로 할 수밖에 없다. 다행히 C에 대한 수로단면 형상의 영향은 무시할 수 있을 정도라고 알려져 있다(ASCE, 1963).

우선 f의 특성을 검토하면 관수로의 에너지 손실 h_f, 관 길이 L, 관경 D, 속도수두 $V^2/(2g)$와의 관계식에서 f는 다음과 같이 정의된다.

$$h_f \equiv f \frac{L}{D} \frac{V^2}{2g} \qquad (3-13)$$

위 식의 f는 상용관에 대해서 레이놀즈 수와 상대조도의 함수로 Moody 도표로 나타내진다. 여기서 레이놀즈 수는 특성길이로 관경을, 상대조도는 관경과 상당조고(相當粗高, equivalent roughness height), 또는 조도높이 k_s의 비로 나타내어진다. 상용관의 상당조도는 레이놀즈 수가 매우 커지는 한계조건에서 상용관의 마찰계수와 같은 마찰계수를 가지는 모래 입힌 관의 조도를 의미한다.

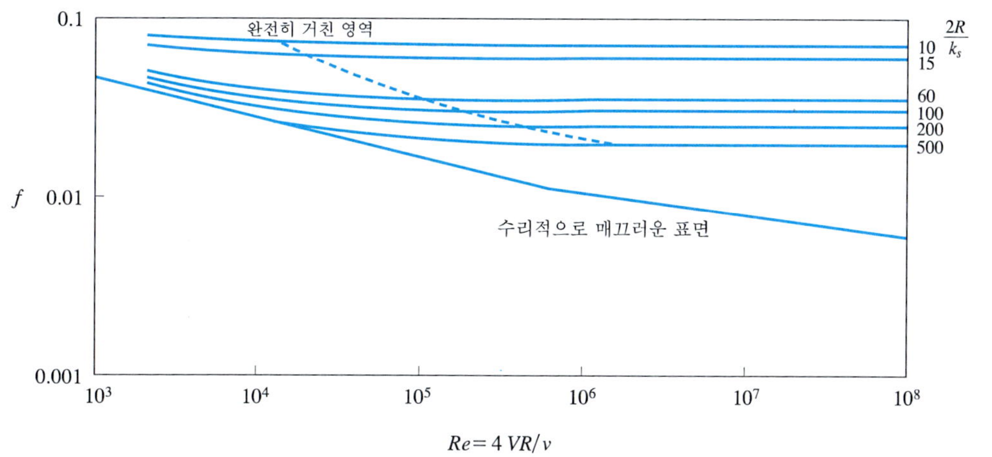

그림 3.4 개수로에서 마찰 저항의 거동을 보여주는 수정 Moody 도표

그림 3.4는 Moody 도표에서 횡축은 관경 D 대신 $4R$을 이용한 레이놀즈 수로, 상대조도는 반경 대신 $2R$을 이용하여 표시한 것이다. 이 그림을 이용하여 f를 구하면 식 (3 - 12)에서 C를 구할 수 있다.

개수로의 경우 관수로와 마찬가지로 수리적으로 매끄러운 흐름, 천이흐름, 수리적으로 거친 흐름 등 3가지 흐름 형태가 가능하다. 이러한 흐름 형태의 기준은 유속으로 마찰속도 u_*, 특성길이로 경계면 조도높이 k_s를 쓴 다음과 같은 경계 레이놀즈 수(Boundary Reynolds Number)를 이용한다.

$$Re^* = \frac{u_* k_s}{\nu} \tag{3-14}$$

여기서

$$u_* \left(\equiv \sqrt{\frac{\tau_o}{\rho}} \right) = \sqrt{gRS} \tag{3-15}$$

위와 같은 경계 레이놀즈 수 Re^*를 이용하면 수리적으로 매끄러운 흐름은 $Re^* < 4$에서, 거친 흐름은 $Re^* > 100$에서 발생하며, 그 중간은 천이흐름이다. 여기서 마찰속도는 물리적으로 어느 이동속도와도 직접 관련이 없는 단지 속도 차원의 양이나, 식 (3 - 11), (3 - 12), (3 - 15)를 정리하면 다음과 같은 여러 물리량의 비와 직접 연관시킬 수 있다[17].

$$\frac{V}{u_*} = \frac{C}{\sqrt{g}} = \sqrt{\frac{8}{f}} \tag{3-16}$$

17 마찰속도는 일반 개수로 흐름에서 단면 평균유속의 5% 정도에 불과하나, 정수 중 모래의 침강속도와는 비교할 만한 크기이다. 따라서 이동상 수리학에서는 이 값과 사립자 침강속도의 비가 중요한 인자로 등장한다.

수리적으로 매끄러운 흐름의 경우 그림 3.4에서 $Re < 100,000$인 경우 Blassius 식을 이용하여

$$f = \frac{8g}{C^2} = \frac{0.316}{Re^{1/4}} \tag{3-17}$$

또는

$$C = 15.8\,Re^{1/8} \tag{3-18}$$

다음, $Re > 100,000$ 이나 여전히 수리적으로 매끄러운 흐름에서 마찰식은 상용대수를 이용하여

$$\frac{1}{\sqrt{f}} = 2\log\left(\frac{Re\sqrt{f}}{2.51}\right) \tag{3-19}$$

또는

$$C = 4\sqrt{2g}\,\log\left(\frac{Re\sqrt{8g}}{2.51\,C}\right) \tag{3-20}$$

수리적으로 완전히 거친 흐름에서 마찰 계수는 Re에 더 이상 의존하지 않고 상대조도 $(2R)/k_s$에만 의존하게 된다. 따라서

$$\frac{1}{\sqrt{f}} = \frac{C}{\sqrt{8g}} = 2\log\left(\frac{12R}{k_s}\right) \tag{3-21}$$

위 식에서 상대조도를 알기 위해서는 경계면 조도높이 k_s 를 알아야 한다. 관수로에서는 1900년대 초에 Nikuradse가 균일한 모래를 관 내부 벽에 일정하게 입혀서 실험을 했으므로 모래 크기가 그대로 k_s 가 된다. 상용관의 경우 상당조고를 이용하면 된다. 그러나 개수로에서는 관수로에 비해 실험의 어려움 때문에 한계조건에서의 상당조고를 구하기가 매우 어렵다. 표 3.1은 콘크리트와 벽돌 표면을 가진 개수로의 상당조고를 나타낸 것이다. 이 표 이외의 다른 재료로 만들어진 개수로의 경우 마찰계수를 이용하여 체지 C를 구하기는 어렵고 경험적으로 알려진 적절한 C값을 찾아 써야 한다.

수리적으로 매끄러운 흐름과 완전히 거친 흐름의 중간 영역($4 < Re^* < 100$)인 천이흐름에서 마찰은 레이놀즈 수와 상대조도 모두에 의존한다. 이 경우 관수로 마찰계수는 다음과 같은 Colebrook 공식을 이용하며

$$\frac{1}{\sqrt{f}} = \frac{C}{\sqrt{8g}} = -2\log\left(\frac{k_s}{14.8R} + \frac{2.52}{Re\sqrt{f}}\right) \tag{3-22}$$

표 3.1 개수로의 상당조고 $k_s\,(\mathrm{mm})$ (Henderson, 1966, p. 95)

구분	내용
0.15	콘크리트 등급 4(기름 바른 강 거푸집으로 만든 표면이 매끈한 콘크리트)
0.31	매우 부드러운 시멘트 바른 콘크리트
0.49	강 거푸집으로 만든 표면 처리한 콘크리트
0.61	평평한 나무로 만든 수로나 콘크리트 등급 3(강 거푸집으로 만든 콘크리트), 표면 처리한 하수관
1.5	콘크리트 등급 2(거친 거푸집으로 만든 콘크리트, 솟 콘크리트)
2.4	직경이 작은 짧은 콘크리트 관
3.1	콘크리트 등급 1(연결부를 모르타르 처리한 프리캐스트 관)
4.3	거칠게 만든 콘크리트 관
6.1	잡석 벽돌
3.1~9.2	표면 처리 안 된 거나이트

개수로에서는 위 식을 조금 수정한 다음과 같은 식이 더 적합한 것으로 알려져 있다(ASCE, 1963).

$$\frac{C}{\sqrt{8g}} = -2\log\left(\frac{k_s}{12R} + \frac{2.5}{Re\sqrt{f}}\right) \qquad (3-23)$$

요약하면, 지금까지 관수로에서 확립된 경계면 마찰에 의한 저항식을 개수로에 그대로 적용하였다. 그러나 개수로는 관수로에 비해 통상 매우 크고, 특히 경계면의 조도가 일정하지 않으므로 관수로의 흐름저항 관계식을 개수로에 그대로 쓰기에는 무리가 있다. 이 점에서 지금까지 저항식들은 개수로 바닥과 측벽 등 경계면이 비교적 균일하고, 특히 경계면 마찰 이외에 다른 저항요소가 없는 규모가 작은 흐름에서 제한적으로 적용되어야 할 것이다. 이러한 저항식들을 흐름 규모가 크고 저항요인이 복잡한 자연하천에 그대로 적용하기에는 무리가 있다.

2 Manning(매닝) 식

식 (3-11)로 표시되는 체지 식에서 체지의 C를 관수로 실험에서 확립된 마찰계수 f와 연관시키기 훨씬 전인 19세기 중반에 벌써 경험적으로 C값을 얻기 위한 노력이 행하여졌다(Henderson, 1966, p. 96). Ganguillet와 Kutter는 1869년에 체지 C에 대한 복잡한 경험 공식을 제안하였다. 그러나 1868년에 Gaukler와 1881년에 Hagen은 독자적으로 Ganguillet와 Kutter가 이용한 자료를 분석한 결과 C는 간단히 R의 6승근에 비례하는 것으로 나타났다. 불행히도 이러한 결과는 1891년 프랑스의 Flmanat에 의해 아일랜드의 Manning의 연구결과로 잘못 소개되면서, 다음과 같이 표시되었다.

$$C = \frac{R^{1/6}}{n} \tag{3-24}$$

또는

$$V = \frac{1}{n} R^{2/3} S^{1/2} \tag{3-25}$$

여기서 n 은 경계면의 조도에 관련된 계수로서, C 와 달리 흐름의 규모에 의존하지 않는다. 식 (3-25)는 영미권에서는 매닝 공식으로 알려져 있으나, 유럽 대륙에서는 Strickler 공식으로 알려져 있다. 한국 등 아시아권에서는 영미식대로 매닝 공식으로 불리고 있다.

식 (3-25)에서 알 수 있듯이 매닝 계수 n은 무차원 계수가 아니라 $[TL^{-1/3}]$ 의 차원이 있다. 그런데 이 차원은 특별한 물리적 의미를 주지 못한다. 사실 매닝 계수가 차원이 있다는 것과 나아가 그 차원이 물리적으로 특별한 의미가 없다는 것은 이 공식의 근본적인 한계로서, 이는 경험식의 범주를 벗어나지 못한다는 것을 의미한다. 이러한 차원을 고려하여 매닝 공식을 영미단위로 표기하면 식 (3-25)의 분자 1.0은 1.49가 되어야 한다[18].

매닝 공식은 영미는 물론 아시아권에서도 널리 쓰이는 평균유속 공식이다. 그러나 개수로와 자연하천이 가지는 다양한 경계조건을 고려한다면 매닝 공식의 적용성은 여러 각도에서 검토할 필요가 있다. 즉 식 (3-18), (3-20), (3-21), (3-23)으로 표시되는 체지 C 에 비해서 식 (3-24)로 표시되는 C 의 타당성의 범위를 확인할 필요가 있다. 먼저 식 (3-24)에서 체지 C 는 동수반경과 조도를 나타내는 계수 n 의 함수로서 흐름의 세기와는 관련이 없다. 이것은 관수로에 상당하는 흐름에서 식 (3-21)로 표시되는 수리적으로 거친 흐름임을 의미한다. 이를 확인하기 위하여 Henderson(1966, p. 97)은 마찰 계수 f 와 상대조도$(2R/k_s)$ 의 그림에서 식 (3-21)을 도시한 결과 수리적으로 완전히 거친 흐름에서는 다음과 같이 마찰계수 f 는 상대조도의 1/3승에 비례함을 알 수 있었다.

$$f\left(\propto \frac{g}{C^2}\right) \propto \left(\frac{k_s}{R}\right)^{1/3} \tag{3-26}$$

따라서

$$C \propto \left(\frac{R}{k_s}\right)^{1/6} \tag{3-27}$$

식 (3-27)을 식 (3-24)와 비교하면 수리적으로 거친 흐름의 저항식과 매닝 공식은 기본적으로 같은 형태이며, 매닝 계수 n은 조도계수 k_s의 1/6승에 비례함을 알 수 있다. 즉,

$$n \propto k_s^{1/6} \tag{3-28}$$

18 1 m = 3.28 ft이므로 $3.28^{1/3} \fallingdotseq 1.49$

한편 Christiansen(1984)도 수리적으로 완전히 거친 흐름에서 식 (3-21)과 형태는 다르지만 그 결과는 근사한 다음과 같은 마찰 저항식을 이용하여 매닝 공식의 적용성을 재검토하였다.

$$\frac{1}{\sqrt{f}}\left(=\frac{C}{\sqrt{8g}}\right)=2.916\left(\frac{R}{k_s}\right)^{1/6} \qquad (3-29)$$

또는

$$C=8.25\sqrt{g}\left(\frac{R}{k_s}\right)^{1/6} \qquad (3-30)$$

식 (3-30)을 식 (3-24)와 비교하면 위에서 얻은 결론과 마찬가지로 수리적으로 거친 흐름의 저항식과 매닝 공식은 기본적으로 같은 형태이며, 따라서 매닝 공식은 수리적으로 거친 흐름의 마찰 저항식이라는 것을 알 수 있다[19]. 다만 매닝 공식 자체가 가지는 경험공식이라는 융통성 때문에 거친 흐름을 지난 천이영역에서도 계수를 조정함으로써 어느 정도 적용이 가능할 것이다. 다행히 자연하천의 흐름은 대부분 수리적으로 거친 흐름으로, 매닝 공식의 적용성이 대부분 큰 문제가 되지 않는다.

여기서 표준단위에서 조도높이 k_s 를 미터로 표시하면 매닝 계수 n 은

$$n=\frac{k_s^{1/6}}{8.25\sqrt{g}}=0.039\,k_s^{1/6} \qquad (3-31)$$

한편 1923년에 Strickler가 독자적으로 제안한 평균유속에 관한 경험공식, 즉 Strickler 공식은

$$V=k\ R^{2/3}S^{1/2} \qquad (3-32)$$

위 식에서 Strickler의 계수 $k=21.1/k_s^{1/6}$ 이다. 이를 매닝 공식과 비교하여 계수 n 을 구하면

$$n=\frac{1}{k}=0.047\,k_s^{1/6} \qquad (3-33)$$

위 식의 꼴은 식 (3-31)과 기본적으로 같으며 다만 20% 정도 계수 차이가 있다. 여기서 놀라운 것은 비교적 작고, 단면형상, 경계면 조도가 일정한 관수로에서 실험한 결과에서 얻은 마찰공식과 흐름의 크기가 훨씬 크고 경계면의 형상과 조도가 균일하지 않은 개수로에서 경험적으로 얻은 마찰공식이 기본적인 형태는 같고 다만 계수에 약간의 수치 차이가 있다는 사실이다. 이러한 사실은 Manning-Strickler 공식[20]이 철저하게 경험식에서 출발하였지만 그 타당

19 여기서 매닝 공식을 재조명하려고 노력한 국내 논문(유동훈, 1995)과 그에 대한 토의(우효섭, 1995)를 검토하는 것도 독자들에게 도움이 될 것이다.

20 Manning 공식과 Strickler 공식은 사실상 그 형태가 같으므로 이를 하나로 보아 Manning-Strickler 공식이라고도 한다.

성을 간접적으로 입증하는 것이다.

식 (3-33)의 k_s는 상당 조고로서 원칙적으로 균일한 재료로 된 수로에서만 이용 가능하다. Meyer-Peter와 Müller(1948)는 입경이 다양한 모래하천에서 대표입경으로 D_{90}을 이용하여

$$n = \frac{D_{90}^{1/6}}{26} \tag{3-34}$$

여기서 D_{90} 은 하상재료 중량의 90%가 그보다 가는 입경(m)이다. 위 식의 적용은 하상재료가 자갈이나 조약돌이 아닌 모래인 경우에 한한다. 한편 Lane과 Carlson(1953)은 바닥이 자갈 이상으로 덮인 수로에서 매닝 계수를 다음과 같이 제안하였다.

$$n = \frac{D_{75}^{1/6}}{46} \tag{3-35}$$

위 식에서 D_{75} 는 하상재료 중량의 75%가 그보다 가는 입경(cm)이다.

Strickler 공식은 기본적으로 매닝 공식과 같은 식이지만 몇 가지 장점이 있다. 우선 Strickler 계수는 매닝 계수와 달리 물리적인 의미가 확실하다. 이 계수는 관수로의 상당조고와 마찬가지로 개수로 경계면의 조도높이와 직접 관련되어 있다. 특히 자연하천에 Strickler 공식을 적용하는 경우 k_s는 모래, 자갈 등 하상재료의 대표입경과 연결시킬 수 있기 때문에 합리적이다. 더욱이 이 계수는 경계면 조도높이의 1/6승에 비례하기 때문에 조도높이 추정에서 큰 오차를 내도 그 결과에는 큰 영향을 미치지 않는다. 반면에 매닝 계수는 추정치 오차 자체가 계산 결과에 직접 비례하여 영향을 준다. 그럼에도 불구하고 영미권에서 매닝 공식을 고집하는 것은 습관상 편리함도 있겠지만, 그보다는 하천저항은 관수로와 같이 유체역학 측면에서 접근하여 해석할 수 있는 균일 경계면의 조도가 아닌 불규칙 경계면의 불규칙 조도로 되어 있기 때문에 해석적 방법에는 한계가 있기 때문일 것이다. 즉 자연하천에서 식 (3-33)으로 표시되는 조도의 적용은 그 실용성에서 한계가 있다.

매닝 공식이 기본적으로 수리적으로 거친 흐름의 저항식이므로, 경계 레이놀즈 수가 100 이상 되어야 하므로 표준 단위에서

$$Re^* = \frac{u^* k_s}{\nu} \cong \frac{\sqrt{gRS}\,(n/0.039)^6}{10^{-6}} > 100 \tag{3-36}$$

$$\therefore n^6 \sqrt{RS} > 1.0 \times 10^{-13} \tag{3-37}$$

예를 들어 수리반경이 1 m이고, 바닥이 매끄러워 조도계수 n 이 0.01이고 바닥경사가 0.001인 작은 수로에서 $n^6\sqrt{RS} = (0.01)^6\sqrt{1(0.001)} = 3.1 \times 10^{-14} < 1.0 \times 10^{-13}$ 이 되어 엄격한 의미에서 매닝 공식을 적용할 수 없다. 이 경우 마찰계수는 식 (3-23)과 같이 경계면의

조도는 물론 흐름의 레이놀즈 수에도 의존한다. 실제로 부드럽고 긴 풀이 많은 수로의 매닝 계수는 풀의 길이와 단단한 정도 등 표면 조도 특성과 레이놀즈 수의 함수로 표시하고 있다 (Palmer와 Ree, 1954).

3 Manning 계수의 결정

식 (3-25)를 이용하여 개수로의 평균 유속과 유량을 산정하려면 우선 그 수로의 조도를 결정하여야 한다. 매닝 계수 n 은 식 (3-28)이나 (3-31)에서 알 수 있듯이 수로표면의 특성에 관련되어 있다. 이에 대해서는 일찍이 Chow가 다양한 표면조건에 대해 평균적인 n 값을 표 3.2와 같이 제시하였다. 인공수로의 경우 한 수로에서 대부분 단면형이 균일하고 수로 재료가 일정하기 때문에 이 표에서 제시하는 자료는 큰 도움이 된다. 그러나, 자연하천의 경우 단면형은 물론 경계면의 재질이 다양하기 때문에 이 표에 제시된 자료를 가지고 신뢰도 높은 조도계수를 결정하기는 어렵다. 이 점에서 특히 자연하천의 조도계수를 결정하기 위해서는 대상 하천의 마찰저항 특성과 비슷한 하천의 기존 자료를 이용하는 것이 바람직하다.

이론적인 매닝의 조도계수 범위와 달리 하천의 실제 조도계수는 큰 변화폭을 가지며, 정량

표 3.2 수로의 표면 조건에 따른 매닝 계수 n 의 범위와 평균치(Chow, 1959, pp. 109~113)

수로 형태와 구성 재료	범위(최소~최대)	평균
금속		
철(부드러운, 페인트 칠하지 않은 표면)	0.010~0.014	0.012
주름진 금속	0.021~0.030	0.025
비금속		
시멘트(깨끗한 표면)	0.010~0.013	0.011
콘크리트(표면이 마감된)	0.011~0.015	0.013
목재(평평하고 처리되지 않은)	0.010~0.014	0.012
벽돌(광택 있는)	0.011~0.015	0.013
돌(시멘트로 바른 돌)	0.017~0.030	0.025
굴착이나 준설된 수로		
흙으로 되고 단면이 일정한, 최근의 직선 수로	0.016~0.020	0.018
흙으로 되고 풀이 난, 흐름이 느린 만곡 수로	0.025~0.033	0.030
암석 표면	0.025~0.040	0.035
자연 하천(홍수시 하폭 30 m 이하)		
매끈한 직선 하도	0.025~0.033	0.030
매끈한, 만곡과 여울/소 하도	0.033~0.045	0.040
풀이 나고 깊은 소가 있는, 흐름이 느린 하도	0.050~0.080	0.070
산지하천(자갈, 조약돌, 거석)	0.030~0.050	0.040
산지하천(조약돌 이상)	0.040~0.070	0.050
홍수터		
초지(작은 풀)	0.025~0.035	0.030
관목	0.035~0.070	0.050
중대하천(홍수시 하폭 30 m 이상)		
거석이나 관목이 없는 정상 하도	0.025~0.070	-
불규칙하고 거친 하도	0.035~0.100	-

적으로 계산하기 쉽지 않다. 따라서 조도계수는 주로 추정에 의해 이루어지며, 기존 자료와의 비교를 통해 산정하는 방법, 표준적인 절차에 의해서 산정하는 방법 등이 이용된다.

한국건설기술연구원(2009)에서는 국내 44개 하천에 대한 현장 조도계수를 조사하였다. 하천을 특성별로 구분하여, 수위와 유량을 측정하고, 하상재료 분석과 하천 측량을 통해서 실측 조도계수를 산정한 결과이다. 조도계수는 하상재료, 하상경사, 단면의 변화 등에 의해서 매우 큰 폭으로 변화할 뿐만아니라 유량이나 수위에 따라서도 변화폭이 크기 때문에 실제 조도계수 산정을 위해서는 많은 주의가 필요하다. 그림 3.5는 우리나라 44개 하천에 대한 유량별 조도계수 변화를 보여주고 있다. 그림 3.6은 지점별 조도계수 값이다.

미국 지질조사국(USGS)에서는 개수로의 조도계수 추정을 위해 하상재료, 하도 단면의 변화, 장애물 유무 등을 고려할 수 있는 표준적인 절차를 제시하였다(USGS, 1989). 이 방법은 조도계수를 추정하기 위한 복잡한 과정에서 최대한 주관적 판단을 줄이고 표준적인 절차에 의해서 조도를 산정하는 장점이 있다. 조도계수 산정을 위한 기본식은 다음과 같다.

$$n = (n_b + n_1 + n_2 + n_3 + n_4)m \tag{3-38}$$

여기서 n_b는 하상 구성재료에 의한 조도(직선, 균일, 매끈한 수로 가정)로서 기본조도라고 할 수 있으며, n_1은 표면의 불규칙성을 고려한 보정값, n_2는 하도단면의 형태 및 크기 변화에 대한 보정값, n_3는 장애물에 의한 보정값, n_4는 식생 및 흐름상태에 대한 보정값이고, m은 하도의 사행에 대한 보정값이다.

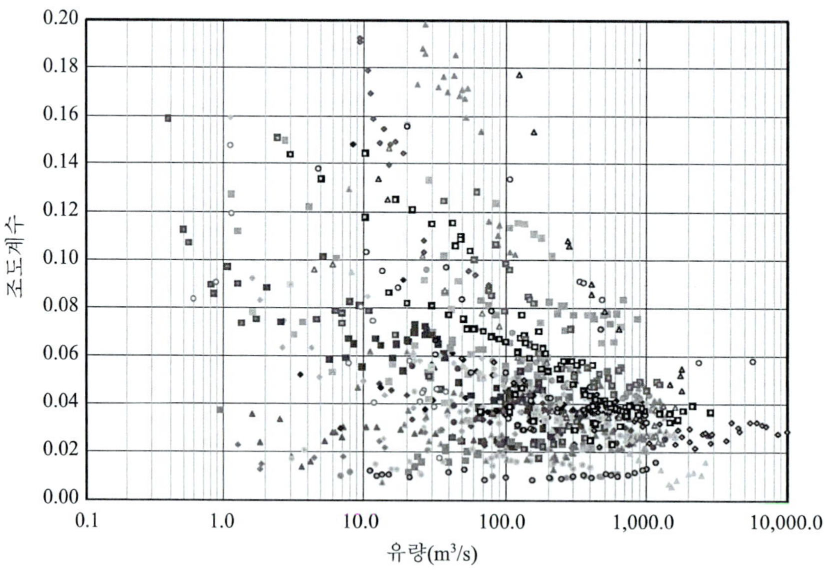

그림 3.5 우리나라 44개 하천에 대한 유량별 조도계수(한국건설기술연구원, 2009)

(a) 청미천 청미

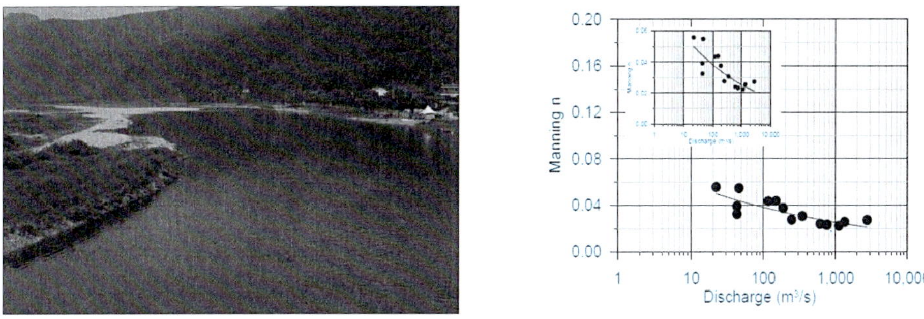

(b) 홍천강 서면

(c) 양화천 율극

(d) 지장천 낙동

(계속)

(e) 내린천 왕성동

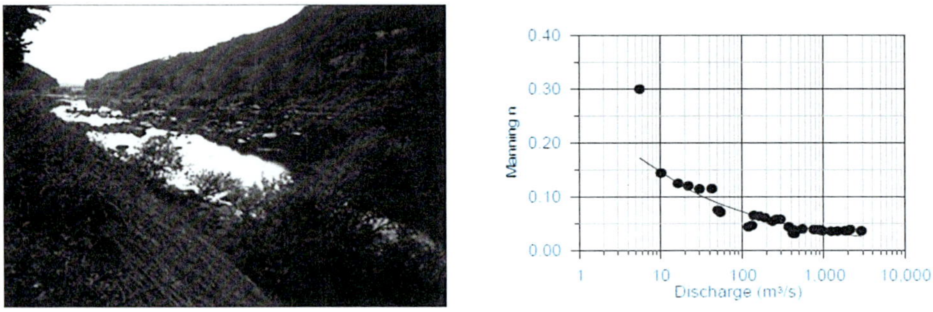

(f) 섬진강 곡성

그림 3.6 자연하천의 매닝 조도계수(한국건설기술연구원, 2009)

표 3.3 기본 조도계수(USGS, 1989)

하상재료	중앙입경(mm)	n 직선 균일 하도	n 매끈한 하도
모래하도			
모래	0.2	0.012	–
	0.3	0.017	–
	0.4	0.020	–
	0.5	0.022	–
	0.6	0.023	–
	0.8	0.025	–
	1.0	0.026	–
안정하도 및 홍수터			
콘크리트	–	0.012~0.018	0.011
암반 굴착	–	–	0.025
단단한 흙	–	0.025~0.032	0.020
굵은 모래	1~2	0.026~0.035	–
잔 자갈	–	–	0.024
자갈	2~64	0.028~0.035	–
굵은 자갈	–	–	0.026
호박돌	64~256	0.030~0.050	–
전석	256 이상	0.040~0.070	–

기본조도 n_b의 설정은 표 3.3에 제시된 값을 따른다. 기본 조도계수는 고수류 영역에 대한 값이므로 적용을 위해서는 흐름영역에 대한 검토를 통해서 고수류 영역에 속하는 지를 검토하여야 한다. 저수류 또는 천이영역의 조도계수 값은 고수류 영역에 비해서 훨씬 큰 것으로 알려져 있다.

하도의 불규칙성에 대한 보정값 n_1은 하폭/수심비가 작은 경우에는 하안의 세굴이나 패임, 하안을 따른 나무뿌리 노출 등의 조도인자를 고려하여야 한다.

하도단면 변화에 대한 보정값 n_2는 크고 작은 단면의 변화, 극심한 만곡, 수축, 저수로의 좌우 이동 등에 의해서 발생하는 변화를 고려하는 값으로 단면의 급격한 변화는 하류방향으로 수백 미터까지 영향을 미치기도 한다.

표 3.4 하도 불규칙성에 대한 보정값 n_1

하도 상황	n 조정값	예시
부드러움	0.000	같은 하상재료로 가장 부드러운 하도 상태
약간	0.001～0.005	하상정비가 잘된 하도. 사면은 약간의 세굴이나 침식이있는 상태
보통	0.006～0.010	하상조도가 보통이며 준설이 된 수로로 하상은 다소 패였으며 사면의 침식은 보통 정도
심함	0.011～0.020	자연하도로 하안이 심하게 패였거나 부채꼴 형태로 파인 상태

표 3.5 하도 단면 변화에 대한 보정값 n_2

하도 상황	n 조정값	예시
점진적 변화	0.000	단면의 크기와 형태가 점진적으로 변화
때때로 변화	0.001～0.005	큰 단면과 작은 단면이 때때로 나타나거나, 하도의 주흐름이 단면형의 변화로 인하여 때때로 하도의 좌우로 이동
자주 변화	0.010～0.015	큰 단명과 작은 단면의 변화가 자주 나타나거나, 하도의 주흐름이 단면형의 변화로 인하여 자주 변화됨

표 3.6 장애물에 대한 보정값 n_3

하도 상황	n 조정값	예시
미미함	0.000～0.004	부유 퇴적물, 그루터기, 노출된 뿌리, 통나무, 교각, 또는 거석 등을 포함하는 흩어져 있는 장애물들이 단면적에서 차지하는 비율이 5% 미만
약간	0.040～0.050	장애물이 전체 단면적의 15% 미만을 차지하며, 한개 장애물의 영향반경 내에 다른 장애물이 없음. 곡선의 완만한 표면을 가진 장애물은 날카롭고 모가난 장애물에 비해서 적은 보정값을 가짐
상당함	0.020～0.030	장애물이 차지하는 면적이 15～50% 사이, 또는 장애물 사이의 간격이 좁아서 다른 장애물에 부가적인 영향을 줌
심함	0.005～0.015	장애물이 차지하는 면적이 50% 이상, 또는 장애물 사이의 간격이 좁아서 단면의 대부분에 교란을 발생시킴

장애물에 대한 보정값 n_3는 통나무, 그루터기, 거석, 부유물, 말뚝 또는 교각 등으로 인한 보정값이다. 조도 증가 정도는 장애물의 형태에 지배적인데, 단면적에 대한 장애물의 크기, 장애물의 갯수, 배열상태, 간격 등에 영향을 받는다.

식생에 대한 보정값 n_4는 식생밀도, 식생의 도복 정도, 배치 등으로 인한 보정값이다. 하폭이 좁고 하안이 급경사이며 식생이 밀생한 경우에는 최대 보정값은 0.03정도이다.

표 3.7 식생에 대한 보정값 n_4

하도 상황	n 조정값	예시
적음	0.002~0.010	• 유연한 잔디류(버뮤다, 잡초)가 밀생하며 평균 수심이 식생 높이의 최소 2배 • 갯버들, 미루나무, 소귀나무, 솔트시더 등의 유연한 어린 묘목이 자라면 평균 수심은 식생 높이의 최소 3배
중간	0.010~0.025	• 유연한 잔디류가 자라며 평균 수심이 식생 높이의 1~2배 • 줄기가 있는 잔디류, 갈대류 또는 묘목이 중간 정도로 밀생하며 평균수심은 식생높이의 2~3배 • 휴면기에 1~2년생 갯버들과 같은 관목류가 하안을 따라서 적당히 밀생하며 하상에는 없으며, 수리 반경은 0.61 m 이상
많음	0.025~0.050	• 유연한 잔디류가 자라며 평균 수심이 식생 높이 정도 • 잎이 없는 갈대류와 관목류 사이로 8~10년생 버들류나 미루나무류가 자라며 수리 반경은 0.6 m 이상 • 갈대류 사이로 잎이 무성한 1년생 관목 버드나무류가 하도변을 따라서 자라며 하상의 식생이 없는 경우로 수리반경이 0.61 m 이상
매우 많음	0.050~0.100	• 유연한 잔디류가 자라며 평균수심이 식생 높이의 절반 정도 • 갈대류 사이로 잎이 무성한 1년생 관목류 버드나무가 자라거나 하상에 부들류가 밀생 • 갈대류와 관목류 사이에 교목이 자라며 잎이 무성한 경우

만곡에 대한 보정값 m은 대상구간의 하도의 직선길이에 대한 만곡하도의 길이 비에 의존한다. 만곡도가 1.0~1.2 사이는 낮음, 1.2~1.5는 보통, 1.5 이상이면 심함으로 나타낸다.

표 3.8 만곡에 대한 보정값 m

하도 상황	n 조정값	예시
낮음	1.00	하곡길이에 대한 하도 길이 비가 1.0~1.2
중간	1.15	하곡길이에 대한 하도 길이 비가 1.2~1.5
심함	1.30	하곡길이에 대한 하도 길이 비가 1.5 이상

예제 3.1

위의 USGS 방법을 이용하여 다음과 같은 자연 하천의 n 값을 추정하시오.

하상은 굵은 모래(0.5~1.0 mm)로 정비가 안 된 불규칙 자연상태이며, 강턱(bank)은 보통 정도로 불규칙한 상태이다. 하상에는 식생은 없으나 강턱에 1년생 잡목 등이 잎이 무성한 갯버들과 어우러져 있다. 하천단면은 커졌다 작아졌다 하면서 하도는 좌우로 천천히 휜다. 하도 내 특별한 장애물은 없다. 하도선형은 곡선구간과 직선구간이 반반 정도이다.

풀이

단계 1 : 모래하천이므로 표 3.3에서 n의 기본값으로 0.023을 채택

단계 2 : 하도의 불규칙성이 보통으로 볼 수 있으므로 표 3.4에서 0.015를 채택

단계 3 : 하도단면은 커졌다 작아졌다를 반복하므로 표 3.5에서 0.010을 채택

단계 4 : 장애물은 없으므로 표 3.6에서 0.000을 채택

단계 5 : 식생은 강턱에 1년생 잡목이 많으므로 표 3.7에서 0.03를 채택

단계 6 : 우선 단계 1에서 단계 5까지 합하면 $0.023+0.015+0.010+0.030=0.078$이고, 곡류구간과 직류구간의 길이 비가 1.0이므로 만곡에 의한 수정치는 없음

단계 6 : 따라서 최종적으로 수정된 n값은 0.078임

표 3.2, 그림 3.6, USGS 방법 등 지금까지 소개한 개수로의 매닝 계수를 추정하는 방법들은 모두 장단점이 있다. 표에 의한 방법은 수로재질이 균일하고 단면과 선형이 일정한 인공수로에 적합하다. 반면에 이 방법은 사실상 자연하천에는 쓸 수 없다. 그림 3.6과 같이 대상하천과 유사한 조건을 가진 대표 하천의 조도를 구하는 방법은 초보적인 기술자들이 이용하기 쉬우나, 사진에 나온 하천특성과 조금 다른 하천의 경우 n 값을 어떻게 수정할 것인지 판단하기 어렵다. USGS 방법은 조도계수의 추정을 최대한 정량화하려고 노력하였으나, 이 역시 각 표의 대표 n 값의 선정에서 일부 주관적일 수밖에 없다. 이러한 이유 때문에 어느 수로나 하천 구간에서 정확한 n 값을 구하는 가장 확실한 방법은 그 하천 구간에서 실측 자료를 이용하는 것이다.

(3) 복합 조도 수로

인공 개수로의 경우 바닥과 측벽을 다른 재료로 만들지 않는 한 수로단면에서의 조도는 일정하다고 볼 수 있다. 그러나 자연하천의 경우 한 단면에서의 조도는 위치에 따라 크게 달라질 수 있다. 대표적인 예가 홍수시 홍수터가 잠긴 흐름에서 식생, 경작지, 도로, 기타 시설물 등 흐름에 저항을 주는 장애물 등으로 홍수터의 조도는 주수로의 조도보다 훨씬 커진다. 이러한 경우 에너지나 운동량 보정계수와 같이 그 단면 전체를 대표하는 상당 조도계수를 구해 등류 계산이나 기타 흐름 계산을 할 수 있다. 이를 그 단면의 복합 조도계수(composite roughness

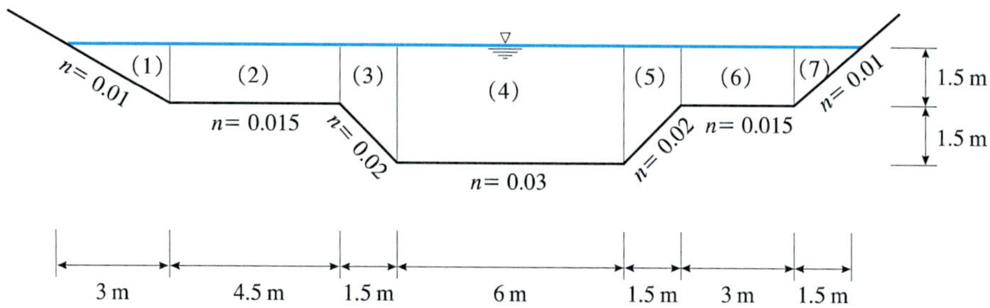

그림 3.7 복합 조도의 수로 단면

coefficient), 혹은 상당 조도계수(equivalent roughness coefficient)라 한다.

그림 3.7과 같이 구간별로 서로 다른 조도로 구성된 수로단면에서 복합 조도계수를 구하는 방법은 문헌에 다양하게 소개되고 있다. 이 그림과 같이 수로단면을 N 개의 조도가 같은, 혹은 비슷한 구간으로 나누면 각각의 소단면별로 조도계수 n_i 와 윤변 P_i 를 구할 수 있다. 여기서 구간별 윤변에서 구간과 구간 사이 물로 채워진 가상적인 경계는 통상 고려하지 않는다. 또한 각 소단면의 단면적은 통상 인접 소단면 간 경계선을 수직으로 보고 계산한다. 복합 조도계수를 구하는 몇 가지 방법을 소개하면 다음과 같다.

- 각 소단면의 평균유속은 모두 같고, 동시에 전체 단면의 평균유속과 같다고 가정하면 (Horton, 1933), 매닝 계수로 표시되는 상당 조도계수 n_e 는

$$n_e = \left[\frac{\sum_{i=0}^{N} (P_i n_i^{3/2})}{P} \right]^{2/3} \tag{3-39}$$

- 각 소단면에 작용하는 저항력의 합이 전체 단면에 작용하는 저항력과 같다고 가정하면 (Einstein과 Banks, 1951), 상당 조도계수 n_e 는

$$n_e = \left[\frac{\sum_{i=0}^{N} (P_i n_i^2)}{P} \right]^{1/2} \tag{3-40}$$

- 각 소단면의 유량의 합이 전체 단면의 유량과 같다는 사실에 입각해서(Lotter, 1933) 검토하면, 상당 조도계수 n_e 는

$$n_e = \frac{P R^{5/3}}{\sum_{i=0}^{N} \frac{P_i R_i^{5/3}}{n_i}} \tag{3-41}$$

- 수로 단면의 연직 유속분포로 대수식을 이용하여 구하면(Krishnamurthy와 Christensen, 1972), 수심 y_i 를 이용하여 상당 조도계수 n_e 는

$$\ln n_e = \frac{\sum_{i=0}^{N} P_i y_i^{3/2} \ln n_i}{\sum_{i=0}^{N} \frac{P_i y_i^{3/2}}{n_i}} \tag{3-42}$$

Motayed와 Krishnamurthy(1980)에 의하면 36개의 자연 하천자료를 이용하여 상기 네 가지 방법의 정확도를 검토한 결과 대부분 비슷하게 나타나나, 그 중 제일 오래된 방법인 식 (3-39)가 가장 작은 오차를 보인다고 한다. 그러나 앞으로 4장에서 소개할 점변류 수면곡선 계산 모형인 HEC-RAS 모형 등 하천실무에서는 비교적 이용하기 편한 Lotter의 방법이 쓰인다.

3.3 등류의 계산

등류는 그 개념이 간단한 만큼 실제로 그렇게 흔히 발생하지 않는다. 특히 자연하천의 경우 등류는 사실상 드물다. 다만 인공수로의 설계에서 등류조건은 기본 설계조건이 되며, 등류유량과 등류수심, 등류유속, 등류경사 등은 설계지표로 이용된다. 자연하천에서도 흐름 조건을 모르는 경우 등류조건은 1차 근사해로서 의미가 있다.

(1) 등류수심과 유속의 계산

등류의 유량은 평균유속 공식 (3-25)에 통수단면적 A를 곱하면 되므로[21]

$$Q = \frac{A}{n} R^{2/3} S^{1/2} \tag{3-43}$$

여기서 $AR^{2/3}$ 는 단면의 형상과 수심에 관련된 값이다. 이 값에 단면의 조도에 관련된 계수 $1/n$ 을 곱한 값을 그 수로 단면의 통수능(通水能, conveyance) K 라 하며

$$K = \frac{1}{n} A R^{2/3} \tag{3-44}$$

21 이 식에서 영미 단위를 쓰는 경우 평균 유속식과 마찬가지로 분자에 단위환산 계수 1.49를 곱해야 한다. 앞으로도 영미 단위에서 매닝 공식과 관련된 수식은 계속 이 계수를 고려해야 하나, 이 책은 표준 단위를 쓰기 때문에 더 이상 부연설명은 생략한다.

통수능은 수로단면의 유수 소통능력을 의미하는 것으로, 이 값에 수로경사를 곱하면 유량이 된다. 즉

$$Q = KS^{1/2} \tag{3-45}$$

따라서 한 수로에서 등류유량은 단면의 형상에 관련된 변수 Γ, 단면의 조도에 관련된 변수 n, 수로의 경사 S, 그리고 등류수심 y_n 에 의존한다. 이를 수식으로 표시하면

$$Q = f(\Gamma, n, y_n, S) \tag{3-46}$$

예제 3.2

바닥폭 10 m, 측벽경사 z : 1=1.5 : 1, 수로경사 0.0025, 바닥과 측벽 매닝 계수가 모두 0.013인 사다리꼴 대형수로에서 등류수심이 2.5 m인 경우 유량을 구하시오.

풀이

표 1.1에서 $A = (b+zy)y = [10+1.5(2.5)]2.5 = 34.4\ [\mathrm{m}^2]$

$$P = b + 2y\sqrt{(1+z^2)} = 10 + 2(2.5)\sqrt{(1+1.5^2)} = 19.0\ [\mathrm{m}]$$
$$R = 34.4/19.0 = 1.81\ [\mathrm{m}]$$

식 (3-44)에서 통수능을 구하면

$$K = \frac{1}{n}AR^{2/3} = \frac{1}{0.013}34.4(1.81)^{2/3} = 3{,}930\ [\mathrm{m}^3/\mathrm{s}]$$

따라서 유량은 식 (3-45)에서

$$Q = KS^{1/2} = 3{,}930(0.0025)^{1/2} = 197\ [\mathrm{m}^3/\mathrm{s}]$$

식 (3-43)에서 바로 유량을 계산할 수도 있다. 이 경우

$$Q = \frac{1}{0.013}(34.4)(1.81)^{2/3}(0.0025)^{1/2} = 197\ [\mathrm{m}^3/\mathrm{s}]$$

실제 수로설계에서는 통상 보내야 할 유량과 단면형은 미리 알고 있고 그에 따른 등류수심을 구하는 것이 필요하다. 이 경우 식 (3-43)에서 수심만의 함수인 단면형 관련변수를 분리하여 표시하는 것이 유리하다. 즉

$$AR^{2/3} = \frac{nQ}{S^{1/2}} \tag{3-47}$$

위 식의 우변은 설계시 통상 주어지는 값이며, 좌변의 단면형 변수에 해당하는 수심을 구하면 그것이 등류수심이 된다. 식 (3-47)을 이용하면 시행착오법이나 설계도표의 이용, 또는 간단한 수치해석으로 등류수심을 쉽게 구할 수 있다.

시행착오법은 식 (3-47)의 우변의 값과 같아지는 단면형 변수에 해당하는 수심을 시행착오로 구하는 방법이다. 이 방법은 특히 단면의 형상이 불규칙한 자연하천에 적용하기 용이하다.

수치해석은 식 (3-47)에서 수심을 Newton 방법 등을 이용한 간단한 수치해석으로 구하는 방법이다. 여기서 Newton 방법을 이용한 수치해석은 식 (3-47)에서

$$f(y_n) = AR^{2/3} - \frac{nQ}{S^{1/2}} = 0 \tag{3-48}$$

이를 등류 수심 y_n 에 대해 미분하면

$$\frac{df}{dy_n} = \frac{5}{3}P^{-2/3}A^{2/3}\frac{dA}{dy_n} - \frac{2}{3}A^{5/3}P^{-5/3}\frac{dP}{dy_n} \tag{3-49}$$

여기서 $dA/dy_n = T$ (수면 폭)이므로

$$\frac{df}{dy_n} = \frac{5}{3}TR^{2/3} - \frac{2}{3}R^{5/3}\frac{dP}{dy_n} \tag{3-50}$$

위 식에서 dP/dy_n 은 단면형태에 따라 결정되며, 사다리꼴의 경우 $2\sqrt{1+z^2}$ 이다. 따라서 y_n의 초기 가정치를 주고 $f/(df/dy_n)$ 이 허용오차 이내가 되는 y_n 을 구하면 등류 수심이 된다.

예제 3.3

바닥폭 10 m, 측벽경사 z : 1=2 : 1, 수로경사 0.001, 바닥과 측벽 매닝 계수가 모두 0.013인 수로에 30 m^3/s의 유량이 흐르는 경우 시행착오법을 이용하여 각각 등류수심을 구하시오.

풀이

식 (3-47)에서 우변의 값을 구하면

$$\frac{nQ}{S^{1/2}} = \frac{0.013(30)}{(0.001)^{1/2}} = 12.3$$

식 (3-47)에서 좌변의 단면형 변수를 등류수심의 함수로 표시하면

$$A = (b + zy_n)y_n$$

$$P = b + 2y_n\sqrt{1+z^2}$$

(계속)

따라서 단면형 변수값은

$$AR^{2/3} = (10+2y_n)y_n\left(\frac{(10+2y_n)y_n}{10+2y_n\sqrt{1+2^2}}\right)^{2/3} = 12.3$$

혹은

$$[(10+2y_n)y_n]^{5/3} - 12.3(10+4.47y_n)^{2/3} = 0$$

이를 시행 착오로 풀면

$$y_n = 1.09 \cong 1.1\ [\text{m}]$$

(2) 등류경사와 한계경사의 계산

등류를 만드는 수로경사는 다른 변수가 주어진 경우 식 (3-42)에서 다음과 같이 간단히 구할 수 있다.

$$S = \left(\frac{nQ}{AR^{2/3}}\right)^2 \qquad (3-51)$$

여기서 유량과 조도계수가 일정한 상태에서 수로경사를 조정할 수 있다면 프루드 수가 1이 되는 한계류가 되면서 동시에 식 (3-51)을 만족하는 등류를 만들 수 있다. 구체적으로, 수로의 단면형과 조도가 주어진 상태에서 어느 유량을 한계류 상태로 보내기 위한 최소한의 수로경사를 제한 한계경사(limiting critical slope)라 한다. 나아가 주어진 등류수심을 유지하는 한계류의 유량과 수로경사를 각각 한계유량과 한계경사라 한다. 다만, 실제 수로 설계에서 긴 구간을 한계류로 만드는 것은 한계류의 속성상 수면파가 생기는 등 흐름이 불안정해진다. 다음은 이러한 한계경사의 계산 예를 보여준다.

예제 3.4

폭이 6 m이고 매닝계수 n 이 0.020인 사각형 수로에서 1) 수심 1 m, 유량 11 m^3/s인 등류의 수로경사, 2) 주어진 유량 11 m^3/s를 한계류로 보내기 위한 제한 한계경사와 등류 수심, 3) 주어진 등류 수심 1 m를 유지하는 한계유량과 한계경사를 각각 구하시오.

풀이

(1) $A = by = 6(1) = 6\ [\text{m}^2]$, $P = b+2y = 6+2(1) = 8\ [\text{m}]$이므로
$R = A/P = 6/8 = 0.75\ [\text{m}]$가 된다. 이 때 수로의 등류 경사는 식 (3-51)에서

$$S = \left(\frac{nQ}{AR^{2/3}}\right)^2 = \left(\frac{0.02(11)}{6(0.75)^{2/3}}\right)^2 = 0.0020$$

(계속)

(2) 유량 11 m^3/s에 해당하는 한계 수심(등류 수심)은 식 (2-20)에서

$$y_c = \sqrt[3]{\frac{q^2}{g}} = \sqrt[3]{\frac{(11/6)^2}{9.8}} = 0.7\ [\text{m}]$$

이 때의 제한 한계경사는 수심 0.7 m에 해당하는 단면형 변수를 구한 후 식 (3-51)에서 직접 구할 수 있다.

$$AR^{2/3} = 6(0.7)\left(\frac{6(0.7)}{6+2(0.7)}\right)^{2/3} = 2.88$$

$$\therefore S = \left(\frac{0.02(11)}{2.88}\right)^2 = 0.0058$$

(3) 등류 수심 1 m를 유지하는 한계 유량은 식 (2-18)에서

$$q = \sqrt{gy^3} = \sqrt{9.8(1)^3} = 3.13\ [\text{m}^3/\text{s}/\text{m}]$$

따라서 한계유량은

$$Q = bq = 6(3.13) = 18.8\ [\text{m}^3/\text{s}]$$

한계경사는 단면적 $A = 6(1) = 6\ [\text{m}^2]$, 윤변 $P = 6 + 2(1) = 8\ [\text{m}]$를 고려하여 다시 식 (3-51)에서

$$S = \left(\frac{nQ}{AR^{2/3}}\right)^2 = \left(\frac{0.02(18.8)}{6(6/8)^{2/3}}\right)^2 = 0.0058$$

3.4 등류의 응용

인공수로 설계에서 통상 흐름은 등류로 설계한다. 특히 장거리 관개수로나 도시 용수로는 상류상태의 등류로 설계한다. 이러한 수로는 통상 인공적으로 피복을 하거나 수로 변에 풀을 심어 흐름에 의한 세굴을 방지시킨다. 또한 대부분 균일수로로 설계한다. 따라서 이러한 경우 수로의 설계는 등류 개념을 그대로 적용하여 보내고자 하는 유량에 대한 등류수심을 구하는 것이 기본이다. 그 밖에 수로재료, 유사의 퇴적과 수중식물의 번식을 방지하는 최소 허용유속, 지형 조건에 따른 종단 수로경사와 수로재료의 특성에 따른 측벽경사, 여유고(free board), 최적 단면형의 결정 등이 요구된다. 구체적인 등류 수로설계에 대해서는 고전적이지만 여전히 유익한 Chow의 *Open Channel Hydraulics*(1959) 7장을 참고할 수 있다. 세굴수로의 설계에 대해서는 제2부 11장에서 검토한다.

여기서는 등류 수로의 설계에 필요한 최적 수리단면의 결정, 자연하천에서의 비정상, 부등류의 유량 추정, 어름으로 덮인 수로에서의 유량 추정, 복단면 수로의 유량추정 등에 등류 개념이 어떻게 응용되는지를 알아본다.

(1) 최적 수리단면

식 (3-43)나 (3-44)에서 한 수로단면의 유량은 수로경사와 조도가 정해진 경우 수로 단면적이 커지면 증가하고, 반대로 윤변이 커지면 감소한다. 특히 단면적이 일정한 경우 동수반경이 커질수록 수로를 통해 보낼 수 있는 유량은 커진다. 이렇게 단면적이 일정한 상태에서 동수반경이 가장 큰 단면형을 최적 수리단면(最適 水理斷面, best hydraulic section)이라 한다. 반원은 어느 기하 단면형보다 같은 단면적에 대해 윤변이 가장 작으며, 따라서 모든 단면형 중 최적 수리단면이 된다.

어느 한 수로 단면형에 대해 최적 수리단면의 제원은 위와 같은 개념을 수학적으로 해석함으로써 얻을 수 있다. 예를 들면 폭 b, 깊이 y의 사각형 수로에서 단면적 $A=by$이고 윤변 $P=b+2y$이므로 최적 수리단면을 구하려면 단면적이 일정한 상태에서 윤변이 최소가 되어야 한다. 따라서 먼저 b를 y의 변수로 놓고 P를 y에 대해 미분하여 0으로 놓고 풀면 수심이 수로 폭의 반이 되는 단면이 최적 수리단면이 된다.

예제 3.5

바닥폭 b, 측벽경사 z인 사다리꼴 단면수로의 최적 수리단면이 정육각형의 반임을 보이시오.

풀이

수심을 y라 하면 사다리꼴 수로 단면적은 $A=(b+zy)y$, 윤변은 $P=b+2\sqrt{1+z^2}\,y$이다. 당분간 z는 상수로 보고 이 식들을 y에 대해 미분한 후 0으로 놓고 연립하여 dP/dy를 구하면

$$\frac{dP}{dy}=\frac{\partial P}{\partial y}\frac{dy}{dy}+\frac{\partial P}{\partial b}\frac{db}{dy}=2\left(\sqrt{1+z^2}-z\right)-\frac{b}{y}$$

어느 정해진 단면적에 대해 윤변이 최소가 되려면 $dP/dy=0$ 이므로 위 식에서

$$b=2y\left(\sqrt{1+z^2}-z\right)$$

위 식의 b를 A, P에 각각 대입한 후 연립하여 y를 소거하면

$$P=2\sqrt{A\left(2\sqrt{1+z^2}-z\right)}$$

다시 z를 변수로 보고 윤변 P를 최소로 만드는 z를 구하려면 $dP/dz=0$에서

$$z=\frac{\sqrt{3}}{3}=\tan 30^\circ$$

따라서 사다리꼴 단면의 최적 수리단면은 정육각형의 반이 된다.

위와 같은 방법을 이용하면 어느 규칙단면에 대해서도 최적 수리단면을 구할 수 있다. 사각형과 사다리꼴 단면의 예에서 알 수 있듯이 최적 수리단면은 그림 3.8과 같이 반원에 외접하

는, 다시 말하면 최대한 반원의 형태와 가까운 다각형이 된다.

최적 수리단면은 다른 변수가 정해진 경우 가장 작은 윤변을 제공하여 유량을 최대로 하는 단면이다. 따라서 수로 설계에서 최적 수리단면은 결국 최소한의 굴착량으로 최대한의 유량을 보내는 단면이 된다. 그러나 실제의 설계에서는 1) 조도계수의 변화가 흐름을 지배하게 되고, 2) 통수단면적이 반드시 실제 굴착량은 아니기 때문에 최적 수리단면이 반드시 경제적으로 최적단면형은 되지 않는다.

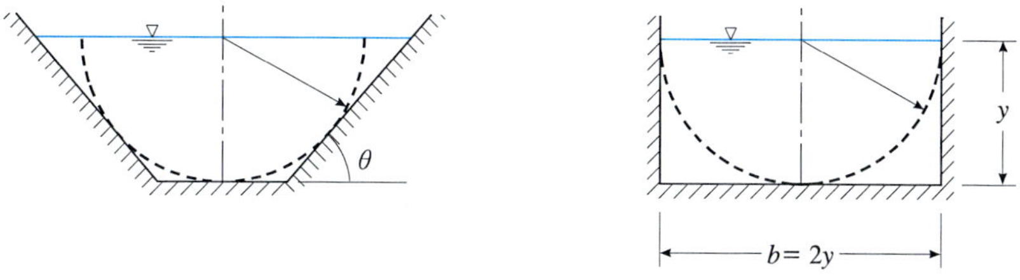

그림 3.8 사다리꼴 단면과 사각형 단면 수로의 최적 수리단면

(2) 경사 - 면적법에 의한 유량 추정

등류 개념이 불확실하게 나타나는 자연하천에서 이 개념을 잘 응용하는 사례는 아마 경사 – 면적법(Slope-Area Method)에 의한 자연하천의 홍수량 추정일 것이다. 자연하천은 그 특성상 대부분의 구간에서 단면형, 조도, 경사는 물론 유량이 시공간적으로 변하기 때문에 등류 개념의 도입이 매우 제한된다. 그러나 흐름의 시공간 변화가 완만해서 하천의 에너지 손실이 대부분 하상마찰에 의한 경우 그 흐름은 등류로 보고 평균 유속이나 유량을 산정할 수 있다. 특히 대상구간에서 통수능의 변화가 30% 이내인 경우 등류개념의 응용이 가능하다. 이러한 개념을 이용하여 홍수량을 추정하는 방법을 경사 – 면적법이라 한다.

경사 – 면적법에 의한 홍수량 추정은 수위 – 유량 관계 자료가 없거나 홍수로 훼손, 망실되어 쓸 수 없는 경우 간접적으로 유량을 구하는 방법으로, 국내 하천실무에서 자주 사용되는 방법이다. 이 방법을 이용하여 한 하천구간의 홍수량을 추정하려면 1) 대상구간의 통수 단면적, 2) 대상구간 위아래에서 수위 변화, 3) 대상구간의 길이, 4) 대상구간의 평균 조도계수 등이 필요하다.

이 방법을 효과적으로 응용하기 위해서는 등류 개념에 가까운 적합한 대상구간을 선정하는 것이 중요하다. Dalrymple과 Benson(1976)은 적절한 대상구간 선정을 위해 다음과 같은 기준을 제시하였다.

- 홍수가 지나간 흔적(홍수 흔적)이 있는 구간 : 특히 하천변 절벽, 교각, 나무 등에는 홍수 후

상당 기간 동안 최고수위 흔적이 남아 있다.

- 하도 단면변화가 비교적 없고 직선인 구간 : 이러한 조건의 구간을 찾기 어려운 경우 폭이 넓어지는 구간보다는 좁아지는 구간이 에너지 손실이 적기 때문에 좋다.
- 대상구간 상하류에 배수(背水, backwater)를 일으킬 요인이 없는 구간 : 대상구간 상하류에 교량이나 만곡부는 구간 내에 배수효과를 가져와 등류 개념 적용을 어렵게 한다.
- 대상구간 내에 폭포 등 자유낙하가 없는 구간
- 대상구간의 길이가 충분하여 에너지경사가 계산에서 생길 수 있는 오류보다 충분히 긴 구간 : 평균 수심보다 75배 이상 길거나, 구간 상하류 에너지 차이가 속도 수두보다 크거나, 최소한 0.15 m인 구간

이러한 조건을 만족하는 하천구간이 있으면 다음과 같은 방법으로 홍수량을 추정할 수 있다.

- 단계 1 : 홍수 흔적 자료를 가지고 대상구간의 상하류 하천단면의 동수반경을 구하여 식 (3-44)에서 상하류 각 단면의 통수능 K_u, K_d 를 구한다.
- 단계 2 : 두 통수능의 기하 평균을 구한다.

$$\overline{K} = \sqrt{K_u K_d} \tag{3-52}$$

- 단계 3 : 마찰경사의 0차 근사 해로서 상하류 단면의 수위 차 Δh , 구간 거리 L 을 이용하여 수면경사를 계산한다.

$$S_f^0 = \frac{\Delta h}{L} \tag{3-53}$$

- 단계 4 : 이 경우 0차 근사 해로서 이 구간의 홍수량은

$$Q^0 = \overline{K}\sqrt{S_f^o} \tag{3-54}$$

- 단계 5 : 1차 근사 해로서 마찰 경사와 유량은 각각

$$S_f^1 = S_f^0 + k\left[\frac{\alpha_u(\overline{V_u^2}/2g) - \alpha_d(\overline{V_d^2}/2g)}{L}\right] \tag{3-55}$$

$$Q^1 = \overline{K}\sqrt{S_f^1} \tag{3-56}$$

여기서 α_u, α_d= 상하류 단면의 에너지 계수

V_u, V_d= Q^0 를 기준으로 계산한 상하류 단면의 평균 유속

k= 수축/확대 보정 계수; $V_u > V_d$ 인 경우 $k = 0.5$, 그 반대의 경우 $k = 1.0$

- 단계 6 : $Q^n = Q^{n-1}$ 이 될 때까지 단계 (5)를 반복한다.

예제 3.6

경사 - 면적법으로 홍수량을 구하기 위해 길이 1,000 m의 한 하천구간에서 홍수흔적을 조사하여 상하류 수위 차이 2.0 m를 얻었다. 이 구간의 조도계수는 0.035로 추정되며, 상하류에서 홍수가 통과한 단면적은 각각 300 m^2, 380 m^2이고, 윤변은 각각 130 m, 150 m, 상하류 단면의 에너지계수는 모두 1.0이다. 이 하천구간에서 홍수흔적을 만든 홍수량을 구하시오.

풀이

상하류 단면의 통수능을 구하기 위해 동수반경을 먼저 구하면

$$R_u = A_u / P_u = 300/130 = 2.31\ [\mathrm{m}],\ \ R_d = A_d / P_d = 380/150 = 2.53\ [\mathrm{m}]$$

따라서 상하류 단면의 통수능은

$$K_u = \frac{300}{0.035}(2.31)^{2/3} = 15{,}000\ [\mathrm{m^3/s}],\ \ K_d = \frac{380}{0.035}(2.53)^{2/3} = 20{,}200\ [\mathrm{m^3/s}]$$

여기서 경사-면적법의 적용성을 검토하기 위하여 구간 내 통수능의 변화율을 계산하면

$$100(K_d - K_u)/K_d = 100(20{,}200 - 15{,}000)/20{,}200 = 26\% < 30\%$$

따라서 적용 가능함

대상 구간 통수능의 기하평균은

$$\overline{K} = \sqrt{K_u K_d} = \sqrt{15{,}000(20{,}200)} = 17{,}400$$

마찰경사의 0차 근사해는

$$S_f^0 = \frac{\Delta h}{L} = \frac{2.0}{1{,}000} = 0.002$$

홍수량의 0차 근사해는

$$Q^0 = \overline{K}\sqrt{S_f^0} = 17{,}400\sqrt{0.002} = 778\ [\mathrm{m^3/s}]$$

구간 상하류 단면의 평균유속을 구하면

$$V_u = \frac{Q^0}{A_u} = \frac{778}{300} = 2.59\ [\mathrm{m/s}],\ \ \alpha_u \frac{V_u^2}{2g} = 1.0\frac{2.59^2}{2(9.8)} = 0.34\ [\mathrm{m}]$$

$$V_d = \frac{Q^0}{A_d} = \frac{778}{380} = 2.05\ [\mathrm{m/s}],\ \ \alpha_d \frac{V_d^2}{2g} = 1.0\frac{2.05^2}{2(9.8)} = 0.21\ [\mathrm{m}]$$

$V_u > V_d$ 이므로 $k = 0.5$ 가 되어 마 경사의 1차 근사해는 식 (3-54)에서

$$S_f^1 = 0.002 + 0.5\frac{(0.34 - 0.21)}{1{,}000} = 0.00207$$

유량의 1차 근사해는 식 (3-56)에서

$$Q^1 = \overline{K}\sqrt{S_f^1} = 17{,}400\sqrt{0.00207} = 792\ [\mathrm{m^3/s}]$$

유량의 1차 근사해와 0차 근사해 차이는 2% 미만으로서 여기서 계산을 끝낼 수 있다.

$$\therefore \text{추정 홍수량}\ Q = 790\ [\mathrm{m^3/s}]$$

(3) 복단면에서 등류계산

홍수터를 가진 자연하천은 앞서 설명한 바와 같이 각 소단면별로 조도가 다르기 때문에 유속도 다르다. 따라서 단일단면으로 취급하여 등류계산 등 흐름해석을 하기 어렵다. 이러한 문제를 극복하기 위해 앞서 상당 조도계수 개념을 도입하였다. 그러나 이러한 단일단면 방법은 복합단면의 흐름 특성을 충분히 고려하지 못하게 된다. 더욱이 단면의 조도가 같더라도 단면의 기하형태가 급변하는 경우 지금까지의 1차원적 접근방법으로는 단면 평균유속이나 유량을 단순히 계산할 수 없는 경우가 있다. 예를 들면 그림 3.9와 같이 흐름이 홍수터로 진입하여 통수단면적과 윤변이 갑자기 커지게 되면 수심이 커짐에 따라 식 (3-43)에 의한 계산상 유량은 오히려 줄어들 수 있으나, 이는 물리적으로 맞지 않는다. 어떤 복단면이라도 수심이 증가하면 유량은 증가하지 감소하지 않는다. 따라서 이러한 복단면의 흐름 해석은 단면 내 흐름 변수를 같게 본 1차원적 접근은 한계가 있고 2, 3차원적 접근을 요한다. 아니면 각 소단면의 흐름을 1차원적으로 해석하되, 인접한 소단면 간에 질량과 운동량 교환을 고려하여야 한다. 왜냐하면 저수로 소단면과 홍수터 소단면이 만나는 흐름방향의 단면에서는 대규모 난류가 발생하여 활발한 운동량 교환에 의해 전단 층이 생겨 전체적인 통수능을 감소시키기 때문이다. 그러나 이러한 접근은 통상 매우 어렵기 때문에 실무에서는 보다 간단한 방법이 요구된다.

최근에 Ackers(1992)는 그림 3.9로 나타내는 복단면 수로의 운동량 교환을 고려하여 유량을 정확히 계산하는 경험적 방법을 제시하였다. 그의 방법은 Lotter(1933) 방법과 같이 우선 복단면 내 각 소단면별로 등류공식을 이용하여 유량을 계산한 후 이를 합하여 일단 전체 유량으로 본다. 여기에 그림 3.10과 같은 경험 계수를 곱해 최종적으로 유량을 추정한다. 이 그림의 종축은 그림 3.9(b)에 나타난 복단면의 기하형상 계수이다.

마지막으로 복단면 흐름에서 통수능을 이용하여 에너지계수와 마찰경사(에너지경사)를 표시하는 방법을 소개한다. 만곡부나 급경사 등 흐름에 가속도를 생기게 하는 특별한 조건이 아닌 경우 복단면 흐름이라도 압력은 정수압 분포이고, 따라서 한 단면 내 수위는 모두 같다. 그러나 각 소단면의 유속은 서로 다르기 때문에 속도수두도 서로 다르다. 따라서 한 단면 내에서도 소단면별로 에너지가 다르며, 그에 따라 단면 전체의 통일된 에너지 준위는 없다. 다만 수로 단면형이 상하류 구간 내에서 비교적 일정하여 각 소단면의 마찰경사선은 서로 같다고 가정할 수 있다.

이 경우 에너지 계수식 (1-29)를 일반식으로 다시 쓰면(여기서 $\sum$는 $i=1$에서 N까지 임)

$$\alpha = \frac{\sum v_i^3 A_i}{V^3 A} \tag{3-57}$$

위 식에서 A는 단면 전체의 면적($=\sum A_i$) 이고, V는 단면 전체의 평균 유속이다($=1/A$

$\sum v_i A_i$). 또한, $v_i = Q_i/A_i$ 임을 고려하여 위 식을 유량($Q = \sum Q_i$)으로 표시하면

$$\alpha = \frac{(\sum Q_i^3/A_i^2)\,A^2}{Q^3} \tag{3-58}$$

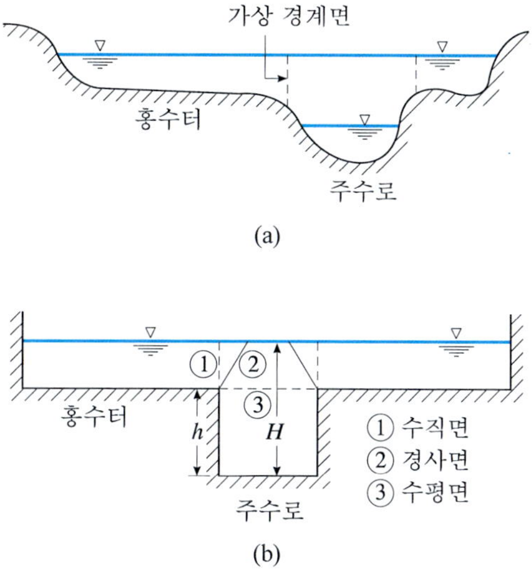

그림 3.9 깊은 주수로와 양 옆 홍수터를 가진 복단면(a)과 이상적 복단면(b)

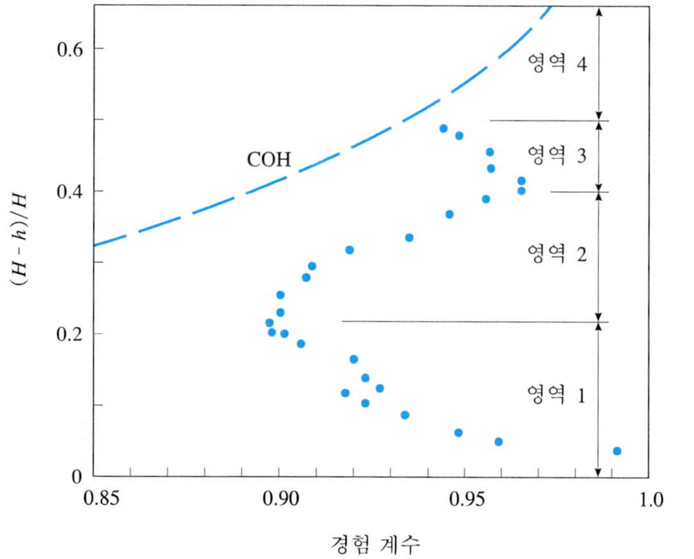

그림 3.10 복단면 내 각 소단면의 유량을 계산하여 합한 유량의 보정(Ackers, 1992)

그런데 각 소단면의 마찰경사는 식 (3 - 45)에서

$$S_{fi}^{1/2} = \frac{Q_i}{K_i} \tag{3-59}$$

여기서 각 소단면의 마찰경사는 모두 서로 같다고 가정하면

$$\frac{Q_1}{K_1} = \frac{Q_N}{K_N}$$

$$\frac{Q_i}{K_i} = \frac{Q_N}{K_N} \tag{3-60}$$

$$\frac{Q_N}{K_N} = \frac{Q_N}{K_N}$$

위 식들의 좌변의 분모를 우변으로 보낸 후 양변을 모두 더하면

$$Q = \frac{Q_N}{K_N} \Sigma K_i \tag{3-61}$$

위 식을 에너지 계수식 (3 - 58)의 분모에, 식 (3 - 59)의 Q_i 식을 분자에 각각 대입하여 정리하면 다음과 같이 통수능으로 표시된 에너지 계수가 구해진다.

$$\alpha = \frac{(\Sigma K_i^3 / A_i^2)\, A^2}{(\Sigma K_i)^3} \tag{3-62}$$

마찰경사는 전체 단면이나 소단면 모두 같다고 보았으므로 마찰 경사 식 (3 - 59)을 고려하여 식 (3 - 61)을 단면 전체의 에너지 항으로 표시하면

$$S_f = \frac{Q^2}{(\Sigma K_i)^2} \tag{3-63}$$

따라서 식 (3 - 62)와 (3 - 63)을 이용하면 복단면의 등류에서 각 소단면의 평균유속을 계산하는 대신 소단면의 통수능을 이용하여 에너지계수와 마찰경사를 알 수 있다.

연습 문제

3.1 화성에 물이 있어 흐른다고 가정하고, 같은 매닝 계수 n을 이용하여 화성에 적용 가능한 매닝 공식을 유도하시오(화성의 중력 가속도 g'을 이용).

3.2 같은 유량, 하상 경사, 조도, 단면 형상을 가진 수로에 물이 흐르는 경우 등류 수심은 지구와 화성 중 어느 곳에서 클 것인지? 그 이유는?

3.3 다음과 같은 단면 형태가 계속되고 매닝 계수 0.030, 하상 경사 0.005인 자연 하천에 200 m^3/s의 유량이 흐르는 경우 흐름을 등류로 보고 시행착오법으로 수심을 구하시오(괄호 안의 숫자는 수평, 수직 좌표임).

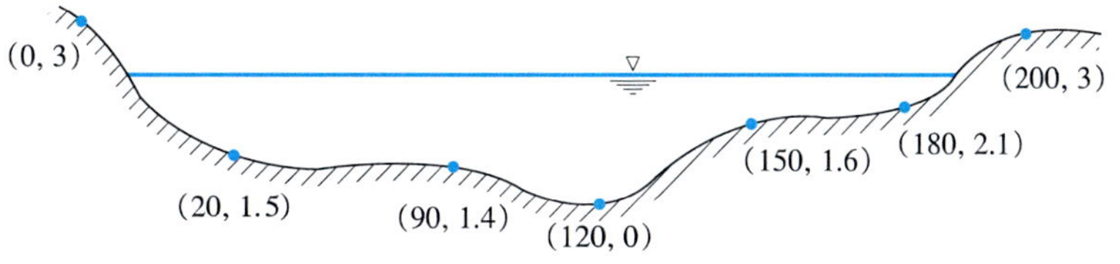

3.4 개수로의 체지 방정식의 계수 C가 관수로의 Darcy 방정식의 계수 f와 $C = \sqrt{8g/f}$ 의 관계이면 Darcy 방정식은 체지 방정식의 특별한 경우임을 보이시오.

3.5 식 (3-33)에서 k_s를 하상 재료의 다른 입경으로 보고 입경 0.1 mm, 1 mm, 10 mm, 100 mm의 대표 입경으로 구성된 하천에서 매닝 계수를 각각 구하시오. 또한, 구한 결과를 하상 재료의 입경 증가와 관련하여 평가하시오.

3.6 폭이 넓은 사각형 수로에서 매닝 공식과 체지 공식을 이용하여 유량을 추정한다. 각 공식별 조도계수에 대한 유량 계산의 민감도를 검토하시오. 또한, 각 공식별 수심 변화에 대한 유량 계산의 민감도를 검토하시오.

3.7 수로 경사 1/1,000이고 매닝 계수 0.014인 사각형 수로에 30 m^3/s의 물이 흐르기 위한 소요 단면적을 수로 폭/수심의 비 b/y가 1.0, 1.5, 2.0, 2.5, 3.0, 3.5인 각각에 대해 구하시오. 다음 통수 단면적과 b/y의 관계도를 그리시오.

3.8 폭이 넓고 길이가 긴 수로의 수심의 변화에 따른 유량의 변화를 무차원 변수로 표시하고 그리시오. 이 경우 홍수시 폭이 넓은 자연 하천에서 수심이 2 m에서 3 m로 올라가면 유량은 몇 % 증가하는가?

3.9 단면형이 대략 포물선인 자연 하천에서의 중앙 수심이 2 m인 경우 하폭이 50 m이다. 하천의 조도 $n =$ 0.025이고 하상 경사가 0.00075인 경우 유량 50 m^3/s에 해당하는 수심을 구하시오.

3.10 직경 2.5 m의 콘크리트 관(조도계수 $n =0.014$)을 0.0002의 경사면에 설치하는 경우 배수량 1 m^3/s에 해당하는 수심을 구하시오.

3.11 수로 경사 0.0006, 바닥 폭 6 m, 측벽 경사 $z =1.5$, 콘크리트로 피복된($n =0.016$) 사다리꼴 수로에서 등류 수심 2.5 m에 해당하는 유량을 구하시오.

3.12 수로 경사 0.0015, 바닥 폭 2 m, 측벽 경사 $z =2$인 수로에 수심 1.5 m, 유량 40 m^3/s가 흐르는 경우 수로의 매닝 계수를 구하시오.

3.13 폭 3 m이고 마감 안 된 콘크리트($n =0.014$)로 된 사각형 단면 수로에 프루드 수가 2.0을 초과하지 않는 범위 내에서 유량 6 m^3/s를 보낼 수 있는 수로 경사를 구하시오.

3.14 입경 $D_{75} =5$ mm인 흙에 바닥 폭 10 m, 측벽 경사 $z =2.0$의 사다리꼴 수로를 만들어 피복공을 하지 않고 유량 40 m^3/s를 보내고자 한다. 이 때 수로가 침식되지 않는 허용 유속이 3.5 m/s라면 최대 허용 수로경사를 구하시오.

3.15 바닥 폭 6 m, 측벽 경사 $z =1.5$, 바닥 경사 0.00032, 매닝 계수 0.020인 사다리꼴 단면 수로에 6.5 m^3/s의 유량이 흐르는 경우 한계 수심과 등류 수심은? 이 흐름은 상류인지 사류인지 판단하시오.

3.16 바닥 경사 0.0008, 매닝 계수 0.011의 원형 콘크리트 관을 통해 최대 15 m^3/s의 홍수량을 보내는 암거를 설계하고자 한다. 관의 내경이 30 cm 단위로 가용하다면 적절한 내경을 선정하시오.

3.17 일반 단면형의 수로나 하천의 등류 수심을 계산할 수 있는 일반 프로그램을 FORTRAN으로 작성하시오. 단 단면적 A와 동수 반경 R은 부프로그램으로 제공할 수 있도록 하시오. 이 프로그램을 이용하여 1) 수로 폭 5 m, 바닥 경사 0.001, 매닝 계수 0.013인 사각형 수로에 5 m^3/s의 유량이 흐르는 등류 수심과, 2) 문제 3.3에서의 등류 수심을 각각 구하시오.

3.18 원형 단면과 삼각형 단면의 최적 수리단면은 각각 반원, 역직각 이등변 삼각형임을 증명하시오.

3.19 그림 3.7의 자료를 이용하여 (3-39)~(3-42)에 소개된 방법별로 상당 조도계수를 구하시오.

3.20 다음과 같이 복단면[22]으로 정비된 하천에서 저수로와 고수부지 바닥경사가 모두 0.0003이고, 매닝 계수 n은 저수로에서 0.021, 좌우 저수로 측벽에서 0.030, 고수부지에서 0.039, 좌우 완경사 제방에서 0.030인 경우 다음과 같은 하천변수를 결정하시오.

(1) 상당 조도계수 n_e(Lotter 방법 이용)
(2) 에너지계수 α
(3) 마찰경사선의 경사 S_f

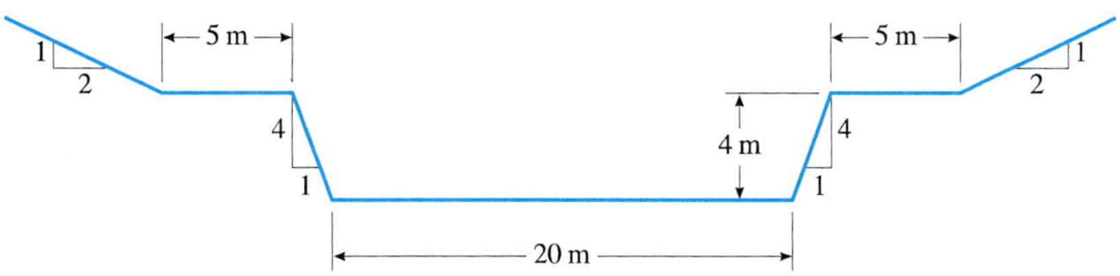

22 복단면은 하천 정비에서 많이 이용되는 단면형으로, 가운데 수로는 저수로(低水路, low-flow channel), 주변 회랑은 고수부지(高水敷地)라 한다. 이들은 자연 하천의 단면을 각각 주수로(主水路, main channel)와 홍수터(汎濫原, floodplains)로 구분하는 것과 유사하다.

1. 우효섭, 토의 – "사각형 개수로 마찰계수", 유동훈, **한국수자원학회지 논문집**, 제28권 제5호, 1995. 10.
2. 유동훈, "사각형 개수로 마찰 계수", **한국수자원학회 논문집**, 제28권, 제2호, 1995. 4.
3. 한국건설기술연구원, **국내 실측 조도계수 자료집(안)**, 자연과 함께하는 하천복원기술개발연구단 기술 보고서, ER 2009-2-1, 2009.
4. Ackers, P. "Hydraulic Design of Two-Stage Channels", *Proceedings, Institution of Civil Engineers*, London, Water, Maritime and Energy, vol. 96, Dec., 1992.
5. ASCE, "Friction Factors in Open Channels," *Task Force Report, J. of Hydraulics Division*, ASCE, vol. 89, no. HY2, March, 1963.
6. Chow, V. T., *Open-Channel Hydraulics*, McGraw-Hill Book Co., New York, 1959.
7. Christensen, B. A., "Analysis of Partially Filled Circular Storm Sewers", *J. of Hydraulic Engineering*, ASCE, vol. 110, no. 8, 1984.
8. Dalrymple, T. and Benson, M. A., "Measurement of Peak Discharge by the Slope-Area Method," *Techniques of Water Resources Investigations of USGS*, book 3, Ch. A2, USGS, 1976.
9. Einstein, H. A. and Banks, R. B., "Fluid Resistance of Composite Roughness," *Transaction,* American Geophysical Union, vol. 31, no. 4, 1951.
10. Henderson, F. M., *Open Channel Flow*, MacMillan Pub. Co., Inc., New York, 1966.
11. Horton, R. A., "Separate Roughness Coefficients for Channel Bottom and Sides", *Engineering News Records*, vol. 111, no. 2, Nov., 1933.
12. Krishnamurthy, M. and Christensen, B. A., "Equivalent Roughness for Shallow Channels", *J. of Hydraulics Division*, ASCE, vol. 98, no. 12, 1972.
13. Lane, E. W. and Carlson, E. J., "Some Factors Affecting the Stability of Canals Constructed in Coarse Granular Material", *Proceedings, Minnesota International Hydraulics Convention,* 1953.
14. Lotter, G. K., "Considerations of Hydraulic Design of Channels with Different Roughness of Walls," *Transaction,* All Union Scientific Research, Institute of Hydraulic Engineering, vol. 9, Leningrad, 1933.
15. Meyer-Peter, E. and Müller, R., "Formulas for Bed-Load Transport", *Report on 2nd Meeting for IAHR*, Stockholm, Sweden, 1948.
16. Motayed, A. K. and Krishnamurthy, M., "Composite Roughness of Natural Channels", *J. of Hydraulics Division*, ASCE, vol. 106, no. 6, 1980.
17. Palmer, V. J. and Ree, W. O., *Handbook of Channel Design for Soil and Water Conservation*, US Department of Agriculture, SCS-TP-61, 1954.
18. USGS, *Guide for Selecting Manning's Roughness Coefficients for Natural Channels and Flood Plains*, United States Geological Survey Water-Supply Paper 2339, 1989.

Chapter 4

점변류 - 수면곡선의 계산

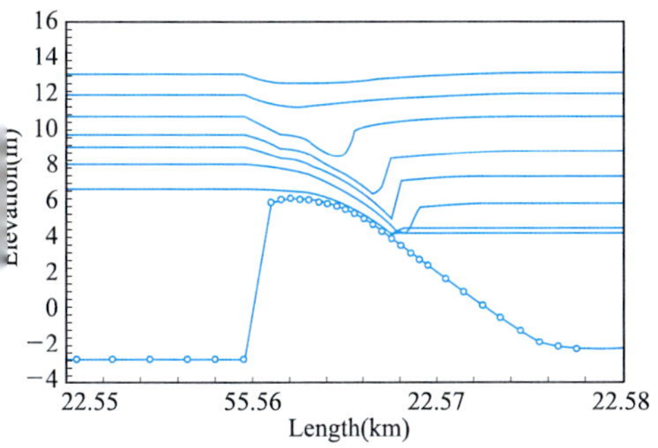

▲ 보를 넘어가는 흐름의 유량별 수면곡선 변화(점변류와 급변류)

이 장에서는 개수로 흐름 중에서 실무에 가장 많이 나타나는 점변 부등류의 해석과 계산을 설명한다. 이를 위해 우선 부등류의 특성을 설명하고, 다음에 점변류의 기본 방정식을 유도한다. 또한 점변 부등류에서 나타나는 각종 수면곡선을 분류하고 이를 적절히 스케치하는 방법을 설명한다. 마지막으로 수면곡선을 실제 계산하는 각종 방법들을 소개하며, 특히 실무에서 자주 응용되는 문제들을 나누어 설명한다.

4.1 서론

수로거리에 따라 단면의 형태와 경사가 일정한, 긴 균일수로에서 일정한 유량이 흐를 때 수심과 유속이 모든 단면에서 같아져 등류가 된다. 이러한 등류에 어떤 변화가 있는 경우를 생각해보자. 문제를 간단히 하기 위하여 흐름은 여전히 정상류라 하자. 실제로 경제적인 이유나 지형적인 이유 등으로 전 구간이 같은 균일수로는 드물고, 대부분은 중간에 단면, 경사 등의 변화가 있다. 더욱이 흐름을 통제하기 위해서 설치한 위어나 수문과 같은 수리구조물의 존재는 흐름의 변화요인이 된다. 자연하천에서 단면의 형태는 모두 불규칙하며, 따라서 엄밀한 의미에서 자연하천에서 등류는 존재하지 않는다.

이렇게 수로 단면의 형상, 경사, 마찰 등이 달라지면 그 흐름은 등류에서 벗어나 부등류가 되며, 부등류의 영향은 흐름조건에 따라 등류를 위 아래로 잡아당기거나 밀어 그 영향이 상하류로 전파된다. 특히 이러한 흐름변화를 주는 조건이 수심과 유량의 상호관계가 정해지는 이른바 흐름통제(control)의 경우, 통제단면부터 시작하여 통제의 영향이 완전히 사라지고 다시 등류가 되는 단면까지는 이른바 천이구간이 된다. 천이구간에서 흐름은 분명히 부등류이며, 따라서 어느 수로 구간 전체의 흐름을 해석하기 위해서는 이러한 천이 구간에서의 부등류 해석은 필수적이다.

(1) 점변류와 급변류

거리에 따른 흐름의 변화와 그 영향이 비교적 먼 거리에 걸쳐 나타나는 흐름을 점변류(漸變流, gradually varied flow)라 한다. 반면에 비교적 짧은 거리에 걸쳐 나타나는 흐름을 급변류(急變流, rapidly varied flow)라 한다. 예를 들어 하천에 댐을 설치하여 여수로로 물을 내려보내는 경우, 댐 상류에는 저수지가 형성되고 이 저수지에 의한 배수효과는 상류 하천 유입부를 지나서까지 미치며, 이 경우 수면고는 하천 상류를 향해 서서히 높아지는 점변류가 된다. 점변류에서는 기본적으로 모든 유선은 직선이고 평행으로 볼 수 있기 때문에 압력은 정수압이 된다. 점변류에서는 단면형과 수로경사의 변화뿐만 아니라 바닥마찰이 흐름조건을 지배하는 중요한 변수가 된다.

반면에 댐 여수로상의 물은 급경사 수로를 지나면서 유속이 매우 커지고 그에 따라 수면의 변화가 급작스럽게 나타난다. 여기에 공기연행(連行, air entrainment), 줄 단파(短波, roll wave), 공동(空洞, cavitation) 현상까지 겹쳐서 흐름은 매우 복잡하게 된다. 이러한 흐름에서 유선은 수로의 기하형태를 따라 휘어지면서 가속되거나 감속된다. 따라서 이러한 흐름의 압력분포는 더 이상 정수압 분포가 되지 않는다. 그러나 이러한 변화는 비교적 짧은 거리에 걸쳐 급속히 일어나므로 바닥마찰의 영향은 상대적으로 작거나 무시할 수 있게 된다.

자연하천에서 흐름은 대부분 점변류로 취급할 수 있다. 그러나 댐붕괴에 의한 댐붕괴파의 전파, 저수지에서 산사태로 인한 수파의 형성과 전파, 매우 큰 홍수파의 전파 등은 급변류로 취급하여야 한다. 이 장에서 점변류에 대해 심층적으로 다루며, 급변류는 다음 장에서 별도로 다룬다. 그러나 홍수파의 전파나 댐붕괴파 등은 거리에 따라 흐름이 변하는 부등류인 동시에 시간에 따라서도 흐름이 변하는 부정류이기 때문에 이들은 6장에서 다룬다.

그림 4.1은 유량의 변화에 따라 형성되는 흐름을 보여주고 있다.

(2) 공간 변화류

지금까지 설명한 수로 거리에 따라 수심과 유속 등 흐름이 변하는 변화류, 또는 변류에서 유량은 변하지 않는 것으로 보았다. 그러나 정수장에서 흔히 볼 수 있는 측면 삼각형 위어 수로나 우수 수집 측구 등은 균일수로에서도 거리에 따라 유량이 변한다. 이렇게 거리에 따른 유량의 변화로 흐름의 수심과 유속이 변하는 흐름을 공간 변화류(空間 變化流, spatially varied flow)라 한다.

수로측면에서 물이 계속적으로 유입되어 거리에 따라 유량이 증가하는 공간 변화류에서는 물의 유입과 그에 따른 주수로의 흐름과의 혼합으로 에너지 손실이 일어난다. 이러한 에너지 손실을 정량화하기 어렵기 때문에 통상 운동량 방정식을 이용하여 흐름을 해석한다.

(a) 점변류 (b) 급변류의 형성

(c) 급변류의 진행 (d) 급변류

그림 4.1 한강 신곡수중보 상의 유량별 수면곡선의 변화(점변류와 급변류의 발생)

반면에 수로 측면에서 물이 유출되어 거리에 따라 유량이 감소하는 공간 변화류에서는 물의 유출에 따른 에너지 손실이 적기 때문에 통상 에너지 방정식을 적용하여 흐름을 해석한다. 이러한 흐름에 대해서는 이 장에서 점변류와 같이 다룬다.

4.2 점변류 기본식

(1) 기본가정

실제 현상과는 거리가 멀어 보이거나, 특별한 조건에서만 같게 보일 정도로 여러가지 가정을 하여 흐름 현상을 단순화시키는 모형화는 그 결과의 해석에 신중을 기한다면 복잡한 자연현상을 효과적으로 해석할 수 있는 접근방법이다. 점변류의 해석도 마찬가지로 다음과 같은 기본적인 가정에서 출발한다.

- 수로바닥의 경사는 작다.
- 수로는 비교적 균일하여 에너지 계수와 조도계수는 모든 단면에 대해 같고, 특히 조도계수는 수심에 대해 변하지 않는다.
- 측방으로부터 유입과 유출은 없다.
- 수로단면에서 압력분포는 정수압이다.
- 마찰식으로 정상 등류의 마찰식을 이용할 수 있다.

첫 번째 가정에서 수로바닥 경사가 10%인 경우 경사각은 6° 미만으로 $\cos\theta - 0.995$로서, 수심 y나 수로 바닥에 연직으로 측정한 수심 h 는 사실상 같다. 따라서 대부분의 실제 상황에서 첫 번째 가정은 만족하게 된다. 두 번째 가정은 균일수로에서 당연히 만족되는 것이나, 균일수로가 아니라도 그러한 계수들의 변화는 비교적 작다는 전제이다. 세 번째 가정은 측방 유출입이 있는 공간 변화류와 구분하기 위함이다. 네 번째 가정은 첫 번째, 두 번째 조건이 만족되면 자연히 만족되는 조건이다. 마지막 가정은 식 (3-7)과 (3-11)에서 적절한 경사값을 채택함으로써 수용할 수 있는 조건이다.

(2) 기본식의 유도

위와 같은 가정하에서 점변 부등류의 총 에너지를 표시하면, 다시 2장의 베르누이 방정식에서 대부분의 수로의 경우 $\cos^2\theta \cong 1.0$이므로

$$H = z + y + \alpha \frac{V^2}{2g} \qquad (2-9)$$

위 식을 거리 x 에 대해 미분하면

$$\frac{dH}{dx} = \frac{dz}{dx} + \frac{d}{dx}\left(y + \alpha\frac{V^2}{2g}\right) \qquad (4-1)$$

위 식에서 dH/dx 와 dz/dx 는 각각 에너지경사, 또는 마찰 경사 $(-S_f)$ 와 수로 경사$(-S_o)$를 나타내고, 우변의 괄호 안은 비에너지 E 이므로 식 (4-1)을 정리하면

$$\frac{dE}{dx} = S_o - S_f \qquad (4-2)$$

한편 2장에서 유도한 수심에 대한 비에너지의 미분식 (2-36)을 다시 쓰면

$$\frac{dE}{dy} = 1 - Fr^2 \qquad (2-36)$$

상기 두 식을 dy/dx를 이용하여 연결하여 정리하면 다음과 같이 된다.

$$\frac{dy}{dx} = \frac{S_o - S_f}{(1 - Fr^2)} \qquad (4-3)$$

위 식은 점변류에서 거리에 따른 수심 변화를 나타내는 식으로, 앞으로 수면곡선식이라 불릴 것이다. 이 식에서 알 수 있듯이 점변류의 수심은 수로경사와 마찰경사에 따라 변한다. 여기서 마찰경사는 통상 경계면의 마찰저항을 의미한다. 단면의 급축소나 급확대 등 다른 저항요소가 지배적인 경우 그 흐름 자체는 점변류가 아니기 때문에 수면곡선식 (4-3)이 적용되지 않는다.

어떤 수로에서 바닥이나 측벽 등 경계면의 조도는 거리에 따라 크게 변하지 않는다고 보면 결국 수심 변화에 영향을 주는 요인은 수로 경사가 된다. 따라서 수면곡선식을 해석하여 점변류의 수면곡선 변화를 알기 위해서는 수로 경사 S_o 의 특성에 따른 흐름의 변화에 초점을 맞추어야 할 것이다.

4.3 수면곡선의 분류와 합성

(1) 흐름 영역의 구분

점변류 흐름특성을 규명하기 위해서 먼저 균일단면의 긴[23] 수로에 일정 유량이 흘러 등류

23 '긴'이라는 표현을 쓴 것은 수로경사나 마찰이 일정한 수로에 등류를 확립하기 위해서는 상하류 유입부와 유출부 천이구간의 부등류에 의해 상하류의 가운데 등류가 영향을 받지 않도록 충분히 긴 수로가 필요하다는 점을 강조하기 위함이다.

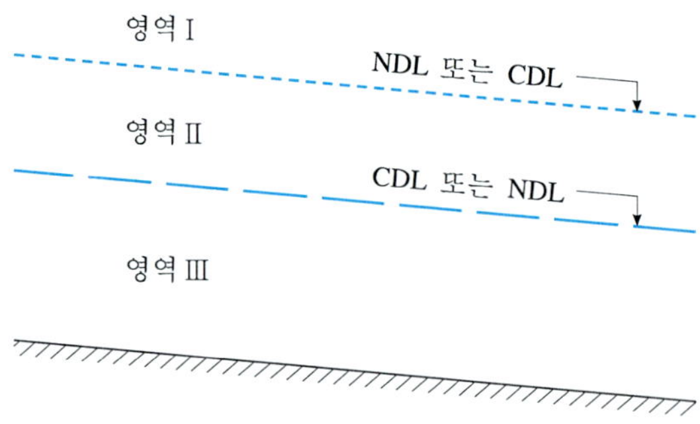

그림 4.2 수면곡선의 영역 구분을 위한 등류 심과 한계수심의 상대적 위치

가 형성되는 기본적 상황을 고려하자. 이때 흐름이 상류가 되는 수로 경사를 완경사(緩傾斜, mild slope)라 하고, 사류가 되는 수로 경사를 급경사(急傾斜, steep slope)라 하며, 한계류가 되는 수로 경사를 한계경사(限界 傾斜, critical slope)라 한다. 이를 등류수심 y_o 와 한계수심 y_c 를 이용하여 수식화하면

$$y_o > y_c \rightarrow \text{완경사}$$
$$y_o = y_c \rightarrow \text{한계경사}$$
$$y_o < y_c \rightarrow \text{급경사}$$

따라서 어떤 수로의 경사 특성은 등류수심과 한계수심의 상대적 크기에 의해 결정된다. 두 수심의 상대적 크기에 따른 흐름 특성을 체계적으로 해석하기 위해 그림 4.2와 같이 등류 수심선(NDL)과 한계 수심선(CDL)을 표시하면 완경사 수로와 급경사 수로에서 각각 3개의 영역이 구분된다. 한계경사 수로에서는 한 수심이 등류수심이 되므로 2개의 영역만 가능하다. 바닥이 수평인 수평경사에서도 흐름은 가능하나, 체지식이나 매닝식에서 유속이 있는 상태에서 경사가 0이 되면 동수반경(수심)은 무한대가 되어야 하므로 등류수심은 존재하지 못한다. 따라서 수평경사에서는 한계수심을 기준으로 2개의 영역만이 가능하다. 역경사 수로의 경우 등류수심은 정의되지 않으므로 수평경사와 마찬가지로 2개의 영역만이 가능하다. 따라서 모두 5개의 서로 다른 경사에서 12개의 서로 다른 흐름영역이 가능하다.

(2) 한계류의 발생

5개의 경사 특성별, 12개의 흐름 영역별 점변류 흐름특성과 수면형을 검토하기 전에 먼저 완경사수로와 급경사수로의 천이영역에서 한계류의 형성을 검토하자. 그림 4.3과 같이 완경사 수로에서 상류인 등류가 급경사 수로를 만나면 어떻게 될까? 그 답을 얻기 위해 수면곡선식 (4-3)에서 수로경사 S_o와 마찰경사 S_f가 같은 흐름을 생각해보자. 이 경우 수면곡선식에서 $dy/dx = 0$이거나 $Fr = 1$이 된다. 첫 번째 경우는 등류를 의미하며, 3장에서 다루었다. 두 번째 경우는 한계류를 의미하며, 이는 점변류에서 마찰경사가 수로경사와 같아지면 한계류가 발생한다는 것이다.

그림 4.3(a)에서 완경사의 수로에서는 상류 등류로 흐르므로 $y_o > y_c$ 이며, 급경사 수로에서는 사류 등류로 흐르므로 $y_o < y_c$ 이다. 점변류는 수심과 유속이 점차적으로 변하므로 상류에서 사류로 가는 천이구간에서는 반드시 한계류가 발생하여야 한다. 따라서 완경사수로에서는 상류 먼 거리에서 O 점에 가까워질수록 등류수심은 한계수심에 접근하고, 급경사수로에서는 하류 먼 거리에서 O 점에 가까워질수록 등류수심은 한계수심에 접근하는 부등류가 될 것이다. 그런데 체지 식과 같은 마찰식에서 부등류의 마찰경사는 $S_f = V^2/(C^2R)$ 이므로 마찰경사는 유속의 제곱에 비례하고 수심에 반비례한다. 따라서 그림 4.3(b)와 같이 완경사수로에서 부등류 수심이 등류 수심보다 작아지면 유속은 등류 유속보다 커지며, 따라서 부등류 마찰경사는 등류 마찰경사(수로 경사)보다 커지게 된다. 반대로 급경사수로에서 부등류 수심이 등류 수심보다 커지면 유속이 등류 유속보다 작아지며, 따라서 부등류 마찰경사는 등류 마찰경사(수로 경사)보다 작아지게 된다. 따라서 그림 4.3(b)와 같이 상하류 두 경사를 연결하는 일정 경사의 짧은 구간에서 마찰경사와 수로경사는 같아야 하며, 이에 따라 수면곡선식에서 $dy/dx = 0$이거나 $Fr = 1$이어야 한다. 그런데 그림 4.3(b)에서 보듯이 O 점 주위는 수면경사는 0이 되지 않으므로 프루드 수가 1이 되어야 하며, 따라서 이 점에서 한계류가 발생하는 것이 다시 확인된다.

지금까지 설명한 사항의 물리적 중요성은 다음에 있다. 2장에서 한계류는 에너지 손실 없이 저수지에서 급경사 수로로 물을 내려보낼 때 또는 수로의 바닥이나 폭이 변할 때 발생하는 것으로 알아왔다. 그러나 지금 보았듯이 수로경사의 변화도 흐름을 한계조건으로 만들 수 있다. 또한 같은 경사에서도 경계면 마찰이 매우 큰 수로에서는 상류 등류가, 마찰이 매우 적은 수로에서는 사류 등류가 발생하고, 이 두 서로 다른 특성의 흐름은 중간에 한계류에 의해 연결된다. 즉 수로경사와 마찰 자체도 흐름을 통제하여 통제 단면이나 구간을 만든다. 여기서 통제단면은 한계류가 발생하는 O 점이 되며, 통제구간은 상류 구간과 사류 구간 전부가 된다. 한계류 통제단면에서 수심과 유량과의 관계는 식 (2-18)이나 (2-37)로 정해지며, 등류 통제구간에서 수심과 유량과의 관계는 체지식이나 매닝식으로 정해진다.

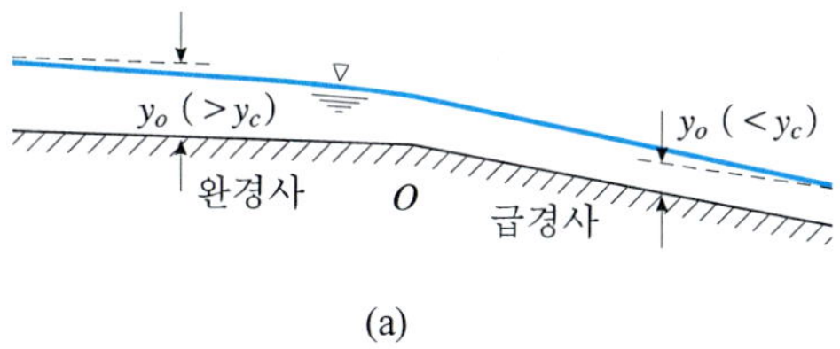

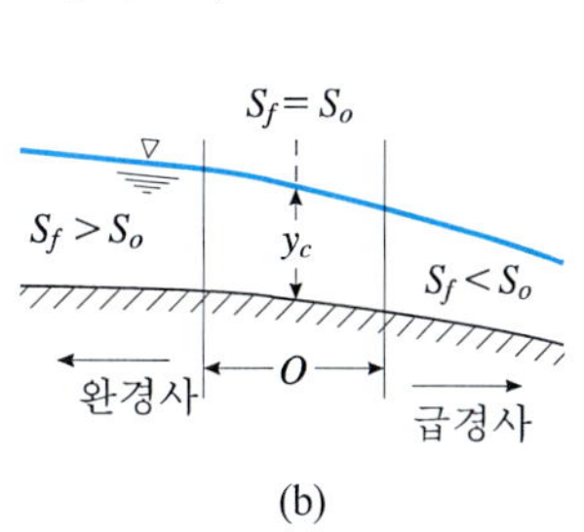

그림 4.3 수로 경사가 변하는 구간에서 한계류의 발생

(3) 수면형의 분류

수면곡선식 (4-3)을 이용하여 5개의 경사 특성별, 12개의 흐름 영역별 점변류 수면변화를 검토하려면 우변의 분자항인 두 경사항의 상대 크기와 분모항인 프루드 수의 크기를 상호 검토하면 된다. 여기서 수면곡선식의 해를 구하는 것은 잠시 보류하고 단지 식 우변의 분자, 분모의 크기 변화가 좌변의 거리에 따른 수면 변화에 미치는 영향을 정성적으로 검토하자. 검토 순서는 완경사, 급경사, 한계, 수평, 역경사 수로이다.

1 완경사 수로($y_o > y_c$)

완경사 수로에서는 $y_o > y_c$ 이므로 그림 4.3과 같이 등류 수심선이 한계 수심선보다 위로 올라간다. 여기서 부등류 수면이 영역 Ⅰ에 있는 경우 $y > y_o > y_c$ 이므로 수심이 등류수심보다 크고 유속은 등류유속보다 작아 앞서 설명한 바와 같이 체지식과 같은 마찰식 $S_f = V^2/(C^2R)$에서 $S_f < S_o$가 되어 식 (4-3)의 우변의 분자항은 양수가 된다. 또한 수심이 한계수심보다 크고 유속은 한계유속보다 작으므로 프루드 수는 1보다 작아져 수면곡선식의 우변의 분모항도 양수가 된다. 따라서 수면곡선식의 우변은 양수가 되어 거리에 따른 수심은 점차 커지게 된다. 한편 이 영역에서 수심이 등류수심으로 접근하면($y \rightarrow y_o$), 수면곡선식의 우변의 분자항은 0으로 접근하여 dy/dx는 0으로 접근한다. 반면에 수심이 무한대로 커지면 ($y \rightarrow \infty$) 유속은 무한대로 작아지고 그에 따라 체지식에서 마찰경사는 0이 되어 분자항은 S_o 가 되며, 분모항은 1이 되어 dy/dx는 그대로 S_o가 된다. 거리에 따른 수심의 변화가 수로경사와 같으려면 수면은 수평을 유지하여야 하므로 수면형의 하류 한계는 수평선이 된다. 따라서 이 영역에서 수면곡선을 그리면 그림 4.3의 완경사 수로의 영역 Ⅰ과 같다. 이를 통상 M-1 곡선이라 한다. M(mild)-1 곡선은 통상 댐이나 수문에 의한 배수 발생시 나타나므로 배수곡선(背水 曲線, backwater curve)이라고도 한다. 지금까지의 설명을 수식화하면 다음과 같다.

영역 Ⅰ $y > y_o$, $V < V_o$, $S_f < S_o$, 수면곡선식의 분자항 → +
$y > y_c$, $V < V_c$, $Fr < 1$, 수면곡선식의 분모항 → + $\quad \therefore dy/dx > 0$
$y \rightarrow y_o$, $S_f \rightarrow S_o$, $(S_o - S_f) \rightarrow 0$, 분모는 유한값이므로 $dy/dx \rightarrow 0$
$y \rightarrow \infty$, $S_f \rightarrow 0$, $(S_o - S_f) \rightarrow S_o$, $Fr \rightarrow 0$, $(1 - Fr^2) \rightarrow 1$ 이므로 $dy/dx \rightarrow S_o$

마찬가지로 수심이 등류수심보다는 작고 한계수심보다는 큰 영역 Ⅱ에서는 $y_o > y > y_c$ 이므로 다음과 같이 수식화된다.

영역 Ⅱ $y < y_o$, $V > V_o$, $S_f > S_o$, 수면곡선식의 분자항 → −
$y > y_c$, $V < V_c$, $Fr < 1$, 수면곡선식의 분모항 → + $\quad \therefore dy/dx < 0$

$y \to y_o$, $S_f \to S_o$, $(S_o - S_f) \to 0$, 분모는 유한값이므로 $dy/dx \to 0$

$y \to y_c$, S_f 는 유한값이 되고, $Fr \to 1$, $(1 - Fr^2) \to 0$이므로 $dy/dx \to \infty$

그러나 실제 점변류에서 수면이 연직으로 내려갈 수 없으므로, 전술한 한계류의 발생에서 설명한 바와 같이 실제로는 마찰경사가 수로경사에 접근하고 분모항도 0에 접근하여 $dy/dx \to 0/0$이 된다. 따라서 이 경우 수면경사는 어느 유한값을 갖게 된다. 이 영역에서 수면형을 그리면 그림 4.4의 완경사 수로의 영역 Ⅱ와 같다. 이와 같은 수면곡선을 통상 M-2 곡선이라 한다. M-2 곡선은 앞서 설명한 흐름이 상류에서 사류로, 또는 상류 등류에서 자유낙하 단면으로 가는 천이구간에서 발생한다.

다음, 수심이 한계수심보다도 작은 영역 Ⅲ에서는 $y_o > y_c > y$ 이므로 다음과 같이 수식화된다.

영역 Ⅲ $y < y_o$, $V > V_o$, $S_f > S_o$, 수면곡선식의 분자항 → −

$y < y_c$, $V > V_c$, $Fr > 1$, 수면곡선식의 분모항 → − $\therefore dy/dx > 0$

$y \to 0$, $S_f \to \infty$, $Fr \to \infty$, $dy/dx \to \infty/\infty$ → 어느 일정한 값

$y \to y_c$, $S_f \to$ 유한값, $Fr \to 1$, $(1 - Fr^2) \to 0$이므로 $dy/dx \to \infty$

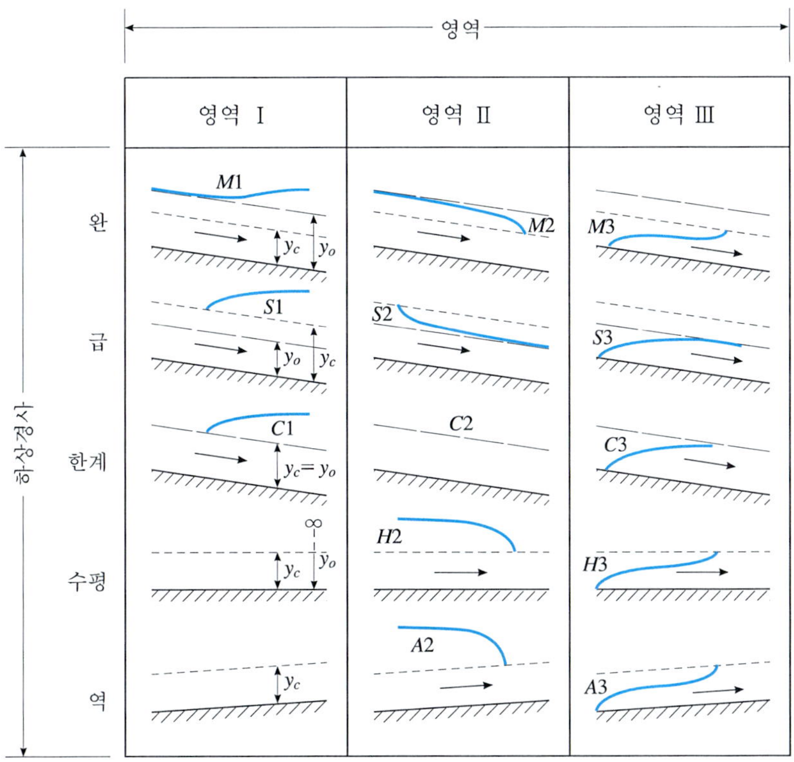

그림 4.4 구간별, 수로 경사별 점변류 수면형

여기서 수심이 0으로 접근하는 경우는 유속이 무한대로 접근하므로 실제 물리적으로 가능하지 않고 특별한 의미를 찾을 수 없다. 수심이 한계수심으로 접근하는 경우 앞서 설명한 M-2 곡선과 같이 연직으로 상승하는 수면형은 점변류에서 가능하지 않으므로 어느 일정 값을 가지거나 점변류를 벗어나게 될 것이다. 따라서 이 영역에서 수면형을 그리면 그림 4.4의 완경사 수로의 영역 Ⅲ과 같다. 이러한 수면형의 예는 개구 수문 하류에서 사류가 발생하는 수로에서 찾을 수 있다. 수문에 의해 형성된 사류는 하류로 갈수록 바닥 마찰에 의해 유속이 작아지고 수심이 커져서 한계수심에 접근하게 된다. 이 경우 바로 하류에 자유낙하 단면이 있으면 흐름은 사류에서 바로 자유 낙하될 것이며, 반대로 충분히 긴 수로라면 하류에 도수가 일어나 에너지가 소모될 것이다. 도수가 발생하면 수심은 한계수심에 도달하기 전에 와류에 휩싸이게 될 것이다. 이러한 수면형을 통상 M-3 곡선이라 한다.

2 급경사 수로($y_o < y_c$)

급경사 수로에서는 $y_o < y_c$ 이므로 그림 4.4와 같이 등류 수심선이 한계 수심선의 아래로 내려간다. 급경사 수로의 수면형을 완경사 수로의 경우와 같이 세 개의 영역별로 나누어 검토하면 다음과 같다.

영역 I $y > y_c$, $V < V_c$, $Fr < 1$, 수면곡선식의 분모항 → +
$y > y_o$, $V < V_o$, $S_f < S_o$, 수면곡선식의 분모항 → + $\therefore dy/dx > 0$
$y \to y_o$, $S_f \to S_o$, $(S_o - S_f) \to 0$, 분모는 유한값이므로 $dy/dx \to 0$
$y \to \infty$, $S_f \to 0$, $(S_o - S_f) \to S_o$, $Fr \to 0$, $(1 - Fr^2) \to 1$ 이므로 $dy/dx \to S_o$

M-1 곡선의 경우와 같이 dy/dx가 S_o가 되려면 수면은 수평을 유지하여야 하므로 수면형의 하류 한계는 수평선이 된다. 따라서 이 영역에서 수면형을 그리면 그림 4.4의 급경사 수로의 영역 I 과 같다. 이를 통상 S-1 곡선이라 한다. S(steep)-1 곡선은 급경사 수로에서 도수 후의 수면형이다.

수심이 한계수심보다는 작고 등류수심보다는 큰 영역 Ⅱ에서는 $y_c > y > y_o$ 이므로 다음과 같이 수식화된다.

영역 II $y < y_c$, $V > V_c$, $Fr > 1$, 수면곡선식의 분모항 → −
$y > y_o$, $V < V_o$, $S_f < S_o$, 수면곡선식의 분모항 → + $\therefore dy/dx < 0$
$y \to y_c$, $S_f \to$ 유한값, $Fr \to 1$, $(1 - Fr^2) \to 0$ 이므로 $dy/dx \to \infty$
$y \to y_o$, $S_f \to S_o$, $(S_o - S_f) \to 0$, 분모는 유한값이므로 $dy/dx \to 0$

그러나 실제 점변류에서 수면이 연직으로 올라갈 수 없으므로, 전술한 한계류의 발생에서 설명한 대로 실제로는 마찰경사가 수로경사에 접근하고 분모항도 0에 접근하여 $dy/dx \to 0/0$이 된다. 따라서 이 경우 수면경사는 어느 유한값을 갖게 된다. 따라서 이 영역에서 수면형을 그리면 그림 4.4의 급경사 수로의 영역 Ⅱ와 같다. 이와 같은 수면곡선을 통상 S-2 곡선이라 한다. S-2 곡선은 흐름이 한계류에서 사류로 바뀌는 천이 구간에서 발생한다.

수심이 등류수심보다 작은 영역 Ⅲ에서는 $y_c > y_o > y$ 이므로 다음과 같이 수식화된다.

영역 Ⅲ $y < y_c$, $V > V_c$, $Fr > 1$, 수면곡선식의 분모항 → −

$y < y_o$, $V > V_o$, $S_f > S_o$, 수면곡선식의 분모항 → − $\therefore dy/dx > 0$

$y \to 0$, $S_f \to \infty$, $Fr \to \infty$, $dy/dx \to \infty/\infty$ → 어느 일정한 값

$y \to y_o$, $S_f \to S_o$, $(S_o - S_f) \to 0$, 분모는 유한값이므로 $dy/dx \to 0$

여기서 수심이 0으로 접근하는 경우는 유속이 무한대로 접근하므로 실제 물리적으로 가능하지 않고 특별한 의미를 찾을 수 없다. 수심이 등류수심으로 접근하는 경우 수면변화는 0이 되어 등류 수심선으로 점근한다. 따라서 이 영역에서 수면형을 그리면 그림 4.4의 급경사 수로의 영역 Ⅲ과 같다. 이러한 수면형의 예는 급경사 수로의 개구 수문 하류의 수면이 자유낙하 단면이나 도수 단면 전까지의 수면형에서 찾을 수 있다. 이와 같은 수면곡선을 통상 S-3 곡선이라 한다.

3 한계경사 수로($y_o = y_c$)

한계경사 수로에서는 $y_o = y_c$ 이므로 그림 4.4와 같이 등류 수심선과 한계 수심선은 같게 된다. 따라서 영역 Ⅰ과 Ⅲ만 존재하고 영역 Ⅱ는 없다. 한계경사 수로의 수면형을 두 개의 영역별로 나누어 검토하면 다음과 같다.

영역 Ⅰ $y > y_o(= y_c)$, $V < V_o$, $S_f < S_o$, 수면곡선식의 분자항 → +

$y > y_c$, $V < V_c$, $Fr < 1$, 수면곡선식의 분모항 →+ $\therefore dy/dx > 0$

$y \to y_o(= y_c)$, $S_f \to S_o$, $(S_o - S_f) \to 0$, $Fr \to 1$, $(1 - Fr^2) \to 0$이므로

$dy/dx \to 0/0$→ 어느 일정한 값

$y \to \infty$, $S_f \to 0$, $(S_o - S_f) \to S_o$, $Fr \to 0$, $(1 - Fr^2) \to 1$이므로 $dy/dx \to S_o$

이 영역에서 수면형을 그리면 그림 4.3의 한계경사 수로의 영역 Ⅰ과 같다. 이를 통상 C-1 곡선이라 한다. C(critical)-1 곡선은 수로경사가 등류에서 한계류를 발생시킨다는 점을 제외하고는 급경사 수로에서 S-1 곡선과 그 특성이 유사하다.

한계경사 수로에서는 한계수심과 등류수심 사이의 흐름은 없으므로 영역 Ⅱ는 없다. 수심이 한계수심과 등류수심보다 작은 영역 Ⅲ에서는 $y < y_c(= y_o)$ 이므로 다음과 같이 수식화된다.

영역 Ⅲ $y < y_o$, $V > V_o$, $S_f > S_o$, 수면곡선식의 분자항 → −

$y < y_c$, $V > V_c$, $Fr > 1$, 수면곡선식의 분모항 → − $\therefore dy/dx > 0$

$y \to 0$, $S_f \to \infty$, $Fr \to \infty$, $dy/dx \to \infty/\infty$ → 어느 일정한 값

$y \to y_o (= y_c)$, $S_f \to S_o$, $(S_o - S_f) \to 0$, $Fr \to 1$, $(1 - Fr^2) \to 0$이므로 $dy/dx \to 0/0$ → 어느 일정한 값

이 영역에서 수면형을 그리면 그림 4.4의 한계경사 수로의 영역 Ⅲ과 같다. 이를 통상 C−3 곡선이라 한다. C−3 곡선은 수로경사가 등류에서 한계류를 발생시킨다는 점을 제외하고는 급경사 수로에서 S−3 곡선과 그 특성이 유사하다.

4 수평경사 수로

수평경사 수로에서는 등류수심이 무한대가 되므로 그림 4.4와 같이 영역 Ⅰ은 없고 한계수심선만이 존재한다. 이 경우도 전술한 수평경사 흐름과 마찬가지로 수면곡선 식의 변화를 정성적으로 검토하여 그림 4.4의 수평경사 수로의 영역 Ⅱ와 Ⅲ에 나타난 수면곡선형을 얻을 수 있다. 이러한 수면형을 H(horizontal) 곡선이라 하며, 영역 Ⅱ에 나타나는 수면형을 H−2 곡선, 영역 Ⅲ에 나타나는 수면형을 H−3 곡선이라 한다. 이러한 곡선들은 각각 완경사 수로의 M−2, M−3 곡선과 그 특성이 유사하다.

5 역경사 수로

역경사 수로에서는 등류수심이 정의되지 못하므로 이론적으로 그림 4.4와 같이 영역 Ⅰ은 없고 한계 수심선만이 존재한다. 이 경우도 전술한 경사흐름과 마찬가지로 수면곡선식의 변화를 정성적으로 검토하여 그림 4.4의 역경사 수로의 영역 Ⅱ와 Ⅲ에 나타난 수면곡선형을 얻을 수 있다. 이러한 수면형을 A(adverse)곡선이라 하며, 영역 Ⅱ에 나타나는 수면형을 A−2 곡선, 영역 Ⅲ에 나타나는 수면형을 A−3 곡선이라 한다. 이러한 곡선들은 각각 완경사 수로의 M−2, M−3 곡선과 그 특성이 유사하다.

지금까지 설명한 점변류의 수면곡선 분석에서 공통적으로 나타나는 점들은 다음과 같다.

- 수면곡선이 등류 수심선에 접근하게 되면 그 선에 점근한다.
- 수면곡선이 한계류 수심선에 접근하게 되면 상당한 각도로 만난다.
- 각 수면곡선은 상류에서 하류단 흐름통제를, 사류에서 상류단 흐름통제를 받아 형성된다.

이러한 각 수면곡선형의 예를 종합하면 그림 4.5와 같다.

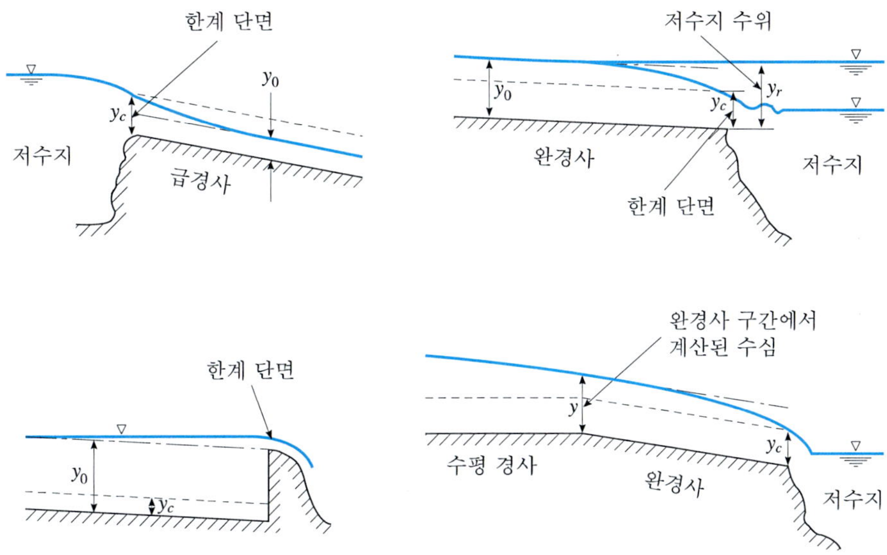

그림 4.5 수면곡선형의 실제 예

(4) 수면곡선의 스케치

인공수로나 하천에서 점변류 흐름특성을 파악하기 위해서는 각종 통제단면에 의한 영향으로 나타나는 수면곡선을 찾아 수로나 하도 전체의 수면형상을 파악하는 것이 중요하다. 이렇게 수면형상을 파악하여 전 구간에 대해 수면곡선을 스케치한 후 필요시 정량적인 유량 계산이나 수면고 계산을 하는 것이 계산에서 나타날 수 있는 오류를 쉽게 찾을 수 있다.

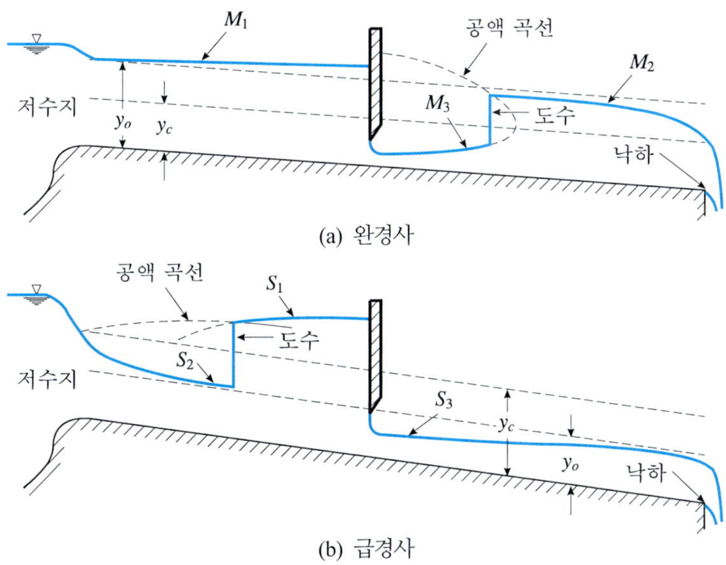

그림 4.6 개수로에서 통제 단면에 의한 수면곡선의 형성

한 수로, 또는 하천의 수면곡선을 추정하기 위해서는 우선 그 수로나 하천에 있는 이른바 통제단면이나 구간을 확인한다. 그 다음 그러한 통제점에 의한 영향을 상하류로 검토한다. 수면곡선을 스케치하는 구체적인 예로서 그림 4.6과 같이 저수지에서 수로로 물을 내려보내 수로 가운데 개구 수문을 지나 수로 끝에서 자유낙하하는 완경사 수로와 급경사 수로를 각각 검토하자. 그림 4.6(a)와 같은 완경사 수로에서는 등류수심이 한계류 수심보다 크다. 여기서 수로의 길이가 충분히 길다면 저수지 유출부와 하류 자유낙하부의 천이구간을 제외하면 상류의 등류로 흐를 것이다. 그러나 중간에 있는 수문은 수문 위의 흐름에 배수효과를 주어 등류수심보다 큰 수심의 M－1 곡선을 형성시킨다. 다음, 수문이 한계수심 밑까지 내려간 경우 그 하류는 사류가 되어 M－3 곡선을 형성할 것이다. 하류 수로의 길이가 충분히 길다면 흐름은 다시 상류의 등류가 되어야 하므로 그 중간에 도수가 형성될 것이다. 따라서 수문에서 도수 전까지 흐름은 M－3 곡선이 된다. 수면곡선의 분류에서 설명하였듯이 수문에서 하류 자유낙하 단까지 거리가 짧으면 흐름은 등류는 물론 한계류를 넘지 못하고 사류로 자유낙하할 것이다. 그림 4.6(a)에서 수문은 실질적으로 저수지 방류량을 조절하고 있는 통제점이다. 이는 상류에서 흐름통제는 위로 전파된다는 사실을 보여주고 있다. 한가지 더 설명한다면 그림 4.6(a)의 M－3 곡선 위에 있는 점선은 M－3 수면곡선의 공액수심 곡선으로, 이 점선이 하류 수면과 만나는 점이 도수가 발생하는 지점이 된다. 이 점선과 그 밑 실제 사류 수면곡선은 사실상 비운동량 곡선을 이룬다.

그림 4.6(b)와 같이 급경사 수로의 경우에는 등류수심이 한계류 수심보다 작다. 여기서 수로의 길이가 충분히 길다면 위 저수지 유출부와 아래 자유낙하부의 천이구간을 제외하면 사류 등류로 흐를 것이다. 그러나 중간에 개구 수문은 수문 위 흐름을 밀어 올려 등류수심보다 큰 수심의 S－1 곡선을 형성시킨다. 여기서 저수지 유출부에서 수문의 위치가 상당히 먼 경우 저수지에서 유출되는 흐름은 바로 한계류를 거쳐 사류 등류로 흐르다 수문에 의한 영향으로 사류에서 상류로 가기 위해 급격한 도수를 거칠 것이다. 여기서 저수지에서 도수 전까지는 S－2 곡선이 된다. 그러나 저수지 유출부에서 수문까지 거리가 짧은 경우 흐름은 한계류를 지나 사류로 접근하기 전에 하류 수문의 영향으로 수면이 '잠기게'되어 극단적인 경우 저수지 유출부에서 한계류가 형성되지 않을 것이다. 이 점에 대해서는 다음 저수지 방류 문제에서 구체적으로 다룰 것이다. 수문이 한계수심 밑까지 내려간 경우 그 하류는 사류가 되어 S－3 곡선을 형성할 것이다. 하류 수로의 길이가 충분히 길다면 흐름은 다시 사류 등류가 되었다가 자유낙하할 것이다. 그러나 수문에서 하류 자유낙하 단까지 거리가 짧으면 흐름은 사류 등류에 근접하지 못하고 바로 자유낙하할 것이다. 완경사 수로와 급경사 수로의 다른 점은 그림 4.6(a)에서 수문은 실질적으로 저수지

방류량을 조절하고 있는 통제점 역할을 하고 있으나, (b)에서의 수문은 저수지 방류량에 영향을 주지 못한다는 점이다. 이는 사류에서 흐름통제는 아래로 전파된다는 사실을 보여주고

있다. 마지막으로 그림 4.6(b)의 S－2 곡선 위에 있는 점선은 S－2 수면곡선의 공액수심 곡선으로, 이 점선이 아래 수면과 만나는 점이 도수가 발생하는 지점이 된다. 이 점선과 그 밑 실제 사류 수면곡선은 비운동량 곡선을 이룬다.

그림 4.6의 예를 염두에 두고 한 수로, 또는 하천에 각종 통제단면이 있는 경우 수면곡선을 스케치하는 방법은 다음과 같다.

- 수로의 유량, 조도, 단면형, 경사 등 필요한 자료를 이용하여 각 수로의 등류수심과 한계류 수심을 구하여 수로 종단도면상에 등류 수심선과 한계류 수심선을 그린다. 이때 각종 통제단면의 위치도 함께 표시한다.
- 상류에서는 아래 흐름통제, 사류에서는 위 흐름통제를 받는 것을 염두에 두고, 위어, 개구수문, 여수로 등 각종 통제단면에서 위 아래로 수면곡선을 스케치한다.
- 저수지가 급경사 수로로 연결된 유출부에서 저수지 수면이 수로의 한계수심보다 위에 있으면 수로 입구에서 한계류가 발생한다. 저수지 수면과 수로 수면의 연결은 유출부에서 속도수두와 유출부 에너지 손실 등을 감안하여 수로 수면을 저수지 수면보다 약간 낮게 한다.
- 수로 하류가 자유 낙하단인 경우 위에서 내려오는 흐름의 수심이 한계수심보다 큰 경우 하류단에서 한계 수심의 3~4배 위에서 한계류가 발생한다.
- 사류에서 상류로 흐름이 바뀌면 반드시 도수가 발생한다. 도수의 정확한 위치는 상하류 조건에 따라 다르지만 그림 4.6에서 설명하였듯이 공액 수심선을 그려서 개략적으로 알 수 있다.

예제 4.1

다음과 같이 1) 급경사 → 완경사 → 급경사, 2) 완경사 → 한계 경사 → 완경사, 3) 완경사 → 급경사 → 완경사로 바뀌는 수로에 대해 가능한 수면곡선을 모두 그리시오. 여기서 각 수로는 조도, 단면형, 경사가 일정한 균일 단면의 수로이다. 또한 상하류 두 경사 수로는 긴 수로이며, 중간 수로는 그 길이가 변한다.

풀이

(1) 급경사 → 완경사 → 급경사

먼저 위의 수면곡선 스케치 방법에서 제시한 사항 중 이 문제와 관련하여 주목할 사항은 1. 등류 수심선의 작성, 2. 상류에서 사류로 바뀜에 따른 한계류 통제단면의 발생, 그리고 5. 사류에서 상류로 바뀜에 따른 도수의 발생 등이다. 이 문제에서 중간 수로의 길이를 변화시키기 위해 아래 그림처럼 중간 수로가 위, 아래 수로와 만나는 점을 연결한 방사선을 그린다. 다음, 착안 사항 1에 의해 각 수로에 등류 수심을 그리고, 착안사항 2에 의해 중간 완경사 수로가 아래 급경사 수로와 만나는 연결단면에는 한계류가 발생하는 것을 표시한다. 마지막으로 착안 사항 3과 5에 의해 위 연결단면에 도수가 발생하는 것을

(계속)

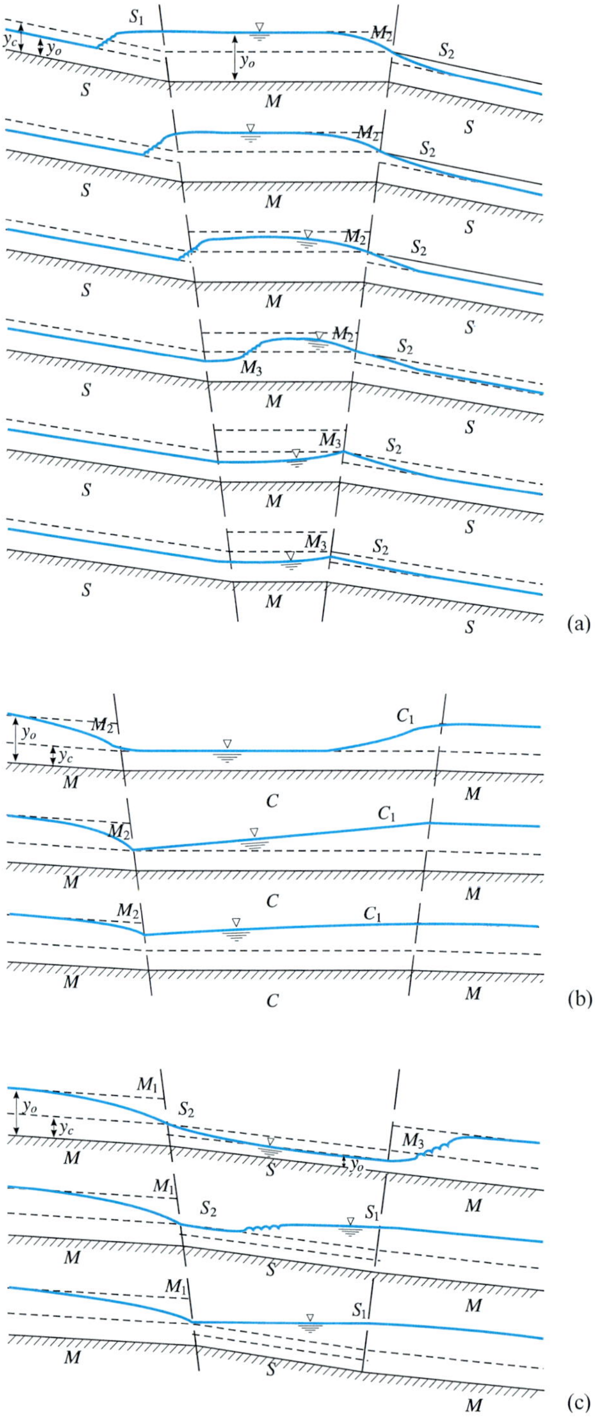

(예제 4. 1의 그림: 수면곡선)

(계속)

염두에 둔다. 다음, 가운데 완경사 수로가 매우 긴 경우 그 수로에는 상류의 등류가 형성될 것이며, 이 영향은 위의 수로 연결단면까지 계속될 것이다. 따라서 위 급경사 수로와 아래 완경사 수로 사이에 도수가 발생해도 그 위치는 위 급경사 수로가 될 것이다. 반면에 아래 연결단면에서는 흐름이 상류에서 사류로 바뀜에 따라 한계류가 발생하므로 수면은 내려가서 M-2 곡선이 형성되고, 아래 급경사 수로에는 S-2 곡선이 형성될 것이다. 그러나 가운데 완경사 수로의 길이가 점차 짧아지면 위 도수는 점차 아래로 밀려 내려와서 어느 기준 이후부터는 도수는 완전히 완경사 수로 내에서 생기며 따라서 연결단면 아래에는 M-3 곡선이 생길 것이다. 반면에 아래 연결단면에는 한계류가 지속되다 중간수로에 도수가 밀려서 완전히 M-3 곡선만 남게 되면 한계류 밑으로 수위가 떨어질 것이다.

(2) 완경사 → 한계 경사 → 완경사

이 경우는 중간 수로가 한계경사 수로이므로, 수로가 매우 긴 경우 수로 자체에는 한계수심이 지배적이 되고, 위 연결단면의 위에는 M-2 곡선이, 아래 연결단면의 위에는 C-1 곡선이 형성될 것이다. 그러나 중간수로의 길이가 점차 짧아지면 한계경사 수로에는 C-1 곡선이 지배적이 되고 이 영향은 중간 수로 위아래 전체로 퍼질 것이다. 참고로 맨 아래 수로가 급경사 수로인 경우 흐름통제는 위가 되므로 아래 연결단면에서 바로 S-2 곡선이 형성될 것이다. 즉 아래 수로가 완경사 수로인 경우 아래 흐름의 영향이 중간 한계경사 수로에 미치는 반면에, 급경사 수로인 경우 흐름의 영향은 아래로만 미치게 된다.

(3) 완경사 → 급경사 → 완경사

이 경우는 착안 사항 2에 의해 연결단면에서 한계류가 발생하며, 이는 M-2~S-2 곡선으로 연결될 것이다. 여기서 중간 급경사 수로가 긴 경우 아래 연결단면에는 사류 등류가 유지되며, 도수는 아래 완경사 수로에서 발생할 것이다. 그러나 중간 급경사 수로의 길이가 점차 짧아지면 아래 도수는 중간 급경사 수로 안으로 올라오게 되며, 더욱 짧게 되면 중간 급경사 수로는 잠기게 되고 도수는 발생하지 못할 것이다.

(a) 급경사 → 완경사 → 급경사 수로에서 수면곡선의 변화

(b) 완경사 → 한계 경사 → 완경사 수로에서 수면곡선의 변화

(c) 완경사 → 급경사 → 완경사 수로에서 수면곡선의 변화

저수지 유출부 주위, 국부통제에 의한 수면곡선의 변화는 개정전 하천수리학 제4장을 참고하기 바란다.

(5) 복단면 수로의 수면곡선

지금까지는 한 수로 단면에서 주어진 에너지에 대해 한계수심이 하나만 발생하는 흐름을 대상으로 수면곡선을 검토하였다. 그러나 2장의 복단면의 비에너지 계산에서 검토한 바와 같이 복단면 수로에서는 2개 이상의 한계수심이 가능하다. 여기서는 복단면 수로에서 2개 이상의 한계수심이 수면경사에 미치는 영향을 저수지에서 긴 수로로 물을 방류하는 경우에 대해 검토한다. 저수지에서 물이 수로로 나가는 입구에서 에너지 손실을 무시하면 수심과 유량은

다음과 같은 에너지 식에서 얻어진다.

$$Q = \left[2(H_o - y) \frac{gA^2}{\alpha} \right]^{1/2} \tag{4-4}$$

이 식을 이용하여 한 복단면 수로에 대해 수심과 유량과의 관계와 수심과 비에너지와의 관계를 그리면 그림 2.12와 같이 비에너지가 최소가 되는 수심이 두 개가 생길 것이다. 하나는 저수로에서, 다른 하나는 저수로를 넘어 홍수터가 잠긴 흐름에서 각각 나타난다. 여기서 저수로의 한계수심과 홍수터의 한계수심 사이에는 상류가 사류로 바뀜에 따라 한계 조건이 하나 더 생겨서 총 3개의 한계수심이 가능하다. 이러한 3개의 한계수심에 해당하는 한계유량을 수심~유량 곡선에서 구한 후 각각의 유량에 해당하는 등류 수로경사를 매닝 식 등으로 구한다. 이렇게 구한 3개의 경사와 실제 수로경사와 비교하여 해당하는 흐름 상태와 수면곡선을 스케치할 수 있다. 이러한 계산과정의 예제는 다음과 같다.

예제 4.2

아래 그림과 같이 저수로 폭 1 m, 깊이 1 m이고 측면 수로(홍수터)의 한쪽 폭 3 m인 복단면의 긴 수로로 저수지 물이 방류된다. 저수로의 매닝 계수는 0.013, 홍수터의 매닝계수는 0.0144이다. 저수지 수위는 저수로 바닥을 기준으로 2.2 m이다. 수로경사의 변화에 따른 가능한 수면곡선을 스케치하시오.

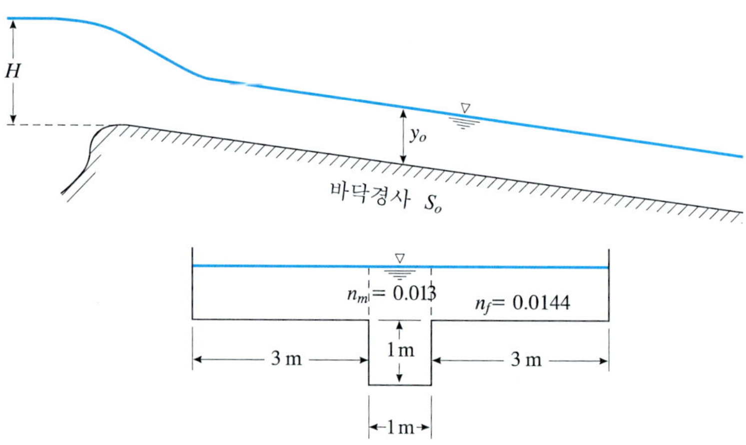

풀이

(1) 먼저 식 (4-4)에서 에너지 계수는 1.0으로 보고 수심이 0.5에서 1.2 m까지 증가하는 경우 해당 유량을 구해 이를 이용하여 수심~유량 곡선을 구하면 다음 그림 (a)와 같다.

(계속)

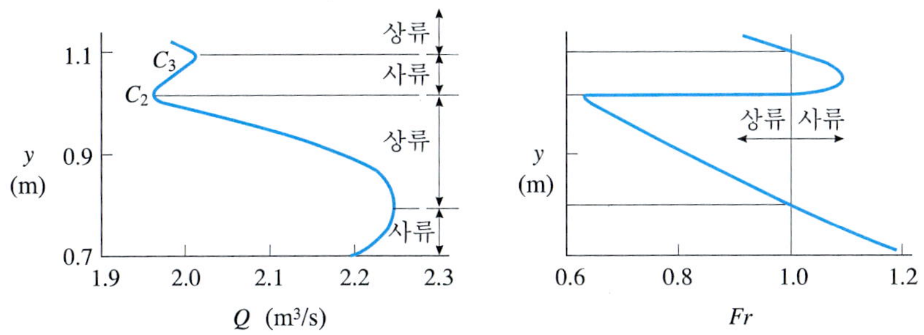

(a) 수심-유량 곡선 (b) 수심-후르드 수 곡선

(2) 다음 각 수심에 대한 프루드 수를 구해 이를 이용하여 수심~프루드 수 관계곡선을 그리면 위 그림 (b)와 같다.

(3) 수심~프루드 수 관계곡선에서 프루드 수가 1이 되는 한계수심은 y_{1c} =0.8 m, y_{2c} =1.03 m, y_{3c} = 1.1 m가 된다.

(4) 각각의 한계수심에 대한 유량을 식 (4-4)나 수심~유량 곡선에서 구하면 Q_{c1} =2.24 m^3/s, Q_{c2} = 1.96 m^3/s, Q_{c3} =2.0 m^3/s가 된다.

(5) 각 유량에 해당하는 한계경사를 매닝 식으로 구하면 S_{c1} = 0.0064, S_{c2} =0.0024, S_{c3} =0.0015가 된다.

(6) 따라서 해당 수로의 경사와 위 세 개의 경사의 상호 크기에 따라 다음과 같이 네 개의 수면곡선이 가능하다.

① $S_o > S_{c1}$; 수로경사가 가장 큰 한계 수로경사보다 큰 경우로서 저수지를 나온 흐름은 수로 입구에서 바로 한계수심 y_{c1}이 되고 그 다음에는 사류의 등류 수심을 유지한다. 이 경우 유량은 Q_{c1}이 된다.

② $S_{c1} > S_o > S_{c2}$; 수로경사가 가장 큰 한계 수로경사보다는 작고 다음 한계 수로경사보다는 큰 경우로서 저수지를 나온 흐름은 상류의 등류가 된다. 이 경우 유량은 기지의 하상경사에 대해 에너지 식 (4-4)와 매닝 식을 연립하여 풀 수 있다.

③ $S_{c2} > S_o > S_{c3}$; 수로경사가 두 번째 큰 한계 수로경사보다는 작고 다음 한계 수로경사보다는 큰 경우로서 저수지를 나온 흐름은 긴 수로에서 사류가 된다. 따라서 수로 입구에서는 한계류가 발생하며 한계수심은 y_{c3}가 된다. 이 경우 유량은 Q_{c3} 가 된다.

④ $S_o < S_{c3}$; 수로 경사가 가장 작은 한계 수로경사보다도 작은 경우로서 저수지를 나온 흐름은 상류의 등류가 된다. 이 경우 유량은 경우 (2)와 같이 에너지 식 (4-4)와 매닝 식을 연립하여 풀 수 있다.

이러한 네 개의 경우를 그림으로 표시하면 다음과 같다.

(계속)

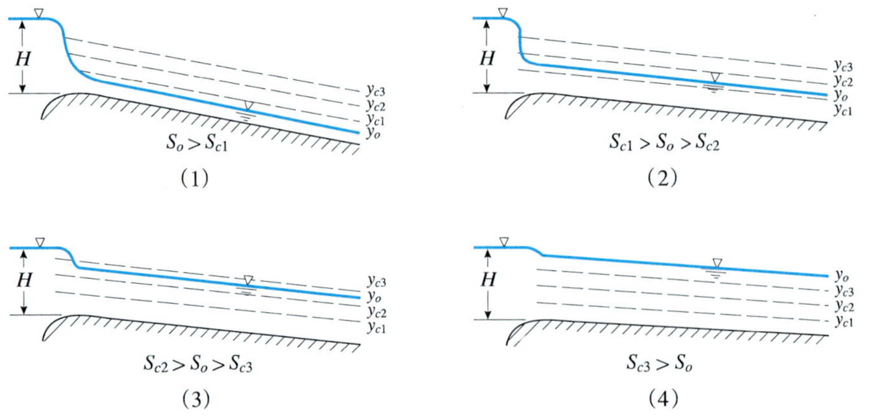

(예제 4.3의 그림: 복단면 수로의 수면곡선)

4.4 수면곡선의 계산

지금까지 점변류의 특성을 살펴보았다. 이제부터는 이러한 점변류에 의한 종방향 수면곡선 (water surface profile)을 계산하는 방법을 검토한다. 점변류 수면곡선 계산은 실무적으로 매우 중요하다. 예를 들어 댐 계획시 계획홍수량에 의해 상류 유입하천의 수위가 얼마나 올라갈 것인가 하는 문제는 서수지 계획홍수위선의 결정과 그에 따른 수몰지 보상이나 홍수방어 계획의 수립에 기본적인 사항이다. 이 경우 홍수량은 결정되어 있으므로 일정 유량에 의한 상류 하천의 수위변화를 결정하는 문제가 된다. 이는 부등류 문제, 좁은 의미로 점변류 문제가 된다. 또 다른 예로 자연하천의 오염물확산 특성을 규명하기 위해 각 하천단면별로 평균유속, 수심, 통수단면적 등을 구하려면 먼저 그 하천의 부등류 계산을 하여야 한다. 실무적으로 사실상 모든 하천계획이나 하천 내 공사 계획 시에는 이러한 부등류, 또는 점변류 계산을 하여 그러한 계획에 따른 수면곡선의 변화를 검토한다.

어떤 수로, 또는 하천의 점변류 계산을 통해 수면곡선을 구하려면 식 (4-2)나 식 (4-3)을 적분하여 거리 x에 대한 수심 y의 변화를 알아야 한다. 여기서 수면곡선 식 (4-3)을 다시 쓰면

$$\frac{dy}{dx} = \frac{S_o - S_f}{(1 - Fr^2)} \tag{4-3}$$

위 식을 적분하여 거리에 따른 수심의 변화, 즉 수면곡선을 구하려면 1) 해석적으로 직접 적분

하거나, 2) 1차 차분화하여 거리에 따른 수심, 또는 수심에 따른 거리 등을 시행착오법으로 구하거나, 3) 수치해석을 이용하여 미분방정식을 적분하는 것이다.

첫 번째 해석적으로 직접 적분하는 방법은 위와 같은 수면곡선 식의 우변이 비선형 함수이므로 대부분의 경우 가능하지 않으며, 마찰경사와 프루드 수가 수심의 단순함수 형태로 표시되는 간단한 경우에 한하여 가능하다. 두 번째 미분식을 차분화하여 시행착오법으로 거리와 수심의 관계를 구하는 방법은 실무에서 널리 쓰이고 있다. 특히 1960년대 이후 컴퓨터의 보급은 이러한 계산방법을 매우 쉽게 하였다. 세 번째 직접 수치적분하는 방법은 수치해석이 보편화되면서 다양한 방법이 제시되고 있지만, 아직 두 번째 방법보다는 널리 쓰이지 않고 있다. 여기서 규칙단면의 수로와 불규칙 단면의 하천에서 적합한 방법이 서로 다르기 때문에 이를 각각 나누어 검토하는 것이 바람직하다.

어떤 방법을 이용하여 수면곡선을 구하든지 계산방향은 흐름통제의 영향이 미치는 방향과 같은 것이 좋다. 즉, 상류에서는 아래에서 위로 계산을 수행하며, 사류에서는 위에서 아래로 계산을 수행하는 것이 바람직하다. Chaudhry(1993, p. 128)는 수면곡선을 구하는 것은 식 (4-3)을 경계조건을 고려하여 해석적, 수치적으로 푸는 것이므로 계산방향은 아무래도 무방하다고 강조하였다. 또한 그렇게 계산하지 않으면 해가 불안정해지거나 오차가 커진다는 기존의 주장은 잘못되었다는 점을 지적하였다. 사실 Chaudhry의 주장대로 점변류의 수면곡선 계산은 수면곡선식을 수학적으로 푸는 것이므로 흐름통제의 영향이 전파되는 물리적 의미와 별개인 것은 사실이다. 그러나 실제 계산시 수로 통제단면을 경계조건으로 하고 흐름영향 방향으로 계산하는 것이 거리나 수심의 초기 가정치를 주는 데 유리할 뿐더러 계산결과의 확인이 용이하기 때문에 기존의 관행은 여전히 의미가 있다.

마지막으로, 수면곡선식은 에너지식을 미분하여 얻어진 것으로 기본적으로 운동량식이다. 6장에서는 부정류의 운동량 방정식을 정상류에 대해 간략화하여도 위와 같은 식이 얻어질 수 있음을 보여준다.

(1) 수로의 수면곡선 계산

자연하천과 같이 비균일 수로에서는 거리에 따라 단면형과 하상경사가 변한다. 이러한 경우에는 직접 적분법 등으로 수면곡선을 계산하기 어렵다. 따라서 대부분 축차법과 시행착오법으로 구하는 것이 보편적이다. 또한 자연하천은 거리에 따른 모든 단면 자료가 주어져 있지 않기 때문에 먼저 수심을 가정하여 거리를 계산하는 방법을 채택하기 어렵다. 더욱이 한 단면에서 수심의 변화에 따른 단면제원과 수리량의 변화를 계산하는 것이 어렵기 때문에 원하는 거리에 단면 자료가 있다 하더라도 '수심-거리' 순서의 계산은 적용하기 어렵다. 이러한 이유로 자연하천의 수면곡선 계산은 거리를 가정하고 그에 따른 수심을 시행착오법으로 구하는 축차법을 채택한다.

자연하천에서 하상은 종단방향으로도 내려가고 올라가는 굴곡을 계속하기 때문에 바닥 경사가 비교적 일정한 인공수로에 비해 수심의 의미가 반감된다. 더욱이 하천측량은 일정한 표고를 기준으로 하상이나 수면고를 재기 때문에 수심보다는 수심과 하상고를 합한 수위(水位, stage)를 이용한다. 이런 점에서 자연하천의 수면곡선의 계산은 수심보다는 수위를 기준으로 수행한다.

자연하천과 같은 비균일 수로의 수면곡선은 이른바 표준축차법(standard-step method)을 이용하여 시행착오법으로 구하는 것이 보편적이다. 미 공병단에서 이 방법을 이용하여 만든 컴퓨터 프로그램 HEC-RAS는 미국은 물론 국내 하천실무에 보편적으로 보급되어 사용되고 있다.

1 표준 축차법

표준 축차법은 Chow(1959, pp. 274~280)가 처음 명명한 것으로, 수로의 상하류 두 단면에 에너지 식을 적용하여 비선형 방정식으로 표시되는 미지수를 시행착오법이나 수치해석으로 푸는 방법이다. 이 방법은 특히 자연하천과 같이 단면과 하상경사가 불규칙하고 하천 측량에서 얻어지는 단면자료가 특정단면에서만 가용한 경우 적합하다. 이 방법은 그림 4.7과 같이 하류 단면 2와 상류 단면 1에 에너지 식을 적용함으로써 시작한다.

$$h_1 + \alpha_1 \frac{V_1^2}{2g} = h_2 + \alpha_2 \frac{V_2^2}{2g} + h_L \qquad (4-5)$$

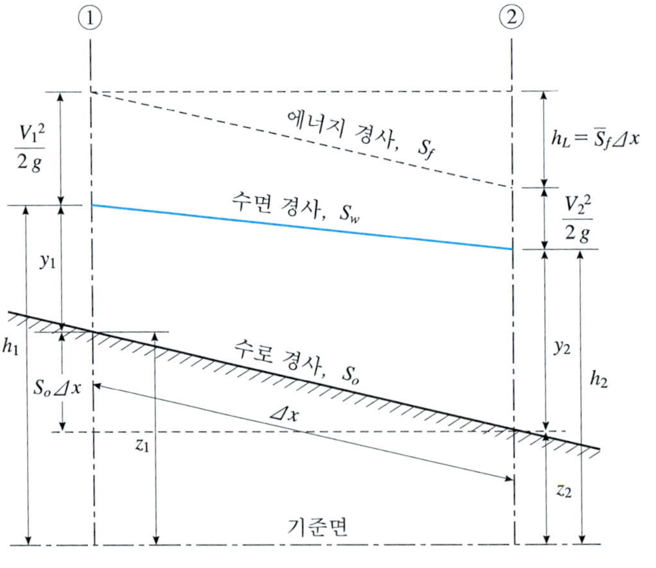

그림 4.7 개수로에서 통제 단면에 의한 수면곡선의 형성

식 (4-5)에서 h 는 기준면으로부터 하상고와 수심을 더한 값으로 수위를 나타내며, h_L은 단면 1과 2 사이의 마찰 손실이다. 여기서 일단 두 단면 사이의 에너지 손실은 경계면의 마찰손실만 고려한다($S_e = S_f$). 경계면 마찰손실을 표시하면

$$h_L = \overline{S_f}\,\Delta x = \frac{1}{2}(S_{f\,1} + S_{f\,2})\Delta x \tag{4-6}$$

위 식을 식 (4-5)에 대입하면

$$h_1 + \alpha_1 \frac{V_1^2}{2g} = h_2 + \alpha_2 \frac{V_2^2}{2g} + \frac{1}{2}(S_{f\,1} + S_{f\,2})\Delta x \tag{4-7}$$

위 식은 단면 총에너지 $H(= h + \alpha V^2/2g)$를 이용하여 다음과 같이 표시된다.

$$H_1 = H_2 + \frac{1}{2}(S_{f\,1} + S_{f\,2})\Delta x \tag{4-8}$$

흐름이 상류인 경우 위 식에서 아래 흐름의 기준 단면 2의 수위는 알고 있으므로 우변의 H_2 는 기지이고 마찰손실도 단면 2에서는 기지이다. 따라서 미지수는 위 흐름 단면 1의 수위(하상고는 알고 있으므로 또는 수심)이다. 단면 1의 속도수두와 마찰손실은 수심의 함수로 표시되므로 결국 식 (4-8)은 단면 1의 수위에 대한 비선형 방정식이 된다. 미지수인 단면 1의 수위(또는 수심)를 구하기 위해서는 먼저 단면 1의 수위 h_1 을 가정하고 총 수두 H_1 $(= h_1 + \alpha V_1^2/2g)$ 을 계산하여 이 값과 식 (4-8)에서 계산한 H_1 값과 비교하여 필요시 새로운 수위 h_1 을 이용하여 오차가 허용범위 내에 들어올 때까지 계산을 반복한다.

여기서 단면의 번호 매김에 유의할 필요가 있다. 위에서 설명은 상류 조건에서 위 흐름을 미지수로 보고 수식화하였다. 그러나 사류 조건에서는 위 흐름인 단면 1이 기지가 되고 아래 흐름인 단면 2가 미지가 된다.

대부분의 자연하천은 평상시에 물이 흐르는 주수로와 홍수시에만 물이 흐르는 홍수터로 되어 있다. 또한 이른바 개수하천에서도 평시에 물이 흐르는 저수로와 홍수시만 물이 흐르는 이른바 고수부지로 되어 있다. 이 경우 홍수시에 에너지계수와 마찰특성은 주수로(또는 저수로)와 좌우 홍수터(또는 고수부지)가 서로 다르므로 이를 고려하여 수면곡선을 계산하여야 한다. 즉, 식 (4-5)에서 에너지 보정계수 α는 식 (3-57)에서

$$\alpha = \frac{\sum V_i^3 A_i}{V^3 \sum A_i} \tag{3-57}$$

위 식에서 첨자는 각 소단면을 표시하며, 첨자가 없는 것은 각 소단면의 값을 전부 합한 전체

단면의 값을 의미한다. $V = Q/A$ 이므로 위 식은

$$\alpha = \frac{A^2}{Q^3}\sum\left(\frac{Q_i^3}{A_i^2}\right) \tag{4-9}$$

통수능을 이용하면 위 식은 다시

$$\alpha = \frac{A^2}{K^3}\sum\left(\frac{K_i^3}{A_i^2}\right) \tag{4-10}$$

위 식에서 통수능 K는 각 소단면 통수능의 합($= \sum K_i$)이다. 마찰경사도 통수능을 이용하여

$$S_f = \frac{Q^2}{K^2} \tag{4-11}$$

마지막으로, 표준축차법 등을 이용하여 자연 하천의 수면곡선을 계산하기 위해서는 계산 출발점(또는 단면)의 선정이 필요하다. 이러한 계산 출발점은 수위-유량 관측소(gauging station), 댐이나 기타 한계류가 발생하는 수리구조물 등이 바람직하다. 그러나 원하는 계산 출발점에 이러한 구조물이 없는 경우 다음과 같은 점을 고려하여 출발점을 선정할 수 있다(ASCE, 1996).

- 등류 : 계산 출발 지점 부근의 흐름 조건이 등류로 볼 수 있는 경우 앞장에서 설명한 경사-면적법 등을 이용하여 대상 유량에 해당하는 등류수심을 계산하여 수위를 구할 수 있다.
- 수면경사 추정 : 원하는 수위를 언을 수 없는 경우 대상하천과 유사한 하천에서 수면경사를 구해 이를 대상구간의 수면경사로 보고 등류 계산으로 수위를 추정할 수 있다.
- 수위 추정 : 다른 방법이 없는 경우 계산 출발점 하류로 일정 거리만큼 떨어진 임의단면에서 해당 유량의 등류 수위, 한계류 수위, 등류 수위보다 큰 수위 등 세 가지 수위를 구한다. 다음, 각각의 수위에 해당하는 수면곡선을 위로 계산하여 해당 단면에 도달하기 전에 세 수위가 모두 일치하게 되면, 즉 배수 영향이 1% 이내로 사라지는 경우 계산 출발점에서 계산된 수위를 참 수위로 볼 수 있다. 이 때 계산 출발점과 하류 임의단면과의 일정 거리는 흐름의 특성에 따라 달라지며, 미 공병단(1986)은 한계류와 상류에 대해 흐름 특성과 일정 거리와의 경험적 관계를 도표로 제시하고 있다. 사류에 대해서는 반대로 위로 일정 거리 떨어진 단면에서 세 가지 수위에 대해 아래로 계산하여 계산 출발점의 수위를 추정한다.
- 조석 조건 : 하구에 조석의 영향이 있는 경우 하구 지점에서 최고 조위를 가지고 계산을 수행할 수 있다.

위의 방법을 이용하여 복단면 자연하천에서 수면곡선을 계산하는 방법은 다음과 같은 계산 예에서 잘 이해할 수 있을 것이다. 이러한 예는 표준축차법을 이용하여 규칙단면은 물론 불규칙 단단면의 수면곡선을 계산하는 방법을 충분히 포함할 것이다.

예제 4.3

아래 그림과 같이 저수로 폭 30 m, 높이 1 m, 하상고 E.L. 20 m, 좌우안 고수부지 폭이 각각 25 m인 복단면의 정비된 하천 한 지점에서 수위-유량 관계가 주어져 있다. 이 자료를 이용하여 유량 500 m^3/s, 단면 수위 E.L. 23 m인 경우 상류 1 km 지점의 단면에서 수위를 표준축차법으로 구하시오. 단 상하류 단면은 같고, 두 구간은 평균 하상경사 0.00075의 비교적 직선하도이다. 또한 저수로의 매닝 계수는 0.025이고, 고수부지의 매닝 계수는 0.040이다.

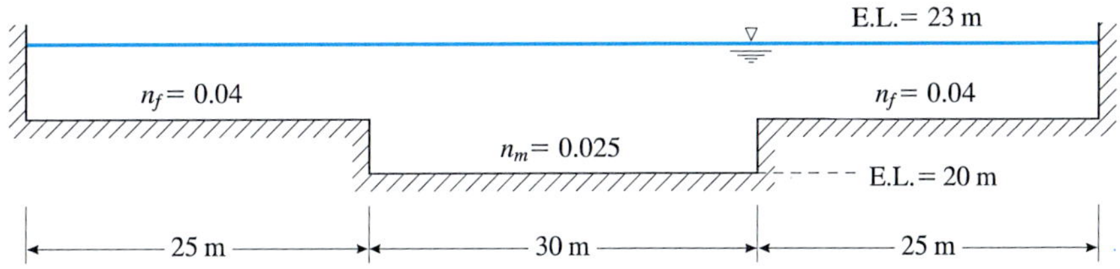

풀이

복단면 하천의 수면곡선 계산은 복단면을 단순 소단면으로 나누어 각 소단면에 대해 단면적, 수리반경, 통수능 등을 구하고 나머지는 단순 단면의 수리 계산과 같은 방법으로 수행한다. 하천 수위를 구하기 위해 하천수위와 속도수두로부터 구한 단면 총 에너지와 이전 단면의 총 에너지와 계산구간에서 마찰 손실의 합인 단면 총 에너지가 같아질 때까지 반복 계산하는 시행착오법을 이용할 수 있으나, 최근에는 EXCEL의 목표값 찾기 등 스프레드시트 기능을 이용하여 간단히 구할 수 있다. 이에 대한 계산과정은 표 4.1과 같다. 이 표의 각 열은 다음과 같다.

1열 : 하천의 계산 지점까지의 거리
2열 : 복단면 하천에서 소단면; M은 저수로 단면, OB는 고수부지 단면
3열 : 하천 수위
4열 : 통수 단면적
5열 : 통수 단면의 윤변
6열 : 수리반경
8열 : 매닝계수
9열 : 단면의 통수능
11열 : 에너지 계수
12열 : 단면 평균유속
13열 : 속도수두
14열 : 단면 총 에너지(=3열+13열)
15열 : 하도의 마찰 경사
16열 : 구간 거리
17열 : 마찰손실(15열*16열)
18열 : 이전 단면의 총 에너지+마찰손실

따라서 상류 1,000 m 지점에서 수위는

H_2=24.1 m

(계속)

표 4.1 표준 축차법에 의한 복단면 하천에서 수면곡선의 계산 예

하천거리 [m] (1)	소단면 (2)	수위 E.L. [m] (3)	A [m^2] (4)	P [m] (5)	R [m] (6)	$R^{2/3}$ [m$^{2/3}$] (7)	n (8)	K [m^3/s] (9)
0	M	23.00	90	34	2.65	1.91	0.025	6890
	OB		75	28	2.68	1.93	0.04	3620
			165					10510
100	M	23.11	93.4	34.1	2.74	1.96	0.025	7310
	OB		77.8	28.1	2.77	1.97	0.04	3840
			171.2					11150
250	M	23.27	98.2	34.3	2.86	2.02	0.025	7920
	OB		81.8	28.3	2.89	2.03	0.04	4150
			180.0					12080
500	M	23.52	105.6	34.5	3.06	2.11	0.025	8910
	OB		88.0	28.5	3.09	2.12	0.04	4670
			193.7					13600
1,000	M	23.76	112.7	34.8	3.24	2.19	0.025	9870
	OB		93.9	24.8	3.27	2.20	0.04	5170
			206.6					15040

하천거리 [m] (1)	K^3/A^2 ×10^4 (10)	α (11)	V [m/s] (12)	$\alpha V^2/2g$ [m] (13)	H_1 [m] (14)	S_f×10^5 (15)	Δx [m] (16)	h_L [m] (17)	H_2 [m] (18)
0	4036	1.145	3.03	0.536	23.54	75	0	0	23.54
	841								
	4877								
100	4480	1.146	2.92	0.498	23.61	75	100	0.08	23.61
	932								
	5412								
250	5157	1.146	2.78	0.451	23.72	75	150	0.11	23.72
	1071								
	6228								
500	6331	1.147	2.58	0.389	23.91	75	250	0.19	23.91
	1310								
	7641								
1,000	7578	1.147	2.42	0.343	24.10	75	250	0.19	24.10
	1564								
	9142								

2 표준축차법에 의한 비선형 방정식의 수치해석

식 (4-7)로 표시되는 에너지 식을 다시 미지 수심 y_1에 대해 정리하면 $y=h-z$ 이므로

$$f(y_1) = y_1 + \alpha_1 \frac{Q^2}{2gA_1^2} - \frac{1}{2}\Delta x S_{f1} + \left(z_1 - z_2 - y_2 - \alpha_2 \frac{Q^2}{2gA_2^2} - \frac{1}{2}\Delta x S_{f2}\right) = 0 \quad (4-12)$$

위 식의 우변의 괄호 안의 항들은 모두 기지의 값들이다. 따라서 단순히 시행착오법을 이용하거나 조금 더 체계적인 양분법(bisection method)이나 Newton 방법 등 비선형 방정식의 수치해석 방법을 이용하여 미지의 수심 y_1을 구할 수 있다.

4.5 HEC-RAS 모형

점변류 수면곡선의 계산은 실무에서 가장 빈번히 다루는 사항중 하나이다. 점변류 수면곡선을 계산하는 모형 중에서 널리 사용되는 HEC-RAS의 주요 구성과 응용방법을 소개한다.

(1) HEC-RAS 모형의 개요

수로와 하천에서 수면곡선을 계산하는 컴퓨터 모형으로서 미국이나 국내에서 가장 널리 쓰이는 1차원 모형은 HEC-RAS 모형이다. 이 모형은 1980년대부터 국내 하천실무에서 쓰이기 시작하여 지금은 하천 수면곡선을 계산하는 '표준적인' 방법이 되었다. HEC-RAS 모형은 비록 외국의 한 기관에서 만든 모형이지만 국내 하천실무에서 널리 쓰이고 있으므로 여기서 구체적으로 소개한다.

HEC-RAS 모형은 미 공병단의 수문기술연구소(HEC, Hydrologic Engineering Center)에서 1970년대부터 개발된 HEC-2 모형을 지속적으로 확충한 컴퓨터 모형으로(미 공병단, 1979), 2010년에는 4.1판이 보급되어 사용되고 있다(미 공병단, 2010). 이 모형의 주요 기능은 다음 네 가지이다.

- 부등류 수면곡선의 계산 : 일반적으로 하천에서 발생하는 점변 부등류 수면곡선을 계산할 수 있다. 단일하도 뿐만아니라 지류가 있는 경우나 복잡한 하도망의 경우에도 적용이 가능하다. 흐름의 측면에서도 상류, 사류 및 혼합류에 대한 계산도 가능하다. 교량, 암거, 보, 여수로 등 하천 시설물에서 발생하는 흐름의 모의도 가능하다.
- 부정류 흐름의 계산 : 부정류 계산 모듈의 바탕은 UNET 모형(Barkau, 1993)이며, 상류 상태의 흐름 해석을 목적으로 개발되었다. 부정류 모형에서는 부등류 모형에서 가능한 모의를 포함하여 하천변 저류지 효과에 대한 모의할 수 있다.
- 유사이송 계산 : 이 모듈은 하천에서 발생하는 하상의 세굴과 퇴적으로 인해 발생하는 유사이송을 모의할 수 있다. 장기하상 변동을 기본으로 하고 있으며, 저수지 퇴사 평가, 주운 수심 확보를 위한 하도 설계, 준설 예측, 최대 가능 세굴량 추정, 고정상 하도에서 유사 평가 등을 위해 사용될 수 있다.

- 수질 해석 : 이 모듈은 수온을 포함하여 조류, 용존산소, COD, 인, 암모니아성 질소 등에 대한 모의가 가능하다.

HEC-RAS 모형의 기능중에서 일반적으로 많이 사용되는 부등류와 부정류 계산에 대한 이론을 소개한다.

(2) 부등류 계산

부등류 계산에서는 표준축차법을 이용하여 수로나 하천의 수면곡선을 계산하며, 부등류 계산을 위한 기본가정은 다음과 같다.

- 시간에 따라 흐름이 변하지 않는 정상류
- 수압이 정수압 분포인 점변류
- 1차원 흐름
- 바닥 경사가 충분히 작은 수로나 하천의 흐름(일반적으로 1 : 10 이하)

부등류 계산을 위한 기본방정식은 에너지 식 (4 - 13)에서 출발한다.

$$h_1 + \alpha_1 \frac{V_1^2}{2g} = h_2 + \alpha_2 \frac{V_2^2}{2g} + h_L \qquad (4-13)$$

위 식에서 h_L 은 두 단면 1, 2 사이의 에너지 손실이며, 이는 경계면 마찰손실 이외에 수로의 확장이나 축소에 의한 추가적인 손실을 고려한다.

$$(h_L =)\ h_{f\,1-2} = L\overline{S_f} + c\left|\alpha_2 \frac{V_2^2}{2g} - \alpha_1 \frac{V_1^2}{2g}\right| \qquad (4-14)$$

위 식에서 c 는 단면의 축소나 확대에 따른 손실계수이며, L 은 주수로와 홍수터의 구간거리가 다른 경우 각 소단면의 유량을 가중평균한 구간거리로서

$$L = \frac{\sum L_i K_i}{\sum K_i} \qquad (4-15)$$

HEC-RAS 모형의 부등류 계산절차는 다음과 같다.

- 상류의 경우 식 (4 - 14)에서 단면 2에서 흐름 특성은 미리 알고 있어야 한다.
- 먼저 위 단면 1의 수위 h_1 을 가정하고 그 단면에서 유속과 통수능을 계산한다.
- 다음 계산 구간의 평균 마찰경사 $\overline{S_f}$ 를 구한 후 식 (4 - 15)에서 에너지 손실을 계산한다.

- 식 (4-5)에서 h_1 을 계산하여 처음에 가정한 값과 비교한다. 두 값의 차이가 0.01 m 이내인 경우 계산을 마친다. 그 보다 크면 다시 h_1 값을 적절히 가정하여 두 값의 차이가 0.01 m 보다 작을 때까지 단계 2, 3, 4를 반복한다.

위와 같은 계산절차는 통상적인 시행착오법이며, 이 중 가장 결정하기 어려운 것은 단면 2 수위의 결정이다. 이를 위해 생각할 수 있는 것은 1) 단면 2에서 수위-유량 관계가 있는 경우 그 자료를 이용하거나, 2) 경사-면적법으로 등류 수위를 구하거나, 3) 한계 수위를 가정하는 것이다.

HEC-RAS 모형의 적용시 유의점과 모형의 한계는 다음과 같다.

- 수로단면의 기하 자료의 정확성 : 홍수시 물이 흐를 수 있는 구역을 충분히 포함하는 단면 자료가 필요하며, 구조물 주변 등 흐름이 크게 변하는 구역은 단면 간격이 더 조밀하여야 한다.
- 단면 간격의 적절성 : 급경사 수로에서 단면간격 50 m부터 길고 단면이 일정한 완경사 수로에서 3 km까지 적절한 간격의 단면자료가 필요하다.
- 복단면 하도에 적용시 주의 : HEC-RAS 모형은 비에너지가 최소가 되는 수위에서 한계류 발생을 모의하나, 앞서 설명한 바와 같이 복단면 하도에서는 비에너지가 최소가 되는 수위는 두 개 이상이 가능하다.

(3) 부정류 계산

부정류 계산을 위한 기본 방정식은 연속 방정식과 운동량 방정식으로 연속방정식은 다음과 같이 구성된다.

$$\frac{\partial A}{\partial t}+\frac{\partial S}{\partial t}+\frac{\partial Q}{\partial x}-q_l=0 \qquad (4-16)$$

여기서, x는 수로에 따른 거리, t는 시간, Q는 유량, A는 단면적, S는 저류량, q_l은 단위 거리당 측방 유입량이다. 한편 운동량 방정식은 다음과 같다.

$$\frac{\partial Q}{\partial t}+\frac{\partial (VQ)}{\partial x}+gA\left(\frac{\partial z}{\partial x}+S_f\right)=0 \qquad (4-17)$$

여기서, g는 중력가속도, S_f는 마찰경사, V는 유속이다.

음해형 유한차분 방정식을 선형화시키기 위하여 다음의 가정들이 적용되었다.

① 만일 $f \cdot f \gg \Delta f \cdot \Delta f$ 라면, $\Delta f \cdot \Delta f=0$ 이다.
② 만일 $g=g(Q, z)$라면 g는 Taylar 급수의 첫 번째 항에 의해 근사화될 수 있다.

$$\Delta g_j = \left(\frac{\partial g}{\partial Q}\right)_j \Delta Q_j + \left(\frac{\partial g}{\partial z}\right)_j \Delta z_j \tag{4-18}$$

③ 만일 Δt가 작은 값이라면 어떤 변수들은 양해적으로 다루어질 수 있다. 즉, $h_j^{n+1} \simeq h_j^n$이고 $\Delta h_j \simeq 0$이다.

가정 ②는 마찰경사 S_f와 면적 A에 적용된다. 가정 ③은 이송항의 속도 V, 유속분포 인자 β, 등가 흐름경로 x 및 흐름 분포인자 ϕ에 적용된다. HEC-RAS에서는 지배방정식을 음해형 유한차분법에 의해 선형화하여 계산에 활용하였다.

4.1 수로의 한 구간(Δx)에 대해 운동량 보존법칙을 적용하여 수면곡선식을 유도하시오.

4.2 폭이 넓은 사각형 수로에서 체지 식을 이용한 수면곡선식은 다음과 같음을 보이시오.

$$\frac{dy}{dx} = S_o\left[1-\left(\frac{y_o}{y}\right)^3\right] / \left[1-\left(\frac{y_c}{y}\right)^3\right]$$

다음 매닝식을 이용하여 수면곡선식을 구하시오.

4.3 폭이 넓은 사각형 수로에서 한계경사를 매닝 계수와 단위폭당 유량의 함수로 표시하고, 완경사 수로와 급경사 수로의 조건을 표시하시오.

4.4 다음과 같은 흐름 조건에서 상하류 수위의 모든 변화에 대해 해당하는 수면곡선을 스케치하고 수면곡선형을 표기하시오.

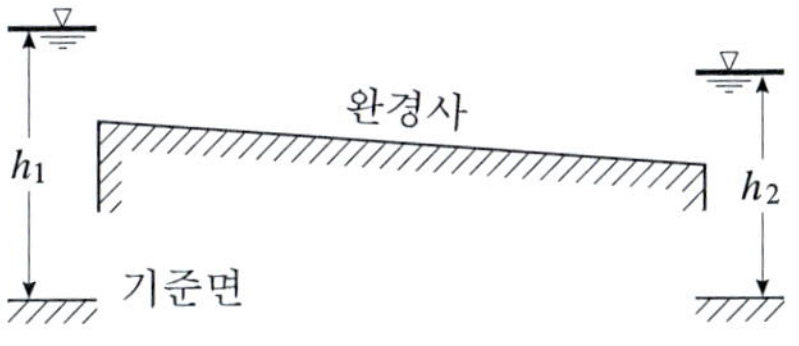

(a)

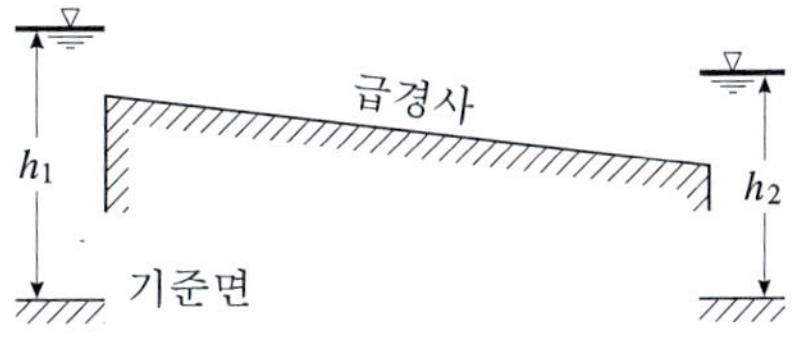

(b)

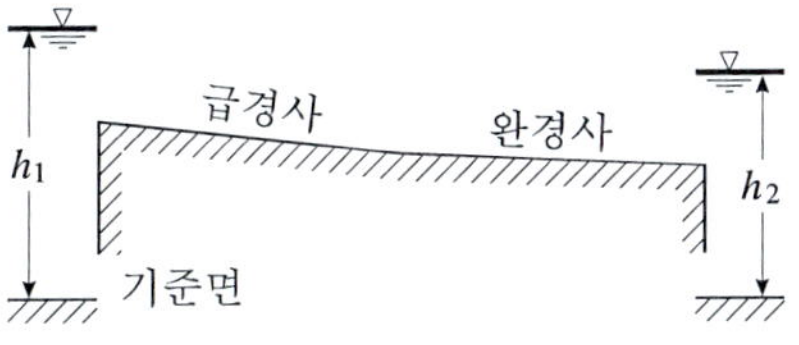

(c)

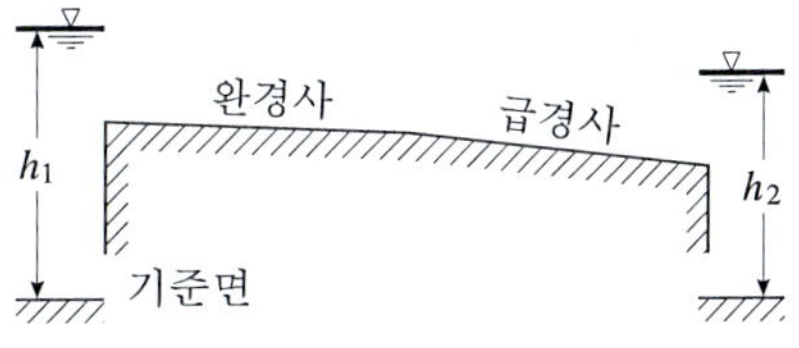

(d)

4.5 수로 끝이 자유 낙하인 비균일 수로에 대해 표준축차법으로 거리에서 수심을 구하는 프로그램을 만드시오. 이 프로그램을 이용하여 바닥 폭 20 m, $z=2.0$, 매닝 계수 $n=0.015$, 유량 $Q=30\ \mathrm{m^3/s}$, $S_o=0.0002$인 경우 상류 5 km 단면까지 수면곡선을 구하고 그 결과를 비교하시오.

4.6 다음과 같은 상하류 저수지를 연결하는 수로 흐름의 수면곡선을 스케치하고 수면형을 표기하시오.

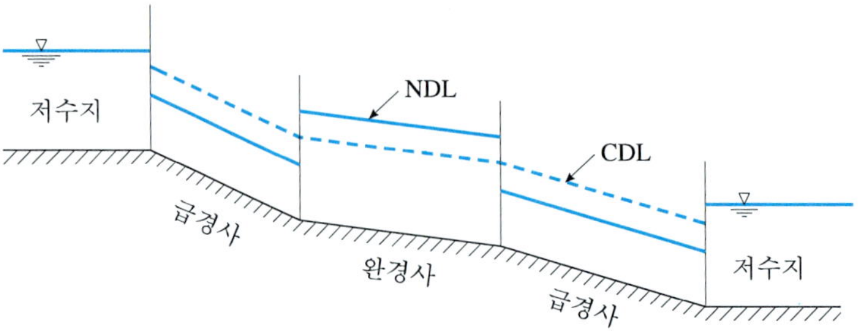

4.7 다음과 같이 상류 저수지에서 연결된 수로의 하류 끝에 개구 수문이 있는 흐름의 수면곡선을 스케치하고 수면형을 표기하시오.

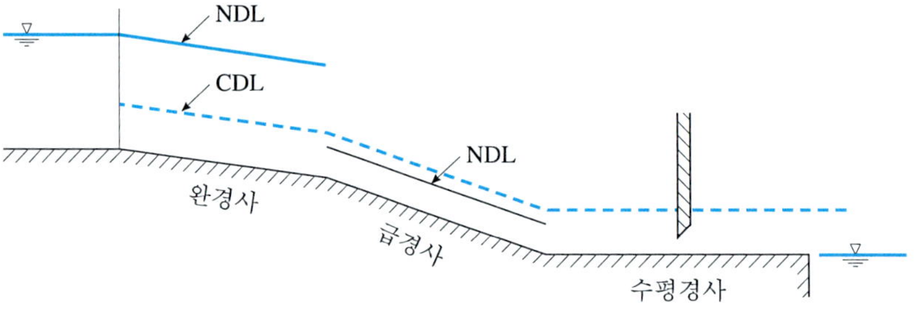

4.8 다음 그림과 같은 단면이 일정한 하천에 교량이 있어 유량 80 m^3/s에서 수심이 8 m인 경우 상류 3 km 단면의 수심을 표준축차법으로 구하시오. 하상 경사는 0.0002이고 매닝 계수는 0.035이다.

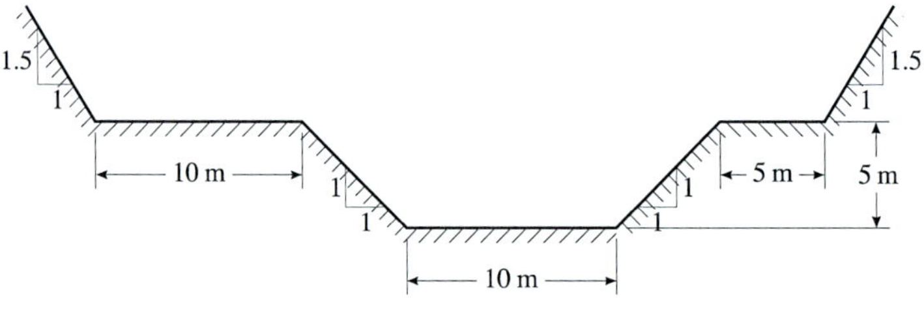

4.9 사각형 단면의 하천에 교량공사로 계획홍수량 1,000 m^3/s에서 수위를 20 m로 높인다. 하천 폭은 50 m, 하도의 매닝 계수는 0.035, 하상 경사는 평균 0.0005이다. 홍수시 교량공사의 영향은 상류 몇 km까지 미치는가?

4.10 다음과 같은 복단면의 자연 하천에 2,840 m^3/s의 유량이 흐르는 경우 표준축차법으로 상류 세 단면에서 수위를 구하시오. 여기서 단면 1은 수위 19.7 m인 기지의 하류단면이며, 하도는 단면 3과 4 구간을 제외하고는 비교적 직선이며 따라서 추가적인 에너지 손실은 없다. 단면 3과 4 사이는 곡류이며, 곡류에 의한 에너지 손실은 양 단면 속도수두 평균의 20% 정도이다.

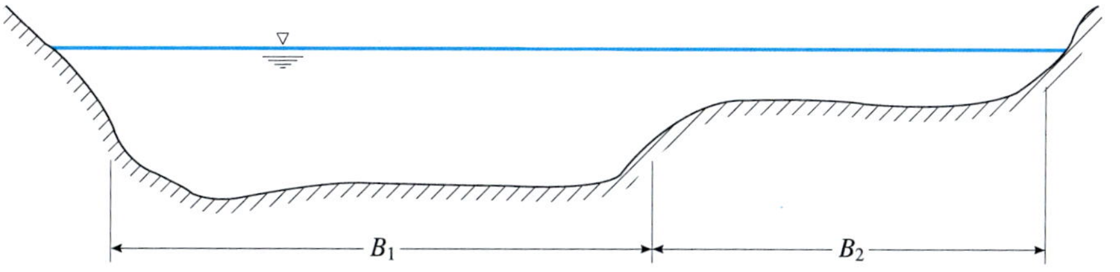

단면 번호	거리(m)	폭(m)		하상고(m)		조도계수(n)	
		B1	B2	주수로	홍수터	주수로	홍수터
1	0	120	110	15.0	16.7	0.03	0.05
2	400	150	90	15.2	17.4	0.03	0.05
3	800	125	150	15.7	18.2	0.03	0.05
4	1,200	180	85	17.0	18.7	0.03	0.05

4.11 다음 그림과 같은 2중으로 휘는 곡류 하천에 홍수소통 목적으로 첩수로(捷水路, cut-off)를 계획하고 있다. 홍수량 2,500 m^3/s에서 계획 구간 하류의 수위는 150 m이며 수심은 4 m이다. 하천거리는 계획 구간 상류 시작점에서 시작하여 하류로 매겨져 있다. 계획 구간의 하천폭은 250 m이며 첩수로폭은 100 m이다. 하도의 매닝 계수는 하천과 첩수로에서 각각 0.040과 0.050이다. 이러한 첩수로 계획에서 1) 원 하천의 지점별(E, D, C, B, A) 수위, 2) 첩수로 CE 후의 각 지점별 수위, 3) 첩수로 BD가 병행되는 경우 각 지점별 수위를 적절한 방법으로 구하시오.

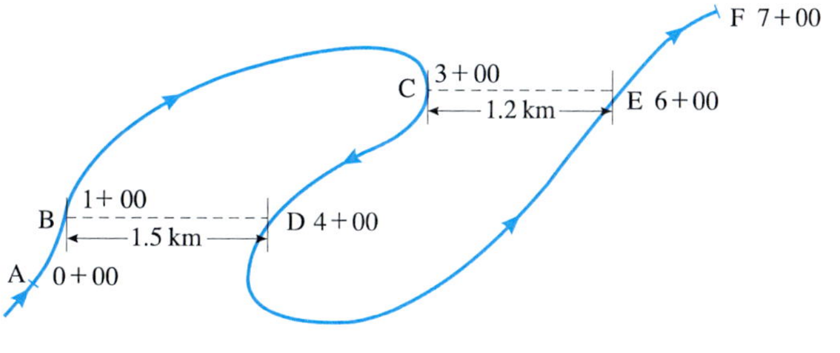

4.12 등류 수심 2 m인 사각형 단면의 소규모 하천에 교량공사로 수심이 1 m 더 올라간다. 하천의 폭은 25 m, 매닝 계수는 0.0025, 하상 경사는 0.00035이다. 교량공사로 인한 배수영향으로 상류 하천수심이 2.4 m 되는 지점까지 거리는 얼마인가?

4.13 매닝 계수 0.014의 콘크리트로 피복된 사각형 수로로 유량 100 m^3/s를 상류 저수지에서 하류 저수지로 보내는 경우 수로 폭이 12 m와 6 m인 경우 굴착량을 최소로 하는 수로 경사와 표고를 각각 구하시오. 상하류 저수지 수위 차는 4.5 m이다.

참고 문헌

1. ASCE, *River Hydraulics*, Technical Report and Design Guides as Adapted from the US Army Corps of Engineers, no. 18, ASCE, New York, 1996.
2. Barkau, R. L., *UNET-One Dimensional Unsteady Flow through a Full Network of Open-Channels User's Guide*, US Army Corps of Engineers, Davis, Calif., 1993.
3. Chaudhry, M. H., *Open-Channel Flow*, Prentice Hall, Inc., New Jersey, 1993.
4. Chow, V. T., *Open-Channel Hydraulics*, McGraw-Hill Book Co., New York, 1959.
5. US Army Corps of Engineers(미 공병단), *HEC-2, Water Surface Profiles, Computer Program 723-X6-L202A, User's Manual*, Hydrological Engineering Center, Davis, Calif., 1979.
6. US Army Corps of Engineers(미 공병단), *Accuracy of Computed Water Surface Profiles*, Research Document no. 26, Hydrological Engineering Center, Davis, Calif., 1986.
7. US Army Corps of Engineers(미 공병단), *HEC-RAS River Analysis System User's Manual*, Version 4.1, Hydrological Engineering Center, Davis, Calif., 2010.

Chapter 5

급변류 - 흐름조절과 수로천이

▲ 댐 방류에 의해서 형성된 급변류와 공기 연행(괴산댐)

이 장에서는 4장에서와 같이 시간에 대해 흐름이 변하지 않는 정상류이지만 유선이 급히 휘어서 압력이 정수압 분포를 벗어나 통상적인 에너지 보존식을 적용할 수 없는 급변류에 대해 알아본다. 먼저, 급변류의 특성을 설명한 다음 위어, 보, 낙차공, 저류 수문 등과 같은 주요 하천 시설물 주위의 흐름을 해석한다. 단, 여기서는 댐의 여수로나 터널 등 댐 시설물에 대해서는 생략한다. 마지막으로 수로 천이 중에서 실무에서 자주 등장하는 문제로서 단면 축소와 확대, 만곡부의 흐름 특성, 교량에 의한 흐름의 변화 등을 알아본다.

5.1 급변류의 특성

(1) 흐름의 특성

앞쪽 사진에 보이는 댐 하류의 흐름이나 그림 1.18과 같이 유선이 급히 휘는 흐름에서는 원심력으로 인해 위압은 점변류와 달리 더 이상 일정하지 않고 변하게 된다. 유선이 더 급히 휘는 경우 물 입자는 더 이상 유선을 따라가지 못하고 바깥으로 튀어나가 흐름은 불연속 구간을 형성하면서 도수와 같이 급격한 난류를 수반한다. 이러한 흐름을 급변류(急變流, rapidly varied flow)라 하며, 그 흐름의 특성은 다음과 같다(Chow, 1959, p. 357).

- 유선의 휘는 정도가 커서 위압은 더 이상 일정하지 않다. 즉, 압력은 정수압이 아니다.
- 흐름의 변화가 통상 짧은 구간에서 일어나기 때문에 대부분의 경우 경계면 마찰의 영향은 상대적으로 크지 않으며, 따라서 무시할 수 있다.
- 급변류는 통상 경계면이 급히 변하는 구간에서 발생하기 때문에 흐름의 특성은 흐름 상태뿐만 아니라 경계면의 기하형태에 의해 결정된다.
- 이러한 흐름에서는 한 단면에서의 유속의 변화가 심하기 때문에 에너지 계수 α 와 운동량 계수 β 는 항상 1보다 크며, 해석적으로 쉽게 결정할 수 없다.
- 이러한 흐름에서는 통상 경계면에서 흐름의 분리와 와류, 공기연행(空氣 連行, air entrainment), 또는 수면파가 형성되기 때문에 흐름양상은 더욱 복잡하게 된다. 실제 흐름은 경계면보다는 흐름이 분리되어 형성된 사수역 등을 제외한 실제 흐름영역으로 제한된다.

4장에서 설명한 점변류는 유선이 평행이고 따라서 압력은 정수압 분포인 흐름으로, 이러한 흐름을 해석하는 이론을 통상 'Bresse 이론', 또는 천수이론(淺水 理論, shallow-water theory)[24]이라 한다. 반면에 지금 다루는 급변류는 앞서 설명한 바와 같이 짧은 구간에서 일어나고 따라서 점성과 경계면 마찰효과를 무시할 수 있기 때문에 비점성 흐름 이론인 비회전 흐름이론으로 해석한다. 따라서 몇 가지 가정을 두고 이러한 이론을 적용하여 특별한 경계 조건에서 흐름을 해석하는 것은 가능하다. 예를 들어, 'Boussinesq 이론'은 유속은 흐름에 수직한 방향으로 바닥에서 0이고 수면에서 최대가 되는 선형분포 가정을 사용하며, 'Fawer 이론'은 바닥에서 수면까지 지수분포 가정을 사용한다. 그러나 다양한 경계조건에 대해 급변류의 일반적인 해석은 불가능했기 때문에 과거부터 수리기술자들은 위어, 낙차공, 여수로, 단면 급축소와 급확대 등 각 경계조건에 대한 경험계수를 구해 흐름을 해석하여 왔다. 특히 흐름이 불연속적이며 급격한 난류를 형성하는 경우 해석적인 접근은 더 이상 불가능하기 때문에 실험적, 경험적 접근이 주를 이루어 왔다. 따라서 특별한 경계조건에 대한 급변류 해석에는 많은 실험 및

24 수심이 파장이나 흐름의 특성 길이의 1/1,000 이하인 흐름

경험자료가 축적되어 있다. 한편 컴퓨터를 이용한 수치해석이 보편화되면서 연속적인 흐름에 대해 비회전 이론의 수치해석이 가능하게 되었다. 특히 3차원 계산 유체동역학(Computational Fluid Dynamics, CFD)[25] 모형들은 과거에는 실험에 전적으로 의존해온 위어, 낙차공, 여수로, 취수구 등에서의 흐름을 유사하게 모의하고 있다.

(2) 급변류 조건의 분류

개수로에서 급변류는 대부분 인공적인 구조물 주위에서 일어난다. 그러나 자연하천에서도 하폭의 급축소와 급확대나 폭포 등에서 급변류가 생길 수 있다. 인공 구조물에 의한 급변류는 1) 유량측정용 구조물, 2) 수위조절 구조물, 3) 저류 수문, 4) 댐의 여수로, 5) 수로천이, 6) 흐름 장애물 등으로 구분할 수 있다.

급변류가 발생하는 유량측정용 구조물에는 각종 형태의 위어, 특별한 형태의 수로(flume), 암거(culvert) 등이 있다. 위어에는 끝이 날카로운 예연위어(銳緣, sharp-crested weir), 끝이 넓은 광정위어(廣頂, broad-crested weir) 등이 있다. 유량 측정용 수로로는 바닥 높이와 단면 폭을 적절히 조정하여 한계류가 생기게 한 'Parshall Flume' 등이 널리 쓰이고 있다. 암거는 유량 측정 목적으로도 쓰이지만 도로, 철도 기타 시설물 밑으로 물이 흐르게 하기 위한 목적으로 널리 쓰인다.

수위조절 구조물에는 보(洑)가 대표적이다. 보에는 높이가 고정된 고정보와 조절되는 가동보가 있다. 수위가 보의 높이보다 높은 경우 보 위로 물이 넘쳐흐르며, 하류 수위에 따라 자유여수로나 수중보가 될 수 있다. 보는 국내 하천에 가장 빈번하게 설치되는 구조물로서 수리해석의 중요한 대상이다. 낙차공(落差工, drop structure)은 수위조절보다는 하상 안정용으로 쓰이며, 하류 수위에 따라 자유월류 낙하(free overfall)와 바닥저하 흐름(step-decrease flow)을 가진다.

저류수문(低流 水門, underflow gate)은 하천의 수위와 유량을 조절하는 구조물이다. 저류수문에 의한 급변류는 개구 수문이나 테인터 수문(tainter gate)의 밑으로 사류를 형성하며 나가는 흐름을 말한다. 저류수문에 의한 급변류는 하류 수위가 낮아 수문에서 사류 제트가 형성되는 자유방류(free outflow)와 하류 수위가 높아 제트가 물에 잠기는 잠긴 방류(drowned outflow) 등으로 나눈다. 여기서 특히 유의할 것은 수문 직하류 구간은 유선이 매우 크게 휘기 때문에 급변류이나, 그 이하 하류에서는 유선의 휘는 정도가 점차 작아지기 때문에 4장에서 다룬 점변류로 볼 수 있다는 것이다. 따라서 이러한 경우 수문 하류의 흐름은 수문의 개구 높이와 하류조건에 따라 점변류의 수면곡선형이 결정된다.

25 이러한 CFD 모형으로 현재 상용으로 가용한 것들은 FLOW-3D, FLUENT 등이 있으며, 자유수면 흐름의 3차원 해석이 가능하다.

댐의 여수로는 여수로 마루 수문의 유무에 관계없이 흐름은 자유월류가 된다. 이러한 흐름은 대표적인 급변류로서, 특히 댐의 설계에 중요한 수리해석 대상이 된다.

수로천이(水路 遷移, channel transition)는 단면폭이 서로 다른 개수로와 개수로를 연결하거나 개수로와 터널 등을 연결하기 위해 단면폭이 점차 변하는 구간이다. 천이단면은 단면폭의 변화에 따라 단면확대와 단면축소로 구분된다. 천이단면에서 흐름은 상류와 사류의 경우가 매우 다르기 때문에 흐름조건을 구분하여 해석해야 한다.

흐름 장애물에 의한 급변류의 형성은 우선 교각 주위의 흐름을 생각할 수 있다. 하천에서의 교량은 보편적인 시설물로서, 교각 주위의 흐름은 상류 수위상승의 효과와 교각 주위의 세굴현상 등을 해석하는 데 중요하다.

자연하천에서 급변류는 하천폭이 급히 축소되거나 확대되는 구간에서 발생할 수 있다. 또한 하도의 사행도가 큰 경우 만곡에 의한 흐름은 통상 급변류가 된다. 이 밖에 파장에 비해 파고가 특별히 큰 홍수파나 계곡의 급류, 자연적인 폭포에서 흐름은 급변류이다.

이 책은 자연하천의 수리학에 초점을 맞추었기 때문에 위에서 거론한 모든 급변류 조건을 망라하기보다는 단면변화, 만곡, 교량 등에 의한 흐름 변화와 같이 자연하천에 직접적으로 관련된 경우만을 강조한다. 따라서 이 책에서는 개수로 수리학에서 중요한 항목인 댐의 여수로와 도수 등은 검토하지 않으므로, 이를 위해서는 독자들은 다른 수리학 교재를 참고하기 바란다. 대신 하천의 인공구조물 중에서 국내에서 보편적으로 이용되는 보와 낙차공의 수리학을 강조한다. 이 밖에 유량 측정용 위어와 저류수문의 수리해석에 대해 간략히 설명한다.

(3) 보존식의 적용

압력이 정수압 분포가 아닌 급변류에서 질량, 운동량, 에너지 보존식의 적용은 점변류와 달리 몇 가지 쉽게 결정할 수 없는 변수들이 있다. 여기서는 점변류와 급변류의 물리적, 수학적 차이를 비교 설명하기 위해 그림 5.1과 같이 바닥이 급히 내려가는 수로에서 천이류를 고려한다(Ippen, 1950).

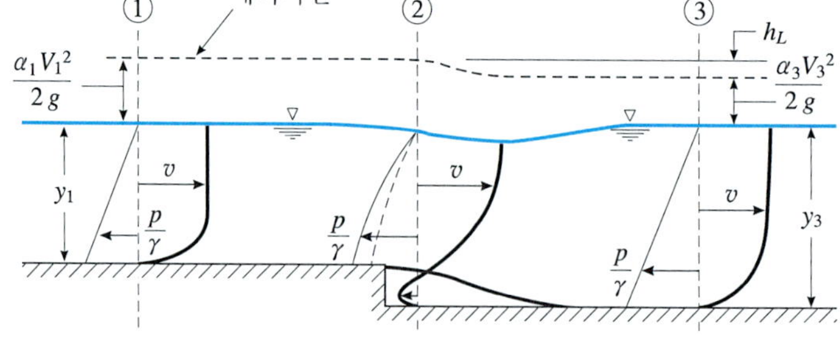

그림 5.1 바닥이 급하강하는 천이류에서 검사체적 개념의 적용

그림 5.1과 같이 단면 1에서 등류는 단면 2에서 부등류가 되며 동시에 유선이 급히 휨에 따라 급변류가 된다. 특히 바닥이 내려간 직하류에서 흐름은 바닥에서 분리되어 그 밑은 와류가 생김으로써 유속분포는 대략 단면 2의 바닥 위에서 (+)라면 그 아래에서는 (−)가 된다. 또한 그 단면에서 압력분포는 이 그림과 같이 정수압 분포를 벗어난다. 다음 단면 3에서는 흐름은 다시 등류가 된다.

이러한 천이류에 검사체적 개념을 도입하여 우선 질량보존 법칙을 고려하자. 유량 Q는

$$Q = \int_A \vec{v} \cdot d\vec{A} \tag{5-1}$$

여기서 단면 1, 3의 경우 흐름 방향은 단면에 모두 직각이므로 위 식은

$$Q = \int_A v\, dA \tag{5-2}$$

그러나 단면 2의 경우 흐름방향이 단면 2에 모두 직각이 아닐 수 있으므로 엄밀한 의미에서 급변류의 경우 유량 식으로 단순히 식 (5−2)를 쓸 수 없다. 대신 단면에서 유속분포와 방향을 알고 식 (5−1)에서 유량을 구하여야 한다. 그러나 연속 방정식에서 여전히 $Q_1 = Q_2 = Q_3$이다.

마찬가지로 비압축성, 정상류의 흐름방향 유속을 v_x라 하면 흐름 방향으로 운동량 흐름률은

$$\rho \int_A v_x (\vec{v} \cdot d\vec{A}) \tag{5-3}$$

따라서 단면 2와 같이 유속의 분포와 방향이 일정하지 않은 급변류에서는 위 식에 의해 운동량 흐름률을 결정하여야 한다. 반면에 단면 1과 3에서는 흐름방향이 단면에 모두 직각으로 볼 수 있으므로 운동량 흐름률은 운동량 계수 β를 이용하여 $\rho Q(\beta V)$로 간단히 표시할 수 있다. 여기서 단면 2와 같이 한 단면에서 흐름방향이 +, −로 변하는 흐름에서는 식 (1−32)과 같은 운동량 계수의 정의는 의미가 없다. 더욱이 그림 5.1과 같은 흐름에 운동량 보존법칙을 적용하기 위해서는 각 단면에 작용하는 압력을 구해야 하나 급변류의 경우 압력분포가 정수압 분포가 아니므로 보존법칙은 점변류만큼 쉽지 않다.

에너지 보존법칙의 경우 한 단면을 통과하는 에너지 흐름률은 식 (2−6)에서

$$\rho g \int_A \left(\frac{p}{\gamma} + z + \frac{v^2}{2g} \right) (\vec{v} \cdot d\vec{A}) \tag{5-4}$$

점변류의 경우 한 단면 내에서 압력은 정수압 분포이며, 유속은 모두 흐름방향에 직각으로 볼 수 있으므로 위 식은 베르누이 방정식 (2−9)로 간략화된다. 그러나 급변류에서는 점변류와 달리 압력이 정수압 분포가 아니기 때문에 위 식을 결정하기 위해서는 단면 내 압력과 유속 분포(방향과 크기)를 알아야 한다.

5.2 흐름 조절 구조물

(1) 위 어

위어(weir)[26]는 대표적인 흐름조절 구조물로서, 위어의 기하 제원과 상류 수위를 알면 유량을 알 수 있기 때문에 19세기부터 현장에서 흐름조절은 물론 실험실에서 유량 측정용으로 널리 사용되어 왔다. 위어는 끝이 날카로운 예연위어와 바닥이 높고 넓은 광정위어로 크게 나눌 수 있다. 위어의 유량과 수위와의 관계는 기본적으로 에너지 방정식에서 얻어지며, 여기에 경험적 계수를 고려하여 확정된다.

1 예연위어(칼날형 위어)

그림 5.2와 같이 끝이 날카로운 물막이를 넘어 흐르는 물은 위어 위로 두께가 비교적 얇고 밑으로 휜 물기둥을 형성하며, 이를 수맥(水脈, nappe)이라 한다. 위어의 폭이 수로의 폭에 비해 작으면 수맥의 양옆은 가운데로 수축되어 흐르고, 수맥 위아래는 대기와 접하게 된다. 그러나 수로의 폭 전체를 위어로 만든 경우 수로의 양 벽이 수맥 양옆의 수축작용을 막아 수맥 자체는 수로 측벽에 붙게 된다. 이를 전폭위어(全幅, suppressed weir)라 하며, 이러한 위어의 수맥 아래 공간(B점)의 압력은 대기압과 다르게 된다. 수맥 아래 압력이 대기압이 아니면 에너지 방정식에 의한 유량 결정에 오류를 가져오기 때문에 이 경우 보통 통기구(vent)를 이용하여 공기순환을 시켜 대기압을 유지시킨다.

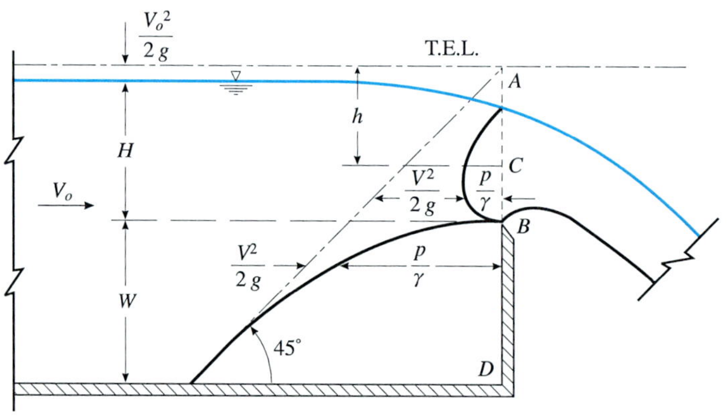

그림 5.2 비수축 예연 위어의 흐름

26 위어는 아주 역사가 오래된 유량측정 장치로서, 18세기 초 이탈리아의 Marquis Giovanni Poleni(1683~1761)로 거슬러 올라간다. Poleni는 예연위어에 대해 기본적인 유량 관계식을 유도하였다. 한편, 광정위어에 대해서는 프랑스의 Jean Baptiste Belanger(1789~1874)에 의해 처음으로 기본적인 유량관계식이 유도되었다. Henri Emile Bazin(1828~1917)은 각종 위어에 대해 광범위한 실험을 통해 유량계수를 얻어냈으며, 그의 결과는 현재까지도 쓰이고 있다.

그림 5.2에서 흐름이 위어에 접근하는 유속을 V_o, 위어의 높이를 W, 유효수심(상류 수면고와 위어 끝의 차)을 H 라 하면 위어의 단위폭당 유량은 위어 직상류의 유속을 수면부터 흐름 깊이까지 적분하여 얻어진다. 즉,

$$q = \int_{h_o}^{H+h_o} v\,dh = \int_{h_o}^{H+h_o} \sqrt{2gh}\,dh = \frac{2}{3}\sqrt{2g}\left[(h_o+H)^{3/2} - h_o^{3/2}\right] \qquad (5-5)$$

여기서 h_o 는 접근유속의 속도수두 $V_o^2/2g$ 이다. 위 식은 이론적인 식으로, 실제 수맥의 수축과 에너지 손실 등을 고려하여 경험계수 C_d 를 도입하면 식 (5-5)는

$$q = \frac{2}{3} C_d \sqrt{2g}\, H^{3/2} \qquad (5-6)$$

여기서 경험계수 C_d (Henderson, 1966, p. 175)는

$$C_d = 0.611 + 0.08\frac{H}{W} \qquad (5-7)$$

위 식에서 계수 C_d 는 엄밀하게는 $H/W < 5$에서 타당하며, 개략적으로 10 이내에서 쓸 수 있다. 그러나 $H/W > 15$ 에서는 위어는 사실상 바닥이 조금 튀어나온 턱(sill)이 되며, 이 경우 H 를 한계수심으로 보고 유량을 산정할 수 있다.

위어의 폭 b를 이용하여 식 (5-6)에서 전체 단면의 유량을 표시하면

$$Q = C' bH\sqrt{2gH} = Cb\,H^{3/2} \qquad (5-8)$$

여기서 C' 은 유량계수로서 $2/3C_d$ 이며, C 는 위어 전체의 특성을 고려한 계수이다. 위 식은 위어 수맥이 수축되지 않고 위어 마루가 수평인 표준위어의 기본 방정식으로, 위어계수 C 는 단위 시스템과 위어 특성에 따라 결정된다. 예연위어의 경우 $C = 2/3\sqrt{2g}\,C_d$ 이다.

위어의 폭이 수로의 폭보다 작아 수맥의 양옆이 수축되는 경우 수축에 의한 영향은 위어의 유효폭을 줄이는 효과를 가져온다. 따라서 이 경우 유량식은

$$Q = C\left(b - \frac{nH}{10}\right)H^{3/2} \qquad (5-9)$$

위 식에서 n 은 한쪽 끝만 수축되는 경우 1, 양쪽 끝 모두 수축되는 경우 2의 값이다.

삼각위어형에 대해서는 수축계수 C_c 와 위어 각 α 를 이용하여

$$Q = \frac{8}{15} C_c \sqrt{2g}\, H^{5/2} \tan\frac{\alpha}{2} \qquad (5-10)$$

직각 삼각형 위어의 경우 $\alpha = 90^\circ$ 일 때 $C_c = 0.585$ 로 알려져 있으며, 이를 위 식에 대입하면 SI 단위계에서

$$Q = 1.38\,H^{5/2} \qquad (5-11)$$

지금까지 설명한 위어나 다음에 설명할 보는 흐름방향에 직각방향으로 놓인 물막이를 가리킨다. 그러나 물막이를 흐름에 직각방향으로 놓지 않고 상류방향으로 튀어나온 삼각형이나 W자형, 또는 다수의 V자형으로 놓은 위어를 특히 labyrinth 위어라 한다. 이 위어의 특징은 보통의 선형 직각 위어에 비해 마루거리가 커져 같은 수두에서 더 큰 유량을 보낼 수 있다는 점이다. 동시에 이러한 형태의 위어는 보통의 직각 선형위어에 비해 재폭기(再瀑氣, reaeration) 효율이 크기 때문에 환경적으로도 유리하다(Wormleaton과 Soufiani, 1998).

Labyrinth 위어의 유효 마루길이는 일반 직각 선형위어의 3~5배 정도이며, 이 경우 유량은 일반위어에 비해 약 2배 정도 큰 것으로 알려져 있다. labyrinth 위어에 대한 연구는 1960년대부터 시작되어, Tullis 등(1995)에 의해 설계유량의 결정방법이 제시되었다. 그들의 연구 결과, labyrinth 위어의 유량은 기본적으로 식 (5-6)의 형태로 표시되며, 여기서 유효 마루길이는 단순히 선형이 아니라 V자형이나 W자형 마루의 전체 길이가 된다. 그러나 식 (5-6)이나 (5-8)에서 경험 계수 C_d 는 labyrinth 위어의 경우 총수두, 위어 높이, 두께, 마루형상, 꼭지점의 형상, 꼭지점의 내각 등에 관련이 있기 때문에 정확한 유량식을 위해서는 모형실험에 의존하여야 한다.

예제 5.1

상류 수심 1 m, 폭 2m 인 수로에 0.4 m³/s 유량을 통과시킬 수 있는 예연위어의 높이를 구하시오. 단 위어의 폭은 수로 폭과 같다.

풀이

식 (5-7)에서 위어의 높이 $W = 1 - H$ 이므로 이 관계식을 식 (5-7)에 대입하면

$$Q = \frac{2}{3}\left(0.611 + 0.08\frac{1-W}{W}\right) b(1-W)\sqrt{2g(1-W)}$$

유량 $Q = 0.4\ \mathrm{m^3/s}$, 수로의 폭 $b = 2\ \mathrm{m}$ 이므로 위 식은

$$0.4 = \frac{2}{3}\left(0.611 + 0.08\frac{1-W}{W}\right) 2.0(1-W)\sqrt{2(9.8)(1-W)}$$

위 식을 위어의 높이 W에 대해 풀면

$$W = 0.775 \simeq 0.78\ [\mathrm{m}]$$

2 광정위어(넓은 마루위어)

그림 5.3과 같이 바닥이 수직으로 충분히 올라가고 흐름방향으로 길게 뻗은 위어를 광정위어라 하며, 이러한 위어의 흐름해석은 한계류 해석으로 얻어진다. 따라서 광정위어 역시 수로의 유량을 측정하는 데 이용된다. 광정위어의 해석은 또한 하천의 수위를 일정하게 유지하기 위한 수중보의 해석에 유용하다.

그림 5.3에서 상류의 유효수심을 H, 접근 유속의 속도수두를 $V^2/2g$, 위어의 폭을 b 라 하고 상류단면과 위어단면에 에너지 방정식을 적용하면

$$H+\frac{V^2}{2g}=\frac{3}{2}y_c \qquad (5-12a)$$

$$\text{또는 } y_c=\frac{2}{3}\left(H+\frac{V^2}{2g}\right) \qquad (5-12b)$$

통상 접근 유속 V 는 작으므로 이를 무시하고 한계수심과 유량 관계식을 이용하여 위 식을 다시 쓰면 단위폭당 유량 q 는

$$q=\frac{2}{3}H\sqrt{\frac{2}{3}gH}=1.704\,H^{3/2} \qquad (5-13)$$

실제에 있어 수맥의 수축과 기타 영향을 고려하여 위 이론식은 전체 유량에 대해 식 (5-8)로 표시한다. 이 경우 유량 계수 C'은 유효수두 H, 위어의 길이 L 과 위어 앞면의 둥근 정도, 하류방향으로 위어 경사 등에 따라 달라진다. 그림 5.3(b)와 같이 위어의 길이가 너무 짧으면 위어에서 수심은 흐름방향으로 변하며 이에 따라 유선은 바닥으로 휘어져서 평행류가 되지 않아 유량에 영향을 준다. 반대로 그림 5.3(c)와 같이 $L/H>3$으로 너무 길면 바닥에서 경계

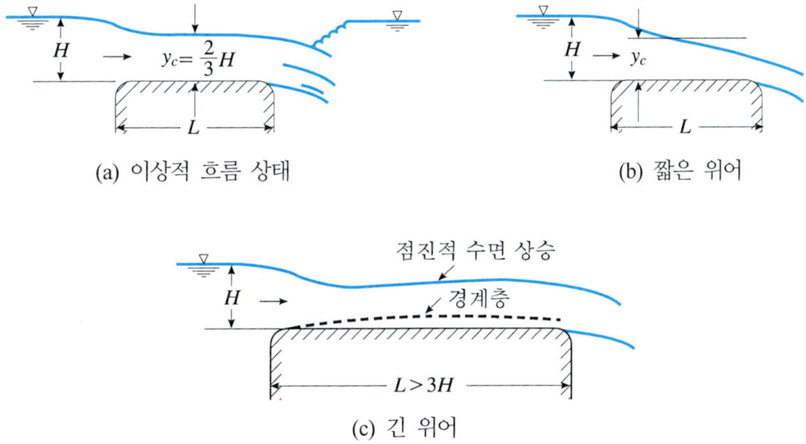

그림 5.3 광정위어의 흐름

층이 형성되고 그에 따라 바닥마찰의 영향이 커져서 유량에 영향을 주게 된다. Simon(1986)은 광범위한 형태의 광정위어에 대해 식 (5-8)로 표시되는 위어계수 C값을 SI 단위로 제시하고 있다. Brater와 King(1976)은 영국단위의 계수들을 제시하고 있다.

위어 하류의 수위는 위어 상류의 유량에 영향을 준다. 그림 5.3에서 하류 수심(이 경우 위어 마루에서 잰 수심)이 상류 유효수두 H의 83~85% 이상이 되면 하류의 잠수영향으로 위어 유량은 감소하게 된다. 그러나 80% 이하에서는 위어흐름은 자유월류로 본다(Henderson, 1966, p. 213).

예제 5.2

등류 수심 2 m인 폭이 넓은 수로의 수심을 광정위어를 이용하여 4 m로 높이기 위한 위어의 높이를 구하시오. 위어의 유량은 식 (5-13)을 이용하시오. 여기서 수로의 경사는 0.00035, 매닝계수는 0.022이다.

풀이

매닝의 평균 유속 공식을 이용하여 단위폭당 유량 q를 구하면

$$q = \frac{2.0}{0.022}(2.0)^{2/3}(0.00035)^{1/2} = 2.7\ [\mathrm{m^3/s/m}]$$

위어의 높이를 W라고 하면 $H + W = 4.0$ 이므로 식 (5-13)에서

$$2.7 = 1.704(4 - W)^{3/2}$$
$$\therefore\ W = 2.64\ [\mathrm{m}]$$

(2) 보(round-crested weir)

보는 수로나 하천의 수위를 조절하여 수운, 취수, 경관 등을 도모하거나 하구 조수의 침입을 막는 구조물로서, 국내에 자주 사용되는 하천 구조물이다. 큰 규모로는 4대강의 대형보, 서울시 한강 하류에 신곡 수중보[27]와 상류 잠실 수중보같이 폭이 1 km 가까운 대형 보로부터 작은 규모로는 폭 1~2 m의 소하천 보에 이르기까지 그 크기도 다양하다.

보는 그림 5.4와 같이 보 본체(마루부, crest; 경사면, sloping face), 물받이(apron), 그리고 바닥 보호공 등 크게 세 부분으로 구성된다. 따라서 보의 형태와 구성은 댐의 여수로와 유사하다.

보는 마루가 둥근 일종의 위어로서 자유월류라는 면에서는 사실상 댐의 여수로와 수리특

27 수중보는 평시유량에서는 댐의 여수로와 같이 자유월류를 하나, 홍수시나 조류 유입시 하류 수위가 높아져서 보의 정상부가 잠기는 보를 말한다. 참고로 서울시 한강 상류 잠실수중보는 평시에는 자유월류하나 홍수시에는 수중보가 되는 반면, 하류 신곡수중보는 평시에도 보의 마루가 수면 아래로 자주 잠기는 전형적인 수중보이다.

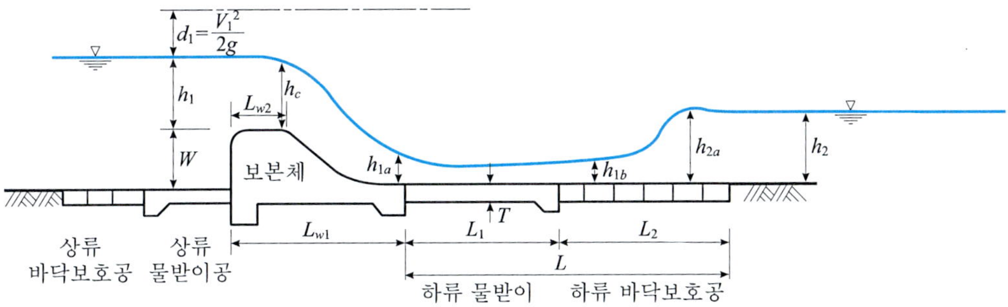

L_{w1} : 보 본체 아래폭 L_{w2} : 보 본체 위폭 d_1 : 보 상류 속도수두 W : 낙차고 h_1 : 보 상류 수심
h_{1a} : 낙하수심 h_{1b} : 도수 개시 수심 h_2 : 하류하천 수심 h_{2a} : 도수 후 공액수심
h_c : 월류부 한계수심 L_1 : 물받이 길이 L_2 : 바닥보호공 길이 T : 물받이 두께 V : 유속

그림 5.4 보의 흐름

성이 같다. 다만 여수로의 마루는 예연위어에서의 수맥의 아래 경계면의 형상과 같은 포물선 형태로 처리함으로써 수맥과 마루 사이의 압력을 대기압으로 유지하도록 하고 있으나, 보의 경우 단순히 부드럽게 처리한 것이 조금 다르다. 따라서 여수로의 수리특성을 이해하는 것이 보의 수리특성을 이해하는 것이다. 다만 수중보와 같이 하류 수위가 높아져 마루에서 흐름이 자유월류가 아닌 잠수흐름이 되면 보의 수리특성은 여수로 수리특성과 달라진다.

보는 그 자체가 수로에 고정되어 보 높이가 일정한 고정보와 고무보와 같이 보의 높이를 조절할 수 있는 가동보로 나눈다. 또한 고정보의 일부에 수문을 설치하여 수위를 조절할 수 있는 부분 가동보가 있다.

보에서 상류부 유효수심과 보의 유량과의 관계는 보의 유효폭 b_e와 접근 흐름의 총 수두 $H_o(= h_1 + V^2/2g)$를 이용하여 광정위어와 비슷하게 다음과 같이 표시된다.

$$Q = C'b\sqrt{2g}\,H_o^{3/2} \tag{5-14}$$

위에서 접근유속의 수두가 상류부 유효수심 h_1에 비해 충분히 작으면 총수두 H_o는 상류 유효수심 h_1로 볼 수 있다. 보의 유효폭은 보 위의 흐름 장애물이나 양 측벽의 영향을 고려하여 결정되나, 보 위에 흐름장애물이 없고 측벽이 부드럽게 처리된 경우 실제 길이로 볼 수 있다. 유량계수 C'에 대해서는 다양한 수두와 위어 마루높이에 대한 실험결과가 있다. 그림 5.5는 보의 설계수두 H_d와 설계 유량계수 C_d의 관계도를 보여 준다. 이 자료는 저수지 여수로를 대상으로 실험한 결과이지만 하류에 의한 영향이 없는 보에 대해서도 준용할 수 있을 것이다.

보의 마루에서의 수면형 역시 여수로의 수면형에 준하여 검토할 수 있다. 일반적으로 보 경사면은 매우 급하기 때문에 유속은 매우 크고 그에 따라 공기연행이 활발하여 통상경사면과 보의 하류 바닥에서의 흐름은 하얗게 보인다.

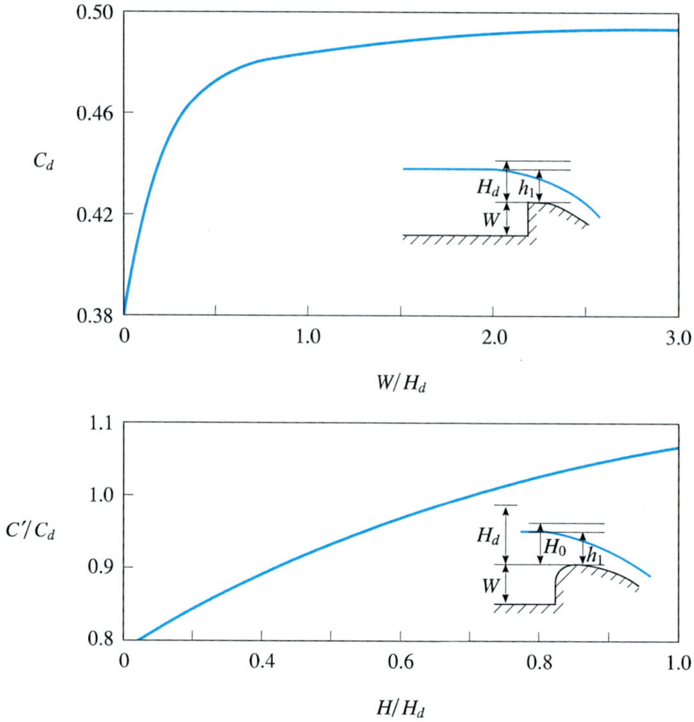

그림 5.5 보의 유량 계수(Robertson 등, 1988)

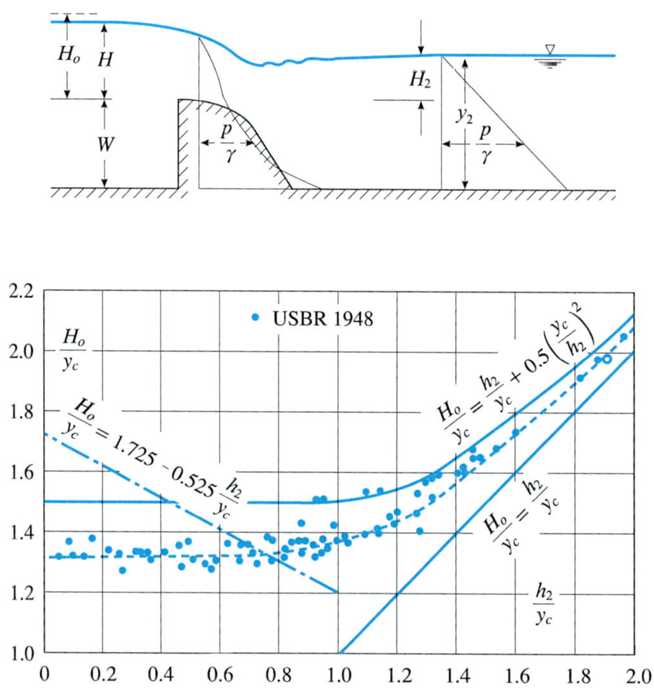

그림 5.6 수중 보의 흐름(Knapp, 1960)

그림 5.6과 같이 보의 하류수위가 상대적으로 높아지면 보의 흐름은 잠수흐름이 되어 유량은 자유월류와 달라진다. 이러한 수중보에서의 흐름해석 또한 잠수 여수로의 흐름해석에 준할 수 있을 것이다.

Knapp(1960)에 의하면 하류의 영향이 자유월류 유량에 영향을 주는 하류 임계수심 h_2는 한계수심 y_c 를 이용하면 다음과 같다.

$$\frac{h_2}{y_c} = 3.286 - 1.905\frac{H_o}{y_c} \tag{5-15}$$

그 이후부터는 다음과 같은 수정된 유량계수를 이용하여 식 (5-14)에서 유량을 구할 수 있다.

$$C' = \frac{\sqrt{2}}{2(H_o/y_c)^{1.5}} \tag{5-16}$$

위 식에서 H_o/y_c 는 그림 5.6의 실험결과에서 결정할 수 있다.

보 하류 물받이 길이 L_1의 결정을 위해서는 다음과 같은 Rand 공식(1955)이 사용될 수 있다.

$$L_1 = 4.3 \times (h_c/W)^{0.81} W \tag{5-17}$$

보 하류 바닥보호공 길이 L_2의 결정을 위해서는 도수의 발생여부, 발생위치 등에 대한 기본적인 이론을 이용하여야 한다. 우선 바닥보호공 길이는 그림 5.7과 같이 흐름 감세구간 L_A과 정류구간 L_B로 구분할 수 있고, L_A는 다시 사류 발생구간 L_{A1}과 도수 발생구간 L_{A2}로 나누어서 계산할 수 있다. 우선 도수가 시작되는 수심 h_{1b}는 식 (2-74)를 다음과 같이 표시하여 계산될 수 있다.

$$\frac{h_{1b}}{h_2} = \frac{1}{2}\left(\sqrt{1+8Fr_2^2} - 1\right) \tag{2-74}$$

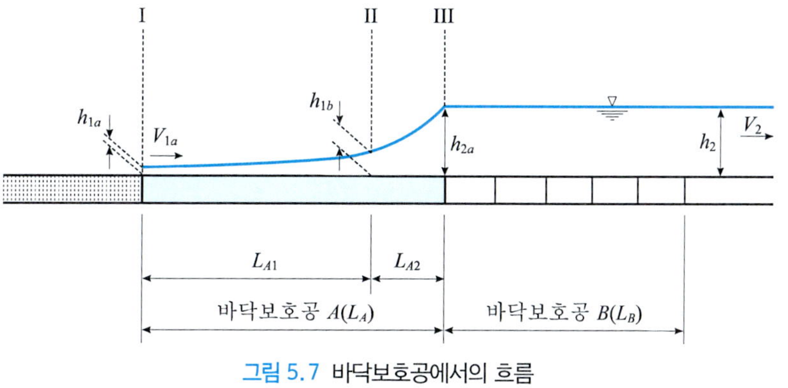

그림 5.7 바닥보호공에서의 흐름

식 (2-74)에서 계산된 h_{1b}와 h_{1a}를 비교하여 $h_{1a} > h_{1b}$인 경우에는 잠수도수가 되므로 바닥보호공 L_A는 고려할 필요가 없게 된다. 다음으로 $h_{1a}=h_{1b}$인 경우에는 도수가 직하류에서 발생하므로 L_{A1}은 필요하지 않게 되고 L_{A2}만 다음 식과 같이 계산할 수 있다.

$$L_A = L_{A2} = (4.5 \sim 6.0)h_2 \tag{5-18}$$

또한 $h_{1a} < h_{1b}$인 경우에는 바닥보호공 구간에 사류가 발생하므로 그 길이를 더해서 계산할 수 있다.

$$L_A = L_{A1} + L_{A2} = L_{A1} + (4.5 \sim 6.0)h_2 \tag{5-19}$$

바닥보호공 정류구간 길이 L_B는 도수 완료 후의 흐름과 하류하천의 천이구간을 확보하기 위해서 필요한 길이이다. 이 길이는 경험적으로 계획홍수시 수심의 3~5배가 적절한 것으로 알려져 있으며, 복잡한 흐름이 발생하는 경우에는 수리모형실험 등을 통해서 결정하는 것이 바람직하다.

자유낙하 흐름이 형성되는 낙차공(drop structures)에 대해서는 개정전 하천수리학 제5장을 참고하기 바란다.

(3) 저류 수문

저류수문(underflow gates)은 수문의 아래로 물이 흐르는 구조물로서 저낙차 댐이나 보, 또는 분기수로(diversion channel)의 입구에 설치된다. 저류수문은 그림 5.8과 같이 단순히 평평한 연직수문인 개구 수문, 또는 개구형 수문(sluice gate), 한 축을 중심으로 방사상으로 된 방사형 수문(radial gate, 또는 tainter gate), 그리고 원통형으로 된 드럼형 수문(drum gate) 등이 있다. 개구형 수문은 수문 중 가장 간단한 형태의 수문으로 그 해석도 비교적 간단하다. 반면에 방사형 수문은 고낙차 댐은 물론 저낙차 댐에 자주 이용되고 있으며, 특히 한강의 팔당댐과 같이 '하천 흐름'(run-of-the-river) 형태의 저낙차 댐의 수문은 홍수시 통상 잠긴 흐름이 된다.

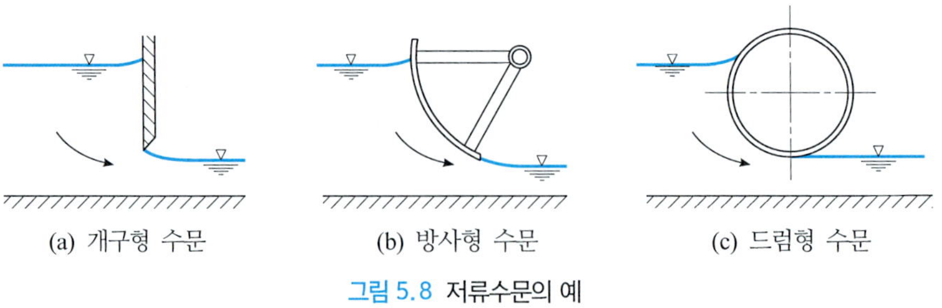

그림 5.8 저류수문의 예

물이 수문의 밑으로 흐르는 저류수문은 관수로의 오리피스에 해당한다. 반면에 위로 흐르는 월류형 수문(oveflow gate)은 사실상 위어와 같다. 여기서 저류수문의 직하류는 유선이 급히 휘기 때문에 가속도가 생기고 그에 따라 압력은 정수압 분포에서 벗어난다. 따라서 수문 직하류는 급변류가 되나, 그 다음 하류로 갈수록 유선이 평행이 되기 때문에 4장에서 다룬 점변류로 변한다.

저류수문은 수문 직하류의 흐름이 사류로서, 그 흐름이 하류의 영향을 받지 않는 자유방류와 하류의 영향을 받는 잠긴 방류로 나누어 검토하는 것이 편리하다.

1 자유방류

그림 5.9와 같이 하류 수심(tailwater depth)의 영향 없이 사류로 물이 방류되는 흐름인 자유방류를 고려하자. 여기서 개구 수문의 연직선상에서 위아래로 전체 에너지는 같으므로 직선상 각 점의 위치 에너지를 제외한 운동 에너지와 압력 에너지의 합은 이 그림과 같이 수문과 수면이 맞닿은 점에서 바닥으로 가면서 직각 삼각형의 빗변을 이룬다. 그런데 개구 수문끝점 A는 대기압을 받으므로 수문에 미치는 압력은 그림과 같이 정수압 분포에서 점차 벗어난다. 마찬가지로 개구부에서의 압력은 A 점에서 시작하여 바닥으로 갈수록 점차 커진다. 그러나 수문에서 충분히 떨어진 상하류에서 흐름은 등류로 볼 수 있으므로 앞서 2장에서 검토한 바와 같이 상하류 두 단면에 에너지 보존법칙을 적용할 수 있다. 이 경우 단면 1과 2 사이는 짧고, 개구 수문은 와류를 형성하지 않으므로 두 단면 사이에서 에너지 손실은 없다고 볼 수 있다. 따라서

$$y_1 + \frac{q^2}{2gy_1^2} = y_2 + \frac{q^2}{2gy_2^2} \qquad (5-20)$$

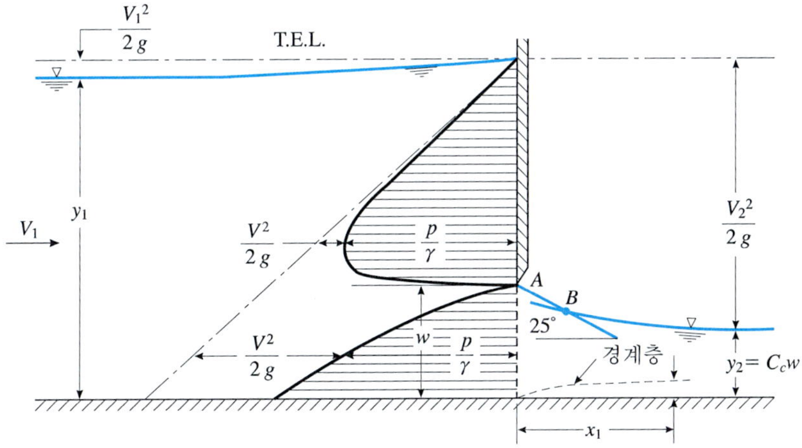

그림 5.9 개구 수문의 흐름

위 식을 단위폭당 유량 q 에 대해 정리하면

$$q = y_1 y_2 \sqrt{\frac{2g}{y_1 + y_2}} \tag{5-21}$$

그림 5.9에서 개구부의 높이 w 와 하류 수심 y_2 의 비를 수축계수 C_c 라고 하면 $y_2 = C_c w$ 가 되어 단위폭당 유량은

$$q = C_c w \sqrt{2gy_1 \frac{y_1}{y_1 + y_2}} = C_d w \sqrt{2gy_1} \tag{5-22}$$

여기서 유량계수 C_d 는

$$C_d = \frac{C_c}{\sqrt{1 + C_c w / y_1}} \tag{5-23}$$

수축계수 C_c 와 유량계수 C_d 는 모두 w/y_1에 따라 달라진다. 수축계수에 대한 이론적 접근은 수문 직하류의 급변류 해석을 통해 가능하다. Benjamin(1956)은 몇 가지 가정과 비회전 흐름이론을 이용하여 $C_c \cong 0.61$을 얻었다. 그러나 실험실에서 실측한 결과는 w/y_1이 커질수록 이론치에서 벗어나서 0.1 이상 차이가 난다. 이러한 차이를 Benjamin은 수문 직하류 바닥에 경계층이 발달하기 때문인 것으로 설명하였다. 그러나 실제 저류 수문에서는 바닥이 거칠어서 경계층의 발달이 미약하므로 이론치 0.61을 그대로 쓸 수 있다.

2 잠긴 방류

그림 5.10과 같이 개구 수문 하류의 수심 y_3 가 직하류의 수심 y_2 의 공액수심보다 큰 경우 하류 수심의 영향이 상류에 미쳐서 개구 수문의 흐름은 수중에 잠기게 된다. 이를 잠긴 흐름(drowned flow)이라 한다. 잠긴 흐름은 결국 개구 수문에 의한 사류 제트 위에 와류가 얹혀져

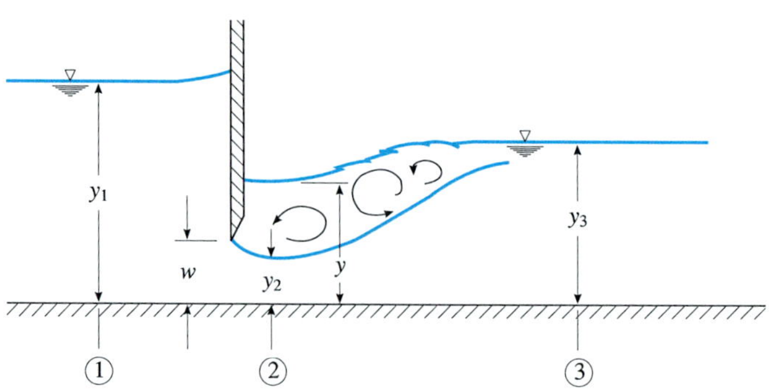

그림 5.10 개구 수문의 잠긴 방류

있는 형태이다. 실제로 이러한 흐름의 해석에서 자유 월류낙하 경우와 같이 직관에 의한 해석이 실제와 큰 차이가 없는 또 다른 좋은 예가 된다. 구체적으로, 단면 1과 2 사이의 흐름은 자유방류와 같이 에너지 손실은 없고 단지 와류에 의해 수심이 y_2에서 y로 증가하는 것으로 보고 에너지 방정식을 적용한다. 다음 단면 2와 3에는 와류에 의한 큰 에너지 손실이 있으므로 에너지 방정식 대신 운동량 방정식을 적용한다.

먼저 단면 1과 2에 대해 에너지 방정식을 적용하면

$$y_1 + \frac{q^2}{2gy_1^2} = y + \frac{q^2}{2gy_2^2} \tag{5-24}$$

위 식에서 우변의 운동 에너지는 와류에 의한 추가 수심이 아닌 순수 제트의 수심 y_2 를 이용하였고 위치 에너지로는 실제 수심 y 를 이용하였다. 이제 단면 2와 3에 운동량 방정식을 적용하면

$$\frac{q^2}{gy_2} + \frac{y^2}{2} = \frac{q^2}{gy_3} + \frac{y_3^2}{2} \tag{5-25}$$

위 식에서도 마찬가지로 운동량은 제트 수심 y_2 를, 압력은 실제 수심 y 를 이용하였다. 위 두 식에서 통상 기지의 값들은 y_1, y, y_3 등이고 미지의 값들은 유량 q 와 제트 수심y_2 두 개이므로 두 식을 연립하여 미지수를 구할 수 있다.

위의 경우는 사각형 수로의 경우이지만 사다리꼴 같은 직사각형이 아닌 수로에 대해서도 비슷한 방법을 적용할 수 있다. 다만 그에 따른 결과 식들은 위의 식들보다 복잡한 형태를 가지며 그 해는 해석적인 방법으로 구할 수 없으며, 수치해석 등이 요구된다.

위와 같은 직관적인 가정을 가지고 관련 원칙을 적용한 결과는 실험에 의한 값과 매우 근접하고 있다. 그림 5.11은 Henry(1950) 등이 실험한 결과를 이론치와 비교한 것이다. 이 그림에서 종축은 식 (5-23)으로 나타내는 유량계수 C_d 이며, 횡축은 y_1/w 이다. 또한 이 그림에서 실선은 실험치이며 점선은 $C_c = 0.6$ 에서 y_3/w 값이 5인 경우의 이론치이다. 부수적으로, 이 그림에서 자유방류의 결과도 비교되었다. 여기서 알 수 있듯이 간단한 이론식에 의한 결과는 실험치와 3~5% 오차 범위 내에서 일치하고 있다.

이러한 오차는 자유방류로 갈수록 커지고 있으며, 그 이유는 자유방류가 될수록 그림 5.10에서 단면 2의 제트의 연직 압력분포가 정수압 분포에서 벗어나기 때문으로 보인다. 다른 실험결과도 직사각형이 아닌 수로에서 식 (5-24)와 (5-25)에 의한 결과는 실험치와 10% 오차 범위를 벗어나지 않는 것으로 나타났다.

5.3 수로천이(channel transition)

수로의 단면, 경사, 선형 등이 중간에 바뀌는 것을 수로천이라 하며, 이러한 수로를 천이수로라 한다. 천이수로에서 흐름은 천이흐름이 된다. 천이수로의 길이는 수로 전체의 길이에 비해 통상 짧으나, 그 영향은 천이구간 주변뿐만 아니라 상하류로 멀리 미칠 수 있다. 수로천이에서 실무적으로 중요한 것들은 1) 단면의 형태가 변하는 수로의 확대와 축소, 2) 선형이 변하는 만곡, 3) 흐름 장애물인 교각에 의한 영향 등으로 구분한다.

앞서 설명한 위어, 보, 수문 등은 모두 흐름조절의 역할을 하나 여기서 다룰 천이수로는 분명한 수심-유량 관계가 성립되지 않기 때문에 흐름조절 역할을 하지 못한다. 천이수로에서의 흐름은 상류와 사류 흐름특성에 따라 매우 달라지기 때문에 두 흐름영역을 나누어 해석하는 것이 바람직하다.

자연하천에서 하도의 천이는 자연적, 인위적으로 가능하다. 만곡은 자연하도의 대표적인 천이수로 구간이다. 인공수로나 자연하천의 수학모형 등에서 이러한 단면의 변화나 만곡 등에 의한 영향은 통상 에너지 손실로 고려된다. 다만 자연하천에서는 관수로나 인공 수로만큼 규칙적이고 급격한 단면의 축소나 확대는 드물다. 특히 자연하천의 천이수로에서 사류는 사실상 없으므로 여기서는 상류에 대해서만 설명한다.

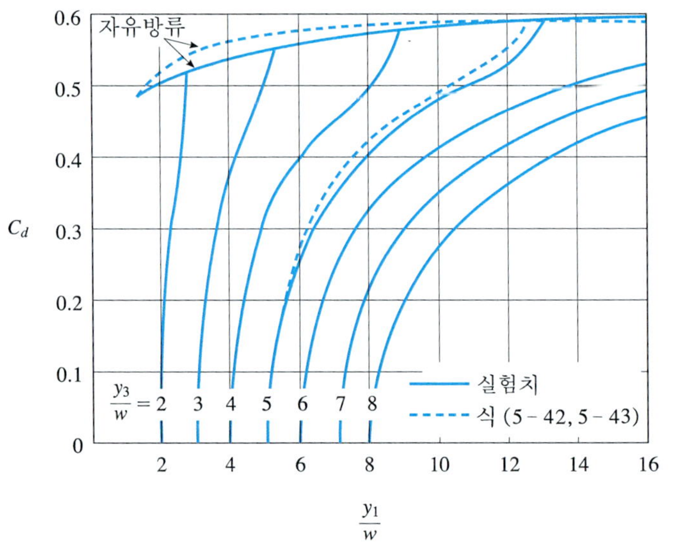

그림 5.11 개구 수문의 잠긴 방류에서 유량계수의 비교(Henry, 1950)

(1) 수로단면의 축소와 확대

수로단면이 축소되거나 확대되는 경우 흐름특성은 이미 2장에서 흐름의 기본방정식을 유도하기 위해 다루었다. 문제를 간략화하기 위해 앞서 다룬 단면변화는 점진적으로 되는 것으로 보고 그에 따른 에너지 손실은 무시하였다. 그러나 단면의 확대나 축소가 비교적 급히 이루어지는 경우 그에 따른 에너지 손실은 무시할 수 없다. 더욱이 흐름이 축소부와 확대부 단면에 미치는 힘을 미리 알기도 어렵다. 따라서 이 경우 에너지나 운동량 방정식 등 기본 방정식으로는 충분히 해석하기 어려우며 실험에 의존하여야 한다. 여기서는 상류(常流)에서 단면의 축소와 확대 흐름에 대해 기초적인 해석방법과 실험결과를 비교하며 설명한다.

1 단면축소(channel contraction)

먼저 그림 5.12와 같이 단면이 축소되는 천이수로에서 천이단면을 지나는 흐름 자체도 축소되어 관수로의 경우와 비슷하게 제트의 형태가 되다가 하류에서 점차 등류가 된다. 이러한 제트를 관수로의 경우와 같이 수축단면(vena contracta)이라고 한다. 따라서 단면축소 흐름의 완전한 해석은 수축 단면계수를 필요로 한다. 여기서 수축 단면계수를 c 라고 하면 상류 단면 1과 수축 단면 2 간의 에너지 손실은 무시할 수 있으므로 이 구간에 에너지 방정식을 적용할 수 있다. 다음 단면 2와 3 사이에서는 제트의 분류와 와류에 의해 에너지 손실이 발생하므로 운동량 방정식을 적용하여야 한다. 마지막으로 단면 1과 2, 단면 2와 3 사이에는 각각 연속 방정식이 적용된다. 즉, $E_1 = E_2$, $M_2 = M_3$ 로 간주할 수 있으며, $Q_1 = Q_2 = Q_3$ 이다. 다만 여기서 단면 2의 실제 흐름의 폭은 수축 단면계수 c 를 고려한 cb_2 이다.

이러한 방법으로 기지 단면 1과 3의 수리 및 단면 값들을 이용하여 단면축소에 의한 에너지 손실을 구할 수 있다. 그러나 실험에 의하지 않고는 수축 단면계수의 값을 알 수 없기 때문에 이러한 해석적 접근보다는 실험에 의해 에너지 손실을 측정하는 것이 바람직하다. Formica(1955)의 실험에 의하면 하류 단면의 속도수두 $V_3^2/2g$ 를 기준으로 단면이 급축소하는 경우 에너지 손실은 속도수두의 23%까지, 완만하게 축소되는 경우 11%까지 나타난다. 그러나 에너지 손실은 관수로의 경우와 마찬가지로 상류단면과 하류단면의 크기 비는 물론 부수적으로 단면 천이구간의 거리(또는 축소 각)에 따라 달라진다.

따라서 상하류 흐름조건을 기준으로 에너지 손실을 표시하면

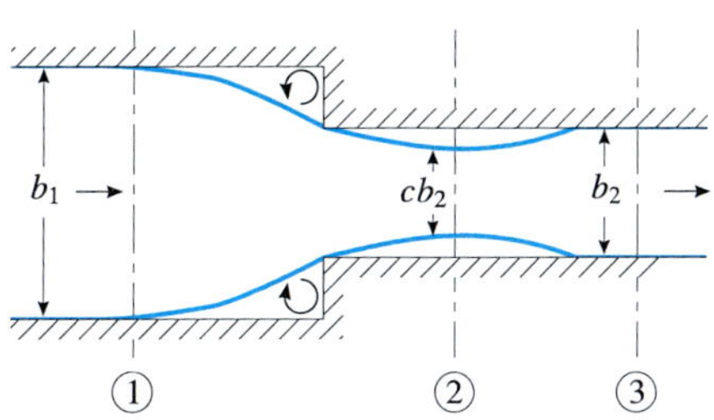

그림 5.12 수로 단면의 축소에 따른 흐름천이

$$\Delta E = K_c\left(\frac{V_3^2}{2g} - \frac{V_1^2}{2g}\right) \tag{5-26}$$

위 식에서 단면축소에 의한 에너지 손실계수 K_c 는 급축소에서 0.5, 점진적 축소에서 0.1, 아주 잘 설계된 점진적 축소의 경우 0.05 정도이다(Brater와 King, 1976). 따라서 일반 설계에서 점진적 축소의 경우 보수적으로 0.1을 채택할 수 있다.

2 단면확대(channel expansion)

그림 5.13(a)와 같이 수로단면이 급작스럽게 확대되는 경우 흐름은 천이단면에서 분리되어 하류로 분류되며, 천이단면에서 분리된 흐름과 경계면 사이에는 와류가 형성된다. 그러나 이러한 와류에 의한 영향은 주로 단면 2 하류의 에너지 손실에 관계하므로 상류 단면 1과 천이단면 직하류 단면 2에는 에너지 방정식을, 단면 2와 하류 등류 단면 3 사이에는 운동량 방정식을 적용할 수 있다. 즉, $E_1 = E_2$, $M_2 = M_3$ 로 간주할 수 있으며, 연속 방정식은 $Q_1 = Q_2 = Q_3$이다. 여기서 단면 2에서 흐름폭은 단면 1의 폭으로 근사할 수 있으며, 따라서 단면 1과 2의 수심과 유속도 서로 같다고 볼 수 있다.

이 경우 $y_1 = y_2$, $V_1 = V_2$, $b_2 = b_3$ 이므로 단면 2와 3 사이의 운동량 방정식은

$$\rho Q V_1 + \gamma \frac{y_1}{2} b_2 y_1 = \rho Q V_3 + \gamma \frac{y_3}{2} b_2 y_3 \tag{5-27}$$

단면 1에서 프루드 수 $Fr_1^2 = V_1^2/gy_1$ 과 단면 1과 3 사이의 연속 방정식 $V_1 y_1 b_1 = V_3 y_3 b_2$ 를 이용하여 위 식을 다시 쓰면

$$Fr_1^2 + \frac{r_b}{2} = \frac{Fr_1^2}{r_b r_y} + \frac{r_b r_y^2}{2} \tag{5-28}$$

여기서 $r_b = b_2/b_1$ 이고, $r_y = y_3/y_1$ 이다. 따라서 단면 급확대에 의한 에너지 손실을 무차원식으로 표시하면

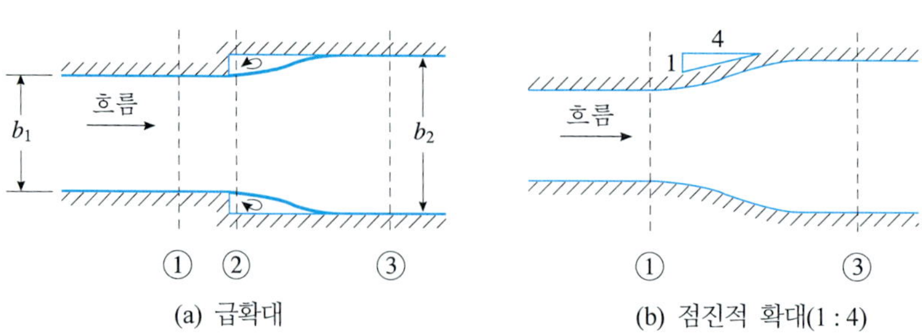

그림 5.13 수로단면의 확대에 따른 흐름천이

$$\frac{\Delta E}{y_1}\left(=\frac{E_1-E_3}{y_1}\right)=\frac{Fr_1^2}{2}\left(1-\frac{1}{r_b^2 r_y^2}\right)+1-r_y \qquad (5-29)$$

위 식 대신 상하류 수심비 r_y 가 없는 에너지 손실식을 구하기 위해 Fr_1 의 4승 이상의 항을 무시할 수 있는 범위 내에서 식 (5-28)에서 r_y 를 구하면

$$r_y=1+Fr_1^2\frac{r_b-1}{r_b^2} \qquad (5-30)$$

위 식을 식 (5-29)에 대입하여 에너지 손실 ΔE 를 단면 1의 속도수두에 대해 정리하면

$$\Delta E=\frac{V_1^2}{2g}\left[\left(1-\frac{b_1}{b_2}\right)^2+\frac{2Fr_1^2 b_1^3(b_2-b_1)}{b_2^4}\right] \qquad (5-31)$$

위 식의 대괄호 안의 두 번째 항은 프루드 수와 관계되는 값으로, 개수로라는 특성에서 나오는 변수이다. 따라서 프루드 수가 매우 작은 흐름에서는 이 항을 무시할 수 있으며, 그 경우 $y_1=y_2=y_3$ 가 되고 에너지 손실은 관수로의 경우와 같게 된다. 즉,

$$\Delta E=\frac{(V_1-V_3)^2}{2g} \qquad (5-32)$$

실제로 Formica의 실측 결과는 위 식에서 계산한 에너지 손실 값보다 10% 정도 작게 나타났다. 따라서 수로 설계시 식 (5-32)는 보수적인 값을 준다.

수로단면을 급작스럽게 확대시키지 않고 그림 5.13(b)와 같이 점진적으로 확대시키는 경우 에너지 손실은 적어진다. 이 경우 에너지 손실은 단면확대에 따른 손실계수 K_e 를 이용하여

$$\Delta E=K_e\left(\frac{V_1^2}{2g}-\frac{V_3^2}{2g}\right) \qquad (5-33)$$

위의 표현을 이용하면 단면 급확대의 경우 $K_e=1$ 이며, 일반적인 점진적 확대에서 0.2, 아주 잘 설계된 점진적 확대의 경우 0.1 정도이다(Brater와 King, 1976). 따라서 일반 설계에서 점진적 확대의 경우 보수적으로 0.2를 채택할 수 있다. 실제로 HEC-RAS 등 수면곡선을 계산하는 프로그램에서 수로단면의 축소나 확대에 따른 에너지 손실은 통상 식 (5-26)이나 (5-33)을 이용하여 표시한다.

(2) 만곡부의 흐름

자연하천의 선형은 직선보다는 곡선이 보편적이다. 따라서 만곡(彎曲, meander)은 자연하천

의 보편적 현상이다. 인공수로의 경우 자연하천보다는 완만하지만 만곡이 불가피한 경우가 많다. 만곡은 하천공학 측면에서 세 가지 문제를 일으킨다. 첫째는 만곡부 바깥 홍수위 상승 문제이며, 둘째는 만곡부 바깥의 제방세굴과 수면교란 영향의 전파 문제, 마지막으로 에너지 손실문제이다. 일반적으로 이 중 두 번째 문제가 가장 대처하기 어려우며, 홍수위 상승 문제는 만곡부 바깥쪽 제방을 높임으로써, 에너지 손실 문제는 하천관리와 수로설계시 이를 적절히 고려함으로써 대처할 수 있다. 만곡부 제방의 세굴문제는 제2부 이동상 하천 수리학에서 다룰 것이며, 여기서는 만곡부의 수리현상과 에너지 손실에 대해 설명한다.

1 만곡부의 흐름특성

그림 5.14와 같이 수로가 오른쪽으로 휘는 단면에서 모든 유선, 또는 유관은 같은 에너지를 가지고 있다. 따라서 h 를 흐름에 직각 방향, 즉 만곡 단면의 임의 수직선(AB)의 수면고라 하면 이 연직선상의 에너지는

$$h + \frac{V^2}{2g} = H_o \qquad (5-34)$$

여기서 V 는 그 연직선상의 흐름방향 평균유속이다. 그림 5.14와 같이 만곡부 연직선 AB 상 임의 유선의 곡률반경을 r 이라 하고(r 은 수평면에서 측정), 수로 폭 방향으로 만곡부의 바깥쪽으로 잰 거리를 n 이라고 하자. 여기서 유선이 모두 동심원상에 있으면 r 은 n 과 일치하나, 실제의 경우 그렇지 않다. 여기서 수로 폭 방향으로 Euler의 운동 방정식을 적용하여 s 방향으로 바깥에서 안쪽 방향(n 과 반대 방향)을 택하면 가속도 항 a_s 는 구심력에 의한 가속도 V^2/r 이 된다. 다음, 수직선 AB 상의 압력은 정수압 분포$(p+\gamma z)=\gamma h$ 가 되고 그에 따라

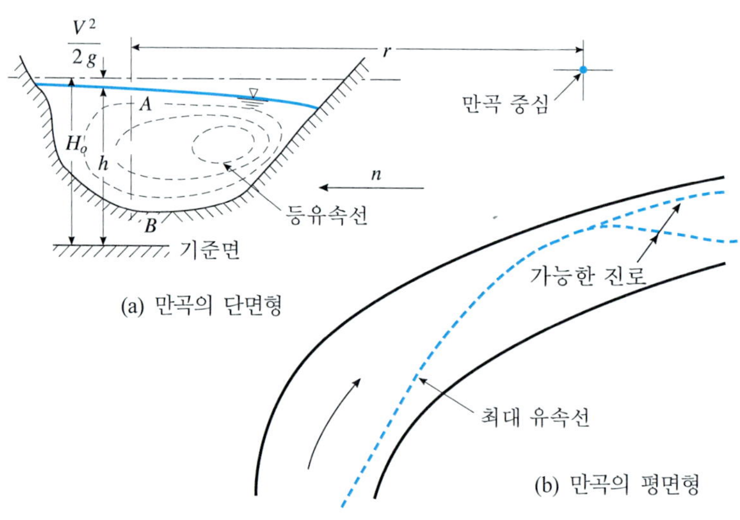

(a) 만곡의 단면형

(b) 만곡의 평면형

그림 5.14 만곡부의 흐름

식 Euler 방정식 좌변의 첫 번째 항은 $\partial(p+\gamma z)/\partial s = -\gamma \partial h/\partial n$ 이 된다. 따라서 이 경우 Euler 방정식은

$$\frac{dh}{dn} = \frac{V^2}{gr} \tag{5-35}$$

한편 식 (5-34)를 n 에 대해 미분하면

$$\frac{dh}{dn} + \frac{V}{g}\frac{dV}{dn} = 0 \tag{5-36}$$

위의 두 식을 합하면 다음과 같은 n 에 대한 미분식이 얻어진다.

$$\frac{dV}{dn} + \frac{V}{r_c} = 0 \tag{5-37}$$

위 식에서 r_c 는 만곡부 중심선의 곡률반경이다.

식 (5-35)에서 알 수 있는 것은 우변은 항상 양수이므로 수심 h 는 안쪽에서 바깥쪽으로 갈수록 커진다는 사실이다. 다시 말하면 만곡부의 원심력에 의해 수면은 만곡부의 바깥쪽으로 갈수록 높아진다는 것이다. 반대로 식 (5-37)에서 알 수 있는 것은 좌변의 두 번째 항은 항상 양수이므로 유속은 안쪽에서 바깥쪽으로 갈수록 작아진다는 사실이다. 즉, 만곡부의 안쪽에서 유속이 최대가 된다. 그러나 최대유속은 바닥 마찰 등의 영향으로 실제로 만곡부 안쪽에서 조금 떨어진 곳에서 나타난다. 이러한 최대 유속선은 하류로 갈수록 흐름의 불안정성 때문에 좌우로 이동할 수 있으며, 그에 따라 수로에 영향을 미친다.

여기서 만곡부의 이차류 생성도 식 (5-35)로 설명할 수 있다. 만곡부 단면의 압력은 여전히 정수압 분포에 가깝기 때문에 그림 5.14(a)의 수직선 AB 상의 모든 점은 같은 압력경사를 갖는다. 그러나 식 (5-35) 우변의 속도항은 수면 가까이에서 최대가 되고 바닥에서 최소가 되므로 이 식의 성립이 의문된다. 이러한 모순은 결국 바닥 가까이에서 안쪽(n 의 반대 방향)으로 추가적인 압력경사가 생겨야 해결된다. 이러한 안쪽 압력경사는 결국 안쪽으로 흐름을 만들고, 이를 보충하기 위해 수면 가까이에서는 그림 5.14(a)와 같이 바깥쪽으로 흐름이 생기게 된다. 이러한 이차류는 자연하천의 만곡부에서 바깥쪽 강턱의 세굴과 안쪽 강턱의 퇴적을 유발하여 안쪽 강턱에 점 사주(point bar)를 생성하게 한다. Rozovskii(1957)는 부드러운 하천 만곡부 단면에서 이차류의 유속분포식을 제안하였으며, 그의 식은 점진적인 만곡부에 대해서 비교적 잘 맞는 것으로 나타났다. 그의 식에 의하면, 이차류 유속은 흐름방향의 유속과 수심에 비례하고, 만곡부의 곡률반경에 반비례한다.

흐름이 사류인 경우 만곡부의 흐름특성은 수면파의 생성 등으로 매우 복잡하게 되나, 자연하천에서 사류는 흔하지 않으므로 그 해석은 여기서는 생략한다.

2 만곡부의 수위 상승

수로 만곡부의 바깥쪽은 안쪽에 비해 원심력에 의해 수위가 상승한다. Woodward (1920)는 이러한 수위 상승에 의한 안팎의 수면고 차이를 구하기 위해 단면의 한 수직선의 평균 유속을 단순히 $V = Q/A$ 에 의한 상수로 보고 곡률반경 r 은 단면 중앙에서 곡률반경 r_c 로 보아 식 (5-35)를 적분하여(r 과 n 은 같은 동심원상에 있다고 가정) 다음과 같은 식을 얻었다.

$$\Delta h = \int_{r_i}^{r_o} \frac{V^2}{g r_c} dr = \frac{V^2}{g r_c}(r_o - r_i) \tag{5-38}$$

위의 적분에서 n 과 r 은 동일 평면상에 있다고 보았으며, r_o 는 만곡부 바깥쪽의 곡률반경이며 r_i 는 안쪽의 곡률반경이다.

Shukry(1950)는 만곡부의 흐름은 자유와(自由渦, free vortex)로 보고 $V = C_1/r$ 을 식 (5-35)에 대입하여 적분하였다.

$$\Delta h = \frac{1}{g}\int_{r_i}^{r_o} \frac{C_1^2}{r^3} dr = \frac{C_1^2}{2g}\left(\frac{1}{r_i^2} - \frac{1}{r_o^2}\right) \tag{5-39}$$

위 식에서 $C_1 = rV$ 로서 자유와 상수이다. 한편 Ippen과 Drinker(1962)는 만곡부의 평균 수심은 만곡부 상류 직선부의 수심과 같다고 보고 식 (5-39)를 다음과 같이 간략화하였다.

$$\Delta h = \frac{V^2}{2g}\frac{2T}{r_c}\left[\frac{1}{1 - \left(\frac{T}{2r_c}\right)^2}\right] \tag{5-40}$$

Ippen과 Drinker는 더 나아가 만곡단면의 최대유속은 단면 중앙선에서 발생하고 그 바깥쪽은 자유와, 안쪽은 강제와(强制渦, forced vortex)가 지배적인 것으로 보고 식 (5-35)를 다음과 같이 적분하였다.

$$\Delta h = \frac{1}{g}\int_{r_i}^{r_c} \frac{C_2^2 r^2}{r} dn + \frac{1}{g}\int_{r_c}^{r_o} \frac{C_1^2}{r^3} dn \tag{5-41}$$

위 식에서 $C_2 = V/r$ 는 강제와 상수이다. 단면의 중앙선에서 최대 평균유속이 발생한다면 $r = r_c$, $V = V_{\max}$ 이므로 $C_1 = V_{\max} r_c$, $C_2 = V_{\max}/r_c$ 가 되므로 식 (5-41)은 다음과 같이 된다.

$$\Delta h = \frac{V_{\max}^2}{2g}\left[2 - \left(\frac{r_i}{r_c}\right)^2 - \left(\frac{r_c}{r_o}\right)^2\right] \tag{5-42}$$

지금까지 유도한 만곡부의 수위 상승고는 여러 가지 단순 가정하에서 유도된 것으로 실제 자연하천의 경우 단면의 불규칙성은 물론 세굴과 퇴적 등에 의해 가정과 잘 맞지 않는다. 따라서 이러한 불확실성을 감안하여 자연하천의 경우 식 (5-38)로 수위 상승을 추정할 수 있다. 그러나 균일 인공수로에서는 식 (5-40)이나 (5-42)를 이용하는 것이 바람직하다.

(3) 교량 협착부의 흐름

개수로 측면에서 교량은 흐름에 장애물이다. 따라서 교량은 흐름에 다음과 같은 영향을 준다.

- 수로의 단면을 축소시켜 상류에 배수를 일으킨다. 이러한 배수효과는 결국 상류 제방의 추가적인 숭고(崇高)를 요한다.
- 교량에 의한 흐름의 분리와 와류 등 추가적인 난류의 형성으로 에너지 손실을 가져온다.
- 교대나 교각 주위에 3차원 와류를 일으켜 그에 따라 하상세굴을 일으킨다. 이 문제는 교량 수리학에서 가장 중요한 것으로 제2부 이동상 하천수리학에서 구체적으로 다룰 것이다.
- 교각 자체에 미치는 수압은 교량 설계에 추가적인 하중으로 작용한다. 그러나 이 효과는 교량 자체 하중에 비해 통상 미미하다.
- 교각 자체는 간접적인 흐름통제 역할을 하며, 따라서 교각 상하류 수위와 교각의 기하 특성을 이용하여 교량 사이로 흐르는 유량을 추정할 수 있다. 이러한 유량 측정방법은 과거에 상당히 심도 있게 연구되어 왔으나(Matthai, 1976), 유량추정은 대부분 다른 방법으로 충분히 수행할 수 있기 때문에 현재는 특별히 이러한 방법의 실용성을 찾기 어렵다.

따라서 이 장에서는 첫 번째와 두 번째 사항에 대해서만 구체적으로 검토한다.

1 교각 사이의 흐름 특성

그림 5.15와 같이 두 교각 사이의 흐름을 고려하면 교각에 의한 단면의 수축으로 흐름은 교각 앞에서 가속되기 시작한다. 흐름이 가속되기 시작하는 거리는 교각 간 거리 b_2의 1~2배 정도로 알려져 있다(Chow, 1959, pp. 501~506; Matthai, 1976). 다음, 교각 사이로 들어온 흐름은 수축되어 일종의 단면수축 형태로 되며, 이에 따라 흐름은 교각 측면에서 분리되기 시작한다. 동시에 수면고는 낮아진다. 따라서 흐름과 측벽 간에는 와류가 형성되며 에너지 손실을 유발한다. 여기서 단면 1과 3 사이의 거리가 짧아서 하상경사와 하상마찰 등을 무시할 수 있다면 교량에 의한 순수한 배수효과, 즉 수위 상승은 단면 1과 단면 3의 수면고 차 Δy 로 볼 수 있다. 교각 사이를 지난 흐름은 다시 수위가 상승하여 하류 흐름과 연결된다. 여기서 교각에 의한 흐름의 수축이 한계수축을 넘으면 교각 사이의 흐름은 질식되어(choked) 한계류가

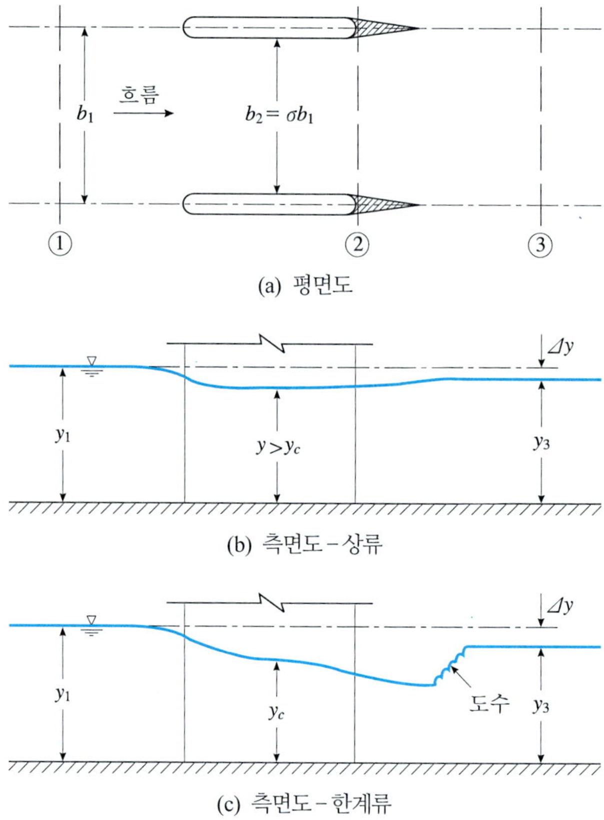

그림 5.15 교각 사이의 흐름

된다. 한계류를 지난 흐름은 사류로 흐르다 하류의 조건에 따라 도수를 일으킬 수 있다. 그러나 이렇게 흐름의 소통에 지장을 줄 정도로 교각 사이를 좁히는 것은 바람직하지 않으며, 따라서 교량 설계시에 흐름을 질식시키는 한계수축비를 검토할 필요가 있다.

교각 사이의 흐름에 적용할 수 있는 보존법칙으로 에너지 $E_1 = E_2$, 운동량 $M_2 = M_3$ 등을 생각할 수 있다. 그러나 교각의 측벽 마찰과 흐름의 분리에 의한 추가 에너지 손실 등이 미지수로 남으므로 $E_1 = E_2$ 의 적용은 적절하지 않다. 그 경우 $M_2 = M_3$ 의 적용은 큰 의미를 찾을 수 없으므로, 단면 2를 제외한 단면 1과 3 사이에 운동량 방정식 $M_1 = M_3 + F_D$ 를 적용하는 것이 바람직하다(Henderson, 1966, p. 266). 여기서 F_D 는 흐름이 교각에 작용하는 힘으로

$$F_D = C_D A_p \frac{\rho V^2}{2} \qquad (5-43)$$

위 식에서 C_D 는 항력계수, A_p 는 교각 전면부의 흐름에 투영된 교각 면적이다. 항력계수 C_D 는 교각 전단부의 형상 등에 따라 달라지며, Henderson은 C_D 값으로 2.0~2.5 정도를 제시하였다.

표 5.1 Yarnell 공식에서의 k 값

교각의 형태	k
앞뒤가 반원형	0.9
앞뒤가 렌즈 형태	0.9
격막으로 연결된 두 개의 원통형	0.95
격막이 없는 두 개의 원통형	1.05
앞뒤가 직각 이등변삼각형	1.05
앞뒤가 직사각형	1.25

그러나 교각에 의한 수면고 변화는 위와 같은 해석적인 방법으로는 한계가 있으며, Yarnell (1934a)은 다음과 같은 경험식을 제안하였다.

$$\frac{\Delta y}{y_3} = k Fr_3^2 (k + 5 Fr_3^2 - 0.6)(\alpha + 15\alpha^4) \tag{5-44}$$

위 식에서 Fr_3 는 단면 3에서 프루드 수이고, α 는 $1-\sigma$ ($\sigma =$ 교각 간격과 경간의 비)로서 교각의 폭과 경간의 비이며, k 는 다음 표 5.1과 같이 교각의 형상에 따라 결정되는 경험계수이다. 이 표는 교각의 길이와 폭의 비 4를 기준으로 실험한 결과로서, Yarnell의 추가 실험 결과(1934b)는 이 비가 7과 13인 경우 k 는 기준치의 83~96% 정도인 것으로 나타났다. 따라서 표 5.1의 결과는 교각의 길이와 폭의 비에 관계없이 보수적인 값이다.

2 수면곡선 계산모형에서 교각 배수 계산

위와 같이 교량에 의한 에너지 손실은 수로나 하도의 수면곡선 계산에 필수적이다. HEC-RAS 등 기존의 수면곡선 계산모형들은 교량에 의한 흐름을 1) 교량의 상판 바닥이 수면에 닿지 않는 개수로 저수흐름, 2) 수면고가 상판의 하부는 넘었지만 상부를 넘지 않은 상판 밑의 압력흐름, 3) 수면고가 상판을 넘어 상판 밑은 압력흐름이고 위는 위어흐름이 동시에 발생하는 혼합흐름으로 구분한다. HEC-RAS 모형에서는 우선 교량 자체에 의한 흐름단면의 축소(교량 상류)와 확대(교량 하류)는 일반 단면축소나 확대와 마찬가지로 취급한다. 즉, 적절한 에너지 손실계수를 고려하여 식 (5-44)나 (5-51)에서 에너지 손실을 구한다. 저수흐름의 경우 교각이 없는 교량에서는 교대 양쪽의 마찰손실은 일반바닥의 마찰손실과 마찬가지로 점변류 방정식에 포함시키며, 교각이 있는 경우 운동량 방정식을 적용하여 에너지 손실을 계산한다.

Eichert와 Peters(1970)는 HEC-RAS 등 다양한 기존 모형에 이용되는 에너지 손실 계산방법을 비교 분석하여 이러한 방법들의 한계를 분석하고, 특히 저수 흐름에서 생길 수 있는 여러 경우의 흐름조건과 기준을 제시하였다. 그들이 제시한 흐름조건은 저수흐름, 압력흐름, 압력흐름과 위어 흐름의 결합 등 교량에 의해 생길 수 있는 가능한 경우를 모두 망라한 것으로

HEC-RAS 모형에 채택되었다.

여기서 가장 보편적인 교량 흐름인 저수흐름을 보면 그림 5.16에 나와 있듯이 완경사 3개, 급경사 3개 등 모두 6개이다. 완경사 흐름에서는 1) 교각에 의한 단면축소가 흐름을질식시키지 않는 흐름, 2) 교각 후미에서 한계류가 발생하나 하류에서 다시 상류가 되는 흐름, 그리고 3) 하류에 사류를 발생시켜 도수가 생기는 흐름 등으로 구분한다. 다음 급경사 흐름의 경우 1) 교각에 의한 단면축소가 흐름영역을 변화시키지 않는 사류, 2) 교각 후미에서 한계류가 발생하나 하류에서 다시 사류가 되는 흐름, 그리고 3) 단면의 과대한 축소로 교각 후미에서 한계류가 생기고 그 위는 도수가 생기는 흐름 등으로 구분한다. 따라서 저수 흐름의 경우만도 이러한 각각의 경우에 맞는 에너지 손실과 적절한 수면곡선의 계산 방법을 찾아야 한다.

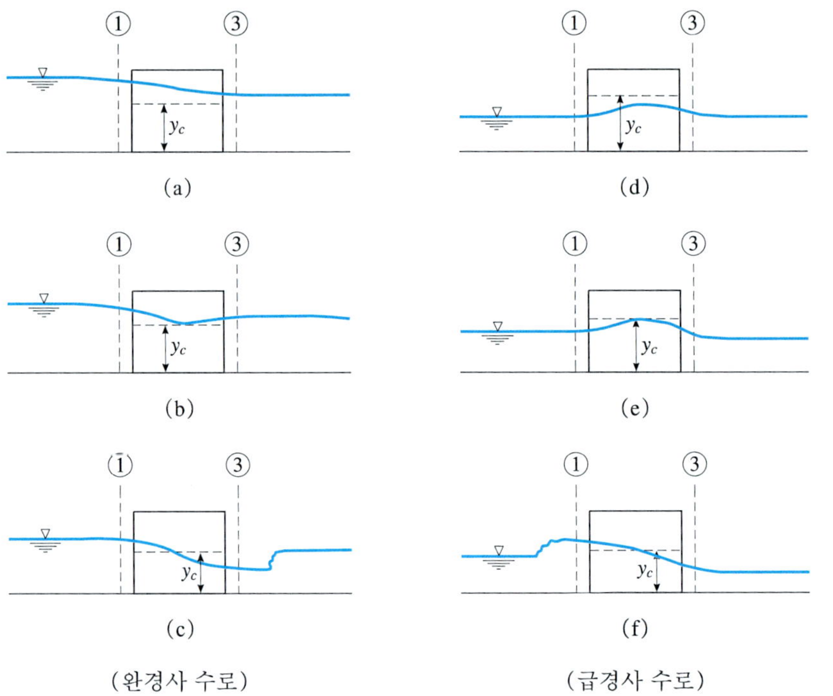

그림 5.16 교량 상판의 하부를 닿지 않는 저수시 흐름 영역(Eichert와 Peters, 1970)

연습 문제

5.1 위어 수맥이 수축되지 않은 사각 예연 위어의 폭 1.2 m, 유효 수두 0.5 m, 위어 높이 1.0 m인 경우 유량을 구하시오.

5.2 문제 5.1에서 위어의 수맥 양쪽이 수축되는 경우 유량을 구하시오.

5.3 사각 예연 위어의 유량식을 유도한 방법대로 삼각 예연 위어의 유량식 (5 – 10)을 유도하시오.

5.4 직각삼각형 위어의 유효 수두가 0.25 m인 경우 유량을 구하시오.

5.5 위어의 길이 1.5 m, 유효 수두 1.0 m인 광정 위어의 유량 계수가 1.5인 경우 식 (5 – 8)에서 유량을 구하시오.

5.6 예연 위어를 이용하여 초당 2～10 L의 유량을 상대 정확도 0.5%로 측정한다. 유량은 예연 위어상에서 수두로 산정되며, 수두는 1 mm까지 측정된다. 이러한 조건을 만족시키기 위한 최대 위어 폭은 얼마인가?

5.7 그림 5.3과 같은 광정 위어에서 유량 계수는 위어 길이 L 에 따라 커지는가, 작아지는가? 그 이유는?

5.8 보의 유효 폭 85 m, 설계 수두 1.0 m, 상류 바닥에서 보의 높이 1.5 m인 경우 유량을 구하시오.

5.9 평상시 단위폭당 유량 0.85 $m^3/s/m$로 흐르는 하천에 보를 설치하여 상류 수심을 1.5 m로 유지하는 보의 높이를 구하시오(하류의 영향은 없음).

5.10 한계 수심 1.0 m, 유효 수두 1.5 m인 보에서 하류의 영향이 보의 유량에 영향을 미치는 하류의 임계 수심(보의 마루에서 잰 수심)을 구하시오.

5.11 위에서 구한 임계 수심보다 하류 수심이 큰 경우 보의 단위폭당 유량을 구하시오.

5.12 개구 수문의 높이 1.5 m, 상류 수심이 4.0 m인 경우 단위폭당 유량을 구하시오.

5.13 사각형 수로에 유량이 2.9 m^3/s/m로 흐른다. 개구 수문의 아래 흐름은 자유 흐름으로 보고 상류 수심이 4.5 m인 흐름을 통과시키기 위한 개구부의 높이를 구하시오.

5.14 폭이 3 m인 수로에 물이 유속 1.5m , 수심 1 m로 흐른다. 이 수로의 폭이 2.1 m로 부드럽게 좁혀지는 경우 하류의 프루드 수가 0.8을 넘지 않게 하려면 수로 천이 구간의 바닥을 얼마나 낮추어야 하는가? 여기서 천이 구간의 에너지 손실은 하류 속도 수도의 4% 정도이다.

5.15 수심 y_1인 수로에 단면이 축소되어 한계류가 발생한다. 여기서 r을 단면 축소 비율이라 하고 $y' = y_1/y_c$ 라고 하면 단면 축소로 에너지 손실이 없다고 보고 y_1, r 간의 관계식을 유도하시오.

5.16 하폭이 1,000 m인 비교적 직선 하도에 교량이 있다. 이 교량의 교각은 앞부분이 반원형이고, 교각 하나당 폭이 4 m이며, 같은 간격으로 모두 19개가 있다. 이 하천의 설계 홍수량이 20,000 m^3/s이고 교각 하류의 수심이 5 m라면 교량에 의한 교량 상류부의 수위 상승을 Yarnell 공식으로 추정하시오.

1. Benjamin, T. B., "On the Flow in Channels When Rigid Obstacles are Placed in the Stream", *J. of Fluid Mechanics*, vol. 1, Part 2, July, 1956, p. 227.
2. Brater E. F. and King, H. W., *Handbook of Hydraulics*, McGraw Hill, 6th ed., New York, 1976, pp. 5-40～5-41.
3. Chow, V. T., *Open-Channel Hydraulics*, McGraw-Hill Book Co., New York, 1959.
4. Eichert, B. S. and Peters, J., "Computer Determination of Flow through Bridges", *J. of Hydraulic Engineering*, ASCE, vol. 96, no. HY7, July, 1970, pp. 1455～1468.
5. Formica, G., "Esperienze preliminari sulle perdite di carico nei canali dovute a cambiamenti di sezione"(Preliminary tests on head losses in channels due to cross-sectional changes), *L'Energia elletrica*, Milan, vol. 32, no. 7, July, 1955, p. 554.
6. Henderson, F. M., *Open Channel Flow*, MacMillan Co., New York, 1966.
7. Henry, H. R., Discussion on "Diffusion of Submerged Jets", by M. L. Albertson, et al., *Transaction,* ASCE, vol. 115, 1950, p. 687.
8. Ippen, A. T., "Channel Transition and Control", *Engineering Hydraulics*, edited by H. Rouse, Ch. 8, John Wiley & Sons, New York, 1950.
9. Ippen, A. T. and Drinker, P., "Boundary Shear Stresses in Curved Trapezoidal Channels", *J. of Hydraulics Division*, ASCE, vol. 88, no. HY5, Sep., 1962.
10. Knapp, F. H., "Ausfluss, Ueberfall und Durchfluss im Wasserbau", Verlag G. Braun, Karlsruhe, Germany, 1960.
11. Matthai, H. F., "Measurement of Peak Discharge at Width Contractions by Indirect Methods", *Techniques of Water-Resources Investigation of the USGS*, USGS, Washington, D. C., 1976.
12. Rand, W., "Flow Geometry at Straight Drop Spillway", *Proceedings*, ASCE, vol. 81, no. 791, Sep., 1955.
13. Robertson, J. A., Cassidy, J. J., and Chaudhry, M. H., *Hydraulic Engineering*, Houghton Mittlin, Boston, MA, 1988.
14. Rozovskii, I. L., "Flow of Water in Bends of Open Channels", *Ukrainian SSR Academy of Sciences*, Kiev, Translated from Russian, Published by National Science Foundation, Washington, D. C., 1957.
15. Shukry, A., "Flow around Bends in Open Flume", *Transaction*, ASCE, vol. 115, 1950.
16. Simon, A. L., *Hydraulics*, 3rd Ed. John Wiley & Sons, 1986, pp. 368～369.
17. Tullis, J. P., Amanian, N., and Waldron, D., "Design of Labyrinth Spillways", *J. of Hydraulic Engineering*, ASCE, vol. 121, no. 3, Mar., 1995.
18. Woodward, R. C., "Hydraulics of the Miami Flood Control Project", *Technical Report*, Miami Conservancy District, Dayton, Ohio, part Ⅶ, 1920.
19. Wormleaton, P. R. and Soufiani, E., "Aeration Performance of Triangular Planform Labyrinth Weirs", *J. of Environmental Engineering*, ASCE, vol. 124, no. 8, Aug., 1998.

20. Yarnell, D. L., "Piles Trestles as Channel Obstruction", *Tech. Bull.* no. 429, US Department of Agriculture, July, 1934a.

21. Yarnell, D. L., "Bridge Piers as Channel Obstruction", *Tech. Bull.* no. 442, US Department of Agriculture, Nov., 1934b.

Chapter 6

부정류 - 홍수추적

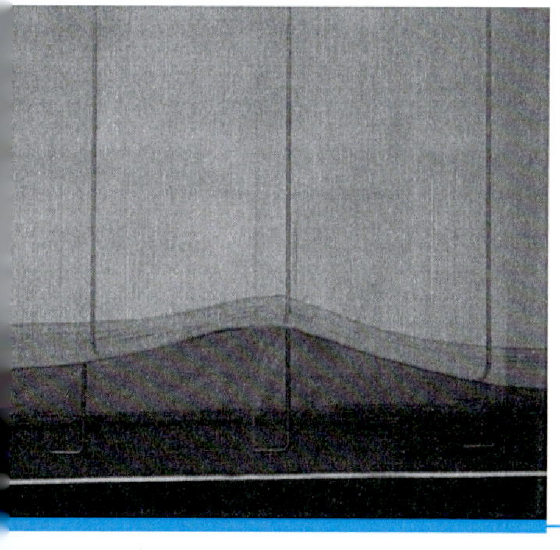

▲ 부정류 전파실험

이 장에서는 개수로에서 대표적인 부정류 현상인 홍수파와 서지(surge)의 전파를 해석한다. 이를 위하여 우선 부정류와 수파의 관계와 하천 흐름에서 부정류 해석의 조건 등을 검토한다. 다음, 홍수파와 같은 점변 부정류의 기본식으로서 Saint Venant 방정식과 그 해석 방법에 대해 구체적으로 설명하고, 실제 홍수파의 전파현상을 해석한다.

6.1 서론

지금까지는 흐름이 시간에 대해 변하지 않는 것을 대상으로 했으나, 실제 자연에서 많은 개수로 흐름은 시간에 대해 변하는 부정류이다. 앞서 다룬 간단한 서지나 보어는 물론, 하구에서 조류, 홍수시 하도(河道, river channel)[28]를 지나는 홍수파, 수문이나 수력 터빈의 조작에 의한 흐름 등은 모두 시간에 따라 유량, 유속, 수심 등이 변하는 부정류이다. 또 다른 예로 댐붕괴에 의해 발생하는 댐붕괴파(dambreak wave)나 일정유량에서도 급경사 수로에서 나타나는 줄 단파(段波, roll wave) 등도 부정류 현상이다. 이러한 부정류는 대부분 앞서 설명한 서지나 보어와 같이 관찰자의 시점변환만 가지고 간단히 정류로 전환시킬 수 없으며, 해당하는 지배 방정식을 풀어야만 가능하다.

부등류와 마찬가지로 부정류도 해석적인 편의를 위하여 점변 부정류(gradually varied unsteady flow)와 급변 부정류(rapidly varied unsteady flow)로 나눌 수 있다. 전자는 파형의 변화가 급하지 않고 부드러우며 수심의 변화도 상대적으로 완만하고, 연직가속도는 총가속도에 비해 무시할 수 있을 정도로 작은 흐름이다. 이러한 점변 부정류에는 바닥 등에 의한 마찰이 중요한 역할을 한다. 반면에 급변 부정류는 파형의 변화와 수심의 변화가 커서 때로는 불연속이 되기도 하며, 연직방향의 가속도가 상대적으로 큰 흐름이다. 이러한 급변 부정류에서는 마찰의 영향이 상대적으로 작으며 통상 무시할 수 있다. 수문 등 수리구조물을 조작하는 정도에 따라 갑거의 수문을 천천히 열어 수위를 서서히 높이는 경우 점변 부정류가 되며, 반면에 수문을 급히 열어 수로에 서지를 형성시키는 경우 급변 부정류가 된다.

부정류는 인위석(계획적 또는 우발적)이든 자연적이든 흐름조건이 변하는 경우 발생한다. 이러한 부정류는 흐름의 교란요인이 없어지면 곧 사라지는 천이류일 수도 있고 지속적으로 계속되는 진동류일 수도 있다. 개수로에서 부정류의 원인으로는 다음과 같은 것을 생각할 수 있다(Chaudhry, 1993, p. 271).

- 수력발전소에서 부하(負荷) 변화에 따라 터빈의 정지나 시작, 또는 터빈 수문의 열림이나 닫힘 등으로 연결수로나 터널에 생기는 서지(surge)
- 펌프나 펌프 수문의 조작에 따라 상하류 연결수로에 생기는 서지
- 수운 갑문의 조작에 따라 갑문에 연결된 수로에 생기는 파
- 호우나 융설에 의해 수로나 하도에 생기는 홍수파
- 하구, 만, 유입부 등의 조석
- 산사태나 눈사태 등에 의해 하천, 저수지, 호수 등에 생기는 파

28 여기서 '하도'라는 표현을 쓴 것은 하천을 특히 홍수파가 지나가는 '물길'이라는 의미를 강조하기 위함이다. 참고로 주위에 넓은 홍수터가 있는 하천에서 하도는 홍수터를 제외한 보통 때도 물이 흐르는 '주수로'를 의미한다.

- 댐, 제방, 기타 수리 구조물의 붕괴로 인한 파
- 우수구나 배수 수로에 생기는 호우 유출
- 바람이나 온도/밀도 차이로 저수지나 호수에 생기는 순환
- 바람, 태풍, 지진 등에 의해 저수지, 호수, 하구, 만, 해양 등에 생기는 파

(1) 부정류와 수파

개수로에서 부정류를 이해하기 위해서는 그림 6.1과 같은 다양한 수파(水波, water wave)의 기본적 특성을 이해하는 것이 필요하다. 홍수파 등 개수로 부정류는 수파의 한 종류로서, 중력에 의해 시간에 따라 수면형이 변화하고 물입자 자체가 파의 전파방향으로 이동하는 이동파(移動波, translatory wave)이다. 이에 반해서 해안파나 고요한 수면 위의 물결은 물입자 자체는 파의 전파방향으로 이동하지 않고 그 위치에서 평균적으로 위아래로 움직이는 진동파(振動波, oscillatory wave)이다. 이동파는 다시 하나의 파형으로 된 고립파(孤立波, solitary wave)와 여러 개의 파형이 계속되는 파열(波列, wave train)로 나눌 수 있다. 이동파의 전면이 급히 변하는 파를 특히 단파(段波) 또는 서지라 한다. 한편 이동파에서 파의 전단부가 교란되지 않고 수면보다 높은 경우를 양파(陽波, positive wave)라 하고, 그 반대로 수면보다 낮은 경우를 음파(陰波, negative wave)라 한다.

진동파이든 이동파이든 파의 형태, 즉 파형을 구성하는 기하요소는 파장(wave length), 파고(wave height), 평균수심(mean water depth) 등 세 가지가 있다. 따라서 파는 위와 같은 세 개의 변수를 기준으로 분류할 수 있다(Le Mehaute, 1976). 먼저 평균수심 y와 파고 h의 비를 기준으로 파고가 수심과 파장에 비해 매우 작은 파를 미소진폭파(微小振幅波, small amplitude wave)라 하며, 파고가 수심과 파장에 비교할 만한 파를 유한진폭파(有限振幅波, finite amplitude wave)라 한다. 미소진폭파에는 선형파(Airy 파)와 비선형파(Stokes파) 등이 있으며, 유한진폭파에는 Stokes파, cnoidal파, 고립파, 장파(또는 Saint Venant파) 등이 있다. 이 중 하천 수리학에서 가장 관심 대상이 되는 파는 조석파, 홍수파등 유한진폭의 장파(長波, long wave)이다. 장파는 파장이 파고나 수심에 비해 월등히 커서 파형의 경사가 매우 작은 파이다. 참고

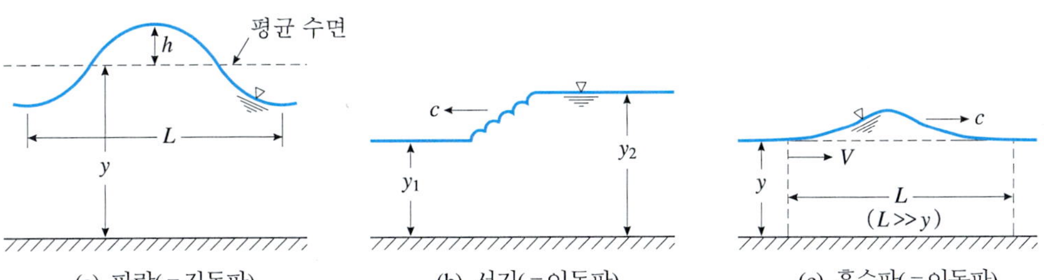

(a) 파랑(=진동파) (b) 서지(=이동파) (c) 홍수파(=이동파)

그림 6.1 진동파와 이동파

로 고립파는 일찍이 1834년에 영국의 Russell(1845)이 말이 보트를 끄는 소형수로에서 관찰한 파로서, 긴 수로의 한 끝에서 물체를 물에 떨어뜨리면 외톨이 파가 생기면서 하류로 전파되는 파이다.

한편 파가 전파될 때 흐름영역의 수심 전체에 교란을 주는 파를 천해파(淺海波), 또는 천수파(淺水波, shallow-water wave)라 하며, 수면 가까이만 교란을 주는 파를 심해파(深海波, deep-water wave)라 한다. 이러한 구분은 통상 파장과 수심의 비를 기준으로 20 이상이면 천해파, 2 이하이면 심해파로 본다. 그 사이는 중간 수심파(intermediate water wave)라 한다.

파속(波速, wave celerity)은 매질에 대한 파형의 이동속도이며, 반면에 절대파속(絶對 波速, absolute wave celerity)은 매질 바깥의 고정된 좌표축에 대한 파형의 이동속도이다. 따라서 하도 내에서 홍수파가 이동하는 경우 유속 $\vec{V}$ 의 흐름(매질)에 대한 파형의 이동속도는 벡터 양으로 파속 $\vec{c}$ 이며, 제방 위에 있는 관찰자에 대한 파형의 이 속도는 절대파속 $\overrightarrow{V_w}$ 이다. 이를 수식으로 표시하면

$$\overrightarrow{V_w} = \vec{V} + \vec{c} \tag{6-1}$$

여기서 홍수파와 같이 1차원 흐름에서는 파속은 흐름방향과 반대 방향 두 가지이므로 위 식에서 벡터 기호를 빼면

$$V_w = V \pm c \tag{6-2}$$

위 식에서 + 부호의 의미는 흐름방향과 파의 전파방향이 같은 경우이며, – 부호는 두 방향이 서로 반대인 경우이다. 6.4절에서는 개수로 1차원 흐름에서 서지 등 유량의 시간변화에 따라 생기는 파속을 식 (6–196)과 같이 유도한다. 이를 매질에 대한 파속으로 나타내면

$$c = \sqrt{\frac{gy_2}{2}\left(\frac{y_2}{y_1} + 1\right)} \tag{6-3}$$

진폭이 수심에 비해 매우 작은($y_2 \cong y_1$) 경우 파속은

$$c = \sqrt{gy} \tag{6-4}$$

한편 비회전류의 미소진폭파 이론에 의하면 파속은

$$c = \sqrt{\frac{gL}{2\pi} tanh \frac{2\pi y}{L}} \tag{6-5}$$

심해파의 경우 y/L 이 크므로(수심/파장 > 0.5), $\tanh 2\pi y/L \rightarrow 1$ 이 되어 식 (6–5)는

$$c = \sqrt{\frac{gL}{2\pi}} \qquad (6-6)$$

반면에 천해파의 경우 y/L 이 작으므로(수심/파장 < 0.05), $\tanh 2\pi y/L \rightarrow 2\pi y/L$이 되어 식 (6-5)는

$$c = \sqrt{gy} \qquad (6-7)$$

위 식은 1788년에 Lagrange에 의해 처음 유도된 것이다. 따라서 식 (6-4)나 (6-7)은 미소진폭의 천해파 파속임을 알 수 있다.

지금까지 설명한 미소진폭파는 파고가 수심에 비해 매우 작기 때문에 바닥마찰의 영향이 없고, 따라서 자유수면의 경계조건을 이용하여 파고에 관련된 항을 선형화한 모형이다. 그러나 하천수리학의 관심은 이러한 미소 진폭파보다는 파고가 수심이나 파장에 비해 비교할 만큼 큰 유한진폭파이다. 이러한 유한진폭파는 여전히 천해파 범위에 있으며, 이 중 하천수리학에서 가장 관심이 있는 파는 장파이다. 장파는 파고와 수심이 파장에 비해 매우 작기 때문에 파형경사도 매우 작은 파로서, 통상 흐름에 직각방향의 가속도는 무시된다. 장파에는 바닥마찰의 영향이 지배적이 되며, 그 파속은 천해파의 파속 식 (6-7)과 같은 형태이다. 조석파나 홍수파와 같은 장파는 매질이 파의 전파방향으로 직접 이동하는 이동파이다.

예제 6.1

수심 5 m, 파장 1 km인 수파의 파속을 미소진폭파 이론으로 구하시오. 이를 천해파로 보고 파속을 구해 두 값을 비교하시오. 다음, 같은 수심의 정지수면에 파고 1 m 서지의 물에 대한 파속을 구하시오. 이 값을 위의 두 값들과 비교하시오.

풀이

(1) 식 (6-5)에서 미소진폭파의 파속은

$$c = \sqrt{\frac{gL}{2\pi} tanh \frac{2\pi y}{L}} = \sqrt{\frac{9.8 \times 1{,}000}{2 \times 3.14} tanh \frac{2 \times 3.14 \times 5.0}{1{,}000}} = 7.0\ [\mathrm{m/s}]$$

한편 이 수파의 수심과 파장의 비는 $5/1000 = 0.005 < 0.05$ 이므로 천해파이다. 따라서 파속은 식 (6-7)에서

$$c = \sqrt{gy} = \sqrt{9.8 \times 5.0} = 7.0\ [\mathrm{m/s}]$$

따라서 두 값은 같다.

(2) 이 파가 서지의 형태로 전파되는 경우

$$y_2 = y_1 + 1.0 = 5.0 + 1.0 = 6.0\ [\mathrm{m/s}]$$

이므로 파속은 식 (6-3)에서

(계속)

$$c = \sqrt{\frac{gy_2}{2}\left(\frac{y_2}{y_1}+1\right)} = \sqrt{\frac{9.8\times6.0}{2}\left(\frac{6.0}{5.0}+1\right)} = 8.0\ [\mathrm{m/s}]$$

한편 서지의 파속을 진폭이 수심에 비해 매우 작다고 보고 식 (6-4)에서 파속을 구하면 7.0[m/s]가 되어 위의 값과 10% 이상 오차가 난다.

(2) 하천 흐름에서 부정류 해석의 필요성

대부분의 자연하천 흐름이 엄격한 의미에서 부정류라면 어느 경우 정상류로 보고 흐름해석을 해야 하고, 또 어느 경우 반드시 부정류 해석을 해야 할 것인가는 실무적으로 중요한 질문이다. 이에 대해서 다음과 같은 부정류 해석의 조건(ASCE, 1996)은 참고가 될 것이다.

우선, 하천 수위가 시간에 대해 급히 변하는 경우 부정류 해석이 요구된다. 예를 들면 댐붕괴는 물론 수문의 급조작에 의한 유출입 수문곡선이 급히 변하는 경우 하상경사의 크기에 관계없이 운동량 방정식에서 부정류항은 무시할 수 없으므로 부정류 해석을 요한다.

다음, 하상경사가 매우 작은 경우 부정류 해석을 요한다. 이러한 흐름에서는 배수효과가 강하게 나타나 수위-유량 관계는 1 : 1 단일 관계가 아닌 루프형이 되며, 따라서 첨두수위와 첨두유량은 반드시 서로 일치하지 않는다. 이렇게 하상경사가 작아지면 운동량 방정식에서 상대적으로 국부 가속도항 등 다른 항들이 흐름의 특성에 점차 기여하므로 흐름해석에서 이를 고려하여야 한다. 부정류 해석을 요구하는 하상경사의 기준으로 1/3,000 이하이면 부정류 해석이 요구되며, 1/3,000~1/1,200 정도이면 해석목적에 따라 부정류 해석이 요구된다. 특히 측방 유출입과 배수효과가 크게 나타날수록 부정류 해석이 요구된다. 하상경사가 1/1,200 이상이면 유량이 정확한 경우 정상류 해석으로 원하는 답을 구할 수 있을 것이다.

점변 부정류 및 급변 부정류의 해석을 위한 수치기법에 대해서는 개정전 하천수리학 제6장을 참고하기 바란다.

6.2 부정류 방정식의 유도

(1) Saint-Venant 식의 유도

수로나 하천에 1차원 점변 부정류의 지배 방정식은 통상 Saint-Venant 방정식이라고 불리는 한 쌍의 연속 방정식과 운동량 방정식으로 구성된다. 이 방정식들은 각각 시간과 거리의 1차 편미분 방정식으로 되어 있다. 이 식은 부정류 하천수리학의 가장 중요한 대상인 홍수파의 전파를 모의하는 식으로 매우 중요하다. 이 식은 일찍이 1871년에 Saint-Venant[29]에 의해 처음 발표되었으며, 그 후 Liggett(1975), Cunge 등(1980)에 의해 기본적인 물리법칙에 근거하여 면밀하게 검토되었다. 여기서는 우선 SV(Saint-Venant) 식을 유도하고, 다음 운동 방정식을 이용하여 간단히 유도함으로써 두 방법을 비교한다.

SV 식의 유도를 위한 기본가정은 다음과 같다.

- 압력은 정수압 분포이다(점변류의 기본 가정).
- 바닥 경사는 작다(연직 수심과 바닥에 직각으로 측정된 수심은 서로 같음).
- 수로 단면의 유속은 모두 같다(실제는 같지 않으므로 에너지와 운동량 계수를 이용하여 보정).
- 수로는 단면형과 바닥경사가 거리에 따라 모두 균일하다(비균일 수로는 몇 개의 균일 구간으로 나누어 적용).
- 마찰에 의한 에너지 손실 산정에서 정상류의 관계식은 부정류에도 그대로 적용된다(매닝 공식이나 체지 공식을 이용).

1 SV식의 연속 방정식

1차원 개수로 흐름의 레이놀즈 이송정리 식은

$$\frac{dB_{sys}}{dt} = \frac{\partial}{\partial t}\int_{cv} \eta \rho d\forall + (\eta\rho A V)_2 - (\eta\rho A V)_1 \qquad (6-8)$$

여기서 위 식을 그림 6.2와 같은 개수로의 검사체적에 적용하면 질량보존의 법칙에서 $dm/$

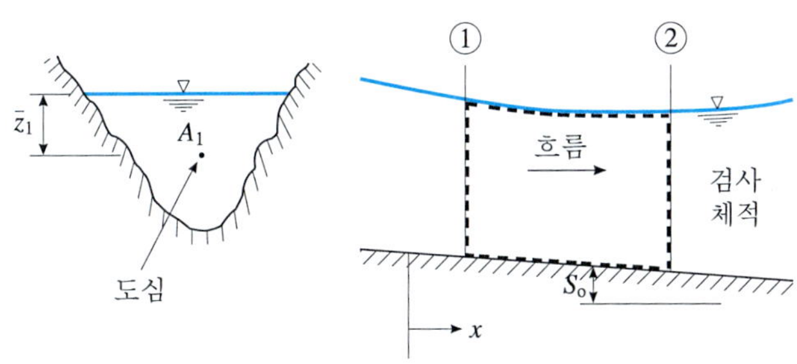

그림 6.2 SV식을 유도하기 위한 검사 체적과 단면

29 Jean-Claude Barre de Saint-Venant(1797～1886)는 프랑스에서 태어나 Ecole Poly-technique에서 수학하고 공병단에서 근무하다 은퇴한 후 연구에 전념하였다. 그의 주요 관심은 전기였으나, 파동, 관수로와 개수로에서 저항, 점변류, 공기 흐름 등에도 많은 관심을 보였다. 지금 우리가 사용하는 파속(波速, celerity)이라는 용어도 그가 처음 제안한 것으로, 본문에서 설명하는 1차원 점변 부정류의 기본방정식은 그의 업적을 기념하기 위해 그의 이름을 붙인 것이다.

$dt=0$이 되고, 우리가 고려하는 흐름은 비압축성이므로 밀도 ρ는 일정하다. 여기에 검사체적의 측면으로 유출입하는 질량을 추가로 고려하면 식 (6-8)은 다음과 같이 표시된다.

$$\frac{\partial}{\partial t}\int_{x_1}^{x_2} A\,dx + (AV)_2 - (AV)_1 - q_l(x_2 - x_1) = 0 \qquad (6-9)$$

위 식에서 측방 유출입 q_l은 수로의 단위길이당으로 표시한 것이다. 다음, 위 식의 좌변의 첫 번째 항에서 A가 시간 t와 거리 x에 대해 모두 연속이라면 A를 x에 대해 적분한 것을 t에 대해 미분하거나 순서를 바꾸어 t에 대해 미분하고 이를 다시 x에 대해 적분해도 그 결과는 같다. 다음, 두 번째, 세 번째 항은 평균정리를 이용하여

$$(AV)_2 - (AV)_1 = Q_2 - Q_1 = \frac{\partial Q}{\partial x}(x_2 - x_1) = \int_{x_1}^{x_2}\frac{\partial Q}{\partial x}dx \qquad (6-10)$$

마찬가지로 마지막 항도 평균정리를 이용하면

$$q_l(x_2 - x_1) = \int_{x_1}^{x_2} q_l\,dx \qquad (6-11)$$

따라서 위 두 식을 식 (6-9)에 대입하여 정리하면 다음과 같은 1차원 개수로의 연속 방정식이 유도된다.

$$\int_{x_1}^{x_2}\frac{\partial A}{\partial t}dx + \int_{x_1}^{x_2}\frac{\partial Q}{\partial t}dx - \int_{x_1}^{x_2} q_l\,dx = 0 \qquad (6-12)$$

$$\therefore\ \frac{\partial A}{\partial t} + \frac{\partial Q}{\partial x} = q_l \qquad (6-13)$$

위 식의 우변이 양수이면 유원(流源, source) 역할을 하며, 음수이면 유입(流入, sink) 역할을 한다.

한편 수로의 단면이 규칙 단면이면 $dA = T dy$이므로, 연속 방정식은 1장에서 간략히 유도한 식 (1-17)에서 수위 h 대신 수심 y를 이용하고 측방 유출입을 추가로 고려한 형태가 된다. 즉,

$$T\frac{\partial y}{\partial t} + \frac{\partial Q}{\partial x} = q_l \qquad (6-14)$$

위 식을 보존형태(conservation form)로 표시한 연속 방정식이라 한다. 다음, 평균 유속의 정의 $V = Q/A$와 수리수심의 정의 $D = A/T$를 이용하여 비보존 형태(nonconservation form)로 표시하면

$$\frac{\partial y}{\partial t} + D\frac{\partial V}{\partial x} + V\frac{\partial y}{\partial x} = \frac{q_l}{T} \qquad (6-15)$$

위 식에서 좌변의 첫째 항은 부정류항으로 수면상승률(rate of rise), 두 번째 항은 수위가 상승함에 따라 수로 양옆에 생기는 프리즘 형태의 저류(prism storage), 세 번째 항은 수위가 상승함에 따라 수로 위에 생기는 쐐기형태의 저류(wedge storage)를 의미한다(그림 6.4 참조).

마지막으로 직사각형 단면의 경우 단위폭당 유량 $q\,(=Q/T)$ 를 이용하면 식 (6-14)는 다음과 같이 표시된다.

$$\frac{\partial y}{\partial t} + \frac{\partial q}{\partial x} = \frac{q_l}{T} \qquad (6-16)$$

2 SV식의 운동량 방정식

식 (1-21)로 표시되는 개수로 1차원 흐름의 운동량 방정식에서 검사체적의 측면으로 유출입하는 운동량 중 흐름방향 성분 $\rho V_x q_l (x_2 - x_1)$ 을 추가로 고려하면

$$\sum F = \frac{\partial}{\partial t}\int_{x_1}^{x_2} \rho VA dx + (\rho A V^2)_2 - (\rho A V^2)_1 - \rho V_x q_l (x_2 - x_1) \qquad (6-17)$$

연속 방정식의 경우와 마찬가지로 평균정리를 이용하고 그 결과를 $\rho(x_2 - x_1)$ 으로 나누어 주면

$$\Sigma = \int_{x_1}^{x_2} \rho \frac{\partial Q}{\partial t} dx + \int_{x_1}^{x_2} \rho \frac{\partial QV}{\partial x} dx - \int_{x_1}^{x_2} \rho V_x q_l\, dx \qquad (6-18)$$

$$\therefore \frac{\Sigma F}{\rho(x_2 - x_1)} = \frac{\partial Q}{\partial t} + \frac{\partial (QV)}{\partial x} - V_x q_l \qquad (6-19)$$

다음, 그림 6.2의 검사 체적에 작용하는 흐름방향의 힘을 고려하면 두 단면에 작용하는 압력, 검사체적 내의 물 무게 중 흐름방향 분력, 그리고 경계면에 작용하는 마찰력 등이다. 여기서 바람에 의한 수면에서의 전단력이나 Coriolis 가속도에 의한 힘은 통상 개수로 해석에서 제외한다.

단면 1에 작용하는 압력은 수면에서 단면적 1의 도심까지 거리 $\overline{z_1}$ 를 써서

$$F_1 = \gamma A_1 \overline{z_1} \qquad (6-20)$$

단면 2에 작용하는 압력도 수면에서 단면적 2의 도심까지 거리 $\overline{z_2}$ 를 써서

$$F_2 = \gamma A_2 \overline{z_2} \qquad (6-21)$$

물 무게의 흐름방향 성분은

$$F_3 = \gamma \int_{x_1}^{x_2} A S_o \, dx \qquad (6-22)$$

경계면에 작용하는 마찰력은 전단응력 $\tau_o = \gamma R S_f$ 임을 고려하면 $F = \tau_o P \Delta x$ 이므로

$$F_4 = \gamma \int_{x_1}^{x_2} A S_f \, dx \qquad (6-23)$$

따라서 식 (6-17)의 좌변은 다음과 같이 표시된다.

$$\begin{aligned} \sum F &= F_1 - F_2 + F_3 - F_4 \\ &= \gamma A_1 \overline{z_1} - \gamma A_2 \overline{z_2} + \gamma \int_{x_1}^{x_2} A S_o \, dx - \gamma \int_{x_1}^{x_2} A S_f \, dx \end{aligned} \qquad (6-24)$$

다시 평균 정리를 이용하여 위 식을 정리하면

$$\frac{\sum F}{\rho (x_2 - x_1)} = -g \frac{\partial A \overline{z}}{\partial x} + gAS_o - gAS_f \qquad (6-25)$$

이 결과를 식 (6-19)에 대입하여 정리하면

$$\frac{\partial Q}{\partial l} + \frac{\partial}{\partial x}(QV + gA\overline{z}) = gA(S_o \;\; S_f) + V_x q_l \qquad (6-26)$$

위 식의 우변은 검사체적에 대한 운동량의 유입과 유출 역할을 한다.

또한, 규칙 단면 수로에서는 2장의 식 (2-64)에서 $d(\overline{z}A) = Ady$ 이므로 보존형태의 운동량 방정식은 다음과 같이 표시된다.

$$\frac{\partial Q}{\partial t} + \frac{\partial (QV)}{\partial x} + gA \frac{\partial y}{\partial x} = gA(S_o - S_f) + V_x q_l \qquad (6-27)$$

평균유속의 정의 $V = Q/A$ 를 위 식에 대입한 후 정리하면

$$\begin{aligned} & V\left[T\frac{\partial y}{\partial t} + A\frac{\partial V}{\partial x} + TV\frac{\partial y}{\partial x} - \frac{V_x}{V} q_l \right] \\ & + A\left[\frac{\partial V}{\partial t} + V\frac{\partial V}{\partial x} + g\frac{\partial y}{\partial x} + gS_f - gS_o \right] = 0 \end{aligned} \qquad (6-28)$$

여기서 측방 유출입의 유속 $V_x = 0$ 이거나 $V_x = V$ 가 되는 경우 위 식의 첫 번째 대괄호 안의 값은 식 (6-15)가 되므로 식 (6-27)은 다음과 같은 비보존 형태의 운동량 방정식이 된다.

$$\frac{\partial V}{\partial t}+V\frac{\partial V}{\partial x}+g\frac{\partial y}{\partial x}=g(S_o-S_f) \quad (6-29)$$

위 식을 다시 마찰경사를 기준으로 표시하면

$$S_f=S_o-\frac{\partial y}{\partial x}-\frac{V}{g}\frac{\partial V}{\partial x}-\frac{1}{g}\frac{\partial V}{\partial t} \quad (6-30)$$

위 식은 점변 부정류 식으로, 좌변은 마찰력을, 우변의 첫 번째 항은 중력을, 두 번째 항은 압력을, 세 번째 항은 이송 가속도항을, 마지막 항은 국부 가속도항을 나타낸다. 점변 부정류 식이 비선형 미분방정식이 되는 것은 우변의 세 번째 항 때문이다.

식 (6-30)에서 우변의 첫 번째 항까지만 고려하면

$$S_f=S_o \quad (6-31)$$

이 식은 바닥 경사만큼 마찰경사가 생기는 흐름으로 3장에서 다룬 정상 등류의 식이다. 다음 식 (6-30)의 우변의 세 번째 항까지 고려하면

$$S_f=S_o-\frac{\partial y}{\partial x}-\frac{V}{g}\frac{\partial V}{\partial x} \quad (6-32)$$

위 식에서 시간항이 없으므로 편미분을 상미분으로 바꾸면 4장에서 다룬 점변 부등류식 (4-3)이 된다.

운동량 방정식 (6-29)는 레이놀즈 이송정리를 직접 이용하지 않더라도 Euler 방정식을 이용하여 다음과 같이 간단히 유도할 수 있다. 3장의 식 (3-4)의 우변에 가속도로 이송 가속도뿐만 아니라 국부 가속도항까지 고려하면

$$-\gamma A\Delta h-\tau_o P\Delta x=(\rho A\Delta x)\left(V\frac{\partial V}{\partial x}+\frac{\partial V}{\partial t}\right) \quad (6-33)$$

위 식을 Δx로 나누어주면 좌변의 첫째 항과 우변의 첫째 항을 합한 것은 에너지 $H(=h+V^2/2g)$를 x로 미분한 형태가 나온다. 따라서 위 식을 전단 응력 τ_o를 기준으로 다시 쓰면

$$\tau_o=-\gamma R\left(\frac{\partial H}{\partial x}+\frac{1}{g}\frac{\partial V}{\partial t}\right) \quad (6-34)$$

τ_o 대신에 체지식을 이용하여 위 식을 다시 쓰면 $\tau_o/\gamma R=V^2/C^2R\ (=S_f)$ 에서

$$\frac{\partial H}{\partial x}+\frac{1}{g}\frac{\partial V}{\partial t}+\frac{V^2}{C^2R}=0 \quad (6-35)$$

또는 에너지경사를 S_e , 국부가속도 경사를 S_a 라고 하면 위 식은 다음과 같이 경사항의 합으로 표시된다.

$$S_e + S_a + S_f = 0 \qquad (6-36)$$

마지막으로 거리 x 에 대한 에너지 H 의 미분을 전개하면

$$\frac{\partial H}{\partial x} = \frac{\partial z}{\partial x} + \frac{\partial y}{\partial z} + \frac{V}{g}\frac{\partial V}{\partial x} \qquad (6-37)$$

위 식을 식 (6-35)에 대입한 후 $\partial z/\partial x = -S_o$ 임을 감안하여 정리하면 식 (6-29)와 같은 운동 방정식이 유도된다. 따라서 이 식은 운동량 보존법칙에서 유도할 수 있고, 간단히 운동 방정식에서 유도할 수도 있다[30].

식 (6-15)와 (6-29)로 표시되는 한 쌍의 미분방정식은 통상 Saint-Venant 식이라 불린다. 이를 다시 쓰면

$$\frac{\partial y}{\partial t} + D\frac{\partial V}{\partial x} + V\frac{\partial y}{\partial x} = \frac{q_l}{T} \qquad (6-15)$$

$$\frac{\partial V}{\partial t} + V\frac{\partial V}{\partial x} + g\frac{\partial y}{\partial x} = g(S_f - S_o) \qquad (6-29)$$

한편 SV식을 유량과 수심에 대해 표시하면 식 (6-13)은 그대로이고, 식 (6-27)에서 측방 유출입을 무시하고[31] V 대신 Q/A를 대입하여 정리하면

$$\frac{\partial A}{\partial t} + \frac{\partial Q}{\partial x} = q_l \qquad (6-13)$$

$$\frac{1}{gA}\frac{\partial Q}{\partial t} + \frac{2Q}{gA^2}\frac{\partial Q}{\partial x} - \frac{Q^2}{gA^3}\frac{\partial A}{\partial x} + \frac{\partial y}{\partial x} + S_f - S_o = 0 \qquad (6-38)$$

위와 같은 SV식은 수심 대신 수위($h = z + y$)를 이용하여 표시할 수도 있으며, 이에 대해서는 문제 (6.1)로 남겨 놓았다.

SV식은 1차원 개수로에서 점변 부정류의 지배 방정식이다. SV식의 수학적 특성을 정리하면 다음과 같다.

30 Chaudhry(1993, p. 283)는, 식 (6-29)는 측방에서의 운동량의 유출입을 고려하지 않았기 때문에 운동량 방정식이라는 표현보다는 단순히 동역학 방정식(dynamic equation)이라고 부르는 것이 타당하다고 하나, 모두 Newton의 제2법칙에서 나온 것이므로 운동량 방정식, 운동 방정식, 동역학 방정식 등 서로 혼용해도 그 의미상 문제는 없어 보인다.

31 따라서 측방 유입의 유속이 0이거나 V 가 아닌 경우 측방 유입에 의한 운동량은 고려되지 않으나, 통상 그 기여도는 대부분의 경우 무시할 수 있을 정도이다.

- 거리와 시간 등 두 개의 독립변수와 유속과 수심(수위), 또는 유량과 수심(수위) 등 두 개의 종속변수가 있다.
- 유속과 수심 또는 유량과 수심 등 두 개의 미지수에 대해 두 개의 방정식이 이용 가능하므로 해가 존재한다.
- 방정식의 형태는 쌍곡선형 편미분방정식(hyperbolic partial differential equations)으로 파의 전파를 나타내는 식이다.
- 그러나 이 방정식은 비선형으로 해석적 해는 아주 간단한 특별한 경우에만 가능하며, 통상 수치해석에 의해서만 해가 구해진다.

6.3 홍수추적

우리는 어느 한 시점에서 하천의 한 지점에 흐르는 물이 다음 시점과 지점에서 어떻게 흐를 것인가라는 질문을 할 수 있다. 이를 1차원적 시각으로 좁히면 어느 한 지점의 수문곡선이 다음 시간에 다음 지점에서는 어떻게 변할 것인가라는 질문과 같다. 이와 같이 수로의 흐름 변화를 적절한 계산을 통해 시공간적으로 추적하는 것을 흐름추적(flow routing)이라 하며, 수로뿐만 아니라 유역에 대해서도 그 개념이 적용된다. 특히 흐름이 홍수일 경우 이를 홍수추적(flood routing)이라 한다. 홍수추적에는 유역을 제외한 하도, 인공 수로, 운하, 저수지, 호수, 하구 등 다양한 지형과 구조물이 대상이 된다.

홍수추적은 개수로 부정류 문제의 중심과제이다. 따라서 20세기 초반부터 다양한 홍수추적 기법들이 개발되고 응용되었으며, 이러한 방법을 크게 나누면 이른바 집중형 추적(lumped routing)과 분포형 추적(distributed routing)으로 나눈다. 전자는 수로 한 지점에서 홍수류의 시간적 변화, 즉 수문곡선을 예측하는 것으로 때로는 수문적 (홍수)추적(hydrologic routing)[32]이라 한다. 반면에 후자는 수로 전 구간에서 홍수류의 수문곡선을 예측하는 것으로, 때로는 수리적 (홍수)추적(hydraulic routing)이라 한다. 여기서는 수문적 홍수추적을 간단히 검토하고, 수리적 홍수추적을 중점적으로 검토한다.

(1) 수문적 홍수추적

한 수문 시스템에서 유입량(I), 유출량(O), 저류량(S)과의 관계는 0차원에서 시간에 대해 미분한 연속 방정식의 형태로 다음과 같이 표시된다.

32 여기서 '수문적'과 '수리적'의 의미는 전자는 통상 흐름의 연속 방정식만 고려하는 반면, 후자는 운동량 방정식까지 고려한다는 것이다.

$$\frac{dS}{dt} = I(t) - O(t) \tag{6-39}$$

위 식은 유입량 I만 알고는 유출량 O를 알 수가 없으며 저류함수에 대한 정보가 필요하다. 이를 함수로 표시하면

$$S(t) = f\left(I, \frac{dI}{dt}, \frac{d^2I}{dt^2}, \dots, O, \frac{dO}{dt}, \frac{d^2O}{dt^2}, \dots\right) \tag{6-40}$$

여기서 저류, 유입, 유출 변수간의 가장 간단한 함수로서 선형적 관계의 level pool 방법과 Muskingum 방법을 소개한다.

1 Level Pool 방법

Level pool 방법은 저수지 수면을 수평으로 보고 그림 6.3과 같이 유입 수문곡선을 이용하여 유출 수문곡선을 구하는 방법으로 저류함수는 단순히 유출량의 함수로 본다. 식 (6-39)를 한 시간대 j부터 다음 시간대 $j+1$까지 시간에 대해 적분하면

$$\int_j^{j+1} dS = \int_j^{j+1} I dt - \int_j^{j+1} O dt \tag{6-41}$$

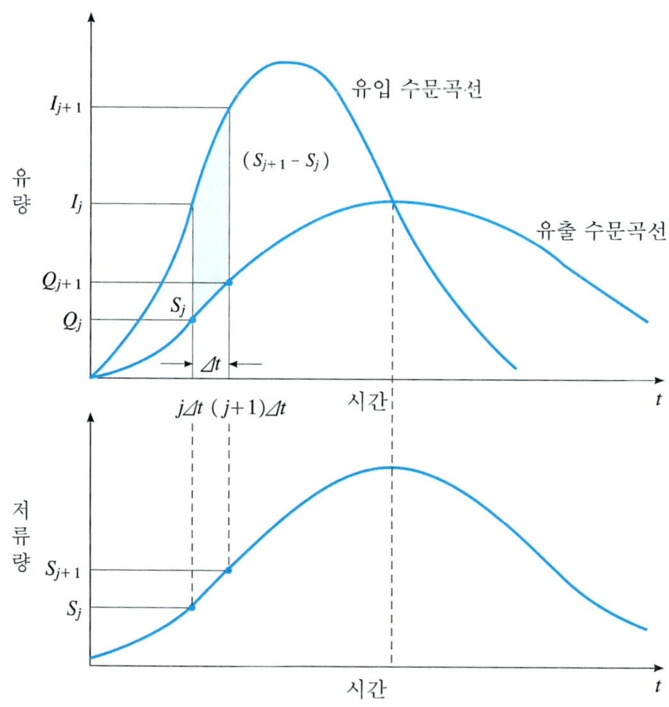

그림 6.3 유입과 유출수문곡선의 변화

하나의 시간 간격에서 유입과 유출이 각각 선형적으로 변한다고 가정하고 위 식을 전개하면

$$S_{j+1} - S_j = \frac{I_j + I_{j+1}}{2}\Delta t - \frac{O_j + O_{j+1}}{2}\Delta t \qquad (6-42)$$

j 시간대의 자료와 유입 수문곡선을 미리 알고 있다면 위 식에서 미지수는 S_{j+1}, O_{j+1} 뿐이므로 이를 좌변으로 모아 정리하면

$$\left(\frac{2S_{j+1}}{\Delta t} + O_{j+1}\right) = I_j + I_{j+1} + \left(\frac{2S_j}{\Delta t} - O_j\right) \qquad (6-43)$$

위 식에서 우변은 기지값이며, 좌변은 $2S/\Delta t + Q$ 와 Q 의 관계를 알면 우변의 값을 대입하여 O_{j+1} 값을 구할 수 있다. 이러한 관계는 대상 저수지의 수위-저류량과 같은 지형관계와 월류 수위-방류량과 같은 수리 관계에서 수위를 매개변수로 하여 구할 수 있다. 이러한 방법으로 매 시간간격에 대해 계산을 하면 방류량 수문곡선을 얻을 수 있다.

2 Muskingum 방법

Muskingum 방법은 1938년에 미 공병단이 Ohio주에 있는 Muskingum강의 홍수관리를 위해 개발한 하도 홍수추적 방법이다. 이 방법에서는 하도 저류공간을 쐐기(wedge)와 프리즘(prism)으로 나눈다. 즉, 그림 6.4와 같이 홍수위 상승시 한 하도구간에 들어오는 유입량이 유출량을 초과하므로 쐐기모양의 저류가 생기고, 반대로 홍수위 저하시 유입량이 유출량보다 작으므로 반대의 쐐기모양이 생긴다. 또한 수위가 변하면 단면의 양옆으로 프리즘 모양의 저류가 생긴다. 이러한 쐐기, 프리즘 저류공간은 유량의 변화에 따라 선형적으로 변한다고 가정하면 저류량과 유입량, 유출량과의 관계는 다음과 같이 표시된다.

$$S = KO + KX(I - O) \qquad (6-44)$$

위 식에서 우변의 첫째 항은 프리즘 저류공간으로 하도구간에서 유출량 $O(=Q)$ 에 선형적으로 비례하며, 두 번째 항은 쐐기 저류공간으로 유출량과 유입량의 차이에 선형적으로 비

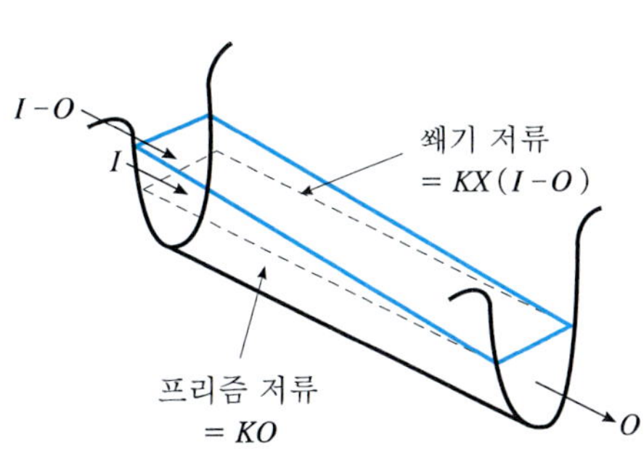

그림 6.4 하도의 쐐기 저류와 프리즘 저류공간

례한다. 여기서 X는 하도의 형태에 따라 달라지며, 저수지 형태의 하도는 $X=0$이며 완전한 쐐기형태는 $X=0.5$ 이다. $X=0$ 에서는 쐐기가 생기지 않고 따라서 배수곡선도 생기지 않으며, 폭이 넓은 저수지에 해당한다. 따라서 이 경우 저류식 (6-44)는 $S=KO$가 되어 앞에서 설명한 level pool 방법이 된다. 일반적으로 자연하도에서 X는 $0\sim0.3$ 의 범위이며 평균 $0.2\sim0.25$ 정도이다. 실제로 Muskingum 방법의 결과는 이 값에 민감하지 않다. K는 홍수파가 하도구간을 전파하는 데 걸리는 시간에 관계된 값이다. 나중에 수리적 홍수추적에서 소개되는 Muskingum-Cunge 방법에서는 K, X 두 값을 하도 특성과 유량의 함수로 표시하여 이용하지만, 원 Muskingum 방법에서는 두 값은 대상하도 내에 일정하다고 본다.

식 (6-44)를 K에 대해 정리하면

$$S=K[XI+(1-X)O] \tag{6-45}$$

위 식을 시간 j와 다음 시간 $j+1$에 대해 표시하여 두 식의 차이를 구하면

$$S_{j+1}-S_j=K\{[XI_{j+1}+(1-X)O_{j+1}]-[XI_j+(1-X)O_j]\} \tag{6-46}$$

위 식과 연속식 (6-42)를 합하여 정리하면

$$O_{j+1}=C_1I_{j+1}+C_2I_j+C_3O_j \tag{6-47}$$

위 식의 각 계수는

$$C_1=\frac{\Delta t-2KX}{2K(1-X)+\Delta t} \tag{6-48}$$

$$C_2=\frac{\Delta t+2KX}{2K(1-X)+\Delta t} \tag{6-49}$$

$$C_3=\frac{2K(1-X)-\Delta t}{2K(1-X)+\Delta t} \tag{6-50}$$

여기서 $C_1+C_2+C_3=1$이다.

이 방법을 하도 홍수추적에 적용하기 위해서는 X, K 값이 필요하다. 식 (6-42)와 (6-46)에서 K를 정리하면

$$K=\frac{0.5\Delta t\,[(I_{j+1}+I_j)-(O_{j+1}+O_j)]}{X(I_{j+1}-I_j)+(1-X)(O_{j+1}-O_j)} \tag{6-51}$$

해당 구간에 과거 홍수자료가 있으면 우선 X값을 적절히 가정하여 각 시간에 해당하는 식 (6-51)의 분자를 수직축에, 분모를 수평축에 도시한다. 그러면 통상 루프형태의 곡선을 얻게 되는데 다른 X값에 대해서 같은 방법으로 도시하여 가장 직선에 가깝게 나오는 X값을 선정한다. 그런 다음 선정된 직선의 기울기를 구하면 그 값이 K값이 된다. 과거 수문 자료를

이용할 수 없으면 홍수파가 대상하도를 지나는 데 소요되는 시간을 추정하여 K 값으로 쓴다.

(2) 수리적 홍수추적

수리적 홍수추적 또는 분포형 추적방법은 흐름의 시공간적 변화를 추적하는 것이다. 공간적 변화는 통상 하도를 따라 추적하게 된다. 유역 내 한 홍수에 의한 영향을 검토하기 위해서는 홍수량 자체뿐만 아니라 하도를 따라 지점별로 홍수위의 시간적 변화를 아는 것이 중요하다. 특히 하도가 상당히 길어서 상류의 홍수파가 하류로 전파되는 데 상당한 시간이 걸리는 경우 하류 지점별로 첨두 홍수위의 규모와 도달시간을 예측하여 필요한 예경보를 하는 것이 중요하다. 이러한 홍수예경보를 위해서는 수문적 홍수추적으로는 한계가 있으며 공간적으로 분포된 홍수추적이 요구된다. 그러나 본류에 대해서만 홍수량과 홍수위의 시공간 분포가 중요하고 지류에 대해서는 유입홍수량 변화만 알면 되는 경우, 지류유역은 집중형 추적으로 본류에 유입하는 홍수 수문곡선을 예측하고 이를 토대로 본류 유역은 분포형 추적을 이용하여 요구되는 지점별 홍수량과 홍수위의 변화를 예측할 수 있다. 여기서 하도 지점별 홍수량과 홍수위의 시간적 변화를 예측하기 위해서는 홍수류라는 흐름의 운동을 지배하는 모형이 필요하다. 이러한 모형으로 앞 절에서 설명한 Saint-Venant 방정식이 이용된다.

비보존 형태로 표시된 SV식 (6 – 15)와 (6 – 30)을 다시 쓰면[33]

$$\frac{\partial y}{\partial t} + D\frac{\partial V}{\partial x} + V\frac{\partial y}{\partial x} = \frac{q_l}{T} \qquad (6-15)$$

$$S_f = S_o - \frac{\partial y}{\partial x} - \frac{V}{g}\frac{\partial V}{\partial x} - \frac{1}{g}\frac{\partial V}{\partial t} \qquad (6-30)$$

(마찰력) (중력) (압력) (이송 가속도) (국부 가속도)

운동파 ———————|

확산파 ——————————————|

동역학파 ————————————————————————————|

홍수추적 면에서 위의 식들을 검토하면 연속 방정식 (6 – 15)만 고려하여 홍수량의 시간변화를 예측하는 것을 수문적 홍수추적 또는 집중형 추적이라고 하며, 이는 이미 전 항에서 설명하였다. 반면에 연속 방정식은 기본적으로 만족하고 식 (6 – 30)의 우변의 첫째 항(중력항)까지 고려한 파 모형을 운동파(kinematic wave) 모형이라 한다. 다음, 우변의 둘째 항(압력항)까지 고려한 파 모형을 확산파(diffusion wave) 모형이라 한다. 마지막으로 식 (6 – 30)을 전부 고려한 파 모형을 동역학파(dynamic wave) 모형이라 한다.

33 연속 방정식에서는 측방 유입을 고려하였지만, 운동량 방정식에서 고려하지 않은 것은 측방 유입에 의한 흐름 방향의 운동량 기여도는 통상 무시할 수 있기 때문이다.

여기서는 하천 홍수파의 기본적인 물리특성을 먼저 설명하고, 다음에 위의 각 모형을 이용한 홍수파 추적방법에 대해 알아본다. 그런 다음 현재 공공적으로 이용 가능한 동역학적 홍수파 추적모형을 설명하고, 이러한 모형의 실제 적용예를 소개한다.

3 홍수파의 특성

하천의 홍수파는 분명히 부정류이다. 그럼에도 불구하고 앞 절에서 다룬 개념적 1차원 부정류의 특성과는 일부 상이하다. 우선 실제 하천에서 홍수파는 개념적인 부정류, 또는 인공수로의 서지에 비해 파의 상승과 하강 속도가 느리다. 더욱이 그림 6.5와 같이 홍수파는 하류로 전파될수록 그 첨두파고가 점차 낮아지며 파의 진폭은 커진다. 따라서 식 (6-30)의 모든 항들이 같은 정도로 기여하지 않고, 특정한 몇 개의 항들이 지배적이 되는 경우가 많다. 이러한 파고의 강하(subsidence)는 주로 바닥마찰에 의한 저항 때문이지만 동시에 자연하천에서 하도의 불규칙성과 중간에 크고 작은 홍수터의 저류효과(pondage effect)에 기인한다. 이는 마치 어느 전기시스템에 들어간 신호가 그 시스템의 저항(resistance)과 용량(capacitance)에 의해 감쇠되는 것과 유사하다.

자연의 홍수파 특성은 식 (6-30)으로 표시되는 운동량 방정식에서 각 항의 기여도와 직접적으로 연관되어 있다. 구체적으로 이 식을 매닝공식의 마찰경사에 대입하여 유량을 정리하면

$$Q = \frac{A}{n} R^{2/3} \sqrt{\left(S_o - \frac{\partial y}{\partial x} - \frac{V}{g}\frac{\partial V}{\partial x} - \frac{1}{g}\frac{\partial V}{\partial t}\right)} \qquad (6-52)$$

여기서 우변의 세곱근항에 우선 초점을 맞추면 홍수파의 유량은 결국 하상경사와 수심경사, 그리고 이송 가속도와 국부 가속도 경사에 의해 결정된다. 이러한 홍수파를 동역학파로 보고 그 거동특성을 도식적으로 표시하면 그림 6.6(a)와 같다.

Henderson(1966, p. 364)은 하상경사가 비교적 급하고 파속이 빠른 한 홍수파에서 식 (6-29)의 각 항의 크기를 비교하였다. 그가 비교한 홍수는 24시간 이내에 유량이 280 m^3/s에서 430 m^3/s로 증가하였다가 280 m^3/s로 감소하였다. 이러한 홍수파에서 각 항의 크기는 다음과 같다.

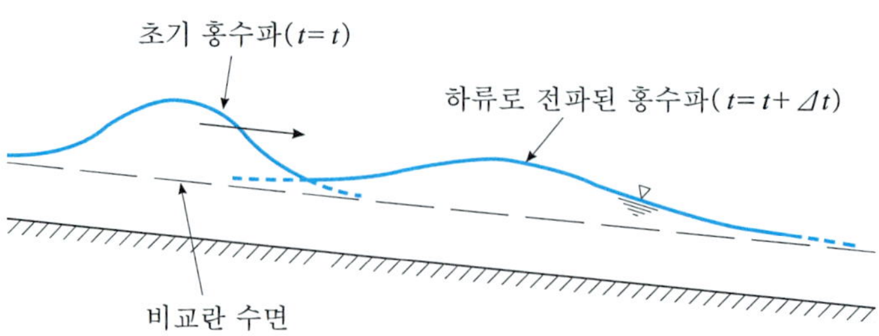

그림 6.5 홍수파의 전파

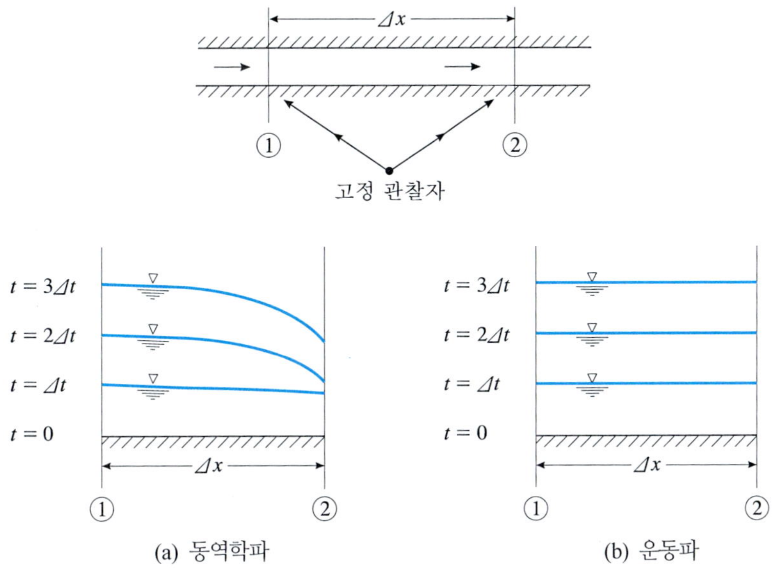

그림 6.6 동역학파와 운동파

$$S_o, \quad \frac{\partial y}{\partial x}, \quad \frac{V}{g}\frac{\partial V}{\partial x}, \quad \frac{1}{g}\frac{\partial V}{\partial t}$$

$$5, \quad 0.1, \quad 0.02 \sim 0.04, \quad 0.007 \qquad (\times 1{,}000)$$

위에서 보면 홍수파에서 마찰경사에 지배적인 항은 사실상 하상경사이며 다른 경사들은 상대적으로 작다. 특히 국부가속도 경사는 가장 작게 나타난다. 따라서 위와 같은 홍수파는 하상경사만 고려하거나 아니면 압력경사 정도만 추가로 고려해도 운동량 방정식의 균형을 맞추는데 문제가 되지 않는다. 실제로 운동량 방정식 또는 유량 식 (6-52)에서 하상경사만 고려해도 그 파의 특성을 파악할 수 있을 것이다. 이 경우 유량은 단순한 등류공식에서 얻어지며, 수위는 수심만의 함수가 되어 그림 6.6(b)와 같이 미소구간에서 시간에 따라 같이 변하는 형태가 될 것이다. 즉 비정상 등류이다. 이러한 파를 운동파라고 하며 수리적 또는 분포적 홍수추적에서 가장 간단한 모형이다. 실제로 자연 상태의 홍수파는 이러한 간단한 모형으로도 모의할 수 있다.

구체적으로 식 (6-30)이나 (6-52)에서 각 항의 상대적 크기를 알려면 이 식들을 무차원화하면 된다. 즉, 거리 x 를 홍수파의 파장 L 로 나누고, 시간 t 는 파장을 파속으로 나눈 주기로 나눈다. 여기서 파속은 유속에 선형적으로 비례한다고 보고 비례상수 k 를 이용하여 kV 로 표시한다. 다음, 수심 y 와 유속 V 는 홍수파의 어느 한 기준 유량에 대한 등류수심 y_o 와 유속 V_o 로 각각 나누면 식 (6-30)의 주요 변수는 모두 무차원량이 된다. 이 경우 운동량 방정식은

$$S_f = S_o - \frac{\partial(y' y_o)}{\partial(x' L)} - \frac{V_o V'}{g}\frac{\partial(V_o V')}{\partial(x' L)} - \frac{1}{g}\frac{\partial(V_o V')}{\partial(t' L/k V_o)} \tag{6-53}$$

위 식을 S_o 로 나누고 $F_r^2 = V_o^2/gy_o$ 을 대입하여 정리하면

$$\frac{S_f}{S_o} = 1 - \frac{1}{S_o}\left(\frac{y_o}{L}\right)\frac{\partial y'}{\partial x'} - \frac{1}{S_o}F_r^2\left(\frac{y_o}{L}\right)V'\frac{\partial V'}{\partial x'} - \frac{k}{S_o}F_r^2\left(\frac{y_o}{L}\right)\frac{\partial V'}{\partial t'} \tag{6-54}$$

위 식에서 수심을 10 m로 잡고 파장을 100 km로 잡으면 $y_n/L \cong O(10^{-4})$ 정도이고, $F_r^2 \cong 0.1$, $S_o \cong O(10^{-3} \sim 10^{-4})$ 정도라면 위 식의 상대적 크기는

$$\frac{S_f}{S_o} \sim O(10^0) - O(10^{-1} \sim 10^{-0}) - O(10^{-2} \sim 10^{-1}) - O(10^{-2} \sim 10^{-1}) \tag{6-55}$$

이 되어 통상 운동량 방정식의 우변의 압력항은 중력항에 버금가거나 $O(10^{-1})$ 정도 작고, 가속도항은 모두 $O(10^{-1} \sim 10^{-2})$ 정도 작다. 여기서 관건은 중력항의 바닥경사 S_o 의 크기이다. 따라서 다음 예를 보면 SV식의 운동량 방정식의 각 항의 상대적 크기가 여건에 따라 달라짐을 알 수 있다.

Kim 등(1996)은 한강 하류부 홍수파의 특성을 검토하면서 운동량 방정식의 각 항의 크기를 비교하였다. 그들이 이용한 한강 홍수는 1990년 9월 대홍수로 한강 하류부에서 근래 들어 가장 큰 홍수였다. 대상구간의 평균 하상경사는 1/10,000~2/10,000 정도로 상당히 완만하다. 그들의 결과를 '구간 5'(인도교 상류부)에 대해 마찰 경사도 포함하여 각 경사의 상대적 크기를 %로 표시하면

S_f,	S_o,	$\frac{\partial y}{\partial x}$,	$\frac{V}{g}\frac{\partial V}{\partial x}$,	$\frac{1}{g}\frac{\partial V}{\partial t}$	
18	47	25	3	6	(홍수파 상승부)
39	41	9	10	0	(홍수파 정상)
35	49	7	6	1	(홍수파 하강부)

위 결과는 앞서 예를 든 홍수파와는 분명히 다른 특성을 보여준다. 여기서도 여전히 하상경사가 지배적이지만 수심경사가 홍수파 상승, 정상, 하강 전체에 걸쳐 상당한 크기로 나타나며, 가속도항도 무시할 수 없을 정도로 나타난다. 특히 홍수파 상승부에서는 국부 가속도항도 하상 경사의 13%를 차지한다. 이러한 결과는 대상구간이 한강 하류부로서 하상 경사가 매우 작은 곳이기 때문으로, 동역학파 모형을 이용하는 것이 정당함을 알 수 있다. 따라서 특별한 기준이 있기 전에는 홍수파 모의에서 가속도항을 임의로 무시하고 운동파나 확산파 모형을

이용하는 것은 위험하다. 실제 자연하천의 홍수는 결코 단순히 운동파 모형으로 모의할 수 없음을 잘 보여 주는 현상은 바로 루프형 수위-유량 곡선에서 찾을 수 있다.

그림 6.7과 같이 하천의 한 지점에서 수위와 유량과의 관계를 보여주는 곡선을 통상 수위-유량(관계) 곡선(rating curve)이라 한다. 수심과 유량과의 관계로서 등류인 경우 체지 식이나 매닝 식 등을 이용하면 수위-유량 관계곡선은

$$Q_o = kAR^m \sqrt{S_o} \qquad (6-56)$$

위 식에서 k 와 m 은 마찰 공식에 따라 결정되는 계수들이다(체지 식의 경우 $k=C$, $m=1/2$; 매닝 식의 경우 $k=1/n, m=2/3$). 위 식에서 알 수 있듯이 이러한 등류에서는 동수반경 R 로 표시되는 수위(또는 수심)와 유량은 적어도 고정상 하천[34]에서는 1 : 1 관계가 성립되어 그림 6.7과 같이 단일 곡선을 이룬다.

그러나 홍수와 같은 부등 부정류에서는 하상경사로 인한 중력 이외에 추가적인 가속도가 생기며, 이를 전부 고려한 유량 관계식은 식 (6-52)가 된다. 따라서 이 두 식을 비교하면

$$Q = Q_o \sqrt{1 - \frac{1}{S_o}\left(\frac{\partial y}{\partial x} + \frac{V}{g}\frac{\partial V}{\partial x} + \frac{1}{g}\frac{\partial V}{\partial t}\right)} \qquad (6-57)$$

홍수가 진전될 때, 즉 수위 상승시에 하류는 상류에 비해 수심과 유속이 작으므로, $\partial y/\partial x < 0$, $\partial V/\partial x < 0$ 이 된다. 이때 유속은 시간이 갈수록 커지게 되어 $\partial V/\partial t > 0$ 이 되나 앞서 검토한 바와 같이 국부 가속도의 기여도는 사실상 가장 작다. 따라서 홍수파가 진전되어 수위와 유속이 커지는 수위 상승부(rising limb)에서는 위 식의 제곱근 안의 괄호값은 음수가 되어 홍수유량은 같은 하상 경사의 등류 유량보다 커진다. 반대로 홍수가 가라앉을 때, 즉 수위 하강시에 하류는 상류에 비해 수심과 유속이 크므로, $\partial y/\partial x > 0$, $\partial V/\partial x > 0$ 이 된다. 이때 유속은 시간이 갈수록 적어져서 $\partial V/\partial t < 0$ 이 되나 이는 상대적으로 기여도가 작다. 따라서 홍수파가 가라앉아 수위와 유속이 작아지는 수위 하강부(falling limb)에서는 위 식의 제곱근 안의 괄호값은 양수가 되어 홍수유량은 같은 하상경사의 등류 유량보다 적어진다. 이러한 이유 등으로 홍수의 수위 상승시와 하강시의 수위-유량 관계는 단일관계가 되지 않고 그림 6.7과 15와 같은 루프형이 된다. 즉, 같은 수위에서 상승시가 하강시보다 유량이 커진다.

그림 6.8은 한강의 한강대교에서 2007년 8월 자동유량측정장치에 의해 측정된 수위-유량 곡선과 수치모형에 의해 계산된 수위-유량 곡선이다. 홍수시에 형성되는 수위-유량곡선의 루프형상이 뚜렷하게 나타나고 있으며 매우 불규칙함을 알 수 있다. 루프의 형상과 크기는 수문곡선의 상승과 하강속도에 따라 매 홍수 때마다 다르게 나타난다. 특히 조석이 영향에

34 이동상 하천에서는 하상 형태의 존재로 마찰식은 한 유량에 복수의 수심이 가능하다. 이에 대해서는 제2부 하상 형태와 흐름저항에서 다룬다.

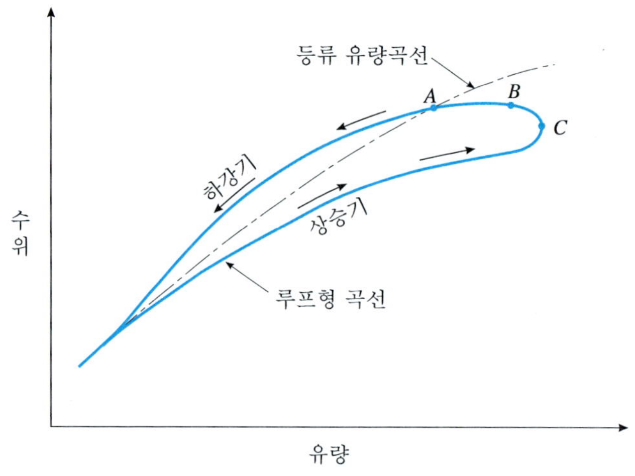

그림 6.7 수위-유량의 단일 관계와 루프형 관계

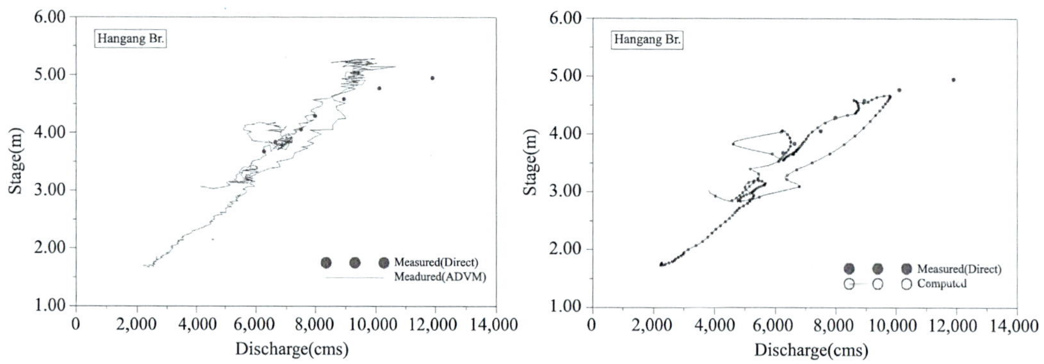

(a) 자동유량측정장치에 의해 측정된 값 (b) 일차원 수치모형에 의해 계산된 값

그림 6.8 한강대교 지점의 수위-유량 곡선(2007년 8월) (김지성 등, 2009)

의해서 역류가 발생하는 경우에는 조석의 크기에 따라 루프가 매우 크게 나타나 원형에 가깝게 되기도 한다. 이와 같은 지점에서는 일반적인 1 : 1 관계의 수위-유량 곡선을 사용하면 많은 오차를 발생시킬 수 있다. 루프가 크게 나타난다는 것의 의미는 중력항의 영향보다 다른 항이 더 큰 영향을 미친다는 것이며 운동파나 확산파 모형을 사용할 수 없다는 것이다.

자연하천에서 홍수파의 전파는 비교적 균일한 경계조건을 가진 해양파에 비해 경계면의 불규칙성 때문에 훨씬 복잡한 양상을 보인다. 우선 단일하도가 아니라 다양한 규모의 지류가 있고, 더욱이 하천과 홍수터의 단면형이 변하고 하상재료가 변해 그에 따라 마찰저항도 변한다. 홍수의 상승시에는 주수로에서 주변 홍수터로 물이 잠기게 되어 흐름변화가 일어나며, 반대로 홍수 하강시에는 홍수터에서 주수로로 물이 들어와 흐름변화를 가져온다.

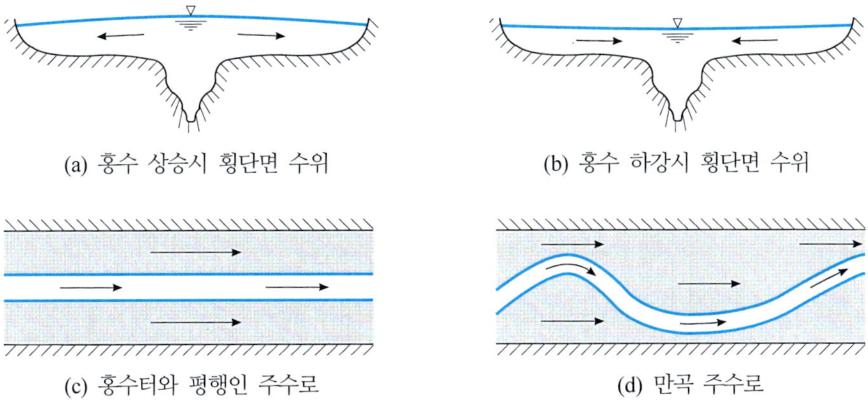

그림 6.9 홍수시 주수로와 홍수터의 흐름

이에 따라 그림 6.9(a), (b)와 같이 흐름을 가로지른 방향으로 수면형이 곡면을 이루고 유속이 생긴다. 또한 그림 6.9(c), (d)와 같이 주수로와 홍수터의 마찰 저항은 통상 서로 다르므로 홍수시에는 주수로와 좌우 홍수터의 흐름특성이 달라지고, 그에 따라 홍수파의 전파특성도 달라진다. 문제를 더욱 복잡하게 하는 것은 주수로를 넘는 홍수류가 홍수터를 흐르게 되면 대부분 바닥경사가 가장 급한 방향으로 흐르게 되나, 주수로에서는 대부분 여전히 주수로를 따라 흐르게 됨에 따라 흐름간의 충돌로 많은 와류가 생기게 된다.

마지막으로 저수지 유입부, 지류 유입부, 하도 협착부 등에서 생기는 배수는 홍수파의 전파를 더욱 복잡하게 한다. 그러나 홍수터를 넘은 홍수류가 계곡의 큰 저류공간을 찾은 경우 또는 저수지로 유출입하는 경우 상류에서 전파된 홍수파는 저류현상 자체에 의해 파형이 변하며 파고가 줄어든다. 이 경우 유속은 극단적으로 작아지고 바닥마찰은 사실상 큰 기여를 할 수 없으며 이에 따라 운동량은 소멸하고 흐름은 연속방정식에 의해 지배를 받는다. 이러한 흐름에서는 전술한 집중형 추적으로도 충분하다. 그러나 특성이 서로 다른 주수로와 홍수터가 혼재하고 지류의 합류, 교량, 보, 암거 등 각종 하천시설물의 존재, 하류의 조석의 영향 등으로 매우 복잡한 양상을 가지는 경우 지금부터 검토하는 분포형 추적모형의 이용이 요구된다.

4 운동파의 개념과 모형

자연의 홍수파가 실제로 운동파의 형태인가 아닌가를 알아보기 전에 우선 개수로에서 수파의 파속에 대해 알아보자. 수파의 파속은 결국 운동파의 특성에 직결된다.

그림 6.5의 홍수파를 단순하게 묘사하면 그림 6.10과 같이 파의 전단부가 한 단계 높아져서 전파된다고 볼 수 있다. 이러한 파를 단사파(單斜波, monoclinal wave)라 하며 실제로 댐에서 지속적인 방류에 의해 증가된 물의 하류 전파는 단사파로 볼 수 있다. 이러한 파는 서지나

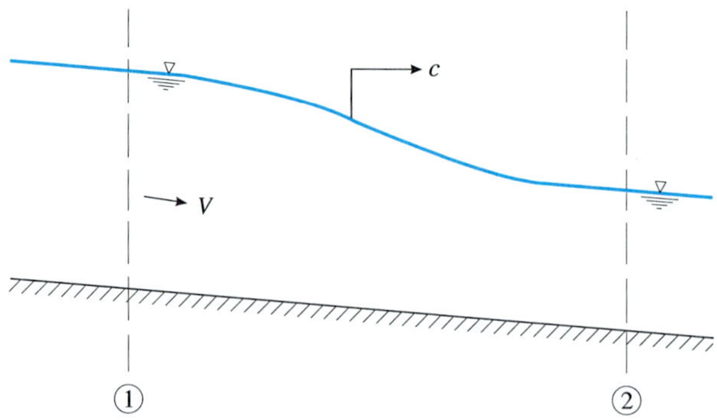

그림 6.10 단사파 모형

보어와는 다른 형태이며, 서지에서 고려하지 않은 마찰경사와 하상경사가 추가로 고려되어야 한다. 관찰자가 단사파의 파속과 같은 속도로 흐름을 따라 제방 위를 달려가면 관찰자에게는 단사파는 움직이지 않고 정지된 것처럼 보인다. 즉, 앞서 설명한 서지와 마찬가지로 관찰자의 시점을 바꾸어 단사파의 부정류 현상을 정상류 현상으로 변환시킬 수 있다. 이 경우 파속을 c , 하천단면적을 A 라고 하면 정상류의 유량은 $A(V-c)$ 가 되며, 단사파 전체에 대해 일정하다. 즉

$$A(V-c) = Q - Ac = \text{일정} \qquad (6-58)$$

따라서 위 식의 전 미분은

$$dQ - c\,dA = 0 \qquad (6-59)$$

여기서 파속 c 를 구하면

$$c = \frac{dQ}{dA} = \frac{dQ}{Tdy} = V + A\frac{dV}{dA} \qquad (6-60)$$

이 결과는 앞 절에서 설명한 중력파 또는 장파의 파속 식 (6-7)에 평균유속을 더한 파속과 다르다. 즉, 중력파의 파속은 동역학파의 파속[35]으로

$$c = V \pm \sqrt{gy} \qquad (6-61)$$

우선 식 (6-60)에서 dV/dA 는 정의에 의해 양수인 반면에 식 (6-61)은 양수와 음수를 가질 수 있다. 즉, 식 (6-60)은 하류로만 전파될 수 있는 반면에 식 (6-61)은 상하류 모두 전파된다. 설령 하류로만 전파된다 하더라도 식 (6-60)의 $A\,dV/dA$와 (6-61)의 $\sqrt{gy}$ 가 같다고 보고 간단히 사각형 단면을 고려하여 이 등식을 풀면 $V = 2\sqrt{gy}$ 가 된다. 그러나 이 관계식은 물리적으로 맞지 않는 것이 하천이나 수로에서 유속은 체지식이나 매닝식에 의하면 조도

35 여기서 식 (6-7)의 파속은 매질에서의 파속으로, 여기에 매질의 평균유속을 더하여 제방에서 파속으로 표시하였다. 지금부터 기호 c 는 매질에서 파속이 아닌 제방에서 절대파속으로 쓰인다. 또한 설명의 편의를 위해 수리수심 D 대신 수심 y를 사용하였다.

계수를 고려하지 않더라도 수심과 바닥 경사의 함수이다. 따라서 단사파의 파속은 동역학파의 파속과 같을 수 없다. 이러한 모순을 해소하는 방법으로 여기서 운동파의 존재를 설명한다.

Lighthill과 Whitham(1955)은 명쾌한 논리로서 운동파의 존재를 수학적으로 증명하고 홍수파의 주요 부분은 운동파로 전파됨을 보여 주었다. 그들은 유량이 수심만의 함수로 표시되는 흐름, 즉 식 (6-57)에서 우변의 제곱근항의 편미분식이 모두 0이 되고 등류 유량 공식으로 축소되는 경우 또는 식 (6-29)에서 $S_f = S_o$ 인 흐름을 운동파라고 정의하였다. 여기서 유량 Q 가 수심 y 만의 함수인 경우 파의 존재 여부부터 알아보기 위해 측방 유입을 제외한 연속 방정식 (6-13)에서 $\partial Q/\partial y$ 대신 dQ/dy 를 이용하여 다시 쓰면

$$\frac{dQ}{dy}\frac{\partial y}{\partial x} + T\frac{\partial y}{\partial t} = 0 \tag{6-62}$$

$$\frac{\partial y}{\partial x}\frac{dx}{dt} + \frac{\partial y}{\partial t} = 0 \qquad \left(\frac{\partial y}{\partial x} \neq 0\right) \tag{6-63}$$

위의 두 식을 비교하면

$$c\left(= \frac{dx}{dt}\right) = \frac{1}{T}\frac{dQ}{dy} \tag{6-64}$$

따라서 운동파의 존재는 증명되고 파속은 위 식과 같게 된다. 이 식은 단사파의 파속 식 (6-60)과 같으며, 따라서 단사파는 운동파임을 알 수 있다. 여기서 이러한 파를 운동파라고 명명한 것은 이 파의 운동은 가속도가 없고($S_f = S_o$) 연속 방정식에 의해 지배되기 때문이다. 이에 반해서 식 (6-30)은 운동의 가속도가 있으므로 이 식에 의해 지배되는 파를 동역학파(dynamic wave)라고 하였다.

운동파의 파속 식 (6-64)를 구하기 위해 유량 Q 로 매닝 식을 사용하면

$$c = \frac{1}{T}\frac{dQ}{dy} = \frac{1}{T}\frac{d}{dy}\left(\frac{A}{n}R^{2/3}S_o^{1/2}\right) = \frac{S_o^{1/2}}{nT}\frac{d}{dy}(AR^{2/3}) \tag{6-65}$$

여기서 수심에 비해 하폭이 큰 하천에서는 $R \cong y$ 이므로

$$c = \left(\frac{5}{3} - \frac{2}{3}\frac{A}{T^2}\frac{dT}{dy}\right)V \tag{6-66}$$

더욱이 그러한 하천에서는 $A/T^2 \cong y/T \cong 0$ 이고 $dT/dy \cong 0$ 이므로 위 식은

$$c \cong \frac{5}{3}V \cong 1.7V \tag{6-67}$$

마찬가지로 체지 식을 이용하여 파속을 구하면(문제 6.4), 폭이 넓은 하천에서 파속은 1.5 V가

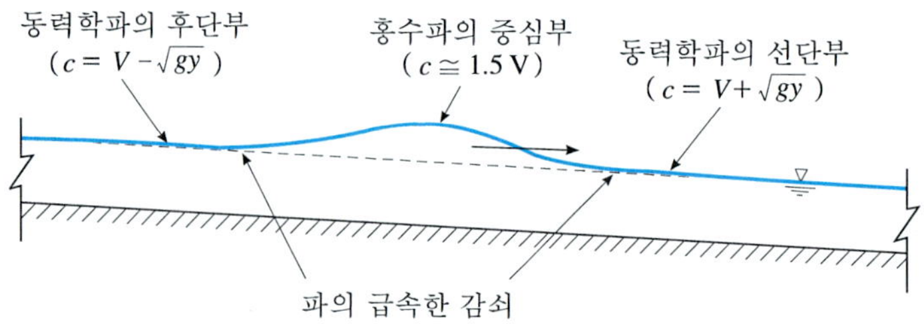

그림 6.11 자연 홍수파의 전파(Lighthill과 Whitham, 1955)

된다. 자연하천의 경우 운동파의 파속은 Seddon(1900)에 의해 측정된 결과 식 (6 - 64)의 타당성이 입증되었으며, 파속은 체지 식에 의한 파속에 근접하는 것으로 알려졌다. Fread(1976)는 비교적 최근에 자연하천의 홍수파 전파에서 파속으로 1.3 V를 얻었다. 반면에 낙동강 댐 방류수의 전파연구(우효섭 등, 1995)에서 추정한 단사파 파속은 체지 식에 의한 값과 같은 1.5 V 정도이다. 여기서 파속은 파의 마루(단사파의 경우 전단부)에서의 파속을 말한다. 실제로 파속은 수심의 함수이므로 파의 각 위치에 따라 다르다.

그러나 자칫 잘못하면 지금까지 설명한 것이 자연의 홍수파 이해에 혼란을 가져올지 모른다. 그렇다면 자연의 홍수파는 동역학파인지, 아니면 운동파인지가 아직 분명하지 않다. 여기서 상류 유역에 집중호우로 홍수가 발생하여 그림 6.11과 같이 긴 하도에 홍수파가 전파되는 것을 생각하자. 전 항에서 비교하였듯이 홍수파에서 가장 중요한 경사는 하상 경사이다. 그러나 다른 경사들도 경우에 따라 결코 무시할 수 없다. Lighthill과 Whitham (1955)은 그림 6.11과 같이 홍수파의 주요 '몸통'은 운동파로 전달된다는 것을 증명하였다. 여기서 식 (6 - 60)를 V로 나누면

$$\frac{c}{V} = 1 + \frac{y}{V}\frac{dV}{dy} \geq 1 \qquad (6-68)$$

따라서 운동파의 파속은 항상 양수이며, 적어도 유속보다는 크다. 결국 홍수파의 몸통부분은 $c = 1.5\,V$의 파속으로 앞으로만 전파되며, 나머지 파의 선단부와 후단부는 동역학파의 파속(이 경우 장파의 파속) $c = V \pm \sqrt{gy}$로 각각 앞뒤로 전파된다. 그런데 파의 앞부분에서 운동파의 파속 $1.5\,V$와 동역학파의 파속 $V + \sqrt{gy}$를 비교하면 $F_r < 2$ (실제로 대부분의 자연하천 흐름에 해당함)에서는 항상 동역학파가 크므로 파의 선단부는 몸보다 항상 빨리 앞으로 전파된다. 반면에 파의 후단부는 항상 몸보다 느리게 전파되며, 더욱이 $F_r < 1$에서는 상류로 전파된다. 자연의 홍수파에서 선단부의 동역학파는 앞으로 전파되면서 감쇠된다.

홍수파의 몸통만을 보았을 때 운동파의 파속은 수심만의 함수이므로 수심이 같은 파의 앞뒤 두 부분은 같은 파속으로 전파된다. 따라서 운동파의 몸통은 앞으로 전파되면서 감쇠되지 않는다. 그러나 파의 마루에서 수심은 가장 크므로 그곳에서 파속도 가장 크다. 따라서 파가 앞으로 전파됨에 따라 파의 마루는 더 빨리 가고 그 앞에 있는 선단부는 상대적으로 늦게 가

므로 파의 경사가 점차 급해질 것이다. 그러나 파의 경사가 급해짐에 따라 식 (6－52)에서 무시했던 항들의 기여도가 커짐에 따라 파가 급해지는 비율이 점차 줄어들 것이다. 결국 파는 어느 형상에서 균형을 이루어 그 형태로 계속 전파될 것이다. 이러한 파의 형태는 그림 6.10과 같은 부드러운 단사파 파형이 될 수 있다. 이러한 파를 Lighthill과 Whitham은 운동충격파(kinematic shock wave)라 하였다. Henderson(1966, pp. 370～373)은 명쾌한 논리로서 이러한 운동충격파는 매우 긴 하천에서만 가능하며 실제의 경우 드물다는 점을 보였다.

예제 6.2

하상 경사 0.003, 매닝 계수 0.04, 하폭 100 m의 비교적 직선인 하천의 한 지점에서 유량 1,000 m^3/s의 홍수가 지나갈 때 운동파 파속과 동역학파 파속을 각각 구하시오.

풀이

먼저 이 지점에서 평균유속을 개략적으로 구하면 매닝 공식에서

$$Q = \frac{A}{n} R^{2/3} S_o^{1/2} = \frac{(100y)}{0.04}\left(\frac{100y}{100+2y}\right)^{2/3} 0.003^{1/2} = 1{,}000\ [\mathrm{m^3/s}]$$

$$\therefore y = 3.4\ \mathrm{m}$$

$$V = \frac{Q}{A} = \frac{1{,}000}{100 \times 3.4} = 2.94\ [\mathrm{m/s}]$$

(1) 운동파의 파속 : $c = kV(k = 1.3 \sim 1.7)$

$$c\,(\text{매닝 공식}) = 1.67 \times 2.94 = 4.9\ [\mathrm{m/s}]$$

$$c\,(\text{체지 공식}) = 1.5 \times 2.94 = 4.4\ [\mathrm{m/s}]$$

여기서 계수 1.5를 이용하면[36] $c = 4.4\ [\mathrm{m/s}]$

(2) 동역학파의 파속

$$c = V \pm \sqrt{gD} \cong V \pm \sqrt{gy} \ \rightarrow\ 2.94 + \sqrt{(9.8 \times 3.4)} \cong 8.7\ [\mathrm{m/s}]$$

$$2.94 - \sqrt{(9.8 \times 3.4)} \cong -2.8\ [\mathrm{m/s}]$$

따라서 홍수파의 몸은 하류로 4.4 m/s 정도의 파속으로 이동하나 파의 선단부는 8.7 m/s의 빠른 속도로 하류로 전파되며 후단부는 －2.8 m/s 속도로 뒤로 움직인다. 여기서 정확한 평균유속은 등류공식이 아니라 완전한 운동량 방정식을 풀어야만 알 수 있다.

5 운동파 모형

지금까지 설명한 운동파의 지배 방정식은 연속 방정식과 등류식이다. 따라서 측방 유출입을 고려하지 않은 연속 방정식 (6－13)에서 $\partial A/\partial t$ 항을 연쇄법칙(chain rule)을 이용하여 표시

36 여기서 평균 유속의 추정은 매닝 공식으로 하였으나, 운동파 파속은 경험적으로 1.67 V보다는 1.5 V에 가깝기 때문에 체지 공식에 근거한 계수를 이용하였다.

하면

$$\frac{\partial A}{\partial t} = \frac{\partial Q}{\partial t}\frac{\partial A}{\partial Q} = \frac{\partial Q}{\partial t}\left(\frac{dA}{dQ}\right)_{x=x_o} \qquad (6-69)$$

위 식에서 $x = x_o$ 는 고정점을 의미한다. 식 (6 - 69)를 연속 방정식 (6 - 13)에 대입하여 정리하면

$$\frac{\partial Q}{\partial t} + c\frac{\partial Q}{\partial x} = 0 \qquad (6-70)$$

파속$c(= dQ/dA)$가 일정한 경우 위 식은 다음과 같은 D'Alembert의 해를 가진다(문제 6.5).

$$Q = f(x - ct) \qquad (6-71)$$

위 식에서 $t = 0$ 인 경우 $Q = f(x)$가 되어 초기조건을 나타낸다. 반면에 $x = 0$ 이거나 $x = L$ 인 경우 $Q = f(-ct)$나 $Q = f(L - ct)$ 가 되어 각각 상류와 하류 경계조건을 나타낸다. 관찰자가 파속 c 로 이동하면 운동파의 형태는 일정하게 보이며, $Q = f(x)$로 보일 것이다. 여기서 관찰자를 이동좌표계 $\xi = x - ct$ 로 보면 $Q = f(\xi)$가 되어 시간에 독립이 된다. 운동파의 형태가 일정하다는 것은 상류 경계조건에서 수문곡선의 형태가 변하지 않고 하류로 전파된다는 것이다. 그러나 파속 c 가 상수가 아니라 식 (6 - 64)와 같이 유량의 함수이므로 식 (6 - 70)은 비선형식이 되어 파가 하류로 전파됨에 따라 파고와 파장이 변한다. 즉, 앞서 설명한 바와 같이 운동파에서는 유량이 커짐에 따라 파속이 커지므로 파의 선단부는 점차 급해져서 운동 충격파를 만들 수 있다.

여기서 운동파 모형의 해를 구하는 방법으로 유한차분법을 이용한 방법을 설명한다. 모형의 일반성을 위해 측방유출입 q_l 을 고려한 식 (6 - 13)을 다시 쓰면

$$\frac{\partial A}{\partial t} + \frac{\partial Q}{\partial x} = q_l \qquad (6-13)$$

운동파 모형의 운동 방정식은 식 (6 - 29)에서 $S_f = S_o$ 이므로 등류가 되어 Q 는 A 만의 함수가 된다. 이를 일반식으로 표시하면

$$A = \alpha Q^{\beta} \qquad (6-72)$$

위 식을 식 (6 - 13)에 대입하여 미분하면

$$\frac{\partial Q}{\partial x} + \alpha\beta Q^{\beta-1}\frac{\partial Q}{\partial t} = q_l \qquad (6-73)$$

위 식을 $(j+1)$ 시간대에 대해 전방 차분법으로 차분화한다. 여기서 Q 는 문제를 간단히 하

기 위하여 다음과 같이 기지의 변수만을 이용하여 평균한다.

$$Q = \frac{Q_{i+1}^{j} + Q_{i}^{j+1}}{2} \tag{6-74}$$

따라서 식 (6-73)은 다음과 같은 차분방정식이 된다.

$$\frac{Q_{i+1}^{j+1} - Q_{i}^{j+1}}{\Delta x} + \alpha\beta\left(\frac{Q_{i+1}^{j} + Q_{i}^{j+1}}{2}\right)^{\beta-1}\left(\frac{Q_{i+1}^{j+1} - Q_{i+1}^{j}}{\Delta t}\right) = \frac{q_{li+1}^{j+1} + q_{li+1}^{j}}{2} \tag{6-75}$$

위 식을 $(i+1)$ 지점에서 $(j+1)$ 시간대의 유량에 대해 정리하면

$$Q_{i+1}^{j+1} = \frac{\left[\frac{\Delta t}{\Delta x} Q_{i}^{j+1} + \alpha\beta\, Q_{i+1}^{j}\left(\frac{Q_{i+1}^{j} + Q_{i}^{j+1}}{2}\right)^{\beta-1} + \Delta t\left(\frac{q_{li+1}^{j+1} + q_{li+1}^{j}}{2}\right)\right]}{\left[\frac{\Delta t}{\Delta x} + \alpha\beta\left(\frac{Q_{i+1}^{j} + Q_{i}^{j+1}}{2}\right)^{\beta-1}\right]} \tag{6-76}$$

여기서, 유량의 평균으로 식 (6-74) 대신 다음과 같이 미지의 값 Q_{i+1}^{j+1} 을 이용하여

$$Q = \frac{Q_{i+1}^{j+1} + Q_{i+1}^{j}}{2} \tag{6-77}$$

식 (6-73)을 차분화하면 유량에 대한 비선형 차분 방정식이 얻어진다. 이러한 비선형 방정식은 Newton-Raphson 방법과 같은 반복기법을 이용하여 그 해를 구할 수 있다.

예제 6.3

수로경사 0.0025, 매닝계수 0.035, 폭 50 m, 거리 5 km의 사각형 단면의 비교적 직선수로 구간에 350 m^3/s의 등류가 흐른다. 선형 운동파 모형을 이용하여 표 6.1과 같은 유입 홍수수문곡선을 거리 1, 2, 3, 4, 5 km 지점에서 각각 추적하시오(단 측방 유출입은 없음).

풀이

우선 매닝공식으로 등류수심을 구하면

$$350 = \frac{50y_n}{0.035}\left(\frac{50y_n}{50+2y_n}\right)^{2/3} 0.0025^{1/2} \quad \rightarrow \quad y_o = 2.7\ [\mathrm{m}]$$

다음, 식 (6-72)에서 계수 α, β를 구하면 $\beta = 0.6$ 이며, α 는

$$\alpha = \left(\frac{0.035\,(55.4)^{2/3}}{0.0025^{1/2}}\right)^{3/5} = 4.02$$

(계속)

다음, Courant 조건을 만족시킬 수 있도록 차분간격을 결정하기 위해 운동파의 파속을 구하려면, 등류 유속은

$$V_o = \frac{350}{50 \times 2.7} = 2.6 \ [\mathrm{m/s}]$$

$$\therefore c = 1.5\, V_o = 1.5 \times 2.6 \cong 3.9 \ [\mathrm{m/s}]$$

따라서 Courant 조건은

$$C_N = \frac{|2.6| \pm 3.9}{\Delta x / \Delta t} < 1.0$$

$$\therefore \Delta x / \Delta t > 6.5 \quad \rightarrow \quad \Delta x = 1{,}000\,[\mathrm{m}],\ \Delta \mathrm{t} = 120\text{초}(2\text{분})$$

수로 거리 1 km지점(i =2)에서 첫 2분 후(j =2)의 유량을 구하면 식 (6-171)에서

$$Q_2^2 = \frac{\left[\dfrac{120}{1{,}000} Q_1^2 + 4.02(0.6)\, Q_2^1 \left(\dfrac{Q_2^1 + Q_1^2}{2}\right)^{0.6-1}\right]}{\left[\dfrac{120}{1{,}000} + 4.02(0.6)\left(\dfrac{Q_2^1 + Q_1^2}{2}\right)^{0.6-1}\right]}$$

$$= \frac{\left[\dfrac{120}{1{,}000} 350 + 4.02(0.6) 350 \left(\dfrac{350+350}{2}\right)^{0.6-1}\right]}{\left[\dfrac{120}{1{,}000} + 4.02(0.6)\left(\dfrac{350+350}{2}\right)^{0.6-1}\right]} = 350 \ [\mathrm{m^3/s}]$$

마찬가지 방법으로 식 (6-76)을 이용하면 유입 수문곡선의 하류 전파 양상을 표 6.1과 같이 채울 수 있다. 이 결과를 그림으로 나타내면 표 6.1의 아래 그림과 같다.

표 6.1 유입 수문곡선의 하류 전파

시간 t (min)	시간 지표 j	수로 거리 x(m)					
		0(i=1)	1000(i=2)	2000(i=3)	3000(i=4)	4000(i=5)	5000(i=6)
0	1	350	350	350	350	350	350
2	2	350	350	350	350	350	350
4	3	429	378	360	353	351	350
6	4	546	439	388	365	356	352
8	5	664	525	438	391	368	358
10	6	782	628	510	434	392	369
12	7	900	741	601	497	430	391
14	8	782	758	664	562	479	423
16	9	664	720	687	611	530	462
18	10	547	651	672	636	571	503
20	11	429	567	631	634	595	539
22	12	350	487	576	611	602	563
24	13	350	438	524	577	592	574

(계속)

시간 t (min)	시간 지표 j	수로 거리 $x(m)$					
		0(i=1)	1000(i=2)	2000(i=3)	3000(i=4)	4000(i=5)	5000(i=6)
26	14	350	407	481	541	572	574
28	15	350	387	447	506	547	563
30	16	350	374	421	475	520	547
32	17	350	366	402	449	493	527
34	18	350	361	387	427	469	505
36	19	350	357	377	409	447	484
38	20	350	355	369	395	429	464
40	21	350	353	364	384	413	445
42	22	350	352	360	376	400	429
44	23	350	351	357	369	389	415
46	24	350	351	355	364	380	403
48	25	350	351	353	360	373	392
50	26	350	350	352	358	368	384

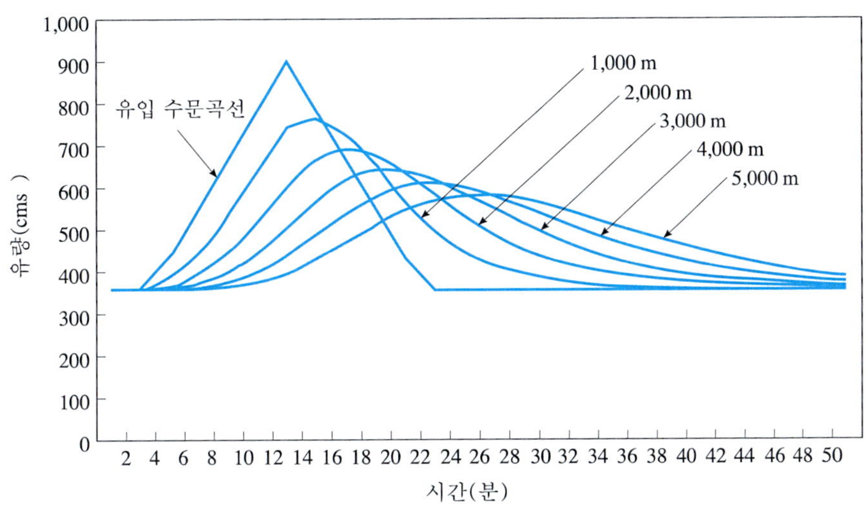

(예제 6.4의 그림: 유입 수문곡선의 하류 전파)

Ponce 등(1978)은 선형화된 차분 방정식의 해석을 통해 운동파 모형의 적용한계로서 다음과 같은 기준을 제시하였다.

$$T_w = \frac{TS_o V_o}{y_o} > 171 \tag{6-78}$$

위 식에서 T는 파의 주기로서, 대략 홍수파가 첨두에 도달하는 데 걸리는 시간의 두 배로 잡을 수 있다. V_o, y_o, S_o 는 각각 기준흐름(정상류)의 유속, 수심, 하상경사이다.

운동파 모형은 홍수추적에 중요한 배수효과를 모의하지 못한다. 따라서 이 모형을 홍수추적에 실제 적용시 다음과 같은 한계점을 염두에 두어야 한다(ASCE, 1996).

- 하상경사가 매우 작은 흐름에서는 수심을 과다 추정하므로 하상경사가 1/500 이하에서는 사용하지 않는다.
- 이 모형에 의한 홍수파는 측방 유출입이 없는 한 파의 마루가 감쇠되지 않으므로 파의 감쇠해석이 중요한 경우 사용하지 않는다.
- 이 모형의 장점은 한계류에서 모형계산이 가능하다는 것이다.

6 확산파의 개념과 모형

확산파 모형은 운동량 방정식 (6-30)에서 우변의 압력가속도까지 고려한 모형으로 다음과 같이 표시된다.

$$S_f = S_o - \frac{\partial y}{\partial x} \tag{6-79}$$

위의 식에서 마찰경사를 유량으로 표시하면 마찰식의 종류에 관계없이 일반적으로 $S_f = (Q/K)^2$로 표시되므로 이를 위 식에 대입하면

$$\frac{Q^2}{K^2} = S_o - \frac{\partial y}{\partial x} \tag{6-80}$$

이 식을 시간 t 에 대해 편미분하면

$$\frac{2Q}{K^2}\frac{\partial Q}{\partial t} - \frac{2Q^2}{K^3}\frac{\partial K}{\partial t} = -\frac{\partial^2 y}{\partial x\,\partial t} \tag{6-81}$$

측방 유입을 고려하지 않은 연속 방정식 (6-13)을 x 에 대해 편미분하면

$$\frac{\partial^2 y}{\partial x\,\partial t} = -\frac{1}{T}\frac{\partial^2 Q}{\partial x^2} \tag{6-82}$$

위의 두 식에서 $\partial^2 y/\partial x\,\partial t$ 를 소거하여 정리하면

$$\frac{1}{T}\frac{\partial^2 Q}{\partial x^2} - \frac{2Q}{K^2}\frac{\partial Q}{\partial t} + \frac{2Q^2}{K^3}\frac{\partial K}{\partial t} = 0 \tag{6-83}$$

이 식의 좌변의 세 번째 항 $\partial K/\partial t$를 연쇄법칙에 의해 변수 A를 치환하여 $(\partial K/\partial A)(\partial A/\partial t)$ 로 바꾸고 $\partial A/\partial t$ 대신 연속 방정식에서$(-\partial Q/\partial x)$ 를 이용하면

$$\frac{\partial K}{\partial t} = \left(\frac{dK}{dA}\right)_{x=x_o}\left(-\frac{\partial Q}{\partial x}\right) \tag{6-84}$$

이 식의 우변의 첫째 항을 평가하기 위하여 근사적으로 등류의 식 $Q = KS_o^{1/2}$ 을 이용하면

$$\frac{\partial K}{\partial t} = \frac{1}{\sqrt{S_o}}\frac{dQ}{dA}\left(-\frac{\partial Q}{\partial x}\right) \tag{6-85}$$

이 식을 식 (6-83)에 대입한 후 $Q = KS_o^{1/2}$ 과 $c = dQ/dA$ 관계식을 이용하여 정리하면

$$G\frac{\partial^2 Q}{\partial x^2} - \left(\frac{\partial Q}{\partial t} + c\frac{\partial Q}{\partial x}\right) = 0 \tag{6-86}$$

여기서 $G = Q/(2TS_o)$ 이다. 위 식은 확산파 방정식으로, 이 식을 유도하는 데 기본적인 가정은 제한된 운동량 방정식의 이용뿐만 아니라 확산파에서도 등류 유량공식과 운동파의 파속식을 근사적으로 이용할 수 있다는 것이다. 위 식을 운동파 모형 식 (6-70)와 비교하면 확산파 모형은 유량의 2차 편미분항이 추가되었으며, 이는 파가 진행됨에 따라 확산되는 것을 의미한다. 여기서 파속 c 는 운동파 파속이 아니라 통상 수문곡선의 이동속도를 실측하여 얻어진다.

Ponce 등(1978)에 의하면, 확산파 모형의 적용 범위는

$$K_w = F_{ro}TS_o\sqrt{\frac{g}{y_o}} \geq 30 \tag{6-87}$$

여기서 F_{ro}는 기준 흐름(정상류)에서 프루드 수이다.

7 Muskingum-Cunge 모형

Muskingum-Cunge 모형은 일종의 확산파 모형으로, 운동파 모형의 단점인 배수효과를 고려하는 장점이 있다. Cunge(1969)는 Muskingum 모형의 계수 K, X를 구하는 데 수문 곡선의 실측에 의한 방법이 아니라 식 (6-165)의 운동파 식을 차분식으로 만들어 추정하였다. 즉,

$$\frac{\partial Q}{\partial x} = \frac{(O_j + O_{j+1}) - (I_j + I_{j+1})}{2\Delta x} \tag{6-88}$$

$$\frac{\partial Q}{\partial t} = \frac{\alpha(I_{j+1} - I_j) + (1-\alpha)(O_{j+1} - O_j)}{\Delta t} \tag{6-89}$$

식 (6-89)에서 α 는 시간에 대한 가중치이다. 위 두 식을 운동파 모형식 (6-70)에 대입하여 정리하면 식 (6-142)와 같은 형태의 식이 나오며 다만 각 계수는 다음과 같다.

$$C_1 = \frac{0.5\Delta t - \alpha\Delta x/c}{0.5\Delta t + (1-\alpha)\Delta x/c} \qquad (6-90)$$

$$C_2 = \frac{0.5\Delta t + \alpha\Delta x/c}{0.5\Delta t + (1-\alpha)\Delta x/c} \qquad (6-91)$$

$$C_3 = \frac{-0.5\Delta t + (1-\alpha)\Delta x/c}{0.5\Delta t + (1-\alpha)\Delta x/c} \qquad (6-92)$$

위의 세 계수와 식 (6-48)~(6-50)을 각각 비교하면 $\alpha = X$, $\Delta x/\alpha = K$ 임을 알 수 있다. 따라서 K는 파가 거리 Δx를 이동하는 데 걸리는 시간임을 다시 알 수 있다. 이 방법은 기존의 Muskingum 방법에 비해 수문곡선을 실측하여 계수를 구할 필요가 없고, 단지 파속 c를 알면 계수를 구할 수 있다. Muskingum-Cunge 모형은 분포 모형인 확산파 모형을 기준으로 하였으므로 Muskingum 모형과 달리 시간 및 공간적 변화를 구할 수 있다.

(3) 동역학파의 개념과 모형

하상경사가 완만한 하천, 댐 등의 하천구조물이나 본류로 인한 배수영향이 큰 하천, 또는 조석의 영향이 미치는 하천에서 발생하는 흐름은 동역학파 모형에 의해서만 계산될 수있다. 식 (6-15)와 식 (6-29)로 구성되는 SV식의 모든 항을 포함하여 계산하는 것이 동역학파 모형이다. 동역학파 모형의 해석해는 아주 특수한 이상 조건을 제외하고는 계산할 수 없기 때문에 수치해석 기법을 사용해야 한다.

하천공학에서 주로 사용되는 수치해석 기법은 특성곡선법(Characteristic Method), 유한 차분법(Finite Difference Method), 유한 요소법(Finite Element Method), 유한체적법(Finite Volume Method) 등이다. 여기서는 개수로의 1차원 흐름에 가장 일찍부터 적용되어 온 특성곡선법과 보편적으로 이용되는 유한 차분법에 대해 간단하게 설명한다.

1 특성곡선법

특성곡선법을 이용한 SV식의 해석은 멀리 19세기까지 거슬러 올라가며, 1950년대에 Stoker (1957)에 의해 완성되었다. 현재 특성곡선법은 관수로에서는 표준적으로 이용되고 있으나, 개수로에서는 부분적으로만 이용되고 있다. 그러나 SV식이 매질에서 파가 전파되는 쌍곡선 미분 방정식으로, $x-t$ 평면상에 파의 전파를 도식적으로 표시하면 물리적인 특성을 이해하는 데 큰 도움이 되기 때문에 특성곡선법의 유용성은 여전히 인정받고 있다.

특성곡선과 적합방정식 먼저 측방 유출입이 없는($q_l = 0$) 식 (6-15)에 미지의 값 λ를 곱한 후 식 (6-29)와 합하여 정리하면

$$\left[\frac{\partial V}{\partial t} + (V+\lambda D)\frac{\partial V}{\partial x}\right] + \lambda\left[\frac{\partial y}{\partial t} + \left(V+\frac{g}{\lambda}\right)\frac{\partial y}{\partial x}\right] = g(S_o - S_f) \qquad (6-93)$$

위 식의 좌변의 첫 번째 대괄호 안의 $(V+\lambda D)$ 와 두 번째 대괄호 안의 $(V+g/\lambda)$ 가 dx/dt 가 되면 두 대괄호 값들은 각각 V 와 y 의 전미분 형태로 표시된다. 즉,

$$V+\lambda D = \frac{dx}{dt} = V+\frac{g}{\lambda} \qquad (6-94)$$

위 식에서 λ 를 구하고 장파의 파속 $c=\sqrt{gD}$ 를 감안하면

$$\lambda = \pm\sqrt{\frac{g}{D}} = \pm\frac{g}{c} \qquad (6-95)$$

따라서 위 식에서 한 쌍의 λ 값을 이용하면 식 (6-93)은 한 쌍의 상미분식으로 표시된다. 우선, $\lambda=+g/c$ 에 대해

$$C^{+}: \quad \frac{dV}{dt} + \frac{g}{c}\frac{dy}{dt} = g(S_o - S_f) \qquad (6-96)$$

$$\frac{dx}{dt} = V+c \qquad (6-97)$$

다음 $\lambda=-g/c$ 에 대해

$$C^{-}: \quad \frac{dV}{dt} - \frac{g}{c}\frac{dy}{dt} = g(S_o - S_f) \qquad (6-98)$$

$$\frac{dx}{dt} = V-c \qquad (6-99)$$

위 식들의 수학적 의미를 다시 정리하면, 식 (6-96)은 x와 t가 동시에 식 (6-97)의 형태로 변하는, 즉 C^{+}특성곡선(characteristic line)상에 한하여 타당하다. 마찬가지로 식 (6-98)은 x와 t가 동시에 식 (6-99)의 형태로 변하는, 즉 C^{-}특성곡선에 한하여 타당하다. 식 (6-96)과 (6-98)은 C^{+}와 C^{-}로 표시되는 한 쌍의 적합방정식(compatibility equations)을 이룬다.

적합방정식의 의미는 그림 6.12와 같이 매질의 파가 절대파속 $V+c$ 로 전파되는 경우, 다시 말하면 C^{+}선상에서는 식 (6-96)과 같이 유속과 수심은 시간의 상미분방정식으로 표시된다는 것이다. 마찬가지로 파가 절대파속 $V-c$ 로 전파되는 경우, 다시 말하면 C^{-}선상에서는 식 (6-98)과 같이 유속과 수심은 시간의 상미분방정식으로 표시된다는 것이다.

특성곡선 위에서는 x와 t의 편미분 방정식이 t만의 상미분방정식으로 바뀌므로, 바뀐 미분식을 t 에 대해 적분함으로써 해를 구할 수 있다. 즉, C^{+}선상에서 식 (6-96)은

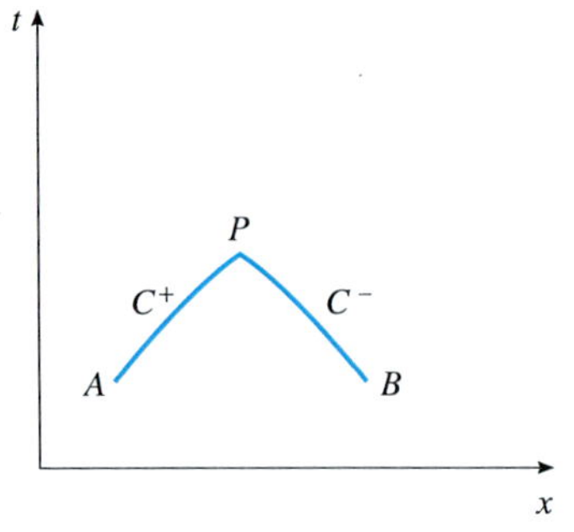

그림 6.12 특성곡선법의 양과 음의 특성곡선

$$\int_A^P dV + \int_A^P \frac{g}{c} dy = g \int_A^P (S_o - S_f)\, dt \qquad (6-100)$$

마찬가지로, 즉 C^- 선상에서 식 (6-98)은

$$\int_B^P dV - \int_B^P \frac{g}{c} dy = g \int_B^P (S_o - S_f)\, dt \qquad (6-101)$$

위의 두 적분 식들을 풀려면 c 와 S_f 를 알아야 하나, 이들은 각 특성곡선 위에서 V 와 y 에 따라 변하는 값들이다. 따라서 위 두 식의 1차 근사 해로서 그림 6.3의 A 점과 B 점의 값들을 이용할 수 있을 것이다. 이 경우 식 (6-100)은

$$V_P - V_A + \left(\frac{g}{c}\right)_A (y_P - y_A) = g(S_o - S_f)_A\,(t_P - t_A) \qquad (6-102)$$

마찬가지로 식 (6-101)의 근사해는

$$V_P - V_B - \left(\frac{g}{c}\right)_B (y_P - y_B) = g(S_o - S_f)_B\,(t_P - t_B) \qquad (6-103)$$

위의 식들을 미지수 V_p, y_P 와 나머지 기지수로 나누어 각각 표시하면

$$V_P = K_A - \frac{g}{c_A} y_P \qquad (6-104)$$

$$V_P = K_B + \frac{g}{c_B} y_P \qquad (6-105)$$

여기서

$$K_A = V_A + \frac{g}{c_A} y_A + g(S_o - S_f)_A\,(t_P - t_A) \qquad (6-106)$$

$$K_B = V_B - \frac{g}{c_B} y_B + g(S_o - S_f)_B (t_P - t_B) \quad (6-107)$$

따라서 식 (6-104)와 (6-105)를 연립하여 풀면 P 점의 유속과 수심은 각각

$$V_P = \frac{K_A c_A - K_B c_B}{c_A - c_B} \quad (6-108)$$

$$y_P = \frac{c_A c_B}{c_A - c_B} \frac{K_B - K_A}{g} \quad (6-109)$$

2 유한차분법

역사적으로 유한차분법은 특성곡선법 다음으로 SV식의 해를 구하는 데 적용되기 시작하였지만 현재는 가장 보편적으로 이용되는 방법이다. 유한차분법은 미분방정식을 시간과 거리에 대한 차분방정식으로 근사하여 푸는 수치해석기법으로, 거리에 대해 앞쪽으로 차분하는 전방차분법(forward difference), 뒤쪽으로 차분하는 후방차분법(backward difference), 그리고 전후방 차분의 가운데를 취하는 중앙 차분법(central difference) 등이 있다. 또한 유한차분법은 기지의 시간대 변수를 이용하는 양해법(陽解法, explicit method)과 미지의 시간대 변수를 이용하는 음해법(陰解法, implicit method)으로 크게 대별 된다. 따라서 이론적으로 유한차분법은 공간 3개, 시간 2개 등 모두 6개의 수치해석 기법이 가능하며, 이러한 기법들은 모두 SV식을 푸는 데 이용될 수 있다. Lai(1986)는 이러한 방법들의 기본격자 구성과 차분형태를 체계적으로 정리하고 있다. 이 중 Preissmann의 가중 4점 음해법(weighted four-point implicit scheme)이 수치 해의 안정성이 뛰어나기 때문에 SV식의 수치 해를 구하는 데 현재 널리 쓰이고 있다.

양해법　양해법은 현재 시간 단계의 값을 가지고 다음 시간단계의 변수를 직접적으로 구하는 방법으로, 계산 시간간격의 크기에 관계없이 기본적으로 불안정하다. 여기서 기법의 안정성(stability)이란 시간이 감에 따라 수치해의 오차가 누적되어 결국 계산을 발산하게 하는가, 아니면 오차가 점차 감쇠되어 안정한 해를 만드는가에 대한 기준이다.

Lax(1954)는 양해법의 불안정성을 어느 정도 극복한 기법을 제시하였으며, 이 기법은 Chaudhry(1987)에 의해 부정류 수리문제에 성공적으로 적용되었다. Lax 기법의 장점은 차분방정식의 형태가 가장 간단하다는 것이다. 그러나 이 기법에 의한 차분방정식은 원 편미분방정식에 추가적으로 수치확산(numerical diffusion)항이 생기기 때문에 이른바 기법의 일관성(consistency)이 없다. 또한 이 기법의 안정성은 다른 수치해석 기법과 마찬가지로 다음과 같은 Courant 수 C_N 이 1과 같거나 작아야 한다.

$$C_N = \frac{\text{실제(절대) 파속}}{\text{수치 파속}} = \frac{|V| \pm c}{\Delta x / \Delta t} \quad (6-110)$$

여기서 유속과 수심은 수치 계산 도중 변하기 때문에 그에 따라 Courant 조건을 만족시키기 위해서는 필요시 계산중에 시간간격을 조절하여야 한다.

MacCormack 기법(1969)은 2단계 예측자 - 수정자(two-step predictor-corrector) 기법으로 불리며, 시간과 공간적으로 2차 정확도를 가진다. 이 기법은 점변 부정류와 충격파(shock wave)를 같이 모의할 수 있다. 이 기법은 Fennema와 Chaudhry(1986), Dammuller 등(1989)에 의해 SV식을 해석하는 데 적용되었다. 이 기법도 해의 안정성을 위해 Courant 조건을 만족시켜야 한다. 또한 이 기법은 수치 계산의 분산오차(dispersive error)가 발생할 수 있으며, 이를 막기 위해서 인위적 점성(artificial viscosity)의 도입이 필요하다. 인위적 점성은 Jameson 등(1981)이 수치해석에 도입한 것으로, 흐름변화가 급한 구간에서 수치 해가 진동하는 것을 막기 위해 급경사를 부드럽게 처리하는 인공적인 2차원 소산항(dissipative term)을 도입하는 것이다.

Lambda 기법은 Moretti(1979)에 의해 제시된 기법으로 파의 전파 방향을 고려하여 차분화하는 것으로, 상류와 사류의 동시 모의가 가능하다. 이 방법은 Fennema와 Chaudhry (1986)에 의해 SV식의 수치해석에 적용되었다. 이 기법도 해의 안정성을 위해 Courant 조건을 만족시켜야 한다. 그 후 이 기법은 Gabutti(1983)에 의해 확장되었고, Fennema와 Chaudhry(1987)는 Gabutti 기법을 SV식의 수치해석에 적용하였다.

음해법 음해법은 현재 시간대와 다음 시간대의 변수를 가지고 차분 방정식을 구성한 후 이를 연립하여 푸는 기법으로, 양해법에 비해 수치해의 안정성이 뛰어나다. 문헌에는 음해법으로 여러 가지 기법이 소개되고 있으나, SV식에 보편적으로 많이 적용되는 기법은 Preissmann의 가중 4점 음해법이다. Preissmann 기법은 Preissmann과 Cunge(1961)에 의해 제안된 것으로 1960년대부터 널리 사용되었다. 특히 이 기법은 Amein과 Fang(1970), Fread(1976) 등에 의해 SV식을 이용한 하천의 홍수파 전파 모의에 성공적으로 적용되었다. DWOPER(Fread, 1978), UNET (Barkau, 1993) 등 최근의 홍수파 수치모형들은 모두 이 기법을 기본으로 하고 있다. Amein과 Fang이 이용한 Preissmann의 4점 음해법은 차분화한 후 비선형 차분식을 Newton-Raphson 방법으로 해석하는 것이다.

3 경계조건

부정류에서 경계조건은 흐름의 시계열(time series) 조합으로, 경계조건의 합리성과 정확성은 바로 해의 정확성과 일관성에 직결된다. 개수로 부정류 경계조건으로는 1) 상류 경계조건, 2) 하류 경계조건, 3) 측방 유출입 조건 등이 있다(ASCE, 1996).

일반적으로 상류 경계 조건은 부정류 시스템에서 하류로 추적될 입력 자료이다. 상류 경계조건으로는 통상 유량 수문곡선이나 수위 수문곡선이 이용된다. 유량 수문곡선은 전통적인 상류 경계조건으로, 유입된 흐름은 시스템에 의해 하류로 추적되고, 그에 따른 수위가 계산된다. 상류 경계조건의 지점이 평탄 하상이나 이동상 하상인 경우 유량보다는 수위 경계조건이 상대적으로 불확실성이 작기 때문에 유리하다. 그러나 불규칙한 하도단면을 가진 자연하천에서는 일반적으로 유량 수문곡선이 안정된 결과를 가져오며, 수위 수문곡선으로 계산된 유량은 왜곡된 결과를 나타내는 경우가 많다.

경계조건으로 수위 수문곡선이 주어지는 경우 수위는 하류로 추적되고 그에 따른 유량 조건은 단면의 통수능을 이용하여 계산된다. 일반적으로 수위자료가 유량자료보다 더 정확하기 때문에 수위를 이용한 경계조건은 상대적으로 더 정확한 결과를 가져온다. 그러나 수위를 이용하여 유량을 계산하는 경우 반드시 몇 개의 지점에서 계산된 유량은 실측 흐름과 비교 검증되어야 한다. 만일 검증에 이용될 유량자료가 없는 경우 수위를 이용한 계산결과는 신중하게 검토되어야 한다.

하류 경계조건은 상류(常流)에서 배수효과를 가져온다. 하류 경계조건으로 수위 수문곡선, 유량 수문곡선, 수위-유량 관계곡선, 매닝의 공식 등을 이용할 수 있다.

수위 수문곡선은 전통적인 하류 경계조건이다. 하류 경계 수위에 해당하는 유량은 시스템에 의해 계산된다. 앞서 설명한 대로 통상 수위자료는 유량 자료에 비해 정확하므로 하류경조건으로 수위 관측 자료가 자주 이용된다.

유량 수문곡선은 저수지 유출부(댐)나 양수장과 같은 특별한 지점이 하류경계인 경우 이용된다. 유량 경계조건에 해당하는 수위는 시스템에 의해 계산된다.

수위-유량 관계곡선은 여수로나 자유 낙하 지점, 또는 양수장 등에서 시설의 조건에 따라 이미 결정된 값들이다. 이러한 곳에서 수위-유량 관계곡선은 통상 수위와 유량이 1 : 1로 연결되나, 흐름이 자유로운 일반 하천에서는 통상 복수의 값을 가진 루프형이 된다. 따라서 단일 곡선의 수위-유량 관계곡선을 하류 경계조건으로 이용하기 위해서는 중간에 관심 있는 자유흐름 구역에 영향을 주지 않도록 가급적 먼 하류에서 정하여야 한다.

매닝 공식은 특별한 하류 경계조건이 이용 가능하지 않는 자유흐름 구역에서 하류 경계조건을 설정하는 경우 이용된다. 매닝 공식 방법에서는 마찰경사의 함수로서 수위를 계산하고 다음 유량을 계산한다. 마찰 경사로는 통상 수면경사를 이용한다. 마찰경사는 여건에 따라 변하기 때문에 매닝공식으로 계산되는 수위-유량 관계는 자연하천의 경우와 비슷하게 루프형이 될 수 있다. 그러나 그 정확도가 떨어지기 때문에 관심 있는 자유흐름 구역에서 가급적 멀리 떨어진 곳을 하류경계로 정하여야 한다.

측방 유출입은 상하류 경계조건과 달리 독립적인 지배 방정식을 구성하지 않으나, 지배 방정식을 더욱 정확하게 구성하는 역할을 한다. 측방 유출입은 수위자료가 있는 지류나 양수장과 같은 하천의 한 단면에 위치할 수도 있고, 하천 거리에 따라 일정하게 분포할 수도 있다. 측방에서 유입하는 지류 유역의 유입 자료가 없는 경우 적절한 수문 추적모형을 이용하여 유입량을 추정할 수 있다. 하천에 비교적 균등하게 분포한 지류 유역은 균일하게 유입하는 것으로 모의할 수 있으며, 이러한 균일분포는 점 유출입에 비해 모형의 구성과 적용에 유리하다.

중간에 많은 지류가 유입하거나 유출하는 하도망(channel network)의 경우 여전히 일차원 흐름으로 취급하지만 지류와 본류의 접합부에 특별한 고려가 요구된다. Choi와 Molinas(1993)는 중간에 지류가 유입하거나 유출하는 하도망 모형을 위한 수치해석기법을 개발하였다. 그들은 일차원 부정류 하도망 흐름에 대해 내부 하도단면, 유입지점, 유출지점 등 세 개의 흐름 영역에서 서로 다른 세 개의 방정식 세트를 구성하고 double- sweep 방법을 이용하여 수치해석을 수행하였다.

4 검정과 검증

부정류 수치모형을 실제 문제에 응용하기 위해서는 검정(檢正, calibration) 또는 보정(補正)과 검증(檢證, verification) 단계를 거쳐야 한다. 검정이란 수치모형에 있는 조정 가능한 계수를 대상으로 수치 해가 실측치나 정확치와 최적으로 맞게 물리적으로 타당한 범위 내에서 조정하는 것이다. 반면에 검증이란 검정된 모형의 수치 해의 정확도를 검토하는 것이다. 이러한 검정과 검증을 위해서는 대상 흐름에서 서로 독립적인 자료가 적어도 두 개는 있어야 한다. 자료는 보통 유량과 수위 자료의 시계열이어야 한다. 검정이란 이러한 실측 자료와 모형의 계산치와 오차의 자승의 합이 최소가 되도록 모형계수의 적합도를 구하는 것이다.

그러나 실제에 있어 조정이 가능한 계수는 수로의 형태자료와 하상 마찰계수뿐이다. 이 중 형태 자료는 정확한 측량에 의해 결정되는 것으로 조정할 여지가 별로 없다[37]. 반면에 마찰계수는 그 근본이 에너지 손실에서 오는 것으로, 에너지 손실은 개수로 형상과 경계면 조도의 불규칙성 때문에 아직 반경험적인 수준에 머물러 있다. 더욱이 매닝이나 체지 식으로 표시되는 마찰식은 정상 등류를 기준으로 유도된 것으로 부정류에 그대로 적용하는 것 자체가 여전히 불확실성이 있다. 이런 점에서 개수로 부정류 수치 모형의 검정에서는 마찰 계수가 통상 조정 대상이 된다.

Schaffranek 등(1981)은 개수로 부정류 모형의 검정단계에서 고려할 것으로 다음을 제시하였다.

- 마찰계수의 검정은 정상류나 준정상류 단계에서 수집한 자료를 이용하는 것이 바람직하다.
- 너무 작은 마찰계수의 이용은 흐름의 관성을 비현실적으로 크게 해서 첨두유량이 과도하게 크거나, 최소유량을 과도하게 작게 할 수 있다. 반면에 너무 큰 마찰 계수의 이용은 그 반대효과를 가져온다.
- 검정에 이용되는 야외 자료 중 수위자료는 측량의 부정확성, 수위 관측시설의 비정상적인 작동 가능성 등으로 오류가 있을 수 있다. 이러한 자료를 이용하여 검정을 하면 수면경사

37 그러나 측량 성과의 오류, 등간격 측량에 따른 급변 단면의 미 고려, 하상 변동에 따른 오류 등이 있을 수 있다.

를 과도하게 크거나 작게 계산할 수 있으며, 이에 따라 전체 흐름영역의 수위계산에 영향을 준다.

- 실제 흐름과 관련 없는 단면까지 고려한 과도한 통수단면적은 첨두유량이나 최소유량을 과도하게 크게 한다. 반대로 과소한 통수단면적은 그 반대의 영향을 준다.
- 가중치 θ 도 보정계수로 이용될 수 있으나, 이는 적정범위 내에서 조정되어야 한다.

추가로, 보정 단계에서 첨두수위는 잘 맞으나 첨두시간이 잘 맞지 않는 경우 사수역의 포함 등 통상 통수단면적이 비현실적이기 때문이다. 이 경우 사수역과 실제 흐름 구역의 구분 등을 재검토할 필요가 있다.

Fread와 Smith(1978)는 1차원 개수로 부정류 문제의 보정시 마찰계수를 효율적으로 조정하는 방법을 제안하였다. 그들의 방법은 단순히 시행착오로 마찰계수를 조정하여 계산치가 실측치에 근접하게 되는 것을 찾기보다는 이른바 적합도 기준(goodness-of-fit criterion)을 만들어 보정 계수의 적합성을 수치적으로 판단하는 것이다. 그들의 방법은 부정류식으로 유량과 수심으로 표시된 식 (6-13)과 (6-38)을 가중치 θ 를 이용하여 4점 음해법으로 차분화한 모형을 대상으로 하며, 마찰식으로는 매닝식을 이용한다. 매닝 계수는 검정 대상구간에서 거리에 따라 일정하고 단지 유량규모에 따라 선형적으로 변하는 것으로 전제하여 몇 개의 유량규모별로 매닝계수를 구분한다. 이때 유량은 상하류 경계점 값의 평균을 취한다. 다음, 각각의 유량규모에 대해 상류 경계점에서 실측치와 계산치 차이의 절대값의 합이 최소가 되도록 하는 최적화 기법을 이용한다.

(4) 1차원 홍수추적 모형

현재 공공성 있는[38] 1차원 홍수추적 모형으로는 DWOPER(Fread, 1978)와 FLDWAV (Fread와 Lewis, 1995), UNET(Barkau, 1993), BRANCH(Schaffranek, 1987) 등이 있으며, 이 밖에 상용모형으로 유럽에서 개발된 CARIMA(Holly와 Parrish, 1993)과 MIKE 11(DHI, 1994), SOBEK(Delft hydaulics, 1993) 등이 있다. HEC-RAS 모형은 전세계적으로 널리 사용되고 있는 모형이다. 이러한 모형들은 모두 지배방정식으로 SV식을 사용하고 있다. Fread(1993)는 위에서 소개한 모형 이외에 다양한 1차원 하천모형을 정리하여 소개하고 있다. 전세계적으로 사용되고 있는 홍수추적 모형은 매우 다양하고 각 하천의 특성에 따라 고유의 모형을 사용하고 있는 경우가 많이 있다. 표 6.2는 홍수추적을 위해 널리 사용되고 있는 모형에 대한 비교이다.

미국 기상청(NWS, 2007)에서는 미국 기상청에서 사용하고 있는 홍수예보모형인 FLDWAV 모형의 한계를 점검하고 여러 홍수추적 모형의 성능을 평가하기 위해 FLDWAV, HEC-RAS,

38 여기서 '공공성 있는'의 의미는 공공 기관에서 비상용 목적으로 개발하여 보급하는 모형으로, 주로 미 연방정부 기관에서 개발된 모형들이다.

MIKE11, SOBEK 등 4개의 모형에 대한 평가 프로젝트를 진행한 바 있다. 이 프로젝트에 미국 홍수통제소 담당자들이 참가하여 적용가능한 하천의 형태, 댐 붕괴/제방/교량 및 암거/수질/유사/토석류 등을 분석하였고 입력의 편의성, 출력의 형태, 매뉴얼, 기술지원 가능성, 교육훈련 등의 사항에 대해서도 비교하였다. 표 6.3은 비교 평가결과로서 전체적인 기능상에서는 HEC-RAS 모형이 상대적으로 우수한 것으로 평가하고 있다.

표 6.2 1차원 하천 수치모형

구분	FLDWAV 모형	HEC-RAS 모형	MIKE11 모형	SOBEK 모형
지배 방정식	Saint-Venant 방정식			
차분 기법	Preissmann기법 (FDM)	Preissmann기법 (FDM)	Abbott-Ionescu 기법 (FDM)	Preissmann기법 Lax-Wendroff 기법 (FDM)
모형 일반	• 미국 기상청 개발, 미국 홍수통제소 공식 모형 • 1차원 하천흐름모형인 D-WOPER 모형과 댐붕괴 해석 모형인 DAMBRK 모형을 결합/개선한 모형 • 프로그램 SourceCode 공개 • 국내 홍수예보에 활용 • Freeware(Open source code) • 추가적인 개발이 이루어지지 않고 있음	• 미국 공병단 개발 • 초기에는 부등류모형으로 개발, 부정류 모형(UNET) 추가 • 세계적으로 많이 사용 • 국내 하천설계의 경우 설계홍수위 산정에 활용 • 소스코드 미공개 • Freeware	• 덴마크 DHI 개발 • 타 모형과 연계하여 2차원 홍수, 수질, 지하수 등모의 가능 • 대만, 중국, 이탈리아, 영국, 덴마크 등 많은 나라에서 실시간 홍수예보용으로 사용중 • 국외에서 많이 사용, 국내 일부 사용 • License 필요(상용 소프트웨어)	• 네덜란드 Deltares 개발 • 홍수예보, 배수시스템, 관개배수, 하수도, 지하수, 하천지형, 수질 등의 모듈 보유 • License 필요(상용 소프트웨어)

표 6.3 홍수추적 모형에 대한 미국 기상 평가 결과(NWS, 2007)

기능		모형			
		F	M	R	S
하도	다중하도	✔	✔	✔	✔
	망상하도	✔	✔	✔	✔
	흐름분리	✔	✔	✔	✔
	하도만곡	✔	✔	✔	✔
	하도분리	✔	✔	✔	✔
	배수효과	✔	✔	✔	✔
	하류경계조건 효과	✔	✔	✔	✔
저수지	연속 저수지	✔	✔	✔	✔
댐 및 댐붕괴	댐 월류	✔	✔	✔	✔
	침식붕괴	✔	✔	□	$

(계속)

기능		모형			
		F	M	R	S
댐 및 댐붕괴	댐 정부 세굴	✔	✔	✔	$
	파이핑 붕괴	✔	✔	✔	$
	연속 댐 붕괴	✔	✔	✔	$
	댐 붕괴 홍수 맵핑	$	✔	$	$
제방	하도내 제방	✔	✔	✔	$
	하도외 제방	✔	✔	✔	$
	제방 붕괴	✔	✔	✔	$
교량 및 암거	다중 개거	✔	✔	✔	✔
	인접 구조물	✔	✔	✔	✔
	교각 세굴	×	×	✔	×
	HEC-RAS 자료 연계	×	×	✔	✔
	FLDWAV 구조물 자료 연계	✔	×	×	×
하도 현상	바람효과	✔	✔	×	✔
	결빙	×	□	✔	×
	홍수터 맵핑	$	✔	$	$
	하구 연계	✔	✔	✔	□
	수질	×	$	□	$
	지하수 연계	×	$	□	✔
	유사이송	×	✔	✔	✔
	염수침입	×	✔	□	$
	서식지 모델링, 어도	×	✔	×	✔
흐름 종류	동역학적 흐름	✔	✔	✔	✔
	확산파 흐름	✔	✔	✔	✔
	2차원 모의	×	$	□	✔
매닝 조도계수	유량에 따른 변화	✔	✔	✔	✔
경계조건	다중 상류경계	✔	✔	✔	✔
	다중 하류경계	✔	✔	✔	✔
	조위 및 서지 경계	✔	✔	✔	✔
	댐 경계	✔	✔	✔	✔
	내부 경계	✔	✔	✔	✔
	구조물 조작 모듈	✔	✔	✔	✔

• 모형 : F－FLDWAV, M-MIKE 11, R－RAS, S－SOBEK
• 모형 기능; ✔－가능, ×－불가능, $－판매 모듈 가능, □－모듈 개발중

1 모형의 실제 적용 예 - 한강 유역

마지막으로 위와 같은 부정류 하천모형 또는 홍수파 전파 모의모형 중 DWOPER 모형을 이용하여 한강의 홍수파를 모의한 사례를 소개한다(한강홍수통제소/건기연, 1997). 이 연구의 기본목적은 수리적 홍수추적 방법을 이용하여 한강의 홍수예경보시스템을 개선하는 것이다. 이 시스템에서는 한강의 남한강과 북한강 등 본류의 주요지점에서 홍수파의 수위와 유량의 시간변화를 예측하였다. 이 시스템의 모의영역을 보면 그림 6.13과 같이 상류는 남한강의 경우 충주댐부터, 북한강의 경우 청평댐부터 하류는 김포군 월곶면 용강리이다. 하천 거리는 남한강 충주댐에서 팔당댐까지 114.4 km(139개 단면), 북한강 청평댐에서 팔당댐까지 26.8 km(18개 단면), 본류 팔당댐에서 월곶까지 79.6 km(136개 단면)이다. 하천단면의 총 수는 293개이다. 상류 경계조건은 남한강 충주댐, 북한강 팔당댐이며 하류 경계조건은 월곶이다. 대상구간의 본류로 유입하는 달천, 탄천 등 지류에서 유입하는 수문곡선은 기존의 저류함수법과 단위도법을 이용하여 예측하였고, 임진강의 경우 별도의 유출모형을 이용하여 유입 수문곡선을 만들었다.

이 시스템에서는 실제 홍수예경보 운영특성을 감안하여 팔당댐 상류와 하류를 나누어 모의하였다. 팔당댐 상류부의 경계조건으로 남한강의 경우 충주댐의 방류량, 북한강의 경우 청평댐의 방류량이며, 하류단은 팔당댐의 수위(저수지 수위)를 이용하였다. 하류부의 경계조건으

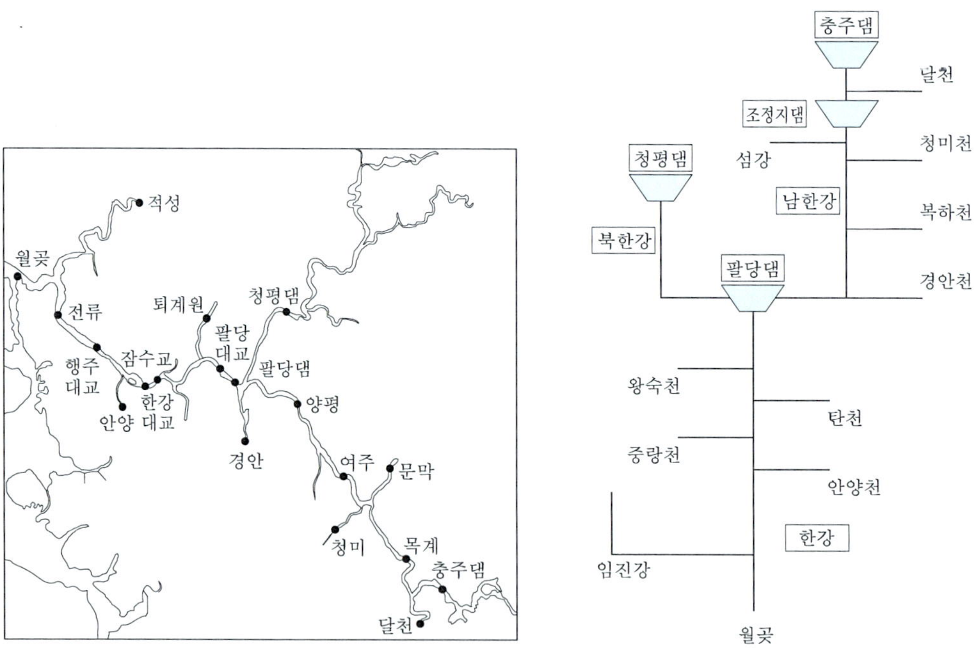

(a) 한강 유역 (b) 흐름 모식도

그림 6.13 한강 유역의 홍수 추적 예(한강홍수통제소/건기연, 1997)

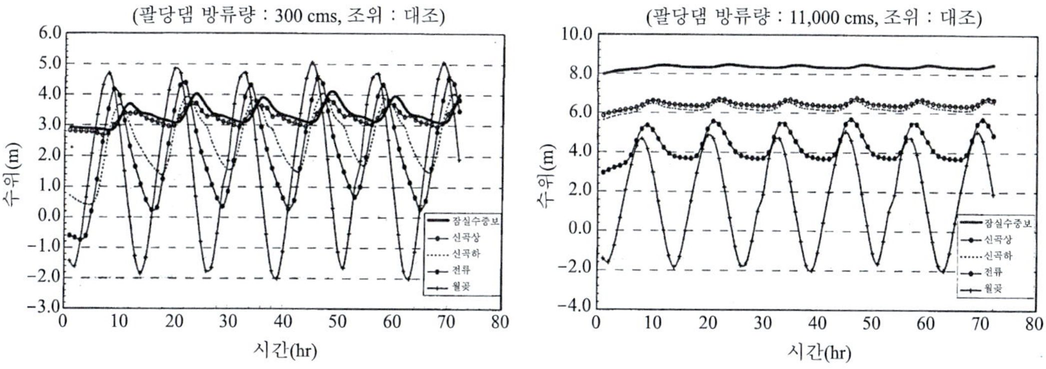

(a) 평상시 (b) 홍수시

그림 6.14 한강 하류부의 조석의 영향(한강홍수통제소/건기연, 1997)

로 팔당댐의 방류량을, 하류단은 월곶의 조위를 이용하였다. 그러나 실제로 월곶의 조위 자료는 없기 때문에 인천항의 조위 자료를 조사 분석하여 월곶지점으로 연장하여 사용하였다.

그림 6.14는 하류 경계조건인 월곶 조류가 상류 하천 지점에 미치는 영향을 그린 것이다. 이 그림의 (a)와 같이 평상시에는 간만차 7 m 정도의 서해 조석의 영향이 잠실수중보에 최대 1 m 정도의 간만의 차이를 만든다. 그러나 그림 6.21(b)와 같이 유량 11,000 m^3/s의 홍수시에는 조석의 영향은 신곡 수중보 하류에 약하게 미치며, 그 상류는 홍수의 영향이 지배적이다. 참고로, 이종태 등(1993)도 한강의 홍수 규모에 따라 인도교 수위에 미치는 조석의 영향을 분석하여 이와 유사한 결과를 얻었다.

이 시스템의 내부 경계 조건은 충주댐 조정지댐과 한강 하류부 서울의 잠실과 신곡수중보 등이다. 충주댐 조정지댐과 잠실수중보는 단일 수위-유량 관계를 이용하여 모의하였으나, 하류 신곡수중보는 하상경사가 완만하고 조류의 영향으로 수위-유량 관계가 1 : 1 단일형이 아닌 루프형이 되기 때문에 수위-유량 관계곡선을 이용할 수 없다. 다행히 신곡수중보는 상하류 수위 차가 상대적으로 크지 않기 때문에 단순히 보의 존재로 인한 단면의 축소로 모의하였다.

조도계수의 추정은 모형의 성공적 적용을 위해 매우 중요하다. 이 시스템에서는 홍수시 이용 가능한 수위 자료를 이용하여 부정류 모형으로 직접 모의하여 주요 구간별로 조도계수를 추정하였다. 그 결과 조도계수는 팔당댐 하류부에서 유량규모 1,000 m^3/s에서 0.09부터 시작하여 유량 규모 30,000 m^3/s에서 0.02까지 크게 변하는 것으로 나타나, 외국의 다른 대하천과 유사한 경향을 보인다. 상류부의 경우도 유량에 반비례하여 0.02~0.08의 범위로 나타난다.

그림 6.15는 1990년 9월 홍수와 1995년 8월 홍수사상에 대해 이 시스템에서 나타난 팔당댐 하류 인도교 지점의 모의 결과를 실측한 수심과 비교한 것이다. 이 그림에서 보는 바와 같이 계산치와 실측치는 상당히 근접하고 있으며, 평균제곱근(rms) 오차는 최대 0.7 m 정도

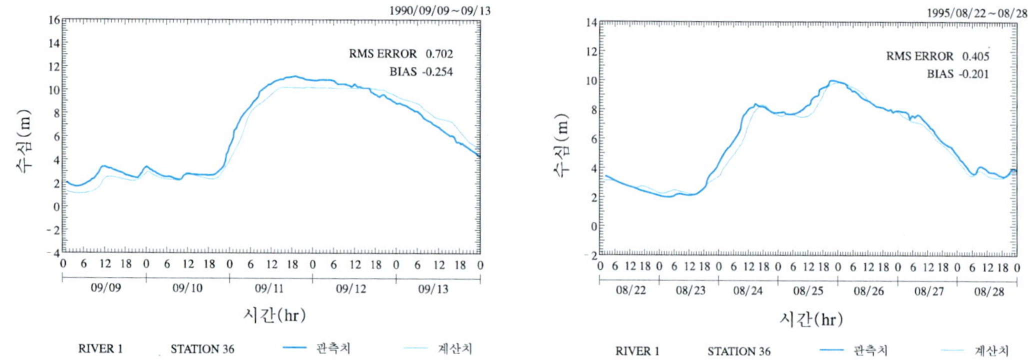

(a) 1990. 9. 9~13 홍수　　　(b) 1995. 8. 22~28 홍수

그림 6.15 한강대교 지점의 홍수위 비교(한강홍수통제소/건기연, 1997)

이다. 그림 6.15(a)에서 눈여겨볼 것은 인도교에 미치는 조석의 영향이 홍수류의 거대한 운동량으로 소산되는 현상이다. 구체적으로, 9월 10일까지 한강대교 지점에서 하루에 두 번씩 조석이 1 m 정도 미쳤으나, 11일부터 홍수파가 밀려오자 조석의 영향은 홍수로 인해 수위 변화를 주지 못했다. 그러나 이러한 조석의 영향은 홍수파가 지나간 13일 이후에 다시 나타난다. 이 결과는 한강이나 임진강과 같이 조석의 영향이 미치는 하구에서 밀물(滿潮) 때 홍수가 나면 조석의 영향으로 물이 안 빠져 홍수위는 더 높아질 것이라는 추측은 잘못된 것임을 보여준다. 홍수시 조석의 영향은 바다로 직접 빠지는 중소 하천에서 조석 차에 비해 홍수위가 상대적으로 작은 경우 부분적으로 나타날 것이다.

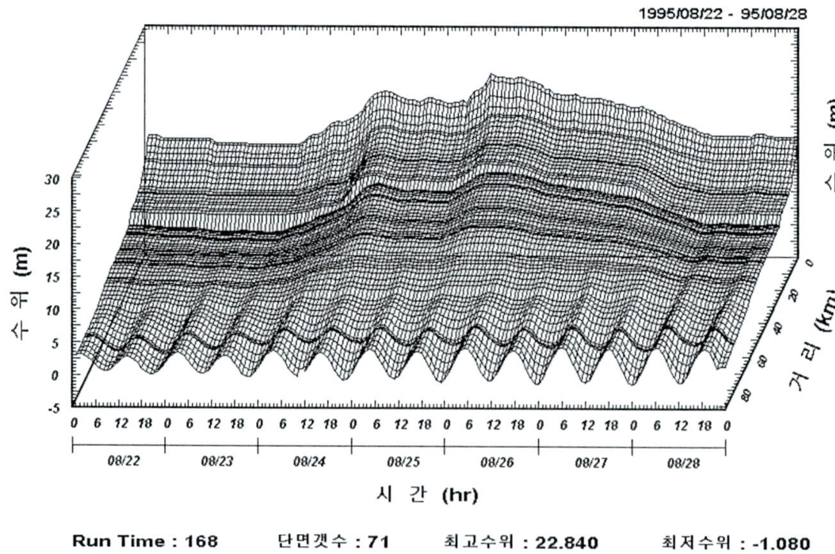

그림 6.16 한강 하류부 홍수위의 시공간 변화도(한강홍수통제소/건기연, 1997)

그림 6.16은 한강 하류부의 시간에 따른 수위 변화(수문 곡선)를 거리에 대해 3차원적으로 도시한 것이다. 이 그림에서 분명히 나타나듯이 하류부 조석의 영향은 상류로 갈수록 소산되고, 반대로 홍수 수문곡선이 강조된다. 이 그림의 거리 축의 중후반부에서 수위가 갑자기 높아지는 띠가 나타나는 것은 잠실수중보의 영향으로 수위가 인위적으로 높아지기 때문이다. 여기서 잠실 수중보에 의한 상하류 수위 차는 평수시에 커지고 홍수시에는 점차 감소하는 것을 볼 수 있다.

급변부정류에 대해서는 개정전 하천수리학 제6장을 참고하기 바란다.

연습 문제

6.1 식 (6 - 15)/(6 - 29)와 식 (6 - 13)/(6 - 38)로 표시되는 한 쌍의 SV식을 수심 y 대신 수위 h를 이용하여 각각 표시하시오.

6.2 식 (6 - 33)에서 식 (4 - 3)을 유도하시오.

6.3 식 (6 - 13)과 (6 - 38)을 4점 음해법으로 차분화하여 차분방정식, 잔차방정식과 그 계수들을 구하시오.

6.4 체지 식을 이용하여 운동파의 파속을 구하시오.

6.5 식 (6 - 71)이 운동파 식 (6 - 70)의 일반해임을 증명하시오.

6.6 바닥폭 6.1 m, 측벽경사 $z=1.5$의 사다리꼴 수로에 126 m^3/s의 유량이 5.79 m의 등류수심을 이룬다. 바닥경사는 0.00008이고 매닝 계수는 0.013이며, 수로길이는 5 km이다. 상류단에는 수위가 일정한 저수지가 있다. 하류단의 개구 수문을 $t=0$초에서 급작스럽게 닫는 경우 시간 $t=2{,}000$초의 서지 부정류를 1) 특성격자법, 2) 특정간격법 등을 이용하여 구하시오. 다음 각 계산된 수심을 $t=0$, 1000, 2000초 등에서 수로거리에 대해 도시하시오. 또한 각 계산된 수심을 이용하여 거리 $x=0$, 2.5, 5 km에서 수문곡선을 도시하시오.

6.7 문제 6.4에서 $\Delta t/\Delta x$ 값을 바꾸어 가면서 보간에 의한 오차가 수심과 파형에 미치는 영향을 조사하시오.

6.8 다음과 같이 유입되는 유량 수문곡선에 의한 하천 하류의 유출 수문곡선을 운동파 모형으로 구하시오. 여기서 하천은 폭 100 m의 사각형 단면이며, 길이는 3 km, 하상 경사는 0.0095, 매닝 계수는 0.025이다.

시간 (분)	0	20	40	60	80	100	120	140	160
유량 (cms)	150	420	2,880	3,470	3,100	1,630	750	250	170

6.9 직사각형 단면에서 선형 운동파 모형의 프로그램을 작성하시오. 여기서 상류 경계조건은 유량 수문곡선이고, 초기조건은 등류 상태이다.

6.10 식 (6-77)을 이용하여 유량에 대한 비선형 차분방정식을 유도하시오.

6.11 직사각형 단면에서 Muskingum-Cunge 모형의 프로그램을 작성하시오. 여기서 상류 경계조건은 유입 수문곡선이고, 초기조건은 등류이다.

6.12 폭 30 m, 길이 2,400 m, 하천경사 0.007, 매닝 계수 $n=0.020$의 직사각형 단면 하천에 유입 수문곡선이 다음과 같이 표시되는 경우 문제 6.9에서 작성한 프로그램을 이용하여 이 하천구간에서 흐름을 추적하시오.

$$Q = Q_b + \frac{Q_p}{2}\left(1 - \cos\frac{2\pi t}{T}\right)$$

여기서, Q_b = 기저 유량, Q_p =첨두 홍수량, T=홍수파 지속시간이며, $Q_b = 55\ \mathrm{m^3/s}$, $Q_p = 170\ \mathrm{m^3/s}$, T=150분이며, $t > T$에서 $Q = Q_b$이다.

6.13 문제 6.11에서 작성한 프로그램을 이용하여 문제 12를 푸시오. 그 결과를 문제 12의 결과와 비교하시오.

6.14 단위폭당 개념을 이용하여 식 (6-38)에서 식 (6-29)를 유도하시오.

1. 김지성, 김원, 김동구, 김치영, "수치모형을 이용한 고리형 수위-유량 관계 분석", **대한토목학회 논문집**, 제29권 제1B호, 2009.
2. 우효섭, 김원, 이진원, "댐 방류수 전파 모형의 검증", **대한토목학회 논문집**, 제15권 제6호, 1995.
3. 이종태, 한건연, 서병하, "한강의 홍수규모에 따른 인도교 수위의 조석영향 분석", **한국수문학회 논문집**, 제26권 제2호, 1993. 6.
4. 한강홍수통제소/한국건설기술연구원(건기연), **수리학적 모형을 이용한 한강 상류부 하도의 홍수예측 모형의 개발**, 1997. 12.
5. Amein M. and Fang, C. S., "Implicit Flood Routing in Natural Channels", *J. of the Hydraulics Division*, ASCE, vol. 96, no. HY12, 1970.
6. ASCE, *River Hydraulics*, Technical Engineering and Design Guide as Adapted from US Army Corps of Engineers, no. 18, ASCE, New York, 1996.
7. Barkau, R. L., *UNET-One Dimensional Unsteady Flow through a Full Network of Open-Channels Users Guide*, US Army Corps of Engineers, Davis, Calif., 1993.
8. Chaudhry, M. H., *Applied Hydraulic Transients*, 2nd edition, Van Nostrand Reinhold, New York, 1987.
9. Chaudhry, M. H., *Open-Channel Flow*, Prentice-Hall, New Jersey, 1993.
10. Choi, G. W. and Molinas, A., "Simultaneous Solution Algorithm for Channel Network Modeling", *Water Resources Research*, vol. 29, no. 2, Feb., 1993.
11. Cunge, J. A., Holly, F. M., and Verwey, A., *Practical Aspects of Computational River Hydraulics*, Pitman, London, 1980.
12. Cunge, J. A., "On the Subject of Flood Propagation Method(Muskingum Method)", *J. of Hydraulic Research*, IAHR, vol. 7, no. 2, 1969.
13. Dammuller, D., Bhallamudi, S. M., and Chaudhry, M. H., "Modeling of Unsteady Flow in Curved Channels", *J. of Hydraulic Engineering*, ASCE, vol. 115, no. 11, 1989.
14. Delft hydraulics, Functional Design Sediment Transport & Morphology, 1993
15. DHI, *MIKE 11 Short Description*, Danish Hydraulic Institute, Denmark, 1994.
16. Fennema, R. J. and Chaudhry, M. H., "Explicit Numerical Schemes for Unsteady Free-Surface Flows with Shocks", *Water Resources Research*, vol. 22, no. 13, 1986.
17. Fennema, R. J. and Chaudhry, M. H., "Simulation of One-Dimensional Dam-break Flows", *J. of Hydraulic Research*, IAHR, vol. 25, no. 1, 1987.
18. Fread, D. L., "Flood Routing in Meandering Rivers with Floodplains", *Rivers 1976*, 20. Symposium on Inland Waterways for Navigation, Flood Control and Water Diversions, August 10-12, Colorado State University, Ft. Collins, Colo., vol. 1, pp. 16~35, 1976.
19. Fread, D. L., *National Weather Service Operational Dynamic Wave Model*, National Weather Service, NOAA, Silver Spring, Maryland, 1978.

20. Fread, D. L., "Flow Routing", *Handbook of Hydrology*, edited by D. R. Maidment, McGraw-Hill Book Inc., New York, 1993.

21. Fread, D. L. and Lewis, *J. M., The NWS FLDWAV Model Quick Users Guide*, NOAA, Silver Spring, Md., 1995.

22. Fread, D. L. and Smith, G. F., "Calibration Techniques for 1-D Unsteady Flows", *J. of the Hydraulics Division*, ASCE, vol. 104, no. HY7, July, 1978.

23. Gabutti, B., "On Two Upwind Finite-Difference Schemes for Hyperbolic Equations in Nonconservation Forms", *Computers and Fluids*, vol. 11, no. 3, 1983.

24. Henderson, F. M., *Open Channel Flow*, McMillan, New York, 1966.

25. Holly, F. M. Jr. and Parrish, J. B., "Description and Evaluation of Programs, CARIMA", *J. of Irrigation and Drainage Engineering*, ASCE, vol. 119, no. 4, 1993.

26. Jameson, A., Schmidt, W., and Turkel, E., "Numerical Solutions of the Euler Equation by Finite Volume Method using Runge-Kutta Time-Stepping Scheme", AIAA, *14th Fluid and Plasma Dynamics Conference*, Palo Alto, Calif., AIAA-81-1259, 1981.

27. Kim, W., Kim, Y. S., and Woo, H., "Analysis of Flood Flow Characteristics of the Han River Using 1-D St. Venant Equation", *Proceedings of 10th Congress of the IAHR-APD*, August 26~29, Malaysia, 1996.

28. Lai, C., "Numerical Modeling of Unsteady Open-Channel Flow", *Advances In Hydroscience*, vol. 14, edited by V. T. Chow, Academic Press, 1986.

29. Lax, P. D., "Weak Solutions of Non-linear Partial Differential Equations and Their Numerical Computations", *Communication on Pure and Applied Mathematics*, vol. 7, 1954.

30. Le Mehaute, B., *An Introduction to Hydrodynamics and Water Waves*, Spring-Verlag, New York, 1976.

31. Liggett, J. A., "Basic Equations of Unsteady Flows", *Unsteady Flow in Open Channels*, edited by K. Mahmood and V, Yevjevich, vol. 1, ch. 2, Water Resources Publications, Fort Collins, Colo., 1975.

32. Lighthill, M. J. and Whitham, G. B., "On Kinematic Waves: I -Flood Movement in Long Rivers", *Proceedings Royal Society of* London, vol. 229, no. 1178, May, 1955.

33. MacCormack, R. W., "The Effect of Viscosity in Hypervelocity Impact Catering", AIAA, Paper 69~354, Cincinnati, Ohio, 1969.

34. Moretti, G., "The Lambda Scheme", *Computers and Fluids*, vol. 7, 1979.

35. National Weather Service(NWS), Evaluation of Different Hydraulic Models in Support of NWS Operations, Final report, 2007.

36. Ponce, V. M., Li, R. M., and Simons, D. B., "Applicability of Kinematic and Diffusion Models", *J. of Hydraulic Engineering*, ASCE, vol. 104, no. 3, 1978.

37. Pressimann, A. and Cunge, J., "Calcul du mascaret sur machines electroniques", *La Houille Blanche*, no. 5, 1961.

38. Russell, J. S., "Reports on Waves", *Report of the Fourteenth Meeting of the British Association for the Advancement of Science* 1844, John Murray, London, 1845.

39. Saint-Venant, Barre de, "Theory of Unsteady Water Flow, with Application to River Floods and to Propagation of Tides in River Channel", *French Academy of Science*, vol. 73, 1871.

40. Schaffranek, R. W., Baltzer, R. A., and Goldberg, D. E., "A Model for Simulation of Flow in Singular and Interconnected Channels", Ch. C3, *Techniques of Water Resources Investigation of USGS*, Washington, D. C., 1981.

41. Schaffranek, R. W, *Flow Model for Open-Channel Reach or Network*, USGS Professional Paper 1384, Washington, D. C., 1987.

42. Seddon, J. A., "River Hydraulics", *Transactions, ASCE*, vol. 43, 1900.

43. Stoker, J. J., *Water Waves*, Wiley, Interscience, New York, 1957.

2 유사 수리학

제2부 '유사(流砂, sediment) 수리학'은 하상을 구성하는 재료들이 흐름에 의해 움직이는 것을 전제로 하고 있다. 이른바 이동상(移動床, movable bed) 수리학이다. 그에 따라 이 책은 보통의 하천수리학의 범주를 넘어 하천의 형태변화와 유역의 유사유출까지 망라한다.

제2부는 하천유사 현상과 하천변화를 전체적으로 이해하는데 도움이 될 수 있도록 충적하천 유사의 개론부터 시작하여 사립자의 이동, 하상형태와 흐름저항, 유사이송, 하천반응과 지형변화의 순서로 설명하고 있다. 본 개정판에서는 실제 사용되지 않거나 활용빈도가 낮은 유사수리학 이론과 경험공식들은 기본개념만 소개하거나 불필요한 경우 삭제하였으며, 침강속도, 한계소류력, 난류 유속분포, 흐름저항식, 총유사량 공식 등에서는 개선된 이론과 공식들을 추가하였다. 또한 실무에서 활용되고 있는 하상변동 모의를 위한 수치모형, 안정하도의 해석적 설계방법, 분포형 유역유사 모형 등의 내용들을 개정판에 새롭게 추가하였다.

구체적으로 7장에서는 충적하천의 개념과 하천시스템에 작용하는 제 변수 간의 관계를 검토한다. 또한 유역과 하천의 변화과정인 유사현상을 침식, 운송, 퇴적의 과정으로 각각 나누어 검토하고 각 과정별로 나타나는 공학적 문제를 설명한다. 8장에서는 하천유사와 물의 상호작용에 대해 사립자들이 흐름에 의해 움직이기 시작하는 한계조건과 사립자와 물의 지속적인 상호작용을 발생하게 하는 난류의 유속분포에 대해 검토하고, 사립자에 의한 흐름저항에 대해 알아본다. 9장에서는 하천수리학의 중심적인 과제 중 하나인 충적하천에서 수위, 또는 수심과 유량과의 관계에 대해 검토한다. 이를 위해 하천흐름에 따른 하상형태의 변화와 그에 따른 마찰저항의 변화 등에 대해 구체적으로 검토한다. 10장에서는 하천에서 흐름에 의한 유사이송과 유역의 침식에 따른 토양유실 문제를 다룬다. 이를 위해 하천 유사이송의 이론과 주요 공식들을 소류사, 부유사, 총유사로 나누어 검토하고 유역에서의 토양침식과 유사유출에 대해서 검토한다. 마지막으로 11장에서는 하천의 수리특성과 기하특성과의 관계에 대해 검토하고 하천반응을 예측하는 방법과 안정하도 개념에 대해 알아본다. 나아가 충적하천의 실무문제로서 하상변동과 저수지 퇴사, 국부세굴 문제에 대해 알아본다.

Mobile-bed Hydraulics

Chapter 7

충적하천의 유사

▲ 유로의 변화와 하도내 사주의 형성 (낙동강 구미 취수장 부근)

이 장은 제2부 하천유사 수리학의 첫 장으로서 제8장부터 제11장까지 나오는 하천 유사현상과 하천변화를 설명하기 위한 개론 성격이다. 여기서는 우선 충적하천의 개념과 하천시스템에 작용하는 제 변수간의 관계를 정성적으로 검토하고, 하천을 여러 가지 각도에서 분류한다. 그리고 유역과 하천의 변화 과정인 유사현상을 전통적으로 침식, 운송, 퇴적의 과정으로 나누어 검토하고, 각 과정별로 나타나는 공학적 문제를 설명한다.

7.1 충적하천의 개념

하천은 지표수가 모여서 중력에 의해 높은 데서 낮은 데로, 단기간에는 변하지 않는 비교적 일정한 곳을 따라 흐르는 자연의 '물길'이다. 여기서 '단기간'이라는 표현을 쓴 것은 시간이 가면 흐름에 의해 물길도 바뀔 수 있기 때문이다. 하천법에서는 이보다 조금 더 법률적인 용어로 하천을 정의하고 있으며, 그에 따라 인공수로나 수로터널까지도 법률상의 하천에 포함하고 있다. 그러나 그것들은 제1부에서 다룬 인공개수로이며, 제2부에서 관심 있는 하천은 자연하천이다.

충적하천(沖積河川, alluvial river)이란 충적토(沖積土, alluvium) 위를 흐르는 하천이다. 충적토는 지표면에 대한 빗방울과 유수의 침식, 운반, 퇴적 작용에 의해 상류에서 이송된 유사(流砂, sediment)가 쌓인 것이다. 유사란 결국 지각의 풍화작용에 의해 만들어진 암석조각(rock fragments)들이다. 충적하천을 조금 더 구체적으로 정의하면 하상(河床, riverbed)과 강턱(bank)[39]을 구성하는 재료와 그 하천에 의해 이송되는 재료가 같은 하천을 말한다. 자연하천의 하상과 강턱재료는 통상 자갈, 모래, 진흙 등 하천의 흐름에 의해 이송되는 재료이므로 하상이 이러한 재료로 구성된 하천은 모두 충적하천이 된다. 충적하천에서는 흐름의 특성에 따라 하천의 평면, 단면 변화와 하상재료의 변화가 가능하다. 다시 말하면 충적하천은 흐름에 의해 하천 바닥과 측면, 그리고 수면 등 3차원적인 변화가 가능한 하천이다. 반면에 암반하천(岩盤河川, bedrock river)은 하상과 강턱이 주위 지질의 암반으로 구성되어 하상이 흐름에 의해 이송되는 재료와 다른 하천이다. 이러한 암반하천에서는 흐름에 의한 하천의 변화가 극히 제한을 받는다. 충적하천은 흐름에 의해 하상 재료가 움직이고 그에 따라 하천의 형태가 변하는 이동상(移動床) 하천이며, 암반하천은 흐름에 의해 하상재료가 움직이지 않고 따라서 하천의 형태가 변하지 않는 고정상(固定床) 하천이다.

한반도에서 자연하천은 최상류를 제외하고는 대부분 충적하천이다. 따라서 단순히 하천이라고 하면 통상 충적하천을 말한다. 다만 하천의 최상류 구간에서 하도가 주위 지질의 암반으로 구성된 계곡하천이나, 또는 중하류 구간에서도 모암이 노출된 구간의 하천은 충적하천이 아닌 암반하천이다. 그러나 모암이 노출되지 않아도 하천이 자갈보다 더 큰 재료로 구성된 하천은 극단적인 홍수시를 제외하고는 하상재료가 움직이지 않으므로 충적하천의 특성보다는 암반하천의 특성을 더 많이 가지게 된다. 따라서 실질적인 충적하천은 자갈하천, 모래하천, 진흙하천 등이다. 한 하천에서 통상 자갈하천은 상류에, 모래하천은 중류에, 진흙하천은 하류에 나타난다. 그러나 상류에서 하류로 감에 따른 이러한 하상재료의 변화에는 통상 천이구간이 있어 자갈하천과 모래하천의 중간에는 자갈·모래가 혼합된 하천이, 모래하천과 진흙하천

39 여기서 '강턱'은 하도의 가장자리에 형성된 자연적인 턱을 말하며, 치수 목적으로 인공적으로 쌓은 제방(堤防, levee)과 구분한다.

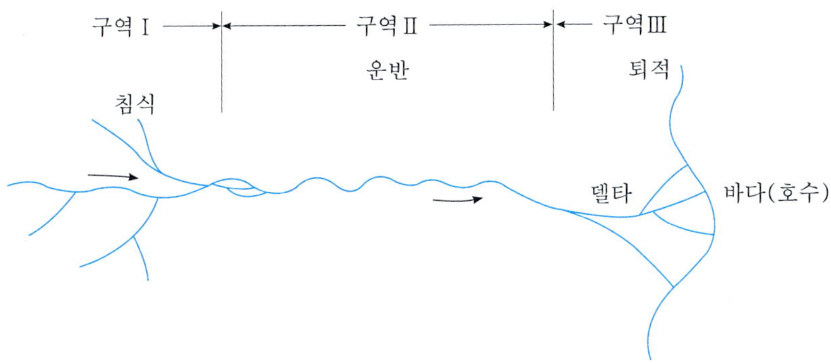

그림 7.1 상·중·하류 하천구역

의 중간에는 모래·진흙이 혼합된 하천이 존재한다.

Schumm(1977)은 그림 7.1과 같이 하천을 구역 I(상류역), 구역 II(중류역), 구역 III(하류역) 등 세 개의 구역으로 나누었다. 구역 I은 하천상류의 침식구역으로 대부분의 물과 유사가 생성되는 구역이다. 일반적으로 이 구역에서는 하천규모는 작으며, 하천망은 불안정하다. 구역 II는 구역 I에서 내려온 유사를 하류구역으로 운반하는 구역으로, 하천은 비교적 길다. 따라서 이 구역의 하천은 가장 많이 연구되었다. 이 구역의 하천은 전체적으로 안정되어 있지만, 국부적으로 여전히 동적인 변화가 계속된다. 구역 III의 하천은 통상 바다나 호수 등으로 연결되는 하구로, 주로 퇴적작용이 일어나는 구역이다. 이 구역의 하천은 조석이나 기준수면(base-level)의 변화에 영향을 받는다. 이 구역의 맨 끝에는 통상 삼각주가 형성되며, 그 위의 하천은 통상 하도가 여러 갈래로 나누어진 하천이다. 일반적으로 구역 I에서는 자갈이나 그보다 더 큰 하상재료의 하천이, 구역 II에서는 모래하천이, 구역 III에서는 진흙하천이 형성된다.

(1) 하천시스템의 상호관계

지구상의 하천은 지각을 깎아서 나온 암석의 조각들인 유사를 하류 바다로 운반하는 주요 매개체이다. 지구상의 하천 물은 전체 수량의 단지 0.005%밖에 되지 않지만 지각을 침식하고, 유사입자를 운반하는 데 드는 에너지나 운반되는 유사량 측면에서 지구의 표면을 변화시키는 가장 중요한 인자이다. 하천은 지구 전체적으로 연평균 약 160억톤에서 240억톤의 물질을 바다로 운반시키며, 이 중 81%는 유사입자(sediment particles)이며 나머지 19%는 물에 녹아 있는 물질이다(Walling과 Webb, 1996; Wilkinson, 2005). 이러한 엄청나게 많은 물질을 효율적으로 운반하기 위하여 하천은 유역에서 잘 발달된 배수망(drainage network)을 구성한다.

한 하천의 어느 지점에서 그 하천의 형태와 흐름 특성은 그 지점 상류유역의 기후, 지질, 토지 이용, 유역의 자연적 지리특성 등에 의존한다. 사실 이러한 인자들은 그 유역의 수문적 특성과 그에 따른 유사이송(sediment transport)을 지배한다. 하류로는 바다나 호수의 수면고 등 기준수면이 중요하다. 상류인자 중에서 기후인자는 하천변화의 에너지를 공급한다는 점에서 가장 중요하다. 기후인자는 또한 유역의 식생에 절대적인 영향을 주며, 기준수면과 기후 등 두 인자는 유역의 수문과정과 지표면 침식률에 직접적인 영향을 준다. 지질인자는 금방 눈에 보이지는 않지만 지질 시간적으로 하천형태와 흐름특성에 큰 영향을 준다. 또한 인간의 활동에 의한 지표면과 식생의 변화는 하천형태와 흐름에 직접적인 영향을 준다. 지구상에는 현재 800,000개의 크고 작은 댐이 있으며, 15 m 이상의 높이를 갖는 이른바 대댐이 40,000개 이다(Joyce, 1997). 또한 열대밀림을 벌채하거나 개간함으로써 그 유역의 하천특성은 커다란 영향을 받게 된다. 이보다 가까이 치수목적으로 자연하천을 개수함으로써 그 하천의 형태와 흐름특성은 단숨에 변한다.

충적하천의 형태와 흐름에 영향을 주는 변수들에 대한 연구는 Kennedy와 Brooks (1963)에 의해 처음 시도되었다. 그들은 하천에 영향을 주는 요인을 독립변수로, 그에 따라 하천이 받는 영향을 종속변수로 구분하였다. 이러한 수리변수를 열거하면 유량, 유사량, 하폭, 수심, 평균유속, 수리반경, 하천경사, 마찰계수 등이다. 그러나 하폭, 하천경사 등 자연상태에서는 독립변수라도 모형실험에서는 인위적으로 조절이 가능하기 때문에 종속변수가 될 수 있으므로 이러한 변수의 분류에는 자연상태와 실험실 상태를 구분할 필요가 있다. 또한 유량, 하천경사 등 단기간 내에서는 독립변수가 되나 장기간에 걸쳐서는 지질, 기후 등 거시적인 변화에 의해 종속변수가 될 수 있기 때문에 이러한 변수의 분류에는 시간대를 고려할 필요가 있다.

Schumm(1971)은 충적하천에 작용하는 변수들의 상호관계를 분석하는 데 있어 짧은 시간대를 나타내는 정상시간(steady time), 긴 시간대를 나타내는 평형시간(graded time), 그리고 아주 긴 시간대를 나타내는 지질시간(geologic time) 등 3가지로 구분하였다. 객관적인 기준은 없지만 Schumm은 정상시간은 몇 일, 평형시간은 몇 백년, 지질시간은 몇 백만년을 기준으로 하였다. 일반적으로 유역과 하천의 규모가 커지면 그에 따라 관련 시간대도 커진다. 그러나 절대적인 시간대는 사실 중요하지 않다. 중요한 것은 각 시간대에 따라 제반요소들이 원인으로 작용하는지, 영향으로 작용하는지이다. 정상시간대에서 (관측)유사량은 그 하천의 유량에 의해 정해지는 종속변수이나, 평형시간대에는 유량과 같이 상류유역이나 지류에서 그 하천구간으로 유입하는 불확정 변수이다. 또한 유사량은 유량과 같이 종국적으로 지질시간대에서 상류유역의 기후와 지질, 토양, 식생 등에 의해 결정되기 때문에 불확정 변수가 된다. 한편 정상시간대에는 분명히 독립변수인 하폭, 하천경사 등 하천의 형태는 평형시간대에는 유량과 유입유사량에 따라 변화하는 종속변수가 되고, 궁극적으로 불확정 변수가 된다. 하천이 자리 잡고 있는 하곡(河谷, river valley)의 경사는 평형시간대에는 분명히 독립변수가 되나, 지질시간에는 변화하므로 종속변수가 된다. 그러나 공학적으로 관심이 있는 시간은 고작 몇 백년 정도의 평형시간이므로 이러한 하곡경사는 실질적으로 독립변수로 볼 수 있다. 마지막으로 지질시간대에는 기후와 지질은 독립변수가 되며, 그에 반해 유량, 유사량, 하천형태, 계곡경사 등은 모두 종속변수가 된다. 이러한 종속과 독립 변수들 간에는 어느 경우는 일정한 관계가 형성되나 다른 경우는 서로 복합적으로 연관되어 일정한 관계가 형성되지 않는다. 9장에서 다룰 충적하천의 마찰은 대표적인 복합관계로서 변수 간에 일정한 관계가 성립되지 않는다.

이러한 유역특성과 충적하천의 상호관계는 그림 7.2와 같이 각 변수간에 정성적인 관계를 도식적으로 표시할 수 있다(Knighton, 1998). 이 그림을 보면 유역 전체측면에서 유역과 하천에 영향을 주는 독립변수는 앞서 설명한 기후, 지질, 식생/토양/토지 이용, 자연지리 등이다. 하천측면에서 독립변수는 하곡경사, 유량, 유입유사량, 강턱재료의 구성 등이다. 다음 하천측면에서 종속변수는 하천경사, 하폭, 수심, 만곡부의 형태 등이다. 흐름측면에서는 유속, 유사량, 하상형태 등이다. 여기서 하상재료는 지질과 상류에서 유입유사의 특성에 의존하지만, 이는 유사량, 하상형태, 하천의 기하특성에 영향을 준다. 이러한 변수들은 같은 종속변수라도 그림 7.2와 같이 상호 관련이 되어 있다.

여기서 하천수리학의 관심은 하천측면에서 독립변수와 종속변수와의 관계를 규명하는 것으로, 특히 유량, 유입유사량, 하상재료가 주어진 경우 하천의 한 구간이나 지점에서 유속, 하상형태와 그에 따른 마찰저항, 유사량 등을 구하는 것이다. 반면에 흐름특성과 하폭, 경사, 수심, 만곡부의 형태 등 하천의 기하특성과의 관계를 규명하는 것은 이른바 수리기하(hydraulic geometry)라 하며, 하천형태학(fluvial morphology)의 주관심 대상이다.

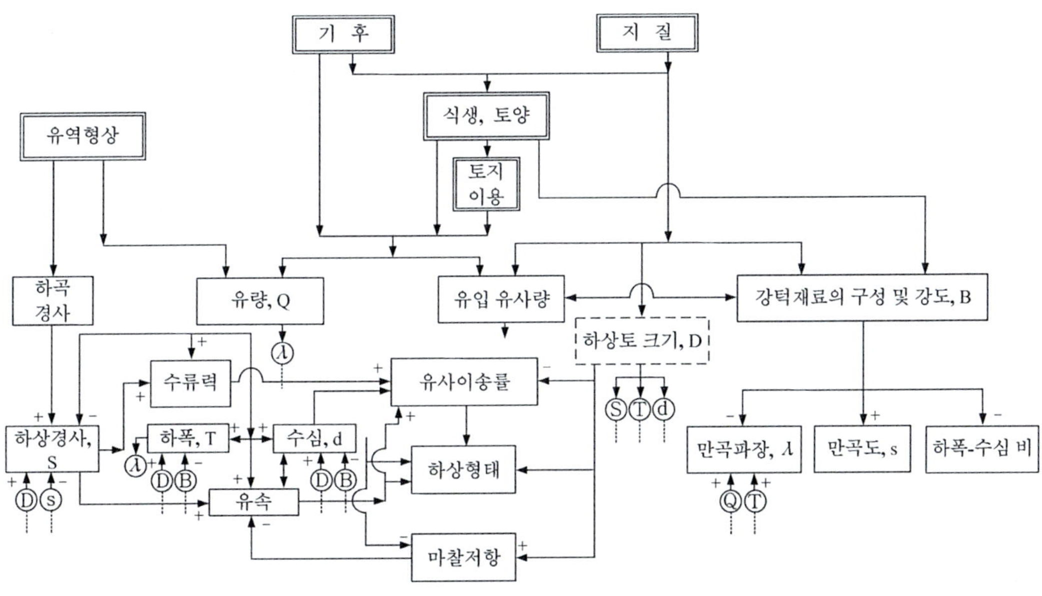

그림 7.2 하천시스템의 상호관계(Knighton, 1998, p. 2)

7.2 하천형태와 분류

(1) 지질시간대에 의한 분류

지구상의 하천을 형태학적으로 분류하는 데 기본적인 개념은 이른바 Davis(1899)의 지형 윤회설(Geomorphic Cycle)이다. Davis의 지형 윤회설에 의하면 처음에 평탄한 지형은 비바람과 흐르는 물의 침식작용에 의해 점차 깎여 유년기, 장년기, 노년기 지형 등 3단계를 거쳐 마지막으로 바다 등 침식 기준면까지 낮아진 준평원이 되며, 지각변동은 이러한 준평원을 다시 들어 올려 새로운 침식작용이 시작된다는 것이다. 여기서 일반적으로 유년기는 상대적으로 짧고 노년기는 길며, 이러한 단계는 지질시간대에 걸쳐 끊임없이 되풀이된다는 것이다. 그러나 실제로 몇 백만년이라는 지질시간에는 그 중간에 기후변화는 물론 지각변동이 수시로 있을 수 있기 때문에 지형은 Davis가 설명한 것처럼 반드시 3단계를 거치지 않고도 중간에 멈추거나 바로 새로운 단계로 갈 수 있다.

Davis의 지형 윤회설의 기본 개념은 지질적 시간대에서 하천의 단계를 설명하는 데 유효한 도구이다. 유년기 지형에서 나타나는 유년기 하천은 연직방향으로 하곡을 깎는 이른바 하방침식(downward erosion)이 왕성하며, 통상 하천경사는 매우 급하여 상류에서 공급되는 유사량을 하류로 완전히 이송시킨다. 따라서 이러한 유년기 하천은 V자형 하곡을 이루며, 많은 협곡, 폭포, 급류, 그리고 중간에 호수를 만든다. 다음 단계는 이른바 장년기 하천으로, 이 단계에서는 하천은 더 이상 하방침식을 멈추고 측방침식을 시작한다. 이에 따라 하곡은 넓어지고, 그 형태는 V자형에서 U자형으로 바뀌며, 그 경사는 완만해진다. 장년기 하천의 경사는 상류에서 공급되는 유사량을 하류로 이송시킬 수 있을 만큼 완만해지며, 따라서 하천 내에서 대규모의 침식과 퇴적은 일어나지 않는다. 유년기 하천과 장년기 하천의 구분은 명확하지 않다. 마지막 단계는 노년기 하천으로 하곡은 충분히 넓어지고 그 경사는 완만해져서 하천은 측방으로 만곡을 만들며 자유롭게 흐른다. 하천 주위로 홍수터는 넓게 자리 잡으며, 하천을 따라 자연적으로 둑이 형성된다. 하곡의 두터운 퇴적층은 지하수를 충분히 함양하여 하곡에는 지표수와 지하수가 상호연결되어 흐른다. 이 단계에서는 지류의 경사도 모두 충분히 완만해져서 본류와 마찬가지로 노년기 특성을 나타낸다.

하천의 단계를 구분하는 방법으로 그림 7.3(a)와 같은 면적 - 고도 곡선(hypsometric curve)이 이용된다. 이는 하천 지점별 상류유역의 면적비(a/A)와 고도비(h/H)의 관계를 나타내는 곡선으로, 이 방법에 의한 국내 주요 하천의 관계곡선은 그림 7.3(b)와 같다. 그러나 지형 윤회설은 지질시간대의 지형변화를 너무 단순화시킨 것으로, 이 그림에서도 큰 의미를 찾기는 어렵지만 한반도의 지형과 하천은 일반적으로 장년기 이후 노년기의 특징을 나타낸다는 점은 일반적으로 인정되고 있다.

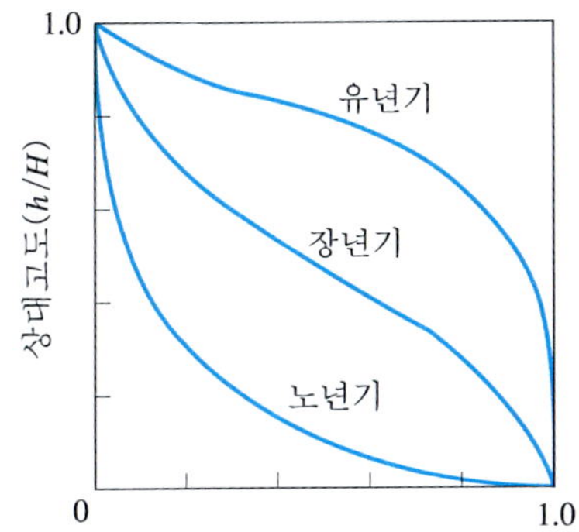

(a) 면적-고도 곡선

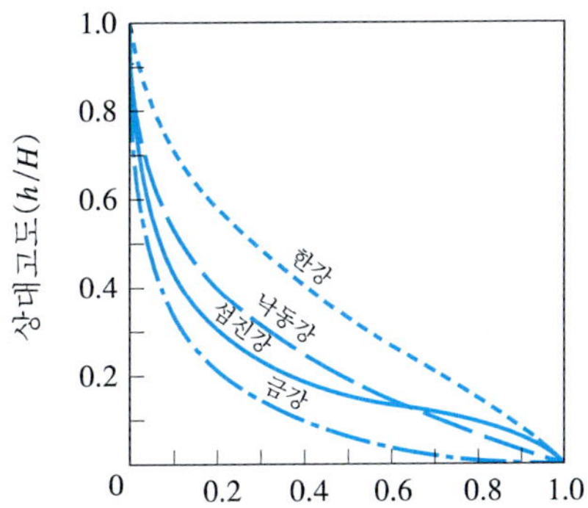

(b) 우리나라 주요 유역의 면적-고도 곡선

그림 7.3 유역의 면적-고도 곡선(이원환, 1997, pp. 8~9)

여기서 평형하천의 개념을 설명할 필요가 있다. 평형하천(stream in equilibrium)은 'graded stream(완경사 하천)' 또는 'poised stream(균형하천)' 등으로 불리고 있으며, 장노년기 하천에서 하천의 침식과 퇴적이 동적으로 균형을 이루는 하천을 말한다. 이에 대한 정의는 Mackin(1948)에 의해 다음과 같이 내려졌다.

"평형하천이란 상당 기간에 걸쳐 가용한 유량과 지배적인 하천특성 하에서 하천상류에서 들어오는 유사의 이송에 꼭 필요한 만큼의 유속이 생기도록 하천경사가 자연적으로 정교하게 조정된 하천이다. 평형하천은 평형상태의 하천이다. 평형하천의 특징은 지배요소의 어느 변화가 평형상태를 어느 방향으로 깨뜨려도 곧 그 변화를 흡수하려고 하는 것이다."

한편 Howard(1982)는 지형학적 관점에서 유사량 등 종속변수와 하천경사 등 독립변수 사이에 시간적으로 변하지 않는 1 : 1 함수관계를 가지는 것을 평형상태로 보았다. Knighton(1984)은 시간개념을 고려하여 평형상태의 기준을 제시하여, 시간에 대해 전혀 변하지 않는 '정적평형', 작은 시간대에서는 변화가 있으나 전체 시간에서는 일정한 상태를 유지하는 '정상상태평형', 그리고 작은 시간대에서는 불규칙하게 변하나 전체 시간대에서는 어느 한 방향으로 일정하게 변하는 '동적평형' 등 세 가지로 나누었다. 여기서 Mackin이나 Howard의 평형상태는 Knighton의 정상상태의 평형에 해당한다.

하천기술자들은 오래 전부터 이러한 평형하천의 개념을 안정하도나 수로의 설계에 이용하려고 노력하였다. 그에 따라 위와 같은 평형상태의 하천을 조정하천(adjusted stream) 또는 안정하천(stream in regime) 등으로 불렀다. 그러나 자연상태에서 평형하천이란 결국 중노년기 하천으로 하곡과 하천의 경사가 충분히 완만해져 유사이송의 균형이 잡힌 하천이다. 여기에는 하천의 경사, 단면, 하상재료, 유량 등 흐름과 유사 변수뿐만 아니라 상류유역에서의 유사공급, 하천의 만곡과 종단변화 등 그 하천을 둘러싼 모든 변수들이 관여하여 평형을 이룬 상태이다.

(2) 평면 형태에 의한 분류

하천은 그 평면형상을 기준으로 직류하천(直流河川, straight river), 사행(蛇行) 또는 곡류하천(曲流河川, meandering river), 다지하천(多枝河川, braided river) 등으로 나눌 수 있다. 이러한 분류는 지도나 항공사진에서 곧 가능하다. 이러한 하천형태를 도식적으로 나타내면 그림 7.4와 같다.

직류하천은 상당 길이의 하천구간에 걸쳐 곡선하도가 없고 직선하도가 계속되는 하천이다. 그러나 자연상태에서 진정한 의미의 직류하천은 없으며, 어느 정도 만곡이 있다. 또한 하도가 상당 구간에 걸치는 직선이라도 가장 깊은 곳을 연결한 최심선(最深線, thalweg)은 하도 내에서 만곡을 이룬다.

사행하천은 하도가 곡선을 이루는 하천으로, 곡류하천이라고도 한다. 대부분의 자연하천은 사행하천이다. 사행하천에서 하천만곡의 정도를 가늠하는 지표로서 만곡도(彎曲度, sinuosity)가 통용되며, 이는 하천의 최심선 길이(통상 만곡 하도의 길이)와 직선거리의 비로서 표시된다. 만곡도가 1.5 이상이면 통상 사행하천으로 본다. 사행하천의 만곡부 안쪽에는 통상 점 사주(point bar)가 형성되며, 바깥쪽에는 깊은 소(沼, pool)를 형성한다. 사행하천은 계속적인 측방침식으로 만곡도가 점차 커지면 결국에는 만곡부의 바깥쪽과 다른 만곡부의 바깥쪽이 서로 닿아 연결되는 첩수로(捷水路, cutoff)가 형성된다. 이에 따라 남은 사행하도 구간은 우각호(牛角湖, oxbow lake)를 형성한다. 한반도에는 한강, 낙동강 등 대하천의 하류까지 측방으로 암반이 노출된 지형이 많기 때문에 완전한 사행을 하기 어렵다. 따라서 한반도에서 사행하천은 그리 많지 않다. 다만 대하천에 의해 비교적 넓게 충적토가 형성된 구간에서 중소하천이 지류로 유입하는 경우 측방침식이 자유롭게 되어 사행하천이 된다.

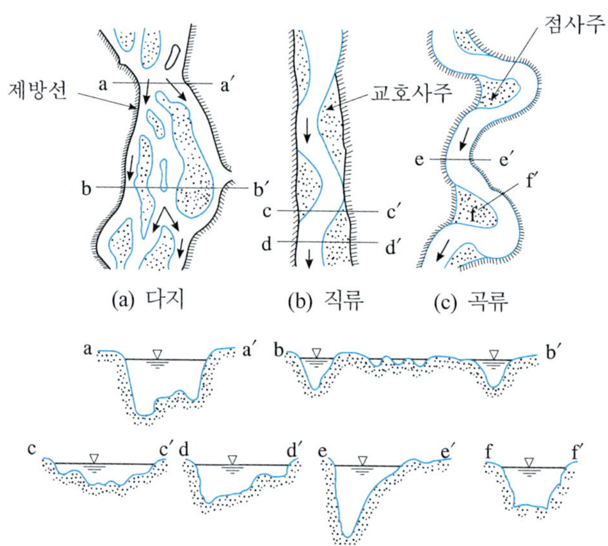

그림 7.4 하천의 평면형태

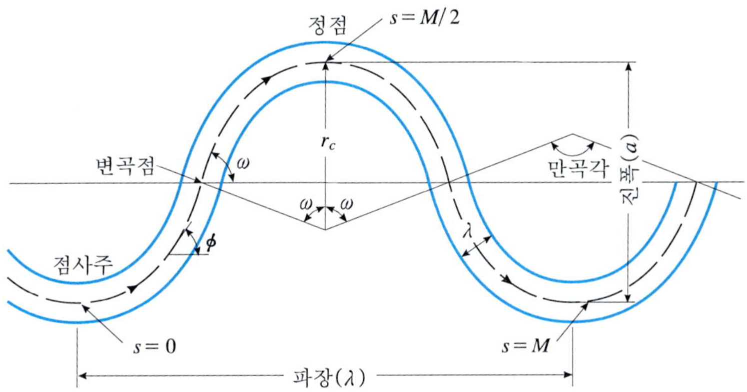

그림 7.5 사행하천의 평면기하 형태

자연상태에서 만곡하천의 평면형태는 일찍부터 하천형태학자들의 관심을 샀다. Leopold와 Wolman(1960)은 그림 7.5와 같은 사행하천에서 파장 λ, 진폭 a, 곡률 반경 r_c 와의 관계를 하폭 T를 이용하여 다음과 같이 경험적으로 표시하였다(원 공식의 ft 단위를 m 단위로 환산한 것임).

$$\lambda = 11.0\,T^{1.01} \tag{7-1}$$

$$a = 3.04\,T^{1.10} \tag{7-2}$$

$$r_c = 0.21\,\lambda^{1.02} \tag{7-3}$$

그들이 이용한 자료는 만곡도가 1.5 이상인 하천들이다. 그림 7.5에서 M은 하도를 따라 잰 거리이다. 그 후 Anderson(1967), Hey(1976) 등 다수의 연구자들에 의해 만곡하천의 평면형태에 대해 경험적, 이론적 관계가 제안되었다. Williams(1986)는 위와 같은 사행하천의 기하 관계식들을 종합하여 비교하였다. 이러한 사행하천의 만곡 관련 식들은 만곡파장을 강턱유량(bankfull discharge)의 함수로 표시하거나, 추가로 하상재료 중 점착성 유사의 비율을 고려하기도 한다(Schumm, 1977). 일반적으로 만곡의 곡률반경 r_c 는 하폭의 1.5~4.5배 정도이며, 좁혀서 표시하면 2~3배 정도이다. 한편 만곡부의 진폭 a는 파장 λ 의 0.5~1.5배 정도이다.

이러한 충적토에서 하천의 측방침식으로 형성되는 사행하천과 형태가 아주 유사하지만 그 생성과정이 다른 하천으로 감입 곡류하천(嵌入 曲流河川, incised meander)이 있다. 실제로 이러한 하천은 강원도, 경상북도 등 한반도 산간지방에서 볼 수 있다. 감입 곡류하천은 과거 만곡으로 흐르던 하곡이 지각변동으로 융기하여 사행모양을 유지하면서 다시 하방침식이 시작되어 형성된 하천이다. 따라서 이러한 하천의 주위는 충적토가 아닌 암반으로 구성되어 있다.

다지하천 또는 망상하천(網狀河川)은 하천경사는 급하고 하천수심은 얕은 여러 줄기로 구성된 하도망을 말한다. 다지하천은 하천의 유사이송 능력 이상의 유사가 공급 되거나, 하폭이 넓고 수심이 얕아지는 경우 생성된다. 다지하천은 계곡에서 급하게 내려오는 계류가 갑자기 평지를 만나게 되면 유사이송 능력이 떨어지고 하폭이 넓어지면서 선상지를 형성하게 된다. 또한 다지하천은 실트나 점토 질 재료로 구성된, 경사가 완만한 하천에서도 생성된다.

Lane(1957)은 사행하천과 다지하천을 구분하는 지표로 미국의 하천자료를 이용하여 다음과 같은 하천경사 S와 유량 Q와의 경험적 관계를 제안하였다.

$$SQ^{1/4} = K \tag{7-4}$$

위 식에서 유량 Q는 표준단위의 m^3/s이다. Lane은 K값이 0.007보다 작은 하천은 사행하천이 되며, 반면에 0.0041보다 큰 하천은 다지하천이 됨을 보여주었다. 그 중간의 경우 천이구간이 되며, 실제로 많은 하천들이 이 구간에 해당한다.

강턱유량과 하천경사를 기준으로 사행하천과 다지하천을 구분하는 방법을 포함하여 많은 종류의 하천분류 기준이 제시되어 왔으나 그 정량적 기준은 매우 다양하고 광범위하다. 특히 Schumm(1977)은 하도의 안정성, 유사이송형태, 하폭-수심의 비 등을 기준으로 그림 7.6과 같이 하천을 분류하였다.

이러한 하도의 형태에 따른 분류에서 조금 벗어나서 하천의 평면형태에서 빼놓을 수 없는 것이 홍수터 또는 범람원(汎濫原, floodplain), 자연제방(自然堤防, natural levee), 배후습지

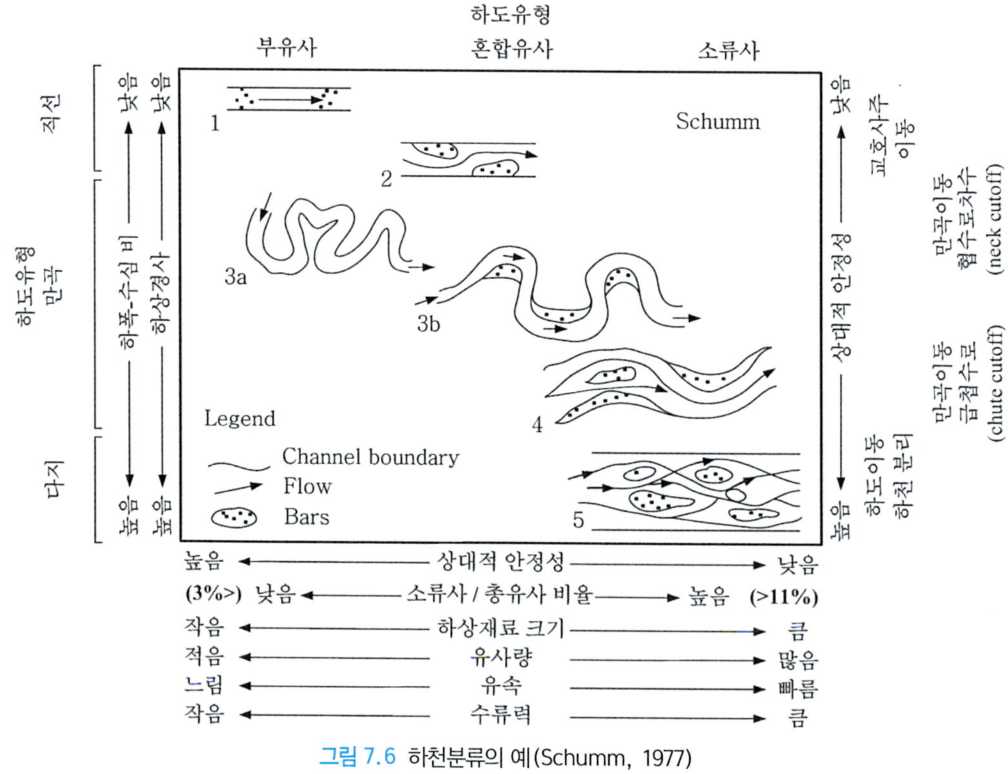

그림 7.6 하천분류의 예(Schumm, 1977)

(背後濕地, swamp/backmarsh), 삼각주(三角洲, delta), 선상지(扇狀地, alluvial fan) 등이다. 홍수터, 또는 범람원은 하천 양안의 평탄한 충적지형으로 홍수시에만 물이 흐르는 지형이다. 홍수터는 홍수시 하천의 퇴적작용뿐만 아니라 하천의 측방침식에 의해 하도가 좌우로 움직이면서 하상재료를 남겨 놓게 되어 점토와 같은 미립토사부터 자갈과 같이 입자가 큰 다양한 재료로 구성되어 있다. 홍수시 물은 유사와 함께 홍수터로 유입되며 이때 가는 모래 등 비교적 굵은 유사는 중간에 침전되어 하도를 따라 낮은 둔덕을 형성하게 된다. 이를 자연제방이라 하며, 자연제방의 배후에는 홍수시 물이 다시 하도로 유입하지 못하여 습지가 된 배후습지가 있게 된다. 배후습지에는 점토와 같은 미립토사가 주로 쌓인다. 경상남도 우포는 낙동강이 만든 배후습지이다(권혁재, 1983).

삼각주[40]는 하천이 바다나 호수로 유입하게 되면 유속이 크게 감소하여 상류에서 싣고 내려온 토사를 퇴적시켜 형성된 지형이다. 삼각주도 기본적으로 홍수터와 마찬가지로 하천에 의한 퇴적지형으로 하도의 주위에는 자연제방과 배후습지가 형성된다. 삼각주 위를 흐르는 하천은 통상 다지하천이 된다. 선상지는 계곡이 끝나고 갑자기 평원이 이어지는 하천에서 유사이송 능력이 격감하여 상류에서 실려온 토사가 쌓여 형성된 부채꼴 모양의 지형이다. 지형도에서는 등고선이 동심원상으로 배열되어 있기 때문에 쉽게 식별된다. 이러한 선상지에서 하천은 예외 없이 다지하천의 형태를 이룬다.

(3) 하상재료와 하천단면 형태에 의한 분류

하상재료의 특성을 기준으로 한 하천분류는 기본적으로 점착성과 비점착성으로 나누는 것이다(Knighton, 1998, p. 152). 그 다음 세분류로서 점착성 하천은 다시 암반하천과 실트-점토 하천으로 구분하고, 비점착성 하천은 모래하천, 자갈하천, 전석(轉石)하천(boulder-bed channel)으로 구분한다. 많은 자연하천은 모래하천과 자갈하천에 속한다. 그러나 하상이 모래와 자갈로 되어 있어도 강턱은 실트로 되어 있는 경우가 많다. 즉, 하상재료와 강턱재료는 일치하지 않는다. 전석하천은 사실상 암반하천으로 분류된다.

Rosgen(1994)은 매우 구체적이고 복합적인 하천분류를 제안하였다. 그의 하천분류는 강에 의한 하곡(河谷)의 침식도(entrenchment ratio), 하폭과 수심의 비, 만곡도, 경사, 하도의 수 등 하천형태와 하상재료를 조합하여 100개 이상으로 세분하였으며 이를 41개로 요약하였다. 여기서 하곡침식도는 하천이 위치한 하곡 내에서 하천이 하곡충적토를 깎아 하도를 만든 정도를 나타내는 척도로, 강턱유량 수심의 두 배에 해당하는 수심의 하폭(홍수 취약구간의 폭)과 강턱유량 하폭과의 비이다.

40 이러한 하구의 퇴적지형이 delta라 불리는 것은 2,500년 전 그리스의 역사학자 Herodotus가 나일강의 하구를 방문하여 그 형태가 삼각형(Δ)과 같다고 하여 붙여진 것이다.

Rosgen의 하천분류에 의하면 자연하천의 대부분은 직류하천, 저사행하천, 사행하천, 다지하천 등에 속한다. 여기에 다시 지배적인 하상재료에 따라 하천을 암반, 전석, 호박돌(cobbles), 자갈, 모래, 실트/점토 등 6가지 기본 형태로 구분한다.

Rosgen의 하천분류는 강의 형태특성과 강과 홍수터와의 관계를 이해하는 데 도움이 된다. 이러한 분류는 특히 하천복원의 계획단계에서 대상하천의 물리적 특성을 이해하는 데 도움이 된다. 다만 그의 분류는 자연적인 강턱유량과 홍수터 등 국내에서는 하천 개수와 정비로 이미 대부분 사라진 지표를 이용하기 때문에 이를 국내하천에 그대로 적용하기는 어려울 것이다.

(4) 하천종단 형태와 분석

하천은 일반적으로 상류에서 하류로 감에 따라 그 종단경사가 줄어든다. 하천의 종단경사는 한 지점의 하상고가 하류하천 거리에 따라 떨어지는 비율로서, 하천경사 또는 간단히 하상경사라 한다. 다만 자연하천의 하상은 그 단면형이 불규칙하기 때문에 그 단면의 평균 하상고를 기준으로 하는 평균 하상경사와 최심선 하상고를 기준으로 하는 최심 하상경사를 구분한다. 최심 하상경사는 전체적으로 하류로 갈수록 줄어드나, 구간에 따라 불규칙하게 변한다. 반면에 평균 하상경사는 하류로 갈수록 비교적 부드럽게 줄어든다.

그림 7.7은 안동 부근 반변천 합류점부터 하구까지 낙동강 본류의 최심 하상고의 종단변화와 하상경사 변화를 나타낸 것이다. 이 그림과 같이 하상고는 아래로 볼록한 형태를 띠며, 특히 남강 하류부터 최심 하상고의 변화가 매우 커진다.

그림 7.1에 도시된 하천 구역별 특징 중 하나는 앞서 언급한 바와 같이 하상재료의 변화이다. 일반적으로 하천 상류에서 하류로 감에 따라 하상재료의 입자 크기와 무게가 줄어들며, 이는 하류로 감에 따라 입자간의 충돌과 바닥 암반에 긁힘에 따른 입자들의 마모(磨耗, abrasion)작용과 수리분급(水理分級, hydraulic sorting) 작용 때문이다. 여기서 수리분급 작용

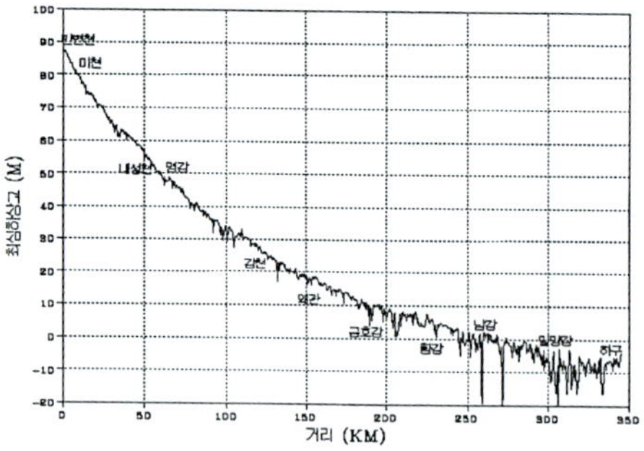

(a) 하상고 종단 변화

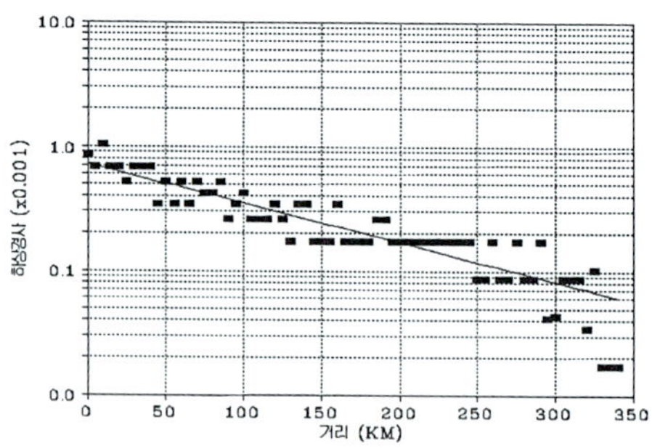

(b) 하상경사 변화

그림 7.7 낙동강의 하상고 종단변화와 하상경사 변화(우효섭과 유권규, 1993, pp. 69~71)

이란 흐름의 선택적 운반현상에 의해 무거운 입자는 상류 가까이에서 먼저 침전되고 가벼운 입자는 멀리까지 내려가서 침전되어 하상재료가 하천거리에 따라 선택적으로 나누어지는 현상이다.

하상경사의 종단 태를 단순히 경험식으로 표시하기 보다는 하상경사와 그 하천의 수리, 유사 특성과의 상관성을 검토하는 것이 더 의미가 있을 것이다. 이러한 점에서 Hack(1957)은 미국 메릴랜드와 버지니아 하천자료를 이용하여 다음과 같은 하상경사 관계식을 도출하였다.

$$S = 18\left(\frac{D}{A}\right)^{0.6} \qquad (7-5)$$

위 식에서 S는 (ft/mile)로 표시된 하상 경사, D는 mm로 표시된 하상재료의 평균입경, A는 $mile^2$으로 표시된 유역면적이다. 위의 관계식이 의미하는 것은 같은 지질로 구성된 유역에서 하상경사는 하상재료의 크기에 비례하고 유역면적에 반비례한다는 것이다. 여기서 유역면적은 그 하천의 유량규모의 직접적인 기준이므로, 결국 하상경사는 유량에 반비례한다는 것이다. 이러한 결과는 11장에서 설명할 Lane의 관계와 일치한다.

마지막으로, 우효섭 등(1994)은 국내 중소하천 18개의 하상경사와 유역특성과의 관계를 검토하여 다음과 같은 경험식을 도출하였다.

$$\frac{S}{S_o} = \left(\frac{A}{A_o}\right)^{-(0.0063/\beta + 0.51)} \qquad (7-6)$$

위 식에서 β는 거리에 따른 유역면적의 감소 양상을 나타내는 계수로서 다음과 같은 경험식에서 얻어진다.

$$A = A_o\, e^{\beta x} \qquad (7-7)$$

여기서 A_o는 상류 기준점($x = 0$)에서 유역면적이다. 계수 β는 0.02~0.2 정도이며, 평균적으로 0.07이다.

(5) 배수망의 형태와 분석

하천유역에는 크고 작은 많은 하천들이 서로 연결되어 있으며, 이러한 하천수계는 유역의 잉여수를 하류로 내려 보내는 배수망의 역할을 한다. 배수망의 해석은 그 수계의 구조와 배수특성을 이해하는 데 도움이 된다. 배수망의 형태와 구조는 결국 그 배수구역의 지질특성에 직접적으로 관련되어 있다. 예를 들면 암석이 비교적 약하고 투수성이 적은 지질에서는 배수망이 잘 발달되며, 반대로 암석이 비교적 강하고 투수성이 크면 수계망의 발달이 약하게 된다. 이러한 배수망의 형태에 대한 분류는 Howard(1967)에 의해 도식적으로 제시되었으며, 그는 배수망을 형태에 따라 수지상, 격자상, 방사상 등 8가지로 구분하였다.

배수망의 정량적인 해석의 효시는 Horton(1945)으로서, 그는 이른바 하천차수(stream order)와 배수밀도(drainage density) 개념을 이용하여 배수망 해석을 시도하였다. 그 후 Strahler(1952)는 Horton의 방법을 수정하여 Horton-Strahler 방법으로 알려진 다음과 같은 하천차수의 매김 방법을 제안하였다.

우선 그림 7.8과 같이 자연하천의 배수망에는 3개 이상의 하천이 한꺼번에 만나는 경우가 없다는 사실에 착안하여 최상류로부터 1부터 하천 번호를 매긴다. 하류로 가면서 다른 하천과 만나기 전까지는 그 번호를 유지하며 만난 후에는 하나 추가한 2의 하천차수를 가지게 된다. 차수가 큰 하천이 작은 하천과 만나면 큰 하천차수를 그대로 가지게 되며, 반드시 같은 차수의 하천끼리 만나는 경우에 한하여 그 다음에는 다음 차수를 가지게 된다.

그러나 이와 같은 하천차수 방법은 물리법칙에 위배되는 듯하다. 왜냐 하면 Horton-Strahler 방법에서는 유량의 예를 들어 지류에서 들어온 유량은 본류의 유량에 직접 기여함에도 불구하고 하천차수는 커지지 않기 때문이다. 이러한 단점을 보완하기 위하여 그림 7.8(b)와 같이 '연결(link)' 개념을 도입하면, 두 하천이 만나면 그 두 하천의 연결 크기를 더한 값에 해당하는 연결 크기를 가진다.

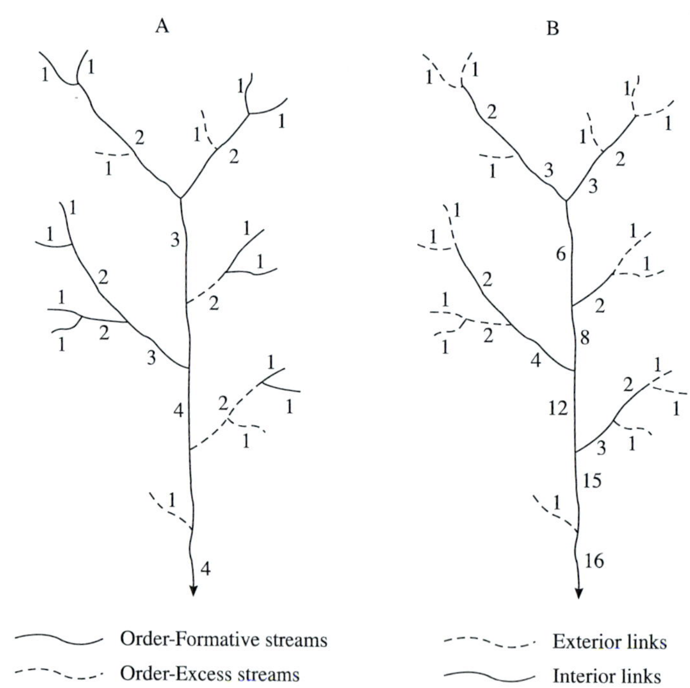

(a) 하천차수 (b) 하천연결

그림 7.8 하천차수 시스템(Knighton, 1998, p. 11)

한편, Hack(1957)은 하천의 배수면적 A 와 하천길이 L 의 일정한 관계를 다음과 같이 경험식으로 표시하였다.

$$L = 1.4A^{0.6} \tag{7-8}$$

위 식에서 지수가 0.5보다 큰 0.6이라는 점은 하천의 크기가 커질수록 유역의 형상은 점차 길어진다는 것을 의미한다.

일찍이 Horton(1945)은 유역의 형상을 나타내는 지표로서 이른바 유역형상 계수 G 를 배수면적 A 와 배수구역 내 주 하천연장 L 을 이용하여 다음과 같이 정의하였다.

$$G = A/L^2 \tag{7-9}$$

따라서 유역의 형상이 폭에 비해 길면 G 값이 1보다 작아지며, 반대로 길이에 비해 폭이 넓거나 형상이 둥글면 G 값은 1에 근접한다. 실제로 대부분의 유역형상 계수는 1보다 매우 작으며, 국내 5대강의 경우 유역 형상계수는 0.06~0.21 정도이다(이원환, 1997, p. 23).

배수밀도는 유역의 수문현상과 유사이송에 직접적으로 관련된 계수로서, Horton (1945)은 배수구역 내 하천의 총 연장 $\sum L$ 과 배수면적 A 를 이용하여 다음과 같이 정의하였다.

$$D = \frac{\sum L}{A} \tag{7-10}$$

배수밀도는 유역의 침식특성과 수문특성에 밀접히 관련되어 있다. 일반적으로 배수밀도는 유역의 연평균 강수량이 증가하면 커지나, 600~700 mm 이상 되면 오히려 줄어든다(Gregory, 1976). 그 이유는 연평균 강수량이 커질수록 지표면을 더 잘 침식시켜 더 많은 배수망을 형성시키나, 어느 정도 이상 커지면 지표면을 보호하는 식생이 왕성해져 배수망 발달을 오히려 저하시키기 때문이다. 다만 연평균 강수량이 1,500 mm 이상 되면 식생에 의한 지표면 보호효과보다 강수 에너지에 의한 침식효과가 더 지배적으로 되어 배수밀도는 다시 약간 증가한다. 이러한 결과는 나중에 10장에서 설명할 비유사량과 연평균 강수량과의 관계와 흡사하다. 즉 배수망이 발달할수록 유사이송 효율이 높아져 비유사량이 커지게 된다.

7.3 충적하천의 유사문제

하천형태의 변화는 결국 빗방울과 흐르는 물에 의해 지각이 깎여서 생긴 유사입자들이 침식되고, 흐르는 물에 의해 이송되어 유수의 에너지가 줄어드는 곳에 쌓이다가, 어떤 이유로 유수의 에너지가 커지면 다시 깎이는 일련의 유사현상(sedimentation)에 의한 것이다. 지구표면의 형태와 하천시스템을 만드는 것은 물에 의한 유사현상 이외에도 바람, 빙하, 중력 등이 있으나 물에 의한 것이 보편적이다. 따라서 충적하천의 형태와 반응은 근본적으로 장단기적 유사현상이며, 이들을 이해하기 위해서는 유사현상의 물리적인 이해가 필수적이다.

유사현상의 물리적 이해는 지구표면의 풍화작용에 의해 생성된 암석조각들과 물의 혼합흐름이라는 매우 복잡한 자연현상을 간단하게 모형화하는 것으로부터 시작한다. 따라서 이러한 흐름현상을 이해하기 위해서는 우선 유사의 물리적 특성을 이해하고, 다음으로 물과 유사입자들의 상호작용을 이해하여야 할 것이다. 그 다음에는 물과 유사의 혼합흐름에서 생기는 다양한 공학적 문제들을 이해하고 해결하는 방안을 찾는 것이 유사론(流砂論)의 중심 과제이다. 유사론은 문제에 쉽게 접근하기 위해 이상화된 흐름조건을 대상으로 미시적이고, 기본적인 물리현상을 다루기 때문에 실제 자연에서 일어나는 거시적이고, 장기적인 하천형태의 변화를 정량적으로 설명하는 것은 불가능하다. 그러나 적어도 충적하천의 동역학적 거동에서 생기는 비교적 단기간의 공학적 문제의 이해와 해결에는 이러한 유사론, 또는 유사공학(sedimentation engineering)은 유효한 도구가 된다. 이 중 하천이라는 자연적 범위 내에서 유사현상을 기존의 하천수리학의 지식에 가미하여 다루는 분야를 하천역학(river mechanics)이라 하며, 이 책의 제2부는 바로 이러한 하천역학을 중심으로 구성되었다.

(1) 유사현상

자연에서 유사현상은 물, 바람, 빙하, 중력 등 다양한 매체에 의해 진행된다. 이러한 자연의 매체에 의해 운송되는 유사는 모두 암석의 풍화작용(風化作用, weathering)에 의해 생성된 것이다. 지각에 노출된 암석은 대기의 화학적, 기계적, 유기적 풍화작용에 의해 부서지고 작아진다. 이렇게 풍화된 암석조각들은 흐르는 물에 의해 아래로 운반되며, 이를 하천유사(fluvial sediment)라 한다. 반면에 바람에 의해 운반되는 유사는 비사(飛砂, aeolian sediment, 또는 loess), 빙하에 의해 운반되는 유사는 빙하유사(glacial sediment)라 한다. 또한 중력은 급경사 지역에서 풍화된 암석 편을 벗겨내어 밑으로 떨어뜨려 커다란 암석조각들의 유동을 만들 수 있다. 이 책은 물에 의한 유사, 즉 하천유사에 초점을 맞춘다.

우리는 강변이나 바닷가에 가면 넓은 모래밭의 수많은 모래를 흔히 볼 수 있다. 그 많은 모래가 과연 다 어디에서 왔을까? 이들은 바로 상류지역의 암석들이 비바람에 풍화되어 흐르는 물에 씻겨 내려온 것들이다. 바닷가 모래밭도 대부분은 육지에서 하천을 따라 씻겨 내려온 암석조각들이 해안에서 파도에 밀려 일정한 곳에 쌓인 것이다. 이렇게 바람과 함께 모암을 풍화시키고 빗방울의 운동에너지에 의해 모암에서 암석조각들을 이탈시키는 것을 물의 침식(浸蝕, erosion) 작용이라 한다. 지질시간대에 걸친 물의 침식작용이 바로 오늘날의 주변 지형을 만든 것이다. 물의 침식작용은 단단한 암석뿐만 아니라 이미 흙으로 바뀐 토양에서 토립자를 이탈시키는 것도 포함한다. 실제로 공학적인 침식해석은 후자에 국한된다.

침식된 토립자들이 주위에 흐르는 물에 휩쓸려 다른 곳으로 움직이는 현상을 연행(連行, entrainment)이라 한다. 이러한 연행작용은 보통 얇고 넓은 흐름, 즉 박층류에 의해 진행된다. 그러나 물의 침식과 연행 작용을 따로 구분하지 않고 하나로 묶어 간단히 침식작용이라 하기도 한다.

침식되고 연행된 토립자들이 비교적 커다란 흐름에 포함되어 하류로 운반되는 현상을 이송(移送), 또는 운송(運送, transportation) 작용이라 한다. 이때 운송매체는 보통 지표면이 깊게 침식되어 인력으로는 되채움이 어려운 '큰 고랑'(溝谷, gully) 이상에서의 흐름이다. 이송작용은 고랑에서 시작하여 개울, 강을 거쳐 유수의 운동에너지가 충분히 작아져서 더 이상 사립자(砂粒子, sediment particles)를 이송시킬 수 없는 곳까지 계속된다.

하천의 흐름은 일반적으로 하류로 갈수록 그 운동에너지가 줄어든다. 유수에 실려온 사립자들이 유수의 에너지가 줄어들어 더 이상 실려갈 수 없게 되면 그 자리에 가라앉아 바닥에 쌓이게 된다. 이를 퇴적(堆積, deposition) 작용이라 한다. 유수의 에너지가 하류로 갈수록 줄어들면 상류에서 실려 내려온 사립자들 중에 무거운 입자들부터 가라앉거나 움직이지 않게 되어 바닥에 쌓이고 가벼운 입자들은 하류로 더 실려간다. 따라서 입자들은 그 무게(크기)에 따라 자연스럽게 나누어진다. 이를 앞서 설명한 바와 같이 수리분급 또는 간단히 분급작용이라 한다. 실제로 하천의 바닥이 상류로 가면 굵은 자갈로, 하류로 가면 가는 모래로 덮이는 것은 입자와 입자 간, 또는 입자와 강바닥 간 마모작용도 있지만 바로 이러한 분급작용 때문이다.

강이 바다나 호수와 만나는 합류점에 쌓인 토사는 세월이 가면 그 위에 계속 새로운 토사가 쌓여서 두터워지며, 따라서 퇴적토 자중에 의해 점차 압력을 받는다. 이를 다짐(compaction)현상이라 하며, 이러한 현상이 지질시간대에 걸쳐 광범위하게 일어나면 결국 퇴적토는 단단한 퇴적암(堆積巖, sedimentary rock)이 된다.

1 하천유사의 분류

과학자들은 모든 자연현상을 여러 특성에 따라 분류하는 것이 분석의 시작으로 보고 있다. 하천수리학자들도 마찬가지여서 하천유사는 그 특성에 따라 여러 가지로 분류된다.

하천유사는 결국 위에서 설명한 대로 물에 의해 만들어져 하천이라는 비교적 제한된 '그릇' 안에 들어온 암석조각들이다. 이러한 사립자들은 점토, 실트와 같이 미립토사 간에 전기화학작용으로 점착성을 가지는 점착성 유사(cohesive sediment)와 모래, 자갈과 같이 입자간에 점착성이 없는 비점착성 유사(noncohesive sediment)로 나뉜다. 위 두 가지 유사는 실로 그 특성이 매우 상이하여 거의 모든 유사현상에서 구분하여 다룰 필요가 있다. 그러나 이 책에서는 모래, 자갈과 같은 비점착성 유사의 거동에 초점을 맞추었으며, 따라서 점착성 유사는 극히 제한된 범위 내에서만 다룬다.

여기서 '하천유사'라는 용어는 두 가지 의미가 있다. 하나는 하천에서 유수에 의해 이송되는 사립자 자체의 의미가 있는 반면에, 다른 하나는 그러한 사립자들의 양(sediment load)을 의미한다. 이 책에서는 위 두 의미를 모두 단순히 유사라고 부른다. 유사량(sediment discharge)이라는 용어는 유량이라는 용어와 같이 단위시간당 한 하천지점(단면)을 흐르는 유사의 양이라는 의미를 위해 유보한다.

유사는 그 이송특성에 따라 소류사와 부유사로 나뉜다. 소류사(掃流砂, bed load)는 하상 위에서 비교적 큰 입자들이 구르거나(顚倒, rolling), 미끄러지거나(滑動, sliding), 뛰면서(跳躍, saltating/hoping) 이송하는 유사를 말한다. 반면에 부유사(浮游砂, suspended load)는 비교적 작은 입자들이 유수의 수직방향의 불규칙 운동인 난류에 의해 중력을 이기고 주로 떠가는 유사를 말한다. 여기서 '주로'라는 한정된 용어를 사용한 것은 부유사라도 중간에 난류특성이 달라지면 다시 가라앉아 소류사의 형태로 이동할 수 있기 때문이다.

(2) 유사현상에 의한 문제

유사현상은 다양한 범위에서 여러 형태의 문제를 일으킨다[41]. 이를 편의상 유사현상의 과정을 기준으로 나누어 검토하면 다음과 같다. 이러한 문제는 여러 과정이 한 군데에서 같은 시간에 일어날 수도 있다.

1 침식에 의한 문제

지각의 침식은 자연현상이다. 침식대상이 암석이든 토양이든 지질시간대에 걸쳐 과거부터 계속되어 왔고 앞으로도 계속될 것이다. 이러한 침식을 지질적 침식이라 하며, 이러한 침식현상은 적어도 10,000년 단위이므로 그 자체로는 100년 단위를 기준으로 하는 공학적 관심대상은 아니다. 지질적 침식작용은 침식 기준면과 유역의 표고 차이가 큰 유년기 지형에서 건조하여 식생이 발달되어 있지 않는 경우 폭우가 쏟아지게 되면 대규모로 발생한다. 지구상에서 이러한 조건을 갖춘 곳은 대부분 이른바 건조 지역이나 준건조 지역으로 미국의 서부, 중국의 황하 중상류 등은 대표적으로 지표면의 침식이 활발한 지역이다. 반대로 노년기 지형에서 대부분의 모암이 지표면에 노출되어 있고 연 강수량이 많아 식생의 발달이 양호한 지역에서는 침식작용이 활발하지 않다. 한반도는 일반적으로 위와 같은 자연조건을 갖추고 있어 지질적 침식활동은 상대적으로 약하며, 그에 따라 유역에서 침식되어 하류로 내려오는 유사 유출량(流砂 流出量, sediment yield)도 상대적으로 적다.

41 여기서 하천형태학과 하천공학의 관심을 구분할 필요가 있다. 이러한 유사현상이 단지 현상으로 끝나면 공학적 관심은 없고, 단지 과학적 관심만 있게 된다. 그러나 유사현상이 인간사회에 직간접적으로 문제를 일으킬 때 비로서 공학적 관심, 또는 문제가 된다.

이에 반해 인간의 활동으로 인해 지표면이 가속적으로 침식되는 현상을 가속적 침식이라 하며, 공학적 주관심 대상이 되는 침식현상이다. 가속적 침식에서 가장 광범위하게 나타나는 것은 농경활동에 의한 것이다. 인간은 사회활동을 하며 모여 살기 시작한 이래 약 7,000년 전부터 농경활동을 위해 자연상태의 지표면을 개간하였다. 이러한 개간활동은 지표면의 침식을 가속화시켜 지질시간대에 걸쳐 수목 아래 있던 비옥한 표토의 유실을 가져왔다. Dale과 Carter(1955)에 의하면 과거문명은 한 지역에서 단지 40~60세대만 유지하였다고 한다. 이러한 결과는 지속적인 농경활동으로 인한 지력의 감쇠와 비옥한 표토가 노출되어 침식작용이 가속화되고 그에 따라 토양이 유실되어 더 이상 농경활동을 유지할 수 없었기 때문으로 추정된다. 반대로 세계 4대 문명의 발상지가 모두 하천변이라는 사실은 하천변 홍수터는 매년 홍수로 인해 잠기지만 그 대신 매년 상류에서 실려온 비옥한 토사가 농토를 덮음으로써 지력이 유지되어 농경활동을 계속할 수 있었다는 것을 시사한다.

농경활동으로 인한 가속적 침식의 대표사례는 미국 중서부 대평원(Great Plains) 지역이다. 그 한 예로 미국 아이오와주 서부 한 농경지역에서 조사된 결과를 보면 1년에 1 km^2마다 약 4 cm 깊이에 해당하는 약 45,000톤[42]의 표토가 유실된 것으로 나타났다(Gottschalk과 Brune, 1950). 또한 시험 밭 연구결과에 의하면(Musgrave, 1957), 자연 숲을 밭으로 개간하는 경우 토양침식은 가속화되어 100배에서 최대 1,000배까지 커지는 것으로 나타났다. 국내의 경우 정확한 자료는 없지만 저수지 퇴사자료를 기준으로 추정하면 연평균 유사 유출량이 많은 지역은 500 톤/km^2 정도이므로(건설부/건기연, 1992) 이를 침식된 토양깊이로 환산하면 약 0.4 mm 정도이다. 토양침식은 표면이 비교적 고르고 형상이 일정한 구역별로 균일하게 흐르는 박층류에 의한 박층침식(sheet erosion), 유수가 집중되어 작은 골을 이루며 침식되는 세류침식(rill erosion), 그리고 도랑의 규모가 커서 보통의 인력으로는 되메울 수 없을 정도로 큰 구곡침식(gully erosion) 등으로 구분한다. 농경지 침식의 대책으로 등고선 경작(contour farming), 띠경작(stripcropping), 계단식 경작(terraces) 등이 있다.

도시화는 필연적으로 기존의 삼림이나 농경지를 개발하는 단계를 거친다. 따라서 도시화의 과정 중에 대부분의 토양은 노출되어 침식작용이 가속화된다. 따라서 규모에 관계없이 신도시, 단지, 기타 휴양시설을 개발하는 경우 가속화된 침식작용에 의해 생성된 유사유출로 인한 하류지역의 피해를 방지하는 대책이 필요하다. 그러나 일단 도시화가 끝나면 표토는 대부분 불투수층으로 덮이기 때문에 침식활동은 오히려 감소한다.

도로, 철도, 공항 등 대규모의 개발사업은 공사기간 중 광범위하게 표토를 긁어내기 때문에 가속적 침식작용이 일어난다. 침식된 토사는 하류로 이송되어 사면경사가 작아지는 곳이나

42 여기서 SI 단위의 metric tonne과 영국의 'English ton', 미국의 'American ton'을 각각 구분할 필요가 있다. English ton은 'long ton'이라고도 하며 2,240 lbs(1,017 kg)에 해당하며, American ton은 short ton이라고도 하며 2,000 lbs(908 kg)에 해당한다. 따라서 1 (metric) tonne≒0.98 long ton≒1.1 short ton이다. 이 책에서 '톤'하면 '메트릭 톤'을 의미한다.

하천바닥에 쌓여서 홍수위를 상승시키거나 배수구 등을 막히게 한다.

광산활동은 또 다른 가속적 침식 요인으로, 특히 구덩이를 파거나(open-pit mining) 띠 모양으로 파는(strip mining) 노천광은 침식작용을 가속화시킨다. 그 밖에 터널식 광산활동에서 광석 찌꺼기인 버력을 쌓아 놓은 곳은 풍부한 침식원이 된다. 국내에는 없었지만 과거 미국 서부에서 유행했던 이른바 수력채굴(hydraulic mining)은 고속의 물줄기로 산기슭 지표면을 세굴시켜 금, 은을 골라내는 광산활동으로 적극적인 가속적 침식이라 할 수 있다. 20세기 초까지 유행한 그러한 광산활동으로 인해 하류 하천에 미친 영향은 지금까지도 남아 있다. 한 예로 캘리포니아주의 북부 Sierra Nevada Mountains 지역에서 19세기 중반부터 20세기 초까지 계속된 수력채굴 활동으로 하류 Sacramento 강의 하상이 높아져서 수운, 홍수조절 등 하천관리에 큰 지장을 주었다(ASCE, 1975, pp. 6～7). 이러한 광산활동은 가속적 침식에 의한 양적인 유사문제뿐만 아니라 인체에 해로운 중금속이 다량 함유된 광산 찌꺼기가 침식되어 하천을 따라 이송되어 문제를 야기한다. 이를 막기 위해서는 광산 찌꺼기를 가두어 놓는 일종의 침사지인 광미댐(tailing dam)이 필수적이지만, 때로는 적극적인 정화와 복원 활동이 필요하다. 환경 보전과 복원이 중요시되는 현재 특히 폐광지역에서 이러한 정화활동은 더욱 필요하다.

지금까지는 유역에서 지표면의 침식으로 인한 문제들을 소개하였지만 하천 내 침식으로 인한 문제는 더 심각할 수 있다. 그 대표적인 것이 하천의 유량을 인위적으로 바꿈으로써 생기는 하도침식 현상이다. 한 예로 남강댐의 여수로 역할을 하는 가화천은 남해안으로 유입하는 소하천이나, 남강댐 방류시에는 남강보다 더 큰 유량이 흐른다. 이 때문에 1965년 남강댐 건설 후 처음에는 비교적 연약한 판암으로 된 하상이 상당히 벗겨져서 하상의 형태가 크게 바뀌었다. 댐이나 보 하류 하상저하나 첩수로의 건설로 인한 하상침식 등도 넓게는 침식에 의한 문제라 할 수 있다. 또한 피복공이 안 된 흙 수로의 침식은 수로기능에 직접적인 영향을 준다.

여기서 유량과 유사 특성은 변하지 않으나 하천의 단면형이 바뀌거나 하도 내 구조물의 존재로 인해 흐름의 양상이 바뀜으로써 생기는 세굴현상을 특히 국부세굴(局部洗掘, local scour)이라 하며, 위에서 먼저 설명한 하상침식과 구별된다. 이러한 국부세굴로 인한 대표적인 문제는 교량의 교각이나 교대 주위의 하상세굴 문제로서 이에 대해서는 11장에서 구체적으로 다룰 것이다.

마지막으로 유사는 각종 오염물의 운반체인 동시에 저장체, 나아가 촉매역할도 한다. 이러한 오염물에는 농약 잔류물, 인이나 질소 또는 각종 유기물, 박테리아나 바이러스와 같은 병원체 등이 포함된다. 특히 농경과 축산 활동의 확대와 농약, 비료 등의 보편적 사용은 이러한 지역에서 침식된 유사의 질에 근본적인 문제를 일으킨다. 오염된 유사가 홍수시 하류에 퇴적되면 결국 상류에서 하류로 오염물을 이동시킨 결과와 같다.

2 운송에 의한 문제

흐르는 물에 실린 유사는 이송되는 과정에서도 문제를 일으킨다. 우선 폭우에 의해 산사태가 나서 발생하는 토석류(debris flow, mud flow)나 과농도류(hyperconcentrated flow) 등은 그 자체로서 충격력과 점착력이 있기 때문에 농경지나 주거지에 흐르면 직접적인 피해를 준다. 또한 이렇게 토사 자체가 크고 농도가 높은 유사흐름은 교각이나 기타 하천구조물에 충격을 주어 피해를 일으킨다. 유사농도가 그만큼 높지 않더라도 흐름 속의 사립자는 터빈이나 펌프와 같은 수력기계의 날개와 축을 쉽게 마모시켜 수명을 단축시킨다. 실제로 한 해안에 있는 발전소의 냉각수에 포함된 직경 0.1 mm 정도의 작은 모래가 냉각수 취수펌프의 날개와 축을 지속적으로 마모시켜 문제를 일으킨 적이 있다(한국전력/건기연, 1998). 여기서 유사는 바다에서 도수로를 따라 실려온 해안표사(海岸漂砂, coastal sediment)이다.

유역의 침식작용이 가속화되어 유수에 유사농도가 커지게 되면 하류하천이나 저수지의 유사농도를 증가시킨다. 이렇게 증가된 유사농도는 수중서식처의 환경을 악화시키며, 수변위락활동에도 부정적인 영향을 끼친다. 점토, 실트, 세사 등 물에 뜬 미립토사는 물고기의 아가미에 껴서 물고기를 죽이거나 바닥에 퇴적되어 하상에 서식하는 각종 무척추동물에 영향을 준다. 또한 유사농도가 커지면 정수장의 수처리 비용이 증가하고 약품의 과다투입으로 물맛이 떨어진다.

3 퇴적에 의한 문제

앞서 침식에 의한 문제에서 설명하였듯이 자연현상에 의한 유사의 퇴적은 비옥한 토사의 공급이라는 측면에서 인간에 이롭다. 그러나 과다한 퇴적은 농경지와 주거지 등을 매몰시킬 수 있다. 근래 들어 홍수에 의한 농경지나 주거지 침수시 문제가 되는 것은 물 자체도 있지만 토사퇴적에 의한 문제가 더 심각하다. 농경지에 퇴적된 토사는 결국 농작물을 죽게 하며, 주거지에 퇴적된 토사는 가옥과 도로의 세척이라는 홍수 후유증을 유발한다. 그림 7.9는 1990년 9월 한강 대홍수시 서울시의 한강공원 지역에 퇴적된 토사로, 이때 단 3일 동안 서울시 한강구간 전체로 약 150만톤의 토사가 고수부지에 퇴적된 것으로 추정되었다(Woo 등, 1991).

하천이나 수로에 쌓인 토사는 여러 가지 원하지 않는 문제를 일으킨다. 우선 용수로에 쌓인 비옥한 미립토사는 야생풀의 성장을 촉진하여 수로의 통수능을 저하시킨다. 더 심하게 쌓이면 통수단면적을 줄여 통수능을 저하시킨다. 또한 수운수로에 쌓인 토사는 준설비용을 증가시키며 하도에 전체적으로 쌓인 토사는 하천 전체의 하상고를 높여 홍수위를 증가시킨다.

도시지역에서 하수구나 우수구(雨水溝)의 퇴사문제는 정도에 차이는 있지만 어느 도시에서나 일어나는 문제이다. 이러한 하수구/우수구에 퇴적된 토사는 주기적인 준설이 요구되며 그에 따라 유지관리 비용을 증가시킨다. 특히 개발이 진행중인 지역에서 우기시 토사유출 관

그림 7.9 1990년 9월 한강 대홍수시 서울시 한강 고수부지에 쌓인 토사

리를 제대로 하지 않은 경우 개발지에서 침식되어 운송된 유사는 결국 하수구나 우수구 내에 퇴적되어 문제가 심각해진다.

단일 요소로 보아서 퇴적으로 인한 공학적 문제가 가장 광범위하게 나타나는 곳은 아마 저수지 퇴사 문제일 것이다. 저수지에 쌓인 토사는 저수지 개발의 1차 목적인 저수용량의 직접적인 감소를 가져온다. 저수지로 유입되는 유사 모두가 저수지 바닥에 쌓이지는 않는다. 저수지 바닥에 쌓이는 토사의 양은 저수지로 유입되는 토사의 양에 직접 비례하지만, 이 밖에도 저수지의 기하특성과 조작특성 등에 따라 달라진다. 국내에서 대형 다목적댐의 연평균 퇴사율(연평균 퇴사량과 저수용량과의 비율)은 0.1% 수준으로 비교적 작으나, 농업용 저수지의 경우 1~3% 정도로 결코 무시할 수준이 아니다(건설부/건기연, 1992). 저수지 퇴사는 저수시 용량 감소 문제 이외에도 하천 유입부의 홍수위 상승을 가져오며, 하천바닥 퇴적과 같이 수상 위락 활동과 수중 생태서식처에 악영향을 준다.

마지막으로, 하도에서 유사의 퇴적이나 세굴로 하상이 상당한 구간에 걸쳐 전반적으로 변하는 것을 흔히 하상변동이라 한다. 하상변동은 댐 하류의 하상저하, 저수지 상류의 하상상승, 지류 유입부의 퇴적, 골재채취로 인한 하상변화, 사주의 이동으로 인한 하상변화 등 매우 다양하게 나타나며, 이로 인한 문제는 국내에서 사실상 하천관리의 일차적 대상이 된다. 구체적으로, 하상저하는 양수장, 수위관측소 등 수리시설의 기능에 직접적인 영향을 주며, 그 밖에 강턱과 제방의 안정성, 지류의 두부침식, 지하수위의 저하 등 많은 문제를 일으킬 수 있다. 유사의 퇴적으로 인한 하상상승은 홍수위상승은 물론, 수운하도의 유지관리 측면에서도 문제를 야기한다. 규칙적인 사주의 이동, 또는 기록적인 홍수로 인한 사주의 형성과 소멸 등은 특히 국내에서 취수장의 취수장애를 일으킨다(Woo 등, 1997). 문제는 이러한 하상의 침식과 세굴, 퇴적 현상이 복합적으로 나타나는 경우가 많기 때문에 문제 접근과 해결이 더욱 어렵다는 것이다.

4 유사문제의 접근방법

지구상에 나타나는 유사문제를 모두 해결하려고 노력하는 것은 비현실적이고, 실제로 가능하지도 않다. 빗방울과 흐르는 물에 의한 지각의 침식, 세굴, 운송, 퇴적 현상은 자연현상의 일부이다. 그러나 인간활동으로 인해 이러한 유사현상이 가속화되어 생기는 문제는 합리적인 범위 내에서 해결하여야 한다. 특히 이러한 현상이 인간의 생명과 재산에 직접적인 영향을 주는 재해문제인 경우 적극적인 해결방법을 찾는 것은 하천기술자의 임무 중 하나일 것이다.

하천에 발생하는 유사문제에 접근하는 순서는 우선 문제의 본질을 밝히는 것부터 시작한다. 문제, 또는 피해의 원인이 무엇인지, 그러한 문제의 원인이 어떻게 유사와 직간접적으로 관련되어 있는지를 밝혀야 한다. 다음은 문제에 관련된 유사의 특성을 분석한다. 여기에는 사립자의 입경과 분포, 농도 등이 포함될 것이다. 특히 유사의 질이 문제인 경우 사립자에 붙은 이물질의 종류와 농도 등이 포함된다. 그러면 그러한 유사가 어디에서 어떻게 이송되어 퇴적되었는지 추정할 수 있을 것이다. 여기서 상류에서 이송된 유사의 양과 성질은 보통 침식되는 지표면이나 암석의 성질, 침식의 형태, 침식된 유사를 운반하는 흐름의 특성 등에 관계된다. 마지막으로 이러한 유사문제를 해결하거나 적어도 줄일 수 있는 방법을 모색하여 가능한 다른 대안과 함께 검토되어야 할 것이다.

연습 문제

7.1 Leopold와 Wolman의 경험식을 이용하여 저수로 폭 25 m의 충적하천을 복원 설계하는 경우 적정한 만곡 파장과 진폭을 구하시오.

7.2 상류의 한 하천 지점에서 하상경사가 S_o, 유역면적이 A_o인 경우 식 (7-6)을 이용하여 하류 한 지점에서 하상경사 S를 그 지점의 유역면적 A로 표시하시오(그 하천의 유역면적의 변화는 $\beta = 0.07$로 표시됨).

7.3 다음과 같은 하천의 각 지류, 본류에 Horton-Strahler 차수방법과 Knighton의 연결방법으로 각각 번호를 붙이시오.

7.4 한 도시를 관류하는 중규모 충적하천의 하상이 최근 몇 년 동안 계속 높아지고 있다. 당신은 그 도시의 하천관리자로서 그 원인과 대책을 수립하여야 한다. 조사결과 그 하천의 상류유역의 산지를 벌채하여 대규모의 종합 위락단지를 개발하고 있다. 그 하천의 하상상승의 원인과 대책을 수립하는 방법과 절차를 간략히 기술하시오.

7.5 한반도는 유사문제에 관한 한 지질, 지형, 기후 조건이 비교적 양호하여 대규모의 유역침식이나 유사유출과 같은 문제는 발생하지 않고 있다. 그러나 충적하천의 하상변동에 의한 국부적 문제는 다양한 형태로 발생하고 있다. 이러한 하상의 세굴과 퇴적에 의한 문제의 예를 주위의 자료를 이용하여 구체적으로 소개하시오.

7.6 국내에서 하구 삼각주는 낙동강 이외에 한강, 금강 등에는 잘 발달되지 않았다(지금은 낙동강도 하구둑으로 막혀 자연의 삼각주는 실제적으로 사라졌음). 그 이유를 낙동강 하구로 이송되는 유사량의 상대적 풍부성과 낙동강 하구의 조석차의 상대적 크기 등을 가지고 설명하시오.

1. 건설부/한국건설기술연구원(건기연), **댐 설계를 위한 유역단위 비유사량 조사·연구**, 1992. 11, p. 61/218.
2. 권혁재, **자연지리학**, 법문사, 1983, p. 400.
3. 우효섭과 유권규, **평형하상 추정방법의 개발**, 한국건설기술연구원 연구보고서, 93-WR-112, 1993.
4. 우효섭, 유권규, 박종관, "우리 나라 충적하천 하상경사의 수리기하 특성에 관한 연구," **대한지리학회지**, 제29권, 제3호, 1994.
5. 이원환, **최신하천공학**, 동명사, 1997.
6. 한국전력주식회사/한국건설기술연구원(건기연), **영광원자력 발전소 취수구 퇴사 대책 연구**, 1998.
7. Anderson, A. G., "On the Development of Stream Meanders", *Proceedings of the 12th Congress of IAHR*, Colorado State University, Fort Collins, Colorado, 1967.
8. ASCE, *Sedimentation Engineering*, Vanoni, V. (ed), Manuals and Reports on Engineering Practice No. 54, 1975.
9. Dale, T. and Carter, V. G., *Topsoil and Civilization*, University of Oklahoma Press, Norman, Oklahoma, 1955.
10. Davis, W. M., "The Geographical Cycle", *Geographical Journal*, vol. 14, 1899.
11. Gottschalk, L. C. and Brune, G. M., *Sediment Design Criteria for the Missouri Basin Loess Hills*, SCS-TP 97, US Department of Agriculture, Soil Conservation Service, Oct., 1950.
12. Gregory, K. J., "Drainage Network and Climate", in E. Derbyshire(ed), *Geomorphology and Climate*. Chichester, Wiley-Interscience, 1976.
13. Hack. J. T., Studies of Longitudinal Stream Profiles in Virginia and Maryland, *Professional Paper*, 294B, USGS, Washington, D. C., 1957.
14. Hey, R. D., "Geometry of River Meanders", *Nature*, vol. 262, August, 1976.
15. Horton, R. E., "Erosional Development of Streams and Their Drainage Basins: Hydrophysical Approach to Quantitative Morphology", *Bulletin of Geological Society of America*, vol. 56, 1945.
16. Howard, A. D., "Drainage Analysis of Geological Interpretation: A Summation", *American Association of Petroleum Geology Bulletin*, vol. 51, 1967.
17. Howard, A. D., "Equilibrium and Time Scale in Geomorphology: Application to Sand-bed Alluvial Streams", *Earth Surface Processes and Landforms*, vol. 7, 1982.
18. Joyce, S., "Is it worth a dam?", *Environmental Health Perspectives,* vol. 105, no. 10, 1997, pp. 1050 ~1055.
19. Kennedy, J. F. and Brooks, N, H., "Laboratory Study of Alluvial Streams at Constant Discharge", *Proceedings, Federal Interagency Sedimentation Conference*, Miscellaneous Publication No. 970, Agricultural Research Service, 1963.
20. Knighton, D., *Fluvial Forms & Processes*, Edward Arnold, 1984, pp. 90~91.
21. Knighton, D., *Fluvial Forms & Processes, A New Perspective*, Arnold, 1998.

22. Lane, E. W., A *Study of the Shape of Channels Formed by Natural Streams Flowing in Erodible Material*, M. R. D. Sedimentation Series No. 9, US Army Engineering Division, Missouri River, US Corps of Engineers, 1957.

23. Leopold, L. B. and Wolman, M. G., "River Meanders", *Bulletin of Geological Society of America*, vol. 71, 1960.

24. Mackin, J. H., "Concept of the Graded Rivers", *Bulletin of the Geological Society of America*, vol. 59, 1948.

25. Musgrave, G. W., "The Quantitative Evaluation of Factors in Water Erosion-A First Approximation", *J. of Soil and Water Conservation*, vol. 2, no. 3, July, 1957.

26. Rosgen, D. L., "A Classification of Natural Rivers", *Catena*, vol. 22, 1994.

27. Schumm, S. A., "Fluvial Geomorphology: Historical Perspective", *River Mechanics*, H. W. Shen (ed), Fort Collins, Colorado, 1971, pp. 4-5～4-14.

28. Schumm, S. A., The *Fluvial System*, John Wiley & Sons, New York, 1977, p. 338.

29. Strahler, A. N., "Hypsometric(area-altitude) Analysis of Erosional Topography", *Bulletin of Geological Society of America*, vol. 63, 1952.

30. Walling, D. E. and Webb, B. W., "Erosion and sediment yield: a global overview", In: Erosion and Sediment Yield: Global and Regional Perspectives Walling, D. E. and Webb, B. W. (ed), *Proceedings of an international symposium*, The International Association of Hydrological Sciences(IAHS) Publication, no. 236, 1996, pp. 3～20.

31. Wilkinson, B. H., "Humans as geologic agents: A deep-time perspective", *Geology,* vol. 33, no. 3, 2005, pp. 161～164.

32. Williams, G. W., "River Meanders and Channel Size", *J. of Hydrology*, vol. 88, 1986.

33. Woo, H., Kim. Y., Lee, S., and Heo, S., "Characteristics and Control of Sediment Deposits Around Water Intake Areas", *Asian Waterqual 97*, 6th IAWQ Asia-Pacific Regional Conference, May 20~23, Seoul, Korea, 1997.

34. Woo, H., Lee, B. K., and Yu, K. K., "Sedimentation Aspects of Floodplain Management", *Proceedings of National Conference on Hydraulic Engineering*, ASCE, Nashville, Tennessee, July 29～August 2, 1991.

Chapter 8

사립자와 물의 상호작용

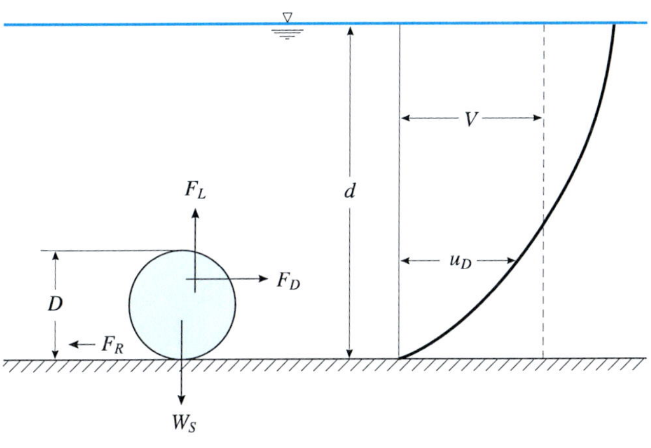

▲ 하상에 놓인 사립자에 작용하는 힘

이 장에서는 먼저 하천유사의 물리적 성질에 대해 검토한다. 다음, 하상을 구성하는 사립자들이 흐름에 의해 움직이기 시작하는 이른바 한계조건에 대해 비점착성 유사와 점착성 유사로 나누어 검토한다. 흐름이 한계조건을 넘으면 층류에서도 사립자의 운동은 시작되며 난류에서는 유체입자들의 불규칙한 운동으로 인해 사립자와 물의 지속적이고 강도 높은 상호작용을 하게 된다. 이러한 난류흐름의 기본적인 특성에 대해 알아보고, 난류유속의 연직분포를 하상을 구성하는 사립자의 크기와 점성저층 두께와의 관계에 따라 구분하여 검토한다.

8.1 유사의 물리적 성질

유사가 있는 흐름은 흐름 자체뿐만 아니라 유사의 물리적 특성에 따라 달라진다. 유사의 물리적 특성은 개별입자, 즉 사립자의 특성과 사립자들의 집합체인 '덩어리 유사(bulk sediment)'의 특성으로 나눌 수 있다. 유사현상에 직간접적으로 관련된 사립자의 물리적 특성은 크기 또는 입경(粒徑), 형상, 단위중량(비중), 침강속도 등이다. 이 중에서 가장 중요한 것은 크기와 침강속도이나, 침강속도는 주로 크기에 의해 결정되므로 결국 크기가 가장 중요한 특성이다. 유사현상에 직간접적으로 관련된 덩어리 유사의 특성은 입경분포, 공극, 단위중량, 안식각 등이다. 점착성 유사의 경우 사립자간의 전기화학적 성질이 매우 중요한 역할을 하며, 그에 따른 응집(flocculation)현상은 점착성 입자들의 침강속도와 퇴적토의 단위중량 등에 직접적인 영향을 준다.

(1) 개별사립자의 성질

1 크기

사립자의 크기등급은 임의적인 기준인 1/16(0.0625) mm를 기준으로 하여 모래와 실트로 구분한다. 통상 기하등급을 이용하여 이 기준에서 각각 2배와 1/2배씩 사립자의 크기를 나누고 각 등급에 대해 일반적으로 통용되는 명칭을 붙인다. 여기서 0.0625, 또는 간단히 0.062 mm는 통상 자연하천에서 흔히 발견되는 사립자들 중 가장 작은 크기이다. 또한, 이러한 방법으로 크기등급을 매기면 실험실에서 사용하는 체(sieve)의 눈금간격과 비슷하게 된다. 표 8.1은 미국지구물리연맹(American Geophysical Union, AGU)의 유사용어 분과위원회(Lane, 1947)에서 정한 사립자 크기등급으로, 우리말 용어와 영어를 병기하였다.

국내 토질조사 분야에서 사용하는 등급은 위 사립자 등급과 약간 다르다. 한국공업규격 KSF2302에 의하면, 입경이 0.005 mm 이하인 입자를 점토, 0.005~0.075 mm를 실트, 0.075~2.0 mm를 모래, 2.0~75 mm를 자갈, 그 이상을 암편으로 구분하고 있다. 한편, AASHTO[43]의 구분에 의하면, 입경 0.001 mm 이하를 콜로이드, 0.001~0.002 mm를 점토, 0.002~0.074 mm를 실트, 0.074~2.0 mm를 모래, 2.0~63 mm를 자갈, 그 이상을 암편으로 구분하고 있다.

자연하천의 사립자는 형상이 각기 다르기 때문에 입자의 크기를 말할 때 크기를 잰 기준을 제시하여야 한다. 또한, 사립자의 크기는 구형입자의 크기에 해당하는 직경으로 대신한다. 따라서 위의 위원회에서 제시한 사립자 크기의 기준은 체직경(sieve diameter), 침전직경(sedimentation diameter), 공칭직경(nominal diameter) 등이 있다. 체직경은 어느 체의 눈금으로

43 American Association of State Highway and Transportation Officials

겨우 빠져 나온 입자의 크기를 그 체의 눈금 크기로 대신하는 것이다. 이 방법은 입경분석이 간단하기 때문에 가장 널리 사용된다. 침전직경은 동일한 유체에서 동일한 단위중량의 구체 침강속도와 동일한 침강속도를 보이는 사립자의 크기를 그 구체의 직경으로 대신하는 것이다. 공칭직경은 사립자의 부피와 동일한 부피를 가지는 구체의 직경으로 사립자의 크기를 대신하는 것이다. 모래부터 중간 자갈까지는 통상 체분석으로 입경분석을 하므로 체직경으로 표시하는 것이 편리하다. 반면에 실트 이하는 통상 침전 방법으로 입경분석을 하므로 침전직경으로 표시하는 것이 편리하다. 공칭직경은 물리적으로 특별한 의미는 없으나, 퇴적토의 부피분석에 유용하다. 참고로 중간 자갈보다 더 큰 사립자들은 체분석으로 입경분석을 할 수 없으므로 격자 틀 등 특별한 방법을 이용한다. 사립자의 입경분석 방법에 대해서는 제10장의 유사측정에서 구체적으로 설명한다.

표 8.1 사립자 크기등급

등급 명칭	크기등급			
	(mm)		(μm)	Tyler[2]
	(분수)	(소수)		
매우 큰 전석(轉石, very large boulders)		4,096~2,048		
큰 전석(large boulders)		2,048~1,024		
중간 전석(medium boulders)		1,024~512		
작은 전석(small boulders)		512~256		
큰 호박돌[1](large cobbles)		256~128		
작은 호박돌(small cobbles)		128~64		
매우 굵은 자갈(very coarse gravel)		64~32		
굵은 자갈(coarse gravel)		32~16		
중간 자갈(medium gravel)		16~8		2~1/2
잔 자갈(fine gravel)		8~4		5
아주 잔 자갈(very fine gravel)		4~2		9
매우 굵은 모래(極粗砂, very coarse sand)	2~1	2~1	2,000~1,000	16
굵은 모래(粗砂, coarse sand)	1~1/2	1.0~0.5	1,000~500	32
중간 모래(中砂, medium sand)	1/2~1/4	0.5~0.25	500~250	60
잔 모래(細砂, fine sand)	1/4~1/8	0.25~0.125	250~125	115
아주 잔 모래(極細砂, very fine sand)	1/8~1/16	0.125~0.062	125~62	250
굵은 실트(coarse silt)	1/16~1/32	0.062~0.031	62~31	
중간 실트(medium silt)	1/32~1/64	0.031~0.016	31~16	
잔 실트(fine silt)	1/64~1/128	0.016~0.008	16~8	
아주 잔 실트(very fine silt)	1/128~1/256	0.008~0.004	8~4	
굵은 점토(coarse clay)	1/256~1/512	0.004~0.002	4~2	
중간 점토(medium clay)	1/512~1/1,024	0.002~0.001	2~1	
잔 점토(fine clay)	1/1,024~1/2,048	0.0010~0.0005	1.0~0.5	
아주 잔 점토(very fine clay)	1/2,048~1/4,096	0.0005~0.00024	0.5~0.24	

주) 1) 정식 명칭은 아니나 자갈과 구분하기 위해 호박돌이라는 표현을 썼음
2) 단위 inch(2.54 cm)당 체눈금의 수

2 형상

사립자는 형상이 다양하기 때문에 크기만으로 사립자의 특성을 대표하기 어렵다. 사립자의 형상은 모양(shape)과 원마도(圓磨度, roundness)로 대표된다. 모양은 전체적인 사립자의 형태를 나타내는 것으로, 구형에서 얼마나 벗어났는지가 주된 관점이다. 반면에 원마도는 사립자의 끝 부분이 얼마나 각이 졌는가, 또는 끝 부분의 곡률반경이 얼마인지가 주된 관점이다. 따라서 육면체는 구형에 가까우나 원마도는 낮다. 반면에 양쪽 끝이 반구(半球)로 된 원통은 구형에서 벗어나나 원마도는 높다.

그러나 사립자의 침강속도 측정에서는 이러한 지표들보다는 사립자에서 서로 직각인 장축 a, 중간축 b, 단축 c 의 길이 간 비를 이용한 다음과 같은 형상계수(shape factor, SF) 지표가 실용적이다.

$$SF = \frac{c}{\sqrt{ab}} \tag{8-1}$$

자연하천에서 유사의 형상계수 SF는 0.5∼0.9 정도이며 평균 0.7 정도로 알려졌다. 국내에서 수행한 하천유사 조사에 의하면(우효섭 등, 1991), 중소하천의 중류역에 위치한 한 모래하천에서 채취한 사립자들의 형상계수도 0.5∼0.9 범위이며, 평균 0.66∼0.70 정도이다.

3 단위중량

사립자는 지각을 구성하는 암석에서 떨어져 나온 조각들이므로, 일반적으로 모암의 광물적 특성을 가지고 있다. 그러나 모암에서 떨어져 나온 조각들은 운송과정 중에 마모되기 때문에 마모에 강한 광물은 상대적으로 많이 남아 있고, 마모에 약한 광물은 닳아서 없어진다. 따라서 큰 사립자일수록 모암의 광물성분을 그대로 가지고 있지만, 사립자가 작아지면 마모에 강한 석영(quartz) 등이 지배적이 된다. 유사입자의 밀도 ρ_s는 단위 부피당 유사입자의 질량으로 나타내며 석영이 지배적인 사립자의 밀도는 2,650 kg/m^{3}이며 온도에 따른 변화는 크지 않다. 사립자의 단위중량 γ_s는 단위부피당 사립자의 무게를 나타내며 일반적인 값은 26.0 kN/m^{3}이다. 사립자의 단위중량 γ_s는 사립자의 밀도 ρ_s와 중력가속도 g를 곱한 값과 같다. 아르키메데스의 원리에 의하면 단위중량이 γ인 유체 내에 잠겨 있는 단위중량이 γ_s인 사립자의 수중 단위중량 γ_s'은 두 값의 차와 같다.

$$\gamma_s' = \gamma_s - \gamma \tag{8-2}$$

사립자의 비중 G는 유사입자의 단위중량 γ_s와 기준 온도의 유체 단위중량 γ의 비로 나타내며 4℃의 물을 기준으로 한 석영이 지배적인 사립자의 비중은 식 (8-3)과 같다.

$$G = \frac{\gamma_s}{\gamma} = \frac{\rho_s}{\rho} = 2.65 \tag{8-3}$$

하천 사립자들의 광물 구성비에 대한 미국 네브라스카주 오마하 부근의 미주리강 모래자료(ASCE, 1975, p. 22)와 경기도 안성과 여주 부근의 한강지류인 청미천 모래자료(우효섭 등, 1991)에 의하면 두 하천의 모래에서 모두 석영질이 지배적임을 알 수 있다. 구성비로 가중평균한 모래의 비중 G는 미국자료의 경우 2.65이며, 국내자료의 경우 청미천의 한평교와 원부교 지점은 2.65 정도로서 사실상 일치한다. 따라서 사립자가 모래이며 실측자료가 없는 경우 비중은 통상 2.65로 보아도 무방하다. 그러나 사립자에 무거운 광물이 상당히 포함되어 있을 것으로 판단되면 단위중량이나 비중을 따로 측정하여 결정하여야 한다. 특히 실험실에서 모래 이외의 재료를 이용하여 이동상 하천실험을 하는 경우, 미리 알고 있기 전에는 그 재료의 비중은 반드시 실측하여야 한다. 사립자의 크기가 매우 줄어들면 석영의 구성비는 줄어들고, 그 크기가 점토 크기로 줄어들면 kaolinite, illite 등 점토질 광물이 지배적이 된다.

(2) 사립자의 침강속도

유사는 흐르는 물에 연행되어 움직이기 때문에 항상 물과 사립자는 동역학적인 관계에 의해 상호작용을 한다. 이러한 물과 사립자의 상호작용에는 중력에 의해 물 속에서 떨어지는 사립자의 침강속도가 중요한 역할을 한다. 실제 자연하천에서 움직이는 사립자는 크기와 형상은 물론 단위중량 등이 서로 다르고, 또한 난류에서 많은 입자들이 같이 움직이기 때문에 이러한 실제 현상을 대표하는 침강속도를 해석하는 것은 매우 어렵다. 따라서 사립자의 침강속도 해석은 통상 이상적인 조건, 즉 하나의 구형입자가 무한대로 넓은 정지중인 물에서 떨어질 때 중력과 저항력이 같아지는 등속도의 종말침강속도(terminal fall velocity)를 기준으로 한다.

1 이상 조건에서 구체의 침강속도

움직이지 않는 유체 내에서 유체의 비중보다 큰 비중을 가진 구체를 살며시 떨어뜨리면, 처음에 구체는 중력에 의해 가속되지만 유체의 저항이 점차 커지면서 곧 중력과 저항력이 균형을 이루어 그 다음부터 구체는 등속도로 떨어진다. 구체가 처음 떨어지는 순간부터 등속도 낙하를 하기까지의 감속운동은 통상 수초밖에 걸리지 않는다. 이러한 정지중인 유체 내 구체의 낙하운동은 등속도로 움직이는 유체의 흐름장에 구체를 매달아 놓은 것과 동역학적 면에서는 같다. 정지 중 유체 내 구체의 낙하현상은 부정류이나 이를 낙하속도와 같은 속도로 따라가는 관찰자의 눈에는 정지 중 구체 주위에 등속도의 흐름장이 있는 정상류 현상으로 보일 것이다. 따라서 구체의 종말속도에 관한 해석은 등속도의 흐름장에 매달려 있는 구체에 작용하는 힘과 흐름장에서의 접근유속과의 관계를 해석하는데서 부터 시작한다.

등속도 흐름장에 있는 어느 물체에 작용하는 힘은 항력(drag force)이라 불리며, 항력 F_D 는 항력계수(drag coefficient) C_D 를 이용하여 다음과 같이 표시된다.

$$F_D \equiv C_D A_p \frac{\rho V^2}{2} \tag{8-4}$$

위 식에서 A_p 는 흐름에 직각을 이루는 면에 투영된 물체의 면적이며, $\rho V^2/2$ 는 흐름장의 동압력이다. 등속도 흐름장에 있는 물체에 작용하는 항력은 정지 중 유체 내에서 흐름장의 유속과 같은 속도로 떨어지는 물체에 작용하는 저항력과 같다. 따라서 이 저항력을 유체 내 물체의 무게와 같게 놓으면 등속도 운동의 역학조건이 된다. 여기서 물체의 형상을 구형으로 보고 그 직경을 D, 밀도를 ρ_s, 종말 침강속도를 w, 유체의 밀도를 ρ 라 하면 항력 F_D 는

$$F_D = C_D\left(\frac{\pi D^2}{4}\right)\rho\frac{w^2}{2} = (\rho_s - \rho)g\frac{1}{6}\pi D^3 \tag{8-5}$$

따라서, 항력계수 C_D 는

$$C_D = \frac{4}{3}\frac{gD}{w^2}\frac{\rho_s - \rho}{\rho} \tag{8-6}$$

Stokes[44]에 의하면, 점성흐름에서 구체의 낙하속도가 아주 작아 유체의 관성을 무시할 수 있는 'creeping motion'에서 구체에 작용하는 마찰항력은 $F = 3\pi\mu w D$ 이다. 이는 입자 레이놀즈 수(particle Reynolds number) Re_p 가 0.1보다 작은 범위 내에서 유효하며, 이를 항력계수 C_D 로 표시하면

$$C_D = \frac{24}{Re_p} \quad ; \quad Re_p < 0.1 \tag{8-7}$$

여기서, 입자 레이놀즈 수는 입자의 낙하속도와 직경을 이용한 레이놀즈 수로서

$$Re_p = \frac{\rho w D}{\mu} = \frac{wD}{\nu} \tag{8-8}$$

따라서, 종말침강속도, 또는 단순히 Stokes의 침강속도는 식 (8-8)을 (8-7)에 대입하고, 다시 (8-6)에 대입하여 다음과 같이 얻어진다.

$$w = \frac{gD^2}{18\nu}\left(\frac{\gamma_s - \gamma}{\gamma}\right) \tag{8-9}$$

44 George Gabriel Stokes(1819~1903)는 아일랜드에서 태어나 영국에서 활동한 수학자, 물리학자로서 19세기 영국을 대표하는 자연 과학자이다. 그는 Navier가 제시한 유체의 운동방정식을 1845년에 일반적으로 표시하였으며, 이는 Navier-Stokes 방정식이라 불린다. 나아가 1851년에 Navier-Stokes의 식에서 관성을 무시할 수 있는 매우 느린속도의 운동인 'creeping motion'의 해를 구하였으며, 이는 Stokes의 법칙이라 불린다.

위 식에서 γ_s, γ는 각각 사립자와 유체의 단위중량이다. 물의 동점성계수 ν(m^2/s)를 온도 T(℃)에 대해 계산하는 유용한 경험식은 다음과 같다.

$$\nu = \frac{1.79 \times 10^{-6}}{1 + 0.03368\,T + 0.00021\,T^2} \tag{8-10}$$

식 (8-7)의 적용범위는 $Re_p < 0.1$ 이며, 이를 Stokes 범위라 한다. 여기서 레이놀즈 수 1.0까지 적용하게 되면 수온 20℃의 정지상태의 물에서 비중 2.65인 구형 석영입자의 침강속도는 실제 0.8 cm/s이나 Stokes 법칙으로는 0.89 cm/s가 되어 약 10% 정도의 오차가 난다.

$Re_p > 0.1$ 인 경우 Oseen(1927)에 의해 관성을 고려하여 다음과 같이 Stokes의 해석이 확장되었다.

$$C_D = \frac{24}{Re_p}\left(1 + \frac{3}{16} Re_p\right) \tag{8-11}$$

위 식은 Re_p 값이 최대 2까지 유효하다. Oseen 이후 많은 연구자들에 의해 $C_D - Re_p$관계를 해석적인 방법으로 얻으려고 노력하였으나 현재까지 가용한 해석적 방법은 $Re_p < 2$까지이며, 그 이상의 범위에서는 실험결과에 의존하여야 한다. 그림 8.1은 Rouse에 의해 흐름장 내에 고정된 물체실험과 정지유체 내의 물체 낙하실험 결과를 같이 표시한 $C_D - Re_p$ 관계도로서, 이 그림에서 보는 바와 같이 두 실험방법에는 동역학적 차이가 없다. 이러한 실험적 결과를 토대로 물과 공기 중에서 석영질 구체의 침강속도를 도시하면 그림 8.2와 같다.

한편, Rubey(1933)는 반(半)이론적 방법에 의해 구체에 의한 항력을 해석하여 침강속도를 구하였다. 그는 구체에 작용하는 항력을 구체표면에서의 점성에 의한 마찰저항과 구체 앞뒷면의 압력차이에 의한 형상저항의 합으로 보았다. 마찰저항으로는 Stokes의 마찰력을 이용하였으며, 형상저항으로는 구체에 부딪치는 유체입자는 구체의 중심과 충돌점에 연하는 평면에 대해 같은 각도로 튀어 나간다는 가정 하에서 운동량법칙을 적용하였다. 따라서 이렇게 구한 Rubey의 항력을 유체 중 구체의 무게와 같게 놓으면

$$3\pi D\mu w + \pi D^2 \frac{\rho w^2}{4} = \frac{\pi D^3}{6}(\gamma_s - \gamma) \tag{8-12}$$

위 식을 입자 레이놀즈 수로 표시하면

$$C_D = \frac{24}{Re_p} + 2 \tag{8-13}$$

이를 침강속도 w 로 표시하면

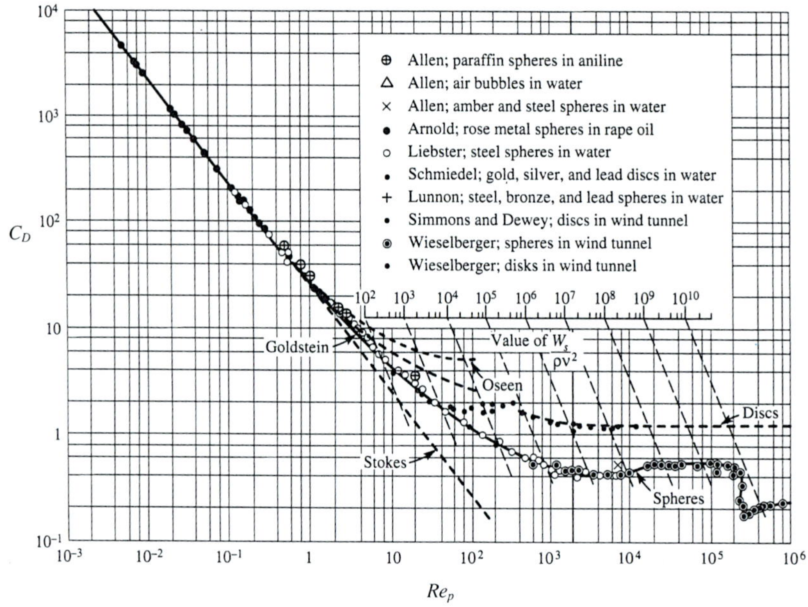

그림 8.1 구체의 항력계수와 레이놀즈 수의 관계(Rouse, 1937)

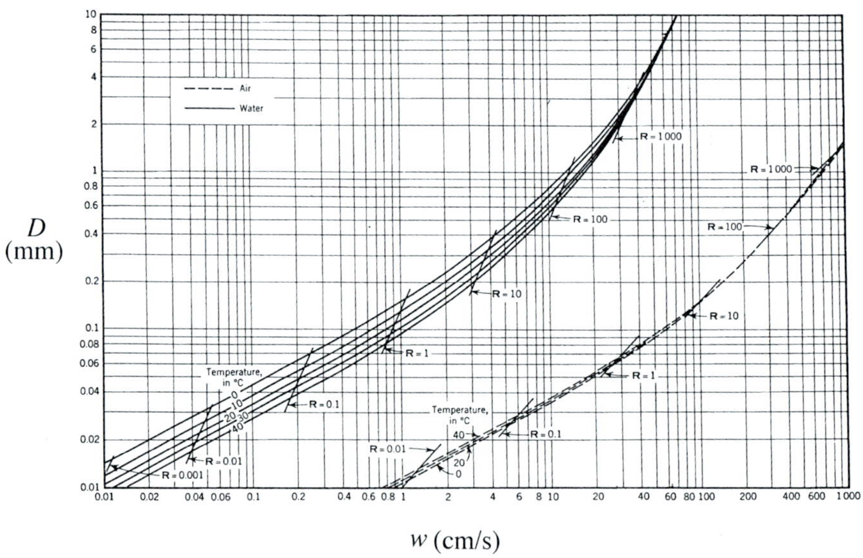

그림 8.2 물과 공기 중에서 석영질 구체의 (종말)침강속도(Rouse, 1937)

$$w = \sqrt{\frac{36\nu^2}{D^2} + \frac{2}{3}\frac{\gamma_s - \gamma}{\gamma} gD} - \frac{6\nu}{D} \qquad (8-14)$$

Rubey 식 (8 − 13)을 기존의 관계식과 같이 도시하면 그림 8.5와 같다. 이 그림과 같이 Rubey 식은 Re_p 가 약 8부터 실험치에서 벗어나기 시작하여 큰 레이놀즈 수에서 2에 머무른다. 그러나 나중에 설명하지만 모래와 같은 비구형 사립자의 경우 체직경으로 표시한 항력계수는 구형의 경우보다 크게 나타나므로 자연 사립자의 침강속도 추정에 일정한 오차를 감수하면 Rubey 식은 어느 정도 유용하다. 아인슈타인 공식 등 기존의 유사량 공식에는 사립자의 침강속도 추정에 Rubey 식이 이용된다.

Gibbs 등(1971)은 구형 사립자의 침강속도를 산정하는 유용한 경험식을 제안하였다. 그들의 식을 다시 쓰면

$$w(\mathrm{cm/s}) = \frac{-6\mu + \sqrt{2/3\gamma(\rho_s - \rho)D^2 D_g + 36\mu^2}}{\rho D_g} \qquad (8-15)$$

위 식은 모두 cgs 단위이며, $D_g(\mathrm{cm}) = 0.02322 + 0.1488\,\mathrm{D}$ 이다.

예제 8.1

수온 20℃의 정지중인 무한대 크기의 순수한 물에 비중 2.65, 직경 1 mm인 구형입자의 침강속도를 1) 실험결과에 의한 $C_D - Re_p$, 2) Stokes 법칙, 3) Rubey 식, 4) Gibbs 식으로 각각 구하고, 그 결과를 검토하시오.

풀이

(1) $C_D - Re_p$ 곡선

비중이 2.65이므로 그림 8.1에서 시행착오로 구하기보다는 그림 8.2에서 직접 읽을 수 있다. 이 그림에서 직경 1 mm에 해당하는 수온 20℃ 곡선을 읽으면 $w \cong 16\,\mathrm{cm/s}$ 이다.

(2) Stokes 법칙

20℃ 물의 동점성계수 $\nu = 1.0 \times 10^{-6}\,\mathrm{m^2/s}$ 이므로 식 (8-9)에서

$$w = \frac{9.8(1.0\times10^{-3})^2}{18(1.0\times10^{-6})}\,\frac{2.65-1.0}{1.0} \cong 90\ [\mathrm{cm/s}]$$

(3) Rubey 식

식 (8-14)에서

$$w = \sqrt{\frac{36(1\times10^{-6})^2}{(1\times10^{-3})^2} + \frac{2}{3}\,\frac{2.65-1.0}{1.0}9.8(1\times10^{-3})} - \frac{6(1\times10^{-6})}{1\times10^{-3}} = 9.8\ [\mathrm{cm/s}]$$

(4) Gibbs 식

$D_g = 0.02322 + 0.1488\times(10^{-1}) = 0.0381\,[\mathrm{cm}]$ 이고 식 (8-15)에서

$$w = \frac{-6(10^{-2}) + \sqrt{2/3(1\times980)(2.65-1.0)(10^{-1})^2(0.0381) + 36(10^{-2})^2}}{(1.0)(0.0381)} = 15.3\ [\mathrm{cm/s}]$$

따라서 직경 1 mm 정도의 사립자는 $C_D - Re_p$ 곡선을 이용하든지 Gibbs 식을 이용하여야 하며, Rubey 식은 침강속도를 과소평가하고, Stokes 식은 과대평가한다.

2 실제조건에서 비구체의 침강속도

지금까지 구체의 항력과 침강속도에 대해 검토하였으나, 자연하천의 사립자는 구형이 아니다. 더욱이 유체조건은 단순히 정지상태의 무한대 크기의 물이 아니다. 자연하천에서 사립자들의 침강속도가 정지중인 유체에서 구형의 단독입자의 침강속도와 다르게 되는 요인은 다음과 같다(Woo, 1985, pp. 185~186).

- 사립자의 형상 → 비구형의 영향
- 단독낙하 → 다수낙하(사립자농도)의 영향
- 주변 유체상태 → 운동(난류)의 영향
- 무한대 유체 → 자유수면과 바닥이 한정된 유체
- 매끄러운 사립자 표면과 낙하중 입자의 비회전 → 거친표면과 낙하중 입자회전
- 뉴턴 유체 → 미립토사의 농도가 커짐에 따른 비뉴턴 유체
- 비점착성 → 점착성에 의한 입자 간 응집의 영향

위와 같은 실제조건에서 사립자의 항력에 대한 이론적, 실험적 연구결과(McNown 등, 1951)가 제시되어 왔으나 이러한 연구결과는 입자의 형상이나 입자 레이놀즈 수 등 적용 가능한 범위가 매우 제한되어 실제 유사현상에 이용되지 못하고 있다.

또한 여러 개의 사립자가 같이 떨어지는 경우 입자사이의 간격이 좁아져서 밑에서 위로 올라가는 환원류(還元流, return flow)에 의한 추가적인 저항으로 침강속도가 작아지는 이른바 간섭침강(hindered settling) 현상에 대한 이론적인 결과(Mcnown과 Lin, 1952)가 제시되었으나 이러한 연구결과도 적용범위가 제한되어 있어 자연 사립자의 침강속도 산정에 직접적인 도움을 주지 못한다. 무한대의 유체에 사립자가 모여서 같이 떨어지는 경우 오히려 침강속도는 커지며, 이를 집단침강(group settling)이라 한다. 이에 대한 이론적 연구도 아직 작은 레이놀즈 수에 한정되어 있다.

자연상태의 사립자는 이상적 상태와 달리 난류에서 침강한다. 난류가 침강속도에 미치는 영향에 대해서는 과거부터 상당한 연구가 진행되었다. 그 결과 일부 상충되는 설명도 있으나, 일반적으로 인정되는 것은 난류에서 침강속도는 정수 중에 비해 작아진다는 것이다. 난류에서 침강속도가 줄어드는 이유는 진동흐름으로 모의되는 난류가 입자와 유체간에 비선형적인 추가항력을 야기하기 때문으로 설명된다. 이를 확인하듯이 Hwang(1990)은 진동흐름에서 입자의 침강속도를 해석하여 정수에서보다는 작다는 결론을 내렸다. 그러나 이러한 해석은 아직 정성적 수준에 머물러서 난류의 영향을 정량적으로 표시하여 유사현상에 이용하지 못하고 있다.

자유수면과 바닥이 있는 곳에서 침강속도는 무한대의 유체의 경우에 비해 작아진다. 이러한 경계면의 인접성에 따른 영향은 다른 영향에 비해 상대적으로 작다. 다만 실험실에서 침강

실험을 한정된 크기의 물통에서 하는 경우 이른바 측벽과 바닥의 근접에 따른 영향은 무시할 수 없다. McNown 등(1948)은 구형입자의 직경 D와 실린더의 직경 D_c 의 비인 D/D_c 가 0.3보다 작은 경우 Stokes 범위 내에서 이러한 측벽의 영향을 해석적으로 제시하였다. 그들은 또한 D/D_c 가 0.3보다 큰 경우에 대해 경계면과의 거리가 충분히 큰 유체에서 실험한 결과를 $C_D - Re_p$ 관계도로 표시하였다. 그들은 낙하실험 원통이 충분히 커서 $D/D_c = 0$인 상태에서 실험한 항력계수 값이 그림 8.3에서 구형의 항력계수 값에 비해 5% 정도 작은 것은 이 그림에 이용된 기존의 실험을 충분히 큰 원통에서 하지 않았기 때문인 것으로 돌렸다. 그러나 실제 이 정도 오차는 다른 이유로도 생길 수 있기 때문에 그림 8.1은 여전히 인정되고 있다.

사립자 표면이 거칠면 사립자와 흐름간의 층류경계층은 표면이 매끄러운 경우에 비해 더 작은 레이놀즈 수에서 난류경계층으로 바뀔 수 있다. 흐름의 경계층이 난류로 바뀌면 항력이 줄어드는 현상은 유체역학에서 잘 알려진 것이다. 그러나 이러한 천이경계층의 조기 발생은 Re_p 가 $10^5 \sim 10^6$에서 발생하는 반면에, 2 mm 크기의 석영질 구체가 물에서 침강하는 경우 입자 레이놀즈 수는 1,000 미만이므로(그림 8.5 참조) 이러한 현상은 유사현상과 직접적인 관련이 없다. 또한 유속분포가 일정하지 않고 변하는 전단흐름에서 입자는 낙하 중에 회전하게 되며, 이러한 회전은 항력을 변화시킨다. 그러나 이러한 입자회전에 의해 항력에 미치는 영향은 상대적으로 작다.

지금까지는 물과 공기와 같은 뉴턴유체에서 항력과 침강속도를 검토하였다. 그러나 사립자의 농도가 매우 커서 이른바 과농도류(過濃度流, hyperconcentrated flow), 또는 토석류(土石流, debris flow)가 되는 경우 점토나 실트 같은 미립자들은 물에 균일하게 섞여 그 혼합물은 하나의 새로운 유체로서 거동한다. 이러한 혼합물은 통상 Bingham 유체와 같은 비뉴턴 유체 특성을 보인다. 따라서 이러한 진흙과 물의 고농도 혼합물(진흙탕 물)에서 모래나 자갈 같은 비점착성 입자들의 침강속도는 깨끗한 물에서의 속도보다 훨씬 작은 것으로 알려져 있다. Simons 등(1963)은 크기 0.45, 0.29, 0.19 mm인 사립자들의 침강속도는 맑은 물에서 각각 7.5, 4.0, 2.4 cm/s 이나 실트와 점토 등 미립토사 농도가 10%인 '흙탕물'에서는 각각 2.5, 0.9, 0.5 cm/s로 약 70%나 감소하는 것을 관찰하였다. 또한 그들은 이러한 침강속도의 감소는 미립토사의 농도는 물론 점토의 종류와 물에 녹아 있는 이온의 종류에 따라 달라지는 것을 관찰하였다. 그들은 흙탕물의 겉보기 점성(apparent viscosity)을 이용하면 그림 8.1과 같은 기존의 $C_D - Re_p$ 관계를 이용하여 침강속도를 개략적으로 계산할 수 있음을 보였다. Woo와 Kim (1993)은 진흙탕물과 같은 Bingham 유체에서 구체의 항력에 관한 기존의 자료를 분석하고 '상당직경(equivalent diameter)'의 개념을 도입하여 Bingham 유체 내에서 구체의 침강속도를 산정하는 방법을 제안하였다. Song과 Chiew(1997)는 진흙탕물 흐름에서 모래, 자갈과 같은 사립자들의 침강속도에 대한 연구결과를 제시하였다. 이 연구결과에 의하면 정지중의 진흙탕

물은 맑은 물보다 훨씬 점성이 커서 침강속도는 작아지며, 진흙탕물이 흐르게 되면 항복응력(yield stress)은 정지 중보다 더 커져서 침강속도는 더 줄어들게 된다. 그러나 유속이 점차 커지는 경우 진흙탕물의 응집(floc) 구조가 깨져서 항복응력이 줄어들어 침강속도는 오히려 커지는 것으로 나타났다.

마지막으로, 실트나 점토와 같은 미세한 입자들의 침전양상은 입자 간 점착성 때문에 모래, 자갈과 같은 비점착성 입자들의 침전양상과 매우 다르다. 실트나 점토와 같은 미립자들은 그 무게에 비해 표면적이 매우 크기 때문에 표면에 전기를 띠게 되며, 이러한 전기는 유체에 녹아 있는 이온들과 서로 전기화학적 작용을 한다. 정지중인 물에서 미립자들은 이러한 전기작용에 의해 서로 끌어당겨 뭉쳐서 응집을 형성하고, 커진 응집은 집단침강하여 빠르게 내려가면서 새로운 미립자를 포착하여 더 커지게 되고 그에 따라 침강속도는 더 커진다. 그러나 경계가 한정된 원형물통의 경우 농도가 커지면 오히려 간섭침강 효과가 커져 침강속도는 줄어들 수 있다. 따라서 미립자들의 침강속도에는 이러한 집단침강과 간섭침강의 상반된 효과가 동시에 작용하게 된다.

Migniot(1989)은 응집된 미립자들의 침강속도 ω_f를 개별입자의 침강속도로 계산하는 식을 다음과 같이 제시하였다.

$$\omega_f = \frac{250}{D^2}\omega \quad ; \quad D < 40\ \mu\text{m} \tag{8-16}$$

여기서, 입자직경 D의 단위는 μm이다(1 $\mu\text{m} = 10^{-6}$ m). Stokes 법칙에 대입하면 응집침강속도는 대략 0.15~0.6 mm/s이다. 응집침강속도 중간에서 굵은 실트의 침강속도와 유사하다.

Winterwerp(1999)는 응집된 미립자의 크기 D_{floc}(mm)와 응집된 미립자들의 침강속도 ω_f (mm/s)의 관계식을 다음과 같이 제시하였다.

$$\omega_f \cong 10 D_{floc}^{3/2} \tag{8-17}$$

이 식을 적용하기 위해서는 응집된 미립자의 크기를 알아야 한다. 응집침강속도는 10 mm/s 이상 되지 않으며 응집의 크기가 1 mm 이상인 경우는 흔하지 않다.

3 자연 사립자의 침강속도

자연하천의 사립자의 침강속도는 침전직경을 구하거나, 아니면 체분석으로 체직경을 구해 침강속도 도표에서 구할 수 있다. 어느 사립자의 침강속도를 측정하면 그 입자의 침전직경은 그림 8.1과 식 (8-6)에서 구할 수 있다. 사립자가 비중 2.65의 석영일 경우 그림 8.2를 직접 이용할 수 있다. 문제는 침전직경은 유체의 비중과 점성에 따라 달라진다는 것이다. 즉 물의 온도에 따라 달라진다. 예를 들어 공칭직경이 1 mm인 석영입자의 침전직경은 0℃ 물에서

0.82 mm이지만 24℃에서 0.76 mm가 되어 약 7% 정도 줄어든다. 반면에 침강속도는 10.4 cm/s에서 12.3 cm/s로 약 18% 늘어난다. 이러한 문제를 해소하기 위해 이른바 표준침강속도(standard fall velocity)와 표준침강직경(standard fall diameter)이라는 개념이 소개되었다. 표준침강속도는 무한대 크기의 정지중인 24℃ 물에서 떨어지는 입자의 종말침강속도이며, 표준침강직경은 그와 같은 속도로 떨어지는 같은 단위중량을 가진 구체의 직경이다.

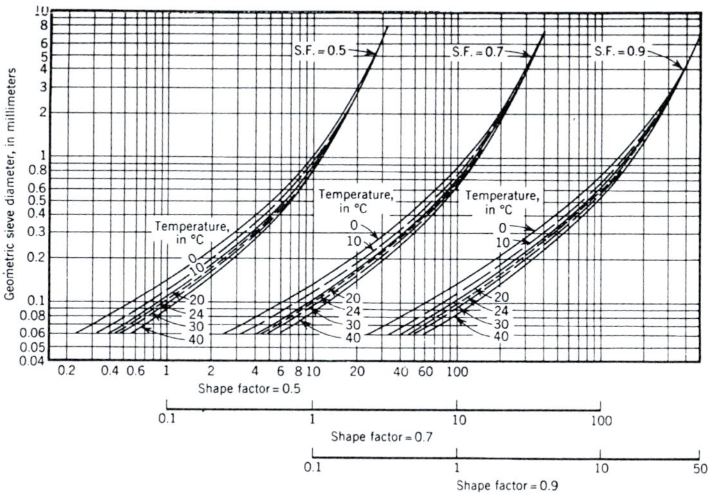

그림 8.3 자연 석영 사립자의 형상계수, 침강속도, 기하체직경과의 관계도 (Interagency Committee, 1957)

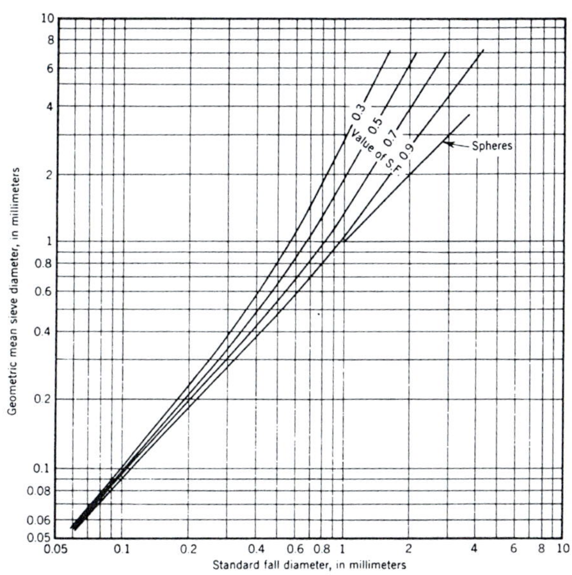

그림 8.4 자연 석영 사립자의 형상계수, 기하체직경과 표준침강직경과의 관계도 (Interagency Committee, 1957)

이보다 더 실용적인 방법은 석영 사립자의 체직경과 형상계수를 알고 그림 8.3을 이용하여 그 입자의 침강속도를 구하는 것이다. 이 그림은 광범위한 실측을 통해 형상계수를 기준으로 기하체직경과 침강속도와의 관계를 그린 것이다. 여기서 어느 체에 걸린 시료의 기하체직경은 그 체와 그 위 체의 눈금크기의 기하평균이다. 사립자의 형상계수는 현미경 작업을 요한다. 자료가 없는 경우 형상계수는 0.7로 가정하여 그림 8.3을 이용할 수 있다. 이 그림을 이용하여 20℃ 물에서 형상계수 0.7, 체직경 0.5 mm인 모래의 침강속도를 구하려면 종축의 0.5 mm에 해당하는 수평축이 형상계수 0.7인 곡선 집합의 20℃ 곡선과 만나는 점을 찾아 밑으로 내려 횡축에서 형상계수 0.7에 해당하는 눈금을 읽으면 7.2 cm/s가 된다. 그림 8.3을 이용하여 침강속도를 추정하는 경우 도표의 속성상 ±5% 정도의 오차는 감수하여야 한다.

그림 8.4는 형상계수와 기하체직경이 구해진 사립자의 표준침강직경을 추정하는 그림이다. 이 그림과 같이 자연의 사립자는 구형이 아니므로 체직경은 표준침강직경에 비해 크다.

그림 8.5는 형상계수 $SF=0.7$에 대한 Interagency Committee(1957) 자료를 C_D-Re_p 관계로 표시한 것으로, 형상계수가 작아질수록 C_D 값들이 커진다. 이 그림에서 'Standard Curve'는 구체에 대한 항력계수 곡선이다. Swamee와 Ojha(1991)는 Schulz 등(1954)이 다양한 형상계수에 대해 실측하여 얻어진 C_D-Re_p 관계도를 쓰기 쉽도록 곡선 적합한 식들을 다음과 같이 제안하였다.

$$C_D = 0.84\left[\frac{33.78}{(1+4.5SF^{0.35})^{0.7}Re_p^{0.56}} + \left(\frac{Re_p}{Re_p+700+1,000SF}\right)^{0.28}\frac{1}{(SF^4+20SF^{20})^{0.175}}\right]^{1.428} \tag{8-18}$$

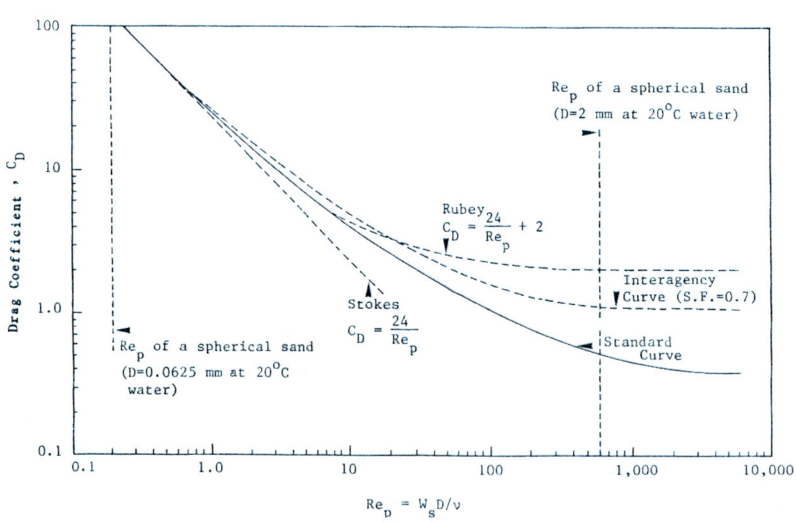

그림 8.5 형상계수 0.7인 사립자의 C_D-Re_p 관계도(Woo, 1985; $w_s \to w$)

위 식을 바탕으로 침강속도는 사립자의 공칭직경 D_n 을 이용하여 다음과 같이 경험식으로 표시하였다.

$$w = \sqrt{\left(\frac{\rho_s}{\rho} - 1\right) g D_n} \left[\frac{44.84 \nu_*^{0.667}}{(1 + 4.5 SF^{0.35})^{0.833}} + \frac{0.794}{\left[SF^4 + 20 SF^{20} + \nu_*^{2.4} \exp(18.6\, SF^{0.4}) \right]^{0.125}} \right]^{-1} \quad (8-19)$$

위 식에서 $\nu_* = \nu / \left[D_n \sqrt{(\rho_s/\rho - 1) g D_n} \right]$ 으로 표시되는 무차원량이다. 이러한 경험식들은 양해식이기 때문에 특히 수치모형에 유효하게 이용될 수 있다.

마지막으로, 그림 8.5에서 주목할 만한 것은 $C_D - Re_p$ 관계도에서 크기 0.0625 mm에서 2 mm인 모래의 항력과 레이놀즈 수의 범위이다. 그 범위는 이 그림과 같이 넉넉히 잡아 $0.1 < Re_p < 1{,}000$ 에 있으며, 이를 '모래 범위(sand range)'라 할 수 있다. 따라서 모래 범위는 Stokes 범위를 벗어나므로 식 (8-9)로 표시되는 Stokes 법칙은 모래의 침강속도 결정에 도움을 주지 못한다. 또한 모래범위는 Re_p 가 1,000 미만이므로 Re_p 가 100,000~1,000,000 정도에서 나타나는 층류경계층이 난류경계층으로 변환하는 현상은 유사현상과 관계가 없다.

(3) 덩어리 유사의 성질

이제까지는 개별사립자의 물리적 성질에 대해 알아보았으나 다음은 자연하천이나 저수지 바닥에 쌓여 있는 덩어리 유사(bulk sediment)의 물리적 성질에 대해 검토한다. 덩어리 유사의 물리적 성질 중에서 중요한 것은 입경분포, 단위중량, 공극, 안식각 등이다.

1 입경분포

자연의 하천유사는 그 크기와 모양이 서로 다른 입자들로 구성되어 있기 때문에, 덩어리 유사의 물리적 특성은 통계적으로 결정하는 것이 바람직하다. 하천이나 저수지에서 채취한 시료의 입경분포를 분석하는 방법은 시료의 특성별로 다르나, 표 8.1과 같이 크기가 0.0625 mm부터 16 mm까지의 모래와 중간 자갈까지는 기계적 분석방법인 체분석이 가능하다. 체분석 결과의 표시방법은 막대그래프, 빈도곡선, 누가빈도곡선 등이 있다. 이 중 가장 보편적으로 사용되는 방법은 누가빈도곡선(cumulative frequency curve) 방법이다. 누가빈도곡선의 종축은 무게에 의한 누가빈도를, 횡축은 입경을 나타낸다. 이 그래프의 종축은 정규눈금, 대수눈금, 통계눈금 등이 이용되며 횡축은 정규눈금, 대수눈금 등이 이용된다. 이 중 보편적으로 사용되는 눈금은 종축은 통계눈금으로 누가빈도를, 횡축은 대수눈금으로 입경을 나타내는 통계대수 누가빈도곡선이다.

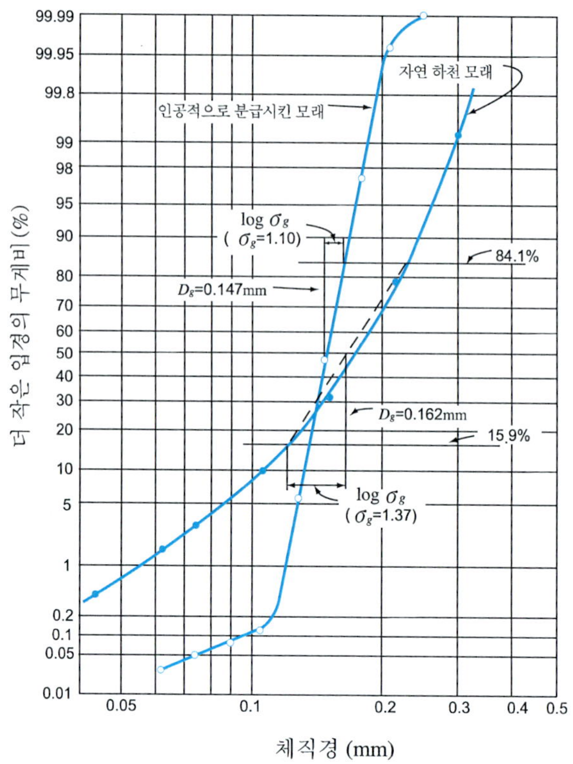

그림 8.6 인위적으로 균등하게 분포시킨 것과 자연상태의 입경분포

그림 8.6은 인공적으로 크기를 균등하게 분급시킨(sorted) 모래와 자연하천 모래의 입경분포를 보여준다. 이 그림에서 횡축은 체의 한 구멍의 크기(체직경)이며, 종축은 그 구멍을 통해 빠져나간 시료의 무게와 시료 전체의 무게의 비(% finer)이다. 여기서 종축의 50%에 해당하는 체직경을 중앙입경(median size)이라 하며 통상 D_{50} 으로 표기한다. 이는 그 시료의 50%는 중앙입경보다 크고 나머지 50%는 작다는 것을 의미한다. 반면에 각 입경 등급별 무게비를 가중평균한 입경을 산술평균입경, 또는 간단히 평균입경(mean size)이라 한다. 사립자의 입경분포가 정규분포를 하는 경우 중앙입경과 평균입경은 같으나, 자연하천 유사는 통상 정규분포에서 벗어나므로 이 두 값들은 서로 조금씩 다르다. 또한 기하평균입경은 통계적으로 15.9% 크기와 84.1% 크기의 기하평균으로, $D_g = \sqrt{D_{84.1}D_{15.9}}$ 이다(Otto, 1939). 이 그림에서 인공적으로 분포시킨 모래의 입경분포는 0.2%부터 99.95%까지 직선으로 나타난다. 대수분포지에서 직선은 대수 정규분포를 의미한다. 이러한 분포에서는 중앙입경과 기하평균입경은 같으며 양쪽의 분포는 대칭이다. 그러나 자연하천 모래는 일반적으로 중앙입경이 기하평균입경보다 크며, 그 분포가 좌측으로 치우친 꼴을 보인다. 유사시료의 분급정도는 D_{75} 와 D_{25} 의 비의 제곱근인 분급계수(sorting coefficient) $\sqrt{D_{75}/D_{25}}$ 로 표시한다. 자연하천 유사의 분급계수는

2.0~4.5 정도로 알려져 있다. 대수 정규분포에서 표준편차 σ_g 는 $\sqrt{D_{84.1}/D_{15.9}}$ 로 표시하며, 왜곡도(歪曲度, skewness)는 $\log(D_g/D_{50})/\log(\sigma_g)$ 로 표시한다. 그러나 자연하천 모래는 일반적으로 대수 정규분포에서 벗어나므로 앞서 설명한 통계지표의 특성이 그대로 반영되지는 않는다. 이 점에서 자연하천 모래의 기하평균은 $D_g = \sqrt{D_{84}D_{16}}$, 표준편차는 $\sigma_g = \sqrt{D_{84}/D_{16}}$ 으로 한다. 또한 등급계수(gradation coefficient)를 $G = 1/2(D_{84}/D_{50} + D_{50}/D_{16})$ 으로 정의하여 표준편차를 대신한다.

모래하천의 하상토 분포는 통상 최빈치가 하나인 단최빈 분포를 하나, 모래와 자갈이 섞여 있는 경우 빈도곡선을 그리면 그림 8.7과 같이 최대 빈도가 두 개 이상 나타나는 쌍최빈분포(bimodal distribution)를 한다. 이렇게 쌍최빈분포가 되는 이유는 자연하천에서 모래와 중간자갈 사이의 잔 자갈(2~8 mm)은 잘 발견되지 않는다는 점과 이송형태가 두 가지 서로 다른 이송형태에 대응하는 특성집단으로 구성되기 때문이다.

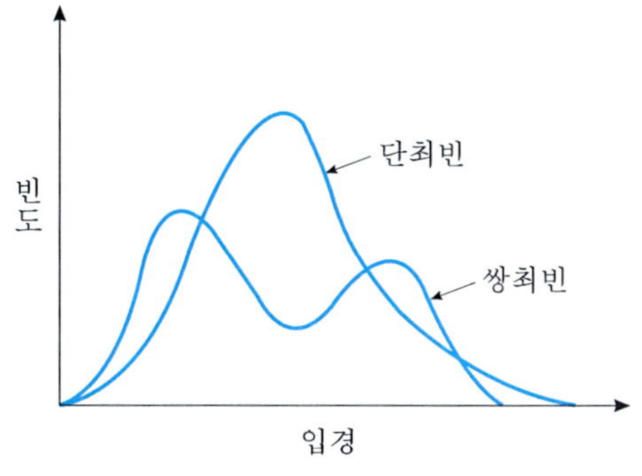

그림 8.7 모래/자갈 하천유사의 빈도곡선

예제 8.2

어느 하천에서 하상재료를 채취하여 체분석한 결과는 다음과 같다. 이 시료의 누가입경분포곡선을 그리고, 중앙입경, 평균입경, 기하평균입경, 분급계수, 표준편차, 왜곡도, 등급계수 등을 구하시오.

체눈금 크기(mm)	2.0	1.18	0.85	0.6	0.25	0.18	0.11	0.062	팬
잔류량(g)	29.3	29.5	22.7	33.2	46.6	1.42	0.08	0.13	0
잔류 백분율(%)	18.0	18.1	13.9	20.4	28.6	0.87	0.05	0.08	–
누가통과 백분율(%)	82.0	63.9	50.0	29.6	1.0	0.13	0.08	0	–

풀이

우선 체별 잔류량을 기준으로 잔류 백분율과 누가통과 백분율을 구해 표에 기재한다. 다음 체눈금 크기별 누가통과 백분율을 통계대수지에 그리면 다음과 같다.

(계속)

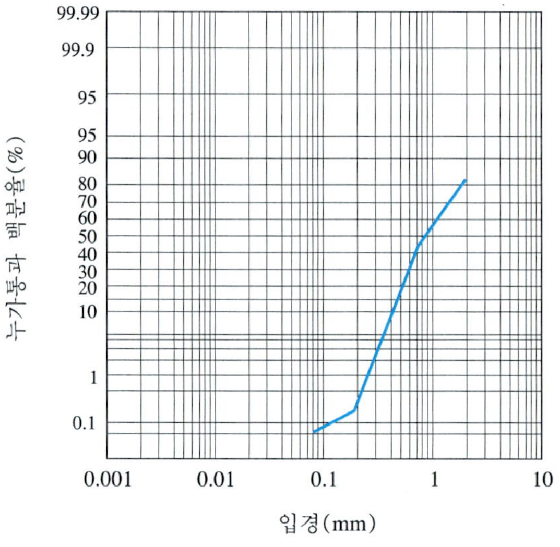

(1) 중앙입경 D_{50} : 누가입경분포 곡선에서 통과비 50%에 해당하는 입경을 읽으면 0.85 mm

(2) 평균입경 D_{avg} :

$$\sqrt{2.0(1.18)}\,(0.18)+\sqrt{1.18(0.85)}\,(0.181)+\cdots+$$
$$\sqrt{0.11(0.062)}\,(0.0005)+\sqrt{0.062(0.031)}\,(0.0008)=0.69\,[\mathrm{mm}]$$

(3) 기하평균입경 : $D_{84}=2.1\,\mathrm{mm}$, $D_{16}=0.46\,\mathrm{mm}$,

$$\therefore D_g=\sqrt{(2.1)(0.46)}=0.98\,[\mathrm{mm}]$$

(4) 분급계수 : $D_{75}=1.5\,\mathrm{mm}$, $D_{25}=0.56\,\mathrm{mm}$

$$\therefore D_{s.c.}=\sqrt{1.5/0.56}=1.64$$

(5) 표준편차 : $\sigma_g=\sqrt{2.1/0.46}=2.1$

(6) 왜곡도 : $\log(0.98/0.85)/\log 2.1=0.19$

(7) 등급계수 : $G=1/2(2.1/0.85+0.85/0.46)=2.2$

2 공극률

덩어리 유사는 사립자 사이에 공간이 있으며, 이러한 공간의 부피와 덩어리 전체의 부피와의 비를 공극률(空隙率, porosity)이라 한다. 유사의 공극률은 입경분포, 사립자의 형상, 퇴적과 압밀 방법과 정도 등에 따라 다르다. 일반적으로 미립토사는 조립토사보다 공극률이 더 크다. 표 8.2는 사립자 종류별 공극률의 범위이다.

표 8.2 사립자 종류별 공극률의 범위(Garde와 Ranga Raju, 1985, p. 49)

사립자 종류	공극률 (%)
조 사	39~41
중 사	41~48
세 사	44~49
극세사	50~54

Komura(1961)는 중앙입경이 4×10^{-4}~80 mm 범위의 유사에 대해 다음과 같은 공극률 P 와 중앙입경 D_{50}(mm) 간의 경험식을 제안하였다.

$$P = 0.245 + 0.14\, D_{50}^{-0.21} \qquad (8-20)$$

3 안식각

안식각(安息角, angle of repose) ϕ 는 자연상태에서 사립자나 인위적으로 깬 돌들이 안정적으로 만들 수 있는 원추형의 밑면과 측면과의 각이다. 단순한 형태의 사립자 안식각은 그림 8.8과 같으며 사립자의 질량 중심 G가 접촉점 C보다 위에 위치할 때 입자가 움직이기 시작하는 한계조건, 즉 한계각도인 안식각이 존재하다. 안식각은 안정하도나 제방의 설계에 기본적으로 필요한 자료로서, 공기 중과 물속에서 서로 다르다. 자연 사립자와 깬 돌(쇄석) 등 여러 가지 재료에 대한 입경별 안식각은 그림 8.9와 같다.

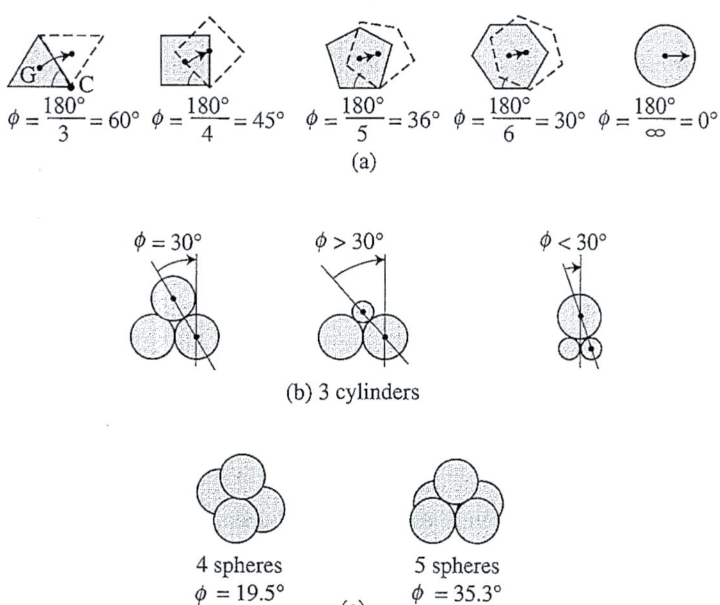

그림 8.8 단순한 형태의 사립자 안식각(Julien, 2010, p. 144)

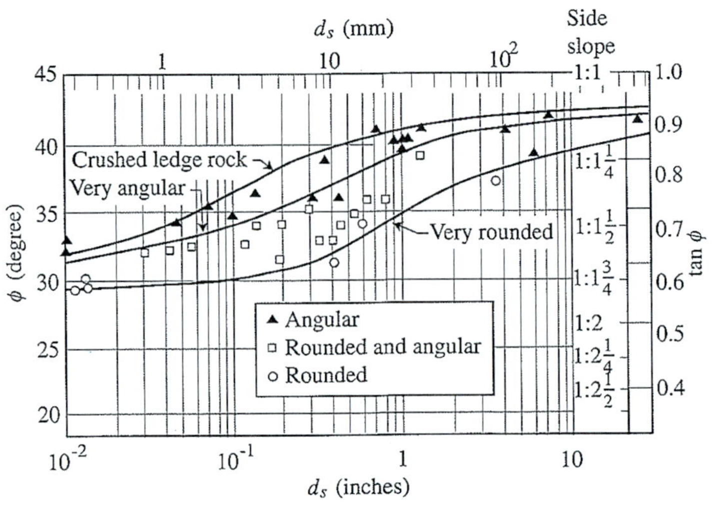

그림 8.9 입경별 안식각(Julien, 2010, p. 145; Simons(1957) 자료 활용)

4 퇴적토의 단위중량

덩어리 유사의 단위중량은 단위부피당 건조 유사의 중량을 의미하며, 이러한 물리적 성질은 특히 저수지 퇴사에서 무게로 나타내는 유입유사량과 퇴적토 부피를 환산할 때 필요하다. 표 8.3은 국내 안동댐 저수지 바닥표면에서 30 cm 깊이까지 퇴적된 퇴사의 단위중량과 입경 자료로서(우효섭 등, 1992), 실트와 점토질 퇴사의 경우 퇴적초기의 단위중량은 1 톤/m^3 미만으로 나타났다.

퇴적토의 단위중량에 영향을 주는 변수들은 퇴적토의 입경분포, 유사가 퇴적되는 환경과 시간 등이다. 모래, 자갈 등은 시간이 지나도 압밀의 정도가 작기 때문에 단위중량의 변화가 크지 않다. 반면에 실트, 점토 등은 압밀의 정도가 매우 크기 때문에 초기 단위중량과 시간이 지난 후의 단위중량은 매우 큰 차이가 있다. Lane과 Koelzer(1953)는 1년이 채 안 된 퇴적토 단위중량 자료를 이용하여 다음과 같이 단위중량 W (톤/m^3)와 전체 퇴적토 중에서 직경 0.05 mm 미만인 미립토사의 비율 P(%)와의 경험식을 제안하였다.

$$W = 0.82(P+2)^{0.13} \tag{8-21}$$

표 8.3 저수지 퇴적토 단위중량(우효섭 등, 1992)

측점	구성비(%)			단위중량 (톤/m^3)
	모래	실트	진흙	
# 6	14	26	60	0.80
# 7	16	18	66	0.85

표 8.4 퇴적토 단위중량(세계 자료)

중앙입경 (mm)	0.0012	0.005	0.01	0.05	0.10	0.25	0.50	1.0	잔 자갈 /모래	중간 자갈 /모래	굵은 자갈 /모래	호박돌 /모래
단위중량 (톤/m^3)	0.77	0.96	1.0	1.2	1.3	1.4	1.7	1.9	1.9	2.1	2.2	2.3

표 8.5 식 (8-22)의 계수들

저수지 조작	모래		실트		점토	
	W_1	B	W_1	B	W_1	B
퇴적토는 항상/거의 잠김	1.6	0	1.1	0.091	0.42	0.26
보통의 저수지 조작	1.6	0	1.1	0.029	0.56	0.14
상당기간 동안 바닥노출	1.6	0	1.2	0	0.64	0
항상 바닥노출(하상토)	1.6	0	1.2	0	0.96	0

퇴적토의 초기 단위중량은 입경분포에 따라 크게 달라지나, 표 8.4의 자료는 야외에서 퇴적토 단위중량을 추정하는 데 참고가 될 수 있다. 이 자료는 세계적으로 가용한 자료를 Garde와 Ranga Raju(1985, p. 50)가 정리한 것이다.

다음으로 저수지 퇴적토 단위중량에 영향을 주는 것은 퇴적토가 물 위로 노출된 환경이다. 표면이 건조한 퇴적토는 압밀이 더 빨리 진행되며, 이에 따라 단위중량도 커진다. 퇴적토가 물 위로 노출되는 환경은 저수지 조작에 따라 다르다. Lane과 Koelzer(1953)는 퇴적토 초기 단위중량 W_1 과 저수지 조작방법 B, 그리고 퇴적 연수 T 등을 이용하여 T 년 된 저수지 퇴적토의 평균 단위중량을 구하는 경험식을 다음과 같이 제안하였다.

$$W = W_1 + B \log T \qquad (8-22)$$

위 식에서 W_1 (톤/m^3)과 B 는 Lara와 Pemberton(1965)에 의해 1,300개의 실측자료를 이용하여 추정된 다음 표 8.5에서 구할 수 있다(이 표와 Lane과 Koelzer의 원 표는 약간 다름). 이 표에 제시된 값들은 많은 저수지 퇴사자료의 평균값들로서, 따라서 어느 특정한 저수지 퇴사조사를 하는 경우 식 (8-22)와 표 8.5를 그대로 쓰는 것은 불확실성이 있으며 실측이 요구된다.

퇴적토의 입경이 모래, 실트, 점토 등으로 구성되어 있는 경우에도 각 구성재료에 대해 각각 식 (8-22)를 적용하여 단위중량을 구한 후 각 성분의 무게 비를 가중 평균하여 전체 단위중량을 구할 수 있다. Lane과 Koelzer의 식은 100년 후의 퇴사량을 추정하는 등 저수지 설계에 유효하다. Miller(1953)는 저수지 가동 후 매년 일정하게 퇴사가 진행된다고 보고 식 (8-22)를 적분하여 다음과 같이 T 년 후 퇴적토 평균 단위중량 추정식을 구하였다.

$$W_{avg} = W_1 + B \frac{T}{T-1} log T - 0.434B \qquad (8-23)$$

예제 8.3

100년 된 저수지 퇴적토의 평균 단위중량을 Lane과 Koelzer의 식을 이용하여 추정하시오. 저수지 퇴적토의 구성은 모래 40%, 실트 30%, 진흙 30%이며, 이 저수지는 연 50% 정도 바닥이 노출되는 보통의 저수지 조작에 의한다. 또한, 위와 같은 유사가 매년 일정한 정도로 저수지에 퇴적되는 경우 Miller의 식을 이용하여 100년 후의 퇴적토 평균 단위중량을 추정하시오.

풀이

(1) 보통의 저수지 조작에 의한 W_1 과 B 값들을 표 8.5에서 읽어 식 (8-22)를 이용하여 모래, 실트, 진흙의 단위중량을 각각 구하면

$$\text{모래}: \ W = 1.6 + 0\log 100 = 1.6\ [\text{톤/m}^3]$$

$$\text{실트}: \ W = 1.1 + 0.029\log 100 \cong 1.2\ [\text{톤/m}^3]$$

$$\text{진흙}: \ W = 0.56 + 0.14\log 100 \cong 0.84\ [\text{톤/m}^3]$$

따라서 구성비를 이용하여 위의 값들을 가중 평균하면

$$W_{avg} = 1.6 \times 0.4 + 1.2 \times 0.3 + 0.84 \times 0.3 = 1.3\ [\text{톤/m}^3]$$

(2) 식 (8-22)를 이용하여 모래, 실트, 진흙의 평균단위중량을 각각 구하면

$$\text{모래}: \ W_{avg} = 1.6 + 0\frac{100}{100-1}log100 - 0.434(0) = 1.6\ [\text{톤/m}^3]$$

$$\text{실트}: \ W_{avg} = 1.1 + 0.029\frac{100}{100-1}log100 - 0.434(0.029) \cong 1.1\ [\text{톤/m}^3]$$

$$\text{진흙}: \ W_{avg} = 0.56 + 0.14\frac{100}{100-1}log100 - 0.434(0.14) \cong 0.78\ [\text{톤/m}^3].$$

따라서 구성비를 이용하여 위의 값들을 가중 평균하면

$$W_{avg} = 1.6 \times 0.4 + 1.1 \times 0.3 + 0.78 \times 0.3 = 1.2\ [\text{톤/m}^3]$$

참고로 위의 W_1 과 B 값을 입자 구성비를 이용하여 각각 가중 평균하여 식에 대입하여도 그 결과는 실질적으로 같게 나타난다.

8.2 사립자 운동의 시작 - 한계조건

충적하천의 하상과 제방은 흐름에 의해 쉽게 침식되는 사립자들로 구성되어 있다. 흐름이 약하면 이러한 하상재료는 움직이지 않고 그대로 있을 것이다. 그러나 흐름이 어느 이상이 되면 하상이나 제방을 구성하는 재료 중 작은 사립자들부터 흐름에 쓸려서 움직이기 시작할 것이다. 흐름이 더욱 강해지면 커다란 입자들도 움직이게 되고 더욱 커지면 결국 모든 입자들이 움직일 것이다. 이렇게 흐름에 의해 하상과 제방을 구성하는 사립자들이 움직이기 시작하

는 상태를 한계운동(incipient motion)이라 하며, 이때의 흐름조건을 한계조건(critical condition)이라 한다. 한계조건은 이동상 수리학의 시작으로, 이때부터 흐름은 물과 유사의 혼합이라는 이상류(二相流, two phase flow)가 되어 순수한 물의 흐름보다 더 복잡하게 된다. 한계조건은 이러한 추상적인 의미에 앞서 바닥이 침식되지 않는 하도나 수로의 설계 등에 기본적인 자료가 된다. 즉, 안정 하도나 수로 설계에서 흐름이 한계조건을 넘지 않도록 하는 것이 하나의 엄격한 설계기준이 된다. 한계조건은 모래와 같은 비점착성 유사와 점토와 같은 점착성 유사의 경우가 매우 다르다. 비점착성 유사의 경우 개별입자가 흐름에 의해 움직이기 시작하나, 점착성 유사의 경우 개별입자의 움직임이 아니라 입자간의 점착력으로 하상이나 제방에서 덩어리로 떨어져 나간다. 여기서는 비점착성 유사의 한계조건에 한하여 설명한다.

크기가 균일한 모래를 바닥에 깐 실험실 수로에서의 흐름도 비점착성 유사의 경우에 해당한다. 이러한 균일 하상재료의 경우 개별사립자의 물리적 특성이 같으므로 흐름이 한계조건이 되면 모든 입자들이 동시에 움직이기 시작할 것으로 기대할 수 있으나, 실제로는 그렇지 않다. 흐름이 어느 정도 커지면 하상에서 무작위로 여기저기서 시시각각 사립자들이 움직이기 시작한다. 이는 흐름에 의한 사립자들의 운동이 단순히 흐름과 하상의 마찰에 의한 것이 아니라 난류에 의한 순간적인 양력이 하상에서 사립자를 잡아 올려 흐르는 물에 연행시키기 때문이다. 따라서 어느 순간을 기준으로 한계조건으로 할 것인가 자체가 불확실해진다. 나아가 과연 한계조건이 존재하는가 하는 기본적인 의문이 생긴다. Kramer(1935)는 한계운동 전후에서 사립자들의 운동강도를 '약한 운동', '중간 운동', '강한 운동' 등 세 가지로 구분하였다. 약한 운동은 한계운동의 시작으로 여기저기서 사립자들이 움직이기 시작하는 단계로, 단위 cm^2 당 움직이는 사립자들을 셀 수 있을 정도이다. 다음, 중간 운동은 이보다 강한 흐름에서 발생하는 운동으로 하상전체에 걸쳐 하상재료의 중간 정도 크기가 움직이기 시작하는 단계로, 눈으로 셀 수는 없으나 그렇다고 하상형태가 변한다든지 상당한 유사량이 이송되는 단계는 아니다. 마지막으로, 강한 운동은 하상전체에서 모든 사립자들이 이송을 시작하는 단계로 하상형태가 변하기 시작하고 상당한 유사량이 이송되는 단계이다.

그림 8.10과 같이 개수로 바닥 또는 하상에 놓여 있는 구형 사립자에 작용하는 힘은 물속에서 중력 W_s, 유수에 의한 항력 F_D, 중력에 대한 흐름방향의 마찰력 F_R, 입자 위아래 압력차나 수직방향의 난류에 의한 양력 F_L 등이 있다. 여기서 한계조건이란 결국 항력이 마찰력과 같거나 커지거나($F_D \geq F_R$), 양력이 중력과 같거나 커지거나($F_L \geq W_s$), 항력에 의한 전도모멘트 M_O가 양력이나 기타 다른 힘에 의한 저항모멘트 M_R과 같거나 커지게 되면 ($M_O \geq M_R$) 입자가 움직이기 시작한다는 것이다.

그림 8.10과 같이 개수로 바닥 또는 하상에 놓여 있는 구형 사립자에 작용하는 힘은 물속에서 중력 W_s, 유수에 의한 항력 F_D, 중력에 대한 흐름방향의 마찰력 F_R, 입자 위아래 압력

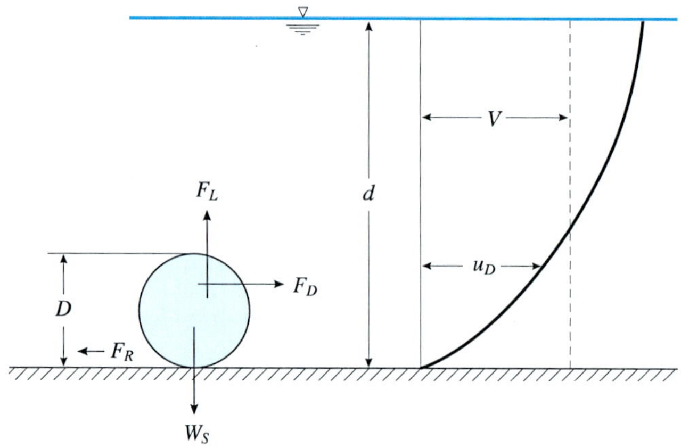

그림 8.10 하상에 놓여 있는 한 사립자에 작용하는 힘

차나 수직방향의 난류에 의한 양력 F_L 등이 있다. 여기서 한계조건이란 결국 항력이 마찰력과 같거나 커지거나($F_D \geq F_R$), 양력이 중력과 같거나 커지거나($F_L \geq W_s$), 항력에 의한 전도모멘트 M_O가 양력이나 기타 다른 힘에 의한 저항모멘트 M_R과 같거나 커지게 되면($M_O \geq M_R$) 입자가 움직이기 시작한다는 것이다.

한계조건의 해석에는 한계소류력 개념, 한계유속 개념, 양력 개념 등 세 가지 개념이 있다. 한계소류력 개념은 하상을 쓸어내리는 소류력이 하상재료의 운동에 관련되어 있다고 보는 것으로, 힘의 관계식으로 표시하면 $F_D \geq F_R$이다. 이 개념은 Shields(1936) 등에 의해 처음 제안된 것으로, 한계조건에 보편적으로 이용되는 개념이다.

반면에 한계유속 개념은 사립자를 움직이게 하는 요인은 평균유속 또는 하상근처의 유속으로서, 개별입자의 한계조건은 바로 유속과 관련되어 있다는 것이다. 이 개념도 힘의 관계로 표시하면 $F_D \geq F_R$이다. 한계유속 개념은 인식하기 쉽고 비교적 간단한 관계식으로 표시할 수 있기 때문에 실무에서 지금도 일부 이용되고 있으나, 한계조건은 유속 하나만으로 충분히 설명하기 어렵다. 마지막으로 양력 개념은 사립자 위아래의 압력 차나 난류에 의한 양력이 물속의 사립자의 무게를 초과하게 되면 사립자들이 뛰어 올라 움직이기 시작한다는 것으로, 힘의 관계식으로 표시하면 $F_L \geq W_s$이다. 이 개념은 Einstein(1950) 등에 의해 제안된 것으로, 양력 자체가 주로 난류특성에 관련되어 있고 난류는 무작위 불규칙한 흐름이므로 양력 개념에서는 진정한 의미의 한계조건은 없다.

여기서는 한계조건 해석에서 보다 보편적으로 사용되는 한계소류력 개념에 대해서만 다루고 한계유속 개념과 양력 개념의 한계조건에 대한 설명은 개정전 하천수리학 제8장을 참고할 수 있다.

(1) 한계소류력

Shields(1936)는 한계소류력 개념을 이용하여 사립자의 한계조건 관계를 제시하였으며, 그가 제시한 한계조건 그림은 80년이 지난 지금도 쓰이고 있다. 한계조건에 대한 그의 해석은 관련된 변수의 차원해석으로 시작하였지만, 다음과 같이 간단하며 분명한 물리법칙에 의해서도 추론할 수 있다. 하상에 있는 한 사립자를 움직이게 하기 위해서는 그 입자의 무게로 인한 바닥과의 마찰력을 극복해야 한다. 이 마찰력은 입자의 무게에 적절한 마찰계수를 곱해서 나타내면

$$F_R = \alpha_1(\gamma_s - \gamma)D^3 \tag{8-24}$$

위 식에서 α_1 은 사립자의 형상과 바닥의 마찰계수 등을 고려하는 계수이다. 한편 이 사립자에 작용하는 항력은 항력계수 C_D와 사립자의 꼭대기에서의 유속 u_D를 이용하여 표현하면

$$F_D = C_D \frac{\rho u_D^2}{2} \alpha_2 D^2 \tag{8-25}$$

위 식에서 α_2 는 사립자의 형상과 서있는 꼴(orientation)에 관련된 계수로서, $(\alpha_2 D^2)$ 는 흐름에 직각으로 투영된 사립자의 면적이다. 경계면의 유속분포로 Prandtl-Kármán의 대수식을 이용하면 하상부터 높이 D 에서의 유속 u_D와 마찰속도 $u_*(=\sqrt{\tau_o/\rho})$ 의 비는 다음과 같은 함수형태를 가진다.

$$\frac{u_D}{u_*} = f_1\left(\frac{u_* D}{\nu}\right) \tag{8-26}$$

다음, 항력계수는 Re_p 의 함수이고, 이 Re_p 에서 유속 u_D 는 위 식에서 마찰속도 u_* 의 함수이므로 결국 항력계수 C_D 는

$$C_D = f_2\left(\frac{u_* D}{\nu}\right) \tag{8-27}$$

한계조건은 사립자에 작용하는 흐름의 항력이 사립자의 마찰저항력을 갓 넘는 임계조건(threshold condition)이므로 식 (8-25)와 (8-24)를 같게 놓고 항력계수로 식 (8-27)을 대입하되 한계조건을 첨자 'c'로 표시하면

$$\alpha_1(\gamma_s - \gamma)D^3 = f_2(Re_{pc}^*)\frac{\rho u_{*c}^2}{2} f_1^{\,2}(Re_{pc}^*)\,\alpha_2 D^2 \tag{8-28}$$

위 식에서 한계 사립자 경계 레이놀즈 수 Re_{pc}^* 는 한계조건의 마찰속도를 이용한 레이놀즈 수로서 $u_{*c}D/\nu$ 이다. 위 식을 한계소류력 $\tau_{oc}(=\rho u_{*c}^2)$ 을 이용하여 무차원 관계식으로 만들

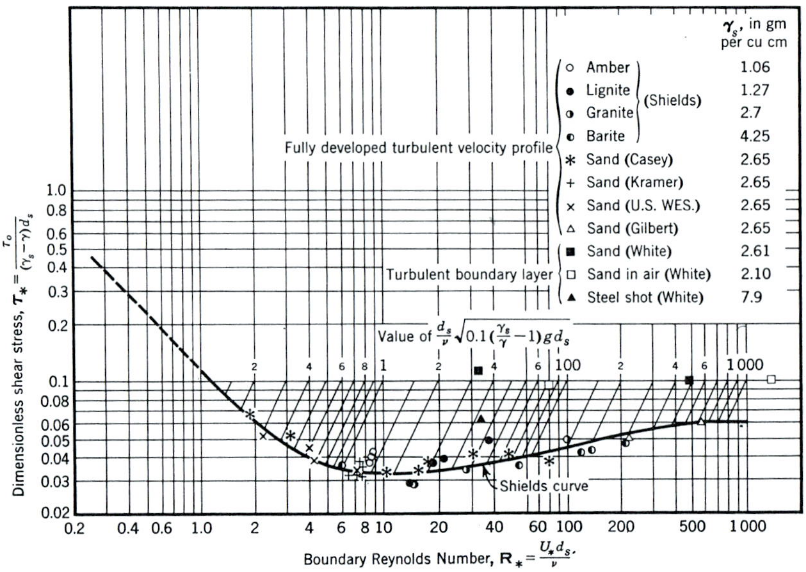

그림 8.11 유사이송의 한계조건(Rouse, 1939; $R_* \to Re_p^*$, $d_s \to D$, $U_* \to u_*$)

면 사립자가 움직임을 시작하는 한계조건은

$$(\tau_* \equiv)\ \frac{\tau_{oc}}{(\gamma_s - \gamma)D} = f\left(\frac{u_{*c} D}{\nu}\right) \tag{8-29}$$

위 식을 이용하여 한계조건 자료를 도시한 것이 그림 8.11로서, Rouse(1939)는 이 그림의 한계곡선을 Shields 곡선이라고 불렀다. 이 관계에 이용된 자료는 실험실에서 중앙입경 0.4 ~3.4 mm의 입자들을 깔고 바닥을 인위적으로 고른 다음 '완전발달 난류' 조건에서 얻은 것들이다. Shields는 한계조건으로 흐름과 유사이송과의 관계를 측정하여 이 관계 직선이 유사이송을 0으로 하는 흐름조건을 채택하였다. 즉, 소류사 이송이 0인 경우이다. 이 그림과 같이 사립자가 매우 큰 경우 한계조건은 0.06으로 고정된다.

Shields의 한계조건은 그 동안 많은 연구자들에 의해 비판되어 왔다. Yang(1973)은 Shields 조건의 문제점들을 조목조목 제시하였다. 그럼에도 불구하고 Shields 조건이 여전히 유효한 것은 그의 조건식이 경계층에서 유속분포(식 8-26) 등 이미 확립된 유체현상에 근거하고 있기 때문이다. Shields 조건에는 사립자 입경과 마찰속도가 양쪽에 모두 있기 때문에 시행착오법으로 원하는 변수를 구해야 하는 불편함이 있다. 이를 극복하기 위하여 그림 8.11과 같이 새로운 축으로 $D/\nu[0.1(\gamma_s/\gamma-1)gD]^{1/2}$ 이라는 변수를 두어 사립자 입경에 해당하는 한계소류력을 그래프에서 직접 구할 수 있도록 하였다(ACSE, 2008, p. 49). 또한 가로축의 변수인 Re_p^* 대신 무차원 입경인 $D_*(D_*^3 = Re_p^{*2}/\tau_*)$로 대체한 그림 8.12와 같은 수정 Shields 곡선

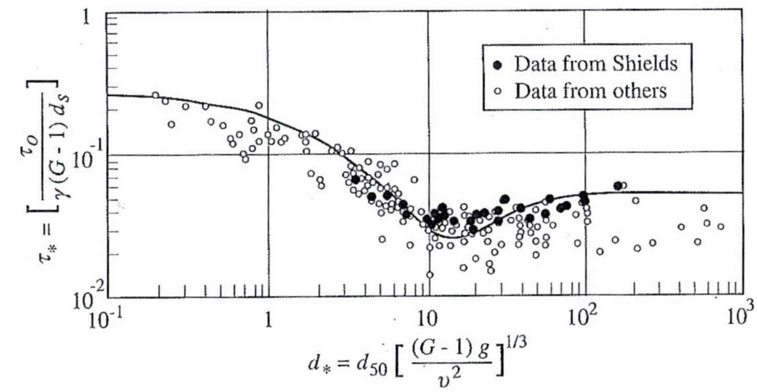

그림 8.12 수정 Shield 곡선(Julien, 2010, p. 149; $d_s \rightarrow D$, $d_* \rightarrow D_*$, $d_{50} \rightarrow D_{50}$)

을 활용할 수 있다. 무차원 입경인 D_*가 큰 경우 한계조건은 0.047로 고정되는 것을 알 수 있으며 이 값은 개별사립자의 한계조건으로 흔히 사용된다.

그림 8.13은 물에서 비중 2.65의 사립자에 대한 한계소류력을 Shields 곡선을 이용하여 수온별로 그린 것이다. 이 그림에는 사립자 경계 레이놀즈 수 Re_p^*가 같이 도시되었다. 여기서

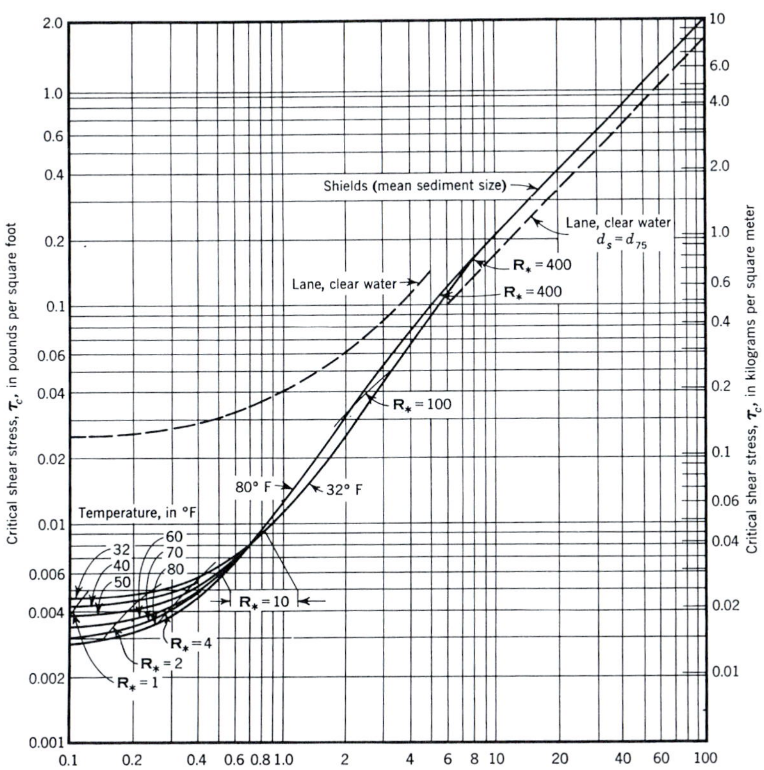

그림 8.13 물에서 석영 사립자의 한계조건(ASCE, 1975, p. 99; $R_* \rightarrow Re_p^*$, $d_s \rightarrow D$)

눈여겨볼 것은 입경 0.1~0.5 mm의 세사의 경우, 즉 $Re_p^* < 5$ 에서 수온에 따른 변화가 매우 크게 나타난다는 점이다. 이 범위에서는 사실상 한계소류력은 입자크기에 관계가 없어진다. 이 그림에는 Lane(1955)의 한계소류력 관계가 같이 표시되어 있다. Lane의 관계는 직경 6 mm 이상 자갈의 경우 Shields 조건과 큰 차이가 없으나, 모래의 경우 매우 큰 차이를 보인다. 이러한 차이는 한계조건의 정의에서 기인한 것으로, Lane 식은 사실상 한계조건이라기보다는 어느 정도 유사이송을 감수하고 수로가 침식되지 않는 조건에서 얻어진 값들이다.

Shields 이후 White(1940)는 바닥에 있는 한 사립자에 작용하는 힘으로 항력과 마찰력과의 관계 $F_D \geq F_R$ 를 기본역학 개념을 이용하여 표시하였다. 그의 한계소류력 τ_{oc} 는

$$\tau_{oc} = K(\gamma_s - \gamma) D \cos\theta (\tan\phi - \tan\theta) \qquad (8-30)$$

위 식에서 K 는 사립자의 형상과 서 있는 꼴 등에 관한 계수들의 묶음이며, θ 는 바닥경사, ϕ 는 사립자들의 안식각이다. 여기서 바닥이 수평인 경우 $\theta = 0$ 이므로 위 식은

$$\tau_{oc} = K(\gamma_s - \gamma) D \tan\phi \qquad (8-31)$$

한계소류력 τ_{oc} 는 바닥 근처에서 유속 u_o 를 이용하여 ρu_o^2 로 표시할 수 있으므로 이를 위 식에 대입하여 유속과 입경의 관계를 도출하면 $D^3 \propto u_{oc}^6$ 이 된다. 여기서 입경 대신 사립자의 무게 W 를 이용하여 한계유속과의 관계를 표시하면 다음과 같이 6승 법칙(sixth power law)이 나온다.

$$W \propto u_{oc}^6 \qquad (8-32)$$

위 식의 의미는 유수에 의해 침식되거나 세굴되는 사립자의 무게는 유속의 6승에 비례하여 커진다는 것이다.

예제 8.4

바닥경사 1/1,000인 사각형 수로바닥이 중앙입경 2 mm의 굵은 모래로 구성되어 있다. 수온 20℃에서의 수로의 한계소류력을 구하고, 이 한계소류력을 넘지 않는 등류수심을 구하시오.

풀이

그림 8.13에서 직경 2 mm, 수온 20℃에 해당하는 한계소류력을 우측 종축에서 읽으면 0.15[kg중/m^2]가 된다. 따라서 수로바닥의 평균소류력은 $\tau_o = \gamma d S$ 이므로 한계수심은

$$d = \frac{\tau_o}{\gamma S} = \frac{0.15}{(1{,}000 \times 0.001)} = 0.15 \text{ [m]}$$

위의 수심은 사실상 수로로서 실용적인 수심이 되지 못하며, 따라서 수로경사를 줄이거나 바닥과 제방을 피복하여 가능한 침식을 막아야 한다.

유사의 입경분포가 그리 크지 않은 경우 Shields의 한계조건은 사립자의 크기에 관계 없이 일반적으로 덩어리 유사의 평균입경을 이용하여 구할 수 있다. 그러나 모래/자갈 혼합하상과 같이 쌍최빈 분포의 경우 흐름에 의해 크기별로 사립자가 양쪽으로 분리되기 때문에 한계조건은 사립자의 크기에 비례하게 된다(Wilcock, 1993). Wilcock은 쌍최빈 지표를 이용하여 Shields 곡선에서 모래/자갈 혼합유사의 한계조건을 구할 수 있는 방법을 제시하였다. 또한 Kuhnle(1993)은 모래/자갈 혼합유사에 대한 한계조건 연구를 실험실에서 다양한 조건에서 진행하였으며 모래의 경우 자갈과의 구성비에 관계없이, 또한 모래의 크기에 관계없이 거의 비슷한 조건에서 움직이기 시작하는 것을 관찰하였다. 또한 100% 자갈의 경우도 유사한 결과가 나타났다. 그러나 모래/자갈 혼합유사의 경우, 즉 강한 쌍최빈 분포에서는 각 실험별로 자갈이 클수록 한계소류력은 크게 나타났다.

(2) 점착성 유사의 한계조건

실트나 점토와 같은 미립자는 입자와 입자간에 점착성이 있다. 이러한 점착성은 흐름의 침식력에 대해 사립자의 무게에 의한 저항보다 훨씬 큰 저항을 보인다. 또한 모래나 자갈만으로 되어 있는 경우에 비해 약간의 미립토사가 섞여 있으면 침식에 저항하는 힘이 훨씬 커진다. 이러한 미립토사의 점착력은 입자의 종류, 물에 녹아 있는 이온의 종류, 함수비에 따라 달라진다. 자연상태에서 비교적 흔한 점토는 kaolinite, montmorillonite, illite, chrolite 등이며 이 중 montmorillonite(일명 bentonite)가 주위 환경에 따른 물리적 성질의 변화가 가장 심하다. 이러한 점토에 전기화학적으로 작용하여 성질을 바뀌게 하는 양이온은 칼슘, 마그네슘, 칼륨, 수소 등이며, 음이온은 황, 염소, 인 등이다.

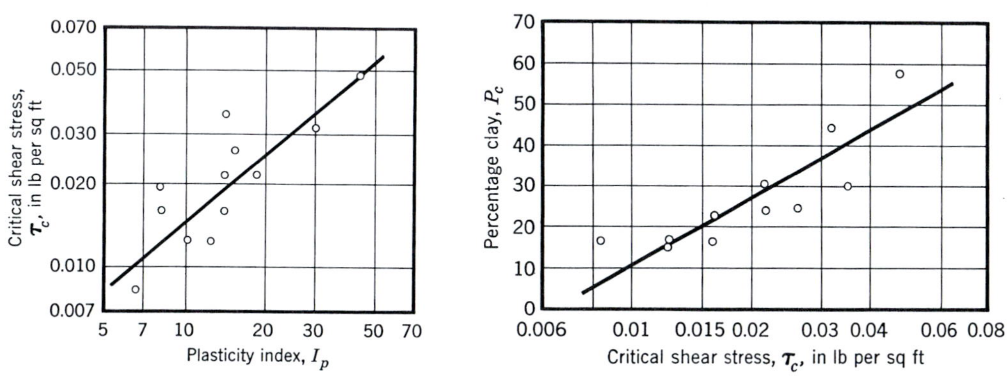

(a) 한계소류력과 소성 지수 (b) 한계소류력과 진흙 함량

그림 8.14 한계소류력과 미립토사의 물리 특성(Smerdon과 Beasley, 1961)

점착성 하상의 한계조건에 대한 연구는 Sundborg(1956)에 의해서 처음 시도되었다. 그는 점착성 유사의 침식에 대한 저항력은 실험실에서 표준적으로 시험하는 전단력에 직접 관련된 것으로 보았다. Sundborg에 의하면, 평탄한 바닥에서 점착성 유사의 한계전단응력, 또는 한계소류력은 사립자의 무게에 의한 바닥과의 마찰력과 사립자의 점착성에 의한 추가적인 저항력으로 구성된다. 즉,

$$\tau_c = K(\gamma_s - \gamma) D \tan\phi + c_3 S_v \qquad (8-33)$$

위 식에서 우변의 첫째 항은 사립자의 무게에 의한 저항을 나타내는 식 (8-31)이며, 두 번째 항은 재료의 전단응력 S_v 에 의한 저항을 나타낸다. 점착성 유사의 경우 통상 첫째 항은 둘째 항에 비해 무시할 만큼 작으며, 비점착성 유사의 경우 그 반대이다. 이러한 그의 가설은 최근에 Roberts 등(1998)의 실험에 의해 재확인되었다. 그는 진흙부터 모래에 이르기까지 광범위한 유사에 대해 입경과 겉보기 밀도(bulk density)가 침식률에 미치는 영향을 연구하여, 점착성이 큰 미립토사의 경우 겉보기 밀도가 커질수록, 즉 압밀이 많이 된 것일수록 침식률은 크게 줄어드는 것을 재확인하였다. 또한 같은 겉보기 밀도와 소류력에서 미립토사의 경우 입경이 커질수록 침식률은 급속히 커지나, 모래로 넘어가면 입경이 클수록 침식률은 줄어든다.

그림 8.14는 한계소류력과 미립토사의 물리적 성질과의 관계로서, 이 결과는 Smerdon과 Beasley(1961)가 미국 미주리 주의 실트와 점토 토양을 채취하여 실험실 수로에서 실측한 것이다. 여기서 한계소류력은 유속분포를 측정하여 유속의 기울기를 구하여 마찰속도를 구한 후 $\tau_o = \rho u_*^2$에서 계산하였다. 샌프란시스코만의 미립토사를 이용한 Partheniades(1965)의 실험결과에 의하면, 한계소류력은 재료의 전단강도 S_v 에 의존하지 않고 오히려 진흙의 응집강도(floc strength)에 의존하는 것으로 나타났다. 여기서 응집강도는 통상 압밀 정도와는 무관하다.

미립토사의 기계적 성질의 연구와 병행하여 한계소류력과 미립자의 전기화학적 성질과의 관계에 대한 연구도 진행되었다. Grissinger와 Asmussen(1963)은 미립토사의 침식 저항력은 그들이 물에 잠겨 있는 시간에 따라 커지는 것을 발견하였다. 물에 잠긴 진흙은 시간이 가면서 수화(hydration)되어 입자 간 결합력이 커진다. 그러나 수화 작용은 서서히 진행되기 때문에 진흙은 점착성이 최대가 되기 전에 침식될 수 있다. 따라서 미립토사의 한계소류력은 미립토사의 종류는 물론 함수비, 염분비, 이온 교환 등에 따라 달라진다.

결론적으로, 점착성 유사의 한계조건은 비점착성 유사에 비해 그 정의 자체가 어렵고 관련된 변수들이 많기 때문에 아직 Shields 조건과 같이 간단하고 이용하기 쉬운 조건을 도출하지 못했다. 실제로 지금까지 연구자들이 제시한 점착성 유사의 한계소류력은 크게는 200배 정도 차이가 난다. 따라서 점착성 유사의 한계조건은 아직 경험에 의존한다.

8.3 난류 유속분포와 사립자에 의한 흐름저항

지금까지 설명한 사립자 운동의 시작은 난류 없이도 가능하다. 즉, 층류에서도 입자에 항력과 양력은 작용하므로 한계조건이 되면 이들은 움직이기 시작한다. 그러나 난류는 흐름에 직각 방향의 변동성분이 있기 때문에 이러한 움직임을 훨씬 효율적으로 해줄 수 있다. 더욱이 흐름이 세어질수록 난류의 강도가 커지고, 사립자에 의한 흐름저항이 커지며, 그에 따라 입자들은 물과 지속적이고 강도 높은 상호작용을 하게 된다. 이러한 상호작용은 한계조건을 넘어 궁극적으로 소류사와 부유사 이동이라는 물과 유사의 혼합흐름을 만든다. 따라서 다음부터는 개수로의 난류특성에 관하여 기본적인 사항을 알아보고, 평탄하상에서 사립자에 의한 흐름저항을 설명한다.

(1) 개수로의 난류

난류는 유체입자들의 불규칙한 운동으로, 자연에서는 공기와 물의 흐름에 나타난다. 실제로 거의 모든 하천 흐름은 난류이다. 난류는 근본적으로 와류이다. 난류는 물의 점성에 의해 경계면과의 마찰에서 시작하여 다양한 크기의 와류를 형성한다. 이러한 와류는 흐름에 의해 실려 가면서 그 속에 더 작은 와류를 만든다. 하천이 가지고 있는 위치에너지는 결국 흐르는 물의 운동에너지가 되어 이러한 와류에 에너지를 공급하면서 궁극적으로 물의 점성으로 인한 마찰과 열 에너지로 소모된다.

난류는 불규칙한 유체운동이므로 흐름의 한 지점에서 유속도 시간에 대해 불규칙하게 변한다. 이를 시간에 대해 평균한 성분($\overline{}$)과 변동성분($'$)으로 나누어 표시하면

$$u = \overline{u} + u' \tag{8-34}$$

$$v = \overline{v} + v' \tag{8-35}$$

$$w = \overline{w} + w' \tag{8-36}$$

흐름이 한 방향으로만 있는 흐름에서 x 방향을 흐름방향으로 하고 유속을 u 라고 하면 y, z 방향으로는 시간평균한 흐름은 없으므로 $\overline{v} = 0$, $\overline{w} = 0$이 되나 변동성분은 있으므로 $v = v'$, $w = w'$ 이 된다. 실제로 많은 경우 하천흐름을 한 방향 흐름으로 단순화시키므로 y, z 방향의 시간평균 유속은 없으나 변동성분은 있다. 실로 이러한 변동성분 때문에 하천에서 물보다 무거운 모래가 떠갈 수 있다.

난류강도는 유속 변동성분의 'rms'(root mean square)로 대표된다. 따라서 x 방향의 난류강도는 $\sqrt{\overline{u'^2}}$ 이며, y, z 방향의 난류강도는 각각 $\sqrt{\overline{v'^2}}$, $\sqrt{\overline{w'^2}}$ 이다. 난류강도는 공기의 경우 주로 열선유속계(hot-wire anemometer)를 이용하고, 물의 경우 hot-film 유속계를 이용하여 난

류유속을 측정하여 추정되나, 최근에는 레이저를 이용한 난류측정이 더 보편화되고 있다.

난류의 크기는 와류의 크기를 통계적으로 산정함으로써 간접적으로 추정할 수 있다. 난류를 구성하는 와류의 평균크기 l 은

$$l = \int_0^\infty R(\xi)\,d\xi \tag{8-37}$$

위 식에서 $R(\xi)$ 는 거리 ξ 만큼 떨어진 두 지점에서 동시에 측정한 x 방향의 난류 변동성분간의 상호상관(cross correlation) 계수로서

$$R(\xi) = \frac{\overline{u'(x)\,u'(x+\xi)}}{\overline{u'^2}} \tag{8-38}$$

난류 변동성분의 거리 상관계수 $R(\xi)$ 는 $\xi = 0$에서는 당연히 1이 되어야 하고, $\xi \to \infty$ 인 경우 0이 된다. 즉, 한 와류가 있으면 그 와류 범위 내에서는 두 지점의 난류유속간에 관련성이 있으나, 그 범위를 벗어날수록 관련성이 적어져 상관계수 $R(\xi)$ 값은 0에 가까워진다. 실제로 난류측정 결과는 이러한 가설을 뒷받침하고 있다. 또한 풍동실험 결과에 의하면, 난류를 만드는 흐름 유입부 그물의 눈금크기가 클수록 $R(\xi)$ 값이 커짐으로써 그물의 눈금이 와류의 크기에 관계됨을 추론할 수 있다. 따라서 하천에서 와류의 최대크기는 하천 수심이나 하폭에 준한다고 추론할 수 있다.

(2) 난류유속의 연직분포

하천에서 하상과 제방은 유체흐름의 경계면이다. 폭이 넓은 하천의 경우 제방보다는 하상이 우선적으로 중요한 경계면이다. 따라서 하천에서 난류흐름은 기본적으로 경계면 위의 2차원 난류흐름으로 보고 해석할 수 있다. 일찍이 20세기 초 Prandtl에 의해 제안된 대수 유속분포식은 경계층 이론에 기초를 둔 것으로, 지금까지 하천흐름은 물론 지표면 위 바람 등 지구물리적 경계층 흐름에 널리 이용되고 있다. 그의 경계층 이론의 시작은 경계층 근처에서 유체입자의 난류 변동성분은 그곳의 유속변화에 어느 길이를 곱한 값에 비례한다는 것이다. 즉

$$\overline{|u'|} \sim \overline{|v'|} \sim l_m \frac{d\bar{u}}{dy} \tag{8-39}$$

위 식에서 l_m 은 이른바 혼합거리(mixing length)라 하며, 난류에 의해 유체입자가 새로운 환경으로 가는 데 걸리는 평균거리이다[45]. 따라서 레이놀즈 응력식 (10-41)은 위 식을 이용하여

45 Prandtl 이후 혼합거리 모형의 단점을 보완하기 위해 난류량에 대한 미분형태의 이송방정식을 해석하는 방법으로 이른바 '1-방정식 모형'과 '2-방정식 모형'이 제시되었다(Rodi, 1993). 이 중 2-방정식 난류모형인 '$k-\varepsilon$모형'이 널리 쓰인다.

다음과 같이 표시할 수 있다.

$$\tau_t = -\rho\overline{u'v'} \sim -\rho(-\overline{|u'|}\,\overline{|v'|}) \sim \rho l_m^2\left(\frac{d\overline{u}}{dy}\right)^2 \tag{8-40}$$

한편, 레이놀즈 응력식을 점성응력식의 형태와 비슷한 Boussinesq의 와점성계수(eddy viscosity) η로 표시하면

$$\tau_t \equiv \eta\frac{d\overline{u}}{dy} = \rho l_m^2\left(\frac{d\overline{u}}{dy}\right)^2 \tag{8-41}$$

위 식에서 $\eta = \rho\varepsilon_m$ 이며 ε_m 은 난류의 혼합효율을 나타내는 계수로서, 운동량 확산계수(diffusion coefficient for momentum)이다. 나아가 Prandtl은 다음과 같이 혼합거리 l_m 은 경계면(하상)에서 거리 y 에 직접 비례하는 것으로 보았다.

$$l_m = \kappa y \tag{8-42}$$

위 식에서 비례상수 κ 는 von Kármán의 (비례) 상수라 불리며, 그 값은 맑은 물에서 0.4 정도로 알려져 있다. Prandtl은 더 나아가 경계면에서 전단응력 τ_o 는 상당한 거리 y 에 걸쳐 일정한 것으로 보았다. 따라서 식 (8-42)를 식 (8-41)에 대입하고, $\tau_t \cong \tau_o$ 를 적용하면

$$\tau_o \equiv \rho u_*^2 \cong \rho\kappa^2 y^2\left(\frac{d\overline{u}}{dy}\right)^2 \tag{8-43}$$

위 식에서 κ 는 어느 흐름이나 같은 이른바 만유상수(universal constant)이고, u_* 는 한 흐름에서 상수이므로 위 식을 적분하면 다음과 같이 경계면 근처에서의 유속의 연직분포식을 얻는다.

$$\frac{\overline{u}}{u_*} = \frac{1}{\kappa}ln y + c_o \tag{8-44}$$

위 식에서 적분상수 c_o 를 평가하기 위해 y 축에서 유속이 0이 되는 가상적인 높이 y_o 를 정의하면

$$\frac{\overline{u}}{u_*} = \frac{1}{\kappa}ln\frac{y}{y_o} \tag{8-45}$$

위와 같이 표시되는 유속의 대수분포식은 경계층에서 난류가 지배적인 흐름영역을 대상으로 유도된 것이다. 그러나 경계층 바로 가까이는 경계면의 영향으로 난류가 감쇠되고 유체의 점성이 지배적으로 되는 층이 존재한다. 이러한 경계면에 바로 인접한, 점성이 지배적인 얇은 층을 층류저층 또는 점성저층이라 하며, 그 두께 δ는 점성에 비례하고 흐름의 세기에 반비례한다. 여기서 δ 는 유속분포의 연속성을 고려하여 우선 점성저층에서 층류의 전단응력식

$\tau_o = \mu\, du/dy$를 이용하여 $y = \delta$에서 유속을 구한다. 이를 다음에 설명하는 부드러운 경계면에서 유속분포식 (8-49)에서 $y = \delta$에서 유속과 같게 놓고 구하면

$$\delta = \frac{11.6\nu}{u_*} \tag{8-46}$$

따라서 그림 8.15(a)와 같이 경계면을 구성하는 입자들의 직경이 점성저층의 두께보다 작으면 입자는 점성이 지배적인 영역 안에 잠겨 있으므로, 입자의 존재는 바깥의 난류에 영향을 미치지 못할 것이다. 반대로 그림 8.15(c)와 같이 입자의 직경이 점성저층의 두께보다 크면 입자는 점성저층을 벗어나 바깥 난류에 직접 영향을 미칠 것이다. 물론 이 두 영역 사이에는 그림 8.15(b)와 같이 천이구간이 존재한다. 따라서 하천에서의 흐름도 하상을 구성하는 사립자의 크기와 점성저층 두께와의 관계에 따라 거친 경계면에서 흐름, 천이흐름, 부드러운 경계면에서 흐름 등으로 구분하여 검토할 수 있다.

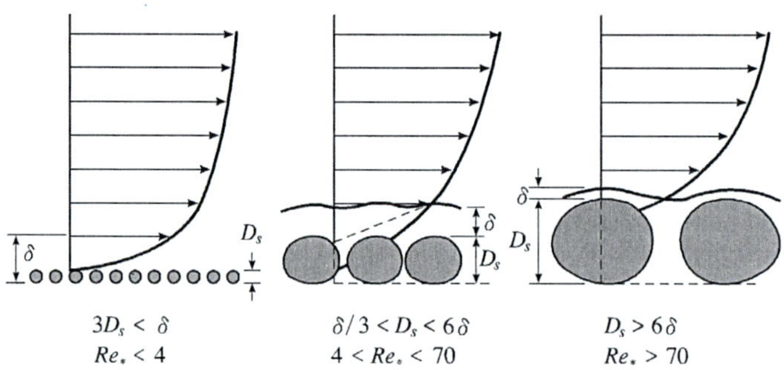

그림 8.15 점성저층의 두께와 사립자의 크기와의 관계에 따른 흐름의 구분(Julien, 2010; $Re_* \rightarrow Re_p^*$)

예제 8.5

수심이 1 m인 사각형 수로바닥이 중앙입경 2 mm의 모래로 구성되어 있다. 정상등류 흐름에 대해 연직유속분포를 측정한 결과, 바닥에서부터 0.15 m 위에 위치한 지점에서의 유속은 0.25 m/s이고 0.35 m 위에 위치한 지점에서의 유속은 0.38 m/s로 나타났다. von Kármán 상수를 0.4로 가정하였을 때 마찰속도(전단유속) u_*, 수로바닥의 평균소류력 τ_o, 점성저층의 두께 δ, 사립자 경계 레이놀즈 수 Re_p^*를 구하고 거친 경계면에서의 흐름인지 부드러운 경계면에서의 흐름인지를 판단하시오.

풀이

수로바닥에서부터 연직방향으로 서로 다른 두 위치에서의 유속은 식 (8-45)을 이용하면

$$u_1 = \frac{u_*}{k} ln \frac{y_1}{y_o}, \quad u_2 = \frac{u_*}{k} ln \frac{y_2}{y_o}$$

(계속)

따라서 마찰속도 u_*를 위의 식을 이용하여 구하면

$$u_* = \frac{k(u_2 - u_1)}{\ln(y_2/y_1)} = \frac{0.4(0.38-0.25)}{\ln(0.35/0.15)} = 0.061\ [\mathrm{m/s}]$$

수로바닥의 평균소류력 τ_o는

$$\tau_o = \rho u_*^2 = 1000 \times 0.061^2 = 3.721\ [\mathrm{N/m^2}] = 3.721\ [\mathrm{Pascal}]$$

점성저층의 두께 δ와 사립자 경계 레이놀즈 수 Re_p^*는

$$\delta = \frac{11.6\nu}{u_*} = \frac{11.6 \times 1 \times 10^{-6}}{0.061} = 0.00019\ [\mathrm{m}] = 0.19\ [\mathrm{mm}]$$

$$Re_p^* = \frac{u_* D}{\nu} = \frac{0.061 \times 0.002}{1 \times 10^{-6}} = 122$$

따라서 모래의 중앙입경이 점성저층의 두께의 6배보다 크고($D > 6\delta$) 사립자 경계 레이놀즈 수는 70보다 크기 때문에($Re_p^* > 70$) 거친 경계면에서의 흐름이다.

1 거친 경계면에서 유속분포

자갈이나 굵은 모래하천과 같이 하상 사립자에 의한 조도높이 k_s가 점성저층의 두께 δ보다 매우 큰 경우, 즉 $k_s \gg \delta$인 경우 관수로 실험결과를 그대로 채택하면 $y_o = k_s/30$ 이므로 식 (8-45)는

$$\frac{u}{u_*} = \frac{2.3}{\kappa} log\left(\frac{y}{k_s}\right) + 8.5 = 5.75 \log\left(\frac{30y}{k_s}\right) \qquad (8-47)$$

지금부터 유속의 시간평균을 의미하는 막대 부호는 편의상 생략한다. 위 식을 폭이 넓은 하천에서 수심 d에 대해 평균하면 평균유속 V는

$$V = 5.75 u_* \log\left(\frac{12.2d}{k_s}\right) \qquad (8-48)$$

위 식의 우변에 대수 안의 계수로 식 (8-47)을 적분하여 얻어지는 11.0보다는 자유수면에 의한 영향을 고려한 12.2가 통용된다.

2 부드러운 경계면에서 유속분포

반면에 중사보다 작은 모래나 실트질 하천에서 하상 사립자에 의한 조도높이 k_s가 점성저층의 두께 δ보다 매우 작은 경우, 즉 $k_s \ll \delta$인 경우 관수로 실험결과를 그대로 채택하면

$y_o \cong \nu/9u_*$ 이므로 식 (8-45)는

$$\frac{u}{u_*} = \frac{2.3}{\kappa} log\left(\frac{u_* y}{\nu}\right) + 5.5 = 5.75 \log\left(9.05 \frac{u_* y}{\nu}\right) \quad (8-49)$$

이러한 흐름의 평균유속은 위 식을 수심 d 에 대해 적분하여 다음과 같이 얻어진다.

$$V = u_* \left[5.75 \log\left(\frac{u_* d}{\nu}\right) + 3.25\right] \quad (8-50)$$

위 식의 우변에 대괄호 안의 계수로 식 (8-49)를 적분하여 얻어지는 3.0보다는 자유수면에 의한 영향을 고려한 3.25가 통용된다.

3 천이영역에서 유속분포

위와 같은 거친 경계면에서의 흐름과 부드러운 경계면에서의 흐름 사이에는 천이흐름이 존재하며, 이를 사립자 경계 레이놀즈 수 Re_p^* 로 표시하면

$$4 < Re_p^* < 70 \quad (8-51)$$

따라서 $Re_p^* < 4$에서는 부드러운 경계면에서 흐름이 되고, $Re_p^* > 70$에서는 거친 경계면에서 흐름이 된다. 천이흐름은 식 (8-49)과 (8-47)의 중간에 존재하므로 이 두 식을 하나로 표시하면

$$\frac{u}{u_*} = a_r + 5.75 \log \frac{y}{k_s} \quad (8-52)$$

위 식에서 a_r 은

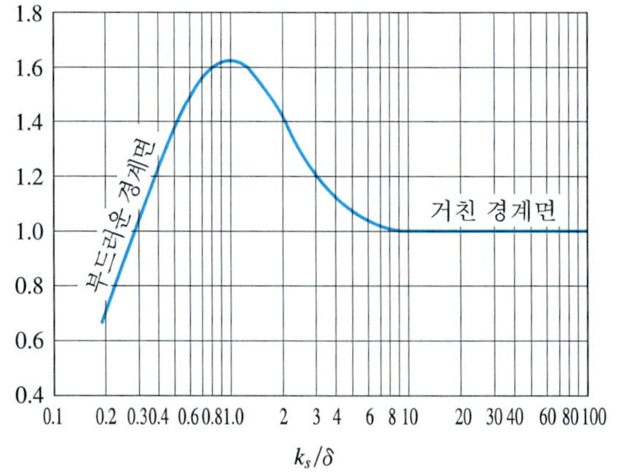

그림 8.16 대수 유속분포식에서 x 의 변화

$$a_r = 8.5 + 5.75\log x \qquad (8-53)$$

따라서 $Re_p^* > 70$이면 거친 경계면에서 흐름이 되어 $a_r = 8.5$로서 일정하며, $Re_p^* < 4$이면 부드러운 경계면에서 흐름이 되어 $a_r = 5.5 + 5.75\log(u_* k_s / \nu)$가 된다. 천이흐름인 $4 < Re_p^* < 70$에서는 식 (8-53)이 되고, x는 그림 8.16과 같이 k_s/δ의 함수가 된다.

4 평탄하상에서의 사립자 흐름저항

이동 하상에서는 흐름저항이 사랍자의 크기에 직접 관련이 있는 사립조도(grain roughness)에 의한 저항과 하상형태와 그 변화에 의한 형상조도(form roughness)에 의한 저항으로 구분할 수 있다. 개수로 하천의 흐름저항식은 이 책의 제1부 3장에서 설명하였으며 흐름저항을 정의하는 대표적인 3가지 변수는 Darcy-Weisbach 마찰계수 f', 매닝 계수 n', 체지 계수 C'이다. 여기서 각각의 변수에 표기된 ' ′ '은 하상형태에 의한 흐름저항은 고려하지 않고 평탄하상에서의 흐름저항만을 정의하는 변수임을 나타내기 위한 것이며 평균유속 공식은 다음과 같이 나타낼 수 있다.

$$V = \sqrt{\frac{8}{f'}}\sqrt{gRS_f} = \sqrt{\frac{8}{f'}}\,u_* \qquad (8-54)$$

$$V = \frac{1}{n'} R^{2/3} S_f^{1/2} \qquad (8-55)$$

$$V = C' R^{1/2} S_f^{1/2} \qquad (8-56)$$

따라서, 3가지 변수들의 관계는 다음과 같이 나타낼 수 있다.

$$\frac{V}{u_*} = \frac{C'}{\sqrt{g}} \equiv \sqrt{\frac{8}{f'}} \equiv \frac{R^{1/6}}{n'\sqrt{g}} \ (SI) \qquad (8-57)$$

난류흐름의 평균유속은 연직유속 분포식 (8-45)를 적분하여 얻어지며, 거친 경계면과 부드러운 경계면에서의 흐름 평균유속은 식 (8-48)과 식 (8-50)와 같다.

Kamphuis(1974)는 모래하상의 조도높이를 $k_s = 2D_{90}$으로 제안하였고 자갈하상에 대해서는 Bray(1982)가 $k_s = 3.1D_{90} = 3.5D_{84} = 5.2D_{65}$로 제안하였다. 따라서 평탄하상에서의 거친 경계면에서의 흐름 평균유속은

$$\frac{V}{u_*} = \frac{C'}{\sqrt{g}} \equiv \sqrt{\frac{8}{f'}} \simeq 5.75\log\left(\frac{4d}{D_{90}}\right) \simeq 5.75\log\left(\frac{2d}{D_{50}}\right) \qquad (8-58)$$

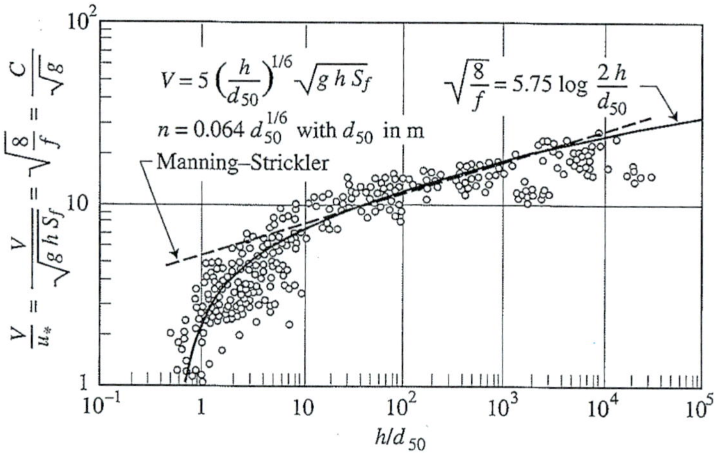

그림 8.17 평탄하상에서의 흐름저항(Julien, 2010, p. 122) ($h \rightarrow d$, $d_{50} \rightarrow D_{50}$)

그림 8.17은 평탄하상에서의 평균유속 실측값과 대수분포 평균유속식 (8-58)을 같이 나타낸 것이다. 매우 거친하상의 산지하천($d/D_{50} < 10$)인 경우와 수심이 깊은 경우($d/D_{50} > 1{,}000$)를 제외하고는 Manning-Strickler 공식과 상당히 일치하는 것을 알 수 있다. 따라서 표 8.6에서 정리한 바와 같이 $d/D_s \rightarrow \infty$ 인 경우에는 Darcy-Weisbach 마찰계수 f', 체지 계수 C'이 일정한 값이며, $d/D_s > 100$ 인 조건에서는 Manning-Strickler 공식의 $n \sim D_s^{1/6}$ 관계가 성립한다. 그러나 $d/D_s < 100$ 인 조건에서는 Manning-Strickler 공식보다는 대수분포 형태의 흐름저항식 또는 평균유속 공식을 사용하는 것이 유리하다.

표 8.6 거친 경계면의 사립자 흐름저항 계수 및 난류 유속분포 ($C = C'$, $f = f'$) (Julien, 2010)

공식	적용범위	저항계수	평균유속
체지	$d/D_s \rightarrow \infty$	$C = \sqrt{\frac{8g}{f}} = constant$	$V = CR^{1/2}S_f^{1/2}$
매닝	$d/D_s > 100$	$C \cong a\left(\frac{R}{D_s}\right)^{1/6} \cong \frac{R^{1/6}}{n}$ (SI)	$V = \frac{1}{n}R^{2/3}S_f^{1/2}$ (SI) $n \cong 0.062D_{50}^{1/6}$ (D_{50} in m) $n \cong 0.046D_{75}^{1/6}$ (D_{75} in m) $n \cong 0.038D_{90}^{1/6}$ (D_{90} in m)
대수분포		$\sqrt{\frac{C}{g}} = \sqrt{\frac{8}{f}} = 5.75\log\left(\frac{12.2R}{k_s}\right)$	$V = \left(5.75\log\frac{12.2R}{k_s}\right)\sqrt{gRS_f}$ $k_s \cong 3.1D_{90}$ $k_s \cong 5.2D_{65}$ $k_s \cong 3.5D_{84}$ $k_s \cong 6.8D_{50}$

5 후류함수로 표시된 유속분포

지금까지 설명한 Prandtl-Kármán의 대수법칙은 사실상 경계층에서의 난류특성을 혼합이론에 의해 모형화한 것으로, 평면 위나 관 속의 공기흐름 등에 대해서는 이미 확립된 이론이다. 일찍이 Keulegan(1938)은 이러한 Prandtl-Kármán의 경계층 이론을 개수로 하천에 그대로 적용하여 하상에서 수면까지 전체를 하나의 경계층으로 보았다. 그러나 개수로 하천에서는 자유수면의 영향으로 수면 근처에서는 난류가 감쇠되기 때문에 수심 전체를 하나의 경계층으로 보기보다는 하상 근처($y/d < 0.2$) 또는 경계면 근처에서 난류경계층이 형성되는 내부영역(inner region)과 그 위부터 수면까지 난류는 감쇠되고 흐름의 관성이 지배적인 외부영역(outer region)으로 나누는 것이 바람직하다(Smutek, 1969; Celik와 Rodi, 1984; Neju와 Rodi, 1986). 내부영역에서는 흐름이 레이놀즈 수에 의존하는 대수법칙이 유효하지만, 외부영역에서는 흐름이 최대유속 등 관성에 의존하는 새로운 법칙이 필요하다.

구체적으로, 개수로 하천에서 대수식으로 표시된 유속분포는 그림 8.18과 같이 경계면 가까이에서는 측정치와 잘 맞으나, 경계면에서 멀어질수록 잘 맞지 않는다. 이러한 문제는 대수분포식의 유도에서 1) 흐름의 레이놀즈 응력에 경계면 전단응력을 그대로 이용한 것과 2) 혼합거리식 $l_m = \kappa y$의 불확실성 등에 기인하는 것으로 사료된다. 이를 보완하기 위하여 Coleman(1981)은 수심 전체의 유속분포식으로 다음과 같은 Coles(1956)의 후류함수(後流函數, wake flow function) 식의 이용을 제안하였다.

$$\frac{u}{u_*} = \left[\frac{2.3}{\kappa} log\left(\frac{u_* y}{\nu}\right) + 5.5\right] - \frac{\Delta u}{u_*} + \frac{2\Pi}{\kappa} sin^2\left(\frac{\pi y}{2d}\right) \qquad (8-59)$$

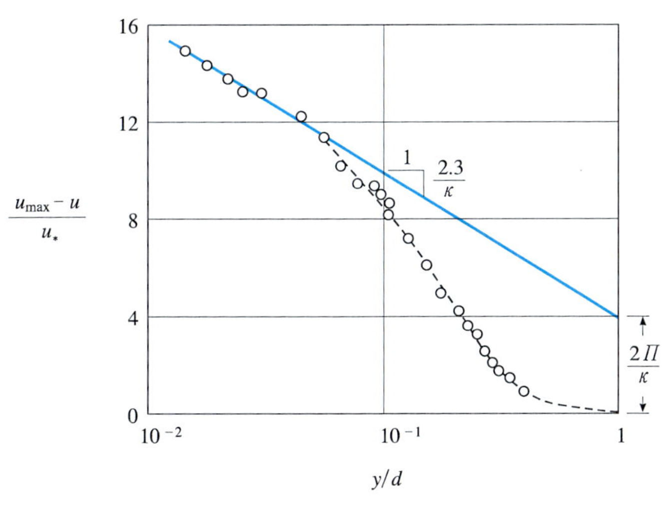

그림 8.18 측정치에서 대수분포식의 벗어남과 와류함수의 추정

위 식에서 우변의 대괄호항은 부드러운 경계면에서의 유속분포식이며, 둘째 항은 이른바 수로조도 유속감소 함수이며, 마지막 항은 난류경계층 바깥의 후류에 의한 유속증가를 후류강도 계수 Π 로 나타낸 것이다. 후류에 의한 유속증가는 경계면($y=0$)에서 0이 되며, 수면($y=d$)에서 최대값 $2\Pi/\kappa$가 된다. 따라서 수면에서 최대유속 $u_{\max}$은

$$\frac{u_{\max}}{u_*}=\frac{2.3}{\kappa}log\left(\frac{u_*d}{\nu}\right)+5.5-\frac{\Delta u}{u_*}+\frac{2\Pi}{\kappa} \tag{8-60}$$

따라서 식 (8-60)에서 식 (8-59)를 빼면 다음과 같은 후류함수식에 의한 유속부족법칙(velocity defect law)이 얻어진다.

$$\frac{u_{\max}-u}{u_*}=\left[\frac{2\Pi}{\kappa}-\left\{\frac{2.3}{\kappa}log\frac{y}{d}\right\}\right]-\frac{2\Pi}{\kappa}sin^2\left(\frac{\pi y}{2d}\right) \tag{8-61}$$

위 식에서 우변의 중괄호 안은 원래의 Prandtl 대수식에 의한 유속부족식이며, 다음 대괄호 안은 후류의 영향 $2\Pi/\kappa$가 고려된 수정 대수식에 의한 유속부족식이다. 이는 그림 8.18과 같이 경계면 근처에서 유효하며, 따라서 von Kármán 상수 κ 는 흐름 전체가 아니라 오로지 경계면 근처에서만 평가되어야 한다는 것을 의미한다. 반면에 경계면에서 멀어질수록, 즉 y 값이 커질수록 위 식의 우변 둘째 항은 점차 커지며 따라서 후류의 영향이 커진다. 수면($y/d=1$)에서 대수분포식에 의한 유속부족(우변의 대괄호 항)과 후류함수식에 의한 유속부족의 차이는 $2\Pi/\kappa$ 가 되며, 이는 그림 8.18에서 대수식을 $y/d=1$ 까지 연장하여 얻어진 y 절편이다. 따라서,

$$\Pi=\frac{\kappa}{2}\left[\frac{u_{\max}-u}{u_*}\right]_{y/d=1} \tag{8-62}$$

Neju와 Rodi(1986)는 실험실에서 LDA(Lader Doppler Anemometer)를 이용하여 개수로 난류를 측정하여 Cole의 후류함수식의 타당성을 직접 입증하였다. 그들은 하상 근처(y/d 〈0.2)의 내부영역에서는 대수 법칙이 유효하며, 식 (8-49)에서 von Kármán 상수는 0.4에 근접한 0.41이고 이론적인 경계면에서 유속상수는 5.5보다는 5.29 정도임을 보였다. 또한 이 영역에서 혼합거리는 경계면에서의 높이 y 에 선형 비례함을 확인하였다. 그러나 외부영역에서는 Coleman(1981)이 주장하였듯이 Cole의 후류함수가 유효함을 확인하였다.

연습 문제

8.1 한 모래 입자를 현미경으로 관찰하여 서로 직각인 세 축에서 입자의 크기는 각각 1.5, 1.2, 0.7 mm이었다. 이 입자의 형상계수를 구하시오.

8.2 수온 15℃의 하천에서 유사량 산정을 위해 하상시료를 채취하여 입경분석하니 D_{50}은 0.5 mm, 형상계수는 평균 0.7, 비중은 2.65였다. 사립자를 구형으로 보고 침강속도를 1) $C_D - Re_p$ 곡선, 2) Stokes 식, 3) Rubey 식, 4) Gibbs 식으로 구하시오.

8.3 문제 8.2에서 형상계수를 고려하여 사립자의 침강속도를 구하고, 문제 8.2의 결과와 비교하여 검토하시오.

8.4 하천에서 하상재료를 채취하여 체분석한 결과 다음과 같이 나왔다.

입경 (mm)	< 0.062	0.062~0.125	0.125~0.25	0.25~0.50	0.50~1.0	1.0~2.0	> 2.00
구성비(%)	3	9	17	33	20	15	3

먼저 대수 통계지상에 이 시료의 누가입경분포 곡선을 그린 다음 1) 중앙입경, 2) 평균입경, 3) 기하평균입경, 4) 분급계수, 5) 표준편차, 6) 왜곡도, 7) 등급계수 등을 각각 구하시오.

8.5 어느 하천에서의 유량은 450 m^3/s, 평균수심은 1.8 m, 평균유속은 0.7 m/s, 하상경사는 0.0001이다. 이 하천의 하상재료의 크기는 1~2 mm 정도라면 위 흐름상태에서 Shields의 한계조건을 이용하여 하상재료의 움직임 여부를 검토하시오.

8.6 입경 2 mm의 균일한 사립자로 구성된 하상에서 Shields 곡선에 의해 한계소류력을 구하시오. 물의 온도는 10℃이다.

8.7 수심 2 m, 하천경사 0.0001인 하천에서 하상재료가 움직이기 시작하는 입자의 크기를 Shields 곡선에서 구하시오. 물의 온도는 20℃이다.

8.8 직경 10 mm의 사립자가 유속 1 m/s의 흐름에 세굴된다면 6승 법칙으로 100 mm의 돌이 세굴되는 유속을 구하시오. 또한 유속 5 m/s에서 세굴되는 돌의 크기를 구하시오.

8.9 수심 1.5 m인 사각형 수로에 하상토 중앙입경이 1 mm인 모래가 포설되어 있는 경우 바닥에서부터 0.2 m에 위에 위치한 지점에서의 유속은 0.2 m/s이고 0.4 m 위에 위치한 지점에서의 유속은 0.42 m/s인 것으로 측정되었다. 점성저층의 두께와 사립자 경계 레이놀즈수를 구하고 거친 경계면에서의 흐름인지 부드러운 경계면에서의 흐름인지를 판단하시오. 물의 온도는 20℃이며 von Kármán 상수는 0.4로 가정하시오.

1. 우효섭, 이진국, 윤석표, 유권규, "청미천에서 하천유사 측정 및 분석(Ⅱ) - 유사의 광물 특성 및 오염도", **한국수문학회지** 제24권 제3호, 1991. 9.
2. 우효섭, 김형섭, 안영욱, 김우구, "안동 다목적댐 퇴사특성에 대한 기초조사, 연구", **대한토목학회 학술발표회**, 1992. 10.
3. ASCE, *Sedimentation Engineering*, Vanoni, V. (ed), Manuals and Reports on Engineering Practise-No. 54, 1975.
4. ASCE, *Sedimentation Engineering: Processes, Measurements, Modeling, and Practice*, Garcia, M. (ed), Manuals and Reports on Engineering Practise-No. 110, 2008.
5. Bray, D. I., *Flow resistance in gravel-bed rivers.* Gravel-Bed Rivers: Fluvial processes, Engineering, and Management, R. D. Hey, J. C. Bathurst, and C. R. Thorne ed., Wiley, New York, 1982.
6. Celik, I. and Rodi, W., "Simulation of Free Surface Effects in Turbulent Channel Flows", *Physiochemical Hydrodynamics*, vol. 5, 1984.
7. Coles, D. E., "The Law of the Wake in the Turbulent Boundary Layer". *J. of Fluid Mechanics, 1*, 1956.
8. Coleman, N. L., "Velocity Profiles with Suspended Sediment", *J. of Hydraulic Research*, IAHR, vol. 19, no. 3, 1981.
9. Einstein, H. A., *The Bed Load Function for Sediment Transportation in Open Channels*, Technical Bulletin 1026, US Department of Agriculture, SCS, Washington, D. C., 1950.
10. Garde, R. J. and Ranga Raju, K. G., *Mechanics of Sediment Transportation and Alluvial Problems*, A Halstead Press Book, 2nd Edition, 1985.
11. Gibbs, R. J, Matthes, M. D., and Link, D. V., "The Relationship between Sphere Size and Settling Velocity", *J. of Sedimentary Petrology*, vol. 41, 1971.
12. Grissinger, E. H. and Asmussen, L. E., discussion of "Channel Stability in Undisturbed Soils", by E. M. Flaxman, *J. of the Hydraulics Division*, ASCE, vol. 89, no. HY, Nov., 1963.
13. Hwang, P. A., "Velocity of Particles Falling in Vertically Oscillating Flow", *J. of Hydraulic Engineering*, ASCE, vol. 116, no. 1, Jan., 1990.
14. Interagency Committee, *Some Fundamentals of Particle Size Analysis, A Study of Methods Used in Measurement and Analysis of Sediment Load in Streams*, Report no. 12, Subcommittee on Sedimentation, Interagency Committee on Water Resources, St. Anthony Falls Hydraulic Laboratory, Minneapolis, Minn., 1957.
15. Julien, P. Y., *Erosion and Sedimentation*, Cambridge University Press, Cambridge, 2nd Edition, 2010.
16. Kamphuis, J. W., "Determination of sand roughness for fixed beds", *J. of Hydraulic Research*, IAHR, vol. 12, no. 2, 1974.
17. Keulegan, G. H., "Laws of Turbulent Flows in Open Channels", *J. of Research*, National Bureau of Standard, vol. 121, USA, 1938.

18. Komura, S, "Bulk Properties of River Bed Sediments and its Application to Sediment Hydraulics", *Proceedings*, Japanese Congress for Applied Mechanics, 1961.
19. Kramer, H., "Sand Mixtures and Sand Movement in Fluvial Models," *Transactions*, ASCE, vol. 100, Paper no. 1909, 1935.
20. Kuhnle, R. A., "Incipient Motion of Sand-Gravel Sediment Mixtures", *J. of Hydraulic Engineering*, ASCE, vol. 119. no. 12, Dec., 1993.
21. Lane, E, W., "Report of the Subcommittee on Sediment Terminolgy", *Transactions*, AGU, vol. 28, no. 6, Washington, D. C., Dec., 1947.
22. Lane, E. W., "Design of Stable Channels", *Transactions*, ASCE, vol. 120, Paper no. 2776, 1955.
23. Lane, E. W. and Koelzer, V. A., *Density of Sediments Deposited in Reservoirs*, Report No. 9 of A Study of Methods Used in Measurement and Analysis of Sediment Loads in Streams, St. Paul United States Engineering District, St. Paul, Minnesota., 1953.
24. Lara, J. M. and Pemberton. E. L., "Initial Unit Weight of Deposited Sediments", *Proceedings*, Federal Interagency Sedimentation Conference 1963, Miscellaneous Publication no. 970, US Department of Agriculture, June, 1965.
25. McNown, J. S., Lee, H. M., McPherson, M. B., and Engez, S. M., "Influence of Boundary Proximity on the Drag of Spheres", *Proceedings*, 7th Int. Congress for Applied Mechanics, vol. 2, part. Ⅰ, London, England, 1948.
26. McNown, J. S. and Lin, P. N., "Sedimentation Concentration and Fall Velocity". *Proceedings*, 2nd Midwest Conference on Fluid Mechanics, Ohio State University, Columbus, Ohio, 1952.
27. McNown, J. S., Malaika, J., and Pramanik, R., "Particle Shape and Settling Velocity", *Transactions*, 4th Meeting of IAHR, Bombay, India, 1951.
28. Migniot, C., "Tassement et rhéologie des vases", *La Houille Blanche,* no. 1, 1989.
29. Miller, C. R., *Determination of Unit Weight of Sediment for Use in Sediment Volume Computations*, Memorandum, Bureau of Reclamation, United States Department of the Interior, Denver, Colorado, Feb., 1953.
30. Neju, I. and Rodi, W., "Open-Channel Flow Measurements with a Laser Doppler Anemometer", *J. of Hydraulic Engineering*, ASCE, vol. 112, no. 5, May, 1986.
31. Oseen, C., *Hydrodynamik*, ch. 10, Akademische Verlagsgesellschaft, Leipzig, 1927.
32. Otto, G. H., "A Modified Logarithmic Probability Graph for the Interpretation of Mechanical Analysis of Sediments", *J. of Sedimentary Petrology*, vol. 9, no. 2, Aug., 1939.
33. Partheniades, E., "Erosion and Deposition of Cohesive Soils", *J. of the Hydraulics Division*, ASCE, vol. 91, no. HY1, Jan., 1965.
34. Roberts, J., Jepson, R., Gotthard, D., and Lick, W., "Effects of Particle Size and Bulk Density on Erosion of Quartz Particles", *J. of Hydraulic Engineering*, ASCE, vol. 124, no. 12, Dec., 1998.

35. Rodi, W., *Turbulence Models and Their Application in Hydraulics-A state of the art review*, 3rd edition, A.A.Balkema/Rotterdam/Brookfield, 1993.

36. Rouse, H., *Nomogram for the Settling Velocity of Spheres*, Division of Geology and Geography Exhibit D of the Report of the Commission on Sedimentation, National Research Council, Washington, D. C., Oct. 1937.

37. Rouse, H., *An Analysis of Sediment Transportation in the Light of Fluid Turbulence*, SCS, Report No. SCS-TP-25, US Department of Agriculture, Washington, D. C., 1939.

38. Rubey, W. W., "Settling Velocities of Gravel, Sand and Silt Particles," *American J. of Science*, 5th series, vol. 25, no. 148, 1933.

39. Schulz, E. F., White, R. H., and Albertson, M. L, *Influence of Shape on Fall Velocity of Sedimentary Particles*, Report Prepared for the Missouri River Division, Corps of Engineers, US Army, 1954.

40. Shields, A., "Anwendung der Aenlichkeitsmechanik und der Turbulenzforschung auf die Geschiebebewegung," *Mitteilungen der Preussischen Versuchsanstalt für Wasserbau und Schiffbau*, Berlin, Germany, translated to English by W. P. Ott and J. C. van Uchelen, California Institute of Technology, Pasadena, Calif, 1936.

41. Simons, D. B., *Theory and design of stable channels in alluvial material*, Ph.D. Dissertation, Colorado State University, Fort Collins, Colorado, 1957.

42. Simons, D. B. , Richardson, E. V., and Haushild, W. L., "Studies of Flow in Alluvial Channels. Some Effects of Fine Sediment on Flow Phenomena," *Water Supply Paper*, no. 1498-G, USGS, Washington, D. C., 1963.

43. Smerdon, E. T. and Beasley, R. P., "Critical Tractive Forces in Cohesive Soils", *Agricultural Engineering*, St. Joseph, Mich., Jan., 1961.

44. Smutek, R., Discussion of "Measurement of Turbulence in Water", by E. V. Richardson and R. S. McQuivey, *J. of the Hydraulics Division*, ASCE, no. HY1, 1969.

45. Song, T. and Chiew, Y. M. "Settling Characteristics of Sediments in Moving Bingham Fluid", *J. of Hydraulic Engineering*, ASCE, vol. 123, no. 9, Sep., 1997.

46. Sundborg, A., "The River Klaralven, a Study of Fluvial Processes", *Geografiska Annaler*, vol. 38, no. 3, 1956.

47. Swamee, P. K. and Ojha, S. P, "Drag Coefficient and Fall Velocity of Nonspherical Particles", *J. of Hydraulic Engineering*, ASCE, vol. 117, no. 5, May, 1991.

48. White, C. M., "The Equilibrium of Grains on the Bed of a Stream", *Proceedings*, Royal Society of London, Series A., no. 958, vol. 174, Feb., 1940.

49. Wilcock, P. R., "Critical Shear Stress of Natural Sediments", *J. of Hydraulic Engineering*, ASCE, vol. 119, no. 4, Apr., 1993.

50. Winterwerp, H, *On the dynamics of high-concentrated mud suspensions*, Report 99-3, Department of Civil Engineering and Geosciences, Delft University of Technology, 1999.

51. Woo, H., *Sediment Transport in Hyperconcentrated Flows*, Ph.D. Dissertation, Department of Civil Engineering, Colorado State University, Fort Collins, Colorado, 1985.
52. Woo, H. and Kim, H., "Drag Characteristics of Coarse Sediment in Clay Suspension", *National Conference on Hydraulic Engineering*, ASCE, San Francisco, July, 1993.
53. Yang, C. T., "Incipient Motion and Sediment Transport", *J. of the Hydraulics Division*, ASCE, vol. 99, no. HY10, 1973.

Chapter 9

하상형태와 흐름저항

▲ 모래하천에 형성된 사구
(사구 위에 사련이 중첩되어 있음)

하천수리학의 중심적 과제 중 하나는 수위, 또는 수심과 유량과의 관계를 정확히 예측하는 것이다. 문제는 충적하천에서 이러한 수위-유량 관계는 하상형태에 따라 변한다는 것이다. 이 장에서는 우선 충적하천의 흐름변화의 주요 원인인 흐름에 따른 하상형태의 변화를 검토한다. 이러한 하상형태의 변화를 예측하는 이론적, 경험적 방법들을 검토하고, 대표적인 하상형태인 사련과 사구의 기하특성을 예측하는 방법을 소개한다. 또한, 현재 가용한 충적하천 흐름저항식들 중 대표적인 방법들을 소개하고 마지막으로 충적하천에서 매닝계수의 변화에 대해 검토한다.

9.1 충적하천의 흐름변화

인류는 하천변에서 문명을 꽃피워왔으며, 지금도 하천은 도시 발달의 중요 인자로 간주된다. 하천변에서 거주하던 인류에게 중요했던 것은 하천수위가 어느 정도 되면 유량과 유속이 얼마나 될 것인가 이었을 것이다. 하천에서 물을 끌어들여 농사를 짓거나 배를 이용하여 사람과 물자를 나르는 경우 하천흐름에 대한 정보는 예나 지금이나 하천관리의 기본적인 사항이다. 또한 하천수를 이용하여 수력발전을 하거나 홍수조절을 목적으로 저수지를 만드는 경우, 나아가 하천의 환경적 기능을 유지하기 위하여 유지유량을 관리하는 경우, 하천에서의 친수활동 또는 친수시설을 유지하고 관리하는 경우, 모두 유량과 수심, 또는 수위에 대한 정확한 정보는 하천관리에서 기본적으로 중요한 사항이다.

그러나 이러한 하천은 제1부에서 다루었던 경계면이 움직이지 않는, 고정된 하천이 아니라 흐름에 의해 쉽게 움직이는 모래와 자갈로 된 하천이다. 즉, 충적하천이다. 따라서 하상과 흐름과의 상호작용이 흐름의 특성을 지배할 것이라는 추측을 할 수 있다. 구체적으로, 앞서 3장에서는 경계면이 고정된 개수로에서의 흐름에 대한 마찰을 검토하였다. 여기서 흐름과의 경계면은 자연의 흙이나 풀일 수도 있고, 인공적인 콘크리트나 나무판자일 수도 있다. 이러한 고정된 경계면에서의 마찰은 20세기 들어와 확립된 유체역학의 지식과 현장경험을 이용하여 어느 정도 신뢰를 가지고 예측할 수 있게 되었다. 예를 들면 콘크리트로 만든 사다리꼴 단면의 수로에서 일정 유량에 대한 수심을 추정하거나, 반대로 수심이 일정한 흐름의 유량을 추정하는 것은 이제 충분한 신뢰도를 가지고 할 수 있다. 또한 앞의 예보다 신뢰도는 조금 떨어지지만 형상이 불규칙적인 자연하천에서도 유사이송이 적고 하상변화가 없는 경우 하천단면형과 종단경사의 평균치를 이용하여 특정수심에 해당하는 유량이나, 특정유량에 해당하는 수심을 추정할 수 있다.

그러나 하상이 흐름에 의해 쉽게 움직이는 실트, 모래, 자갈 등으로 이루어진 충적하천에서는 흐름에 의해 하상의 형태가 변하고, 변한 하상형태에 의해 동시에 흐름특성이 변한다. 다시 말하면, 충적하천에서 흐름은 하상의 형태는 물론 장기적으로 하천형태를 변화시키는 조각가인 동시에 그 자체도 변화되는 조각품이다. 마찬가지로 하천의 형태, 좁게 말하면 하상은 흐름을 변화시키는 조각가인 동시에 흐름에 의해 그 형태가 변하는 조각품이다. 따라서 이렇게 상호작용을 하는 흐름과 하상은 어느 한 변수를 알고 다른 변수를 구하는 전통적인 방법이 통용되지 않는다. 흐름은 하상과의 마찰로 그 수심이 한정되지만 동시에 흐름에 의해 변화하는 하상형태가 추가적인 마찰로 작용하여 수심을 계속 변화시키기 때문이다. 따라서 충적하천에서 수심과 유량과의 관계는 등류에서도 고정상 하천과 같이 1 : 1로 대응하지 않고, 어느 한 수심에 대해 두 개의 유량이 존재할 수 있다. 충적하천에서는 하천의 기하경계가 같아도 하상형태의 변화에 따라 매닝의 조도계수는 3배 이상의 차이를 보일 수 있다. 즉, 3배 이상의 평균유속의 차이가 날 수 있으며, 이는 2배 이상의 수심의 차이를 만들 수 있다. 홍수위를 조절하고, 각종 취수와 도수를 하는 하천에서 2배에 달하는 수위차이는 하천관리 자체를 매우 어렵게 할 것이다.

충적하천에서 하상형태의 변화는 흐름과 하상재료의 상호작용에 의한 것으로, 결국 흐름, 유체, 하상재료의 함수이다. 흐름에는 하천경사와 수심 등 하천의 기하특성과 유속, 유량 등 흐름특성이 있으며, 유체에는 물의 온도와 미립토사의 농도 등이, 하상재료에는 입경과 그 분포가 있다. 문제는 이러한 변수들 간에는 원인과 효과, 장기적 요인과 단기적 요인, 야외현장과 실험실 간 변수의 조절과 고립의 가능성 차이, 단일치(single-valued) 관계와 다중치(multiple-valued) 관계 등이 복잡하게 얽혀 있기 때문에 흐름저항에 대해서 쉽게 가용한 관계를 도출하기가 매우 어렵다는 것이다. 따라서 우선 충적하천에서 흐름저항의 분석을 위한 접근방법에 대해 검토하고, 그 다음에 구체적으로 흐름저항 예측방법을 검토하는 것이 바람직할 것이다.

(1) 문제의 접근

홍수, 이수, 환경, 친수관리 등 현재의 하천관리 입장에서 충적하천의 흐름특성을 분석하기 위해서는 우선 관련 변수를 설정하고, 이 변수들 중 어떤 상태에서 독립적, 종속적으로 작용하는가를 결정하는 것이 필요하다. 여기서 독립이란 하천시스템의 외부에서 주어지는 변수를 말하며, 종속이란 그 시스템 내에서 독립변수에 의존하는 변수를 말한다. 한 하천시스템에 유입하는 유량과 유사량, 그리고 흐름에 즉각적으로 반응하는 하상형태를 제외한 하천의 평면형, 종단형, 단면형 등 일반적인 하천형태는 독립변수로 본다.

여기서 문제를 간단히 하기 위해 하천은 정상등류의 충적하천으로 본다. 충적하천의 흐름특성에 관련된 변수는 유량 Q , (하상토) 유사량 Q_s , 세류사(wash load)의 농도 C_w , 하천 폭 T , 동수반경 d , 동수반경 R , 평균유속 V , 에너지경사 S, 마찰계수 f , 물의 동점성계수 ν , 물의 밀도 ρ , 사립자의 밀도 ρ_s , 유사의 기하평균 D_g , 기하표준편차 σ_g , 침강속도 w , 중력가속도 g , 하천의 평면형태(만곡특성 등)이다. 이러한 17개 변수들 간의 알려진 관계는 다음과 같다.

- 물의 연속식 : $Q= VTd$
- 평균유속과 마찰계수의 관계 : 매닝 공식, 체지 공식, 대수 유속공식 등
- 마찰계수 관계 : 아직 정확히 공식화되지 않음
- 유사이송 관계 : 대부분 경험공식이며 아직 정확히 공식화되지 않음
- 하폭－수심 관계 : 아직 정확히 공식화되지 않음(그러나 단기간에는 하폭은 불변으로 볼 수 있으며, 실험실에서 하폭은 고정됨)

- 수리반경 - 수심 관계(단면형상) : 하천단면마다 다름
- 하천평면형과 흐름, 유사이송 관계 : 아직 정확히 공식화되지 않음(단기간에는 평면형은 불변으로 볼 수 있으며, 실험실에서 평면형은 고정됨)

충적하천의 흐름특성과 관련된 변수들 간의 관계는 Kennedy와 Brooks(1965)가 제시한 표 9.1에 잘 나타나 있다. 다만 이 표에는 세류사 농도와 하천의 평면형 관련 변수는 고려되지 않았다. 이 표를 보면, 단기적으로 충적하천에서 독립변수로는 물의 성질, 유사의 성질, 중력 가속도 등이 있다. 흐름특성에 관련된 독립변수는 앞서 언급한 유량과 에너지경사이나, 경우에 따라 유량 대신 수심이나 수리반경을 선택할 수 있다. 여기서 유량과 수심이 동시에 독립변수인 경우만 흐름과 유사와의 관계가 단일치 관계가 되며, 그 밖에는 모두 다중치 관계가 된다. 그러나 불행히도 하천공학적인 면에서 관심이 있는 관계는 단일치 관계가 성립하는, 유량과 수심을 미리 알고 있는 경우가 아니다. 우리가 관심 있는 관계는 유량과 에너지경사(하천경사)를 알고 하천의 수심(동수반경)과 유사량을 구하거나, 수심(동수반경)과 하천경사를 알고 유량과 유사량을 구하는 것이다. 특히 하천의 홍수관리 측면에서는 유량과 하천경사를 주고 수심을 구하는 것이 중심적 과제가 된다. 그러나 충적하천에서는 이러한 흐름 - 유사 관계는 다중치 관계가 되기 때문에 흐름저항에 관한 유용한 관계를 도출하는 것이 매우 어렵다.

실제로 충적하천에서 흐름저항을 구하기 위해서는 우선 흐름에 의한 하상형태를 먼저 추정한 다음에 그 하상형태에 의한 흐름저항을 추정하여 종국적으로 마찰계수와 에너지경사를 추

표 9.1 충적하천의 독립변수와 종속변수 간의 조합과 선택 (Kennedy와 Brooks, 1965)

시스템	독립 변수		종속 변수	함수 관계	
	유체와 유사 성질	흐름 특성		단일치	다중치
실험실 수로	ν, ρ, ρ_s, D_g, σ_g, w, g	Q, d, T	Q_s, V, R, S, f	X	
		Q, Q_s, T	d, R, V, S, f	X	
		V, d, T	Q, Q_s, R, S, f	X	
		d, S, T	Q, Q_s, R, V, f		X
		R, S, T	Q, Q_s, d, V, f		X
		Q, S, T	Q_s, d, R, V, f		X
자연 하천 (단기)	ν, ρ, ρ_s, D_g, σ_g, w, g	Q, d	Q_s, T, R, V, S, f	X	
		d, S	Q, Q_s, T, R, V, f		X
		R, S	Q, Q_s, T, d, V, f		X
		Q, S	Q_s, T, d, R, V, f		X
평형 하천 (장기)	ν, ρ, ρ_s, g	Q, Q_s	$T, d, R, V, S, f, D_g, \sigma_g, w$	X	
초장기	ν, ρ, ρ_s, g (지질)	(기후, 인위적 시설물)	$Q, Q_s, T, d, R, V, S, f, D_g, \sigma_g, w$	X	

정하는 것을 생각할 수 있다. 아니면 하상형태에 관련된 변수와 마찰계수에 관련된 변수는 같다고 보고 처음부터 전체적인 흐름마찰의 함수관계를 도출하는 것이다.

9.2 하상형태

강변 모래밭에 가면 모래가 일련의 물결처럼 되어 있는 것을 흔히 볼 수 있다. 또는 물이 허리춤까지 차고 물살이 제법 빠른 모래 강을 걸어서 건널 때 수심이 깊어졌다, 얕아졌다 하던 것을 경험할 수 있다. 이 모두 흐르는 물과 모래가 만든 자연의 작품으로 강바닥의 작은 변화이다. 실제로 실험실에서 수로에 모래를 깔고 물을 흘리면 처음에는 미동도 하지 않던 사립자들이 흐름이 점차 세어짐에 따라 운동을 시작하고, 흐름이 더욱 세어지면 모래바닥 전체가 움직이면서 작은 물결모양의 모래언덕들이 생긴다. 이러한 모래언덕은 흐름이 더욱 세어지면 더 큰 언덕으로 바뀌게 된다. 이렇게 흐름에 의해 사립자가 움직이면서 하상의 형태가 생기고, 변하는 것을 하상형태(河床 形態, bedforms)라 한다. 하상형태는 모래하천만이 가지는 독특한 자연현상으로, 실트하천이나 자갈하천에는 사실상 찾아보기 힘들다.

과거에도 간헐적으로 하상형태의 변화에 대한 관찰이 있었지만, 본격적인 관찰은 20세기 들어와 미국의 Gilbert(1914)에 의해서 이루어졌다. 그는 실험실에서 수로경사를 달리 하면서 하상형태의 변화를 관찰하여, 경사에 따른 하상형태의 일련의 변화를 사구(砂丘, dunes), 천이영역, 반사구(反砂丘, antidunes)로 구분하여 명명하였다. 그러나 본격적으로 하상형태의 변화와 그에 따른 흐름저항과 유사이송의 변화를 체계적으로 조사·연구한 것은 1960년대 초부터 미 콜로라도 주립대(Colorado State Univ., CSU)에서 지질조사국(U.S. Geological Survey, USGS)에 의해 행하여진 일련의 대규모 실험들이다. 이 실험에서 그들은 흐름과 유사의 특성은 물론 수온과 미립토사의 농도에 따른 하상형태의 변화에 초점을 맞추었다. 실험에 사용된 수로는 2개로서, 하나는 폭 2.4 m, 깊이 0.6 m, 길이 46 m, 최대경사 1.5%, 최대유량 0.62 m^3/s의 대형이며, 다른 하나는 폭 0.6 m, 깊이 0.76 m, 길이 18 m, 최대경사 10%, 최대유량 0.23 m^3/s의 중형수로이다. 하상재료는 중앙입경 0.19~0.54 mm의 자연모래였다. 그들의 실험결과는 Guy 등(1966)에 의해 총 339개의 실험자료와 100개 이상의 사진자료로 정리되었다. 그림 9.1은 실험사진 중 하나로서 굵은 모래(중앙입경 0.93 mm)를 깔고 물을 흘려(수심 0.3 m, 유속 0.85 m/s) 사구하상을 만든 후 흐름을 서서히 줄여 하상형태를 그대로 나타나게 한 것이다. 이러한 일련의 실험결과에 바탕을 둔 하상형태의 해석은 지금도 유효한 고전이 되었다. 다음은 이러한 CSU 실험결과를 바탕으로 하상형태와 흐름영역의 관계에 대해 설명한다.

그림 9.1 실험실에서 사구하상의 형성

(1) 하상형태와 흐름영역

1960년대 초부터 수행된 일련의 대형실험을 통해 얻어진 각종 하상형태의 특성 (ASCE, 1966)과 전형적인 형태의 스케치(그림 9.2)는 다음과 같다. 여기서 각종 형태는 마지막 사주를 제외하고는 흐름의 세기에 따라 나타나는 순서대로 제시하였다.

- 평하상(flat bed) : 사립자 이동도 없고, 하상형태도 없는 평평한 하상이다.
- 사련(砂漣, ripples) : 파고가 대략 3 cm 이하, 파장이 30 cm 이하인 작은 삼각형의 하상형태를 가지며, 앞면의 경사는 뒷면에 비해 상대적으로 완만하고 뒷면의 경사는 수중에서 하상재료의 안식각과 비슷하다. 그 형태는 이등변 삼각형이나 정현파(sine wave)와 같은 경우도 있다. 사련은 주로 입경 0.6 mm 이하의 비교적 고운 모래하상에서 생긴다.
- 사구(砂丘, dunes) : 사련보다 더 센 흐름에서 생긴다. 사련과 그 형태가 비슷하나 사련보다는 크고 사주보다는 작은 대략 삼각형 모양의 하상형태로서, 앞면은 완만하고 뒷면은 급하다. 그림 9.2와 같이 앞면 위에는 통상 작은 사련이 생긴다. 앞면에서는 사립자가 침식되어 마루를 넘어 뒷면으로 굴러 내려가 골에 쌓이며, 골에서는 강렬한 와류가 형성된다. 하상형태와 수면형태는 그림 9.3(a)와 같이 그 위상이 엇갈린다. 이는 그림 9.3(b)와 같이 사구가 형성되는 상류(常流)에서 2장에서 설명한 것과 같이 바닥이 올라가면 비에너지가 줄어 수심이 줄어드는 흐름현상에 의한 것이다. 사구는 흐름방향으로 천천히 이동한다.
- 천이(transition) : 사구보다 더 센 흐름에서 생긴다. 보통 불규칙적이고 높이가 작은 사련이나 사구의 하상형태가 불안정하게 생겼다, 없어졌다 한다. 씻겨진 사구(washed out dunes)라고도 한다.

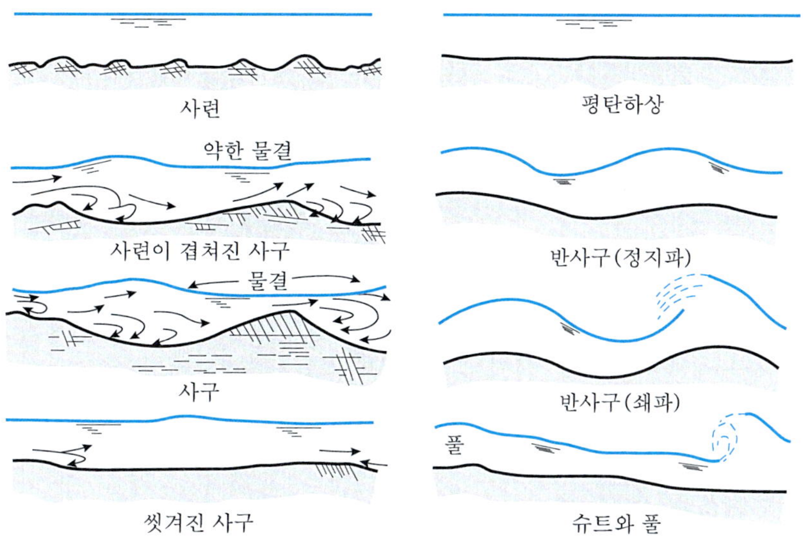

그림 9.2 모래하천의 하상형태와 그 변화(Simons와 Richardson, 1966)

- 평탄하상(plane bed) : 천이흐름보다 더 큰 흐름에서 생길 수 있다. 하상은 평탄하나, 유사 이송이 많고 흐름저항은 작다.
- 반사구(反砂丘, antidunes) : 천이영역이나 평탄하상보다 더 센 흐름에서 생기며, 그 형태는 사구와 비슷하나 사구보다는 더 정형화되어 삼각형이나 정현파의 형태를 가진다. 수면파는 이동하지 않고 정지한 상태로서 'standing wave'라 한다. 수면파와 하상파는 그림 9.3(c)와 같이 그 위상이 같으며, 따라서 일명 모래파(sand wave)라고도 한다. 하상형태와 수면형태의 위상이 같은 것은 그림 9.3(d)와 같이 반사구가 형성되는 사류에서는 2장에서 설명한 것과 같이 바닥이 올라가면 비에너지가 줄어 수심이 커지는 흐름현상에 의한 것

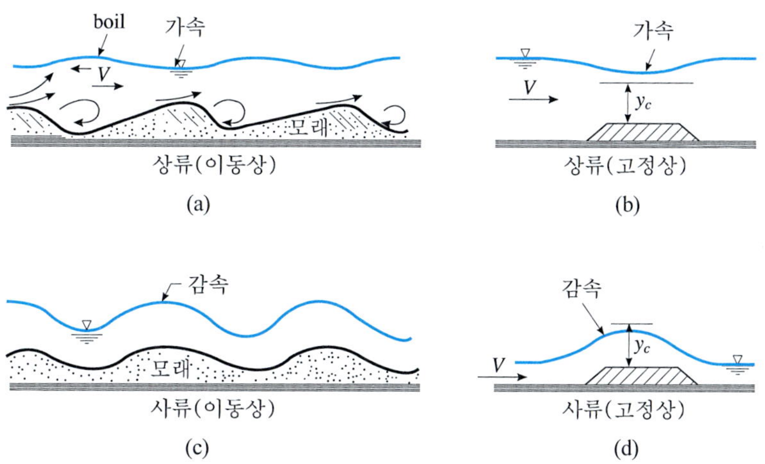

그림 9.3 사구와 반사구에서 하상파와 수면파의 변화

이다[46]. 흐름이 더 세어지면 수면파는 그림 9.5와 같이 쇄파(breaking wave) 된다. 반사구는 작은 속도로 흐름의 반대방향으로 이동하다가, 정지하거나 다시 하류로 이동하기도 한다.

- 슈트와 풀(chutes and pools) : 매우 센 흐름과 유사이송, 그리고 급한 경사에서 나타나며, 모래둔덕이 길게 늘어진 형태이다. chutes에서는 통상 사류가 발생하며 따라서 그림 9.2와 같이 하류에 도수가 생긴다. 실험실에서 가능하며, 자연에서 흔하지 않다.
- 사주(砂州, bar) : 하상에 국한된 형태가 아니라 하천 폭만큼 크고 수심만큼 높은 대형 모래언덕으로, 그 생성위치에 따라 점사주, 교호사주, 지류사주 등으로 나뉜다.

Simons과 Richardson은 이러한 하상형태를 분류하면서 하상형태, 흐름저항, 유사이송 등의 양상을 고려하여 흐름 자체를 크게 고수류 영역과 저수류 영역으로 구분하고 그 사이에 천이

표 9.2 흐름영역에 따른 흐름과 유사이송 특성의 변화(Simons와 Richardson, 1971)

하상형태	0.28 mm 모래				
	총유사량(ppm)	f	n	Fr	S×100
저수류 영역					
평하상	0	0.0301	0.016	0.17	0.011
사련	1~150	0.0635~0.1025	0.02~0.027	0.17~0.37	0.023~0.11
사구	150~800	0.0612~0.0791	0.021~0.026	0.32~0.44	0.09~0.16
천이영역	1000~2400	0.0250~0.0344	0.014~0.017	0.55~0.67	0.13~0.17
고수류 영역					
평탄하상	1500~3100	0.0244~0.0262	0.013~0.014	0.71~0.92	0.15~0.28
정지파	–	–	–	–	–
반사구	5000~42000	0.0281~0.0672	0.014~0.022	1.0~1.3	0.33~1.0

하상형태	0.45 mm 모래				
	총유사량(ppm)	f	n	Fr	S×100
저수류 영역					
평하상	0	0.0359	0.016	0.18	0.015
사련	1~100	0.0521~0.1330	0.020~0.028	0.14~0.28	0.016~0.11
사구	100~1200	0.0489~0.1490	0.019~0.033	0.28~0.65	0.06~0.30
천이영역	1400~4000	0.0415~0.0798	0.016~0.022	0.61~0.92	0.37~0.49
고수류 영역					
평탄하상	–	–	–	–	–
정지파	4000~7000	0.0200~0.0406	0.011~0.015	1.0~1.6	0.36~0.62
반사구	6000~15000	0.0247~0.292	0.012~0.014	1.4~1.7	0.66~1.0

46 그러나 다음에 설명하듯이 상류/사류와 저수류/고수류 영역의 구분은 서로 일치하지 않기 때문에 이러한 설명은 상류의 저수류 영역과 사류의 고수류 영역 흐름에만 해당된다.

영역을 두었다. 표 9.2는 이러한 흐름영역들의 특성을 정리한 것이다. 저수류 영역(低水流 領域, lower-flow regime)은 유사이송이 없는 평하상, 사련, 사구 등을 만드는 일련의 흐름으로, 실험결과에 의하면 유사이송은 소류가 지배적이고 단편적이며, 그 농도는 2,000 ppm 이하이며, 하상형태에 의한 형상조도가 지배적이고, 수면파와 하상파는 같은 위상이 아닌 흐름이다. 반면에 고수류 영역(高水流 領域, upper-flow regime)은 유사이송이 큰 평탄하상, 반사구, 슈트와 풀 등을 만드는 일련의 흐름이다. 이 영역에서 유사이송은 소류와 부유가 같이 나타나며 연속적이고 그 농도는 2,000∼6,000 ppm이며, 하상 사립자에 의한 사립조도가 지배적이고, 수면파와 하상파는 같은 위상인 흐름이다. 이러한 두 흐름영역 사이에 있는 천이영역은 '씻겨진 사구'로 되어 있으며, 그 특성은 위 두 흐름영역의 중간 정도이다. 표 9.2에서 확인할 수 있듯이 저수류 영역과 고수류 영역을 명확히 구분하는 어느 하나의 프루드 수를 정의할 수는 없다. Athaullah(1968)은 이러한 저수류 영역과 고수류 영역을 구분하기 위해 천이영역에서의 프루드 수 범위를 그림 9.4와 같이 제시하였으며 프루드 수는 동수반경과 사립자 크기의 비가 커짐에 따라 감소하였다. 따라서 저수류, 고수류 영역의 구분은 상류, 사류 구분과 다르다.

이러한 두 가지 흐름영역을 실험실 자료를 이용하여 흐름저항에 대해 표시하면 그림 9.5와 같다. 여기서 볼 수 있듯이 모래하천에서 흐름이 점차 세어짐에 따라 매닝 계수로 표시된 흐름저항은 처음 0.02에서 점차 커져 사구가 최고로 달할 때 0.035 정도까지 커졌다가 흐름이 천이영역으로 바뀌면서 다시 0.015로 줄어든다. 흐름이 더욱 세어지면 평탄하상이 되어 저항이 0.0125까지 최저로 줄어드는 고수류 영역으로 들어간다. 흐름이 더 세어지면 하상은 점차 반사구가 되면서 저항은 점차 커져 0.017까지 커진다. 이러한 실험결과가 시사하는 것은 모래하천에서는 사립자의 크기에 의한 조도 이외에 하상형태의 형상에 따른 조도가 추가적으로 작용한다는 것이다. 이러한 실험결과는 자연하천의 실측결과에서도 똑같이 나타난다. 하상형태의 변화에 따른 형상조도의 영향에 대해서는 9.3절에서 구체적으로 검토한다.

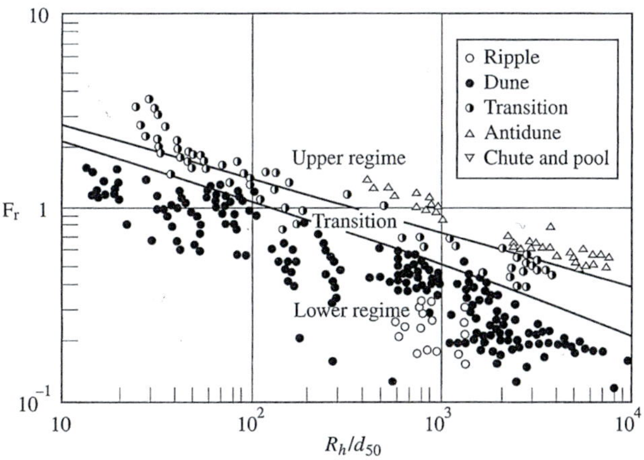

그림 9.4 저수류와 고수류 영역의 하상형태 구분(Julien, 2010; Athaullah(1968) 자료활용) ($R_h \rightarrow R$, $d_{50} \rightarrow D_{50}$)

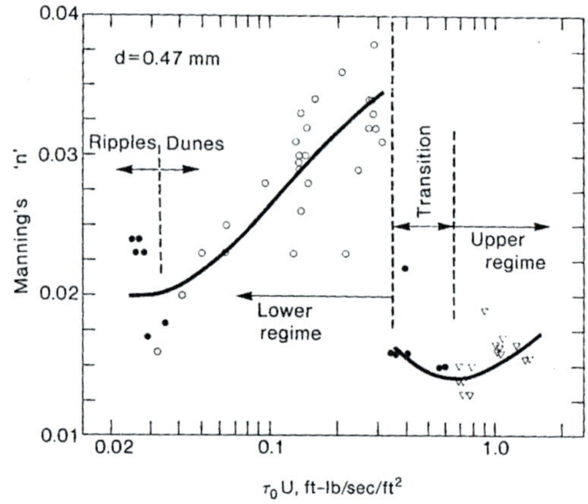

그림 9.5 실험실 자료를 이용한 흐름영역의 구분(Guy 등, 1966) (d → D, U → V)

사주는 사련이나 사구와 같은 소규모 하상형태보다 그 규모가 훨씬 큰 중규모 하상형태이다. 이러한 하상형태를 도식적으로 나타내면 그림 9.6과 같다. 이 그림과 같이 사주의 폭은 하천 폭의 1/2~2/3 정도 차지하며, 높이는 평균수심에 버금간다. 소규모 하상형태는 흐름저항에 관련되어 있는 반면에, 중규모 하상형태는 흐름저항은 물론 국부적인 하상변동에 직접 관련되어 있다. 따라서 취수장 퇴사, 하도준설 등 국부적인 하상변동 문제가 중요한 국내에서 사주와 같은 중규모 하상형태의 연구가 중요하다. 점사주(點砂州, point bar)는 그림 9.6과 같이 하도 만곡부의 안쪽에 반원형으로 생기는 모래둔덕이며, 교호사주(交互砂州, alternate bar)

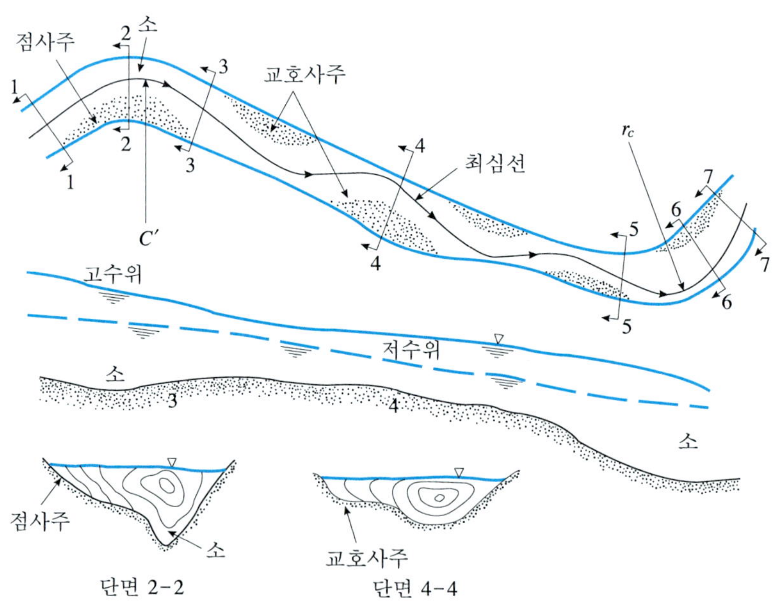

그림 9.6 사주의 구분과 단면 특성

는 하도의 양안에 교대로 생기는 기다란 모래둔덕이며, 중간사주(中間砂州, middle bar)는 하도의 가운데 섬처럼 생기는 비교적 기다란 모래둔덕이며, 지류사주(支流砂州, tributary bar)는 지류가 본류에 유입하는 합류점 직하류에 생기는 모래둔덕이다.

교호사주의 위치, 형태, 크기는 하도의 선형, 하상재료, 하폭과 수심의 비 등에 의해 결정된다. 교호사주는 서서히 하류로 이동한다. 단열 교호사주는 보통 직선하도와 만곡하도 사이에 생긴다. 복렬, 또는 다열 교호사주는 보통 망상하천에 생긴다. 7장 첫 쪽에 있는 사진은 비늘 형태의 복렬, 또는 다열 교호사주를 보여준다. 단열 교호사주의 경우 상류의 만곡조건이 교호사주가 처음 생기는 위치를 결정하며, 그 다음부터는 양안에 교대로 생긴다. 그러나 다음 만곡이 나타나면 만곡에 의한 이차류는 그 다음 교호사주의 생성을 억제시킨다. 만곡의 정도가 작은 경우 이러한 이차류는 그 강도가 약해 다음 교호사주의 생성을 억제시키지 못할 수 있다. 이와 같이 연속한 두 만곡부 사이에 생기는 교호사주의 수는 유량이 감소하면 증가하게 된다. 교호사주는 하루에 몇십 cm 정도 매우 느린 속도로 이동한다. 하도의 최심선은 그림 9.6과 같이 이러한 교호사주 사이를 지나며, 교호사주에 의한 최심선의 만곡은 궁극적으로 새로운 만곡부의 형성을 유도하게 된다.

여기서 하도의 만곡 등은 사주의 규모를 넘은 일종의 대규모 하상형태이다.

1 하상형태에 영향을 주는 요소

- 수심 : 수심은 사립자의 직경과 같이 상대조도에 영향을 준다. 또한 연직방향의 유속분포를 지배한다. 그림 9.1과 같이 수심(동수반경)이 증가하면 하천경사와 하상재료가 일정해도 하상형태는 사구에서 점차 천이영역을 지나 평탄하상으로 바뀐다. 사련과 사구하상에서는 수심의 증가는 상대조도를 줄여서 흐름저항을 감소시킨다. 또한 평탄하상에서도 수심의 증가는 상대조도를 줄여서 흐름저항을 줄이는 효과가 있다. 그러나 반사구 하상에서 수심의 증가는 처음에는 흐름저항을 크게 하나 일정한 한계를 넘으면 다시 줄게 한다. 따라서 수심은 하상형태를 변화시키는 요인이나 동시에 변화된 하상형태에 따라 흐름저항이 달라져 수심 자체가 변하게 된다.

  같은 흐름과 유사 조건에서 수심은 크기효과(scale effect)로서 작용하여, 전 장의 한계조건 경우와 같이 다른 흐름과 유사(流砂) 조건이 같더라도 수심이 변하면 하상형태와 흐름저항이 바뀐다.
- 경사 : 같은 수심에서 하천경사의 증가는 하상형태를 사련에서 반사구까지, 저수류 영역을 고수류 영역으로 변화시킬 수 있다. 수심이 얕은 사련하상에서 흐름저항은 경사에 따라 변하나, 수심이 깊은 하천에서 흐름저항은 경사에 둔감하다. 사구하상에서는 수심이 얕은 경우 일반적으로 흐름저항은 경사가 커질수록 감소하나, 수심이 깊을 때는 경사가 커질수록 오히려 약간 증가한다.

- 유사흐름의 밀도와 점성 : 미립토사의 농도가 커지면 '흙탕물'의 겉보기 밀도와 점성이 증가한다. 이에 따른 사립자 수중 무게의 감소는 항력과 양력에 대한 저항력을 줄여 흐름저항을 줄이는 효과가 있다. 흙탕물의 점성이 증가하면 사립자의 침강속도를 줄여서 흐름저항을 감소시킨다. 또한 하상 근처의 점성저층의 두께를 늘여 사립자와 유체의 상호작용에 영향을 준다. 그러나 미립토사의 농도가 상당히 커서 흙탕물이 뉴턴유체가 아닌 Bingham 유체와 같은 비뉴턴 유체로서 거동하게 되면 흐름현상은 더욱 복잡하게 된다.
- 하상토의 크기 : 하상토의 크기는 침강속도와 함께 하상형태에 직접적인 영향을 준다. 일반적으로 침강직경이 0.6 mm 이상에서는 사련은 생기지 않으며, 하상은 직접 사구로 진행한다. 또한 굵은 하상토는 흐름저항을 증가시키며, 연직농도분포를 왜곡시킨다.
- 하상토의 분급계수 : 하상토가 균일한 재료로 구성되어 있으면 분급계수가 큰 경우에 비해 흐름저항이 커지며, 하상형태는 더 규칙적이 된다.
- 침강속도 : 침강속도는 결국 하상토 크기에 직접 관련되어 있어 그 영향은 위에 설명한 하상토 크기의 영향과 같다. 하상토 침강속도의 증가는 흐름저항을 증가시키며, 하상형태를 사련에서 사구로 변화시킨다.
- 하천단면 형상 : 하천의 단면형상은 유속과 소류력의 분포를 변화시킨다. 따라서 한 하천단면에서 균일하지 않은 유속과 소류력의 분포는 같은 단면에서 동시에 다양한 하상형태의 존재를 가능하게 한다. 예를 들면 수심변화가 매우 큰 하천단면에서 한 흐름에 대해 최심부는 평탄하상이, 중간 부분은 사구가, 얕은 부분은 사련이 동시에 형성될 수 있다.
- 침투류 : 주위에서 하천으로 침투류가 생기면 하상토의 유효중량을 줄여 사립자의 안정성을 변화시킬 수 있다. 하천에서 주위로 침투류가 생기면 그 반대효과가 나타난다.
- 수온 : 수온은 우선적으로 사립자의 침강속도에 영향을 주어 하상형태를 변화시킨다. 수온은 유체의 점성을 변화시켜 하상 근처에서 흐름과 사립자의 상호작용에 영향을 준다. 수온의 영향에 대해서는 다음에 구체적으로 다룬다.

마지막으로, 실험실에서의 하상형태 실험은 다른 흐름현상의 실험에 비해 자연하천의 모의에서 큰 차이가 날 수 있다. 실험실 수로에서 나타나는 하상형태는 현상을 매우 단순화시킨 결과로서, 두 가지 측면에서 실제 자연현상과 다르다. 첫째는 실험실에서 수로 폭의 제한은 실제 결과를 왜곡시킬 가능성이 있다. 2차원 수로에서는 측면변화의 제한으로 하상형태는 자연하천보다 더 높아질 수 있으며, 모든 하상형태가 한 방향으로 배치되는 반면에 실제는 3차원적으로 변화하게 된다. 둘째, 실험실에서는 흐름과 유사의 평형을 이룬 다음 그 현상을 분석하지만, 실제 자연하천에서 흐름변화에 의해 한 하상형태에서 다른 하상형태로 가기 위해서는 상당한 시간을 요한다. 즉, 실험실 흐름은 평형상태이나, 자연하천은 비평형 상태가 많다는 점이다. 이러한 점들 때문에 자연하천의 하상형태를 모의하는 실험실 흐름해석은 특별한 주의를 요한다.

2 하상형태에 대한 수온의 영향

수온의 변화는 하상형태와 흐름저항, 그리고 유사이송 면에서 큰 영향을 준다. 수온이 내려가면 유사농도 분포식인 Rouse 식 (10-61)과 (10-62)에서 사립자의 침강속도가 줄어들고 그에 따라 Z 값이 줄어들어 부유사 농도는 위아래로 더 균일하게 된다. 따라서 하상 근처에서 유사이송 등 다른 변화가 없다면 전체적으로 부유사 이송은 커진다. 이는 야외 관측에서 입증되고 있다. 그러나 여기서 우리가 관심 있는 것은 부유사 이송보다는 하상형태의 변화와 그에 따른 흐름저항의 변화이다. Colby와 Scott(1965)가 중소규모 모래하천에서 측정한 결과에 의하면, 같은 흐름조건에서 10℃ 정도의 수온감소는 매닝 계수를 0.035에서 0.02로 40% 정도 감소시키는 것으로 나타났다. 이러한 매닝 계수의 감소는 여름에 수온이 높을 때 사구의 하상형태가 겨울에 수온이 떨어지면 평탄하상(유사이송이 있는)으로 변하기 때문이다. 즉 수온의 감소는 사립자의 침강속도를 감소시키며, 그에 따라 하상형태의 규모와 출현빈도가 줄어든다는 것이다.

수온이 하상형태에 미치는 영향은 1966년 Omaha의 미주리 강에서 측정한 결과에 의해 잘 나타난다(USACE, 1969). 측정기간 중 유량은 상류 유량조절 댐의 영향으로 1,000 m^2/s 정도에서 크게 변하지 않았으나, 수온은 1966년 9월 25℃에서 그해 11월 5℃ 정도로 20℃가 떨어졌다. 그런데 3개월 사이에 평균유속은 1.4 m/s에서 1.6 m/s로 증가하였고, 수심은 약 0.6 m가 떨어졌다. 이 구간의 하천은 폭 210 m, 수심 3 m 정도이며, 하상재료는 0.2~0.24 mm 정도의 세사이다. 이 기간 중 공병단(USACE)이 측정한 하상형태의 변화는 그림 9.7과 같다. 이 그림

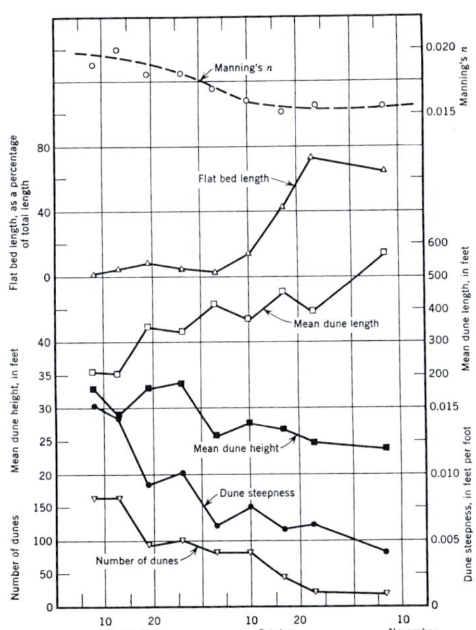

그림 9.7 수온의 변화에 따른 하상형태의 변화와 흐름저항의 변화(USACE, 1969)

과 같이 측정기간 중 매닝 계수는 0.019에서 0.016으로 떨어졌다. 그 이유는 같은 그림에서와 같이 사구의 수가 170개에서 20개로 90% 가까이 줄었으며, 각 사구의 경사는 0.015에서 0.005로 67%가 줄었고, 사구의 평균높이는 30%가 줄어든 반면, 사구의 평균길이는 65%가 늘었다. 그에 따라 전체 길이 중 평탄하상의 길이 비율은 0에서 70%로 급격히 늘어났다. 이러한 결과는 수온의 감소는 하상형태를 사구에서 평탄하상으로 변화시켜, 결과적으로 흐름저항을 감소시킨다는 사실을 잘 보여주고 있다.

위와 같은 결과를 실험실에서 재현시키려는 노력은 수온의 영향에 대한 규명에 확실한 결과를 주지는 못했다. Franco(1968)에 의해 행해진 실험은 오히려 수온의 감소가 유사이송과 흐름저항을 증가시키는 결과를 낳았다. 이러한 실험과 야외측정의 차이는 사실상 '크기효과'에 의한 것이다. 실험실에서 세사를 가지고 하는 실험에서는 수온의 감소는 점성을 증가시켜 점성저층의 두께를 늘리며, 그에 따라 난류로부터 하상형태가 보호됨으로써 흐름저항이 줄지 않을 것이다. 반면에 야외에서 수온의 감소는 점성저층 두께의 증가와 함께 흐름의 하상교란 효율을 증가시킴으로써 사구하상을 평탄하상으로 만든다는 것이다. 그러나 이러한 설명은 아직 가설에 머물고 있으며, 수온이 하상형태에 미치는 영향에 대해서는 심도 깊은 연구가 필요하다. 다만 하나 분명한 것은 수온의 감소는 사립자의 침강속도와 침강직경을 감소시켜 부유사 농도를 증가시키며, 그에 따라 부유사 이송을 증가시킨다는 것이다. 이에 대해서는 야외와 실험실 결과가 일치하고 있다.

(2) 하상형태의 예측

위와 같은 사립자와 흐름의 상호작용에 의해 형성되는 하상형태를 예측하는 것은 흐름영역을 구분하고 하상형태에 의한 추가적인 저항을 예측하기 위해 필요하다. 지금까지 이론적, 경험적 방법들에 의해 흐름과 하상재료의 특성을 가지고 하상형태를 예측하는 방법들이 제안되었다. 이들을 이론적 방법과 경험적 방법으로 나누어 소개하면 다음과 같다.

1 이론적 방법

흐름에 의해 변화하는 하상의 형태를 이론적으로 예측하기 위한 노력은 처음으로 Exner (1925)에 의해 물과 유사의 연속방정식을 적용하여 시도되었다. 그림 9.8과 같이 한 하상형태가 흐름방향으로 움직이는 2차원 흐름에서 한 검사체적을 상정하여 검사체적 내 유사의 출입과 체적 내 변화율을 고려하자. 흐름에 의한 단위폭당 유사량을 q_s , 하상토의 단위중량을 W, 어느 기준면에서 하상까지 높이를 η 라고 하면, 단위시간당 검사체적 내로 순수하게 들어가는 유사량은 $-(\partial q_s/\partial x)dx$ 이고, 검사체적 내에서 유사량의 증가율은 $-W(\partial \eta/\partial t)dx$ 이다. 여기서 $\partial \eta/\partial t$ 와 $\partial q_s/\partial x$ 는 항상 부호가 서로 반대이다. 따라서,

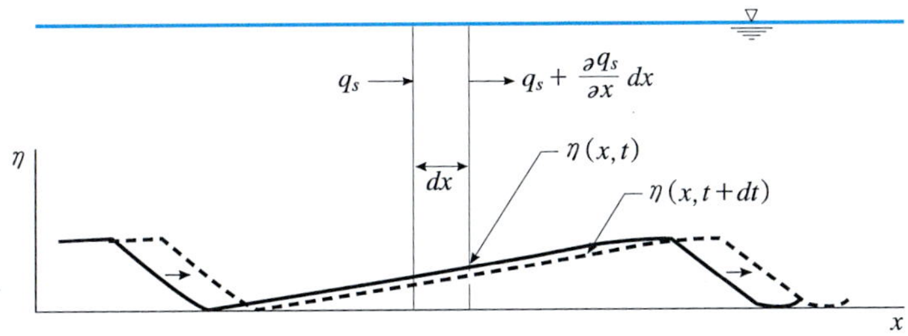

그림 9.8 하상형태의 이동과 연속방정식의 적용

$$W\frac{\partial \eta}{\partial t} + \frac{\partial q_s}{\partial x} = 0 \qquad (9-1)$$

흐름에 의한 국부적인 유사량 q_s 를 하상 근처에서의 유속 u_o 를 이용하여 $q_s = A_o u_o$ 라고 표시하면(여기서 A_o 는 임의의 상수임),

$$W\frac{\partial \eta}{\partial t} + A_o\frac{\partial u_o}{\partial x} = 0 \qquad (9-2)$$

위 식은 하상재료의 연속방정식으로, Exner 식이라고 불리며 하상변동 모형의 기본방정식으로 이용된다. Exner는 위 식과 물의 연속식을 이용하여 η 에 대한 해를 구했다.

한편, 사구하상에서 물의 흐름을 2차원 비회전류로 모의하여 하상형태를 예측하려는 노력이 이루어졌다. 비회전류에서 x 방향과 y 방향의 유속 u, v는 각각 $u = \partial\phi/\partial x$, $v = \partial\phi/\partial y$로 표시되며, 따라서 물의 연속방정식은

$$\frac{\partial u}{\partial x} + \frac{\partial v}{\partial y} = \frac{\partial^2 \phi}{\partial x^2} + \frac{\partial^2 \phi}{\partial y^2} = 0 \qquad (9-3)$$

하상형태를 정현파 등과 같이 적절히 경계조건식으로 만들어 위 식을 풀면 하상형태에서의 흐름을 구할 수 있다(Milne-Thomson, pp. 388/406, 1960). Anderson(1953)은 여기에 Exner 식(9-2)를 이용하여 하상형태의 변화를 묘사하는 해를 구하였다. 그는 하상의 형상을 정현파로 모의하였다. 그의 해는 수심과 하상파의 파장의 비와 프루드 수의 관계로 제한된 범위의 실측치와 비교하여 좋은 결과를 얻었다.

하상파의 예측에 관한 이론적인 접근이 얼마나 실제와 잘 맞을 수 있는가는 Kennedy(1963)에 의해 시도되었다. 그는 Exner 식에서 유사량을 비회전류로 표시된 유속과 연관시켜 식 (9-3)을 풀고 유체 안정 해석을 통해 다음과 같은 관계를 얻었다. 그 역시 바닥의 형상은 정현파로 모의하였다.

$$Fr^2\left(\equiv \frac{V^2}{gd}\right) = \frac{1 + kd\tanh kd + jkd\cot jkd}{(kd)^2 + (2 + jkd\cot jkd)\,kd\tanh kd} \qquad (9-4)$$

위 식에서 k 는 파수(波數, wave number)로서, $k=2\pi/L$ 이며 L 은 하상파의 파장이다. j 는 이른바 지체비(lag ratio)로서 Δ/d 이며, 여기서 Δ 는 하상 근처에서 국부적인 흐름변화에 따라 유사량이 변화하는 데 걸리는 지체거리(lag distance)이다. 즉, 흐름변화와 그에 따른 유사량 변화간의 거리 차이다. 이 개념은 Kennedy에 의해 처음 제안된 것으로, 그의 이론의 핵심을 이룬다. 그림 9.9는 식 (9-4)와 하상형태의 실측치를 비교한 것으로, 하상 근처에서 물과 사립자간의 상호작용의 복잡성과 비회전류 이론의 가정을 고려하면 놀랄 만치 근접한다. 이는 복잡한 물리현상, 특히 유사이송 현상에서 지배적인 관계만 추출하여 수학 모형화함으로써 실제 자연현상을 잘 묘사할 수 있는 대표적인 사례로 꼽을 수 있다.

Kennedy(1963)는 특히 반사구의 파장과 흐름의 평균유속간의 관계를 심해파의 파속 식 (6-6)과 형태가 같은 다음과 같은 식으로 표시하였다. 이 식은 실측치와 개략적으로 맞는 것으로 알려져 있다.

$$V^2 = \frac{gL}{2\pi} \tag{9-5}$$

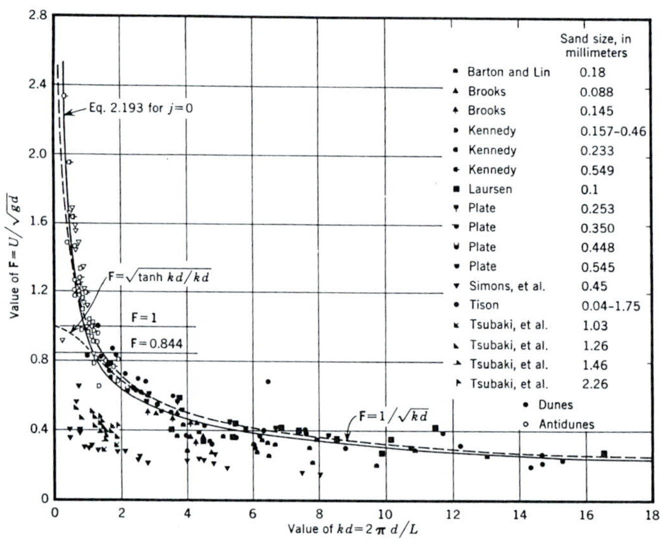

그림 9.9 하상형태에 대한 Kennedy의 이론치와 실측치의 비교

2 경험적 방법

그러나 위와 같은 이론적 방법들은 하상파의 파장정도를 추정할 뿐 과연 현재 흐름조건에서 무슨 하상형태가 있을 것인가에 대해서는 답을 주지 못한다. 이러한 질문에 대한 답은 아직 실험에 의한 경험관계에 의존하여야 한다. Simons와 Sentürk(1977, p. 261)가 기존의 하상형태 예측방법들을 평가한 결과에 의하면, 전체적으로 자연하천에 잘 맞는 예측방법은 아직

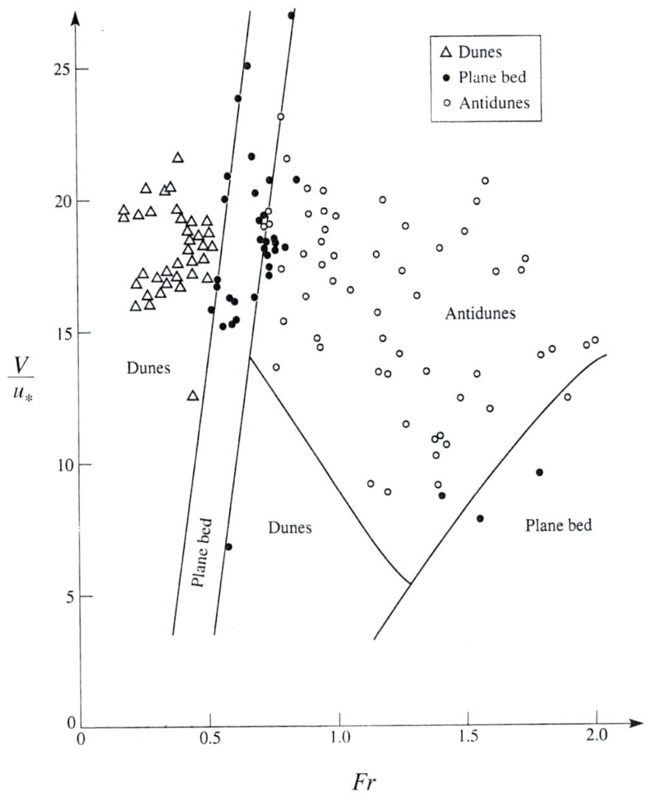

그림 9.10 Engelund와 Hansen(1966)의 하상형태 예측 그림

없으며 다만 Simons와 Richardson의 방법이 소하천에 비교적 잘 맞는 것으로 나타났다. 현재 알려진 하상형태 예측방법들 중 대표적인 몇 가지를 소개하면 다음과 같다.

Engelund-Hansen 방법 Engelund와 Hansen(1966)은 실험실 자료를 이용하여 흐름의 프루드 수 $Fr(= V/\sqrt{gd})$와 평균유속과 마찰속도와의 비 V/u_*의 관계를 그림 9.10과 같이 표시하였다. 여기서 평탄하상은 유사이송이 있는 상태이다. 이 관계도에는 하상재료의 크기가 고려되지 않았기 때문에 이 그림과 같이 사구나 평탄하상이 여기저기 나타나는 애매한 면이 있다. 이 관계도는 실험실 자료를 크게 넘지 않는 범위 내에서 검토되어야 한다.

Simons-Richardson 방법 Simons와 Richardson(1966)은 1960년대 초반부터 수집한 방대한 실험자료를 토대로 하상재료의 중앙입경과 Bagnold의 수류력(水流力, stream power)과의 관계로서 하상형태를 구분하였다. 그들의 결과는 그림 9.11과 같다. 여기서 수류력은 흐름의 소류력에 평균유속을 곱한 것으로 $\tau_o V$로 표시되며, 이는 단위 하상 면적당 흐름의 에너지 소모 비율을 의미한다. 이 그림에서 직경 0.6 mm 이상부터 사련이 나타나지 않는 것은 사련은 0.6 mm 이하에서만 나타난다는 그들의 실험결과를 그대로 반영한 것이다. 이 그림은 수

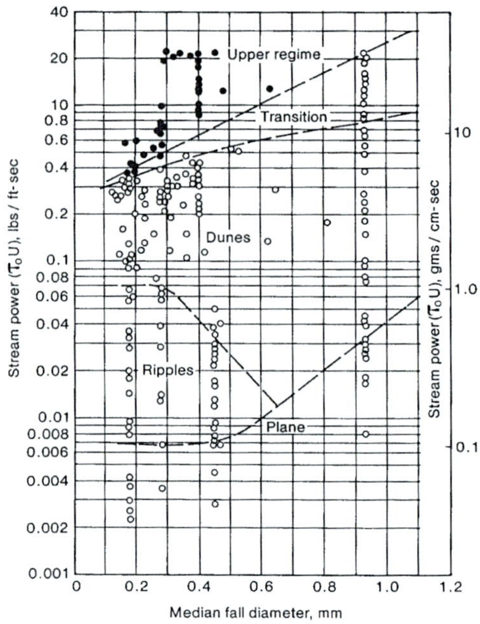

그림 9.11 Simons와 Richardson(1966)의 하상형태 예측도($U \rightarrow V$)

심이 1.5 m 이하인 작은 하천에서는 상당히 잘 맞는 것으로 알려져 있으나, 수심이 큰 중대하천에서는 잘 맞지 않는 것으로 알려져 있다. 이 관계도는 실험실 자료를 가지고 만든 것으로, 실제현상에서는 수심에 의한 크기효과가 작용할 것이라고 유추할 수 있다.

van Rijn 방법　van Rijn(1984)은 무차원 입경 D_* 와 무차원 이송단계(transport stage parameter) T 를 이용하여 하상형태 분류도를 제안하였다. 여기서 무차원 입경 D_* 는 중앙입경 D 를 이용하여

$$D_* = D\left[\frac{(\rho_s - \rho)g}{\rho\nu^2}\right]^{1/3} \tag{9-6}$$

무차원 이송단계 T 는 사립자에 작용하는 소류력 $\tau_o{}'$ 과 한계소류력 τ_c 와의 관계로서

$$T = \frac{\tau_o{}' - \tau_c}{\tau_c} = \frac{u_*{}'^2 - u_{*c}^2}{u_{*c}^2} \tag{9-7}$$

여기서 u_{*c} 는 한계 마찰속도이며, $u_*{}'$ 은 사립자에 관련된 마찰속도로서 체지 식과 같은 형태에서 다음과 같이 얻어진다.

$$u_*{}' = \frac{\sqrt{g}}{C'}V = \frac{\sqrt{g}}{18\log[(12R_b)/(3D_{90})]}V \tag{9-8}$$

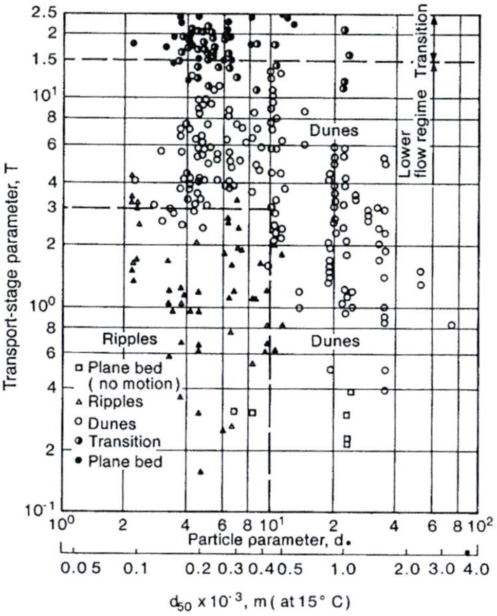

그림 9.12 van Rijn (1984)의 하상형태 예측도($d_{50} \rightarrow D_{50}$)

위 식에서 C' 은 사립자에 관련된 체지 계수, R_b 는 하상에 의한 수리반경, 그리고 D_{90} 은 중량비 90%가 그보다 작은 입경이다. 그림 9.12는 식 (9-6)과 (9-7)로 표시되는 두 무차원량을 이용하여 하상형태를 분류한 것으로, 이 그림에는 저수류 영역과 천이영역만이 나타나며 반사구는 제외되었다. van Rijn은 이 그림의 작성을 위해 CSU의 자료(Guy 등, 1966)와 Delft의 자료 등 실험실 자료와 네덜란드, 일본, 미시시피강(수심 16m 까지) 자료 등 야외 자료를 망라하여 이용하였다. 따라서 이 점에서 van Rijn의 분류도는 Simons와 Richardson의 분류도에 비해 실제하천에 적용하기가 유리하다. 이 그림과 같이 사련은 $D_* < 10$ ($D_{50} \cong 0.45\text{mm}$) 에서만 나타난다. 반면에 사구는 $T < 15$ 에서 나타나며, 그 이상부터는 천이영역이 된다. $T > 25$ 부터는 천이영역을 지나 평탄하상의 고수류 영역이 된다. 이 방법의 장점은 앞서 설명한 것과 같이 하천자료가 포함되었기 때문에 실제하천에 적용하기가 유리하다는 것이나, 단점은 식 (9-7)의 무차원 이송단계가 소류력 차이의 비율로 되어 있기 때문에 입력치에 민감하다는 점이다.

예제 9.1

다음 자료는 1992년과 2010년에 내성천에서 수집한 자료이다. 이 구간의 하천은 상하류가 거의 직선을 이루며, 하폭은 약 120 m이고, 하천단면은 양안의 제방으로 사각형을 이루며, 하상재료는 100% 모래이다. 측정시 수온은 20℃이다. 위에서 설명한 세 가지 하상형태 예측방법을 이용하여 다음 자료의 하상형태를 각각 추정하시오.

(계속)

측정 일자	V(m/s)	d(m)	S(m/m)	D_{50}(mm)	D_{90}(mm)	하상형태(추정)		
						E & H	S & R	van Rijn
2010/08/09	0.54	0.56	0.00272	1.2	3.4	사구	사구	사구
1992/09/25	0.92	0.90	0.00277	1.2	3.1	사구	천이	사구

(자료원 : 유권규 등, 1993; 한국건설기술연구원, 2014)

풀이

(1) Engelund-Hansen 관계

각 흐름의 프루드 수와 속도비를 구해서 그림 9.10에 적용한다. 우선 2010/08/07 자료에 대해서

$$Fr = 0.54/(9.8\times 0.56)^{1/2} = 0.23,\ \ \tau_o = 1{,}000(9.8)(0.56)(0.00272) = 14.9\ \mathrm{N/m^2}$$

$$u_* = (\tau_o/\rho)^{1/2} = (14.9/1{,}000)^{1/2} = 0.122\ \mathrm{m/s},\quad \therefore\ V/u_* = 0.54/0.122 = 4.43$$

따라서 프루드 수 0.23과 속도비 4.43에 해당하는 하상형태를 그림 9.10에서 읽으면 사구이다. 마찬가지 방법으로 1992/09/25 자료는 $Fr = 0.31$, $V/u_* = 5.9$ 로서 사구이다.

(2) Simons-Richardson 관계

각 흐름의 중앙 침강직경과 수류력을 구해 그림 9.11에 적용한다. 우선 2010/08/07 자료에 대해서 체직경 D_{50} =1.2 mm에 해당하는 침강직경은 그림 8.4에서 $SF \approx 0.7$ 로 보면 0.9 mm이다. 다음 수류력은

$$\tau_o V = 1.0(56)(0.00272)(54) = 8.23\ \text{g중/cm}^2\ \text{cm/s}$$

이므로, 이에 해당하는 하상형태를 그림 9.11에서 읽으면 사구이다. 마찬가지 방법으로 1992/09/25 자료는 침강직경은 0.9 mm, 수류력은

$$\tau_o V = 0.25(92) = 23.0\ \text{g중/cm}^2\ \text{cm/s}$$

이므로, 사구를 지나 천이영역에 속한다.

(3) van Rijn 관계

각 흐름의 무차원 입경과 무차원 이송단계를 구해 그림 9.12에 적용한다. 우선 2010/08/07 자료에 대해서 수온은 큰 차이가 없으므로 그림 9.12의 횡축을 그대로 읽으면 D_{50} =1.2 mm이다. 다음 이송단계를 구하기 위해 먼저 식 (9-8)에서 폭이 넓은 하천이므로 $R_b \approx R \approx d$ 로 보고

$$u_*' = \frac{\sqrt{9.8}}{18\log[(12\times 0.56)/(3\times 0.0034)]}\times 0.54 = 0.033\ [\mathrm{m/s}]$$

$$\tau_o' = 1{,}000(0.033)^2 = 1.1\ [\mathrm{N/m^2}]$$

τ_c 는 그림 8.13에서 D_{50} =1.2 mm에 대해 읽으면 0.071 kg중/m²=0.70 N/m³이므로 이송 단계 T=(1.1−0.70)/0.70=0.57이 된다. D_{50} =1.2 mm와 T=0.57을 그림 9.12에서 읽으면 사구가 된다. 마찬가지 방법으로 1992/09/25 자료는 D_{50} =1.2 mm, T=3.0이므로 사구가 된다.

(계속)

(4) 검토

위의 세 가지 방법에서 차이는 두 번째 자료의 하상형태 추정으로, 다른 두 방법은 사구를 추정한 반면 Simons-Richardson 관계는 천이영역을 추정한다. 불행히도 자료인용 문헌에 실제 하상형태는 나타나 있지 않기 때문에 확인할 방법이 없다. 한편 Engelund-Hansen 관계는 두 흐름을 모두 평탄하상에 가까운 사구로 추정하고 있다. 따라서 두 번째 흐름은 상대적으로 크므로 사구와 평탄하상의 중간인 천이영역에 있었을 가능성이 있다.

(3) 사련 · 사구의 기하특성

지금까지 하상형태가 흐름과 유사특성에 따라 변하는 것을 검토하였다. 그러나 같은 하상형태라도 그 크기에 따라 흐름저항은 변한다. 이 점에서 하상형태를 예측하는 것도 중요하지만 하상형태의 높이와 길이 등 기하특성을 규명하는 것이 필요하다.

앞서 설명한 것과 같이 Anderson(1953)과 Kennedy(1963)는 비회전류 이론을 이용하여 하상형태는 정현파로 보고 하상형태의 파장과 수심의 비를 프루드 수의 함수로 나타냈다. 따라서 그들은 실제현상에서 나타나는 입경, 전단, 점성, 그리고 흐름의 분리 등을 무시하였다. 그러나 이러한 변수 모두를 고려하여 해석적으로 하상형태의 기하특성을 도출하는 것은 아직 우리의 지식 범위 내에서는 매우 어려우며, 경험적인 방법에 의존한다.

Allen(1963)은 그림 9.13과 같은 사련 · 사구에서 사구의 높이 A_m과 수심 d의 관계를 경험적으로 다음과 같이 나타냈다.

$$\log d = 0.8271 \log A_m + 0.8901 \qquad (9-9)$$

한편, 높이가 15 cm 이하인 사구와 사련에 대해서 파장 L 과 높이 A_m은

$$\log A_m = 0.9508 \log L - 1.0867 \qquad (9-10)$$

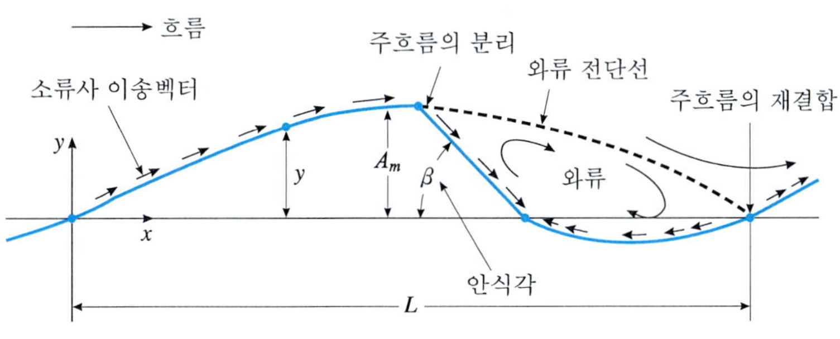

그림 9.13 사련 · 사구의 기하 형태

그 이상의 높이에 대해서는

$$\log A_m = 0.7384 \log L - 1.0746 \tag{9-11}$$

Yalin(1964)은 차원해석과 역학적인 관계를 이용하여 사련과 사구의 기하특성식을 제안하였다. 그의 해석은 1) 사련이나 사구의 파장은 높이나 입경에 비해 매우 크며, 2) 사련이나 사구의 골(trough)에 작용하는 소류력은 한계소류력이라는 가정에 기초한다. Yalin의 기하특성식은

$$\frac{A_m}{d} = \frac{1}{6}\left(\frac{\tau_o - \tau_c}{\tau_o}\right) = \frac{1}{6}\left(\frac{d - d_c}{d}\right) \tag{9-12}$$

위 식에서 d_c는 한계소류력 τ_c 에 해당하는 등류수심이다.

한편, 사구의 파장은

$$L = 5d \tag{9-13}$$

사련의 파장은

$$L = 1{,}000\, D_{50} \tag{9-14}$$

Yalin의 가정 중 첫째는 타당하나, 둘째는 실험결과에 의하면 그 타당성이 작다.

van Rijn(1984)은 사구의 형태를 예측하는 방법을 제안하였다. 그는 실험실 자료와 야외자료를 이용하여 사구의 높이와 길이를 각각 다음과 같은 경험식으로 표시하였다.

$$\frac{A_m}{d} = 0.11\left(\frac{D}{d}\right)^{0.3}(1 - e^{-0.5T})(25 - T) \tag{9-15}$$

$$\frac{A_m}{L} = 0.015\left(\frac{D}{d}\right)^{0.3}(1 - e^{-0.5T})(25 - T) \tag{9-16}$$

위의 두 식은 사구범위인 $0 < T < 25$ 에서 유효하며, $T = 0$ 이면 한계조건이고 $T = 25$ 이면 사구는 쓸려 내려가 평탄하상이 된다. 식 (9-15)와 (9-16)에서 사구높이의 최대치는 $T \approx 5$ 정도에서 발생한다. 위 두 식에서 사구높이 A_m 을 소거하면

$$L = 7.3\, d \tag{9-17}$$

따라서 사구의 파장은 단지 수심만의 함수로서, 식 (9-13)과 같은 형태이다.

사구는 흐름방향으로 천천히 이동하며, 반사구는 흐름방향, 또는 그 반대방향으로 천천히 이동한다. Coleman과 Melville(1994)은 0.20 mm와 0.82 mm의 모래를 이용한 47개의 이동상 실험을 통해 사구의 전파속도 c_s 는 사구높이 A_m 이 커짐에 따라 줄어드는 것을 확인했으며, 그 관계를 다음과 같은 경험식으로 제시하였다.

$$\frac{c_s}{(u_* - u_{*c})(\tau_* - \tau_{*c})} = \frac{40}{(A_m / D_g - 3.5)^{1.3}} \tag{9-18}$$

위 식에서 D_g 는 하상토의 기하평균이다. 그러나 위 식은 하상형태의 높이 $A_m \approx 5 \sim 40\,\text{mm}$ 의 사련에서 얻어진 것으로, 자연하천에 적용하기는 무리가 있어 보인다.

예제 9.2

예제 9.1 자료에 대해 각 방법으로 사구의 높이와 길이를 추정하시오.

측정 일자	V(m/s)	d(m)	S(m/m)	D_{50}(mm)	D_{90}(mm)	하상형태(추정)		
						E & H	S & R	van Rijn
2010/08/07	0.54	0.56	0.00272	1.2	3.4	사구	사구	사구
1992/09/25	0.92	0.90	0.00277	1.2	3.1	사구	천이	사구

(자료 : 유권규 등, 1993; 한국건설기술연구원, 2014)

풀이

(1) Allen 방법

2010/08/07 자료에 대해 사구의 높이는 식 (9-9)에서

$$\log A_m = (\log 0.56 - 0.89)/0.827 = -1.38 \qquad \therefore A_m = 0.04\ \text{m}$$

파장은 식 (9-10)에서 $\log L = (\log 0.04 + 1.087)/0.9508 = -0.33 \quad \therefore L = 0.47\ [\text{m}]$

마찬가지로 1992/09/25 자료에 대해 적용하면, $A_m = 0.074\ [\text{m}]$, $L = 0.90\ [\text{m}]$

(2) Yalin 방법

식 (9-12)의 τ_o, τ_c 는 예제 9.1에서 구한 값들을 쓰면

$$A_m = 0.56/6\ [(14.9 - 0.70)/4.9] = 0.089\ [\text{m}],\ L = 5(0.56) = 2.8\ [\text{m}]$$

마찬가지로 1992/09/25 자료에 대해 적용하면, $A_m = 0.15\ [\text{m}]$, $L = 4.5\ [\text{m}]$

(3) van Rijn 방법

사구의 높이는 식 (9-15)에서

$$A_m = 0.11(0.56)(0.0012/0.56)^{0.3}(1 - e^{-0.5(0.57)})(25 - 0.57) = 0.059\ [\text{m}]$$

사구의 길이는 식 (9-16)에서

$$A_m/L = 0.015(0.0012/0.56)^{0.3}(1 - e^{-0.5(0.57)})(25 - 0.57) = 0.014$$

$$\therefore L = 0.059/0.014 = 4.2\ [\text{m}]$$

마찬가지로 1992/09/25 자료에 대해 적용하면, $A_m = 0.23\ [\text{m}]$, $L = 6.5\ [\text{m}]$

(4) 검토

Allen 방법은 하상형태의 높이와 길이를 과소 추정하는 경향이 있으며, van Rijn의 결과가 현장여건에 비교적 맞게 보인다.

9.3 흐름저항

지금까지는 충적하천에서의 흐름과 유사에 따른 하상형태의 변화와 각 하상형태의 개략적인 흐름저항 범위를 검토하였다. 따라서 하상형태를 예측할 수 있으면 그에 해당하는 추가적인 흐름저항을 예측하여 전체적인 저항을 추정할 수 있을 것이다. 그러나 충적하천에서 하상의 변화에 따라 작용하는 추가적인 저항은 사련과 사주와 같은 소규모 하상형태에 의한 것뿐만 아니라 사주, 만곡 등 중대규모 하상형태에 의한 저항이 있기 때문에 소규모 하상형태에 의한 저항만 가지고는 충분하지 않다. 충적하천에서 유량과 하천경사에 따른 정상등류의 수심을 구하는 방법을 흔히 수심-유량 관계, 또는 수위-유량 관계라 한다. 이러한 관계는 특히 충적하천의 수학모형에서 기본적으로 요구되는 관계이다.

다음에는 충적하천에서 수심과 유량의 관계를 추정하는 방법들을 소개하고 평가한다. 마지막으로는 충적하천에서 매닝 계수의 변화를 검토한다.

(1) 저항의 구분

충적하천의 흐름저항은 제1부 고정상 하천수리학에서 다룬 하상과 제방 등 흐름경계면에서 생기는 하상표면의 조도에 의한 표면 마찰저항과 하상과 하천자체의 형태에 따른 추가적인 저항으로 구성된다. 표면 마찰저항은 하상표면을 구성하는 사립자의 존재에 의한 조도로서 사립조도(砂粒粗度, particle roughness)라 하며 제2부 8장에서 다룬 경계층 흐름 이론이나 경험식을 이용하여 추정할 수 있다. 반면에 추가적인 저항은 하상의 형태에 따라 하상 앞뒤의 압력차이에서 생기는 일종의 압력저항으로, 형태에 의해 생기는 것이라 하여 형상저항 또는 형상조도(形狀粗度, form roughness)라 한다. 형상저항은 다시 사구나 반사구 등 소규모 하상형태에 따른 저항, 사주 등 중규모 하상형태에 따른 저항, 그리고 하도의 만곡 등 대규모 하상(하천)형태에 따른 저항으로 나눌 수 있다. 따라서 충적하천에 작용하는 흐름저항을 구분하면 그림 9.14와 같다.

따라서 충적하천에서 기존의 매닝 계수 n 을 사립자에 의한 조도 n' 과 하상형태에 의한 조도 n'' 으로 구분하면

$$n = n' + n'' \qquad (9-19)$$

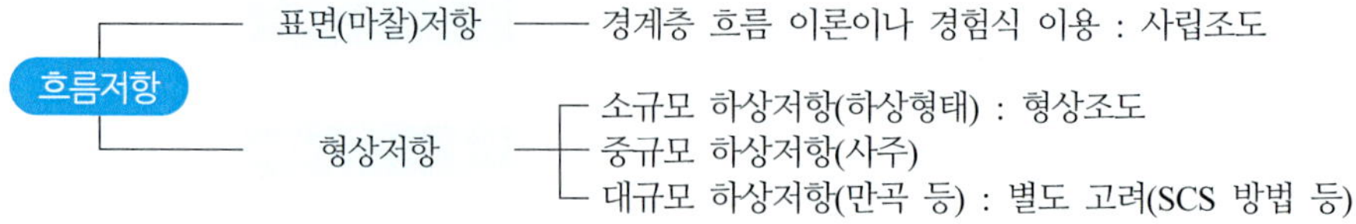

그림 9.14 충적하천의 흐름저항의 분류

여기서 n' 은 제3장의 Strickler 식 (3-33) 또는 제8장의 표 8.6에서의 조도와 사립자 입경과의 관계식에서 구할 수 있을 것이다. 반면에 n'' 은 아직 n' 만큼 충분한 신뢰도를 가지고 추정할 수 있는 방법이 없다. 마찬가지로 하상에 작용하는 소류력 τ_o 도 사립자에 의한 저항 τ_o' 과 하상형태에 의한 저항 τ_o'' 으로 나누면

$$\tau_o = \tau_o' + \tau_o'' \qquad (9-20)$$

여기서 $\tau_o = \gamma RS$ 이므로 동수반경 R 도 위와 같이 둘로 구분하면

$$\gamma RS = \gamma SR' + \gamma SR'' \qquad (9-21)$$

$$\therefore R = R' + R'' \qquad (9-22)$$

위 식에서 R' 은 사립자에 의한 표면 마찰저항에 관련된 동수반경이며, R'' 은 하상형태의 저항에 관련된 동수반경이다. 마찬가지로 $\tau_o = \rho u_*^2$ 에서 마찰속도를 둘로 나누면

$$\tau_o = \tau_o' + \tau_o'' = \rho u_*'^2 + \rho u_*''^2 \qquad (9-23)$$

$$\therefore u_*^2 = u_*'^2 + u_*''^2 \qquad (9-24)$$

위 식에서 u_*' 은 표면 마찰저항에 관련된 마찰속도이며, u_*'' 은 하상형태의 저항에 관련된 마찰속도이다. 마찬가지로 Darcy-Weiswach의 마찰계수 f 도 둘로 나누면 식 (3-16)에서

$$f = 8\left(\frac{u_*}{V}\right)^2 = 8\left(\frac{u_*'^2 + u_*''^2}{V^2}\right) = f' + f'' \qquad (9-25)$$

여기서,

$$f' = 8\left(\frac{u_*'}{V}\right)^2 \qquad (9-26)$$

$$f'' = 8\left(\frac{u_*''}{V}\right)^2 \qquad (9-27)$$

위 식에서 f' 은 표면 마찰저항에 의한 마찰계수이며, f'' 은 하상형태의 저항에 의한 마찰계수이다. 위와 같이 흐름의 저항을 표면마찰에 의한 저항과 형상에 의한 저항으로 나누어 접근하는 방법은 Meyer-Peter와 Müller(1948)에 의해 처음 제안되었다. 그 동안 이러한 저항요소를 구분하여 취급하는 방법론의 타당성에 대해서 직접적인 증명이 없었으나, 최근에 Shen 등 (1990)은 실험을 통해 그 타당성을 입증하였다.

따라서 충적하천에서 흐름저항을 추정하기 위해서는 형상조도를 구해 기존의 사립조도에 더하든지, 아니면 처음부터 전체조도를 구해야 할 것이다. 지금까지 문헌에는 충적하천에 적용되는 수십 개의 수심-유량 관계가 제안되었다. 여기서는 이 중 비교적 잘 맞거나 최근에

제안된 대표적인 방법들 몇 가지를 소개한다.

(2) 흐름저항식

충적하천의 흐름저항식은 모래하천과 자갈하천을 구분하여 검토하는 것이 바람직하다. 여기서는 주로 모래하천에 대한 흐름저항식들을 소개하고, 다음 자갈하천의 흐름저항에 대해 간략히 소개한다.

1 Einstein-Barbarossa 방법

Einstein-Barbarossa(1952) 방법은 처음으로 하상형태에 의한 추가적인 저항을 고려한 방법으로, 먼저 사립조도에 의한 영향은 다음과 같이 기존의 Manning-Strickler 공식으로 나타낸다.

$$\frac{V}{u_*'} = 7.66\left(\frac{R'}{k_s}\right)^{1/6} \tag{9-28}$$

아인슈타인은 위 식에서 조고 k_s 로 하상재료의 D_{65} 를 채택했다. 여기서 그들은 사립자의 조도.가 흐름을 수리적으로 거친 하상을 만들지 못하는 경우, 즉 k_s/δ 값이 약 5보다 작은 경우 식 (8-53)을 (8-52)에 대입하여 적분한 다음과 같은 대수식을 이용할 것을 추천하였다.

$$\frac{V}{u_*'} = 5.75\log\left(12.2\frac{R'x}{k_s}\right) \tag{9-29}$$

그들은 형상조도에 의한 마찰계수 f'' 식 (9-27)은 하상형태에 따라 달라지며, 하상형태는 다시 하상에서 유사량의 함수가 된다고 주장하였다. 한편 하상의 소류사량은 흐름의 세기를 나타내는 다음과 같은 변수에 전적으로 의존한다.

$$\psi' = \frac{\rho_s - \rho}{\rho}\frac{D_{35}}{R'S} \tag{9-30}$$

따라서 그들은 야외 실측자료를 이용하여 V/u_*'' 과 ψ' 의 관계를 다음 그림 9.15와 같이 얻었으며, 이를 사주저항곡선(bar resistance curve)이라 하였다.

Einstein-Barbarossa 방법을 이용하여 유량이나 평균수심을 추정하는 절차는 다음과 같다.

1. 하천경사 S 를 알고 있는 상태에서 사립자 조도에 해당하는 R' 을 선정하여 u_*' , ψ' 을 구하고, 다음 식 (9-28)이나 (9-29)를 이용하여 V 를 구한다.
2. 그림 9.18에서 ψ' 에 해당하는 V/u_*'' 을 구해 u_*'' 을 구하고 그에 해당하는 R'' 을 구한다.

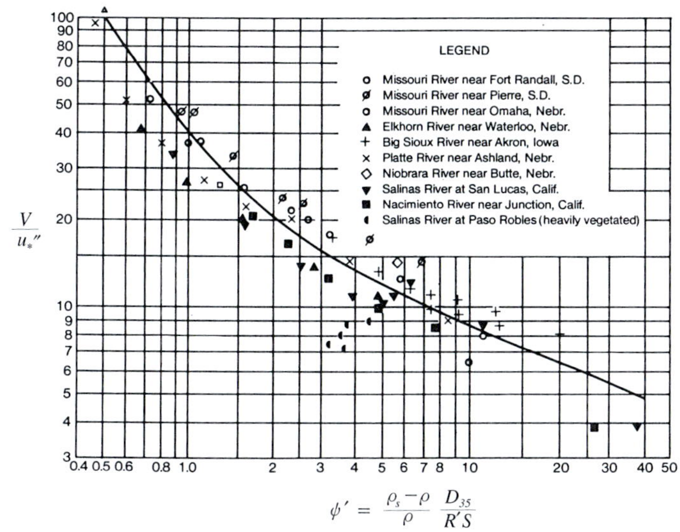

그림 9.15 Einstein과 Barbarossa(1952)의 사주저항 곡선

3. $R = R' + R''$ 에서 R 을 구한다. 여기서 유량을 구하는 경우 계산된 동수반경이나 수심이 이미 알고 있는 동수반경이나 수심이 될 때까지 위의 과정을 반복한 후 단계 5로 넘어간다. 평균수심을 구하는 경우 바로 다음 단계로 넘어간다.
4. 하천 구간의 $R \sim A$ 관계나 $R \sim d$ 관계에서 A, d 를 구한다.
5. $Q = AV$ 에서 유량을 구한다. 평균수심을 구하는 경우 이렇게 계산된 유량이 실측 유량과 같아질 때까지 위의 단계를 반복한다.

그들은 위와 같은 방법을 하나의 하천단면에 적용하기보다는 한 구간의 단면의 평균경사와 윤변, 동수반경 자료를 이용할 것을 추천하였다. 그러나 그들의 방법은 구간이 아닌 한 하천단면에 대해서도 적용되고 있다. 위에 제시된 계산절차는 한 하천단면에 대해 적용하는 것이다. 또한 그들은 제방경사가 급하고 윤변이 큰 경우 나중에 설명할 측벽보정 방법으로 제방의 영향을 배제시킨 다음 위와 같은 계산을 할 것을 추천하였다.

2 Engelund-Hansen 방법

이 방법은 Engelund(1966)에 의해 처음 발표된 것을 Hansen의 토론을 거쳐 보완되어 최종적으로 Engelund와 Hansen(1967) 방법으로 불리고 있다. Engelund는 식 (9-21)에서 동수반경 R 대신 에너지경사 S를 둘로 나누어

$$\tau_o = \gamma RS = \gamma RS' + \gamma RS'' \tag{9-31a}$$

$$\therefore S = S' + S'' \tag{9-31b}$$

사구 등 하상형태에 의한 에너지손실 $\Delta H''$은 흐름이 사구마루에서 분리되어 뒤에 와류가 형성되는 일종의 흐름확대에 의한 것으로 보고, 사구마루에서 유속 v_1 과 골에서 유속 v_2 를 이용하여

$$\Delta H'' = \alpha \frac{(v_1 - v_2)^2}{2g} \tag{9-32}$$

여기서 사구의 높이를 A_m이라 하면 위 식은 단위폭당 유량 q 를 이용하여

$$\Delta H'' = \alpha \frac{q^2}{2g}\left(\frac{1}{d - 1/2A_m} - \frac{1}{d + 1/2A_m}\right)^2 \simeq \alpha \frac{V^2}{2g}\left(\frac{A_m}{d}\right)^2 \tag{9-33}$$

에너지경사 S'' 은 에너지 손실 $\Delta H''$ 을 사구의 길이(파장) L 로 나눈 것이므로

$$S'' = \frac{\Delta H''}{L} = \frac{\alpha}{2}\frac{A_m^2}{Ld}Fr^2 \tag{9-34}$$

위 식에서 $Fr^2 = V^2/gd$ 이다. 이 식을 식 (9-31b)에 대입하여 정리하면

$$S = S' + \frac{\alpha}{2}\frac{A_m^2}{Ld}Fr^2 \tag{9-35}$$

수심 d 대신 동수반경 R 을 이용하고 위 식에 $\gamma R/(\gamma_s - \gamma)D$ 를 곱하면

$$\frac{\gamma RS}{(\gamma_s - \gamma)D} = \frac{\gamma RS'}{(\gamma_s - \gamma)D} + \frac{\alpha}{2}\frac{\gamma A_m^2}{(\gamma_s - \gamma)LD}Fr^2 \tag{9-36}$$

위 식에서 사립자 직경 D 는 하상토의 기하평균이나 중앙평균을 이용한다. 여기서 Engelund는 $\tau_o' = \gamma RS' = \gamma R' S$ 라고 가정하여 위 식을 다음과 같이 Shields 조건의 무차원 소류력으로 표시하였다.

$$\tau_* = \tau_*' + \tau_*'' \tag{9-37}$$

여기서

$$\tau_* = \frac{\gamma RS}{(\gamma_s - \gamma)D} \tag{9-38a}$$

$$\tau_*' = \frac{\gamma R' S}{(\gamma_s - \gamma)D} \tag{9-38b}$$

$$\tau_*'' = \frac{\alpha}{2}\frac{\gamma A_m^2}{(\gamma_s - \gamma)LD}Fr^2 \tag{9-38c}$$

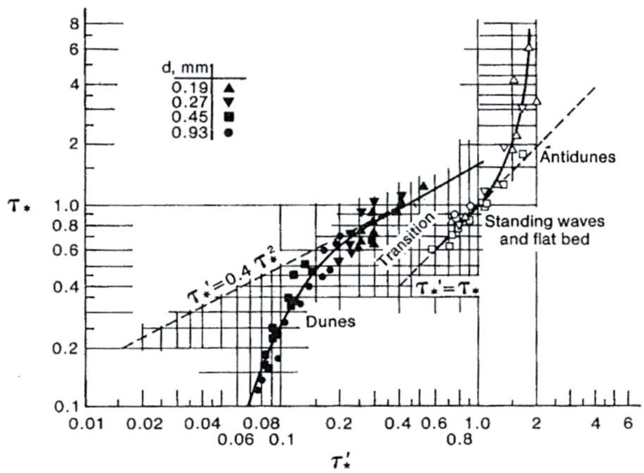

그림 9.16 Engelund와 Hansen(1967)의 $\tau_* \sim \tau_*'$ 곡선

사립조도에 의한 마찰은 흐름의 평균유속과 직결되므로, Engelund와 Hansen은 거친 표면 흐름에서 다음과 같은 대수 유속분포식을 이용하였다.

$$\frac{V}{u_*'} = 6 + 2.5\ln\frac{R'}{2D_{65}} \tag{9-39}$$

그들은 Guy 등(1966)의 실험실 자료를 이용하여 그림 9.16과 같은 관계를 얻었다. 이 그림과 같이 하나의 τ_* 값에 대해 두 개의 τ_*' 값들이 존재한다. 이 그림에서 저수류 영역에서의 두 관계의 점근선은 $\tau_*' < 0.55$ 에 대해 $\tau_*' = 0.06 + 0.4\tau_*^2$ 이며, 고수류 영역에서의 점근선은 $0.55 < \tau_*' < 1.0$ 에 대해 $\tau_*' = \tau_*$ 이다.

Engelund-Hansen 방법을 이용하여 유량이나 평균수심을 추정하는 절차는 다음과 같다.

1. 사립자 조도에 해당하는 R' 이나 d' 을 가정하여 식 (9-38b)에서 τ_*' 을 구한다.
2. 그림 9.16에서 τ_*' 에 해당하는 τ_* 를 읽는다.
3. 식 (9-38a)에서 R 을 계산한다. 여기서 유량을 구하는 경우 계산된 동수반경이나 수심이 이미 알고 있는 동수반경이나 수심이 될 때까지 위의 과정을 반복한 후 다음 단계로 넘어간다. 평균수심을 구하는 경우 바로 다음 단계로 넘어간다.
4. 식 (9-39)에서 평균유속을 계산하고 그에 따른 유량을 계산한다.
5. 평균수심을 구하는 경우 단계 4에서 구한 유량이 실측유량과 같아질 때까지 위의 과정을 반복한다.

3 Brownlie 방법

Brownlie(1983)는 기존의 흐름저항식들을 검토한 후 만족스러운 결과를 얻지 못해서 기존의 흐름저항 자료를 이용하여 새로운 경험식을 유도하였다. 그는 전통적으로 흐름저항을 사립자에 의한 저항과 하상형태에 의한 저항으로 나누는 것에서 탈피하여 전체를 하나로 묶어서 보았다. 그는 충적하천에서 흐름저항을 단순히 유량 q, 하천경사 S, 유사의 함수로 보고 식 (9-38a)에서 다음과 같은 식을 제안하였다.

$$\frac{RS}{D_{50}} = \frac{\rho_s - \rho}{\rho}\tau_* = F(q_*, S, \sigma_g) \tag{9-40}$$

위 식에서 $q_* = q/\sqrt{gD_{50}^3}$ 이며 σ_g 는 하상토의 기하표준편차이다. Brownlie는 흐름을 저수류와 고수류로 나누어 각각에 대해 기존의 자료를 이용하여 다음과 같은 회귀식을 얻었다.

$$\frac{R}{D_{50}} = 0.3724\, q_*^{0.6539} S^{-0.2542} \sigma_g^{0.1050} \quad : \text{저수류 영역} \tag{9-41}$$

$$\frac{R}{D_{50}} = 0.2836\, q_*^{0.6248} S^{-0.2877} \sigma_g^{0.08013} \quad : \text{고수류 영역} \tag{9-42}$$

위의 두 회귀식을 얻는 데 이용된 자료는 실험실과 야외 자료를 포함하여 22개의 자료원(Brownlie, 1981)에서 선별된 모두 1,000개 이상의 자료 점들로서, 이들의 범위는 $0.088 < D_{50} < 2.8$ mm, $0.012 < q < 40$ m³/s/m, $3.0\times10^{-6} < S < 3.7\times10^{-2}$, $0 < T < 68$℃, $0.025 < R < 17$ m이다. Brownlie는 흐름의 영역 구분을 위해 그림 9.17과 같은 관계를 얻었다. 여기서 F_g 는 물속 사립자의 항력과 중력의 비에 관계 있는 일종의 프루드 수로서

$$F_g = \frac{V}{\sqrt{\dfrac{\rho_s - \rho}{\rho} gD}} \tag{9-43}$$

또한, F_g' 은 자료분석 결과 하천경사 S 를 이용하여 다음과 같이 표시하였다.

$$F_g' = 1.74 S^{-1/3} \tag{9-44}$$

그림 9.17에서 횡축의 D_{50}/δ 은 사립자의 직경과 점성저층의 두께의 비이다. 여기서 점성저층의 두께 δ 는 식 (8-46)에서 전체 u_* 대신 사립자의 u_*' 을 이용한 $11.6\nu/u_*'$ 이다. Brownlie는 u_*' 을 고수류 영역(평탄하상부터 쇄파가 없는 반사구까지)에서 u_* 와 같게 보고 식 (9-42)에서 R 을 구한 후 $u_* = \sqrt{gRS}$ 에서 직접 구하였다. 이 그림에서 두 축의 무차원 값들이 고수류 영역의 하한선 위로 떨어지면 고수류 영역, 저수류 영역의 상한선 아래로 떨어지면 저수류 영역이 된다.

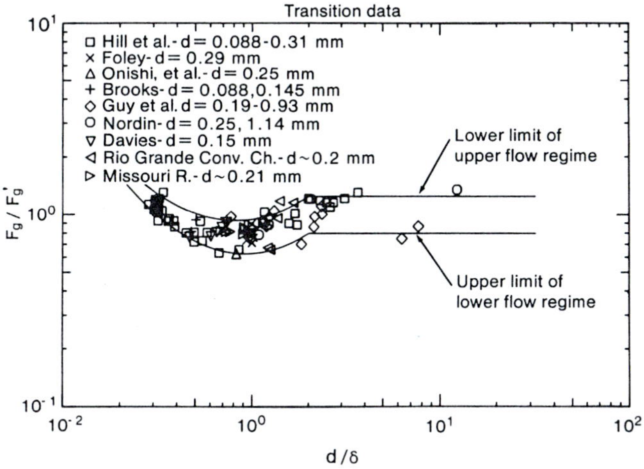

그림 9.17 Brownlie의 흐름영역 구분 ($d \rightarrow D_{50}$)

Brownlie의 방법을 이용하여 유량을 알고 평균수심을 추정하는 절차는 다음과 같다.

1. 식 (9-44)에서 F_g' 을 구한다.
2. 식 (9-41)과 (9-42)에서 영역별로 동수반경을 구하고, 평균유속을 구해 식 (9-43)에서 F_g 를 각각 구한다.
3. 식 (9-42)에서 구한 고수류 영역의 R 을 이용하여 u_* 와 δ 를 구하여 D_{50}/δ 를 계산한다.
4. 각 영역의 F_g/F_g' 과 D_{50}/δ 를 계산하여 그림 9.17에서 해당 점을 확인하여 흐름영역의 가정이 맞는지를 확인한다. 대부분의 경우 한 영역에서만 타당하게 나타나지만 두 영역에서 모두 타당한 경우도 있다. 이는 한 흐름조건에서 두 수심이 가능하다는 것이다.
5. 타당한 영역에서 동수반경을 결정하고, 하천 단면형을 이용하여 평균수심으로 환산한다. 폭이 넓은 하천에서는 처음부터 R 대신 평균수심 d 를 이용한다.

Brownlie의 방법은 원래 유량을 알고 평균수심을 구하는 방법으로, 이러한 관계는 특히 충적하천에서 어느 한 유량에 해당하는 수심을 구할 때 요구된다. 그러나 평균수심을 알고 유량을 구하는 것도 위와 비슷한 절차에 의해 가능할 것이다.

4 van Rijn 방법

van Rijn의 방법(1984)은 식 (3-21)로 표시되는 체지의 C 를 사립조도에 의한 값과 형상조도에 의한 값으로 나누는 것으로부터 시작된다. 즉

$$C = C' + C'' \qquad (9-45)$$

여기서 사립조도에 의한 C' 은 식 (3-21)에서 R 대신 하상 영향에 의한 동수반경 R_b 를, k_s

대신 사립조도에 의한 상당조고 k_s' 을 이용하여 식 (3-21)과 유사하게 다음과 같이 표시하였다.

$$C' = 5.75\sqrt{g}\,log\left(\frac{12R_b}{k_s'}\right) \tag{9-46}$$

나아가 van Rijn은 $k_s = k_s' + k_s''$ 에서 사립조도에 의한 k_s' 은 $3D_{90}$ 으로, 형상조도에 의한 k_s'' 은 사구의 높이와 파장의 함수로 보고 k_s 를 다음과 같이 표시하였다.

$$k_s = 3D_{90} + 1.1A_m\,(1 - e^{-25A_m/L}) \tag{9-47}$$

그림 9.18은 무차원 상당조고 k_s''/A_m 과 하상형태 경사 A_m/L 의 관계를 보여주는 것으로, 자료의 산포는 크지만 개략적인 경향은 보이고 있다.

van Rijn의 방법을 이용하여 유량이나 평균수심을 추정하는 절차는 다음과 같다. 단 이 방법은 저수류 영역에 국한된다.

1. 식 (9-6)에서 무차원 입경 D_* 를 구하고 식 (9-8)에서 u_*' 을 구하여 식 (9-7)에서 무차원 이송단계 T 를 구한다. 여기서, 폭이 넓은 하천의 경우는 $R_b \cong R \cong d$ 이다. 측벽의 영향을 고려해야 할 경우 다음에 설명하는 측벽보정 방법으로 R_b 를 구한다.
2. 그림 9.12에서 하상형태를 추정하여 사련, 사구에 한하여 식 (9-15)에서 하상형태의 높이를, 식 (9-16)에서 파장을 각각 구한다.
3. 식 (9-47)에서 k_s 를 계산한다.
4. 식 (9-46)에서 k_s' 대신 위 단계에서 구한 k_s 를 이용하여 체지 C를 구한다.
5. $Q = AV$ 와 체지 공식 $V = C\sqrt{RS}$ 에서 평균수심이나 유량을 구한다.

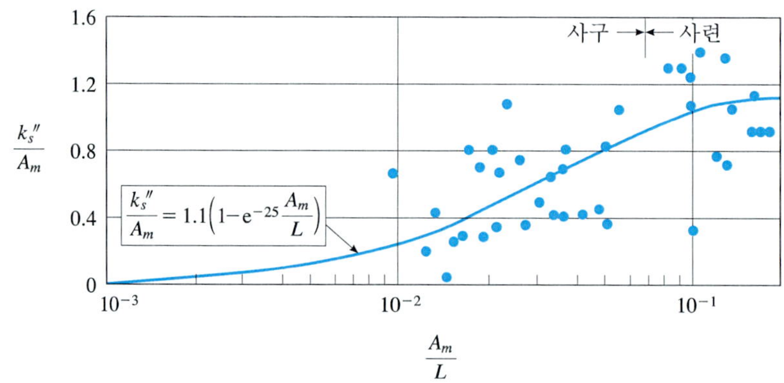

그림 9. 18 van Rijn의 상당조고와 하상형태 경사의 관계

5 Karim의 방법

Karim(1995)은 Karim과 Kennedy(1990)의 경험적 유사량 공식과 흐름저항식을 수정하여 기존의 매닝 계수의 형태로 새로이 제시하였다. 따라서 그가 제시한 방법의 장점은 기존의 매닝 공식을 이용하였기 때문에 실무에서 이용하거나 수치모형에 반영하기 쉽다는 점이다. Karim-Kennedy의 식은 흐름저항은 흐름의 수심, 경사, 유사량, 하상형태에 관련되어 있다는 것에서부터 시작한다.

$$\frac{V}{\sqrt{g(G-1)D_{50}}} = F\left(\frac{d}{D_{50}},\ S,\ Q_s^*,\ \lambda\right) \tag{9-48}$$

위 식에서 G는 사립자의 비중, Q_s^* 는 무차원 유사량 함수, λ 는 하상형태에 관련된 무차원량이며, 나머지 기호는 앞에서 정의한 대로이다. Karim과 Kennedy는 미주리 강 자료 등 기존의 자료를 이용하여 위의 관계를 다음과 같은 경험식으로 표시하였다.

$$\frac{V}{\sqrt{g(G-1)D_{50}}} = 6.683\left(\frac{d}{D_{50}}\right)^{0.626} S^{0.503}\left(\frac{f}{f'}\right)^{-0.465} \tag{9-49}$$

위 식에서 f' 은 사립조도에 관련된 마찰계수이다. Karim은 식 (9-49)를 매닝 공식과 비교하여 다음과 같은 표준단위로 표시된 매닝 계수를 얻었다.

$$n = 0.037\, D_{50}^{0.126}\left(\frac{f}{f'}\right)^{0.465} \tag{9-50}$$

다음, Karim은 전체 마찰과 사립 마찰계수의 비는 하상형태의 높이에 관련되어 있다고 보고 다음과 같은 경험식을 얻었다.

$$\frac{f}{f'} = 1.2 + 8.92\left(\frac{A_m}{d}\right) \tag{9-51}$$

하상형태의 높이는 $0.15 < u_*/w < 3.64$ 범위에서

$$\frac{A_m}{d} = -0.04 + 0.294\left(\frac{u_*}{w}\right) + 0.00316\left(\frac{u_*}{w}\right)^2 - 0.0319\left(\frac{u_*}{w}\right)^3 + 0.00272\left(\frac{u_*}{w}\right)^4 \tag{9-52}$$

이며, 그 밖의 범위에서는 $A_m/d = 0$ 이다.

천이영역에 대해서는 Guy 등(1966)의 자료를 이용하여 프루드 수와 상대수심을 이용하여 다음과 같은 기준을 제시하였다.

$$\text{저수류 영역} \qquad Fr < Fr_l \quad ; \quad Fr_l = 2.716\left(\frac{d}{D_{50}}\right)^{-0.25} \tag{9-53}$$

$$\text{고수류 영역} \qquad Fr > Fr_u \quad ; \quad Fr_u = 4.785\left(\frac{d}{D_{50}}\right)^{-0.27} \tag{9-54}$$

$$\text{천이영역} \qquad Fr_l < Fr < Fr_u \tag{9-55}$$

천이영역에서 하상형태의 높이는 저수류 영역의 끝에서 $A_m/d = 0.2$ 부터 시작하여 고수류 영역(평탄하상부터 쇄파가 없는 반사구까지)의 시작에서 0으로 선형적으로 줄어드는 것으로 보았다. 즉,

$$\frac{A_m}{d} = 0.2\left(\frac{Fr_u - Fr}{Fr_u - Fr_l}\right) \tag{9-56}$$

Karim은 969개의 하천과 실험실 자료를 이용하여 위의 방법으로 계산유속과 실측유속을 비교한 결과 10% 이내의 평균오차를 보였다. 그는 새로운 경험식이 저수류 영역과 고수류 영역에서는 비교적 잘 맞으나 천이영역에서는 큰 오차를 유발하는 것을 확인하였으며, 천이영역에 대한 추가 연구의 필요성을 강조하였다. Karim에 의하면, 이 방법의 유효범위는 다음과 같다.

$$0.03 < d < 16.7\ \mathrm{m}\,,\ \ 0.32 < V < 3.41\ \mathrm{m/s}\,,\ \ 0.0000183 < S < 0.0243$$
$$0.08 < D_{50} < 28.6\ \mathrm{mm}\,,\ \ 1.0 < \sigma_g < 2.0$$

Karim의 방법을 이용하여 유량을 알고 평균수심을 추정하는 절차는 다음과 같다.

1. 대상하천 단면에서 수위를 적절히 가정하고, 그에 따른 수심, 단면적, 평균유속, 프루드수를 계산한다.
2. 식 (9-53)~(9-55)에서 해당영역을 찾고, 마찰속도 u_* 를 계산한다.
3. 하상형태의 높이 A_m/d 는 가정된 흐름이 저수류 영역인 경우 식 (9-52)에서 구하고, 고수류 영역인 경우 0으로 하고, 천이영역인 경우 식 (9-52)와 (9-56)에서 계산된 값 중 작은 값을 채택한다.
4. 식 (9-51)에서 f/f' 을 구해 식 (9-50)에서 매닝 계수를 구하고, 매닝 공식으로 평균유속을 구한다.
5. 계산된 평균유속이 단계 1에서 구한 값과 같을 때까지 수위를 바꾸어가며 위 단계를 반복한다.

Karim의 방법은 Brownlie 방법과 같이 유량을 알고 평균수심을 추정하는 것이다. 그러나, 평균수심을 알고 유량을 구하는 경우에도 이 방법을 적용할 수 있다.

6 Wright-Parker의 방법

Wright와 Parker(2004a, 2004b)는 Engelund-Hansen 방법이 실험실 수로와 규모가 작거나 중간 정도인 모래하천에서는 매우 우수한 반면 Mississippi 강의 하류와 같이 규모가 크고 하상경사가 완만한 모래하천에서는 추정결과가 만족스럽지 못하다는 것을 제시하였다. 따라서 Niobrara 강, Middle Loup 강, 그리고 Rio Grande 강과 같은 규모가 작거나 중간크기인 모래하천에서부터 규모가 크고 하상경사가 완만한 Mississippi 강, Atchafalaya 강, 그리고 Red 강에서도 추정결과가 우수한 다음과 같은 형태의 τ_*' 과 τ_* 의 관계를 도출하였다.

$$\tau_*' = 0.05 + 0.7(\tau_* Fr^{0.7})^{0.8} \tag{9-57}$$

위 식에서 Fr은 프루드 수이다.

Wright와 Parker(2004b)는 다음과 같이 대수 유속분포식 대신 멱식(power law)의 유속분포식을 이용하였다.

$$\frac{V}{u_*'} = \frac{8.32}{\alpha_{st}}\left(\frac{d'}{k_s'}\right)^{1/6} \tag{9-58}$$

위 식에서 $k_s' = 3D_{90}$ (van Rijn, 1984)이고 $u_*' = \sqrt{gd'S}$ 이다. 또한 α_{st}는 하상바닥 근처의 유사농도와 하상경사의 함수를 이용하여 계산할 수 있는 농도 성층효과(stratification effect)를 고려한 변수이다(Wright와 Parker, 2004b).

$$\alpha_{st} = 1 - 0.06\left(\frac{C_{5t}}{S}\right)^{0.77}, \quad \frac{C_{5t}}{S} \le 10 \tag{9-59a}$$

$$\alpha_{st} = 0.67 - 0.0025\left(\frac{C_{5t}}{S}\right), \quad \frac{C_{5t}}{S} > 10 \tag{9-59b}$$

위 식에서 C_{5t}는 하상바닥에서 $0.05d$ 위의 부피에 의한 유사농도이며, Wright와 Parker (2004b)는 Garcia와 Parker(1991)가 제시한 C_{5t}의 계산공식을 규모가 크고 하상경사가 완만한 모래하천에 적용할 수 있는 형태로 새롭게 수정하여 제시하였다.

저수류 영역에 대한 수심-유량 관계를 도출하기 위해 사구가 있는 거친 경계면에서의 유속분포가 평탄하상의 사구와 같은 형태라고 가정하면 식 (9-58)은

$$\frac{V}{u_*} = \frac{8.32}{\alpha_{st}}\left(\frac{d}{k_s}\right)^{1/6} \tag{9-60}$$

단위폭당 유량은 $q = Vd$로 나타낼 수 있으므로 식 (9-60)을 다시 정리하면

$$\frac{d}{D_{50}} = \left[\frac{\alpha_{st}}{8.32}\frac{q_*}{\sqrt{S}}\left(\frac{k_s}{D_{50}}\right)^{1/6}\right]^{3/5} \tag{9-61}$$

위 식에서 $q_* = q / \sqrt{gD_{50}}\,D_{50}$이며 무차원 단위폭당 유량이다. 사립조도에 의한 k_s' 과 형상조도에 의한 k_s'' 을 합한 k_s 는 식 (9－58)과 식 (9－60)을 활용하여 V를 제거하면 다음과 같이 표시된다.

$$\frac{k_s}{k_s'} = \left(\frac{d}{d'}\right)^4 = \left(\frac{\tau_*}{\tau_*'}\right)^4 \tag{9-62}$$

τ_*' 과 τ_* 의 관계식은 Engelund-Hansen의 방법에서 제시한 관계식을 수정한 것이며 식 (9－57)과 같다.

Wright와 Parker의 방법을 이용하여 단위폭당 유량, 하상경사, 입경분포를 알고 평균수심을 추정하는 절차는 다음과 같다.

1. 대상하천 단면에서 수위를 적절히 가정하고, 그에 따른 수심, 단면적, 평균유속, 프루드수, 무차원 소류력 τ_* 를 계산한다.
2. 식 (9－57)에서 τ_*' 를 계산하고, $k_s' = 3D_{90}$ 과 식 (9－62)을 이용하여 k_s 를 계산한다.
3. Garcia와 Parker(1991)가 제시한 공식을 수정한 Wright와 Parker(2014b)의 식을 이용하여 하상바닥 근처에서의 유사농도 C_{5t}를 계산하고 식 (9－59a)와 식 (9－59b)를 이용하여 α_{st}를 계산한다.
4. 식 (9－61)에서 평균유속을 구하고, 계산된 평균유속이 단계 1에서 구한 값과 같을 때까지 수위를 바꾸어가며 위 단계를 반복한다.

(3) 흐름저항식의 평가와 추천

문헌에는 위의 방법들을 포함하여 다른 방법들과 같이 실측치와 비교한 결과가 있다(개정전 하천수리학 제9장 참고). 기존의 몇몇 흐름저항식들은 충적하천의 수심과 유량과의 관계를 충분한 정도를 가지고 예측하지 못하고 있다. 이는 표 9.1의 충적하천의 단기변화에서 알 수 있듯이, 일정한 유사와 유체 조건에서 유량이 주어진 경우 수심이나 동수반경을 예측하기 위해서 이러한 변수들과 평균유속, 마찰계수, 유사량간에 상호작용을 정확히 알지 못하고 있다는 것과 같다. 또는 평균수심이 주어진 경우 유량을 예측하기 위해 이러한 변수들과 평균유속, 마찰계수, 유사량간에 상호작용을 정확히 알지 못하고 있다는 것과 같다. 여기서 하천단면 형상의 불규칙성이나 만곡 등 자연하천의 특성에서 오는 불확실성도 있겠지만 비교적 규칙적인 실험실 수로 자료의 경우도 기존의 흐름저항식들은 충분한 정도를 가지고 예측하지 못한다.

그러나 컴퓨터의 보급으로 대량의 실측자료를 쉽게 회귀식으로 표시할 수 있게 되었기 때문에 최근에 개발된 방법들이 비교적 우수한 예측결과를 보여주고 있다. 여기서 적절한 흐름저항식의 선정과 관련하여 하천 실무자들에게 추천하는 사항은 우선 대상이 되는 하천과 유사한 조건을 가진 하천에서 실측한 마찰계수나 저항식을 이용하라는 것이다. 이러한 권고는 특히 아직 충분한 정도의 신뢰도를 가지고 자연현상을 예측하지 못하는 경우 통상 주어진다. 이러한 추정은 다음에 설명할 유사량 공식의 선정에서도 나타난다. 다음, 기존의 공식의 개발 한계와 개발에 이용된 자료의 범위를 고려하여 공식을 선정하는 것이 바람직하다. 예를 들어 Einstein-Barbarossa 방법이나 van Rijn 방법은 저수류 영역 자료만 가지고 개발되었으므로 이러한 방법들을 천이나 고수류 영역에 적용하는 것은 위험하다.

마지막으로, 위에서 설명한 것과 같이 최근에 개발된 공식들은 광범위한 실측자료에 바탕을 두었으므로 과거의 방법들에 비해 범용성이 크다고 할 수 있으며 이러한 점을 공식의 개발 한계와 개발에 이용된 자료의 범위를 고려하여 공식을 선정하는데 고려할 필요가 있다.

예제 9.3

다음 자료에 대해 Einstein-Barbarossa, Engelund-Hansen, Brownlie, van Rijn, Karim 방법들을 이용하여 유량을 추정하시오. 마지막으로 하상형태에 의한 저항을 고려하지 않고 Strickler 공식으로 구한 매닝계수를 그대로 써서 유량을 구하시오. 각 결과를 평가하시오. 하천 단면은 폭이 넓은 사각형이고, 측정유량은 103 m^3/s이다. 하상토의 표준편차는 2.3이다.

b(m)	d(m)	S(m/m)	D_{35}(mm)	D_{50}(mm)	D_{65}(mm)	D_{90}(mm)	하상형태(추정)
123	0.90	0.00277	1.0	1.2	1.7	3.1	사구

풀이

(1) Einstein-Barbarossa 방법 : 구간의 평균이 아닌 한 단면에 대해 적용한다.

① 수심(d)에 비해 폭(b)이 매우 넓으므로 동수반경과 수심을 같게 보고 $R'=0.8$ m로 가정하면,

$$u_*' = \sqrt{gR'S} = \sqrt{9.8(0.8)(0.00277)} = 0.15\ [\mathrm{m/s}],\quad k_s = D_{65} = 0.0017\ [\mathrm{m}]$$

$$\therefore \delta = 11.6\nu/u_*' = 11.6(1.0\times10^{-6})/0.15 = 7.7\times10^{-5}\ [\mathrm{m}]$$

$k_s/\delta = 0.0017/(7.7\times10^{-5}) = 22 > 5$ 이므로 식 (9-28)을 이용하여 평균유속을 추정하면, $V = 7.66(0.15)(0.8/0.0017)^{1/6} = 3.2\ [\mathrm{m/s}]$. 따라서, 식 (9-30)에서

$$\psi' = (2.65-1.0)\times0.001/(0.8\times0.00277) = 0.74$$

② 그림 9.15에서 $\psi'=0.74$ 에 해당하는 V/u_*'' 을 읽으면 57이 되므로

$$u_*'' = 3.2/57 = 0.056\ [\mathrm{m/s}],\quad R'' = u_*''^2/gS = 0.056^2/(9.8\times0.00277) = 0.12\ [\mathrm{m}]$$

③ $R = 0.8+0.12 = 0.92 > 0.90$ 이므로 $R' \approx 0.78$ m 로 가정하여 다시 시작하면 $R''=0.12$ m, $R = 0.78+0.12 = 0.90$ [m]. 따라서 $R'=0.78$ m, $V=3.1$ m/s 이 된다.

$$\therefore Q = AV = (123\times0.9)(3.1) \cong 340\ [\mathrm{m^3/s}]$$

(계속)

(2) Engelund-Hansen 방법

① $R' = 0.8$ m로 가정하면

$$\tau_*' = (0.8)(0.00277)/(1.65 \times 0.0012) = 1.1$$

$$u_*' = \sqrt{9.8(0.8)(0.00277)} = 0.15\ [\mathrm{m/s}]$$

② 그림 9.16에서 $\tau_*' = 1.1$ 에 해당하는 τ_* 를 저수류 영역에서 읽으면, $\tau_* \approx 1.6$

③ 식 (9-38a)에서 $R = 1.6(1.65)(0.0012)/0.00277 = 1.1 > 0.90$ 이므로 $R' = 0.60$ 으로 가정하여 다시 시작하면 $R = 1.0 > 0.9$ 이므로 보간법으로 $R' = 0.60 - 0.15 = 0.45$ [m]를 채택

④ $u_*' = \sqrt{9.8(0.45)(0.00277)} = 0.11\ [\mathrm{m/s}]$

$$V = 0.11\left(6 + 2.5\ln\frac{0.45}{2(0.0017)}\right) = 2.0\ [\mathrm{m/s}]$$

$$\therefore Q = AV = (123 \times 0.9)(2.0) \cong 220\ [\mathrm{m^3/s}]$$

(3) Brownlie 방법

① $F_g' = 1.74(0.00277)^{-1/3} = 12.4$

② $u_* = \sqrt{9.8(0.90)(0.00277)} = 0.16\ [\mathrm{m/s}]$

$$\delta = 11.6(1.0 \times 10^{-6})/0.16 = 7.3 \times 10^{-5}\ [\mathrm{m}]$$

$$\therefore D/\delta = 0.0012/(7.3 \times 10^{-5}) = 16$$

③ 식 (9-41)과 (9-42)에서 단위폭당 유량을 계산하면 각각 1.3, 2.3 $\mathrm{m^3/s/m}$이며, 그에 해당하는 유속은 각각 1.4, 2.6 m/s이다. 따라서 식 (9-43)에서 F_g 는 각각 10, 18.6이다.

④ 각 영역에서 $F_g/F_g' = 0.81,\ 1.50$이므로, 그림 9.20에서 두 값의 영역을 확인하면 고수류 영역과 천이/저수류 영역 모두 가능하다. 그러나 이 흐름의 하상형태는 사구이므로 저수류 영역으로 본다.

⑤ 따라서

$$Q = qT = 1.3(123) \cong 160\ [\mathrm{m^3/s}]$$

(4) van Rijn 방법

① 앞의 예제 9.1에서 $T = 3.0$ 이고, D_* 는 식 (9-6)에서

$$D_* = 0.0012\left[\frac{1.65 \times 9.8}{(1.0 \times 10^{-6})^2}\right]^{1/3} = 30$$

② 예제 9.2에서 $A_m = 0.23\,[\mathrm{m}],\ L = 6.5\,[\mathrm{m}]$

③ 식 (9-47)에서 $k_s = 3(0.0031) + 1.1(0.23)\left(1 - e^{-25(0.23)/6.5}\right) = 0.16\,[\mathrm{m}]$

④ 식 (9-46)에서 $C = 5.75\sqrt{9.8}\,log\left(\frac{12 \times 0.90}{0.16}\right) = 33$

⑤ $V = 33\sqrt{0.90 \times 0.00277} = 1.6\,[\mathrm{m/s}]$

$$\therefore Q = AV = (123 \times 0.9)(1.6) \cong 180\ [\mathrm{m^3/s}]$$

(계속)

(5) Karim 방법

$\sigma_g = 2.3 > 2.0$으로서 이 식의 적용범위는 넘었으므로 적용하지 않는다.

(6) Manning-Strickler 방법

① 식 (3-33)에서 $n = 0.047k_s^{1/6} = 0.047(0.0017)^{1/6} = 0.016$

② 평균유속 $V = \dfrac{1}{0.016}(0.90)^{2/3}(0.00277)^{1/2} = 3.1\ [\mathrm{m/s}]$

$$\therefore Q = AV = (123 \times 0.9)3.1 \cong 340\ \mathrm{m^3/s}$$

(7) 평가

우선 측정유량을 기준으로 각 방법에 의한 계산유량을 비교하면 모든 방법이 만족스럽지 못하다. 특히 하상저항을 단순히 사립자에 의한 저항으로 본 Manning-Strickler 공식은 가장 심하게 과다 산정한다. 다음 Einstein-Barbarossa 방법도 같은 정도로 과다 산정한다. 이 한 예만 가지고 판단하면 Brownlie 방법이 약 60% 과다 산정하여 비교적 나은 결과를 보여준다. 그러나 이 한 예에서 알 수 있듯이 기존의 충적하천 수위-유량 관계식은 상당한 주의를 가지고 이용하여야 한다.

(4) 자갈하천의 흐름저항

자갈하천에는 모래하천과 같이 하상을 구성하는 사립자에 의한 표면저항이 있다. 그러나 자갈하천은 모래하천과 달리 하상형태는 생기지 않는다. 대신 하상 위를 이송하는 자갈 자체가 크기 때문에 자갈 자체의 형태에 의한 형상저항이 생긴다. 또한 큰 홍수에 의해 불규칙하게 변한 하상 자체의 형태에 의한 형상저항이 있다. 이 두 형상저항은 실제로 구분하기 어려우며, 통상 하나로 묶어서 취급한다. Hey(1979)는 자갈하천의 마찰식으로서 등가조고 D_{84}를 이용하여 식 (3-21)과 유사한 형태의 반경험식을 제안하였다.

Griffiths(1989)는 자갈하천에서 형상저항을 추정하는 반이론적 방법을 제안하였으며, 이를 이용하면 자갈하천의 수위-유량 관계를 구할 수 있다.

Gessler(1990)는 실험을 통해 하상을 장갑화(裝甲化, armoring)하는 유량에서 마찰계수는 하상재료의 입경분포나 최대입경에 관계없이 에너지경사선에만 관련되어 있음을 보여주었다. 이 경우 마찰식은 에너지경사 S를 이용하여

$$f_b = \left[2.21 + 2.03\log\left(\frac{0.0251}{S}\right)\right]^{-2} \qquad (9-63)$$

위 식은 장갑화된 수로 등 제한된 범위의 야외자료를 이용하여 검증되었다.

Ferro와 Giordano(1991)는 하상재료 중 자갈의 구성비가 마찰에 미치는 효과에 대해 실험적으로 연구하였다. 그 결과 이러한 자갈효과는 기존의 방법과 마찬가지로 전체재료의 D_{84} 나 D_{90} 등을 이용하여 간접적으로 나타낼 수 있다고 주장하였다.

Afzalimehr와 Anctil(1998)은 280개의 자갈하천 자료를 이용하여 기존의 흐름저항 관계를 비교한 결과 만족스러운 관계식이 없음을 확인하고, 이 자료를 통계 분석하여 새로운 경험식을 제안하였다. 그들의 경험식은 반대수식의 형태로서

$$\sqrt{\frac{1}{f_b}} = 2.03\log\left(\frac{Zd}{D_{50}}\right) + 296Fr - 0.18\frac{\tau_*}{\tau_{*c}} - 0.83 \tag{9-64}$$

위 식에서 Z 는 단면형상 계수이며, τ_* 와 τ_{*c} 는 각각 Shields의 무차원 소류력과 한계소류력이다. 위 식의 유도와 검증에 이용된 자료의 범위는 $0.23 < V < 3.8$ m/s, $0.2 < d < 2.7$ m, $2.7 < D_{50} < 210$ mm, $0.0001 < S < 0.076$ 등이다. 그들의 식은 실측치와 계산치의 절대평균 오차가 0.022~0.086 범위로서, 기존의 자갈하천 마찰식들에 비해 상당히 우수한 것으로 나타났다. 식 (9-64)를 보면 자갈하천의 마찰은 모래하천과 달리 단면 형상계수 Z, 프루드 수 Fr, 소류력의 비 τ_*/τ_{*c} 등의 함수가 된다.

(5) 충적하천에서 매닝 계수의 변화

하천실무에서는 인공수로와 같은 고정상 하천이나 모래하천과 같은 이동상 하천에 대해 통상 매닝 공식을 이용하여 유량과 수심을 구하고 있다. 따라서 위와 같은 충적하천의 흐름저항식 중 적절한 식을 선정하여 대상하천에 적용하는 것도 중요하지만 기존의 매닝 공식에서 흐름에 따른 매닝 계수의 변화를 검토하는 것은 충적하천의 흐름변화를 이해하고 적절한 계수를 선택하는 데 중요하다. 이 점에서 앞서 설명한 Karim의 방법은 특별한 의미가 있다.

매닝 공식에서 계수를 모든 흐름저항의 대표치로 간주하면, 식 (3-16)과 (3-24)에서

$$n = R^{1/6}\sqrt{\frac{f}{8g}} \tag{9-65}$$

따라서 매닝 계수는 Darcy-Weiswach의 마찰계수 f 의 제곱근에 비례하며, 동수반경에 아주 약하게 비례한다. 수리적으로 거친 흐름에서는 마찰계수 자체는 식 (3-21)과 같이 흐름의 세기(Re)에 관계없이 상당조고와 동수반경의 비(k_s/R)가 작아짐에 따라 작아지므로, 마찰계수만 고려하면 같은 조고 k_s에서 매닝 계수는 동수반경 R, 또는 수심이 커짐에 따라 작아진다. 그런데 동수반경의 증가에 따른 상대조도(k_s/R)의 감소율은 식 (9-65)에서 $R^{1/6}$ 의 증가에 의한 매닝 계수의 증가율보다 크다. 따라서 하상재료가 일정한 하천에서 하상형태 등

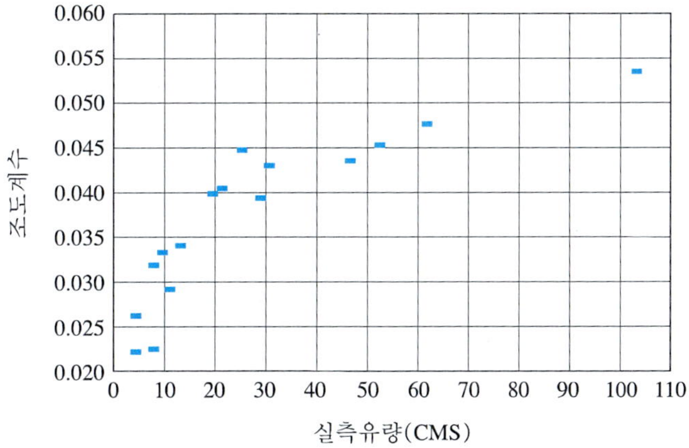

그림 9.19 모래하천에서 유량의 변화에 따른 매닝 계수의 변화(내성천 석포교; 유권규 등, 1993)

다른 변화가 없더라도 유량이 커지면 수심이 커지므로 그에 따라 일반적으로 매닝 계수는 감소한다.

흐름에 따라 하상의 형태가 바뀌고 또한 하천의 흐름영역이 달라지는 일반적인 경우를 고려하면 그림 9.14와 같이 흐름저항은 결국 사구와 같은 소규모, 사주와 같은 중규모, 만곡과 같은 대규모 하상저항 모두의 영향을 받는다. 여기서 만곡과 같은 대규모 하상저항은 일단 별도로 취급한다면, 우선적인 관심은 소규모와 중규모 하상저항에 따른 매닝 계수의 변화이다. 소규모 하상저항은 하상형태에 의한 추가적인 형상저항이므로, 이는 다시 저수류 영역과 고수류 영역으로 나누어 검토할 수 있다. 저수류 영역에서는 흐름이 커짐에 따라 평탄하상은 사련과 사구로 바뀌며 그에 따라 형상저항이 작용하여 식 (9-50)과 (9-51)과 같이 매닝 계수가 커질 것이다. 그림 9.19는 그러한 한 예로서, 유량이 5 m^3/s에서 100 m^3/s 수준으로 증가함에 따라 매닝 계수는 0.022에서 0.053 수준으로 2배 이상 증가하는 것을 볼 수 있다. 이 하천의 석포교 지점은 인공구조물이나 식생 등 다른 저항요인이 없고, 저수시에는 하상이 평탄한 단면의 순수한 모래하천이다. 측정자료의 프루드 수는 0.29~0.44로 저수류 영역이다.

반면에 흐름이 고수류 영역이 되면 사구하상은 다시 평탄하상으로 바뀌므로 형상저항은 감소하여 매닝 계수는 다시 감소하게 된다. Simons와 Richardson(1966)은 하상재료가 0.01~0.4 mm인 하천에서 큰 흐름이 있을 때마다 하상은 평탄하상이 되고 흐름저항은 줄어들어, 매닝 계수는 0.05에서 0.012로 줄어드는 것을 관찰하였다. 그림 9.20은 Bangladesh의 Padma강에서 관측된 것으로(Simons와 Sentürk, 1977, p. 381), 여기서 유량이 증가함에 따라 하상형태가 사구에서 평탄하상으로 바뀌고 그에 따라 매닝 계수가 0.04에서 0.0125로 70% 감소하고 있다. 제3장의 그림 3.5도 이 같은 경향을 보여주고 있으나, 이 경우 하상형태의 변화뿐만 아니라 복단면 하도의 침수에 의한 영향 등 다른 영향이 복합적으로 작용하고 있다. 또한 Colby와 Scott(1965)은 유량이 일정한 경우에도 수온이 내려감에 따라 하상형태가 사구에서 평탄하상

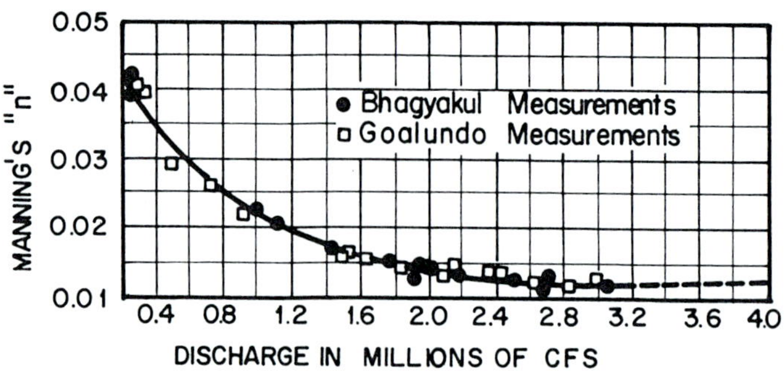

그림 9.20 모래하천에서 유량의 증가에 따른 매닝 계수의 감소(Bangladesh Padma강)

으로 바뀜으로써 매닝 계수가 급격히 감소하는 것을 보고하였다. 이러한 현상들은 모두 하상형태가 사련, 사구에서 평탄하상으로 바뀜으로써 흐름저항이 감소하는 경우이다.

위의 두 가지 예를 종합하면 흐름의 변화, 또는 수온의 변화에 따라 하상형태는 사련, 사구 등 저수류 영역에서 평탄하상, 반사구 등 고수류 영역으로 변한다. 그에 따라 흐름저항은 저수류 영역에서는 계속 증가하나, 고수류 영역이 되면 오히려 감소하게 된다. 따라서 그림 9.19의 경우도 더 큰 흐름에서 매닝 계수를 측정하였다면 이 계수는 다시 감소하는 경향을 보였을 것이다.

여기에 사주와 같은 중규모 하상저항은 충적하천의 흐름저항에 특별한 의미가 있다. 유량이 아주 적은 경우 사주는 통상 수면바깥으로 노출되고 흐름은 사주와 사주 사이를 굽이치며 흐른다. 따라서 이 경우 사주는 하도의 사행과 같은 역할을 하며, 그에 따라 추가적인 흐름저항이 생긴다. 그러나 유량이 커지는 경우 이러한 사주는 물에 잠기게 되어 사주의 높이와 수심과의 비가 줄어들어 흐름저항은 줄어든다. 이러한 사주 흐름저항의 감소는 통상 고수류 영역에서 발생할 것이며, 여기에 하상형태의 소멸에 따른 소규모 하상저항의 감소는 흐름저항을 더욱 감소시킬 것이다. 사주뿐만 아니라 소규모 교량, 복단면, 기타 식생 등 하천 내 다른 저항 요소들도 사주와 비슷한 작용을 하게 된다. 따라서 한강과 같은 대하천에서는 유량이 증가할수록 일반적으로 흐름저항은 감소하며, 그에 따라 매닝 계수도 감소한다.

(6) 측벽 보정

자연하천에서 실측에서 얻은 평균유속, 하천경사, 동수반경(평균수심) 등에는 제방에 의한 효과가 포함되어 있다. 이러한 경우에 전체저항 중에서 순수하게 바닥이나 하상에 의한 저항 요소를 구분하여 그 값들과 하상형태의 변화를 검토하는 것이 합리적이다. 하상에 영향을 준 요인들은 측벽의 영향으로 전체요인과 다르기 때문이다.

Vanoni와 Brooks(1957)는 그 이전에 아인슈타인이나 Johnson 등이 제안한 측벽의 영향을 보정하는 방법을 일부 수정하여 다음과 같은 방법을 제안하였다. 그들의 방법은 우선 흐름

단면적 A 는 바닥에 의한 것 A_b 와 측벽에 의한 것 A_w 로 나눌 수 있으며, 마찰계수 f 도 마찬가지이다. 여기서 첨자 b 는 바닥(하상)을, w 는 측벽(제방)을 의미한다. 다음, 이러한 두 구분에 대해 평균유속이나 에너지경사는 같다는 것이다. 따라서 Darcy-Weisbach의 마찰 관계를 두 구분에 대해 적용하면

$$\frac{V^2}{S} = \frac{8gA}{fP} = \frac{8gA_b}{f_b P_b} = \frac{8gA_w}{f_w P_w} \tag{9-66}$$

위 식에서 P 는 흐름의 윤변이다. 여기서 $A = A_b + A_w$ 임을 고려하면 위 식은

$$Pf = P_b f_b + P_w f_w \tag{9-67}$$

따라서 f_b 는

$$f_b = \frac{P}{P_b} f - \frac{P_w}{P_b} f_w \tag{9-68}$$

사각형 수로에서 $P = 2d + b$, $P_w = 2d$, $P_b = b$ 이므로, 위 식은

$$f_b = f + \frac{2d}{b}(f - f_w) \tag{9-69}$$

여기서 이제 남은 것은 f_w 를 결정하는 것으로, 이는 다음과 같이 각 구분에 대해 레이놀즈 수를 정의함으로써 가능하다.

$$Re = \frac{4RV}{\nu} \tag{9-70a}$$

$$Re_b = \frac{4R_b V}{\nu} \tag{9-70b}$$

$$Re_w = \frac{4R_w V}{\nu} \tag{9-70c}$$

여기서 식 (9-60)에서 $R = A/P$ 이고 V^2/S 는 모든 구분에 대해 같음을 고려하면 위 식은

$$\frac{Re_b}{f_b} = \frac{Re_w}{f_w} = \frac{Re}{f} \tag{9-71}$$

위 식에서 Re/f 는 측정자료에서 알고 있으므로 Re_w/f_w 를 알 수 있고, 다음 f_w 는 Nikuradse 도표 등 기존의 마찰계수와 레이놀즈 관계에서 알 수 있다. Vanoni와 Brooks는 이를 쉽게 할 수 있도록 '부드러운' 벽에 대해 그림 9.21과 같은 도표를 제시하였다.

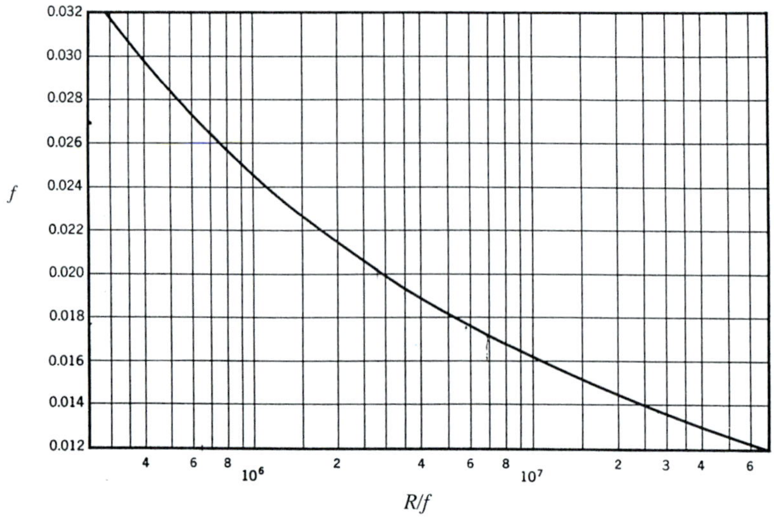

그림 9.21 측벽보정을 위한 $f-Re/f$ 관계도(Vanoni와 Brooks, 1957) ($R \rightarrow Re$)

Vanoni-Brooks의 방법을 이용한 측벽보정 절차는 다음과 같다.

1. 측정자료를 이용하여 Re 와 f 를 구하고 Re/f 를 계산하여 이를 식 (9-71)에서 Re_w/f_w 로 놓는다.
2. 그림 9.21에서 f_w 를 읽는다.
3. 식 (9-69)에서 f_b 를 계산한다.
4. 식 (9-66)에서 $R_b(=A_b/P_b)$ 를 구한다.
5. 바닥에 의한 소류력 $\tau_b(=\gamma R_b S)$ 와 마찰속도 $u_{*b}(=\sqrt{\tau_b/\rho})$ 를 구한다.

예제 9.4

폭 1.0 m 되는 사각형 수로에서 하상형태 변화와 흐름저항 실험을 위하여 흐름을 측정한 결과는 다음과 같다.

$$V=1.0\,\mathrm{m/s}\,,\quad d=0.45\,\mathrm{m}\,,\quad S=0.0025\,,\quad T=20\,℃,\ f=0.043$$

이 실험에서 Vanoni와 Brooks 방법을 이용하여 측벽의 영향을 배제한 소류력과 마찰속도를 구하시오.

풀이

(1) 동수반경 $R=1.0(0.45)/(2\times0.45+1.0)=0.24\,[\mathrm{m}]$

레이놀즈 수 $Re=4(0.24)(1.0)/(1.0\times10^{-6})=9.6\times10^{5}$

$$\therefore Re/f=9.6(10^{5})/0.043=2.2\times10^{7}$$

(2) 그림 9.21에서 $Re/f=2.2\times10^{7}$에 해당하는 f_w 를 읽으면 0.014이다.

(계속)

(3) 식 (9 - 69)에서

$$f_b = 0.043 + \frac{2(0.45)}{1.0}(0.043 - 0.014) = 0.069$$

(4) 식 (9 - 66)에서

$$R_b\left(= \frac{A_b}{P_b}\right) = \frac{V^2}{S}\frac{f_b}{8g} = \frac{(1.0)^2}{0.0025}\frac{0.069}{8(9.8)} = 0.35\,[\mathrm{m}]$$

(5) 따라서 바닥에 의한 소류력 $\tau_b = 9800(0.35)(0.0025) = 8.6\ [\mathrm{N/m^2}]$

바닥에 의한 마찰속도 $u_{*_b} = \sqrt{8.6/1000} = 0.093\ [\mathrm{m/s}]$

연습문제

9.1 다음 자료는 청미천 한평교 지점에서 실측한 자료이다. 이 자료에 대해 Simons-Richardson, Engelund-Hansen, van Rijn 방법을 이용하여 하상형태를 추정하시오. 자료가 가용한 범위 내에서 그 결과를 평가하시오.

V (m/s)	d (m)	T (m)	S (m/m)	D_{50} (mm)	D_{90} (mm)	하상형태(추정)		
						E&H	S&R	van Rijn
0.75	0.65	72.0	0.00195	1.0	1.9			
1.30	2.40	96.0	0.00357	1.2	2.6			

(자료 : 유권규/우효섭, 1991)

9.2 문제 9.1의 자료 중 첫 번째 측정자료에 대해 Allen, Yalin, van Rijn의 방법으로 하상형태의 길이와 높이를 각각 추정하시오. 이 측정자료의 하상토 기하평균은 1.0 mm이다. 자료가 가용한 범위 내에서 그 결과를 평가하시오.

9.3 다음과 같이 폭 2.4 m의 실험실 수로에서 얻은 흐름과 유사 자료에 대해 Simons-Richardson, Engelund-Hansen, van Rijn 방법을 이용하여 하상형태를 각각 추정하시오. 그 결과를 실측 하상형태와 비교하여 평가하시오.

중앙입경(mm)	유속(m/s)	수심(m)	경사(m/m)	유사농도(ppm)	수온(℃)	하상형태
0.20	0.82	0.31	0.0013	1,270	20	사구
0.20	1.32	0.20	0.0030	9,240	19	반사구

9.4 문제 9.3 자료의 사구하상 형태에 대해 Allen, Yalin, van Rijn의 방법으로 사구의 길이와 높이를 각각 추정하시오. 이 측정자료의 하상토 기하평균은 0.22 mm이다. 자료가 가용한 범위 내에서 그 결과를 평가하시오.

9.5 폭 20 m의 충적하천에서 유량이 45 m^3/s이다. 하상경사가 0.0003, 하상토 중앙입경이 0.4 mm라면 1) Engelund와 Hansen 방법으로 수심과 하상형태를 추정하고, 2) van Rijn 방법으로 하상형태의 기하제원을 구하시오.

9.6 한 충적하천에 길이 5.2 m, 높이 0.6 m의 사구가 형성된 것이 관찰되었다. 이 하천의 하상토는 D_{50} = 0.34 mm, D_{90} =1.2 mm이다. 수심 2 m이고, 평균유속 0.95 m/s, 하상경사 7.3 cm/km라면 1) Simons-Richardson, Engelund-Hansen, van Rijn 방법으로 각각 하상형태를 추정하고, 2) Engelund와 Hansen 방법과 van Rijn 방법으로 소류력을 사립자에 의한 소류력과 하상형태에 의한 소류력으로 나누고, 3) Allen, Yalin, van Rijn 방법으로 각각 하상형태의 길이와 높이를 추정하시오.

9.7 Darcy-Weisbach의 마찰계수 f, 체지의 C, 매닝의 n 간의 관계를 각 계수의 정의로부터 유도하시오. 다음 f, C 계수들의 증감에 따른 n의 증감을 검토하고, 실제하천에서 마찰변화에 주는 의미를 평가하시오.

9.8 다음 자료는 청미천 한평교에서 실측한 자료이다. 측정자료에 대해 Einstein-Barbarossa, Engelund-Hansen, van Rijn, Brownlie, Karim 방법으로 실측 평균수심 d=0.65 m에 해당하는 유량을 추정하시오. 마지막으로 단순히 Strickler 공식으로 구한 매닝 계수를 써서 유량을 추정하고 그 결과를 검토하시오. 하천 단면은 폭이 넓은 사각형이다. 실측 유량은 35 m^3/s이다.

T(m)	d(m)	S(m/m)	D_{35}(mm)	D_{50}(mm)	D_{65}(mm)	D_{90}(mm)
72	0.65	0.00195	0.75	1.0	1.2	1.9
96	2.40	0.00357	1.00	1.2	1.6	2.6

(자료원 : 유권규/우효섭, 1991)

9.9 위의 두 번째 측정자료에 대해 Einstein-Barbarossa, Engelund-Hansen, van Rijn, Brownlie, Karim 방법으로 실측 유량 Q= 300 m^3/s에 해당하는 평균수심을 추정하시오. 마지막으로 단순히 Strickler 공식으로 구한 매닝 계수를 써서 평균수심을 추정하시오. 그 결과를 평가하시오.

9.10 하도가 비교적 직선이고, 그 단면형이 사각형인 다음과 같은 모래하천에서 Karim의 방법과 Strickler-Manning 방법을 이용하여 각각 수심-유량 관계를 추정하시오. 그 결과를 평가하시오.

- $D_{35}=0.25$, $D_{50}=0.3$, $D_{65}=0.4$ mm
- $V=1.1$ m/s, $S=0.00076$, $C=582$ ppm, $T=82$ m, $d=0.84$ m, 수온=21℃

9.11 한 모래하천에서 실측한 흐름과 유사 자료는 다음과 같다. 이 자료를 이용하여 수심과 유량과의 관계를 회귀식으로 표시하시오.

d(m)	D_{50}(mm)	V(m/s)	S(m/m)
0.35	0.35	0.45	0.0023
0.40	0.35	0.50	0.0025
0.52	0.40	0.55	0.0026
0.66	0.45	0.60	0.0027
0.90	0.50	0.70	0.0035
1.20	0.65	0.78	0.0050
1.45	0.70	0.82	0.0045
1.65	0.70	0.95	0.0043
1.89	0.82	1.20	0.0033
2.55	0.85	1.40	0.0039
3.00	0.92	1.70	0.0028

9.12 폭이 0.9 m되는 사각형 수로에서 하상형태 변화와 흐름저항 실험을 위하여 흐름을 측정한 결과는 다음과 같다.

$$V = 1.2\ \mathrm{m/s},\ d = 0.30\ \mathrm{m},\ S = 0.0017,\ \text{수온} = 20℃,\ f = 0.035$$

이 실험에서 Vanoni와 Brooks 방법을 이용하여 측벽의 영향을 배제한 소류력과 마찰속도를 구하시오.

9.13 사주와 홍수터가 발달한 자연상태의 모래하천에서 유량의 변화에 관계없이 매닝의 조도계수를 일정하게 보고 수리계산을 하는 경우 그 결과의 신뢰도를 일반적으로 평가하시오.

9.14 다른 특별한 흐름저항 요인이 없는 순수한 모래하상의 균일하도에서 저수시나 고수시에 하도전체에 항상 물이 차 흐른다. 이러한 하천에서 유량이 증가함에 따라 매닝의 조도계수가 점차 커졌다가 어느 한계에서 작아졌다가 다시 커지는 현상이 가능한 이유를 들어 설명하시오.

9.15 서울시 구간의 한강과 같이 저수로는 모래하상이며 좌우 고수부지가 다양하게 개발된 하천에서 유량이 수백에서 수만 m^3/s로 증가함에 따라 매닝의 조도계수는 일반적으로 감소한다. 이러한 현상을 유량의 변화에 따른 저수로에서 하상형태의 변화, 저수로와 전체하도의 상대적 크기, 홍수터 조도계수와 저수로 조도계수의 상대적 크기, 흐름저항 요인과 수심의 상대적 크기 등을 종합적으로 고려하여 평가하시오.

참고문헌

1. 유권규, 김형섭, 김활곤, 우효섭, "충적하천의 하상마찰 변화에 대한 조사·분석", **대한토목학회 논문집**, 제13권 제4호, 1993. 9.
2. 유권규, 우효섭, "청미천에서 하천 유사 측정 및 분석(Ⅰ) - 수리량 및 유사량", **한국수문학회지**, 제24권 제2호, 1991. 6.
3. 한국건설기술연구원, **구조물로 인한 하천 지형 및 식생 변화 분석**, KICT 2014-244, 2014.
4. Afzalimehr, H and Anctil, F., "Estimation of Gravel-Bed River Flow Resistance", *J. of Hydraulic Engineering*, ASCE, vol. 124, no. 10, Oct., 1998.
5. Allen, J. R. L., "Asymmetrical Ripple Marks and the Origin of Water-laid Closets of Cross-Strata", *Liverpool and Manchester Geological Journal*, vol. 3, 1963.
6. Anderson, A. G., "The Characteristics of Sediment Waves Formed by Flow in Open Channels", *3rd. Midwest Conference, Fluid Mechanics,* Univ. of Minnesota, Minneapolis, Minnesota., 1953.
7. ASCE, "Nomenclature for Bed Forms in Alluvial Channels", by the Task Force on Bed Forms in Alluvial Channels, John F. Kennedy Chmn., *J. of the Hydraulics Division*, ASCE, vol. 92, no. HY3, May, 1966.
8. Athaullah, *Prediction of bedforms in erodible channels*, Ph.D. Dissertation, Department of Civil Engineering, Colorado State University, Fort Collins, Colorado, 1968.
9. Brownlie, W. R., *Compilation of Alluvial Channel Data: Laboratory and Field*, W. M. Keck Laboratory of Hydraulics and Water Resources, Report no. KH-R-43B, Calif. Inst. of Tech., Pasadena, Calif., Nov., 1981.
10. Brownlie, W. R., "Flow-Depth in Sand-bed Channels", *J. of Hydraulic Engineering*, ASCE, vol. 109, no. 7, 1983.
11. Colby, B. R. and Scott, C. H., "Effects of Water Temperature on the Discharge of Bed Material", *Professional Paper 462-G*, USGS, Washington, D. C., 1965.
12. Coleman, S. E. and Melville, B. W., "Bed-Form Development",. *J. of Hydraulic Engineering*, ASCE, vol. 120, no. 4, Apr., 1994.
13. Einstein, H. A. and Barbarossa, N., "River Channel Roughness", *Transactions*, ASCE, vol. 117, 1952.
14. Engelund, F., "Hydraulic Resistance of Alluvial Streams", *J. of the Hydraulics Division*, ASCE, vol. 92, no. HY2, Mar., 1966.
15. Engelund, F. and Hansen, H., "Investigations of Flow in Alluvial Streams", *Acta Polytecnica Scandanavica*, vol. Ci-35, 1966.
16. Engelund, F. and Hansen, H., "A Monograph on Sediment Transport in Alluvial Streams", *Teknisk Forlag*, Copenhagen, 1967.
17. Exner, F., "Uber die Wechselwirkung swischen Wasser und Geschiebe in Flussen", *Proceedings*, Vienna Academy of Sciences, Section ⅡA, vol. 134, 1925.

18. Ferro, V. and Giordano, G., "Experiment Study of Flow Resistance in Gravel-Bed Rivers", *J. of Hydraulic Engineering*, ASCE, vol. 117, no. 10, Oct., 1991.

19. Franco, J. J., "Effects of Water Temperature on Bed-Load Movement", *J. of the Waterways and Harbors Division*, ASCE, vol. 94, no. WW3, Aug., 1968.

20. Garcia, M. and Parker, G., "Entrainment of bed sediment into suspension", *J. of Hydraulic Engineering*, ASCE, vol. 117, no. 4, Apr., 1991.

21. Gessler, J., "Friction Factor of Armored River Beds", *J. of Hydraulic Engineering*, ASCE, vol. 116, no. 4, Apr., 1990.

22. Gilbert, G. K., "Transportation of Debris by Running Water", *Professional Paper* no. 86, USGS, Washington, D. C., 1914.

23. Griffiths, G. A., "Form Resistance in Gravel Channels with Mobile Beds", *J. of Hydraulic Engineering*, ASCE, vol. 115, no. 3, Mar., 1989.

24. Guy, H. P., Simons, D. B., and Richardson, E. V., "Summary of Alluvial Channel Data from Flume Experiments", *Professional Paper* 462-I, USGS, Washington, D. C., 1966.

25. Hey, R. D., "Flow Resistance in Gravel-bed Rivers", *J. of Hydraulics Division*, ASCE, vol. 105, no. 4, 1979.

26. Julien, P. Y., *Erosion and Sedimentation*, Cambridge University Press, Cambridge, 2nd Edition, 2010.

27. Karim, M. F., "Bed Configuration and Hydraulic Resistance in Alluvial Channel Flows", *J. of Hydraulic Engineering*, vol. 121, no. 1, Jan., 1995.

28. Karim, M. F. and Kennedy, J. F., "Menu of Coupled Velocity and Sediment-Discharge Relations for Rivers",. *J. of Hydraulic Engineering*, ASCE, vol. 116, no. 8, Aug., 1990.

29. Kennedy, J. F., "The Mechanics of Dunes and Antidunes in Erodible Channels", *J. of Fluid Mechanics*, vol. 16, Paper 4, 1963.

30. Kennedy, J. F. and Brooks, N. H., "Laboratory Study of an Alluvial Stream at Constant Discharge", *Proceedings of the Federal Interagency Sedimentation Conference*, 1963, Miscellaneous Publication no. 970, Agricultural Research Service, Department of Agriculture, Washington, D. C., 1965.

31. Milne-Thomson, L., *Theoretical Hydrodynamics*, 4th ed., McMillian, New York, 1960.

32. Meyer-Peter, E. and Müller, R., "Formulas for Bed-Load Transport", *Report on 2nd Meeting for IAHR*, Stockholm, Sweden, 1948.

33. Shen, H. W., Fehlman H. M., and Mendoza, C., "Bed Form Resistances in Open Channel Flows", *J. of Hydraulic Engineering*, ASCE, vol. 116, no. 6, Jun., 1990.

34. Simons, D. B. and Richardson, E. V., "Resistance to Flow in Alluvial Channels", *Professional Paper 422-J*, USGS, Washington, D. C., 1966.

35. Simons, D. B. and Richardson, E. V., "Flows in Alluvial Channels", *River Mechanics*, vol. 1, ch. 9, H. W. Shen, ed., Water Resources Publication, Fort Collins, Colorado., 1971.

36. Simons, D. B. and Sentürk, F., *Sediment Transport Technology*, Water Resources Publication, Fort Collins, Colorado., 1977.

37. USACE, "Missouri River Channel Regime Studies, Omaha District," *MRD Sediment Series* no. 13B, US Army Corps of Engineers, Nov., 1969.

38. van Rijn, L. C., "Sediment Transport, PartⅢ: Bedforms and Alluvial Roughness", *J. of the Hydraulics Division*, ASCE, vol. 110, no. 12, Dec., 1984.

39. Vanoni, V. A. and Brooks, N. H., *Laboratory Studies of the Roughness and Suspended Load of Alluvial Streams*, Sedimentation Laboratory Report no. E68, Calif. Inst. of Tech., Pasadena, Calif., 1957.

40. Wright, S. and Parker, G., "Density Stratification Effects in Sand-Ben Rivers", *J. of Hydraulic Engineering*, ASCE, vol. 130, no. 8, Aug., 2004a.

41. Wright, S. and Parker, G., "Flow Resistance and Suspended Load in Sand-Bed Rivers: Simplified Stratification Model", *J. of Hydraulic Engineering*, ASCE, vol. 130, no. 8, Aug., 2004b.

42. Yalin, M. S., "Geometrical Properties of Sand Waves", *J. of the Hydraulics Division*, vol. 90, no. HY5, 1964.

Chapter 10

유사이송

▲ 하천에서의 유사채취 (P-61 부유사 채취기)

이 장에서는 하천에서 유사이송의 특성을 하상토 유사와 세류사, 이송형태, 하상토 입경분포, 수온 효과, 과농도류 등으로 나누어 검토하고, 하천유사 이송의 이론과 주요 공식들을 소류사, 부유사, 총유사로 나누어 검토한다. 이러한 공식들의 성능을 평가하고, 각 공식의 장단점과 적용한계 등을 검토한다. 또한 유역의 침식과 그에 따른 토양유실, 그리고 유사유출 현상에 대해 정의하고 이에 대한 추정방법들을 검토한다. 마지막으로, 하천에서 실제 유사량을 측정하는 방법과 절차를 유사분포 특성, 유사채취 장비와 방법, 실험실 분석, 자료 정리와 기록 등으로 나누어 검토한다.

10.1 유사이송의 특성

하천 상류유역에서 씻겨 내려오거나 하상을 구성하는 사립자들은 흐름에 의해 하류로 이송된다. 하천에서 흐름에 의해 하류로 이송되는 물질에는 지각을 구성하는 암석조각인 사립자뿐만 아니라 물속에 녹아 있는 용해물질도 있다. 따라서 진정한 의미에서 하천흐름에 의해 이송되는 물 이외의 물질은 유사에 용해물질을 합한 것이다. 그러나 하천흐름에 의해 토양이 침식, 운반, 퇴적되는 과정에서 생기는 공학적 문제는 주로 유사이므로, 여기서 우리의 관심은 유사이송에 국한한다.

하천유사 이송에서 분명한 것은 흐르는 황토 물에 포함된 사립자들은 상류유역 어느 한 곳에서 침식된 것들이며, 흐름은 그들을 침식된 곳에서 하류로 이송시킨다. 즉, 그들은 유역의 유사공급 능력과 흐름의 이송능력에 의해 하류로 이송되는 것이다. 여기서 유사이송의 기본적인 전제 조건인 유사공급과 이송특성을 강조할 필요가 있다. 하천의 유사이송은 궁극적으로 이 두 가지 특성의 함수로써 결정된다. 이 중 특히 미세한 입자들은 워낙 가벼워 흐름에 연행되면 흐름에 의해 거의 무한대로 이송되며, 따라서 이러한 유사의 이송량은 상류에서의 공급능력에 의해 결정된다. 반면에 큰 입자들은 상대적으로 무거워 흐름의 세기에 따라 이송될 수도 있고 안 될 수도 있다. 따라서 이러한 두 가지 유사이송 특성을 구분하여 검토할 필요가 있다.

일단 유역에서 침식되어 하천으로 들어온 유사는 하천흐름에 의해 그 운명이 결정된다. 하천에서 사립자는 그 자체특성과 흐름특성에 따라 소류와 부유의 형태로 이송된다. 하천 내 유사이송은 상류 공급능력에 관계없이 하천 내에서 순수하게 유사, 유체, 흐름특성에 의해 결정된다.

흐름에 이송되는 사립자들은 계속 이송만 되지 않는다. 움직이는 사립자들은 이송 중에 하상에 가라앉아 움직이지 않다가 다시 움직인다. 이에 따라 유사이송에 의해 하상을 구성하는 입자들의 특성이 변한다. 여기에 수온의 변화는 사립자를 운반하는 유체성질의 변화를 가져와 유사이송 특성을 또한 변화시킨다.

마지막으로 흐름에 너무나 많은 사립자들이 포함되면 유체는 사립자와 한 '몸'이 되어 새로운 성질을 가진 유체로 거동한다. 이러한 고농도의 유사흐름에서 유사이송은 통상적인 유사이송과 그 특성을 달리한다.

따라서 먼저 이러한 유사이송과 공급, 이송형태, 하상토의 변화, 수온의 효과, 과농도류의 특성 등을 이해하는 것이 다음에 유사이송의 현상을 규명하고, 나아가 관심 있는 이송형태와 그 결과에 초점을 맞추는 데 도움이 될 것이다.

(1) 하상토 유사와 세류사

한 유역의 한 하천지점에서 흐름에 의해 하류로 이송되는 유사는 앞서 설명한 대로 하천의 유사이송 능력과의 관계 측면에서 하상토 유사(河床土 流砂, bed-material load)와 세류사(洗流砂, wash load)로 나뉜다. 하상토 유사는 그 이송특성이 하천흐름과 유체특성 등에 관련되어 있는 유사를 말한다. 반면에 세류사는 그 하천의 흐름과 유체특성보다는 상류유역에서의 공급에 관련되어 있는 유사를 말한다. 따라서 하천의 유사이송 능력 또는 하상토 유사는 단면 폭과 형상, 선형 등 하천의 기하특성, 수심, 윤변, 유속, 소류력, 난류 등 하천의 흐름특성은 물론 하천 내 식생, 조도, 유량 분포 등에 관계된다. 반면에 유역의 유사공급 능력 또는 세류사는 유역의 지형, 지질, 풍화, 강수와 강설 특성, 토양, 식생과 토지이용, 경작방법, 점착성, 강턱과 하천침식 등에 관계한다.

이러한 두 유사의 특성을 쉽게 설명하기 위해 그림 10.1과 같이 사립자 입경별로 유사공급 곡선과 유사이송 능력 곡선을 그려보자. 이 그림에서 D_s 는 사립자 입경이다. 여기서 사립자의 크기가 클수록 무겁고 운반하기 어려우므로 그에 따라 흐름의 유사이송 능력은 작아진다. 반면에 유역과 하상에서 공급되는 사립자는 그 크기와 무관하거나, 큰 입자들은 유역과 하도의 중간에 이송 중 퇴적되고 작은 입자들은 하류로 이송되어 없어지므로 통상 사립자가 클수록 공급량은 크다고 볼 수 있다. 따라서 이론적으로 이 두 곡선이 만나는 점이 하상토 유사와 세류사의 구분점이 된다. 여기서 하상토 유사는 공급이 그 하천의 이송능력보다 항상 큰, 따라서 이송능력이 제한된 유사이다. 이러한 유사는 보통 하상에 충분히 깔려 있어 유사의 공급량이 이송 가능량보다 항상 많다. 따라서 우리가 통상 충적하천에서 보는 하상토는 하상토 유사의 공급원이다. 반면에 세류사는 유사공급이 이송능력보다 항상 작은, 공급이 제한된 유사이다. 따라서 이러한 세류사는 유역에서 공급되지만 하천에 들어오면 흐름에 의해 즉시 하류로 이송되므로, 보통 하상토에서는 많지 않다.

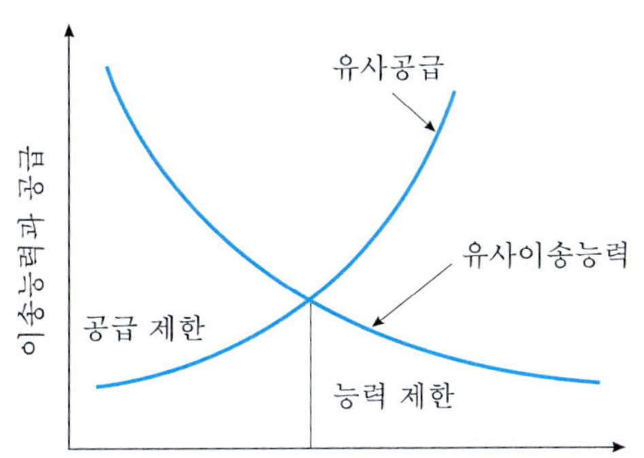

그림 10.1 유사이송 곡선과 공급 곡선(Woo 등, 1986)

Einstein(1950)은 하상토 유사와 세류사를 하상을 구성하는 재료의 무게비 10%(D_{10})까지를 세류사로, 나머지는 하상토 유사로 구분하였다. 세류사는 그 만큼 흐름에 의해 즉시 이송되고 하상에 남아 있지 않으나, 하상토 유사 사이에 끼여 있을 수 있으므로 하상토의 10% 정도는 세류사로 보았다. 이러한 입경 분석시 웅덩이나 얕은 물밑의 하상토는 분석에서 제외시켜야 한다. 간단히 말해서 모래와 자갈은 하상토 유사로 보고, 실트와 점토는 세류사로 보아도 무방하다.

따라서 기존의 유사량 공식들은 어느 크기의 사립자들을 이송시킬 수 있는 능력을 보여주는 것으로, 유사공급이 제한을 받는 경우 실제 흐름에 의해 이송되는 유사량과는 다를 수 있다. 그러나 이러한 공식들은 하상토 유사이송을 대상으로 하고 있고, 하상토 유사는 그림 10.1에서 두 곡선의 교차점 우측과 같이 통상 공급이 이송능력을 초과하므로 유사이송 능력 공식들은 실제로 유사이송공식으로 간주할 수 있다. 그림 10.2는 그러한 사실을 간접적으로 보여주는 것으로, 이 그림과 같이 직경 0.0625 mm 이상의 하상토 유사농도는 유속이 커짐에 따라 커진다. 그러나 세류사의 경우, 즉 그림 10.1에서 교차점의 좌측에 위치한 사립자들은 흐름의 이송능력이 공급을 초과하므로 흐름에 의한 실제 유사 이송량은 유사이송 능력과 다르다. 따라서 세류사는 기존의 유사량 공식으로 추정할 수 없다. 그림 10.3은 이러한 사실을 간접적으로 보여주는 것으로, 이 그림과 같이 직경 0.0625 mm 이하의 세류사 농도는 유량, 또는 흐름의 세기와 관련이 없게 나타난다.

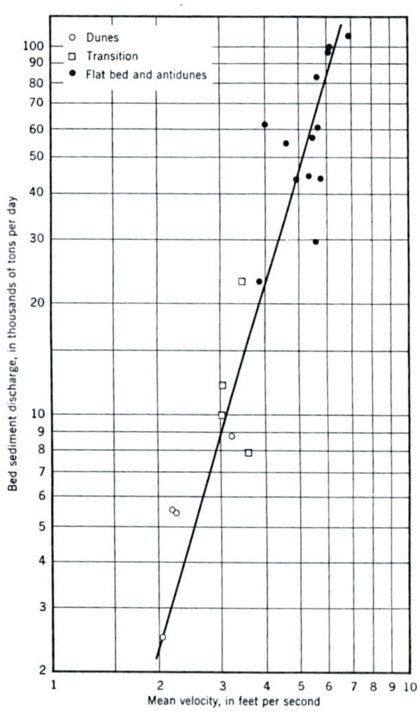

그림 10.2 하상토 유사와 유속 변화
(Rio Grande강; Nordin, 1964)

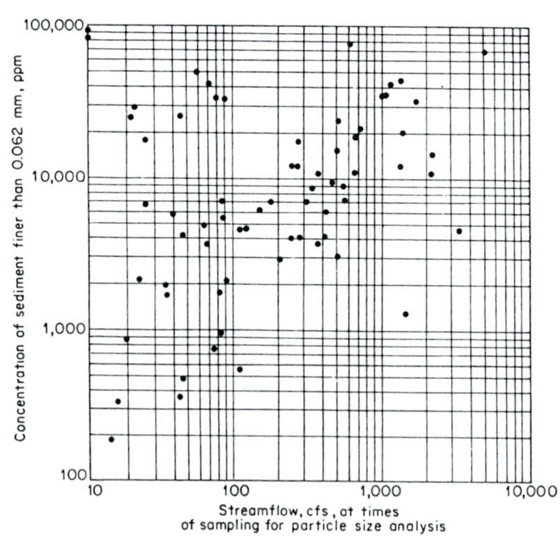

그림 10.3 세류사와 유량 변화
(Powder 강; Colby, 1964)

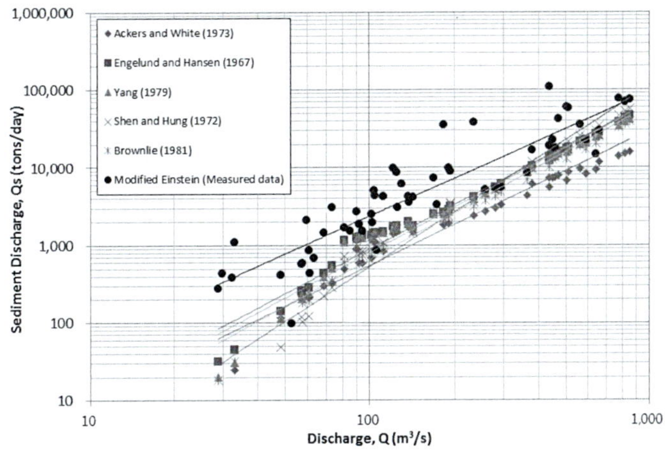

그림 10.4 내성천 향석지점의 유량-총유사량 관계 비교
(현장측정 유사량 자료 출처: 국토해양부, 2011; 국토해양부, 2012; 국토교통부, 2014)

자연하천의 부유사 중에서 세류사의 구성비는 유역의 여건에 따라 크게 다르다. 한강의 지류인 청미천에서 측정한 결과(유권규와 우효섭, 1991)에 의하면, 부유사 중 세류사, 즉 실트와 점토의 구성비는 약한 홍수시나 홍수의 시작에서 부유사 농도 300~400 ppm의 75~90% 정도로 다수를 차지한다. 반면에 홍수시 유사농도 2,500~5,000 ppm에서는 25%로 줄어들고, 오히려 모래의 구성비가 75%로 급격히 커진다. 이는 홍수의 센 흐름에 의해 하상토가 본격적으로 이송된다는 것을 보여준다. 홍수 직후 유사농도가 내려가서 500 ppm 정도인 경우에도 세류사 농도는 20% 정도로 홍수시보다 약간 더 작아진다. 이러한 결과는 세류사는 유역에서의 유사공급에 의존하기 때문에 홍수 초기에 상류유역에서 실트와 점토가 대부분 씻겨 내리고 홍수 직후에는 공급이 줄어든다는 사실을 보여준다.

이러한 세류사의 영향은 그림 10.4에서도 나타난다. 내성천 향석지점에서 관측한 유사량과 유사이송공식에 의해 계산된 유사량과의 차이가 발생하는 이유가 세류사의 영향이라고 추정할 수 있다. 즉, 실측 유사량에는 세류사가 포함되어 있는 반면 유사이송공식들에 의해 추정된 유사량은 하상토 유사이송을 대상으로 하고 있기 때문에 세류사량이 포함되어 있지 않다. 그림 10.4에서 유량이 커질수록 실측 유사량과 유사이송공식들에 의해 산정된 유사량 값의 차이가 감소하는 것도 홍수시에 하상토의 구성비가 커지고 세류사의 구성비가 감소하였기 때문이다.

(2) 유사이송의 형태

한 하천단면을 통과하는 유사의 총량은 앞서 설명한 바와 같이 수리량과의 관계에 의한, 또는 간단히 입자크기에 의한 하상토 유사와 세류사의 합으로 구분할 수 있으며, 또한 이송형

<table>
<tr><th>구 분</th><th colspan="2">이송형태에 의한 분류</th><th>수리량과의 관계에 의한 분류</th><th>채취 한계에 의한 분류</th></tr>
<tr><td rowspan="4">총유사</td><td colspan="2" rowspan="2">부유사</td><td>세류사</td><td rowspan="2">채취 유사</td></tr>
<tr><td rowspan="3">하상토 유사</td></tr>
<tr><td rowspan="2">소류사</td><td>도류사</td><td rowspan="2">미채취 유사</td></tr>
<tr><td>접류사</td></tr>
</table>

그림 10.5 하천유사의 분류

태에 따라 소류사와 부유사의 합으로, 마지막으로 채취 가능성에 따라 채취 유사와 미채취 유사의 합으로 나눌 수 있다. 이러한 유사의 구분을 그림으로 나타내면 그림 10.5와 같다. 이 그림에서 각 유사 구분선의 상호위치는 위에서 설명한 분류별 유사의 상호관계를 개략적으로 보여준다.

소류사를 이송형태에 따라 세분하면 하상과 접촉하며 구르거나 미끄러지며 이송하는 접류사와 메뚜기 같이 주로 뛰면서 이송하는 도류사로 나뉜다. 일반적으로 소류사는 상대적으로 큰 입자들로 되어 있으며, 반면에 부유사는 작은 입자들로 되어 있다. 모래 이상의 하상토 유사는 이송형태에 따라 소류사와 부유사로 나눌 수 있다(그림 10.6(a)). 반면에 입자크기가 매우 작은 실트, 점토 등 세류사는 통상 모두 부유사의 형태로 이송되며, 하상에서는 발견되지 않는다.

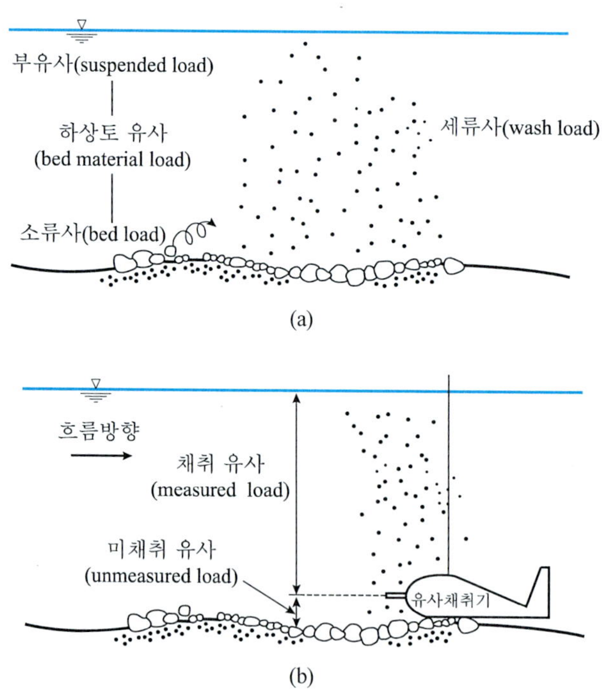

그림 10.6 (a) 이송형태와 수리량과의 관계에 의한 총유사 분류 (b) 채취 한계에 의한 총유사의 분류

또한, 야외에서 유사는 채취 한계에 따라 채취 유사(採取 流砂, sampled load)와 미채취 유사(未採取 流砂, unsampled load)로 나뉜다. 채취 유사는 야외에서 보통의 정상적인 부유사 채취기로 채취할 수 있는 깊이까지 채취한 유사를 말하며, 미채취 유사는 채취기로 채취 불가능한 하상 바로 위 구간을 지나는 유사를 말한다(그림 10.6(b)). 하상을 교란시키지 않고 보통의 유사 채취기로 채취할 수 있는 구간은 수면에서 하상 위 10 cm 정도까지이며, 따라서 미채취 구간은 하상에서 10 cm 위 구간까지이다. 채취 유사는 대부분 부유사이나 유사와 흐름특성에 따라 일부 소류사를 포함할 수 있다. 마찬가지로 미채취 유사는 대부분 소류사이나 일부 부유사를 포함할 수 있다.

(3) 하상토의 변화

하상을 구성하는 사립자들이 흐름에 의해 침식·연행되어 이송되면 그 이송되는 사립자들의 구성은 하상토의 구성과 같을 것으로 생각할 수 있다. 그러나 실제 하상을 구성하는 사립자들 중 비교적 작은 입자들이 쉽게 침식·연행되어 이송되므로 하상토 유사의 크기는 하상토 자체의 크기보다 상당히 작아진다. 그 한 예로 한강 지류 청미천(우효섭과 유권규, 1990b, pp. 252~253)에서 측정한 결과를 들 수 있다. 청미천의 한평교 지점에서 측정한 부유사의 중앙입경은 0.12 mm이나 하상토의 중앙입경은 1.2 mm로서 큰 차이를 보이고 있다. 이는 부유사 중 실트, 점토 등이 많기 때문으로, 이 측정에서는 36%를 차지하였다. 반면에 원 하상토 중 실트, 점토는 0.1% 미만이었다. 여기서는 부유사만 채취하여 비교하였지만 소류사를 포함시켜도 하상토보다는 하상토 유사가 더 세립화(細粒化)되는 것은 마찬가지이다.

이렇게 흐름에 의해 하상토 사립자 중에서 작은 입자들이 먼저 침식되어 없어지더라도 상류에서 유사공급이 계속되는 한 하상토의 구성비는 흐름 전후에 크게 다르지 않게 된다. 그러

그림 10.7 충적하천의 하상 장갑화
(원주군 부론면 정산리의 남한강; 유권규와 우효섭, 1993)

나 상류에서 유사공급이 차단된 상태에서 하류에 흐름이 계속되면 하류하상에서는 작은 사립자들이 우선 침식되고 궁극적으로 굵은 사립자들만 하상에 남게 된다. 이를 하상의 조립화(粗粒化)라 한다. 이러한 현상은 특히 댐을 축조하여 상류 유사공급을 차단하는 경우 댐 하류하상에 흔히 나타난다. 이러한 하상 조립화의 예로서 미국 미주리강에 있는 Fort Randall 댐과 하류하상의 조립화를 들 수 있다(Livesey, 1965). 전형적인 모래하천인 미주리 강은 댐의 축조로 원래 중앙입경 0.17 mm로 구성된 하류하상은 완전히 자갈로 덮였다. 이는 상류 댐의 축조로 유사공급이 차단되고 물만 내려오게 되자 원래 모래와 일부 자갈로 구성되었던 하상에서 모래는 계속 침식되어 이송되고 자갈만 남아 하상 위를 얇게 덮은 결과이다. 이렇게 자갈로 하상이 덮이게 되면 그 밑 모래는 흐름에 의한 침식으로부터 보호를 받게 되어 더 이상의 침식은 없게 된다. 이러한 흐름의 선택적 침식에 의해 자갈과 같은 굵은 입자들이 하상을 덮어 그 밑 세립자의 침식을 막는 현상을 특히 하상 장갑화(河床 裝甲化, bed armoring)라 한다. Fort Randall 댐은 준공 이후 하류하상이 매년 30 cm씩 내려갔으나, 10년 후부터는 총 90 cm 정도밖에 내려가지 않게 되었다. 이는 처음에는 하상이 계속 침식되어 내려갔으나, 시간이 가면서 하상이 장갑화되어 침식률이 갈수록 감소하고, 궁극적으로 하상이 완전히 장갑화되어 더 이상 하상이 침식되지 않았다는 것이다. 이와 같은 하상 장갑화 현상은 국내에서도 충주댐 하류나 대청댐 하류와 같이 원래 모래와 자갈 하상인 곳에서 나타나고 있다. 그림 10.7은 남한강에 충주댐 축조로 인한 하류하천의 장갑화 현상으로, 하상표면은 비교적 굵은 자갈로 덮여 있으나 그 밑은 모래가 대부분임을 보여주고 있다.

(4) 수온효과

제9장의 '하상형태와 흐름저항'에서 검토하였듯이, 수온의 변화는 유체의 성질을 변화시켜 하상형태와 흐름저항에 변화를 주며, 나아가 유사량에도 변화를 준다. 사실상 하천유사량은 흐름저항에 밀접히 관련되어 있기 때문에 이러한 결과는 충분히 예측할 수 있는 것이다. 그림 10.8은 이러한 현상을 잘 보여주는 예로, 하천유량이 댐에 의해 조절되어 연간 유량변화가 거의 없어도 유사량은 수온과 반대 위상으로 변한다. 구체적으로 1945년 이전 기준으로 여름철 수온이 30℃까지 올라갔을 때 유사농도는 400 ppm 정도이나, 겨울철 수온이 10℃로 떨어지면 농도는 1,500 ppm으로 2.5배 이상 증가한다. 이러한 현상은 추후에 설명할 부유사 농도분포식인 Rouse 식 (10-61)과 (10-62)에서 알 수 있듯이, 겨울철 수온하강은 유체의 점성을 증가시켜 사립자의 침강속도를 감소시키고, 그에 따라 위아래로 유사농도 차이를 줄이기 때문이다. 여기서 하상 근처 기준점의 농도가 변하지 않더라도 상대 농도분포의 변화는 하천단면 전체 유사량을 변화시킨다. 이러한 경향은 굵은 모래보다는 수온에 대해 침강속도의 변화가 예민한, 가는 모래에 대해 특히 탁월하게 나타난다.

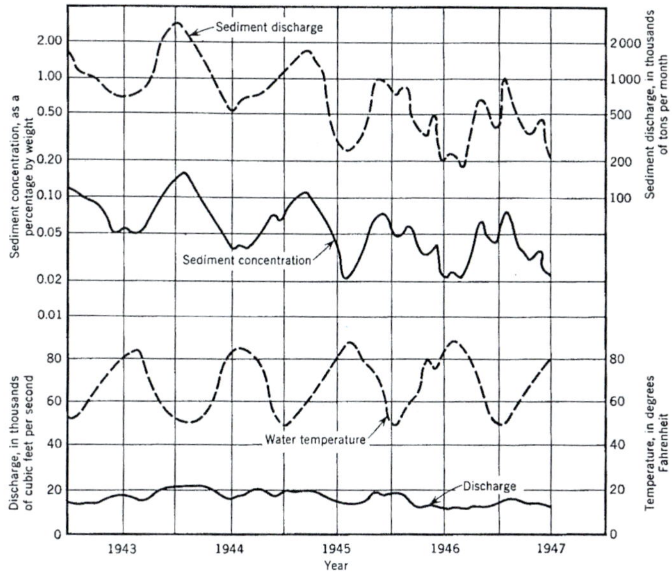

그림 10.8 수온의 변화에 따른 유사량의 변화(미국 콜로라도 강; Lane 등, 1949)

예를 들어 여름철 수온 25℃에서 물의 동점성계수는 0.9×10^{-6} m/s^{2}으로서 체직경 0.25 mm, 형상계수 0.7인 사립자의 침강속도는 35 cm/s이나, 겨울철 수온이 4℃로 내려가면 동점성계수는 1.6×10^{-6} m/s^{2}이 되어 80% 정도 증가하고 침강속도는 25 cm/s로 30% 정도 감소하게 된다. 이에 따라 식 (10－61)의 Rouse 수는 다른 흐름변화가 없어도 30% 감소하여 그만큼 유사농도는 더 균일하게 된다. 실제로 그림 10.8의 사례에서 여름철에 비해 겨울철 유사량을 증가시키는 사립자들은 주로 직경 0.3 mm 정도의 세사이다. 한반도에서는 여름철에 홍수가 나고 유사이송이 문제가 되기 때문에 겨울철 수온의 하강으로 인한 유사량 증가는 큰 문제가 되지 않을 것이다.

(5) 과농도류

흐름 중 유사농도가 매우 커지게 되면 사립자와 물의 상호작용은 여러 면에서 달라진다. 실제 자연현상에서 댐의 붕괴, 화산의 폭발, 산사태, 미국 남서부와 같은 건조지역에서의 집중호우, 중국 황하 중상류 Loess와 같은 실트질 유역에서의 호우 등은 하천 유사농도를 극적으로 증가시키며, 이러한 흐름을 통상 이류(泥流, mud flows), 또는 토석류(土石流, debris flows)라 한다. 전자는 주로 물과 실트/점토가 섞여 끈적끈적한 진흙탕 물을 가리키며, 후자는 그 속에 크고 작은 자갈 이상 전석 등이 섞여 있는 흐름을 가리킨다. 개략적으로 진흙탕 물 속에 있는 사립자 중 50% 이상이 모래 이상의 크기이면 토석류로, 그 이하이면 이류로 볼 수 있다. 과농도류(過濃度流, hyperconcentrated flows)는 이류와 토석류를 포함하여 유사농도가 부피로

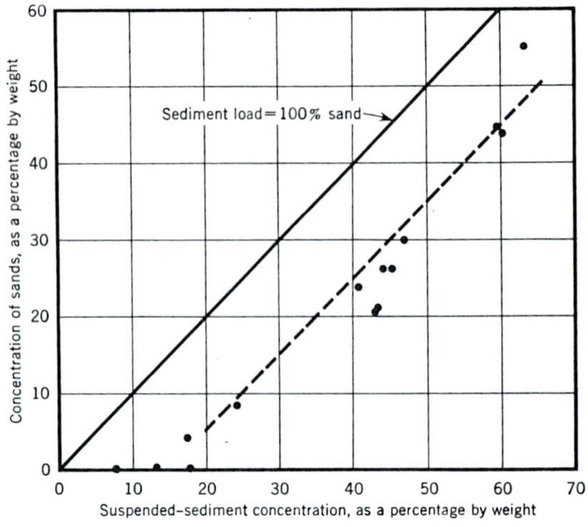

그림 10.9 과농도류에서 전체 유사농도의 증가에 따른 모래농도의 증가(Berverage와 Culbertson, 1964)

50~60% (무게로 15~80%) 되는 진흙탕물을 가리킨다. 과농도류는 토사재해 측면에서 매우 중요한 현상이다.

그림 10.9는 미국 남서부 건조지역에서 집중호우에 의해 나타난 과농도류를 Beverage와 Culbertson(1964)이 측정한 자료로서, 유사농도가 증가하면 그에 따라 그 중 모래의 농도가 같이 증가하는 것을 볼 수 있다. 구체적으로 유사농도가 15% 정도일 때 모래농도는 5% 정도이나, 유사농도가 60%가 되면 모래농도는 45% 정도 된다. 여기서 유사에서 모래를 뺀 나머지는 실트와 점토 등 미립토사이므로, 결국 미립토사 농도는 15% 정도로 일정한데 모래농도는 계속 증가하는 것을 보여준다. 이 자료에서 유량은 10배 정도 변하고, 유량은 유사농도와 1 : 1 대응이 되지 않는 세류사의 특성을 가지고 있다. 이 결과는 흐름 중 미립토사의 농도가 일정하게 되면 그 흐름에 의한 모래이송은 기하급수적으로 커질 수 있음을 의미한다.

과농도류의 특징은 물 속에 포함된 실트와 점토의 농도영향으로 점성과 밀도 등 유체성질을 변화시키고 그에 따라 하상토 유사의 이송특성을 변화시킨다는 것이다. 구체적으로, 물 속에 실트/점토와 같은 미립토사의 농도가 증가하면 물과 미립토사의 혼합물은 뉴턴 유체에서 벗어나 Bingham 유체와 같은 비뉴턴 유체가 된다. 또한 과농도류에 들어 있는 자갈 이상의 사립자들의 농도가 커지면 입자간의 충돌에 의한 새로운 전단응력이 생기며, Bagnold(1954)는 이를 'dispersive stress(분산응력)'라 하였다. O'Brien과 Julien(1985)은 과농도류에 작용하는 전단응력으로 미립토사 간의 점착력, 또는 항복응력 τ_y , 물과 미립토사 혼합물의 (겉보기) 점성 μ_m , 난류, 조립자 간의 충돌 등에 의한 분산응력을 모두 고려하여 다음과 같이 표시하였다.

$$\tau = \tau_y + \mu_m \frac{du}{dy} + \zeta \left(\frac{du}{dy} \right)^2 \qquad (10-1)$$

위에서 우변의 세 번째 항은 흐름의 난류와 조립자 간 충돌에 의한 Bagnold의 분산응력이다. 그러나 과농도류의 해석은 아직 일반 유사흐름의 해석에 비해 초보적인 수준에 머물러 있으며, 대부분의 과농도류 모형은 경험에 의존하고 있다.

10.2 유사량 이론과 공식

하천에서 흐름과 유사이송, 또는 유사량간의 관계를 정량적으로 규명하는 것은 충적하천의 중심과제 중 하나로서, 이는 개수로에서 수심, 경사 등 기하특성을 알고 유량을 구하는 것만큼 기본적으로 중요하다. 흐름과 유사량간의 관계를 규명하기 위하여 우선 그들 간의 일반적인 관계를 검토하고, 그 다음 소류사와 부유사로 나누어 그 관계를 해석한다. 유사량 이론과 공식에서 관심 있는 유사이송은 세류사가 아닌 하상토 유사이며, 또한 과농도류가 아닌 일반 유사흐름이다. 또한 이 절의 마지막 항목과 같이 부등류, 비평형 유사흐름을 제외하고는 모두 정상등류의 평형 유사흐름을 대상으로 한다. 여기서 평형 유사흐름이란 하천의 어느 한 구간 상류에서 들어오는 유사량과 나가는 유사량이 같아 그 구간 내에는 유사이송은 있으나 침식이나 퇴적이 없는 유사이송을 말한다.

(1) 일반적 관계

충적하천에서 흐름, 유체, 유사와 유사량간의 관계는 흐름과 저항과의 관계와 마찬가지로 표 9.1과 같이 분류할 수 있다. 흐름과 유사량간의 가장 간단한 관계로는 표 9.1의 첫 번째 줄과 같이 실험실 수로에서 유량 Q 와 수심 d 등 흐름특성을 알고 유사량 Q_s 를 구하는 것이다. 따라서 독립변수는 $Q, d, T, \nu, \rho, \rho_s, D_g, \sigma_g, w, g$ 등이며, 종속변수는 Q_s, V, R, S, f 등이다. 여기서 유사량 Q_s 를 독립변수의 일반 함수관계로 표시하면

$$Q_s = f(Q, d, T, \nu, \rho, \rho_s, D_g, \sigma_g, w, g) \tag{10-2}$$

자연하천에서 가장 간단하면서 빈번히 요구되는 관계는 표 9.1의 7번 줄의 경우와 같이 유량과 수심을 알고 유사량을 구하는 것이다. 이를 함수관계로 표시하면

$$Q_s = f(Q, d, \nu, \rho, \rho_s, D_g, \sigma_g, w, g) \tag{10-3}$$

마찬가지로 7번 줄의 다른 종속변수들도 위와 같은 관계식으로 표시할 수 있다. 위와 같은 관계는 하천에서 한 수심에 해당하는 유량을 구하듯이 한 수심, 또는 수위-유량 관계를 이용한 한 유량에 해당하는 유사량을 구하는 것이다. 그러나 자연하천에서 유량만 주어지고 유사

량과 흐름저항은 미지인 경우 수심도 알 수 없다. 이러한 경우는 특히 수치모형으로 충적하천의 흐름과 유사이송을 모의하는 경우 나타난다. 이 경우는 표 9.1의 10번 줄에 해당하며, 이를 함수관계로 표시하면

$$Q_s = f(Q, S, \nu, \rho, \rho_s, D_g, \sigma_g, w, g) \qquad (10-4)$$

마찬가지로 수심에 대해서도 위와 비슷한 관계를 쓸 수 있다. 따라서 유량만 주어지는 충적하천의 흐름을 모의하려면 식 (10-4)와 같은 유량-유사량 관계와 이와 유사한 형태의 유량-수심 관계를 구성하여 이들을 각각 풀거나 연계하여 풀어야 한다.

어느 특정 하천에서 수온과 유사특성이 주어진 일반 유사흐름의 경우 위 식에서 ν 이하 변수는 모두 상수가 되고, 특히 정상등류의 경우 에너지경사 S 도 기지의 값이 되므로 위 식은

$$Q_s = f(Q) \qquad (10-5)$$

이 식은 유량을 알고 유사량을 구하는 것으로 유량-유사량 관계라 한다. 그림 10.10은 낙동강의 지류인 내성천에서 실측한 유량-유사량간의 관계로서 자료점들이 산포되어 있지만 상호 관계는 뚜렷이 나타난다. 여기서 두 변수간의 관계가 흩어지는 것은 식 (10-5)의 전제 조건이 충족되지 않았기 때문일 것이다. 구체적으로 생각할 수 있는 요인으로 하상형태의 변화에 따른 유량과 유사량간 복수치의 존재, 수온과 미립토사 농도에 의한 유체성질의 변화, 수문 변화에 따른 상류유역에서 유사공급의 변화와 그에 따른 세류사 농도변화, 유사량 측정상의 오차 등이다.

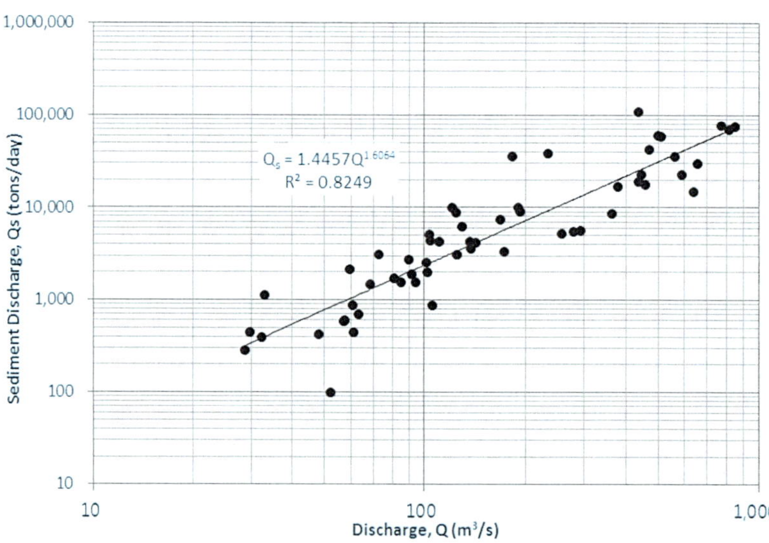

그림 10.10 내성천 향석지점 유량-유사량의 관계
(현장측정 유사량 자료 출처: 국토해양부, 2011; 국토해양부, 2012; 국토교통부, 2014)

다음부터는 이러한 유량과 유사량간의 관계를 해석적, 경험적으로 나타내는 이론과 대표적인 공식들에 대해 소류사, 부유사, 총유사[47]로 나누어 검토한다.

(2) 소류사

하상 근처에서 사립자와 물의 상호작용을 이해하는 것은 결국 하상형태의 변화와 그에 따른 흐름저항의 변화, 하천의 안정과 나아가 소류사량을 결정하는 데 있어 기본적으로 중요하다.

1 소류사 이론

19세기 말에 DuBoys(1879)가 소류사량을 간단한 소류력 관계로 모의한 이래 많은 소류사량 추정방법들이 제안되었다. 이를 기본이론과 접근방법에 따라 분류하면 크게 소류력과의 관계, 유량과의 관계, 사립자들의 운동을 통계적으로 고려한 관계, 그리고 회귀식에 의한 순수한 경험적 관계 등으로 나눌 수 있다.

소류력과 소류사량 간의 관계를 고려하는 것은 비교적 이해하기 쉬운 이론이다. 이는 DuBoys에 의해 처음 제안된 것으로, 그림 10.11과 같이 하상에 작용하는 소류력에 의해 하상은 층상으로 움직이며 각 층 간의 속도변화는 하상에서 밑으로 가면서 선형적으로 줄어든다는 것이다. 따라서 움직이는 얇은 하상층의 수를 n , 각층의 두께를 d' , 층간 이동속도 차이를 Δu , 하상토의 단위중량을 W 라 하면, 이러한 층상이동에 의한 단위폭당 소류사량 q_{sb} 는 전체층의 평균 이동속도 $1/2(n-1)\Delta u$ 를 이용하여

$$q_{sb} = nd'\frac{1}{2}(n-1)\Delta u W \qquad (10-6)$$

여기서 아래 첨자 'sb'에서 's'는 유사량을, 'b'는 소류사를 의미한다. 한편 하상에 작용하는 소류력 τ_o 는 각 층간 마찰력의 합과 평형을 이루고, 마찰력은 물속의 하상토의 무게에 마찰계수 C_f 를 곱해서 표시할 수 있으므로

$$\tau_o = C_f nd' W\left(\frac{\gamma_s - \gamma}{\gamma_s}\right) \qquad (10-7)$$

여기서 사립자의 한계조건은 하상의 첫 번째 층($n=1$)이 움직이기 시작하는 것으로 볼 수 있으므로, 이 경우 위 식은 $\tau_o = \tau_c = C_f d' W(1-\gamma/\gamma_s)$ 가 되므로 결국 $\tau_o = n\tau_c$ 가 된다. 따라서 소류사량은 식 (10-6)에서

$$q_{sb} = \Psi_D \tau_o(\tau_o - \tau_c) \qquad (10-8)$$

47 총유사(總流砂)는 전유사(全流砂)라고도 불린다.

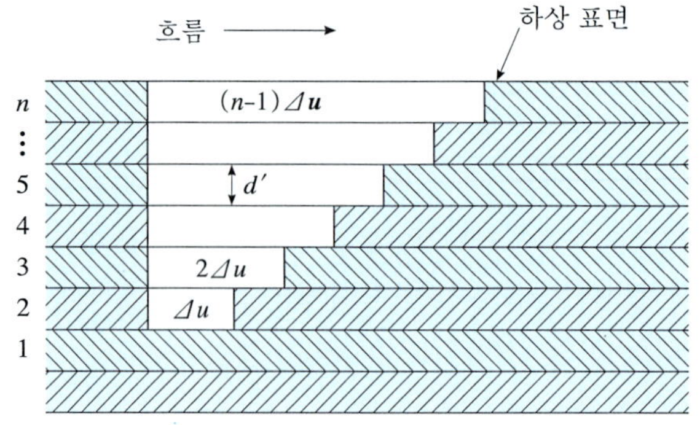

그림 10.11 소류력에 의한 하상깊이에 따른 선형적 이동 모형

위 식에서 $\Psi_D = (1/2)d'\Delta u\, W/\tau_c^2$ 로서 경험적으로 결정된다. 이러한 소류력에 바탕을 둔 소류사량 이론은 그 후 Shields(1936), Kalinske(1947), Meyer-Peter와 Müller(1948) 등에 의해 확장되었다.

Einstein(1937)은 처음으로 하상에서 사립자들이 이동과 휴지(休止)를 반복하는 것을 추계적으로 모의하여 소류사 이송모형의 새로운 장을 열었다. 그는 난류의 시간평균 값들을 이용한 기존의 한계조건은 난류에 의한 사립자 운동의 관점에서 보면 큰 의미를 찾기 어렵다는 점을 강조하며, 기존의 한계조건 개념을 탈피하고 그 간 확립된 유체역학의 지식을 최대한 이용하였다. 그의 이론은 1) 흐름장은 시간적으로 변하지 않고, 공간적으로 균일하며, 2) 사립자의 이동시간은 정지시간에 비해 무시할 수 있을 정도로 짧고, 3) 사립자가 움직이는 확률은 위치에 관계없이 같다는 가정에 기초하였다.

그 후 Einstein(1942)은 추계모형에 의한 소류사 공식을 제안하였으며, 그의 소류사 공식은 하상에서 난류에 의한 개별 사립자의 도약 평균거리 L_1 은 사립자 크기(D)에 비례한다는 ($L_1 \approx 100D$) 것에서부터 시작한다. 그는 나아가 한 흐름단면을 통과하는 사립자들의 수는 하상의 단위면적에 있는 사립자들의 수에 어느 순간 항력이 입자를 이동시킬 만큼 충분히 크게 되는 확률 p_s 를 곱한 것으로 보았다. 따라서 그의 이론에 의하면 하상에서 소류사량은

$$q_{sb} = \frac{L_1 \times 1}{A_1 D^2} p_s (\gamma_s A_2 D^3) = \frac{A_2}{A_1} \gamma_s A_L D^2 p_s \qquad (10-9)$$

위 식에서 A_1, A_2 는 각각 입자가 하상에 자리 잡은 면적과 입자의 부피에 관련된 계수들이며, A_L 은 $L_1 = A_L D$ 관계식의 비례상수이다. 확률 p_s 는 '무차원량/s'의 단위를 가지고 있으므로 시간 단위 's'를 소거하기 위해 특성시간으로 D/w 를 곱하면 위 식은

$$q_{sb} = \frac{A_2}{A_1} \gamma_s A_L D w p \qquad (10-10)$$

여기서 $p=p_s D/w$ 는 D/w 시간에 사립자에 작용하는 양력이 물속의 사립자 무게를 초과할 확률로 볼 수 있다. 물속의 입자무게는 $(\gamma_s-\gamma)A_2 D^3$ 이고 평균양력은 사립자의 표면에 작용하는 소류력 $\tau_o(A_1 D^2)$ 에 비례하므로, 확률 p 는

$$p=f\left[\frac{(\gamma_s-\gamma)}{\tau_o}gD\right] \qquad (10-11)$$

아인슈타인은 사립자의 침강속도로서 Rubey 식 (8-14)를 이용하였다. 따라서 식 (10-11)과 (8-14)를 식 (10-10)에 대입하여 정리하면

$$\phi=f(\psi) \qquad (10-12)$$

위 식에서

$$\phi=\frac{q_{sb}}{\gamma_s D w} \qquad (10-13)$$

$$\psi=\frac{(\gamma_s-\gamma)D}{\tau_o} \qquad (10-14)$$

식 (10-14)의 ψ 는 Shields의 무차원 소류력의 역수이다. 아인슈타인은 소류사 자료를 이용하여 식 (10-12)를 경험적으로 표시하였다.

추계적 소류사 모형은 그 후 Hubbell과 Sayre(1964), Yang과 Sayre(1971) 등에 의해 확장되었다. 그들은 사립자의 1회 이동거리(step length)와 휴지기간(rest period)에 대한 특정 확률분포를 이용하여 소류사 이송을 모의하였다. 그러나 이러한 추계모형들은 아인슈타인의 소류사 함수를 제외하고는 관련 확률분포 함수의 계수들의 결정이 어렵기 때문에 아직 구체적인 소류사 공식으로까지 발전하지 못하고 있다.

2 소류사 공식

DuBoys의 소류사량 이론 이후 Wilberg와 Smith(1989), McDowell(1989), Patel과 Raju(1996) 등이 다양한 소류사 공식을 제안하였다. 여기서는 위에서 제시한 각 이론의 기본식과 그 동안 검증을 받고 비교적 널리 쓰이는 공식 몇 개만을 소개한다.

Meyer-Peter와 Müller(MPM) 공식 스위스에서 행해진 일련의 실험성과를 토대로 Meyer-Peter는 처음 소류사량과 유량, 하천경사, 하상토 중앙입경과의 관계를 제안하였다. 그 후 Strickler 계수 k 에 관한 Müller의 제안을 받아들여 최종적으로 Meyer-Peter와 Müller(MPM)로 불리는 소류사 공식(1948)을 다음과 같이 제안하였다.

$$\left(\frac{k}{k'}\right)^{3/2} \gamma R_b S = 0.047(\gamma_s - \gamma) D_m + 0.25\left(\frac{\gamma}{g}\right)^{1/3} \left(\frac{\gamma_s - \gamma}{\gamma_s}\right)^{2/3} q_{sb}^{2/3} \qquad (10-15)$$

유효소류력　　　　한계소류력　　　　　　소류사량

위 식에서 k 는 식 (3-32)의 Strickler 공식의 계수이며, k' 은 사립자의 마찰저항에 관련된 Strickler 계수, R_b 는 하상에 의한 동수반경, D_m 은 하상토의 입경별 중량비를 가중 평균한 평균입경이다. 그들은 동수반경을 그대로 두고 에너지경사를 사립자에 의한 부분 S' 과 하상형태 등 다른 요인에 의한 부분 S'' 으로 나누었다. 따라서 사립자에 의한 마찰저항의 평균유속식은

$$V = k' R_b^{2/3} S'^{1/2} \qquad (10-16)$$

따라서 사립자에 의한 에너지경사 S' 과 전체 에너지경사 S 의 비는 Strickler 공식에서

$$\frac{S'}{S} = \left(\frac{k}{k'}\right)^2 \qquad (10-17)$$

그러나 위의 관계보다는 다음과 같은 관계식이 실험 자료와 더 잘 맞는 것으로 나타났다.

$$\frac{S'}{S} = \left(\frac{k}{k'}\right)^{3/2} \qquad (10-18)$$

위 식에서 하상형태가 없는 평탄하상에서는 $S'/S = 1$ 이다. 따라서 식 (10-15)는 위 식의 S' 을 이용하여

$$\gamma R_b S' = 0.047(\gamma_s - \gamma) D_m + 0.25\left(\frac{\gamma}{g}\right)^{1/3} \left(\frac{\gamma_s - \gamma}{\gamma_s}\right)^{2/3} q_{sb}^{2/3} \qquad (10-19)$$

k' 에 대해 Müller는 하상토의 D_{90} 을 이용하여

$$k' = \frac{26}{D_{90}^{1/6}} \qquad (10-20)$$

MPM 식은 차원적으로 균일하며, 따라서 표준단위와 영미단위 어느 것으로도 이용할 수 있다. 다만 식 (10-20)에서 D_{90} 은 미터로 표시하여야 한다. 이 공식은 지금까지 소개된 여러 소류사량 공식들 중 비교적 우수한 것으로 나타났으며, 널리 이용되는 공식중 하나이다.

MPM 공식을 이용하여 수로나 하천에서 소류사량을 구하는 절차는 다음과 같다.

1. 유량과 평균유속, 평균수심, 동수반경, 에너지경사(하천경사) 등 흐름과 하천의 기하자료와 하상토의 입경분포 등 유사자료를 구한다. 이러한 자료는 유사량 공식을 이용하여 유사량을 구하기 위한 전제 조건이다.

2. 측벽(제방)의 영향이 있는 경우 측벽보정 방법을 이용하여 하상에 의한 동수반경 R_b 를 구한다. 폭이 넓은 하천에서는 $R \cong R_b \cong d$ 로 볼 수 있다.
3. 식 (10-20)에서 k' 을 구한다.
4. 식 (10-16)에서 S' 을 구한다.
5. 식 (10-19)에서 q_{sb} 를 구한다.

아인슈타인의 소류사 함수 아인슈타인은 1937, 1942년에 제안한 소류사 이론을 확장하여 1950년에 발표한 소류사 함수(Bedload Function)에서 1) 하상형태가 흐름의 마찰저항에 미치는 영향, 2) 작은 입자가 큰 입자들 사이에 숨어서 흐름의 침식으로부터 보호를 받는 것, 3) 입자에 작용하는 양력의 보정, 4) 입경등급별 고려 등을 추가하였다. 아인슈타인은 소류사가 이동하는 하상 가까이 얇은 층인 소류층의 두께를 사립자 직경의 2배로 보았다.

아인슈타인의 소류사 함수에서는 흐름강도(flow intensity) Ψ_* 와 이송강도(transport intensity) Φ_* 는 다음과 같이 표시된다.

$$\frac{A^*\Phi_*}{(1+A^*\Phi_*)} = 1 - \frac{1}{\sqrt{\pi}}\int_{-B^*\Psi_*-2}^{B^*\Psi_*-2} e^{-t^2}dt \tag{10-21}$$

여기서 각 입경등급별 Ψ_* 와 Φ_* 는 각각

$$\Phi_{*i} = \frac{i_B}{i_b}\frac{q_{sb}}{\gamma_s}\sqrt{\frac{1}{gD_i^3}\frac{\gamma}{\gamma_s-\gamma}} \tag{10-22}$$

$$\Psi_{*i} = \xi_i Y\left(\frac{\beta}{\beta_x}\right)^2\left(\frac{\gamma_s-\gamma}{\gamma}\right)\frac{D_i}{R_b'S} \tag{10-23}$$

위 식들에서 이용된 기호는 각각 다음과 같다.

$A^* = 43.5$, $B^* = 0.143$ (그림 10.13에서 결정)
$i_B =$ 소류사 중 입경등급 i 에 해당하는 소류사의 비율
$i_B q_{sb} = i$ 등급에 해당하는 소류사량($= q_{sbi}$)
$i_b =$ 하상토 중 입경등급 i 에 해당하는 하상토의 비율($= p_i$)
$\xi_i =$ 하상토 중 입경등급 i 에 해당하는, 그림 10.12(a)의 차폐계수(hiding factor)
$Y =$ 그림 10.12(b)로 나타내는 양력 보정계수(lift correction factor)
$\beta = \log 10.6$, $\beta_x = \log(10.6X/\Delta)$, $\Delta = k_s/x$, $k_s = D_{65}$ (= 등가 조고)

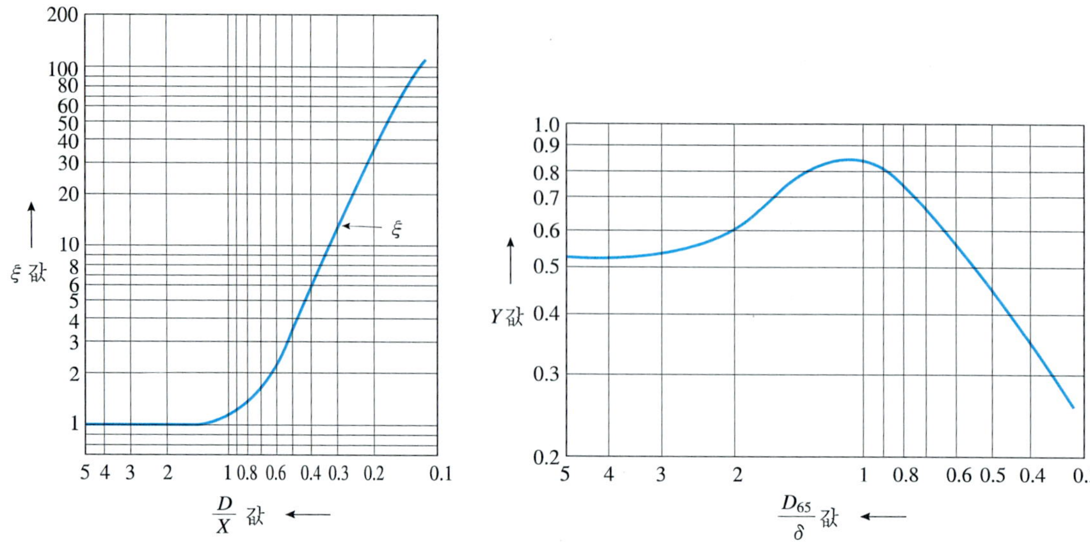

(a) 차폐계수 ξ (b) 양력 보정계수 Y

그림 10.12 아인슈타인 소류사 함수의 차폐계수 ξ 와 양력 보정계수 Y

아인슈타인은 소류사량 자료를 이용하여 식 (10-21)의 관계를 그림 10.13과 같이 나타냈으며, 여기서 계수 A^*, B^* 를 각각 43.5, 0.143으로 구했다. 그림 10.12(a)의 차폐계수를 구하려면 횡축의 D/X 에서 X 를 구해야 하며, 이는 다음과 같은 관계에서 얻어진다.

$$X = 0.77\frac{D_{65}}{x} \quad ; \quad \frac{D_{65}}{x\delta} > 1.80 \tag{10-24}$$

$$X = 1.398\delta \quad ; \quad \frac{D_{65}}{x\delta} < 1.80 \tag{10-25}$$

위 식들에서 δ 는 점성저층의 두께이며, x 는 그림 8.16으로 표시되는 대수 유속분포식의 계수이다.

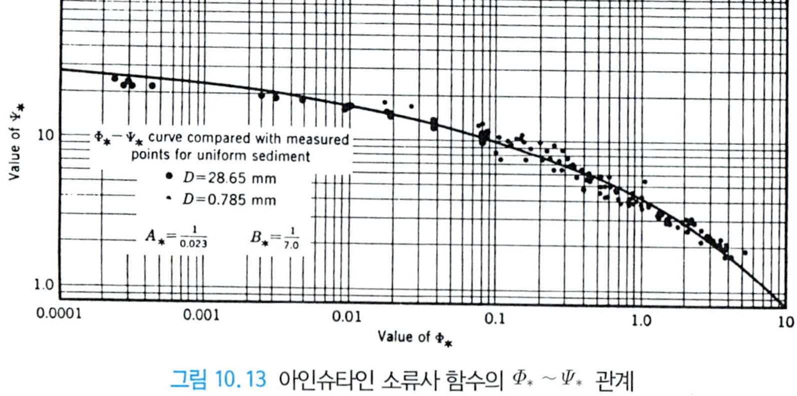

그림 10.13 아인슈타인 소류사 함수의 $\Phi_* \sim \Psi_*$ 관계

아인슈타인의 소류사 함수를 이용하여 실험실 수로나 하천에서 소류사량을 구하는 절차는 다음과 같다.

1. 대상 수로나 하상에 의한 동수반경 R_b 를 구하고, 다음 사립자에 의한 동수반경 R_b' 을 식 (9－28)이나 (9－29)에서 시행착오법으로 구한다.
2. 식 (10－24)와 (10－25)에서 X 를 구하고, 그에 따른 β_x 를 구한다.
3. 그림 10.12(b)에서 양력 보정계수 Y 를 구한다.
4. 각 입경등급별로 D_i / X 를 구해 그림 10.12(a)에서 차폐계수 ξ_i 를 구하고, 식 (10－23)에서 Ψ_{*i} 를 구한다.
5. 그림 10.13에서 Ψ_{*i} 에 해당하는 Φ_{*i} 를 읽는다.
6. 식 (10－22)에서 입경등급 i 에 해당하는 소류사량 $i_B\, q_{sb} (= q_{sbi})$ 는

$$i_B\, q_{sb} = i_b \Phi_{*i} \gamma_s \sqrt{g\, D_i^3 \frac{\gamma_s - \gamma}{\gamma}} \qquad (10-26)$$

7. 따라서 입경등급을 모두 더한 소류사량 q_{sb} 는

$$q_{sb} = \sum_i i_B\, q_{sb} \qquad (10-27)$$

8. 마지막으로 전체 단면의 소류사량 Q_{sb} 는

$$Q_{sb} = q_{sb}\, T \qquad (10-28)$$

3 소류사 공식의 평가

소류사 공식 등 기존 유사량 공식을 공정히 평가하여 각 공식의 장단점과 적용한계를 제시하는 것은 특히 하천실무자들에게는 새로운 공식을 소개하는 것 이상으로 의미가 있다. 문헌에 의하면 소류사 공식들만 실측치와 비교한 사례는 별로 많지 않으며, 또한 순수하게 소류사 측정자료만을 가지고 비교한 사례도 많지 않다. 자갈 이상의 입자는 대부분 소류의 형태로 이송되고 과농도류를 제외하고는 부유의 형태로 이송되는 경우가 없으므로, 이동하는 유사량을 모두 소류사량으로 볼 수 있다. 기존 소류사량 공식을 비교 분석한 자료(Gomez와 Church, 1989; Reid 등, 1996)에서는 MPM 공식이 우수함을 보였고 비교적 신뢰도가 있다고 볼 수 있다.

한반도에서 하천유사는 대부분 홍수시에만 이송되며, 홍수시 대부분의 유사는 부유의 형태로 이송된다. 1992년 7~10월에 낙동강 지류 내성천 두 지점에서 측정한 결과에 의하면(서승덕 등, 1996), 유량이 5~15 m^3/s 이하에서 소류사 10 톤/일 내외, 부유사는 50~100 톤/일 정도이나, 홍수시 유량이 100 m^3/s 정도 되면 소류사의 변화는 거의 없는 반면에 부유사는 10,000~15,000 톤/일로 급격히 증가하였다. 측정지점의 하상토는 중앙입경이 1 mm 정도이며, 모래가 80% 이상 차지하고 있다. 이러한 현상은 2011년, 2012년, 2014년에 내성천 향석지점

에서 측정한 결과(그림 10.10)에서도 확인할 수 있다. 따라서 홍수시에만 실질적인 유사이송이 있고, 그러한 유사는 대부분 부유사인 한반도의 모래하천에서 소류사만 단독으로 추정하는 것은 큰 의미를 찾기 어렵다. 하상재료가 자갈인 경우에는 MPM 공식을 활용하는 것을 추천한다.

예제 10.1

다음 하천 자료에 대해 MPM 공식과 아인슈타인 소류사 함수 방법으로 소류사량을 추정하고 그 결과를 평가하시오.

수심 $d = 0.44\,\mathrm{m}$, 하폭 $T = 22\,\mathrm{m}$, 평균유속 $V = 1.1\,\mathrm{m/s}$, 하천경사 $S = 0.00144$, 수온 $T = 6\,℃$,
측정된 하상토 유사농도 $C_m = 1{,}610\,\mathrm{ppm}$, 하상토 중앙입경 $D_{50} = 0.28\,\mathrm{mm}$ 로서 비교적 균등함

풀이

(1) MPM 공식

① $R_b \cong d = 0.44\,[\mathrm{m}],\ q = Vd = 1.1(0.44) = 0.48\,[\mathrm{m^2/s}]$

② 식 (10-20)에서 $k' = 26/(0.28\times10^{-3})^{1/6} = 102$

③ 식 (10-16)에서 $1.1 = 102(0.44)^{2/3}S'^{1/2} \rightarrow S' = 0.00035$

④ 식 (10-19)에서

$$1000(9.8)(0.44)(0.00035) = 0.047(2650-1000)(9.8)(0.28\times10^{-3}) +$$
$$0.25(1000)^{1/3}\left(\frac{2.65-1.0}{2.65}\right)^{2/3} q_{sb}^{2/3} \quad\rightarrow\quad q_{sb} = 0.60\,[\mathrm{kg/s/m}]$$

⑤ 식 (10-31)에서 $C = q_{sb}/q = 0.60/(0.48\times1000)\times10^6 \cong 1{,}250\,[\mathrm{ppm}]$

⑥ $C/C_m = 1250/1610 = 0.78$

(2) 아인슈타인 소류사 함수

① $R_b \cong R \cong d \cong 0.44\,[\mathrm{m}],\ \nu = 1.47\times10^{-6}\,[\mathrm{m^2/s}],\ D_{65} \approx D_{50} = 0.28\times10^{-3}\,[\mathrm{m}]$

먼저 $R_b = 0.22\,\mathrm{m}$ 로 가정하면, $u_*' = \sqrt{9.8(0.22)(0.00144)} = 0.056\,[\mathrm{m/s}]$

$$\delta = 11.6(1.47\times10^{-6})/0.056 = 3.05\times10^{-4}\,[\mathrm{m}]$$
$$\therefore k_s/\delta = 0.28\times10^{-3}/(3.05\times10^{-4}) = 0.92 < 5$$

그림 8.16에서 읽으면 $x = 1.6$. 식 (9-29)에서 u_*' 을 구하면

$$\frac{1.1}{u_*'} = 5.75\log\frac{12.2(0.22)(1.6)}{0.28\times10^{-3}} \quad\Rightarrow\quad u_*' = 0.046\,[\mathrm{m/s}]$$
$$\therefore R_b' = (0.046)^2/(9.8\times0.00144) = 0.15 \neq 0.22$$

$R_b' = 0.15\,\mathrm{m}$ 로 가정하여 다시 계산하면 $R_b' = 0.17\,\mathrm{m} \rightarrow R_b' = 0.16[\mathrm{m}]$ 채택. 이 경우

$$x = 1.6,\ \delta = 3.6\times10^{-4}\,[\mathrm{m}]$$

② $D_{65}/(x\delta) = 0.28\times10^{-3}/(1.6\times3.6\times10^{-4}) = 0.49\ \langle 1.8$

$$\rightarrow\quad X = 1.398(3.6\times10^{-4}) = 5.0\times10^{-4}$$

(계속)

$$\Delta=\frac{0.28\times10^{-3}}{1.6}=1.8\times10^{-4}\quad\rightarrow\quad\beta_x=\log\left[10.6(5.0\times10^{-4})/1.8\times10^{-4}\right]=1.47$$

③ $D_{65}/\delta=0.28\times10^{-3}/(3.6\times10^{-4})=0.78$. 그림 10.12(b)에서 읽으면 $Y=0.72$

④ 입경분포가 비교적 고르므로 입경등급을 나누지 않고 중앙입경을 이용하여 전체를 계산하면

$$D/X=(0.28\times10^{-3})/(5.0\times10^{-4})=0.56$$

그림 10.12(a)에서 차폐계수를 읽으면 $\xi=2.7$

식 (10-23)에서 흐름강도 Ψ_* 는

$$\Psi_*=2.7(0.72)(1.03/1.47)^2(1.65)(0.28\times10^{-3})/(0.16\times0.00144)=1.9$$

⑤ 그림 10.13에서 읽으면 $\Phi_*=3.5$

⑥ 식 (10-26)에서 $i_B=i_b=1$ 이므로

$$q_{sb}=3.5(2650)\sqrt{9.8(0.28\times10^{-3})^3(1.65)}=0.17\,[\mathrm{kg/s/m}]$$

⑦ $C=0.17/(0.48\times1000)\times10^6\cong350\,[\mathrm{ppm}]$

⑧ $C/C_m=350/1610\cong0.22$

(3) 부유사

평상시에도 흐름이 빠른 모래나 자갈 하천을 제외하고 대부분의 하천유사는 부유사이다. 따라서 많은 흐름에서 부유사량이 소류사량보다 지배적이다. 특히 한반도와 같이 홍수시에만 실질적인 유사흐름이 있는 경우 앞서 설명한 대로 부유의 형태로 이송되는 유사가 대부분을 차지한다.

1 농도의 표기

여기서 부유사 등 물질이 유체에 섞여 있는 경우, 즉 유사-물 혼합물의 농도를 표기하는 방법을 알아보자. 부유사 농도 표기방법은 사립자와 유사-물 혼합물을 부피로 표기할 것인가, 무게로 표기할 것인가에 따라 달라진다. 이 중 보편적으로 이용되는 표기법은 유사 무게와 유사-물 혼합물의 부피의 비로서 통상 mg/L로 표기한다. 이는 사립자의 무게는 실험실에서 건조중량을 재고, 유사-물 혼합물의 부피는 현장에서 채취된 시료의 부피를 재면 농도를 쉽게 구할 수 있기 때문이다. 다음으로 많이 이용되는 것은 사립자의 부피 $\forall_s$ 와 유사-물 혼합물의 부피 $\forall_t$ 의 비인 부피농도 C_v 와 사립자의 무게 W_s 와 유사-물 혼합물의 무게 W_t 의 비인 무게농도 C_w 로서

$$C_v = \frac{\text{사립자의 부피}}{\text{유사와 물의 부피}} = \frac{\forall_s}{\forall_t} = 1 - p \tag{10-29}$$

$$C_w = \frac{\text{사립자의 무게}}{\text{유사와 물의 무게}} = \frac{W_s}{W_t} = \frac{GC_v}{1+(G-1)C_v} \tag{10-30}$$

위 식에서 p 는 유사의 공극률이며 G 는 사립자의 비중이다. 위와 같이 표시되는 농도는 통상 매우 작은 값이므로, 편의상 위의 비에 10^6을 곱해 이를 ppm(parts per million)이라 한다. 여기서 부피비와 무게비는 다르므로 특별한 표기가 없는 한 ppm은 통상 무게 비를 가리킨다. 즉,

$$C_{\text{ppm}} = 10^6 C_w \tag{10-31}$$

한편, mg/L로 표시되는 농도와 C_{ppm} 의 관계는

$$C(\text{mg/L}) = \frac{G\,C_{\text{ppm}}}{G+(1-G)10^{-6}\,C_{\text{ppm}}} = 10^6\,G\,C_v \tag{10-32}$$

농도가 크지 않은 경우 C(mg/L)와 C_{ppm} 은 비슷하다. 자연하천의 사립자의 비중은 통상 2.65이므로 농도가 16,000 mg/L 이하에서는 mg/L와 ppm으로 표시되는 두 농도는 1% 미만의 차이를 보인다. 따라서 농도가 16,000 mg/L 미만에서는 두 농도 단위를 같이 써도 무방하다. 실제로 자연하천의 유사농도는 과농도류를 제외하고는 통상 10,000 mg/L 이하이므로 두 단위는 혼용할 수 있다.

한편 유사-물 혼합물의 겉보기 밀도 ρ_m 은 부유사 부피농도 C_v , 물의 밀도 ρ , 사립자 밀도 ρ_s 를 이용하여 다음과 같이 표시된다.

$$\rho_m = \rho + (\rho_s - \rho)C_v \tag{10-33}$$

따라서 유사-물 혼합물에서 겉보기 밀도가 물의 밀도를 1% 초과하는 부피농도는 사립자의 비중을 2.65로 보면 0.6%로서, 약 16,000 mg/L($\approx$ 16,000 ppm)에 해당한다.

2 부유사 확산

하천유사는 난류에 의해 떠서 흐름에 의해 하류로 실려간다. 실려가면서 동시에 위아래로 퍼진다. 여기서 '실려간다'는 의미는 사립자가 흐름의 평균유속에 의해 이송되는 것으로, 이른바 이송(移送, advection)이다. 반면에 '퍼진다'는 의미는 사립자가 흐름의 변동성분에 의해 농도가 큰 곳에서 작은 곳으로 이송되는 것으로, 확산(擴散, diffusion)이다. 이러한 두 현상을 조금 더 쉽게 이해하기 위하여 흐름에 잉크를 집어넣는 것을 생각하자.

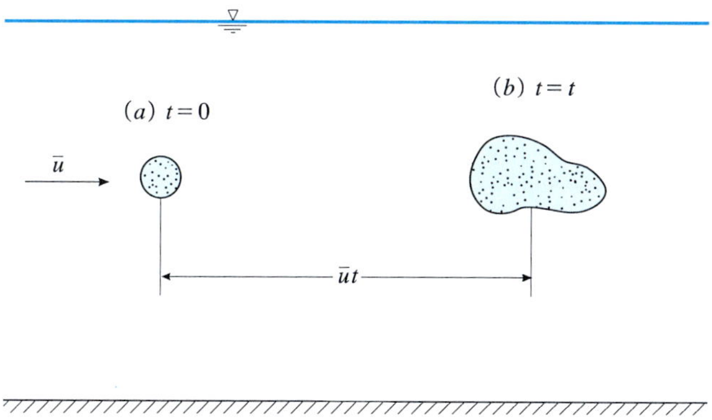

그림 10.14 난류에서 이송과 확산

그림 10.14와 같이 시간평균 유속 $\bar{u}$ 의 흐름에 시간 $t=0$에서 순간적으로 잉크를 흐름 속에 주입시키면 주입된 잉크는 흐름을 따라 이송된다. 여기서 흐름은 정상등류라 하자. 그러면 이 잉크 물질은 $t=t$에서 흐름의 평균유속에 의해 거리 $\bar{u}t$ 만큼 이동할 것이며, 이는 흐름에 의한 이송이다. 그러나 흐름은 난류이므로 흐름방향으로 뿐만 아니라 위아래, 좌우, 앞뒤로의 순간적인 속도가 있다. 여기서 흐름방향의 순간유속은 $u=\bar{u}+u'$ 이나, 관찰자의 시점을 평균유속 $\bar{u}$ 로 이동하는 이동 좌표축으로 보면 잉크입자는 변동성분 u' 으로 시간에 따라 좌우로 움직이는 것으로 보일 것이다. 이 변동성분에 의해 잉크입자들이 처음에 순수한 잉크물질에서 주변의 순수한 물로 왔다 갔다 하면서 주변 물과 섞이게 된다. 즉, 잉크입자들이 주변 물쪽으로 가서 물과 섞이고, 묽어진 물-잉크 혼합물이 다시 순수 잉크 쪽으로 와서 농도를 낮춘다. 여기서 주변으로 나가는 물질과 들어오는 물질의 차이, 즉 잉크의 순수 혼합(net mixing)이 바깥쪽으로 생기게 된다. 이러한 난류 변동성분에 의한 순수 혼합작용을 난류확산이라 하며, 이에 따라 잉크의 농도는 가운데에서 바깥으로 가면서 점차 낮아지게 된다. 난류의 확산작용에 의해 잉크는 그림 10.14와 같이 $t=0$ 에 원 경계에서 $t=t$ 에서는 주변으로 퍼지면서 평균유속에 의해 하류로 이송된다. 이렇게 난류에 의한 물질의 확산작용을 난류확산(turbulent diffusion)이라 한다. 하천유사는 바로 이러한 난류확산에 의해 주위로 퍼지면서 떠간다. 마찬가지로 분자들의 불규칙 운동에 의해 물질이 주변으로 퍼지는 현상을 분자확산(molecular diffusion)이라 한다. 이러한 분자확산은 통상 난류확산에 비해 그 규모나 효율이 매우 작기 때문에 난류확산이 있는 경우 무시할 수 있다. 참고로 정지하고 있는 물 속에 살며시 잉크방울을 넣으면 주위로 번지는 현상은 분자간의 전기작용에 의한 '브라운 운동'과 잉크분자들의 불규칙 운동에 의한 분자확산에 의한 것이다.

하천에서 난류에 의한 사립자들의 확산현상을 식으로 표시하기 위하여 2차원 정상등류 하천에서 사립자들의 움직임을 고려하자. 그림 10.15(a)와 같이 x 방향의 흐름에 연한 단위면적의 평면을 통해 위로 올라가는 사립자들의 질량 흐름률 q_s 는

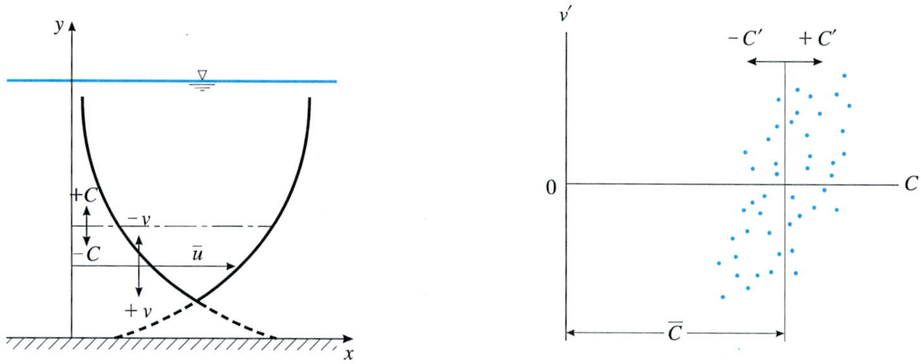

(a) 2차원 시간평균 유속과 농도 분포 (b) 속도와 농도 변동성분의 확률적 분포

그림 10.15 1차원 정상등류에서 사립자의 확산

$$q_s = C(v - w) \qquad (10-34)$$

식 (10-34)에서 C는 사립자의 농도이며 v는 y 방향의 순간유속이다. w는 흐름 중 사립자의 침강속도로서 그 방향은 아래 방향이므로 '−' 이다. 앞 절에서 설명하였듯이 흐름 중 사립자의 침강속도는 정수 중 침강속도와 어느 정도 다르나, 여기서는 일단 정수중 침강속도로 본다. 마찬가지로, 단위면적을 통해 위로 올라가는 물의 질량 흐름률 q_w는

$$q_w = (1 - C)v \qquad (10-35)$$

정상류에서는 이러한 사립자와 물의 지속적인 이동은 없으므로 $\overline{q_s} = \overline{q_w} = 0$ 이 된다. 따라서, 위 식에 난류의 변동성분을 고려하면

$$\overline{q_s} = \overline{(\overline{C} + C')(\overline{v} + v' - w)} = \overline{C}\,\overline{v} - \overline{C}w + \overline{C'v'} = 0 \qquad (10-36)$$

$$\overline{q_w} = \overline{(1 - (\overline{C} + C'))(\overline{v} + v')} = \overline{v} - \overline{C}\,\overline{v} - \overline{C'v'} = 0 \qquad (10-37)$$

위의 두 식을 더하면 다음과 같이 간단한 식이 나온다.

$$\overline{v} = \overline{C}w \qquad (10-38)$$

위 식은 y 방향의 시간평균 유속은 시간평균 농도에 입자의 침강속도를 곱한 것으로, 순수한 물의 경우 $\overline{v} = 0$ 이다. 그러나 유사흐름의 경우 사립자들의 침강에 의한 환원류가 생기며, 그 유속은 위 방향으로 $\overline{C}w$ 이다. 그러나 이 양은 유사농도 C가 매우 큰 경우에만 의미가 있다. 식 (10-38)을 식 (10-36)에 대입하여 정리하면

$$\overline{C'v'} = \overline{C}w(1 - \overline{C}) \qquad (10-39)$$

농도 C가 작은 경우 $(1 - \overline{C}) \cong 1$ 이므로 위 식은

$$\overline{C'v'} - \overline{C}w = 0 \tag{10-40}$$

위 식에서 좌변의 첫째 항은 y 방향의 난류 변동성분에 의해 순수하게 위로 올라가는 사립자의 질량 흐름률을 가리키며, 두 번째 항은 사립자가 중력에 의해 아래로 떨어지는 질량 흐름률이다. 즉, 첫 번째 항은 위 방향으로의 난류확산을 가리키며, 두 번째 항은 중력에 의한 침강을 가리킨다.

다음에는 난류확산 항 $\overline{C'v'}$ 의 부호를 검토하자. 하천에서 부유사의 시간평균 농도는 사립자의 중력에 의해 일반적으로 그림 10.15(a)와 같이 하상 근처에서 크며, 수면 근처에서 작다. 즉, 위로 올라가면서 농도가 작아진다. 반면에 x 방향의 시간평균 유속은 하상 근처에서 작으며, 수면 근처에서 크다. 즉, 위로 올라가면서 유속은 커진다. 따라서 농도가 큰 아래에 있는 한 사립자가 유속의 + 변동성분(v')에 의해 위로 올라가게 되면 새로운 환경은 농도가 작은 곳이므로 그 곳의 농도에 + 변동성분(C')을 야기한다. 마찬가지로, 농도가 작은 곳에 있는 한 사립자가 유속의 - 변동성분에 의해 아래로 내려가게 되면 새로운 환경은 농도가 큰 곳이므로 그곳의 농도에 - 변동성분을 야기한다. 반면에, 시간평균 유속은 하상의 마찰에 의해 그림 10.15(a)와 같이 하상 근처에서 작고 수면으로 올라갈수록 커진다. 이에 따라 물 입자는 유속의 + 변동성분에 의해 위로 올라가게 되면 새로운 환경은 유속($\overline{u}$)이 큰 곳이므로 그곳의 유속에 - 변동성분(u')을 야기한다. 마찬가지로 유속이 큰 곳에 있는 한 물 입자가 유속의 - 변동성분에 의해 아래로 내려가게 되면 새로운 환경은 유속이 작은 곳이므로 그곳의 유속에 + 변동성분을 야기한다. 따라서 그림 10.15(b)와 같이 $+v'$에서는 $+C'$이, $-v'$에서는 $-C'$이 발생할 확률이 높다. 즉, $\overline{C'v'}$ 은 확률적으로 +가 된다. 이러한 사실은 식 (10-40)에서 난류확산은 사립자를 위로 퍼지게 하고, 중력은 사립자를 아래로 끌어당긴다는 것이다. 반면에 $+v'$에서는 $-u'$이, $-v'$에서는 $+u'$이 발생할 확률이 높다. 즉, $\overline{u'v'}$ 은 확률적으로 - 가 된다. 이러한 사실은 난류에 의한 운동량($\rho\overline{u}$)의 확산은 흐름의 반대방향($-x$)으로 운동량을 주어 유속의 연직분포를 균등하게 하려고 한다는 것이다.

식 (10-40)을 풀어 농도 C를 구하려면 $\overline{C'v'}$ 항을 수심방향 y의 함수로 표시하여야 한다. 여기서 하상과 같은 경계면 위에서 난류에 의한 레이놀즈 응력 τ_t는 Prandtl의 경계층 이론에서 다음과 같이 y 방향 운동량의 변화율로 표시할 수 있다.

$$\tau_t = -\rho\overline{u'v'} = \varepsilon_m \frac{d(\rho\overline{u})}{dy} \tag{10-41}$$

위 식에서 ε_m 은 운동량 $\rho\overline{u}$ 를 위아래로 퍼지게 하는 난류의 혼합효율을 나타내는 계수로서, 운동량 확산계수(diffusion coefficient for momentum) 또는 와점성계수(eddy viscosity)이다. 위 식에서 $\overline{u'v'}$ 의 부호는 -이므로 τ_t 의 부호를 +로 만들기 위해 식에 -를 추가하였다. 여기서 유사농도가 큰 경우 난류 전단응력은 유사-물 혼합물의 겉보기 밀도 ρ_m 을 이용하여 다음과 같이 수정된다(Woo와 Julien, 1990).

$$\tau_t = -\overline{\rho_m u'v'} \qquad (10-42)$$

특히 ρ_m'이 $\overline{\rho_m}$ 에 비해 무시할 수 있는 경우 유사흐름의 난류 전단응력은

$$\tau_t = -\rho\overline{u'v'}\left(1 + \frac{\rho_s - \rho}{\rho}\overline{C}\right) \qquad (10-43)$$

따라서 유사흐름의 레이놀즈 응력은 유사의 시간평균 농도에 비례하게 된다. 그러나 과농도류를 제외한 대부분의 유사흐름에서 $\overline{C} \approx 0$ 이므로 식 (10-41)은 여전히 유효하다.

난류의 운동량 교환과 마찬가지로 $\overline{C'v'}$ 항도 수심방향의 농도 변화율에 이른바 유사 확산계수(diffusion coefficient for sediment) ε_s 를 곱해서 $-\varepsilon_s d\overline{C}/dy$ 로 표시할 수 있다. 여기서 -부호를 붙인 것은 하천에서 유사농도는 위로 올라갈수록 감소하여 $d\overline{C}/dy$ 는 -가 되기 때문에 확산항을 +로 만들기 위함이다. 편의상 농도 부호 C에서 시간평균 의미인 막대부호를 생략하면 식 (10-40)은 다음과 같이 된다.

$$Cw + \varepsilon_s\frac{dC}{dy} = 0 \qquad (10-44)$$

위 식은 Schmidt(1925)에 의해 대기 중 먼지의 확산에 대해 처음 적용되었으며, O'Brien (1933)에 의해 하천의 유사확산에 대해 적용되었다. 이 식은 정상등류의 수심방향 확산방정식으로, 확산계수 ε_s는 수심방향 y 의 함수이다.

사립자의 농도가 매우 큰 경우 식 (10-39)를 확산방정식으로 표시하면

$$C(1-C)w + \varepsilon_s\frac{dC}{dy} = 0 \qquad (10-45)$$

위 식은 Halbronn(1949)에 의해 처음 제안되었다.

2차원이나 3차원의 일반적인 확산방정식의 유도는 위와 같은 방법보다는 유체 내 미소체적에서 질량보존의 법칙을 이용하는 것이 편리하다. 그림 10.16과 같이 $x-y$ 평면에 있는 단위 깊이의 미소 육면체($\Delta x\Delta y\times 1$)에서 Δt 시간의 질량보존을 고려하면, 이송과 확산에 의한 질량 유출입과 중력에 의한 사립자의 침강에 의한 질량 유출입의 합은 그 체적 내 그 시간에 늘거나 주는 질량과 같아야 한다. 이러한 질량보존의 법칙을 x 방향으로 적용하면 이 그림과 같이 이송에 의해 ($\Delta y\times 1$) 면적을 통해 순수하게 미소체적 내로 들어가는 질량은

$$\overline{u}C\Delta y\Delta t - \left[\overline{u}C + \frac{\partial(\overline{u}C)}{\partial x}\Delta x\right]\Delta y\Delta t = -\frac{\partial(\overline{u}C)}{\partial x}\Delta x\Delta y\Delta t \qquad (10-46)$$

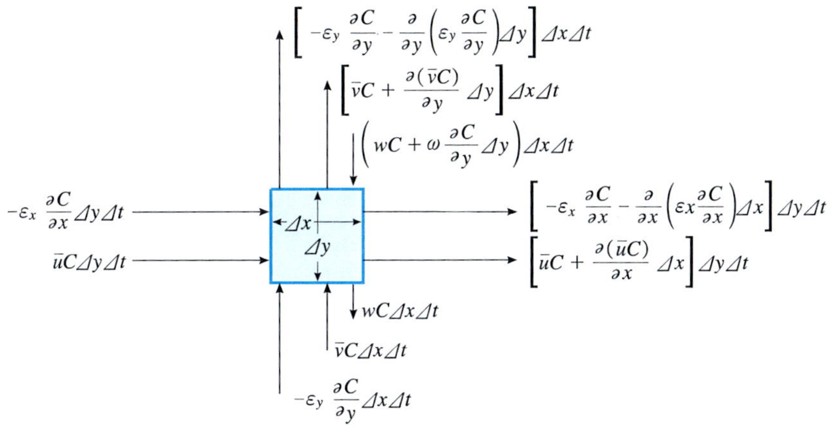

그림 10.16 2차원 흐름에서 확산방정식의 유도

다음, 확산에 의해 $(\Delta y \times 1)$ 면적을 통해 순수하게 미소체적 내로 들어가는 질량은

$$-\varepsilon_x \frac{\partial C}{\partial x}\Delta y\Delta t - \left[-\varepsilon_x \frac{\partial C}{\partial x} - \frac{\partial}{\partial x}\left(\varepsilon_x \frac{\partial C}{\partial x}\right)\Delta x\right]\Delta y\Delta t \tag{10-47}$$
$$= \frac{\partial}{\partial x}\left(\varepsilon_x \frac{\partial C}{\partial x}\right)\Delta x\Delta y\Delta t$$

위 식에서 ε_x 는 x 방향으로 사립자의 확산계수이다. 마찬가지로 y 방향에 대해 $(\Delta x \times 1)$ 면적을 통해 순수하게 들어가는 질량은 위와 같은 이송과 확산 이외에 침강에 의한 것이 있으므로, 이들을 차례로 쓰면

$$\bar{v}C\Delta x\Delta t - \left[\bar{v}C + \frac{\partial(\bar{v}C)}{\partial y}\Delta y\right]\Delta x\Delta t = -\frac{\partial(\bar{v}C)}{\partial y}\Delta y\Delta x\Delta t \tag{10-48}$$

$$-\varepsilon_y \frac{\partial C}{\partial y}\Delta x\Delta t - \left[-\varepsilon_y \frac{\partial C}{\partial y} - \frac{\partial}{\partial y}\left(\varepsilon_y \frac{\partial C}{\partial y}\right)\Delta y\right]\Delta x\Delta t \tag{10-49}$$
$$= \frac{\partial}{\partial y}\left(\varepsilon_y \frac{\partial C}{\partial y}\right)\Delta y\Delta x\Delta t$$

$$\left(wC + w\frac{\partial C}{\partial y}\Delta y\right)\Delta x\Delta t - wC\Delta x\Delta t = w\frac{\partial C}{\partial y}\Delta y\Delta x\Delta t \tag{10-50}$$

식 (10-49)에서 ε_y는 y 방향의 사립자 확산계수이다. 식 (10-46)에서 식 (10-49)를 모두 더한 총 유입량은 Δt 시간에 미소체적 내의 질량의 변화와 같아야 하므로

$$\left[-\frac{\partial}{\partial x}(\bar{u}C) + \frac{\partial}{\partial x}\left(\epsilon_x \frac{\partial C}{\partial x}\right) - \frac{\partial}{\partial y}(\bar{v}C) + \frac{\partial}{\partial y}\left(\epsilon_y \frac{\partial C}{\partial y}\right) + w\frac{\partial C}{\partial y}\right] \cdot \tag{10-51}$$
$$\Delta y\Delta x\Delta t = \frac{\partial C}{\partial t}\Delta x\Delta y\Delta t$$

위 식을 $\Delta x \Delta y \Delta t$ 로 나누고 2차원 흐름의 연속방정식 $\partial u/\partial x + \partial v/\partial y = 0$ 을 고려하여 정리하면

$$-\bar{u}\frac{\partial C}{\partial x} - \bar{v}\frac{\partial C}{\partial y} + \varepsilon_x \frac{\partial^2 C}{\partial x^2} + \frac{\partial \varepsilon_x}{\partial x}\frac{\partial C}{\partial x} + \varepsilon_y \frac{\partial^2 C}{\partial y^2} \tag{10-52}$$

$$+\frac{\partial \epsilon_y}{\partial y}\frac{\partial C}{\partial y} + w\frac{\partial C}{\partial y} = \frac{\partial C}{\partial t}$$

위 식은 2차원 비정상 흐름에서 유사의 이송-확산 방정식이다. 여기서 흐름이 정상류이고 x 방향은 흐름과 농도의 변화가 일정한 등류인 경우 $\partial(\,)/\partial t = 0$, $\partial(\,)/\partial x = 0$ 이 된다. 이 경우 $\bar{v} = Cw$ 이므로 위 식은

$$\frac{d}{dy}\left[wC(1-C) + \varepsilon_y \frac{dC}{dy}\right] = 0 \tag{10-53}$$

여기서 $\varepsilon_y = \varepsilon_s$로 놓고 y 에 대해 적분하면 $wC(1-C) + \varepsilon_s dC/dy =$상수가 된다. 그런데 $w \to 0$ 이 되면 사립자는 물 속에서 중립이 되고 이 경우 농도는 수심에 대해 균일하게 되므로 $dC/dy \to 0$ 이다. 따라서 상수는 0이 되어 식 (10-53)은 식 (10-45)과 같게 된다. 특히 농도가 아주 크지 않은 경우$(1-c) \approx 1$이므로 식 (10-53)은 바로 식 (10-44)로 귀착된다.

3 부유사 농도의 연직분포

하천에서 부유사 농도의 연직분포는 확산방정식 (10-44)를 수심에 대해 적분하여 얻을 수 있다. 여기서 부유사 확산방정식을 다시 쓰면

$$Cw + \varepsilon_s \frac{dC}{dy} = 0 \tag{10-44}$$

위 식을 적분하려면 우선 유사 확산계수 ε_s의 연직분포를 알아야 한다. 유사 확산계수의 연직분포는 일정, 포물선, 기타 등으로 나눌 수 있다.

난류의 크기가 흐름 전체에서 같은 균질난류(homogeneous turbulence)의 경우 확산계수 ε_s는 거리에 대해 일정할 것이다. 따라서 이 경우 농도분포는 식 (10-44)를 수심에 대해 적분하여 바닥 근처의 한 수심 $y = a$ 에서의 농도 $C = C_a$ 를 이용하면

$$\frac{C}{C_a} = \exp\left[-\frac{w}{\varepsilon_s}(y-a)\right] \tag{10-54}$$

유사 확산계수의 연직분포가 포물선인 경우는 다음과 같다. 하천에서 유사 확산계수 ε_s는 물의 운동량 확산계수 ε_m과 유사하다고 보고, 비례 상수 β 를 이용하여 다음과 같은 레이놀즈

상사(Reynolds analogy) 식으로 표시한다.

$$\varepsilon_s = \beta \varepsilon_m \tag{10-55}$$

따라서 운동량 확산계수만 알면 식 (10-54)를 적분할 수 있다. 운동량 확산계수는 다음과 같이 이론적으로 구해진다. 우선 2차원 정상등류에서 전단응력의 연직분포는 다음과 같이 하상에서 최대가 되고 수심에 대해 선형적으로 줄어들어, 수면에서 0이 된다.

$$\tau_t = \tau_o \left(\frac{d-y}{d} \right) \tag{10-56}$$

한편, Prandtl-Kármán의 유속부족식은 식 (8-61)에서 중괄호 안의 항이므로

$$\frac{u - u_{\max}}{u_*} = \frac{2.3}{\kappa} log \frac{y}{d} \tag{10-57}$$

따라서 유속경사 du/dy 는

$$\frac{du}{dy} = \frac{u_*}{ky} \tag{10-58}$$

식 (10-41)에서 ε_m을 구하여 식 (10-56)과 (10-58)을 대입하여 정리하면

$$\varepsilon_m = \kappa u_* \frac{y}{d}(d-y) \tag{10-59}$$

그림 10.17은 위 식으로 표시되는 운동량 확산계수의 연직분포를 보여준다. 이 식은 하상과 수면에서 0이 되고 수심의 중앙에서 최대가 된다. 즉, $y/d = 0.5$에서 $\varepsilon_m/d = 0.25\kappa u_*$이다.

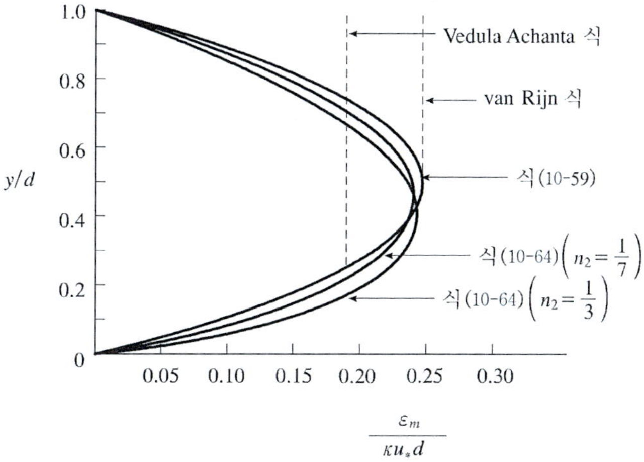

그림 10.17 운동량 확산계수(와점성계수)의 분포(Woo, 1985)

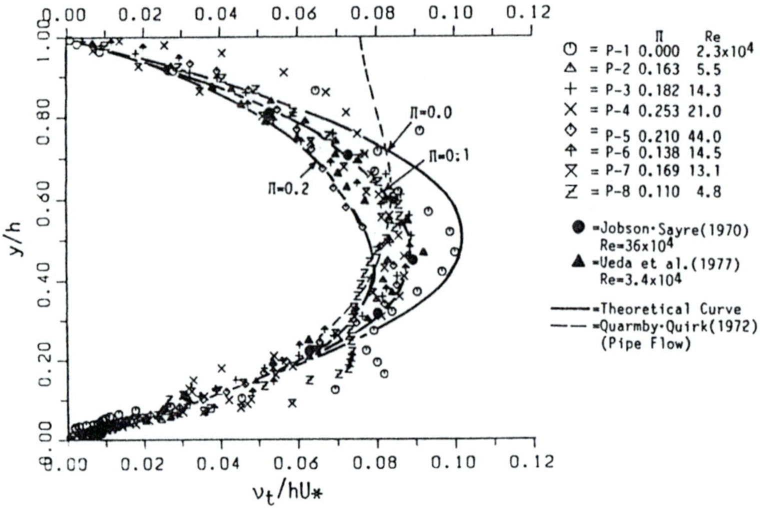

그림 10.18 운동량 확산계수(와점성계수)의 실측치 분포(Neju와 Rodi, 1986) ($h \rightarrow d$, $\nu_t \rightarrow \varepsilon_m$)

식 (10-59)로 표시되는 운동량 확산계수의 포물선형 분포는 실측에 의해 확인되었다. 그림 10.18은 Neju와 Rodi(1986)에 의해 LDV(Laser Doppler Velocimeter)를 이용하여 실측된 결과로서, 기존의 Jobson과 Sayre(1970a)의 실측 결과와 같이 전체적으로 포물선형 분포를 나타낸다. 그러나 수면 근처에서 자료점은 산포하며, 따라서 수면에서 운동량 확산계수가 0이 된다는 단정은 아직 이르다. 이는 Neju와 Rodi의 혼합거리의 실측에서도 수면 근처에서 자료점이 산포하기 때문에 수면에서 혼합거리를 0으로 단정하는 것은 위험하다는 것과 맥락을 같이 한다.

여기서 강조할 것은 개수로 하천흐름에서 수심 전체를 대수법칙으로 나타내는 것보다는 후류함수를 이용하는 것이 더 정확하며, 그 경우 이 그림과 같이 운동량 확산계수는 수심 중앙에서 후류강도에 약하게 의존한다는 점이다.

식 (10-55)의 레이놀즈 상사를 이용하여 식 (10-59)를 확산방정식 (10-44)에 대입하면

$$Cw + \left[\beta \kappa u_* \frac{y}{d}(d-y)\right]\frac{dC}{dy} = 0 \tag{10-60}$$

위 식을 적분하고 하상 근처 임의의 점 $y = a$에서의 농도 $C = C_a$를 이용하면 다음과 같은 농도분포식이 얻어진다.

$$\frac{C}{C_a} = \left(\frac{d-y}{y}\frac{a}{d-a}\right)^Z \tag{10-61}$$

여기서

$$Z = \frac{w}{\beta \kappa u_*} \tag{10-62}$$

식 (10－61)은 Rouse(1937)에 의해 처음 제시되었으므로, Rouse 식이라 하고 식 (10－62)의 무차원 수는 하천유사 연구에 대한 그의 업적을 기념하기 위해 Rouse 수라고 한다.

식 (10－61)과 (10－62)로 표시되는 Rouse 농도분포식을 무차원 수심과 상대농도로 표시하면 그림 10.19와 같다. 이 그림과 같이 하천의 부유사 농도는 수면에서 최소가 되고(이 경우 0), 하상 근처에서 최대가 된다. 또한 Rouse의 Z 값이 커지면 위아래 농도 차이는 커져 농도분포는 점차 왜곡되고, 반면에 작아지면 점차 같아진다. 여기서 사립자는 모두 물보다 무거워서 밑으로 떨어지는 반면에, 난류의 강도는 하상 근처에서 크고 수면으로 가면서 작아지므로 하상 근처에서 부유사 농도가 수면보다 더 큰 것은 당연한 결과이다. 같은 흐름조건에서 부유사의 직경이 클수록 식 (10－62)에서 Z 값이 커지므로 그림 10.19와 같이 농도분포가 왜곡되며, 직경이 작을수록 Z 값이 작아져 농도분포가 같아진다. 이는 큰 입자일수록 하상근처에서만 농도가 있고, 작은 입자일수록 수심 전체에 퍼지는 것을 의미한다. 따라서 식 (10－61)과 (10－62)로 표시되는 Rouse 식은 물리적으로 타당하다. 여기서 Rouse의 Z는 결국 유사특성과 흐름특성의 비로서, 이 값은 사립자가 작을수록, 흐름이 셀수록 작아진다. 반대로 사립자가 클수록, 흐름이 약할수록 커진다. 마지막으로, Rouse 식 (10－61)은 상대농도의 분포를 보여주는 것으로, 하천흐름에서 절대농도에 대해서는 아무 정보를 주지 못하고 있다. 따라서 이 식을 이용하여 한 흐름에서 부유사 농도를 알기 위해서는 하상 근처 임의의 기준점(reference point)에서 기준점 농도(reference concentration) C_a를 미리 알아야 한다.

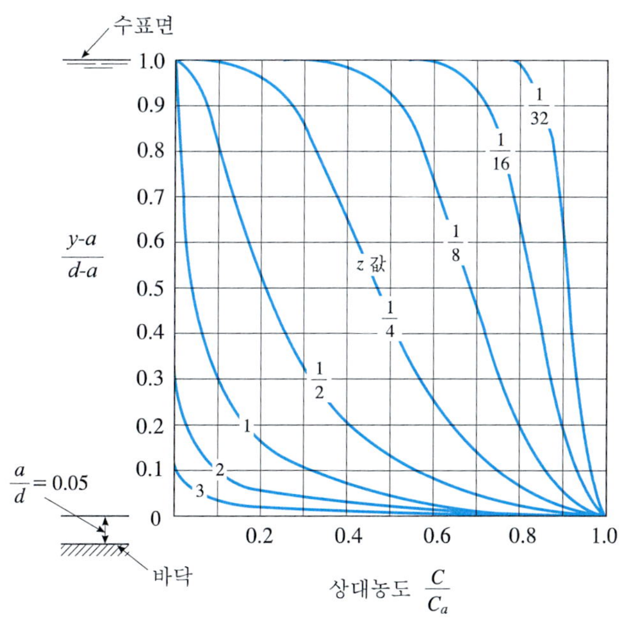

그림 10.19 무차원 Rouse 농도분포식(ASCE, 2008, p. 112)

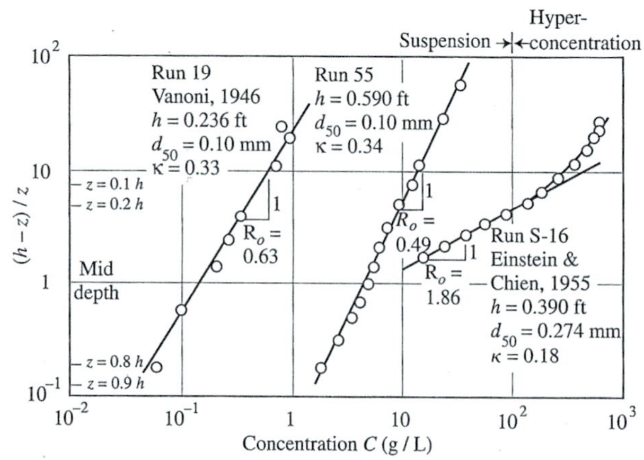

그림 10.20 부유사 농도 연직분포(Julien, 2010, p. 233; Woo 등(1988)의 자료 활용)

그림 10.20과 같이 점적분 부유사 채취기를 활용하여 수심 위치별 부유사 농도를 실측하여 부유사 연직 농도분포를 도시하면 Rouse의 Z값을 산정할 수 있다.

하천에서 유속의 연직분포로서 대수식 대신 다음과 같은 멱식(power law)을 이용하여 확산계수를 평가할 수 있다.

$$\frac{u}{V} = n_1 \left(\frac{y}{d} \right)^{n_2} \qquad (10-63)$$

위 식에서 n_1, n_2는 흐름에 따라 변하는 계수들이나, 이상적인 흐름에서 이론적으로는 $n_1 = 1 + n_2$이다. 대수식 (10-57) 대신 멱식 (10-63)을 이용하여 운동량 확산계수를 구하면

$$\epsilon_m = \frac{\kappa u_*}{n_1} \left(\frac{y}{d} \right)^{1-n_2} (d-y) \qquad (10-64)$$

그림 10.17에는 위 식으로 표시되는 운동량 확산계수의 연직분포가 그려져 있다. 이 식은 대수식에 기초한 확산계수와 같이 하상과 수면에서 0이 되나, 대수식과 달리 최대치는 수심의 중앙보다 조금 아래에서 발생한다. 즉, $y/d = (1-n_2)/(2-n_2)$ 에서 $\varepsilon_m/d = \kappa u_*/n_1 \cdot (1-n_2)^{1-n_2}(2-n_2)^{n_2-2}$이다. 그러나 이 두 분포는 매우 비슷하며 그에 따라 이 두 식에 기초한 농도분포식도 사실상 서로 같다.

이러한 다양한 운동량 확산계수식과 레이놀즈 상사를 이용하면 확산방정식을 적분할 수 있다. 여기서 흥미로운 것은 그림 10.17과 같이 서로 다른 운동량 확산계수를 이용하여도 그에 따른 농도분포식은 그리 큰 차이가 없다는 것이다(Jobson과 Sayre, 1970b). 이는 그림 10.17에 제시된 확산계수들은 수심의 중앙부까지는 비슷하고 그 다음부터 차이가 나고 있는 반면에, 그러한 계수에 바탕을 둔 농도분포식은 하상 근처의 확산계수에 크게 좌우되기 때문이다.

4 부유사량 공식

부유사 이송을 모의하고 부유사량을 추정하는 이론은 크게 유사농도와 이송유속의 적분모형, 에너지모형, 중력모형 등이 있다. 이 중 보편적인 이론은 첫 번째 모형이며, 에너지모형과 중력모형은 서로 다른 기본에서 출발하나 그 결과는 유사하다.

유사농도와 이송유속의 적분모형은 그림 10.21과 같이 2차원 흐름의 부유사 농도 연직분포와 흐름 유속 연직분포에서 농도와 유속을 곱한 것을 부유사 층 전체에 대해 적분하여 부유사량을 산정하는 것이다. 여기서 두 양은 모두 시간평균된 값이다. 이를 수식으로 표시하면 부유사량 q_{ss} 는

$$q_{ss} = \int_{y_o}^{d} Cu\,dy \qquad (10-65)$$

위 식에서 y_o 는 부유사층이 시작하는 하상 근처의 높이이며, d 는 수심이다. 위 적분식은 결국 어느 농도분포식과 유속분포식을 이용하는가에 따라서 달라진다. 유사농도와 이송유속의 적분모형으로 부유사량을 추정하는 방법들 중에는 Einstein(1950)의 부유사식, Brooks(1965)의 적분방법, Lane과 Kalinske(1939) 방법 등이 있다. 이와 같은 부유사량 추정방법들과 에너지모형과 중력모형 등에 대한 추가적인 설명은 개정전 하천수리학 제10장을 참고할 수 있다.

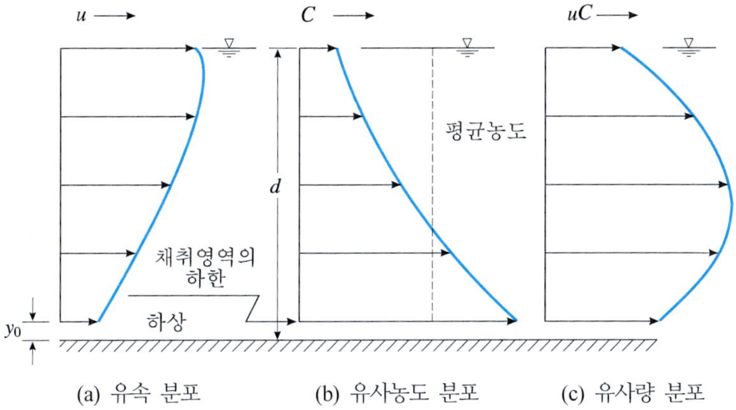

그림 10.21 부유사 농도와 유속의 연직분포와 소류층과 부유층

(4) 총유사

지금까지 하천에서 흐름에 의해 이송되는 유사는 이송형태에 따라 소류사와 부유사로 나누어 검토하였다. 따라서 총유사 이송 이론과 공식도 각각의 유사량을 구해 이를 합하는 방법과 처음부터 유사이송을 하나로 보고 총유사량을 구하는 방법 등이 있다. 여기서 다루는 총유사

량은 하상토 유사에 국한한다.

1 총유사 이론

총유사의 추정을 위한 이론은 위와 같이 기본적으로 두 유사이송 형태를 구분할 것인가, 아니면 처음부터 하나로 취급할 것인가에 따라 달라진다. Richardson 등(1986)은 기존의 유사량 공식들을 그 기본 개념과 접근방법에 따라 크게 셋으로 나누었다.

첫째는 소류와 부유를 구분하여 소류사는 별도의 소류사 모형으로, 부유사는 식 (10-65)와 같은 이송-확산 모형으로 접근하여 그 결과를 합하는 방법이다. 이 방법의 효시는 Einstein (1950)으로 그는 소류사 함수에서 제시한 소류사 이송식 (10-26)과 부유사 이송식 (10-65)를 기준점 농도 C_a 에 관한 농도식으로 연결하여 총유사량 모형을 제시하였다. 이러한 이송-확산 모형과 소류사 모형의 합에 의한 총유사 모형은 그 후 Toffaleti(1969), van Rijn(1984), Wang(1992) 등 여러 사람에 의해 이용되었다. 이 모형의 기본식에서 소류사량 q_{sb} 와 부유사량 q_{ss} 의 합은 총유사량 q_t 이므로

$$q_t = q_{sb} + q_{ss} = q_{sb} + \int_a^d Cu\,dy \tag{10-66}$$

위 식의 기본 가정은 물과 사립자간에는 상대속도가 없거나 무시할 수 있을 정도라는 것이다.

둘째는 에너지모형으로 유사의 이송에 드는 에너지는 흐름의 에너지 소모를 가져온다는 개념이다. 시간개념을 도입하여 표현하면 유사이송에 드는 동력은 흐름의 에너지 소모율과 같다는 것이다. 이 개념에 바탕을 둔 모형은 대부분의 총유사 모형을 차지하며, Bagnold(1966) 이후 Engelund와 Hansen(1967), Ackers와 White(1973), Yang(1973) 등에 의해 계속되었다. 이 모형의 기본식은 흐름의 동력이나 에너지 소모율P 를 이용하면

$$q_t = f(P) \tag{10-67}$$

흐름의 동력 P 로 Bagnold는 수류력(Stream Power) $V\tau_o$ 를, Yang은 단위수류력(Unit Stream Power) VS 를 제안하였다. 여기서 물의 단위중량은 일정하다고 볼 수 있으므로, Yang의 단위수류력은 Bagnold의 수류력을 수심 d 로 나누어 준 것에 해당한다.

셋째는 경험적 접근으로 기존의 유사량과 흐름 자료를 이용하여 회귀분석하여 관련 변수간의 관계를 찾는 것이다. 이러한 접근방법의 타당성은 아직 현재의 지식으로는 복잡한 유사이송 관계를 완전히 규명하기 어려우므로 경험적으로 접근하는 것이 바람직하다는 것이다. 이는 일종의 '검은 상자' 모형으로 그 결과의 유용성을 떠나 가장 바람직하다고 하기는 어렵다. 이러한 접근방법을 이용한 대표적인 총유사량 모형은 Colby의 도해법(1964), Shen과 Hung (1972) 등이 있다. 이러한 방법의 기본식은 폭이 넓고 유체의 성질이 크게 변하지 않는 하천을

고려하면 유사량, 또는 유사농도는 유량(또는 유속), 수심, 입경 등의 함수로 표시할 수 있으며, 이는 바로 Colby의 도해법으로 귀착된다.

다음에는 위와 같은 각 접근방법에 의한 총유사량 공식 중 대표적인 것과 그 동안 실측자료와의 비교에서 우량한 것으로 나타난 공식들을 선별하여 구체적으로 소개한다.

2 총유사량 공식

기존 문헌에 나와 있는 수많은 총유사량 공식들 중에서 여기서는 가장 정교하게 만들어진 아인슈타인 공식(1950), 유럽에서 개발되어 비교적 잘 맞는 것으로 알려진 Engelund-Hansen 공식(1967), Ackers-White 공식(1973), 에너지 개념으로 미국에서 개발되어 비교적 잘 맞는 것으로 알려진 Yang 공식(1973, 1979), 대표적인 경험식인 Brownlie 공식(1981), 아인슈타인 공식과 같이 이송-확산 개념을 이용하여 최근에 개발된 van Rijn 공식(1984) 등을 소개한다.

아인슈타인 공식 아인슈타인은 그의 소류사 함수에서 총유사량 q_t 는 식 (10-66)과 같이 소류사량 q_{sb} 와 부유사량 q_{ss} 의 합으로 표시하였다. 즉, 아인슈타인 방법은 소류사로부터 부유사를 추정하여 총유사량을 산정하는 방식이다. 소류사량은 식 (10-26)에서 구하고 부유사량은 거친 경계면에서의 유속분포식 (8-47)과 Rouse 부유사 농도 식 (10-61)을 이용하여 다음과 같이 나타낼 수 있다.

$$q_t = q_{sb} + \int_a^d C_a \left(\frac{d-y}{y} \frac{a}{d-a} \right)^Z 5.75 u'_* \log\left(\frac{30.2\,y}{\Delta} \right) dy \qquad (10-68)$$

여기서 $\Delta = k_s/x = D_{65}/x$ 이며 기준점 농도 $C_a = q_{sb}/av_a$ 는 바닥에서 $a = 2D$의 두께 층에서 이송되는 소류사량으로 부터 계산한다. 아인슈타인은 기준점에서의 유속인 소류사의 평균 이송속도를 $v_a = 11.6u'_*$ 로 보았다. 따라서 i 입경등급의 단위폭당 총유사량 q_{ti} 는 식 (10-68)로부터

$$q_{ti} = q_{sbi}(1 + P_E I_1 + I_2) \qquad (10-69)$$

위 식에서

$$P_E = 2.303 \log \frac{30.2\,d}{\Delta} \qquad (10-70)$$

$$I_1 = 0.216 \frac{\eta_a^{Z-1}}{(1-\eta_a)^Z} \int_{\eta_a}^1 \left(\frac{1-\eta}{\eta} \right)^Z d\eta \qquad (10-71a)$$

$$I_2 = 0.216 \frac{\eta_a^{Z-1}}{(1-\eta_a)^Z} \int_{\eta_a}^1 \left(\frac{1-\eta}{\eta} \right)^Z \ln\eta\, d\eta \qquad (10-71b)$$

여기서 $\eta = y/d$, $\eta_a = a/d = 2D/d$, $Z = \omega/\beta k u_*$ 이다. I_1 과 I_2 는 입경등급별 η_a 와 Z를 계산한 후 아인슈타인이 제시한 노모그래프를 이용하여 구할 수 있다. 또한 Guo와 Julien(2004)은 아인슈타인의 적분식들을 급수 전개형태로 제시하였다.

Engelund-Hansen 공식 Engelund와 Hansen은 에너지 개념에 바탕을 두고 9장에서 설명한 흐름저항식과 관련하여 다음과 같은 유사량 공식을 제안하였다.

$$f_e \phi_e = 0.1 \tau_*^{5/2} \tag{10-72}$$

여기서 f_e 와 ϕ_e 는 각각 마찰 계수와 무차원 유사량으로 다음과 같다.

$$f_e = 2gdS/V^2 \tag{10-73}$$

$$\phi_e = \frac{q_t}{\gamma_s \sqrt{(G-1)gD^3}} \tag{10-74}$$

식 (10-72)의 우변에서 τ_* 는 Shields의 무차원 소류력이며, G는 사립자의 비중(ρ_s/ρ)이다. Engelund와 Hansen은 입경 D에 하상토의 중앙입경을 이용하였다. 식 (10-73)과 (10-74)를 식 (10-72)에 대입하여 정리하면 유사량 q_t 는

$$q_t = 0.05 \gamma_s V^2 \frac{(dS)^{3/2}}{D_{50} \sqrt{g}\,(G-1)^2} \tag{10-75}$$

Engelund와 Hansen은 위 식으로 유사량을 추정하는 데 있어 수심도 흐름저항식에서 구할 수 있으나, 실측치가 있으면 그것을 이용할 것을 추천하고 있다. 그들은 또한 $D_{50} < 0.15$ mm인 경우 위 식의 이용은 추천하지 않았다. Engelund-Hansen 공식 개발에 이용된 자료는 주로 Guy 등(1966)의 실험실 자료이다. 이 공식은 차원이 균일하며, 따라서 어느 단위도 사용할 수 있다.

Ackers-White 공식 Ackers와 White(1973) 공식도 일종의 에너지 개념 형태의 식이다. 그러나 시작은 다음과 같이 무차원 유사량은 이동 수(mobility number)에 관계한다는 차원해석에서 출발한다.

$$G_{gr} = C\left(\frac{F_{gr}}{A} - 1\right)^m \tag{10-76}$$

여기서

$$G_{gr} = \frac{C_t\, d}{GD}\left(\frac{u_*}{V}\right)^n \tag{10-77}$$

표 10.1 Ackers-White 공식의 계수들

계수	$1 < D_* < 60$	$D_* >$
C	$\log C = 2.86 \log D_* - (\log D_*)^2 - 3.53$	0.025
n	$1 - 0.56 \log D_*$	0
A	$0.23/\sqrt{D_*} + 0.14$	0.17
m	$9.66/D_* + 1.34$	1.50

$$F_{gr} = \frac{u_*^n}{\sqrt{gD(G-1)}} \left(\frac{V}{\sqrt{32}\, log(10d/D)} \right)^{1-n} \tag{10-78}$$

위 식들에서 C_t 는 무게비로 표시한 유사농도이며, C, A, m, n 은 식 (9-6)으로 표시되는 무차원 입경 D_* 의 함수로 다음 표 10.1과 같다.

Ackers와 White는 입경 D 로서 D_{35} 를 추천하였다. 이 공식도 균일차원이므로 어느 단위를 써도 무방하다. 그러나 유사량 공식들의 민감도 분석결과(Woo 등, 1990)에 의하면, Ackers-White 공식은 $D < 0.25$ mm에서 유사량이 과다하게 추정되기 때문에 이 공식은 세사나 극세사에 대해 적용하기 어렵다.

Ackers-White 공식을 이용하여 총유사량을 추정하는 절차는 다음과 같다.

1. 식 (9-6)에서 D_{35} 를 이용하여 D_* 를 구한다.
2. 표 10.1에서 각 계수를 구한다.
3. 식 (10-78)에 F_{gr} 을 구한다.
4. 식 (10-76)에서 G_{gr} 을 구한다.
5. 식 (10-77)에서 C_t 를 구하고 $q_t = C_t \gamma q$ 에서 무게로 표시되는 유사량을 구한다.

Yang 공식 Yang(1973, 1979)은 하천에서 유사량은 물이 가지는 위치에너지의 감소율에 관계한다고 전제하였다. 즉, 하천이 Δt 시간에 Δz 만큼 위치에너지가 떨어지면 위치에너지 감소율은

$$\frac{\Delta z}{\Delta t} = \frac{\Delta x}{\Delta t}\frac{\Delta z}{\Delta x} = VS \tag{10-79}$$

여기서 Yang은 VS 를 단위수류력(unit stream power)이라고 불렀으며, 이는 단위중량당 물이 가지는 동력이다. 반면에 Bagnold(1996)의 수류력 $\tau_o V$ 는 하상 단위면적당 물이 가지는 동력이다. Yang은 단위수류력을 변수로 하여 기존의 유사량 자료를 이용한 모래하상 총유사량식 (10-80)과 자갈하상에 대한 총유사량식 (10-81)을 제시하였다.

$$\log C_t = 5.435 - 0.286\log\frac{wD}{\nu} - 0.457\log\frac{u_*}{w} + \left(1.799 - 0.409\log\frac{wD}{\nu} - 0.314\log\frac{u_*}{w}\right)\times\log\left(\frac{VS}{w} - \frac{V_c S}{w}\right) \tag{10-80}$$

$$\log C_t = 6.681 - 0.633\log\frac{wD}{\nu} - 4.816\log\frac{u_*}{w} + \left(2.784 - 0.305\log\frac{wD}{\nu} - 0.282\log\frac{u_*}{w}\right)\times\log\left(\frac{VS}{w} - \frac{V_c S}{w}\right) \tag{10-81}$$

위 식에서 농도 C_t 는 무게농도(ppm)이며, 한계유속 V_c 는

$$\frac{V_c}{w} = \frac{2.5}{\log(u_* D/\nu - 0.06)} + 0.66 \; ; \quad 1.2 < \frac{u_* D}{\nu} < 70 \tag{10-82}$$

$$\frac{V_c}{w} = 2.05 \; ; \quad \frac{u_* D}{\nu} \geq 70 \tag{10-83}$$

Yang은 1979년에 모래하천 식 (10-80)에서 한계조건을 없애고 자료를 다시 회귀시켜 다음과 같은 식을 제안하였다.

$$\log C_t = 5.165 - 0.153\log\frac{wD}{\nu} - 0.297\log\frac{u_*}{w} + \left(1.780 - 0.360\log\frac{wD}{\nu} - 0.480\log\frac{u_*}{w}\right)\times\log\left(\frac{VS}{w}\right) \tag{10-84}$$

식 (10-80), (10-81), (10-84)로 표시되는 Yang 공식은 균일차원이므로 어느 단위를 이용하여도 무방하다. 또한 이 공식은 하상토 입경 전체를 하나로 묶어서 산정할 때는 D 로 D_{50} 을 이용하나, 입경등급별로 산정할 수도 있다. Yang은 사립자의 침강속도는 그림 8.3과 같은 실측자료를 이용할 것을 추천하였다.

Yang 공식을 이용하여 모래하상의 총유사량을 추정하는 절차는 다음과 같다.

1. 단위수류력 VS, wD/ν, u_*/w 등을 구한다.
2. 사립자 경계 레이놀즈 수 $u_* D/\nu$ 를 구해 식 (10-82)이나 (10-83)에서 V_c/w 를 구한다.
3. 식 (10-80)에서 C_t 를 구한다.
4. 1979년 식을 이용하려면 바로 식 (10-84)에서 C_t 를 구한다.

Brownlie 공식 Brownlie(1981)는 9장의 흐름저항식의 개발과 같은 개념으로 방대한 유사량 자료를 이용하여 유사량에 관련된 변수들을 회귀분석하여 유사농도(ppm)에 대한 경험식을 얻었다. 그는 특히 유사량 공식을 개발하면서 기존의 유사량 공식들과 비교하였다. 이러한 점에

서 그의 유사량 공식은 실측자료를 이용한 회귀식 중에서는 비교적 보편적인 것으로 사료된다. 그의 공식은

$$C = 7{,}115\, C_F \left(\frac{V - V_c}{\sqrt{(G-1)gD}} \right)^{1.978} S_f^{0.6601} \left(\frac{R}{D} \right)^{-0.3301} \qquad (10-85)$$

위 식에서 한계유속 V_c는

$$\frac{V_c}{\sqrt{(G-1)gD}} = 4.596\, \tau_{*c}^{0.529} S_f^{-0.1405} \sigma_g^{-0.1606} \qquad (10-86)$$

식 (10-86)에서 S_f 는 에너지경사, σ_g 는 하상토의 기하표준편차이다. τ_{*c} 는 Shields의 한계 무차원 소류력이며 다음과 같이 계산할 수 있다.

$$\tau_{*c} = 0.22 \left(\frac{\sqrt{g(G-1)D^3}}{\nu} \right)^{-0.6} + 0.06 \times 10^{-7.7(\sqrt{g(G-1)D^3}/\nu)} \qquad (10-87)$$

식 (10-85)에서 C_F 는 실험수로에서 1.0이며, 하천의 경우 1.268이다. Brownlie는 입경 D 로 하상토의 중앙입경 D_{50}을 추천하였다.

Brownlie 공식을 이용하여 총유사량을 추정하는 절차는 다음과 같다.

1. C_F 값을 실험실 수로와 하천을 구분하여 선정한다.
2. 식 (10-87)에서 한계 무차원 소류력 τ_{*c} 를 구한다.
3. 식 (10-86)에서 한계유속 V_c 를 구한다.
4. 식 (10-85)에서 유사농도 C(ppm) 를 구하고, 다음 유사량 q_t 를 구한다.

van Rijn 공식　1980년대 중반에 van Rijn(1984)은 아인슈타인 소류사 함수와 같이 이송-확산 모형을 적용하여 소류사와 부유사량을 각기 산정하고, 이를 합하여 총유사량을 결정하는 방법을 제안하였다. 그의 모형에서는 9장의 하상형태와 흐름저항에서 제시한 사구높이의 반($A_m/2$)을 기준으로 그 아래에서는 소류사로, 그 위에서는 부유사로 보았다. 따라서 van Rijn의 소류층($A_m/2$)은 아인슈타인의 소류층($2D$)보다 훨씬 두터운 것이다.

van Rijn의 소류사 이송식은

$$\frac{q_{sb}}{\sqrt{(G-1)gD^3}} = 0.053 \frac{T^{2.1}}{D_*^{0.3}} \qquad (10-88)$$

위 식에서 T, D_* 는 각각 무차원 이송단계와 무차원 입경이다. 단, 이 식에 의한 소류사량 q_{sb} 의 단위는 부피단위로서 $[\mathrm{m}^3/\mathrm{s}/\mathrm{m}]$ 이므로 중량으로 바꾸어 주려면 γ_s 를 곱한다.

van Rijn은 부유사 이송을 추정하기 위해 Rouse 식이 아닌 자신의 농도분포식을 유도하였다. 그는 Halbronn의 확산방정식 (10 - 45)를 이용하고, 사립자의 침강속도로서 여러 개의 입자가 같이 떨어지는 경우를 고려하기 위해 농도를 고려한 식을 이용하였다. 그는 이상 조건의 침강속도 w_o 를 다음과 같이 구분하여 사용하였다.

$$w_o = \frac{1}{18}\frac{(G-1)gD_r^2}{\nu}; \quad D_r \leq 0.1 \text{ mm} \tag{10-89}$$

$$w_o = 10\frac{\nu}{D_r}\left[\left(1+\frac{0.01(G-1)gD_r^3}{\nu^2}\right)^{0.5} - 1\right]; \quad 0.1 < D_r < 1.0 \text{mm} \tag{10-90}$$

$$w_o = 1.1\left[(G-1)gD_r\right]^{0.5}; \quad D_r \geq 1.0 \text{ mm} \tag{10-91}$$

위 식들에서 D_r 은 하상토의 대표입경으로 다음과 같이 정의된다.

$$\frac{D_r}{D_{50}} = 1 + 0.011(\sigma - 1)(T - 25) \tag{10-92}$$

위 식에서 하상토의 표준편차 σ를 모르는 경우 2.5로 가정한다.

부유사 확산계수 ε_s는 레이놀즈 상사 식 (10 - 55)에서 유사에 의한 난류구조의 변화를 보정하는 계수 ϕ 를 고려하여

$$\varepsilon_s = \beta\phi\varepsilon_m \tag{10-93}$$

운동량 확산계수 ε_m은 하상에서 수심의 반까지는 Rouse 식과 같이 포물선 식 (10 - 59)를, 그 이상은 일정 분포식 $\varepsilon_m = 0.25\kappa u_* d$ 를 이용하였다. 그는 또한 β 의 불확실성을 고려하여 다음과 같은 경험식을 이용하였다.

$$\beta = 1 + 2\left(\frac{w_o}{u_*}\right)^2; \quad 0.1 < \frac{w_o}{u_*} < 1.0 \tag{10-94}$$

따라서 식 (10 - 94)를 식 (10 - 93)에 대입하고 다시 Halbronn 식 (10 - 45)에 대입하여 적분하면 복잡한 형태의 농도분포식이 얻어진다. 그러나 부피로 표시한 농도가 $C < C_a < 0.001$(무게 농도로 약 2,600 ppm) 범위에서 그의 농도분포식은 하상에서 수심의 반까지는 Rouse 식으로, 그 이상은 다음과 같은 함수식으로 표시된다.

$$\frac{C}{C_a} = \left(\frac{a}{d-a}\right)^Z e^{-4Z(y/d-0.5)} \tag{10-95}$$

위 식에서 Z 는 식 (10 - 62)로 표시되는 Rouse 수이다. 그는 여기서 사립자에 의한 난류구조

의 변화 등을 고려하여 ϕ 값을 이용하여 다음과 같이 Z 값을 보정하였다.

$$Z' = Z + \phi \tag{10-96}$$

$$\phi = 2.5\left(\frac{w_o}{u_*}\right)^{0.8}\left(\frac{C_a}{C_o}\right)^{0.4}; \quad \frac{w_r}{u_*} < 1.0 \tag{10-97}$$

식 (10-97)에서 C_o 는 소류사 최대 부피농도로서, 구형의 입자들이 붙어서 모여 있는 경우 부피농도 0.65이다. C_a 는 소류층의 평균 부피농도로서

$$C_a = 0.015\frac{D_{50}}{a}\frac{T^{1.5}}{D_*^{0.3}} \tag{10-98}$$

van Rijn은 소류층의 두께 a 는 사구높이를 아는 경우 그 높이의 반($A_m/2$)으로, 모르는 경우 상당조고 $k_s(=D_{65})$ 를 이용하되 수심의 1% 이상인 $0.01d$ 이상을 추천하였다.

마지막으로 유사농도와 물의 유속을 곱한 값을 적분하기 위하여 그는 유속분포식으로 다음과 같이 간단한 대수분포식을 이용하였다.

$$\frac{u}{u_*} = \frac{1}{\kappa}ln\left(\frac{y}{y_o}\right) \tag{10-99}$$

위 식에서 $y_o = 0.033k_s$ 이다.

따라서 농도분포식 Rouse 식과 식 (10-95)와 유속분포식 (10-99)를 부유사량 식 (10-65)에 대입하여 적분하여 그 결과를 정리하면 부피로 표시되는 부유사량 q_{ss} 는

$$q_{ss} = FVdC_a; \quad 0.3 < Z' < 3, \quad 0.01 < a/d(=\eta_a) < 0.1 \tag{10-100}$$

위 식에서

$$F = \frac{\eta_a^{Z'} - \eta_a^{1.2}}{(1-\eta_a)^{Z'}(1.2 - Z')} \tag{10-101}$$

van Rijn 공식을 이용하여 총유사량을 추정하는 절차는 다음과 같다.

1. 식 (9-6)에서 무차원 입경 D_* 를 계산한다.
2. 식 (9-8)에서 u_*' 을, Shields 도표에서 u_{*c} 를 구하여 식 (9-7)에서 무차원 이송단계 T 를 구한다.
3. 식 (10-88)에서 소류사량 q_{sb} 를 구한다.
4. 식 (9-15)에서 사구높이 A_m 을 알면 $a = A_m/2$ 으로 하고, 모르면 $a = k_s$ 로 하되 최소한 $a/d > 0.01$ 이 되도록 한다.

5. 식 (10-98)에서 C_a 를 계산한다.
6. 식 (10-92)에서 대표입경 D_r 을 계산한다.
7. 식 (10-89)~(10-91)에서 침강속도 w_o 를 계산하고, $u_*(=\sqrt{gdS})$를 계산한다.
8. 식 (10-94)에서 β 를 계산한다.
9. 식 (10-97)에서 ϕ 를 계산한다.
10. 식 (10-62)에서 Z 를, 식 (10-96)에서 Z' 을 각각 계산한다.
11. 식 (10-101)에서 F 를 계산한다.
12. 식 (10-100)에서 부유사량 q_{ss} 를 계산한다.
13. $q_s = q_{sb} + q_{ss}$ 에서 단위폭당 총유사량을 구한다.
14. q_s 에 하폭을 곱하여 전체 폭의 총유사량 Q_s를 구한다.

예제 10.2

다음 자료는 경북 낙동강 지류 내성천의 송리원교에서 수집한 유사량 자료이다. 이 자료에 대해 위에서 소개한 각 방법으로 하상토 총유사량을 kg/s와 농도(ppm)로 추정하고 그 결과를 평가하시오(단 여기서는 입경등급별로 계산하지 않고 하상토를 하나의 등급으로 보고 계산함).

평균수심 $d = 1.1\text{ m}$, 하폭 $T = 105\text{ m}$, 평균유속 $V = 0.99\text{ m/s}$, 유량 $Q = 114\text{ m}^3/\text{s}$, 하천경사 $S = 0.0029$, 수온 $T = 21℃$, 하상토 유사농도 $C_m = 1{,}740\text{ ppm}$, 하상토 특성 $D_{35} = 1.0\text{ mm}$, $D_{50} = 1.2\text{ mm}$, $D_{65} = 1.4\text{ mm}$, $D_{90} = 3.0\text{ mm}$, $\sigma_g = 2.0$, $SF = 0.7$

풀이

(1) Engelund-Hansen 공식

① $q_t = 0.05(2650)(0.99)^2 \dfrac{(1.1\times 0.0029)^{3/2}}{0.0012\sqrt{9.8}(2.65-1)^2} = 2.3\,[\text{kg/s/m}]$

② $Q_t = 2.3 \times 105 = 240\,[\text{kg/s}]$

$$\therefore C = 240/(114\times 1000)\times 10^6 \cong 2{,}100\,[\text{ppm}]$$

(2) Ackers-White 공식

① $D_* = 0.0010\left(1.0\times\dfrac{9.8(2.65-1.0)}{(0.98\times 10^{-6})^2}\right)^{1/3} = 25.6$

② $C = 0.033, n = 0.21, A = 0.19, m = 1.72$

③ $u_* = \sqrt{9.8(1.1)(0.0029)} = 0.18\,[\text{m/s}]$

$$F_{gr} = \frac{0.18^{0.21}}{\sqrt{9.8(0.0010)(2.65-1.0)}}\left[\frac{0.99}{\sqrt{32}\,log(10(1.1)/0.0010)}\right]^{1-0.21} = 0.46$$

④ $G_{gr} = 0.033(0.46/0.19-1)^{1.72} = 0.060$

(계속)

⑤ $0.060 = \dfrac{C_t(1.1)}{2.65(0.0010)}\left(\dfrac{0.18}{0.99}\right)^{0.21} \quad \Rightarrow \quad C_t = 0.00021 = 210\,[\text{ppm}]$

$$Q_t = 0.00021(114 \times 1000) = 24\,[\text{kg/s}]$$

(3) Yang 공식(1973, 1979)

① $VS = (0.99)(0.0029) = 0.0029$, 그림 8.3에서 $w = 0.15\,[\text{m/s}]$, $u_* = 0.18\,[\text{m/s}]$

$$wD/\nu = 0.15(0.0012)/(0.98 \times 10^{-6}) = 184,\ \ u_*/w = 0.18/0.15 = 1.2$$

② $u_*D/\nu = 0.18(0.0012)/(0.98 \times 10^{-6}) = 220 > 70 \quad \therefore\ V_c/w = 2.05$

③ 1973년 공식을 이용하면

$$\log C_t = 5.435 - 0.286\log 184 - 0.457\log 1.2 + (1.799 - 0.409\log 184 - 0.314\log 1.2)$$
$$\times \log(0.0029/0.15 - 2.05 \times 0.0029) = 3.16$$
$$\therefore\ C_t \cong 1{,}450\,[\text{ppm}] \quad \Rightarrow \quad \text{Q}_\text{t} = 1450 \times 10^{-6}(114 \times 1000) \cong 170\,[\text{kg/s}]$$

④ 1979년 공식을 이용하면

$$\log C_t = 5.165 - 0.153\log 184 - 0.297\log 1.2 +$$
$$(1.780 - 0.360\log 184 - 0.480\log 1.2) \times \log(0.0029/0.15) = 3.21$$
$$\therefore\ C_t \cong 1{,}610\,[\text{ppm}] \quad \Rightarrow \quad \text{Q}_\text{t} = 1610 \times 10^{-6}(114 \times 1000) \cong 180\,[\text{kg/s}]$$

(4) Brownlie 공식

① $C_F = 1.268$ (하천)

② $R_g = \sqrt{9.8(0.0012)^3}/(0.98 \times 10^{-6}) = 133,\ \ Y = \left(\sqrt{2.65 - 1.0} \times 133\right)^{-0.6} = 0.046$

③ $\tau_{*c} = 0.22(0.046) + 0.06(10)^{-7.7(0.046)} = 0.037$

④ $F_{gc} = 4.596(0.037)^{0.5298}(0.0029)^{-0.1405}(2.0)^{-0.1606} = 1.63$

$$F_g = 0.99/\sqrt{(2.65 - 1.0)(9.8)(0.0012)} = 7.1$$

⑤ $C = 7115(1.268)(7.1 - 1.63)^{1.978}(0.0029)^{0.6601}(1.1/0.0012)^{-0.3301} = 580\,[\text{ppm}]$

$$\therefore\ Q_t = 580 \times 10^{-6} \times 114 \times 1000 = 66\,[\text{kg/s}]$$

(5) van Rijn 공식

① $D_* = 0.0012\left[\dfrac{(2.65 - 1.0)\,9.8}{(0.98 \times 10^{-6})^2}\right]^{1/3} = 31$

② $u_*' = \dfrac{\sqrt{9.8}\,(0.99)}{18\log[12(1.1)/(3 \times 0.003)]} = 0.054\,[\text{m/s}]$. Shields 곡선에서 한계 마찰속도를 구하면 $u_{*c} = 0.026\,[\text{m/s}]$,

$$\therefore\ T = (0.054^2 - 0.026^2)/0.026^2 = 3.3$$

(계속)

③ $q_{sb} = 0.053 \dfrac{3.3^{2.1}}{31^{0.3}} \sqrt{(2.65-1.0)(9.8)(0.0012)^3} = 0.000039\,[\mathrm{m^3/s/m}]$

$$\therefore q_{sb} = 0.000039 \times 2650 = 0.10\ [\mathrm{kg/s/m}]$$

④ 사구높이를 모르므로, $k_s/d = 0.0012/1.1 = 0.0011 < 0.01$

$$\therefore a = 0.01 \times 1.1 = 0.011\ [\mathrm{m}]$$

⑤ $C_a = 0.015 \dfrac{0.0012}{0.011} \dfrac{3.3^{1.5}}{31^{0.3}} = 0.0035$

⑥ $D_r/D_{50} = 1 + 0.011(2.0-1.0)(3.3-25) = 0.76$

$$\therefore D_r = 0.76 \times 0.0012 = 0.00091\ [\mathrm{m}] = 0.91\ [\mathrm{mm}]$$

⑦ 식 (10-90)에서

$$w_o = 10 \frac{0.98 \times 10^{-6}}{0.00091} \left[\left\{ 1 + \frac{0.01(2.65-1.0)}{(0.98 \times 10^{-6})^2} (9.8)(0.00091)^3 \right\}^{0.5} - 1 \right] = 0.11\,[\mathrm{m/s}]$$

$$u_* = 0.18\ [\mathrm{m/s}]$$

⑧ $\beta = 1 + 2(0.11/0.18)^2 = 1.7$

⑨ $\phi = 2.5(0.11/0.18)^{0.8}(0.0035/0.65)^{0.4} = 0.21$

⑩ $Z = 0.11/(1.7 \times 0.4 \times 0.18) = 0.90 \Rightarrow Z' = 0.90 + 0.21 \cong 1.1$

⑪ $F = \dfrac{0.011^{1.1} - 0.011^{1.2}}{(1-0.011)^{1.1}(1.2-1.1)} = 0.026$

⑫ $q_{ss} = 0.026(0.99)(1.1)(0.0035) = 0.000099$

$$\therefore q_{ss} = 0.000099 \times 2650 = 0.26\ [\mathrm{kg/s/m}]$$

⑬ $q_t = 0.10 + 0.26 = 0.36\,[\mathrm{kg/s/m}]$

⑭ $Q_t = 0.36 \times 105 = 38\,[\mathrm{kg/s}] \Rightarrow C = 38/(114 \times 1000) \times 10^6 = 330\,[\mathrm{ppm}]$

(6) 평가

각 공식에 의한 유사량 산정 결과는 Ackers-White 공식이 최소로 210 ppm이며, Engelund-Hansen 공식이 최대로 2,100 ppm을 추정하여 그 비율은 약 10배가 된다. 이러한 결과는 기존 유사량 공식들의 신뢰도 문제를 그대로 반영하는 것으로, 예제에 제시된 특정 실측치와 비교해도 모든 유사량 공식이 과소추정을 하고 있다. 다만 Yang 공식과 Engelund-Hansen 공식이 그 중 실측치에 가깝다. 이는 동일한 내성천의 향석지점에서 실측한 유사량과 총유사량 공식들을 비교한 그림 10.4에서도 비슷하게 나타난다. 따라서 하천에서 유사량을 추정하고자 하는 경우 하천의 흐름과 유사 자료를 가지고 그대로 유사량 공식에 대입할 것이 아니라, 그 하천에서 최소한의 실측 유사량 자료를 이용하여 기존 유사량 공식을 검증한 다음에 사용하는 것이 바람직하다.

(5) 유사량 공식의 평가와 추천

지금까지 개발되어 문헌에 소개된 유사량 공식들은 소류사, 부유사, 총유사량 공식 등을 합하면 수십개가 된다. 문제는 각 유사량 공식에 따라 산정되는 결과가 극단적으로는 100배까지 차이가 나며, 실측치와 비교해도 그만큼 차이가 난다는 점이다. 이는 인공수로나 고정상 하천에서 수심과 하천경사를 가지고 등류유량을 산정하는 마찰공식들의 오차는 조심스럽게 적용하면 ±10% 이내로 줄일 수 있다는 점과 비교하면 엄청난 차이이다. 이러한 유사량 공식들의 신뢰도 문제는 9장의 흐름저항 추정식들에 비해 더욱 심하다. 이러한 점에서 아직 하천에서 순간 유사량이나 장기적 유사 유출량을 알고자 하는 경우 기존 유사량 공식들을 이용하기보다는 우선적으로 실측에 의존하여야 한다. 그러나 실측자료를 가용하지 않는 경우 유사량 공식들은 제한된 범위 내에서 이용될 수 있을 것이다. 그러기 위해서는 유사량 공식들의 적용 한계를 분명히 숙지하는 것이 중요하다.

유사량 공식의 비교 평가에서 또 한 가지 불확실한 점은 하천에서 순수한 유사량 실측치가 거의 없다는 점이다. 실험실 자료의 경우 수로에 이송하는 유사량 전체를 실측하기가 비교적 쉬우나, 야외에서는 움직이는 하상에서 수면까지 전체 유사량을 정확히 실측하는 것은 사실상 불가능하다. 유사이송을 시험·연구하는 소규모 하천에서는 하도 중간에 인공적으로 단면을 줄여 유속을 빠르게 한 이른바 '난류 수로(turbulent flume)'를 만들어 모든 유사를 부유시켜 부유사량을 측정함으로써 총유사량 자료를 수집할 수 있다. 그러나 보통 하천에서는 이러한 방법은 극히 제한되며, 통상 부유사 채취기로 하상 가까이에서 채취한 자료를 가지고 이른바 수정아인슈타인 절차를 이용하여 하상 가까이 미채취구간에서 이송하는 유사량을 추정하여 총유사량을 구하는 방법이 미국 등에서 쓰이고 있다.

1 공식의 평가

개발된 유사량 공식만큼 유사량 공식에 대한 다양한 평가결과가 White 등(1973), ASCE (1975), Brownlie(1981), van Rijn(1984), 우효섭과 유권규(1989), Yang과 Wan(1991) 등의 문헌에서 제시되어 있다. 주로 유사량 실측치와 공식의 산정치를 직접 비교하는 방법에 기초하여 유사량 공식들을 평가하고 종합하였다. 문제는 이러한 유사량 공식들의 평가결과 또한 서로 상이하다는 점이다.

또한 유사량 실측치와 공식의 산정치를 직접 비교하는 방법이 아니라, 서로 다른 유사량 공식을 이용하여 하상변동 모형 등 기존의 유사이송 모형으로 계산하여 그 결과를 가지고 간접적으로 유사량 공식의 우열을 비교할 수 있다(Chang, 1994). 그러나 이 방법은 유사이송 모형이 가지는 고유의 오차도 결과에 합해서 나타나고, 각 오차들을 구분할 수 없으므로 순수한 유사량 공식의 결과만을 비교할 수 없기 때문에 유사량 공식을 평가하는데 있어 이상적인 비교 방법이라고 하기 어렵다.

기존의 문헌에 나타난 총유사량 공식들의 비교·평가 결과를 종합해 보면 평가 결과(개정전 하천수리학 제10장을 참고)가 상충하는 경우가 많다. 이는 서로 다른 제한된 범위의 자료들을 이용하여 평가하는데서 오는 차이 때문이겠지만, 그 밖에 공식을 잘못 적용하는데서 오는 오류 등도 가능하다. 특히 유량, 수심, 하상토의 크기 등 자료의 범위가 서로 다르면 그 평가 결과도 서로 다르게 나타난다는 것은 그만큼 유사량 공식의 범용성이 적다는 것을 의미한다. 이는 특히 해석적으로 접근한 식보다는 경험적으로 접근하는 식들이 그러한 경향을 보일 것이다. 이러한 점에서 때로는 자료 점 전체에 대해 전반적으로 양호한 결과를 보이는 공식보다는 답을 원하는 자료의 범위 내에서 양호하게 예측하는 공식을 선정하는 것이 필요하다. 즉 공식을 적용하여 유사량을 추정하고자 하는 하천이나 수로의 특성에 맞는 유사량 공식을 선정하는 것이 중요하다.

2 공식의 추천

유사량 공식들의 신뢰도 문제는 하천실무자들에게 적정한 공식의 추천이 새로운 공식의 개발 이상으로 중요하다는 것을 의미한다. 이 점에서 일찍이 Shen(1971)은 주요 공식의 개발 특성과 한계를 고려하여, 1) 소류사량이 총유사량의 상당 부분을 차지하는 경우 아인슈타인 공식을 이용하고, 2) 수심이 3 m 이하인 경우 Colby 공식을 이용하고, 3) 대하천에는 Toffaleti 공식을 이용하고, 4) 실험 수로인 경우 Shen-Hung 공식을 이용하라고 추천하였다. 최근에 Yang(1996, pp. 262~263)은 Shen과 Hung의 추천 사항에 덧붙여 추가로 1) 하상토 입경이 5 mm 이상인 경우 MPM 공식을, 2) 일반 모래하천에서는 Yang 공식을, 3) 저수류 영역의 경우 Ackers-White 공식과 Engelund- Hansen 공식을 이용하고, 4) 기타 Yang과 Wan(1991)의 유사량 공식의 비교·평가 결과를 참조하여 선정할 것을 추천하였다.

우효섭과 유권규(1989), Woo와 Yu(1996)는 기존 유사량 공식들의 상호 비교·평가 결과를 바탕으로 일반적인 유사량 공식의 선정 기준을 제시하였다. 그들이 제시한 선정 기준은 컴퓨터 프로그램으로 만들어져 일반 하천실무자들이 이용하기 쉽게 만들어졌다. GUIDE라고 명명된 이 프로그램에서 제시한 선정 기준의 주요 사항과 순서를 앞서 소개한 총유사량 공식들과 관련하여 요약하면 다음과 같다.

- 대상하천의 하상이 모래와 자갈로 된 충적하천인가? 아니면 기존 유사량 공식들을 적용할 수 없다.
- 대상하천 구간이 비교적 직선이고 흐름상태는 정상등류로 볼 수 있는가? 이 기준에 극단적으로 맞지 않으면 기존 유사량 공식을 적용할 수 없다.
- 대상하천에 가용한 유사량 곡선이 있으면 그것을 우선적으로 이용할 것을 추천한다.

- 대상하천에 세류사가 지배적이거나 과농도류인 경우 기존 유사량 공식을 이용하여 총유사량을 추정할 수 없다.
- 유사량 공식을 적용하는 데 필요한 흐름, 하천, 유사 자료 등이 가용한가?
- 하상재료가 자갈인 경우 MPM이나 Rottner(1959) 공식 등을 적용하여 소류사량을 추정할 수 있다.
- 모래하천의 경우 공식개발에 이용된 자료의 범위를 고려하여 선정한다. 참고로, 아인슈타인 공식은 신뢰도가 상대적으로 떨어진다.
- 입경분포별로 계산해야 하는 경우 아인슈타인 공식과 Yang 공식 등이 가용하다.
- 하천의 수리와 유사 특성과 공식의 적용한계를 검토한다.
  - Ackers-White 공식 : $Fr < 0.8$, van Rijn 공식 : $Fr < 0.9$
  - $q > 5\ \mathrm{m^3/s/m}$ 또는 $d > 5\ \mathrm{m}$: Yang 공식은 과소추정 경향이 있음
  - $q < 0.2\ \mathrm{m^3/s/m}$ 또는 $d < 0.3\ \mathrm{m}$: van Rijn 공식은 과다추정 경향이 있음
- 하상토 입경이 공식의 적용범위를 넘지 않는가?
  - Ackers-White 공식 : $D_{50} < 0.25\ \mathrm{mm}$인 경우 과다추정 경향이 있음
- 다른 선정기준이 없는 경우 $q > 5\ \mathrm{m^3/s/m}$ 또는 $d > 5\ \mathrm{m}$인 대하천에는 van Rijn 공식을, $q < 0.5\ \mathrm{m^3/s/m}$ 또는 $d < 0.5\ \mathrm{m}$인 소하천에는 Engelund-Hansen 공식이나 Ackers-White 공식을 추천한다. 이 두 기준의 중간에 있는 중규모 하천에는 위 세 공식을 모두 적용하여 그 결과를 평가하여 채택한다.

GUIDE 프로그램은 Engelund-Hansen 공식 등 9개의 유사량 공식[48] 중 유사량을 추정하려는 대상하천의 흐름과 유사 특성에 맞는 공식을 선정하는 절차를 dBaseⅢ 프로그램을 이용하여 DOS 환경에서 대화식으로 보여주고 있다. GUIDE에서 각 공식에 의한 유사량 산정은 FORTRAN 프로그램으로 되어 있다.

그러나 위와 같이 대상하천의 흐름과 유사 특성에 맞는 적절한 유사량 공식을 선정하는 절차는 제 공식들의 산정결과를 실측치와 비교하여 평균적인 의미에서 추출한 것으로, 개별 적용에 모두 적합하다는 것은 아니다. 따라서 아직 우리의 유사이송 지식은 신뢰도 높은 유사량 추정에까지 이르지 못하고 있으며, 이를 위해서는 최대한 실측자료에 의존해야 할 것이다. 혹은 제한된 실측자료가 있으면 이를 이용하여 위에서 선정된 공식을 검증하여 적용하는 것이 바람직하다.

48 9개의 유사량 공식 중 이 책에서 구체적으로 소개한 공식은 Engelund & Hansen, Einstein, Ackers & White, Yang, van Rijn 공식 등 5개이며, 소개하지 않은 공식은 Colby, Ranga Raju, Shen and Hung, Toffaleti 공식 등 모두 4개이다.

(6) 수정아인슈타인 절차

하천에서 총유사량은 소류사량이 지배적인 경우에는 소류사 채취기를 이용하여 측정할 수 있다. 그러나 부유사량이 있는 경우에는 보통 부유사 채취기를 이용하여 하상 가까이까지 부유사를 채취하고 미채취된 구간의 유사량은 다른 방법으로 간접적으로 추정하여 총유사량을 추정하게 된다(그림 10.6 참조). 이때 실측 부유사 자료를 이용하여 미채취된 구간을 고려한 단면 전체의 총유사량을 추정하는 방법이 필요하다. 이러한 방법에는 1955년에 미국에서 개발되어 지금까지 이용되는 수정아인슈타인 절차(Modified Einstein Procedure, MEP)가 있다.

MEP는 1955년 미국의 지질조사국(USGS)에서 Colby와 Hembree가 개발한 방법으로서, 실측된 부유사량 자료를 가지고 아인슈타인의 소류사 함수를 일부 수정한 방법을 통해 하천의 총유사량을 추정하는 방법이다. 수정아인슈타인 절차에서 채택된 주요 수정사항들[49]은 Rouse 수 Z 의 조정, 사립자에 관련된 마찰속도 u_*' 의 계산, 흐름강도 Ψ_* 의 계산 그리고 유사이송강도 Φ_* 값에 대한 조정이다. MEP는 1961년에 다시 Colby와 Hubbell에 의해 도표를 이용하여 간편히 계산할 수 있도록 제시된 바 있다. 그 후 1966년 미 개척국에서 Lara에 의해, 다시 1980년에 미 지질조사국에서 Burkham과 Dawdy에 의해 수정 제안되었다. 이 방법은 Shen과 Hung(1983)에 의해 재수정되어 '재수정아인슈타인 절차(RMEP)'라는 이름으로 발표되었다. Guo와 Julien(2004)이 아인슈타인 공식의 적분식 (10 - 71a)와 (10 - 71b)를 급수전개 형태로 제시한 것과 같이 Shah-Fairbank(2009)는 수정아인슈타인 절차(MEP)를 급수전개 형태인 SEMEP(Series Expansion of the Modified Einstein Procedure)로 개발하였으며 이를 여러 실험실 자료와 미국의 Niobrara 강에서 부터 Mississippi 강까지의 모래하천 자료를 대상으로 검토하였다. MEP를 이용하여 한 하천에서 총유사량을 결정하는 구체적인 방법은 개정전 하천수리학 제10장을 참고하도록 한다.

1 MEP 전산 프로그램

MEP을 이용하여 하천에서 총유사량을 결정하는 과정은 매우 복잡하기 때문에 상당한 노력이 필요하며, 계산 도중에 오류를 범하기 쉽다. 이를 위하여 Stevens(1985)는 FORTRAN과 BASIC으로 MEP 적용 프로그램을 개발하였다. 우효섭과 유권규(1990b)는 MEP를 이용하여 총유사량을 결정하는 FORTRAN 전산 프로그램(MODEIN)을 개발하였으며 Holmquist-Johnson과 Raff(2006)는 BORAMEP(Bureau of Reclamations Automated Modified Einstein Procedure) 프로그램을 개발하였다. 이 프로그램들은 수리자료로 유량, 평균유속, 하폭, 평균수심, 부유사를 채취한 측점의 평균수심, 미측정 구간 높이, 수온 등, 하상토 자료로 D_{35} ,

49 수정아인슈타인 절차에서 채택된 주요 수정사항들은 크게 4개로 나눌 수 있으며 이에 대한 자세한 설명과 수정아인슈타인 절차의 적용순서는 개정전 하천수리학 제10장을 참고하도록 한다.

D_{65} , 하상토의 비중, 하상토의 입경분포, 유사량 자료로 측정 부유사 농도, 부유사의 입경분포 등을 요구한다. 기타 선택적인 입력자료로 실측된 Z 값, 대표입경 선정, Burkham과 Dawdy의 수정방법 등이 포함되어 있다. MODEIN에 관한 구체적인 사항들은 한국건설기술연구원 보고서(우효섭과 유권규, 1990)를 참고할 수 있다.

10.3 토양침식과 유사유출

(1) 유역에서의 침식과 퇴적

물에 의한 지표면의 침식과 퇴적 활동은 크고 작은 유역에서 발생한다. 따라서 이러한 활동의 조사와 검토를 위해서는 유역단위로 보는 것이 바람직하다. 여기서 유역의 크기는 작게는 1 ha 정도의 소규모 경작지나 개발지부터, 크게는 수천, 수만 km^{2}의 하천유역에 이르기까지 다양하다.

그림 10.22는 한 유역과 하도에서 주로 자연적 요인에 의해 지표면의 침식과 퇴적이 발생하는 것을 도식적으로 보여준다. 유역의 최상류 산지에서 배수망 발달이 아직 미약한 곳 ①에서는 주로 박층침식(薄層浸蝕, sheet erosion)과 세류침식(細流浸蝕, rill erosion)이 발생한다. 박층침식은 지표면을 흐르는 얇은 흐름에 의해 지표면 토양이 얇게 벗겨지는 현상이며, 세류침식은 인간이 손으로 쉽게 되 메울 수 있는 작은 골(rill)에 의한 침식현상이다. 이러한 박층침식과 세류침식은 경사진 경작지(그림의 ①′)에서도 발생하며, 이러한 경작지의 침식과 토양유실은 농지보전 측면에서 대단히 중요한 현상이다. 산지에서 배수망의 집중으로 인하여 그림 10.22에서 ②와 같이 배수로 바닥이 침식되어 점차 낮아지게 되며, 이러한 배수로 바닥침식은 때로는 하류침식 기준면의 저하에 의한 두부침식(head-cutting)과 맞물려서 가속화된다. 또한

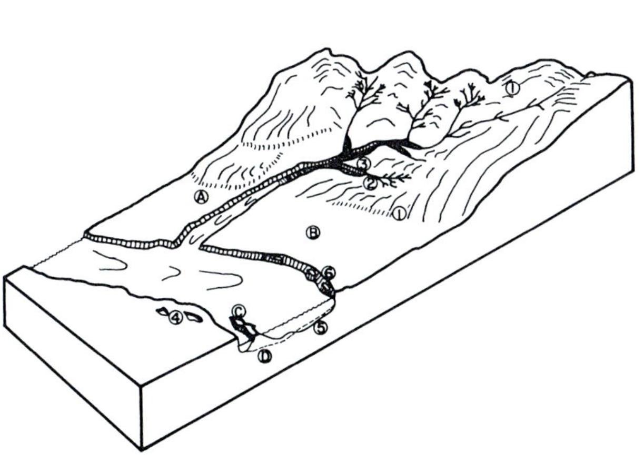

그림 10.22 유역과 하도에서 지표면의 침식과 퇴적의 발생(ASCE, 1975, p.437)

산지나 경작지 자연 배수로가 침식에 의해 점차 커지면 인간의 손으로 쉽게 되 메울 수 없게 되며, 이를 구곡침식(溝谷浸蝕, gully erosion)이라 하며 그림 10.22의 ③에 해당한다. 산지를 벗어나 흐름이 일정한 하도와 홍수터를 만든 곳에서는 홍수터 침식과 하도침식이 발생한다. 여기서 박층, 세류, 구곡침식 등 유역에서 침식되어 유실(流失)되는 토사량을 그 유역의 면적과 침식되는 기간으로 나누어준 것을 비침식량(比浸蝕量, erosion rate)이라 한다.

홍수터 침식은 그림 10.22의 ④와 같이 지질 시간대에 걸쳐 흐름이 만든 홍수터의 일부가 다시 흐름에 의해 침식되는 것이다. 하도침식은 침식위치에 따라 하상침식(그림의 ⑤), 또는 하상저하와 강턱침식(그림의 ⑥)으로 나눈다.

위와 같이 상류유역에서 침식된 토사는 하류의 흐름이 약해지는 곳에서 선별적으로 퇴적된다. 이러한 토사의 퇴적은 흐름이 급경사 계곡을 벗어나서 갑자기 완만한 평지로 나오는 곳에서 발생하는 선상지 퇴적(그림 10.22의 Ⓐ)과 비교적 넓은 하곡(河谷)의 양안에 쌓이는 하곡퇴적(그림의 Ⓑ) 등이 있다. 또한 하도에서 점사주에 쌓이는 경우(그림의 Ⓒ)와 하상에 쌓여 하상이 전반적으로 상승하는 경우(그림의 Ⓓ)가 있다. 여기서 유사 전달비(sediment delivery ratio)를 정의할 필요가 있다. 유사 전달비는 상류유역에서 침식되어 유실된 토사량과 하류에 퇴적된, 또는 하류 일정지점에 도달한 토사량의 비율이다. 그림 10.22의 예에서 유사 전달비는 상류의 산지 ①에서 침식되어 유실된 토사량과 하류로 이송되어 하곡 Ⓑ에 퇴적된 토사량의 비이다. 한편 유사 유출량(流砂 流出量, sediment yield)은 배수로나 하천의 한 지점을 기준으로 상류유역에서 침식된 토사가 흐름에 의해 하류로 이송되어 그 지점을 통과하는 유사량이다. 또한 한 지점의 유사 유출량을 상류유역의 면적과 유출시간으로 나누어준 것을 비유사량(比流砂量, sediment yield rate)이라 한다. 마찬가지로 비퇴사량(比堆砂量, sediment deposition rate)은 하곡, 홍수터 또는 저수지 등에 쌓인 퇴사량을 그 상류유역의 면적과 퇴적시간으로 나누어준 것이다.

위와 같은 침식과 퇴적 현상은 농경지 침식을 제외하면 자연적인 현상이다. 그러나 예를 들어 ①과 같은 산지에 골프장이나 스키장과 같은 대규모 위락시설을 개발하거나 삼림을 벌채해서 초지로 만드는 경우 토양유실은 가속화되고 그에 따라 하류에서는 토사유입으로 인한 문제가 발생할 수 있다. 또한 ④와 같이 초지로 된 자연 홍수터나 Ⓑ와 같은 하곡을 개발하여 신도시나 대규모 단지를 만드는 경우 공사 중 토양침식은 최대한으로 가속화될 수 있다.

따라서 소규모 배수구역이나 대규모 하천유역에서 우리의 일차적인 관심은 물에 의한 유역의 침식과 퇴적 작용을 측정하고 자료를 분석하여 필요시 침식률과 퇴적률을 예측하는 것이다. 이러한 토양 침식률 예측을 통해 유역의 자연적, 인위적 토양 침식률이 그 유역의 자연적 토양 생산율을 넘지 않도록 필요시 적절한 토양 보전책을 강구할 수 있을 것이다. 마찬가지로 퇴적률 예측을 통해 과다한 토사퇴적으로 인해 발생하는 문제를 미리 예측하여 적절한 조치를 취할 수 있을 것이다.

유역과 하천 관리측면에서 한 유역의 토사는 비바람에 의해 표토가 침식되거나 산지붕괴 등에 의해 새로이 나오는 생산토사(生産土砂), 이 생산토사가 수류에 의해 생산지를 떠나 하류의 어느 한 지점을 통과하는 유출토사(流出土砂), 그리고 하천흐름에 의해 하도 내에서 소류나 부유의 형태로 이송되는 유송토사(流送土砂)로 나눌 수 있다(한국수자원학회, 2000).

크건 작건 한 유역에서 생산되는 토사량은 산사태 등 산지 붕괴를 제외하면 대부분 강우에 의해 지표면이 침식되어 생기는 토사량이다. 산지붕괴에 의한 토사생산은 자주 발생하지 않고, 또한 미리 예측하여 생산토사량을 추정하기는 매우 어렵다. 따라서 통상 강우와 지표면 유출에 의해 지표면 토양이 침식되어 그 자리를 떠나는 토양 유실량을 추정하는 것이 합리적이다. 강우에 의한 지표면의 토양유실을 추정하는 방법은 지표면 전체에 대해 비교적 균일한 침식률을 가지는 박층침식이나 세류침식과 같은 토양침식을 예측하는 것과 지표면 침식보다는 하도침식의 양상을 보이는 구곡침식과 같은 토양침식을 예측하는 것으로 나누어 접근한다. 전자의 경우 범용토양유실공식(USLE)이나 개정범용토양유실공식(RUSLE)이 미국 등에서 보편적으로 이용되며, 후자의 경우 경험공식들이 일부 제안되고 있다.

지표면에서 침식되어 흐르는 물에 연행되는 토립자들은 그 자리를 떠나 하류로 내려오면서 지표면의 요부나 기타 장애물에 걸려 이동을 멈추고, 남은 토사는 흐름을 따라 계속 이송되어 유출된다. 이렇게 한 유역에서 침식되어 하류 한 지점을 통과하는 유출 토사량, 또는 유사 유출량은 유역의 토양 유실량에 유사 전달비를 곱해 추정하거나, 유역에서 물과 유사추적의 수학모형을 이용하여 추정할 수 있다. 유출 토사량은 통상 연 단위로 취급한다.

유역에서 침식되어 유실되는 토사가 하도로 유입되면 하도 내 흐름에 의해 소류나 부유 등의 형태로 이송된다. 이렇게 하천흐름에 의해 이송되는 유송 토사량, 또는 하천 유사량은 하천에서 직접 실측하거나, 그 하천의 흐름, 유사, 기하 특성을 파악하여 유사량 공식을 이용하여 추정할 수 있다. 하천 유사량은 통상 초나 일 단위로 취급된다.

즉, 생산토사는 유역의 토양 유실량, 유출토사는 하천 한 지점의 유사 유출량, 유송토사는 하천 유사량에 해당한다.

(2) 토양 침식량의 추정

비와 흐름에 의한 유역의 토양 침식량을 정확하게 추정하는 방법은 아직 없으며, 현재로서 가장 바람직한 방법은 유역특성이 유사한 지역의 토양 유실량 실측자료를 이용하는 것이다. 이러한 실측자료가 없는 경우에는 1960년에 미국에서 Wischmeier와 Smith(1960)에 의해 개발된 후 지속적으로 개량된 범용토양유실공식(Universal Soil Loss Equation, USLE)과 같이 토양유실을 추정하는 방법 등을 이용할 수 있다. USLE는 원래 면적 1 ha 이하의 소규모 농경지에서 토양유실을 예측하기 위해 개발되었다. 이 공식은 소규모 시험 밭에서 다년간의 시험을 통해 얻어진 토양 유실량 자료를 이용하여 경험적 방법에 의해 개발되었지만, 주의 깊게 이용하면 농경지가 아닌 다른 일반 유역에 대해 확대 적용할 수 있다. 이 공식은 유역의 기후(강우), 토양, 지형, 식생과 토지이용 등의 변수를 이용하여 그 유역에서의 토양 유실량을 추정한다.

1980년대 중반 들어 기존의 USLE의 한계를 극복하기 위한 노력이 미 농무부 농업연구국(ARS)에서 Renard 등을 중심으로 이루어졌다(Renard 등, 1991). 그 결과 1992년 말에 개정범용토양유실공식(Revised USLE) 1.02판이 처음 보급되었다. 미 농무부에서는 비교적 이용이 간단한 USLE 대신 상대적으로 복잡하지만 더 정교한 RUSLE를 이용할 것을 추천하고 있다. USLE나 RUSLE 공식을 이용하여 추정된 토양 유실량은 해당 지역에서 강우에 의해 침식되어 하류로 유실되는 토사량으로 일종의 초기 침식량이다.

USLE/RUSLE는 미국에서 개발되었기 때문에 원래는 영미단위를 사용하여 다음과 같이 표시된다.

$$A = R \cdot K \cdot LS \cdot C \cdot P \qquad (10-102)$$

여기서, A : 강우침식도 R인 경우 해당기간 중 단위 유역면적에서 침식되어 유실되는 토사량 (tons[50]/acre; 톤/ha)

R : 강우침식도(rainfall erosivity; 100ft·tons/acre·in/hr; MJ/ha·mm/hr[51])

K : 토양침식성(soil erodibility; tons/acre/R; 톤/ha/R) 인자

LS : 지형인자(무차원; L =침식 경사면의 길이 인자, S =침식 경사면의 경사)

C : 작물 종류와 형태 등 작물관리 인자(무차원)

P : 등고선 경작 등 토양보전대책 인자(무차원)

USLE의 A값은 R값이 1년 평균인 경우 1년 평균 유실량을 의미하며, 특정호우의 R값인 경우 그 호우에 의한 유실량을 의미한다. 또한 이 공식은 박층침식과 세류침식에 의한 토양 유실량 추정에 대해서만 적용이 가능하며, 구곡침식과 하안침식 등이 지배적인 경우 추가적인 침식량 보정이 필요하다. USLE의 각 인자의 물리적 의미와 정량적인 값의 산정에 관한 내용은 개정전 하천수리학 제12장을 참고하도록 한다.

1990년대 이후 소개되어 점차 USLE를 대신하여 이용되는 RUSLE의 기본 골격은 USLE와 같다. 그러나 RUSLE는 기존의 USLE에 비해 컴퓨터를 이용하여 계산하기 쉽게 자료를 DB화하였으며, 특히 C, P값의 계산을 각 단계별 물리과정에 기초하여 세분화하였다. 구체적으로, RUSLE는 각 인자의 추정에서 다음과 같이 개선·확충되었다(Renard 등, 1994).

- R : 미국 서부지역의 더 많은 R값을 제공

50 여기서 영미단위의 tons는 American tons으로서 1 American tons = 2,000 lbs = 0.91톤(metric tonnes)에 해당한다. 참고로, 1 acre = 0.405 ha이다.

51 R은 표준단위로 107J/ha · mm/hr를 이용하기도 하며, 이 경우 R값은 MJ 단위로 표시된 R값의 1/10이 된다.

- K : 흙의 동결과 융해에 의한 침식영향 고려
- LS : 골(rill) 침식간의 관계를 고려한 4단계 도표 제공
- C : 보름 간격으로 흙과 식생의 변화 고려
- P : 경작지 보호대책의 효과를 세분화하여 고려

참고로, 미국 내무부의 노천광·개척·규정국에서는 위와 같은 RUSLE를 이용하여 광산, 건설현장, 개척지 등에서 토양유실을 추정하는 가이드라인을 제공하고 있다(USDI, 1998).

USLE와 RUSLE는 그 특성상 GIS(지리정보시스템)를 이용하여 유역에 적용하기 적합하다. Molnar와 Julien(1998), Johnson 등(2000)은 GIS 기반의 컴퓨터 모형을 개발하여 대상유역의 관련 인자를 구하고 강우에 의한 토양유실 추정하였다.

(3) 유사 유출량의 추정

한 유역의 유사 유출량, 또는 단위 유역면적당, 단위시간당 유사 유출량인 비유사량을 예측하는 것은 유역과 하천의 관리측면에서 기본적인 사항이다. 이러한 자료는 특히 댐이나 하도의 계획, 설계, 관리 측면에서 기본적인 자료가 된다. Strand와 Pemberton (1982)은 유역의 유사 유출량을 결정하는 요인으로 1) 강우량과 강우강도, 2) 토양종류와 지질적 형성, 3) 식생피복, 4) 토지이용, 5) 지형, 6) 상류유역의 침식률, 배수망의 밀도, 경사, 형상, 크기, 하도의 선형, 7) 유출, 8) 유사특성(입경과 광물), 9) 하도 수리특성 등을 들었다. 이 중 1)~5) 사항은 앞서 설명한 범용토양유실공식에 이용된 자료이며, 나머지 6)~9)는 침식률을 제외하면 사실상 유사 전달비에 관련된 자료들이다.

1 유사유출 자료의 수집

유사유출 자료는 하천에서 유사량을 실측하여 유량과 유사량간의 관계곡선을 만들고 그 하천지점의 장기적인 유량지속 곡선(유황곡선)을 이용하여 장기적인 유사 유출량을 추정하거나, 하류 저수지의 퇴사자료를 이용하여 역으로 상류 유입부에서 유사 유출량을 추정할 수 있다. 여기서는 먼저 유사량 곡선의 특성을 설명하고, 다음 두 방법에 대해 설명한다.

유량-유사량 곡선(sediment-rating curve)은 한 하천지점에서 유량과 유사량과의 관계를 곡선으로 표시한 것으로, 유사량 곡선이라고도 한다. 한 하천에서 측정한 유사량 자료는 통상 유량-유사량 곡선으로 나타낸다. 이 곡선은 하천의 특정호우에 의한 유사량은 물론 장기적인 유사 유출량 추정에 중요한 자료이다. 유량-유사량 곡선은 그림 10.23(b)와 같이 통상 유량을 횡축에, 유사량을 종축에 둔다. 여기서 유사량 대신 유사농도를 이용할 수 있다.

유량-유사량 곡선은 다음과 같은 점에서 근본적으로 불확실성이 존재한다. 첫째 세류사의 경우 유역의 유사공급과 하천의 유사이송 능력간의 관계가 성립하지 않으나, 경우에 따라 이

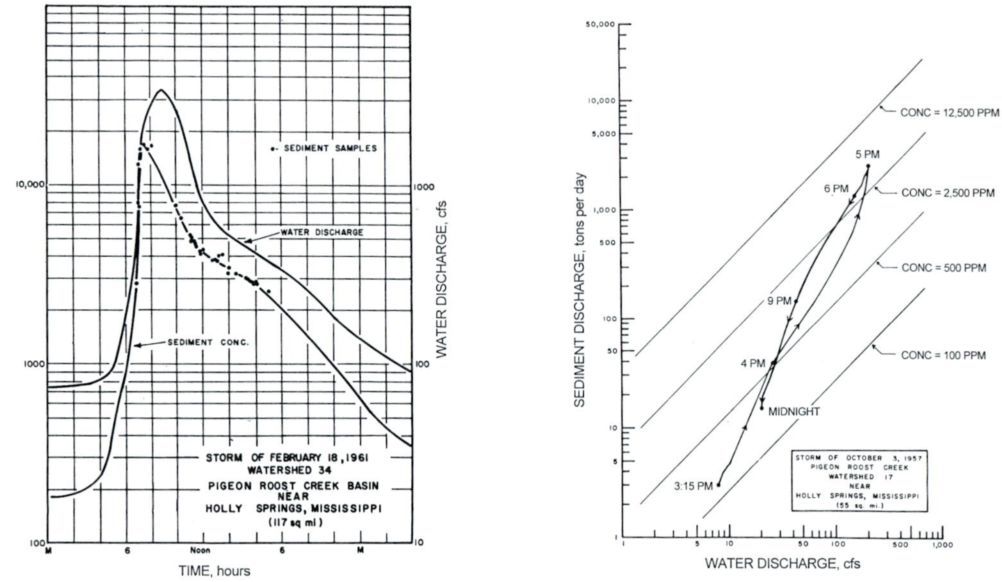

(a) 유량과 유사량의 수문곡선

(b) 유량-유사량 관계 곡선

그림 10.23 큰 호우시 수문곡선과 유사량 곡선(ASCE, 1975, pp. 473~476)

러한 세류사는 총유사의 50% 이상을 차지할 수 있다는 점이다. 이러한 이유로 오랜 가뭄 후의 호우에는 유역에서 침식되어 이송될 미립토사가 많기 때문에 같은 유량에 비해 유사농도가 훨씬 크게 나타난다. 하상토 유사량만을 가지고 유량-유사량 곡선을 만드는 경우 이러한 호우의 계절적 특성에 따라 크게 달라지지 않으나, 이 곡선은 통상 하상토 유사와 세류사를 모두 포함한 총유사량으로 나타내기 때문에 이러한 문제를 피하기 어렵다. 또한, 같은 유량에 대해서도 하상토 유사량 자체가 달라질 수 있다는 점이다. 이는 홍수의 상승부와 하강부에서 같은 유량에 대해 수심, 유속, 하상경사, 마찰 등이 달라지기 때문이다. 이러한 불확실성은 그림 10.9의 내성천 향석지점 유량-유사량 곡선에서도 나타난다.

한 호우에 대해서 유량 수문곡선과 유사량 수문곡선(sediment hydrograph)을 비교하면 강우강도가 작은 경우와 큰 경우가 다르게 나타난다. 강우강도가 작은 경우 유량과 유사량, 또는 유사농도의 수문곡선은 그 위상이 비슷하나, 강우강도가 큰 경우 첨두 유사농도는 첨두유량에 비해 통상 시간적으로 앞서 발생한다. 그림 10.23(a)는 이러한 결과를 보여주는 것으로, 호우 초기에 유역에서 침식되어 이송될 수 있는 미립토사가 많은 경우 이러한 현상은 더욱 분명하게 나타난다. 그림 10.23(b)도 이러한 현상을 보여주는 것으로, 시간에 따른 유량과 유사농도 변화의 위상 차이로 유사량 곡선은 단일 곡선이 아닌 루프 곡선을 이룬다.

위와 같은 유량-유사량 곡선의 불확실성 때문에 이러한 곡선을 작성하는 데 우선적으로 고려해야 할 것은 대상 유사량이다. 즉, 1) 하상토 유사량과 세류사량을 구분하여 곡선을 작성할 것인가, 아니면 단순히 총유사량만을 표시할 것인가, 2) 측정 유사량만으로 곡선을 만들 것인가, 아니면 적절한 방법으로 보정된 총유사량을 표시할 것인가 등을 고려하여야 한다. 대부분의 경우 하상토 유사량보다는 세류사량의 유량-유사량 관계가 훨씬 산포가 크므로 가능하다면 하상토 유사량과 세류사량은 구분하여 유사량 곡선을 만들어야 한다. 이 경우 세류사량은 유량-유사량 관계가 아닌 다른 방법으로 추정하여 총유사량에 고려하는 것도 생각할 수 있다. 마지막으로 장기적인 유사 유출량을 추정하기 위한 유사량 곡선은 계절별로 구분하여 표시하는 것이 바람직하다.

유사량 곡선과 유량지속 곡선(유황곡선)을 이용한 방법 이 방법을 이용한 유사 유출량 추정 절차는 다음과 같다.

1. 하천지점에서 유사량을 실측하여 유사량 곡선을 만든다. 이때 부유사 채취기로 하상토 유사량을 실측한 경우 미측정 구간에서 유사량을 고려한 하상토 총유사량은 MEP(수정 아인슈타인 절차) 등 적절한 방법으로 보완한다. 유량~유사량 관계가 일정한 곡선을 이루지 못하고 상당히 흩어지는 경우 이 유출 기간별로 구분하여 작성한다. 그림 10.24(a)는 낙동강 지류 내성천 석포교 지점에서 수심적분 채취기로 부유사량을 측정하고 MEP로 총유사량을 산정하여 만든 유사량 곡선이다.
2. 기존의 유량자료를 이용하여 유사량 측정지점에서 해당기간의 유량지속 곡선을 작성한다. 그림 10.24(b)는 낙동강 지류 내성천 석포교 지점의 유량지속 곡선이다.
3. 유량지속 곡선의 각 기간별 유량에 해당하는 유사량 곡선상의 유사량을 구해 이를 해당 기간으로 곱해 그 기간별 유사 유출량을 구한다. 이렇게 구한 유사 유출량을 전체 기간에 대해 다 더해서 그 기간 전체에 해당하는 유사 유출량을 구한다.

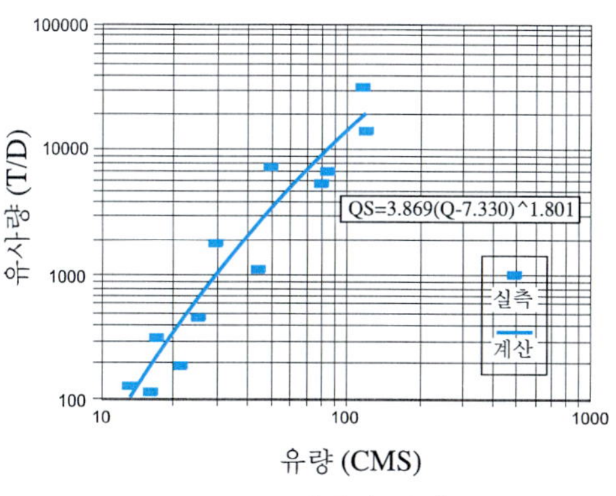

(a) 유사량 곡선

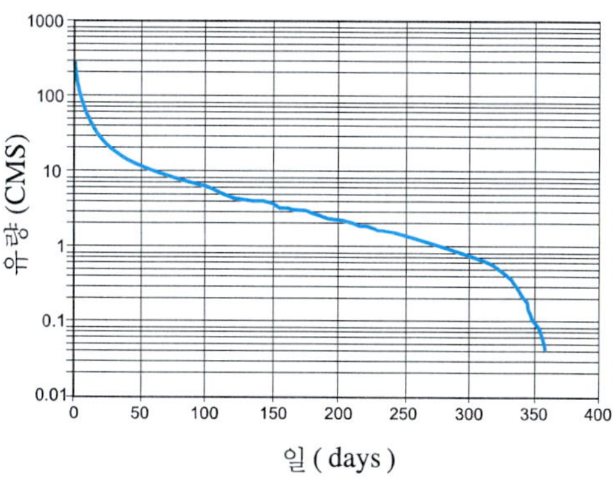

(b) 유량지속 곡선

그림 10.24 유사량 곡선과 유량지속 곡선을 이용한 유사 유출량 추정
(내성천 석포교; 건설부/건기연, 1992)

4. 위에서 구한 유사 유출량을 해당 유역면적과 기간으로 나누면 톤/km²/yr로 표시되는 비유사량이 구해진다. 저수지 퇴사 문제에서는 이렇게 구한 무게단위의 유사 유출량을 퇴적토 부피로 환산할 필요가 있으며, 이 경우 무게단위로 표시된 유사 유출량을 퇴적토 단위중량으로 나누어준다.

유사량 곡선과 유량지속 곡선을 이용하는 방법에서 중요한 것은 정확한 유사량 곡선을 작성하는 것이다. 그러나 유사량 곡선은 앞서 설명한 것과 같이 계절별은 물론 한 호우사상의 전반부와 후반부에서 같은 유량에 대해 복수의 유사량이 가능하기 때문에 이러한 특성을 충분히 고려하지 않으면 부정확해질 수 있다. 이러한 유사량 곡선의 불확실성을 보완할 수 있는 방법으로 제안된 것이 단위 유사량도와 순간 단위유사량도 등이며 이에 대한 설명은 개정전 하천수리학 제12장을 참고하도록 한다.

저수지 퇴사 자료를 이용하는 방법 저수지가 상류에서 유입한 유사의 일부 또는 전부를 포착하는 효율, 즉 저수지 포착률과 저수지 바닥에 쌓인 퇴사량을 알면 역으로 상류유역에서 내려온 유사 유출량을 구할 수 있다. 여기서 저수지 포착률(捕捉率, trap efficiency)은 저수지 상류에서 유입하는 유사량에 대한 저수지 바닥에 가라앉는 유사량의 비율(%)이다. 저수지 퇴적량을 $D(\mathrm{m}^3)$, 저수지 포착률을 E_t (%), 퇴적토 단위중량을 $W(\text{톤}/\mathrm{m}^3)$ 라 하면 저수지 유입부에서 저수지로 유입되는 상류유역의 유사 유출량 $Y(\text{톤})$ 는

$$Y = \frac{D \times W}{E_t / 100} \tag{10-103}$$

퇴적토 단위중량은 이미 제8장에서 설명하였다. 정확한 저수지 퇴사 자료와 포착률 자료가 있으면 양호한 유사 유출량 자료를 얻을 수 있다. 실제, 기존의 유사 유출량 자료는 상당 부분이 위와 같은 저수지 퇴사량 자료에서 역산한 것들이다.

예제 10.3

한 저수지에서 25년 동안 퇴적된 토사량이 $1.5 \times 10^6\ \mathrm{m}^3$이며, 이 퇴적토의 평균 단위중량은 1.1톤/m³이다. 저수지의 유사 포착률이 55%라면 저수지 상류유역의 비유사량을 추정하시오. 상류유역의 면적은 850 km²이다.

풀이

(1) 이 저수지의 연평균 퇴사량은 $1.5 \times 10^6 / 25 = 60{,}000\ [\mathrm{m}^3/\mathrm{yr}]$

(2) 따라서 상류유역에서의 연평균 유사 유출량은 식 (10-103)에서

$$60{,}000 \times 1.1 / (55/100) = 120{,}000\ [\text{톤}/\mathrm{yr}]$$

(3) 따라서 비유사량은 $120{,}000/850 \cong 140\ [\text{톤}/\mathrm{km}^2/\mathrm{yr}]$

유사유출 자료 한 유역의 유사 유출량은 그 유역의 강수량에 직접적으로 관련되어 있다. USLE에서 알 수 있듯이 강수량의 크기와 강도는 지표면 침식에 직접 영향을 주며, 동시에 강우량은 그 유역의 자연식생에 영향을 주어 다시 지표면 침식에 간접적으로 영향을 주기 때문이다. 따라서 연 강수량이 거의 없거나 매우 적은 지역에서는 강우에 의한 토양침식이 없거나 매우 적으나, 강수량이 증가하게 되면 그에 따라 토양 침식량이 같이 커진다. 동시에 지표면은 사막에서 초원으로 식생의 번식도가 점차 커진다. 강우량이 어느 정도 커지면 지표면의 토립자를 침식시킬 수 있는 강우 침식도는 커지나 동시에 지표면은 식생으로 덮이게 됨에 따라 지표면의 토양은 빗방울의 운동에너지로부터 보호를 받게 되어 실제 토양 침식률은 줄어들 수 있다. 이러한 강우와 식생효과가 토양침식에 미치는 효과는 그림 10.25(a)에 잘 나타나 있다. 이 그림은 주로 온대에 속하는 미국의 유사유출 자료에 기초한 것으로, 유사 유출량은 연 강우량 300 mm 정도에서 최대가 되었다 그 이후는 계속 줄어든다. Langbein과 Schumm (1958)은 유사 유출량이 0에서 최대치까지를 사막의 관목지역, 그 다음부터 강우량 750 mm 정도까지를 초원지역, 그 다음은 수목지역으로 구분하였다. 그러나 이 그림은 온대지방의 자료만을 가지고 작성한 것으로 범용성이 적다. Walling과 Kleo(1979)는 열대지방의 자료를 포함한 세계 연 강수량과 유사 유출량 자료를 비교한 결과 자료점들이 매우 흩어져서 일반적인 경향을 얻을 수 없음을 보고하였다. 그들은 다시 유역특성이 유사한 자료점들을 묶어 평균한 결과를 이용하여 그림 10.25(b)와 같은 결과를 얻었다. 이 그림에서 분명한 것은 유사 유출량은 연 강수량에 대해 하나의 최대치를 가지는 것이 아니라 다수의 최대치를 가진다는 점이다. 즉 이 결과는 Langbein과 Schumm이 보여준 것과 비슷하게 연 강수량 400 mm 정도에서 유사 유출은 최대가 되었다가 점차 줄어들어 700 mm 정도에서 최소가 된다. 그러나 유사 유출량은 다시 늘기 시작하여 1,400 mm 정도에서 최대가 되었다가 다시 줄어든다. 마지막으로 연 강수량 2,000 mm 이상부터는 유사 유출량이 다시 늘어나는 경향을 보인다. 이러한 결과는 유역의 유사 유출량에 연 강우량의 크기도 중요하지만 계절적 강수분포도 중요한 역할을 하기 때문

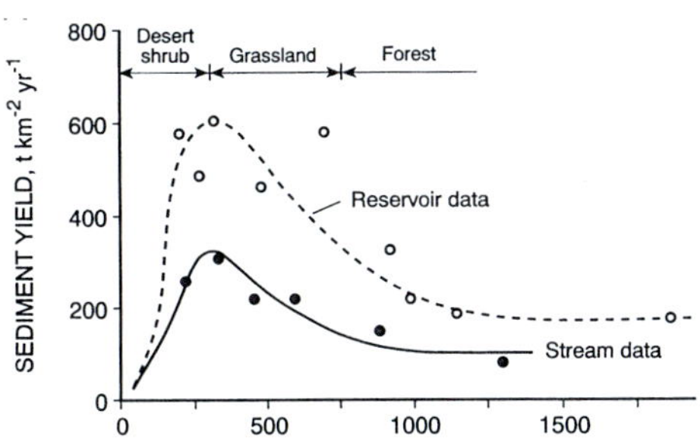

(a) Langbein과 Schumm(1958)

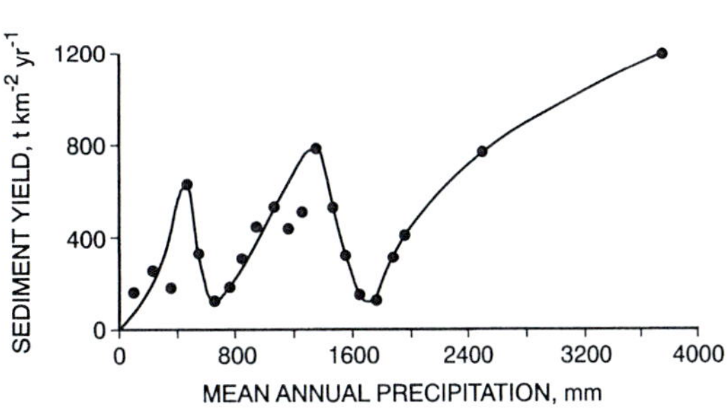

(b) Walling과 Kleo(1979)

그림 10.25 연 강우량과 유사 유출량의 변화

표 10.2 한국의 유사 유출량 자료(건설부/건기연, 1992, p. 226)

구분	지점명	비퇴사량 ($m^3/km^2/yr$)	비유사량 (톤/km^2/yr)	유역 면적 (km^2)	하천 밀도 (km/km^2)	강우 침식도 R(10^7 J/ha)	식생과 토지 이용[1] (%)	토양 침식성 K(톤/J)	유역 기복 (m)	주 하상 재료
섬강	장현교	–	219	923	0.57	475	14.0	0.26	412	자갈
	화전교	–	136	188	0.52	424	6.1	0.25	460	자갈
내성천	송리원교	–	453	491	0.55	305	15.8	0.26	331	모래
	석포교	–	501	299	0.56	302	14.9	0.25	395	모래
위천	봉황교	–	324	567	0.65	251	14.4	0.22	282	모래[2]
	나호교	–	154	282	0.65	251	16.5	0.20	289	자갈
금강	대소교	–	107	971	0.56	411	13.9	0.25	439	자갈
	외송교	–	103	574	0.57	412	15.3	0.26	453	자갈
댐과 하구둑	남강댐	357	436	2285	0.57	456	14.6	0.26	491	모래[2]
	안동댐	230	207	1584	0.59	276	4.0	0.22	437	자갈
	섬진강댐	460	414	763	0.59	452	12.0	0.27	301	자갈
	삽교호	279	408	1263	0.42	567	22.4	0.29	147	모래
	아산호	226	326	1369	0.40	559	23.5	0.28	79	모래

주) 1) 식생과 토지이용은 녹지 자연도(환경처, 1991)를 이용으로 상대적으로 매긴 것임
2) 모래와 자갈의 중간 정도임

이다. 즉 식생이 왕성한 계절의 강우보다는 시들어 마를 때 강수량이 유사유출에 더 크게 기여를 한다는 것을 의미한다.

국내의 경우 연 강수량은 1,200 mm 수준이므로 그림 10.25(a)의 결과에 의하면 유사 유출량은 100~200 톤/km^2/yr 정도이며, 그림 10.25(b)의 결과에 의하면 500 톤/km^2/yr 정도이다. 국내의 유사유출 자료로는 연구사업 목적으로 수집한 비유사량 자료가 있으며 표 10.2와 같다. 이 자료는 유역면적 200~2,000 km^2의 산지유역을 대상으로 하천 유사량 측정과 기존 댐 퇴사량 자료를 수집하여 만든 것으로, 비유사량은 100~500 톤/km^2/yr 정도이다. 이 결과는 앞서 설명한 미국과 세계 비유사량 자료 범위 내에 있다.

2 유사 유출량 추정방법

유역의 유사 유출량 또는 비유사량을 추정하는 방법은 크게 1) 유량-유사량 곡선과 유량 지속 곡선 방법, 2) 저수지 퇴사량과 포착률 방법, 3) 유역 침식량과 유사 전달비 방법, 4) 경험적 방법, 5) 확정론적 유사추적 모형 등으로 나눌 수 있다. 이 중 앞의 두 방법은 사실상 실측 자료에 의해 유사 유출량을 결정하는 방법으로 이미 앞에서 설명하였다.

침식량과 유사 전달비 방법 상류 산지 등에서 침식된 토사는 모두가 하류로 전달되지는 않는다. 대신 중간 요철부에 머물거나 지표면 경사가 갑자기 작아지는 경사면의 발끔치(toe) 부분이나 고랑, 하도, 홍수터 등에 일부가 쌓이게 된다. 이러한 유사 전달의 효율, 즉 유사 전달비는 침식된 토립자의 크기와 조직 등 토양특성; 유역 배수망의 밀도, 경사, 형상, 크기, 하도의

선형 등 하천 및 유역 특성; 기후, 토지이용, 국부적인 환경, 지형 등에 의존한다. 유사 전달비 D (%)는 유사 유출량 Y와 유역의 토양 유실량 T를 이용하여 다음과 같이 표시된다.

$$D = \frac{Y}{T} \times 100 \qquad (10-104)$$

따라서 한 하천유역의 침식량과 유사 전달비를 알면 그 지점에서 유사 유출량이나 비유사량을 추정할 수 있다. 이러한 방법은 산지계곡 하류나 하천에 일반 댐, 사방댐, 침사지 등 유사조절 시설을 계획하는 경우 유용하다. 그러나 상류유역에서 토양 유실량은 박층침식과 세류침식뿐만 아니라 구곡침식이나 하도침식 등에 의한 것을 고려하여야 하므로 일반적으로 정확한 토양 유실량 추정 자체가 어렵다.

유역의 유사 전달비는 일반적으로 유역면적에 반비례하며, 사립자가 클수록 작아진다. 이러한 유사 전달비와 유역, 하천, 사립자 특성 등에 관한 경험적 관계식이나 도표 등은 1960년대부터 다양하게 제시되었다. Roehl(1962)은 미국 남동부 Piedmont 지역의 자료를 이용하여 다음과 같은 유사 전달비의 경험식을 제안하였다.

$$\log D = 4.5 - 0.23\log(10A) - 0.51\log(L/H) - 2.79\log B \qquad (10-105)$$

위 식에서 $D(\%)$는 유사 전달비, $A(\text{mi}^2)$는 유역면적, L/H는 유역의 주하천 길이와 양단 표고차의 비, B는 하천의 분기율이다. 하천 분기율은 어느 하천 차수에 해당하는 하천의 수와 다음 차수 하천의 수의 비율을 말한다. Roehl의 조사결과, 유역면적 1.6~427 km^2, 하천길이 1.6~35 km, 길이/표고 차의 비 28~330, 하천 분기율 3.2~5.0에서 유사 전달비는 4~60% 정도로 나타났다.

그림 10.26은 Roehl 등 여러 연구자들에 의한 유역면적-유사 전달비 관계를 보여주고 있다. 이 그림에서 관계직선의 기울기는 개략적으로 −0.12이다. 따라서 유사 전달비 D는 유역

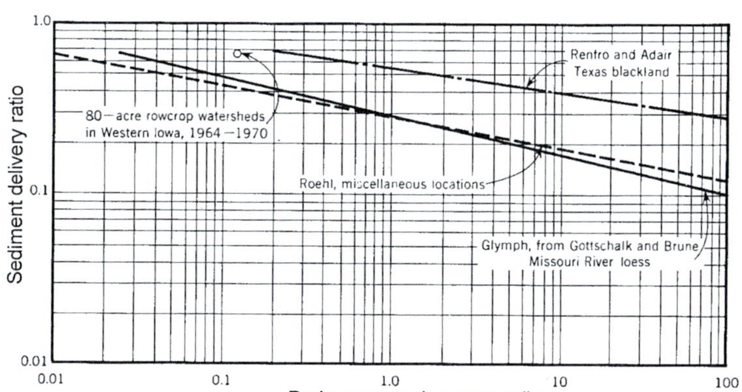

그림 10.26 유역면적과 유사 전달비와의 관계(ASCE, 1975, p. 463)

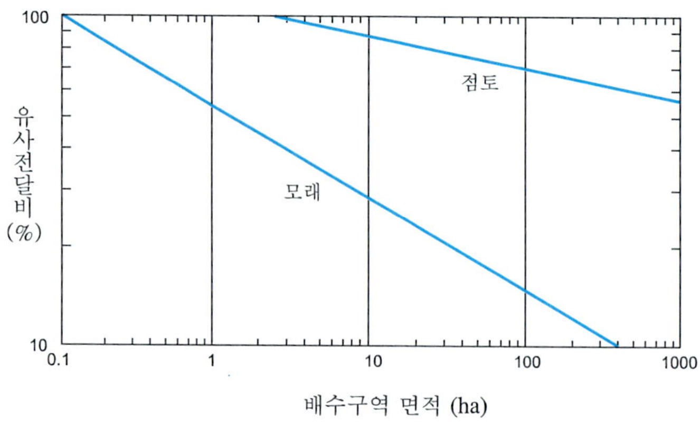

그림 10.27 모래와 점토에 대한 유역면적과 유사 전달비(TRB, 1980)

면적 A 를 이용하여 $D = aA^{-0.12}$ 로 나타낼 수 있다. 이 관계를 이용하면 어느 유역의 면적과 유사 전달비를 알면 다른 유역의 유사 전달비를 추정할 수 있다. 예를 들면 유역면적이 10 km^2인 한 유역의 유사 전달비가 30%라면 유역면적이 50 km^2인 다른 유역의 유사 전달비는 25%가 된다. 또한 배수 면적이 100 m^2 정도 되는 매우 작은 곳의 유사 전달비는 100%로 볼 수 있으므로, 이를 기준점으로 하여 유역면적 25,000 km^2의 유사 전달비를 추정하면 10% 정도가 된다. 여기서 기준점의 면적은 임의로 정했으나 유역면적의 지수가 −0.12의 작은 수이므로 계산결과에 큰 차이를 만들지 않는다. 따라서 한강이나 낙동강 등 국내에서 가장 큰 유역의 유사 전달비도 약 10% 정도로 보아도 큰 무리가 없을 것이다. 이 추론은 댐에 의한 유사포착 효과를 고려하지 않았을 경우이다.

한편, TRB(1980)에서는 침사지 설계 목적으로 다음 그림 10.27과 같이 유역면적과 사립자 크기를 가지고 유사 전달비를 추정하는 개략적인 도표를 제시하였다. 이 곡선은 특히 배수면적이 4 km^2 이내의 비교적 작은 곳에 적용할 수 있다. 여기서 실트의 경우 안전 측면에서 점토 곡선을 준용할 수 있을 것이다.

예제 10.4

유역면적이 3.5 ha인 유역의 연평균 토량 유실량이 123톤인 경우 그림 10.27을 이용하여 유사 전달비를 추정하고 연 유사 유출량을 구하시오. 단 침식토는 모래 50%, 실트/점토 50%로 구성되어 있다.

풀이

(1) 유역면적이 3.5ha 이고 침식토는 모래와 실트/점토가 중간이므로 그림 10.27에서 모래와 진흙 곡선의 중간을 읽으면 유사 전달비는 60%이다.

(2) 따라서 식 (10−104)에서 연 유사 유출량은

$$Y = D \times T/100 = 60 \times 123/100 = 74 \text{ [톤]}$$

경험적 방법 경험적 방법은 유역의 유사유출에 관련된 변수들에 대해 실측자료를 이용하여 회귀식을 만들어 유사 유출량을 추정하는 것이다. 이 방법은 일종의 '검은 상자' 모형으로, 유사유출에 관련된 현상들을 완전히 이해하지 못한 현 시점에서 그 의의가 있다. 그러나 유사유출은 관련된 변수가 많은 만큼 지역성이 강하기 때문에 다른 지역에서 얻은 자료를 이용하여 단순히 회귀시킨 경험공식들은 그만큼 적용한계가 있다.

경험적 방법은 자료의 회귀 분석에 의존한다. 일찍이 Anderson(1949)은 배수면적 11.5~517 km^2 정도에서 얻은 자료를 이용하여 연평균 유사 유출량을 단위면적당 연 최대 첨두유량, 주하천 길이당 배수 면적, 식생밀도 등의 인자들의 함수로 표시하였다. 그 후 이와 같은 유사 유출량의 경험공식들은 Flaxman(1972), Dendy와 Bolton(1976) 등 많은 연구자들에 의해 새로이 제안되었다. 특히 Dendy와 Bolton은 미국 전역에서 수집된 800개의 저수지 퇴사량 자료를 이용하여 다음과 같은 경험식을 제안하였다. 먼저 연평균 유출고가 50 mm 미만인 건조지역의 비유사량 Y_r(톤/km^2/yr)은 유출고 h(mm)와 유역면적 A(km^2)를 이용하여

$$Y_r = 103\,h^{0.46}(1.536 - 0.26\log A) \qquad (10-106)$$

그 밖의 지역에 대해서는

$$Y_r = 694\,e^{-0.00217h}(1.536 - 0.26\log A) \qquad (10-107)$$

Dendy와 Bolton이 이용한 자료의 범위는 유역면적 2.5~77,000 km^2, 연평균 유출고 0~1,270 mm 정도이다.

여기서 특기할 만한 사실은 이러한 유사유출 경험식들에 이용된 자료들은 대부분 기존 저수지 퇴사 자료에서 얻어진 것으로, 미국 등에서는 저수지의 퇴사량 자체보다는 유역의 유사유출량, 또는 비유사량에 초점을 두고 있다는 점이다. 이는 일본이나 한국에서는 유역의 유사유출량보다는 주로 저수지 퇴사량, 또는 비퇴사량 자체를 연구대상으로 한다는 점과 다르다. 비유사량은 저수지 설계시 퇴사량 추정은 물론 기타 하천 계획시 필요한 자료이므로 위와 같은 비유사량 추정방법이 비퇴사량 추정방법보다 범용성이 있다.

경험적 방법의 다른 예로서 이른바 도표식 방법이 있다. 이는 지질, 토양, 기후, 유출 등 유사유출에 관련된 9개 인자들의 상하한치 배점을 정하고 해당 유역의 인자특성을 구해 각 인자별 점수를 매겨 이를 합산하여 그에 해당하는 유사 유출량의 범위를 구하는 것이다. 이 방법으로는 미국의 건조한 남서부 지역에 적용하기 위해 개발한 PSIAC(1968) 방법이 있다. 이 방법은 그 후 Johnson과 Gebhart(1982)에 의해 수정되어 각 인자의 점수 매김을 객관화시켰다.

1990년대 들어와 국내의 유사유출 특성을 고려한 경험적 유사 유출량 추정 방법이 개발되었다(건설부/건기연, 1992)[52]. 이 방법은 유역면적 200~2,000 km^2 정도의 중규모 유역을 대상

52 이 연구결과의 요약은 유권규 등(1993), 김창완 등(1993), Kim 등(1997) 등을 참고할 수 있음

으로 유역면적, 하천밀도, 강우 침식도, 토양 침식성, 지형(기복), 하상재료 등 총 6개 인자를 고려하여 유역의 유사 유출량과 비유사량을 경험적으로 구하는 것이다. 이 방법에 이용된 유사유출 자료는 표 10.2이며, 개발된 방법은 3변수를 이용한 단순 회귀식과 PSIAC 방법과 유사한 도표식 방법 등 두 가지이다. 그들이 개발한 3변수 경험공식은

$$Y_r = 17.6\, D_d^{2.572}\, R^{0.847}\, D_r^{-0.938} \qquad (10-108)$$

위 식에서 Y_r 은 비유사량(톤/km^2/yr), D_d 는 1 : 250,000 지형도상에서 얻는 유역의 하천밀도(km/km^2), R 은 USLE의 강우 침식도(10^7 J/ha), D_r 은 하천의 하상토 대표입경 인자이다. D_r 은 자갈 이상의 하상토 구성비 p 를 이용하여 다음 식에서 구한다.

$$D_r = 10^p \qquad (10-109)$$

따라서 순수 모래하천에서 $p=0$ 이므로 $D_r=1$ 이다. 식 (10-108)의 개발에 이용된 자료와 공식의 추정결과는 그림 10.28과 같다.

이 모형은 국내에서 최초로 체계적인 자료수집을 통해 개발된 중규모 유역의 비유사량 공식이라는 점에서 의의가 있다. 그러나 개발에 이용된 자료수가 13개로 매우 제한되어 있고, 특히 자료를 가공하는 데 이용된 유량-유사량 관계 곡선이나 저수지 퇴사량과 포착률 자료 등에 신뢰도가 충분하지 않다는 한계가 있다. 나아가 이 공식에서 하상토 대표입경 인자는 유사 유출량 추정지점에서 하상토 입경을 이용하여 추정할 수 있으나, 하천구간 상하류에 따라 하상토 구성이 급히 바뀌는 하천에서는 대표입경 인자를 결정하는 것 자체가 쉽지 않다

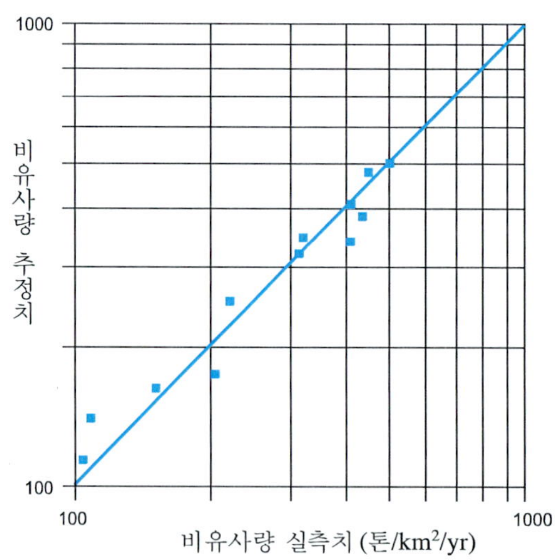

그림 10.28 3변수 비유사량 추정모형과 실측치(건설부/건기연, 1992, p. 232)

는 문제가 있다. 따라서 앞으로 신뢰도 높은 자료를 계속 수집하여 위와 같은 경험적 유사유출 추정방법을 보완할 필요가 있다.

예제 10.5

식 (10 - 108)을 이용하여 유역면적 1,250 km^2, 유역의 하천밀도 0.47, 강우 침식도 350인 유역의 출구 하천에서 연평균 비유사량과 유사 유출량을 추정하시오. 단 출구 지점에서 하상토는 모래 70%, 자갈 30%로 구성되어 있다.

풀이

식 (10 - 109)에서 하상토 대표입경 인자를 구하면 $D_r = 10^{0.3} = 2.0$

(1) 비유사량

$$Y_r = 17.6\,(0.47)^{2.572}\,(350)^{0.847}\,(2.0)^{-0.938} \cong 190\,[\text{톤}/\text{km}^2/\text{yr}]$$

(2) 유사 유출량

$$Y = 190\,(1250) \cong 238{,}000\,[\text{톤}/\text{yr}]$$

추계적 방법은 유사유출의 분포 등을 특정 통계함수를 이용하여 모의하는 것으로, 아직 실용적으로 이용되지 않고 있다. 이 방법으로는 Renard와 Lane(1975), Woolhiser와 Blinco(1975)의 모형 등이 있다.

유사추적 모형 유사추적 모형은 유역에서 흐름에 의해 침식, 이송, 퇴적되는 유사의 거동을 공간적, 시간적으로 추적하는 것이다. 이는 유역에서 흐름추적을 근간으로 사립자의 움직임을 추적하는 것으로, 유역의 유사 유출량 추정은 물론 사립자에 의해 묻어 나가는 비점 오염물질의 추적에 유효하다. 이러한 유사추적 모형에는 Williams의 단순 유사유출 추정모형부터 매우 복잡하고 정교한 모형까지 다양하다(ASCE, 2008, pp. 842 - 848).

Williams(1975)는 유역면적이 2,600 km^2 이내의 지역에서 호우로 인한 유사 유출량을 추정하는 방법으로 USLE와 유사한 수정 USLE를 제안하였다. 이 모형에서는 유사 유출량은 유역의 토양유실에 관련된 USLE 인자는 물론 호우의 용적과 첨두유량에 관련되어 있다. 유사추적 모형은 토립자의 이탈은 USLE 등 침식모형으로 모의하고 이탈된 토립자가 흐름에 연행되어 이송되는 과정은 물과 유사의 추적모형을 이용한다. 이러한 유사추적 모형의 효시는 Negev(1967)의 모형이다. 그 후 많은 유사추적 모형이 개발되었으며, 대표적인 공공모형으로 ANSWERS(Beasley 등, 1980; Park 등, 1982), CREAMS(Knisel, 1980), AGNPS(Young 등, 1987) 등이 있다. 이러한 모형들은 이른바 분포형 모형으로, 비교적 균질의 작은 구역(cell)에서 물, 유사, 비점 오염물 등을 적절한 방법으로 예측하여 하류로 추적하게 된다. 한 구역의 유출해석에는 SCS 방법 등을 이용하며, 토양유실은 USLE 등을 이용하고, 물에 녹거나 사립자에 묻어 나오는 비점 오염물질도 적절한 경험식을 이용하여 추정한다.

(a) 유출 수심

(b) 유사농도 분포

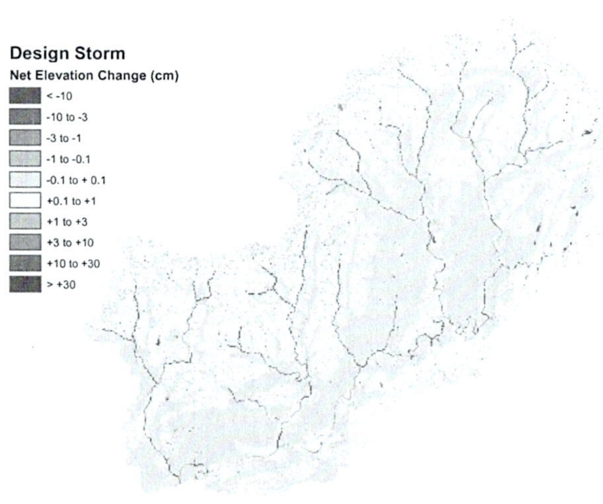

(c) 지표고 침식과 퇴적

그림 10.29 TREX 모형을 이용한 내성천 유역의 유출, 유사농도, 지표고 변화 모의 (Ji 등, 2014)

한편, 영국과 프랑스가 공동 개발한 유역의 유출과 유사 추적모형으로 SHE(Systeme Hydrologuque Européen) / SHESED(Bathrust 등, 1995) 모형이 있다. 이 모형은 미국에서 개발된 것이 아니기 때문에 격자에서 유출과 토양침식은 미국의 모형들과 기본적으로 다른 방법들을 이용한다. TREX(Two-dimensional, Runoff, Erosion, and Export) 모형은 미국 Colorado State University에서 개발한 CASC2D 모형 기반의 분포형 유역모형으로 복잡한 유역에서 단기간에 걸친 호우사상을 모의할 수 있으며, 다양한 종류의 입력자료 및 조건에 따른 유역에서의 유출, 토양침식, 유사이송에 대한 시·공간적 변화를 모의 할 수 있다. TREX 모형은 극한호우에 대한 유역의 반응 분석에 매우 용이한 모형으로 토양손실이 극심한 지점, 유사 침식과 퇴적이 극심한 지점을 판단하는데 있어 매우 유용하다. 그림 10.29(a)와 그림 10.29(b)는 TREX 모형을 이용하여 내성천 유역에 시간당 50 mm의 강우가 6시간 지속되었을 때의 유출수심과 유사농도 분포 모의결과를 나타낸 것이다. 그림 10.29(c)는 유출이 종료된 후 단기호우사상에 의한 지표의 침식과 퇴적 변화 분포를 나타낸 것이다. TREX 모형은 소스코드가 공개된 프로그램이며 이에 대한 이론과 적용방법에 대한 내용은 TREX 사용자 매뉴얼(Velleux 등, 2006)을 참고할 수 있다.

10.4 유사측정

충적하천에서는 물과 동시에 유사가 흐른다. 따라서 충적하천에서 유사량을 측정하는 것은 유량을 측정하는 것만큼 중요하다. 특히 아직 유사량 공식들이 그 신뢰도에서 한계가 있는 만큼 하천에서 직접 유사량을 측정하여 기록, 관리하는 것은 각종 하천 계획과 관리에 필수적이다.

유사흐름이 있는 하천에서 큰 입자들은 주로 하상 근처에서 이송되고 작은 입자들은 수심 전체에 퍼져서 이송된다. 이러한 입자크기별 유사농도의 연직분포는 하천에 따라 다르고 한 하천단면에서도 연직선에 따라 다르다. 그림 10.30과 같이 한 하천단면에서 유사의 연직농도 분포는 하상 근처에서 최대가 되고 수면 가까이 갈수록 지수 함수적으로 감소한다.

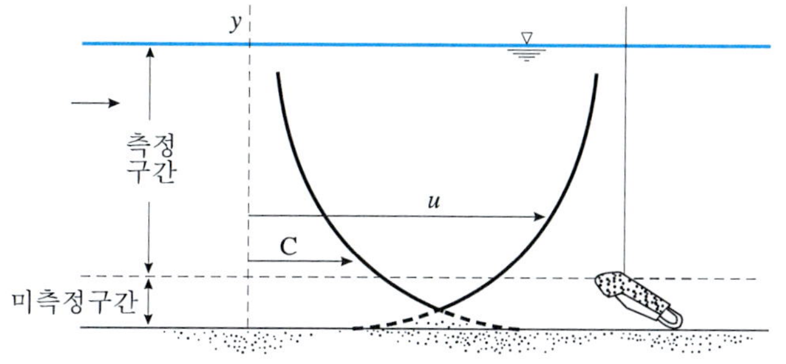

그림 10.30 하천에서 유사농도의 연직분포와 부유사 채취

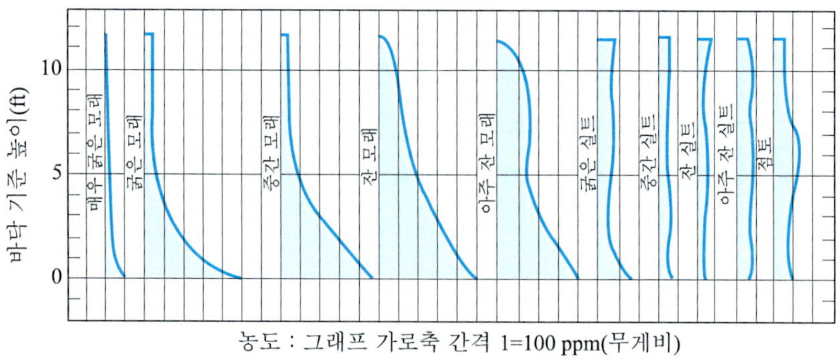

그림 10.31 유사 입경별 농도의 연직분포(Guy, 1970)

이 그림에서 주의 깊게 보아야 할 것은 측정 구간과 미측정 구간의 구분이다. 앞서 유사이송의 구분에서 설명하였듯이 유사량은 보통의 부유사 채취기로 측정할 수 있는 구간에서 이송되는 측정 유사와 그 아래 측정 불가능한 구간에서 이송되는 미측정 유사로 나눌 수 있다. 부유사 채취기의 노즐과 몸체 바닥은 높이 차이가 나기 때문에 이러한 높이 차이를 무시하고 노즐을 강제로 하상 가까이 접근시키는 경우 흐름이 교란되어 정확한 유사측정이 불가능해진다.

그림 10.31은 사립자의 크기에 따른 연직 농도분포를 보여준다. 이 그림과 같이 굵은 모래와 같은 큰 사립자들은 위아래 농도분포가 크게 다르며, 하상에서 위로 올라가면서 농도는 급속히 작아진다. 반면에 실트나 점토 같은 세류사는 위아래 농도분포가 거의 같다. 이러한 입자 크기별 농도분포의 차이는 실제 유사채취에서 주의 깊게 고려되어야 할 것이다. 따라서 모래하천에서 하상토와 세류사가 주로 부유의 형태로 이송되는 경우 소류사 채취는 큰 의미가 없을 것이며, 부유사 채취기를 이용한 유사량 측정이 필요할 것이다. 반면에 자갈 하천과 같이 주로 소류의 형태로 이송하는 경우 부유사 채취는 큰 의미가 없을 것이며, 소류사 채취기를 이용한 유사량 측정이 필요할 것이다.

하천의 단면이 불규칙하거나 하천의 폭이 수심에 비해 상대적으로 크지 않는 경우 한 하천 단면에서 유사농도 분포는 연직 방향뿐만 아니라 횡 방향으로도 다르다. 따라서, 이러한 경우, 한 단면에서 유사량을 정확히 측정하기 위해서는 많은 측선이 필요하다. 또한, 하천의 선형이 곡선이거나 불규칙한 경우 한 하천단면에서 유사농도 분포는 더욱 다르게 된다. 예를 들어, 곡선수로의 경우 최심선은 만곡부의 바깥쪽으로 치우치므로 유사농도는 일반적으로 만곡부 안쪽에서 바깥쪽으로 갈수록 커진다.

유사량 측정시 대상하천의 특성을 정확히 파악하는 것은 측정의 신뢰도를 높일 수 있을 뿐 아니라 측정 작업을 보다 신속 정확하게 할 수 있게 한다. 따라서 유사량 측정 전에 대상하천에 대한 자료검토와 사전답사를 통하여 그 하천의 유사이송 특성을 충분히 이해할 필요가 있다.

하천에서 총유사량은 이론적으로는 소류사와 부유사를 합한 것이나, 실제로 측정하는 장비와 하상의 특성 때문에 측정된 소류사와 부유사를 단순히 합해서 구하기 어렵다. 부유사측정이 비교적 간단하고 오차도 작은 반면에, 소류사 측정은 상대적으로 어렵고 정확도 또한 부유사의 경우보다 낮다. 따라서 일반적으로 부유사를 채취한 뒤에 측정된 부유사의 농도, 하상토의 입경분포, 유속, 수심, 에너지경사 등 하천의 흐름과 유사 자료를 이용하여 총유사량을 추정한다. 이와 같은 방법에는 앞 절에서 설명한 MEP 등이 있다.

마지막으로, 유사측정이나 채취에서 채취(sampling)와 측정(measurement)이라는 용어는 구분하여 사용할 필요가 있다. '채취'는 현장에서 적절한 방법으로 유사 대표시료를 수집한다는 의미로, 채취만으로는 원하는 값들이 나오지 않는다. 채취된 유사시료는 실험실에서 적절한 방법으로 분석해야 농도나 입경분포 등 원하는 값들이 나오게 된다. 따라서 야외에서 유사시료를 수집하는 활동은 '채취'라는 용어가 적합하고, 야외채취를 포함하여 실험실에서 분석하여 정량화하는 전체 과정은 '측정'이라는 용어가 적합하다.

(1) 유사채취 장비

하천에서 유사를 채취하는 장비는 크게 부유사 채취기와 소류사 채취기로 구분한다. 부유사 채취기는 간단한 기계식부터 광학 또는 음향 측정기와 같은 현대적 장비들까지 다양하다. 그러나 대부분의 경우 장비의 가격과 적용상 기술적 어려움 때문에 수심적분 채취기(depth-integrating sampler)나 점적분 채취기(point-integrating sampler)와 같은 기계식 채취기들이 보편적으로 이용되고 있다. 한편 소류사를 측정하는 방법도 크게 두 가지로 나눈다. 하나는 단순한 기계적인 방법으로 하상 근처에서 이송되는 소류사를 담아서 채취하는 것이고, 다른 하나는 하상형태를 추적하여 그 형태 변화를 가지고 소류사량을 간접적으로 산정하는 방법이다. 유사채취 방법도 기본적으로 하천에 직접 들어가서(wading) 부유사, 소류사, 하상토 등을 채취하는 방법과 교량이나 케이블에서 권양기 등을 이용하여 채취하는 방법 등 두 가지로 나눈다. 따라서 유사채취 장비도 위 두 가지 방법에 따라 달라진다.

1 부유사 채취기

부유사 채취기는 하천에 직접 들어가서 채취하는 가벼운 채취기와 교량이나 케이블을 이용하는 무거운 채취기로 나눌 수 있다. 전자는 유속이 작고 수심이 얕은 소하천에 쓰이며, 후자는 유속이 크고 수심이 깊은 대하천에 쓰인다. 후자의 경우 권양기를 이용한다.

순간 부유사 채취기　순간 부유사 채취기는 원형 튜브 관을 통해 이동하는 부유사와 물의 혼합물 일정량을 튜브 관의 양쪽 끝을 순간적으로 막아 채취하는 방법이다. 하천의 자유수면에서 바스켓을 이용하여 채취하는 방법도 순간 부유사 채취방법이라고 할 수 있다. 이러한 순간 부유사 채취 방법은 체적 평균 유사농도 값을 구하기 위한 것이라고 할 수 있다. 따라서 적용할 수 있는 경우가 매우 제한적이며 특히 부유사의 입자크기가 충분히 작아 강도가 약한 난류

흐름에서도 쉽게 침강하지 않는 하천이나 저수지에서 적합한 방법이다.

수심적분 부유사 채취기 수심적분 부유사 채취기는 하천의 측선에서 일정한 속도로 아래위로 이동하면서 부유사를 채취하는 기기이다. 이러한 채취기는 앞에 노즐이 있고 노즐은 몸체 내 채취병과 연결되어 있다. 시료를 채취하는 동안 병 안의 공기는 배출구를 통해 배출된다. 노즐과 채취병은 채취기의 크기에 따라 여러 종류가 있다. 그림 10.32(a)는 미국에서 개발된 무게 28 kg의 청동제 D-74 채취기이다. 이 채취기의 시료병은 1 pint(0.47l)와 1 quart(0.95l) 두 종류가 있으며, 노즐은 1/8, 1/16, 1/4 inch 등 세 종류가 있다. 이 채취기를 이용한 최대 측정깊이는 5.8 m 정도이다.

점적분 부유사 채취기 점적분 부유사 채취기는 보통 전기로 작동되는 밸브가 있어 측선의 한 점에서 일정 시간 동안 부유사를 채취하는 기기이나, 수심적분도 할 수 있다. 그림 10.32(b)는 미국에서 개발된 청동제 P-61 점적분 채취기로서, 무게는 약 48 kg이며 시료병은 D-74와 같이 1 pint와 1 quart 등이 있다. 유입구 노즐의 안쪽에는 직류 12 V로 작동되는 솔레노이드 밸브가 있어 측정자가 원하는 지점 또는 구간에서 시료를 채취할 수 있다. 따라서 이 기기로 측선상 원하는 지점에서 밸브를 연 상태로 채취기를 이동시켜 수심적분 채취도 할 수 있다. 시료병에 채워지는 물의 양은 물이 병 안에서 회전하지 않도록 하기 위해 70% 이하로 제한한다.

점적분 채취기의 시료채취 효율은 노즐의 수리계수에 밀접한 관계가 있다. 실험실 분석에 의하면 수리계수는 수온, 측정 수심, 노즐의 방향에 따라 0.8~1.3 정도 변한다. 따라서 농도가 일정할 경우 최대 측정오차는 농도의 약 10% 정도이며, 계속적으로 농도가 변하는 하천에서는 측정오차가 50% 정도까지도 가능하다.

Beverage와 Williams(1989)는 네덜란드 Delft에서 개발된 병(bottle)식 부유사 채취기와 P-61 채취기의 효율을 실험실에서 비교·분석하였다. 그 결과 P-61 채취기가 Delft 채취기보다 정확도가 뛰어나며, Delft 채취기는 통상 부유사를 과소채취하는 것으로 나타났다.

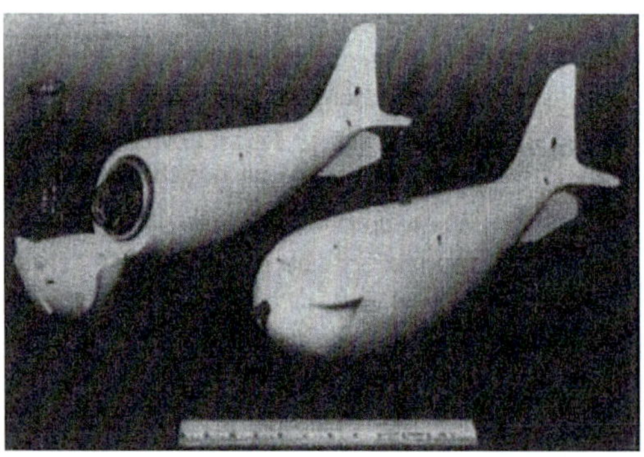

(a) D-74 수심적분 부유사 채취기

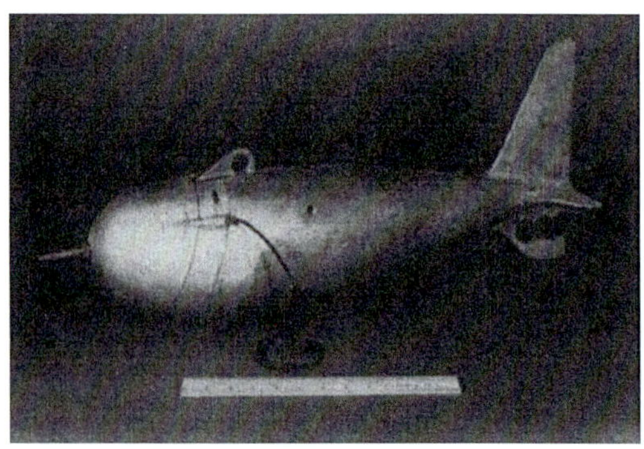

(b) P-61 점적분 부유사 채취기

그림 10.32 부유사 채취기

2 소류사 채취기

기존 소류사 채취기의 기본 원리는 소류층에 있는 소류사를 일정 시간동안 '담아서' 채취하는 것이다. 이러한 소류사 채취기의 종류는 1) 상자 또는 바스켓형, 2) pan 또는 tray형, 3) 압력차형, 4) slot 또는 pit형 등 네 가지로 나눌 수 있다. 이 중 미국뿐만 아니라 세계적으로 널리 쓰이는 것은 Helley-Smith 소류사 채취기이다.

Helley-Smith 소류사 채취기는 1971년에 네덜란드의 Arnhem 채취기를 미국에서 개량한 것으로, 그림 10.33(a)와 같이 노즐, 채취 주머니, 채취기 몸체로 구성되어 있다. 채취기의 노즐은 정사각형(7.6×7.6 cm)이고, 채취 주머니로 0.25 mm 눈금의 폴리에스터망이 노즐 뒤에 부착되어 있다. 노즐의 크기가 7.6 cm이므로 이보다 작은 소류사만이 채취된다. 시료 채취가 가능한 최대수심은 약 3 m 정도이다. 이 채취기의 무게는 약 30 kg이며, 따라서 권양기를 이용해야 한다. 이 채취기는 자갈하천에서 소류사를 채취하는 데 가장 적합하며, 모래와 같이 작거나 호박돌과 같이 큰 사립자에는 적합하지 않다.

3 하상토 채취기

하상토를 채취하는 장비는 1) grab 채취기, 2) dredge 채취기, 3) scoop 채취기, 4) core 채취기의 네 가지로 나눌 수 있다. 앞의 세 가지는 하상토 표면 시료만 채취하지만, 코어 채취기는 하상 깊은 곳의 시료를 채취할 수 있다. 하천에서 유사 채취시 하상토는 보통 그림 10.33(b)의 BM-54와 같은 scoop 채취기를 이용한다.

BM-54 하상토 채취기는 주철로 되어 있으며, 길이는 56 cm, 무게는 45 kg이다. 이 채취기는 권양기를 이용해야 한다. 스쿠프를 열어 놓은 채 하상에 채취기를 낙하시키면 채취기 내에 있는 코일형 고장력 스프링의 작용으로 스쿠프가 회전하여 하상 약 5 cm 깊이 정도 하상토를 채취한다.

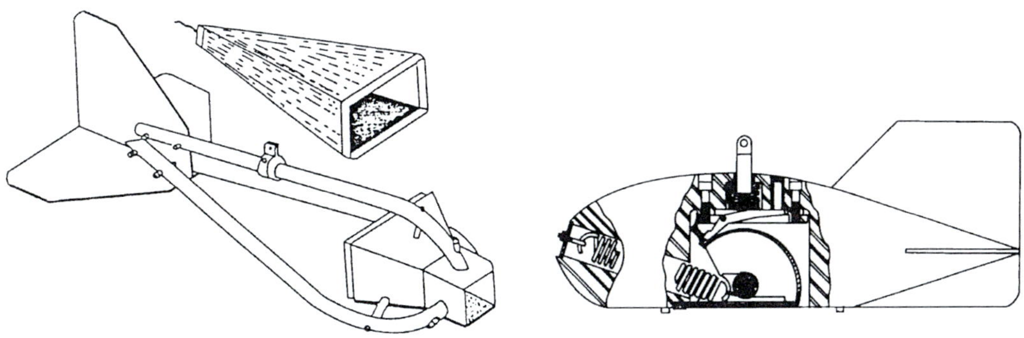

(a) Helly-Smith 소류사 채취기 (b) BM-54 하상토 채취기

그림 10.33 소류사 채취기와 하상토 채취기

(2) 유사채취 준비와 방법

1 사전 준비

한 유역이나 하천에서 유사량을 측정하기 위해서는 1) 지점의 선정, 2) 방법의 결정, 3) 장비의 선정, 4) 측정단면의 선정 등의 준비가 필요하다.

유사량 측정에 적합한 지점이란 하천의 수리, 수문 특성과 유사특성이 잘 반영되고 이러한 특성이 안정적으로 유지되며, 실제 측정작업이 용이한 곳이다. 하도는 가능한 직선에 가깝고 하상이 평탄해야 유속 및 유사농도의 횡단면 분포가 비슷하여 측선 수를 줄일 수 있으며, 측정의 정밀도도 높아진다. 좋은 측정장소는 상류부가 적어도 하폭의 5배 이상은 직선이어야 한다(van Rijn, 1986). 또한 측정장비의 크기에 비해서 수심이 충분히 커야 한다. 수심이 작은 경우는 부유사 채취기에 의해 하상이 교란되며, 수심이 너무 큰 경우는 채취기의 측정한도를 넘게 된다. 유사량 측정지점은 수위 관측소 또는 그 가까이 있는 것이 좋다. 유사량 측정지점은 배수효과가 없어야 한다. 배수효과는 수위 – 유량 관계뿐 아니라 유량-유사량 관계에도 영향을 미친다. 하천이 합류하거나 분류하는 곳은 피해야 한다. 지천에서 유입되는 곳에서는 유사가 불완전하게 혼합되어 측정하는 지점에 따라 유사농도가 급격히 변화하므로, 합류점에서 충분히 떨어진 하류에서 측정해야 한다(Guy, 1970).

유사량 측정방법은 측정의 목적, 가용한 노력, 대상하천의 상황 등에 따라 달라진다. 유사채취 방법은 수심과 유속의 크기 등 하천상황에 따라 구분할 수 있다(Edwards와 Glysson, 1988; Shen과 Julien, 1993).

실측하천에 적합한 유사량 채취장비를 선정하기 위해서는 작업 전에 하천의 유사특성에 관한 정보가 필요하다. 즉 실측지점의 유사이송 형태, 흐름의 완급 정도, 유사농도 등에 대한 개략적인 정보가 필요하다. 하천의 수심과 유속은 물에 직접 들어가서 측정하는 방법을 이용할 경우 특히 문제가 된다. 수심(m)과 유속(m/s)의 곱이 대략 0.9 미만일 때는 물에 들어가서 측정할 수 있다. 그러나 수심이 1.2 m 이상 되면 이 방법은 사실상 불가능하고, 교량이나 케이블에서 무거운 장비로 측정해야 한다.

유사량 측정지점이 선정되면 유사량을 실측하기 전에 측선의 결정이나 수위표의 설치와 같이 여러 준비가 필요하다. 유사량 측정은 하천단면을 몇 개의 부분 단면으로 나누고, 이 부분단면을 대표하는 측선에서 유사시료를 채취한다.

2 유사채취 방법

측정 단면의 분할　하천의 최심선 또는 하천의 중앙 한 측선에서만 시료를 채취하는 방법은 간단하다는 장점이 있으나, 규모가 작은 소하천이나 측정이 지속적으로 되고 있는 지점에서만 적용성이 있다. 하천 폭의 1/4, 1/2, 3/4 지점을 이용하는 방법은 간편법 중에서 가장 널리 이용되고 있는 방법으로, 삼선법(三線法)이라 부른다. 하천단면이 U자형, V자형, 또는 타원형을 이루는 하천에서 이렇게 나눈 세 부분의 유량은 거의 비슷한 것으로 알려져 있다. 한편, 하천의 폭이 크고 수심이 비교적 작으면서 균일한 형태인 하천에서 유속의 분포 또한 거의 비슷한 것으로 가정할 수 있으며, 이 경우 1/6, 1/2, 5/6의 세 측선이 대표하는 부분 단면의 유량이 거의 비슷하게 되므로 이 방법을 이용하는 것이 편리하다.

등간격법(Equal Width Increment Method, EWI)은 하천단면에 일정한 간격으로 측선을 정하고 각 측선에서 부유사를 채취하는 방법이다. 여기서 수심적분 채취시 채취기의 이동속도를 모든 측선에서 일정하게 유지하는 방법을 특히 등이동속도법(Equal Transit Rate Method)이라고 하며, 보편적으로 이용된다. 이 방법은 특히 수심이 작아서 물에 들어가서 측정이 가능한 소하천이나 단면에서 유량분포가 크게 다른 하천에 적합하다. 또한 지류의 물이 본류의 물과 완전히 혼합되지 않는 하천에 적합하다. 이 방법으로 부유사 채취 시 채취기의 상승과 하강 속도는 모든 측선에서 같아야 한다. 채취기의 이동속도가 같으므로 각 측선에서 채취된 시료의 부피는 그 측선에서 단위폭당 평균유량에 비례하게 된다. 이때 채취기의 최대 이동속도는 0.4 V_m을 넘지 않아야 하며, 최소 이동속도는 채취병 중 어느 하나도 넘치지 않게 충분히 커야 한다. 여기서 V_m 은 측선에서의 평균유속이다.

등간격법의 장점 중 하나는 별도의 유량측정이 필요 없다는 점이다. 채취된 시료의 부피가 각 측선에서 평균유속에 비례하기 때문에 각 측선의 간격, 수심, 채취시간, 채취시료의 부피만 알면 유량을 산정할 수 있다.

등간격법에서는 농도분포나 입경분포를 알기 위해 실험실에서 각 측선에서의 시료를 합쳐서 한 개의 시료로 만들어 분석해도 된다. 이렇게 하면 실험실 분석시간을 현저히 줄일 수 있다. 이 방법은 물에 들어가서 측정할 수 있는 소하천에 적합하며, 대하천에서는 작업량이 많게 된다.

등유량법(Equal Discharge Increment Method, EDI)은 사전에 유량을 측정하여 하천단면을 몇 개의 등유량 소단면으로 나누고 각 소단면을 대표하는 측선에서 시료를 채취하는 방법이다. 이때 측선은 보통 각 소단면의 중심선을 택한다. 기존의 실측자료를 이용하여 이 방법을 이용하면 등간격법에 비해 시간과 노력을 상당히 절약할 수 있다. 특히 이 방법은 대하천에서 전술한 등간격법에 비해 측선의 수를 훨씬 적게 할 수 있다. 그러나 기존 유량자료를 이용할 수 없을 때는 실제로 부유사 채취 전에 단면 전체에 걸쳐 유량을 측정해야 한다.

등유량법을 이용하여 부유사를 채취할 때 어려운 점은 각 측선에서 채취된 시료의 부피가 거의 같아야 한다는 것이다. 이렇게 각 측선의 시료 부피가 거의 같아야 단면 전체의 시료를 하나로 합쳐서 분석할 수 있다. 또한 시료별로 각각 분석을 하여 각 측선의 부유사 농도를 구한 뒤, 이 농도를 평균하여 단면 전체의 평균 유사농도를 구한다. 부유사량은 평균 유사농도와 유량의 곱으로 간단히 구할 수 있다. 이 방법의 장점은 단면 전체의 농도분포를 쉽게 알 수 있다는 점이다. 또한 어떤 시료 세트 중에서 농도가 특별히 큰 경우에 이 시료를 평균농도 계산시 제외시킬 수 있다. 실제로 노즐이 하상에 박히거나, 시료병 내에서 시료의 재순환이 발생하여 농도가 실제보다 훨씬 더 높게 나타나는 경우가 있다.

등간격법과 등유량법은 각각 일장일단이 있으며, 장단점은 서로 반대이다. 그러나 등간격법의 가장 큰 단점은 채취된 시료의 적합성을 쉽게 판단할 수 없으며, 신뢰도가 의심스러운 시료를 기각할 수 없다는 점이다.

채취기 이동속도의 결정 수심적분 채취방법은 유량이 가중된 시료를 채취하는 것이다. 따라서 측선상 각 지점의 유량을 적절히 가중시키기 위해서는 채취기의 하강과 상승 중에서 최소한 한 방향으로는 반드시 이동속도가 같아야 한다. 이동속도가 너무 작으면 채취병 내 공기의 배출률이 채취기 주위 정수압의 증가율보다 작아서 물이 유입구 또는 공기 배출구를 통하여 강제로 유입하게 된다. 또한 채취기가 수면 밖으로 채 나오기 전에 채취병 안이 가득 차게 된다. 반대로 이동속도가 지나치게 크게 되면 채취기의 이동에 따라 노즐과 유입되는 물의 유선 사이의 각도가 커져서 유입 속도는 주변 유속보다 느리게 된다.

채취기의 최대 허용 이동속도는 노즐의 직경과 채취기의 용량, 속에 따라 변하며, 그 범위는 하천 평균유속의 0.1~0.4배이다. 수심적분 채취기의 노즐의 크기와 채취 용기의 용량이 주어진 경우, 수심과 평균유속을 알고 있는 하천단면에서 채취기의 최적 이동속도를 결정할 수 있다. 이에 대해서는 건기연(1994) 자료를 참고할 수 있다.

부유사 채취 방법 부유사 채취 방법에는 수심적분, 점적분, 표면 유사채취 등이 있다. 수심적분 채취는 하천의 횡단면을 몇 개의 부분 단면으로 나누고 이 부분 단면을 대표하는 측선을 따라 채취기를 같은 이동속도로 하강 또는 상승시키면서 시료를 채취하는 방법이다. 부유사 채취시 용기 안의 공기는 압축되어 공기 배출구에서는 정수압의 균형을 이루어 유입구에서 물의 유입속도와 주변 유속은 거의 같게 된다. 이상적인 채취기 이동상태는 수심적분 채취가 완전히 끝났을 때 시료가 용기의 2/3~3/4 정도 찬 상태이다.

점적분 채취는 측선상 어느 한 점에서 일정 시간 동안 시료를 채취하는 방법이다. 이런 방법으로 채취한 시료를 분석하면 그 하천단면에서 유사농도의 수평과 연직분포를 알 수 있다. 일반적으로 수평분포를 알기 위해서는 하폭에 따라 5~20개의 측선이 적합하고, 연직분포를 알기 위해서는 수심에 따라 6~10개의 측점이 적합하다.

한 측선에서 측점을 결정할 때는 하천의 수심과 부유사의 입경을 고려해야 한다. 즉 수심이 큰 경우에는 작은 경우보다 더 많은 측정을 하는 것이 좋으며, 부유사의 입경이 큰 경우 농도분포가 위아래로 크게 변하므로 더 많은 측점이 필요하다. 점적분 채취는 측점의 수에 따라 다점법과 간편법으로 나눌 수 있다. 이에 대해서는 건기연 자료(1994)를 참고할 수 있다.

수면 유사채취는 복잡한 장비를 이용하지 않고 간단히 채취병에 줄을 묶고 병 안 또는 밖에 무거운 추를 매달아 하천에 던져 시료를 채취하는 것이다. 이 방법은 유속이 너무 커서 수심적분 또는 점적분 채취기를 이용한 시료채취가 불가능하거나, 부유물이 너무 많아 채취기나 권양선에 걸려서 정상적인 시료채취가 불가능한 경우, 또는 측정장비가 제대로 구비되어 있지 않은 경우에 대안으로 이용한다. 그러나 이렇게 측정한 자료를 가지고 단면 전체의 유사농도로 환산하기가 매우 어려우며, 또한 수면 시료에는 큰 사립자가 없으므로 조립질 유사의 농도를 알기 어렵다.

소류사 채취 방법 일반적으로 소류사의 측정은 부유사 측정보다 더 어렵다. 우선 하상에 내려진 장비는 크든 작든 하상을 교란시켜서 소류사의 이송상태를 변화시킨다. 이보다 더 큰 문제는 하상 근처를 이동하는 소류사의 양이나 분포가 시간적, 공간적으로 끊임없이 변한다는 사실이다. 또한 소류사는 하상 근처의 유속보다 훨씬 느리게 이송한다. 이런 점에서 한두 개의 소류사 측정치가 전체 하천단면을 대표하기는 어렵다.

소류사 입자의 이송을 추적하는 데 방사선 물질, 페인트, 라디오 추적 등을 이용할 수 있다. 이러한 방법으로 홍수기간 중 이동한 사립자의 양과 거리를 재서 소류사량을 간접적으로 추정할 수 있다. 다만 방사선 물질은 환경문제를 일으킬 수 있기 때문에 추천하기 어렵다. 모래하천에서는 사구와 같은 하상형태가 생기고 이러한 하상형태는 느린 속도로 하류로 이동하기 때문에 하상형태의 움직임을 추적하여 소류사량을 간접적으로 추정할 수 있다. 하상토의 공극률 p , 사구의 이동속도 c_s , 사구높이 A_m 등을 이용하여 수식으로 표시하면 부피로 표시한 소류사량 q_{sb} 는

$$q_{sb} = (1-p)\,c_s \frac{A_m}{2} \qquad (10-110)$$

이 방법은 모래하천에서 음향 측심기 등을 이용하여 하상형태의 정확한 추적이 가능하면 상당히 신뢰할 만한 결과를 줄 수 있다.

하상토 채취 방법 하천에서 부유사나 소류사 채취시 하상토 시료는 유량 측선 또는 유사 측선과 같은 곳에서 채취한다. 이는 소류사나 부유사 자료와 같이 하천의 유사이송 특성을 분석하는 데 필수 자료이다. 유량이나 부유사를 측정한 경우 하상토도 같은 위치에서 채취한다. 그러나 측선의 수가 반드시 같을 필요는 없다. 하상이 교란된 후에 하상토를 채취하는 것을 피하기 위해 가능하면 유량이나 유사량을 채취하기 전에 먼저 하상토를 채취하는 것이 좋다. 특히 물에 들어가 시료를 채취하는 경우 하상이 쉽게 교란되므로 하상토를 먼저 채취하는 것이 중요하다. 이렇게 하상토를 먼저 채취함으로써 하상토 입경분포와 유량의 급격한 변화 여부를 미리 파악하여 유량이나 부유사를 측정하는 데 적합한 측선을 선정할 수 있다.

하상토를 채취하는 측선의 수와 위치는 채취된 시료가 하천단면 전체의 하상토 분포를 통계적으로 대표할 수 있도록 선정되어야 한다. 하상토의 통계적 모집단을 결정하기 위해서는

그림 10.34 격자 틀을 이용한 자갈하천의 입경분포 조사(미천; 평균입경 5 cm)

단면 전체에서 골고루 시료를 채취해야 한다. 만일 사주나 섬 등에 의해 흐름이 나누어지는 경우 각각의 흐름을 별개로 취급하여 시료를 채취해야 하며, 사주나 교각 등의 뒷부분과 같이 사수역이 되는 부분은 피해야 한다(Edwards와 Glysson, 1988).

유사량 조사가 아니더라도 하상토 시료채취는 하천조사의 기본사항이다. 건조한 하상에서 한번에 채취되어 실험실에서 분석할 재료의 양은 하상토의 크기에 따라 다음과 같은 미국의 재료시험표준(ASTM)의 기준을 참고할 수 있다.

$$M(\mathrm{kg}) = 0.082\mathrm{D}_\mathrm{b}^{1.5} \qquad (10-111)$$

위 식에서 D_b (mm)는 시료 중 제일 큰 입자의 중간 축 크기이다. 그러나 자갈시료의 경우 그 크기와 무게 때문에 통상적인 실험실 체분석 방법으로는 불가능하다. 따라서 자갈하천의 입경분석은 1) 임의 걷기와 손 뻗치기에 의한 입경 조사, 2) 사진 조사, 3) 일정한 하상면적을 페인트나 왁스로 칠한 후 조사, 4) 격자(grid)틀 방법에 의한 조사 등 여러 방법이 있으며(유권규와 우효섭, 1993, pp. 191~201), 이 중 보편적으로 쓰이는 것은 격자틀 방법이다. 이 방법은 그림 10.34와 같이 일정한 눈금크기의 격자 틀을 하상에 임의로 놓고 격자점에 걸리는 자갈의 크기를 재서 대표치를 구하는 방법이다. 혹은 격자틀 위에서 사진을 찍어 나중에 사진분석을 할 수도 있다.

하상재료의 크기가 아닌 부피나 무게가 중요할 때는 위에서 구한 크기 분포를 부피나 무게 분포로 환산하는 방법이 필요하다. Fraccarollo와 Marion(1995)은 기존의 격자틀 방법이 가지는 비대표성 문제를 보완하기 위해 여러 특성의 자갈분포에 대해 통계적인 방법을 이용하여 부피채취 전환계수를 제시하였다.

(3) 실험실 분석과 자료 정리

현장에서 채취한 유사자료는 실험실에서 적절한 방법으로 분석하여 원하는 자료를 얻을 수 있다. 실험실에서 분석하는 대상은 보통 부유사 농도, 부유사와 하상토의 입경분포, 사립자의 비중, 기타 광물특성과 오염도 등이다. 분석된 자료는 적절한 방법으로 기록·정리되어야 한다.

1 실험실 분석

부유사 농도 분석　현장에서 채취한 시료를 가지고 우선적으로 분석할 것은 부유사 농도이다. 부유사 농도를 분석하는 일반적인 방법은 증발법과 여과법이다. 이 중 여과법이 저농도 시료의 분석 시 분석시간이 단축된다. 따라서 10 g/L 이하의 시료는 이 방법이 좋다. 그러나 고농도 시료의 경우 여과지의 구멍이 막히게 되어 이 방법을 이용하기 어렵다. 반면 증발법은 유사농도가 낮고 시료의 양이 많은 경우 농도에 대한 보정을 해주어야 하는 단점이 있으나, 분석 장비와 방법이 상대적으로 간단하다. 증발법은 일반적으로 10 g/L 이상의 시료에 적합하다. 또한 증발법에서는 유기물의 양이 많을 경우 이에 대한 보정이 필요하다. 부유사 농도를 분석하는 과정은 Guy(1969)의 자료에서 상세히 제시되었으며 또한 이를 요약하여 정리한 건기연 자료(1994)를 참고할 수 있다.

입경분포 분석　입경분포의 분석에는 부유사(또는 소류사)와 하상토 분석으로 나눈다. 소류사와 하상토는 보통 모래 이상이므로 입경분포 분석이 상대적으로 쉬우나, 부유사는 보통 실트 등 미립토사가 포함되어 있으므로 입경분포 분석이 어렵다.

하천에서 채취한 부유사 시료를 실험실에서 분석하고자 할 때 부딪히는 어려운 점 중의 하나가 원하는 정도의 정확한 분석을 하기에 시료의 양이 너무 적다는 점이다. 이런 경우에 부유사 입경분포 분석은 모래 이상의 사립자와 실트 이하의 미립토사로만 구분하는 경우도 있다. 또는 같은 지점에서 한 호우사상에 대해 채취한 시료들을 한데 합쳐서 분석하기도 한다. 유사의 입경분포 분석방법에는 체분석, VA관, BW관(bottom withdrawal tube), 비중계(hydrometer) 등 여러 가지가 있으며, 각 방법에 따라 적합한 입경범위, 농도범위, 시료의 양 등은 표 10.3과

표 10.3 입경분포 분석방법별 적합한 입경, 농도, 시료의 양(Dendy 등, 1979)

분석 방법	입경 범위(mm)	농도 범위(mg/L)	시료의 양(g)
체분석	0.062~32	–	0.05[1]
VA관	0.062~2.0	–	0.05~15.0
피펫	0.002~0.062	2,000~5,000	1.0~5.0
BW관[2]	0.002~0.062	1,000~3,500	0.5~1.8
Hydrometer[3]	0.002~0.062	25,000~50,000	20~200

주) 1) 지름 3 inch(7.6 mm) 체와 중앙입경 0.5 mm 이하 기준
2) 필요시 0.35 mm 모래까지 측정 가능, 다만 입경이 커질수록 정확도 감소
3) 시료의 양은 침전용기의 크기에 좌우, 1,000 mL 실린더가 최소

같다. 그러나, 하천에서 채취된 부유사나 하상토 시료의 입경은 매우 넓은 범위에 걸쳐 있는 경우가 많으므로 실제로 분석을 할 때는 두 가지 이상의 방법을 같이 혼용한다.

BW관 방법은 시료가 거의 실트나 점토로 되어 있고 농도가 낮은 경우에 부유사의 입경분포를 분석하는 데 적합하다. BW관의 활용과 Oden 곡선 작성 등에 의한 구체적인 입경 분석 방법은 건기연(1994)의 자료를 참고할 수 있다.

체 분석은 사용되는 기구와 방법이 매우 간단한 반면 실트나 점토와 같은 미립토사의 분석에는 이용할 수 없다. 따라서 체분석은 통상의 하상토와 같이 모래 이상의 시료에 적합하다. 체분석 방법은 건조 체분석(dry sieving)과 습윤 체분석(wet sieving)으로 나눌 수 있다. 두 방법의 차이는 시료에서 모래를 분리시키는 과정에서 습윤체는 증류수를 부어가면서 체질을 한다는 점이다. 체분석 장비는 습윤체의 경우 표준체, 접시, 세척용 병, 건조시료 용기, 건조로, 증류수, 시료 중량 측정용 저울 등이고, 건조체의 경우 습윤체에서 증류수를 제외하고 진동기를 추가한다. 참고로 KS A 5101에는 토질 시험용으로 #200(0.074 mm), #100(0.149 mm), #60(0.25 mm), #40(0.42 mm), #16(1.19 mm), #10(2.0 mm), #4(4.76 mm) 등이 있다. 한편 하천이나 해안의 유사입경 분석용으로 #230(0.063 mm), #120(0.125 mm), #60(0.25 mm), #35(0.5 mm), #18(1.0 mm), #10(2.0 mm) 등이 있다.

사립자의 비중은 유사의 밀도와 4℃ 순수한 물의 밀도와의 비이다. 시료의 질량은 직접 측정할 수 있으며, 부피는 시료가 배제시키는 물의 부피를 측정하여 간접적으로 얻어진다. 비중 측정에 필요한 기구는 비중병, 건조로, 온도계, 저울, 증류수 등이다. 구체적인 비중 분석과정은 건기연 자료(1994)를 참고할 수 있다.

유사의 오염도 분석　흐름에 의해 상류 유역이나 하천에서 이송되어 하류에 퇴적된 토사는 상류 유역과 하천의 생물, 화학, 물리 정보를 지니고 있다. 이러한 여러 정보 중에서 공학적으로 중요한 것 중 하나는 유사에 묻어 이송된 오염물에 대한 정보이다. 수문 순환계에서 사립자는 오염물의 이송매체인 동시에 그 자체가 오염원이 된다. 이러한 오염원은 하천과 지하수의 수질에 영향을 준다. 또한 하류의 토지에 퇴적되는 경우 그 토지를 오염시키며, 나아가 그 토지에서 생산되는 농산물도 오염시킬 수 있다. 또한 오염된 유사가 저수지나 호수의 바닥에 가라앉아 퇴적되면 그 저수지나 호수를 산성화, 부영양화 시킬 수 있다. 한편, 하천과 호소의 바닥 퇴적물(底質) 중 간극수의 오염도는 그 주위 지표수에 비해 수백 배 이상 심할 수 있으며(Darby 등, 1986), 이는 그 위 지표수의 심각한 오염원이 될 수 있다. 이러한 오염된 저질로 된 하천이나 호소에서의 준설이나 골재채취는 간극수의 확산과 저질의 재부상으로 2차 오염 문제를 일으킨다.

유역에 산재한 비점오염물은 강우의 유출과 함께 하류로 떠내려 온다. 이때 오염된 미립토사의 하류이송은 비점오염물의 주요 이송매체가 된다. 따라서 유역의 비점오염물 관리에서 미립토사의 거동은 특별히 중요하다. 따라서 유역의 비점오염물 추적에서 물과 유사 모두 추적할 필요가 있다.

국내에서 하천과 호소 저질의 오염도 분석사례는 전상호와 이해금(1986)의 춘천 의암호 저질의 오염도 조사를 시작으로, 우효섭 등(1991)의 청미천 하상토 오염도 시험분석과 건설부/건기연(1993)의 상수원 취수구 주위 저질 오염도 분석 등이 있다. 오염 물질별 구체적인 분석 방법은 위와 같은 자료를 참고할 수 있다.

연습 문제

10.1 미국에서 쓰이는 단위폭당 유사량 tons/s/ft를 표준 단위 tonnes(톤)/s/m로 환산하시오.

10.2 다음과 같은 자갈 하천에서 소류사량을 앞서 소개한 소류사 공식을 이용하여 kg/s와 무게 농도 단위(ppm)로 구하시오.
수심 $d=1.5$ m, 하폭 $T=75$ m, 평균유속 $V=1.5$ m/s, 하천경사 $S=0.0025$, 수온 $T=23$℃, 자갈의 중앙입경은 $D_{50}=9.5$ mm로서 비교적 균등함.

10.3 현장에서 실측한 부유사의 농도가 5,500 mg/l이다. 이를 무게 농도(ppm)와 부피 농도(%)로 각각 표시하시오.

10.4 폭우로 급경사 산지가 무너져 토석류가 발생하였다. 현장에서 추정된 토석류의 농도는 230,000 mg/l 정도이고, 사립자의 비중은 2.6 정도였다. 이 토석류의 농도를 무게 농도(ppm), 부피 농도(%)로 각각 표시하고, 겉보기 밀도를 구하시오.

10.5 Rouse의 농도분포식을 이용하여 직경이 0.5 mm, 형상계수가 0.7인 사립자들이 20℃ 물에서 부유하는 경우 수심 방향으로 농도분포를 구하고, 이를 도시하시오. 여기서 흐름의 수심은 2 m, 하천경사는 0.0035이며 $\beta=1$, $\kappa=0.4$로 보시오. 하상 가까이 $y/d=0.05$에서 농도는 9,500 mg/l이다.

10.6 문제 10.5에서 계산된 농도분포의 평균을 구하시오. 계산된 평균 농도에 그 단면의 평균유속을 곱하여 단위폭당 부유사량을 추정한다면 타당성이 있는지? 없다면 그 이유는?

10.7 문제 10.5에서 $y/d=0.05$에서 유속은 0.35 m/s이고, 그 이하는 선형적으로 감소하여 바닥에서 0이 된다. $y/d=0.05$ 이상에서 유속은 선형적으로 증가하여 수면에서 3.5 m/s가 되는 경우 Rouse의 농도분포식을 이용하여 유사량을 구하시오. 단, $y/d=0.05$ 이하에서 유사농도는 균일하다고 가정한다.

10.8 그림 10.17과 같이 운동량 확산계수가 하상에서 수심의 중앙까지는 포물선 분포를, 그 다음부터 수면까지는 균등한 직선 분포를 보이는 경우 레이놀즈 상사와 Schmidt의 확산방정식을 이용하여 농도의 연직분포를 구하시오. 이 분포를 Rouse 식과 비교하여 상대 수심 y/d가 0.05, 0.5, 0.75, 1.0에서 상대 농도의 크기를 비교하시오.

10.9 식 (10-63)으로 표시되는 멱식의 운동량 확산계수와 레이놀즈 상사를 이용하여 Schmidt의 확산방정식을 적분하여 농도분포식을 구하는 적분식을 표시하시오(단, 적분은 하지 않아도 됨).

10.10 다음과 같은 1990년 9월 한강 대홍수시 흐름 자료(서울)에 대해 예제 10.2에 이용된 공식들을 이용하여 하상토 총유사량을 톤/초와 무게 농도(ppm)로 추정하시오(단 입경등급별로 계산하지 않고 하상토를 하나의 균일 등급으로 보고 계산하시오).
평균수심 $d=10$ m, 하폭 $T=1{,}000$ m, 유량 $Q=30{,}000\ m^3/s$, 에너지경사 $S=$ 0.00038, 수온 $T=24$℃, 하상토 특성 $D_{35}=0.3$ mm, $D_{50}=0.4$ mm, $D_{65}=0.5$ mm, $D_{90}=1.5$, $\sigma_g=1.5$, $SF=0.7$

10.11 문제 10.10에서 세류사(wash load)의 농도가 5,000 ppm으로 측정되었다면 Engelund-Hansen 공식으로 산정된 결과와 합하여 이 당시 이송된 총유사량을 추정하시오.

10.12 예제 10.2의 하천 자료를 기준으로 수심, 유속, 에너지경사, 하상토 입경, 수온 등 5개 변수에 대해 -50%부터 +50%까지 25%씩 증분시켜 앞서 소개한 총유사량 공식들의 민감도를 분석하시오. 그 결과를 변수의 변화를 횡축, 기준 자료에 의한 유사량의 비를 종축으로 하여 도시하시오. 또한 공식별로 상호 비교하여 결과를 평가하시오. 단 하상토는 균일하다고 가정하시오.

10.13 에너지경사 0.003, 수온 20℃로 고정시키고 9장의 Brownlie의 충적하천 마찰공식을 이용하여 앞서 소개한 총유사량 공식으로 단위폭당 유량이 0.1, 1.0, 10 $m^3/s/m$로 변함에 따라 하상토 입경 0.1, 0.5, 1.0, 2.0 mm 각각에 대해 유사량을 구하시오. 계산 결과를 입경별로 유량-유사량 관계 곡선으로 그리고, 비교 평가하시오.

10.14 다음과 같은 한 하천지점의 흐름과 유사 자료를 이용하여 Engelund-Hansen 공식과 Yang(1973) 공식을 이용하여 그 지점의 유량-유사량 곡선을 각각 그리고, 두 결과를 평가하시오. 수온은 20℃로 일정하고, 하상토는 문제 10의 자료를 이용하시오. 그 밖에 필요한 자료는 적절히 가정하시오.

수심(m)	하폭(m)	유량(m^3/s)	에너지경사
2.0	750	250	0.00025
3.0	800	1,100	0.00033
4.0	850	2,200	0.00057
5.0	900	5,500	0.00085
6.0	1,000	11,000	0.0012
7.0	1,100	17,000	0.0015
8.0	1,200	24,000	0.0018
9.0	1,200	30,000	0.0020
10.0	1,200	37,000	0.0023

10.15 Ackers-White 공식은 하상토 입경이 0.25 mm 이하에서는 유사량을 과다 추정하는 것으로 알려져 있다. 이 공식을 이용하여 다른 변수는 고정시키고 하상토 입경을 0.25 mm를 기준으로 0.20, 0.125, 0.10, 0.0625 mm 등으로 감소시키는 경우 산정되는 유사량의 증가율을 평가하시오. 다른 변수들은 적절히 가정하시오.

10.16 한 저수지에서 50년 동안 퇴적된 토사량은 3.5×10^6 m^3이며, 이 퇴적토의 평균 단위중량은 1.2톤/m^3이다. 저수지의 유사 포착률이 85%라면 저수지 상류유역의 비유사량을 추정하시오. 상류유역의 면적은 550 km^2 이다.

10.17 문제 10.16에서 구한 유사 유출량에 대해 그림 10.27을 이용하여 유사 전달비를 추정하여 연 토양 유실량을 구하시오. 단 침식토는 모래 45%, 실트/점토 55%로 구성되어 있다.

10.18 Dendy와 Bolton(1976)의 방법으로 유역면적 950 km^2, 연평균 유출고 550 mm인 유역에서 연평균 비유사량과 유사 유출량을 추정하시오.

10.19 유역의 비유사량을 추정하기 위해 유량자료가 있는 출구 지점에서 부득이 1) 부유사 채취기로 측정한 부유사량 자료만을 이용하는 경우, 2) 유사량 공식에 의한 산정 결과만을 이용하는 경우에 대해 각각의 추정 결과의 한계를 검토하시오. 이러한 한계를 극복하는 방법에 대해 논하시오.

10.20 그림 10.24에 제시된 유사량 곡선과 유량지속 곡선을 이용하여 내성천 석포교 지점의 연평균 유사 유출량을 구하시오. 다음, 이 지점에서 연중 유사량을 가장 많이 이송시키는 유효유량(effective discharge)을 구하시오. 계산은 50일 단위로 하시오.

10.21 건설부/건기연 방법(식 10 − 108)을 이용하여 유역면적 980 km^2, 유역의 하천밀도 0.30 km/km^2, 강우 침식도 320(10^7 J/ha)인 유역의 출구 하천에서 연평균 비유사량과 유사 유출량을 추정하시오. 단 출구 지점에서 하상토 대표입경 인자는 1.2이다.

1. 건기연(한국건설기술연구원), **하천 유사량 측정 방법-P-61과 BM-54를 중심으로**, 건기연 유사량 측정 세미나 교재, 한국건설기술연구원 수자원 연구실, 1994. 7.
2. 건설부/건기연, **하도환경정비 기초 조사, 연구**, 1993. 12.
3. 건설부/한국건설기술연구원(건기연), **댐 설계를 위한 유역단위 비유사량 조사, 연구**, 1992. 12.
4. 국토해양부, **2010년도 수문조사 보고서: II. 유사량, 토양수분량, 증발산량 측정 부문**, 2011. 2.
5. 국토해양부, **2011년도 수문조사 보고서: II. 유사량, 토양수분량, 증발산량조사 부문**, 2012. 2.
6. 국토교통부, **2013년도 수문조사 보고서: II. 유사량, 토양수분량, 증발산량조사 부문**, 2014. 2.
7. 김창완, 김형섭, 유권규, 우효섭, "댐설계를 위한 유역단위 비유사량 조사, 연구(Ⅱ)-모형의 개발 및 검토," **대한토목학회 논문집**, 1993. 6.
8. 서승덕, 김활곤, 유효섭, "수심적분법에 의한 유사량 추정 연구", **한국농공학회지**, 제38권, 제1호, 1996. 3.
9. 우효섭, 유권규, **수정 아인슈타인 방법의 한국 하천에의 적용 - 하천 총 유사량의 추정**, 기본연구 과제 보고서, 한국건설기술연구원, 90-WR-112, 1990. 12.
10. 우효섭, 유권규, **하천 유사량 산정방법의 선정기준 개발**, 기본연구 과제 보고서, 한국건설기술연구원 89-WR-112, 1989. 12.
11. 유권규, 김형섭, 김창완, 우효섭, "댐설계를 위한 유역단위 비유사량 조사, 연구(Ⅰ)-개발 방향의 설정 및 자료의 수집", **대한토목학회 논문집**, 1993. 6.
12. 유권규, 우효섭, "청미천에서의 하천유사의 측정 및 분석(Ⅰ) - 수리량 및 유사량", **한국수문학회지**, 제24권 제2호, 1991. 6.
13. 유권규, 우효섭, **평형하상경사 결정방법의 개발**, 기본 연구과제 보고서, 한국건설기술 연구원, 93-WR-112, 1993. 12.
14. 전상호, 이해금, "의암호 저니에 의한 상부 수층의 오염 가능성에 대하여", **수질 보전**, 제2권 제2호, 한국수질보전학회, 1986.
15. 한국수자원학회, **하천설계기준**, 2000.
16. 환경처, **녹지자연도(축적 1 : 250,000)**, 1991.
17. Ackers, P., and White, W.R., "Sediment transport: New approach and analysis." *J. of the Hydraulics Division*, ASCE, vol. 99, no. 11, 1973, pp. 2041～2060.
18. Anderson, H. W., "Flood Frequencies and Sedimentation from Forest Watersheds", *Transactions*, of the American Geophysical Union, vol. 30, no. 4, Washington, D. C., Aug., 1949.
19. ASCE, *Sedimentation Engineering*, Vanoni, V. (ed), Manuals and Reports on Engineering Practice - No 54, 1975.
20. ASCE, *Sedimentation Engineering: Processes, Measurements, Modeling, and Practice,* Garcia, M. (ed), Manuals and Reports on Engineering Practice - No 110, 2008.
21. Bagnold, R. A., "Experiments on a Gravity-Free Dispersion of Large Solid Spheres in a Newtonian Fluid under Shear", *Proceedings*, Royal Society of London Series A, vol. 225, London, England, 1954.

22. Bagnold, R. A., An "Approach to the Sediment Transport Problem from General Physics", *USGS Professional Paper 422-J*, Washington, D. C., 1966.

23. Bathrust, J. C., Wicks, J. M., and O'Connell, P. E., *The She/Shed Basin Scale Water Flow and Sediment Transport Modelling System*, Computer Models of Watershed Hydrology, chapter. 16, V. P. Singh ed., Water Resources Publications, Highlands Ranch, Colo., 1995.

24. Beasley, D. B., Huggins, L. F., and Monke, E. J., "ANSWERS: A Model for Watershed Planning", *Transactions*, American Society of Agricultural Engineers, vol. 23, no. 4, 1980.

25. Beverage, J. P. and Culbertson, J. K., "Hyperconcentration of Suspended Sediment", *J. of the Hydraulics Division*, ASCE, vol. 90, no. HY6, Nov., 1964.

26. Beverage, J. P. and Williams, D. T., "Comparison: US P-61 and Delft Sediment Samplers", *J. of Hydraulic Engineering*, ASCE, vol. 115, no. 12, Dec., 1989.

27. Brooks, N. H., "Calculation of Suspended Load Discharge from Velocity and Concentration Parameters." *Proceedings of the Federal Inter-Agency Sedimentation Conference*, 1965, Miscellaneous Publication no. 970, Agricultural Research Service, USDA, Washington, D. C., 1963.

28. Brownlie, W. R., *Prediction of Flow Depth and Sediment Discharge in Open Channels*, W. M. Keck Laboratory of Hydraulics and Water Resources, Report no. KH-R-43A, California Institute of Technology, Pasadena, Calif., Nov., 1981.

29. Burkham, D. E. and Dawdy, D. R., "General Study of the Modified Einstein Method of Computing Total Sediment Discharge", *Water Supply Paper 2066*, USGS, Washington, D. C., 1980.

30. Chang, H. H., "Selection of Gravel-Transport Formula for Stream Modeling", *J. of Hydraulic Engineering*, ASCE, vol. 120, no. 5, May, 1994.

31. Colby, B. R., "Practical Computations of Bed-Material Discharge", *J. of the Hydraulics Division*, ASCE, vol. 90, no. HY2, 1964.

32. Colby, B. R. and Hembree, C. H., "Computations of Total Sediment Discharge Niobrara River Near Cody, Nebraska", *Water Supply Paper 1357*, USGS, Washington, D. C., 1955.

33. Colby, B. R. and Hubbell, D. W., "Simplified Methods for Computing Total Sediment Discharge with the Modified Einstein Procedure", *Water Supply Paper 1593*, USGS, Washington, D. C., 1961.

34. Darby, D. A., Adams, D. D., and Niven, W. T., "Early Sediment Changes and Element Mobilization in a Man-Made Estuarine Marsh", *Sediment and Water Interaction*, G. Sly ed., Springer-Verlag, 1986.

35. Dendy, F. E., Allen, P. B., and Piest, R. F., "Sedimentation", D. L. Brakensiek, H. B. Osborn, and W. J. Rauls ed., *Field Manual for Research in Agricultural Hydrology*, Agriculture Handbook no. 224, USDA, 1979.

36. Dendy, F. E. and Bolton, G. C., "Sediment Yield-Runoff Drainage Area Relationship in the United States", *J. of Soil and Water Conservation*, vol. 31, no. 6, 1976.

37. DuBoys, P., "Le Rohne et les Rivieres a Lit Affouillable", *Annales des Pont et Chaussees*, Series 5, vol. 18, 1879.

38. Edwards, T. K. and Glysson, G. D., *Field Methods for Measurement of Fluvial Sediment*, Open-File Report 86-531, USGS, Washington, D. C., 1988.
39. Einstein, H. A., "Der Geschiebetrieb als Wahrscheinlichkietsproblem," *Verlag Rascher*, Zurich, Switzerland, 1937.
40. Einstein, H. A., "Formulas for the Transportation of Bed Load," *Transactions*, ASCE, vol. 107, paper no. 2140, 1942.
41. Einstein, H. A., *The Bed Load Function of Sediment Transportation in Open Channel Flows*, Technical Bulletin 1026, USDA, Soil Conservation Service, 1950.
42. Engelund, F. and Hansen, H., "A Monograph on Sediment Transport in Alluvial Streams", *Teknisk Forlag*, Copenhagen, Denmark, 1967.
43. Flaxman, E. M., "Predicting Sediment Yields in Western United States", *J. of Hydraulic Engineering*, ASCE, vol. 98, 1972.
44. Fraccarollo, L. and Marion, A., "Statistical Approach to Bed-Material Surface Sampling", *J. of Hydraulic Engineering*, ASCE, vol. 121, no. 7, July, 1995.
45. Gomez, B. and Church, M., "An Assesment of Bed Load Sediment Transport Formula for Gravel Bed Rivers", *Water Resources Research*, vol. 25, no. 6, June, 1989.
46. Guo, J. and Julien P. Y., "An Efficient Algorithm for Computing Einstein Integrals, Technical Note", *J. of Hydraulic Engineering*, ASCE, vol. 130, no. 12, 2004.
47. Guy, H. P., *Laboratory Theory and Methods for Sediment Analysis*, Techniques of Water-Resources Investigations of the United States Geological Survey, Book 5, Chapter C1, 1969.
48. Guy, H. P., *Fluvial Sediment Concept*, Techniques of Water-Resources Investigations of the United States Geological Survey, Book 3, Chapter C1, 1970.
49. Guy, H. P., Simons, D. B., and Richardson, E. V., "Summary of Alluvial Channel Data from Flume Experiments 1956-61", *Professional Paper 462-I*, USGS, Washington, D. C., 1966.
50. Halbronn, G., "Remarque sur la theorie de l'Austausch appliquee au transport des materiaux en suspension", *Proceedings of IAHR*, 3rd Meeting, Grenoble, France, 1949.
51. Holmquist-Johnson. C. and Raff, D. A., *Bureau of Reclamation Automated modified Einstein Procedure(BORAMEP) Program for Computing Total Sediment Discharge*, U.S. Department of the Interior, Bureau of Reclamation, Denver, CO. 2006.
52. Hubbell, D. W. and Sayre, W. W., "Sand Transport Studies with Radioactive Tracers", *J. of the Hydraulics Division*, ASCE, vol. 90, no. HY3, 1964.
53. Ji U., Julien, P.Y., and Hwang M.H., "Risk assessment of watershed erosion at Naesung Stream, South Korea", *J. of Environmental Management*, vol. 136, 2014, pp. 16～26.
54. Johnson, C. W. and Gebhart, K. A., "Predicting Sediment Yields from Sagebrush Rangeland", *Proceedings of Workshop on Estimating Erosion and Sediment Yield on Rangeland*, Tuscon, Arizona, Mar., 1982.

55. Jobson, H. E. and Sayre, W. W., "Vertical Transfer in Open Channel Flow", *J. of the Hydraulics Division*, ASCE, vol. 96, no. HY3, Mar., 1970a.

56. Jobson, H. E. and Sayre, W. W., "Predicting Concentration Profiles in Open Channels", *J. of the Hydraulics Division*, ASCE, vol. 96, no. HY10, Oct., 1970b.

57. Johnson, B. E., Julien, P. Y., Molnar D. K., and Watson C. C., "The two-dimensional Upland Erosion Model CASC2D-SED", *J. of the American Water Resources Association*, AWRA, 36, no. 1, 2000, pp. 31～42.

58. Julien, P. Y., Erosion and Sediment, Cambridge University Press, Cambridge, 2nd Edition, 2010.

59. Kalinske, A. A., "Movement of Sediment as Bed Load in Rivers", *Transactions*, American Geophysical Union, vol. 28, no. 4, Washington, D. C., Aug., 1947.

60. Kim, C., Kim, H., Yu, K., and Woo, H., "Development of Methods for Predicting Sediment Yield Rate for Medium-Size River Basins in Korea", *19th Congress of ICOLD*, Florence, Italy, May, 1997.

61. Knisel, W. G., *CREAMS, A Field Scale Model for Chemicals, Runoff, and Erosion from Agricultural Management Systems*, US Department of Agriculture Conservation Research Report no. 26, 1980.

62. Lane, E. W. and Kalinske, A. A. "The Relation of Suspended to Bed Material in Rivers", *Transactions*, American Geophysical Union, Part Ⅳ, Washington, D. C., 1939.

63. Lane, E. W., Carson, E. J., and Hanson, O. S., "Low Temperature Increases Sediment Transportation in Colorado River", *Civil Engineering*, ASCE, vol. 19, no. 9, Sept., 1949.

64. Langbein, W. B. and Schumm, S. A., "Yield of Sediment in Relation to Mean Annual Precipitation", *Transactions*, American Geophysical Union, vol. 39, 1958.

65. Lara, J. M., *Change in the Modified Einstein Procedure to Compute z*, Sedimentation Section, Hydrology Branch, Bureau of Reclamation, USDI, 1966.

66. Livesey, R. H., *Channel Armoring below Fort Randall Dam*, US Department of Agriculture Publication 970, 1963.

67. McDowell, D. M., "A General Formula for Estimation of the Rate of Transport of Non-Cohesive Bed-Load", *J. of Hydraulic Research*, IAHR, vol. 27, no. 3, 1989.

68. Meyer-Peter, E. and Müller, R., "Formulas for Bed-Load Transport", *Report on 2nd Meeting for IAHR*, Stockholm, Sweden, 1948.

69. Molnar, D. K. and Julien, P. Y., "Estimation of Upland Erosion Using GIS", *Computers and Geoscience*, vol. 24, no. 2, 1998.

70. Negev, M., *A Sediment Model on a Digital Computer*, Technical Report no. 76, Department of Civil Engineering, Stanford University, Stanford, California, 1967.

71. Neju, I. and Rodi, W., "Open-Channel Flow Measurements with a Laser Doppler Anemometer", *J. of Hydraulic Engineering*, ASCE, vol. 112, no. 5, May, 1986.

72. Nordin, C. F. Jr., "Aspects of Flow Resistance and Sediment Transport: Rio Grande, near Bernalillo, New Mexico", *Water-Supply Paper 1498-H*, USGS, Washington, D. C., 1964.

73. O'Brien, M. P., "Review of the Theory of Turbulent Flow and Its Relation to Sediment Transportation", *Transactions*, AGU, Washington, D. C., Apr., 1933.
74. O'Brien, J. S. and Julien, P. Y., "Physical Properties and Mechanics of Hyperconcentrated Flows", *Proceedings*, ASCE Specialty Conference on the Delineation of Landslide, Flashflood, and Debris Flow Hazards, Utah Water Research Lab., Series UWRL/G-85/03, 1985.
75. PSIAC, *Reports on Factors affecting Sediment Yield in the Pacific Southwest Area*, Water Management Subcommittee, Sedimentation Task Force Report, Pacific Southwest Interagency Committee, 1968.
76. Park, S. W., Mitchel, J. K., and Scarborough, J. N., "A Modified Simulation on Small Watersheds: A Modified ANSWERS Model", *Transactions*, American Society of Agricultural Engineers, vol. 25, no. 8, 1982.
77. Patel, P. and Raju, K. G. R., "Fractionwise Calculation of Bed Load Transport", *J. of Hydraulic Research*, IAHR, vol. 34, no. 3, 1996.
78. Reid, I., Powell, D. M., and Laronne, J. B., "Prediction of Bed-Load Transport by Desert Flash Floods", *J. of Hydraulic Engineering*, ASCE, vol. 122, no. 3, Mar. 1996.
79. Renard, K. G. and Lane, L. J., *Sediment Yield as Related to a Stochastic Model of Ephemeral Runoff*, Present and Prospective Technology for Predicting Sediment Yield and Sources, US Dept. of Agricultural Research Service Publication no. ARS-S-40, 1975.
80. Renard, K. G., Foster, G. R. Weesies, G. A., and Porter, J. P., "RUSLE: Revised Universal Soil Loss Equation", *J. of Soil and Water Conservation*, vol. 46, no. 1, 1991.
81. Renard, K. G., Foster, G. R. Yoder, D. C., and McCool, D. K., "RUSLE revised: Status, Questions, Answers, and the Future", *J. of Soil and Water Conservation*, vol. 49, no. 3, 1994.
82. Richardson, E. V., Woo, H. S., and Julien, P. Y., "Research Trends in Sedimentation," *Megatrends in Hydraulic Engineering*, M. D. Albertson and C. N. Papadakis, ed., Colorado State University, Fort Collins, Colo., 1986.
83. Roehl, J. W., *Sediment Sources Areas, Delivery Ratios and Influencing Morphological Factors*, Publication 59, International Association of Scientific Hydrology, Commission of Land Erosion, 1962.
84. Rottner, J., "A Formula for Bed-Load Transportation", *La Houille Blanche*, vol. 14, no. 3, 1959.
85. Rouse, H., "Modern Conceptions of the Mechanics of Fluid Turbulence", *Transactions*, ASCE, vol. 102, Paper no. 1965, 1937.
86. Schmidt, W., *Der Massenaustausch in freier Luft und verwandte Erscheinungun*, Probleme der kosmischen Physik, Band 7, Hamburg, Germany, 1925.
87. Shah-Fairbank, S. C., *Series Expansion of the Modified Einstein Method*, Ph. D. Dissertation, Colorado State University, Fort Collins, Colorado, 2009.
88. Shen, H. W., *Total Sediment Load*, River Mechanics, vol. 1, Ch. 13, 1971, pp. 13~22.
90. Shen, H. W. and Hung, C. S., "An Engineering Approach to Total Bed Material Load by Regression Analysis", *Proceedings of the Sedimentation Symposium*, Ch. 14, 1972.

91. Shen, H. W. and Hung, C. S., "Remodified Einstein Procedure for Sediment Load," *J. of the Hydraulics Division*, ASCE, vol. 109, no. HY4, Apr., 1983.

92. Shen, H. W. and Julien, P. Y., *Erosion and Sediment Transport*, In : Handbook of Hydrology, New York: McGraw-Hill, Ch. 12, 1993.

93. Shields, A., "Anwendung der Aenlichkeitsmechanik und der Turbulenzforschung auf die Geschiebebewegung," *Mitteilungen der Preussischen Versuchsanstalt fur Wasserbau und Schiffbau*, Berlin, Germany, translated to English by W. P. Ott and J. C. van Uchelen, California Institute of Technology, Pasadena, Calif, 1936.

94. Stevens, H. H. Jr., *Computer Program for the Computation of Total Sediment Discharge by the Modified Einstein Procedure*, Water Resources Investigation Report 85- 4047, USGS, Washington, D. C., 1985.

95. Strand, R. I. and Pemberton, E. L., *Reservoir Sedimentation*, US Bureau of Reclamation, Denver, Colorado., 1982.

96. Toffaleti, F. B., "Definitive Computations of Sand Discharge in Rivers", *J. of the Hydraulics Division*, ASCE, vol. 95, no. HY1, 1969.

97. TRB, *Design of Sedimentation Basin*, National Cooperative Highway Research Program, Synthesis of Highway Practice #70, Transportation Research Board, National Research Council, Washington D. C., 1980.

98. USDI, *Guidelines for the Use of the RUSLE (version 1.06) on Mined Lands, Construction Sites, and Reclamation Lands*, T. L. Toy and G. R. Foster co-edited, Office of Surface Mining, Reclamation, and Regulation, US Department of the Interior, August, 1998.

99. van Rijn, L. C., "Sediment Transport, Part Ⅱ: Suspended Load Transport", *J. of the Hydraulics Division*, ASCE, vol. 110, no. 11, Nov., 1984.

100. van Rijn, L. C., *Sediment Transport Measurements*, Delft Hydraulics Laboratory, delft, the Netherlands, 1986.

101. Velleux, M., Julien, P., Rojas-Sanchez, R., Clements, W., and England, J., "Simulation of metals transport and toxicity at a mine-impacted watershed: California Gulch, Colorado.", *Environmental Science and Technology*, vol. 40, no. 22, 2006, pp. 6996~7004.

102. Walling, D., E., and Kleo, A. H. A., "Sediment Yields of Rivers in Areas of Low Precipitation: A Global View", In : *The Hydrology of Areas of Low Precipitation, Proceedings of the Canberra Symposium*, IAHS-AISH Publication vol. 128, Dec., 1979.

103. Wang, Z. B., "Theoretical Analysis on Depth-Integrated Modeling of Suspended Sediment Transport", *J. of Hydraulic Research*, IAHR, vol. 30, no. 3, 1992.

104. White. W. R., Mikki, H., and Crabbe, A. D., *Sediment Transport: An Appraisal Method, vol. 2, Performance of Theoretical Methods, When Applied to Flume and Field Data*, Hydraulics Resesrch Station, Report no. IT 119, Wallingford, U. K., 1973.

105. Wilberg, P. L. and Smith, J. D., "Model for Calculating Bed Load Transport of Sediment", *J. of Hydraulic Engineering*, ASCE, vol. 115, no. 1, Jan., 1989.

106. Williams, J. R., *Sediment Yield Prediction with Universal Equation Using Runoff Energy Factor*, Present and Prospective Technology for Predicting Sediment Yields and Sources, US Department of Agriculture, Agricultural Research Service Publication no. ARS-S-40, 1975.

107. Wischmeier, W. H. and Smith, D. D, "A Universal Soil-Loss Equation to Guide Conservation Farm Planning", *7th International Congress of Soil Science*, Madison, Wisc., 1960.

108. Woo, H., *Sediment Transport in Hyperconcentrated Flows*, Ph.D. Dissertation, Department of Civil Engineering, Colorado State University, Fort Collins, Colorado, 1985.

109. Woo, H. and Julien, P. Y., "Turbulent Shear Stress in Heterogeneous Sediment-laden Flows", *J. of Hydraulic Engineering*, ASCE, vol. 116, no. 11, 1990.

110. Woo, H. and Yu, K., "Development of a Computer-Aided Guideline for the Selection of Sediment Transport Formula", *10th Congress of Asia and Pacific Division of the IAHR*, Langkawi, Malaysia, Aug. 26～29, 1996.

111. Woo, H., Julien, P. Y., and Richardson, E. V., "Wash Load and Fine Sediment Load", *J. of Hydraulic Engineering*, ASCE, vol. 112, no. 6, June, 1986.

112. Woo, H., Julien, P. Y., and Richardson, E. V., "Suspension of large concentrations of sands", *J. of Hydraulic Engineering*, ASCE, vol. 114, no. 8, June, 1988.

113. Woo, H., Yu, K., and Seo, B. H., "A Performance Test of Some Selected Sediment Formulas", *National Conference on Hydraulic Engineering*, ASCE, San Diego, Calif., July 29～August 3, 1990.

114. Woolhiser, D. A. and Blinco, P. H., *Watershed Sediment Yield - a Stochastic Approach*, Present and Prospective Technology for Predicting Sediment Yield Sources, US Dept. of Agricultural Research Service Publication no. ARS-S-40, 1975.

115. Yang, C. T. and Sayre, W. W., "Stochastic Model for Sand Dispersion, *J. of the Hydraulics Division*, ASCE, vol. 97, no. HY2, 1971.

116. Yang, C. T. and Wan, S., "Comparison of Selected Bed-Material Load Formulas", *J. of the Hydraulics Division*, ASCE, vol. 117, no. HY8, Aug., 1991.

117. Yang, C. T., "Incipient Motion and Sediment Transport", *J. of the Hydraulics Division*, ASCE, vol. 99, no. HY10, Oct., 1973.

118. Yang, C. T., "Unit Stream Power Equation for Total Load", *J. of Hydrology*, vol. 40, 1979.

119. Yang, C. T., *Sediment Transport-Theory and Practice*, The McGraw-Hill Companies, Inc., New York, 1996.

120. Young, R. A., Onstad, C. A., Bosch, D. D., and Anderson, W. P., *AGNPS, Agricultural Non-Point Source Pollution Model. A Watershed Analysis Tool*, US Dept. of Agricultural Research Service, Conservation Research Report. 35, 1987.

Chapter 11

하천반응과 지형변화

▲ 내성천의 회룡포

이 장에서는 하천의 수리특성과 기하특성과의 관계에 대해 검토하고 하천반응을 예측하는 방법과 안정수로 및 하도에 대해 알아본다. 또한 충적하천의 실무문제로서 하상변동을 일으키는 요인에 대해 개략적으로 검토하고, 하상 상승이나 저하 현상을 해석하는 대표적인 1차원 모형에 대해 소개한다. 특별히 홍수시 하상변동과 골재채취로 인한 하상변동 현상을 알아보고 저수지 퇴사에 대해 검토한다. 마지막 절에서는 국부세굴 문제에 대해, 특히 교량세굴 문제의 해석방법을 검토하고, 이와 병행하여 자연강턱이나 인공 저수로의 침식에 대해 검토한다.

11.1 하천의 수리기하 특성과 반응

자연상태의 충적하천은 장구한 세월에 걸쳐 하천의 수리, 형태, 유사 특성이 정교하게 조정되어 평형을 이루고 있다. 하천의 수리기하(hydraulic geometry)는 이러한 충적하천의 하폭, 수심, 유량과의 관계를 규명하는 분야로 1950년대 이후 정량적, 해석적 하천지형학에서 가장 관심 있게 다룬 분야 중 하나이다. 하천 수리기하는 자연하천의 기하특성을 규명한다는 점뿐만 아니라, 하천수리학 측면에서 안정하도나 인공수로의 설계에 모델이 될 수 있다는 점에서 중요하다.

이러한 하천은 기록적인 홍수에 의해 그 기하형태가 바뀌어도 곧 원래의 형태로 되돌아온다. 홍수가 너무 커서 원래의 형태로 되돌아올 수 없을 만큼 형태가 변하는 경우 새로이 형성된 조건하에서 평형을 유지한다. 그러나 인위적으로 하천의 수리, 형태, 유사 특성에 변화를 주게 되면 이러한 평형상태는 깨어지고 새로운 수리적, 유사적 환경에서 하천의 기하특성을 스스로 조정하게 된다. 여기서 하천의 수리특성은 유량으로 대표되고, 유사특성은 하상재료의 크기와 분포, 상류에서의 유사공급 등이며, 기하특성은 수면 폭, 평균수심, 만곡도, 하상경사가 된다. 충적하천에서 외부변화에 대해 하천의 형태를 스스로 바꾸어 새로운 환경에서 적응하는 것을 하천반응(river response)이라 한다.

여기서는 하천 수리기하를 하천의 한 지점(단면)에서의 특성과 거리에 따른 특성으로 구분하여 검토하고 자연적, 인위적 환경변화에 따른 하천의 반응을 정성적으로 해석하는 방법에 대해 검토한다.

(1) 한 지점에서 하천 수리기하

하천의 한 지점(at-a-station)에서 수면 폭 T, 평균수심 d, 평균유속 V 등은 유량 Q를 이용하여 다음과 같이 각각 경험식으로 표시할 수 있다(Leopold와 Maddock, 1953).

$$T = C_a Q^a \tag{11-1}$$

$$d = C_b Q^b \tag{11-2}$$

$$V = C_c Q^c \tag{11-3}$$

마찬가지로 유사량 Q_s 도 위와 같이 표시하면

$$Q_s = C_d Q^d \tag{11-4}$$

위의 네 식에서 C_a, C_b, C_c, C_d 와 a, b, c, d 등은 모두 경험 계수들이다. 흐름의 연속방정식은 $Q = TdV$ 이므로 식 (11-1)에서 (11-3)을 대입하면 계수들은 다음과 같은 관계가 형성된다.

$$C_a C_b C_c = 1 \tag{11-5}$$

$$a + b + c = 1 \tag{11-6}$$

한 하천단면에서 유량의 시간적 변화에 따른 수면 폭과 평균수심의 변화는 하천 단면형이 일정하면 같이 일정하게 된다. 그러나 지점별로는 서로 다르므로 식 (11-5)와 (11-6)의 계수들은 지점별로 다르게 된다. Leopold와 Maddock은 미국의 대평원과 남서부 지방의 하천 자료를 이용하여 평균적으로 $a=0.26$, $b=0.40$, $c=0.34$의 값을 얻었다. 식 (11-4)로 표시되는 유사량과 유량과의 관계는 통상 유량-유사량 곡선(sediment rating curve)이라 한다. 이 관계식의 지수 d는 한 하천에서도 단면형과 하상재료의 크기 등에 따라 다르나, 항상 1보다 큰 값이며 모래하천에서 통상 2~3의 값을 보인다. 그림 10.10은 낙동강 지류인 내성천의 향석 지점에서 개발한 유량-유사량 곡선으로 지수 d가 약 1.6이다.

(2) 하류하천의 수리기하 변화

충적하천은 하류로 가면서 유량이 증가하고 하천경사가 작아지며 그에 따라 하천의 단면형태가 스스로 조정된다. 이러한 하류하천의 수리기하 변화에 대한 연구도 Leopold와 Maddock (1953)에 의해 처음으로 시도되었다. 그들은 하천거리 대신 하류로 가면서 증가하는 유량을 독립변수로 하여 수면 폭, 평균수심, 평균유속 등의 변화를 조사하였다. 이러한 관계들은 여전히 식 (11-1)에서 식 (11-3)로 표시된다. 여기서 기준유량의 설정이 필요하다. Leopold와 Maddock은 기준유량으로 연평균 유량(재현기간 2.33년에 해당하는 유량)을 이용하였으나, 강턱유량을 사용할 수도 있다. 강턱유량(bankfull discharge)이란 강턱을 갓 넘은 유량으로, 통상 재현기간 1~2년 빈도의 유량이다(Knighton, 1998, pp. 162~167). 그들의 조사결과 각 세 변수에 대해 식 (11-1)에서 식 (11-3)의 해당 지수는 하천별로 서로 비슷하게 나타났다. 이러한 결과는 충적하천에서 수리기하 특성은 '자체 조정', 또는 '자체 형성'의 단계를 거침에 따라 비교적 일정한 관계가 형성됨을 시사한다.

그림 11.1은 세계의 하천자료를 망라한 유량과 평균수심과의 관계를 보여준다. 이 그림에서 지수 b는 식 (11-1)의 a에 해당하고 다른 지수 f는 식 (11-2)의 b에 해당한다. 이 그림이 시사하는 것은 기후, 식생, 지질 등 여건이 판이한 하천 간에도 유량과 하천 기하특성과의 관계는 어느 일정한 형태로 유지된다는 것이다. 따라서 유량이 하천형태를 지배하는 기본적인 요소임을 알 수 있다. 이 그림에서 하천은 $f=0.33$, $b=0.55$ 정도로 나타난다.

비교적 최근에 Julien과 Wargadalam(1995)은 해석적 방법을 통해 충적하천의 하류 수리기하 특성을 강턱하폭(bankfull width), 평균수심, 평균유속, 마찰경사 등의 관계식으로 표시하였다. 그들은 충적하천에서 유량, 흐름저항, 이차류, 입자의 운동성 등 4개의 방정식을 유량과 유사입자의 함수로 각각 표시하였다. 그들의 해석결과는 835개의 야외자료와 45개의 실험실

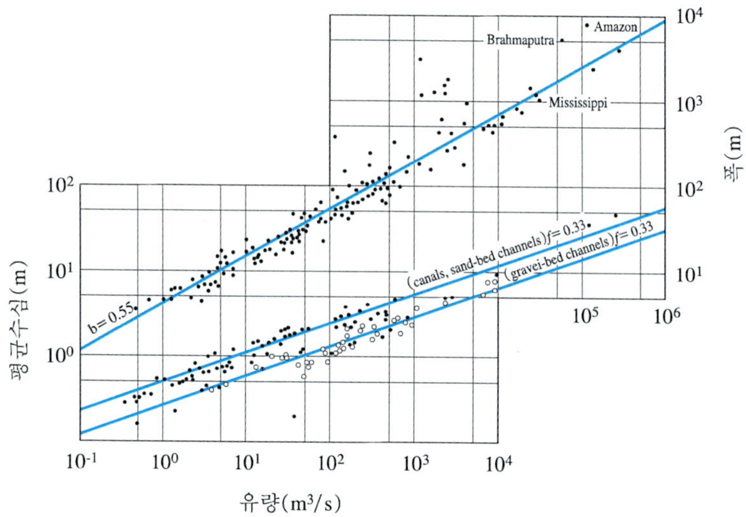

그림 11.1 세계 하천자료를 이용한 유량과 평균수심과의 관계(Church, 1992)

자료와 비교되어 비교적 만족할 만한 결과를 얻었다.

하류하천의 수리기하 특성의 연구는 하천지형학 연구 자체뿐만 아니라 특히 안정하도의 설계라는 측면에서 유용하다. 이에 대한 연구도 위와 같이 지형학자들과 하천기술자들의 연구가 섞여 있다. 따라서 이에 대한 연구성과는 11.2절에서 안정하도의 설계와 관련하여 구체적으로 검토된다.

(3) 하천반응의 정성적 해석

자연적, 인위적 환경변화에 따른 하천의 반응을 예측하는 것은 하천에 구조물을 설계하거나 하천을 관리하는 데 기초적으로 중요한 사항이다. 그러나 이러한 하천반응에 대한 연구는 하천기술자보다는 하천형태학자들에 의해 처음 시도되었다. Lane(1955)은 이른바 평형개념에 입각하여 하천의 수리, 기하, 유사 특성간의 상호관계를 다음과 같이 표시하였다.

$$Q_s \, D \propto Q \, S \qquad (11-7)$$

이러한 관계를 저울개념을 이용하여 묘사하면 그림 11.2와 같다. 한 변수가 변하면 새로운 환경에서 평형을 유지하기 위해 다른 변수들이 따라서 변하게 된다.

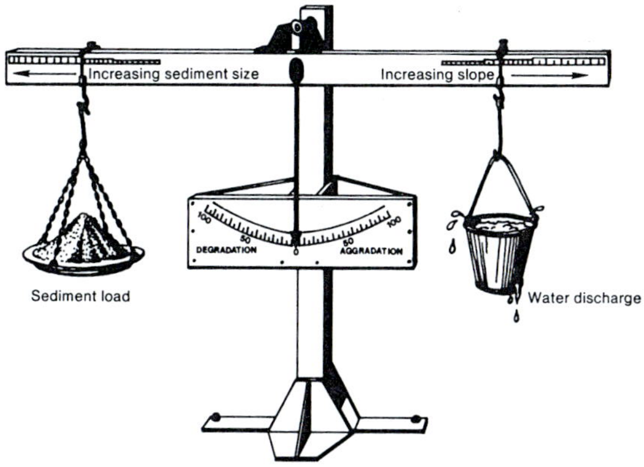

그림 11.2 충적하천의 균형(Lane, 1955)

Lane의 관계는 아주 간단하면서 정성적이지만 귀중한 정보를 준다. Schumm(1969)은 Lane의 관계를 이용하여 각 변수간의 상호작용을 다음과 같이 제시하였다.

표 11.1 하천반응의 정성적인 모형(Schumm, 1969)

구분	내용
유량의 증가	$Q^+ \sim T^+d^+F^+\lambda^+S^-$
유량의 감소	$Q^- \sim T^-d^-F^-\lambda^-S^+$
유사량의 증가	$Q_s^+ \sim T^+d^-F^+\lambda^+S^+P^-$
유사량의 감소	$Q_s^- \sim T^-d^+F^-\lambda^-S^-P^+$
유량과 유사량의 동시 증가(단지개발이나 삼림벌채의 초기 등)	$Q^+Q_s^+ \sim T^+d^\pm F^+\lambda^+S^\pm P^-$
유량과 유사량의 동시 감소(여수로 방류가 없는 댐 하류 등)	$Q^-Q_s^- \sim T^-d^\pm F^-\lambda^-S^\pm P^+$
유사량은 감소하나 유량은 증가(비습윤 지역에서 습윤 지역으로 바뀌는 경우)	$Q^+Q_s^- \sim T^\pm d^+F^-\lambda^\pm S^-P^+$
유사량은 증가하나 유량은 감소(단지개발과 함께 하천에서 대량취수)	$Q^-Q_s^+ \sim T^\pm d^-F^+\lambda^\pm S^+P^-$

주) λ, P는 각각 사행하천의 파장과 만곡도이며, F는 하폭과 수심의 비이다.

표 11.1에서 '+'부호는 그 변수가 증가한다는 의미이며, '−'부호는 감소한다는 것이다. '±' 부호는 변수의 증감이 상황에 따라 달라지는 미결정 상태이다.

Lane 관계나 Schumm의 예측 표를 응용하는 대표적인 예는 아마 댐의 축조로 인한 하류하상의 저하현상일 것이다. 국내에서 하천 관련 변수를 인위적으로 변화시킴에 따라 하천이 반응하는 대표적인 예 중 하나는 대청댐 축조로 인한 댐 하류의 하상저하 현상이다. 대청댐은 1977년 초에 착공하여 1980년 말에 완공된 댐으로서 댐 하류 10 km 지점에 조정지댐이 있어 댐으로 인한 실제 하상변동은 이곳부터 시작된다. 그림 11.3은 댐 축조 전 1974년과 축조 후 1988년의 대청댐 하류 금강의 종단 하상변화를 보여주는 것으로, 조정지댐 하류에서 15 km까

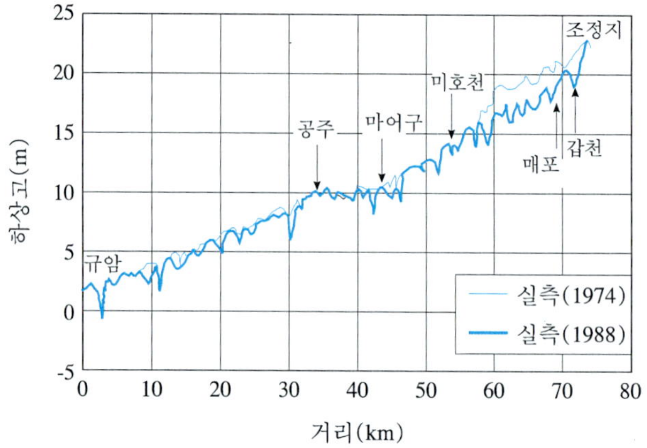

그림 11.3 대청댐 축조로 인한 하류하천의 하상저하(우효섭과 유권규, 1993)

지 평균적으로 2~3 m 저하되었으며, 최심선은 최대 5 m 정도까지 세굴되었다. 이러한 대규모 하상저하는 댐에 의해 상류에서 유사공급이 차단되었으나 홍수시 물은 그대로 내려오므로 하천의 평형상태가 깨어진 결과이다. 그림 11.4(a)와 같이 충적하천에 댐을 축조하게 되면 상류에서의 유사이송은 실질적으로 차단된다. 여기서 하상재료 D의 변화는 없고, 댐에서 방류하는 유량 Q는 시간적인 분포는 달라지겠지만 홍수시 유출은 그대로라고 하면 식 (11－7)에서 좌변이 감소하게 되어 그에 따라 우변도 감소하려면 하상경사 S가 감소하여야 한다. 이는 하상이 평탄해지는 것, 즉 하상저하를 의미하며, 그러기 위해서는 하상의 세굴을 수반한다(degradation). 또는 이러한 현상은 표 11.1에서 유사량의 감소에 해당하므로 하폭이 감소하고 수심은 증가하여 폭/수심 비율이 감소하며, 사행하천의 경우 파장은 감소하고 만곡도는 증가하게 된다. 이러한 반응은 영속적인 것이 아니라 새로운 환경에서 평형상태를 되찾게 되면 더 이상의 지속적인 변화는 중지된다. 실제로 그림 11.3과 같은 금강 대청댐 하류의 하상저하는 댐 완공 이후 몇 년간에 급속히 진행된 것으로, 현재는 새로운 평형상태를 유지하고 있어 지속적인 하상저하는 발생하지 않고 있다.

또 다른 예로 그림 11.4(b)와 같이 평형상태를 유지하는 어느 하천의 지류에서 유사 유입량이 증가하는 경우 지류 합류점 하류에는 유사유입의 과다로 하상에 유사가 쌓이게 된다. 이러한 경우 대하천은 평형을 유지하나 개발지역을 관류하여 대하천으로 들어오는 중소하천의 유사유출이 일시적으로 과다해지는 경우이다. 이러한 상황은 Lane 식의 좌변에서 유사량이 증가하여 전체적으로 우변을 증가시키면 하상경사가 증가하는 것이다. 하상경사가 커지려면 하상에 유사가 쌓여야 하므로 하상은 상승(aggradation)하게 된다. 이러한 현상을 Schumm의 표에 의해 다시 검토하면 유입 유사량의 증가는 하천의 평면변화에 제한이 없는 경우 하폭은 커지고, 평균수심은 작아지고, 그에 따라 하폭/수심 비는 커진다. 사행이 있는 경우 사행파장은 커지고 만곡도는 줄어든다.

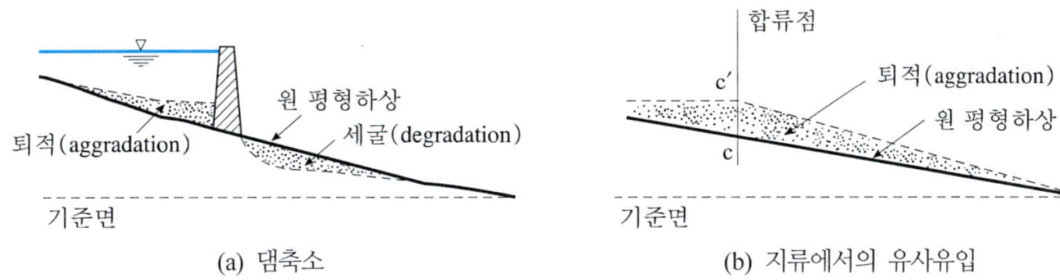

그림 11.4 인위적 요인에 의한 하상변동

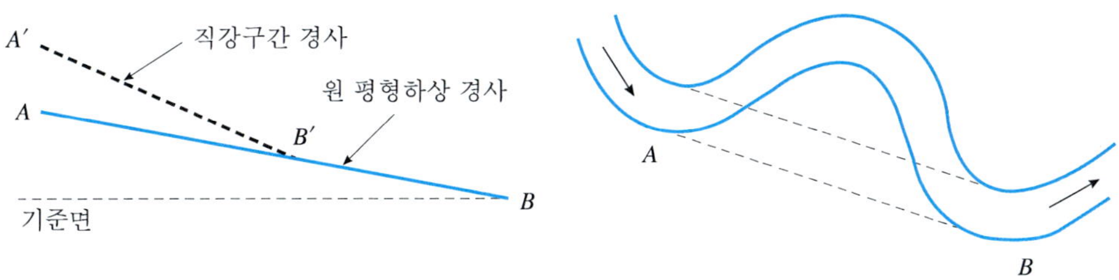

그림 11.5 직강화에 따른 하상경사의 증가

이번에는 그림 11.5와 같이 하천을 직강화하여 첩수로를 만드는 경우 하상경사는 커지게 된다. 이 경우 유량과 하상재료의 변화는 없으므로 Lane 식에서 우변 하상경사의 증가는 좌변의 증가를 가져오며 따라서 유사량의 증가를 가져온다. 즉 하천이 급해지면서 유사량이 증가한다. 이에 따라 직강구간에서 하상의 세굴을 가져오게 된다. 그러나 홍수터나 하곡에 있는 하천과 같이 하천의 평면변화가 가능한 경우 이는 하상경사와 유사량의 증가 관계이므로 표 11.1에서 하폭은 커지고, 평균수심은 작아지고, 사행파장은 커지고, 만곡도는 줄어든다. 실제로, 하천 개수사업에서 직강화는 하상의 세굴과 저하보다는 통상 하폭의 확대를 가져온다.

마지막으로 지류가 유입하는 본류 하천에서 자연적인 원인 또는 준설과 같은 인위적인 요인에 의해 수면이 내려가는 경우를 고려하자. 이 경우 지류 입장에서는 본류 수면이 일종의 기준면이 되므로 기준면의 저하를 의미하며, 이는 지류 에너지경사의 증가를 의미한다. 이 경우 Lane 관계식에서 하상경사의 증가는 좌변의 증가를 가져오며, 하상재료가 일정한 상태에서 이는 유사량의 증가를 가져온다. 즉 그림 11.6에서 지류의 하상경사와 유사량 증가는 하상의 침식을 의미하며, 이러한 침식은 상류로 진행된다. 이를 두부침식(頭部浸蝕, head-cutting)이라 한다. 실제로 이러한 두부침식 현상은 대청댐 하류 금강 본류의 하상저하로 인해 그 구간으로 유입하는 지류하천에서 그리고 4대강 살리기 사업 후 일부 합류부 지류하천에서 나타난 현상이다.

지금까지 Lane의 관계식을 이용하여 외부변화에 따른 하천의 반응을 정성적으로 검토하였다. 이러한 하천반응을 예측하는 것은 충적하천의 계획과 관리에서 매우 중요한 의미가 있다.

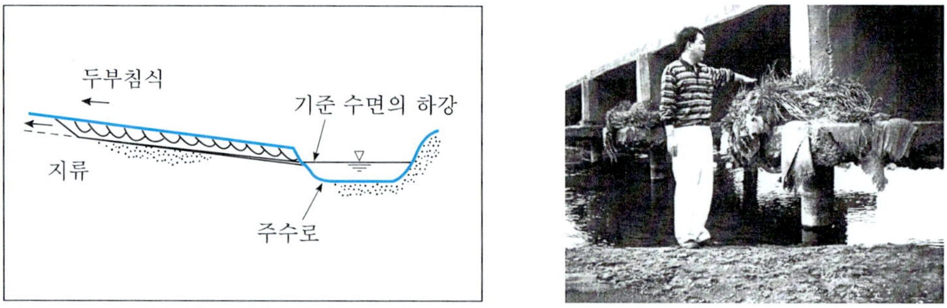

(a) 모식도 (b) 두부침식(금강 지류 유구천 합류부, 1995)

그림 11.6 본류의 수면 저하로 인한 지류의 두부침식

그러나 지금까지 설명은 모두 하천반응의 경향을 정성적으로 보여주는 것으로 이러한 경향 분석만으로는 실제 하천 계획과 관리에 미흡하며 정량적인 분석이 필요하다. 이에 대해서는 11.3절 하상변동에서 구체적으로 다룰 것이다.

11.2 안정 수로와 하도

하상의 저하와 상승 현상은 궁극적으로 새로운 평형상태를 유지하는 데 필요한 과도기적인 현상이다. 따라서 하상의 종적변화 측면에서 안정 수로나 하도 문제에 접근하는 방법은 기본적으로 하상변동 현상을 해석하여 종국적인 하천상태를 도출하는 것이다. 그러나 역사적으로 안정 하도와 수로 문제는 별도의 방법을 이용하여 접근되었다. 특히 유사이송은 있으나 수로에 퇴적이나 침식이 일어나지 않는 안정수로(stable channel)의 해석은 그 실무적 중요성 때문에 야외에서 수집된 자료를 이용하여 일찍이 19세기 후반부터 경험적으로 접근되었다. 이러한 안정수로에서 경험적 방법으로 수립된 수로의 수리기하 관계를 안정이론(regime theory)이라 한다.

마찬가지로 안정하도는 하천에 유사이송은 있으나 퇴적과 침식이 균형을 이루는 하도로서, 유사 공급과 이송이 균형을 이루는 하도이다. 이러한 안정하도, 또는 평형하도의 개념은 사실상 안정수로 개념에서 차용된 것으로, 하상의 지속적인 저하나 상승 또는 하천의 평면변화 등이 없는 또는 끝난 상태의 하도이다. 따라서 안정하도를 이루는 하천특성은 기본적으로 상류에서 유입되는 유사량과 단면에서 발생하는 유사량이 균형을 이루는 하천의 단면을 시행오차 법으로 반복해서 계산하거나 또는 하상변동 모형을 이용하여 추출할 수 있다. 다만 외부의 인위적 변화나 대규모 자연변화가 없는 한 자연상태의 장노년기 충적하천은 일반적으로 평형하천이라 할 수 있다. 따라서 이러한 자연상태의 하천에 대해 안정 하도나 하상을 결정한다는 것은 특별한 의미를 찾기 어렵다.

실험실에서 폭이 넓은 직선수로에 균일한 모래를 두텁게 깔고 상류에서 조금씩 물을 흘려 보자. 처음에는 물이 곧 모래 사이로 스며들어 없어지다가 유량이 커지면서 표면 위로 흘러 내려갈 것이다. 내려가는 물은 처음에는 뚜렷한 경계를 만들지 않지만 시간이 가면서 수심, 폭, 수로경사, 선형 등이 점차 형성될 것이다. 상류에서 계속 일정한 유량을 흘리면 수로 내에 불규칙하지만 뚜렷한 물길이 형성되어 정착될 것이다. 이와 같은 이동상 재료 위에서 정착된 흐름과 고정상 재료에서 정상등류로 정착된 흐름을 비교하면, 후자는 수로의 폭, 수로경사, 선형 등이 고정되어 유량에 따라 단지 수심의 변화만 가능하다. 반면에 전자는 유량의 변화에 따라 수심은 물론 폭, 수로경사, 선형 등 4개의 변수가 가능하다. 따라서 고정상 수로는 사각형 수로에 초점을 맞추면 수심이라는 한 개의 자유도를 가진 반면에, 이동상 수로는 4개의 자유도를 가진다. 여기서 이동상 인공수로와 자연수로, 즉 하천을 비교하면 전자는 통상 폭과 선형 등이 고정되어 있기 때문에 수심과 수로경사 등 2개의 자유도를 가지는 반면에, 자연하천은 4개 모두의 자유도를 가진다. 이와 같은 차이 이외에 또 하나 매우 중요한 차이는 인공수로의 경우 유량의 변화가 거의 없거나 인공적으로 조절되는 반면에, 자연하천의 경우 유량의 시간적 변화가 매우 크다는 점이다.

수심 하나만 자유도를 가지는 고정상 흐름의 경우 정상등류로 정착하는 데 걸리는 시간은 짧다. 그러나 이동상 인공수로나 자연하천에서 흐름과 이동 경계면은 상당한 기간 동안 자체 조정을 거쳐 궁극적으로 자유도를 가진 변수들이 안정된 상태에 도달하게 된다. 안정상태에 도달하는 시간은 인공수로의 경우 상대적으로 짧지만 자연하천의 경우 상당히 길며, 때로는 지질 시간대를 요할 것이다. 여기서 하천지형학자들은 이른바 안정(regime), 또는 평형(equilibrium)이라는 용어를 사용하여 이러한 흐름, 유사이송, 이동상 경계면 간의 안정된 상태를 지칭하고 있다.

안정하천 또는 평형하천이란 유사이송은 있으나 흐름에 의한 침식과 퇴적이 균형을 이루어 수로의 폭, 경사, 선형 등이 어느 한 방향으로 지속적으로 변하지 않는 상태의 하도이다. 인공수로가 위와 같이 안정된 경우 안정수로, 자연하도의 경우 안정하도라 한다. Inglis(1947)는 안정 수로나 하도를 "단기간 내에는 수로가 변할 수 있으나, 연간에는 크게 변하지 않는 수로"로 정의하였다. 또한 Blench(1961)는 안정 수로나 하도를 "그 시스템에 부과된 조건이 장기적인 면에서 평균적으로 변하지 않는 경우 흐름이 주변 이동 경계면과 작용하여 자체 조정을 거쳐 궁극적으로 평형, 또는 안정된 상태로 될 수 있는 수로"로 정의하였다.

이러한 안정수로 개념은 수로기술자들의 실용주의에 의해 이른바 안정공식(regime formula)이라는 수로의 흐름과 기하형태의 경험적 관계를 만들었다. 한편 자연하천에서는 하천기술자들 간에 안정하도, 또는 평형하도라는 인공수로에 비해 명확하지 않은 개념이 통용되었다. 따라서 이 절에서는 먼저 안정수로 설계기술의 역사적 배경과 발전에 대해 간단히 알아보고, 다음 안정하도의 개념과 하천실무에 적용성을 검토한다.

(1) 안정수로

1 안정공식

농사를 짓기 위해 하천이나 저수지에서 물을 끌어들이는 관개 흙 수로를 설계하고 건설하는 데 중요한 것은 흐름에 의해 수로가 깎이거나 유사가 퇴적되어 수로의 기능이 저하되거나 중지되지 않는 것이다. 일찍이 19세기 후반에 영국 식민지 경영자들은 지금의 인도와 파키스탄에 걸쳐 있는 인더스강 유역의 Punjab 지방에 대대적인 관개 수로망을 건설하였다. 그러나 이러한 관개수로들은 얼마가지 않아 유사의 퇴적으로 그 기능이 크게 저하되었다. 다만 일부 수로들은 유사 퇴적과 침식이 일어나지 않고 수심, 폭, 경사 등 수로형태가 안정되게 정착되었다. 이에 Kennedy(1895)는 그러한 22개의 안정수로에서 자료를 수집하여 다음과 같이 안정수로의 요건으로 평균유속 V(m/s)와 수심 d(m)간의 관계를 경험적으로 제시하였다.

$$V = 0.55\, d^{0.64} \qquad (11-8)$$

안정공식은 대부분 영국 기술자들이 개발한 만큼 원래 모두 영미 단위로 표기되었으나, 여기서는 표준 단위로 환산하여 표시한다. 그는 위의 식과 Kutter 식으로 표시되는 체지의 평균유속 공식, 그리고 하폭에 관한 또 다른 경험식 등 모두 3개의 식을 이용하여 수심, 폭, 수로경사 등 3개의 자유도 변수를 결정하였다. 위와 같은 Kennedy의 경험적 접근방법과 공식은 그 후 안정이론과 안정공식의 효시가 되었다. Kennedy 공식은 그 후 인도는 물론 영국의 식민지로 있던 이집트, 미얀마 등 다른 지역에서 관개수로 설계에 널리 쓰였다. 그러나 이러한 접근방법은 전적으로 경험적인 것으로, 합리적이고 물리적인 근거가 없기 때문에 다른 지역에 그대로 적용하는 것은 무리가 있었다.

위와 같은 Kennedy 공식은 그 후 Lindley(1919)를 거쳐, Lacey(1929)에 의해 어느 정도 일반성을 갖게 되었다. Lacey는 가용 자료를 이용하여 Kennedy 공식을 철저히 재검토하여 다음과 같은 경험식을 도출하였다.

$$V = 0.63\sqrt{f_1 R} \qquad (11-9)$$

위 식에서 f_1 은 이른바 실트계수(silt factor)로서 바닥재료의 특성에 관련된 값이다. 한편 수로의 설계유량과 유속과의 관계는

$$Q f_1^{\,2} = 140\, V^6 \qquad (11-10)$$

또한 유량과 바닥경사와의 관계는

$$S = 0.0003 \frac{f_1^{\,5/3}}{Q^{1/6}} \qquad (11-11)$$

따라서 기지의 설계유량과 실트계수를 가지고 식 (11-9)에서 식 (11-11)로 수로의 수심, 폭, 바닥경사를 결정할 수 있다. 여기서 실트계수 f_1은 mm로 표시된 바닥 재료의 입경 D를 이용하여 다음과 같이 나타낼 수 있다.

$$f_1 = 1.76\sqrt{D} \qquad (11-12)$$

참고로, Stevens와 Nordin(1990)은 Lacey의 실트계수를 유사농도로 해석하여 새로운 Lacey 식을 제안하였다.

위와 같은 안정수로 이론은 그 후 사실상 Blench(1957, 1961)에 의해 완성되었다. 그는 평생을 안정수로 이론과 공식의 일반화를 위해 노력한 사람으로, 우선 Lacey의 식에서 실트계수 하나만으로는 수로 측벽(제방)과 바닥의 특성을 정확히 나타낼 수 없다고 보고 측벽계수 F_s와 바닥계수 F_b를 구분하여 각각 다음과 같이 표시하였다.

$$\frac{V^3}{\overline{T}} = F_s \qquad (11-13)$$

$$\frac{V^2}{d} = F_b \qquad (11-14)$$

위 식에서 $\overline{T}$는 평균 수로폭으로 A/d이다. 실제 수로설계를 위한 Blench의 공식은

$$\overline{T} = \sqrt{\frac{F_b}{F_s}}\, Q^{1/2} \qquad (11-15)$$

$$d = \left(\frac{F_s}{F_b^2}\right)^{1/3} Q^{1/3} \qquad (11-16)$$

$$S = \frac{F_b^{5/6} F_s^{1/12} \nu^{1/4}}{1.11\, Q^{1/6} g} \qquad (11-17)$$

식 (11-17)에서 ν는 물의 동점성 계수이다. Blench는 설계목적을 위하여 측벽계수 F_s를 다음과 같이 제시하였다.

- 매우 약한 점착성의 흙(loam) : 0.10
- 중간 정도 점착성의 흙 : 0.20
- 강한 점착성의 흙 : 0.30

단 약한 점착성의 미립토사에 둥근 자갈이 노출된 측벽의 경우 $F_s = \sqrt{D}/4$로 보았다. 다음 바닥계수 F_b로 소류사가 거의 없는 경우 이를 F_{bo}로 표시하고, 모래바닥에 대해 $F_{bo} = 1.90\sqrt{D}$로 보았다. 바닥이 자갈인 경우 $F_{bo} = 2.0D^{1/3}$이다. 위의 세 식들에서 입경 D는

mm로 표시된다. 수로에 상당한 유사이송이 있는 경우 식 (11-17)의 분모의 계수 1.11은 $1.11(1 + C_b/233)$로 대치되며, 여기서 C_b는 무게로 표시된 소류사 평균농도(ppm)이다. 또한 이 경우 식 (11-17)의 분자의 바닥계수는 $F_b = F_{bo}(1 + 0.012C_b)$이다. Blench의 공식에서 측벽계수 F_s의 선정은 임의성이 있으나 이 값이 경사 S에 미치는 영향은 식 (11-17)과 같이 매우 미약하다. 반면에 바닥계수 F_b의 영향은 상대적으로 매우 크다. Blench 공식은 인도지방의 자료에 Gilbert의 실험실 자료를 이용하였기 때문에 안정공식의 일반성이 확장되었다고 할 수 있다.

Simons와 Albertson(1963)은 미국에서 이용 가능한 안정수로의 설계기준을 개발하기 위하여 기존의 안정공식을 더 확장하여 일반화시켰다. 그들은 인도 Punjab과 Sind의 수로자료와 미국 Wyoming, Colorado, Nebraska 주의 수로자료를 고려하여 수로의 특성을 1) 모두 모래로 된 바닥과 측면, 2) 모래바닥과 점착성 측면, 3) 점착성 바닥과 측면, 4) 조립질 비점착성 재료 등 크게 4개의 유형으로 나누었다. 이러한 각 특성별 수로에 대해 윤변, 단면적, 동수반경 등을 다음과 같이 유량의 함수로 표시하였다.

$$P,\ A,\ R = m\,Q^n \qquad (11-18)$$

위 식의 계수들은 각 수로 특성별로 다음 표 11.2와 같다. 또한 Simons와 Albertson(1963)은 수집된 자료를 이용하여 평형하상 폭을 산정하기 위한 2개의 그래프를 작성하였다. 이 관계 그래프들은 윤변과 유량의 관계 그리고 평균 하폭과 윤변의 관계를 나타내고 있다(지운 등, 2010).

표 11.2 Simons와 Albertson 안정공식의 경험계수

수로 분류		모래 바닥과 측면	모래 바닥과 점착성 측면	점착성 바닥과 측면	조립질 비점착성 재료
P	m	6.330	4.740	4.630	3.440
	n	0.512	0.512	0.512	0.512
A	m	2.57	2.25	2.25	0.939
	n	0.873	0.873	0.873	0.873
R	m	0.403	0.475	0.557	0.273
	n	0.361	0.361	0.361	0.361

위와 같은 수로에서 평균유속은 각각 다음과 같이 표시하였다.

모래 바닥과 측면 $$V = 9.33(R^2S)^{1/3} \qquad (11-19)$$

모래 바닥과 점착성 측면 $$V = 10.8(R^2S)^{1/3} \qquad (11-20)$$

조립질 비점착성 재료 $$V = 4.75(R^2S)^{0.286} \qquad (11-21)$$

또한, 바닥경사는 Blench 공식의 형태와 유사한 다음과 같은 경험식들을 제안하였다.

모래 바닥과 측면	$V^2/gdS = 0.324(V\overline{T}/\nu)^{0.370}$	(11-22)
모래 바닥과 점착성 측면	$V^2/gdS = 0.525(V\overline{T}/\nu)^{0.370}$	(11-23)
점착성 바닥과 측면	$V^2/gdS = 0.885(V\overline{T}/\nu)^{0.370}$	(11-24)

그들은 이러한 수로에서 평균 수로폭 $\overline{T}$(m)는 수면 폭 T(m)와 다음과 같은 관계가 있음을 보였다.

$$\overline{T} = 0.92T - 0.60 \qquad (11-25)$$

식 (11-18)에서 식 (11-25)를 이용하면 수로재료의 특성만으로 수로설계에 필요한 수심, 폭, 바닥경사 등을 알 수 있다. Simons와 Albertson의 방법에는 수로재료의 입경이 직접 고려되지 않는다. 그들은 위와 같은 공식을 이용하는 데 있어 프루드 수가 0.3을 넘지 않아야 한다는 점을 강조하였다. 또한 Blench 방법이나 Simons와 Albertson 방법은 소류사 농도 500 ppm 이하에서 세류사가 있는 수로에 한하여 적용할 수 있다.

예제 11.1

설계유량 3.0 m^3/s에 대해 바닥이 모래이고 측면이 점착성 재료로 구성된 안정수로의 수심과 바닥경사를 Simons와 Albertson 방법으로 구하시오. 단 수로의 수면 폭은 5 m이고, 물의 동점성 계수는 1.0×10^{-6} m^2/s이다.

풀이

모래바닥과 점착성 측면 수로의 동수반경과 단면적을 표 11.2에서 구하면

$$R = 0.475Q^{0.361} = 0.475(3.0)^{0.361} = 0.71\ [\mathrm{m}]$$

$$A = 2.25Q^{0.873} = 2.25(3.0)^{0.873} = 5.9\ [\mathrm{m^2}]$$

따라서 평균유속은

$$V = Q/A = 3.0/5.9 = 0.51\ [\mathrm{m/s}]$$

식 (11-25)에서 수로의 평균 폭은

$$\overline{T} = 0.92(5.0) - 0.60 = 4.0\ [\mathrm{m}]$$

식 (11-20)에서 바닥경사는

$$0.51 = 10.8(0.71^2 S)^{1/3} = 8.6S^{1/3} \qquad \therefore S = 0.00021$$

식 (11-23)에서 수심은

$$(0.51)^2/(9.8 \times d \times 0.00021) = 0.525(0.51 \times 4/10^{-6})^{0.370} \qquad \therefore d = 1.1\ [\mathrm{m}]$$

2 허용유속과 소류력 방법

안정공식은 이용의 편리함은 있지만 기본적으로 경험식이라는 한계를 벗어날 수 없다. 즉, 공식의 개발에 이용된 수로 여건과 비슷한 수로에 한정하여 이용될 수 있다. 이러한 안정공식의 한계를 극복하고 기본적인 물리현상에서 출발하는 수로설계 개념이 이른바 허용유속과 소류력을 이용한 접근방법이다. 이 개념은 Shields의 한계조건에 바탕을 두고 있으며, 유속과 소류력을 이용 변수로 한다. 그러나 야외에서 소류력의 결정은 수면경사의 오차에 직접 영향을 받으므로 유속만큼 정확히 결정하기는 어렵다. 따라서 유속을 이용하여 어느 조건에서 수로의 침식이 일어나지 않는 한계유속을 결정하면 그것이 설계기준이 될 수 있다. 그러나 유사이송이 있으면 없는 경우에 비해 더 큰 유속에서도 수로는 침식되지 않고 안정되기 때문에 수로가 침식되지 않는 한계 허용유속을 결정하는 것은 그렇게 단순하지 않다. 더욱이 한계유속은 수심이 고려되지 않기 때문에 일반적으로 한계조건 자료의 산포가 크다. 허용유속 개념에 의한 경험적 수로설계 방법으로는 Fortier와 Scobey(1926)의 방법 등이 있다. 그들의 허용유속은 수로의 구성재료, 유사이송 여부 등에 따라 0.5~2.0 m/s 범위에서 제시되고 있다. 그림 11.7(a)는 사다리꼴 수로에서 흐름에 의한 침식단계를 순서대로 보여준다.

한 수로나 하천단면에서 소류력은 흐름의 수심과 에너지경사에 의해 결정된다. 인공수로에서 흐름은 통상 정상등류이므로 에너지경사는 바닥경사와 같으며, 따라서 수심과 바닥경사가 소류력을 결정한다. 그러나 같은 수로 단면에서도 위치에 따라 소류력의 분포는 다르다. 사다리꼴 수로에서는 그림 11.7(b)와 같이 바닥은 거의 평균 소류력에 근접하나, 측면에서는 평균 소류력의 75% 수준이다. 그러나 이러한 분포는 수로의 단면형과 평면선형에 따라 달라진다. 만곡부에서는 최대 250%까지 관찰된다. Lane과 Carlson(1953)은 야외 실측자료를 가지고 사다리꼴 수로에서 바닥의 폭과 높이의 비와 측면경사를 알고 측면과 바닥에 미치는 소류력을 각각 구하는 도표를 제시하였다. 이러한 도표를 이용하면 어느 흐름과 단면 조건에 대해서 바닥과 측면에 미치는 소류력을 계산할 수 있다. 이렇게 얻어진 소류력을 Shields의 한계조건과 경사면의 사립자의 안정조건 등을 이용하여 얻어진 소류력과 같게 놓아 허용수심을 구할 수 있다.

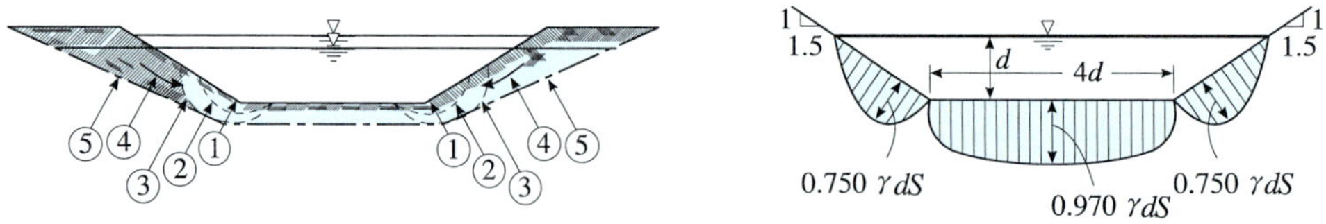

(a) 사다리꼴 수로에서 침식의 발생　　(b) 사다리꼴 수로단면의 소류력 분포

그림 11.7 사다리꼴 수로단면의 침식과 소류력 분포(Lane과 Carlson, 1953)

결론적으로, 경험적 안정공식과 소류력 방법을 비교하면 전자는 유사이송을 직접 고려하지 않았지만 유사농도 500 ppm까지는 적용이 가능한 반면에, 후자는 한계조건을 기준으로 하므로 유사이송이 있는 수로는 고려 대상에서 제외된다. 한계소류력 방법은 그만큼 보수적일 수밖에 없다. 특히 점착성 재료의 한계조건에 대한 지식과 경험이 아직 미흡하기 때문에 한계소류력 방법은 점착성 재료의 수로에 적용할 수 없다. 반면에 경험적 안정공식은 점착성 수로에도 적용 가능하다. 그러나 경험적 안정공식은 기본적으로 인공수로를 대상으로 하기 때문에 유량이 일정한 경우에만 적용 가능하며, 자연하천과 같이 유량이 시간적으로 변하는 경우 적용이 사실상 불가능하다. 지배유량이라는 개념을 이용하여 인공수로에 적용되는 안정이론을 자연하도에 적용하려는 노력이 있다. 그러나 한반도와 같이 특히 유량의 계절적 변화가 심한 지역에서 지배유량을 산정하는데 어려움이 있다. 이에 대해서는 평형하상에서 구체적으로 검토한다.

(2) 안정하도

앞서 안정하천 또는 평형하천의 개념을 설명하였다. 안정하천이란 결국 장노년기 하천에서 하천의 침식과 퇴적이 동적으로 균형을 이루는 하천을 말한다. 따라서 인위적인 부하가 가해지지 않은 장노년기 자연하천은 안정하천으로 볼 수 있다. 이러한 안정하천에서는 하폭, 수심, 하천경사, 선형 등이 흐름에 따라 일시적으로 변해도 장기적으로는 변하지 않고 안정되어 있다. 안정하천의 하도는 안정하도이며, 하상은 안정하상 또는 평형하상이라 불린다.

역사적으로 수로기술자들이 안정수로에서 유사의 침식과 퇴적이 균형을 이루는 흐름과 수로의 기하변수간의 관계를 경험적으로 추출하였듯이, 하천지형학자들은 안정하도에서 그와 비슷한 관계를 추출하려는 노력이 있어 왔다. 이러한 관계는 안정수로와 마찬가지로 통상 수심, 폭, 경사와 유량과의 관계를 경험적으로 나타낸다. 식 (11-1)에서 식 (11-3)은 이러한 관계를 경험적으로 나타낸 것이다. 이와 같은 경험적 관계는 한 하천단면이 아니라 하천거리에 대해서도 비슷하게 쓸 수 있다. Blench(1961, 1966)는 안정수로의 개념을 안정하도에 적용하려고 시도하여 기존의 안정공식에 하천의 만곡을 추가로 도입하였다. 또한 Klaassen과 Vermeer(1988)는 방글라데시의 Jamuna 강의 자료를 활용하여 다지하천(braided river)의 하폭과 유량 관계식을 제시하였으며, Nouh(1988)는 사우디아라비아의 남쪽과 남서쪽에 위치한 매우 건조한 지역의 하도자료를 이용하여 평형하폭에 대한 안정공식을 개발하였다(지운 등, 2010). 그러나 이러한 안정공식의 적용에서 가장 문제가 되는 것은 유량의 대표성이다. 즉, 흐름과 하천 변수간의 관계를 연결시켜주는 기준유량이 필요하다.

1 지배유량

안정하도에서 흐름과 하도와의 관계를 연결시켜주는 유량은 결국 그 하도의 수심, 폭, 하상경사, 만곡 등을 결정하는 데 지배적인 역할을 하는 유량이다. 여기서 지배유량(dominant discharge) 또는 하도형성유량(channel-forming discharge)이라는 개념이 나타난다. 이 개념은 Inglis(1947)에 의해 처음 제시된 것으로, 자연하천에서 실제 유량변화에 의해 생기는 하천형태를 그대로 재현시키는 일정유량이라 할 수 있다. 하도형성유량 또는 지배유량을 산정하는 방법으로는 강턱유량(bankfull discharge), 특정 재현기간에 해당하는 빈도유량(specified recurrence interval discharge), 그리고 유효유량(effective discharge)의 3가지 방법으로 구분할 수 있다.

강턱유량의 의미는 흐름이 강턱을 갓 넘을 때 흐름의 유사이송 능력이 가장 효율적으로 된다는 것이다. 강턱유량은 자연하천에서 실제 홍수터의 표고까지 충적하도를 채우는 유량을 말하며 하도의 가장자리에 자연적으로 형성된 턱인 강턱(홍수터)을 월류하지 않고 그 횡단면을 채우는 흐름을 의미한다(Copeland 등, 2005). 이러한 강턱유량 산정방법은 주로 강턱수위(bankfull stage)를 구별한 후 그 수심에 대응하는 유량을 계산하는 것이다. 강턱수위를 결정하는 기준이나 방법들은 Wolman(1955), Wolman과 Leopold(1957), Schumm(1960), Woodyer(1968), Pickup과 Warner(1976), Leopold(1994), McCandless(2003) 등의 문헌에서 참고할 수 있다.

관측 유량자료가 유효할 경우 특정 재현기간에 해당하는 빈도유량을 하도형성유량 또는 지배유량으로 고려할 수 있으며 보통 강턱유량과 유효유량을 빈도유량과 비교하여 활용한다. 보통 강턱유량은 통상 재현기간 1~2년 빈도의 유량으로 알려져 있으나 자료를 활용한 대상하천 또는 연구자에 따라 최소 1년에서 32년까지의 범위를 보이고 있다.

또한 지배유량은 유사이송에 의한 하천의 변화에 지배적인 유량을 의미하므로 연중 유사이송을 최대로 하는 유량등급, 즉 유효유량(effective discharge)을 기준으로 할 수 있다. 유효유량은 유사이송의 크기와 발생빈도의 함수이며 유효유량을 계산하는 일반적인 방법은 일정 기간 동안 수집된 자료를 활용하여 유량범위를 동일한 간격(bin or class)으로 나눈 후 각 유량구간에 대한 유사량을 유량-유사량 관계식을 이용하여 계산하고 다시 각 유량구간의 발생빈도를 고려함으로써 전체 해당기간 동안에 이송된 총유사량을 계산하는 것이다. 이 때 유사이송을 최대로 하는 유량등급을 유효유량으로 간주한다. 이러한 유효유량 산정방법은 매우 간편한 반면 계산 정확성은 선택한 계산순서 또는 유량범위를 결정하는 방법에 따라 달라진다.

이러한 지배유량의 다양한 정의와 그 특성에 대해서는 우효섭과 유권규(1993, pp. 25~31)의 연구 보고서와 청미천을 대상으로 하도형성유량을 산정한 지운 등(2009)의 문헌을 참고할 수 있다.

여기서 한반도에서 지배유량 개념의 유용성을 검토할 필요가 있다. 세계 주요 하천들의 연중 유량변화는 한반도 하천들과 비교했을 때 하천의 최대유량과 최소유량의 비인 하상계수가 약 10배 이상 차이가 난다. 이렇게 시간적으로 극심한 유량변화를 보이는 하천에서, 특히 홍수시에만 실질적인 유사이송이 있는 한반도의 하천에서 지배유량의 개념은 사실상 특별한 의미를 찾기 어렵다. 지배유량의 기준으로 쓰이는 강턱유량의 개념도 한반도와 같이 대부분의 하천들이 인공적으로 정비되어 자연강턱은 없어지고 인공적인 제방이 축조되었기 때문에 그 의미가 적다. 따라서 한반도의 하천처럼 인공적으로 정비된 하천에서 또는 정비나 복원을 계획하는 하천에서는 지배유량의 산정이 큰 의미가 없으며, 다만 복단면으로 정비된 하천에서 저수로 하도의 안정성을 확보하기 위해서는 저수로를 가득 채우는 유량을 기준유량으로 선택하거나 빈도유량을 대안으로 활용할 수 있다.

2 안정하도의 해석

안정하도의 수리기하 관계는 기존 하천을 변형시키거나 새로운 하천의 설계에 필요하다. 안정하도의 해석은 자연하천의 수리기하 특성을 해석적으로 도출하는 것이 일차 목적이지만, 동시에 충적하천 설계에 귀중한 자료가 된다. 특히 충적하천 모형을 이용한 안정하도의 해석은 하천실무에서 평형하천이나 평형하상을 결정하기 위한 바람직한 방향이다.

Chang(1990)은 충적하천 모형을 이용하여 안정하도의 수리기하 관계를 도출하려고 하였다. 그는 물과 유사 추적을 통해 유사량의 공간적 변화를 추정하여 첨두 유량시 퇴적과 세굴의 균형이 맞는 수리기하 관계를 도출하였다. 그는 이러한 방법을 홍수터의 홍수로 설계에 적용하였다. 한편 Diplas와 Vigilar(1992)는 한계 이송상태에서 충적수로 단면의 기하특성을 이론적으로 도출하였다. 그들은 한계이송 조건시 물의 운동량 방정식과 하상유사 입자의 힘 방정식을 이용하여 복잡한 단면형 방정식을 유도하였다. 그들은 또한 기존의 코사인, 포물선, 지수함수로 나타내는 단면형은 기본적으로 불안정하며, 자신들이 제시한 단면형이 안정하다는 것을 실험실 자료로 설명하였다.

최근에 Cao와 Knight(1998)는 충적하천의 안정하도 설계를 위한 수리기하 특성을 도출하였다. 그들은 이른바 운동량 확산개념을 이용하여 이차류가 경계면 소류력의 재분포에 미치는 영향을 검토하고, 이를 바탕으로 엔트로피에 기초를 둔 단면형 방정식, 흐름 연속방정식, 흐름 저항식, 유사이송식을 해석하였다. 그들의 안정하도 설계절차는 컴퓨터 모형으로 만들어져 단면형, 수심, 폭 등 수리적 기하특성을 계산하도록 하였다.

Vigilar와 Diplas(1997)는 측방 운동량 확산을 고려하여 수리기하 특성과 경계면의 응력분포를 결정하는 모형을 개발하였다. 그들의 모형은 평탄하상에 양측곡선 제방형태의 하천을 대상으로 하였다. 그들의 모형에서 하상 소류력은 하상재료를 충분히 이송시키나, 제방에서는 한계상태를 고려하였다. 그들의 모형은 가용한 실험 및 야외 자료와 비교하여 검증되었다(Vigilar와 Diplas, 1998). 이 모형을 이용한 설계절차는 기술자들이 사용하기 쉽게 방정식과

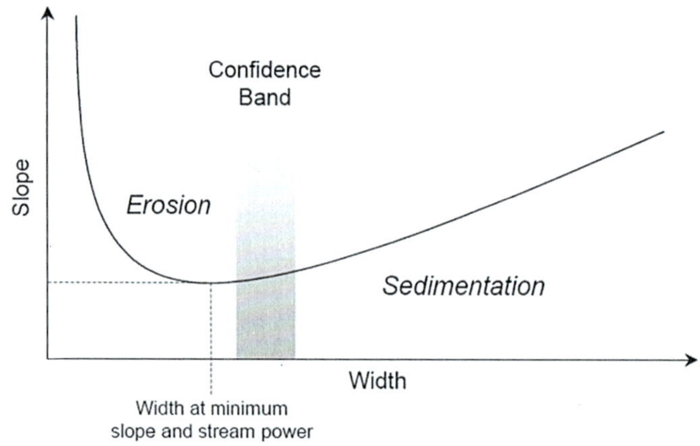

그림 11.8 해석적 안정하도 설계(Sore와 Thorne, 2001)

도해적으로도 제시되었다. 그러나 이 모형의 적용은 직선하도에 비점착성의 부유사 이송이 없는 조립질 재료로 구성된 비교적 일정한 단면형을 가지는 하천에 국한된다. 또한 이차류의 영향 등은 고려되지 않았다.

Copeland(1994)는 유량, 유입 유사량, 하상토의 특성에 관한 독립변수들로부터 하폭, 경사, 수심의 안정하도 단면설계를 위한 종속변수를 결정하는 해석적 방법을 제시하였다. 이 방법은 3개의 미지수 중 2개를 먼저 계산하고 설계자가 제 3의 미지수를 여러 개의 해들 중에서 설계 조건 및 지형학적 구속 조건들에 가장 적합한 하나를 채택할 수 있도록 하였다. 지배방정식으로 유사량 공식과 흐름저항식으로 Brownlie(1981, 1983) 공식을 이용하였으며 최소 수류력(minimum stream power)을 제 3의 공식으로 활용하였다. Copeland 방법은 안정하도 단면에 대해 한 개의 해가 아닌 여러 개의 해를 최종적으로 제시해 주며, 따라서 설계자에게 여러 개의 대안이 제시된다는 것이 장점이다. 안정하도 단면의 하폭, 수심, 경사에 대한 해는 그림 11.8과 같이 나타낼 수 있다. 즉 경사와 하폭 관계곡선에서 이보다 위에 해당하는 단면은 하상이 침식되는 경향을 나타내며 선보다 아래에 위치한 단면들은 하상퇴적을 의미한다. Copeland 방법에서 나타내고 있는 단면은 제형단면이며 정류와 등류 상태로 가정한다. 이러한 가정들에 의한 단순화에도 불구하고 Copeland 방법은 하도바닥의 조도계수 값뿐만 아니라 강턱 및 제방의 조도계수 값까지 고려하기 때문에 하천복원 사업의 주 대상인 소규모 하천에 적절하게 적용된다. Copeland 방법은 SAM(Stable Channel Analytical Method)이라는 이름의 컴퓨터 프로그램으로 개발되었으며 최근에는 HEC-RAS 프로그램에 포함되어 있다.

3 평형하상

평형하상이란 평형하천의 하상과 하상경사로서, 오랫동안 자연적으로 유사이송의 균형이 이루어져 하상이 종적으로 안정된 상태에 도달한 하상이다. 하천에 인위적인 변화를 주지 않은 대부분의 자연하천 하상은 평형하상이다. 이러한 평형하상의 개념은 국내에서 하천을 따라 제방이 대부분 축조되었거나, 충적토의 발달이 미약하여 하폭이나 평면변화의 자유도가 제한되는 경우 특히 그 의미가 크다.

평형하상의 개념은 1970년대부터 국내의 하천실무에 이용된 듯하나, 일부 잘못 이해된 하천 개념 중 하나이다. 종전까지 하천실무에서 평형하상을 결정하기 위해서 그 의미와 신뢰도가 의심스러운 이른바 '평형하상 공식'이라는 반해석적 방법을 이용하여 인위적인 변화가 없는 자연하천에까지 인위적으로 하상경사를 결정하여 왔다. 특히 자연하천에 인위적인 평형하상을 정하고 그 하상의 위로 노출된 하상은 골재채취를 허용하는 하천실무가 있었다. 이러한 문제는 우효섭과 유권규(1992)에 의해 구체적으로 지적되었다. 평형하상의 결정은 하천에 인위적인 변화를 주는 경우 그에 대한 하천반응을 통해 궁극적으로 정착하는 새로운 평형상태의 하상경사를 찾는 데 한하여 그 의미가 있다. 이 경우 평형하상 경사는 다음에서 설명하는 것과 같이 신뢰도 높은 하상변동 모형을 이용하여 장기적으로 하상변화가 없는 조건을 찾아 추정할 수 있을 것이다.

11.3 충적하천의 하상변동

충적하천은 흐름에 의해 끊임없이 변한다. 이러한 변화에는 하천의 평면형, 종단면형, 단면형 등 형태와 하상재료의 구성 등을 포함한다. 이러한 변화는 장기에 걸쳐 광역적으로 일어날 수도 있고, 단기에 걸쳐 국부적으로 일어날 수도 있다. 이러한 변화의 요인은 자연적일 수도 있고, 인위적일 수도 있다. 한강 상류의 크고 작은 계곡의 하천들은 지질시간대에 걸쳐 흐름에 의해 침식되어 형성된 것이며, 한강 하류의 넓은 벌판을 지나는 하천은 흐름에 의해 이송된 유사가 쌓여 형성된 것이다. 이러한 자연적 요인에 의한 하천변화에서 우리의 시야를 조금 좁혀서 하천에 댐을 축조하거나 교량을 건설하기 위해 하도를 좁히면 하천의 형태와 하상재료의 구성은 변한다. 이러한 변화는 특히 하천경사에 집중된다. 우리의 시야를 더욱 좁혀서 교량의 교각이나 교대 주위의 흐름에 초점을 맞추면, 교량의 존재가 주위 흐름을 변화시켜 하상을 세굴시키는 국부적인 하상변화가 일어난다. 공학적 관심은 바로 이러한 인위적인 요인에 의해 비교적 단기간에 일어나는 하천의 변화와 그에 따른 영향에 있다. 여기서 인위적으로 정비된 하천이나 하천 특성상 평면변화가 제한되는 하천에는 하상의 종단방향만이 변화의 자유를 가진다. 특히 제방축조 등으로 하천이 대부분 인위적으로 정비되었거나, 평면변화를 할 수 있는 하천 변 충적층 발달이 미약한 국내 하천에서는 평면형이나 횡단형보다는 종단형의 변화가 특히 중요한 문제로 등장한다. 국부 흐름변화에 의한 국부적 하상변화는 별도의 중요성이 있다.

어느 인위적 요인에 의해 비교적 장거리에 걸쳐 하상이 침식되고 그에 따라 하상 종단경사가 작아지는 현상을 하상저하(streambed degradation)라 한다. 그와 반대로, 인위적 요인에 의해 비교적 하천 장거리에 걸쳐 하상에 유사가 퇴적되고 이에 따라 하상 종단경사가 커지는 현상을 하상상승(streambed aggradation)이라 한다. 반면에, 유사흐름은 있으나 이러한 하상의 상승이나 저하 현상이 지속적으로 나타나지 않는 하천을 안정하천, 또는 평형하천이라 하며, 특히 그러한 인공수로를 안정수로라 하며 이에 대해서는 앞서 설명하였다. 한편 국부적인 하천흐름 변화에 의해 변화 지역에 집중적으로 나타나는 국부적인 하상침식 현상을 국부세굴(local scour)이라 한다. 하상 상승과 저하나 국부세굴과 같은 인위적 하상변화는 자연적 요인에 의한 지질시간대적인 하상변화는 물론 하상형태나 사주의 이동과 같은 자연현상과는 구별된다. 국내의 하천실무에서는 장기적인 하상 저하와 상승, 국부세굴, 홍수시 하상변화 등 자연적, 인위적 요인에 의한 하상고의 변화를 통칭하여 하상변동(riverbed-level variation or riverbed change)이라 하지만, 이 책에서 이 용어는 국부세굴과 구분하기 위하여 특히 하상 저하와 상승 현상에 국한하여 사용한다.

(1) 하상변동 요인

하천바닥에 유사가 지속적으로 쌓이면 하상은 올라가고, 바닥유사가 지속적으로 깎이면 하상은 내려간다. 하폭이 급히 줄어들거나 수심이 깊어지면 상류에 배수가 생겨 흐름의 세기가 줄어들고 그에 따라 하상에 유사가 쌓이게 된다. 따라서 흐름의 배수는 하상상승 현상을 일으킨다. 반면에 상류에서 유사공급이 급작스럽게 줄어들거나 하류 기준수위가 내려가면 하류하상은 깎이게 된다. 따라서 상류에서 유사이송의 차단이나 하류 기준선의 저하는 하상저하 현상을 일으킨다.

자연상태의 충적하천은 지질 시간적으로 끊임없이 변하고 하상 또한 변한다. 그러나 자연하천은 적어도 100년 정도의 공학적 시간대에서는 기록적인 홍수 등 특별한 자연현상이 없는 한 유사이송에 평형을 이룬 상태라 할 수 있다. 따라서 공학적인 관심대상의 하상변동은 대부분 인위적인 요인이라 할 수 있다. 이러한 인위적인 요인에는 1) 하도상황의 변경, 2) 유역토지이용의 변화, 3) 하천 골재채취, 4) 댐과 저수지 등을 들 수 있다.

1 하도상황의 변경

자연상태의 하도에 직강화, 협착화, 준설, 정비, 하도 내 잡목이나 부목의 제거 등을 하는 경우 하상변동을 유발한다. 이 중 하도의 직강화가 보편적으로 나타나는 활동이다. 하도의 직강화는 하상의 저하를 가져오며, 이러한 하상저하는 통상 하폭의 확대와 병행한다. 하도의 직강화는 하상경사의 증가와 그에 따른 흐름세기의 증가를 가져오기 때문에 침식된 하상은 장갑화되어 안정되거나, 만곡을 이루어 하상경사를 줄여서 다시 평형상태에 도달하게 된다. 이러한 하도변경에 의한 하상저하 현상은 통상 초기에 급작스럽게 진행되나, 시간이 흐름에 따라 진행률은 급속히 줄어든다.

2 토지이용의 변화

하천 상류유역에서 도시화, 농경, 노천광 또는 벌목 작업을 하는 경우 하류하천의 하상은 변화한다. 이러한 유역활동은 통상 장기간에 걸쳐 일어나므로 때로는 하도에 미치는 영향은 쉽게 식별되지 않는다. 유역의 벌목이나 농경 활동은 하류하천에 큰 첨두홍수와 유사유출을 가져온다. 이에 따라 통상 하류하천의 폭은 넓어지고 만곡도는 줄어든다.

도시화는 첨두홍수를 급속하게 커지게 하나 유출 지속시간은 짧게 한다. 또한 유사유출을 급속히 줄인다. 이에 따라 하류하천의 하상은 깎이고, 하폭은 넓어지고, 만곡도는 줄어든다.

3 골재채취

하천에서 골재채취는 단시간에 가장 급속히 하상변동을 가져올 수 있다. 이러한 골재채취는 국내에서 가장 빈번하고 통상적인 하상변동 요인중 하나이다. 하천의 유사 이송량에 버금가는 골재채취는 하류하천의 하상저하를 가져올 수 있다. 특히 골재가 채취된 하천의 흐름은 변화되어 하도의 최심선 등 흐름양상이 달라질 수 있다. 골재채취로 인한 두부침식(head-cutting)은 상류하천에 영향을 줄 수 있다. 따라서 충적하천에서 대규모로 골재를 채취하는 경우 그에 따른 영향을 면밀히 검토하여 필요시 적절한 대응책을 마련하여야 할 것이다.

4 댐과 저수지

충적하천에서 댐과 저수지에 의한 영향은 여러 가지 하상변동 요인 중에서 가장 관심 있게 검토되고 있는 만큼 이에 대한 연구의 필요성이 크다. 댐은 하류에 유사이송이 없는 맑은 물을 지속적으로 방류하고, 이러한 방류량은 자연하천의 유황과 비교하여 통상 홍수시보다는 적지만 갈수시보다는 크다. 저수지 상류에는 배수효과가 생긴다.

모래하천에서 댐 하류하상은 맑은 댐 방류수로 인한 선택적 침식현상으로 댐 축조 직후부터 저하된다. 자갈하천에서 댐의 축조는 오히려 하류하상의 상승을 가져올 수 있다. 이는 댐에 의한 유황 조절로 홍수가 없어지게 되면 하류 지류에서 유입하는 자갈을 본류에서 충분히 세굴시키지 못하기 때문이다. 하류하천의 하상저하는 지하수위의 저하로 인한 하천변 토지의 식생과 경작에 영향은 물론 강턱 침윤선의 저하를 가져와서 강턱의 포락(浦落)을 가져올 수 있다.

5 자연적 원인

자연적으로 일어나는 하상변동 요인으로 충적 선상지 활동, 자연적 하상 장갑화, 하도의 분기, 만곡과 자연 첩수로의 형성, 기록적인 홍수, 산불, 부목, 토석류, 지진, 화산활동, 산사태, 지각활동 등을 들 수 있다. 이 중 한반도에서 나타나는 보편적인 현상은 기록적인 홍수와 주로 홍수시에 발생하는 산사태 등으로 인한 하상변동일 것이다.

기록적인 홍수로 인한 하상변동은 장기적, 지속적으로 나타나기보다는 단기적, 일시적으로 일어난다. 이러한 홍수로 인한 하상변동은 통상 자연적으로 곧 원상회복되지만 때로는 영구히 회복되지 않고 그로 인한 새로운 상황에서 평형을 유지하기도 한다. 기록적인 홍수로 인한 하도 내 최심선과 저수로의 변화는 그 대표적인 예이다. 또한 홍수시 부목이 교량 등에 걸리는 경우 교량 주위의 흐름변화를 가져와 국부적인 하상변동을 가속화시킬 수 있다. 이러한 하상변동과 세굴은 부목에 의해 교량에 미치는 수압의 증가와 더불어 교량 붕괴를 가져올 수 있다.

위와 같은 인위적, 자연적 유역과 하천변화에 따른 하천의 반응을 하상변동 측면에서 정리하면 표 11.3과 같다.

표 11.3 유역과 하천 상황의 변화에 따른 하상변동(Keefer 등, 1980)

요인/조건	하천반응 - 하상변동			
	안정	불안정	하상저하	하상상승
선상지				
상류		×		×
하류		×	×	
댐과 저수지				
상류		×		×
하류		×	×	
하천형태				
곡류	×	×	미지	미지
직류		×	미지	미지
망상(다지)		×	미지	미지
강턱침식		×	미지	미지
식생강턱	×		미지	미지
두부침식		×	×	
분수(分水)				
맑은 물 분수		×		×
유사 흐름				×
직강화		×	×	
유역의 벌목		×		×
가뭄기간	×			×
홍수기간		×	×	
하상재료 크기				
증가		×		×
감소		×	미지	×

위와 같은 하상변동 요인과 그 영향에 대한 정성적 분석은 앞서 설명한 하천반응의 정성적 해석과 Lane의 식 (11 - 7)로 어느 정도 설명할 수 있다. 사실 하상변동은 하천반응에서 가장 보편적으로 나타나는 현상이다. 그러나 이러한 분석은 어디까지나 정성적인 예측 수준에 머물고 있으며, 정량적으로 충적하천의 하상이 어느 상태에서, 어느 부분이, 어느 정도, 언제까지 변화할 것인가에 대한 답은 얻을 수 없다. 실무 하천 관리와 계획에는 정량적인 방법을 통한 하상변동의 해석이 요구된다.

(2) 문제의 접근

1 하상변동의 모니터링

인위적, 자연적 요인에 의한 하상변동을 감지할 수 있는 가장 확실한 방법은 관찰에 의한 것이다. 하상변동의 관찰은 장기적인 것과 단기적인 것으로 나눌 수 있다.

장기적인 관찰은 주기적으로 일정구간의 하천측량을 통하여 거리에 따른 하상의 종횡단 표고변화를 기록하는 것이다. 그러나 대부분의 경우 이러한 하상변동 관찰이력은 수위나 유사량 변화이력에 비해 불충분하고 관측기간도 짧다. 국내에서는 1960년부터 비주기적으로 주요 하천의 주요 구간에 대해 하상변동조사 사업에서 하천의 종횡단 측량을 해왔다. 또한 1970년대부터 하천정비기본계획 수립 사업의 일환으로 하천의 종횡단 측량을 해왔다. 따라서 이러한 종횡단 측량결과를 시간 간격에 따라 중첩하여 비교하면 그 하천의 하상변동 상황을 알 수 있다.

문제는 이러한 단순 비교만으로 그 하천의 하상이 점차적으로 상승하는지, 하강하는지 알기 어려운 경우가 있다는 것이다. 하천에 홍수가 나서 하상이 일시적으로 변한 경우 그러한 하상변동은 전체적인 하상의 상승이나 저하 경향에 중첩되어 나타나므로 장기적인 하상 상승이나 저하를 감지하기 어렵게 된다. 더욱이 지속적인 하상 상승이나 저하는 통상 홍수로 인한 일시적인 하상변동에 비해 장기간에 걸쳐 서서히 일어나므로 이러한 하상변동을 감지하기 위해서는 장기간에 걸친 비교 자료가 요구된다. 따라서 하상 상승이나 저하 등 지속적인 하상변동을 감지하기 위해서는 일시적인 변화가 가급적 작게 일어나는, 상당한 거리에 걸쳐 등류를 유지하는 구간을 이용하는 것이 바람직하다. 이러한 구간에서는 특히 하상의 횡단변화가 작게 된다.

앞서 설명했듯이 하천측량 자료는 통상 수위자료보다 상대적으로 가용기간이 짧고 공간적으로도 희소하다. 따라서 가용한 수위자료를 이용하여 특정유량에 대해서 하천거리에 따른 수위를 구해 과거수위와 비교함으로써 간접적으로 하상변동의 경향을 추정할 수 있다. 그러나 이러한 방법은 하상경사의 변화를 그대로 대변하지 못하며, 때로는 잘못된 결과를 가져올 수 있기 때문에 그 이용은 각별한 주의를 요한다. 이러한 방법은 하상변동의 경향을 추정하는 데 이용할 수 있으나, 변동량 자체는 추정할 수 없다.

단기간에 하상변동의 경향을 추정하는 방법으로 종단 하상고의 변화양상을 검토하는 방법이 있다. 종단 하상고의 변화가 아래로 오목하면 하상저하가 일어나고 있다고 볼 수 있으며, 위로 오목하면 하상상승이 일어나고 있다고 볼 수 있다(Suryanarayana, 1969). 그러나 이러한 하상 상승이나 저하가 얼마나 빨리 진행될 것인가는 장기적인 측량에 의한 비교나 해석적인 방법에 의존하여야 한다.

마지막으로 하천의 형태조사를 통해 하상변동의 경향을 추정할 수 있다. 하상이 서서히 상승하는 하천에서 흐름은 같은 유량에 대해 자연히 주위 자연제방을 넘어 퍼지는 경향이 있다. 따라서 이러한 하천에는 자연제방이 점차 높아진다. 그러나 하상이 어느 정도 이상 높아지면 홍수시에 흐름은 자연제방을 넘어 새로운 물길을 찾아가게 되므로 하도가 나누어지게 된다. 이러한 현상이 계속되면 그 하천은 망상하천 또는 다지하천이 된다. 반면에 하상이 저하되는 하천은 통상 *V*자형 계곡을 이룬다.

2 하상변동의 해석

하상변동을 해석하는 방법은 문제의 접근방법에 따라 달라진다. 가장 간단하면서 확실한 방법은 대상 하천구간에 과거 장기간의 하상변동 자료를 비교하여 시간에 따른 하상 변동량을 도시하여 외삽하는 것이다. 이 방법은 비선형성의 문제는 있으나 하상변동 현상의 복잡성을 고려하면 접근하기 쉽고 분명한 방법이 될 수 있다. 그러나 이러한 외삽법의 적용을 위해서는 장기간에 걸친 하상변동 자료가 필요하나, 대부분의 경우 이러한 자료는 가용하지 않는다.

하상변동과 국부세굴 문제를 포함하여 문제를 해석하는 도구는 크게 물리모형(physical model)과 수학모형(mathematical model)으로 나눈다. 물리모형은 실제 현상을 복제하여 재현하는 것으로, 모형과 원형 간의 일정한 상사법칙을 따르게 된다. 이러한 물리모형은 하천의 설계나 관리 등에 공히 이용될 수 있다. 물리모형은 다시 하상이 고정된 고정상 모형(fixed-bed model)과 하상재료가 움직이는 이동상 모형(movable-bed model)으로 나눈다. 고정상 모형에서는 모형과 원형의 기하적, 운동적, 역학적 상사가 성립하여야 한다. 반면에 이동상 모형에서는 위와 같은 조건 이외에 추가로 하상과 강턱재료의 이동을 모의하여야 한다. 구체적으로, 원형과 모형은 하상의 침식과 퇴적, 하천의 측방이동, 하상의 조도 분포와 변화 등에도 일정한 상사율이 나타나야 한다. 그러나 실제로 이러한 상사를 모두 동시에 만족시키는 이동상 모형은 불가능하다. 따라서 보다 지배적인 기하, 운동, 역학적 상사를 위하여 다른 상사를 무시하게 되고 그 결과 정확한 현상의 재현을 이룰 수가 없게 된다. 더욱이 이러한 이동상 모형의 결과해석은 충적하천의 과정에 대한 전문적 지식과 경험을 요한다. 따라서 대부분의 이동상 모형은 아직 정성적인 모의단계에서 크게 벗어나지 못하고 있다. 하천의 물리모형에 대해서는 Novak과 Cabelka(1981)의 전문서적 등을 참고할 수 있다.

수학모형은 충적하천의 흐름과 유사이송을 지배하는 방정식을 수립하고 가용한 자료를 이용하여 그 해를 구하는 것으로 해석적으로 해가 가능한 해석모형(analytical model)과 정확한 해의 산정이 불가능하기 때문에 근사 해를 찾는 수치해석을 요하는 수치모형(numerical model)으로 나눈다. 수치모형은 통상 컴퓨터를 이용하여 그 해를 구한다. 해석적으로 가장 간단하고 쉽게 접근할 수 있는 방법은 흐름을 일정 유량의 정상류로 보고 대상하천 구간에 수면곡선을 계산한 다음, 그에 따른 유사량을 계산하고, 구간별 시간별로 유사의 연속방정식 (9-1)을 이용하여 하상 변동량을 계산하고 다시 새로운 하상고를 기준으로 수면을 계산하는 것이다. 그러나 이러한 방법에는 유량의 시간적 변화, 하상재료의 변화와 그에 따른 하상의 장갑화, 유사이송 능력과 유사공급의 불균형 등이 고려되지 않으므로 사실상 매우 단순한 경우에 한정된 해석이며 보편적이지 못하다. 그러나 이러한 하상변동 현상의 단순화는 해석적인 방법으로 해를 구할 수 있는 이점이 있다.

위와 같은 단순화된 해석모형에서 벗어나 실제 하상변동의 기구(mechanism)와 과정을 모의하기 위해서는 흐름, 유사이송, 하천단면 변화, 하상재료 변화 등을 모두 고려하여야 할 것이다. 이러한 모형은 단순히 하상의 종단면 변화만 모의하는 것이 아니라 흐름과 유사이송, 사립자의 퇴적과 연행, 나아가 하천의 횡단면과 평면 변화까지 모의한다. 따라서 이러한 모형은 하상변동 모형이라기보다는 충적하천 모형이라 할 수 있다. 이러한 모형은 통상 비선형 편미분 지배방정식의 해를 구하는 것으로 특별히 간단한 경계조건을 제외하고는 해석적으로 해를 구할 수 없으며 수치해석에 의존하여야 한다.

마지막으로 자연현상을 모의하는 차원 측면에서 수학모형을 구분하면 수위와 하상의 종적 변화만을 모의하는 1차원 충적하천 모형, 하상고의 평면적 변화를 모의하는 2차원 충적하천 모형 그리고 만곡부와 같이 하상고와 강턱의 변화를 모의하는 3차원 충적하천 모형 등으로 구분할 수 있다. 여기에 흐름을 정상류로 보고 모의하는 정상류 모형과 부정류로 보고 모의하는 부정류 모형으로 구분할 수 있다. 이러한 두 모형의 중간 성격으로 하루 이하의 짧은 시간대에는 정상류로 보고, 주, 월, 연 등 긴 시간대에는 단위기간을 나누어 적용하는 준정상류 모형(quasi-steady state model)을 생각할 수 있다.

물리모형과 수학모형은 각기 장단점이 있다. 일시적인 대홍수로 인한 하상변동이나 국부세굴의 해석에는 물리모형과 수학모형이 이용될 수 있으며, 각각의 해석결과는 상호 보완적인 역할을 할 수 있다. 그러나 점진적인 하상 저하와 상승과 같은 하천의 장기적, 광역적인 변화는 물리모형으로 모의하기는 비용과 시간 문제로 사실상 불가능하며, 수학모형에 의존할 수 밖에 없다.

위와 같은 충적하천의 변화를 수학적으로 모의하는 데 있어 대상구역의 크기는 관심 있는 흐름과 유사 현상의 특성에 따라 달라진다. Menèndez(1997)는 충적하천 모형을 기본적으로 1) 동역학 모형, 2) 유사이송 모형, 3) 하상변동 모형 등으로 나누어 각 모형의 적절한 크기를 제시하였다. 동역학적 적응길이는 힘의 조건이 섭동(perturbation) 이후 다시 안정된 상태로 돌아오는 거리를 말하며, 그는 수심의 20~40배 정도로 제시하였다. 유사적 적응길이는 부유사 이송이 섭동 이후 다시 평형상태로 돌아오는 거리를 말하며, 보통 수심의 수백배 정도로 보았다. 하상변동 거리는 퇴적과 침식에 의해 일어나며 통상 장거리에 걸쳐 일어난다. 따라서 이러한 하상변동이 관심인 경우 동역학 모형은 시간에 대해 변하지 않는 정상상태를 가정할 수 있다. Menèndez는 대상규모가 동역학 길이와 유사적 적응길이보다 큰 경우 대규모 모형 시스템으로, 그 중간에 있는 경우 중규모 모형 시스템으로, 그들보다 작은 경우 소규모 모형 시스템으로 구분하였다.

(3) 하상의 저하와 상승

식 (11-7)로 표시되는 Lane의 충적하천 유사균형식은 하상의 저하와 상승 현상을 정성적으로 잘 설명하고 있다. 또한 식 (9-1)로 표시되는 Exner의 유사 연속방정식도 하상 저하와 상승을 설명하고 있다. 이 식의 의미는 어느 하천구간으로 들어오는 유사량이 그 구간에서 나가는 유사량보다 작은 경우 하상은 저하되며, 반대로 많게 되면 하상은 상승된다.

1 하상저하

하상저하 현상은 댐의 하류하천에서 전형적으로 나타난다. 댐에 의한 하류의 하상저하 현상은 일찍이 19세기부터 문헌에 나타났다. Garde와 Ranga Raju(1985, pp. 368~370)는 인도-파키스탄, 미국 등 세계적으로 댐 하류의 하상저하 사례를 잘 설명하고 있다. 미국의 후버댐의 경우 1935년에 축조된 이후 1951년까지 16년 동안 하류 147 km까지 무려 110백만 m^3의 하상토가 침식되었고, 댐에서 19 km 하류지점의 하상은 4.3 m 저하되었다. 앞서 설명한 그림 11.3에서도 대청댐의 조정지댐 하류부터 미호천 합류점 전까지 약 15 km 구간이 평균 2~3 m 정도 저하된 것을 확인할 수 있다. 그러나 미호천 합류점을 지나서는 1974년과 1988년의 하상고는 간헐적인 최심선의 급격한 변화를 제외하고는 개략적으로 비슷하게 나타나 대청댐에 의한 하상저하 현상이 댐 하류 15 km 정도 구간에 집중되고 있음을 알 수 있다. 대청댐은 1980년 말에 준공되었으나 댐 준공 직전의 하상고 자료가 없기 때문에 이 그림과 같이 1974년 하상자료를 이용하여 댐 건설 전후의 하상고 변화를 비교하였다. 이 구간의 하상재료는 0.3~0.5 mm 정도의 모래이며, 다만 조정지댐 직하류는 자갈과 모래가 섞여 있어 표면은 장갑화되어 있다.

하상저하 현상은 댐 하류에서만 나타나지 않고 골재채취로 하천에 커다란 웅덩이가 생기는 경우에도 나타난다. 이 경우 상류에서 이송되는 유사는 웅덩이에 포착되어 하류로 내려가지 못하므로 하류하천에서는 유사이송의 균형을 잃어 하상이 침식되어 저하된다. 실제 이러한 예는 금강 미호천 합류점 지점에서 볼 수 있다. 이 지점에서는 1981~1988년 사이에 약 3백만 m^3의 골재가 채취되었으며, 이에 따라 그 직하류부터 마어구 구간 사이는 하상이 국부적으로 2 m 정도 저하된 것으로 나타났다. 그러나 이 구간은 상류 대청댐의 영향으로 이미 하상저하 현상이 나타나고 있었기 때문에 댐과 골재채취의 영향이 복합적으로 나타났을 것으로 추정된다.

이러한 하류 하상저하는 하천을 횡단하는 교량의 교각과 교대를 노출시켜 국부세굴을 가속화시킬 수 있다. 실제로 금강 대청댐의 영향으로 하류하천의 하상이 저하되어 이를 횡단하는 충남 연기군 금남교 교각의 기초부가 노출되어 1992년에 교각 보강공사를 하였다.

본류의 하상저하는 본류로 들어오는 지류의 하상에까지 영향을 미친다. 그림 11.6(b)는 그러한 좋은 예로서 금강본류의 하상이 저하되자 그에 따라 본류로 들어오는 유구천의 하상이 상류방향으로 계속 침식되고 있다. 이러한 두부침식은 상류로 가면서 지류의 하상경사가 점차 작아져 상류로부터 유사공급과 흐름의 유사이송 능력이 새로운 균형을 이루게 되면 정지된다.

하천의 유사공급과 하상재료는 그대로 있는데 유량이 급격히 커지는 경우에도 하상저하 현상이 나타난다.

댐에 의한 하상저하 현상은 긍정적인 효과를 가져올 수 있다. 댐 직하류의 하상저하는 댐의 유효높이를 증가시켜 여수로 흐름의 도수를 더 효율적으로 해줄 수 있다. 동시에 유효수두를 증가시켜 발전에 유리한 결과를 준다. 더욱 긍정적인 효과는 하류하상을 장거리에 걸쳐 내리므로 홍수시 통수능을 증가시킨다. 특별히 이러한 효과는 중국이나 인도 등에서 충적하천에서 댐 건설의 주요 목적이 되는 경우가 있다.

그러나 하상저하는 통상 부정적인 효과를 더 많이 가져온다. 댐 하류의 하상저하는 하류하천의 수위를 떨어뜨려 기존 수리구조물의 기능을 저하시킨다. 그림 11.9는 하상저하로 강변한 수위 관측소의 연결관이 물 속에 있지 않고 공중에 떠있는 사진이다. 이와 같이 하상저하

그림 11.9 하상저하로 인한 수위 관측소의 기능 저하

는 수위 관측소, 취수/양수시설 등 기존 수리구조물의 기능을 완전히 또는 부분적으로 정지시킨다. 또한 수면이 내려감에 따라 양수비용이 증가하게 된다. 하상저하는 하천변 토지의 지하수위를 떨어뜨려 농작물과 식생을 고사시키는 문제를 일으킨다. 이보다 더 중요한 문제는 댐 하류의 하상저하로 댐 자체나 여수로 물받이 같은 부속물의 안전에 문제가 될 수가 있다는 점이다. 따라서 댐 설계시는 하류하상의 저하현상을 적절히 고려하여야 한다.

위와 같이 댐으로 인한 하류하상 저하현상에 관련된 변수들은 다음과 같다(Simons와 Sentürk, 1977, p. 716).

- 댐에서 방류특성(방류량의 크기와 빈도)
- 댐에서 방류되는 유사농도와 입경특성(대형 댐의 경우 통상 모래 이상 사립자의 유출 유사량은 없음)
- 하류하천의 하상토 특성(모래와 자갈의 구성비 등)
- 하류하천의 수리기하 특성
- 하류하천의 자연적, 인공적 불규칙성
- 하류하천의 흐름 통제점의 존재 여부와 특성

2 하상 장갑화

자연현상은 인간에게 꼭 불리한 쪽으로만 진행하지 않는다. 그 좋은 예가 하상저하 현상을 중지시키는 하상 장갑화 현상이다. 댐의 축조로 상류에서 유사공급이 차단되면 흐름은 하류하상에서 우선적으로 작은 입자들을 세굴시키고, 큰 입자들은 그 자리에 남게 된다. 이에 따라 하상표면은 큰 입자들로만 덮이게 되고 작은 입자들은 큰 입자들 밑에 숨어 흐름의 소류력으로부터 보호를 받는다. 그림 11.10은 모래와 자갈로 구성된 하상에서 흐름의 선택적 침식으로 모래는 침식되어 하류로 이송되고 자갈만 남아 하상을 덮음으로써 그 밑 모래하상을 보호하는 하상 장갑화 현상을 도식적으로 보여준다.

Egiazaroff(1965)는 같은 조건에서 비균일 입자들은 균일 입자에 비해 움직이지 않으려고 하며, 이러한 비균일 하상재료들의 상호 보호효과를 한계소류력 τ_c 를 계산하는 식에 고려하

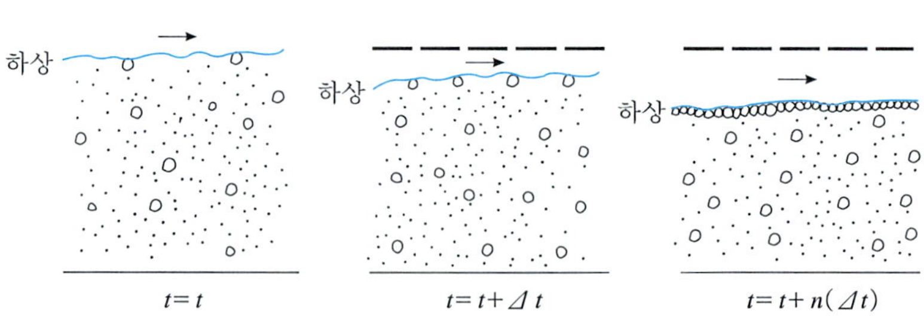

그림 11.10 하상 장갑화 현상

였다. Gessler(1970, 1971)는 하상 장갑화 조건을 확률적으로 접근하였으며 그는 균일재료라도 Shields의 한계조건에서 모든 입자가 움직이는 것이 아니라 그 중 50% 정도만 움직인다는 확률적 평가를 토대로 하상 장갑화 조건을 해석하였다.

수로에서와 같이 비교적 일정한 유량에서는 수로바닥 재료의 구성특성에 따라 장갑층이 형성되어 더 이상의 하상저하는 일어나지 않게 된다. 그러나 수로 가동 초기에는 큰 바닥경사와 큰 소류력으로 수로바닥이 침식되어 바닥은 낮아지고 바닥경사 또한 작아진다. 어느 정도 바닥저하가 진행되면 바닥경사가 작아져 흐름의 소류력은 감소하게 되고 결국 더 이상의 하상 침식이 없는 안정된 상태를 유지하게 된다. 이러한 상태를 수로안정의 한계상태로 본다.

그러나 자연하천과 같이 유량변화가 심한 경우 어느 유량에 대해 형성된 장갑층은 더 큰 유량에서 곧 파괴되고 하상재료 모두가 다시 움직일 수 있다. 따라서 자연하천에서는 하상의 장갑화보다는 흐름의 선택적 세굴로 인한 하상재료의 분급현상이 지배적이 된다. 한편 댐 하류하천의 경우 통상 댐 방류는 조절되어 상당기간 일정하고 최대 방류량은 그 하천의 자연적 홍수량에 비해 작다. 따라서 상류에서 유사공급의 차단으로 형성된 댐 하류하천의 하상장갑은 자연상태에 비해 안정하다.

3 하상저하의 이론적 접근

하상저하는 흐름에 의한 하상 사립자들의 연행에 의한 것이고, 하상상승은 흐름에 의해 이송되어온 사립자들의 하상퇴적에 의한 것으로 모두 유사이송에 관련되어 있다. 여기서 9장에서 설명한 Exner의 유사 연속방정식을 다시 쓰면

$$W\frac{\partial \eta}{\partial t} + \frac{\partial q_s}{\partial x} = 0 \qquad (9-1)$$

하상저하는 어느 하천구간에 들어오는 유사량이 나가는 유사량보다 적은 경우 발생하며, 이는 식 (9-1)의 좌변의 둘째 항 $\partial q_s/\partial x$ 를 양수로 만든다. 따라서 첫째 항 $\partial \eta/\partial t$ 는 음수가 되어 시간에 따라 하상고는 작아진다. 이러한 하상 저하나 상승 현상의 해석은 기본적으로 물과 유사의 연속성과 유사이송 특성에 의해 지배된다. 하상변동의 기본적인 해석방법과 순서는 다음과 같다.

1. 주어진 유량과 하상 조건에서 수면과 에너지 곡선을 결정한다.
2. 하도를 따라 유사이송을 평가한다.
3. 하도 구간별, 시간별로 하상재료의 연속성을 이용하여 하상 저하와 상승을 평가한다.
4. 새로운 하상상태에서 수면과 에너지 곡선을 다시 구한다.

위의 절차와 방법에는 상하류 경계조건과 초기조건이 적절히 설정되어야 한다. 여기서 흐름 조건과 하상 조건을 위와 같이 순서대로 평가하여 단계 4에서 새로 구한 수면과 에너지

곡선의 값들과 이전에 설정한 값들을 서로 비교하여 충분한 정도로 가까우면 계산을 끝내는 방법을 비연계 방법(uncoupled method)이라 한다. 이 의미는 흐름계산을 먼저 하고 그 다음 유사이송식을 이용하여 하상변동 계산을 한다는 것으로, 흐름계산과 하상변동 계산을 따로 한다는 것이다. 반면에 단계 2를 이용하여 단계 1과 3을 한 번에 맞물려 계산하는 방법을 연계 방법(coupled method)이라 한다. 이 의미는 흐름계산과 하상변동 계산을 한 번에 한다는 것이다.

실제 하상변동을 모의하기 위해서는 위와 같은 기본적인 해석 방법과 순서에 더하여 흐름과 하상변동에 의한 하상마찰의 변화와 하상재료의 선택적 침식에 의한 하상 장갑화 현상을 모의하여야 한다. 과거 Komura와 Simons(1967), Lenau와 Hjelmfelt(1992) 등의 하상변동에 대한 해석적인 방법으로 해를 구하는 방법은 복잡한 자연하천에서 하상변동을 모의하는데는 한계가 있으며, 지금은 관련 방정식의 수치해석에 의한 수치모형이 보편화 되었다. 이러한 수치모형에 대해서는 하상변동 모형에서 구체적으로 검토한다.

4 하상저하의 조절

하상저하 현상은 자연상태의 충적하천에 인위적인 변화를 주었기 때문에 새로운 평형상태를 찾아가는 과정으로 사실상 이를 막거나 조절할 수 있는 실제적인 방법은 없다. 댐 하류에 하상저하가 나타나는 경우 하류 한 구간에 암반이 노출되었거나 침식에 저항하는 점착성 하상재료나 자갈로 덮이게 되면 그 지점 상류에서는 하상저하가 어느 정도 진행된 후 중지된다. 그러나 그 지점 하류는 마지막 평형상태를 되찾을 때까지 여전히 하상저하가 계속된다. 의도적은 아니나 어느 하천에 댐의 건설로 하류하상이 저하되지만 그 하류에 다시 새로운 댐의 건설로 배수효과가 위로 올라가 흐름의 유사이송 능력을 줄여 하상저하가 조절되는 경우가 있다. 미국 콜로라도 강의 경우가 이에 해당하며 Hoover, Davis, Parker, Imperial 등 다수의 댐이 콜로라도 강에 연속적으로 세워져 댐 사이의 하상저하가 조절되었다.

그러나 위와 같은 조절보다는 자연적으로 하상의 선택적 침식에 의해 하상이 장갑화되어 하상저하를 중지시키는 경우가 많다. 그러나 이러한 하상 장갑화는 하상층의 장갑을 만들 수 있는 자갈과 호박돌 등이 하상재료에 섞여 있어야 한다는 전제 조건이 있다. 금강 대청댐의 경우 조정지댐 직하류에는 하상에 자갈이 섞여 있어 장갑화되었지만, 갑천 합류점 하류에만 가도 이러한 자갈이 없기 때문에 하상은 상당히 깊이 저하되었다.

5 하상상승

하상상승 현상은 하상저하 현상의 반대로, 댐의 상류하천 유입부에서 전형적으로 나타난다. 그러나 자연상태 유역에서 삼림벌채나 농경지 확대 등 토지이용의 변화는 또 다른 하상상승의 예를 가져온다. 삼림벌채 등 상류유역의 변화로 토양침식이 왕성해져 침식된 사립자들이 하천을 따라 이송되다 하류하상에 쌓여 하상이 높아져 홍수위험이 커지면 제방을 높이고, 이러한 악순환이 계속되어 결국 하상이 주변 토지보다 훨씬 높아진 하천을 천정천(天井川)이라 부른다. 18세기 실학자 이중환의 택리지(擇里誌)의 강원도 편에 다음과 같은 기록이 있다.

(중략) ..., 每水澇山崩 流入漢江 而漢水漸淺矣
"..., 홍수가 나고 산이 무너져서 모래가 한강으로 들어와서
한강의 깊이가 점점 얕게 되었다"

위 글로 미루어 볼 때 200년 전에 한반도에서 삼림의 황폐로 유역의 침식이 커지고 그에 따라 하상에 모래가 쌓여 하상상승 현상이 계속되었음을 유추할 수 있다. 이와 같은 현상은 하천의 유사이송 능력 이상의 유사가 하도에 유입됨으로써 생기는 것이다.

댐이나 침사지 상류에는 유량은 변하지 않으나 유속이 줄어들어 유사이송 능력이 감소되어 상류에서 이송된 유사가 쌓여 하상이 높아진다. 이러한 유사이송 능력의 감소로 하상에 유사가 쌓여 하상이 높아지는 현상은 하구 삼각주나 계곡 출구 선상지에서도 볼 수 있다.

하상상승은 하천 한 지점에서 취수나 도수 등으로 유량이 급속히 줄어드는 경우에도 발생한다. 상류에서 유사는 계속 내려오는데 유량이 감소되면 유사이송 능력이 감소되어 그 지점 하류부터 유사가 쌓여 하상은 높아진다.

6 하상상승의 이론적 접근

하상상승은 어느 하천구간에 들어오는 유사량이 나가는 유사량보다 많아서 잉여 유사량이 하상에 쌓여 발생하므로, 이는 식 (9-1)의 좌변의 둘째 항 $\partial q_s/\partial x$ 를 음수로 만든다. 따라서 이 식의 첫째 항 $\partial \eta/\partial t$ 는 양수가 되어 시간에 따라 하상고는 높아진다. 이와 같은 하상상승 현상은 다음과 같은 가정에 기초하여 이론적으로 접근할 수 있다.

- 하상상승이 일어나기 전 하천은 평형상태이다.
- 하상상승 과정 중에 흐름특성은 달라지지 않는다.
- 하상상승 과정 중에 하상재료 특성은 변하지 않는다.

Garde와 Swamee(1973)는 위와 같은 가정에 기초하고 물과 유사의 연속방정식, 수면경사식, 유사이송식을 조합하여 비연계 방법으로 하상상승을 해석적으로 모의하였다. 이러한 접근방법은 단순한 조건의 하상상승에는 적용될 수 있으나, 실제 자연하천에서 여러 요인에 의한 복합적인 하상상승 현상을 모의하기는 전제한 기본 가정에 무리가 있다. 이 점에서 하상상승의 모의도 하상저하와 마찬가지로 관련된 방정식과 경계조건을 수치적으로 푸는 수치모형에 의존한다.

(4) 홍수시 하상변동

6장의 식 (6-57)과 그림 6.7에서 검토하였듯이 홍수시 흐름특성은 상승부와 하강부에서 서로 다르게 된다. 수위 상승시에 하류는 상류에 비해 수심과 유속이 작으므로 $\partial V/\partial x < 0$이 된다. 또한 유량은 같은 수위의 등류유량에 비해 커진다. 반대로 홍수 하강시는 하류는 상류에 비해 수심과 유속이 크므로 $\partial V/\partial x > 0$이 되고, 유량은 같은 수위의 등류유량에 비해 작아진다. 따라서 홍수 상승시에는 일반적으로 거리에 따라 유속이 감소하므로 유사량도 감소한다고 볼 수 있으며 $\partial q_s/\partial x < 0$이 되고 식 (9-1)에서 $\partial \eta/\partial t > 0$가 되어 시간이 감에 따라 하상은 올라간다. 즉, 퇴적이 발생한다. 반면에 홍수 하강시에는 $\partial q_s/\partial x > 0$이 되고 식 (9-1)에서 $\partial \eta/\partial t < 0$이 되어 하상은 내려간다. 즉, 침식이 발생한다. 다만 이러한 설명은 흐름의 유사이송 능력과 실제 상류에서 공급되는 유사량이 서로 같아서 유사이송은 있으나 하상에 퇴적과 침식이 생기지 않는 평형상태에 한하여 타당하다.

그림 11.11은 미국 Rio Grande 강 Bernalillo 지점에서 Leopold와 Maddock(1953)이 관찰한 것으로, 홍수 상승시에는 부유사량이 증가하고 하상은 저하되며, 하강시에는 부유사량이 감소하며 하상은 다시 상승하나 원 하상고에는 못 미친다. 이러한 결과는 위에서 설명한 것과는 정반대의 현상이다. 여기서 부유사량을 지표로 이용한 것은 측정상의 편리에 의한 것으로, 실제 총유사량이 올바른 지표일 것이다. 다만 부유사량의 변화양상은 총유사량과 같다고 볼 수 있고, 특히 홍수시에는 소류사량에 비해 부유사량이 지배적이므로, 부유사량으로 총유사량의

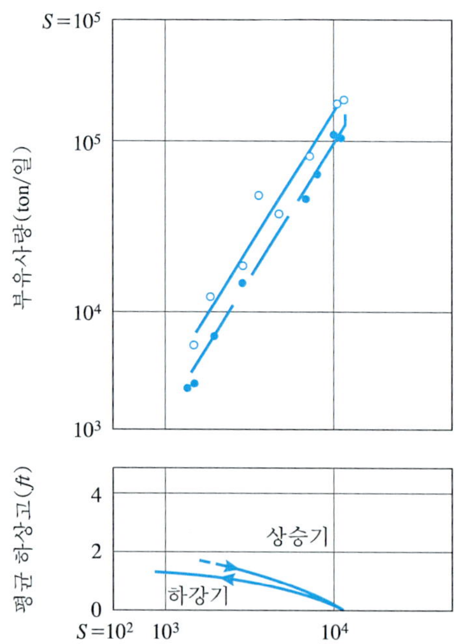

그림 11.11 홍수시 유사량과 하상변동(Rio Grande강 Bernalillo)

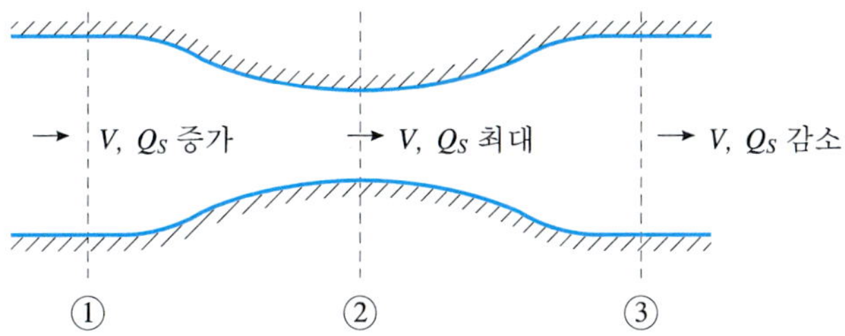

그림 11.12 하폭이 변하는 하천에서의 하상변동(평면도)

지표를 대신할 수 있다. 이 그림과 같은 결과는 흐름의 유사이송 능력과 실제 상류에서 공급되는 유사량과 차이에 따른 결과로서, 다시 말하면 비평형 상태의 유사이송에 의한 것이다.

이러한 비평형 상태의 유사이송을 다시 설명하면, 그림 11.12와 같이 하폭이 좁아졌다가 다시 넓어지는 하도에서 같은 유량에 대해 흐름은 점차 커졌다 다시 작아지며, 이에 따라 유사이송 능력도 점차 커져서 폭이 제일 좁은 구간에서 가장 커졌다 다시 줄어든다. 여기서 상류 구간 ①에서는 유사이송 능력이 작기 때문에 실제 적은 유사량이 하류로 이송되나 가운데 구간 ②에서는 유사이송 능력이 크므로 상류에서 이송된 유사량뿐만 아니라 하상토를 침식하여 하류로 이송시킨다. 이에 따라 폭이 좁은 가운데 구간에서는 하상이 저하된다. 다음 구간 ③은 그 반대현상이 나타날 것이다. 이러한 하폭의 변화에 따른 유사이송 능력의 변화율은 통상 홍수파의 전파에 따른 유사이송 능력의 변화율보다 매우 크므로 Rio Grande강에서 실측한 결과와 같은 현상이 나타난다. 따라서 홍수시 하상변동은 전 구간에서 모두 같게 나타나지 않으며, 홍수의 특성과 하천특성에 따라 달라지는 것을 시사한다. 그러나 하폭이 일정하고 다른 변화가 없는 하천에서는 이론적으로 식 (9-1)에 의한 현상이 나타날 것이다.

결론적으로, 홍수시 충적하천의 하상은 상류의 유사 공급량과 실제 유사이송 능력의 차이에 의해 발생한다. 즉 실제로 한 하천구간에 공급되는 유사량이 그 구간의 유사이송 능력을 초과하게 되면 퇴적이 발생하여 하상이 높아진다. 반면에 상류에서 공급되는 유사량이 그 구간의 유사이송 능력보다 작아지면 하상이 침식되어 하상은 낮아진다. 이러한 상류 유사 공급량과 흐름의 유사이송 능력의 관계는 홍수시 흐름특성은 물론 하폭의 변화 등 하천특성에 따라 달라진다.

(5) 골재채취로 인한 하상변동

골재는 건설에 필수 재료로서, 통상 강이나 바다에서 채취하거나 산에서 암석을 깨서 조달된다. 강에서 나는 골재는 강골재(江骨材), 육지에서 나는 골재는 육골재(陸骨材), 바다에서 나는 모래는 해사(海砂)라 한다. 국내에서는 강골재가 가장 보편적이고, 다음에 육골재이며, 해사는 비교적 제한적으로 쓰인다. 자갈과 같은 조골재(粗骨材)는 강에서 선별하거나 강의 호박돌이나 산에서 채석한 돌을 적절한 크기로 깨서 쓸 수 있지만, 모래와 같은 세골재(細骨材)

는 강이나 바다에서만 가용하다. 그러나 바다 모래는 철근 콘크리트의 철근강도에 치명적인 염분이 있다. 따라서 전통적으로 건설공사는 강에서 나는 모래와 자갈에 의존하여 왔고, 지금도 강골재는 철근 콘크리트에 가장 좋은 재료로 쓰인다.

이러한 강골재의 집중적인 채취는 충적하천에 영향을 줄 수 있다. 골재채취로 남은 웅덩이(pit)는 흐름과 유사이송 특성을 변화시켜 주변 하천형태를 변화시킨다. 변화된 하천형태는 다시 흐름을 변화시켜 하천관리에 영향을 준다.

구체적으로, 골재채취로 하폭과 하천길이의 일부 또는 전체 폭과 상당거리의 하천에 웅덩이가 생기게 되면 흐름과 유사이송은 부등류가 되며, 이러한 변화는 하상고, 하폭, 하상재료의 구성 등에 변화를 주면서 서서히 새로운 평형상태를 찾아간다. 이에 따라 웅덩이 주변에 나타나는 전형적인 하천변화는 1) 웅덩이 상류부의 침식, 2) 웅덩이 되채움, 3) 웅덩이 하류부의 침식 등이다. 이러한 웅덩이 주변의 수직변화뿐만 아니라 통상 측방변화가 나타나며, 대부분 측방변화, 즉 하폭의 확대는 수심의 변화에 비해 매우 크게 나타난다. 따라서 대규모 골재채취에 의한 하천변화를 해석하기 위해서는 하폭의 변화까지 고려하여야 한다. 이러한 변화의 속도는 하천의 유사이송 능력이 클수록 커진다. 예를 들면 매우 큰 홍수가 한 번 지나가면 골재채취 웅덩이는 완전히 되 메워지고 하천 상하류 수심과 하폭은 변해서 새로운 유사이송과 에너지 분포의 평형을 유지하게 된다. 골재채취로 인한 하천변화는 교량, 제방, 취배수장 등 수리구조물의 안정에 직접적인 영향을 줄 수 있다. 이러한 이유로 하천실무에서는 수리구조물 주변 일정한 거리 이내에서 골재채취를 금지하는 등 제한요건이 있다.

골재채취로 인한 하천변화는 우선 골재를 채취하고 남은 웅덩이의 변화이다. Lee 등(1993)은 골재채취 웅덩이의 이동과 변화에 대한 실험결과, 균일재료로 된 사각형 웅덩이의 이동속도는 하천의 유사이송 능력에 비례하고 웅덩이 깊이에 반비례하는 것으로 나타났다. Chang(1988)은 하천에서 골재채취에 의한 하천변화를 자신이 개발한 수학모형인 FLUVIAL12를 이용하여 검토하였다. 그는 하천이 새로운 평형상태를 찾아가는 방향을 하천거리에 따라 유사이송과 흐름의 에너지 소비율(power expenditure)이 같아지는 방향으로 보았다. 여기서 에너지 소비율은 단위면적의 하상에 작용하는 에너지 소비율인 Bagnold의 수류력에 하폭을 곱해 하천 전체 폭에 대해서 나타낸 에너지 소비율로서, $\tau V \cdot T = \gamma d S V T = \gamma Q S$ 이다. 따라서 $\gamma Q S$ 로 표시되는 에너지 소비율은 단위 하천길이당 에너지 소비율이 된다. Chang은 새로운 평형상태로 하천변화는 하폭, 수심 등 물리 형태적 제한성이나 흐름과 유사이송을 지배하는 물리법칙 범위 내에서 최대한 에너지 소비율이 균등하게 되려는 것으로 보았다.

(6) 하상변동 모형

충적하천의 하천변화를 해석하려면 흐름과 유사이송에 관련된 방정식을 적절한 경계조건과 초기조건을 이용하여 풀어야 한다. 이러한 수학모형의 해는 통상 수치해석을 이용하여 얻어진다. 일반적인 충적하천 모형은 하천거리와 시간에 따른 흐름과 하상변화뿐만 아니라 하폭과 하천선형의 변화까지 모의한다. 그러나 현재 대부분의 하천모형은 하상변화에 초점을 맞추고 있으므로, 여기서는 단순히 하상변동 모형이라 부른다.

1 지배방정식

한 충적하천에서 흐름과 유사이송을 하도를 따라 1차원으로 단순화시키면 흐름을 지배하는 방정식들은 6장에서 검토한 물의 연속방정식 (6-13)과 운동량방정식 (6-27)이 된다. 한편 유사이송의 연속방정식은 Exner 식 (9-1)이 된다. 물의 연속방정식과 운동량식에서 측방유입을 무시하고 마찰경사는 유량을 이용하여 다시 쓰면

$$\frac{\partial A}{\partial t}+\frac{\partial Q}{\partial x}=0 \tag{11-26}$$

$$\frac{\partial Q}{\partial t}+\frac{\partial}{\partial x}\left(\beta\frac{Q^2}{A}\right)+gA\frac{\partial h}{\partial x}+gA\frac{Q|Q|}{K^2}=0 \tag{11-27}$$

위 식에서 β는 운동량 계수, h는 수심, K는 통수능$(=AR^{2/3}/n)$이다. 한편 유사의 연속방정식 (9-1)을 단면 전체 유사량 Q_s를 이용하여 다시 쓰면

$$\frac{\partial \eta}{\partial t}+\frac{1}{WT}\frac{\partial Q_s}{\partial x}=0 \tag{11-28}$$

위의 세 방정식들은 비선형 편미분방정식으로서, 미지수는 h, Q, η이며 세 개의 방정식이 있기 때문에 이론적으로 해가 가능하다. 그러나 위 방정식들의 일반적인 해석해는 얻을 수 없으며, 컴퓨터를 이용한 수치해석에 의존한다. 위 세 방정식을 풀기 위해서는 추가로 유사량, 하천마찰, 하천 단면형, 하상재료의 분급과 장갑화에 관한 정보가 필요하다. 이들을 수식으로 표시하면

유사량식	$Q_s=f_1(Q, A, D_{50}, S_f, ACF)$	(11-29)
마찰식	$S_f=f_2(Q_s, D_{50}, Q, A, d, ACF)$	(11-30)
하천 단면식	$A=f_3(d;x) \qquad T=f_4(d;x)$	(11-31a, b)
하상토의 분급식	$D_{50}{}^{j} \rightarrow D_{50}{}^{j+1}$	(11-32)
하상토의 장갑화식	$ACF^{j} \rightarrow ACF^{j+1}$	(11-33)

위 식들에서 ACF는 장갑화 계수로서 침식되지 않는 입자들로 덮인 하상면적이며, $f(d;x)$는 하천 흐름방향으로의 수심의 함수, j는 시간간격을 의미한다. 식 (11-26)에서 식 (11-28)과 식 (11-29)에서 식 (11-33)은 충적하천에서 흐름방향으로 하상의 1차원 변화를 예측하는 기본식으로서 하도의 측방 유출입은 고려되지 않았다. 위의 식들을 단위폭당으로 표시하려면

지배방정식 (11-26)에서 식 (11-28)을 단위폭당으로 전환하고, 하천단면 식 (11-31)은 불필요해진다.

위에서 식 (11-29)의 유사량식은 유사의 연속방정식을 풀기 위해 필요하며, 식 (11-30)의 마찰식은 충적하천에서 흐름과 하상이 변함에 따른 적절한 마찰계수를 구하기 위해 필요하다. 그밖에 하상토의 분급식과 장갑화식은 흐름에 의해 하상토의 구성이 달라지는 것을 고려하기 위해 필요한 식들이다. 참고로 Jain(1990)은 하상 장갑화 현상의 해석에서 장갑화(armor) 현상과 포장(pavement) 현상을 구분할 필요가 있음을 강조하였다. 전자는 움직이지 않고 그 자리에 있는 장갑화된 층을, 후자는 움직이는 장갑층을 가리킨다.

한편 하상변동 현상을 정확히 모의하기 위해서는 하상 표면층과 그 밑 저층재료의 상호교환을 고려하여야 한다. 하상 저하시에는 저층재료가 그대로 흐름에 의한 이송 대상이 되는 반면에, 하상 상승시에는 하상 표면층과 소류사는 하상저층으로 묻히게 된다.

2 수학모형의 구성 및 개발

위와 같은 하상변동의 지배방정식과 관련 방정식을 푸는 방법은 앞서 설명한 대로 비연계(uncoupled)와 연계(coupled) 방법 등 크게 둘로 나눈다. 비연계 방법은 Saint-Venant 방정식 (11-26)과 (11-27)을 적절한 경계조건을 이용하여 Q, h 등을 먼저 구하고, 이를 이용하여 Exner 식 (11-28)을 풀어 하상고 η를 구해 흐름식을 풀 때 먼저 가정한 하상고와 차이가 없어질 때까지 계산을 반복하는 것이다. 추가로 하상분급이나 장갑화가 지배적인 경우 위 결과를 이용하여 순차적으로 이들을 계산하게 된다. 연계 방법은 관련 방정식 (11-26)에서 식 (11-28)을 동시에 해석하여 해를 구하는 것으로, 보통 비선형 연립방정식의 해를 음해법으로 구하는 방식이 된다. 실제 물의 흐름과 유사흐름은 동시에 발생하므로 엄밀한 의미에서 연계 방법이 물리적으로 맞다. 그러나 유사이송식과 마찰식은 통상 서로 관련되어 있고, 하상분급과 장갑화도 유사이송과 마찰에 관련되어 있기 때문에 모든 관련식을 동시에 해석하는 것은 수학적으로 어렵다. 반면에 비연계 방법은 물리적으로 동시에 발생하는 현상을 수학적으로 나누어서 계산하는 것으로서, 컴퓨터에 의한 반복계산이 쉽기 때문에 그 결과는 연계 방법에 의한 결과와 사실상 같다.

Lyn(1987)은 섭동법(perturbation method)을 이용하여 비연계 방법은 특히 일반 경계조건과 임의의 초기조건을 만족시키지 못할 수 있다는 점을 강조하였다. 그는 경계조건이 크게 변하는 흐름에서는 이러한 방법의 적용은 한계가 있음을 강조하였다. 반면에, Cui 등(1996)은 비연계 모형의 단점으로 알려진 한계류 근처에서 해의 불안정 문제를 확인하기 위해 같은 비연계 모형을 연계 모형으로 바꾸어 그 결과를 비교하였다. 그 결과 Lyn 등에 의해 알려진 것과 달리 비연계 모형은 연계 모형과 차이가 거의 없는 것으로 나타났다. 따라서 비연계 모형은 그 알고리즘의 간편성 때문에 하상변동 모형의 개발에 여전히 유효하다고 할 수 있다. 비연계 방법으로 위의 식 (11-26)에서 식 (11-33)을 푸는 알고리즘을 도식적으로 나타내면 그림 11.13과 같다.

식 (11-32)와 (11-33)으로 표시되는 하상재료의 분급과 장갑화 모의는 모래와 자갈이 섞여 있는 하천에서는 모형의 성패를 좌우하는 필수적인 요소이다. 하상이 침식되어 저하되면 모래와 같은 작은 입자들은 먼저 침식되어 흐름에 연행되고, 자갈과 같은 상대적으로 큰 입자들은 남아서 하상을 덮게 된다(그림 11.10 참조). 이에 따라 유사이송, 하천마찰 등이 달라진다. 따라서 하상분급과 장갑화 현상을 모의하지 못하는 하상변동 모형들을 이용할 경우 이러한 모의 한계를 충분히 감안하여 모형을 적용하여야 한다.

또한 하상변동 모형은 단기적인 흐름사상에 대해 적용하는 것과 장기적인 흐름에 대해 적용하는 것으로 나눌 수 있다. 전자는 하루나 일주일간 홍수와 같은 사상에 대해 하상변동을 모의하는 것으로, 부정류 모형이어야 한다. 반면에 후자는 연간 흐름변화에 의한 하상변동을 모의하는 것으로, 반드시 부정류 모형일 필요가 없다. 예를 들어 미공병단 수문연구소에서 개발하여 널리 쓰이는 1차원 충적하천 모형인 HEC-RAS에서 장기하상변동을 모의할 경우 흐름해석을 위해 부정류 Saint-Venant 방정식을 푸는 대신 흐름을 정상류로 보고 수면곡선을 구한 후 비연계 방법으로 하상고 변화를 구한다. 이러한 방법은 홍수에 의한 하상변동과 같은 짧은 시간의 변화가 아니라 장기간에 걸쳐 지배적인 유량조건에서 하상변동을 모의하는 데 편리하게 쓰일 수 있다.

다양한 목적으로 개발되어 문헌에 알려진 충적하천 모형들은 매우 다양하다. HEC-6(최근 HEC-RAS 모형 안에 포함), CHARIMA, SEDICOUP 등은 1차원 모형이며, TABS2, MIKE21, SED2D, CCHE2D 등은 2차원 모형이다. 다만 GSTARS와 FLUVIAL12는 2차원으로 확대가

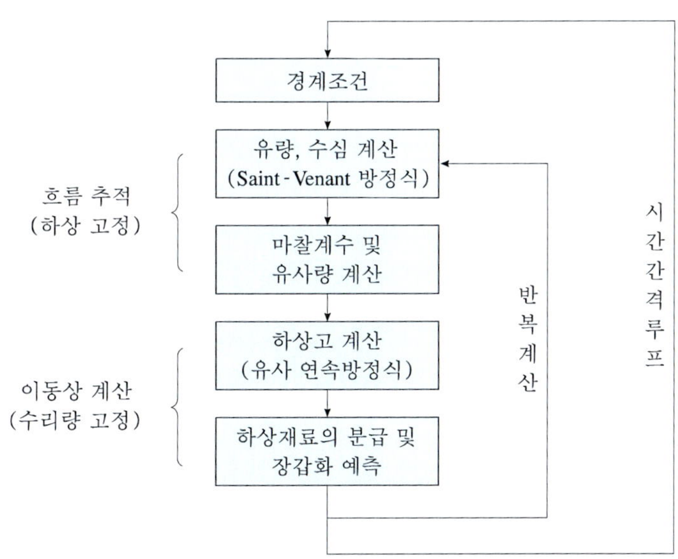

그림 11.13 비연계 방법에 의한 하상변동 모형의 해석

가능하다. 1970년대에 개발된 모형들은 장기모의를 위하여 준정상류를 대상으로 하였으나, 그 후 모형들은 부정류를 대상으로 하고 있다. 모형의 알고리즘을 보면 초기에 개발된 모형들은 비연계 방법을 이용하고 있으나, 프랑스에서 개발된 모형들과 1990년대 이후 모형들은 일부 연계 방법을 이용하고 있다. 특히 Holly와 Rahuel(1990a,b)의 모형은 소류사 이송의 공간적 지체효과를 고려한 점이 특별하다. 최근에 개발된 모형들은 다지하도를 대상으로 하고 있으며 하상재료의 입경변화를 고려할 수 있다. 수치해석 기법을 보면 하천모의 특성상 유한 차분법이 다수를 차지하고 있다.

하상변동 모형개발에는 유한 차분법 중에서 음해법의 이용이 보편적이다. 몇몇 모형들은 양해법을 이용하여 연계 방법으로 하상변동 모형을 개발하였다. 또한 Yeh 등(1995)은 특성법을 이용하여 연계 방법으로 하상변동 모형을 개발하였다. 그들은 시험적용 결과를 가지고 이 방법은 기존의 차분법과 달리 흐름과 유사유입의 변화가 흐름, 하상고, 하상재료의 형성에 미치는 영향을 잘 알 수 있음을 강조하였다. 수학모형의 수치해석 결과는 관련 주요 변수에 대해 다시 회귀분석하여 이용자들이 쉽게 쓸 수 있도록 할 수 있다. 마지막으로 하상변동과 같이 복잡한 현상의 모의는 수학모형을 직접 적용하는 것보다 모형의 수치실험으로 나온 결과를 정리하여 이용자들이 쉽게 쓸 수 있도록 할 필요가 있다. Jain과 Park(1989)는 하상저하를 모의하는 그들의 수학모형(Park과 Jain, 1987)의 수치해석 결과를 회귀분석하여 하상저하 예측식을 제시하였다. 그들의 원 수학모형은 미주리강의 자료를 이용하여 경험적인 방법으로 구한 마찰식, 유사이송식 등을 이용한 비연계 모형이다.

1990년대에 시작되어 2000년대 이후 들어 충적하천 모형개발에서 눈에 띄는 변화는 1차원을 넘어 2, 3차원 모형개발이 활발해졌다는 점이다. 특히 강턱침식(bank erosion) 등에 의한 충적하천의 평면적 변화와 만곡부의 유사이송과 하상변동은 1차원 모형으로 한계가 있기 때문에 이러한 만곡부 하상변동 예측을 위해서는 다차원 모형이 요구된다. 3차원 이동상 하천모형은 아직까지 모형활용에 한계가 있고 개발 또한 흔하지 않다. Shimizu 등(1990)은 Shimizu와 Itakura(1989)의 2차원 모형을 확대하여 3차원 이동상 하천모형을 개발하였다. 이 모형을 이용하여 모의한 결과, 3차원 모형은 부유사에 의한 하상변동 모의에서 2차원 모형과 상당한 차이가 있음을 강조하였다. 또한 Jang과 Shimizu(2005)는 상대적으로 폭이 넓고 수심이 얕은 하천에서 하상과 하안의 재료가 모래인 하천에 대해 흐름, 하상변동, 강턱침식을 모의할 수 있는 2차원 수치모형을 개발하였다. 이 모형을 이용하여 사주발달과 사주 주변의 흐름 분리에 의해 하폭이 넓어지는 현상, 사주 주변의 세굴 현상, 시간에 따른 사주 크기의 변화 등을 모의하였으며 그 결과는 실험을 통해 관측한 자료와 상당히 일치하였다.

기존의 다양한 충적하천 모형들은 각기 개발목적이 다르고 모형개발에 이용된 방법들이 서로 다르기 때문에 그 적용성 또한 다르다. 기존의 모형들은 유사이송을 모의하기 위해 다양한 유사량 공식들을 이용할 수 있도록 하였으나, 그러한 공식들의 적절한 선정기준을 제시하지 못하고 있다. 모의 대상구간의 적절한 유사이송공식을 선택하는 것은 모형 사용자의 몫이다. 장갑화 모의에서는 일부 모형들이 장갑화를 모의하는 연산법(algorithm)을 가지고 있으나, 아직 장갑화 현상 자체를 완전히 규명하지 못하고 있기 때문에 모형에 고려 자체도 완전하지 못하다. 1차원 모형의 특성상 하천 횡방향 하상토 분포 자체는 관심대상이 아니나, 거리에 따라 이동상 하천의 폭이 달라지기 때문에 한 단면에서 계산된 유사량을 횡방향으로 분포시킬 필요가 있다. 이를 위해서 모형마다 일정한 가정을 가지고 서로 다르게 하고 있다. 또한 횡방향 모의에서 강턱침식(bank erosion)의 모의는 충적하천의 특성상 중요한 의미를 가질 수 있다. 강턱침식을 모의할 수 있는 대표적인 모형은 FLUVIAL12, GSTARS, CCHE2D이다.

기존 모형의 예측결과를 실제 측정치와 직접 비교하는 것은 그 모형의 적용성을 평가하는 궁극적인 방법이다. 대부분의 사례연구에서 활용된 모형들의 신뢰도는 서로 비슷하며 입력자료가 충실할수록 모형의 종류에 크게 관계없이 양호한 결과를 얻을 수 있는 것으로 나타났다. 구체적으로, 1) 각 단면에서 단면형상과 하상토 입경분포 등 정확한 초기조건, 2) 물과 유사의 유출입, 유입유사의 입경분포 등 정확한 경계조건, 3) 정확한 하상조도의 추정, 4) 신뢰도 높은 유사량 공식 등이 모형의 신뢰도에 결정적인 역할을 한다는 것이다.

과거 다양한 연구자들과 기관에서 하상변화에 대한 현장자료 및 실험자료를 이용하여 기존 충적하천 모형들이 사용하고 있는 수치해석 기법의 적용성을 평가하였다. 그러나 기존의 충적하천 모형들의 우열을 판단할 수 있는 뚜렷한 결과는 없다. 따라서 어느 충적하천의 하상변동을 예측하는 데 적합한 모형을 선정하기 위해서는 모형의 적용성에 초점을 맞추어야 할 것이다. 즉, 모형의 적용사례가 많고 적용자체가 상대적으로 용이한 모형을 선정하는 것이 바람직하다.

3 HEC-RAS 모형

HEC-6 모형은 미공병단 수문연구소(Hydrologic Engineering Center)에서 1973년부터 Thomas와 Prasuhn에 의해 개발된 충적하천 수학모형으로, 모형의 부제는 「하천과 저수지에서 침식과 퇴적」 이었다. 이 모형은 그 후 1977년, 1990년에 대폭 개량되었으며 최근 HEC-RAS 버전에 통합되어 배포되고 있다. HEC-RAS 모형은 미공병단 웹사이트에서 사용자 매뉴얼과 실행파일을 내려 받을 수 있다. HEC-6 모형은 한국에서 1991년 금강 대청댐 하류에 처음으로 적용(우효섭과 유권규, 1991)된 이후 4대강의 주요 구간 및 중소하천에서의 장기하상변동 모의에 활용되고 있다. 이 모형의 주요 특징은 다음과 같다.

- 1차원 준정상류 모형으로 장기적 하상변동 모의
- 흐름계산과 유사이송 계산의 비연계 모형
- 댐 하류하천의 하상 상승과 저하, 긴 저수지 내 유사 퇴적량과 위치 등 분석
- 하상 장갑화와 준설효과 모의

- 각 하천단면은 고정상과 이동상으로 구분
- 유사량 계산은 다양한 유사이송공식 등 기존 공식이나 실측 유사량 자료 이용

이 모형의 기본 가정은 1) 흐름은 1차원이고 수압은 어디에서나 정수압이며, 2) 매닝 계수는 점변류에도 적용 가능하고, 이 계수는 수위나 유량의 함수로 나타낼 수 있으며, 3) 이동상 하천단면은 단면 전체가 일정하게 상승하거나 저하하고, 4) 하상경사는 충분히 작다는 것이다.

이 모형에서 채택하는 흐름의 지배방정식은 정상류의 연속방정식과 에너지방정식, 하상변동 계산을 위한 지배방정식으로는 유사의 연속방정식과 유사이송공식이 추가된다. 유사량은 기존 유사량 공식을 이용하여 입경별 유사 이송량을 단위폭당으로 계산한다.

이 모형의 수치해석 방법은 표준 축차법을 이용하여 정상류 해석을, 마찰은 흐름저항공식 중 하나로, 단면의 급확대나 급축소 등은 적절한 손실계수를 이용하여 계산한다. 이렇게 얻어진 수리량을 이용하여 그 다음 각 단면에 대해 유사이송공식을 이용하여 유사량을 계산하고 Exner 식으로 하상 변동량을 계산한다. Exner 식 (9-1)을 단면 전체 유사량 Q_s를 이용하여 다시 쓰면

$$\frac{\partial \eta}{\partial t} + \frac{1}{WT}\frac{\partial Q_s}{\partial x} = 0 \tag{11-34}$$

위 식을 하상토의 단위중량 대신 공극률 p를 이용하여 그림 11.14와 같이 중앙차분하면

$$-\frac{Q_{sR} - Q_{sL}}{p(x_L + x_R)} + \frac{T(\eta_P{}' - \eta_P)}{\Delta t} = 0 \tag{11-35}$$

위 식에서 Q_{sR}, Q_{sL}은 각각 $(i+1)$, $(i-1)$ 단면에서 부피로 표시되는 유사량, x_L, x_R은 각각 좌우측 단면 간 거리, $\eta_P{}'$, η_P는 각각 $j+1$, j 시간에서 i 단면에서의 이동하상의 두께이다. 여기서 이동하상의 두께는 하상층 중 실제 침식이 되어 이동이 가능한 부분의 두께이다. 따라서 위 식을 $j+1$ 시간에서 $\eta_P{}'$으로 쓰면

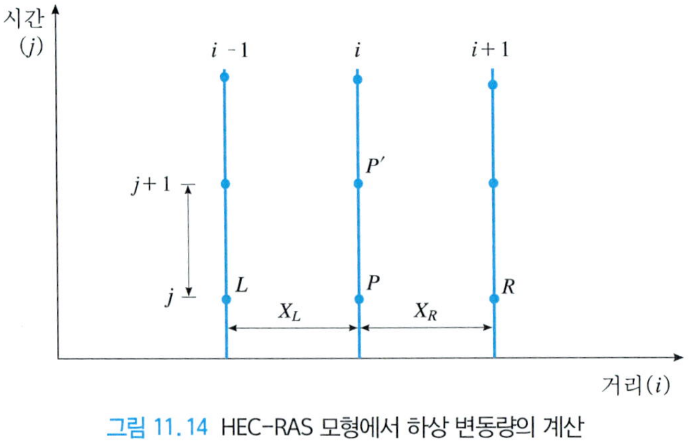

그림 11.14 HEC-RAS 모형에서 하상 변동량의 계산

$$\eta_P{}' = \eta_P + \frac{\Delta t}{0.5\,T}\frac{Q_{sR} - Q_{sL}}{x_L + x_R} \qquad (11-36)$$

위 식에서 하상토의 공극률은 0.5로 가정하였다. HEC-RAS에서는 유사량은 어느 한 시간대 처음에는 계산되나 식 (11－35)에서 하상고 변화를 계산한 다음에 다시 계산되지는 않는다. 그러나 하상토의 입경분포는 분급과 장갑 효과를 검토하기 위하여 다시 계산된다.

HEC-RAS 모형에서 주목할 만한 것은 하상의 분급과 장갑화 모의이다. 이 모형에서는 이를 위해 먼저 하상에서 주어진 유량과 입경에 대해 사립자가 이송되지 않는 최소수심인 평형수심(equilibrium depth)을 정의한다.

평형수심은 매닝의 평균유속 공식, Strickler의 매닝계수 공식, 아인슈타인의 흐름강도와 유사이송 강도 관계 등을 이용하여 구한다. 그런 다음에 하상토에서 입경이 작은 사립자들이 침식되고 큰 입자들은 남아 표면을 덮어 장갑층을 이루기 위해 침식되어야 하는 하상토 두께를 정의하여 이를 평형수심과 비교한다. 이 모형에서는 하상층을 하상 표면에서 평형수심까지 침식이 가능한 활동층(active layer)과 그 아래 임의의 침식이 되지 않는 비활동층(inactive layer)으로 구분한다. 활동층의 하상토가 모두 침식되면 더 이상 침식되지 않으며, 하상은 완전히 장갑화된 것으로 본다.

HEC-RAS 모형을 이용한 하상변동 모의를 위한 입력자료는 기본적으로 하천과 흐름자료, 그리고 유사자료로 구분되며, 전자는 HEC-RAS 모형의 흐름모의를 수행하는 입력자료와 같다. 하천과 흐름자료는 1) 하천단면의 수, 단면 간 거리, 지류의 위치, 2) 각 단면의 매닝계수, 3) 상류와 지류의 유입수문곡선, 하류의 경계조건(수위－유량 곡선과 수문 곡선), 수온 등이다. 유사자료는 1) 각 단면에서 이동상 부분, 이동하상 두께, 교량이나 준설 등에 대한 정보, 2) 유사량 입력자료, 하상토 입경분포, 유사의 특성 등이다. 따라서 HEC-RAS 모형은 1차원 모형이므로, 하도의 사행이나 유사의 횡방향 분포 등은 고려할 수 없다.

(7) 저수지 퇴사

여러 가지 용도로 만든 댐의 저수지에는 상류에서 들어오는 유사가 저수지 바닥에 가라앉아 쌓이게 된다. 이러한 현상을 저수지 퇴사(堆砂, reservoir sedimentation)라 하며, 이는 저수지에 여러 가지 문제를 일으킨다. 우선 저수지 유효용량을 감소시킨다. 이는 몇 년 정도의 단기간에서는 큰 문제가 되지 않겠지만, 장기적으로 심각한 저수용량 감소를 가져올 수 있다. 또한 유입유사는 하천이 저수지로 들어오는 유입부에 집중적으로 쌓여 홍수시 유입하천의 홍수위를 상승시킨다. 또한 미립토사는 금방 바닥에 가라앉지 않고 밀도류를 형성하여 저수지 바닥을 순환함에 따라 저수지 수질에 직접적인 영향을 준다. 따라서 댐 설계시 장기적으로 저수지 퇴사를 적절히 예측하고, 유지·관리 중에는 주기적인 퇴사 조사를 통해 퇴사의 진전 상황과 분포 등을 분석하여 필요시 댐조작 방법의 개선이나 나아가 배사(排砂) 등 적극적인 대책이 요구된다.

표 11.4 다목적댐과 발전댐 저수지 퇴사(건설부/건기연, 1992)

하 천	댐/저수지	유역면적 (km^2)	저수용량 (10^6 m^3)	비퇴사량 ($m^3/km^2/yr$)	연평균 퇴사량 (10^3 m^3)	연평균 퇴사율(%)
낙동강	안동댐	1,584	1,284	230	364	0.03
섬진강	섬진강댐	763	466	460	351	0.05
삽교천	삽교방조제	1,263	84	279	73	0.09
안성천	아산방조제	1,369	142	226	309	0.20

세계적으로 퇴사가 많은 저수지들은 유사농도가 높은 중국의 황하유역이나 미국의 서부 등이다. 한 예로, 미국의 남서부 리오그란데강에 있는 Elephant Butte 댐은 유역면적 66,560 km2, 저수용량 32.6억 m^3, 연평균 유입량 12.3억 m^3인데, 퇴사량은 5.1억 m^3, 연평균 퇴사량은 2천만 m^3로 매년 약 0.61%씩 용량이 감소하고 있다(Sentürk, 1994, p. 433). 중국 황하의 한 지류에서는 댐이 준공되자마자 저수지가 퇴사로 몽땅 채워진 사례도 있다. 표 11.4는 국내의 다목적댐과 하구둑의 퇴사자료로서, 이러한 중대형 댐들의 비퇴사량은 200~400 m^3/km/yr 정도이며, 연평균 퇴사율은 0.03~0.2% 정도이다. 그러나 유역면적 50 km^2 이하의 소형 농업용 저수지들의 비퇴사량은 훨씬 커서 100~3,000 m^3/ km/yr 정도이며, 연평균 퇴사율은 1~3%로 알려져 있다.

여기서는 먼저 저수지로 유입하는 유사의 저수지 내 퇴적 형태와 특성을 설명하고, 저수지 바닥에 가라앉는 유사의 비율, 즉 포착률에 대해 검토한다. 유입 유사량(무게단위)과 퇴적토의 단위중량을 알면 상류에서 유입하여 저수지에 가라앉는 퇴적토의 총 부피를 알 수 있다.

1 저수지 유사 퇴적

그림 11.15는 저수지로 들어온 유사가 저수지 바닥에 퇴적된 형태를 도식적으로 보여준다. 저수지로 유입하는 흐름은 저수지에 가까워짐에 따라 점차 유속이 줄어들고 그에 따라 난류도 약해져서 유사이송 능력이 줄어든다. 이에 따라 자갈이나 굵은 모래와 같은 조립질 유사는

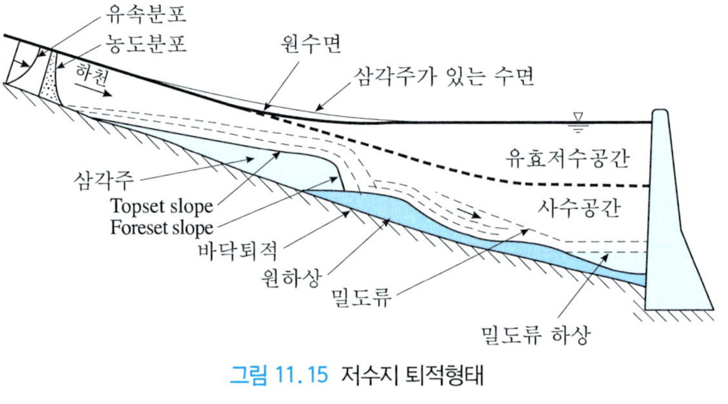

그림 11.15 저수지 퇴적형태

저수지 유입부에 먼저 가라앉게 되고, 이는 그림 11.15와 같이 유입부에 삼각주를 형성한다. 이러한 저수지 유입부 삼각주의 등면은 경사가 작고 길며(topset), 전면은 경사가 급하고 짧다(foreset). 가는 모래와 미립토사는 저수지 내 약한 흐름을 따라 저수지 안으로 계속 유입된다. 그러나 저수지 내로 들어옴에 따라 흐름은 급속히 약해져서 가는 모래도 곧 가라앉아 바닥 퇴적토를 이루고, 실트질 이하의 미립토사만 계속 진행하고 점토와 같은 아주 작은 입자는 밀도류를 이루어 댐체까지 순환하게 된다. 따라서 댐체 가까이에서 저수지 바닥은 이러한 점토와 물이 섞여 콜로이드 상태의 혼합물질을 이룬다.

2 저수지 포착률

위와 같은 저수지 퇴적양상은 저수지의 수리, 댐의 조작, 주위에서 저수지로 유입하는 하천의 흐름과 유사 특성 등에 따라 달라진다. 여기서 중요한 것은 상류에서 유입하는 사립자 중에서 얼마 정도가 저수지 바닥에 가라앉고 나머지는 댐을 통해 하류로 유출되는가 이다. 이를 위하여 저수지 포착률 개념의 도입이 필요하다.

저수지 포착률은 저수지로 유입하는 유사량에 대한 저수지 바닥에 퇴적되는 유사량의 비(%)로서, 이는 주로 유입유사의 크기(또는 침강속도), 저수지의 크기와 형태, 그리고 저수지 내 흐름에 관계된다.

여기서, 저수지 퇴사에 관련된 주요 용어를 정의하면, 저수지 용량(capacity)은 조사기간 중 저수지 평균 운영 만수위에 해당하는 저수량이며, 유입량(inflow)은 조사기간중의 연평균 하천 유입량이다. 따라서 저수지 용량을 유입량으로 나눈 값은 저수지 내 저류기간이 된다. 또한 저수지 길이는 평균 운영 만수위에서 저수지의 종방향 거리이며, 저수지 평균 단면적은 평균 운영 만수위에서 저수량을 길이로 나눈 값이다. 이러한 저수지 길이와 평균 단면적을 이용하면 저수지에서 유속(m/s)은 저수지 유입량(m^3/s)을 평균 단면적으로 나눈 값이 된다. 마지막으로 저류기간을 유속으로 나눈 값을 퇴적지표(sedimentation index)라 한다.

Churchill(1948)은 침사지나 소형 저수지, 홍수조절 시설, 자주 바닥을 비는 저수지 등을 대상으로 포착률을 조사하였다. 한편 Brune(1953)은 주로 대형 저수지를 중심으로 포착률을 조사하였다. 이들의 조사결과를 한 그림에 같이 표시하면 그림 11.16과 같다. 여기서 Brune 곡선은 조립토사와 미립토사를 구분하여 곡선을 그렸으며, 이 그림에 나와 있는 곡선은 중간 곡선이다. 이 그림과 같이 유입량에 대한 저수지 용량비가 0.01을 기준으로 그 이하에서는 Churchill 곡선은 Brune 곡선보다 높은 포착률을 그 이상에서는 반대로 낮은 포착률을 보인다. 소양강댐과 같이 저수량과 유입량의 비가 1.0 이상 되는 대형 저수지의 경우 Brune 곡선은 95% 이상 포착률을 보이는 반면에 Churchill 곡선은 85% 정도를 보인다. 소형 농업용 저수지와 같이 저수량과 유입량 비가 0.1 이하인 소형 저수지들은 Brune 곡선은 85% 정도를, Churchill 곡선은 70% 정도를 보인다. 여기서 Brune은 대형 저수지 자료를, Churchill은 소형

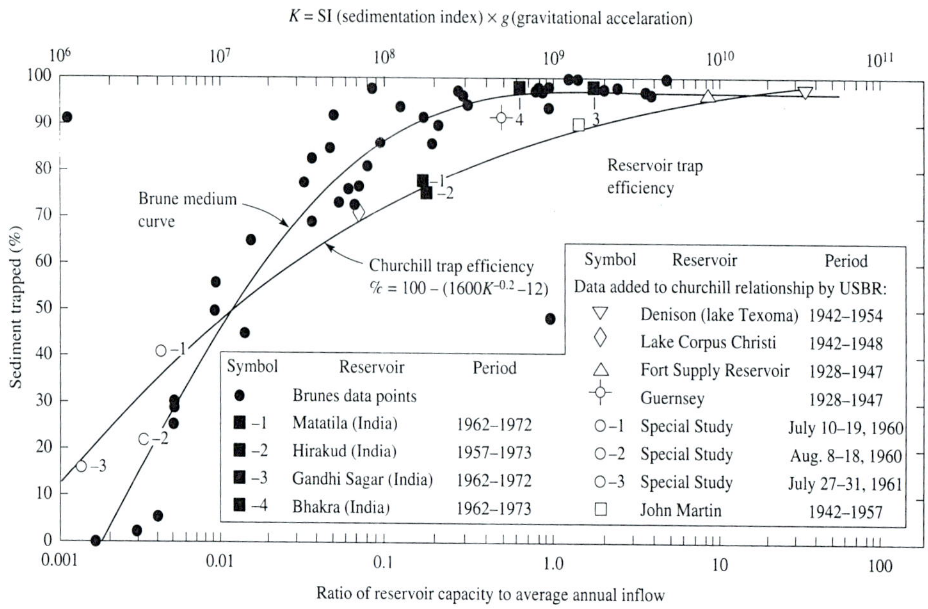

그림 11.16 Churchill과 Brune의 저수지 포착률 곡선(USBR, 1987)

저수지 자료를 이용하였음을 유의할 필요가 있다. Salas와 Shin(1999)은 Brune의 포착률 계산을 위해 다음과 같은 경험식을 제안하였다.

$$E_t = a + b\left(\log\frac{C}{31.536\times10^6 QW}\right)^2 \qquad (11-37)$$

위 식에서 E_t는 포착률(%), C는 초기 저수지 저수량(m^3), QW는 연평균 유입유량(m^3/s), a와 b는 각각 99.508과 −13.547이다.

저수지 포착률은 저수지에 퇴사가 진행됨에 따라 줄어든다. 따라서 퇴사진행이 저수지 용량의 1/4을 넘게 되면 포착률은 저수지 잔류수명을 기간별로 나누어 증분하여 추정한다.

3 저수지 퇴사량과 비퇴사량

댐 계획이나 관리시 상류에서 유입하는 유입량을 알면 그림 11.16을 이용하여 저수지 포착률을 추정하여 상류에서 유입하는 유사량을 곱해 저수지에 퇴적되는 유사량을 추정할 수 있다. 여기서 일정 기간 동안 상류하천에서 저수지로 유입하는 유사량을 Y(톤), 저수지 포착률을 E_t(%), 퇴적토 단위중량을 W(톤/m^3)라 하면 저수지 퇴사량의 부피 D(m^3)는

$$D = \frac{Y\times E_t/100}{W} \qquad (11-38)$$

퇴적토 단위중량은 퇴적토의 입경분포와 저수지 조작방법 등에 따라 달라지며 가능한 실측을 통해 추정한다. 이에 대해서는 이미 8장에서 구체적으로 설명하였다.

예제 11.2

유역면적이 1,250 km^2인 하천에 댐을 계획한다. 계획하는 저수지의 만수위 저수량은 1.5억 m^3이며, 연평균 유입량은 3.6억 m^3이다. 상류하천 유역에서 비유사량은 190 톤/km^2/yr이다. 이 댐의 100년 퇴사량을 추정하시오. 단 퇴적토의 100년 평균 단위중량은 1.5 톤/m^3이다.

풀이

(1) 100년 동안 총 유사 유입량 : $190(1250)(100) = 23.8 \times 10^6$ [m^3]

(2) 만수위 저수량/연평균 유입량= $1.5/3.6 = 0.42$ [yr]. 그림 11.16에서 저수지 포착률은 Brune 곡선으로 94%, Churchill 곡선으로 83%이므로 90%선을 채택.

(3) 식 (11-38)에서 100년 동안 저수지에 퇴적되는 토사의 부피를 구하면

$$D = 23.8 \times 10^6 (90/100)/1.5 \cong 14 \times 10^6 \text{ [m}^3\text{]}$$

저수지 비퇴사량은 유역의 비유사량과 비슷한 개념으로 저수지 상류 단위유역당 단위기간당 퇴사량으로, 일정 기간중의 저수지 퇴사량을 상류 유역면적과 기간으로 나누어 결정된다. 비퇴사량의 단위는 비유사량과 달리 부피단위를 이용하여 보통 [m^3/km/yr]로 쓴다. 사실상 저수지 퇴사 조사측면에서는 유역의 비유사량이나 저수지 포착률보다는 비퇴사량 자료가 직접 필요하다. 저수지 상류유역의 비유사량 Y_r(톤/km^2/yr)을 이용하여 그 저수지의 비퇴사량 D_r (m^3/km^2/yr)을 구하려면 식 (11-38)과 같은 형태의 다음과 같은 식을 이용할 수 있다.

$$D_r = \frac{Y_r \times E_t / 100}{W} \tag{11-39}$$

위와 같은 비퇴사량 자료는 저수지 계획이나 설계 측면에서 직접 활용되기 때문에 일본이나 한국에서는 비유사량보다는 비퇴사량 추정에 관심을 두고 있다. 일본과 한국에서 개발된 저수지 비퇴사량 추정공식은 모두 저수지 실측 자료를 이용한 경험적 방법으로, 건설부/건기연 자료(1992)에 잘 요약되어 있다.

일본에서 개발되어 이용되는 저수지 비퇴사량 추정방법들은 1) 인근 저수지 퇴사자료를 이용한 방법, 2) 퇴사자료의 통계처리에 의한 경험적 방법, 3) 추계적 개념에 의한 방법, 4) 도표식 방법 등으로 나눌 수 있다(ダムの技術センタ, 1987). 인근 저수지 퇴사자료를 이용하는 방법은 계획 댐 인근에 퇴사자료가 있는 경우 그것을 적절히 보정하여 이용하는 것이다. 자료 보정시 대상 저수지와 유역의 규모, 형상, 퇴사기간, 수문특성 등을 고려한다.

통계적 방법은 저수지 퇴사에 영향을 주는 인자를 결정하고 기존 퇴사자료를 이용하여 통

계 처리하여 경험적으로 결정하는 것으로, 퇴사량 추정방법의 주류를 이룬다. 통계적 방법 중 하나인 에사끼(江琦, 1966) 방법에서는 저수지 퇴사량에 영향을 미치는 인자로서 홍수량, 하상경사, 유역 내 경사지 크기 등이 고려된다. 에사끼는 일본에서 저수량 백만 m^3 이상의 저수지 40개를 선택하여 관련 자료를 통계 처리하여 퇴사량에 관한 경험공식을 제안하였다. 그 후 에사끼(江琦, 1977)는 상류 유입하천의 수를 고려하여 그의 공식을 일부 수정하여 제안하였으며, 그 결과는 원 공식보다 적합도가 향상된 것으로 알려졌다. 단일 유입하천의 경우 그의 수정공식은

$$D = 0.94\,IS + 1.33\,I\frac{A_d}{A} \qquad (11-40)$$

위 식에서 D는 퇴사량(m^3), I는 일평균 유입유량(m^3/s)과 저수지 유입부 하천의 평균경사 S의 곱이 1 이상 되는 유입량의 퇴사기간 동안 누적 부피(m^3), A_d는 1 : 50,000 지형도에서 구한 상류유역의 경사지 면적(km^2), A는 유역면적(km^2)이다. 두 개 이상의 하천이 저수지로 유입하는 경우 유입하천의 개수 n을 고려하여 다음과 같이 표시된다.

$$D = 0.94\left(\sum_{i=1}^{n} I_i S_i\right) + 1.33\left(\sum_{i=1}^{n} I_i \frac{A_d}{A}\right) \qquad (11-41)$$

추계적 방법은 장기간에 걸친 저수지 퇴사현상은 연속적이기보다는 불연속에 가까우며, 호우에 의한 경사면 붕괴나 토석류 등의 우발적인 이상 현상이 지배적이라고 보는 것이다. 이러한 경사면 붕괴나 토석류는 일 강우량 100 mm와 같은 일정 규모 이상의 강우량에 의해 발생하므로 먼저 일정 규모 이상의 강우량과 유사 유출량과의 관계를 구한다. 다음, 그 강우량에 대한 연 초과확률을 구한 후 이들을 이용하여 연평균 유사 유출량과 퇴사량의 기대치를 구할 수 있다.

도표식 방법은 저수지 퇴사량은 지역별로 상이하므로, 이를 지역별 지형, 지질, 유역면적, 하천경사 등 특성인자와 관련시켜 특성별 비퇴사량 범위를 도표로 제시하는 것이다. 이러한 도표식 방법에 의한 일본의 비퇴사량은 50～1,200 $m^3/km^2/yr$ 범위에 걸쳐 있다.

국내에서 비퇴사량 공식은 1978년부터 국내자료를 가지고 개발되어 소개되었다. 이러한 공식들은 모두 통계적 방법에 의한 경험공식으로, 개발에 이용된 자료도 모두 소규모 농업용 저수지 자료이다. 이 중 윤용남(1981) 공식은

$$D_r = 1334\,A^{-0.2}E_t^{\,6.2668} \qquad (11-42)$$

위 식에서 A는 유역면적(km^2)이며, E_t는 저수지 포착률에 관련된 계수로서 초기 저수용량 C(ha · m)를 이용하여

$$E_t = \left[1 - \frac{1}{1+2.1(C/A)}\right] \qquad (11-43)$$

위 공식은 국내의 113개 관개용 저수지 퇴사자료를 이용하여 다중 회귀분석하여 얻어진 것이다.

서승덕 등(1988)은 유역면적이 200 ha 이상 되는 국내의 122개 농업용 저수지 퇴사자료를 이용하여 지역별, 저수지 제방 표고별 경험식을 제안하였다. 식의 기본형은 다음과 같다.

$$D_r = a A^b L_p^c L^d \qquad (11-44)$$

위 식에서 L_p 는 유역경계의 총 연장(km), L 은 유로연장(km), a, b, c, d 는 지역별, 표고별 회귀계수이다.

국내 비유사량 추정 연구의 일환으로 건설부/건기연(1992)은 100개의 국내 농업용 저수지 퇴사자료를 이용하여 다음과 같은 비퇴사량 공식을 제안하였다.

$$D_r = 196 A^{-1.163} C^{0.301} \qquad (11-45)$$

위 식에서 C 는 저수지 초기 저수용량(m^3)이다. 위 식에서 알 수 있듯이 비퇴사량은 비유사량과 마찬가지로 일반적으로 유역면적에 반비례하고 초기 저수량에 비례함을 알 수 있다. 식 (11-45)의 개발에 이용된 퇴사자료는 국내의 농업용 저수지 퇴사자료를 망라한 것으로 비유사량 연구 보고서(건설부/건기연, 1992)의 부록에 수록되어 있다. 이들 자료의 특성을 보면 저수지들은 1920년대부터 1970년대에 건설된 것들이며, 경과 연수는 최소 10년 미만부터 최대 65년까지이다. 유역면적은 2~53 km^2이며, 만수면적 10~300 ha, 저수량 5만~7백만 m^3, 연평균 유입량 1백만~5천만 m^3, 비퇴사량 100~3,000 $m^3/km^2/yr$, 저수지 포착률 30~95%, 퇴적토 단위중량 1.3 톤/m^3 정도이다. 저수지 포착률과 퇴적토 단위중량을 이용하여 역추정한 비유사량은 200~5,000 톤/km^2/yr이다. 따라서 소규모 농업용 저수지들은 표 11.4에 나온 중대형 저수지들에 비해 비퇴사량이나 비유사량의 변화 범위가 대단히 큼을 알 수 있다.

예제 11.3

유역면적이 23.5 km^2인 소규모 농업용 저수지를 계획한다. 저수지의 만수위 저수량은 13.5백만 m^3이다. 윤용남 공식과 건설부/건기연 공식으로 이 저수지의 비퇴사량을 각각 추정하시오.

풀이

(1) 윤용남 공식

$$E_t = \left(1 - \frac{1}{1+2.1(1350/23.5)}\right) = 0.99$$

$$\therefore D_r = 1334(23.5)^{-0.2}(0.99)^{6.2668} \cong 670\ [m^3/km^2/yr]$$

(계속)

(2) 건설부/건기연 공식

$$D_r = 196\,(23.5)^{-1.163}\,(13500000)^{0.301} \cong 700\ [\mathrm{m^3/km^2/yr}]$$

따라서 두 식의 추정결과는 비슷하다.

4 저수지 퇴사 조사

저수지 퇴사 조사는 기본적으로 저수지 수심측량으로 저수지 내용적을 산정하고 과거 내용적과 비교하여 그 동안 퇴적된 유사의 공간적 분포를 조사하고 새로운 표고 – 저수량 – 수면적 곡선을 작성하는 것이다. 부수적으로 저수지 퇴적토를 채취하여 입경분포를 파악한다. 이러한 저수지 퇴사 조사는 저수지 관리에서 기본적인 사항 중 하나이다. 대부분의 중대형 저수지들은 10년 주기로 퇴사 조사를 하여 퇴사에 의한 저수지 효용성의 변화를 모니터링하고 필요시 대책을 세운다. 그러나 기록적인 홍수가 지나간 후에는 바로 저수지 퇴사 조사를 할 필요가 있다.

국내에서 저수지 퇴사 조사는 댐 관리의 일환으로 대형 댐을 위주로 주기적으로 행해지고 있다. 여기에는 다목적댐, 발전댐, 대형 관개용 댐 등을 포함한다. 그러나 절대다수를 차지하고 있는 중소형 관개용 댐들에 대해서는 사실상 정기적인 퇴사 조사가 행해지지 않고 있기 때문에 실제 가용한 저수용량이나 수위별 용량분포를 알 수 없다.

저수지 퇴사자료는 전적으로 저수지 측량을 통해서 가능하다. 저수지 측량은 처음에는 긴 막대기를 이용하거나 납추를 실에 매달아 물 속으로 내려서 수심을 재는 원시적인 방법부터 시작하였다. 전자기술의 발전은 '소나'를 장착한 배에서 연속적인 수심측량이 가능하도록 하였다.

저수지 퇴사 측량에 이용되는 거리 – 방위(range-azimuth) 측량법은 육지에서 한 각을 측정하고 동시에 거리를 측정하여 배의 좌표를 측정하는 것이다. 특히 자동화된 거리-방위 측정장치는 동시에 수심(z)과 배의 좌표(x, y)를 읽어서 저장함으로써 수많은 자료세트를 쉽게 처리할 수 있게 되었다. 또한 자료수집 시스템을 통제하는 소프트웨어에 따라 완전한 저수지 측량을 미리 프로그램화하여 배 항행사에게 운항정보를 마련해줄 수 있게 되었다.

이러한 방법들은 모두 이른바 '가시선' 방법으로, 배와 저수지 연안의 기준점들 간에 시야가 트여야만 운영이 가능하다. 특히 거리 – 방위 기술이 이용되기 전까지는 이러한 가시선 방법들은 매우 노동 집약적인 기술로서 시간과 노력의 소모가 크다. 다행히 '거리 – 방위' 기술의 보급으로 하루에 20,000~30,000개 정도의 좌표점들을 처리할 수 있게 됨으로써 측량효율을 증가시켰다.

1980년대 들어 미국에서 군사용으로 이용되었던 GPS(Global Positioning System)가 민간에게 개방되면서 GPS를 이용한 좌표측량이 보급되었다. 이에 따라 저수지 퇴사 조사도 이러한 GPS와 기존의 수심측량 방법을 결합함으로써 기존의 가시선 방법을 대체하기 시작하였다(Schall과 Fisher, 1996; 우효섭, 1999). 또한 GPS 기술은 하천에서 하상변동 측량에도 이용되고 있다(Baker와 Morlock, 1996). 이러한 신기술의 가장 큰 장점은 기존의 기술에서 지상측량으로 보트의 위치를 지속적으로 재는 것을 인공위성에 의한 좌표측량으로 대신할 수 있다는 것이다.

GPS를 이용한 저수지 측량방법은 기존의 측선방법에 비해 우선 측선과 말뚝이 불필요하므로 말뚝의 유지·관리나 측량시 위치확인 노력이 불필요해진다. 특히 숲, 지형 등에 의한 가시선의 제한이 있는 경우 발생하는 측량효율의 저하문제가 없어진다. 따라서 측량오차의 획기적인 향상을 기대할 수 있다. 또한 측선을 따라가는 보트의 위치를 육지에서 확인할 필요가 없어지므로 육상측량 노력이 불필요해진다. 마지막으로 DTM(수치지형 모형, Digital Terrain Model)의 이용은 측량자료 처리와 분석을 신속하고 정확하게 해주는 장점이 있다.

저수지 퇴적토의 시료채취는 퇴적토 단위중량과 입경분포를 알기 위해 수행한다. 퇴적토 시료채취시 중요한 것은 시료가 교란되지 않도록 채취하는 것이다. 저수지 퇴적토 시료채취 방법을 결정하는 요소는 저수지 수심과 퇴적토 두께이다. 대형 저수지의 경우 중력식과 피스톤식 시료채취 방법이 있다(ASCE, 1975, p. 369). 중력식은 기다란 관으로 된 무거운 채취기를 배나 부선(barge)에서 자유낙하시켜 채취기가 퇴적토에 깊숙이 박히게 되면 전동 권양기를 이용하여 회수하여 관속의 시료를 채취하게 된다. 이러한 방법으로 수심 30 m까지, 점토성 퇴적토의 경우 두께 3 m까지 시료채취가 가능하다. 피스톤식은 시료 채취관을 저수지 바닥에 놓고 타설하여 강제로 인입시키는 방법으로 대형 저수지에서 시료를 깊숙이 채취하는 데 이용된다. 이 방법은 대형 부선에서만 가능하다. 퇴사가 물 위에 노출된 경우 하천에서 하상토 채취용으로 수동으로 조작하는 BMH-53 등을 이용하여 시료를 채취할 수 있다. 혹은 직경 10~15 cm 정도의 PVC관을 이용하여 간단히 채취할 수 있다. 퇴적토의 단위중량만을 알기 위해서는 시료채취를 하지 않고도 감마 탐침(探針, gamma probe)과 같은 방사선 물질을 이용할 수 있다.

5 저수지 퇴사 조절

저수지에 들어와서 쌓이는 퇴사를 조절하는 방법은 저수지 내에 가라앉는 유사량을 줄이는 방법과 바닥에 쌓인 퇴사를 물리적으로 제거하는 방법 등 크게 두 가지로 나누어 검토할 수 있다. 전자는 다시 유입 유사량을 줄이는 방법과 저수지 내에서 유사가 가라앉지 않고 댐 하류로 유출시키는 방법으로 구분할 수 있다. 구체적인 저수지 퇴사 조절책에 대해서는 UNESCO(1985)의 자료와 ICOLD(1989)의 자료 등을 참고할 수 있다.

유역에서 유사유출은 완전히 차단할 수 없으나, 앞 절에서 설명한 다양한 유사조절 대책을 이용하여 어느 정도 줄일 수 있다. 이러한 유사조절 대책에는 구조물적 대책과 비구조물적 대책을 적절히 병행함으로써 그 효과를 높일 수 있다. 준건조 지역에서는 특히 호우에 의한 고농도의 홍수류는 저수지를 우회시킴으로써 상당한 퇴사조절을 기대할 수 있다. 그러나 국내에서 저수지 유사유입은 홍수시에만 발생하며 이러한 홍수는 저수지를 통과하지 않고 우회시킬 수 있는 현실적인 방법은 사실상 없다. 따라서 상류유역의 토양침식을 줄이는 방법만 주로 고려된다.

일단 저수지 내로 들어오는 유사는 효율적인 저수지 조작으로 침전시키지 않고 하류로 내려보낼 수 있다. 특히 고농도 유사가 함유된 홍수류를 저류시키지 않고 바로 댐 하류로 방류시키는 방법은 중국 등 저수지 퇴사가 심한 지역에서 보편적으로 이용된다. 또한 밀도류의 순환을 이용하여 댐 하류로 밀도류를 배수시키는 것도 생각할 수 있다. 이러한 저수지 침전저감 방법은 유입유사의 특성은 물론 저수지 형상에 따라 수리조건과 댐 조작 방법에 따라 달라진다.

일단 저수지 바닥에 쌓인 유사는 기계적인 준설과 강제적인 배사(排砂, sediment flushing)나 사이펀 등을 통해 제거할 수 있다. 준설은 기계적인 방법으로 저수지 바닥의 퇴사를 제거하는 방법으로 하천이나 항구에서의 준설과 기본적으로 같다. 이러한 준설은 특히 배사에 의한 퇴적토의 제거나 유사의 우회가 어려운 경우 고려할 수 있다. 준설은 상대적으로 비경제적인 방법이나 골재 등 준설토의 경제적 가치가 있는 경우 적극적으로 고려할 수 있다. 그러나 저수지가 음용수원으로 이용되는 경우 준설로 인한 탁류의 발생과 오염 퇴사의 재부유 등으로 물의 2차 오염 가능성이 있기 때문에 충분한 사전검토 후 시행해야 한다.

배사는 저수지 바닥을 강한 흐름을 이용하여 댐 하류로 씻어내는 방법으로, 퇴사문제가 심각한 저수지에서는 실제 이용되는 방법이다. 이 방법은 특히 배사구가 충분히 크고 낮은 곳에 위치하며, 저수지가 좁고, 수위저하를 쉽게 할 수 있는 경우 효율적이다. 배사는 높은 저수지 수위에서 수두를 이용한 센 흐름에 의한 것보다는 낮은 수위에서 소류력을 증가시키는 것이 효율적이다. Lai와 Shen(1996)은 저수지 배사에 관한 실험실 연구를 통해 배사구를 통한 방출유량, 수면경사, 배사수로의 폭이 커질수록 배사효율이 커지는 것을 확인했다. 나아가 그들은 배사효율을 추정하는 1차원 모형을 개발하여 실험결과와 비교하여 폭이 좁은 저수지에 대해서는 좋은 결과를 얻었다. 폭이 넓은 저수지에 대해서는 1차원 모형보다는 2, 3차원 모형의 개발이 바람직하다. Shen(1999)은 그때까지 저수지 배사에 관한 기술을 종합적으로 검토하여, 저수지 배사의 타당성은 저수지 퇴사와 댐체와의 근접성, 배사 기간중 저수지 수심, 배사구의 폭과 저수지 폭의 비, 바닥에 퇴적된 유사의 입경/점착성/흐름저항 등에 관련되어 있다는 점을 강조하였다. 낙동강의 지류하천인 내성천 상류에 건설된 영주댐의 경우 유사퇴적을 방지하기 위해 상류에 퇴사댐을 설치하고 유사조절지를 조성하였으며, 본 댐에도 배사문을 설치하였다

(한국건설기술연구원, 2014).

사이펀은 작은 저수지에서 물과 유사를 같이 뽑아내는 방법으로, 유효수두, 관의 길이, 관 막힘 등이 관건이 된다. Hotchkiss와 Huang(1995)은 야외실측을 통해 저수지 수위와 하류하천 수위차를 이용한 '수리흡입 퇴사제거 시스템(hydrosuction sediment removal system, HSRS)'을 개발하였다. 그들은 이러한 방법의 적용절차에 대해서 10단계로 나누어 자세히 소개하였다.

Fan과 Morris(1992a)는 중국의 저수지 퇴사문제와 대책을 구체적으로 소개하였다. 그들이 소개한 저수지 퇴사 문제와 대책의 유형은 사실상 앞서 설명한 대부분의 문제와 대책이 중국에서 실제 있음을 보여준다. 그들이 제시한 퇴사문제로 1) 배수구역의 하상상승과 그로 인한 홍수위 증가, 2) 지하수위 상승, 3) 수운에 악영향, 4) 지류 유입부에 퇴사, 5) 발전터빈에 유사유입, 6) 유효 저수량의 감소 등을 들었다. Fan과 Morris(1992b)는 퇴사 조절책으로 1) 홍수시 유사흐름 우회, 2) 홍수시 배사, 3) 저수지를 비우면서 배사, 4) 밀도류의 방출 등을 소개하였다.

11.4 국부세굴

국부세굴(局部洗掘, local scour)은 하천에서 국부적인 흐름변화로 수류가 집중되어 흐름과의 경계면이 국부적으로 깎이는 현상이다. 하천의 국부적인 세굴현상은 하상과 강턱에서 나타난다. 하상에 나타나는 국부세굴 현상은 교각세굴, 낙차공이나 여수로 하류의 세굴, 수문 하류의 세굴 등이며, 강턱에 나타나는 침식이나 세굴 현상은 교대세굴, 만곡부 바깥쪽 강턱세굴, 인공적인 저수/고수 호안(護岸, revetment)세굴 등이다. 이 중 국내에서 관심이 큰 현상은 교각과 교대 주위의 세굴현상과 호안세굴일 것이다. 따라서 이 책에서도 교량세굴과 호안세굴 문제에 중점을 두고 검토한다. 여기서 침식(erosion)이라는 용어는 주로 흐름이 경계면 구성재료의 한계조건을 넘어 경계면을 깎는 현상을 의미하며, 세굴(scour)이라는 용어는 와류를 동반한 수류의 국부적인 집중으로 경계면이 깎이는 현상을 의미한다. 따라서 흐름에 의해 장기적, 광역적으로 하상이 깎이는 현상은 하상침식이며, 교각주위나 낙차공 밑과 같이 흐름의 집중과 와류의 형성으로 단기적, 국부적으로 하상이 깎이는 현상은 하상세굴이다. 따라서 만곡부에서 나선 이차류의 집중으로 강턱이 깎이는 현상은 만곡부 세굴이며, 직선하도에서 흐름이 한계조건을 초과하여 강턱이 흐름방향으로 깎이는 현상은 강턱침식이다. 그러나 강턱침식에서 보통 흐름의 집중과 한계조건의 초과가 동시에 나타나므로 이러한 구분은 큰 의미가 없다. 따라서 하상과 강턱이 깎이는 현상에서 침식과 세굴은 엄밀하게 구분하지 않고 통상 혼용한다.

국부세굴 문제는 그 자체뿐만 아니라 주변 하상의 전반적인 변동에도 영향을 받는다. 따라서 교량세굴을 검토할 때는 주변 하상의 일반적, 국부적 하상변동을 모두 고려하여야 한다.

여기서 일반적 하상변동에는 하상저하와 같은 비교적 장기적인 현상과 하도의 축소나 교량 공사시 가도의 설치 등에 의한 흐름의 집중으로 생기는 비교적 단기적인 현상이 있다. 국부적 하상변동에는 교각이나 교대 주변에 수류의 집중과 와류에 의한 구조물 바로 인접한 좁은 지역의 하상세굴 현상이 있다. 여기에다 하도나 최심선 변경과 같은 하천의 안정에 관련된 현상이 있다. 강턱세굴 또는 호안세굴에는 크게 하도 만곡부에서 나선 이차류에 의한 만곡부 바깥쪽의 세굴현상과 홍수시 호안재료의 한계조건을 넘는 흐름에 의한 침식현상이 있다.

(1) 교량세굴

하천을 가로지르는 교량은 두 가지 면에서 국부적인 하천흐름을 변화시킨다. 우선 교각의 존재는 하도단면을 축소시켜 교각주위 흐름에 가속도를 주며, 교각 앞뒤에 와류를 형성시켜 수류를 국부적으로 집중시킨다. 두 번째 홍수터와 하도를 가로지르는 도로나 철도 부설을 위해 홍수터 상에 성토를 함으로써 홍수시 하천흐름을 교량이 통과하는 하도에 집중시킨다. 이러한 흐름변화로 교각과 교대 주위는 세굴에 취약하게 되고 급기야는 교량붕괴 사고를 가져올 수 있다.

교량세굴로 인한 문제는 다행히 한반도의 경우 비교적 적은 편이다. 이는 바다에 인접한 하류부를 제외하고는 충적층의 두께가 비교적 얇은 관계로 대부분의 교량의 교각들은 하상 아래 충적층을 지나 암반에 기초를 둔다. 실제로 낙동강 하류부를 제외하고 충적층의 두께는 최대 30 m 정도를 초과하지 않기 때문에 1~2등교 등 주요 교량들은 충적층을 뚫고 그 밑 암반에 기초를 두도록 되어 있다. 이에 따라 다행히 국내에서 1등교가 세굴로 붕괴된 적은 아직 없다.

그러나 일부 소규모 교량이나 수십년 전에 세워진 교량들은 충적층을 지나 암반에 기초하기보다는 확대기초를 이용하여 충적층 위에 기초를 두고 있다. 이러한 교량들은 홍수에 취약하다. 그림 11.17은 이렇게 충적층에 확대기초를 한 교량들이 홍수시 세굴로 무너진 사진으로, 이와 같이 국내에서 교량세굴 문제는 대부분 확대기초 교량에 나타난다. 국내에서 매년 일어나는 홍수에 소규모 교량들은 아직 상당수가 세굴로 붕괴되고 있다. 충적하천의 충적층에 세워진 교량들만이 세굴에 취약한 것은 아니다. 판암이나 약한 충적암 위에 세워진 교량들도 장기적으로 세굴의 영향을 받으면 교각이 세굴되어 위험하게 된다. 특히 소규모 건천에 인위적으로 유량을 급격히 증가시키면 원래 비교적 탄탄했던 하상도 급속히 침식, 세굴되어 교량 등 하천변 구조물의 안전에 문제를 일으킬 수 있다. 7장에서 설명한 남해안 가화천의 가화교가 이러한 경우에 해당한다. 또한 바다를 건너는 연육교의 교량도 주기적인 조류에 의해 교각 주위가 세굴되어 위험하게 될 수 있다. 이러한 바다 연육교 해저는 보통 실트와 점토가 많기 때문에 모래나 자갈층의 세굴과는 다른 양상을 보인다.

(a) 교각세굴에 의한 철교 붕괴(괴산 1995. 8)

(b) 교대세굴로 인한 도로교 붕괴(연천, 1996. 7)

그림 11.17 세굴로 인한 교량붕괴

미국에서는 교량세굴로 인한 붕괴가 전체 교량붕괴 요인 중에서 가장 큰 비중을 차지한다(Richardson, 1999). 1997년 기준으로 미국에는 484,856개의 교량들이 물위에 세워져 있으며, 이 중 17,047개가 세굴에 매우 취약하며, 65,847개가 취약하고, 97,047개 교량의 기초상태가 알려져 있지 않다. 10명의 인명손실을 가져온 1987년 New York주 Thruway 교량붕괴 사고로 미국에서 교량세굴 문제가 국가적 관심사로 등장하였고, 그에 따라 미연방 도로청(FHWA)은 교량세굴과 하천안정 문제에 대해 적극적인 연구와 평가 프로그램을 추진하였다. 그 결과 HEC-18, 20, 23 등 교량세굴과 하천안정, 그리고 대책 등에 대한 기술기준이 수립되었다

1 교량세굴에 영향을 주는 요인

교량세굴은 위에서 설명한 것과 같이 광역적, 국부적 접근방법을 다같이 요한다. 구체적으로, 장기적 하상변동에 의한 교량구간의 하상저하, 하도축소 등 일반적인 요인에 의한 하상세굴, 교각이나 교대 등이 흐름을 방해해서 생기는 국부세굴 등에 대한 종합적인 검토가 필요하다. 이러한 제 요인들의 영향은 세굴공의 폭이 교각과 교각간, 또는 교각과 교대간에 겹치지 않는 경우 개별적으로 평가하여 합산할 수 있다. 즉, 여러 요인에 의한 총 세굴심(洗掘深, scour depth)은 하상 저하량, 수축 세굴심, 국부 세굴심을 합산한 값이다.

장기적 하상변동 충적하천에 놓여 있는 교량은 그 자체가 아닌 상하류의 장기적, 광역적 요인에 의해 교량이 설치된 하천구간에 변화가 올 수 있다. 따라서 하천유역에 수문, 수리, 유사현상에 대대적인 변화를 줄 수 있는 개발사업에는 이러한 장기적, 광역적 하천변화에 따른 교량의 안전문제까지 고려하여야 한다. 이러한 영향의 평가에는 Lane의 법칙과 같은 기초적, 정성적 평가부터 HEC-RAS와 같은 충적하천 모형을 이용한 정량적인 방법이 있다.

일반세굴 교량건설은 홍수터를 잠식하고 그에 따라 홍수시의 흐름은 교량 밑 축소된 하도에 집중되어 하상세굴을 가속화시킨다. 이밖에 하천의 만곡부에 위치한 교량은 만곡부 세굴에

취약하며, 지류 합류점 직상류에 위치한 교량은 합류점의 배수효과를 받아 교량주변 흐름특성과 그에 따른 세굴특성이 달라진다. 홍수시 홍수 상승부에서는 하상이 세굴되고, 홍수 하강시 하상이 채워지는 현상도 교량세굴 측면에서 일반세굴로 볼 수 있다.

국부세굴　국부세굴은 교량의 교각이나 교대가 흐름을 방해함으로써 나타나는 세굴로서, 구조물 주위 흐름을 가속화시키고 와류를 만들어 교각주위의 하상재료를 세굴시킨다. 이러한 국부세굴은 위에서 설명한 장기적 하상저하나 하천수축에 의한 일반세굴보다 통상 매우 크다. 그러나 교량 위 상류에 댐 건설이나 기타 인위적인 하천변화로 생기는 하상저하는 국부세굴보다 더 클 수 있다.

하천안정　외부 영향에 의한 충적하천의 반응은 하상의 변화뿐만 아니라 하폭의 변화 또는 최심선의 변화를 가져온다. 교량이 있는 하천단면에 이러한 변화는 교량을 연결하는 도로나 교대의 안정에 문제를 일으킬 수 있다. 또한 최심선의 변화는 교량단면으로 흐르는 수류의 접근각을 변경시켜 교각이나 교대의 세굴양상을 변화시킬 수 있다.

2 일반세굴의 평가

일반세굴에서 보편적인 현상은 하천축소로 인한 수축세굴(contraction scour)이다. 홍수시 수축세굴은 하상의 침식과 퇴적을 되풀이한다. 따라서 수축세굴은 순환적이다. 미국의 국립도로연구원(NHI, 1990)은 교량의 수축세굴을 평가하기 위해서 교량이 놓여진 현장의 조건에 따라 4개의 경우로 나누었다. 그 중 한반도 여건에 비교적 많이 나타날 수 있는 두 가지 경우는 다음 그림 11.18과 같다.

경우 1 : 인위적 하도축소　이 경우는 홍수터나 하천일부를 성토하여 하도를 축소한 것으로서, 홍수시 흐름은 주 하도를 월류하나 교량이 있는 단면에 가까워지면서 흐름은 축소하도에 집중된다. 이는 홍수터가 매우 큰 하천을 교량이 횡단하는 경우 나타나는 조건이다. Laursen(1962, 1963)은 이러한 축소된 단면에서 세굴심을 구하는 공식을 하상재료의 이송이 있는 흐름에서의 세굴, 즉 이동상 세굴(live-bed scour)과 하상재료의 이송이 없는 흐름에서의 세굴, 즉 맑은 물 세굴(clear-water scour)에 대해 각각 다음과 같이 제시하였다.

$$\frac{y_2}{y_1} = \left(\frac{Q_2}{Q_1}\right)^{6/7} \left(\frac{b_1}{b_2}\right)^{k_1} \left(\frac{n_2}{n_1}\right)^{k_2} \qquad (11-46a)$$

$$\frac{y_2}{y_1} = \frac{1}{y_1}\left[\frac{V^2}{40\, D_m^{2/3}}\right]^3 \qquad (11-46b)$$

식 (11 - 46a)에서 y_1, y_2 는 각각 주하도(상류 하도)와 축소하도(교량구간 하도)에서 평균수심, Q_1, Q_2 는 각각 주하도와 축소하도에서의 유량이며(도로 성토부를 월류하지 않고 상류유량

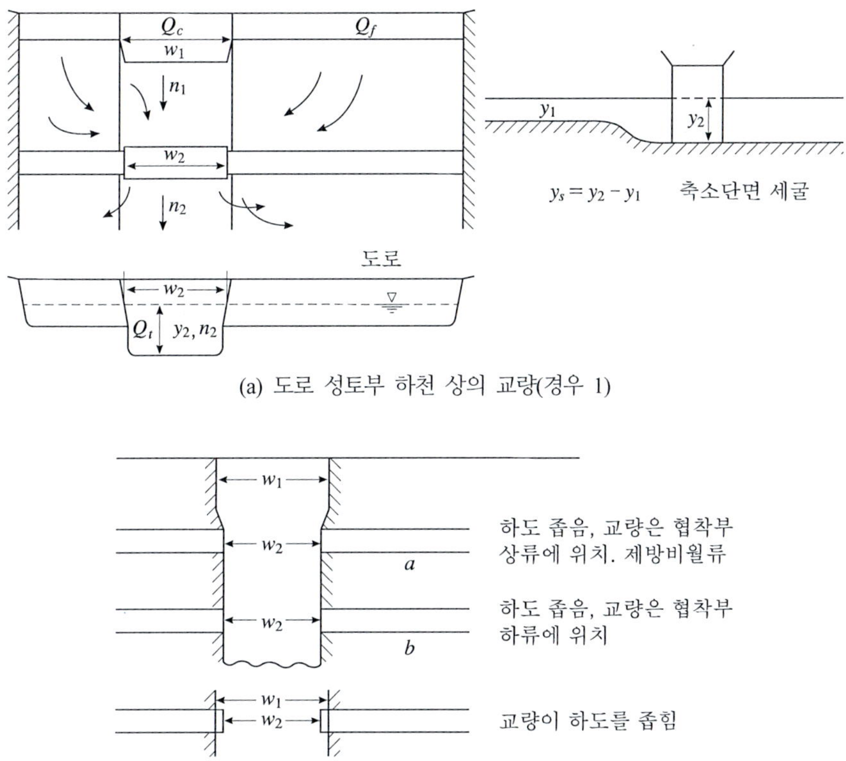

(a) 도로 성토부 하천 상의 교량(경우 1)

(b) 축소 단면 상의 교량(경우 2)

그림 11.18 수축세굴의 조건(NHI, 1990, p. V-70)

표 11.5 Laursen 공식(1962)의 계수

u_*/w	k_1	k_2	이송형태
〈0.5	0.59	0.066	대부분 소류사
0.5~2.0	0.64	0.21	약간의 부유사
〉2.0	0.69	0.37	대부분 부유사

이 그대로 교량 축소부를 지나는 경우 $Q_1 = Q_2$), b_1, b_2는 각각 주하도와 축소하도에서의 바닥 폭, n_1, n_2는 각각 주하도와 축소하도에서의 매닝계수이다. 식 (11-46b)에서 V는 축소부에서의 평균유속이며, D_m은 하상재료의 중앙입경 D_{50}을 이용하여 $1.25\,D_{50}$[m]이다. 식 (11-46a)에서 k_1과 k_2는 이송계수로서 주하도의 마찰속도 u_* $(= \sqrt{g y_1 S_1}$; S_1 = 주하도에서의 하상경사)와 하상토의 중앙입경의 침강속도 w의 비에 따라 달라진다. 이를 표로 나타내면 표 11.5와 같다.

여기서 유의할 것은 하상재료가 이송하는 세굴의 경우 흐름의 차이와 그에 따른 하상형태의 차이 때문에 주하도와 축소하도의 조도가 크게 달라질 수 있다는 점이다. 홍수시 주하도의 하상형태는 사구인 반면에 축소하도에서 하상형태는 평탄하상이나 반사구가 보편적일 수 있다. 또한 축소하도의 하폭 b_2는 교각의 폭을 제외한 실제적인 하상바닥 폭이다.

경우 2 : 자연적 하도축소 이 경우는 자연적으로 하폭이 축소된 하천단면에 교량이 놓여 있는 것으로서, 흐름은 하도에 제한된다. 이 경우는 건설비 절감을 위해 통상 하폭이 좁은 곳을 하천횡단 지점으로 선호하게 됨에 따라 자주 나타난다. 이 경우 축소부의 하폭이 상하류 주하도 하폭의 90% 이상인 경우 따로 세굴을 고려할 필요는 없다. 이 경우 세굴심을 구하기 위해서는 앞서 설명한 Laursen 공식 (11－46)에서 $Q_1 = Q_2$로 놓고 구할 수 있다.

예제 11.4

100년 빈도의 설계홍수량 5,500 m^3/s, 상류부의 바닥하폭 350 m, 축소부의 바닥하폭 150 m, 상류부의 홍수시 매닝계수 0.033, 축소부의 홍수시 매닝계수 0.025, 상류부의 홍수심 4.5 m이다. 또한, 하상재료의 중앙입경은 1.0 mm, 에너지경사는 0.0018이다. Laursen의 방법을 이용하여 축소부의 세굴심을 추정하시오. 단 도로 성토부에서 월류하는 유량은 없다.

풀이

하상재료의 이동 가능성을 검토하기 위해 마찰속도와 침강속도의 비를 구하면

$$u_* = \sqrt{gdS} = \sqrt{9.8(4.5)(0.0018)} = 0.28 \text{ [m/s]}$$

중앙입경 1.0 mm의 하상재료의 침강속도는 그림 8.3에서 읽으면 $w \approx 13$[cm/s]이므로, $u_*/w = 28/13 = 2.2$가 된다. 이러한 상태는 표 11.5에 의하면 소류사는 물론 부유사 이송이 활발한 흐름으로 $k_1 = 0.69$, $k_2 = 0.37$이 된다. 따라서 식 (11－46a)에서

$$\frac{y_2}{4.5} = \left(\frac{5500}{5500}\right)^{6/7}\left(\frac{350}{150}\right)^{0.69}\left(\frac{0.025}{0.033}\right)^{0.37} \cong 1.6$$

따라서 세굴심 $y_s = 1.6(4.5) - 4.5 = 2.7$ [m]

3 국부세굴의 평가

흐름에 의해 교각이나 교대 주위가 세굴되는 현상의 직접적인 요인은 구조물 주위의 와류의 형상이다. 그림 11.19는 교각주위 와류의 형상을 도식적으로 보여주는 것으로, 특히 교각 전면에서 위에서 아래로 흐르는 말발굽 와류(horseshoe vortex)는 교각 앞의 하상을 세굴시킨다. 이러한 세굴작용은 흐름의 세기에 비례하나, 시간이 가면서 세굴공이 커질수록 와류의 세굴능은 줄어든다. 마침내 평형상태에 도달하면 더 이상의 세굴은 정지된다. 와류는 그림 11.19와 같이 교각의 뒤 하류부에서도 발생하며, 이러한 와류를 특히 후류 와류(wake vortex)라 한다. 후류 와류도 어느 정도 하상세굴 능력은 있으나, 말발굽 와류에 비해 현저히 떨어진다. 교각 바로 뒤는 오히려 일부 퇴적이 발생할 수 있다.

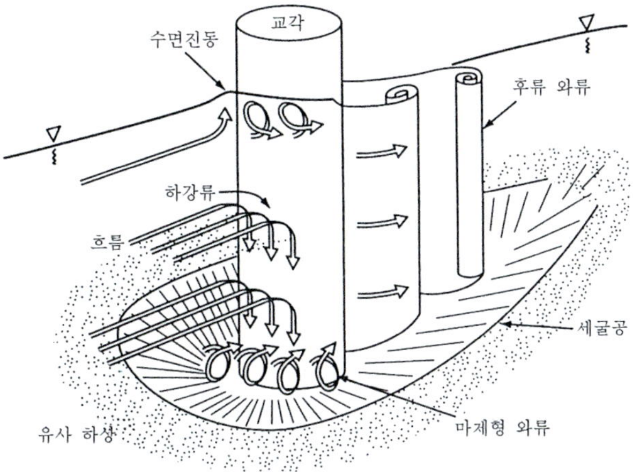

그림 11.19 교각주위의 세굴현상의 모식도(Hamill, 1999)

이러한 교량 국부세굴에 영향을 주는 요인으로 1) 교각의 폭, 2) 교대의 돌출길이, 3) 교각의 길이, 4) 수심, 5) 접근유속, 6) 하상토 크기, 7) 흐름의 교각이나 교대에 접근각, 8) 교각이나 교대의 형상, 9) 하상형태, 10) 얼음의 형성이나 교량에 막힘, 11) 통나무 같은 부유물 등이다(NHI, 1990).

먼저, 교각의 폭이 커지면 세굴심이 커진다. 또한 일반적으로 교대가 흐름에 돌출된 길이가 길수록 세굴심이 커진다. 그러나 돌출부의 길이가 접근하는 흐름의 수심의 25배가 되면 세굴심의 영향이 사라진다. 교각이 흐름의 방향에 평행으로 놓여 있는 경우 교각의 길이는 세굴심에 영향을 주지 않는다. 그러나 접근각이 있는 경우 교각의 길이를 2 배로 하면 세굴심은 약 33% 증가할 수 있다. 수심의 증가는 세굴심의 증가를 가져온다. 이러한 증가는 큰 교각의 경우 2배 이상까지 될 수 있다. 교대의 경우도 그 형상에 따라 2배까지 커질 수 있다. 접근유속의 증가는 세굴심을 증가시킨다. 하상재료의 크기는 모래의 경우 기본적으로 세굴심에 영향을 주지 않는다. 다만 세굴시간이 길어질 뿐이다. 호박돌이나 전석과 같이 매우 큰 돌들은 교각주위를 장갑화시켜 세굴을 억제할 수 있다. 실트나 점토와 같은 점착성 재료의 경우 세굴심은 모래와 같거나 오히려 더 커질 수 있다. 점착성은 다만 세굴시간을 연장할 뿐이다. 흐름의 접근각은 세굴심에 바로 영향을 준다. 교대의 경우 흐름방향으로 경사지게 놓여 있으면 직각방향으로 나와 있는 것에 비해 세굴심이 줄며, 반대로 흐름에 거슬러 놓여 있으면 세굴심은 조금 커진다. 교각이나 교대의 형상은 세굴심에 큰 영향을 미친다. 교각의 앞을 유선형으로 하면 말발굽 와류의 강도를 줄여 세굴심을 줄인다. 원통형이나 앞이 둥근 교각은 사각형 교각에 비해 10% 정도 세굴심을 줄일 수 있다. 양 앞으로 경사진 교대는 수직교대에 비해 세굴심을 반 정도 줄일 수 있다. 하상형태의 이동은 세굴심에 영향을 준다. 교각이나 교대에 걸린 얼음장이나 통나무 등은 유수 소통에 지장을 주어 세굴심을 크게 한다. 이러한 이물질의 영향은 교각의 폭이나 교대의 돌출 길이를 적절히 조정하여 기존 세굴심 공식으로 추정할 수 있다.

세굴양상과 장갑화 교량세굴의 양상은 앞서 축소부 세굴에서 구분하였듯이 하상재료의 이송이 없는 흐름에서 세굴(맑은 물 세굴)과 이송이 있는 흐름에서 세굴(이동상 세굴) 등 크게 둘로 나눌 수 있다. 전자는 상류에서 이송되는 하상토 유사가 없는 맑은 물에 의해 교각이나 교대 아래가 파지는 세굴을 가리키며, 후자는 하상토 유사이송이 있는 흐름에 의해 파지는 세굴을 가리킨다. 또한 교량세굴도 일반 하상침식과 같이 하상에 포함된 조립질 재료에 의해 표면이 장갑화되어 세굴을 억제시킬 수 있다.

맑은 물 세굴은 자갈과 같은 조립질 하상에서 주로 나타나며, 그림 11.20과 같이 최대 세굴심에 도달하기 위해서는 상당한 시간이 요구된다. 따라서 규모가 매우 큰 한 홍수사상에 의해 최대 세굴심에 도달할 수 있으나, 보통 여러 홍수사상 끝에 도달한다. 그러나 흐름과 하상재료의 특성에 따라 홍수 초기에는 맑은 물 세굴, 첨두홍수시에는 이동상 세굴, 홍수 하강시에는 다시 맑은 물 세굴 등을 반복할 수 있다. 맑은 물 세굴심은 이동상 최대 세굴심에 비해 약 10% 정도 크다.

이동상 세굴은 모래와 같은 세립질 하상에 주로 나타나며, 하상형태에 의해 세굴심은 평형 세굴심 주위로 진동한다. 즉, 상류에서 사구하상이 접근함에 사구의 파장을 기준으로 세굴심은 깊어졌다 얕아졌다를 반복한다. 사구하상의 경우 최대 세굴심은 평형 세굴심에 비해 30% 정도 크며, 반사구 하상의 경우 약 20% 정도 크다(Jain과 Fisher, 1979). 평탄하상의 경우 평형 세굴심이나 최대 세굴심은 같다.

하상재료의 선택적 침식은 교량세굴 현상에서도 하상 장갑화를 가져온다. 자갈과 모래가 같이 섞여 있는 하상의 경우 초기 세굴이 진행됨에 따라 자갈 등 조립질 재료가 덮이게 되어 더 이상의 세굴을 방지한다. 그러나 매우 큰 흐름이 오게 되면 이러한 하상 장갑화는 깨어지고 다시 세굴이 진행되어 최대 세굴심에 도달하게 된다. 따라서 하상 장갑화 효과는 흐름과 하상재료 특성에 따라 달라진다.

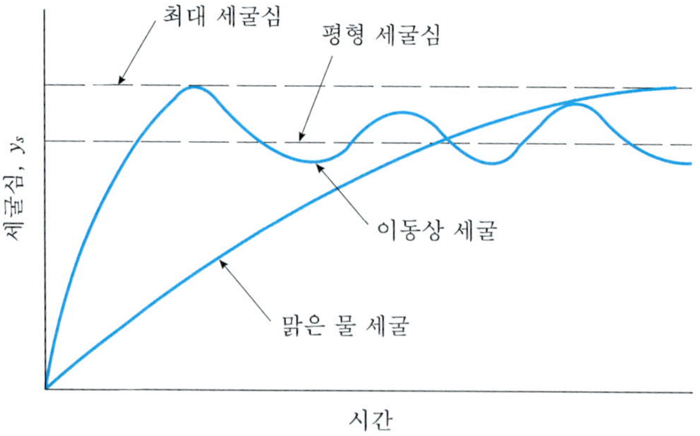

그림 11.20 맑은 물 세굴과 이동상 세굴

세굴심의 추정 교량 국부세굴 문제에서 수리기술자들의 가장 큰 관심은 어느 상태에서 최대 세굴심이 얼마나 될 것인가이다. 이 정보는 교량 설계와 유지관리에 필수적인 사항이다. 기존의 세굴심을 추정하는 방법들은 크게 1) 세굴에 관련된 변수 간 차원해석에 의한 방법, 2) 접근 흐름과 세굴공에서 유사이송 관계를 이용하는 방법, 3) 관련 자료의 회귀분석 방법 등으로 구분한다.

교대 세굴심의 추정

교대 주위의 세굴은 크게 둘로 나뉜다. 하나는 교대 끝에서 수평와류에 의한 세굴로서 주로 교대 끝 상류 쪽으로 생기며, 다른 하나는 교대 뒤 수직와류에 의한 세굴이다. 교대에 의한 세굴심은 교대의 형태, 흐름과의 위치와 각도, 월류 여부, 보호책 여부 등에 따라 달라진다. 교대는 그림 11.21과 같이 교대 끝을 둥글게 싼 경사형태(spill through)와 수직인 형태(vertical wall) 등 기본적으로 둘로 나눈다. 후자의 세굴심은 전자에 비해 최대 2배까지 크다.

교대세굴을 추정하는 기존의 공식들은 주로 실험실 자료에 의한 것으로, 수평와류에 의한 세굴심을 추정한다. 그러나 기존 공식들은 교대에 의해 차단되는 유량이 아니라 교대의 돌출길이를 기준으로 하였기 때문에 통상 세굴심을 과다추정한다(Richardson, 1999). HEC-18 (FHWA, 2012)에는 여러 조건에서 이용 가능한 다양한 세굴심 추정공식들이 나와 있다. 그러나 이러한 공식들은 현장자료에 의해 충분히 검증되지 못한 것들로서, 공식별 우열을 가리기 어렵다. 따라서 특별히 어느 공식을 이용하기보다는 현장여건을 고려한 하천기술자들의 판단이 중요하다. 여기서는 비교적 최근에 실험실 자료를 가지고 회귀분석하여 개발된 Froehlich 공식(1989)을 소개한다. 그의 식은 맑은 물 세굴과 이동상 세굴을 구분한다. 먼저, 맑은 물 세굴에 대해서는 164개의 실험실 자료를 회귀분석하여 다음과 같이 표시된다.

$$\frac{y_s}{y_1} = 0.78\,K_1\,K_2\left(\frac{a'}{y_1}\right)^{0.63} Fr^{1.16}\left(\frac{y_1}{D_{50}}\right)^{0.43}\sigma_g^{-1.87} + 1.0 \qquad (11-47)$$

이동상 세굴에 대해서는 170개의 실험실 자료를 회귀분석하여 다음과 같이 표시된다.

$$\frac{y_s}{y_1} = 2.27\,K_1\,K_2\left(\frac{a'}{y_1}\right)^{0.43} Fr^{0.61} + 1.0 \qquad (11-48)$$

위 식에서 y_s, y_1 은 각각 세굴심과 교대에서의 수심, K_1, K_2 는 각각 교대형태와 교대와 제방 사이의 예각에 관련된 계수, a' 은 교대가 흐름에 돌출된 길이의 직각 성분, Fr 은 교량단면에서 프루드 수($=\sqrt{V/gy_1}$), σ_g 는 하상재료의 기하 표준편차이다. 여기서 K_1 값은 단순 수직교대의 경우 1.0, 날개 벽이 있는 수직교대(그림 11.21b)의 경우 0.82, 날개 벽이 있고 교대 끝에 경사 벽이 있는 경우 0.55(그림 11.21a)이다. 한편 K_2 값은 교대와 제방간의 각 θ 를 이용하여 $K_2 = (\theta/90)^{0.13}$ 이다. 마지막으로 a' 은 교량이 위치한 하천의 유효 단면적을 수심 y_1으

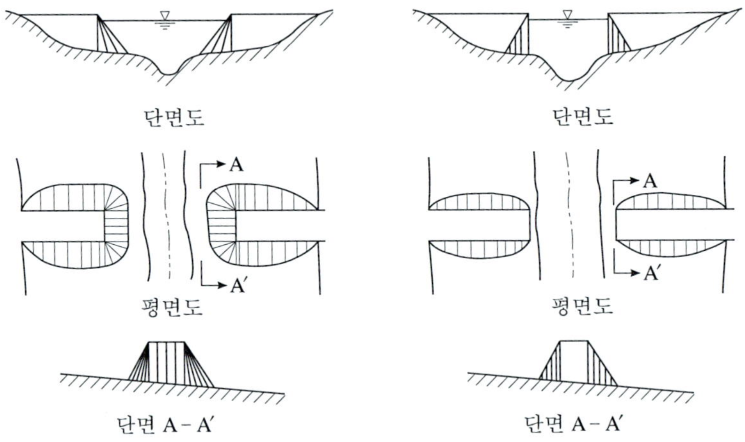

(a) 교대 주위의 정사벽 (b) 교대 끝의 수직벽

그림 11.21 교대의 기본 형태

로 나누어준 값이다. Froehlich는 안전을 위해 각 공식에 1.0을 추가했다. 그의 공식은 하상형태를 고려하지 않았기 때문에 사구하상에서는 계산된 값에 $y_1/6$ 을 추가한다.

교각 세굴심의 추정

교각세굴 문제에서 가장 이상적인 경우는 평행류에서 하상에 연직으로 놓인 원통형 단일 교각주위의 세굴일 것이다. 이 경우 세굴심 y_s 에 영향을 주는 인자들은 유체(물)의 성질 (ρ, ν), 하상재료의 밀도 ρ_s 와 크기 D, 흐름의 깊이 y_1 과 세기 u_*, 그리고 교각의 직경 D_p 등이다. 따라서 세굴심을 이러한 변수들의 함수로 표시하면

$$y_s = f(\rho, \nu, u_*, \rho_s, g\Delta\rho, y_1, D, D_p) \qquad (11-49)$$

위 식에서 g 는 중력 가속도, $\Delta\rho$ 는 하상재료와 물의 밀도 차이이다. 위 식을 기준으로 차원해석을 하면 세굴심과 수심의 비, 세굴심과 교각직경의 비 등 관심 있는 변수들 간의 무차원 함수 관계를 유도할 수 있다(ASCE, 2000). 마찬가지 방법으로 비원통형 교각, 비균일 하상재료, 흐름의 접근각 등 새로운 변수를 추가로 고려하여 교각세굴에 관한 일반적인 무차원 함수 관계를 유도할 수 있다.

교각세굴에 대해서도 실험실 연구결과는 상당한 역사를 가지고 있으나, 야외자료를 이용한 연구는 많지 않다. 지금까지 수많은 교각세굴 공식들이 문헌에 소개되었으며, Jones(1983)는 야외 실측자료를 이용하여 그림 11.22와 같이 세굴공식들을 비교하였다. 여기서 a는 교각의 폭이다. 이 그림과 같이 여러 공식들 중에서 Shen 등(1969) 공식이 비교적 실측치에 근사하나 일부 자료점에 대해서는 과소평가한다. 따라서 이 점에서 비교 그림에 나타난 자료점을 둘러싸는 CSU 공식이 안전측에 가깝다. Johnson(1995)은 야외 자료를 이용하여 Shen의 공식과

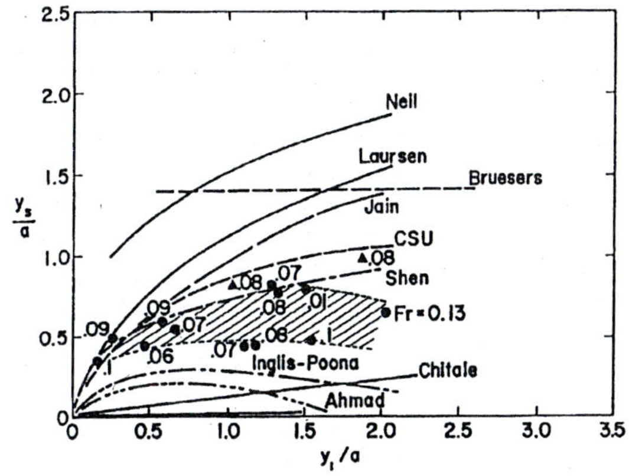

그림 11.22 교각세굴 공식의 비교(Jones, 1983)

CSU 공식 등 7개의 교각세굴 공식을 비교·평가한 결과 공식별 예측치와 실측치는 보통 수배 정도 차이가 나는 것을 확인하였다. 그는 아직 어느 공식도 충분한 신뢰를 가지고 쓰기 어렵다는 점을 강조하였다.

그림 11.22에서 신뢰도가 비교적 높게 나타난 CSU 공식(Richardson 등, 1975)은 이후 수정되어 HEC-18 공식(FHWA, 2012)으로 알려져 있으며 그 형태는 다음과 같다.

$$\frac{y_s}{y_1} = 2.0\, K_1\, K_2\, K_3 \left(\frac{a}{y_1}\right)^{0.65} Fr^{0.43} \qquad (11-50)$$

HEC-18 공식은 이동상 세굴(live-bed scour)과 맑은 물 세굴(clear-water scour)에 모두 적용할 수 있으며, 이 공식은 최대 세굴심을 예측한다. 위 식에서 K_1, K_2 는 교각의 형태($a=$ 폭, $L=$ 길이)와 흐름의 접근각에 따라 달라지는 계수들이며, K_3 는 하상형태에 따라 달라지는 계수이고, Fr 은 접근 흐름을 기준으로 하는 프루드 수($= V_1/\sqrt{gy_1}$) 이다. K_1, K_2 값 등은 다음 표 11.6과 같고, K_3 는 표 11.7과 같다.

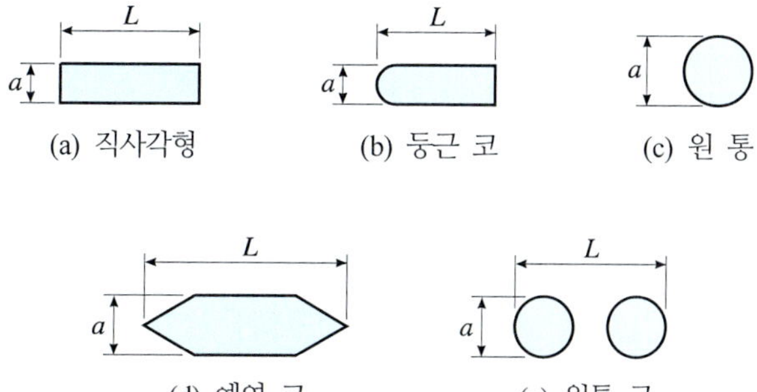

그림 11.23 교각단면의 형태

표 11.6 HEC-18 공식의 K_1, K_2 계수

교각형태에 따른 K_1		접근각에 따른 K_2			
교각형태	K_1	각도	$L/a=4$	$L/a=8$	$L/a=12$
직사각형(a)	1.1	0	1.0	1.0	1.0
둥근 코(b)	1.0	15	1.5	2.0	2.5
원통(c)	1.0	30	2.0	2.5	3.5
예연 코(d)	0.9	45	2.3	3.3	4.3
원통 군(e)	1.0	90	2.5	3.9	5.0

표 11.7 HEC-18 공식의 K_3 계수

하상형태	사구 높이(ft)	K_3
맑은 물 세굴	N/A	1.1
평탄하상과 반사구 흐름	N/A	1.1
작은 사구	10>H≥2	1.1
중간 사구	30>H≥10	1.2 to 1.1
큰 사구	H≥30	1.3

표 11.6에 나타난 교각의 형태는 그림 11.23과 같다. 표 11.7의 K_3 값은 사구하상에서 평형 세굴심을 추정하기 때문에 최대 세굴심을 구하기 위해서는 계산결과에 일정한 비율을 가산하기 위한 것이다.

교각 밑 기초는 흐름과의 위치에 따라 세굴심을 증가시키거나 줄이거나 하는 반대효과를 준다. 기초가 하상 위아래 1 m 이내로 약간 노출되거나 묻히고, 수심이 하상 위로 노출된 기초 높이의 2~3배 이상인 경우 기초부의 영향을 고려하지 않을 수 있다. 그러나 기초가 하상 위 1 m 이상 상당히 노출된 경우 기초에 의한 흐름장애가 상당하기 때문에 세굴심 추정공식에서 교각의 폭 대신 기초의 폭을 이용하여야 한다.

예제 11.5

100년 빈도의 설계홍수량이 1,500 m^3/s이고, 하폭 100 m, 수심 3.5 m인 하천에 앞뒤가 둥근 교각을 설계하는 경우 HEC-18 방법으로 최대 세굴심을 추정하시오. 하상토는 모래이고, 교각의 폭은 3 m, 길이는 10 m로 설계하였다. 흐름의 접근각은 최대 15° 이하이다. 단 설계유량에서 평탄하상이 생긴다고 가정하시오.

풀이

먼저 평균유속과 프루드 수를 계산하면

$$V_1 = Q/(Td_1) = 1{,}500/(100 \times 3.5) = 4.3\ [\mathrm{m/s}]$$

$$\therefore Fr = 4.3/\sqrt{9.8 \times 3.5} = 0.73$$

(계속)

앞뒤가 둥근 교각이므로 표 11.6에서 $K_1 = 1.0$, $L/a = 10/3 = 3.3$, 접근각은 15°이므로 표 11.6에서 K_2 값을 읽으면 안전측으로 1.5이다. 또한 평탄하상이 생긴다고 가정하였기 때문에 표 11.7에서 K_3 값은 1.1이다. 따라서 식 (11 - 50)에서 세굴심을 계산하면

$$\frac{y_s}{y_1} = 2.0(1.0)(1.5)(1.1)\left(\frac{3.0}{3.5}\right)^{0.65} 0.73^{0.43} \cong 2.64$$

$$\therefore y_s = 2.64(3.5) = 9.24\ [\mathrm{m}]$$

마지막으로 이렇게 구한 국부 세굴심에 다른 방법으로 구한 장기 하상저하와 수축세굴 등을 모두 합산하여 최종 세굴심을 추정한다. 그러나 세굴공의 폭이 교각간 폭보다 큰 경우 국부 세굴심은 알 수 없으므로 교량설계를 다시 하여야 한다. 세굴공의 폭은 사석을 포설하는 범위를 결정하는 데도 필요하다. 세굴공의 최대 폭은 세굴심과 하상재료의 안식각에 관련되어 있으며, Richardson과 Abed(1993)는 세굴공의 최대 폭을 추정하는 경험식을 제안하였다.

4 교량세굴 대책

교량의 세굴을 방지하거나 중지시키는 대책은 1) 교량의 기초를 최대 세굴심 이하로 두어 최대 세굴이 발생하더라도 교량의 안전에 문제가 되지 않게 하는 방법, 2) 세굴을 촉진시키는 와류 형성을 방지하거나 그 강도를 줄이는 방법, 3) 교각이나 교대 주위로 보호 재료를 까는 방법 등 크게 3개로 나눈다. 국내에서는 1등교의 경우 교량 기초는 반드시 충적층을 지나 암반에 두도록 되어 있으므로 설계나 시공의 잘못 등 특별한 경우를 제외하고는 심각한 세굴문제는 발생하기 어렵다. 이 방법은 세굴문제에 가장 확실한 방법이나, 교량이 놓일 하천의 바닥 지질조건이나 건설비용의 제한은 항상 이러한 조건을 만족시켜주지 못한다.

교량 구조물 주위의 와류를 감소시키는 방법으로는 교각이나 교대 직상류 일정한 곳에 콘크리트나 강판 파일을 박아 교량에 접근유속을 줄이는 것이다. 이렇게 함으로써 비록 파일 주위는 세굴되나 그 뒤 흐름은 감소되어 교각이나 교대를 보호할 수 있다. 이 방법의 장점은 상류에서 떠내려오는 부유물이 미리 파일 위에 걸리게 되어 교량은 부유물이 없게 된다는 점이다. 교대의 경우 제방에서부터 유도제를 둠으로써 같은 효과를 기대할 수 있다.

교량의 세굴 대책으로 일반적인 방법은 구조물 주위로 사석이나 돌망태 등을 깔아 하상을 보호하는 것이다. 이 방법의 기본 개념은 강턱을 사석으로 보호하는 것과 같다. 그러나 사석은 큰 흐름에서 쉽게 하류로 쓸려 내려갈 수 있으므로 주기적인 검사가 요구된다. 사석을 하상에 바로 포설하는 것보다는 가능 최대 세굴심까지 파고 사석을 두는 것이 사석의 유실을 막는 데 유리하다. 이 경우 사석을 묻는 깊이는 하상 장갑화 영향을 고려하여 세굴공식에 의한 세굴심 계산치의 50% 정도로 볼 수 있다. 사석 이외에 돌망태 매트리스는 사석을 얻기

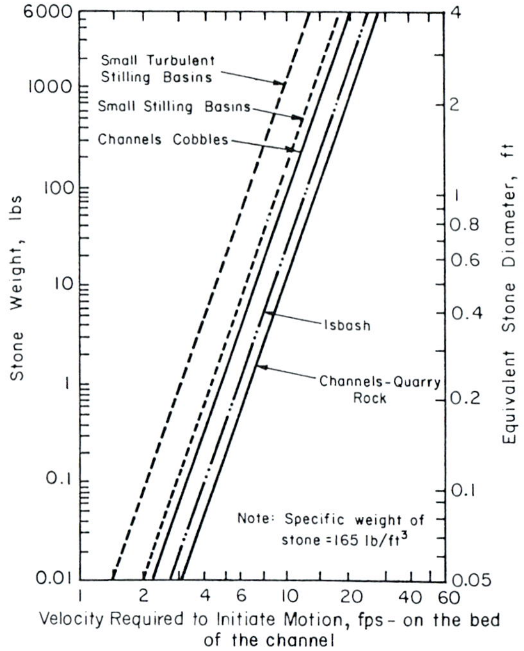

그림 11.24 사석크기와 한계유속(NHI, 1990, p. III-41)

힘든 곳에서 대안으로 이용할 수 있다. 그러나 이 방법은 매트리스를 하상에 단단히 고정시키는 것이 어렵다.

세굴 방지용 사석의 크기는 일반 호안사석의 결정방법을 이용하여 그림 11.24에서 '작은 난류 감세지(small stilling basin)'에 준하여 결정할 수 있다. 이때 유속은 교각에서의 접근유속이다. 또한 사석과 하상입자의 크기 차이가 일정한 기준을 넘는 경우 또는 매트리스가 느슨하게 모여 있는 경우, 사석 공극 사이로 미립토사가 빠져나가 사석이 침하하는 파이핑(貫孔) 현상이 발생하기 때문에 이를 방지하기 위해서는 사석 밑에 호안 사석용 자갈 필터 등을 설계할 필요가 있다(Ji 등, 2013). 이러한 필터층의 설치가 필요한 경우인지를 판단하는 기준(한국수자원학회, 2009)과 사석필터 층의 설계방법 등은 강턱침식을 보호하기 위한 사석 설계시 적용하는 필터층 설계방법과 동일하다(Julien, 2002).

5 교량세굴 평가방법

지금까지 검토했듯이 교량세굴 현상은 흐름과 교량의 상호작용은 물론 하천 자체의 안정성을 고려하여야 하는 복잡한 문제로, 이에 대한 평가는 하천과 교량에 대해 체계적이고 광범위한 검토를 요한다. 국내에서는 교량세굴 문제가 상대적으로 적기 때문에 구체적인 평가지침은 아직 없다. 그러나 미국에서는 1987년 뉴욕주 교량세굴 사고 이후 대대적인 조사·연구를 거쳐 아주 구체적인 교량세굴 평가 프로그램이 마련되었다(Morris와 Pagan-Ortiz, 1999).

이 프로그램에서는 교량세굴 문제에 대한 기술 지도서로서 HEC-18(교량에서 세굴평가; FHWA, 2012), HEC-20(도로 구조물의 하천안정; FHWA, 2012), HEC-23(교량세굴과 하천 불안정 대책; FHWA, 2009) 등의 최신 버전이 발간되어 보급되었다. HEC-18은 야외에서 교량세굴을 평가하는 지침서로서 교량세굴의 개념과 정의, 교량계획 위치의 하천수리 검토, 교량의 세굴심 추정, 기존 교량의 세굴 취약도 평가, 교량세굴 검사, 교량세굴 대책의 계획 등이 수록되어 있다. 미공병단의 HEC-RAS 프로그램에는 교량세굴을 추정하는 사양이 추가되었으며 우선 교량이 있는 하천에서 흐름계산을 한 다음 교량지점 직상류 단면의 흐름분포를 계산한다. 마지막으로 HEC-18에 의한 적절한 세굴공식을 이용하여 단면축소에 의한 세굴심과 교각/교대에 의한 국부 세굴심을 구해 총 세굴심을 구한다(Brunner, 1999).

HEC-20은 하천의 안정성을 평가하는 지침서로서, HEC-18에 의해 교량계획 지점의 하천을 평가하기 위해서는 이 지침서를 먼저 보고 위치선정을 하여야 한다. 이 지침서에는 하천 안정에 영향을 주는 지형요인, 수리요인, 분석절차, 하천 불안정 대책의 선정 등이 수록되어 있다. HEC-23는 교량세굴이나 하천 불안정에 대한 적절한 대책을 제시한 것이다. 이 지침서에는 대책의 유형, 선정지침, 설계지침 등이 수록되어 있다. 이 세 지침서의 상호 연관성과 각 지침서를 이용하여 세굴 평가와 분석을 수행하는 흐름도는 그림 11.25와 같다.

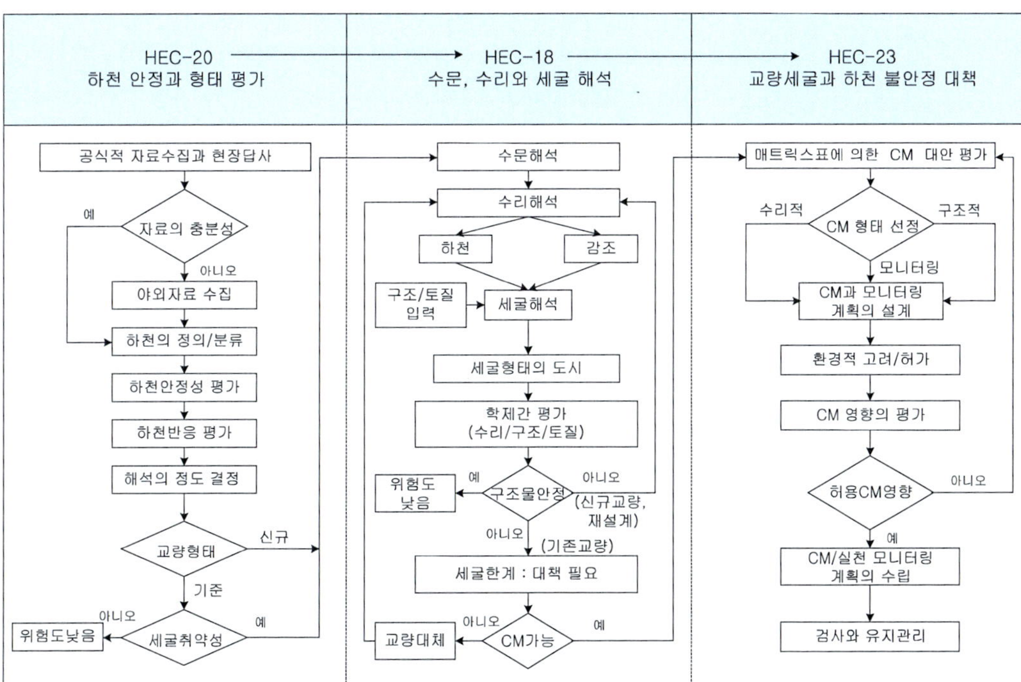

그림 11.25 미국의 교량세굴 평가와 분석(FHWA, 2012)

(2) 강턱침식

강턱침식(bank erosion)은 흐름에 의해 강턱재료가 침식되거나 강턱재료의 내부 역학작용으로 강턱이 내려앉는 현상으로, 기본적으로 자연현상의 일부이다. 충적하천은 강턱침식에 의해 그 형태가 끊임없이 변하게 된다. 강턱침식은 하천의 평면선형이나 단면 등에 인위적인 변화를 주어 전체적으로 유속을 크게 하거나 흐름을 어느 한쪽으로 집중시켜 수충부를 만드는 경우 가속화된다. 또한 하천상류에서 댐에 의해 유량이 빈번히 조절되거나 배의 통행 등으로 파랑이 생기는 경우에도 가속화된다. 인간은 예로부터 하천변에 거주하면서 홍수를 막기 위해 하천을 따라 제방을 쌓았다. 그에 따라 제방의 안정문제가 강턱침식 문제를 대신하여 공학적 관심대상이 되기 시작하였다. 여기서 '강턱침식'은 자연상태의 수변 토지 끝이 흐름에 침식되는 현상에 사용하며, '제방침식'은 인위적으로 쌓은 제방이 흐름에 침식되는 현상에 사용한다. 그러나 이 두 침식현상은 기본적으로 같으며, 다만 인공제방이 자연강턱에 비해 보통 그 사면경사가 완만하다는 점이 다르다.

1 강턱침식 현상과 해석

강턱침식은 크게 1) 구성재료의 사면 불안정, 2) 강턱재료의 파이핑 현상, 3) 강턱의 월류에 의한 세굴(breaching) 등으로 나눌 수 있다. 이 중 세 번째 현상은 자연강턱보다는 인공제방의 경우에 해당한다. 강턱침식에 영향을 주는 요인들은 기본적으로 수리변수, 하상과 강턱의 재료특성, 강턱의 특성, 지표하 흐름, 바람이나 배에 의한 파랑, 기후요소, 생물요소, 인위적 요소 등으로 나눈다. 그러나 이 중 가장 중요한 요소는 흐름의 소류력과 강턱의 재료적, 형태적 안정성이다. 그림 11.26은 강턱침식 현상을 비점착성 재료, 점착성 재료, 혼합재료 등으로 나누어 그린 것이다.

모래와 같은 비점착성 재료로 구성된 강턱은 흐름의 소류력에 의해 사립자들이 낱개로 떨어져 나간다. 이에 따라 그림 11.26과 같이 침식면은 사면과 개략적으로 평행을 이룬다. 비점착성 재료의 강턱침식에 영향을 주는 요소는 강턱 주변의 유속과 난류, 그리고 소류력 등이다. 또한 지표하 흐름의 침투력과 파이핑, 또는 외부 파랑 등은 강턱침식을 가속화시킨다. 이러한 요인들은 개별적으로 작용하는 것이 아니라 보통 상당 요인들이 동시에 작용한다. 실트나 진흙과 같은 점착성 재료들은 강한 표면 점착력과 불투수성 등으로 흐름의 소류력이나 지표하 침투력 등에 대한 저항력은 강하다. 그러나 강턱 밑이 불안정하거나 완전 포화되는 경우 강턱 전체가 미끄러져(mass wasting) 내려갈 수 있다. 혼합재료 강턱은 비점착성과 점착성 재료층이 섞인 것으로, 과거 그 하천의 유사이송 내력을 간접적으로 보여준다. 이러한 강턱은 야외에서 흔히 볼 수 있으며, 점착성 재료층은 비점착성 재료층의 침식에 보호와 완충역할을 한다. 그러나 이러한 재료의 강턱도 표면하 흐름이나 파이핑 현상에 취약하다.

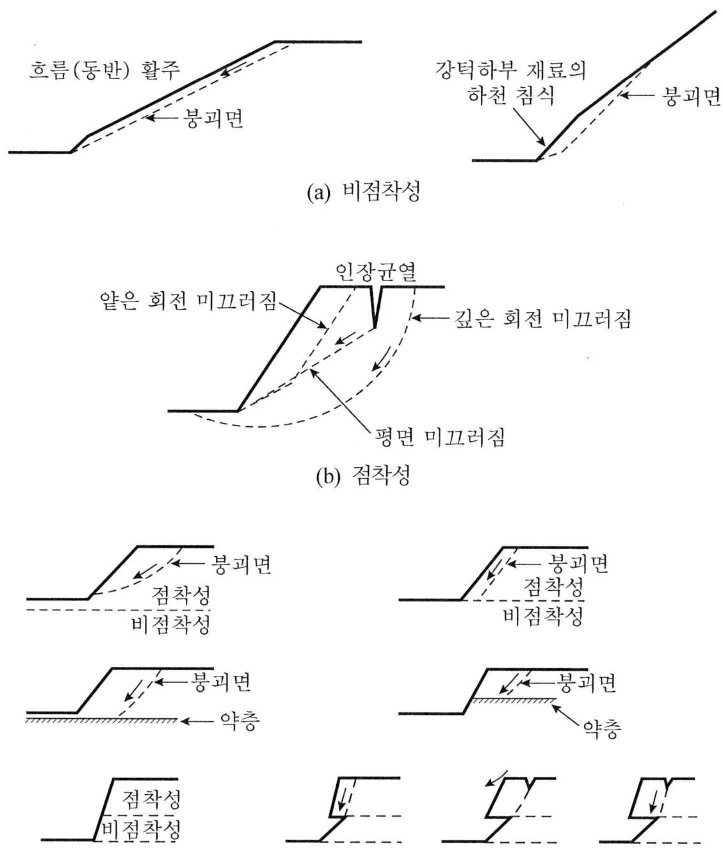

(a) 비점착성

(b) 점착성

(c) 혼합성

그림 11.26 강턱침식의 구분과 모식도(Brown, 1985)

이러한 강턱의 안정성 문제의 해석에는 수리적, 토질 역학적인 접근방법이 같이 요구된다. 최근에 Darby와 Thorne(1996)은 충적하천 모형의 개발에서 폭의 변화를 모의하는 데 필수적인 강턱의 안정성을 해석하는 방법들을 비교하고 새로운 방법을 제안하였다. 그들은 기존 방법들이 가지는 한계로서 1) 전적으로 토질 역학적으로만 접근하며, 흐름에 의한 강턱이나 발꿈치(toe)[53]의 세굴 효과를 고려하지 못하고, 2) 붕괴평면이 발꿈치를 지나는 것을 전제하나 항상 그렇지 않으며, 3) 토양 간극수 압력과 유수면의 불투수 압력(confining pressure)이 제대로 고려되지 못하고 있고, 4) 붕괴면 경사가 제대로 평가되지 못하고 단순히 강턱재료의 마찰각과 강턱 경사각만 가지고 개략적으로 추정되는 점을 들었다. 그들은 이러한 단점을 보완하여 평면적 붕괴면(planar failure surface)을 가지는 급경사, 점착성, 재료층이 없는 강턱의 안정성을 해석하는 방법을 제시하였다. 그들의 방법에는 간극수와 정수압 불투수 압력항이 고려된다. 그들의 방법은 기존의 다른 방법에 비해 특히 제체활동(mass sliding)에 대해 가장 효과

53 toe는 강턱이나 제방의 아래 끝에서 하상과 만나는 경계부분을 가리키며, 하천공학에서는 비탈 멈춤(根固)이라 한다.

적인 안정해석 방법임을 강조하였다. 강턱의 파이핑 현상은 재료 사이로 흐르는 물에 의해 재료들이 점차 세굴되면서 마침내 강턱이 붕괴되는 현상이다. 강턱의 파이핑 붕괴에 대해서 Hagerty(1991a, b)는 파이핑 현상이 일어나기 쉬운 현장을 보이면서, 이러한 현상의 발생에 전제조건을 제시하였다. 또한 그는 하천실무자들이 이용할 수 있는 파이핑 현상의 확인과 평가 방법을 제시하였다.

제방침식은 강턱침식 현상과 기본을 같이 한다. 그림 11.26(a)는 사다리꼴 수로의 침식현상을 도식적으로 나타낸 것이나, 인공제방의 침식현상도 이에 준하여 설명할 수 있다. 이와 같은 사다리꼴 수로나 하천제방에서는 일반적으로 제방의 아래 발꿈치(toe) 부분이 가장 취약하다. 그러나 대부분의 인공제방은 바닥에서 제방 경사면의 일정한 높이까지 침식에 저항할 수 있는 재료로 보호되어 있고, 사면경사가 작기 때문에 자연강턱에 비해 안정성이 높다.

강턱침식을 방지하는 대책으로 1) 하도에서 흐름을 유도하는 수제(水制, dike), 날개 수제(vane), 돌제(突堤, jetty) 등과 같은 흐름조절 구조물을 이용하거나, 2) 심한 만곡부를 직선화하거나, 3) 침식에 저항하는 재료를 이용하여 강턱이나 제방의 일정 부분을 보호하는 방법이 있다. 1)의 방법은 강턱침식의 방지뿐만 아니라 흐름과 유사이송을 원하는 방향과 위치로 유도하기 위한 하천 도류공(導流工)이다. 3)의 방법은 전적으로 강턱이나 제방을 침식으로부터 보호하기 위한 것으로, 흔히 호안(護岸)이라 한다. 호안용 재료로는 돌을 적당한 크기로 깬 사석(捨石, riprap)이 보편적이다. 사석은 재료가 가용한 경우 내구성과 환경성 등에서 탁월하기 때문에 전세계적으로 널리 쓰인다. 사석호안의 안정, 등급과 시공, 필터 등에 대해서는 미 공병단 자료(USACE, 1991)를 참고할 수 있다.

연습 문제

11.1 유역에서 삼림의 벌채로 유역침식이 가속화되어 하천으로 유입하는 유사량이 증가하는 경우 Lane의 식을 이용하여 하상경사의 변화를 정성적으로 추정하시오(유사량의 변화에 비해 유량의 변화는 상대적으로 작다고 가정함). 이 유역이 다시 녹화되어 유역침식이 감소하고 그에 따라 하천으로 유입하는 유사량이 감소하는 경우 하상경사의 변화를 검토하시오.

11.2 Lane의 식 (11 – 7)과 Schumm(1969)의 관계(표 11.1)를 이용하여 자연 사행하천을 직강화하는 경우 예상할 수 있는 하상과 하도 변화를 검토하시오.

11.3 과거 10년 이상 간격으로 종단측량 자료가 있는 중소규모 모래하천 하나를 선정하여 10 km 정도 구간에 대해 하상고 변화를 비교하시오. 비교 결과와 관련 자료를 바탕으로 그 하천의 장단기적 하상변동 경향을 정성적으로 검토하시오.

11.4 위에서 선정한 하천에 대해 기존 하상변동 자료를 이용하여 1차원 하상변동 모형으로 검증한 후 앞으로 30년간 하상변동을 모의 예측하시오. 모형에 이용되는 유사량 공식을 바꾸어서 모의하여 그 결과를 상호 비교하시오. 예측할 30년간 수문현상은 과거 10년간 수문현상이 반복하여 재현된다고 가정하시오. 이 예측결과를 가지고 그 하천의 평형하상 경사를 추정할 수 있는지 검토하시오.

11.5 과거에 한 하천 지점에서 수년 동안 연 100만 m^3 이상 골재를 채취한 중소규모 하천을 선정하여 골재채취 전후의 하상변동 자료를 구해 골재채취로 인한 하천영향을 정성적으로 검토하시오.

11.6 하천실무자가 사립자의 한계조건에 바탕을 둔 정적 평형개념을 이용하여 충적하천에서 평형 하상고와 경사를 결정한다. 그렇게 결정된 평형 하상고 이상으로 쌓인 모래와 자갈은 채취하여도 하도안정에는 영향이 없다고 판단한다. 이러한 하천실무를 1) 평형하상, 또는 안정하상의 개념의 유효성과 평형 하상고 추정방법의 타당성, 2) 유사이송의 연속성, 3) 극한홍수에 의한 대규모 하상변동 등을 고려하여 평가하시오.

11.7 측벽은 중간 정도의 점착성 흙이고 바닥은 중앙입경 1.2 mm의 모래로 된 수로에 설계유량 3.5 m^3/s를 보내기 위한 적정수심, 폭, 수로경사 등을 Blench 방법으로 구하시오. 여기서 소류사는 거의 없다고 가정하시오.

11.8 설계유량 2.5 m^3/s에 대해 바닥이 모래이고 측면이 점착성 재료로 구성된 안정수로의 수심과 바닥경사를 Simons와 Albertson 방법으로 구하시오. 단 수로의 수면 폭은 3.5 m이고, 물의 동점성 계수는 1.0×10^{-6} m^2/s이다.

11.9 양쪽 홍수터는 성토하고 저수로 하도만 교량을 둔 하천구간에서 하도축소에 따른 세굴심을 Laursen (1962) 방법으로 구하시오. 단 설계 홍수시에도 홍수터에 성토한 도로는 월류하지 않으며, 주하도와 축소하도의 폭은 각각 250 m와 150 m, 주하도와 축소하도의 매닝계수는 각각 0.035와 0.025이다. 또한 하천의 설계유량은 2,700 m^3/s, 설계수심은 4.0 m, 에너지경사는 0.00068이며, 하상재료의 중앙입경은 0.35 mm이다. 설계 홍수시 주하도의 유량은 전체단면 유량의 65%이다.

11.10 자갈하천에 교량을 계획하는 경우 Froehlich 공식을 이용하여 흐름에 직각방향으로 12 m 돌출한, 날개 벽이 있는 수직교대(그림 11.21b)에서 세굴심을 추정하시오. 단 설계유량은 3,400 m^3/s, 교량단면의 설계수심은 4.2 m, 유효하폭은 260 m이며, 하상재료의 중앙입경은 11 mm이다. 단 자갈은 설계유량에서 모두 세굴되며, 장갑화되지 않는다고 가정하시오.

11.11 식 (11－49)에서 시작하여 원통형 교각에 흐름의 접근각이 없고 균일 하상재료인 경우 세굴심과 수심의 비를 다른 무차원 변수들의 함수로 표시하시오(단, $\rho u_*^2/(g\,\Delta\rho D)$ 는 u_*/u_{*_c}로 표시됨을 고려하여 u_{*_c}를 이용하시오).

11.12 200년 빈도의 설계유량이 3,900 m^3/s이고, 하폭 250 m, 수심 4.5 m인 하천에 원통 교각을 설계하는 경우 HEC-18 방법으로 최대 세굴심을 추정하시오. 교각의 지름은 2.5 m, 기초부의 지름은 4.5 m, 기초부는 하상에서 1.5 m 위로 노출되도록 설계하였다. 흐름의 접근각은 최대 30°이하이다. 하상토는 모래이고 설계유량에서 반사구 하상이 생긴다고 가정하시오.

11.13 200년 빈도의 설계유량이 35,000 m^3/s이고, 하폭 1,000 m, 수심 9.5 m인 대하천에 앞뒤가 둥근 교각을 설계하는 경우 HEC-18 방법으로 최대 세굴심을 추정하시오. 교각의 폭은 4.0 m, 길이는 15 m이며, 기초부는 하상에서 약간 노출되도록 설계하였다. 흐름의 접근각은 최대 15° 이하이다. 하상토는 모래이고 설계유량에서 평탄하상이 생긴다고 가정하시오.

1. 건설부/한국건설기술연구원(건기연), **댐 설계를 위한 유역단위 비유사량 조사, 연구**, 1992. 11, p. 61/218.
2. 서승덕, 임흥익, 천만복, 윤경덕, "유역의 지상적 요인과 저수지 비퇴사량과의 상관 분석", **한국농공학회지**, 제30권, 제4호, 1988.
3. 우효섭, "GPS를 이용한 저수지 퇴사 조사-기술 원리와 응용", **건설기술정보**, 한국건설기술연구원, 통권 193호, 1999. 12.
4. 우효섭, 유권규, "평형하상 개념과 공식의 하천실무에의 적용성의 재고찰", **대한토목학회 논문집**, 제12권 제2호, 1992. 6.
5. 우효섭, 유권규, **평형하상경사 추정방법의 개발**, 한국건설기술연구원 기본연구보고서, 93-WR-112, 1993. 12.
6. 우효섭, 유권규, **하상변동 예측 모형의 비교분석**, 한국건설기술연구원 기본연구보고서, 91-WR-112, 1991. 12.
7. 윤용남, "관개용 저수지의 연평균 퇴사량과 저수 용량 감소년의 산정", **대한토목학회 논문집**, 제1권, 제1호, 1981.
8. 지운, Julien, P. Y. 강준구, 여홍구, "평형하상 이론을 이용한 청미천 구하도 복원 대상구간의 안정하도 평가 및 설계", **대한토목학회 논문집**, 제30권, 제3호, 2010.
9. 지운, 강준구, 여운광, 한승원, "청미천 구하도 복원 설계를 위한 하도형성유량 산정", **한국수자원학회 논문집**, 제42권, 제12호, 2009.
10. 한국건설기술연구원, **구조물로 인한 하천 지형 및 식생 변화 분석**, 2014. 12.
11. 한국수자원학회, **하천설계기준해설**, 2009.
12. ダムの技術センタ, 多目的ダムの建設, 第2卷, 調査編, 1987.
13. 江琦 一博, 貯水池の堆砂に關する硏究, 土木硏究報告, 第128卷 2, 1966.
14. 江琦 一博, 貯水池の堆砂量の豫測に關する硏究, 土木學會論文報告集, 第262卷, 1977.
15. ASCE, *Hydraulic Modeling: Concepts and Practice*, ASCE Manuals and Reports on Engineering Practice no. 97, R. Ettema ed., 2000.
16. ASCE, *Sedimentation Engineering*, Vanoni, V. (ed), Manuals and Reports on Engineering Practice-No 54, 1975.
17. Baker, N. and Morlock, S. E., "Use of a Global Positioning System and an Acoustic Doppler Current Profiler to Map River and Lake Bathymetry", *American Water Resources Association Symposium on GIS and Water Resources*, Ft. Lauderdale, Florida, Sept. 22~26, 1996.
18. Blench, T., *Regime Behavior of Canals and Rivers*, Butterworths Scientific Publications, London, 1957.
19. Blench, T., *Hydraulics of Canals and Rivers of Mobile Boundary*, In: Civil Engineering Reference Book, 2nd ed., Butterworths Scientific Publications, London, 1961.
20. Blench, T., *Mobile-Bed Fluvialogy*, Alberta, Canada, 1966.

21. Brown, S. A., *Streambank Stabilization Measures for Highway Stream Crossings - Executive Summary*, Report FHWA-RD-84-099, NTIS, Springfield, Virginia, 1985.
22. Brune, G. N, "Trap Efficiency of Reservoirs", *Transactions*, American Geophysical Union, vol. 34, no. 3, 1953.
23. Brunner, G. W., "Using HEC-RAS to Compute Scour at Bridges", *Stream Stability and Scour at Highway Bridges*, Compendium of Papers ASCE Water Resources Engineering Conferences 1991 to 1998, E. V. Richardson and P. F. Lagasse ed., ASCE, 1999.
24. Brownlie, W. R., *Compilation of Alluvial Channel Data: Laboratory and Field*, W. M. Keck Laboratory of Hydraulics and Water Resources, Report no. KH-R-43B, Calif. Inst. of Tech., Pasadena, Calif., Nov., 1981.
25. Brownlie, W. R., "Flow-Depth in Sand-bed Channels", *J. of Hydraulic Engineering*, ASCE, vol. 109, no. 7, 1983.
26. Cao, S. and Knight, D. W., "Design for Hydraulic Geometry of Alluvial Channels", *J. of Hydraulic Engineering*, ASCE, vol. 124, no. 5, May, 1998.
27. Chang, H. H., *Fluvial Processes in River Engineering*, John Wiley & Sons, New York, 1988, pp. 358～364.
28. Chang, H. H., "Hydraulic Design of Erodible-Bed Channels", *J. of Hydraulic Engineering*, ASCE, vol. 116, no. 1, Jan., 1990.
29. Church, M., *Channel Morphology and Topography*, P. Calow and G. E. Petts (ed.), The River's Handbook: Hydrological and Ecological Principles, Oxford: Blackwell, 1992.
30. Churchill, M. A., "Discussion of Analysis and Use of Reservoir Sedimentation Data, by L. C. Gottschalk", *Proceedings of Federal Interagency Sedimentation Conference*, Denver, Colorado, Jan. 1948.
31. Copeland, R. R., *Application of Channel Stability Methods - Case Studies*, Technical Report HL-94-11, US Army Corps of Engineers, Waterways Experiment Station, Vicksburg, Mississippi, 1994.
32. Copeland, R. R., Soar, P., and Thorne, C., "Channel-forming discharge and hydraulic geometry width predictors in meandering sand-bed rivers", *Proceedings of World Water and Environemntal Resources Congress*, ASCE, Reston, Virginia, 2005.
33. Cui, Y., Parker, G., and Paola, C., "Numerical Simulation of Aggradation and Downstream Finding", *J. of Hydraulic Research*, IAHR, vol. 34, no. 2, 1996.
34. Darby, S. E. and Thorne, C. R., "Development and Testing of Riverbank-Stability Analysis", *J. of Hydraulic Engineering*, ASCE, vol. 122, no. 8, Aug., 1996.
35. Diplas, P. and Vigilar, G., "Hydraulic Geometry of Threshold Channels", *J. of Hydraulic Engineering*, ASCE, vol. 118, no. 4, Apr., 1992.
36. Egiazaroff, I. V., "Calculation of Nonuniform Sediment Concentrations", *J. of Hydraulic Engineering*, ASCE, vol. 91, no. HY4, 1965.

37. Fan, J. and Morris, G. L., "Reservoir Sedimentation. I: Delta and Density Current Deposits", *J. of Hydraulic Engineering*, ASCE, vol. 118, no. 3, Mar., 1992a.
38. Fan, J. and Morris, G. L,. "Reservoir Sedimentation. II: Reservoir Desiltation and Long-Term Storage Capacity", *J. of Hydraulic Engineering*, ASCE, vol. 118, no. 3, Mar., 1992b.
39. FHWA, *HEC-23, Bridge Scour and Stream Instability Countermeasures, Experience, Selection and Design Guidance*, 3rd Edition, US Department of Transportation, Washington, D. C., 2009.
40. FHWA, *HEC-18, Evaluating Scour at Bridges*, 5th Edition, US Department of Transportation, Washington, D. C., 2012.
41. FHWA, *HEC-20, Stream Stability at Highway Structures*, 4th Edition, US Department of Transportation, Washington, D. C., 2012.
42. Fortier, S. and Scobey, F. C., "Permissible Canal Velocities", *Transactions*, ASCE, vol. 89, Paper no. 1588, 1926.
43. Froehlich, D. C., "Abutment Scour Prediction", *Paper Presented at 68th TRB Annual Meeting*, Washington, D. C., 1989.
44. Garde, R. J. and Ranga Raju, K. G., *Mechanics of Sediment Transportation and Alluvial Channel Problems*, Halsted Press, 1985.
45. Garde, R. J. and Swamee, P. K., "Analysis of Aggradation Upstream of a Dam", *International Symposium on River Mechanics*, Bangkok, Thailand, 1973.
46. Gessler, J., "Self-stabilizing Tendencies of Alluvial Channels", *J. of Waterways, Harbors, and Coastal Engineering*, ASCE, vol. 96, no. WW2, May, 1970.
47. Gessler, J., "Critical Shear Stresses for Sediment Mixtures", *Transactions*, IAHR, XⅣ Congress, Paris, France, vol. Ⅲ, 1971.
48. Hagerty, D. J., "Piping/Sapping Erosion. I: Basic Considerations", *J. of Hydraulic Engineering*, ASCE, vol. 117, no. 8, Aug., 1991a.
49. Hagerty, D. J., "Piping/Sapping Erosion. II: Identification-Diagnosis", *J. of Hydraulic Engineering*, ASCE, vol. 117, no. 8, Aug., 1991b.
50. Hamill, L., *Bridge Hydraulics*, E & FN SPON, London and New York, 1999, p. 261.
51. Holly, F. M. Jr. and Rahuel, J. L., "New Numerical/Physical Framework for Mobile-Bed Modeling. Part Ⅰ: Numerical and Physical Principles", *J. of Hydraulic Research*, IAHR, vol. 28, no. 4, 1990a.
52. Holly, F. M. Jr. and Rahuel, J. L., "New Numerical/Physical Framework for Mobile-Bed Modeling. Part Ⅱ: Test Applications", *J. of Hydraulic Research*, IAHR, vol. 28, no. 5, 1990b.
53. Hotchkiss, R. H. and Huang, X., "Hydrosuction Sediment-Removal Systems(HSRS): Principles and Field Test", *J. of Hydraulic Engineering*, ASCE, vol. 121, no. 6, Jun., 1995.
54. Inglis, C. C., "Meanders and Their Bearing on River Training", *Proceedings of Institution of Civil Engineers, Maritime and Waterways Engineering Division Meeting*, London, England, 1947.

55. ICOLD, *Sedimentation Control of Reservoir-Guidelines*, International Commission on Large Dams, Bulletin no. 67, 1989.
56. Jain, S. C., "Armor or Pavement", *J. of Hydraulic Engineering*, ASCE, vol. 116, no. 3, Mar., 1990.
57. Jain, S. C. and Fisher, E. E., *Scour Around Circular Bridge Piers at High Froude Numbers*, Report FHWA-RD-79-104, NTIS, Springfield, Virginia, 1979.
58. Jain, S. C. and Park, I., "Guide for Estimating Riverbed Degradation", *J. of Hydraulic Engineering*, ASCE, vol. 115, no. 3, Mar., 1989.
59. Jang, C. and Shimizu, Y., "Numerical Simulation of Relatively Wide, Shallow Channels with Erodible Banks", *J. of Hydraulic Engineering*, ASCE, vol. 131, no. 7, Jul., 2005.
60. Ji, U., Yeo, W. K. and Kang, J. K., "Subsidence of Riprap Protection without Filters for Different Installation Types of Riprap around a Pier in Sands", *J. of Hydro-envionment Research*, vol. 7, no. 1, 2013.
61. Johnson, P. A., "Comparison of Pier-Scour Equations Using Field Data", *J. of Hydraulic Engineering*, ASCE, vol. 121, no. 8, 1995.
62. Jones, J. S., "Comparison of Prediction Equations for Bridge Piers and Abutment Scour", *Proceedings of the 2nd Bridge Engineering Conference*, vol. 2, TRR 950, 1983.
63. Julien, P. Y., *River Mechanics*, Cambridge University Press, Cambridge, 2002.
64. Julien, P. Y., and Wargadalam, J., "Alluvial Channel Geometry: Theory and Applications", *J. of Hydraulic Engineering*, ASCE, vol. 121, no. 4, Apr., 1995.
65. Keefer, T. N., McQuivey, R. S., and Simons, D. B., *Interim Report-Stream Channel Degradation and Aggradation: Causes and consequences to Highway*, Report no. FHWA/RD-80/038, Federal Highway Administration, Washington, D. C., 1980.
66. Kennedy, R. G., "The Prevention of Silting in Irrigation Canals", Paper no. 2826, *Proceedings of the Institution of Civil Engineers*, vol. 119, 1895.
67. Klaassen, G. J. and Vermeer, K., "Channel Characteristics of the Braiding Jamuna River, Bangladesh", *Proceedings of International Conference on River Regime*, Wallingford, England, 1988.
68. Knighton, D., *Fluvial Forms & Processes, A New Perspective*, Arnold, 1998.
69. Komura, S. and Simons, D. B., "River-Bed Degradation below Dams", *J. of Hydraulic Engineering*, ASCE, HY4, July, 1967.
70. Lacey, G., "Stable Channels in Alluvium", *Proceedings of the Institution of Civil Engineers*, vol. 229, 1929.
71. Lai, J. S. and Shen, H. W., "Flushing Sediment through Reservoirs", *J. of Hydraulic Research*, IAHR, vol. 34, no. 2, 1996.
72. Lane, E. W., "The Importance of Fluvial Geomorphology in Hydraulic Engineering", *Proceedings*, ASCE, vol. 81, Paper 745, 1955.
73. Lane, E. W. and Carlson, E. J., "Some Factors Affecting the Stability of Canals Constructed in Coarse Granular Material", *Proceedings of the Minnesota International Hydraulics Convention,* Joint Meeting of IAHR and Hydraulics Division of ASCE, 1953.

74. Laursen, E. M., "Scour at Bridge Crossing", *Transaction*, ASCE, vol. 127, Part 1, 1962.
75. Laursen, E. M., "An Analysis of Relief Bridge Scour", *J. of the Hydraulics Division*, ASCE, vol. 89, no. HY3, 1963.
76. Lee, H. Y., Fu, D. T., and Song, M. H., "Migration of Rectangular Mining Pit Composed of Uniform Sediments", *J. of Hydraulic Engineering*, ASCE, vol. 119. no. 1, Jan., 1993.
77. Lenau, C. W. and Hjelmfelt, Jr., A. T., "River Bed Degradation due to Abrupt Outfall Lowering", *J. of Hydraulic Engineering*, ASCE, vol. 118, no. 6, Jun., 1992.
78. Leopold, L. B. and Maddock. T, *The Hydraulic Geometry of Stream Channels and Some Physiographic Implications*, USGS Professional Paper, no. 252, Washington, D. C., 1953.
79. Leopold, L. B., *A View of the River*, Harvard University Press, Cambridge, Massachusetts, 1994.
80. Lindley, E. S., "Regime Canals", *Proceedings*, Punjab Engr. Congress, vol. 7, 1919.
81. Lyn, D. A., "Unsteady Sediment Transport Modeling", *J. of Hydraulic Engineering*, ASCE, vol. 113, no. 1, Jan., 1987.
82. Menendez, A. N., "Sedimentologic Modeling Selection on Study Scale", *J. of Hydraulic Engineering*, ASCE, vol. 123, no. 10, Oct., 1997.
83. Morris, J. L. and Pagan-Ortiz, J. E., "Bridge Scour Evaluation Program in the United States", *Stream Stability and Scour at Highway Bridges*, Compendium of Papers ASCE Water Resources Engineering Conferences 1991 to 1998, E. V. Richardson and P. F. Lagasse ed., ASCE, 1999.
84. MaCandless, T. L., *Maryland stream survey ; Bankfull discharge and channel characteristics of streams in the allegheny plateau and the valley and ridge hydrologic regions*, Annapolis, Maryland, 2003.
85. NHI, *Highways in the River Environment*, Participant Notebook, National Highway Institute, Federal Highway Adminstration, US Department of Transportation, Feb., 1990.
86. Nouh, M., "Regime Channels of an Extreamely Arid Zone", *Proceedings of International Conference on River Regime*, Wallingford, England, 1988.
87. Novak, P. and Cabelka, J., *Models in Hydraulic Engineering: Physical Principles and Design Application*, Pitman, 1981.
88. Park, I. and Jain, S. C., "Numerical Simulation of Degradation of Alluvial Channels", *J. of Hydraulic Engineering*, ASCE, vol. 113, no. 7, July, 1987.
88. Pickup, G. and Warner, R. F., "Effects of hydrologic regime on the magnitude and frequency of dominant discharge", *J. of Hydrology*, vol. 29, 1976.
90. Richardson, E. V., "History of Bridge Scour Research and Evaluations in the United States", *Stream Stability and Scour at Highway Bridges*, Compendium of Papers ASCE Water Resources Engineering Conferences 1991 to 1998, E. V. Richardson and P. F. Lagasse ed., ASCE, 1999.
91. Richardson, E. V. and Abed, L., "Top Width of Pier Scour Holes in Free and Pressure Flow", *Proceedings of Conference on Hydraulic Engineering*, ASCE, 1993.

92. Richardson E. V., Simons, D. B., Karaki, S., Mahmood, K., and Stevens, A., *Highways in the River Environment, Hydraulic and Environmental Design Considerations Training and Design Manual*, FHWA, Washington, D. C., 1975.

93. Salas, J. D. and Shin, H-S., "Uncertainty Analysis of Reservoir Sedimentation", *J. of Hydraulic Engineering*, ASCE, vol. 125, no. 4, April, 1999.

94. Schall, J. D. and Fisher, G. A., "Hydrographic Surveying Using Global Positioning Techniques", *Proceedings of International Conference on Reservoir Sedimentation*, vol. 1, M. L. Albertson, et al. ed., Fort Collins, Colorado, Sept. 9～13, 1996.

95. Schumm, S. A., "River Metamorphosis", *J. of the Hydraulics Division*, ASCE, vol. 95, no. HY1, 1969.

96. Schumm, S. A., *The shape of alluvial channels in relation to sediment type*, USGS Professional Paper 352B, Washington, D. C., 1960.

97. Sentürk, F., *Hydraulics of Dams and Reservoirs*, Water Resources Publication, Littleton, Colo., 1994.

98. Shen, H. W., "Flushing Sediment through Reservoirs", *J. of Hydraulic Research*, Special Issue of Fluvial Hydraulics, IAHR, vol. 37, no. 6, 1999.

99. Shen, H. W., Schneider, V. R., and Karaki, S., "Local Scour around Bridge Piers", *J. of the Hydraulics Division*, ASCE, vol. 95, no. HY6, Nov., 1969.

100. Shimizu, Y. and Itakura, T., "Calculation of Bed Variation in Alluvial Channels", *J. of Hydraulic Engineering*, ASCE, vol. 115, no. 3, Sep., 1989.

101. Shimizu, Y., Yamaguchi, H., and Itagura, T., "Three-Dimensional Computation of Flow and Bed Deformation", *J. of Hydraulic Engineering*, ASCE, vol. 116, no. 9, Sep., 1990.

102. Simons, D. B. and Albertson, M. L., "Uniform Water Conveyance Channels in Alluvial Material", *Transactions*, ASCE, vol. 128, Part Ⅰ, 1963.

103. Simons, D. B. and Senturk, F., *Sediment Transport Technology*, Water Resources Publications, Fort Collins, Colorado, 1977.

104. Soar, P. J. and Thorne, C. R., *Channel Restoration Design for Meandering Rivers*, ERDC.CHL CR-01-1, Coastal and Hydraulics Laboratory, US Army Corps of Engineers, 2001.

105. Stevens, M. A. and Nordin, C. F. Jr. "First Step away from Lacey's Regime Equations", *J. of Hydraulic Engineering*, ASCE, vol. 116, no. 11, Nov., 1990.

106. Suryanarayana, B., *Mechanics of Degradation and Aggradation in a Laboratory Flume*, Ph.D. Dissertation, CSU, Fort Collins, Colorado, 1969.

107. UNESCO, *Methods of Computing Sedimentation in Lakes and Reservoirs*, A Contribution to the International Hydrologic Program, Paris, France, 1985.

108. USACE, *Hydraulic Design of Flood Control Channels*, EM1110-2-1601, US Army Corps of Engineers, Washington, D. C., 1991.

109. USBR, *Design of Small Dams*, 3rd ed., US Bureau of Reclamation, Denver, Colorado, 1987.

110. Vigilar, G. G. Jr. and Diplas, P., "Stable Channels with Mobile Bed: Formulation and Numerical Solution", *J. of Hydraulic Engineering*, ASCE, vol. 123, no. 3, Mar., 1997.

111. Vigilar, G. G. Jr. and Diplas, P., "Stable Channels with Mobile Bed: Model Verification and Graphical Solution", *J. of Hydraulic Engineering*, ASCE, vol. 124, no. 11, Nov., 1998.

112. Wolman, M. G. and Leopold, L. B., *River floodplains −some observations on their formation*, USGS Professional Paper 282C, Washington, D. C., 1957.

113. Wolman, M. G., *The natural channel of Brandywine Creek, Pennsylvania*, USGS Professional Paper 271, Washington, D. C., 1955.

114. Woodyer, K. D., "Bankfull frequency in rivers", *J. of Hydrology*, vol. 6, 1968.

115. Yeh, K. C., Li, S. J., and Chen, W. L., "Modeling Non-Uniform-Sediment Fluvial Process by Characteristics Method", *J. of Hydraulic Engineering*, ASCE, vol. 121, no. 2, Feb., 1995.

3 하천환경 수리학

제3부 '하천환경 수리학(River-environment Hydraulics)'은 그 제목이 말해주듯이 수질, 서식처 등 하천의 환경적 기능을 수리학적으로 다룬 것이다. 일반적인 환경수리학이 하천, 호소, 해안과 해양 등 수역의 환경에 관련된 수리학을 의미한다면, 이 책에서 다루는 하천환경 수리학은 그 중에서 특히 하천에 초점을 맞춘 것이다.

먼저 12장에서는 하천수질해석의 기초가 되는 난류에 의한 오염물의 확산과 분산 현상, 또는 간단히 말해서 혼합현상을 다룬다. 다음 제트와 부력류, 밀도류 등을 다루며, 마지막으로 하천오염사고 모형과 사례에 대해 화학물질유출과 기름유출로 나누어 소개한다. 본 개정판에서는 새로이 하구밀도류와 저수지탁류 해석을 추가하였으며, 특히 국내 하천오염사고 사례를 소개하였다.

다음 13장에서는 하천 동식물의 서식처환경의 수리관계를 다룬다. 이 장은 구판에 비해 하천생태계, 홍수터 식생수리 분야를 새롭게 추가하였으며, 특히 하천복원 분야는 사실상 완전 개정하였다. 이 장은 생태수리학의 의미와 의의, 태동배경 등을 먼저 소개하고, 생태수리학의 주요 내용을 하천의 흐름, 유사, 지형, 수공구조물, 동식물 간 상호관계를 바탕으로 도출한다. 이어 하천생태계에 대해 기술자들이 알아야 할 기본적인 사항들을 간단히 설명하고, 생태수리학 분야를 크게 식생수리, 환경유량, 하천복원 등으로 나누어 구체적으로 검토한다.

River-environment Hydraulics

Chapter 12

환경수리학의 기초

▲본류와 지류의 합류에 따른 횡방향 확산 (상류에서 하류 방향; 좌측이 금호강, 우측이 낙동강 본류)

이 장은 제3부 하천환경 수리학의 첫째 장으로서, 하천에서 수질해석의 기초가 되는 난류에 의한 오염물의 확산과 분산 현상을 해석한다. 먼저 환경수리학의 의미와 범위를 검토하고, 이에 대한 확산과 분산 현상의 역할을 설명한다. 다음 확산과 분산 현상의 지배방정식을 유도하고, 각 경계조건에 따른 해석 해를 구한다. 이러한 확산방정식과 해를 실제 하천에서 혼합현상에 적용하기 위한 관련 혼합계수들을 검토한다. 다음 하천에서 혼합작용의 또 다른 예로서 제트와 부력류, 밀도류 또는 성층류를 검토한다. 마지막으로 하천의 오염사고 사례와 평가 등을 소개한다. 제12장의 내용에 대해 더 구체적인 해석과 응용 방법을 알려면 독자들은 이 분야에서 가장 탁월한 교재 중 하나인 Fischer 등(1979)의 "Mixing in Inland and Coastal Waters"를 참고하기 바란다.

12.1 서론

(1) 환경수리학과 혼합현상

환경수리학은 지구물리 수리학의 대상인 하천, 호소, 지하수, 바다 등 수역에서 물의 흐름과 관련하여 음용수의 확보, 하폐수의 배수, 수변동식물 서식처의 보전과 증진을 통해 공공의 보건과 안전을 도모하고 생활의 질을 향상시키는 데 필요한 학문 분야이다. 전통적인 수리학이 물의 흐름에서 양적인 면을 중시하였다면, 환경수리학은 질적인 면과 수변 생물의 물리적, 화학적 서식처 조건까지 고려한다. 환경수리학의 대상은 주로 다음과 같다(ASCE, 1996).

- 처리수와 하·폐수의 해양, 하천 등 공공수역으로 조절방류
- 오염물의 해양, 하천 등 공공수역으로 비조절방류(수질사고)
- 물과 유사에 의해 이송되는 비점오염물질에 의한 오염물의 이송과 귀착(fate)
- 수생서식처의 물리적 기반의 보전과 복원을 위한 생태수리학(ecohydraulics)
- 지구 기후변화가 수자원의 공급과 하천, 하구, 해안 등에 미치는 영향
- 호소, 저수지, 하구에서 물리적, 생물적, 화학적 시스템을 종합적으로 검토할 수 있는 동수역학 모형 등

위와 같은 환경수리학의 대상 중에서 특히 처음 세 항목은 유수(流水)에 의한 이물질, 또는 구체적으로 오염물의 '퍼짐'과 '섞임' 현상에 의해 결정되는 것들이며, 마지막 항목도 기본적으로 유수에 의한 퍼짐과 섞임 현상의 모형화를 의미한다. 여기서 퍼짐이란 흐름에 의한 확산(diffusion)과 분산(dispersion) 작용을, 섞임이란 이물질의 초기 운동량과 부력에 의한 주변 물과의 혼합(mixing) 작용을 의미한다. 따라서 환경수리학의 주요과제는 결국 해양, 하천, 호소나 저수지, 지하수와 같은 공공수역에서 유수에 의한 이물질의 퍼짐과 섞임 현상, 또는 통칭하여 혼합현상을 규명하는 것이다.

의도적이든 아니든 공공수역으로 들어오는 오염물은 유수의 확산과 분산 작용에 의해 퍼지며, 그에 따라 이물질의 농도는 시간이 갈수록 작아진다. 이러한 이물질에는 자연적으로 생성되는, 인간에 해롭지 않은 무기물이나 유사부터 인간에게 절대적으로 해로운 방사성 물질이나 독극물까지 다양하다. Fischer 등(1979, p. 4)은 공공수역에 들어올 수 있는 이물질로서 다음과 같은 것들을 망라하였다.

- 자연적인 무기물이나 유사 : 이러한 물질은 인간에 해롭지 않으나, 과도하게 들어오는 경우 물이 혼탁해짐
- 폐열수 : 화력이나 원자력 발전소에서 냉각수로 사용한 후 배출되는 폐열수는 주변 수역의 물보다 수온이 높아서 생물서식처에 부정적 영향을 줌

- 하폐수 유기물 : 하수나 폐수 처리장에서 나오는 하폐수는 유기물, 질소, 인 등의 높은 함량으로 인하여 공공수역의 수질에 직접적으로 악영향을 줌. 그러나 적절히 조절하여 방류하면 공공수역에 동화(同化, assimilation)되어 문제를 줄일 수 있음
- 중금속 : 납, 수은, 카드뮴 등은 자연적으로 수체(水體)에 소량 함유되는 물질이지만, 인간의 산업활동으로 인한 폐기물에는 다량의 중금속이 함유되어 공공수역으로 들어와 문제를 일으킬 수 있음
- 합성 유기화학물 : 인간의 산업활동에 의해 공공수역으로 방류되는 합성유기물은 특히 수생생물의 먹이사슬에 포함되어 장기간 영향을 줄 수 있으나, 이러한 물질은 유수의 퍼짐 작용만으로 쉽게 동화되지 않음
- 방사성 물질 : 플루토늄과 같은 매우 위험한 방사성 물질은 어떠한 이유로든 공공수역에 들어가게 하면 안 되며, 이러한 물질의 저장은 특별한 주의를 요함
- 화학, 생물 무기 : 이러한 물질은 의도적으로 인간에 매우 위험하게 만든 맹독성 물질이므로, 어떠한 이유로든 공공수역에 들어가게 하면 안 됨

위와 같이 공공수역에 방류될 수 있는 물질의 독성은 다양하므로, 공공수역의 환경관리에서 우선적으로 고려하여야 할 사항은 의도적이든 아니든 어느 물질을 어느 상태와 조건하에서 방류를 허용하는가이다. 여기서 분명한 것은 마지막 두 물질, 방사성 물질과 화학/생물무기 재료는 어떠한 이유로든 공공수역으로 방류하면 안 된다는 것이다. 그 밖에 다른 물질은 공공수역의 자연적 동화범위 내에서 방류되어야 할 것이다. 여기서 자연적 동화능력은 흔히 자정(自淨)능력이라 불린다.

자연적 자정능력은 오염 물질의 퍼짐, 가라앉음(沈澱), 사립자에 붙음(吸着) 등 물리적인 작용과 주변 환경과의 화학적, 생물적 반응작용에 의해 결정될 것이다. 이 중 많은 경우 물리적 퍼짐은 오염물질의 농도를 낮추어 독성을 둔화시키는 일차적 역할을 한다. 따라서 의도적이든 사고이든 오염물질이 공공수역으로 들어와 자연적으로 충분히 동화되는 조건을 알기 위해서는 기본적으로 흐름에 의한 확산과 분산 작용의 효과를 알아야 하며, 이는 결국 흐름의 동수역학을 이해하여야 한다는 것이다.

(2) 확산과 분산

흐름의 확산과 분산 작용을 쉽게 이해하기 위해 그림 12.1(a)와 같이 정상등류로 흐르는 수로의 가운데에서 수심방향으로 일정한 농도 C_o의 이물질을 짧은 시간 동안 방출한다고 상정하자. 이 경우 수심방향의 혼합은 매우 단시간에 완료되어 수심방향으로는 균일한 농도분포를 가진다고 보자. 오염물, 혹은 추적물(tracer)은 소금물이나 미립토사가 될 수도 있고, 오염물질이 될 수도 있다. 방출된 추적물은 주변 물과 섞이게 된다. 여기서 추적물이 곧 주변 물과

섞이는 현상은 크게 두 가지로 나눌 수 있다. 하나는 흐름의 난류성분에 의해 추적물이 농도가 큰 곳에서 작은 주변으로 퍼지는 확산현상이다. 특히 난류에 의한 확산은 난류확산이라 하여, 분자운동에 의한 분자확산과 구분한다. 사립자의 난류확산 현상은 이미 제10장에서 수학적으로 다루었다. 또 다른 하나는 그림 12.1(a)에서 수로의 횡방향 유속분포의 차이에 의해 추적물이 퍼지는 현상이다. 즉, 중앙에서 유속이 가장 크고 주변으로 갈수록 적어지므로 중앙에 있는 추적물은 주변에 있는 추적물보다 빨리 가기 때문에 나타나는 현상이다. 이러한 유속차에 의한 종방향 차등이송과 횡방향 난류성분에 의한 확산현상의 총체적인 작용에 의해 추적물이 퍼지는 현상을 분산이라 한다. 여기서 흐름의 공간분포에 의한 분산현상과 이물질의 초기운동량과 부력에 의해 주변환경과 섞이는 현상을 통칭하여 혼합이라 한다.

그림 12.1(a)에서 점 A에 주입된 추적물은 물의 평균흐름에 의해 실려 가는 이송현상에 의해 시간에 따라 C, D, E 등 종방향으로 진행되며, 동시에 분산작용에 의해 단면의 농도분포는 점차 일정하게 된다. 따라서 횡방향 확산이 완료된 후에는 추적물은 종방향으로 퍼져 나간다. 그림 12.1(b)는 점 D와 E에서 단면평균 농도의 시간적 변화를 보여주는 것으로, 방출된 추적물이 도달함에 따라 서서히 농도가 높아졌다가 어느 시점에서 첨두농도에 도달한다. 그러나

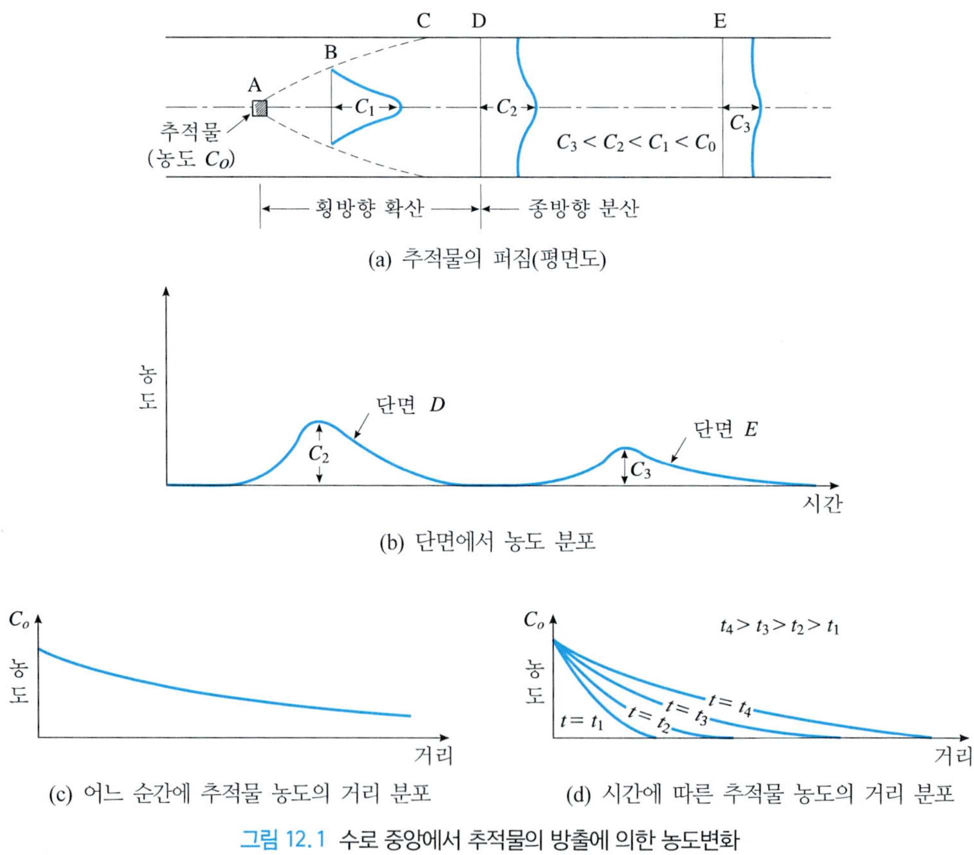

그림 12.1 수로 중앙에서 추적물의 방출에 의한 농도변화

방출원 A에서 추적물의 방출이 끝남에 따라 농도는 줄어들어 다시 0이 된다. 또한 분산작용에 의해 단면 E에서 단면평균 농도가 단면 D에서보다 종방향으로 더욱 많이 퍼지게 되는 것을 볼 수 있다.

그림 12.1(c)는 방출원 A에서 오염원이 순간적으로 방출되었을 경우 하류방향으로 거리에 따른 첨두농도의 변화를 보여주는 것으로, 물질의 확산과 분산 현상에 의해 첨두농도는 하류로 갈수록 작아진다. 그림 12.1(d)는 일정시간 동안 방출이 아닌 연속적인 방출의 경우 거리에 따른 농도는 시간이 감에 따라 커지는 것을 보여준다. 여기서 방출원 A에서는 일정농도 C_o를 유지한다.

위와 같은 현상을 방류관을 통해 하천에 하수 처리수를 방류하는 경우로 보면, 우리의 관심은 하류 어느 지점에서 허용농도 이하가 되기 위해서 방출수의 농도 C_o와 방출시간을 어떻게 제한하는가이다. 이를 위해서는 주변 하천수의 수리특성을 고려한 확산과 분산 현상의 기초적인 이해가 요구된다.

(3) 용어의 정의

여기서 확산과 분산 현상에 관련된 용어를 정의할 필요가 있다. 이러한 용어들은 분명히 구분하지 않고 부주의하게 쓰면, 정확한 의미 전달이 어렵다.

- 이송(advection) : 이물질이 수역에서 흐름에 의해 같이 실려서 운반되는 현상. 이물질과 흐름 간 상대속도가 없는 경우 단위시간당, 단위면적당 이송량은 농도에 유속을 곱한 값이다.
- 대류(對流, convection) : 뜨거운 판 위의 상승류나 호수에서 차가운 수면 아래 하강류처럼 흐르지 않는 유체의 불안정으로 의해 유체가 연직방향으로 움직이는 현상
- 분자확산(molecular diffusion) : 분자의 불규칙한 운동에 의해 이물질이 흩어지는 현상으로, 전통적으로 Fick의 법칙으로 묘사된다.
- 난류확산(turbulent diffusion) : 불규칙한 난류성분에 의해 이물질이 농도가 큰 곳에서 작은 곳으로 이송되는 현상으로, 난류확산은 분자확산과 현상 자체는 유사하나 그 효율은 분자확산에 비해 매우 크다. 이는 물의 (분자)점성계수와 난류의 와점성계수의 크기 차이에서 알 수 있다. 따라서 난류확산을 고려할 때 통상 분자확산은 무시한다. 그림 12.2(a)는 수심방향으로 위아래 유속분포가 같은 정상등류에서 난류확산에 의해 이물질이 퍼지는 현상을 그린 것으로, 이물질은 흐름에 의한 이송과 확산 작용으로 균일하게 퍼진다.
- 전단류(剪斷流, shear flow) : 위치마다 서로 다른 유속을 가진 흐름. 개수로에서 흐름은 연직방향으로나 횡방향으로 유속이 다른 전단류이다.
- 분산(dispersion) : 전단류와 확산작용에 의해 이물질이 퍼지는 현상으로, 그림 12.2(b)와

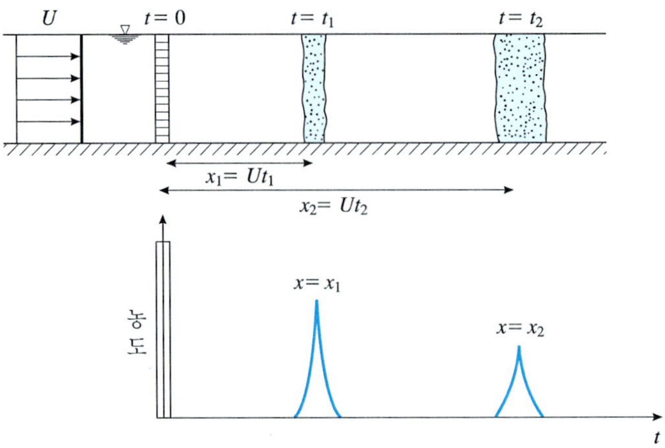

(a) 순수 난류확산 현상

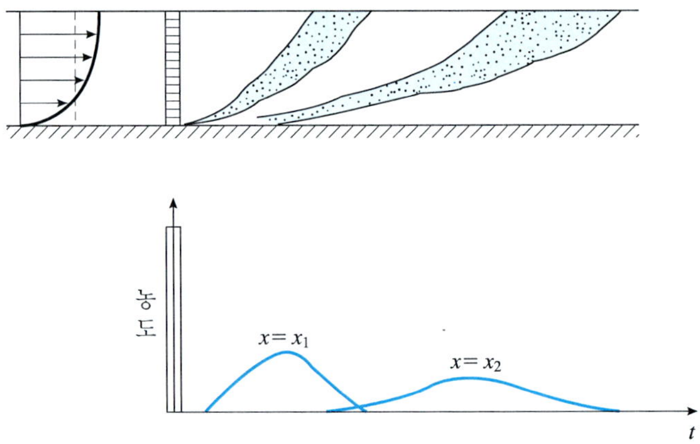

(b) 분산 현상

그림 12.2 난류 확산과 분산 현상의 도식적 구분

같이 위아래로 유속분포가 다른 정상등류에서 이물질은 바닥보다 수면근처에서 훨씬 빠르게 이송되며 동시에 난류유동에 의해 위아래로 확산되어 시간이 감에 따라 이물질이 상하류로 넓게 퍼지게 된다. 이러한 분산작용은 순수한 확산작용에 비해 이물질이 주변환경과 섞이는 효율이 매우 크다. 위아래의 유속차이에 의한 이물질의 이송현상으로 생기는 위아래의 농도차이는 점차 연직방향 확산작용에 의해 메워지며, 종국적으로 흐름방향으로만 길게 퍼지게 된다. 이를 특히 종방향분산(longitudinal dispersion)이라 한다.

- 혼합(mixing) : 확산이나 분산 작용에 의해 물질이 퍼지면서 주변환경과 섞이는 현상의 통칭. 특히 부력제트에 의한 난류확산도 혼합이라 한다.
- 부력제트(buoyant jet) : 이물질의 효율적인 확산이나 분산을 위해 방출구를 통해 제트류로 방출되고 동시에 부력이 작용하는 흐름을 말한다.

- 플룸(plume) : 사전적으로는 연기나 구름 기둥을 의미하나, 혼합이론에서는 초기운동량이 작용하지 않고 상대적인 잠재 에너지원에 의해 발생하는 부력흐름을 말한다.
- 추적물(tracer) : 원래는 흐름의 혼합특성을 관찰하기 위해 인위적으로 주입하는 물질을 가리키나, 보통 수역에 들어오는 오염물, 이물질 등도 추적물이라 한다.

12.2 지배 방정식과 해석

(1) 지배 방정식

흐름의 확산과 분산 현상에서 기본적인 현상은 분자확산이다. 분자확산은 19세기 중반 독일의 과학자 Fick에 의해 처음 모형화 되었다.

1 Fick 법칙

불규칙한 분자운동은 각 방향으로 분자의 퍼짐을 가져온다. Fick은 어느 일정방향으로 단위면적당, 단위시간당 확산되어 나가는 용질(solute)의 질량 흐름률 q_s 는 그 방향의 농도 c 의 경사에 비례한다고 보았다. 분자확산이 어느 한 방향(x)으로만 일어난다고 가정하고 이를 수식으로 표시하면 다음과 같다.

$$q_s = -D\frac{\partial c}{\partial x} \tag{12-1}$$

위 식에서 D 는 분자확산계수라 하며, $[L^2/T]$ 의 차원을 가지고 있다. 위 식에서 우변의 '−' 부호는 확산은 농도가 큰 곳에서 작은 곳으로 진행한다는 물리적 의미를 나타낸다. 이러한 확산에 의한 물질의 이송은 그림 10.16과 같이 미소육면체에 대하여 질량보존법칙을 고려하면 다음과 같이 쓸 수 있다.

$$\frac{\partial q_s}{\partial x} + \frac{\partial}{\partial x}(uc) + \frac{\partial c}{\partial t} = 0 \tag{12-2}$$

위 식에서 좌변의 첫 번째 항은 분자의 불규칙한 운동에 의한 확산, 두 번째 항은 흐름에 의한 이송, 세 번째 항은 부정류 항을 나타낸다. 따라서 식 (12−1)을 (12−2)에 대입하여 정리하면 다음과 같은 이송−확산 방정식이 유도된다.

$$\frac{\partial c}{\partial t} + \frac{\partial}{\partial x}(uc) = D\frac{\partial^2 c}{\partial x^2} \tag{12-3}$$

등류상태를 가정하면 $\partial u/\partial x = 0$ 이므로 위 식은

$$\frac{\partial c}{\partial t} + u\frac{\partial c}{\partial x} = D\frac{\partial^2 c}{\partial x^2} \tag{12-4}$$

직각좌표계에서 세 방향 모두를 고려하고, 분자확산의 경우 확산계수 D는 각 방향 모두 같으므로 이송-확산 방정식은

$$\frac{\partial c}{\partial t} + \frac{\partial (uc)}{\partial x} + \frac{\partial (vc)}{\partial y} + \frac{\partial (wc)}{\partial z} = D\left(\frac{\partial^2 c}{\partial x} + \frac{\partial^2 c}{\partial y} + \frac{\partial^2 c}{\partial z}\right) \tag{12-5}$$

3차원 흐름의 연속방정식에서 $\partial u/\partial x + \partial v/\partial y + \partial w/\partial z = 0$이므로 위 식은 다음과 같이 정리된다.

$$\begin{aligned}\frac{\partial c}{\partial t} + u\frac{\partial c}{\partial x} + v\frac{\partial c}{\partial y} + w\frac{\partial c}{\partial z} &= D\left(\frac{\partial^2 c}{\partial x} + \frac{\partial^2 c}{\partial y} + \frac{\partial^2 c}{\partial z}\right) \\ &= D\nabla^2 c\end{aligned} \tag{12-6}$$

위 식에서 ∇^2은 라플라스 연산자이다. 주변흐름이 없는 경우 순수 확산방정식은

$$\frac{\partial c}{\partial t} = D\nabla^2 c \tag{12-7}$$

2 난류확산 방정식

난류에서 농도는 시간 평균값과 순간 변동성분의 합으로 나타내면 $c = \bar{c} + c'$이다. 특히 x 방향으로만 시간평균 흐름이 있는 경우 $u = \bar{u} + u'$, $v = v'$, $w = w'$이다. 이들을 식 (12-6)에 대입하고 시간평균을 취하면

$$\frac{\partial \bar{c}}{\partial t} + \frac{\partial (\bar{u}\,\bar{c})}{\partial x} = D\nabla^2 \bar{c} + \frac{\partial}{\partial x}(-\overline{u'c'}) + \frac{\partial}{\partial y}(-\overline{v'c'}) + \frac{\partial}{\partial z}(-\overline{w'c'}) \tag{12-8}$$

위 식에서 유속과 농도 변동성분의 곱의 시간평균은 난류확산에 의한 질량의 흐름률로서 식 (12-1)과 유사하게 난류확산계수와 농도경사의 곱으로 표시할 수 있다. 즉,

$$\overline{u'c'} = -\varepsilon_x\frac{\partial \bar{c}}{\partial x}, \quad \overline{v'c'} = -\varepsilon_y\frac{\partial \bar{c}}{\partial y}, \quad \overline{w'c'} = -\varepsilon_z\frac{\partial \bar{c}}{\partial z} \tag{12-9a, b, c}$$

위 식에서 ε_x, ε_y, ε_z는 각각 x, y, z 방향의 난류확산계수이다. 제10장에서 다룬 것은 유사의 난류확산계수이나, 여기서는 침강속도가 0인 추적물의 난류확산계수이다. 식 (12-9)를 (12-8)에 대입하여 정리하면 다음과 같은 분자확산과 난류확산에 의한 이송-확산 방정식이 얻어진다.

$$\frac{\partial \bar{c}}{\partial t}+\frac{\partial(\bar{u}\,\bar{c})}{\partial x}=(D+\varepsilon_x)\frac{\partial^2 \bar{c}}{\partial x^2}+(D+\varepsilon_y)\frac{\partial^2 \bar{c}}{\partial y^2}+(D+\varepsilon_z)\frac{\partial^2 \bar{c}}{\partial z^2} \qquad (12-10)$$

위 식의 유도에서 난류확산계수는 역시 상수로 보았다. 대부분의 공학적 문제에서 분자확산은 난류확산에 비해 무시할 수 있을 정도로 작으므로, 위 식에서 분자확산계수 D는 생략할 수 있다. 특히 추적물이 단면의 측방(z)과 수심 방향(y)으로 이미 완전히 혼합된 난류의 경우 식 (12-10)에서 $\partial\bar{c}/\partial y=\partial\bar{c}/\partial z=0$이므로

$$\frac{\partial \bar{c}}{\partial t}+\frac{\partial(\bar{u}\,\bar{c})}{\partial x}=\varepsilon_x\frac{\partial^2 \bar{c}}{\partial x^2} \qquad (12-11)$$

위 식은 1차원 난류 이송-확산 방정식이다. 일차원 연속방정식 $\partial u/\partial x=0$을 고려하면 위 식은 다음과 같이 표시된다.

$$\frac{\partial \bar{c}}{\partial t}+\bar{u}\frac{\partial \bar{c}}{\partial x}=\varepsilon_x\frac{\partial^2 \bar{c}}{\partial x^2} \qquad (12-12)$$

3 1차원 종방향 분산

하천흐름의 확산과 분산 작용 중에서 공학적으로 관심이 큰 것은 흐름방향으로 분산되는 효율이다. 이 경우 흐름의 횡방향이나 수심 방향으로는 공간 평균할 수 있다. 따라서 난류의 시간평균 개념과 유사하게 어느 한 단면에서 어느 한 위치의 값은 그 단면의 공간평균과 변동성분의 합으로 표시할 수 있다. 여기서 난류의 경우 시간평균값 자체가 공간평균의 대상이 된다. 따라서 농도 $\bar{c}$ 와 유속 $\bar{u}$ 는 각각

$$\bar{c}=C+c'' \qquad (12-13a)$$

$$\bar{u}=U+u'' \qquad (12-13b)$$

위 식에서 C, U는 각각 농도와 유속의 단면 평균값들이며, c'', u'' 은 각각 농도와 유속의 단면 평균 변동성분들이다. 개수로의 단면평균 유속은 통상 V로 표시하나, 여기서는 x 방향의 유속 u 와 일관성을 위해 U를 사용한다. Taylor(1953, 1954)는 위와 같은 값들을 이용하여 종방향 분산은 유속과 농도의 공간변동 성분들의 곱의 공간평균으로 나타낼 수 있음을 보였다. 이를 수식으로 표시하면

$$D_L\frac{\partial C}{\partial x}=-\overline{u''c''} \qquad (12-14)$$

위 식에서 우변의 막대는 시간평균이 아니라 단면에 대한 공간평균을 의미한다. 여기서 D_L 은 종방향 분산계수라 한다.

식 (12 - 11)에 식 (12 - 13)을 대입하고 다시 공간평균하여 식 (12 - 14)를 고려하여 정리하면(이 식의 유도는 문제 12.1로 남김)

$$\frac{\partial C}{\partial t}+U\frac{\partial C}{\partial x}=D_L\frac{\partial^2 C}{\partial x^2}+\varepsilon_x\frac{\partial^2 C}{\partial x^2} \qquad (12-15)$$

여기서 난류확산계수 ε_x는 종방향 분산계수 D_L에 비해 1% 미만이므로(Taylor, 1953) 난류확산계수를 무시하면

$$\frac{\partial C}{\partial t}+U\frac{\partial C}{\partial x}=D_L\frac{\partial^2 C}{\partial x^2} \qquad (12-16)$$

종방향 분산계수는 통상 실험에 의해 결정되므로 난류확산계수는 종방향 분산계수에 포함되었다고 보면 위와 같은 단순화는 더욱 정당하다. 1차원 분자확산식 (12 - 4), 난류확산식 (12 - 12), 종방향 분산식 (12 - 16)은 모두 같은 형태로 되어 있는 이송-확산 방정식이다. 다만 관련 계수의 결정에서 지배적인 물리현상을 구분한다. 위의 세 식에서 계수들은 모두 $[L^2/T]$ 차원을 가지고 있다.

Fischer 등(1979, p. 114)은 개수로의 확산과 분산에서 횡단면의 확산이 완전히 이루어져 종방향으로만 분산이 계속되는 거리 L_o를 추적물이 수로중앙에서 방출되는 경우 다음과 같이 제시하였다.

$$L_o=\frac{0.1UT^2}{\varepsilon_z} \qquad (12-17)$$

위 식에서 T는 하폭이며, ε_z는 횡방향 확산계수이다. 추적물을 한쪽 하안에서 방출하는 경우 T를 $2T$로 대체하여 $L_o=0.4UT^2/\varepsilon_z$가 된다. 따라서 식 (12 - 16)은 거리 L_o 이후의 분산에 대해 유효하다. 위와 같이 하천에서 확산과 분산이 시작되어 횡단면으로 완전히 확산되기 전까지 기간을 '초기기간'이라 하며, 그 다음 $L>L_o$ 되어 종방향으로 분산만 있게 되는 기간을 'Taylor 기간'이라 한다. 초기기간에서 추적물 구름(cloud)의 통계적 분산은 시간에 대해 비선형적으로 증가하나, Taylor 기간에서 통계적 분산은 정상등류에서 시간에 대해 선형적으로 커진다.

4 비보존성 물질의 분산

지금까지는 추적물의 혼합 도중 주변 환경과 반응이 없는 보존성 추적물의 혼합식을 구성하였다. 그러나 실제 하천에서 추적물의 특성에 따라 화학적, 생물적 반응뿐만 아니라 침강, 흡착 등 물리적 변화에 의해 그 질량은 보존되지 않는다. 1차원 흐름에서 이러한 비보존성 물질의 감소는 상수 k_r을 이용하여 다음과 같이 나타낼 수 있다.

$$\frac{dC}{dt} = -k_r C \tag{12-18}$$

위 식의 해는 $C = C_o \exp[-k_r t]$ 로서 농도는 시간에 대해 지수함수적으로 감소한다. 이러한 물질의 1차원 분산에 대해서는 식 (12 – 16)에서 1차 반응 항 $k_r C$ 를 고려하여

$$\frac{\partial C}{\partial t} + U\frac{\partial C}{\partial x} = D_L \frac{\partial^2 C}{\partial x^2} \pm k_r C \tag{12-19}$$

위 식에서 k_r 은 물질의 반응계수(상수)로서 $[1/T]$ 차원을 가진다. 반응항의 의미는 추적물이 주변과 혼합하는 과정에서 반응에 의해 질량이 증가하거나 감소하는 비율이다. 식 (12 – 19)는 하천수질모형에서 기본적인 식이다.

한편, 정상류에서 비보존성 추적물이 연속적으로 방출되는 경우($\partial C/\partial t = 0$) 종방향 분산 $D_L \partial^2 C/\partial x^2$ 을 무시하면 식 (12 – 19)는 다음과 같이 간략하게 된다.

$$U\frac{dC}{dx} = \pm k_r C \tag{12-20}$$

위 식에서 우변의 '–'는 추적물이 하류로 흘러가면서 생화학적 반응이나 물리적 작용에 의해 감소하는 형태를, '+'는 증가하는 형태를 나타낸다. 식 (12 – 20)은 정상류 하천이나 수로에서 수질예측모형의 기본식이다.

(2) 해석 해

식 (12 – 4), (12 – 12), (12 – 16)으로 표시되는 1차원 이송 – 확산, 분산식들은 몇 가지 경계조건과 초기조건 상태에서 해석적인 해가 가능하다. 여기서 위 세 식들은 모두 수학적으로 형태가 같기 때문에 단순히 '확산방정식'이라 부를 수 있다.

1 순간방출

문제를 간단히 하기 위하여 우선 이송흐름이 없는 1차원 순수 확산, 또는 분산 문제를 고려하자. 여기서 이송흐름이 없는 확산문제는 결국 관찰자가 평균유속 U 로 이동하면서 보는 확산문제이다. 이 경우 지배방정식은 식 (12 – 4), (12 – 12), (12 – 16)에서 이송항을 제외한 것이므로

$$\frac{\partial C}{\partial t} = D\frac{\partial^2 C}{\partial x^2} \tag{12-21}$$

위 식에서 농도는 단순히 C 로, 계수는 D 로 표시하였으나, 분자확산, 난류확산, 분산 등 해당

조건에 맞게 해석할 수 있다. 위 식의 해석은 다양한 방법으로 가능하나 여기서는 Fischer 등 (1979, pp. 33~35)이 제시한 차원해석 방법을 이용한다.

이 문제에서 가장 간단한 경계조건과 초기조건은 한 지점($x=0$)에서 순간적으로($t=0$) 단위면적당 질량 M의 추적물을 방출하는 경우일 것이다. 이 경우 농도 $C(x,t)$는 질량 M과 확산계수 D, 그리고 독립변수 x, t만의 함수가 된다. 그런데 식 (12-21)은 선형방정식이므로 농도 C는 방출된 질량 M에 선형적으로 비례하게 되고, 1차원에서 농도는 단위 면적당 질량/길이이므로 결국 C는 M을 어느 특성 길이로 나눈 값이 된다. 확산계수 D의 차원이 $[L^2/T]$이므로 특성 길이로 $\sqrt{Dt}$를 이용할 수 있을 것이다. 따라서 차원 해석은 다음과 같은 관계를 준다.

$$C=\frac{M}{\sqrt{4\pi Dt}}f\left(\frac{x}{\sqrt{4Dt}}\right) \tag{12-22}$$

위 식에서 4π와 4는 편의를 위해 임의로 추가하였다. 이러한 추가는 나중에 정당화된다. 여기서 변수 $\eta=x/\sqrt{4Dt}$를 정의하고 식 (12-22)를 식 (12-21)에 대입하여 정리하면 다음과 같이 상미분 방정식이 얻어진다(이 식의 유도는 문제 12.2로 남김).

$$\frac{df}{d\eta}+2\eta f=0 \tag{12-23}$$

위 식의 해는 적분상수 C_o를 이용하여

$$f=C_o e^{-\eta^2} \tag{12-24}$$

적분상수 C_o를 구하기 위해 위 시스템의 질량보존을 수식화하면

$$\int_{-\infty}^{\infty} C\,dx=M \tag{12-25}$$

(12-22)와 (12-24)를 위 식에 대입하여 정리하면 $C_o=1$이 얻어지며, 따라서 1차원 확산방정식의 해는 식 (12-22)에서

$$C(x,t)=\frac{M}{\sqrt{4\pi Dt}}exp\left[-\frac{x^2}{4Dt}\right] \tag{12-26}$$

여기서 경계조건은 $C(\pm\infty,t)=0$이다. 원점($x=0$)에서는 무한대의 값을, 그 밖에 다른 곳에서는 0을 가지는 Dirac delta 함수 $\delta(x)$를 이용하면 농도의 초기조건은

$$C(x,0)=M\delta(x) \tag{12-27}$$

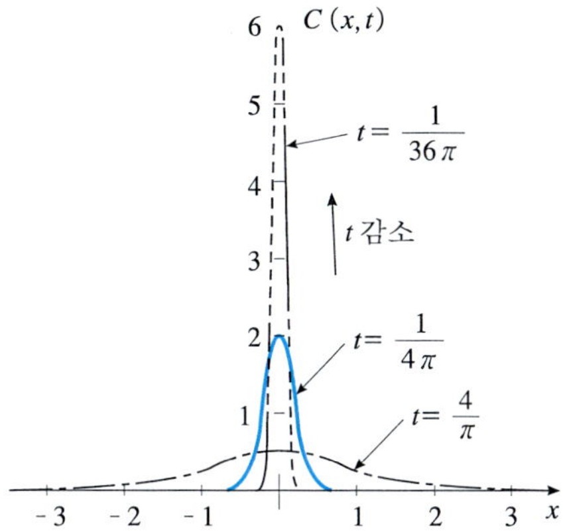

그림 12.3 시간이 감에 따라 농도 스파이크에서 가우스분포로 전환

함수 $\delta(x)$는 일종의 스파이크로서, 순간적으로 일정 질량의 추적물을 아주 작은 공간에 주입한 경우 초기농도이다. 그러나 시간이 가면서 추적물은 확산되고 그에 따라 원점에서 농도는 식 (12-26)과 같이 점차 줄어들어 나중에는 공간적으로 가우스분포를 하게 된다. 가우스분포에서 구름의 공간적 분산 σ^2 (또는 표준편차 σ)는 확산계수와 시간의 곱, $\sigma^2 = 2Dt$ 로 표시된다(이 식의 유도는 문제 12.3으로 남김). 특히 질량 M 이 1인 경우 분포는 정규분포를 하게 된다. 그림 12.3은 농도가 처음 스파이크에서 점차 가우스분포로 변하는 것을 보여준다.

이번에는 식 (12-4), (12-12), (12-16)으로 표시되는 1차원 이송-확산 문제의 해를 구해보자. 평균유속 U 로 흐르는 정상등류의 하도 한 지점($x=0$)에서 순간적으로 질량 M 의 추적물을 단면 전체 A_o에 걸쳐 균등하게 방출시킨 경우 하류방향의 농도분포는 식 (12-16)을 이용하여 구할 수 있다. 이 경우 경계조건과 초기조건은 모두 앞에서 푼 확산방정식의 조건들과 같다. 관찰자의 시점을 흐름의 이송속도 U 와 같게 놓으면 새로운 좌표 $x' = x - Ut$ 가 되며, 이를 식 (12-16)에 대입하여 정리하면

$$\frac{\partial C}{\partial t} = D_L \frac{\partial^2 C}{\partial x'^2} \qquad (12-28)$$

위 식은 식 (12-21)과 같은 형태이며, 따라서 그 해는 식 (12-26)에서 x 대신 x'을 대입한 꼴이다. 즉,

$$C(x,t) = \frac{(M/A_o)}{\sqrt{4\pi D_L t}} \exp\left[-\frac{(x-Ut)^2}{4D_L t}\right] \qquad (12-29)$$

마지막으로 식 (12-19)의 해로서, 질량 M 의 비보존성 추적물을 순간적으로 단면 전체에 걸쳐 일정하게 방출시킨 경우 하류방향의 농도분포는(Metcalf와 Eddy, 1972)

$$C(x,t) = \frac{M/A_o}{\sqrt{4\pi D_L t}} \exp\left[-\frac{(x-Ut)^2}{4D_L t} \pm k_r t\right] \qquad (12-30)$$

따라서 질량 M에 의한 농도 C는 가우스분포를 유지하면서 평균유속 U로 하류로 이송되면서 시간이 감에 따라 길게 퍼지고 동시에 물질반응에 따라 농도는 지수적으로 천천히 줄어들거나 늘어난다.

2 연속 방출

다음은 한 지점($x=0$)에서 정지 수체 내로 일정 농도 C_o로 추적물을 연속적으로 방출하는 경우를 고려하자. 이 경우 경계조건과 초기조건은 각각

$$C(0,t) = C_o \qquad 0 < t < \infty \qquad (12-31a)$$

$$C(x,0) = 0 \qquad -\infty < x < \infty \qquad (12-31b)$$

이 경우는 질량 M을 순간적으로 방출하는 경우와 비교하여 일정 농도 C_o를 방출한다는 차이가 있으므로, 식 (12-22)에서 $M/\sqrt{4\pi Dt}$ 대신 농도 C_o를 이용하면 된다. 즉,

$$C = C_o f\left(\frac{x}{\sqrt{Dt}}\right) = C_o f(\eta) \qquad (12-32)$$

위 식에서 $\eta = x/\sqrt{Dt}$ 이며, $\sqrt{4Dt}$ 대신에 $\sqrt{Dt}$를 쓴 것은 나중에 정당화된다. 식 (12-32)를 확산방정식 (12-21)에 대입하여 정리하면(이 식의 유도는 문제 12.4로 남김)

$$\frac{d^2 f}{d\eta^2} + \frac{1}{2}\eta \frac{df}{d\eta} = 0 \qquad (12-33)$$

위 식의 경계조건과 초기조건은 식 (12-31a)와 (12-31b)에서 $\eta = x/\sqrt{Dt}$를 이용하면 $f(0) = 1$과 $f(\pm\infty) = 0$이 된다. 농도분포는 $x=0$을 중심으로 좌우대칭일 것이므로 우측 한 방향($x>0$)에 대해서만 식 (12-33)의 해를 구하면(이 식의 유도는 문제 12.5로 남김)

$$C = C_o\left[1 - erf\left(\frac{x}{\sqrt{4Dt}}\right)\right] = C_o\, erfc\left(\frac{x}{\sqrt{4Dt}}\right) \qquad (12-34)$$

위 식에서 오차함수(error function) erf와 보완(complementary) 오차함수 $erfc$는 각각 다음과 같이 정의된다.

$$erf(x) = \frac{2}{\sqrt{\pi}} \int_0^x e^{-\zeta^2} d\zeta \qquad (12-35)$$

$$erfc(x) = 1 - erf(x) = 1 - \frac{2}{\sqrt{\pi}} \int_0^x e^{-\zeta^2} d\zeta \tag{12-36}$$

식 (12 - 34)를 이용하여 식 (12 - 16)의 해를 구하려면 앞서 설명한 것과 마찬가지로 관찰자의 시점을 옮겨 새로운 좌표 $x' = x - Ut$ 로 전환한다. 그 경우 해는(이 식의 유도는 문제 12.6으로 남김)

$$C = \frac{C_o}{2} \left[erfc\left(\frac{x - Ut}{\sqrt{4D_L t}} \right) + erfc\left(\frac{x + Ut}{\sqrt{4D_L t}} \right) e^{Ux/D_L} \right] \tag{12-37}$$

위 식을 도시하면 그림 12.1(d)와 같은 꼴이 된다.

비보존성 반응물질이 연속적으로 방출되어 측방으로 완전히 혼합되고, 정상상태에 도달한 후의 혼합방정식은 식 (12 - 19)의 좌변의 첫째 항을 소거한 꼴이 된다. 그 해는(Fischer 등, 1979, p. 146) 다음과 같이 표시된다.

$$C = C_o \left[\frac{2}{\alpha} (\sqrt{\alpha} + 1 - 1) \right] \exp\left[\frac{-k_r x}{U} \frac{2}{\alpha} (\sqrt{\alpha + 1} - 1) \right] \tag{12-38a}$$

또는

$$C = C_o \left[\frac{2}{\alpha} (\sqrt{\alpha + 1} - 1) \right] \exp\left[- \frac{U_x}{2D_L} (\sqrt{\alpha + 1} - 1) \right] \tag{12-38b}$$

위 두 식에서 α 는 분산과 물질의 감소율에 관련된 계수로서

$$\alpha = \frac{4 D_L k_r}{U^2} \tag{12-39}$$

종방향 분산이 없는 경우($D_L \rightarrow 0$) 위 식에서 $\alpha \rightarrow 0$ 이 되고 다시 식 (12 - 38a)의 우변에서 $2/\alpha\,(\sqrt{\alpha+1} - 1)$ 항들은 1이 되므로 이 식은

$$\frac{C}{C_o} = \exp\left[\pm \frac{k_r x}{U} \right] \tag{12-40}$$

위 식에서 '±'는 반응에 의한 감소(－)와 증가(＋) 모두를 고려하기 위한 부호이다. 이 식은 식 (12 - 20)을 변수분리법으로 적분하여 얻어지는 해와 같으며, 확산과 분산 등 물리적 혼합작용이 없는 순수한 반응에 의한 농도변화식이 된다. 기준 농도 C_o 는 단위시간에 하천단면을 통과하는 추적물의 질량을 유량으로 나누어준 값이다. 식 (12 - 40)은 하천에서 자정작용에 의한 유기물의 감소현상을 모의하는 데 이용되며, 이 경우 농도 C 는 보통 생화학적 산소요구량(BOD)의 농도를 이용한다. 이 경우 식 (12 - 40)은

$$C_{BOD} = C_{oBOD} \exp\left[-\frac{k_r x}{U}\right] \tag{12-41}$$

위 식에서 k_r 은 수중에서 유기물이 분해와 침전 등에 의해 제거되는 비율로서, 그 단위는 보통 [1/일] 이다.

3 2, 3차원 해석

식 (12-7)이나 (12-10)과 같은 다차원 확산방정식의 해는 다음과 같이 구할 수 있다. 먼저 주변 흐름이 없는 x, y 평면의 원점에서 단위길이(z) 당 질량 M 의 추적물이 순간적으로 방출된다고 하자. 이 경우 식 (12-7)에서 2차원 확산방정식은 분자, 난류 확산을 구분하지 않고 확산계수로 단순히 D 를 쓰고 농도로 C 를 쓰면

$$\frac{\partial C}{\partial t} = D_x \frac{\partial^2 C}{\partial x^2} + D_y \frac{\partial^2 C}{\partial y^2} \tag{12-42}$$

위 식에서 분자확산의 경우 $D_x = D_y = D$ 이다. 다음 초기조건은 Dirac delta 함수를 이용하여

$$C(x,y,0) = M\delta(x)\delta(y) \tag{12-43}$$

식 (12-42)의 해는 승법칙(product rule)에 의해 x, y 변수를 분리하여

$$C(x,y,t) = C_1(x,t)\, C_2(y,t) \tag{12-44}$$

위 식을 식 (12-42)에 대입하여 정리하면

$$C_2\left[\frac{\partial C_1}{\partial t} - D_x \frac{\partial^2 C_1}{\partial x^2}\right] + C_1\left[\frac{\partial C_2}{\partial t} - D_y \frac{\partial^2 C_2}{\partial y^2}\right] = 0 \tag{12-45}$$

위 식에서 C_2 는 x 의 함수가 아니고, C_1 은 y 의 함수가 아니므로, 각 대괄호 안의 값들이 모두 0이 되면 위 식은 만족된다. 그런데 각 괄호 안의 식은 한 방향으로 확산방정식이고 그 해는 이미 식 (12-26)에서 구했으므로, 식 (12-42)의 해는 $\int\int C dx\, dy = M$ 을 고려하면

$$C = C_1 C_2 = \frac{M}{4\pi t\sqrt{D_x D_y}} \exp\left[-\frac{x^2}{4D_x t} - \frac{y^2}{4D_y t}\right] \tag{12-46}$$

마찬가지로 3차원 확산에 대해서 x, y, z 좌표축의 원점에 질량 M 의 추적물을 순간적으로 방출하는 경우 농도 분포식은(이 식의 유도는 문제 12.7로 남김)

$$C(x,y,z,t) = \frac{M}{(4\pi t)^{3/2}(D_x D_y D_z)^{1/2}} \exp\left[-\frac{x^2}{4D_x t} - \frac{y^2}{4D_y t} - \frac{z^2}{4D_z t}\right] \tag{12-47}$$

다음, x 방향으로 이송이 있는 경우에 2, 3차원 해석을 해보자. 이 경우는 식 (12-10)에 해당하며, 해석적인 해는 x, y, z 방향으로 확산계수가 모두 같은 경우에 한한다. 식 (12-42)와 마찬가지로 확산계수로서 D를 쓰고 $\partial\bar{u}/\partial x = 0$을 고려하면 식 (12-10)은

$$\frac{\partial C}{\partial t}+\bar{u}\frac{\partial C}{\partial x}= D\left(\frac{\partial^2 C}{\partial x^2}+\frac{\partial^2 C}{\partial y^2}+\frac{\partial^2 C}{\partial z^2}\right) \tag{12-48}$$

위 식의 해로서 Fischer 등(1979, p. 54)은 정상류 상태에서 3차원 공간의 한 점에서 일정하게 방출되는 질량 흐름률(단위시간당 방출되는 질량, $\dot{M}$)에 의해 흐름방향으로 이송되며 확산되는 '구름'의 y, z 평면상 분포를 다음과 같이 표시하였다.

$$C(x,y,z)= \frac{\dot{M}}{4\pi Dx}\exp\left[-\frac{(y^2+z^2)\bar{u}}{4Dx}\right] \tag{12-49}$$

그림 12.4는 식 (12-49)와 같은 3차원 농도변화를 흐름방향의 직각 단면에서 2차원 농도변화로 본 것이다.

x, z 평면상의 원점에서 일정하게 연속적으로 방출되는 추적물의 농도는

$$C(x,z)= \frac{\dot{M}}{\bar{u}\,d\sqrt{4\pi Dx/\bar{u}}}\exp\left[-\frac{z^2\bar{u}}{4Dx}\right] \tag{12-50}$$

위 식은 결국 수심(y)방향으로 깊이 d인 선원(line source)에서 일정하게 나오는 추적물에 의한 농도분포로서, 이 경우 $\dot{M}$은 단위길이 당, 단위시간 당 질량흐름률이다. 위의 두 식, (12-49)와 (12-50)은 모두 흐름방향으로 확산을 무시하고 구한 해로서, $t \gg 2D/\bar{u}^2$ 경우에 한해 유효하다. 그러나 대부분의 실제 문제에서 이 조건은 만족된다.

마지막으로 직선 등류하천에서 처리수를 방출하는 경우 처리수는 방출지점 하류에서는 횡방향(z)으로 확산되면서 일정 거리 후부터는 종방향(x)으로 완전히 혼합된다. 따라서 이 경우 종방향 확산이나 분산은 특별한 의미가 없으며, 처리수 혼합정도는 초기 횡방향 확산에 의해

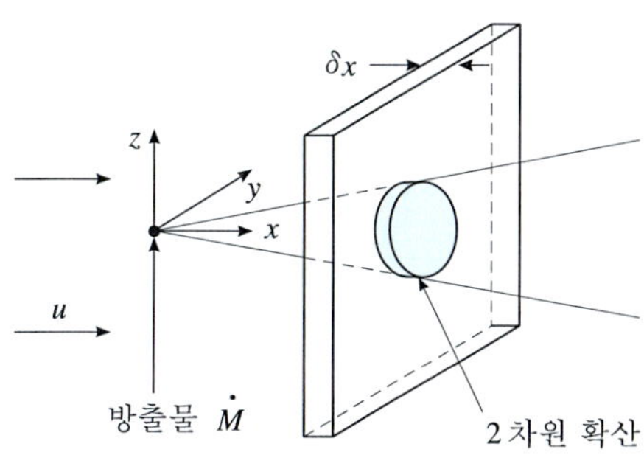

그림 12.4 이동 판상에서 농도의 평면 변화

정해진다. 이 경우 지배방정식은 식 (12-10)에서 분자 확산과 x, y 방향의 난류 확산을 고려하지 않으면

$$\frac{\partial C}{\partial t} + \bar{u}\frac{\partial C}{\partial x} = \varepsilon_z \frac{\partial^2 C}{\partial z^2} \qquad (12-51)$$

이 경우 $z = z_o$에서 수심방향(y)의 선원에서 일정하게 연속적으로 방출되는 추적물의 질량을 M이라 하면, 위 식의 해는

$$C = \frac{\dot{M}}{d\sqrt{4\pi x \varepsilon_z \bar{u}}} \sum_{n=-\infty}^{+\infty} \left[\exp\left(- \frac{\bar{u}(z - 2nT - z_o)^2}{4x\varepsilon_z} \right) + \exp\left(- \frac{\bar{u}(z - 2nT + z_o)^2}{4x\varepsilon_z} \right) \right] \qquad (12-52)$$

위 식은 $n = 0, \pm 1, \pm 2$ 까지 고려해도 충분히 정확한 해가 된다.

지금까지 해석한 확산방정식은 모두 계수들이 시공간적으로 변화하지 않는 경우이다. 그러나 혼합계수들이 시공간적으로 변하는 경우 그 해석 해는 매우 제한된다. Barry와 Sposito(1989)는 시간적으로 변하는 계수를 가진 1차원 확산식의 해석 해를, Philip(1994)은 거리에 따라 변하는 계수를 가진 1차원 확산식의 해석 해를 도출하였다. 또한 Zoppou와 Knight(1997)는 유속이 거리에 따라 증가하고, 혼합계수는 유속의 제곱에 비례하는 경우 해석 해를 제시하였다.

(3) 수치해석

확산방정식들은 제한된 범위 내에서만 해석이 가능하며, 대부분의 경우 해석 해는 불가능하다. 특히 확산계수가 각 방향으로 서로 다르고, 시공간적으로 변하며, 경계가 불규칙한 자연흐름에서 이러한 해석적인 방법은 그 적용성이 대단히 제한된다. 따라서 이러한 경우 확산방정식의 수치해석이 바람직하다. 1970년대 이후 유한차분법과 유한요소법 등을 이용한 2, 3차원 하천 혼합의 수치모형들이 제안되었다. Rastogi와 Rodi(1978)는 직선수로에서 2, 3차원 정상류의 혼합모형을 개발하였다. 곡선수로의 경우 직각 좌표계보다는 곡선 좌표계가 더 적합하다.

여기서는 하천에서 비교적 유용성이 큰 수심적분 2차원 혼합현상에 대해 양해법의 적용방법을 간단히 설명한다. 수심에 비해 폭이 넓은 하천에서 농도와 유속을 수심적분한 값을 쓰면

$$\frac{\partial \bar{c}}{\partial t} + \bar{u}\frac{\partial \bar{c}}{\partial x} = \frac{\partial}{\partial x}\left(\varepsilon_x \frac{\partial \bar{c}}{\partial x} \right) + \frac{\partial}{\partial z}\left(\varepsilon_z \frac{\partial \bar{c}}{\partial z} \right) \qquad (12-53)$$

위 식은 식 (12-10)에서 분자확산은 무시하고 난류 확산계수를 거리에 따른 변수로 가정하여 얻어진다. 위 식에서 흐름방향 x 의 차분점 번호를 i , 횡방향 z 의 차분점 번호를 j , 시간간격 번호를 n 이라 하고, 먼저 좌변의 첫째 항인 부정류항을 차분하면

$$\frac{\partial \bar{c}}{\partial t} = \frac{\bar{c}(i,j,n+1) - \bar{c}(i,j,n)}{\Delta t} \tag{12-54}$$

다음, 이송항은

$$\bar{u}\frac{\partial \bar{c}}{\partial x} = \bar{u}(i,j,n)\frac{\bar{c}(i+1,j,n) - \bar{c}(i-1,j,n)}{2\Delta x} \tag{12-55}$$

다음, x 방향의 확산항은

$$\frac{\partial}{\partial x}\left(\varepsilon_x \frac{\partial \bar{c}}{\partial x}\right) = \partial \frac{\varepsilon_x}{\partial x}\frac{\partial \bar{c}}{\partial x} + \varepsilon_x \frac{\partial^2 \bar{c}}{\partial x^2} \tag{12-36}$$

$$= \frac{\varepsilon_x(i+1,j,n) - \varepsilon_x(i-1,j,n)}{2\Delta x}\,\frac{\bar{c}(i+1,j,n) - \bar{c}(i-1,j,n)}{2\Delta x}$$

$$+ \varepsilon_x(i,j,n)\frac{\bar{c}(i+1,j,n) - 2\bar{c}(i,j,n) + \bar{c}(i-1,j,n)}{(\Delta x)^2}$$

z 방향의 확산항에 대해서도 같은 방법으로 차분화 할 수 있다. 위와 같은 차분식을 모두 식 (12-53)에 대입하여 정리하면 다음 시간대의 농도 $\bar{c}(i,j,n+1)$는 그 시간대의 기지 값들로 표시할 수 있다(이 식의 유도는 문제 12.8로 남김). 이 같은 양해차분식은 다음과 같은 조건에서 안정한 것으로 알려져 있다(Carnahan 등, 1969).

$$\Delta t \leqq \frac{U}{L}\frac{0.5}{(L^2/\Delta x^2 + T^2/\Delta z^2)} \tag{12-37}$$

위 식에서 U, L, T 는 각각 단면 평균유속, 하천길이, 하천폭 이다. 따라서 위와 같은 단순한 양해법은 식 (12-57)에 의해 시간간격에 제한을 받는다. Holly와 Preissmann(1977)은 위의 양해법을 개선하여 특히 $\lambda(=\Delta t/\Delta x^2) > 0.25$에 대해서 정확한 방법을 제안하였다. 그들은 식 (12-53)으로 표시되는 확산-이송식에서 각 시간 단계별로 확산과 이송을 나누어 각 현상에 가장 적합한 알고리즘을 이용하여 풀어서 다시 합하는 방법(split-operator approach)을 채택하였다. 이러한 방법에서 통상 수치적으로 어려운 문제는 이송항에서 발생한다. 그 이후 Komatsu 등(1985, 1989)은 6점 해법을 제시하였으며, 그들의 기법은 Holly와 Preissmann의 기법과 같이 정확성에서 뛰어난 것으로 알려졌다. 다시 Komatsu 등(1997)은 이송항의 해석에서 나타나는 수치해석 상의 난점을 해소하는 방안으로 1차원 이송방정식이 아닌 2차원 파방정식을 이용함으로써 해의 정확성과 안정성을 향상시키는 기법을 제안하였다.

대부분의 양해법은 일반적으로 시간간격의 제한을 받는다. 이러한 제한을 피하기 위해서는 음해법이 유리하다. 음해법은 한 차분격자에 대해 종속변수를 $n+1$ 시간대에서 평가하여 연립방정식으로 푸는 것이다. 음해법의 응용에 대해서는 제6장의 Saint-Venant 식의 차분화에서 설명한다.

12.3 혼합계수

그림 12.5와 같이 하천의 한 지점에서 처리수나 온배수가 방출되는 경우 수체와의 혼합 현상을 관찰해보자. 이 하천의 방출구를 통한 처리수는 방출된 직후 방출운동량과 방출수의 부력 등으로 주변 물과 곧 섞이게 된다(그림 12.5의 A점). 즉 '부력제트'의 운동량과 부력에 의해 처리수는 주변 물과 섞이게 된다. 부력제트가 주변 물과 섞여서 희석되는 정도는 제트의 초기운동량과 부력의 강도에 따라 달라진다. 다음 단계는 주변 흐름의 난류확산에 의해 처리수가 횡방향으로 섞인다(그림 12.5의 B점). 처리수가 하천폭 전체에 고루 퍼지게 되면, 그 후 처리수는 흐름의 종방향 분산작용에 의해 흐름방향으로 퍼지게 된다(그림 12.5의 C점). 여기서 초기 부력제트 작용은 2, 3단계 확산과 분산 작용과는 별도의 취급을 요하므로 다음 절의 '제트와 부력류'에서 다루며, 여기서는 2, 3단계 혼합에 초점을 맞춘다.

확산과 분산 등 처리수의 혼합현상에서 실험실 수로나 규칙적인 인공수로와 자연하천의 차이는 전자는 수심과 하폭의 변화가 없거나 아주 작은 반면에 후자는 상당한 변화가 있다는 것이다. 또한 하도가 직선이 아니라 곡선이 됨에 따라 이차류가 발생하여 앞서 전제한 균일 난류의 조건이 만족되지 못한다. 특히 하상과 하안이 사주, 수제, 호안 등으로 매우 불규칙하므로 흐름의 혼합에 큰 영향을 준다. 다만 연직 혼합의 경우 수심이 지배 인자이므로 횡방향이나 종방향 혼합에 비해 이러한 자연 하천의 불규칙성의 영향이 적다. 그러나 여울-소 구조가 연속되는 자갈 하천 등에서는 와류의 영향으로 혼합은 보통의 난류혼합보다 훨씬 효율적으로 일어난다. 위와 같은 이유로 자연하천에서 혼합현상은 단순하고 균일하게 조정된 실험실 수로에서 혼합에 비해 매우 복잡하며, 변화 범위가 크다.

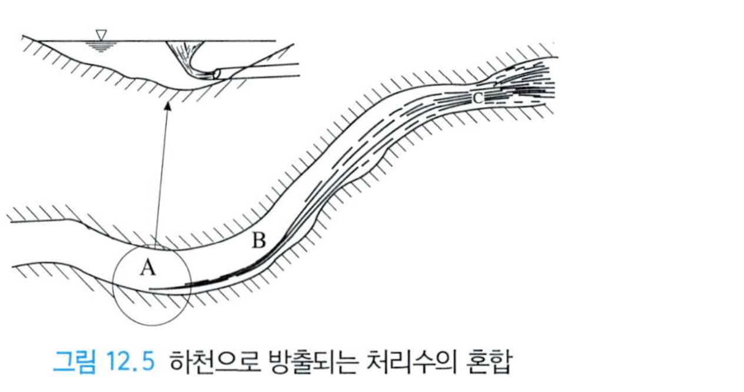

그림 12.5 하천으로 방출되는 처리수의 혼합

(1) Fick 법칙의 적용성 - 라그랑주 시간과 길이 규모

앞 절에서는 분자확산에서 Fick의 법칙을 특별한 적용기준 없이 난류확산에도 응용하였다. 그러나 엄밀한 의미에서 Fick의 확산방정식을 난류에 적용하기 위해서는 두 가지 사항이 전제되어야 한다. 하나는 추적물이 방출되어 주변 난류환경에 충분히 동화되었는가와 다른 하나는 난류확산계수의 결정이다. 이를 위해서는 우선 이송이 없거나 일정한 이송속도의 균일난류에서 추적물 한 입자의 라그랑주(Lagrange) 특성을 검토할 필요가 있다. 직선수로의 폭이 넓은 정상등류는 위의 조건을 만족시킨다고 볼 수 있다. 이 경우 유일한 흐름의 특성길이는 수심이 된다.

Taylor(1921)는 '연속적 이동에 의한 확산'이라는 그의 고전적 해석에서 이송이 없는 균일난류에서 라그랑주 시간규모(time scale) T_L과 길이규모(length scale) l_L을 정의하고, 각각의 물리적 의미를 주었다. 라그랑주 시간규모 T_L은 시간변수 $s(=\tau_1-\tau_2)$ 를 이용하여

$$T_L = \int_0^{\infty} R_L(s)\,ds \tag{12-58}$$

위 식에서 R_L은 라그랑주 자기상관계수로서, 어느 시점 τ_1 에서 한 추적물 입자의 라그랑주 난류속도 $u(\tau_1)$과 다음 시점 τ_2 에서 난류속도 $u(\tau_2)$ 를 곱한 것을 충분히 많은 입자에 대해 평균한 것으로

$$R_L = \frac{< u(\tau_1)\, u(\tau_2) >}{< u^2(\tau_1) >} \tag{12-59}$$

위와 같이 평균하는 방법을 앙상블 평균(ensemble average)라 하며, 여기서는 < >부호로 표시하였다. 식 (12-58)에서 R_L은 시간간격 $s\to 0$ 이면 1이 되고, $s\to\infty$ 이면 0이 된다. 즉 시간이 갈수록 추적물 입자는 처음 속도에 대한 기억을 잊어버리게 되어 시간 전후의 속도는 서로 독립적이 된다. 따라서 난류에서 추적물 입자의 운동은 분자확산에서와 같이 무작위적이고, 불규칙하게 된다. 따라서 추적물 방출 후 라그랑주 시간규모보다 더 긴 시간이 지난 다음에는 식 (12-7)과 같은 Fick의 확산식을 난류에도 적용 가능하게 된다. 그러나 추적물이 방출된 시간을 알기 어려운 경우 방출에 의한 추적물 구름(또는 오염장)의 크기를 가지고 판단하는 것이 바람직하다. 여기서 라그랑주 길이규모 l_L은

$$l_L = T_L\sqrt{< u^2 >} \tag{12-60}$$

위 식에서 우변의 제곱근 값은 사실상 난류강도이다. l_L의 물리적 의미는 한 입자가 처음 속도(에 대한 기억)를 잊어버리기 전에 간 거리로서, 경계층 이론에서 Prandtl의 혼합거리(mixing length; 한 물입자가 새로운 환경으로 들어가기 전에 이동한 평균거리)와 비슷한 개념

이다. 하천에서 이 거리는 보통 수심 정도이다. 따라서 하천에서 난류에 의한 추적물의 확산은 방출 이후 일정 시간 T_L을 지나거나 일정 거리 l_L보다 큰 '구름'의 경우 난류에 동화되었다고 보고 식 (12-7)과 같은 확산방정식의 적용이 가능하다(Fischer 등, 1979, pp. 69~70). 구체적으로 Fick의 확산방정식의 적용은 추적물 구름의 크기가 $\sqrt{2}\, l_L$ 이상 되면 가능하다. 여기서 구름 크기는 이송이나 분산에 의한 크기는 제외한, 순수한 확산에 의한 크기이다.

(2) 혼합계수의 고찰

12.2절에서 유도한 각종 확산, 분산 방정식을 실제 하천의 혼합현상에 응용하기 위해서는 관련 계수를 평가하여야 한다. 이러한 확산, 분산 계수의 평가는 이론적인 방법과 실제 측정에 의한 경험적 방법이 있다.

어느 한 방향으로의 난류에 의한 확산계수, 또는 통칭하여 혼합계수 ε_x는 라그랑주 길이규모 l_L을 이용하여(Taylor, 1921)

$$\varepsilon_x = l_L \sqrt{< u^2 >} \tag{12-61}$$

하천의 경우 길이규모 l_L은 수심에 관련되어 있고, 난류강도 $\sqrt{< u^2 >}$ 는 보통 마찰속도에 따라 변하므로, 난류 확산계수 ε_x는 수심과 마찰속도에 관련되어 있다. 다음부터는 확산계수, 또는 혼합계수는 난류에 의한 계수를 지칭한다.

1 연직방향 확산계수

폭이 넓은 직사각형 수로나 하천에서 수심방향으로의 질량 확산계수는 레이놀즈 상사에 의해서 운동량 확산계수와 같다고 보면, 대수 유속분포식을 이용한 식 (10-59)에서

$$\varepsilon_y = \varepsilon_m = \kappa u_* \frac{y}{d}(d-y) \tag{12-62}$$

위 식을 수심에 대해 적분하고, $\kappa = 0.4$를 대입하면 수심-평균 확산계수 $\overline{\varepsilon_y}$는

$$\overline{\varepsilon_y} = 0.067 d u_* \tag{12-63}$$

2 횡방향 확산계수[54]

하천의 횡방향으로 혼합은 난류확산과 횡방향의 전단유속에 의해 일어난다. 그러나 폭이

54 자연상태 하천에서 횡방향 혼합현상은 난류확산, 횡방향 전단유속에 의한 분산, 기타 이차류 등에 의한 추가혼합 등에 기인하므로, 첫 번째 요인만 고려하면 확산계수, 두 번째만 고려하면 분산계수, 세 번째까지 모두를 고려하면 혼합계수라 하는 것이 물리적으로 정확하나 여기서는 편의상 확산계수라 칭함

넓은 직선하도에서는 횡방향으로 전단유속이 없으므로 이론적으로 횡방향 확산계수를 구할 수 없다. 대신 경험적인 방법으로 Fischer 등(1979, p. 107)은 오차범위 ±50% 범위 내에서 직선하도에서 횡방향 확산계수로 다음과 같은 범위를 제안하였다.

$$\varepsilon_z \cong 0.15\, d u_* \qquad (12-64)$$

Lau와 Krishnappan(1977)은 개수로에서 횡방향 확산계수의 범위에 대해 구체적으로 검토하였다. 그 결과 하도가 점차 휘어지며 강턱이나 제방 등 측면이 불규칙한 경우 혼합효율이 커지는 것으로 나타났으며, 이 경우 확산계수의 범위는

$$\varepsilon_z = 0.3\, d u_* \sim 0.9\, d u_* \qquad (12-65)$$

서일원 등(2005)은 주로 미국의 현장자료에 일부 국내 실측자료를 추가하여 회귀분석을 통해 횡방향 확산계수에 대한 경험식을 제안하였다. 이 식의 장점은 국내자료를 이용하여 처음 만들어졌기 때문에 국내하천에 적용성이 높다는 점이다.

$$\varepsilon_z = 0.000923 \left(\frac{T^{1.535}\, V^{0.679}\, u_*^{0.321}}{d^{0.535}} \right) + 0.0005 \qquad (12-66)$$

하천에서 수심방향 확산계수(ε_y)와 횡방향 확산계수(ε_z)를 비교하면 후자가 전자보다 1~10배 정도 크다. 하천에 방출된 추적물이 수심이나 횡방향으로 완전히 퍼지는 데 걸리는 시간은 차원해석에 의해 거리의 제곱에 비례하고 확산계수에 반비례한다. 따라서 하천에서 폭과 수심의 비를 10~100배로 보면 횡방향과 수심방향으로 완전히 확산되는 데 걸리는 시간의 비는 적어도

$$\frac{t_w}{t_d} \approx \left(\frac{\varepsilon_y}{\varepsilon_z} \right) \left(\frac{T}{d} \right)^2 \approx \frac{1}{10} (10 \sim 100)^2 = 10 \sim 1{,}000 \qquad (12-67)$$

위와 같이 수심방향 확산에 걸리는 시간은 횡방향에 비해 매우 작다. 따라서 실무에서 하천에 방출된 추적물은 수심 방향으로는 순간적으로 확산이 완료된다고 보아도 무방하다.

마지막으로, 그림 12.1(a)와 같이 하천에서 방출된 추적물은 하류로 가면서 횡방향으로 점차 확산된다. 이 경우 실제 추적물의 95%를 포함하는 '구름'의 유효폭 T_p 는 폭이 넓은 수로에 대해서(Fischer 등, 1979, pp. 117)

$$T_p = 4 \sqrt{\frac{2 x\, \varepsilon_z}{U}} \qquad (12-68)$$

예제 12.1

직선 등류하천의 하안에서 농도 350 ppm의 보존성 처리수를 0.25 m^3/s로 방출한다. 이 하천의 평균유속은 0.65 m/s이며, 평균수심은 2.5 m, 하천경사는 0.00015이다. 방출점에서 500 m 하류지점에서 '구름'의 폭과 최대농도를 구하시오.

풀이

(1) 마찰속도 $u_* = \sqrt{gdS} = \sqrt{9.8(2.5)(0.00015)} = 0.061\,[\mathrm{m/s}]$

(2) 횡방향 확산계수 $\varepsilon_z = 0.15du_* = 0.15(2.5)(0.061) = 0.023\,[\mathrm{m^2/s}]$

(3) 처리수 구름의 폭은 식 (12-68)에서 T_p 의 반이므로,

$$T_p = \frac{1}{2}4\sqrt{\frac{2(500)(0.023)}{0.65}} \cong 12\,[\mathrm{m}]$$

(4) 방출점에서 질량률 $\dot{M} \cong Q_s C = 0.25(350/1{,}000{,}000) \times 1{,}000 = 0.088\,[\mathrm{kg/s}]$

(5) 최대농도는 물가($z=0$)에서 발생하므로 식 (12-50)에서

$$C(500,0) = \frac{0.088}{0.65(2.5)\sqrt{4\pi(0.023)(500)/0.65}}e^{-0^2} = 0.0036\,[\mathrm{kg/m^3}]$$

$$= 3.6\,[\mathrm{ppm}]$$

예제 12.2

곡선 등류하천의 하안에서 공장 처리수를 방출한다. 이 하천의 평균수심은 1.2 m, 하폭은 58 m, 하천경사는 0.00023, 매닝계수는 0.032 이다. 정상등류 상태에서 이 처리수가 단면 전체에 걸쳐 완전히 혼합되는 데 걸리는 하류방향 거리를 구하시오.

풀이

(1) 평균유속 $U = 1/(0.032)\,1.2^{2/3}\,0.00023^{1/2} = 0.54\,[\mathrm{m/s}]$

(2) 마찰속도 $u_* = \sqrt{9.8(1.2)(0.00023)} = 0.052\,[\mathrm{m/s}]$

(3) 횡방향 확산계수로 식 (12-65)의 중간 값을 택하면

$$\varepsilon_z = 0.6du_* = 0.6(1.2)(0.052) = 0.037\,[\mathrm{m^2/s}]$$

(4) 횡방향 확산이 완전히 이루지는 종방향 거리는 처리수가 한쪽 하안에서 방출하므로 식 (12-17)에서 T 값으로 하폭의 두 배를 취하면

$$L_o = \frac{0.1(0.54)(58\times 2)^2}{0.037} \cong 19{,}600\,[\mathrm{m}]$$

3 종방향 분산계수

하천에서 수심 방향과 횡방향 혼합이 완료되면 종방향으로 혼합이 계속되어 상하류 농도 차이를 줄이게 된다. 이러한 하천의 종방향혼합은 난류확산보다는 분산효과가 훨씬 지배적이

다. 관 수로에서 종방향 분산계수에 관한 Taylor(1954)의 해석과 유사한 방법을 이용하여 Elder(1959)는 폭이 넓은 직사각형 개수로에서 종방향 분산계수 D_L을 다음과 같이 구했다.

$$D_L = 5.93\, d u_* \tag{12-69}$$

식 (12-69)는 수심방향의 유속분포를 대수법칙으로 가정하여 유도되었다. 그러나 위와 같은 해석적 방법은 단면의 형상이 불규칙한 자연하천에 대해서는 잘 맞지 않는다. 따라서 Fischer(1975)는 자연하천 자료를 이용하여 다음과 같은 식을 유도하였다.

$$D_L = \frac{0.011\, U^2 T^2}{d u_*} \tag{12-70}$$

그러나 위 식과 같은 분산계수 추정식도 실제 하천에서 크게는 4배 정도 차이가 날 수 있으므로, 정확한 분산계수를 위해서는 하천에서 실측하여 이용하는 것이 가장 바람직하다. 한편 McQuivey와 Keefer(1974)는 홍수파의 분산현상과 추적물의 분산현상은 서로 유사하다고 보고 유량 Q를 이용하여 다음과 같이 종방향 분산계수를 제시하였다.

$$D_L = 0.058 \frac{Q}{TS} \tag{12-71}$$

Seo와 Cheong(1998)은 자연하천에서 종방향 분산계수 자료를 회귀분석하여 새로운 경험식을 제안하였다. 그들은 주로 1970년대에 미국에서 수집된 26개 하천에서 59개 자료점을 이용하여 6개의 기존 식들을 비교평가한 후, 다음과 같은 새로운 경험식을 제안하였다.

$$D_L = 5.915\, d u_* \left(\frac{T}{d}\right)^{0.620} \left(\frac{U}{u_*}\right)^{1.428} \tag{12-72}$$

기존의 종방향 분산계수 추정식들이 50~70% 수준의 정확도를 보이는 반면에, 위 식은 80% 가까운 정확도를 보이는 것으로 알려져 있다. 위 식의 개발과 검증에 이용된 자료의 범위를 보면 극단적으로 큰 값 하나를 제외하고, 하폭은 10~500 m, 수심은 0.2~9 m, 유속은 0.13~1.7 m/s, 경사는 0.00007~0.027, 마찰속도는 0.02~0.055 m/s, 분산계수는 2~1,500 m^2/s 정도이다.

Deng 등(2002)은 직선 및 사행 하천에서 하천 단면형과 국부적 수심변화를 방정식의 형태로 고려하여 새로운 종방향 분산계수 산정식을 제안하였다. 그들의 식은 Seo와 Cheong의 경험식 (12-72)과 유사하나, 다른 점은 기존 식들이 현장자료를 이용하여 경험적으로 모형계수를 구한 반면에 Deng 등의 식은 철저하게 해석적으로 구했다는 점이다. Seo와 Cheng이 이용한 자료에 새로운 자료를 추가하여 검증한 결과 그들의 식은 기존 식에 비해 우수한 것으로 나타났다. Deng 식의 특징은 하천사행이 분산계수에 미치는 영향을 해석적으로 고려했다는 점이다.

앞서 설명한 대로 종방향 난류확산은 분산에 비해 그 크기가 매우 작다. Sayre와 Chang (1968)은 실험을 통해 개수로에서 종방향 난류확산은 횡방향 난류확산에 비해 3배 정도 크다고 보고하였다. 그러나 이 실험에서 2차류에 의한 횡방향 전단유속의 영향으로 종방향 분산이 촉진되었음을 고려하면 종방향 확산계수의 크기는 횡방향 확산계수와 비슷하다고 할 수 있다. 따라서 식 (12-64)와 (12-69)를 비교하면 종방향 분산계수는 난류 확산계수보다 40배 정도 크므로, 종방향 분산이 있는 경우에 혼합현상에서 종방향 난류확산은 무시할 수 있다.

마지막으로, 사행하천은 직선하천에 비해 횡방향 유속분포 차이가 크기 때문에 종방향 분산을 촉진한다. Fukuoka와 Sayre(1973)는 야외에서 사행하천의 종방향 분산계수에 관한 그때까지 자료를 집대성하였다. 그들은 또한 실험실에서 사각형 단면의 만곡수로의 종방향 분산에 관한 실험을 하여 그 결과를 제시하였다. Guymer(1998)는 사다리꼴 단면과 불규칙 단면을 가진 만곡수로 실험에서 종방향 분산계수를 측정하였다. 그 결과 특히 불규칙 단면에서 분산은 규칙 단면에 비해 농도분포가 더욱 왜곡되며, 분산계수는 150% 정도 더 크게 나타나는 것을 관찰하였다.

예제 12.3

하폭 25 m, 수심 1.3 m, 평균유속 0.75 m, 하천경사 0.00055인 정상등류 하천에 수질사고가 발생하여 10톤의 보존성 오염물이 순식간에 하천에 들어갔다. 사고지점에서 하류 3 km 되는 지점에서 오염물 농도의 시간 변화식을 구하시오.

풀이

(1) 마찰속도 $u_* = \sqrt{9.8(1.3)(0.00055)} = 0.084\,[\mathrm{m/s}]$

(2) 종방향 분산계수는 식 (12-70)를 택하면

$$D_L = \frac{0.011(0.75)^2 25^2}{1.3(0.084)} = 35\,[\mathrm{m^2/s}]$$

(3) 하류 3 km 지점의 농도변화는 식 (12-29)에서

$$C(3000,t) = \frac{10/(25\times1.3)}{\sqrt{4\pi(35)t}}\exp\left[-\frac{(3000-0.75t)^2}{4\times35t}\right]$$

$$= \frac{14700}{\sqrt{t}}\exp\left[-\frac{(3000-0.75t)^2}{140t}\right]\,[\mathrm{ppm}]$$

4 사수역의 영향

하천에서 확산과 분산 작용은 하천의 특성에 따라 크게 달라질 수 있다. Valentine과 Wood (1977)는 하천에서 이른바 저류역, 또는 사수역을 만드는 촘촘하게 놓인 하안수제 등에 의한

종방향 분산에 대해 연구하였다. 이러한 사수역 내에서 흐름은 와류와 재순환류가 된다. 이에 따라 사수역으로 유입한 추적물은 일단 저류되고, 사수역과 흐름역 간의 질량 교환에 의해 서서히 흐름역으로 재유입된다. 이러한 추적물 저류효과는 하천에서 종방향 농도분포가 때로는 긴 꼬리를 가지게 되어 가우스 분포에서 벗어나게 하는 주요 요인이다. Hays 등(1967)은 사수역에서 저류효과를 고려하는 분산방정식으로 식 (12-16)에서 흐름의 유효단면적 A_f 와 유효유속 U_f 를 이용하여 다음과 같이 나타냈다.

$$A_f \frac{\partial C}{\partial t} + U_f A_f \frac{\partial C}{\partial x} = \frac{\partial}{\partial x}\left(D_L A_f \frac{\partial C}{\partial x}\right) + kP(S - C) \qquad (12-73)$$

위 식에서 우변의 둘째 항은 사수역과 흐름역의 질량교환을 나타내는 것으로, S 는 사수역에서 추적물의 농도, P 는 사수역과 흐름역 간의 윤변, k 는 질량교환 계수이다. 사수역에서 지배방정식은 흐름방향에 수직한 사수역 단면적 A_s 와 사수역 농도의 시간변화율 $\partial S/\partial t$ 를 이용하여 다음과 같이 표시된다.

$$A_s \frac{\partial S}{\partial t} = -kP(S - C) \qquad (12-74)$$

하천에서 여울과 소(沼)는 보편적이며, 특히 자갈하천에서 이러한 여울과 소는 통상 반복하여 나타난다. 수위가 낮은 저수시 여울은 급속한 혼합작용을 하지만, 소는 일종의 사수역으로 추적물의 저류작용을 하여 혼합작용을 늦춘다. 이에 따라 여울과 소의 흐름에서 추적물은 매우 불균일하게 퍼지며 긴 꼬리를 형성한다. Seo와 Maxwell(1992)은 이렇게 여울과 소가 연속되는 흐름에서 추적물의 혼합과 저류 구역에서 질량교환을 나타내는 식 (12-73)을 실험적, 수치적으로 모의하여 1차원 추적물 분산모의에서 저류효과의 중요성을 보여주었다.

Hunt(1999)는 New Zealand에서 실측된 산지하천의 종방향분산 자료를 이용하여 첨두 농도의 감소율, 통계적 분산, 농도분포 등에 대해 Fick의 법칙과 사수역을 고려한 모형을 비교 검토하였다. 그 결과 두 모형 모두 실측치를 만족시켜주지 못하며, 거리에 따른 종방향 분산계수의 증가 모형이 실측치와 근사함을 보였다. 그는 그 이유로 종방향 분산에서 구름의 머리와 꼬리 부분의 분산작용이 크기 때문으로 보았다.

(3) 혼합계수의 측정

위와 같은 혼합계수들은 이론적으로 유도되었든 경험적으로 구했든 상당한 불확실성이 내재되어 있다. 따라서 하천에서 실측을 통해 이러한 계수를 구하는 것은 경험적 추정식의 유도뿐만 아니라 실제 그 하천에서 확산, 분산식을 적용하는 데 필요하다. 야외나 실험실에서 이러한 계수들의 측정은 형광물질이나 소금물 등을 적절히 방출시킨 후 하류에서 농도를 측정하여 얻어진다. 이때 추적물의 밀도는 물의 밀도와 같아 부력효과가 없어야 한다. 실제 하천에서는 Rhodamine WT 등이 보편적으로 이용되며, 측정은 형광분석기(fluorometer)를 이용한다. 실험실에서는 소금물이 이용되며, 측정은 전도율계(conductivity meter)를 이용한다. 다음은 하천에서 분산계수와 확산계수를 측정하는 방법을 간단히 소개한다.

1 분산계수의 측정

Hubbard 등(1982)은 하천에서 분산계수의 측정을 포함한 추적물의 이용방법에 대해 구체적으로 설명하고 있다. 이 중 실측 농도-시간 곡선으로부터 분산계수를 결정하는 방법은 모멘트법과 추적법 등이 있다. 이러한 실측방법도 확산과 분산 현상의 복잡성 때문에 그 결과는 크게는 2배 정도 변화가 있을 수 있다.

모멘트법 난류 확산과 분산 현상에서 1차원 Fick의 법칙의 적용이 가능하게 되면, 추적물의 확산계수나 분산계수와 '구름'의 통계적 분산(variance)과의 관계는(Sayre, 1968)

$$D_L = \frac{U^3}{2}\frac{d\sigma_t^2}{dx} = \frac{U^2}{2}\frac{d\sigma_t^2}{dt} \tag{12-75}$$

여기서 한 하천 단면 x_1에서 실측한 농도-시간 곡선의 분산 σ_t^2는 통계적 정의에 의해

$$\sigma_t^2 = \frac{\int_0^{+\infty}(t-\bar{t}\,)^2\,C(x_1,t)dt}{\int_0^{+\infty}C(x_1,t)dt} \tag{12-76}$$

위 식에서 시간 $\bar{t}$는 추적물 구름의 중심이 단면 x_1을 통과할 때 걸리는 시간으로

$$\bar{t} = \frac{\int_0^{+\infty}t\;C(x_1,t)dt}{\int_0^{+\infty}C(x_1,t)dt} \tag{12-77}$$

따라서 식 (12-77)을 식 (12-76)에 대입하여 전개하면(이 식의 유도는 문제 12.9로 남겨둠)

$$\sigma_t^2 = \frac{\int_0^{+\infty}t^2\;C(x_1,t)dt}{\int_0^{+\infty}C(x_1,t)dt} - (\bar{t}\,)^2 \tag{12-78}$$

따라서 식 (12-75)에서 거리 x나 시간 $\bar{t}$에 대한 분산 σ^2의 경사를 알면 분산계수 D_L을

구할 수 있다. 거리에 대한 분산의 경사를 구하기 위해서는 최소한 하류 두 지점에서 농도를 측정하여야 한다. 시간에 대한 분산의 경사를 구하기 위해서는 최소한 두 번 이상의 서로 다른 방출실험을 통해 하류 한 지점에서 $\bar{t}$ 의 변화에 따른 분산 값을 구하여야 한다. 이 방법은 초기시간이 지난 후에 적용할 수 있다. 이 방법의 단점은 $C \sim t$ 곡선에서 꼬리부분에 해당하는 구름은 통상 전체 추적물 질량 중 구성비가 작음에도 불구하고 시간이 크기 때문에 분산을 구할 때 크게 나타난다는 점이다. 이러한 이유로 모멘트법에 의한 분산계수의 측정은 불확실한 면이 있다.

추적법 이 방법은 먼저 상류에서 추적물을 방출하여 하류 두 하천 단면 x_1, x_2에서 그림 12.6과 같이 $C \sim t$ 관계를 측정한다(곡선①, ②). 가정한 분산계수를 이용하여 분산식으로 구한 하류 단면 x_2에서 농도분포 계산치(점선)와 실측치를 서로 비교하여 계산에 의한 농도분포 곡선이 실측곡선에 근접하는 분산계수를 시행 착오법으로 결정하는 것이다. 이때 분산계수의 초기 가정치로서 앞서 설명한 모멘트법에 의해 구한 값을 이용할 수 있다. 이 방법에 의한 하류단면 x_2 에서 농도분포는 식 (12－29)를 응용하여

$$C(x_2,t)=\int_0^{+\infty}\frac{UC(x_1,\tau)}{\sqrt{4D_L\pi(\overline{t_2}-\overline{t_1})}}\exp\left[\frac{-U^2(\overline{t_2}-\overline{t_1}-t+\tau)^2}{4D_L(\overline{t_2}-\overline{t_1})}\right]d\tau \qquad (12-79)$$

식 (12－79)에서 $\overline{t_1}$ 과 $\overline{t_2}$ 는 추적물 구름의 중심이 각각 x_1 과 x_2 지점을 통과하는 시간이며, τ 는 시간의 적분변수이다. 위 식을 이용한 분산계수의 결정은 눈짐작으로 실측곡선과 예측곡선의 적합도를 판단하거나, 컴퓨터를 이용하여 두 곡선의 차이(평균 표준오차)가 최소가 되는 적합도를 계산하여 할 수 있다. 이 방법도 모멘트법과 마찬가지로 초기시간이 지난 후에 적용할 수 있는 제한점을 지니고 있다.

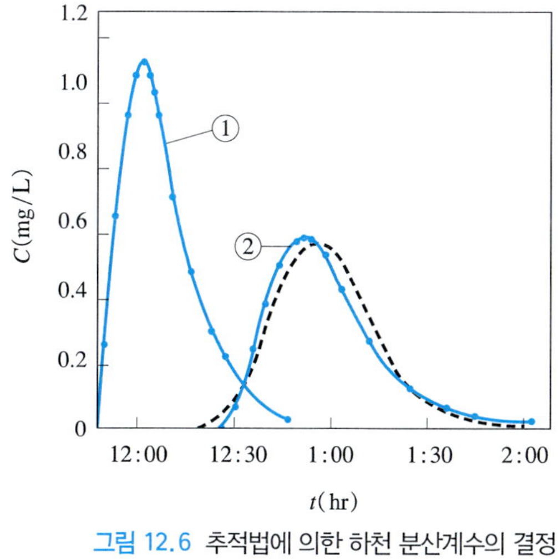

그림 12.6 추적법에 의한 하천 분산계수의 결정

예제 12.4

분산계수를 측정하기 위해 추적물 방출지점에서 각각 하류 5.0, 10.0 m 되는 지점에서 측정한 농도가 다음 표와 같았다. 이 측정 결과를 가지고 위의 두 방법을 이용하여 분산계수를 구하시오. 하천의 실측 평균유속은 0.70 m/s이다. 여기서 하류 5 m 지점은 Taylor 기간이 지난 후 추적물이 도달하는 거리라고 가정한다.

$x=5$ m		$x=10$ m	
시간(초)	농도(mg/L)	시간(초)	농도(mg/L)
5.5	0.000	12.0	0.000
6.0	0.024	12.5	0.003
6.5	0.085	13.0	0.016
7.0	0.120	13.5	0.059
7.5	0.100	14.0	0.079
8.0	0.070	14.5	0.083
8.5	0.035	15.0	0.075
9.0	0.025	15.5	0.056
9.5	0.018	16.0	0.036
10.0	0.013	16.5	0.025
10.5	0.008	17.0	0.018
11.0	0.005	17.5	0.013
11.5	0.002	18.0	0.009
12.0	0.000	18.5	0.007
		19.0	0.006
		19.5	0.005
		20.0	0.004
		20.5	0.003
		21.0	0.003
		21.5	0.002
		22.0	0.001
		25.0	0.000

풀이

위 두 하천 지점에서 시간에 따른 농도분포를 그리면 다음 그림과 같다. 이 그림에서 각 농도분포곡선 중심의 시간과 분산을 구하면

$$\overline{t_1} = 7.6\ [\text{sec}],\quad \sigma_{t_1}{}^2 = 1.24\ [\text{sec}^2]$$

$$\overline{t_2} = 15.2\ [\text{sec}],\quad \sigma_{t_2}{}^2 = 3.16\ [\text{sec}^2]$$

농도분포곡선 정점의 이동 시간과 거리를 가지고 하천의 평균유속을 구하면

$$U = \frac{x_2 - x_1}{\overline{t_2} - \overline{t_1}} = \frac{10.0 - 5.0}{15.2 - 7.6} = 0.66\ [\text{m/s}]$$

(계속)

위 값은 실측유속 0.7 m/s와 비슷하나, 여기서는 실측유속을 이용한다.
식 (12 - 75)에서 종방향 분산계수 D_L을 계산하면

$$D_L = \frac{U^3}{2}\frac{d\sigma_t^2}{dx} = \frac{0.7^3}{2}\left(\frac{3.16-1.24}{5.0}\right) = 0.066\,[\mathrm{m^2/s}]$$

위 값을 식 (12 - 79)에 대입하면 $x = 10.0$ 에서 시간에 대한 농도분포곡선을 구할 수 있다. 이렇게 구한 곡선과 그 지점에서 실측곡선과 비교하면 상당한 차이가 있다. 이러한 차이를 최소화하는 D_L 값을 시행착오로 구하면 0.03 m²/s가 된다. 이 결과는 모멘트법에 의한 결과와 상당한 차이가 있음을 알 수 있다.

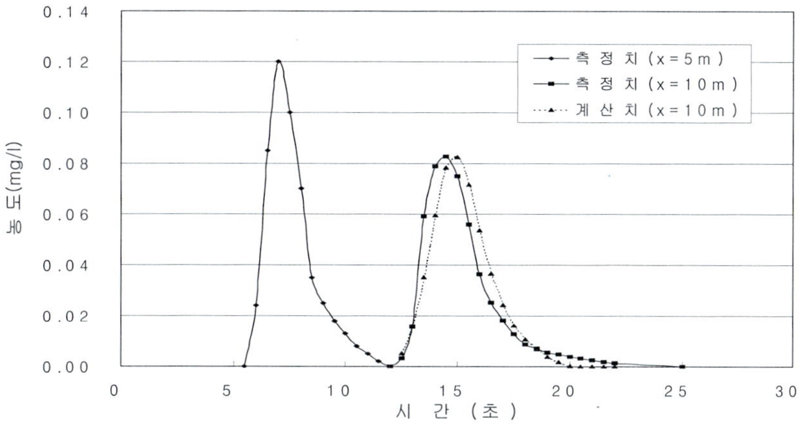

그림 12.7 실측농도와 계산농도의 비교

2 확산계수의 측정

하천에서 횡방향 확산계수의 측정은 하도의 중심부에서 수심방향으로 일정한 선원에서 추적물을 방출하여 하류 두 지점에서 농도를 측정하여 얻어진다. 이 경우 횡방향으로 확산되는 구름의 통계적 분산은(Sayre, 1968)

$$\varepsilon_z = \frac{U}{2}\frac{d\sigma_z^2}{dx} \tag{12-80}$$

여기서 하도 중심부에서 물가 쪽으로 농도분포는 직선하도에서 대칭을 이루며, 중심축에서 양쪽으로 거리 z 에 대한 농도분포의 분산은

$$\sigma_z^2 = \frac{\int_{-T/2}^{T/2} Cz^2 dz}{\int_{-T/2}^{T/2} C dz} \tag{12-81}$$

따라서 방출원하류 2개 이상의 하천지점에서 횡방향으로 농도분포를 측정하여 식 (12－81)으로 통계적 분산을 구하고 이를 x 방향으로 도시하여 직선의 경사를 구하여 식 (12－80)에서 분산계수를 구한다.

12.4 제트와 부력류

하수나 온배수를 수역에 방류하는 경우 방류에 의한 악영향을 최소화하기 위해서는 주변환경과 효율적으로 섞여 퍼지게 하여 주변 수역과 처리수의 농도 또는 온도차를 최소로 줄이는 것이 중요하다. 즉 희석하는 것이다. 이를 위해서는 방류관이나 기타 방출구를 이용하여 수역으로 처리수를 빠르게 배출시켜 강제로 섞이게 하거나 부력을 이용하여 주변과 섞이게 하는 방법을 이용한다. 전자는 처리수의 운동량을 이용하여 혼합시키는 것으로서 제트(jet) 또는 분사류(噴射流)라 하며, 후자는 처리수의 상향이나 하향 부력을 이용하여 혼합하는 것으로서 부력류(浮力流), 또는 플룸(plume)이라 한다. 원래 플룸은 화재 시 연기나 뜨거운 공기 덩어리를 가리킨다. 운동량과 부력이 함께 작용하는 경우를 특히 부력제트(buoyant jet)라 한다. 화력이나 원자력 발전소와 같은 열발전소에서 냉각수로 이용된 온배수나 하수처리장에서 방류되는 하폐수는 대표적인 부력제트이다. 다만 온배수는 통상 방류량과 방류속도가 크기 때문에 부력제트로 해석하며, 하폐수는 방류량과 방류속도가 상대적으로 작기 때문에 단순히 부력류로 해석할 수 있다. 부력제트는 방출구에서 멀리 감에 따라 궁극적으로 초기운동량을 상실하여 부력류가 된다. 환경수리학 측면에서 층류보다는 통상 난류제트나 부력류가 주요 관심대상이 된다.

제트와 부력류 관련 주요 물리량을 정의하면 다음과 같다.

- 제트의 질량흐름률(mass flux)

제트의 질량흐름률 $\rho\mu$ 는 방출구를 통해 나가는 제트의 단위시간당 질량으로, 제트의 축방향으로 시간평균 유속 w 와 밀도 ρ 를 곱한 것을 제트의 단면적에 대해 적분한 값이다. 즉,

$$\rho\mu = \int_A \rho w \, dA \qquad (12-82)$$

위 식에서 μ 는 단위시간당 제트를 통해 방출되는 처리수의 부피로서, 비질량흐름률(specific mass flux), 또는 부피흐름률(volume flux)이다.

- 제트의 운동량흐름률(momentum flux)

제트의 운동량흐름률 ρm_f 는 방출구를 통해 나가는 제트의 단위시간당 운동량으로, 다음과 같이 표시된다.

$$\rho m_f = \int_A \rho w^2 dA \tag{12-83}$$

위 식에서 m_f 는 비운동량흐름률(specific momentum flux)이라 한다. 식 (12 - 82)와 식 (12 - 83)에서 난류에 의한 운동량흐름률과 질량흐름률 기여도는 시간 평균치에 의한 기여도에 비해 상대적으로 작기 때문에 고려하지 않았다.

- 부력흐름률(buoyancy flux)

부력흐름률은 단위시간당 한 단면을 통과하는 부력이나 유체에 잠긴 무게로서 두 유체간의 밀도 차 $\Delta\rho$ 와 중력가속도 g 를 이용하여

$$\rho\beta = \int_A g(\Delta\rho) w \, dA \tag{12-84}$$

위 식에서 β 는 비부력흐름률(specific buoyancy flux)이라 한다. 여기서 $g' = g\Delta\rho/\rho$ 를 정의하여 이를 '유효중력가속도'라 한다.

- 초기 흐름률

초기에 제트나 부력류의 단위질량당 값들은 특별한 의미가 있다. 초기의 부피흐름률을 Q (유량), 비운동량흐름률을 M 이라 하면, 원형제트에 대해서 두 흐름률은 제트단면의 초기 평균유속 W 를 이용하여 각각 다음과 같이 표시된다.

$$Q = \left(\frac{1}{4}\right)\pi D^2 W \tag{12-85}$$

$$M = \left(\frac{1}{4}\right)\pi D^2 W^2 \tag{12-86}$$

반면에, 비부력흐름률 B 는 유체의 밀도 차에 의해 결정된다. 그러나 원형제트에 의한 처리수 방류 등의 경우 초기 비부력흐름률은 유량에 관련되어 있으므로

$$B = g\left(\frac{\Delta\rho}{\rho}\right)Q = g_o' Q \tag{12-87}$$

위 식에서 $\Delta\rho$ 는 주변수와 방류수와의 밀도 차이며, g_o' 은 밀도 차를 고려한 초기 유효중력가속도이다.

제트와 부력류의 혼합특성은 기본적으로 1) 제트의 초기 유속분포나 난류강도, 질량흐름률과 운동량흐름률, 부력흐름률, 제트에 포함된 추적물의 흐름률 등 제트 관련 변수, 2) 제트를 받는 주변수역의 난류강도, 흐름방향과 속도, 밀도성층 등 환경변수, 3) 제트의 방류구 형상, 위치, 배치, 자유수면과의 관계 등 제트의 기하변수 등에 의존한다. 따라서 제트와 부력류 문제를 해석하는 방법은 제트 관련 변수, 주변 환경 변수, 제트의 기하변수의 조합 중에서 가장 간단한 경우부터 접근한다. 여기서 가장 간단한 경우는 정지중의 균일 유체에 밀도 차가 없는

유체를 방출하거나, 초기운동량은 없으나 밀도 차가 있는 유체가 부력에 의해 움직이는 것이다. 반면에 가장 복잡한 경우 중 하나는 밀도성층이 있는 흐름수역에서 부력제트를 임의방향으로 분사하는 것으로, 그 대표적인 예는 해안가 열발전소에서 나오는 냉각수를 수온과 염분농도 차에 의해 밀도 차가 있고 흐름이 있는 연안에 제트로 방출하는 것이다. 여기서는 제트와 부력류의 가장 기본적인 사례로서, 정지중의 균일 유체에 원형 관을 통해 제트를 일정률로 방출하는 단순제트와 주변 밀도 차에 의한 단순부력류에 대해 Fischer 등(1979)의 교재를 바탕으로 검토한다.

(1) 단순제트

그림 12.8과 같이 방출구에서 분사되는 처리수와 같은 유체는 원추형을 이루면서 주변 물과 뚜렷한 경계를 이룬다. 그러나 유속이 큰 제트의 경계는 정지중인 물과 강한 전단작용을 일으켜서 주변 물을 움직이게 한다. 제트의 초기유속에 따라 제트와 물 간 경계층은 난류가 되고, 경계층 자체도 시공간적으로 계속 움직인다. 이러한 제트의 운동량은 주변 물에 확산되면서 점차 줄어들어 방출구에서 어느 정도 떨어진 곳에서는 초기제트의 운동량이 소멸된다. 여기서 제트의 특성별로 구역화하면, 그림 12.8과 같이 방출구에서 하류 일정 지점까지 제트의 중심축에서 초기유속을 그대로 유지하는 '흐름이 확립되는 영역(zone of flow establishment, ZFE)'과, 이를 지나 중심축에서 유속이 초기유속에서 점차 줄어드는 '흐름이 확립된 영역(zone of established flow, ZEF)'으로 나눈다. ZFE의 경우 제트의 중심 축에서부터 일정 원형구간에서는 여전히 초기유속을 유지하며, 그 바깥에서는 주변 물과의 경계층의 영향으로 유속이 줄어든다. 이 영역의 길이는 통상 방출구 직경의 6~7배 정도이다. ZEF는 제트단면에서 유속분포가 가우스분포를 하기 시작하는 점부터 하류구간 전체를 포함하며, 중심축에서 유속도 초기유속에서 점차 작아진다. 이 영역에서는 그림 12.8의 단면 B에서 값들을 초기치로 하는 유사가정(simil-

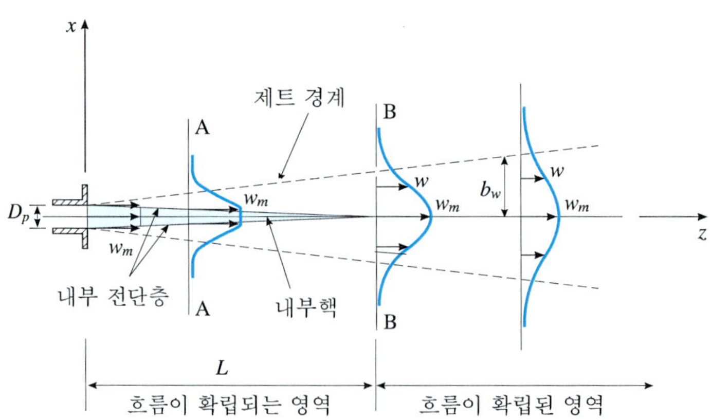

그림 12.8 정지중인 물속에서 단순 제트

arity hypothesis)이 성립한다고 본다. 즉, 이 단면 이후부터는 단면상 임의 점(z, x)의 유속이나 농도는 그 단면의 축상에서 최대 유속이나 농도의 함수로 표시할 수 있다.

ZEF 내 임의의 연직단면에서 제트를 통한 추적물의 시간평균유속 w 은 가우스분포를 하며, 이를 수식으로 표시하면

$$w = w_m \exp\left[-\left(\frac{x}{b_w}\right)^2\right] \tag{12-88}$$

위 식에서 w_m 은 축 상에서 유속이며, b_w 는 그 단면에서 w 가 w_m 의 어느 비율(예를 들면 $1/e$)로 줄어드는 점까지 방사상 방향(x) 거리이다. 따라서 제트의 폭에 해당하는 거리($x = b_w$)에서 $w/w_m = 1/e\,(= 0.37)$이 된다.

마찬가지로 추적물(질량이나 열)의 농도도 제트의 흐름축에 대한 임의의 연직단면에서

$$C = C_m \exp\left[-\left(\frac{x}{b_c}\right)^2\right] \tag{12-89}$$

위 식에서 C_m 은 축상에서 농도, b_c는 농도 C가 C_m의 어느 비율(예를 들면 $1/e$)로 줄어드는 점까지 방사상방향으로 거리이다. 일반적으로 b_c는 b_w 보다 조금 크게 나타나며, $b_c/b_w \simeq 1.17$ 이다(Singh과 Hager, 1996).

한편, 원형제트의 특성길이 l_Q 는 초기 부피흐름률 Q 와 초기 비운동량흐름률 M 을 이용하면 차원해석에 의해

$$l_Q = \frac{Q}{M^{1/2}} = \sqrt{A} \tag{12-90}$$

위 식에서 A 는 초기 제트방출구의 단면적이다. l_Q 는 제트 방출구의 기하특성을 나타내는 척도로서, 방출구의 폭이나 직경 등을 의미한다. 원형제트에 대해서는 $l_Q(= \sqrt{A}) = \sqrt{\pi/4}\,D$ 가 된다.

제트에 대한 주된 관심은 축상에서 최대유속과 제트에 의한 처리수와 같은 추적물의 희석효과이다(Fischer 등, 1979, pp. 323~328). 제트의 축상에서 최대유속은 차원해석과 실험에 의해 다음과 같이 표시된다.

$$w_m \frac{Q}{M} = 7.0\left(\frac{l_Q}{z}\right) \tag{12-91}$$

Fischer 등은 희석률을 임의 단면에서 부피흐름률 μ 와 초기 부피흐름률 Q 의 비로서 나타내고, 차원해석을 이용하여 다음과 같은 희석률 식을 제시하였다.

$$\frac{\mu}{Q} = 0.25\left(\frac{z}{l_Q}\right) \tag{12-92}$$

위 식은 원형제트에 대해 실험치와 잘 맞으나, $z/l_Q < 15$에서 실험치보다 더 작은 값을 예측한다.

예제 12.5

하수 처리장에서 처리된 하수를 제트를 이용하여 바다에 방류한다. 제트의 유량은 1.2 m³/s이며 방류유속은 3.5 m/s이다. 이 경우 방류구에서 축방향으로 100 m 떨어진 지점에서 최대유속, 평균희석률, 평균농도 등을 구하시오. 방류수의 초기농도는 20 ppm이며, 방류수와 주변수와의 밀도 차는 없다고 가정한다.

풀이

$Q = 1.2\,\mathrm{m^3/s}$, $M = 1.2 \times 3.5 = 4.2\,\mathrm{m^4/s^2}$ 이므로 식 (12-90)에서 방류구의 특성길이 l_Q를 구하면

$$l_Q = \frac{1.2}{4.2^{1/2}} = 0.59\,[\mathrm{m}]$$

(1) 100 m 지점에서 최대유속 w_m 은 식 (12-91)에서

$$w_m = \frac{M}{Q} 7.0 \left(\frac{l_Q}{z} \right) = \frac{4.2}{1.2} 7.0 \left(\frac{0.59}{100} \right) = 0.14\,[\mathrm{m/s}]$$

(2) 평균희석률 μ/Q는 식 (12-92)에서

$$\frac{\mu}{Q} = 0.25 \left(\frac{z}{l_Q} \right) = 0.25 \left(\frac{100}{0.59} \right) = 42$$

(3) 평균농도는 $20 \times (Q/\mu) = 20(1/42) = 0.48\,[\mathrm{ppm}]$

(2) 단순 부력류

단순 부력류는 정지유체 속에서 밀도 차에 의해 유체가 연직방향으로 움직이는 것이다. 따라서 단순부력류에는 초기 부피흐름률이나 운동량흐름률이 없기 때문에 관련변수는 초기 비부력흐름률 B, 방류지점에서 거리 z, 주변유체의 동점성계수 ν 등뿐이다. 따라서 부력류의 축에서 시간평균한 연직유속 w_m 은(Fischer 등, 1979, pp. 329-331)

$$w_m = f\,(B, z, \nu) \tag{12-93}$$

위 식을 차원해석하면 변수가 4개이므로 2개의 무차원량이 존재하고, 점원(point source)에서 시작하는 원형부력류에 대해

$$w_m\,(z/B)^{1/3} = f\left(\frac{B^{1/3} z^{2/3}}{\nu} \right) \tag{12-94}$$

위 식에서 $z \gg \nu^{3/2}/B^{1/2}$ 인 경우 점성의 영향은 사라지고 난류가 지배적이 되므로 우변은

상수가 되어, 좌변에서 연직유속 w_m 은

$$w_m = b_1 (B/z)^{1/3} \tag{12-95}$$

위 식의 상수 b_1 은 실험에 의해 4.7로 알려져 있다.

부력류는 제트와 달리 처음에는 운동량이 없으나 부력이 작용함에 따라 점차 운동량이 커진다. 이 경우 운동량은 점원에서 거리 z와 초기 비부력흐름률 B 에만 관련되어 있으므로 비운동량흐름률 m_f 는

$$m_f = b_2 B^{2/3} z^{4/3} \tag{12-96}$$

위 식에서 상수 b_2 는 실험에 의해 0.35로 알려져 있다. 마찬가지로 부력류의 부피흐름률 μ 는

$$\mu = b_3 B^{1/3} z^{5/3} \tag{12-97}$$

위 식에서 상수 b_3 는 실험에 의해 0.15로 알려져 있다.

부력류에서 추적물의 농도 C_m 은 제트의 경우와 마찬가지로 차원해석에 의해 추적물의 질량흐름률 Y 를 이용하여

$$\frac{C_m}{Y} = \frac{b_4}{B^{1/3} z^{5/3}} \tag{12-98}$$

위 식에서 상수 b_4 는 실험에 의해 9.1로 알려져 있다.

예제 12.6

수심 100 m의 바다 밑으로 2.0 m^3/s의 처리수를 방류한다. 처리수의 수온은 20℃이며 밀도는 같은 온도의 민물과 같다. 주변 바닷물의 수온은 12℃, 염도는 30‰이며, 주변과 잘 섞여 있다. 처리수의 초기농도가 1.5 kg/m^{3}인 경우 해수면 10 m 아래에서 단순부력류에 의한 처리수의 시간평균 최대농도와 평균희석률을 구하시오.

풀이

(1) 수온 12℃와 염도 30‰의 바닷물의 밀도 : 1022.7 kg/m^3

수온 20℃의 처리수의 밀도 : 998.2 kg/m^3

밀도 차 $\Delta\rho$: $1022.7 - 998.2 = 24.5\,[\mathrm{kg/m^3}]$

$$g_o' = 9.8\frac{24.5}{998.2} = 0.24\,[\mathrm{m/s^2}]$$

(2) 초기 비부력흐름률은 식 (12－87)에서 $B = g_o' Q = 0.24 \times 2.0 = 0.48\,[\mathrm{m^4/s^3}]$

(3) 추적물의 질량흐름률 : $Y = QC_o = 2.0 \times 1.5 = 3.0\,[\mathrm{kg/s}]$

(계속)

(4) 처리수의 최대농도는 식 (12 - 98)에서

$$C_m = 9.1(3.0)(0.48)^{-1/3}(90)^{-5/3} = 0.019\ [\text{kg/m}^3]$$

(5) 부력류의 부피흐름률은 식 (12 - 97)에서

$$\mu = 0.15(0.48)^{1/3}(90)^{5/3} = 212\ [\text{m}^3/\text{s}]$$

(6) 평균희석률 : $\dfrac{\mu}{Q} = \dfrac{212}{2.0} = 106$

(3) 단순 부력제트

부력류가 제트의 형태로 방출되는 부력제트에서 가장 간단한 경우는 그림 12.9(a)와 같이 정지중인 주변유체와 밀도 차 Δp가 있고, 제트는 연직 상향류인 경우이다. 부력제트는 제트로서 초기 부피흐름률과 운동량흐름률을 가지고 있고, 동시에 부력류로서 초기 부력흐름률을 가진다. 그러나 부력제트는 시간과 거리가 가면서 초기 운동량흐름률의 영향은 줄어들고 결국 부력률의 영향이 지배적이 된다. 제트의 초기운동량이 커서 제트가 수면에 닿으면 수평면상으로 퍼지게 된다. 다음 그림 12.9(b)와 같이 수평방출구에서 나오는 제트는 수평방향 운동량과 부력의 영향을 동시에 받아 제트는 경사지게 올라간다. 이 경우도 제트의 초기운동량이 커서 제트가 수면에 닿으면 수평면상으로 퍼지게 된다.

여기서 해양방류 등과 같이 초기 부피흐름률 Q를 무시할 수 있는 경우 초기 비운동량흐름률 M과 비부력흐름률 B를 이용하여 특성길이 l_M을 정의하면(Fischer 등, 1979, pp. 333-334)

$$l_M = \frac{M^{3/4}}{B^{1/2}} \tag{12-99}$$

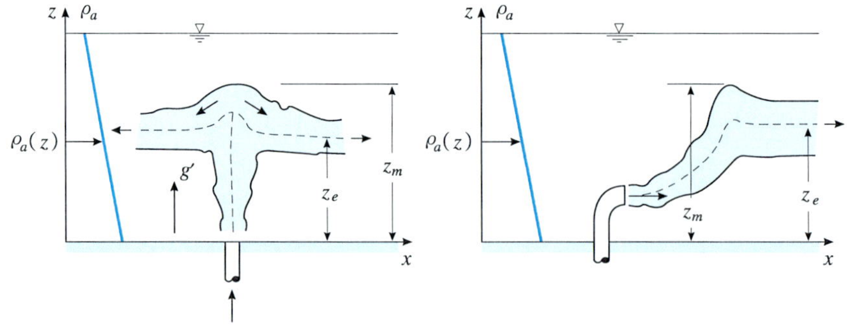

(a) 연직 부력 제트 (b) 수평 부력 제트

그림 12.9 정지중인 물속에서 단순 부력제트(z_m : 최대상승고, z_e : 평형상승고)

l_M 은 제트가 분사되면서 제트의 특성이 없어지고 부력류의 특성이 지배적으로 되는 곳까지의 거리를 나타내는 척도이다. 따라서 $z \ll l_M$ 이면 흐름은 제트 같이 거동하고, $z \gg l_M$ 이면 흐름은 부력류같이 거동한다. 원형제트에서 식 (12 - 90)으로 정의한 제트의 특성길이 l_Q 와 식 (12 - 99)의 부력제트의 특성길이 l_M 의 비는 리처드슨(Richardson) 수 R_o 로서 알려져 있다(이 식의 유도는 문제 12.16으로 남김).

$$R_o = \frac{l_Q}{l_M} = \left(\frac{\pi}{4}\right)^{1/4} \frac{1}{Fr_d} \tag{12 - 100}$$

위 식에서 Fr_d 는 관성력과 밀도차에 의한 중력의 비인 밀도 프루드 수로서 두 유체의 무차원 밀도 차 $\Delta\rho/\rho$, 부력제트의 평균유속 V와 특성길이 L을 이용하여 다음과 같이 표시된다.

$$Fr_d = \frac{V}{\sqrt{(\Delta\rho/\rho)gd}} \tag{12 - 101}$$

리처드슨 수는 위와 같이 두 특성길이 규모의 비로서 물리적 의미가 분명하고, 그 값의 범위가 0에서 1로 한정되어 있기 때문에 부력제트에서 자주 이용되는 무차원량이다. 여기서 밀도 프루드 수의 물리적 의미는 부력제트가 가지는 관성력과 초기부력의 비로서, Fr_d 가 매우 큰 경우 부력제트는 제트로서 거동을, Fr_d 가 0에 가까운 경우 부력류로서 거동을 한다.

위와 같은 단순한 조건에서 제트와 부력류의 해석은 관련변수가 제한되어 있어서, 차원해석 등을 이용하여 비교적 쉽게 할 수 있다. 그러나 실제 공학적으로 관심 있는 환경은 위와 같이 단순하지 않고 주변유체의 흐름과 성층화, 난류, 제트의 위치변화, 주변유체 경계면의 변화 등으로 매우 복잡한 양상을 띤다. 이러한 제트에서 주요 관심은 그 궤적을 예측하여 열이나 농도의 공간변화를 추정하는 것이며, 부력류의 경우 밀도성층에 의한 제트의 상승고와 희석률이다.

(4) 온배수

부력제트에 관련된 환경수리학에서 가장 중요한 분야 중 하나는 하천이나 해안에 열 발전소의 열 처리수, 즉 냉각수의 방류이다. 이렇게 공공수역에 방류된 열 발전소의 냉각수를 온배수(溫排水, thermal discharge)라 한다.

하천이나 해안 등 공공수역의 온배수 문제는 1980년대 중반 들어 국내에서도 상당한 사회적 관심을 불러일으켰다. 과거 원자력발전소가 없었던 1970년대 이전에는 영월화력과 서울화력 등 소수의 화력발전소가 하천 변에 위치하여 하천에서 냉각수를 취수하고 그 자리에 따듯한 냉각수를 배수하였으나, 강에는 상업적 어업이 없기 때문에 상대적으로 환경문제가 적었다. 그러나 원자력발전소 시대가 열리면서 다수의 원자력발전소들이 해안에 건설되어 가동되면서 냉각수의 온배수에 의한 환경피해가 사회문제로 대두되었다. 그에 따라 1990년대 초부터 국내에서 온배수에 관한 연구가 상당히 진행되었다. 예를 들면 이재형(1999), Lee와 Seo(2000)는 밀도 성층화된 흐름수역에서 수중 단일확산관을 통해 방출되는 처리수의 혼합거동을 위한 난류부력제트 모형을 개발하였다. 이와 같은 온배수 연구경향은 외국에서도 비슷하여 온배수방출구 설계와 운용 문제와 같은 처리수의 공공수역 방류는 미국 토목학회에서도 21세기 주요 수리학 과제로 제시되었다(ASCE, 1996).

열발전소에서 나오는 온배수는 들어간 원수의 수온에 비해 보통 4~10℃ 정도 높다. 이러한 높은 수온의 물은 해양이나 하천 등 공공수역으로 들어가 어류 등 수생생물의 서식처 환경에 부정적인 영향을 준다. 그에 따라 온배수는 엄격한 환경기준을 요구한다. 따라서 온배수가 이러한 환경기준을 만족하는지를 검토하기 위해서는 기본적으로 온배수 구역의 수온분포를 예측하는 방법이 요구된다.

온배수는 기본적으로 부력제트 현상이나 일반 처리수의 부력제트와 몇 가지 다른 특성을 가지고 있다. 온배수는 우선 방류량이 일반 처리수보다 매우 크다. 온배수는 통상 하안이나 해안에서 바로 인접한 곳으로 방류하기 때문에 보다 깊은 곳에서 방류하는 일반 처리수에 비해 방류수역의 수심이 얕다. 온배수는 방류량과 운동량이 크므로 일반 처리수에 비해 초기혼합이 상대적으로 크다.

온배수는 그림 12.10과 같이 수면에서 수평으로 방류하는 수면제트와 물속에서 수평이나 연직상향으로 방류하는 수중제트로 크게 나눈다.

수면제트는 수면에서 제트방류에 의해 그림 12.10(a)와 같이 주변 물과 혼합되면서 온배수

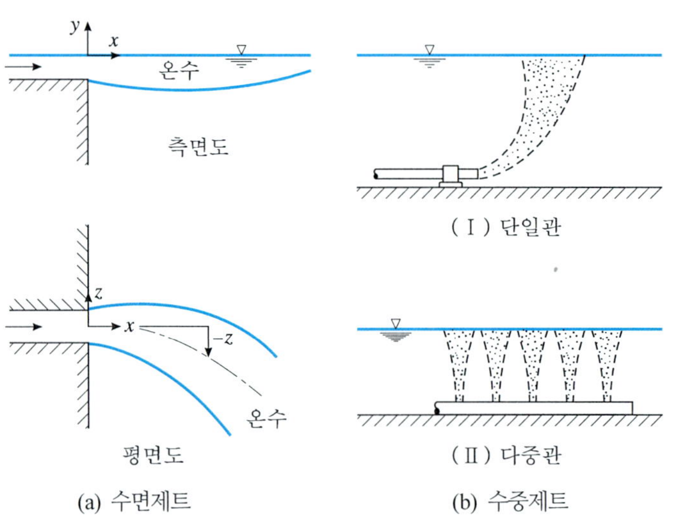

그림 12.10 수역의 온배수 방류 형태(Ranga Raju, 1993, p. 354)

의 열을 확산시키는 방법이다. 반면에 수중제트는 그림 12.10(b)와 같이 물속에서 방출하여 온배수의 제트와 부력에 의해 주변 물과 섞이면서 열을 확산시키는 방법이다. 이 경우 제트가 물에 잠기는 깊이가 클수록 수면에서 온배수의 온도는 더 낮아진다. 수심이 충분하지 않은 경우 복수의 제트를 쓸 수 있다.

온배수는 혼합 측면에서 근역(near field)과 원역(far field)으로 구분할 수 있으며, 이러한 구분은 해석상 편리하다. 근역은 주변흐름에 의한 부력제트의 궤적이 크게 휘어지기 전까지 영역으로 방출구 바로 인접한 수역으로서, 주변 물보다는 부력제트 자체의 특성이 혼합거동에 지배적인 영향을 미치게 된다. 근역에서 부력제트의 온도분포는 초기 온배수의 온도와 유량, 그리고 주변 물과의 혼합 정도에 의해 결정된다. 방출구에서 온배수가 방출되면 제트와 주변 물의 경계층에서 난류혼합과 주변 물의 연행 등으로 제트의 수온은 낮아진다. 원역은 근역 다음 영역으로 주변흐름에 의한 영향이 지배적이 되며, 근역보다 훨씬 크고 넓다. 다른 자연 현상이 다 그렇듯이 온배수에서도 근역과 원역 사이에는 천이 영역이 있다. 원역에서는 온배수와 주변 물과의 확산과 대류가 광범위하게 일어나서 온배수의 온도는 낮아진다. 이러한 과정을 거쳐 주변으로 멀리, 넓게 퍼진 온배수의 열은 종국적으로 수면에서 증발, 복사 등을 통해 대기로 전달된다.

12.5 밀도류

(1) 밀도류의 의미

밀도류(density current), 또는 성층류(stratified flow)는 두 유체의 밀도 차로 중력에 의해 한 유체가 다른 유체에 대해 움직이는 현상이다. 유체의 밀도 차는 태양의 열에너지에 의한 온도 차, 하구에서 염수농도 차, 미립토사의 부유농도 차, 대기에서 기단의 온도 차 등으로 발생한다. 밀도류를 쉽게 이해하기 위해서 그림 12.11과 같이 밀도가 서로 다른 두 액체가 정지상태

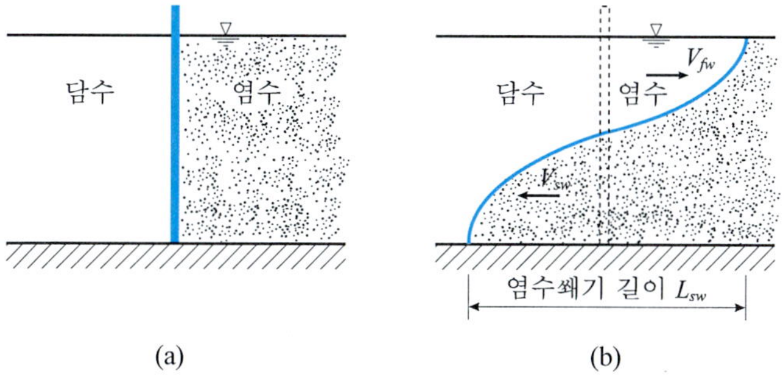

그림 12.11 두 유체의 밀도 차에 의한 한 유체의 저면유입

의 칸막이로 나눠져 있는 경우를 상정하자. 좌측 유체를 담수, 우측 유체를 염수라 하자. 이 상태에서 가운데 있는 칸막이를 순간적으로 빼게 되면 상대적으로 밀도가 높은(무거운) 염수는 중력에 의해 좌측 아래에서 밀고 들어가고, 밀도가 낮은 민물은 우측 위로 밀려올라가게 된다.

그림 12.11(b)는 좌측에서 하천수(담수)가 일정한 유속으로 우측의 바다(염수)로 유입하는 경우와 사실상 같다. 이는 조석과 파랑이 없는 바다나 염호에 하천수가 유입하는 경우이다. 문제를 간단히 하기 위해 하천바닥에서 마찰은 없고 두 유체의 경계면에서 내부파도 없다고 가정한다. 이 경우 좌측 담수는 서서히 우측 상부로 밀려 흘러가고 우측 염수는 하부로 유입하게 된다. 담수가 어느 정도 염수 상부를 타고 유입하게 되면 밀도류의 의한 중력과 두 유체의 경계면에서 발생하는 전단력과 평형이 되어 흐름 또한 평형상태에 도달한다. Schijf와 Schonfeld(1953)는 이 경우 염수쐐기 길이 L_{sw}를 하구단면의 평균유속 V와 평균수심 d를 기준으로 한 밀도 프루드 수 Fr_d (식 12-101)를 이용하여 다음과 같이 유도하였다.

$$L_{sw} = \frac{2d}{f_i}\left(\frac{1}{5Fr_d^2} - 2 + 3Fr_d^{2/3} - \frac{6}{5}Fr_d^{4/3}\right) \qquad (12-102)$$

여기서 f_i는 내부마찰계수로서 두 유체 경계면 간 전단응력 τ를 이용하여 다음과 같이 표시된다.

$$f_i = \frac{8\tau}{\bar{\rho}(V_{fw} - V_{sw})|V_{fw} - V_{sw}|} \qquad (12-103)$$

위 식에서 $\bar{\rho}$는 두 유체 밀도의 평균이며, V_{fw}와 V_{sw}는 각각 담수와 염수의 유입유속이다. 그러나 실제 하구상황에서 조석이나 유입하천 유량에 따른 수심변화, 바람과 파랑, 바닥마찰 등 여러 요인이 작용하고, 나아가 두 유체 간 경계면에는 이른바 내부파(internal wave)가 발생하는 등 복잡한 혼합현상이 일어난다.

(2) 하구 밀도류

하천수리학에서 밀도류의 관심 대상은 하구에서 염수침입과 저수지 탁류 등이다. 하구는 전 세계적으로 많은 곳에서 사회경제적으로 중요한 역할을 하였고, 생태적으로도 중요한 가치를 가진다. 이른바 기수역(汽水域)이라 불리는 하구는 담수와 염수가 교차하게 되어 그에 맞는 수생서식처가 형성된다. 이러한 하구에 유량을 인위적으로 조절하여 하천상류로 염수침입이 과다해지거나, 유역에서 내려오는 각종 오염물이 하구에 퇴적되면 하구 고유의 생태계 서식처에 악영향을 주게 된다.

1 혼합특성에 따른 하구형태

하구의 형태를 혼합현상에 따라 구분하면(Einsele, 1992), 1) 연직혼합 하구, 2) 약성층 하구, 3) 강성층 하구, 4) 염수쐐기형 하구 등으로 나눌 수 있다(그림 12.12).

'연직혼합 하구'는 조석변화가 매우 커서 성층화가 일어나기 전에 효과적으로 담수와 염수를 혼합하는 경우이다.

'약성층 하구'는 조석 차가 어느 정도는 있어 바닥마찰로 난류가 생겨 연직방향으로 어느 정도 혼합이 발생하는 경우이다. 이 경우 바닥 염수층에서는 하천방향으로 염분농도가 줄어들고, 위 담수층에서는 바다방향으로 염분 농도가 증가한다.

'강성층 하구'는 수심이 깊은 곳에서 유입유량과 조석이 적어 혼합현상은 수표면 근처로만 국한하는 경우이다.

'염수쐐기형 하구'는 조석 차에 비해 유량이 월등이 많아 담수와 염수 경계선을 따라 약 0.5 m 폭의 뚜렷한 염분농도 변화층인 염분약층(halocline)이 생기는 경우이다. 이러한 염분쐐기가 발생하는 하구에서 준설 등 인위적인 지형변화를 주게 되면 염분쐐기가 상류로 올라가서 주변 수생 생태계를 교란하게 된다.

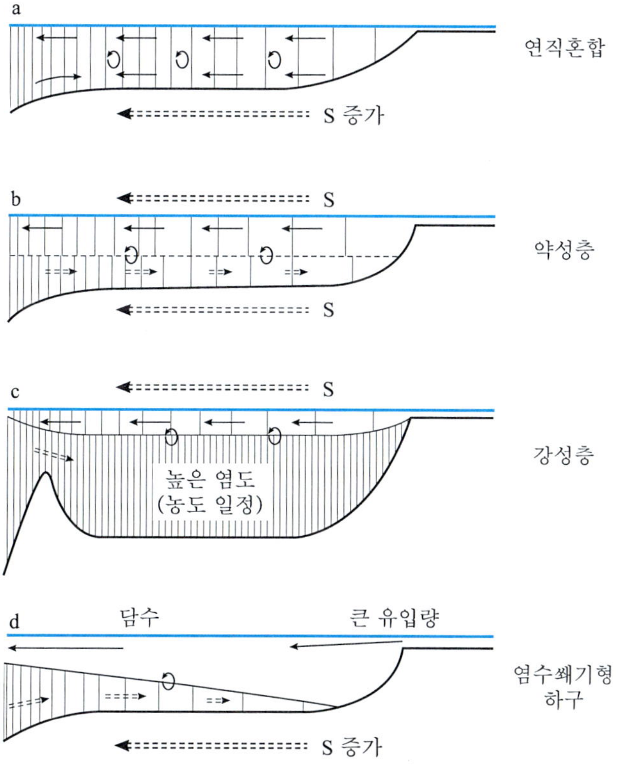

그림 12.12 혼합양상에 따른 하구 구분(Einsele, 1992)

2 밀도류에 의한 하구혼합 작용의 해석

위와 같은 하구 밀도류의 정성적 분류에 더하여 정량적 분석을 위해서는 정량적 척도가 필요하다. 정량적 분석의 가장 간단한 경우로서 조석이 거의 없는 하구를 상정하자. 동해 하구에서 파랑이 없는 날이 이 경우에 해당할 것이다. 이 경우 하구에서 하천수는 상당한 거리까지 해수와 섞이지 않고 흘러가며, 반대로 해수는 바닥에서 상당한 거리까지 하천으로 올라가게 된다. 여기서 하천수는 바닷물에 비해 염분농도가 낮고 그에 따라 밀도가 낮기 때문에 부력을 받게 되며 그 크기는 $\Delta\rho g Q_{fw}$로 표시할 수 있다. 여기서 Q_{fw}는 유입하천 유량이다. 이 값과 조석에 의한 혼합력의 비를 무차원으로 표시하면

$$R = \frac{\Delta\rho g Q_{fw}}{\rho_{sw} T U_t^3} \qquad (12-104)$$

위 식에서 ρ_{sw}는 바닷물의 밀도, T는 하구 폭, U_t는 rms 조석유속이다. R은 식 (12-100)과 유사한 일종의 리처드슨 수로서, Fischer(1972)는 '하구 리처드슨 수'라고 불렀다. 식 (12-104)는 일종의 성층화 척도로서, R값이 크면 담수의 부력이 커서 혼합이 안 되어 성층류가 되며, 작으면 조석에 의한 혼합작용이 커서 담수와 염수가 잘 섞이게 된다. 자연 하구에서 R값은 일반적으로 0.08~0.8 정도로 알려져 있다(Fischer 등, 1979, p.243).

밀도류에 의한 하구에서 혼합현상을 설명하기 위해 그림 12.13과 같은 점차적으로 깊어지는 하구의 측면도를 그려보자. 부분적으로 성층화된 상태에서 등염분선(isohalines)은 통상 바다 쪽으로 뉘이게 된다. 완전 성층류인 경우 등염분선은 수평이 된다. 부분적으로 성층화된 경우 밀도가 높은 바닷물은 바닥에서 하천방향으로 흐르고, 반대로 밀도가 낮은 하천수는 수표면에서 바다방향으로 흐르면서 자연스럽게 순환류가 생긴다. 이러한 순환류는 중력, 또는 밀도 차에 의한 것으로서 중력순환(gravitational circulation)이라 한다.

Hansen과 Rattray(1966)은 하구 한 단면에서 횡방향으로 변화가 없는 중력순환, 또는 성층순환 작용을 해석하였다. 그림 12.14는 몇 개의 지표를 이용하여 하구 한 단면에서 수심방향으로 염분농도 변화를 추정하는 그림이다. 이 그림에서 F_m은 하구 평균유속과 평균수심을 이용한 밀도 프루드 수 Fr_d이다. 이 값은 하천에 의한 관성력과 밀도 차에 의한 부력의 비를 나타내는 것으로서, 하천 유입유량이 크면 밀도 프루드 수는 커지며, 하구수심이 깊으면 작아

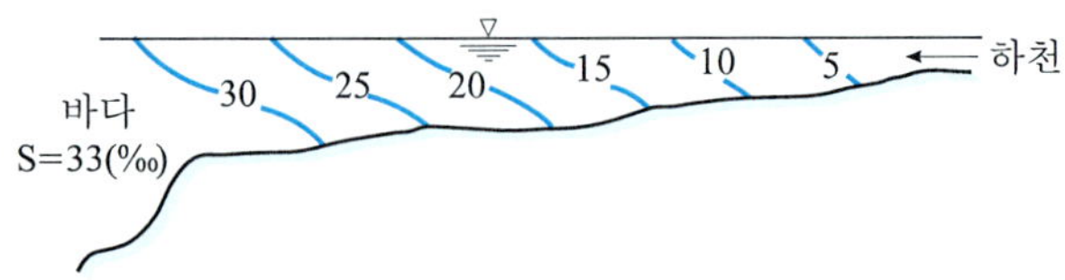

그림 12.13 전형적으로 성층화된 하구에서 등염분선

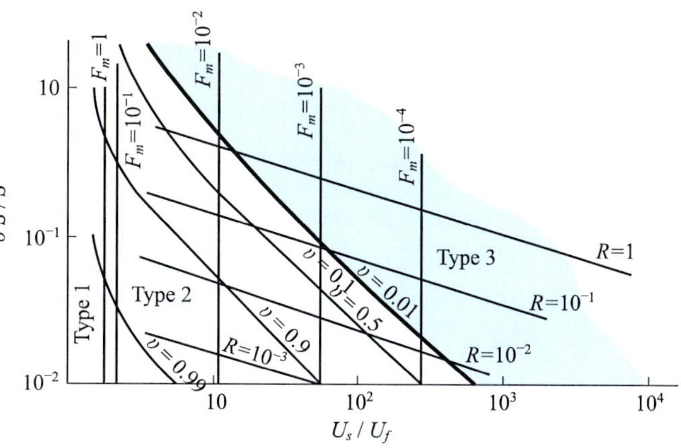

그림 12.14 Fischer에 의해 보완된 Hansen과 Rattray(1966)의 성층화-순환(Fisher 등, 1979, p. 245)

진다. 한편 R은 앞서 정의된 하구 리처드슨 수이다. 이 두 값을 알면 그림 12.14의 종축에서 염분농도 차, $\delta S/\overline{S}$(대상 하천단면의 수심 평균농도에 대한 수표면과 바닥에서 농도 차이의 비율)와 횡축에서 유속 비율, U_s/U_f(여기서 U_s는 수표면에서 '남은' 유속이며, U_f는 하천수의 평균유속으로 이 책에서 V_{fw}에 해당)를 추정할 수 있다. 그림 12.14에 있는 ν는 중력순환 작용에 의한 염분 운송을 제외한 기타 요인에 의한 운송률을 의미한다.

한편 그림 12.14에서 일반적으로 하구 리처드슨 수 R값이 커지면 성층류가 잘 되고, 밀도 프루드 수 F_m값이 작아져도 성층류가 잘 된다. 마찬가지로 그 반대가 되면 혼합이 잘 된다. 따라서 'Type 1'은 완전 혼합된 경우로서 하천수는 전 수심에 대해 바다 방향으로 순 흐름이 있는 경우로서 그림 12.12의 첫 번째에 해당한다. 'Type 2(그림 좌단의 옅은 음영부분)'는 부분 혼합된 경우로서 수표면에서는 민물이 바다방향으로 흐르고, 바닥에서는 염수가 하천방향으로 침입하는 경우로서 그림 12.12의 두 번째 유형에 해당한다. 'Type 3'(진한 음영부분)은 성층화가 매우 강한 경우로서, 염수층은 깊고 전반적인 하구 순환작용에 영향을 받지 않는 경우로서 그림 12.12의 세 번째 유형에 해당한다.

지금까지 이상적인 2차원 상태를 상정하여 해석하였다. 그러나 실제 하구는 지형의 변화가 심하여 수심, 하폭 등 지형특성에 따른 염분 혼합이 지배하게 된다. 따라서 실제 하구 염분혼합 현상을 해석하기 위해서는 밀도류와 조석 작용은 물론 난류, 바람과 파랑, 하구지형 조건 등 염분 혼합에 영향을 주는 물리적 요인들을 수학적으로 고려한 수치해석에 의존하게 된다.

예제 12.7

한강 하구의 한 단면에서 하천유량 200 m^3/s, 평균수심 2.5m, 하폭 1,000m, rms 조석유속 1.5 m/s라 하고 그 단면에서 염분농도를 구하시오. 여기서 바닷물과 하천의 염분농도는 각각 30‰, 5‰로 보자.

(계속)

풀이

(1) 염수와 담수의 밀도차 비율은

$$\frac{\rho_{sw}-\rho_{fw}}{\rho_{sw}}=\frac{1,035-1,006}{1,035}=0.028$$

따라서 식 (12-104)에서 $R=0.028(9.8)\frac{200}{(1,000)1.5^3}=0.016$

(2) 염분농도 30‰, 5‰에 해당하는 염수와 담수의 밀도 차는 약 30 kg/m^3 이므로, 식 (12-101)에서

$$F_m=\frac{200}{(1,000\times 2.5)}\frac{1}{\sqrt{(30/1,000)(9.8)(2.5)}}=0.094$$

(3) 위 두 값을 가지고 그림 13-14에서 종축을 읽으면

$$\Delta S/\bar{S}=0.10$$

따라서 계산 단면에서 수면과 바닥에서 염분농도 차는 단면평균 염수농도의 10% 수준으로 상하로 혼합이 비교적 잘 된 상태를 보여준다. 실제 한강 하구부는 조석의 영향이 매우 크게 나타나는 지형이다.

(3) 저수지 밀도류

저수지 밀도류는 흐름이 매우 약한 저수지 상류에서 고농도의 미립 토사 흐름이 유입하는 경우 유입한 물-유사 혼합물의 밀도는 주변 물보다 밀도가 약간 커져 중력에 의해 하류로 흐르는 현상이다. 저수지 밀도류는 흔히 탁류(turbidity current)라 한다.

탁류는 두 가지 면에서 실용적으로 중요하다. 첫째는 저수지퇴사로서, 실트나 점토와 같은 미립토사는 모래와 달리 저수지 유입부에 퇴적되지 않고 바닥을 따라 탁류층을 이루면서 하류의 댐체까지 와서 퇴적하거나 저수지 바깥으로 방출된다. 따라서 밀도류의 해석은 저수지 수질, 퇴사양상과 특히 배사효율의 연구에 중요하다. 둘째는 수처리과정에서 침사지의 설계에 밀도류의 거동이 중요한 의미가 있다.

저수지 밀도류 현상은 미국 Hoover 댐의 Mead 호에서 처음 관찰되었다. 이를 도식적으로 표시하면 그림 12.15와 같다. 이 그림과 같이 상류에서 유입한 유사흐름은 델타를 지나 저수지 내로 빠져들어 간다. 이를 침강점(plunge point)이라 하며, 그 위치는 보통 댐 방향에서 오는 역류에 의한 수면 부유물이 집중되는 것으로 알 수 있다. 델타를 지난 밀도류는 저수지바닥을 따라 하류로 계속 진행하여 댐체까지 와서 점토 등 미립토사는 침전된다. 저수지 바닥에서 하류로 흐르는 밀도류는 수면에서 상류방향으로 역류를 형성하게 된다. 그러나 이러한 밀도류와 역류는 통상 매우 미미한 흐름으로 쉽게 감지되지 않는다.

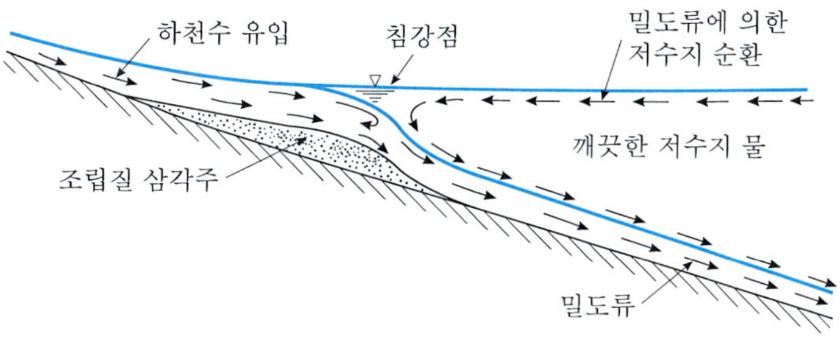

그림 12.15 저수지에서 밀도류의 순환

밀도류의 유사는 이동 도중 쉽게 침전되지 않는, 크기 20 μm 이하의 실트와 점토로 되어 있다. 이 정도 작은 사립자의 침강속도는 Stokes의 법칙에서 약 0.03 cm/s 이하이며, 따라서 유속 3 cm/s인 흐름의 1% 정도 난류 성분만 있으면 이 같은 사립자를 부유시킬 수 있다. 이러한 미립토사는 저수지상류 하상보다는 유역에서 세류사의 형태로 유입한다. 밀도류의 구성입자는 매우 작으므로 밀도류 위아래에 걸쳐 유사농도도 비슷하게 된다.

상류에서 유입하는 밀도류는 하류 댐까지 유지하게 하여 댐하류로 방류하면 저수지퇴사의 저감 측면에서 유용하다. 따라서 저수지퇴사와 관련하여 밀도류의 관심은 1) 밀도류의 이동속도(유속), 두께, 유사 이송량, 2) 이동중 밀도류와 위층 물과의 경계면 혼합(interface mixing)에 의한 미립토사 이송의 감소 정도, 3) 댐체까지 이동 중 밀도류의 안정성 등이다.

3 저수지 밀도류의 수리학

저수지 밀도류는 기본적으로 유체 밀도만 달리하는 개수로 흐름이다. 다만 흐름조건에 따라 경계면에서 물과 혼합하여 그 안정성이 깨지게 된다. 밀도류의 유속 V_d 는 탁류의 밀도 ρ_s 와 주변 물의 밀도 ρ 와의 차 $\Delta\rho$ 를 이용하여 다음과 같이 유도된다(Ippen과 Harleman, 1952).

$$V_d = \sqrt{\frac{8(\Delta\rho/\rho)g}{f}}\sqrt{\frac{h_d}{1+\alpha}S} \qquad (12-105)$$

위 식에서 f 는 Darcy-Weisbach의 마찰 계수, h_d 는 밀도류의 높이(두께), S 는 바닥경사, α 는 밀도류 경계면에서 소류력과 바닥의 소류력의 비이다. 밀도 레이놀즈 수를 $Re_d = V_d h_d/\nu$ 로 정의하면, $Re_d < 1{,}000$ 범위의 층류에서 유속 V_d 는

$$V_d = \frac{Re_d^{1/2}}{2.7}\sqrt{(\Delta\rho/\rho)g\,h_d S} \qquad (12-106)$$

$Re_d > 1{,}000$ 인 난류에 대해서 유속은 해석적으로 구하지 못하고 실험에 의존한다. 이 경우 $f \cong 0.01$, $\alpha \cong 0.5$ 정도로 알려져 있다.

밀도류의 단위폭당 유량 q_d 는 밀도류 두께(높이) h_d 를 이용하면 $q_d = V_d h_d$ 이며, 단위폭당 부피유사량 q_s 는 밀도류에서 농도는 위아래로 일정하므로 $q_s = C_v q_d$ 이다. 여기서 밀도류의 밀도차 $\Delta\rho$ 는 부피농도 C_v 와 사립자비중 s 를 이용하여

$$\frac{\Delta\rho}{\rho} = C_v(s-1) \qquad (12-107)$$

밀도류가 난류가 되면 물과 밀도류의 경계면간에 난류변동성분에 의해 유사가 확산되므로 밀도류는 위로 흩어지게 된다. 따라서 유속이 매우 작은 층류 밀도류는 물과의 경계면이 확연히 구분되고 안정되어 있다. 그러나 두 층간의 유속차가 커지면 경계면은 파가 형성되며, 유속차가 더욱 커지면 파는 점차 분쇄되어 유사의 혼합이 시작된다. Keulegan(1949)은 밀도 프루드 수 Fr_d 와 밀도 레이놀즈 수 Re_d 를 이용하여 밀도류의 안정 지표 Ω 을 다음과 같이 정의하였다.

$$\Omega = \left(\frac{1}{Fr_d^2\, Re_d}\right)^{1/3} \qquad (12-108)$$

위 식에서 밀도 레이놀즈 수 Re_d 는 다음과 같이 정의된다.

$$Re_d = \frac{V_d\, h_d}{\nu} \qquad (12-109)$$

여기서 밀도류가 불안정해지는 한계 안정지표 Ω_c 는 층류의 경우 $\Omega_c = 1/Re_d^{1/3}$ 이며, 이는 한계수심($Fr_d = 1$)에 해당한다. 난류의 경우 실험의 의해 $\Omega_c = 0.18$ 이다. 따라서 $\Omega > \Omega_c$ 이면 난류확산이 일어나 밀도류는 불안정하고, $\Omega < \Omega_c$ 이면 안정해진다.

예제 12.8

미국 콜로라도 강 후버댐의 미드 호는 밀도류를 처음 관찰한 곳으로 알려져 있다. 이 저수지의 밀도류 조사에 의하면 주변 물과 밀도차 $\Delta\rho/\rho = 0.0005$이며, 평균 바닥경사는 0.00095이다. 밀도류의 높이(두께)를 4.5 m, 폭을 150 m라 하면

(1) 밀도류의 평균유속 (2) 안정성

(3) 밀도류 유량과 유사 이송량을 구하시오.

단, $f = 0.01$, $\alpha = 0.5$, $\nu = 1.0 \times 10^{-6}\mathrm{m^2/s}$ 이다.

풀이

(1) 식 (12-105)에서 유속을 구하면

$$V_d = \sqrt{\frac{8(0.0005)(9.8)}{0.01}}\ \sqrt{\frac{4.5}{1+0.5}0.00095} = 0.11\ [\mathrm{m/s}]$$

(계속)

(2) 안정성 지표를 구하기 위해 밀도 프루드 수와 레이놀즈 수를 각각 구하면

$$Fr_d = \frac{0.11}{\sqrt{(0.0005)9.8(4.5)}} = 0.74, \ \ Re_d = \frac{0.11(4.5)}{1.0 \times 10^{-6}} \cong 500{,}000$$

$$\Omega = \left(\frac{1}{0.74^2\ 500{,}000}\right)^{1/3} \cong 0.015 < 0.18 \quad \therefore \text{안정}$$

(3) 밀도류의 부피 농도는 식 (12-107)에서

$$C_v = (\Delta\rho/\rho)/(s-1) = 0.0005/(2.65-1) = 0.00030$$

(4) 밀도류의 유량 $Q_d = 0.11(4.5)(150) = 74.3\ [\mathrm{m^3/s}]$

(5) 밀도류의 유사량 $Q_s = 74.3(0.0003)(2.65) = 0.059\ [\text{톤}/\mathrm{s}]$

밀도류 연구는 1990년대 들어와서 다시 중점적으로 연구되었다. Alavian 등(1992)은 밀도류 연구 결과를 종합적으로 검토하면서, 1) 각 흐름 영역에서 잘 이용되는 분석 방법의 구분, 2) 밀도류 응용 예, 3) 밀도류 관련 기술 수준과 필요한 연구 분야 등을 제시하였다. 밀도류에 관한 실험적 연구로서, Garcia(1993)는 경사면에서 평탄면으로 갈 때 생기는 밀도류의 도수 현상에 대해 연구하였다. 그는 소금물과 유사 혼합물의 도수는 수리 측면에서 같은 현상으로 보았다. 특히 물-유사 혼합물에 도수가 나타나면 소류사는 대부분은 즉시 퇴적되나, 부유사는 도수 높이의 1,000배 이상 더 나가서 퇴적되는 것을 관찰하였다. Lee와 Yu(1997)는 kaolin을 이용하여 저수지 밀도류 실험을 통해 특히 최초 침강점과 안정 침강점에 대해 연구하였다. 그 결과 최초 침강점은 밀도 프루드 수가 1.0에서, 안정 하강점은 0.6에서 발생함을 보여주었다. 그들은 또한 밀도류의 평균 유속과 농도가 감소할수록 밀도류의 두께는 증가하는 것을 관찰하였다.

Choi와 Garcia(1995)는 밀도류에 관한 수치 모형을 제시하였다. 그들은 1차원, 부정류 밀도류의 거동에 대해 물의 연속, 운동량 방정식과 유사의 연속식 등 세 식을 유한 요소법으로 풀어 그 결과를 실험치와 비교하였다. 밀도류의 전파는 Dissipative Galerkin 방법을 이용하여 모의하였다. 그들의 모형은 또한 밀도류의 내부 도수 현상과 그에 따른 소류사의 퇴적 현상도 모의한다. 나아가 Choi(1998, 1999)는 1차원 모형을 확대하여 층 두께에 대해 평균한 평면상의 2차원 모형을 개발하여, 질량 보존에 대해 검증한 후 실험치와 비교하여 그 적용성을 검증하였다.

마지막으로 침사지의 밀도류에 대해서는 개정전 하천수리학(p. 699)에 제시된 참고문헌을 참조하기 바란다.

12.6 하천의 오염사고

하천이나 해양과 같은 공공수역에 사고로 오염물이 유입되거나, 또는 고의로 오염물을 투입하는 경우 커다란 사회문제를 일으킨다. 특히 오염물이 상수원 하천으로 유입하는 경우 사회적 문제는 증폭된다. 국내에서는 1991년과 1994년 두 차례에 걸쳐 낙동강 오염사고를 경험한 적이 있다. 하천의 오염사고 발생 시 가장 긴급하게 해야 할 것은 더 이상의 오염물이 유입되는 것을 차단하는 것이지만, 동시에 유입된 오염물이 강을 따라 어떻게 흘러가는 지를 파악하는 것이다. 이러한 오염물추적은 하류상수원 취수중단, 상류댐 방류에 의한 오염물희석 노력, 기타 수생 생태서식처 보호대책 수립 등 오염사고 시 대책수립의 기본적인 요건이다. 하천 오염사고 시 주요 오염물은 하폐수 처리장의 오작동에 의해 과도하게 유입되는 유기물, 공장에서 화재나 오작동 등 사고로 방류되는 유기화학물이나 중금속, 기름 유출 등이다. 이러한 오염물은 하천을 따라 확산, 분산, 이송되고 도중에 강바닥에 침전, 흡착되거나 화학적, 생물적 반응으로 점차 그 농도는 줄어든다.

국내의 경우 1991년 낙동강 연안 구미공장의 페놀 유출사고는 낙동강을 오염시켜 그 당시 커다란 사회문제를 일으켰다. 또한 1994년 암모니아성 질소 농도의 이상 상승으로 또 한 번 사회 문제를 일으켰으며, 그 대책으로 상류 안동댐 등에서 추가방류를 하여 오염물을 희석, 세척하려고 하였다.

1980년대 외국에서 주요 하천수질사고로 1986년 라인강 수질사고, 1988년 일본 이루마천 수질사고, 1988년 브라질 Paraiba Do Sul 강 수질사고 등이 세계보건기구(WMO, 1992)의 자료에 제시되어 있다. 라인강 사고는 화재로 공장에서 살충제 등이 인접 라인강으로 유입된 사고이며, 이루마천 사고는 공장의 오작동으로 시안을 함유한 금속도금 용액이 유출된 사고이며, Paraiba 강 사고는 공장 화재로 PCB가 함유된 용액이 유출된 사고이다.

(1) 하천의 오염사고 사례

이 절에서는 하천오염사고 중에서 특히 오염물의 혼합과 희석 측면에서 의미 있는 1986년 라인강 오염사고 사례와 1991년, 1994년 낙동강에서 발생한 일련의 오염사고에 대해 소개한다.

1 라인강 오염사고

라인강 오염사고는 국제하천에서 하천오염사고가 발생하면 국제적으로 아주 민감한 문제가 된다는 것을 보여준 대표적 사례이다. 이 사고는 당사국인 스위스는 물론 독일, 프랑스, 네덜란드 등 라인강 변 주민들에게 커다란 충격을 주었다. 이 사고로 인한 직접적인 피해액은 정확하게 알려지지 않았으나, 하천생태계에 미친 영향은 큰 재앙으로 간주되었다.

라인강 오염사고는 1986년 11월 1일 밤에 라인강 상류에 위치한 스위스 바젤시의 한 제약회사 화학창고에서 화재가 나서 시작되었다. 이 화재를 진화하기 위해 사용된 물은 창고에 있는 화학물질과 섞여 인접한 라인강 유입되었다. 이때 유입된 오염물은 organo-phosphorous acid 등 총 11가지로, 살충제와 기타 화학물질이다. 라인강에 유입된 오염물 총량은 약 7톤 정도로 추정되었다. 이 오염물 '플룸'은 라인강을 따라 하류 4 km에 있는 첫 번째 갑문에서 정체되어 하폭전체에 퍼질 때까지 강의 좌안을 따라 이송되었다. 이 오염물은 물에 녹는 것과 녹지 않고 작은 방울의 형태로 바닥에 가라앉은 것 등 두 가지 상태로 강을 오염시켰다. 방울 형태의 오염물은 나중에 다이버 팀에 의해 수중흡착기로 40~80%가 제거되었다. 오염물질은 창고에 같이 있던 rhodamine 염료로 빨갛게 물들어져 배출된 곳에서 가까운 데서는 육안으로, 그 밖에 먼 곳은 최하류 바다까지 형광측정으로 비교적 쉽게 추적되었다.

한편 이 사고로 하류 14개의 취수장이 취수를 중단하였으며, 하천바닥에 서식하는 뱀장어의 떼죽음 등 환경피해가 속출하였다. organo-p 살충제는 실제 환경에서 비교적 빠른 가수분해를 일으켜 감소된다. 라인강에서 이 물질의 반감기는 1~8일 정도로 추정되었다.

이 오염사고는 그 후 Schnoor 등(1992)에 의해 오염물추적 모형을 이용하여 검토되었으며, 그 결과는 그림 12.16과 같다. 이 그림에서 막대그림은 실측치를, 곡선은 예측치를 가리킨다. 이 그림과 같이 organo-p 농도는 전체적으로 가우스분포 형태를 보이고 있으나, 하류로 가면서 농도분포곡선의 꼬리가 점차 길어진다. 실측 농도분포가 긴 꼬리를 보이는 이유는 사고 후 강바닥에 남은 기름형상의 오염물이 천천히 녹아 지속적으로 농도분포에 기여를 하였고, 갑문 주위나 강변을 따르는 사수역에서 오염물 플룸의 저류효과 때문으로 사료된다. 오염물의 첨두농도는 사고지점에서 하류로 감에 따라 점차 줄어들며, 동시에 오염물의 전체 질량도 줄

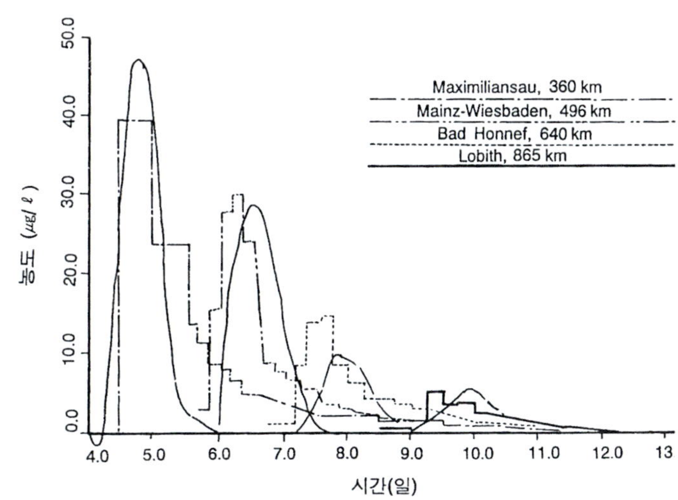

그림 12.16 1986년 라인강 오염사고의 오염물농도 예측치와 실측치
(Schnoor 등, 1992; 막대그래프는 실측치/곡선은 모의치)

어드는 것을 알 수 있다. 이러한 오염물질량의 감소는 이송 도중 주로 organo-p의 화학반응에 의한 것으로 추정된다.

오염물추적 모형의 예측결과는 앞서 설명한 대로 농도분포곡선의 긴 꼬리 부분을 잘 못 예측하는 것 이외에는 전반적으로 실측치와 잘 맞고 있다. 이러한 오염물추적모형은 라인강 오염사고와 같은 단기간 사고는 물론 사고로 인한 장기적, 광역적으로 생태계 서식처에 주는 영향을 예측하는 데 유효한 도구가 된다. 그러나 이를 위해서는 오염물의 확산, 분산 현상은 물론 오염물의 생화학적 반응과 오염물과 강바닥 재료간의 질량교환 현상을 정확히 모의하여야 한다.

2 1991년 낙동강 페놀 유출사고

낙동강 페놀 유출사고는 1991년 3월 중순 경상북도 구미시에 있는 한 공장의 페놀 저장탱크에서 원액을 공급하는 과정에서 사고로 약 30톤이 유출되어 배수구를 통하여 낙동강으로 유입하여 발생한 사고이다. 이 사고로 낙동강 하류 대구시 취수장을 통해 대구시 일원에 공급되는 수돗물에서 불쾌한 냄새가 발생하여 시민들에게 큰 불편은 물론 사회적으로 큰 파장을 일으켰다. 이 사고에 대처하기 위해 정부는 상류 안동댐과 하류 합천댐, 남강댐에서 방류량을 늘리고 하류 하구둑의 수문을 개방하여 방류량을 늘렸다.

페놀은 비보존성 물질로서 하천으로 유입하여 하류로 전파되면서 확산과 분산 작용으로 그 농도는 점차 줄어들게 된다. 조성우와 전경수(2001)는 이러한 하천오염사고를 모의하기 위해 Preissmann의 4점 음해법을 이용한 1차원 부정류모형을 이용하여 흐름모의를 하고, 페놀 오염물질의 혼합효과는 식 (12-19)를 수치해석 하였다. 혼합모형은 상류 구미에서 하류 낙동강 하구둑까지 총 214 km를 대상으로 하였다. 모형에 쓰일 종방향 분산계수 산정을 위해서 식 (12-71)과 식 (12-72) 등을 이용하였다. 모형의 적용결과 종방향 분산계수와 페놀물질의 감쇠계수 두 인자가 하류 페놀농도 계산에 가장 민감하게 작용하는 것으로 나타나서, 이번 사고와 같이 몇 개의 지점에서 간헐적으로 얻어진 측정자료만 가지고 모형을 보정하여 적용하는 것이 매우 어려운 것으로 나타났다. 이러한 결과는 하천 오염사고 대처를 위해 수치모형을 이용하는 경우 사전에 그 하천의 확산계수와 오염물질 별 감쇠계수 등 자료를 확보하는 것이 중요함을 알려준다.

3 1994년 낙동강 암모니아성 질소 유출사고

1994년 초에 장기간 발생한 낙동강 본류의 수질이상현상을 하천오염사고로 볼 수 있는가에 대해서는 기본적인 의문이 있지만 여기서는 편의상 오염사고로 본다. 문제의 발단은 1월 3일 낙동강과 금호강의 합류점 하류 낙동강 본류에 있는 고령교 부근에서 기름유출 사고가 발생하여 하천에 기름띠가 형성되면서 시작되었다. 이에 따라 8일 오전 11시부터 상류에 있는 안동댐에서 기존 발전방류량 20 m^3/s에서 방류량을 두 배로 늘여 40 m^3/s로 방류하기 시작하였다. 그럼에도 불구하고 하천에서 암모니아성 질소의 농도가 계속 커지자, 1월 9일부터 2월 18일까지 안동댐에서 방류량을 약 60~70 m^3/s로 늘렸다. 그 이후 댐 방류량은 하천오염 상황이 공식적으로 종료된 3월 10일까지 40 m^3/s정도를 유지하였다. 계획된 댐방류량을 초과하는 추가방류의 목적은 하천유량을 증가하여 하류 오염물을 희석, 세척함으로써 오염물농도를 줄이고자 하는 것이다.

안동댐에 인접한 임하댐과 하류에 있는 황강댐, 남강댐 등에서도 초과 방류를 하였다. 그러나 사고기간 전체에 걸쳐 초과방류를 주로 담당한 댐은 안동댐과 합천댐이다. 건기연(1995), Woo와 Kim(1995) 등은 이러한 초과방류를 통한 하류하천에서 오염물의 희석, 세척효과를 간단한 질량보존 개념을 이용하여 추정하였다. 부수적으로, 그들은 암모니아성 질소의 경우 수온이 10℃ 이하에서는 생화학적 반응이 거의 없어지기 때문에 보존된다는 점을 확인하였다.

(2) 하천의 유출사고 모형

하천의 유출사고 모형에는 모의대상을 기준으로 앞서 오염사고사례에서 설명한 보존성/비보전성 화학물질 유출사고와 기름 유출사고 등으로 크게 나눌 수 있다.

1 화학물질 유출사고 모형

하천의 화학물질 유출사고를 모의하는 컴퓨터 모형은 실무적으로 크게 1차원과 2차원으로 나누어 고찰할 수 있다. 1차원모형은 횡방향분산이 완료되었다고 가정하고 종방향분산에 초점을 맞추는 경우 주로 사용되며, 2차원모형은 하천의 한 지점에서 사고나 계획적으로 오염물질을 방류하는 경우와 같이 횡, 종방향 분산이 모두 중요한 경우 사용된다.

1차원모형은 1991년 낙동강 페놀유출사고에 적용된 사례와 같이 종방향 분산계수와 오염물질 감쇠계수가 중요하다. 2차원의 경우 종방향은 물론 횡방향 분산계수와 감쇠계수가 중요하다. 여기서 1차원모형에서 이용되는 종방향 분산계수와 2차원모형에서 이용되는 종방향 분산계수는 물리적으로 서로 다르다. 전자는 수심방향의 분산은 물론 횡방향분산에 의한 영향을 포함한 것이지만, 후자는 수심방향의 분산만 포함한 것이다. 따라서 2차원 종방향 분산계수는 1차원 분산계수에 비해 그 크기가 훨씬 작다(백경오와 서일원, 2007).

문헌에 소개된 국내에서 개발된 2차원 하천오염 모형으로서 한건연 - 이을래(2002) 모형과 RAM4(Lee and Seo, 2010) 등이 있다. 전자는 지류와 본류 하폐수 처리장에서 오염물질 유입에 따른 본류 수질을 예측하는 모형으로서 한강 하류부에 적용되었다. 후자는 2차원 동수역학 모형인 RAM2의 수질모의 모듈로 개발된 것으로서, 이 모형은 사고로 오염물질이 순간적으로 하천에 유입되는 경우 하류하천의 2차원 오염농도분포를 모의한다. RAM4 모형은 한강 하류부에서 가상 수질사고에 대해 시험적으로 적용되어 그 적용성이 부분적으로 입증되었다.

2 기름유출사고 모형

내륙수로에서 기름 선박의 침몰, 하천을 지나가는 송유관의 파손, 기타 유조차의 하천 내 전복 등으로 인한 기름유출사고는 일반적으로 해양에서 기름유출사고에 비해 그 규모는 작지만 발생 가능성은 더 높다. 따라서 해양에서 기름유출사고와 마찬가지로 하천사고에 대비하여 하천에 유출된 기름의 확산과정과 그 환경영향을 평가하는 것이 중요하다.

하천에서 유출된 기름의 이송과 귀착은 여러 형태의 물리-화학적 과정을 거치며, 이러한 과정은 유출된 기름의 특성, 하천의 수리조건, 주변의 환경조건 등에 따라 달라진다. 그림 12.16은 유출된 기름의 물리-화학적 변환과정을 도시한 것으로서, 1) 흐름과 바람에 의한 이송, 2) 난류확산과 물리적 퍼짐 등에 의한 수표면에 뜬 기름의 퍼짐, 3) 하천수심 방향으로 유상화(乳狀化, emulsion)와 난류혼합, 4) 증발과 용해 등으로 인한 기름의 물리-화학적 성질의 변화, 5) 기름과 하안의 상호작용 등이 포함된다(Yapa와 Shen, 1994). 그 밖에 광화학 반응, 미생물에 의한 분해 등으로 시간이 갈수록 유출된 기름의 질량은 줄어든다.

Yapa와 Shen(1994)에 의하면, 하천에서 기름유출 모형은 다음과 같은 사항이 고려되어야 한다.

- 정확한 하천유속의 예측
- 유출된 기름과 하안의 상호작용 모의
- 유량이 조절되는 하천에서 유량의 증가와 감소가 기름의 확산에 미치는 영향
- 하천 수위의 변화에 따른 확산과정 변화의 분석
- 바람영향의 고려

하천의 기름유출사고를 모의한 사례는 1988년 1월 미국 오하이오 강 펜실베이니아 주에서 발생한 'Ashland 기름유출사고'라 불리는 디젤류 유출사고이다(ASCE, 1996). 이 사고는 Monongahela 강변의 기름탱크가 무너져서 발생하였으며, 이로 인해 약 2,700 m^3의 기름이 강으로 유입하여 피츠버그 시에서 오하이오 강으로 들어갔다. 이 사고는 그 당시까지 미국 내륙하천에서 발생한 가장 큰 기름유출사고로 알려져 있다. Shen 등(1993)은 컴퓨터 모형(ROSS2)을 이용하여 사고구간 하류 541 km에 대해 기름띠의 선단부와 최대농도의 전파를 모의하였다. 국내 하천에서 기름유출사고의 개연성이나 중요성에 비추어 이와 관련 구체적인 연구성과는 아직 알려져 있지 않다.

하천에서 기름유출사고와 같은 환경수리문제는 관련 컴퓨터모형의 즉시 적용과 그 결과의 해석을 통해 즉각적인 의사결정, 긴급대책 및 위험도평가 등이 중요하다. 이를 위해서는 데스

크탑 컴퓨터모형보다는 Web기반환경의 컴퓨터모형 시스템이 유리하다. Xie와 Yapa (2006)은 기존 컴퓨터모형을 Web기반환경에서 사용하기 위해 Web-CDOG 모형과 웹 인터페이스를 개발하고, 관심 있는 사람들을 위해 모형구축 방법 등을 구체적으로 소개하였다.

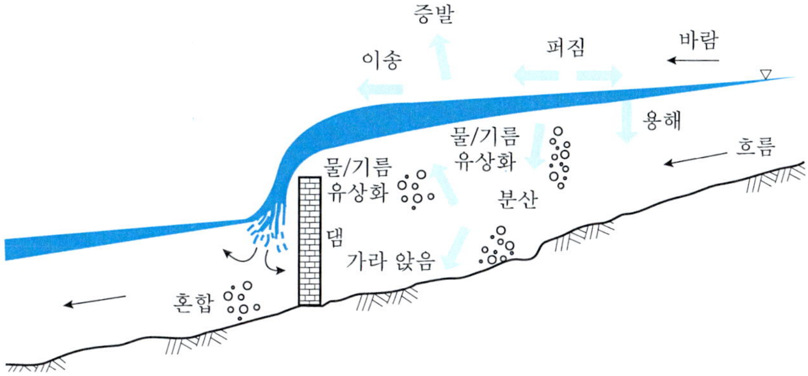

그림 12.17 하천에 유출된 기름의 변환(Yapa와 Shen, 1994)

연습문제

12.1 식 (12-11)에서 (12-15)를 유도하시오.

12.2 식 (12-23)을 유도하시오.

12.3 식 (12-26)을 이용하여 가우스분포에서 구름의 분산은 $\sigma^2 = 2Dt$ 로 표시됨을 보이시오. 여기서 σ^2 는

$$\sigma^2 = \int_{-\infty}^{\infty} (x-\mu)^2 C(x,\ t)dx \ / \int_{-\infty}^{\infty} C(x,\ t)dx\ ;\ \mu = 0$$

12.4 식 (12-33)을 유도하시오.

12.5 식 (12-34)를 유도하시오.

12.6 식 (12-37)을 유도하시오.

12.7 식 (12-47)을 유도하시오.

12.8 식 (12-53)의 차분식에서 $\bar{c}(i,\ j,\ n+1)$을 유도하시오.

12.9 식 (12-78)를 유도하시오.

12.10 좌우로 완만하게 휘는 폭이 넓은 하천의 중심부에 농도 350 mg/L의 처리수를 0.15 m^3/s로 연속적으로 방출한다. 하천의 평균수심, 경사, 매닝계수는 각각 2.3 m, 0.00028, 0.030이다. 방출점에서 하류로 300 m 지점에서 플룸의 폭과 최고농도를 구하시오.

12.11 평균 수심 2.0 m, 유속 0.7 m/s, 하천경사 0.00064, 하폭 250 n의 하천에 오염사고가 나서 단위폭당 0.5 m^3의 오염물이 순식간에 전 하폭에 걸쳐 유입되었다. Fischer 등의 분산계수를 이용하여 사고지점에서 2 km 하류의 농도의 시간변화와 최고농도를 추정하시오.

12.12 실험실에서 혼합 실험을 하여 다음과 같은 농도분포를 구하였다. 모멘트 법을 이용하여 종방향 분산계수를 구하시오. 단 거리 5 m는 Taylor의 초기시간이 지난 거리라고 가정한다.

x=5 m		x=7.5 m	
시간(초)	농도(mg/L)	시간(초)	농도(mg/L)
7.0	0.0	10.5	0
7.5	0.0020	11.0	0.010
8.0	0.032	11.5	0.040
8.5	0.056	12.0	0.064
9.0	0.072	12.5	0.075
9.5	0.080	13.0	0.072
10.5	0.056	13.5	0.056
12.0	0.032	14.0	0.033
13.0	0.012	14.5	0.022
14.0	0.004	15.0	0.016
18.0	0.0	16.0	0.008
		17.0	0.004
		18.0	0.002
		20.0	0.001
		24.0	0.0

12.13 문제 12.12에서 구한 종방향 분산계수를 초기 값으로 하여 추적법에 의한 분산계수를 구하시오.

12.14 농업용수로 중심부에서 수심방향의 선원 형태로 추적물을 방출하여 하류 두 지점에서 얻은 농도의 횡방향 분포는 다음과 같다. 수로의 평균유속을 0.75 m/s라 하고 횡방향 확산계수를 구하시오.

x=35 m		x=70 m	
중심에서 거리(m)	농도(mg/L)	중심에서 거리(m)	농도(mg/L)
0	3.5	0	2.45
1	3.0	1	2.10
2	2.3	2	1.50
3	1.5	3	1.00
4	0.74	4	0.50
5	0.34	5	0.22
6	0.10	6	0.07
7	0.05	7	0.035
8	0.01	8	0.007

12.15 제트의 유량 0.8 m^3/s, 방류 유속 3.0 m/s인 경우 방류구에서 축 방향으로 60 m 떨어진 지점에서 최대 유속, 평균희석률, 평균농도 등을 구하시오. 방류수의 초기농도는 20 ppm이며, 방류수와 주변수와의 밀도 차는 없다고 가정한다.

12.16 식 (12 - 100)을 유도하시오.

12.17 수심 60 m의 바다 밑에서 0.85 m^3/s의 처리수를 방류한다. 처리수의 수온은 18℃이며 밀도는 같은 수온의 민물과 같다. 주변 바닷물의 수온은 11℃, 염도는 32‰이며, 주변과 잘 섞여 있다. 처리수의 초기농도가 1.1 kg/m^3인 경우 해수면 10 m 아래에서 단순부력류에 의한 처리수의 시간평균 최대농도와 평균희석률을 구하시오.

12.18 국내 섬진강 하구는 예로부터 재첩 등 고유 어패류 서식처로 유명하였으나 근래 들어 상류 댐건설, 하류하상 골재채취 등으로 바닷물이 상류로 깊게 올라와 서식처환경이 변화하여 고유 어패류가 잘 잡히지 않는다고 한다. 이 현상을 하천에 인위적 변화 전후의 하구 리차드슨 수와 밀도 후르드 수를 정성적으로 검토하고 그림 12.14를 이용하여 설명하시오.

12.19 어느 하구의 한 단면에서 하천유량 120 m^3/s, 평균수심 1.5m, 하폭 450 m, rms 조석유속 1.0 m/s라 하고 그 단면에서 염분농도를 구하시오. 여기서 바닷물의 염분농도는 30‰, 하천수는 순수 담수로 보자.

12.20 어느 댐 저수지 상류에서 일시적인 미립토사 유출로 탁류가 발생하였다. 조사 결과 주변 저수지 물과 밀도차 $\Delta\rho/\rho=0.0015$이며, 평균 바닥경사는 0.0015이다. 밀도류의 높이(두께)를 1.5 m, 폭을 75 m라 하고 1) 밀도류의 평균유속, 2) 안정성, 3) 밀도류 유량과 유사이송량을 구하시오. 단 $f=0.01$, $\alpha=0.5$, $\nu=1.0\times10^{-6}$ m^2/s이다.

12.21 1986년 라인강 오염사고와 1994년 낙동강 오염사고 자료를 추가로 찾아서 두 사고 발생 후 사고대처 상황을 1) 사고현장 대처, 2) 취수장 등 하류하천 관리 대처, 3) 사후 과학적 모의 및 평가 여부 등으로 나누어 비교, 검토하시오.

참고
문헌

1. 백경오와 서일원, "전단류에 의한 횡분산계수의 산정", **대한토목학회 논문집**, 제27권, 제1B호, 2007. 1, pp. 21~28.
2. 서일원, 전태명, 백경오, "자연하천에서 2차원 오염확산 예측을 위한 횡분산계수 추정식 개발", **대한토목학회 논문집**, 제25권, 제4B호, 2005. 1, pp. 247~255.
3. 이재형, **밀도 성층화된 흐름 수역으로 방류되는 원형 부력 제트의 혼합 예측 모형**, 서울대학교 토목공학과 박사학위 논문, 1999. 2.
4. 조성우, 전경수, "사고에 의하여 자연하천으로 방류된 비보존성 오염물질의 종확산", **대한토목학회 논문집**, 제34권 제4호, 2001. 8, pp. 289~301.
5. 한건연, 이을래, "한강하류부에서의 2차원 수질모형의 개발 및 적용", **한국수자원학회 논문집**, 제35권 제3호, 2002, pp. 261~274.
6. 한국건설기술연구원(건기연), **94 낙동강 수질사고시 댐방류 효과 검토**, KICT 95-WE-2, 1995.
7. Alavian, V., Jirka, G. H., Denton, R. A., Johnson, M. C., and Stephan, H. G., "Density Currents Entering Lakes and Reservoirs", *J. of Hydraulic Engineering*, ASCE, vol. 118, no. 11, Nov., 1992.
8. ASCE Task Committee on Hydraulic Engineering Research Advocacy, "Environmental Hydraulics: New Research Directions for the 21st Century", *Journal of Hydraulic Engineering*, ASCE, vol. 122, no. 4, Apr., 1996.
9. ASCE Task Committee on Modelling of Oil Spills of the Water Resources Engineering Division, "State-of-the-art Review of Modeling Transport and Fate of Oil Spills", *Journal of Hydraulic Engineering*, ASCE, vol. 122, no. 11, Nov., 1996, pp. 594~609.
10. Barry, D. A. and Sposito, G., "Analytical Solution to a Convection-Dispersion Model with Time-Dependent Transport Coefficients", *Water Resources Research*, vol. 25, no. 12, 1989.
11. Carnahan, B., Luther, H. A., and Wilkes, J., *Applied Numerical Methods*, John Wiley, 1969.
12. Choi, S. U., "Layer-Averaged Modeling of Two-Dimensional Turbidity Currents with a Dissipative-Galerkin Finite Element Method. Part I: Formulation and Application Example", *J. of Hydraulic Research*, IAHR, vol. 36, no. 3, 1998.
13. Choi, S. U., "Layer-Averaged Modeling of Two-Dimensional Turbidity Currents with a Dissipative-Galerkin Finite Element Method. Part Ⅱ: Sensitivity Analysis and Experimental Verification", *J. of Hydraulic Research*, IAHR, vol. 37, no. 2, 1999.
14. Choi, S. U. and Garcia, M. H., "Modeling of One-Dimensional Turbidity Currents with a Dissipative-Galerkin Finite Element Method", *J. of Hydraulic Research*, IAHR, vol. 33, no. 5, 1995.
15. Deng, Z.-Q., Bengtsson, L., Singh, V. P. and Adrian D. D., "Longitudinal Dispersion Coefficient in Single-Channel", *J. of Hydraulic Engineering*, ASCE, vol. 128, no. 10, Oct. 2002, pp. 901~916.
16. Einsele, G., *Sedimentary Basins –Evolution, Faces, and Sediment Budget*, Springer-Verlag, Berlin, Germany, 1992.

17. Elder, J. W., "The Dispersion of Marked Fluid in Turbulent Shear Flow", *J. of Fluid Mechanics*, no. 5, 1959.

18. Fischer, H. B., "Mass Transport Mechanisms in Partially Stratified Estuaries", J. of Fluid Mechanics, vol. 53, 1972, pp. 671~687.

19. Fischer, H. B., Discussion of "Simple Method for Predicting Dispersion in Streams", by R. S. McQuivey and Keefer, T. N., *J. of Environmental Engineering Division*, ASCE, vol. 101, no. 3, 1975.

20. Fischer, H. B., List, E. J., Imberger, J., and Brooks, N. H., *Mixing in Inland and Coastal Waters*, Academic Press, Inc., 1979.

21. Fukuoka, S. and Sayre, W. W., "Longitudinal Dispersion in Sinuous Channels", *J. of Hydraulic Engineering*, ASCE, vol. 99, no. 1, 1973.

22. Garcia, M. H., "Hydraulic Jumps in Sediment-Driven Bottom Currents", *J. of Hydraulic Engineering*, ASCE, vol. 119, no. 10, Oct., 1993.

23. Guymer, I., "Longitudinal Dispersion in Sinuous Channels with Changes in Shape", *J. of Hydraulic Engineering*, ASCE, vol. 124, no. 1, 1998.

24. Hansen, D. V. and Rattray, M., "New Dimensions in Estuary Classification", Limnology and Oceanography, vol. 11, no. 3, July, 1966, pp. 319~326.

25. Hays, J. R., Krenkel, P. A., and Schnelle, K. B., "Mass Transport Mechanisms in Open-channel Flow", *Technical Report no*. 8, Vanderbilt Univ., Nashville, Tenn., 1967.

26. Holly, F. W. Jr. and Preissmann, A., "Accurate Calculation of Transport in Two Dimensions", *J. of the Hydraulics Division*, ASCE, vol. 103, no. HY11, Nov., 1977.

27. Hubbard, E. F., Kilpatrick, F. A., Martens, L. A., and Wilson, Jr., J. F., "Measurement of Time of Travel of Dispersion in Streams by Dye Tracing", *Techniques of Water Resources Investigations of USGS*, ch. A9, Book 3, USGS, Washington, D. C., 1982.

28. Hunt, B., "Dispersion Model for Mountain Streams", *J. of Hydraulic Engineering*, ASCE, vol. 125, no. 2, Feb., 1999.

29. Ippen, A. T. and Harleman, D. R. F., "Steady State Characteristics of Subsurface Flow", Circular no. 521, *Gravity Waves Symposium*, National Bureau of Standards, Washington, D. C., 1952.

30. Keulegan, G. H., "Interfacial Instability and Mixing in Stratified Flows", *J. of Research*, National Bureau of Standards, vol. 43, no. 487, 1949.

31. Komatsu, T., Holly, F. M. Jr., Nakashiki, N., and Ohgushi, K., "Numerical Calculation of Pollutant Transport in One and Two Dimensions", *J. of Hydroscience and Hydraulic Engineering*, Tokyo, Japan, vol. 3, no. 2, 1985.

32. Komatsu, T., Ohgushi, K., Asai, K., and Holly, F. M. Jr., "Accurate Numerical Simulation of Scalar Advective Transport", *J. of Hydroscience and Hydraulic Engineering*, vol. 7, no. 1, 1989.

33. Komatsu, T., Ohgushi, K., and Asai, K., "Refined Numerical Scheme for Advective Transport in Diffusion Simulation", *J. of Hydraulic Engineering*, ASCE, vol. 123, no. 1, Jan, 1997.

34. Lee, H. Y. and Yu, W. S., "Experimental Study of Reservoir Turbidity Currents", *J. of Hydraulic Engineering*, ASCE, vol. 123, no. 6, Jun., 1997.

35. Lau, Y. L. and Krishnappan, B. G., "Transverse Dispersion in Rectangular Channels", *J. of the Hydraulics Division*, ASCE, vol. 103, 1977.

36. Lee, J. and Seo, I. W., "A Numerical Simulation of an Advected Thermal Using a Gaussian Vortex Model," *J. of Engineering Mechanics*, ASCE, vol. 126, no. 10, 2000.

37. Lee, J. and Seo, I. W., "2D Finite Element Pollutant Transport Model for Accidental Mass Release in Rivers", *KSCE J. of Civil Engineering*, vol. 14, no. 1, 2010.

38. McQuivey, R. S. and Keefer, T. N., "Simple Method for Predicting Dispersion in Streams", *J. of Environmental Engineering Division*, ASCE, Aug., 1974.

39. Metcalf & Eddy, Inc., *Wastewater Engineering*, McGraw-Hill Book Co., New York, 1972, p. 688.

40. Phillip, J. R., "Some Exact Solutions of Convection-Diffusion and Diffusion Equations", *Water Resources Research*, vol. 30, no. 12, 1994.

41. Ranga Raju, K. G., "Ch. 10, Dispersion in Open Channels", *Flow through Open Channels*, 2nd ed., Tata McGraw-Hill Book Publishing Co., New Delhi, 1993.

42. Rastogi, A. K. and Rodi, W., "Prediction of Heat and Mass Transfer in Open Channels", *J. of the Hydraulics Division*, ASCE, vol. 104, no. HY3, Mar., 1978.

43. Sayre, W. W., "Dispersion of Mass in Open Channel Flow", *Hydraulic Papers*, no. 3, Colorado State University, Fort Collins, Colo., 1968.

44. Sayre, W. W. and Chang, F. M., "A Laboratory Investigation of the Open Channel Dispersion Process for Dissolved, Suspended, and Floating Dispersants", *Professional Paper* 433-E, USGS, Washington, D. C., 1968.

45. Schnoor, J. L., Borzilov, V. A., Novitsky, M. A., Voszhennikov, O. I., Gerasimenko, A. K., and McKecnie, D. J., *Hydrological Aspects of Accidental Pollution of Water Bodies*, World Meteorological Organization, Operation Hydrological Report no. 37, Geneva, Switzerland, 1992.

46. Schijf, J. B. and Schonfeld, J. G., "Theoretical Considerations on the Motion of Salt and Fresh Water", *Proceedings of Minnesota Int'l Hydraulic Conference,* Minneapolis, Minnesota, 1953, pp. 321-333.

48. Seo, I. W. and Maxwell, W. H. C., "Modeling Low-Flow Mixing Through Pools and Riffles", *J. of Hydraulic Engineering*, ASCE, vol. 118, no. 10, Oct., 1992.

49. Seo, I. W. and Cheong, T. S., "Predicting Longitudinal Dispersion Coefficient in Natural Streams", *J. of Hydraulic Engineering*, ASCE, vol. 124, no. 1., Jan., 1998.

50. Shen, H. T., Yapa, P. D., Wang, D. S., Yang, X. Q., "A Mathematical Model for Oil Spill Transport and Mixing in Rivers", CRREL Spec. Rep. 93-21, US Army Corps of Engineers, Cold Regions Res. and Engrg. Lab., Hanover, N. H., 1993.

51. Singh, V. P. and Hager, W, H. ed., *Environmental Hydraulics*, Kluwer Academic Publishers, Ch. 2, p. 16, 1996.

52. Taylor, G. I., "Diffusion by Continuous Movements", *Proceedings*, *London Mathemati- cal Society*, 20A, vol. 196, 1921.

53. Taylor, G. I., "Dispersion of Solute Matter Flowing Slowly Through a Tube", *Proceed- ings, Royal Society of London*, Series A., vol. 219, 1953.

54. Taylor, G. I., "The Dispersion of Matter in Turbulent Flow Through a Pipe", *Proceedings, Royal Society of London*, Series A., vol. 223, 1954.

55. Valentine, E. M. and Wood, I. R, "Longitudinal Dispersion with Dead Zones", *J. of Hydraulic Engineering*, ASCE, Sept., 1977.

56. WMO, *Hydrological Aspects of Accidental Pollution of Water Bodies*, World Meteorological Organization, Operation Hydrological Report no. 37, Geneva, Switzerland, 1992.

57. Woo, H. and Kim, Y., "An Analysis of the Effect of Water Release from Upstream Reservoirs on Diluting and Flushing Pollutants in Downstream River Reach", *Proceeding of the 26th Congress*, IAHR, London, England, Sept., 1995.

58. Xie, H. and Yapa, P. D., "Developing a Web-Based System for Large-Scale Environmental Hydraulics Problems with Application to Oil Spill Modeling", J. of Computing in Civil Engineering, ASCE, vol. 20, no. 3, May 2006, pp. 197～209.

59. Yapa, P. D. and Shen, H. T., "Modelling River Oil Spills: A Review", *J. of Hydraulic Research*, IAHR, vol. 32, no. 5, 1994.

60. Zoppuou, C. and Knight, J. H., "Analytical Solutions for Advection and Advection- Diffusion Equations with Spatially Variable Coefficients", *J. of Hydraulic Engineering*, ASCE, vol. 123, no. 2, Feb., 1997.

Chapter 13

생태수리학의 기초

▲ 여울의 기능
(공기연행, 유기물침전, 물고기산란처)

이 장에서는 하천 동식물의 서식처환경의 수리관계, 즉 생태수리학의 기초적인 사항들을 다룬다. 서론에서는 생태수리학의 의미와 의의, 태동배경 등을 소개하고, 생태수리학의 주요 내용을 흐름, 유사, 지형, 수공구조물, 동식물 간 상호관계를 바탕으로 도출한다. 다음 하천생태학의 기초적인 사항들을 간략히 설명함으로써 수리기술자들이 이 장을 이해하는데 도움이 되도록 한다. 이어 이 장의 본론 성격으로 생태수리학의 분야를 크게 식생과 흐름저항을 다루는 식생수리, 서식처의 적합도 평가에서 기본적으로 중요한 환경유량, 그리고 하천복원 등으로 나누어 검토한다. 식생수리에서는 하천식생이 흐름저항에 미치는 영향과 홍수 시 수목의 뽑힘 문제, 나아가 하천 내 식생의 이입과 활착 현상을 다룬다. 환경유량에서는 하천유량과 서식처환경과의 관계를 검토하고, 유량조절이 하천서식처에 미치는 영향을 정량적으로 평가하는 방법에 대해 알아본다. 마지막으로 하천복원에서는 하천복원의 의미와 모형 등을 알아보고, 수리적 관점에서 하천복원 설계 및 공법 등을 검토하고, 국내외 하천복원사업 사례를 소개한다.

13.1 서론

생태수리학(生態水理學, ecohydraulics)은 지구물리환경 중에서 하천, 호소, 지하수, 해양 등 수역(水域)의 수리, 유사, 토양, 화학 등에 관련된 비생물시스템과 수역에 서식하는 동물과 식물 등 생물시스템과의 관계를 규명하는 수리학의 새로운 분야이다. 여기서 생태학의 대상은 지구상의 생물체와 생물체간, 또는 주변 비생물적 환경과의 관계이다. 따라서 생태수리학은 수역을 서식공간으로 하는 생물체와 생물체간, 또는 생물과 주변 비생물적 환경과의 관계를 유지, 보전하는 데 있어 수리학적 접근과 지식을 추구하는 분야라 할 수 있다. 여기서 생물시스템은 식물상(flora)과 동물상(fauna)을 망라한다. 반면에 비생물시스템은 수리, 유사, 토양, 화학 시스템이다. 하천 생태수리학에서는 관심이 되는 수역을 하천으로 제한한다. 하천에서 비생물시스템에 가해진 인위적인 변화는 결국 그 시스템에 의존하는 생물 서식처에 직간접적으로 영향을 준다.

전통적으로 수자원사업에 관련된 수리기술은 비생물시스템에 국한되어 왔다. 1970년대 이후 수리기술은 단순히 양적인 비생물시스템을 벗어나 공공수역에서 오염물의 혼합이라는 질적인 비생물시스템까지 그 관심이 확대되었다. 이에 대해서는 앞서 제12장에서 환경수리학이라는 이름으로 다루었다. 환경수리학이 1970년대부터 시작한 비교적 역사가 있는 분야라면, 생태수리학은 1990년대부터 시작한 비교적 최신 분야이다. 앞 장의 12.1절에서 환경수리학의 범주를 보면 생태수리학은 환경수리학의 일부로 간주할 수 있다. 다만 협의의 환경수리학이 비생물적 환경요소인 물의 질에 초점을 맞춘 것이라면 생태수리학은 수생태환경에 초점을 맞춘 것으로서, 전 세계적으로 별도로 다루어지고 있다.

수리학 분야가 수리와 수생 생태계의 관계에 대해 구체적으로 관심을 갖기 시작한 1990년대 훨씬 전부터 전통 수리학의 주요 관심대상인 수자원사업의 계획, 추진, 관리 전 단계에서 사업관리자와 기술자들은 환경, 생태 전문가들과 많은 이견을 보였다. 그러나 그 동안 그러한 이견은 단순히 전문분야 간 시각 차이로 돌렸지, 이를 합리적으로 해소하려는 노력은 미흡하였다. 다행히 유엔 차원에서 '환경적으로 건전하고 지속가능한 개발(ESSD)' 개념이 1992년 리우환경회의에서 공식적으로 채택되었다. 이 개념의 핵심은 경제적, 생태적 지속가능성으로, 전자인 경제적 지속가능성이란 개발에 의한 편익의 지속가능성을 말하며, 전통적인 경제논리에 추가로 환경 편익과 비용을 고려하는 것이다. 후자인 생태적 지속가능성은 관련 환경시스템이 장기적, 안정적으로 유지되는 것이다. 이러한 생태적 지속가능성을 판단하기 위해서는 물, 유사, 토양 등의 변화가 물관련 생물 서식처에 미치는 영향을 과학적, 효과적으로 평가할 수 있는 도구가 있어야 한다. 생태수리학은 바로 이러한 수리현상과 생태서식처의 관계를 평가하는 도구로서 일차적인 의의가 있다.

한편 2000년 들어 '생태수문학(ecohydrology)'이라는 분야가 새로이 제시되었다(김양수와 우효섭, 2004). 이는 미시적, 과정적인 수리학 측면보다는 강수와 유황 등 거시적, 결과적인 수문학 측면에서 생태학과의 접목을 꾀한다는 점에서 생태수리학과 차별할 수 있다. 다만 유역과 하천의 물리/화학/생물 모든 과정에서 지배적으로 작용하는 것이 물과 흐름이라는 점에서 생태수문학과 생태수리학은 서로 공통점이 있다.

국제적으로 생태수리학은 1989년 국제수리학회(IAHR) 오타와 총회에서 수리 전문가들이 환경문제에 지금보다 더 많은 관심을 기울일 것을 촉구하면서 '지속가능한 개발과 환경'에 대한 자문기구를 구성하면서 시작되었다. IAHR(1991)은 '수리학과 환경'이라는 특별 호를 발간하여 수리학과 생태과정의 연결고리에 대한 개념과 하천, 호소, 지하수, 해양 등 수역별 기초적인 무생물, 생물적 특성을 제시하였다. 그러나 그 전에도 1970년대 말부터 특히 연어서식처 보전과 관련하여 미국을 중심으로 하천에서 과잉 취수나 상류 댐으로 인한 하천유출량의 변화가 수중 어류서식환경에 주는 악영향에 대한 정량적 평가방법론이 개발되었다. 그 중 하나가 제4절에서 소개하는 '물리서식처 모의모형(PHABSIM)' 이다.

(1) 생태수리학의 주요 분야

생태수리학의 주요 구성요소와 분야를 쉽게 소개하기 위해서는 그림 13.1과 같은 하천 흐름과 서식처의 상호작용을 이해하는 것이 도움이 된다. 이 그림은 전통적인 하천수리학과 생태수리학과의 관계를 보여주기 위해 Tsujimoto(1999)의 도표를 제1저자가 보완한 것이다. 이 그림은 하천에서 흐름, 유사이송과 지형, 식생(동물)과의 상호작용을 도식적으로 보여주고 있다. 좌측에 그려진 수공구조물은 이와 같은 관계에서 추가적인 역할을 한다.

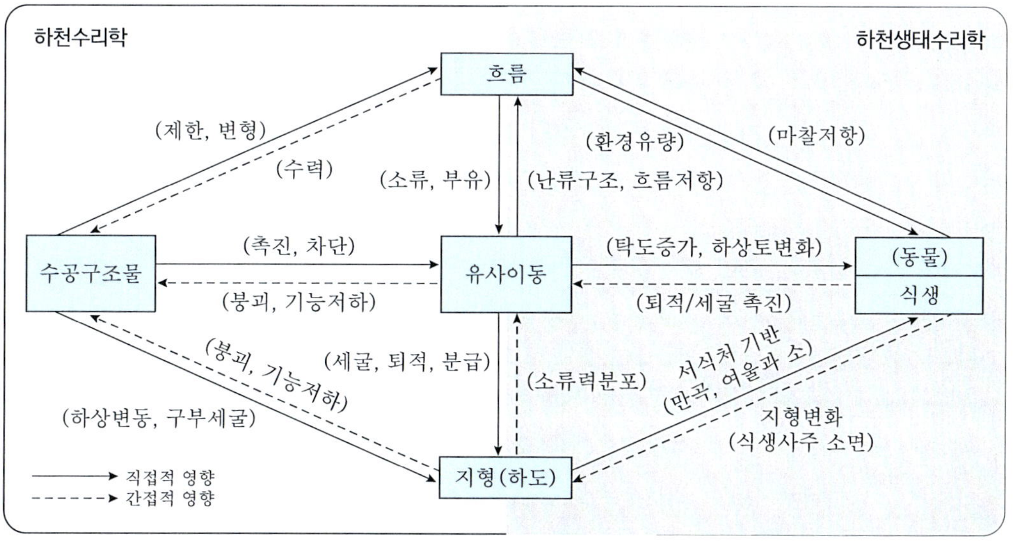

그림 13.1 하천흐름과 서식처의 상호작용(Tsujimoto의 그림 보완)

그림 13.1에서 흐름과 식생의 관계는 마찰저항으로 대표된다. 하천에 식생이 활착하고 번성하게 되면 일반적으로 흐름의 마찰저항은 증가한다. 이에 따라 전통적으로 하천 내 식생, 특히 수목이 번성하는 것은 하천관리자들에게 기피의 대상이 되어 왔다. 그러나 3절에서 구체적으로 다루겠지만 지금까지 하천 내 식생에 의한 흐름저항은 과다 추정된 것으로서, 이는 1990년대 이후 하천의 식생관리에 중요한 전향점을 제공해 주었다(Masterman과 Thorne, 1992). 특히 하천복원사업에서 필수적인 하천 내 식생도입은 식생에 의한 흐름저항 평가의 중요성을 보여준다.

그림 13.1에서 흐름과 물고기 등 동물의 관계는 환경유량으로 대표된다. 댐, 도수 등을 통한 인위적인 하천유황 변화는 수생생태계에 민감한 영향을 준다. 이에 따라 미국에서 1970년대부터 하천의 대표 생물종의 서식처조건을 기본적으로 만족하는 흐름조건을 보장하는 환경유량(Environmental Flow) 개념이 대두되었다. 이에 대해서는 4절에서 구체적으로 다룬다.

그림 13.1에서 수공구조물과 식생은 직접적인 관계가 없어 보이지만, 수공구조물은 흐름과 유사이송, 나아가 지형(하도) 변화를 통해 식생활착에 영향을 준다. 즉 댐과 같은 수공구조물의 축조로 하류 흐름과 유사이송의 양상이 변화하여 하도에 식생활착이 가속화된다. 그에 따라 하류하천에 새로운 서식처가 형성되는 것도 수공구조물의 의한 식생변화의 한 예이다. 경남의 황강댐 하류하천(Choi 등, 2005)이나 경북의 안동/임하 댐 하류하천(우효섭 등, 2010)에 식생이 활착, 번성하여 새로운 하천서식환경이 조성된 것이 그 좋은 예이다. 이렇게 흐름과 유사이송의 변화에 따른 식생의 이입과 활착 현상을 규명하는 것도 생태수리학의 한 분야이다.

그림 13.1에서 하천의 크고 작은 지형(하도)은 그 자체가 수생서식처 기반이기 때문에 하천 내 생물서식처에 직접적인 영향을 준다. 하천을 개수하기 위해 만곡, 샛강, 웅덩이, 사주, 여울과 소 등 크고 작은 서식처를 없애면 생물 종과 수는 감소한다. 또한 하도와 사주의 지하부는 하천수와 지하수가 상호 작용하면서 물리적, 화학적, 생물적 특성이 변화는 곳으로서 혼합대(hyporheic zone)라 한다. 혼합대는 다양한 무척추동물의 귀중한 서식처로서, 이 같은 저생성 생물서식처 조건은 기층(substrate)[55]의 생물리화학 과정을 통해 결정된다. 이 같이 수생 서식처의 물리, 화학 조건과 생물과정의 관계를 다루는 서식처 수리학도 생태수리학의 중요 분야이다.

서식처 수리학의 또 다른 대상으로서 유사의 크기, 입경 분포 등 하상재료는 수생 생물서식처의 중요한 물리적 기반이다. 기층은 수중 먹이사슬에서 중요한 역할을 하는 대소형 무척추동물의 서식처이며, 특히 하상에 산란하는 물고기에게 중요하다. 연어나 송어와 같은 찬물에 사는 물고기는 산란장소로 자갈하상을 선호한다. 반면에 잉어, 붕어와 같은 따듯한 물에 사는 물고기는 진흙바닥의 수초에 알을 낳는다. 따라서 골재채취, 댐 축조, 직강화 등으로 인한 인

55 substrate는 하천의 바닥을 구성하는 층을 의미하며, 하천생태학에서는 보통 기층 또는 저층이라 하며, 하천공학에서 하상재료(bed material)에 해당한다.

위적 하상재료의 변화는 수생서식처에 직접적인 영향을 준다. 일찍이 미 토목학회의는 1992년에 생태수리학의 태동과 함께 수생서식처로서 하상재료(또는 기층)의 중요성을 감안하여 '유사이송과 수생서식처 특별위원회'에서 하천에서 유사와 수생서식처와의 기본적인 관계를 제시하였다(ASCE, 1992).

그림 13.1에서 좌측 반의 수공구조물과 흐름/유사이송/지형 간의 상호 작용은 전통적인 하천수리학의 대상이다. 그러나 댐이나 하구둑과 같은 수공구조물로 인한 흐름과 유사이송의 변화와 그에 따른 하류하천 형태의 변화는 곧 하천 서식처의 변화와 직결된다. 이는 앞서 설명한 서식처 수리학의 주요 대상이다. 한편, 댐이나 하구둑의 축조로 인한 상하류 하천생태통로의 차단과 그에 따른 생물서식환경의 변화는 잘 알려진 사실이다. 생태수리학의 또 다른 역할은 이렇게 인위적으로 차단된 하천의 생태통로를 부분적으로 연결해주는 기술에 관한 것으로서, 그 대표적인 예는 어도이다.

흐름과 유사이송에 의한 하천서식처의 변화와 그에 따른 생태시스템의 반응을 예측하기 위해서는 기본적으로 흐름모의가 중요하다. 특히 호소나 하구부에서 흐름의 수리, 수질 특성을 예측하여 서식처 조건을 검토하기 위해서는 3차원 동수역학모형이 요구된다. 생태수리학의 또 다른 주요 분야는 동수역학모형을 이용하여 수온, 염분, 조류 등 무생물적, 생물적 요소의 변화를 예측하는 수질모델링이다.

정리하면, 생태수리학의 주요 관심대상은 그림 13.1에서 직접적으로 제시된 것을 중심으로 다음과 같다.

- 유연하거나 딱딱한 식생에 의한 흐름저항의 변화를 다루는 식생수리
- 생물의 수생서식환경을 위해 필요한 흐름조건을 다루는 환경유량
- 흐름/유사이송/식생 등의 상호작용에 의한 하천 내 식생의 이입/활착/천이 과정의 모델링
- 흐름, 하상재료(기층), 소/여울/하도/홍수터 등 하천서식처의 물리, 화학 조건과 생물과정 관계를 다루는 서식처수리
- 하천에서 인위적 생물이동통로 조건을 다루는 생태통로수리
- 수질, 특히 부영양화와 흐름조건 관계를 다루는 수질모델링

마지막으로, 하천복원 개념은 생태수리학과는 별도로 먼저 시작되었지만, 생태적 지속 가능성이라는 면에서 맥락을 같이 한다. 하천복원은 치수, 점용 등 단일목적의 사업으로 생태적으로 훼손된 하천이나 유역의 인위적인 변화로 악화된 하천의 생태적 기능을 원래의 상태에 가깝게 되돌리는 것이다. 하천복원에 관련된 수리학은 5절에서 구체적으로 다룬다.

13.2 하천생태계

하천생태학은 하천을 주 서식처로 하는 생물과 생물 간의 관계와 생물과 비생물 간의 관계를 대상으로 하므로 하천의 비생물적 과정, 즉 물리/화학적 과정부터 시작하여 생태적 과정을 망라한다. 여기서는 각 과정별 특성을 구체적으로 검토하기 전에 거시적, 생태학적 관점에서 하천을 포함한 각각의 공간을 구성하는 요소, 즉 경관생태(landscape ecology)에 대해 간단히 소개한다.

(1) 경관생태

비행기를 타고 육지를 내려다보면 지상은 경관적으로 다양하다. 단일 수종이나 혼합림으로 구성된 숲이 있는가 하면 벌판이 있고 그 안에 강이 흐르면서 습지와 호수 등을 만든다. 또한 크고 작은 농경지, 도시와 마을, 도로와 철도, 기타 인공시설물 등 인간이 만들어 놓은 경관이 있다. 경관생태학은 이러한 각각의 경관요소의 특성을 가지고 생태학적 관계를 연구하는 학문이다. 하천은 중요한 경관생태 요소이므로 여기서는 경관생태의 기초적인 사항에 대해 소개한다.

그림 13.2는 하천을 포함한 주변의 경관생태 모식도이다. 여기서 지배적인 경관생태요소는 바탕(matrix)이라 한다. 바탕의 구성요소는 대부분 숲, 초원, 농경지 등이나 다른 구성도 가능하다. 조각(patch)은 바탕보다 덜 지배적으로서, 다각형이나 길게 조각나 보이는 경관생태 요소이다. 조각들이 모인 것을 모자익(mosaic)이라 하며, 이는 경관 전체를 통해 안에서 서로 단절되어 있다. 회랑(corridor)은 띠 모양의 기다란 경관생태 요소를 말한다. 따라서 하천회랑(river corridor), 또는 수변은 하도를 따라 형성된 긴 경관생태 조각이다.

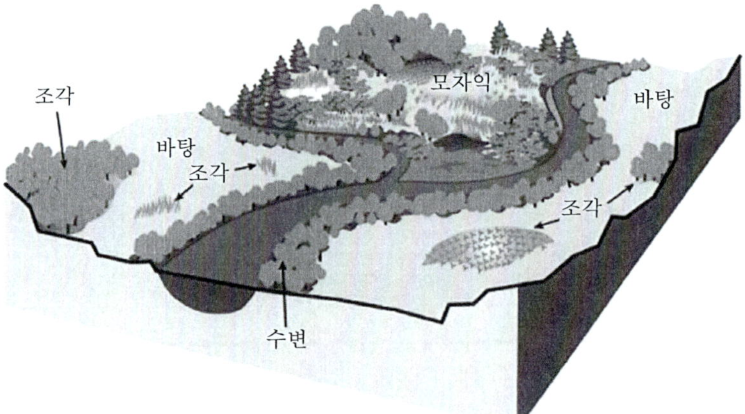

그림 13.2 수변의 경관생태 모식도(FISRWG, 1997, pp. 1~5)

나중에 5절에서 구체적으로 다룰 하천복원에서 수변을 강조하는 것은 하도 자체만의 복원으로는 사실상 지속가능한 생태계를 만들기 어려우며, 주변 경관생태와 연결통로가 되는 회랑의 복원이 병행되거나, 적어도 하천복원 계획단계에서 고려되어야 하기 때문이다. 여기서 수변의 특성을 고려하기 위해서는 물과 유로를 기준으로 하는 '유역규모'와 경관생태 측면에서 보는 '지형규모' 간 차이를 강조할 필요가 있다. 유역규모는 상대적인 개념으로, 예를 들면 한강유역 전체가 될 수도 있고 한강의 2차지류인 양재천의 또 다른 지류인 이름 없는 작은 배수구역이 될 수 있다. 따라서 유역 개념은 보통의 수문분석에서는 매우 유용한 개념이나, 수변생태 측면에서는 특별한 의미를 찾기 어려울 수 있다. 이 점에서 전통적인 수문, 수리 분석은 해당 유역단위로 할 수 있으나, 생태분석은 유역단위보다는 토지식생의 특성이 같은 지형, 또는 경관생태 단위가 더 적합하다.

1 수변의 종횡단 조망

자연하천의 수변을 횡방향으로 보면 하도, 홍수터, 그리고 주변 지형과 연결되는 천이주변구역(upland fringe) 등으로 구성되어 있다. 이를 수변생태 측면에서 보면 그림 13.3과 같다. 이 그림과 같이 주하도는 거의 상시로 물이 흐르는 곳이며, 홍수터는 홍수시에만 잠기기 때문에 식생이 자생한다. 홍수터 곳곳에는 지형에 따라 샛강이나 습지가 형성된다. 따라서 수변에는 각 위치에 따른 수분조건(물에 감기는 빈도와 지하수위 변화)에 맞는 식물이 자라게 된다. 천이주변구역은 고지(upland)의 숲과 구릉의 풀 등을 포함한다.

수변을 최상류에서 최하류까지 종방향으로 보면 제7장에서 설명한 대로 상류의 고지대에 위치한 상류의 침식구역, 중류의 운반구역, 하류의 퇴적구역 등으로 나눌 수 있다. 이러한 하천형태 구분을 식생과 연관시키면, 침식구역은 고지대 식생에서 오는 유기물과 토양침식에서 오는 유사를 하류에 제공한다. 특히 자연하천에서 침식구역에서 내려온 통나무나 중하류에 걸린 부목은 수생생태계의 귀중한 서식환경을 제공한다. 운반구역은 침식구역에 없는 넓은

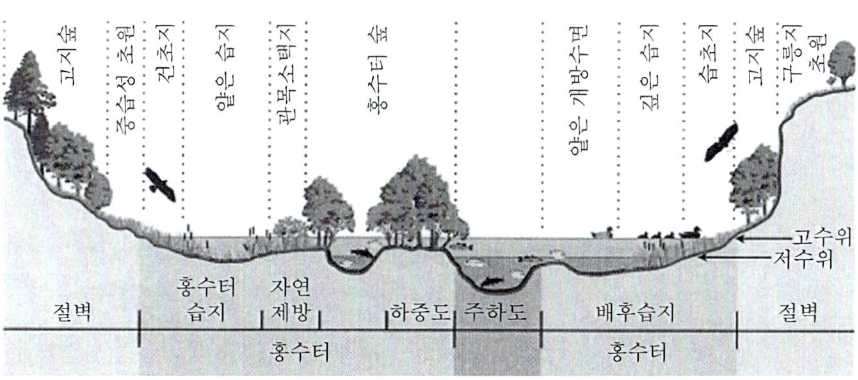

그림 13.3 수변의 횡방향 조망(Sparks, 1995)

홍수터를 가지고 있기 때문에 수변식생이 다양하다. 이 구역에서는 토양과 수분 특성에 따라 여러 종류의 식물이 서식하게 된다. 퇴적구역은 상류 두 구역보다 더 큰 홍수터를 가지게 되고 유사의 퇴적이 활발하다. 그러나 평평하고 넓은 토지는 인간의 농경과 주거 지역으로 바뀌었고, 특히 치수차원에서 제방을 축조하여 수변을 좁혔기 때문에 수변식생은 사실상 제방 안으로 국한되는 경우가 많다.

여기서 하천의 종방향으로 수변생태계의 변화를 설명하는 개념이 그림 13.4와 같은 Vannote 등(1980)의 하천연속체 개념(River Continuum Concept)이다. 이 개념은 유역이나 지형 규모의 차원에서 상류에서 하류로 가면서 어떻게 생물군집이 달라지는가를 설명하는 것으로 하천복원의 목표를 설정할 때 좋은 참고가 된다. 이 개념에 의하면 1~3차 하천까지 상류구역에서는 수목의 그림자 등으로 수중의 조류나 기타 수생식물의 성장이 억제된다. 따라서 이 구역에서는 광합성이 활발하지 못하기 때문에 중요한 에너지는 물가 나무와 풀에서 떨어진 낙엽이나 나뭇가지 등이다. 위와 같은 먹이원의 제한과 비교적 낮고 계절 변화가 크지 않은

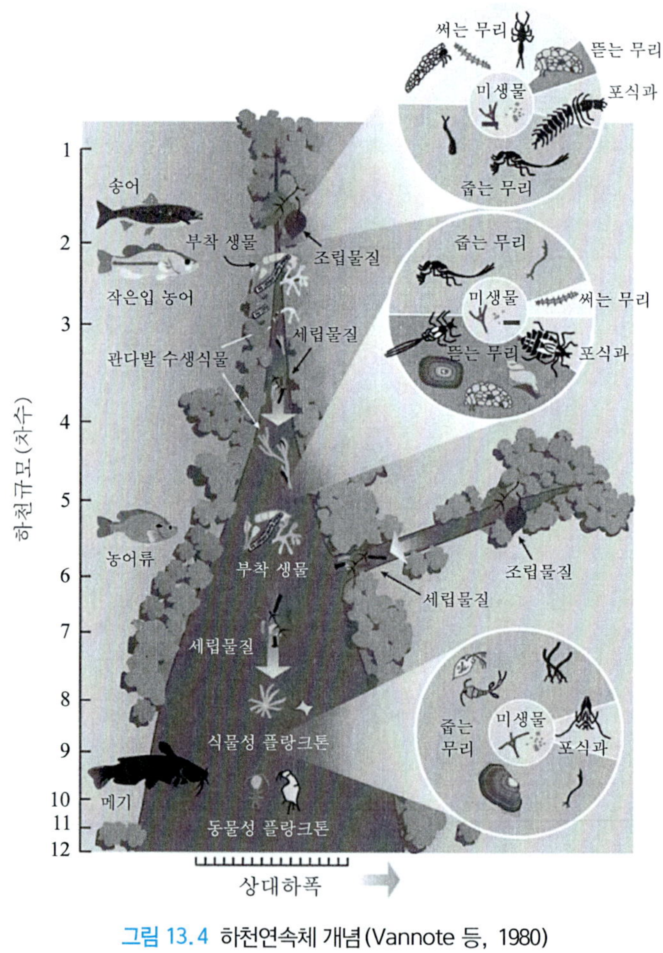

그림 13.4 하천연속체 개념(Vannote 등, 1980)

수온 등의 영향으로 생물종의 다양성은 제한된다. 그러나 하류로 가면서 4~6차 하천과 같은 중류 구역에서는 수중에 빛이 더 많이 들어오면서 광합성으로 자체 영양공급이 가능해지고, 특히 상류에서 내려온 유기물 등으로 무척추동물들이 번성하게 된다. 이는 곧 수생서식처의 다양성을 유지시킨다. 마지막으로, 7~12차 하천과 같은 하류구역에서는 하천의 물리적 안정성은 커지지만 탁도의 증가 등 여러 가지 이유로 수생서식처 상태가 중류와 달라진다. 이렇게 안정된 수역에서는 동물간 경쟁과 포획 특성이 같이 안정되기 때문에 오히려 종의 다양성은 줄어든다. 하천연속체 개념은 외부의 충격과 그에 따른 영향이 고려되지 않았기 때문에 일반성이 미흡한 면이 있지만, 복잡한 하천 생태 관계를 간단한 개념적 모형으로 제시하였다는 긍정적인 면이 있다(FISRWG, 1997, pp. 1-30~1-32).

(2) 물리, 화학적 과정

하천의 물리적 과정은 크게 수문과정과 수리과정, 그리고 그러한 과정에 의해 만들어진 수변 과정으로 구성된다. 수문과정은 기본적으로 강수-유출 과정이다. 강수-유출 과정에 의해 지질시간대에 지표면에서 수리과정을 거쳐 만들어진 것이 하도, 강턱, 홍수터, 배후습지 등 이른바 수변이다. 수변과정은 수변(또는 협의로 하천) 형태, 구성재료, 종횡단 특성, 물 및 유사 흐름 등을 망라한다. 강수-유출 과정과 분석 방법에 대해서는 일반적인 수문학 책을 참고할 수 있을 것이고, 기타 물리적 과정과 분석에 대해서는 이 책 제7장을 참고할 수 있다. 특히 하천생태에 초점을 맞춘 하천의 물리적 과정에 대해서는 하천복원 통합매뉴얼(국토부/건설연, 2011) 제2장을 참고할 수 있다.

하천흐름은 하천생태계에서 가장 중요한 물리적 환경인자이다. 흐름이 세고 약함에 따라 그 특성에 맞는 서식처가 형성되며 그에 따른 생물종이 서식하게 된다. 하천흐름은 한 장소에서도 시간적으로 변하므로 그에 따른 생물서식처도 동적 과정을 따른다.

유사흐름은 하천흐름에 의해 나타나며 하천의 자기조정작용을 통해 하천형태에 직접적인 영향을 준다. 또한 하상재료(기층)의 구성과 부유물질(SS)에 직접적인 영향을 준다. 하천의 화학적 과정은 크게 수질과 기층의 질로 구성된다. 수질과 기층의 질은 생태기능에 따라 하천에 서식하는 각종 동식물에 영향을 주며 동시에 영향을 받는다. 하천생태계에 일차적으로 영향을 주는 수질항목은 수온, pH, SS(부유물질), DO(용존산소), BOD(생화학적 산소요구량), 영양염류 등이다. 여기에 기층의 질은 DO에 직접 영향을 주며, 수중 조류의 발생은 부영양화에 직접 영향을 준다.

수온은 수생서식처에 일차적으로 영향을 준다. 찬 물을 좋아하는 물고기와 따듯한 물을 물고기는 그 종을 달리한다. 하천 곤충이나 조류(algae)는 일반적으로 따듯한 계절에 따듯한 물에서 빨리 성장한다.

수생생물은 일반적으로 pH가 7, 즉 거의 중립상태를 선호한다. 하천수 pH의 인위적인 변화는 수생서식처에 직접적으로 나쁜 영향을 준다. 이 경우 대부분 pH가 낮아져서 산성수가 된다. 예를 들면 중국산 민물 철갑상어는 pH가 4.0 이하에서도 서식할 수 있고 황소개구리는 4.5 이하에서도 일부 서식이 가능하지만 피라미류는 6.0 이하에서는 서식하지 못한다(FISRWG, 1997, p. 2-71). 특히 산성비는 광범위한 범위에서 하천수의 pH 값을 낮추어 수생서식처에 부정적 영향을 준다.

물속 부유물질(SS)은 대부분 생물 서식환경에 부정적 영향을 준다. 과다한 SS는 물고기 아가미에 집적되어 물고기를 폐사하게 한다. 또한 부유물질이 침전하여 자갈층 사이에 퇴적되면 송어 같이 자갈층 사이에 알을 낳는 물고기 서식환경에 부정적 영향을 준다.

물속 용존산소는 수생생물의 호흡작용을 위해 필수적인 환경인자이다. 용존산소가 3 mg/L 이하가 되면 물고기 개체 수에 직접적인 영향을 준다. 물속 용존산소는 유기물의 분해, 질산염의 분해, 재폭기, 유사 산소요구량(SOD), 수생식물의 광합성과 호흡 등에 영향을 받는다. 이밖에 수온과 염도에 따라 달라진다.

생화학적 산소요구량(BOD)은 물속에 있는 유기물량의 척도이다. 따라서 그 자체로서 수생생물에 영향을 주기보다는 용존산소농도에 영향을 주어 수생서식환경을 변화시킨다. 그림 13.5는 하천에서 BOD와 DO의 변화과정을 도식적으로 표시한 것이다.

인과 질소 같은 영양염류는 일반 식물은 물론 수생식물의 필수 영양소이다. 그러나 과도한 인과 질소는 하천에서 조류와 수생식물의 과다 번식을 불러와서 이 같은 식물체가 죽어 썩게 되면 분해를 위해 용존산소가 과다하게 소모되어 결과적으로 수중 DO농도가 감소한다. 동시에 사람들에게 시각적, 취각적으로 부정적인 영향을 준다.

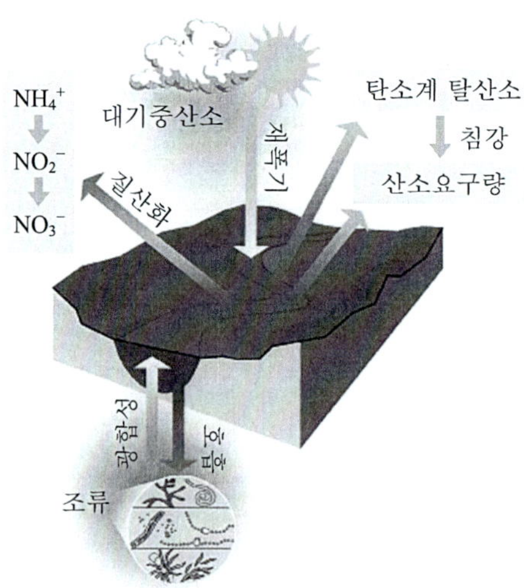

그림 13.5 하천에서 BOD와 DO의 변화과정(FISRWG, 1997, p. 2-33)

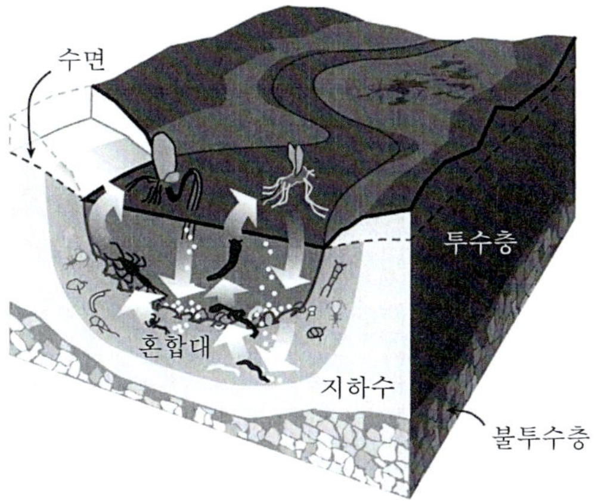

그림 13.6 하천기층의 혼합대(FISRWG, 1997, p. 2-73)

하천의 기층은 물과 흐름 다음으로 중요한 하천의 서식환경이다. 기층의 재료에 따라 다른 생물이 산란하고 서식한다. 일반적으로 잉어, 붕어 등 따듯한 물에 서식하는 물고기는 진흙과 수초에, 송어와 연어 등 찬 물에 서식하는 물고기는 자갈하상에 산란한다. 기층은 또한 수많은 무척추동물의 서식처이다. 그림 13.6은 기층의 혼합대를 도식적으로 보여준다. 혼합대는 하도와 사주의 지하부에서 하천수와 지하수가 상호 작용하면서 물리적, 화학적, 생물적 특성이 변화는 곳이다. 혼합대의 두께는 장소에 따라 수 cm에서 1 m까지 다양하다.

하천생태계 측면에서 위와 같은 수변의 화학적 과정에 대한 구체적인 내용은 미국에서 개발된 수변복원 가이드라인(FISRWG, 1997) 제2장이나, 국내에서 개발된 하천복원 통합매뉴얼(국토부/건설연, 2011) 제2장을 참고할 수 있다.

(3) 생태적 과정

하천의 생물상은 박테리아, 조류(algae), 대형수생식물(macrophytes), 원생생물(protists; 아메바, 편모류, 섬모류 등), 소형무척추동물(길이 0.5 mm 이하), 대형무척추동물(길이 0.5 mm 이상; 하루살이, 벌레, 조개 등), 척추동물(어류, 양서류, 파충류, 포유류 등) 등 크게 7개로 나눌 수 있다. 이 같은 다양한 하천생물 간 먹고 먹히는 관계를 도식적으로 표시하면 그림 13.7과 같다. 이와 같은 생물 간 먹이관계를 먹이사슬(food chain), 또는 조금 더 적확하게 표현하여 먹이망(food web)이라 한다. 먹이망은 하천생태계의 내부적인 과정을 지배하는 생태계 기본구조이다. 생태적으로 건강한 하천일수록 많은 생물 종과 수가 출현한다. 독일 어느 하천의 경우 2 km 구간에서 무려 1,300종 이상이 관찰되었다(Wang과 Pan, 2014).

이러한 먹이사슬은 외부로부터 인, 질소, 실리카, 이산화탄소와 같은 화학물과 햇빛과 같은 에너지를 받아들이는 것부터 시작된다. 플랑크톤과 같은 미세식물이나 대형식물 등은 광합성

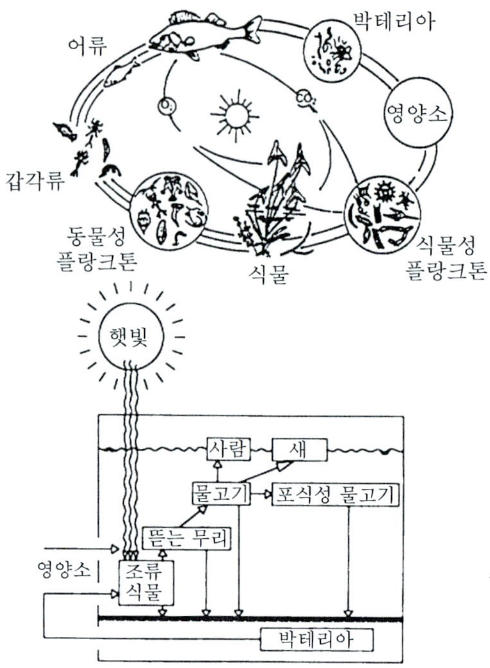

그림 13.7 수역에서 먹이사슬과 시스템(IAHR, 1991)

작용으로 햇빛과 영양물질을 소비하여 유기물과 산소를 생산한다. 이를 1차 영양수준(trophic level)이라 한다. 이렇게 일차 생산자에 의해 만들어진 유기물(biomass)은 동물성 플랑크톤, 소형 갑각류나 어류 등에 의해 먹히며, 이를 1차 소비자(grazer) 또는 2차 영양수준이라 한다. 다시 이러한 소형동물은 큰 물고기나 새, 수변 포유류, 또는 인간에 의해 먹히며, 이를 3차 영양수준이라 한다. 이러한 먹이사슬에서 동식물의 사체나 배설물 등은 바닥에 침전되고, 이는 다시 박테리아에 의해 소화되어 새로운 영양물로 이용된다. 이렇게 하여 영양물의 순환은 계속된다.

수문기상적 이변은 위와 같은 먹이사슬의 최초입력에 변화를 준다. 그러나 외부입력의 변화는 생태계 자체의 완충작용에 의해 대부분 외부로부터 에너지와 물질의 유입을 줄여준다. 이와 같이 생태계가 자연적인 충격으로부터 스스로 회복하는 능력을 탄력 또는 회복력(resilience)이라 한다. 그러나 생태계 먹이사슬에서 재생산되는 유기물의 총량 이상으로 인간이 소비하거나 생태계 자체적으로 소화할 수 있는 한계를 넘은 오염물의 유입은 생태계에 나쁜 영향을 준다.

또한 하천사업은 수변의 물리적 환경을 변화시키며, 그에 따라 먹이망 또한 변화된다. 제방 축조로 단순화되고 직강화된 하천에서 생물다양성은 크게 감소한다(Brookes, 1988). 특히 댐이나 보, 갑문 등의 축조로 하천의 상하류가 단절되면 회유성 물고기에게는 치명적이 된다. 최근 미국 등에서 댐철거 문제가 거론되고, 일부 소형댐들의 철거를 결정한 것도 일차적으로 회유성 물고기의 물리적 서식환경을 복원하려는 의도이다(우효섭, 1999). 1990년대 들어 하천 복원 문제가 초점이 되어 온 것은 일차적으로 이렇게 훼손, 변형된 수변서식처의 물리환경을 복원하려는 의도이다.

(4) 생태기능

하천에는 다양한 생태기능이 있다. 생태계 관점에서 하천은 에너지, 물질, 생물개체군을 받아들이고 내부에서 이동하게 하다 밖으로 유출한다.

1 에너지 흐름

하천과 같은 개방형 유수생태계는 많은 에너지가 외부에서 들어왔다 나간다. 자연상태에서 하천으로 들어오는 에너지는 하천변 식물에서 떨어진 낙엽, 나뭇가지 등 쇄설물(detritus)과 지하수를 통해 유입하는 유기물 등이다. 여기에 인위적으로 들어오는 각종 하폐수는 또 다른 유입 유기물이다. 이러한 유기물은 하천 내에서 생화학작용으로 고정되거나 무척추동물 등에 의해 소비되고, 이는 먹이망의 상위에 있는 동물의 에너지원이 된다.

2 물질순환

질소, 인, 칼리와 같은 무기물질은 하천생물의 필수영양소로서 그 공급량에 의해 하천내 생물활동은 제한을 받는다. 이 같은 영양소의 흡수, 전환, 배출은 다양한 생물적, 비생물적 과정에 의해 이루어진다. 하천 내 영양소의 순환은 식물의 일차생산에 의한 고정과 미생물에 의한 유기물 분해과정을 통한다. 그러나 과도한 질소, 인의 유입은 하천의 부영양화를 촉진한다.

3 생물개체군

생태계는 같은 종으로 이루어진 생물집단인 개체군(population)이 모여서 다수의 종으로 이루어진 군집(community)를 이룬다. 초기에는 높은 생식력으로 개체군의 크기가 지수함수적으로 커지지만 개채수가 증가할수록 먹이, 질병, 포식자, 서식공간이 제한되어 어느 시점에는 한계에 도달하여 평형상태가 된다. 이 상태를 생태계의 수용능력(carrying capacity)이라 한다.

하천 생물군집은 다수의 개체군으로 구성되며, 개체군 사이에서 부정적, 긍정적 상호관계가 있다. 부정적 상호관계에는 경쟁, 포식, 기생 등이 있으며, 긍정적 상호관계에는 상리공생(서로 이익이 되는 공생), 편리공생(한 쪽은 이익, 다른 한 쪽은 이익이나 해가 없는 공생) 등이 있다. 개체군은 제한된 자원을 놓고 종간 경쟁을 하며, 이에 따라 개체군 크기의 성장은 억제된다. 특히 생태적 지위(niche)가 비슷한 종일수록 종간 경쟁이 커진다. 종간 포식은 생물군집의 종간 평형에 부정적인 면과 동시에 긍정적인 면이 있다. 포식-피식 관계는 피식자의 개체

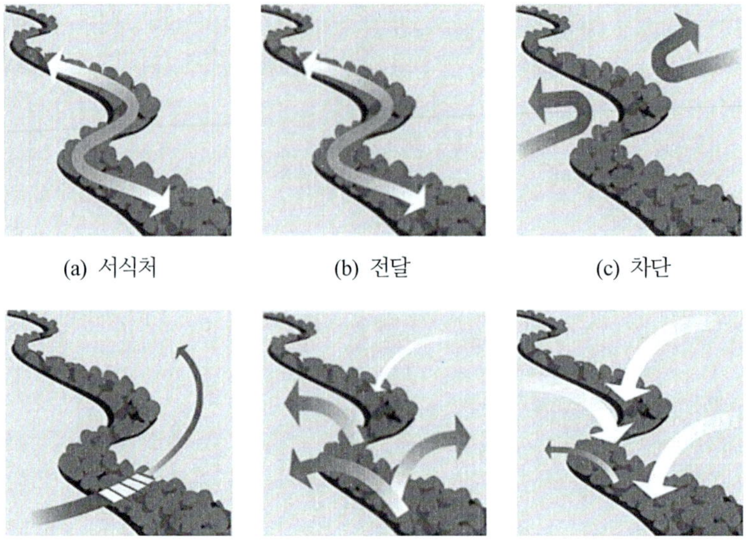

(a) 서식처 (b) 전달 (c) 차단

(d) 여과 (e) 공급원 (f) 수용부

그림 13.8 경관생태 관점에서 생태기능 모식도(FISRWG, 1997, p. 2-78에서 인용)

수를 적정하게 유지시켜 줄 뿐만 아니라, 적자생존 법칙에 의해 약하거나, 병들거나, 적응력이 떨어지는 개체수를 줄여서 우수한 개체가 살아남게 하는 긍정적 면이 있다.

한편, 경관생태 관점에서 하천의 생태기능에는 서식처, 전달, 여과, 차단, 공급(source), 수용부(sink) 기능 등이 있다(그림 13.8 참조).

4 서식처(habitat)

하천은 다양한 생물의 삶의 터전이다. 즉 생물이 생육, 번식, 먹이활동 등을 하는 공간이다. 인위적인 활동으로 인한 서식처의 단절, 훼손은 결국 그 안에 사는 동식물의 종수와 개체 수에 부정적인 영향을 준다. 따라서 5절에서 다루는 하천복원은 결국 인간활동으로 단절, 훼손된 하천의 생물서식처를 원래의 서식처에 가깝게 되돌리는 것이다. 한편 생물다양성 보전을 위해서는 특히 수생서식처와 육상서식처가 맞물리는 하안같이 물리적으로 서로 다른 서식조건의 연결부가 중요하다. 따라서 이러한 연결부가 콘크리트 호안 등으로 인위적으로 단절되면 종의 다양성에 부정적 영향을 준다.

5 전달(conduit)

하천은 앞서 설명한 에너지, 물질, 개체군의 이동통로 역할을 한다. 하천에 의해 전달되는 물질 중 가장 대표적인 것은 물과 유사이다. 그밖에 다양한 형태의 에너지와 물질, 그리고 생물체가 하천에 의해 전달된다. 이러한 전달기능은 하천흐름 방향(종방향) 뿐만 아니라 수변을 가로지르는 방향(횡방향)으로도 일어난다.

6 여과(filter)

하천은 위와 같은 에너지, 물질, 개체군을 선택적으로 통과, 전달하는 기능이 있다. 예를 들면 하천에 유입된 오염물질, 유기물, 토사 등은 하상에 침전, 흡착, 분해되고 그 일부만 전달된다.

7 차단(barrier)

하천은 흐름과 수변식생대(riparian buffer strip) 등에 의해 위와 같은 에너지, 물질, 개체군의 전달을 차단하는 기능이 있다. 예를 들면 육지에서 유입되는 오염물은 하천을 따라 자연적/인위적으로 형성된 식생대에 의해 하천유입이 차단된다.

8 공급(supply)과 수용부(source)

하천에서 에너지, 물질, 개체군의 유출이 유입보다 크면 공급원으로서 기능을 하고, 그 반대의 경우 수용부로서 기능을 한다. 하천은 하도, 홍수터, 제방, 수림대 등으로 구성된 수변과 주변 서식공간을 연결하여 생물개체군을 이동시켜 타 지역에 공급한다. 동시에 지표수, 지하수, 영양염류, 에너지, 물질 등을 저류하거나 공급한다.

위와 같은 하천의 생태기능을 결정하는데 중요한 두 가지 특성은 연결성과 폭이다. 연결성은 하도, 홍수터, 제방 등으로 구성된 수변의 규모 자체와 수변이 얼마나 서로 연결되어 있는지를 나타내는 척도이다. 연결성이 높으면 에너지, 물질, 생물군집의 이동이 원활해진다. 다른 하나는 하천을 가로질러 주변 임야, 토지, 산까지 거리를 나타내는 폭이다. 폭이 좁으면 중간에 단절부가 생기기 쉽고 그에 따라 이동성이 감소하거나 단절된다. 따라서 연결성은 폭에 영향을 받는다.

13.3 식생수리

(1) 식생, 흐름, 유사의 상호작용

하천, 또는 수변에는 나무와 풀과 같은 식생이 자라는 것이 자연적이다. 자연하천이나 자연에 가까운 하천을 보면 예외 없이 홍수터나 강턱에 나무나 풀이 자란다. 이러한 하천식생은 여러 가지 기능을 한다. 하천식생은 우선 하천안정에 큰 역할을 한다. 물가나 강턱 부근에 자라는 식생은 흐름에 대해 완충역할을 하여 흐름의 침식력을 줄인다(Thorne, 1990). 또한, 식생은 뿌리로 흙의 응집력을 보강하고, 증발산작용과 침투감소를 통하여 흙 속의 수분을 감소하게 한다. 또한 식생은 흐름에 크고 작은 와류를 만들어 하천유사의 포착과 퇴적을 증진한다

(Abt 등, 1994). 이러한 역할 이외에 식생은 생물서식처, 친수성(親水性), 수질의 보전과 향상 측면에서 바꿀 수 없는 귀중한 역할을 한다. 나무와 풀 등 수변에 자라는 식물은 하천 생물서식처의 기본적인 구성요소 중 하나이다. 물가 식물은 낙엽을 만들고 이 낙엽이 물속으로 가라앉아 썩음으로써 하상에 서식하는 소형 무척추동물의 먹이가 된다. 이러한 소형 무척추동물은 결국 수생서식처 먹이사슬의 기본이 된다. 수변식생은 또한 심미적으로 사람들에게 친수성을 향상하게 하며, 오염물질의 자정작용에도 일정한 역할을 한다.

반면에 식생은 하천의 흐름저항을 높여서 홍수시 수위를 증가시켜 치수관리 측면에서 부정적인 역할을 한다. 또한 강턱과 제방에 자라는 나무는 뿌리에 의한 관공작용(piping)과 나무줄기 주위에 가속적인 국부세굴 등의 가능성을 만들어서 하천안정에 지장을 줄 수 있다. 마지막으로, 하천 내 나무는 홍수시 뿌리 채 뽑혀서 하류의 교량이나 기타 협착부에 걸려서 홍수위험을 높일 우려가 있다. 국내에서는 특히 홍수시 떠내려 온 부목 등이 교량과 기타 하천구조물에 걸려서 구조물을 손상하거나 홍수류가 월류하여 홍수피해를 주는 경우가 많다. 이러한 이유 때문에 하천관리 차원에서 전통적으로 홍수에 지장을 줄 수 있는 하천 내 식생은 제거하여 왔다.

그러나 하천 직강화, 제방구축, 식생제거, 복단면화 등 획일적인 하천정비사업은 생물서식처와 심미성(審美性), 또는 친수성을 훼손시킨다(Darby와 Thorne, 1994). 1980년대 들어 자연보전과 복원의 분위기가 성숙되면서 하천식생이 생물서식처 조성, 친수성, 수질 개선 등에 주는 환경적 가치가 강조되었다. 이에 따라 하천식생에 의한 흐름저항과 수류에 대한 나무의 저항력 등을 정량적으로 평가하는 방법의 개발이 시작되었다. 이러한 연구경향은 특히 1990년대 이후 하천복원 개념이 보급되고, 복원의 구체적인 도구로서 그 필요성이 커졌기 때문이다. 이에 따라 국내에서도 하천 내 식생, 특히 수목의 제거나 식목의 금지 등 치수관리를 위한 엄격한 규정을 완화하여 제한된 범위 내에서 수목을 유지하고 나무심기를 허용하는 '하천구역 내 나무심기와 관리에 관한 기준'이 제시되었다(건교부, 2007).

앞서 제7장에서 충적하천의 흐름은 하천형태를 조각하는 조각가인 동시에 그 자신도 하천형태에 의해 조각되는 조각품이라 하였다. 그러나 충적하천에는 풀과 나무 같은 식생이라는 변수가 하나 더 있다. 이러한 식생은 미시적으로 흐름의 난류부터 거시적으로 수위와 유속을 변화시키며 동시에 유사이송을 변화시켜 하천의 흐름, 형태, 식생의 특성을 끊임없이 변화시킨다. 흐름의 변화에 의한 하천형태와 식생의 변화는 충적하천에 축조된 댐의 하류하천에서 잘 나타난다. 댐에 의해 홍수가 사실상 사라지거나 줄어든 경우 댐 하류에서는 유사이송이 줄어들면서 주수로는 좁아지며, 동시에 지속적으로 세굴 되어 낮아진다. 반면에 홍수가 줄어든 주변 홍수터에는 식생이 활착하게 되고, 미립토사의 퇴적으로 하상고는 높아진다. 과거 댐 건설 전 불안정했던 작은 독립사주에도 홍수가 줄어들면서 식생이 뿌리를 내리게 되고 그에 따라 식생에 의한 난류변화와 와류형성으로 주변에 유사퇴적이 촉진된다. 그에 따라 식생이 활착할 수 있는 면적이 커져 사주는 점차 커진다. 특히 홍수터나 사주에 외딴 관목식생군에 의한 주변하상의 세굴, 미립토사의 퇴적, 하상재료의 분급효과는 생물서식처 측면에서 귀중한 휴식처나 피난처를 제공한다(Tsujimoto, 1999).

따라서 본 절에서는 흐름, 유사, 식생의 상호작용에 의한 식생수리학의 대상을 크게 1) 식생흐름모형, 2) 식생과 흐름저항식, 3) 사주/홍수터 동적식생모형 등으로 나누어 검토한다. 하천흐름에서 식생의 존재는 미시적으로 난류구조를 변화하게 하여 궁극적으로 유사이송 양상도 변화하게 한다. 이러한 효과는 거시적으로, 또는 하나로 뭉쳐져서(lumped) 흐름저항으로 나타난다. 이러한 흐름저항은 하천실무에서 쓸 수 있는 마찰계수 f나 매닝계수 n으로 표시된다. 마지막으로 인위적인 하천흐름 변화는 하상전단응력, 또는 소류력을 감소시켜 식생활착 기회를 높이고, 그에 따라 유사이송 양상이 변하고, 하천형태 또한 변한다.

(2) 식생흐름모형

그림 13.9는 식생이 자라는 하천의 측면에서 흐름을 본 모식도이다.

Nepf와 Vivoni(2000)는 식생높이 h_1과 수심 H의 비, 즉 상대수심 H/h_1을 이용하여 그 비율이 5~10 정도로 크면 '육상피복흐름'(terrestrial canopy flow)라 하여 거친 표면으로 취급하고, 1 이하이면 '식생아래흐름'(flow through emergent vegetation)이라 하여 난류가 억제되고 평균유속이 감소하는 흐름으로 보았다.

그 중간의 경우 수심이 제한된 '잠긴식생흐름'(depth-limited flow with submergent vegetation)'으로 분류하였다. 이 흐름상태에서는 물에 잠긴 식생줄기가 흐름운동량을 흡수하여 유속분포에 중간에 변곡이 생기고 그에 따라 그 경계면에서 와류가 발생하게 된다. 이 경계면에서 위 아래로 질량 및 운동량 교환이 활발하게 되어 경계면 전단응력이 커지고 그에 따라 바닥마찰 효과는 상대적으로 적어진다.

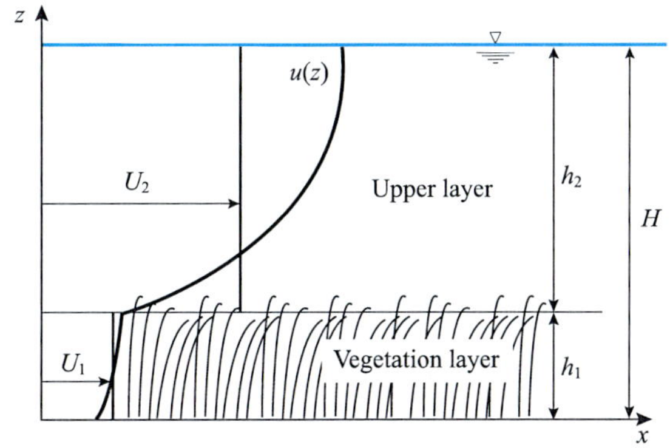

그림 13.9 수심이 제한된 개수로 식생흐름의 측면 모식도(Woo와 Choi, 2013)

이러한 식생흐름을 모형화하는 방법으로 첫 번째는 흐름 위아래를 1~2개 층으로 나누어 각각 전체를 하나로 보고 모형화하는 방법(bulking flow modelling)이 있다. 이 방법에서는 육상피복흐름이나 식생하 흐름의 경우는 흐름 위아래에서 유속변화가 크지 않으므로 전체를 하나의 층으로 보고 접근할 수 있다. 그러나 잠긴식생흐름의 경우 유속분포의 변곡점을 기준으로 위아래 두 층으로 나누어 접근한다. 이 방법에서 수심평균유속 U_1은 식생 층 h_1에 작용하는 힘으로서 중력과 변곡점 경계면 상 전단응력의 합이 바닥마찰력과 식생줄기에 의한 저항력의 합과 균형을 이루는 등류상태로 상정하여 산정된다. 그 위층의 유속분포 $u(z)$는 일반적인 개수로 흐름과 같이 유속은 대수분포를 한다고 상정하여 산정된다. 이 방법에 대해서는 다음 '식생과 흐름저항식'에서 구체적으로 소개한다.

두 번째 방법은 1차, 또는 2차원 수심적분 천수방정식을 푸는 것이다. Kim 등(2009)은 식생흐름의 1차원모형으로서 식생에 의한 추가적인 마찰경사를 고려한 Saint-Venant 방정식을 수치해석으로 풀었다. 그들의 모형은 안양천 한 구간에 적용되어 홍수터에 식재된 수목에 의한 홍수위 증가효과를 확인하였다. 나아가 Kim 등(2010)은 2차원 수심적분 천수방정식에서 식생줄기에 의한 저항식을 운동량방정식에 추가한 식생흐름모형을 개발하였다. 그들은 수목의 밀도도 고려하여 식생줄기에 의한 흐름저항을 산정하였다. 그들의 모형은 한강 한 구간에 대해 가상적으로 적용되었으며, 그 결과 홍수터에 식재된 수목은 주하도의 유속을 증가시키고 홍수터 흐름의 유속은 상당히 감소시키는 것으로 나타났다. 그러나 수목이 홍수위에 미치는 효과는 상대적으로 적은 것으로 나타났다.

세 번째 방법은 수심적분이 아닌 수심방향의 유속과 난류구조를 고려하는 3차원 흐름방정식을 푸는 것이다. 이 방법에서는 난류모형이 필수적이다. 난류구조를 고려하는 식생흐름 연구는 Burke와 Stolzenbach(1983)가 문헌상에 처음으로 보인다. 그들은 처음으로 2-방정식 난류모형을 식생이 자라는 자유수면 흐름에 적용하였다. Christensen(1985)은 혼합거리 모형을 이용하여 유연한 풀이 자라는 개수로 흐름을 모의하였다. 또한, Tsujimoto 등(1991)과 Lopez와 Garcia(1998)는 $k-\varepsilon$ 모형을 이용하여 식생흐름의 난류특성과 유사이송을 모의하였다. 국내에서는 권기원과 최성욱(2000)은 $k-\varepsilon$ 모형을 이용하여 식생흐름의 난류 수직구조를 모의하였다. 그 결과 식생 밀도가 증가함에 따라 전체적으로 평균유속과 난류에너지가 감소하고, 마찰속도 역시 감소하여 그에 따라 하천의 유사이송능력이 감소하는 것으로 나타났다. 나아가 Choi와 Kang(2010)은 레이놀즈응력 모형(RSM)을 이용하여 식생흐름의 난류구조를 모의한 결과 RSM이 $k-\varepsilon$ 모형 등 다른 모형에 비해 상대적으로 더 잘 모의하는 것으로 나타났다.

위와 같은 세 방법에 대해 더 구체적인 해석에 대해서는 Woo와 Choi(2013)의 자료를 참고할 수 있다.

(3) 식생과 흐름저항식

1990년대 이후 하천식생과 흐름저항에 대한 연구는 먼저 식생에 의한 기존의 흐름저항 평가방법의 재고찰부터 시작하였다. Masterman과 Thorne(1992)은 하천의 홍수관리 측면에서 하천식생에 대한 부정적인 인식은 주로 Chow(1959)와 Barnes(1967) 등의 매닝계수 추정 자료에서 식생에 대한 큰 마찰계수 값에 기인한 것으로 보았다. 한 예로서 Chow는 보통의 모래나 자갈 수로에는 매닝계수로 0.03을 부여한 반면에, 바닥이 불규칙적이고 강턱에 갯버들이나 포플러 등이 자생하는 수로의 경우 0.08을 부여하였다. 이 경우 수리계산결과는 80% 정도의 수위증가를 보여준다. 그러나 Masterman과 Thorne은 Darcy-Weiswach의 마찰계수를 이용한 이론적 수리계산을 통해 강턱에 식생이 주는 흐름저항은 기존에 인식한 것만큼 크지 않는 것으로 보여주었다. 구체적으로, 나무높이가 0.8 m로 수심 정도이고 식생밀도가 높은 강턱의 경우 하폭과 수심의 비가 9보다 작아야 통수능은 5% 이상 작아지는 것으로 나타났다. 또한 처음에는 흐름에 저항하지 못하는 풀이 자라다 나중에 갯버들과 같은 나무가 자라는 경우에도 폭과 수심의 비가 16 이상이 되어도 통수능은 10% 이하로 감소하는 것으로 산정되었다. 홍수터 식생이 전체 하도의 홍수위 상승에 미치는 효과는 전통적으로 생각해온 것보다 의외로 작다는 사실은 앞서 소개한 Kim 등(2010)의 연구에서 나타났다.

하도에 나무가 쓰러져 있거나 걸려 있으면 흐름저항은 커진다. Chow(1959)는 하도에 통나무나 나무뿌리 등 각종 수목이 걸려 있고, 강턱이 계속 깎여 물가 수목이 쓰러지는 경우 매닝계수로 0.15를 부여하였다. 그러나 Shields와 Gippel(1995)은 하도에서 부목의 밀도에 따른 흐름저항의 변화를 검토한 결과, 테네시 주와 호주 하천자료를 이용하여 Darcy-Weiswach의 마찰계수는 부목을 제거하면 20~30% 정도 감소하고, 통수능은 5~20% 정도 증가하는 것으로 나타났다. 이는 매닝계수로 약 16% 감소에 해당하며, 기존의 부목 제거에 의한 매닝계수 감소율 80%에 비해 매우 작은 감소율이다. 이러한 결과는 부목에 의한 흐름저항 효과가 하도의

그림 13.10 하천 내 수목의 성장(경북 낙동강 중상류)

기하특성과 부목밀도 등에 관련되어 있다는 점을 감안하더라도 과거 식생에 의한 흐름저항 효과가 일부 과대평가되었음을 보여주는 또 다른 예라 할 수 있다.

따라서 치수관리 측면에서 하천 내 식생을 과학적으로 관리하기 위해서는 식생에 의한 흐름저항을 정량적으로 평가하여 허용할 수 있는 범위 내에 있는가를 판단하여야 한다. 이를 위해서는 앞서 간단히 소개한 식생에 의한 흐름저항모형을 이용하는 방법과 식생에 의한 추가적인 마찰 영향을 실험과 현장조사를 통해 얻어진 경험적 매닝계수를 이용하는 방법이 있다.

1 식생에 의한 흐름저항모형 – Darby의 모형

하천식생에 의한 Darby(1999)의 흐름저항모형은 횡방향 전단응력을 고려한 단위폭당 1차원 운동량방정식에 기초하고, Masterman과 Thorne(1992)의 식생저항 모형을 결합하여, 모래나 자갈 하천에서 다양한 식생형태에 따른 흐름저항을 추정한다. 여기서 운동량방정식은 물의 흐름방향 중력과 하천횡단면 상 유속변화에 따른 전단마찰력의 합은 식생이나 하상재료 등에 의한 바닥마찰력과 균형을 이룬다는 등류상태를 상정한다. 마찰계수 f 는 한 단면의 횡방향 각 계산점에서 하상재료에 의한 마찰과 식생에 의한 마찰을 구분하여 추정한다. Darby는 하상재료를 모래와 자갈 등 크게 둘로 나누어 기존 마찰식을 이용하며, 식생의 경우 다음과 같은 4개의 유형별로 적정한 마찰식을 이용한다.

- 자라고 있는 유연한(flexible) 식생
- 죽었거나 휴면중인 유연한 식생
- 조밀하게 자란 곧은(nonflexible) 줄기(줄기간격과 줄기직경의 비가 20 이하)
- 성성이 자란 곧은 줄기(줄기간격과 줄기직경의 비가 20 이상)

유연한 식생에 대해서는 일반 조도와 같이 취급하여 식생줄기의 밀도 M, 줄기의 탄성계수 E , 줄기 단면적의 2차모멘트 I 등을 이용한 경험식에서 식생의 등가조고를 구한다. 여기서 식생줄기의 E, I 값을 구하기는 어려우므로 이를 밀도와 같이 묶어서 MEI에 대한 경험식을 이용한다. 곧은 식생에 대해서는 줄기에 의한 와류모형을 이용한다.

위와 같은 마찰모형을 이용하기 위해서는 식생의 수리특성인 유연한 식생과 곧은 식생을 구분하여야 한다. 유연한 식생의 경우 식생군의 높이를 가지고 단단한 정도 MEI 를 추정하여야 하고, 곧은 식생의 경우 줄기 간격과 직경을 가지고 와류유속을 구하여야 한다. 여기서 줄기의 직경은 일관성을 위해 가슴높이에서 측정한다. 일반적으로 풀은 유연한 식생으로, 나무는 곧은 식생으로 구분한다. 정량적인 기준으로 Darby는 MEI 가 200 N/m^2 이상인 경우 곧은 식생으로, 그 미만인 경우 유연한 식생으로 구분하였다.

Darby는 위와 같이 하상재료와 식생 별 마찰식과 운동량방정식, 그리고 연속방정식을 이용하여 단면의 형상, 하천경사, 하상재료, 식생특성 등의 자료가 주어지면 정상등류에서 수위–

유량 관계를 계산하는 모형(HMODEL2)을 개발하였다. 이 모형의 계산치를 영국의 여러 하천의 실측치와 비교한 결과 전체적으로 2~45% 정도의 오차를 보였다. 또한 유연/비유연 식생, 단단한 정도, 줄기 간격과 직경의 비 등 마찰계수에 영향을 주는 인자들의 민감도분석 결과, 기대한 대로 곧은 식생이 유연한 식생에 비해 마찰저항이 큰 것으로 나타났다. Darby 모형에 대한 상세한 설명은 개정전 하천수리학(pp. 773~776)을 참고할 수 있다.

2 경험적 식생매닝계수

하천식생에 의한 흐름저항은 기존의 다른 요인에 의한 흐름저항에 추가하여 작용한다고 전제하고 제3장에서와 같이 다양한 식생에 대해 경험적으로 개발된 매닝계수를 이용할 수 있다. 예를 들면 Green과 Garton(1983)은 미 토양보전국(SCS)이 초본류에 대해 높이를 기준으로 5개로 나눈 식생구분에 따른 매닝계수를 경험식으로 제시하였다. 그 중 식생높이 5 cm 이하의 풀(잔디 수준)의 경우와 76 cm 이상의 풀(갈대 수준)에 대해서 매닝계수를 각각 다음과 같이 제시하였다.

$$n = 0.0225 + 0.0015/VR \ (VR > 0.123) \ (\text{잔디}) \qquad (13-1)$$

$$n = 0.0460 + 0.0223/VR \ (VR > 0.1542) \ (\text{갈대}) \qquad (13-2)$$

위 식에서 V는 평균유속, R은 수리수심(폭이 큰 하천의 경우 평균수심)이다. 위와 같은 식을 이용하면 잔디의 경우 VR값 6(m/s · m)에서 매닝계수는 0.023이며, 갈대의 경우 VR값 6(m/s · m)에서 매닝계수는 0.050으로서, 갈대(군락)에 의한 마찰계수가 잔디의 경우에 비해 훨씬 크게 나타남을 알 수 있다.

한편 국내에서도 2000년 들어 다양한 수리조건 하에서 실험수로에서 한국잔디, 수크령, 갈대, 달뿌리풀, 물억새 등 다양한 고유 초본류를 이용하여 실험을 하여 그 결과를 매닝계수로 제시하였다(Rhee 등, 2008; 이동섭, 2015). 그들은 잔디와 갈대에 매닝계수 경험식을 줄기직경을 이용한 레이놀즈 수, 식생의 밀도와 강성의 곱(MEI), 식생높이와 수심의 비, 하상전단응력 등을 이용하여 각각 개발하였다. 이렇게 실험실에서 개발된 경험식들은 $VR = 0.01 \sim 0.14$라는 비교적 적은 유속과 수심 조건에서 얻어진 것으로서 현장에 바로 적용하기는 어렵다.

3 수목의 전도모멘트

앞서 설명한 대로 홍수시 하천 내 수목이 뽑혀서 하류로 떠내려가게 되면 하천시설물에 걸려 홍수위 상승이나 수압 증가를 가져와 시설물에 피해를 줄 수 있고, 또한 나무뿌리가 뽑힌 웅덩이가 세굴 되어 하천의 불안정을 줄 수 있다. 따라서 하천의 수목관리에는 나무가 쓰러져 떠내려가지 않도록 흐름의 세기가 적은 곳에 한정하거나, 또는 흐름에 잘 지탱하는 나무를 선정할 필요가 있다.

나무가 흐름이나 바람에 쓰러지는 것은 외력의 전도모멘트가 나무의 내력모멘트를 넘는 경우이다. 여기서 나무의 전도한계모멘트 M_c(kgf·m)는 다음과 같은 경험식을 이용하여(山海堂, 1994, p. 21)

$$M_c = \alpha D^{\beta} \quad (13-3)$$

위 식에서 D는 흉고직경(어른 가슴높이에서 잰 직경)으로서 땅에서 1.2 m 높이의 줄기직경(cm), α , β 는 경험계수들이다. 일본에서 시험결과에 의하면, α 는 3~7, β 는 2.0~2.5 정도로 나타났다. 나무는 일반적으로 굵기가 0.5~2 cm 정도 이상의 뿌리에 의하여 지탱한다. 이렇게 지탱하는 뿌리(지지근)에 의한 지지력이 외력보다 작을 때에는 나무가 쓰러지게 되는데, 그때 뿌리에 붙은 흙덩어리를 뿌리받침이라 한다. 나무의 내력은 이 뿌리받침의 전단저항과 지지근의 인장력에 의한 것이다. 따라서 뿌리받침의 표면적이 클수록 지지력도 크다. 일반적으로 나무의 성장환경과 토양조건이 좋은 경우에는 뿌리의 형태별로 뿌리받침의 크기를 흉고직경을 이용하여 추정할 수 있다. 그러나 하천은 주위 토양과 지하수위 등 조건이 다르기 때문에 뿌리의 발달형태를 수종별로 특성화시키기 어렵고 수종별로 내력을 파악하기 어렵다. 따라서 하천에 있는 나무의 내력은 그곳에 자라는 수목을 대상으로 현장에서 인장전도시험을 하여 평가하는 것이 바람직하다.

하천에 자생하는 나무의 인장전도시험 결과에 의하면, 흉고직경에 대한 전도한계 모멘트 M_c 는 수종별로 큰 차이는 없으며, 토양에 따른 M_c 는 사력질이 실트질이나 사질토보다 조금 큰 경향을 보인다. 또한 하천의 평수위와 나무위치의 표고차가 2 m 이하에서는 M_c 가 작게 나타나는 것은 지하수위가 뿌리의 성장을 방해하기 때문으로 추정된다. 위와 같이 하천 내 나무의 전도한계모멘트 M_c 는 수목의 성장조건에 따라 다르다. 따라서 특정 지역, 특정 수목의 전도한계모멘트는 식 (13-3)에서 흉고직경 D 의 2.0 승에 비례하는 것으로 하고 현장에서 인장전도시험을 하여 계수 α를 산정할 수 있다.

임동균 등(2011)은 낙동강 반변천에 자생하는 흉고직경 5~33 cm 정도의 시무나무, 아카시나무, 이태리포플러 등 100주를 대상으로 현장에서 인발시험을 하였다. 그 결과 상관계수 $R^2=0.83$ 정도의 흉고직경과 전도모멘트 간 관계를 얻었으며, 계수 α는 10.5를 얻었다. 연구자들은 이 결과를 실무에서 안전하기 사용하기 위해 10.5 대신 6.0을 추천하였다. 그 결과를 수식으로 표시하면

$$M_c = 6D^2 \quad (13-4)$$

홍수류나 바람에 의한 나무의 쓰러짐은 흐름에 의해 발생하는 외력모멘트가 나무의 전도한계모멘트보다 크게 되면 나타난다. 이 외력모멘트 M 은 지표면을 0으로 하고 수직 상방향으로 좌표축 z 와 수심 d 를 이용하여 다음과 같이 쓸 수 있다.

$$M = \int_0^d \frac{1}{2} \rho \, C_D(z) \, u(z)^2 \, b(z) \, (z+e) \, dz \qquad (13-5)$$

위 식에서 ρ 는 물의 밀도, $C_D(z)$ 는 나무의 항력계수, $u(z)$ 는 나무에 접근유속, $b(z)$ 는 항력의 작용폭, e 는 땅밑 전도 중심에서 지표면까지 높이로서 통상 0으로 본다. 식 (13-5)는 나무높이에 대한 연직방향 평균유속 U, 항력의 작용면적 A_D, 전도의 중심에서 항력중심까지의 길이 L 을 이용하여 다음과 같이 표시할 수 있다.

$$M = \frac{1}{2} \rho \, C_D \, A_D \, U^2 L \qquad (13-6)$$

여기서 항력의 작용폭은 계획홍수위 등 계산 기준수위 아래의 곁가지를 잘라낸 경우 줄기 폭만을 고려해도 좋으나, 수심이 깊어서 가지와 잎으로 구성된 수관부까지 침수되는 경우에는 수관부까지 고려한다. 실제 한 실험에 의하면 수관부에 있는 잎이 수목에 의한 전체 마찰저항에 미치는 영향은 40% 까지 나타났다(Armanini 등, 2005). 또한 하천에 따라서는 부유물이나 쓰레기가 많아 나무에 걸리는 경우, 부유물과 쓰레기 걸림에 의한 작용면적의 증가도 고려해야 할 것이다.

(4) 홍수터 동적식생모형

그림 13.1에서 흐름-유사-지형의 상호작용은 전통적인 하천수리학의 과제로서 이 책의 제2부에서 구체적으로 다뤘다. 이러한 하천수리과정에 수공구조물이 추가되면 상호작용은 가속되거나 감속되며, 이 또한 앞서 제2부에서 다뤘다. 여기에 수변식생이 추가되어 나타나는 상호작용의 결과는 하천식생의 이입과 활착, 또는 소멸과 그에 따른 흐름과 유사이송의 변화 및 지형변화이다. 여기서는 이 같은 상호작용에 대해 먼저 물리적 인자에 초점을 두고 설명하고, 이어서 이러한 상호작용을 모의하는 동적식생모형에 대해 설명한다.

1 화이트리버와 그린리버 - 수리적 평가

몬순기후의 영향을 받는 한반도는 여름철 비가 많이 내리고 그 밖의 계절에는 상대적으로 적게 내려 하천의 유량변화가 다른 지역의 하천에 비해 매우 심하다. 유황계수(하상계수)라 불리는 하천의 최대유량과 최소유량의 비는 대륙의 하천이 수십 정도라면 우리 하천은 수백으로서(이진원과 우효섭, 1993) 홍수 시 그만큼 상대적으로 넓은 하폭에 흐르지만 평상시에는 좁은 하폭에 흐르게 된다. 이에 따라 평상시 물가부터 자연/인공 제방까지 넓은 사주와 홍수터는 과거부터 하상재료가 그대로 노출된 이른바 '화이트리버'였다(우효섭, 2008). 이렇게 모래, 자갈, 진흙 등으로 이루어진 홍수터나 사주에 식생이 이입하지 않고 그대로 유지되는 것은 국내에 보편적인 하천식생인 갈대, 달뿌리풀, 갈대 등의 씨앗이 바람에 날려 토양수분이 있는 홍수터나 사주에 떨어져서 3월에 발아하여(갯버들 등 목본류는 4~6월) 유식물로 자라다가 크고 작은 홍수로 소류력(하상전단응력)에 쓸려내려가거나 토사에 덮여 고사하기 때문이다. 그러나 상류에 댐개발이나 대규모 하천취수, 그밖에 다른 이유로 유황이 변하고 그에 따라 소류력이 급격히 줄어들면 그전까지 식생이 없던 곳에 식생이 이입하고 활착하여 홍수터나 사주가 식생으로 덮이게 된다. 이른바 '그린리버'가 된다. 이렇게 식생이 하천에 활착하게 되면 그 지역은 육역화[56]가 진행되고, 그에 따라 흐름은 식생이 없는 좁은 하도에 집중되면서 유속이 커져 하상을 깎아내려 하상저하 현상이 나타난다.

위와 같이 화이트리버가 그린리버로 바뀌는 현상에 대한 연구는 문헌상에 1984년 미 지질조사국이 처음 시작하였다(우효섭, 2009). Williams와 Wolman(1984)은 미국 중서부 하천의 10개 댐을 대상으로 하류하천의 식생이입현상을 조사한 결과 대부분의 하천에서 식생역이 증가하고 육역화가 진행되어 물이 흐르는 하도가 매우 좁아진 것으로 나타났다. 특히 과거 다지하천이었던 곳이 주위 식생띠 사이로 좁고 깊은 단일하천으로 변하는 것이 확인되었다. 이러한 하천의 흐름, 식생, 지형 변화현상은 기본적으로 댐에 의해 홍수가 줄어들고 그에 따라 소류력이 줄어들어서 식생 이입 및 활착을 위한 발아 및 유식물 생육에 유리한 환경이 조성되었기 때문으로 보았다.

댐이 없는 비조절하천에서도 위와 비슷한 현상이 나타날 수 있다. Okabe 등(2001)은 일본 시코쿠의 요시노 천에서 항공사진 조사를 통해 과거 50년 동안 나타난 세 개의 교호사주 위 버드나무 군락의 형성을 조사한 결과 1970년대부터 버드나무가 이입하기 시작하였지만 버드나무 군락의 활착은 식생이입 후 2~3년 동안 흐름의 무차원소류력이 0.06 이하로 지속되는 경우로 제한되는 것을 확인하였다. 그러나 한번 활착한 버드나무 군락은 육역화가 진행되면서 부유사가 퇴적되어 표고는 높아지고 좁은 하도는 더 깊어져서 강턱침식을 가속화 하여 인근 저수호안시설 안전에 위협을 주게 되었다.

국내에서 이 같은 현상은 처음으로 Choi 등(2005)에 의해 황강댐 하류 하천구간에 대해 분석되었다. 그들은 낙동강 합류점까지 약 30km 하류구간에 대해 황강댐 건설로 인한 식생 이입과 활착 현상을 조사하고 1차원 수치모형을 이용하여 하상저하현상을 모의하였다. 그 결과 합천읍부터 낙동강 합류점까지 식생의 사주점유율이 댐건설 전 2.3%에서 건설 후 80%로 무려 33배나 증가한 것으로 나타났다. 그림 13.11은 황강의 식생이입 현상을 대비하여 보여준다. 그밖에 비슷한 현상이 안동/임하 댐 하류 낙동강 하천구간에서도 나타났으며(Woo 등, 2014), 이에 대해서는 나중에 사례연구에서 구체적으로 소개한다.

56 육역화(陸域化, terrestrialization)은 원래 지질학에서 쓰이는 용어로서 지질시간대에 걸쳐 과거 수역이었던 곳이 육역으로 바뀌는 현상을 말하나, 여기서는 사주, 홍수터 등 하천의 일부로서 홍수시에 물에 잠기던 곳이 자연적/인위적 이유로 식생이 이입, 활착, 번성하고 부유사가 지속적으로 쌓여 표고가 높아져서 홍수시에도 잠기지 않는 육지가 되는 현상을 말한다.

그림 13.11 황강댐 건설 전 모래로 가득 찬 구간(좌)과 식생으로 가득 찬 구간(우)

위와 같은 하천 내 식생의 이입, 활착 현상은 공학적 측면과 환경적 측면에서 여러 문제를 가져온다. 공학적으로는 먼저 하천 내 과도한 식생번성은 홍수터의 흐름저항을 증가시켜 홍수위가 상승하여 하천관리에 문제를 일으킨다. 극단적인 식생번성과 그에 따른 육역화 현상은 통수능 자체를 대폭 감소시킨다. 두 번째, 홍수터와 사주에 식생이 활착하여 육역화가 진행되면 하도는 좁고 깊어지면서 주변에 강턱침식을 가속화 하여 이 역시 하천관리에 지장을 줄 수 있다. 환경적 측면에서 식생이입은 수생 및 수변 서식처를 기본적으로 변화시킨다. 즉, 얕고 넓은 모래/자갈 하천 주변은 식생으로 덮히면서 좁고 깊은 하도가 형성된다. 그에 따라 '단조로운' 모래/자갈 하천서식처는 습지와 연결수로가 여기저기 생기면서 '복잡한' 서식처로 변하게 된다(그림 13.11 참조). 경관적으로는 하얀 '금모래' 하천이 푸른 식생하천으로 바뀐다. 특히 인위적으로 조성되거나 원래의 자연상태로 복원된 하천홍수터는 원하지 않는 식생의 이입으로 당초 기대한 조성효과를 무효화 할 수 있다.

이 같은 식생이입에 영향을 주는 요인은 종자의 퍼짐(분산), 발아, 유식물의 생장 단계에서 작용하는 물리적, 화학적 환경변화이다. 이를 정리하면(우효섭, 2009), 1) 식생 발아 및 유식물 성장 단계에서 기계적 교란을 주는 소류력, 2) 하상재료 자체와 지하수위에 관련된 토양습윤, 3) 식생 발아 및 성장에 영향을 주는 침수 시기 및 기간, 4) 매우 춥거나 더운 극단적인 기후, 5) 오염물의 형태로 하천에 들어오는 영양물질 등이다. 지금까지 하천식생의 이입, 활착, 천이 현상을 모의하는 모형은 이중에서 주로 1)과 2) 조건에 초점을 맞추어 개발되었다.

2 하천 내 식생활착 유형

국외 문헌연구와 국내 현장조사 등을 통해 하천에 식생이 이입, 활착하는 유형을 보면 몇 가지로 구분할 수 있다(우효섭 등, 2009). 첫 번째 유형(Ⅰ)은 인위적이든 자연적이든 하천의 유황과 유사이송의 변화에 의한 것이다. 이 유형은 위에서 이미 소개하였듯이 상류 댐의 축조로 하류하천의 유황과 유사이송이 변하게 되면 하류하천의 소류력, 지하수위, 토사공급 등이 변하게 된다. 이 유형을 다시 세분하면, 첫째 자연상태 하천에서 봄철 홍수로 신선한 유사가 상류에서 공급되어 하류 수변식생의 발아와 유식물의 성장에 기여하지만 댐건설 등으로 하류 홍수터가 잠기는 기회가 줄고, 식생의 발아와 유식물 생장에 큰 기여를 하는 미립토사의 공급이 줄어들면 수변식생 서식처에 부정적 영향을 주게 된다. 둘째, 위에서 이미 설명하였듯이 이와 반대로 자연상태 하천에 여름 철 홍수가 나면 매우 큰 소류력이 발생하여 홍수터나 사주상 유식물을 쓸어내리거나 묻지만, 댐이 만들어져 홍수가 줄어들면 그에 따라 소류력이 줄어들어 과거 식생이 이입하지 못했던 홍수터나 사주에 식생활착의 좋은 환경이 만들어지게 된다.

두 번째 유형(Ⅱ)은 하도의 인위적 교란에 의한 것이다. 특히 국내에서 골재채취, 하천정비, 보 건설 등과 같은 하천 내 직접적인 인간활동은 하천유황이나 유사이송 변화가 없더라도 하천식생이입을 가속화 할 수 있다. 이 유형을 다시 세분화 하면, 첫째 평상시 물이 흐르는 하도 내 골재채취는 하도를 좁고 깊게 만들고 그에 따라 수위가 낮아진다. 그 결과 상당부분의 하상이 홍수시를 제외하고 수면 위로 노출되어 식생이입의 새로운 환경이 조성된다. 둘째, 반대로 홍수터나 사주에서 넓고 얇게 골재채취를 하게 되면 과거 지하수위가 깊어 식생이 발아하기 어려운 조건이 상대적으로 양호한 조건으로 바뀌게 되어 식생활착 기회가 많아지게 된다. 특히 골재채취를 위해 자갈로 장갑화된 하상재료를 걷어내면 그 아래 세립토사가 노출되어 식생이 발아하기 유리한 환경이 조성된다. 셋 째, 하천에 보를 만들면 통상 흐름은 보를 넘어 하류로 가면서 보가 없었을 때 같이 넓게 흐르지 않고 한두 군데 집중류로 흘러 좁고 깊은 수로가 형성된다. 이러한 현상은 하도에서 골재 채취한 것과 비슷한 효과를 주어 주변 하천토지에 식생이 활착하게 된다.

세 번째 유형(Ⅲ)은 하천에 영양물질 유입 증가에 의한 것이다. 점오염물질이나 비점오염물질로 들어오는 질소, 인 등 영양물질 유입이 증가하면 기왕에 식생활착에 유리한 물리조건에 더하여 하천내 식생을 매우 번성하게 할 수 있을 것이다.

그러나 위와 같은 유형구분은 하천식생이입에 영향을 주는 물리적, 화학적 요인 한 두개를 기준으로 한 것으로서, 실제의 경우 한 유형에도 다양한 요인들이 복합적으로 작용할 것이다.

3 동적식생모형

하천의 사주/홍수터 식생관리와 나아가 수변복원의 계획, 설계를 위해서는 식생의 이입, 활착, 천이, 퇴화 및 순환이라는 생태과정을 이해하고 예견하는 것이 중요하다. 이러한 식생 생태과정은 지배적인 물리, 화학, 생태 조건을 고려하여 모형화 할 수 있다.

수변의 식생 생태과정을 이해하기 위해서는 수변의 각 물리적 서식처 특징이 식생에 미치는 영향을 이해하고, 다음 수변의 물리적 요소가 식생 생태과정에 미치는 영향을 이해하는 것이 필요하다.

표 13.1 하안, 홍수터, 습지의 생태적 특징(Egger 등, 2013)

구역	하안	홍수터	습지
기층	자갈과 모래의 퇴적	모래와 실트의 퇴적	실트와 진흙의 퇴적
위치와 서식처	활성하도 내 하중도나 사주	충적토 상 하안단구	하천에 의해 형성되는 습지, 도랑, 저지대 등
형태와 교란양상	높음 – 짧은 시간대에 활발한 퇴적과 침식 활동	중간 – 긴 재현기간의 홍수에 의한 퇴적	낮음 – 대부분 홍수시에만 퇴적
토양습윤	젖음부터 마름 – 변동성 높음	젖음부터 중간정도 마름 – 변동성 중간	젖음부터 완전 잠김 – 비교적 일정한 습윤
생태영향요소	• 홍수에 의한 기계적 교란 • 극단적인 가뭄의 지속기간 • 홍수빈도	• 빛과 수분을 위한 경쟁 • 홍수시 침수에 의한 생리적 제한 • 식생생장에 유리한 조건	• 홍수로 인한 긴 침수기간 • 지반이 잠겨 토양 내 폭기 제한

수변의 물리적 서식처 특징은 그림 13.3에서와 같이 상대적 위치와 하천의 동적흐름에 영향을 받는 정도에 따라 1) 물이 상시 흐르는 수역(주하도), 2) 물과 홍수터가 만나는 하안(강턱), 그리고 3) 홍수시에만 물에 잠기는 홍수터 등 세 구역으로 나눌 수 있다. 홍수터에는 통상(배후)습지가 있어 샛강을 통해 주하도와 연결된다. 하안, 홍수터, 습지 각 구역의 생태적 특성은 표 13.1과 같다.

식생의 생태과정에 영향을 주는 수변의 물리적 요소 중에서 가장 기본적인 것은 하천흐름의 변동을 나타내는 유황이다. 유황은 사주와 홍수터의 물리적 교란, 침수시간, 지하수위, 토양습윤, 영양분 공급 등에 직접적인 영향을 준다(Egger 등, 2013). 평균유량은 사주와 홍수터의 수위지속시간에 영향을 주어서 하안 침수 – 정수 식물의 서식처를 결정한다. 낙동강에서 조사한 결과 하천의 식생분포에 가장 큰 영향을 주는 요소는 평수위 기준 지표면의 상대고도인 것으로 나타났다(Kim 등, 2014). 강턱유량은 하폭, 수심 등 하천형태에 직접적인 영향을 주어서 물리적 서식처 형태를 결정한다. 매우 큰 홍수는 사주나 홍수터에 식생이입을 일차적으로 차단한다. 반면에 보통 홍수는 홍수터에 신선한 토사를 공급하고 기존 식생을 소멸하여 새로운 유식물의 활착을 유도한다. 또한 하도와 홍수터를 연결시켜 홍수터 지하수위와 토양습윤을 높여서 새로운 식생이입환경을 만들어준다. 수심의 변화는 식생의 뿌리부분과 식생 전체의 침수에 직접적인 영향을 준다. 이에 따라 긴 침수시간에 견디는 식생과 그렇지 않은 식생은 이러한 환경에 맞추어 서식하게 된다. 홍수는 물 자체의 용존산소와 뿌리를 통한 호흡에 부정적 영향을 주며, 특히 휴면기보다는 생장기에 더 그렇다. 지하수위 변화는 토양습윤에 직접적인 영향을 주어 식생의 강우 의존도를 줄인다. 토양습윤은 지하수위뿐만 아니라 토양의 입경분포와 조직 등에 영향을 받는다. 일반적으로 모래, 자갈 등 조립질 기층보다는 실트, 진흙 등 세립질 기층에서 모관대가 높아서 식생활착에 유리한 조건을 형성한다(우효섭 등, 2010). 마지막으로, 홍수로 인한 수변의 침식, 퇴적 등 지형변화는 식생서식처를 직접적으로 교란하여 1) 잎이 넓은 초본류의 파괴, 2) 교목이나 관목의 부분 파괴, 3) 뿌리를 포함한 모든 식생의 파괴를 순차적으로 일으킨다.

동적식생모형의 개발은 1970년대 말부터 시작되었으나 초기 모형은 수변식생과 물리적 서식처 특징 간의 기능적 관계를 가지고 부분적으로 모의한 것들이다. 이러한 모형은 대상하천의 특수한 경계조건에 맞춘 것으로서, 다른 하천에 쉽게 적용하기 어려웠다(Merritt 등, 2010). Benjankar 등(2007)은 처음으로 수변 식생군락의 이입, 활착, 천이 및 퇴화 과정에 대해 흐름의 기계적 교란효과를 소류력으로 모의하고, 나아가 천이 및 퇴화 등 생태적 변화까지 모의하는 컴퓨터모형을 개발하였다. 동적 홍수터식생모형(DFVM)이라고 명명된 이 모형은 북미 Kootenai 강의 댐건설, 하천정비, 토지이용 등으로 하류 습지가 사라지고 북미산 포플러의 신규이입이 극적으로 감소된 사례에 대해 적용되었다. 이 모형에서는 기본적으로 하천을 하도, 하안, 홍수터 등 세 구역으로 나누어서 흐름모의는 기존 수치모형인 MIKE11을 이용하고, 수문, 물리과정, 수변 생태계 및 식생군락과의 관계는 GIS를 이용하여 모의하였다. 처음 개발된 후 지속적으로 보완되어 '환경유량과 수변에 대한 컴퓨터지원 모의모형, CASiMiR'(Benjankar 등, 2011)라는 이름으로 소개된 이 모형은 알프스 하천, 미국 북대평양 연안 하천, 스페인 하천, 그리고 한국의 낙동강에 대해 적용되어 부분적으로 검증되었다. 낙동강의 경우 안동/임하 댐 하류 윗절 구간에서 댐에 의한 유황변화가 식생천이에 미치는 현상이 모의되었다(Egger 등, 2012). 이 모형은 수변복원의 평가, 기후변화가 홍수터에 미치는 영향, 환경유량 및 댐 운영 등 이용될 수 있다.

4 국내사례연구

여기서는 하천유황 변화에 의한 하류하천의 사주에 식생의 이입, 활착 관련 국내사례로서 안동/임하 댐 하류의 하회마을 앞 점사주 식생활착 사례를 소개한다(Woo 등, 2014). 낙동강은 국내 대표적인 모래하천으로서, 1970년대 중반 안동댐과 1990년대 초 임하댐이 건설되어(그림 13.12) 하류에 홍수가 급감하기 전에는 국내 대표적인 화이트리버였다. 그러나 1992년 임하댐 담수가 시작되어 하류의 홍수가 실질적으로 소멸된 후 상류 두 댐의 하류에 있는 하회마을(그림 13.13 참조) 앞 사주에 식생이입이 시작되었다. 하회마을은 유네스코 지정 세계문화유산에 등록된 곳으로서, 이 마을의 문화적 가치를 뒷받침하는 것 중 하나는 마을 앞에 흐르는 낙동강 변 두 사주의 하얀 백사장이다(그림 13.13 우측사진 참조). 그러나 이 같은 화이트리버는 상류 댐 건설 후 15년 만에 그림 13.13 우측사진과 같이 마을 앞 사주는 버드나무류의 교목과 관목 식생으로 덮였고, 강 건너 하류 점사주 역시 부분적으로 버드나무류 관목 식생이 활착하였다.

본 사례연구에서는 식생 이입과 활착에 영향을 주는 물리적 요소 중에서 사주의 토양습윤과 기계적 소류력을 고려하였다. 사주의 토양습윤 포화높이는 조사대상 하천의 기층이 대부

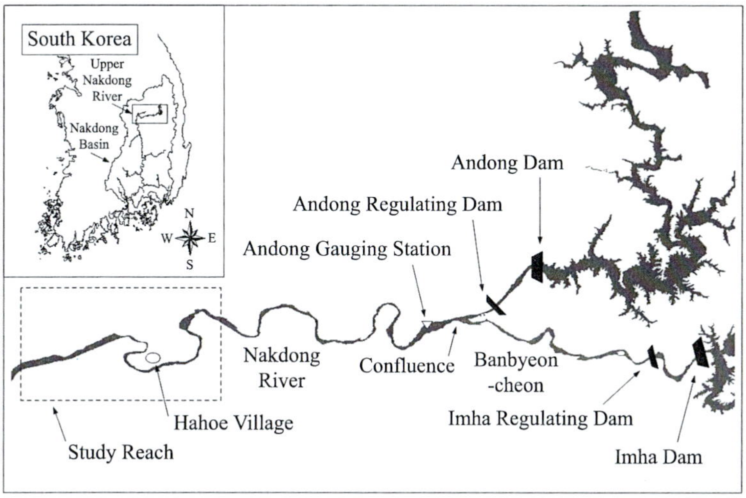

그림 13.12 낙동강 상류 사례연구 대상 구간과 하회마을 (Woo 등, 2014)

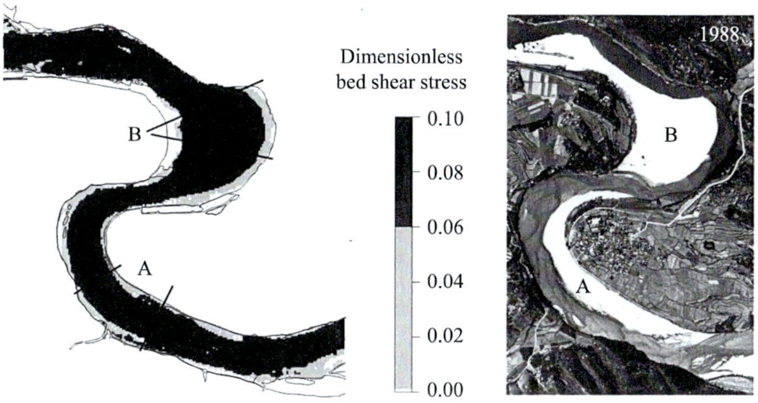

그림 13.13 무차원소류력 분포(좌) 및 항공사진(우, 1988년 촬영)

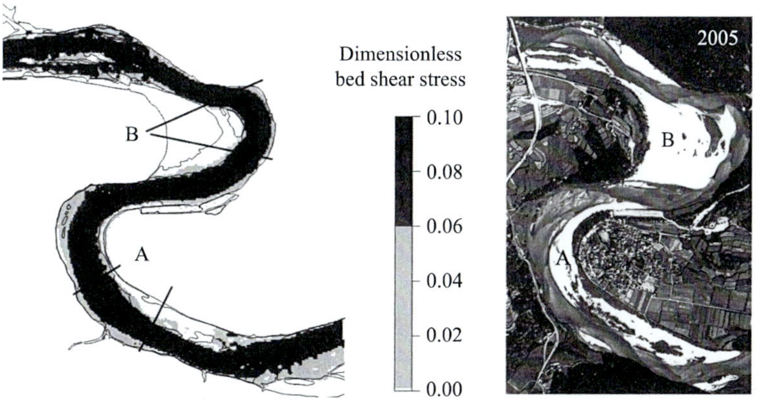

그림 13.14 무차원소류력 분포(좌) 및 항공사진(우, 2005년 촬영)

분 모래인 점을 감안하여 지하수위 높이에 모관대 높이 12.5~25 cm를 추가하였다. 지하수위는 인접 하천수위와 수평이라고 가정하였다. 사주에 서식하는 버드나무의 씨앗이 날아와 사주에 떨어져서 발아하기 시작하는 5월을 기준으로 수문자료를 분석한 결과 사주 A의 경우 지표면과 토양습윤 포화높이 차이는 0~2.3 m 정도이며, 사주 B의 경우 0~4 m로 나타났다. 사주 A의 경우 특히 하류방향으로 가면서 그 차이가 적었다. 이 결과는 다른 요인을 배제하고 두 사주 상 식생 발아 및 유식물 성장 과정에는 사주 A가 B에 비해, 특히 하류방향으로 유리한 것을 알 수 있다.

조사대상 구간에서 흐름의 소류력 검토를 위해 2차원 흐름모형을 적용하였다. 적용 기간은 안동댐 준공 전, 안동 준공 후부터 임하댐 준공 전, 임하댐 준공 후로 나눌 수 있으나, 안동댐이 준공된 1976년부터 임하댐이 준공된 1992년까지는 하류에 식생이입 현상이 관찰되지 않았으므로 1976년부터 1991년 사이 기간과 1992년부터 2008년 사이 두 기간만 비교·분석한다. 이 두 기간 동안 연평균 최대유량은 각각 970, 470 m^3/s이다.

각 기간별 소류력 분석을 위해서 1993년과 2007년 하천측량 성과와 2차원흐름모형으로 산정된 흐름변수를 이용하여 소류력 τ_0을 다음과 같이 산정하였다.

$$\tau_0 = \gamma S y = \frac{\gamma n^2}{y^{1/3}} u \sqrt{u^2 + v^2} \tag{13-7}$$

위 식에서 γ는 물의 단위중량, S와 y는 각각 흐름의 에너지경사와 수심, n, u, v는 각각 매닝계수, 흐름방향 유속, 횡방향 유속 이다. 여기서 무차원 소류력 τ_*는 하상재료의 단위중량 γ_s와 사립자의 직경 D_s를 이용하여 다음과 같이 표시된다(제8장에서 설명하였음).

$$\tau_* = \frac{\tau_0}{(\gamma_s - \gamma) D_s} \tag{13-8}$$

여기서는 Shields 다이어그램에서 무차원소류력이 0.06 이 넘으면 사립자가 움직이는 이동상 하상이 시작하므로 그 이상에서는 하상이 불안정하고, 그에 따라 식생의 씨앗이나 유식물이 쓸려내려가거나 파묻히는 기계적 교란이 시작된다고 상정하였다. 0.06 이하에서는 고정상 하상이 되기 때문에 식생활착에 유리한 환경이 조성되는 것으로 상정하였다. 이렇게 하여 산정된 대상하천구간의 1976~1991년 기간과 1992~2008년 기간의 무차원소류력 분포는 각각 그림 13.13, 13.14 좌측과 같다. 이 두 그림에서 우측사진은 각각 1988년, 2005년에 촬영된 하회마을의 항공사진이다.

이 두 그림 좌측에 있는 무차원소류력 분포도에서 흰색 부분은 홍수시 물에 잠기지 않는 곳이거나 흐름이 매우 얕아서 무차원소류력이 사실상 0인 곳이며, 회색 부분은 무차원소류력이 0.06보다 작은 곳이고, 검정색 부분은 그 이상 되는 곳이다. 여기서 조사구간은 사실상 두 개의 점사주가 연달아 나타나는 곳으로서, 만곡부의 바깥 쪽(사주 A의 좌측과 사주 B의 우측)은 모두 평상시 물이 흐르는 곳으로서 식생이 활착할 사주가 없는 곳이다.

임하댐 완공 전인 그림 13.13(좌)에서 사주 B의 육지방향 부분은 흰색으로 나타나 홍수시 물에 잠기지 않는 곳이다. 이 분포도에서 하천을 따라 회색으로 나타난 부분은 평상시에도 물에 잠기는 곳이다. 다만 사주 A의 안쪽에 일부 회색구간이 있으나 이 곳에 식생이 이입하지 못한 것은 별도의 조사가 필요하다.

반면에 임하댐 완공 후인 그림 13.14(좌)에서 사주 A의 안쪽으로 상당 부분 흰색과 회색이 나타나고 그에 해당하는 사진에는 식생의 활착이 분명이 나타난다. 특히 사주 B의 하안에 식생이 일부 활착한 것을 볼 수 있다. 이 곳은 첨두유량의 감소로 식생이 활착할 여건이 조성되었고, 동시에 같은 사주의 육지부보다 표고가 낮아 식생 발아 및 활착에 유리한 곳이다.

위 사례는 충적하천에 댐건설로 홍수량이 줄어들어 사주에 식생이 활착하는 사례를 토양습윤과 기계적 소류력 분포를 이용하여 정성적, 정량적으로 분석한 것이다. 그러나 흐름, 유사, 지형, 식생의 상호작용을 과학적으로 모의하기 위해서는 1) 식생의 활착에 의한 흐름저항의 변화, 2) 부유사의 퇴적에 의한 지형 변화, 3) 지하수위 변동, 강우에 의한 토양습윤의 변화, 나아가 4) 식생의 생태기능을 고려한 천이기작을 통합적으로 모의하는 모형개발이 필요하다(우효섭 등, 2014).

13.4 환경유량

(1) 하천유량과 서식처환경

앞 2절에서 강조했듯이 하천(또는 넓은 의미로 수변)에 서식하는 동식물은 생존을 위해 일정 조건의 서식처환경을 필요로 한다. 생물서식처는 시공간적 차원 안에서 하천의 물리적, 화학적, 생물적 과정 간 상호작용의 결과물이다. 인간활동은 이러한 하천의 서식처환경을 변화하게 한다. 이러한 변화 중에서 하천서식처에 쉽게 영향을 줄 수 있는 것은 수심, 유속, 수온, 하상재료 등 하천의 물리적 조건의 변화이다. 그 중 수심과 유속은 하천의 기하특성이 변하지 않는 한 유량으로 대표할 수 있다. 따라서 댐 건설로 하류유량이 인위적으로 조절되거나, 취수 등으로 하천유량이 줄어들게 되면 그에 따라 수심과 유속이 줄어들어 동식물 서식처에 영향을 준다. 특히 물고기와 같이 비교적 고등동물로서 환경변화에 취약한 생물은 산란기, 치어기, 유년기, 장년기 등 생애주기 별로 생존을 위한 흐름조건이 만족되어야 한다. 예를 들어, 황송어(brown trout)의 성어는 수심 0.8 m 이상, 유속 0.8 m/s 이하가 적합한 반면에, 유년기 황송어는 수심 0.3~0.8 m, 유속 0.5 m/s 이하가 적합하다(NBS, 1995). 또한 국내에 서식하는 참마자는 수심 0.3~0.5 m, 유속 0.05~0.7 m/s가 적합하다(수자원공사/건기연, 1995). 따라서 하천유량의 인위적인 조절로 수심과 유속이 크게 변하는 경우 물고기 서식환경에 나쁜 영향을 준다.

자연상태에서도 극단적인 홍수나 가뭄과 같은 '충격'이 하천생태계에 가해지나, 이러한 충격은 생태계의 완충력(resilience)에 의해 곧 회복된다. 문제는 외부충격에 대해 자연생태계가 스스로 대응할 수 있는 능력, 즉 회복력 이상의 충격이 오는 경우이다. 여기서 외부충격의 정도는 단순한 변화량의 크기뿐만 아니라 변화의 지속시간도 중요하다. 충격의 정도는 인위적으로 변화된 새로운 물리조건에 변화의 지속시간을 곱한 양이다. 따라서 상류 댐에 의해 인위적으로 조절된 유량이 자연적인 가뭄에 의한 갈수량보다 크더라도 조절시간이 길게 되면 하천서식처 조건은 악화될 수 있다. 이러한 인간활동에 의한 하천생물 서식처의 악화 문제를 완화하기 위해 인위적인 유량조절을 제한하는 것이 이른바 생태적 유지유량(instream flow) 또는 환경유량(environmental flow)[57]이다.

생물서식처 보호를 위한 환경유량은 처음 최소유량 개념으로 시작하였다. 미국에서는 댐개발로 인한 하천유량의 감소를 제한하기 위해 1960년대와 70년대부터 대상 하천에서 서식처의 물리조건이 한계가 되는 구간에 초점을 맞추어 경험적으로 수심과 유속 등 물리적 서식처 기본조건을 만족하는 유량을 평가하였다. 이는 특히 미국 북서부에서 태평양 연어와 민물 송어의 서식처 적합성에 초점이 맞추어졌다. 이러한 최소유량 개념의 환경유량은 댐방류 조절과 하천취수 관리의 도구로 사용되었다.

그러나 최소유량은 물고기 서식처에 최적유량이 아니다. 특히 가뭄시 최소유량의 보장만으로는 물고기 서식처를 충분히 보호해주지 못한다는 한계가 대두되었다. 그러나 한정된 저수지 물을 합리적으로 이용하는 데는 발전용수나 환경용수와 같은 유지용수(instream use)와 관개용수나 도시용수와 같이 소모성 용수(consumptive use)를 유역전체 관점에서 합리적으로 관리할 필요가 있다. 이에 따라 댐에 저장된 물의 할당이나 하천 물수지에서 관개용수나 도시용수 등과 같이 처음부터 '물고기 용수', 또는 환경용수를 할당하는 것이 바람직하다는 점이 인식되었다. 위와 같은 최소유량의 만족, 댐방류 조절, 하천취수 등 인간활동에 의한 물리적 서식환경 영향의 정량적 분석, 물수지에서 환경용수의 고려, 학제간 분석 등을 만족하기 위해서는 하천의 물리서식처를 모의하는 도구가 필요하다. 그 중 하나가 다음에 설명하는 1980년대 미국에서 처음 개발되어 지속적으로 보완된 IFIM (Trihey와 Stalnaker, 1985)이다.

국내에서도 유지유량은 하천의 '정상적인' 기능을 유지하기 위한 최소유량 개념으로 시작하였다. 이 개념은 1960년대 수자원개발이 본격화되기 시작하면서 하천관리 측면에서 처음으로

57 환경유량은 생물의 물리서식처 조건에 초점을 맞춘 용어로서 학술적인 용어이며, 유지유량은 환경유량을 포함하여 하천의 정상적 기능(염수침입방지, 하구폐색 방지, 취수보장, 지하수위 보호, 수질, 경관, 수상이용 등)을 유지하기 위한 유량이라는 의미로서 주로 실무에서 쓰이는 용어이다. 이 책에서는 환경유량이라는 용어를 사용한다.

소개되었다(수자원공사/건기연, 1995). 그러나 그 당시 유지유량은 갈수시 유량 감소로 하구에서 염수침입방지가 주요 목적이었다. 그 후 1980년대 들어 하천수질 문제가 대두되면서 하천에서 오염물의 희석과 세척을 위한 수질보전유량의 개념이 유지유량의 주 관심사가 되었다. 다음 1990년대 중반 들어 생태환경보전 문제가 사회적으로 대두되면서, 하천 생물서식처 보전을 위한 '물고기 유량', 또는 환경유량(또는 생태유량이라 하기도 함)의 개념이 소개되었다.

(2) 물리서식처 모형

하천에서 물고기 서식처의 물리적 조건 중에서 일차적으로 중요한 것은 유량으로 대표되는 유속과 수심 조건이다. 이는 특히 상류 댐의 유량조절과 갈수시 하류취수 제한 등 하천 관리에서 중요하다. 이러한 유량조건을 결정하는 방법은 1970년대부터 미국에서 개발된 것을 기준으로 나누면 1) 몬태나 방법(유량법), 2) 한계단면에서 한계조건(수리등급법), 3) 다중 단면분할(어종별 특정 서식처 조건법) 등이다(우효섭 등, 1998). 이 중 몬태나 방법은 자연하천의 유황을 비슷하게 흉내 내기 위해 필요한 유량규모를 연평균유량에 대한 비율로 나타낸 것이며, 수리등급법은 여울 등 한계상태가 나타나는 단면에서 서식조건을 만족하는 값을 찾는 것이다. 다중 단면분할법은 하천 생물서식처의 물리적 특성을 가지고 모형화 한 것으로서, 이 책에서 구체적으로 다루어질 것이다.

하천의 물리서식처를 모의하기 위해서는 각 생물종의 생애단계 별로 물리량과 생물 간 관계를 알아야 한다. 이를 위해 개발된 것이 이른바 서식처적합도 지수(Habitat Suitability Index, HSI)라는 것으로서, 어느 한 생물종의 한 생애단계에서 유속, 수심, 기층 특성 등 서식처의 물리적 조건과 해당 생물의 서식적합도 관계를 0(가장 나쁨)에서 1(가장 좋음)으로 나타내는 것이다. 여기서 생물종은 보통 그 하천에 서식하는 생물 중에서 보호 대상으로 삼은 목표종이 된다. 한 단위수면적에 대해 각각의 서식처적합도 지수를 평가하여 전 수면적에 대해 가중평균한 것이 가중가용면적(Weighted Usable Area, WUA)이다. 이 값을 다시 수면적으로 나눈 값은 수리서식처 지수(Hydraulic Habitat Index, HHI)라 하며(Stalnaker 등, 1995), 0에서 1까지 되어 다른 상태와 비교평가가 용이하다. WUA나 HHI 모두 유량의 함수로 표시할 수 있다.

이렇게 서식처적합도를 이용하여 가중가용면적을 산정하는 방법은 근본적으로 확정론적 방법으로서, 현장에서 수집된 자료를 가지고 서식처적합도 평가 시 전문가의 주관적 판단이 개입될 여지가 있다. 이러한 단점을 보완하기 위해 2000년대부터 확률론적 방법으로서 자료기반의 퍼지이론이나 유전자 알고리즘 등을 이용하는 인공지능모형이 제안되었다. 그 중 하나로서 Jorde 등(2002)은 퍼지이론을 이용하여 서식처적합도를 산정하고 이를 이용한 물리서식처모의 프로그램 CASiMiR을 개발하였으며, 이 모형은 지속적으로 보완되었다(Noack 등, 2013). 그러나 퍼지이론의 장점에도 불구하고 퍼지이론에 내재된 여러 함수나 규칙은 여전히 전문가의 주관적 판단에 따라 그 결과가 달라진다. 이를 극복하기 위해 신경-퍼지 시스템이나(정상화, 2014) 유전자알고리즘(Li 등, 2014) 등 하이브리드 모형을 이용하여 현장실측자료에서 필요한 함수와 규칙을 산정하는 방법이 개발되었다.

이 책에서는 개발 역사가 가장 오래되어 미국은 물론 전세계적으로 비교적 잘 알려진 확정론적 방법인 IFIM방법과 그 핵심모형인 PHABSIM에 대해 설명한다.

IFIM(Instream Flow Incremental Methodology)은 다중 단면분할에 의한 유지유량 점증방법론이라 하며, 그 이름에서 알 수 있듯이 유량을 조금씩 늘리면서 물리서식처 조건을 유량의 함수로 나타내는 방법이다(Trihey와 Stalnaker, 1985). 미국은 국가환경정책법(NEPA)의 제정과 특히 1970년대 에너지 파동으로 미 북서부와 북동부 지방에서 소수력 발전의 급속한 확장으로 인해 하천 물고기 서식처가 악화되는 문제가 발생하였다. 이를 해결하기 위해 미 어류 및 야생국(US Fish and Wildlife Service)은 단순한 최저유량의 결정이 아닌 하천사업이 물고기 서식처에 미치는 영향을 정량적으로 평가할 수 있는 도구가 필요했다. IFIM은 그 후 계속 보완되어 USGS(1998)에서 집대성되었다. 이 방법에서 핵심적인 모의도구는 물리서식처 모의모형(Physical Habitat Simulation Model, PHABSIM)으로서, Bovee와 Milhous(1978)에 의해 IFIM이 소개되기 이전에 이미 개발되었다.

1 유지유량 점증방법론(IFIM)

IFIM은 다양한 하천유량관리 대안의 장단점을 계량화하여 하천관리자의 판단을 도와주는 일종의 의사결정지원 시스템(DSS)이다. 이 방법은 주어진 하천유량 조건에서 서식처적합도의 시공간적 특성을 동시에 분석할 수 있다. 그림 13.15는 IFIM의 흐름도이다. 이 그림과 같이

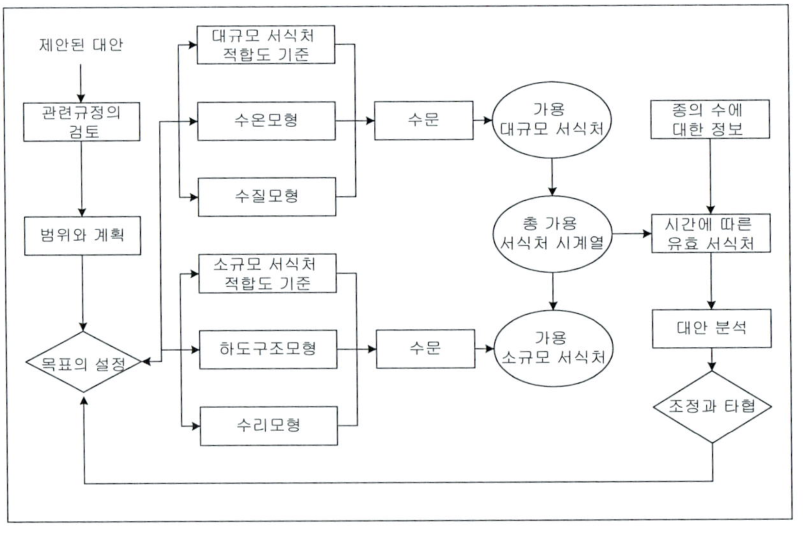

그림 13.15 IFIM의 요소와 상호 연결성을 보여주는 흐름도(USGS, 1998)

댐 건설이나 하천사업에서 흐름조절의 대안을 입력하면 하천서식처의 물리적, 화학적, 생물적 적합도 검토를 거쳐 최종적으로 목표어종이 이용 가능한 서식처의 수면적을 유량의 시공간적 함수로 나타낸다. 여기서 목표어종이란 대상 하천에서 보호할 어종으로서, 통상 그 구간의 대표적인 어종, 또는 생물적 지표어종이다. 다음 이 결과를 가지고 각 대안별 시간에 따른 유효서식처를 구해서 대안을 평가하게 된다. 필요하면 사업 자와 하천관리자는 협상을 거쳐 새로운 대안을 만들어 다시 입력하게 된다. 여기서 PHABSIM은 유량 규모별로 대상 종이 이용할 수 있는 소규모서식처 수면적을 산정하는 역할을 한다.

하천서식처는 그 규모와 특성별로 대규모서식처(macro habitat), 중규모서식처(meso habitat), 소규모서식처(micro habitat) 등 크게 세 가지로 나눈다. 대규모서식처는 하천구간(reach)으로서, 통상 하폭의 10~15배 정도이다. 만곡하도는 대표적인 대규모서식처이다. 대규모서식처에서는 수온이나 수질 등은 균일한 것으로 볼 수 있다. 중규모서식처는 여울, 소, 천수역, 샛강과 같은 하천경사, 깊이, 형태가 국부적으로 달리지는 곳이다. 이는 통상 하폭 크기를 가진다. 소규모서식처, 또는 미세서식처는 수심, 유속, 기층, 피난처(cover) 등 서식처의 물리조건이 전체적으로 균일한 곳으로서, 각각의 물고기가 먹이포식이나 산란을 하기 위해 이용하는 구역과 비슷한 크기이다. 통나무 걸린 곳, 강턱 깎인 곳, 하도 중앙의 자갈 사주, 큰 바위 뒤 웅덩이 등은 개별적인 소규모서식처로서, 물고기에게 모두 양호한 피난처 겸 서식처가 된다.

IFIM에서는 인간활동에 의한 하천의 영향을 생태적 원리에 따라 5가지로 나누어 계량화한다. 여기서 5가지 요소는 흐름특성, 서식처구조, 수질, 먹이원, 생물적 상호작용 이다. 표 13.2는 하천생태시스템에 중요한 5가지 요소의 구체적인 변수를 인간활동에 의해 영향을 받는 경로에 따라 정리한 것이다.

흐름특성은 IFIM의 흐름도에서 가장 중요한 요소 중 하나로서, 소규모서식처 규모로서 대상하천의 한 세그먼트에서 물리적 서식처조건을 흐름의 함수로서 계량화한다. 서식처구조는 소규모서식처 크기로 정량화 되나 나중에 중규모서식처 크기로 합해진다. 서식처구조의 정량화는 PHABSIM을 이용한다. 이 모형은 하도의 경험적 변수, 수심과 유속 등 흐름의 모의변수,

표 13.2 하천 생태계에 중요한 요소들과 변수들(Karr, 1981)

흐름 특성	서식처 구조	수질	먹이원	생물적 상호작용
유량	서식처 다양성	영양	조류 생산	외래종
수심	침전	수온 특성	에너지 입력	특산종
유속	강턱 안정성	탁도	미립자 유기물	희귀나 멸종위기종
홍수빈도	피복	염도	수중 무척추동물	잡종화
홍수크기	통나무 부유물	용존산소	육지 무척추동물	개체 수의 구조
갈수빈도	하도만곡	pH		경쟁
갈수크기	수변식생	독성물질		종의 풍부성
유황	서식처 연결성			포식(동물)
				영양 구조

그리고 대상종의 서식처적합도지수 등을 결합하여 흐름변수와 대상종의 적합 서식처수면적(단위 하천길이 당)과의 관계를 도출한다. 그러나 인간활동에 의한 샛강, 배후습지, 강턱의 소멸과 같은 하천변형이 서식처에 미치는 영향까지는 계량화하지 못하고 있다. IFIM에서 수온과 수질은 대규모서식처 요소이다. IFIM에서는 이러한 수질과 수온 모형은 기존의 일반모형을 차용한다(Bartholow, 1989). 주요한 어류 종에 적합한 수온영역에 대해서는 Armour(1991)의 기준을 따른다. 먹이원에 대해서 IFIM은 송어나 연어의 먹이가 되는 하저 대형무척추동물이 이용하는 소규모서식처 면적을 모의하는 수준에 머물고 있다. 이는 일반적으로 Gore와 Judy(1981)의 소규모서식처 면적 산정절차를 따른다. 마지막으로 생물간 상호작용에 대한 모의는 아직 충분한 단계에 이르지 못하고 있다.

2 PHABSIM

IFIM에서 가장 핵심적인 부모형 중 하나는 PHABSIM 이다. 이 모형은 컴퓨터 모형으로, 하천에서 소규모서식처 상태를 모의한다(Milhous 등, 1989).

PHABSIM에서 하천서식처의 적합도를 평가하는 기본구조는 대상 종의 생애기간 별로 적합한 수리, 수온, 하도 조건을 대상구간의 작은 구성요소(cell)별로 평가하여 이를 구간 전체에 대해 합하는 것이다. 그림 13.16(A)와 같이 대상하천 구간의 두 단면 A, B로 둘러싸인 한 소

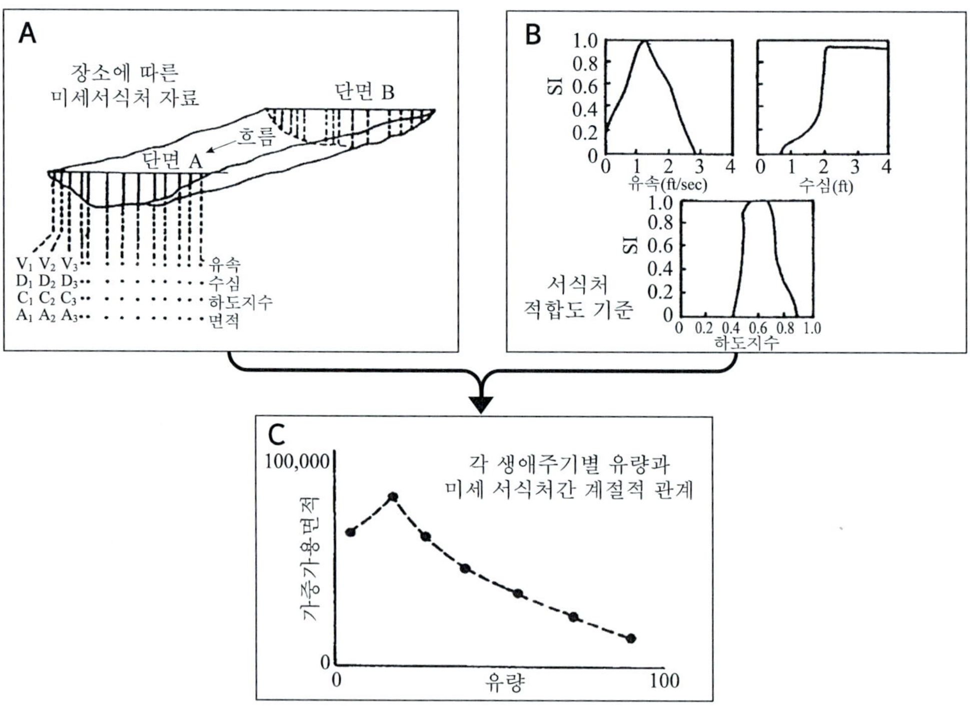

그림 13.16 PHABSIM에 의한 적합도의 산정(NBS, 1995)

구간에서 종측선을 물리조건이 유사한 셀로 다시 잘게 나누어 각 셀의 서식처 적합도를 평가하게 된다. 여기서 현장에서 횡단면상의 주요 측점에서 흐름을 측정하여 수리모형의 검정자료로 이용된다. 그 다음에 현장자료로 검증된 수리모형을 이용하여 유량규모 별로 수심과 유속을 구한다. 그림 13.16(B)는 대상어종의 한 생애기간에 대한 수심, 유속, 하도지수(기층과 피난처 특성의 복합지수) 등에 대한 적합도를 0에서 1.0까지 분포시킨 자료이다.

따라서 각 셀에 대해 그림 13.16(B)를 이용하면 수심 d , 유속 v , 기층 c 별 적합도 지수가 나오며, 이를 모두 곱한 것이 복합적합도지수 $csi_{i,Q,s}$ 가 된다. 즉,

$$csi_{i,Q,s} = (si_d)(si_v)(si_c) \tag{13-9}$$

여기서 복합적합도지수 $csi_{i,Q,s}$ 에서 i, Q, s는 각각 셀 번호, 유량, 종을 의미한다. 그림 13.17은 셀별로 복합적합도지수를 구분하여 유효 셀과 최적 셀로 구분한 것이다. 다음, 유량규모 Q에 대한 i −셀의 수면적 $a_{i,Q}$와 대상어종 s 에 대한 해당 셀의 복합적합도지수 $csi_{i,Q,s}$ 를 곱하면 유량규모에 대한 대상어종 s 의 가중가용면적(Weighted Usable Area) $WUA_{Q,s}$ 가 된다. 이를 수식으로 표시하면

$$WUA_{Q,s} = \sum_{i=0}^{n} (a_{i,Q})(csi_{i,Q,s}) \tag{13-10}$$

유량 규모별로 위와 같이 계산하여 유량과 가중 가용수면적과의 관계를 그림으로 표시하면 그림 13.16(C)와 같다. 이러한 그림은 PHABSIM의 대표적인 출력물이다. 여기서 종축은 단위하천길이 당 수면적이며, 횡축은 유량규모이다. IFIM이 '점증법'이라는 이름이 붙은 것은 바로 이러한 유량의 점진적 증가에 따른 서식처적합도의 변화를 보여 주기 때문이다. 이러한 방법은 물리서식처 유지를 위한 최소유량 하나만 제시하는 다른 방법에 비해 대안 검토에서 더 유용하다. 이 모형에서 수온효과를 고려하기 위해서는 식 (13-10)에서 구한 가중 가용수면적에 수온영향 지표를 곱한다. PHABSIM에서는 대상 생물종으로 어류가 보편적이나, 조류(藻類), 수생곤충, 갑각류, 연체류, 파충류, 양서류, 조류(鳥類)까지 가능하다.

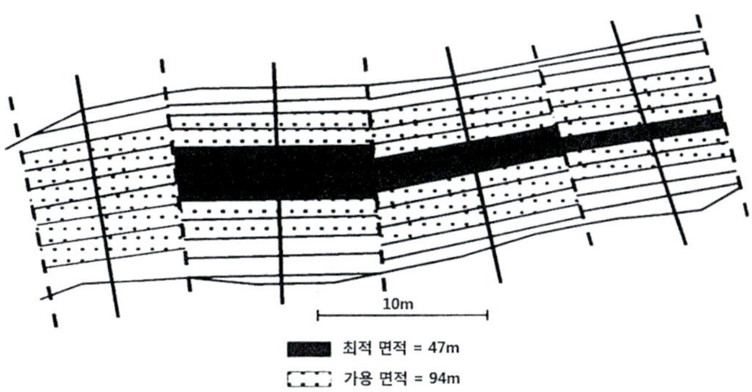

그림 13.17 PHABSIM에 의한 최적/가용 수면분포(USGS, 1998)

PHABSIM은 기본적으로 하도 구조, 수리 모의, 서식처 적합도 기준 등 세 부분으로 구성되어 있다. 이를 그림으로 나타내면 그림 13.18과 같다. 하도구조는 비교적 변하지 않는 하천의 종횡단 형태, 기층의 특성과 분포, 기타 하천에 인위적인 피난처 등을 포함한다. 수리변수는 유량에 따라 변하는 것으로서, 수면고, 수심, 유속, 윤변, 수면적 등이다. 서식처적합도 기준(Habitat Suitability Criteria, HSC)은 종별, 생애기간 별로 적합한 유속과 수심의 범위, 피복의 형태, 기층의 특성 등을 포함한다. 이 모형에서 모의하는 내용과 순서는 1) 수면고 계산, 2) 유속 계산, 3) 서식처적합도와 유량과의 관계, 4) 유량규모 별 종합적인 서식처적합도 등이다.

PHABSIM을 이용하기 위해 필요한 자료는 1) 하도구조로 횡측선 간 간격, 하천 셀의 크기, 하도기하자료, 기층의 구성과 피난처 형태 등이며, 2) 수리자료로 각 단면에서 유량별 수면고, 3) 서식처적합도기준으로 어종별, 생애기간 별 적합도 자료이다. 이러한 자료는 기존 것을 이용하거나, 현장에서 구할 수 있다.

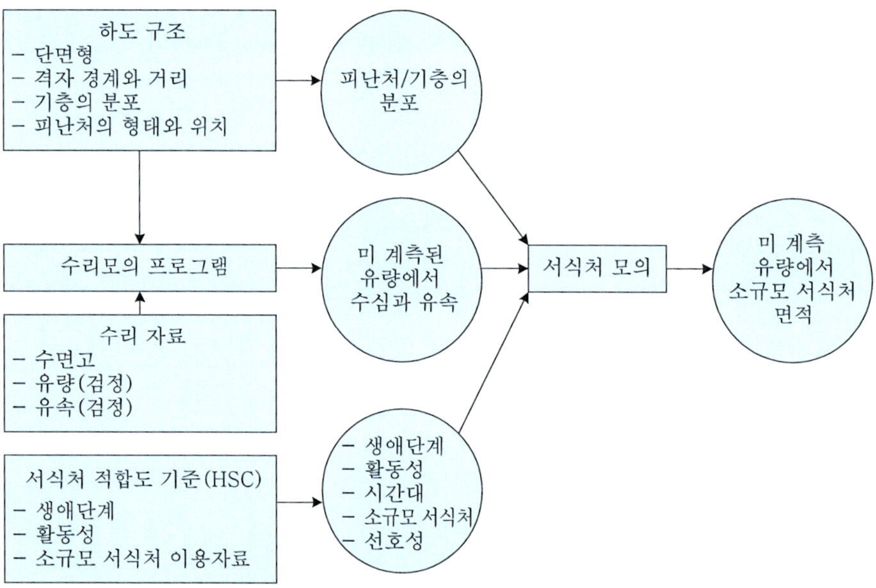

그림 13. 18 PHABSIM의 구성(USGS, 1998)

예제 13.1

어느 하천의 대상구간을 그림 13.16의 A와 같이 4개의 종측선으로 균등분할하여 모두 5개의 셀로 나누었다. 이 그림 B의 서식처적합도곡선을 이용하여 대상구간의 중앙 셀에서 유속이 2 ft/s(60 cm/s), 수심이 2 ft(60 cm), 커버가 0.6인 경우 1) 그 셀의 유속적합도지수, 수심적합도지수, 커버적합도지수 등을 구하고, 2) 그 셀의 복합적합도지수를 구하고, 3) 주변 좌우측 셀의 복합적합도지수가 각각 20%씩 단계별로 감소한다고 보고 그 구간의 가중가용면적을 구하시오. 여기서 모든 셀의 수면적은 다 같이 100 ft^2(9.3 m^2)이다. 마지막으로, 그 구간의 수리서식처지수를 구하시오.

(계속)

풀이

(1) 그림 13.6의 유속, 수심, 커버 적합도곡선에서 각각 적합도지수를 읽으면

$$si_v = 0.6, \quad si_d = 0.6, \quad si_c = 1.0$$

(2) 복합적합도지수는 식 (14 - 9)에서

$$csi_{i,Q,s} = (0.6)(0.6)(1.0) = 0.36$$

(3) 가중가용면적은 식 (14 - 10)에서

$$WUA_{Q,s} = 0.36 \times 100 + 2(0.36 \times 0.8 \times 100) + 2(0.36 \times 0.6 \times 100) = 86.4[ft^2]$$

(4) 수리서식처지수(HHI)는 위의 값을 전체 수면적으로 나누면 86.4/500 = 0.17 이 된다.

(3) 국내 사례

국내에서 물고기 서식처의 보호를 위한 환경유량 개념은 1990년대부터 구체적으로 소개되고 연구되었다(수자원공사/건기연, 1995). 이 개념은 하천관리 측면에서 하천의 정상적인 기능을 유지하기 위한 여러 조건 중 하나로서 도입되었다. 또한 IFIM과 같이 수생동식물 중에서 여러 종을 대상으로 하지 않고, 물고기에 국한하여 최소유량 개념으로 시작하였다. 이 방법에 필요한 국내하천에 서식하는 주요 어종의 분포와 각 대표어종 별 물리서식처적합도 자료, 나아가 한 하천에 시범적용한 사례 등에 대해서는 개정전 하천수리학(pp. 811~814)을 참고할 수 있다.

국내에서 PHABSIM은 최초로 남한강 지류인 달천에서 피라미 어종에 대해 시범적으로 적용되었다(김규호, 1999). 그 후 본격적인 적용사례는 같은 달천에서 괴산댐 발전방류에 의해 영향을 받는 하류하천의 서식처적합도평가 연구에서 찾을 수 있다(강형식 등, 2010).

강형식 등의 연구는 2차원 하천모형인 River2D(Steffler와 Blackburn, 2002)를 이용하여 수리계산을 하고, 연구대상 하천구간의 대표어종인 피라미에 대해 수심과 유속별 서식처적합도지수를 이용하여 가중가용면적과 복합서식처적합도를 산정하여 발전방류로 인한 하류하천의 서석처적합도 변화를 검토한 것이다. 적용구간은 괴산댐으로부터 하류 약 1.5 km에 있는 수전교부터 시작하여 하류 대수보까지 4 km 이다. 이 구간의 하천유량은 모두 상류댐에서 발전을 위한 방류량으로서 5~20 m^3/s 정도이다. 하상재료는 주로 자갈과 굵은 모래로서 여울과 소가 발달하여 있다. 수심과 유속에 대한 서식처적합도 곡선은 기존 피라미 실측자료를 이용하여 성어기, 유년기, 산란기 등으로 나누어 도출하였다. 그 결과 성어기의 경우 최적수심은 0.1~0.6 m, 최적유속은 0.1~0.56 m/s로 나타났다.

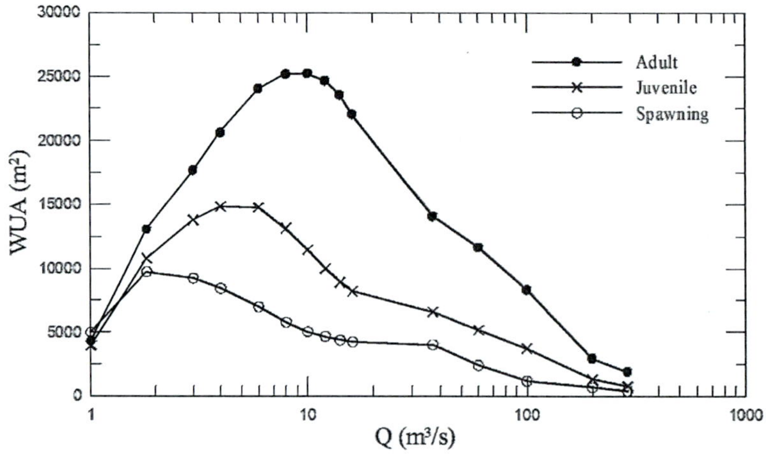

그림 13.19 피라미의 성장단계별 유량에 대한 가중가용면적 변화(강형식 등, 2010)

그림 13.19는 이렇게 산정된 유량 별 가중가용면적 변화를 보여준다. 이 그림에서 성어기 피라미에 대한 최적유량은 약 9 m^3/s 정도로 나타났고, 성장기 및 산란기에 대해서는 각각 약 4 m^3/s, 2 m^3/s 정도로 나타났다. 수심과 유속의 서식처적합도지수를 곱한 복합적합도지수의 2차원 분포를 보면 만곡부 구간에서 높게 나타났다. 이 연구에서 눈여겨 볼 것은 연구대상기간인 한 주 동안의 평균발전유량이 그 구간의 갈수량보다 약 39% 크지만 계산된 가중가용면적은 오히려 약 60~100% 적게 나타나 상시 발전방류로 인해 하류 피라미서식처에 오히려 부정적인 영향이 있는 것으로 나타났다.

13.5 하천복원

(1) 의미와 배경

1 의미

하천복원(restoration)[58]이란 치수나 기타 다른 목적의 하천사업이나 불량한 유역관리에 의해 훼손된 생물서식처, 자정, 경관과 친수성 등 하천의 환경적 기능을 되살리기 위해 하도와 하천변을 원 자연상태에 가깝게 되돌리는 것이다. 즉 인간활동으로 훼손된 하천생태계 서비스 기능을 되살리는 것이다. 하천복원을 위해서는 하천생태계의 구조와 기능은 물론 그 생태계에서 작용하는 물리적, 화학적, 생물적 과정을 이해하는 것이 중요하다. 하천의 오염정화 기능과 친수성 등은 이러한 생태기능의 복원을 통해 얻어진다.

58 하천복원은 미국 등에서 수변복원(stream corridor restoration)이라고 하여 하천 자체뿐만 아니라 하천을 따라 형성된 수변 전체의 복원을 강조함

하천복원은 하천에 교란을 주는 활동이나 자연적인 회복을 막는 활동 등을 최대한 억제하는 것부터 시작한다. 여기서 특히 하천에 지속적으로 작용하는 교란활동을 제거하거나 저감하는 활동을 '교정(remediation)'이라 한다. 하천복원의 다음 단계는 교란으로부터 훼손된 하천을 적극적으로 되살리는 것이다. 여기서 하천복원의 대상은 기본적으로 하도를 포함한 강턱, 홍수터, 제방 등이다. 그러나 완전한 의미의 하천복원은 경관생태적으로 하천과 연속한 주변회랑을 포함한 수변복원이다.

하천복원은 훼손된 하천을 원래 교란 전 그 하천이 가지고 있던 생태적 기능과 구조에 가능하면 가깝게 되돌리는 것이다. 반면에 하천회복(rehabilitation)은 훼손된 하천에서 생태계가 자연적으로 다시 지속하도록 형태적, 수문적으로 안정된 환경을 만들어 주는 것이다. 하천회복은 하천복원과 달리 원 생태계의 구조와 기능으로 되돌리는 노력이 반드시 필요하지 않다.

마지막으로 하천간척(reclamation)은 하천의 원 생태계가 가지고 있는 생물적, 물리적 능력을 변경하는 것이다. 이는 인간을 위해 자연자원을 이용하는 과정으로서, 수변을 농경지나 기타 거주지로 바꾸는 것 등을 의미한다.

최근 하천복원을 훼손된 하천생태계의 서비스기능을 되살리기 위해 하천생태계를 과거 교란되기 이전 상태로 되돌리는 작업이라는 정의에 대해 회의적인 시각이 대두되었다(Dufour와 Peigay, 2009). 그들은 왜 과거 비교란 상태 즉 자연상태로 되돌려야 하나?, 인간활동에 의해 변형된 하천이 꼭 반자연적인가?, 비교란상태로 되돌리기 위한 기준(reference)은 무엇이며, 실제 가용한가? 등 자연보전 위주의 하천복원 정의에 근본적인 의문을 제기하였다. 대안으로 그들은 하천이 주는 사회적, 경제적 가치를 유지하며 동시에 생태적 가치를 되살릴 수 있는 생태시스템을 만들어 주는 것이 현실적으로 바람직하다고 하였다. 이를 위해 하천복원사업은 '기준에 기초한(reference-based)' 전략보다는 '목표에 기초한(objective-based)' 전략이 필요함을 강조하였다.

국내의 경우 사실상 2,000년 전 선조들이 하천변 홍수터를 개간하여 벼농사를 짓기 시작한 후부터 시작하여 20세기 들어 도시화, 산업화, 농경지 정비사업, 하천정비사업 등으로 과거의 하천은 사실상 영구히 변형되었다. 이 점에서 하천복원에 대한 Dufour와 Peigay의 접근방식이 우리에게 더 현실적이며 타당할 것이다. 즉 하천복원사업은 하천이 인간에게 주는 생태기능부터 시작하여 동식물자원, 친수성, 역사문화성 등 다양한 서비스 기능을 되살리는 것을 목표로 삼는 것이 많은 경우 합리적일 것이다(우효섭과 김한태, 2010).

이 책에서는 하천 복원과 회복을 위한 생태적, 수리적 평가와 기술에 초점을 맞추며, 하천복원사업을 위한 선결조건 중 하나인 수질복원은 다루지 않는다. 또한 하도와 회랑 등 1차원적 수변복원을 위한 생태적, 수리적 평가에 초점을 맞추며 유역차원의 접근은 다루지 않는다. 마지막으로 문제인식, 계획, 설계, 시공, 모니터링 및 유지관리 등 하천복원사업의 일련의 절차에서 주로 수리기술 사항을 다루며, 의사결정이나 공중의 참여 등 비기술적인 분야는 제외한다.

2 배 경

하천은 이수, 치수, 환경 등 3대 기능이 있다[59]. 앞의 두 기능은 공학적 기능이며, 세 번째 기능은 환경적, 또는 자연적 기능이다. 여기서 환경기능이란 동식물 서식처 기능, 여과, 차단 등 생태계 기능과 경관 및 친수 기능까지 포함한다. 세계적으로 18세기 산업혁명 이후 하천은 도시화와 산업화의 영향으로 환경적 기능이 점차 악화되었다. 특히 하천을 단순히 자원으로 간주하고 이수 기능을 확대하거나 홍수로부터 도시와 농경지를 보호하기 위해 치수 기능을 확대하는 과정에서 하천의 환경적 기능은 간과되고, 나아가 이러한 이치수 목적의 하천 개발과 변형에 의해 그 기능은 점차 악화되었다.

환경의 보전과 복원, 그리고 친수성 차원에서 하천사업이 처음으로 구체화된 곳은 유럽의 독일어권 국가들이다. 독일, 오스트리아, 스위스 등에서는 1970년대부터 이른바 근자연형 하천공법(Naturnaher Wasserbau)이라 하여 기존의 콘크리트나 금속 등 토목재료 대신에 갯버들, 풀 등 살아 있는 생물재료와 거석, 통나무 등 자연재료를 이용하여 하천사업을 하기 시작하였다. 이러한 공법은 치수나 이수 사업 등 새로운 하천사업에는 물론, 인공화된 하천의 복원, 회복 사업에 활용되었다. 예를 들어 1992년에 완공된 라인강, 마인강, 도나우강을 연결하는 라인-마인-도나우 운하는 1) 수로 좌우안의 대칭 금지, 2) 운하 곳곳에 다양한 변화 창출, 3) 저지대와 습지의 보전, 4) 인공섬과 삼각주 조성, 5) 곳곳에 습지의 조성이라는 자연에 가까운 하천(운하) 조성을 위한 하천계획을 기본으로 하였다(건설부/건기연, 1991~1996). 이러한 근자연형 하천공법의 개념은 1980년대 일본으로 도입되어 '다자연형 하천공법'이라는 이름으로 소화·개량되었다.

미국에서는 1980년대 말부터 연방정부와 주정부 하천관련 기관들을 중심으로 각기 자연형 하천계획과 공법에 대한 지침서를 만들어 이용하여 왔다. 특히 연방정부 관련기관들이 하천복원실무팀(FISRWG)을 구성하여 만든 '수변 복원-원칙, 과정, 실무'라는 제목의 수변복원 가이드라인(FISRWG, 1997)은 구체적이고, 기술적인 세부사항이 미흡하다는 일부 지적(Shields, 1999)에도 불구하고 이 분야에서 지금까지 돋보이는 가이드라인이다.

국내에서는 1960~70년대 들어 급속한 산업화와 도시화로 하천수 오염이 심화되고, 치수 목적 하나만을 위한 인공적, 획일적인 하천개수가 보편화되었다. 그 결과 하천이 원래 가지고 있던 생물 서식처 기능과 자정, 경과, 친수 기능 등 하천환경기능이 점차 상실되었고, 하천형태도 변형되었다. 이러한 하천개수사업으로 국가/지방 하천의 90% 이상이 완전히, 또는 부분적으로 인공화되었다. 이러한 하천정비의 관행은 자연적으로 구부러진 하천을 직강화하고, 양안에는 높은 제방을 쌓고, 그 안의 하천수는 인공적으로 만든 저수로에 국한하고, 나무, 둔덕,

59 여기서 기능(function)이란 하나의 시스템에서 각 요소가 다른 요소나 시스템 전체에 주는 역할을 의미하며, 반면에 가치(value)는 인간에게 주는 편익을 의미한다. 따라서 엄밀한 의미에서 하천의 기능은 환경 기능의 하나이며, 이수는 가치이고, 치수는 관리대상이다.

그림 13.20 하천복원 시범사업(경기도 과천시 양재천 부림동 구간, 좌: 시범사업 전, 1996; 우: 시범사업 후 1998)

바위 등 홍수소통에 지장을 줄 수 있는 것들은 모두 제거하는 것이다.

1980년대 말부터 하천 환경의 보전과 개선의 필요성에 대한 공감대가 형성되기 시작하였다. 이러한 변화는 그 당시 경제개발의 진전과 국민생활의 향상에 따라 이제는 주변을 돌아볼 필요가 있다는 환경 보전에 대한 사회적 분위기에 따른 것이다. 특히 도시하천을 복개하여 하천을 소멸시키고 다른 용도로 쓰는 그때까지 하천관리 관행에 대한 반성과 함께 훼손된 하천을 원모습으로 되돌리는 하천복원에 대한 필요성이 대두되었다. 이에 따라 1990년대 들어 자연형 하천계획과 공법에 대한 연구가 본격적으로 시작되었고(건교부/건기연, 1991~1996; 환경부/건기연, 1997~2002), 자연형하천 복원사업이 일부 하천에 시범적용되었다(그림 13.20 참조).

이와 같은 국내 하천사업의 변천과정을 상징적인 사진으로 표시하면 그림 13.21과 같다. 이 그림에서와 같이 우리나라의 경우 1960~79년대 산업화와 도시화가 진전되기 전에는 대부

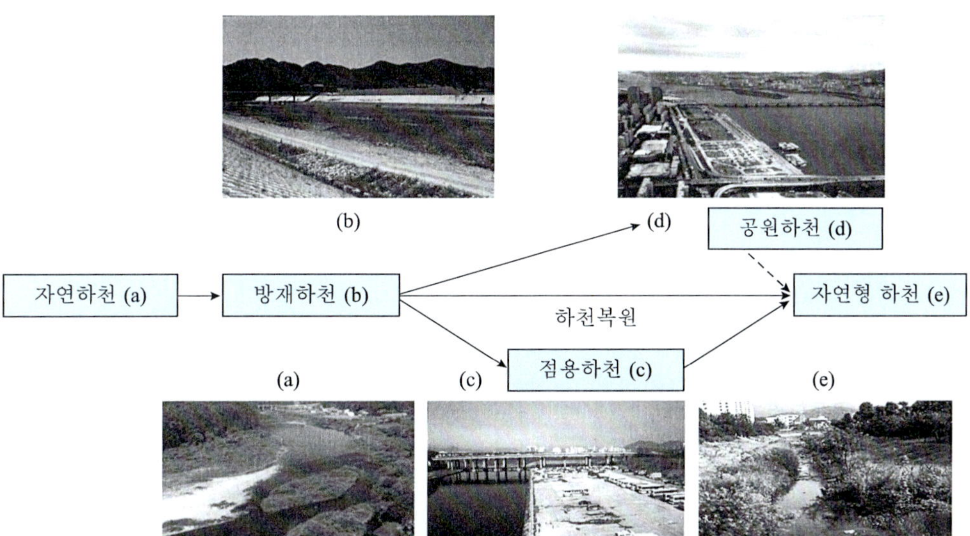

그림 13.21 국내 하천사업의 변천과정(우효섭 등, 2001)

분 (a)와 같이 자연하천이었나, 그 후 그림 (b)와 같이 치수위주의 방재하천으로 변형되었으며, 이 추세는 지금도 일부 계속되고 있다. 도시하천의 경우 1970년대부터 하천의 일부를 점용하여 타용도로 전용되거나, 복개되었다. 1980년대 중반 이후 대도시 하천을 중심으로 훼손된 하천의 친수기능을 되살리기 위해 홍수터에 공원을 조성하는 이른바 공원하천사업이 시작되었다. 1990년대 중반부터는 하천의 생태기능 회복을 목표로 그림 (e)와 같은 자연형하천 사업이 시작되었으며, 이러한 사업은 이름을 조금 달리하여 2010년대까지 이어지고 있다. 이러한 하천사업의 변천과정은 외국의 경우에도 크게 다르지 않을 것이다. 여기서 하천복원은 방재하천이나 점용하천, 나아가 공원하천을 자연형하천으로 만드는 것임을 보여준다.

(2) 하천교란

하천복원을 위해서는 먼저 무엇이 현재의 훼손상태로 만들었는가를 확인하는 것이 필요하다. 문제의 원인을 파악하기 위해서는 하천 또는 넓은 의미에서 수변에 가해지는 물리적, 화학적, 생물적 교란과 그에 의한 영향을 이해하는 것이 중요하다. 하천에 가해지는 교란은 기본적으로 자연적인 것과 인위적인 것으로 나눌 수 있다. 나아가 시간 규모를 구분하여 검토할 필요가 있다. 지질시간적으로 긴 시간에 나타나는 하천지형 변화는 사실상 우리의 관심대상이 되기 어렵다. 그보다는 백년 이하의 시간대에서 나타나는 하천형태 변화가 현실적으로 더 중요하다. 이러한 비교적 짧은 시간대에서 나타나는 변화는 기록적인 홍수, 가뭄, 산불, 지진, 화산, 곤충과 질병, 극단적인 기온 등 자연적 요인을 제외하면 사실상 인위적 요인이다. 더욱이 하천생태계는 일반적으로 매우 큰 외부환경변화도 감내하기 때문에 외부자극이 끝나면 대부분 원 상태에 가깝게 회복된다. 즉 하천생태계는 그 자체로서 회복력이 있다.

하천이나 수변에 가해지는 교란은 물리적으로 흐름과 유사의 연속 개념과 그림 13.4와 같은 하천연속체 개념에서와 같이 수변의 구조와 기능에 순차적인 영향을 준다. 구체적으로 유역의 토지나 수변 이용이 변하면 그 효과는 하천의 지형과 수문현상에 직접 영향을 주며, 서식처 기능과 유사 이송 및 저류에 영향을 주며, 궁극적으로 하천생물의 개체수, 구성 및 분포에 영향을 준다.

하천생태계에 주는 교란은 자연적이든 인위적이든 강도, 빈도, 그리고 교란의 범위 등 세 개 요소로 구성된다. 예를 들면 홍수에 대한 하천의 대응은 그 강도에 따라 변화없음부터 시작하여 변화로부터 즉시회복, 지연회복, 회복불가 등 다양하게 나타난다. 이러한 교란강도가 자주 나타나게 되면 그에 따른 대응도 회복과 변형을 반복하게 된다(Knighton, 1998).

1 인위적인 교란

인간활동에 의한 교란은 댐건설이나 하천정비와 같이 하천에 가해지는 직접적인 교란과 주변 토지이용에 의한 간접적인 교란 등 크게 둘로 나눌 수 있다. 전자는 하천에 가해지는 일종의 '점 교란원'이며, 후자는 '비점 교란원'이다. 여기에 외래종의 도입에 의해 수변 생태계교란이 추가된다.

규모가 매우 작은 낙차공이나 보부터 규모가 매우 큰 댐에 이르기까지 하천을 가로막는 댐은 하천에 가장 큰 직접적인 영향을 미친다. 댐에 의한 하천의 물리, 화학적 변화는 크게 하천의 연속성(흐름, 유사, 기타 물질 등) 차단, 저수지 수몰, 하류 유량변화, 상하류 하상재료(기층) 변화, 그리고 수질변화로 나누어 생각할 수 있다. 이에 따른 생태적 변화는 주로 서식처의 물리, 화학적 변화에 의한 것이다. 이치수를 위한 하천정비는 하천의 여울과 소를 없애고 유속을 증가시켜 수생서식처의 다양성을 감소시킨다. 댐에 의한 하류하천의 유황변화로 식생이입이 가속화되는 현상은 이미 3절 식생수리에서 구체적으로 다루었다.

토지이용활동에 의한 교란은 농업, 임산, 축산, 광산, 위락, 도시화 등을 생각할 수 있다. 이 중 가장 광범위한 활동은 농업으로, 이는 수변식생을 제거하고 농경지의 침식을 가속화하며, 침식된 토사는 하류에 퇴적되어 하천서식처의 물리적 형태를 변화시킨다. 경작을 위한 지하수 양수나 관개배수 활동은 토양수분과 지하수위에 영향을 주어 유역의 유출특성을 변화시킨다. 농업활동으로 인한 비료, 농약 등 각종 오염물은 물과 유사에 실려 수중은 물론 수변의 화학, 생물적 성질에 직접적인 영향을 준다.

임산활동의 영향은 수목의 제거, 목재의 운반, 식목준비를 위한 정지작업 등으로 나눌 수 있다. 이 중 가장 광범위한 영향은 수목의 제거로 인한 하류 영양물질 공급원의 감소와 하천유황의 변화, 그리고 야생동물의 서식처교란 등이다. 초지에 방목하는 축산활동은 과도한 풀뜯음(overgrazing)를 야기하여 토양침식을 가속화한다. 또한 가축의 사료나 분뇨에서 나오는 오염물은 비점오염원의 형태로 하천에 영향을 준다. 이러한 영향은 하천토양의 생화학 특성변화와 수질악화로 나타난다.

광산활동, 특히 노천광산 활동은 하천에 광범위한 영향을 준다. 국내에서는 드물지만 노천광은 토지의 식생을 제거하고, 토양을 교란시키며, 유역의 수문특성을 변화시킨다. 특히 노천광에서 나오는 광산버력이나 유사는 하류하천에 쌓여 하천에 직접적인 영향을 준다. 이러한 물리적인 영향보다 더 심각한 것은 광산에서 나오는 오염물의 유입이다. 산성광산배수(Acid Mine Drainage, AMD)는 수은 등 중금속으로 하천수를 직접 오염시켜 수생동식물은 물론 수변식생을 죽일 수 있다. AMD는 하천바닥에 철 성분을 침전시켜 하상을 '코팅'함으로써 기층에 서식하는 동물들의 서식처와 물고기 산란처를 오염시킨다. 하천이나 수변에서의 골재 채취는 하상을 교란시켜 수생 서식처에 직접적인 영향을 주며, 장기적으로 하천 형태를 변화시킬 수 있다.

하천이나 수변위락활동 역시 부정적인 영향을 준다. 오솔길의 빈번한 이용부터 차량의 통행은 식생을 고사하게 하고, 토양을 압밀하여 침투능을 감소시키고 그에 따라 토양침식을 증가시킨다. 수상보트는 프로펠러의 회전이나 물의 반동에 의해 하상을 교란하고, 수면파는 강턱을 침식시킨다. 또한 수변의 캠핑, 낚시, 수영, 보트 등 위락활동은 수변의 새 서식처의 교란 등 수변생태계에 크건 작건 영향을 준다.

도시화에 따른 수변에 미치는 영향은 크게 1) 수문특성의 변화, 2) 하천형태의 변화, 3) 유사와 오염, 4) 서식처와 수생생태계 변화 등으로 나눌 수 있다. 하천을 낀 지역의 도시화는 물론 하천상류지역의 도시화도 수변에 직접적인 영향을 준다. 하천상류지역이 도시화되면, 불투수층이 커져서 첨두유출량이 증가하나 기저유출량은 감소하는 것은 잘 알려진 사실이다. 이러한 첨두유출량의 증가는 특히 하류하천을 침식시켜 하상을 저하시키거나 강턱을 침식시킨다. 그러나 이러한 수문과 하천 특성의 변화보다는 하천자체가 도시화되어 하천이 인공화되는 경우가 더 심각한 문제를 일으킨다. 국내에서 상당수의 도시하천은 사실상 배수로 역할밖에 하지 못하고 있으며, 하천생태계는 대부분 소멸되었다. 도시 하천의 수질은 점오염물질 유출이 조절되어도 호우시 도시지역에서 나오는 각종 비점오염물질으로 불량할 수밖에 없다. 수변생태서식처는 수질저하, 직강화, 인공화, 여울과 소 제거, 통나무 등 수중피난처 제거, 기층의 오염, 평상시 얕은 수심과 홍수시 깊고 빠른 유속, 교량, 낙차공, 보, 하수관거 등 빈번한 하도 횡단구조물, 수변식생의 빈약 등으로 불량해진다. 이러한 곳에 서식하는 생물종은 단순해지고, 불량한 서식환경에 경쟁하는 일부 외래종이 번식할 뿐이다.

(3) 하천복원의 절차

하천복원사업은 성격상 많은 전문성과 단계를 거치고, 특히 지역 주민들의 관심과 참여가 필요하다. 미 연방정부에서 발간한 수변복원 가이드라인(FISRWG, 1997)에는 이러한 하천복원 절차와 관련 지식, 그리고 실제 설계와 시공 관련 기술들이 구체적으로 제시되어 있다. 국내의 경우 하천복원통합매뉴얼(국토부/건설연, 2011)의 '제4장 복원계획 수립' 편에 복원사업의 접근방안, 모델의 선정, 마스터플랜의 수립, 사회·경제성 평가 등이 설명되어 있다.

1 하천복원의 접근방안

하천복원에 접근하는 기본적인 방법은 다음과 같다(FISRWG, 1997).

- 비간섭과 비교란적인 회복 (A) : 수변이 급속히 회복되어 적극적인 복원활동이 불필요하고 나아가 오히려 해가 될 수 있는 상태
- 회복지원을 위한 부분간섭 (B) : 수변이 회복하려고 하고 있으나 그 정도가 느리고 불확실하여, 자연적으로 일어나는 회복을 지원하는 활동이 필요한 상태
- 회복을 관리하기 위한 적극적인 간섭 (C) : 원하는 하천기능의 자연적 회복이 불가능하여 적극적인 복원활동이 필요한 상태

A 범주에 해당하는 대표적인 사례는 하천에서 골재채취로 인하여 비교적 작은 규모로 변형된 하천이다. 이는 대부분 다음 홍수로 원 상태에 가깝게 돌아가게 된다. B 범주 사례는 골채채취의 범위나 규모가 커서 자연의 복원력만으로 원 상태로 돌아가기 어렵거나, 상류에서 탁수가 내려와 자갈하상에 점토층으로 덮이는 경우이다. 특히 상류에 댐이 있어 홍수가 조절되는 경우 이 같은 점토층을 제거하기 위한 인위적인 활동이 필요할 것이다. C 범주 사례는 1) 치수위주의 하천정비사업으로 하천형태, 하상재료, 유황 등이 획일화 되어 하천의 생태기능이 크게 훼손되었거나, 2) 상류 댐의 건설로 하류하천의 형태, 하상재료, 유황 등이 크게 변형되었거나, 3) 수질악화로 수생서식처가 훼손된 경우 등이다. 더불어 도시하천의 경우 친수환경의 개선 차원에서도 복원사업을 구상할 수 있을 것이다.

2 복원모형

일반적인 하천사업이든 복원사업이든 하천사업은 일반적으로 생태성, 친수성, 치수성 등 3대 요소를 만족하여야 한다. 여기서 생태성은 '자연성'으로서 종의 다양성과 생태계 구조와 기능의 자기지속성을, 친수성은 인간 관점에서 심미/쾌적/역사문화성을, 치수성은 기술적으로 홍수조절과 안전 기능의 증진을 의미한다. 그러나 이러한 요소들은 많은 경우 서로 상충되므로 모두 만족하기 어렵다.

이러한 하천사업의 세 가지 요소인 생태성, 친수성, 치수성 간의 상관관계를 도식적으로 표시하면 그림 13.22와 같다(우효섭 등 2010). 생태성과 치수성의 역 상관관계는 일반적으로 치수위주의 하천사업이 자연성을 해치는 것에서 잘 알 수 있다. 친수성과 치수성의 역 상관관계 역시 치수위주의 하천정비사업이 주는 심미성과 쾌적성의 저하에서 유추할 수 있다. 다만 생

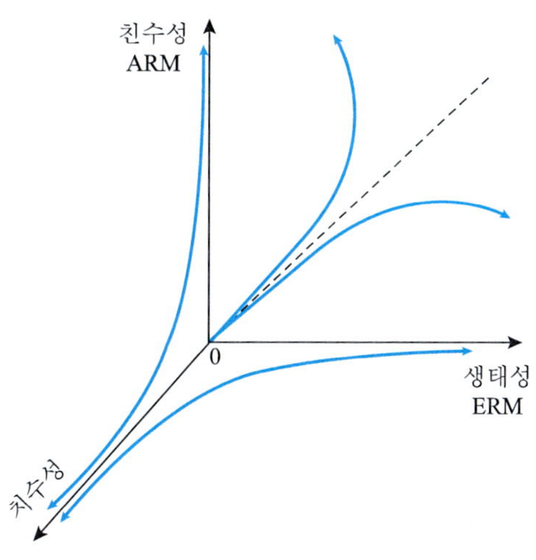

그림 13.22 하천복원의 목표(생태성, 친수성)와 치수성 관계

태성과 친수성은 일정 한도까지 상관성을 보이나, 어느 한도가 넘으면 역 상관관계가 되는 것은 생태성이 100% 보장된 자연하천은 친수성이 오히려 떨어진다는 사실에서 알 수 있다.

따라서 어느 하천복원사업이 위 세 가지 요소를 모두 만족하는 것은 사실상 불가능하므로 복원모형 또한 위 요소 중에서 한 두 요소에 초점을 둔 목표지향적 모형이 되는 것이 현실적이다. Woo와 Kim(2006)은 이를 위해 친수성 복원에 초점을 맞춘 어메니티 복원모형(ARM)와 생태성 복원에 초점을 맞춘 생태복원모형(ERM)과 그 중간 성격으로 준 생태복원모형(semi-ERM)을 제안하였다.

ARM은 주변이 어느 정도 개발된 도시하천에 적합한 모형으로서, 그 특성상 과거 상태에 기초한 복원보다는 친수성이라는 가시적인 목표에 기초한 복원모형이다. 이모형에서 복원의 거울이 되는 참조하천(reference river)은 반드시 필요하지 않을 것이며, 개별 하천의 자연적, 사회적 특성을 고려하여 친수성이나 역사문화성 등 구체적인 복원목표를 설정할 수 있을 것이다. 이 모형의 성과는 보통 그림 13.21에서 '공원하천' 유형으로 나타난다.

ERM은 주변이 비교적 덜 개발된 농촌 등 비도시 하천에 적합한 모형으로서, 이 모형에서 참조하천은 복원계획의 수립에 큰 도움을 줄 것이다. 구체적인 복원 목표로서 그 하천에 서식하였던 상징적인 생물종의 복귀 등을 고려할 수 있을 것이다. 이 모형의 성과는 보통 '생태하천'으로 나타난다.

semi-ERM은 생태성을 지향한다는 점에서 ERM과 같으나 복원 후 관리 없이는 생태계 구조와 기능의 자기지속성이 어려운 경우이다. 이모형은 주변이 개발된 도시하천에서 친수성이 아닌 자연성 목표에 기초하는 경우 적용성이 있는 모형이다. 이 모형의 성과는 보통 그림 4.21에서 '자연형하천'으로 나타난다. 이 같은 세 모형의 특성을 비교하면 표 13.3과 같다.

표 13.3 하천복원모형의 특징 비교

구분	ARM	ERM	semi-ERM
복원 목표	하천의 어메니티(심미, 위락, 정서 등) 및 역사문화성	하천의 생태 서식처 복원	제한된 하천공간에서 생태서식처 복원
지향점	공원하천	생태하천	자연형 하천
적합 하천	주변이 개발된 도시하천	주변이 덜 개발된 비도시하천	주변이 개발된 도시하천에서 제한적으로 적용
구체적 복원 목표	개별하천 여건에 맞추어 복원목표 설정	과거 자생하였던 동식물 서식처 복원(참조하천 개념 유효)	새로운 서식처 조성(참조하천 개념 유효)
공간 관계	홍수조절공간 > 생태공간, 역사문화공간	생태공간 > 홍수조절공간, 역사문화공간	생태공간 = 홍수조절공간
지속가능성	시민의 안전, 시설물 보호 등	생태적 자기지속성	지속적 관리를 통해서만 생태지속성 유지 가능

3 하천복원 마스터플랜의 수립

어느 하천에 대해 복원사업을 계획하고 실행하는 것은 일반적인 하천사업의 절차와 크게 다르지 않다. 복원사업의 마스터플랜에는 1) 대상하천의 선정, 2) 하천현황조사 및 평가, 3) 복원방향의 선정, 4) 복원계획의 수립, 5) 모니터링 및 적응관리 등이 순차적으로 포함된다(국토부/건설연, 2011, pp. Ⅳ-12). 복원계획에는 복원모델의 선정, 복원 설계방향의 설정, 복원공법의 선정 등이 포함된다. 복원모형은 앞서 설명한 세 가지 모형을 이론적 모델로 하고 사례적 모델을 고려하여 설정할 수 있을 것이다. 복원 설계방향은 복원모형의 설정에 따라 물리적 구조의 복원, 유량복원, 수질복원, 생물서식처복원, 식생복원, 어메니티복원, 역사문화적 환경복원 등으로 나누어 검토할 수 있을 것이다. 모니터링은 사업성과를 정량적, 정성적으로 평가하기 위해 어느 하천사업이든 필수적인 절차이다. 적응관리는 생물이 관련된 하천복원사업에서 나타나는 불가피한 불확실성에 대응하기 위한 것으로서, 복원사업으로 인한 예상치 못한 결과나 부작용, 당초 목표의 미달성, 주위 여건의 급격히 변화에 따른 새로운 현상의 발생 등에 현실적으로 대응하는 관리방식이다.

이 책이 본격적인 하천복원사업을 위한 매뉴얼이 아닌 하천수리학 교과서 성격임을 감안하여 다음부터는 하천복원설계를 위한 수리적 기술에 초점을 둔다. 하천복원사업의 구체적인 추진절차에 대해서는 하천복원통합매뉴얼(국토부/건설연, 2011) '제4장 복원계획의 수립'을 참고할 수 있다.

4 하천복원설계

하천복원설계의 기본방향은 하도형태를 자연하천에 가깝게 만드는 것과 원래 그 하천에 있었던 자연재료를 최대한 이용하는 것이다. 즉 형태의 자연형과 재료의 자연형으로서, 앞서 설명한 독일의 '근자연형하천 만들기'의 기본 개념이다.

하천의 물리적 구조의 설계에서 가장 기본적인 것은 하도설계이다. 수리적 관점에서 하도설계의 기본은 설계유량에서 상류에서 내려오는 유사량과 하류로 이송하는 유사량이 균형을 이루는 균형하도를 만드는 것이다. ASCE(2007, pp. 486~491)에서는 설계유량에서 유사이송이 없는 하도와 있는 하도로 구분하여 각각 임계법(threshold method)과 활성하상법(active-bed method)을 소개하고 있다.

임계법은 유사이송이 없거나 무시할 수 있는 하도에 적용되는 방법으로서, 주로 자갈하상의 경우이다. 자갈하상에서는 모래나 실트질 유사는 이른바 세류사로 이송된다. 이 방법은 다시 허용유속 방법과 소류력 방법으로 나뉘며, 전자는 일반적인 하도설계에서 경험적 방법을 이용하는 것이며, 후자는 일련의 하상마찰공식을 이용하여 해석적으로 하도변수를 구하는 것이다. 설계유량은 보통 대상하천의 지배유량(또는 하도형성유량)을 택한다. 하도설계에서 필요한 변수는 하폭, 수리반경(수심), 하도경사, 만곡도 등이다.

활성하상법은 설계유량에서 유사이송이 활발한 하천에 적용되는 방법으로서, 하도기하와 유사이송에 민감하다. 이 방법에서도 설계변수는 하폭, 수심, 하도경사 등으로서 참조하천의 수리기하관계가 가용한 경우 이를 직접 이용하거나, 참조하천에서 얻어진 수리기하 관계에서 구할 수 있다. 그러한 관계가 가용하지 않는 경우 SAM이나 HEC-RAS 등과 같은 1차원 하천 흐름 및 유사이송 모형을 이용할 수 있다. 여기서 설계유량은 앞서 설명한 방법에서와 같이 지배유량을 이용할 수 있다.

위와 같은 방법은 대상하천의 주변(수변)이 덜 개발된 경우 적용 가능한 것으로서, 국내하천과 같이 복원대상 하천 주변이 상당히 개발되어 자연하도로 복원하려는 노력이 사실상 불가능한 경우에는 적용하기 어렵다. 이 경우 위에 소개한 ASCE 방법보다는 국내 하천상태를 고려하여 제작된 매뉴얼(국토부/건설연, 2011)이 비교적 더 적합할 것이다.

유량복원은 대상하천의 환경유량을 확보하는 것으로서, 특히 도시하천복원에서 현실적으로 중요하다. 유량복원방안으로서는 보통 상류 저수지 축조, 인접수원으로부터 도수, 처리수의 재활용, 빗물이용, 지표면 침투능력 함양 등 다양한 방법들이 있다. 수질복원은 하천복원사업의 선결조건으로서, 전통적인 점오염 물질과 비점오염 물질 처리를 위한 유역대책과 하천 내 처리를 위한 하천대책 등이 있다. 하천복원설계에서 중요한 수질복원은 하천대책으로서, 이 중 보편적인 것은 습지를 이용한 오염물 정화와 여울을 이용한 재폭기 등이다. 따라서 하천복원설계에서 고려되는 습지와 여울은 하천내 서식처 조성을 통한 생태적 기능은 물론 이 같은 물정화기능 모두를 고려하는 것이 바람직하다.

생물서식처복원은 하천의 생태기능 중에서 서식처기능을 복원하는 것으로서, 크게 하도내 수생서식처 복원과 주변 강턱(또는 호안)과 홍수터 등 육상서식처 복원 등으로 구분할 수 있다.

수생서식처복원을 위한 하도내 서식처구조물 설계순서(Shields, 1983)는 일반적으로 배치계획, 구조물 형태의 선정, 구조물 크기 결정, 수리효과 분석, 유사이송영향 분석, 재료선정 및 구조물설계 등이다.

구조물 배치계획에는 각 구조물의 위치, 수량, 간격, 배치하지 말아야 할 곳 등이 명기된다. 구조물 형태는 크게 둔덕(sills, weirs), 변류기(deflectors, dikes), 무작위 거석(boulders), 통나무 피난처(covers, lunkers) 등으로 구분되며, 각 형태의 특징에 대해서는 ASCE 자료(2007, p. 492)에 자세히 나와 있다. 여기에 추가로 인공여울, 어도 등을 고려할 수 있다. 이러한 구조물 각각이 자연형하천공법으로서, FISRWG(1997)의 부록이나 통합매뉴얼(국토부/건설연, 2011)의 '제6장 공법적용'에 자세히 나와 있다.

이러한 구조물들은 설계유량은 물론 고유량, 저유량 각각에 대해 그 성능과 효과에 대해 2차원이나 3차원 모형을 통한 분석을 통해 충분히 검토되어야 한다. 세굴과 퇴적 효과는 물론 특히 홍수시 하천의 통수능에 미치는 영향 검토는 매우 중요하다. 또한 이러한 구조물 시공에는 살아있는 나무, 돌, 말뚝, 동아줄, 쓰러진 거목 등 이른바 자연형재료를 이용한다.

홍수터의 생물서식처 복원은 크게 하도와 홍수터의 흐름연결, 배후습지나 샛강의 복원 등으로 나눌 수 있다.

하도와 홍수터를 흐름으로 연결하는 것은 인위적으로 단절된 주하도와 주변 홍수터를 자연하천상태로 되돌려주는 것으로서, 이는 특히 수문변화에 의한 하천역동성을 홍수터로 연결시켜준다는 점에서 의의가 있다. 이를 위해 통상 제방월류, 제방후퇴, 제방철거, 또는 샛강이나 단절된 수로와 본류수로 연결 등을 고려할 수 있다. 제방의 월류, 후퇴, 철거 대안의 선정은 이를 통한 생태적 기대효과의 간헐적, 주기적 홍수터 침수로 인한 비용 및 사업비용 등을 비교 검토할 수 있을 것이다. 과거 제방위주의 하천정비사업으로 하천의 대부분이 제방으로 둘러싸이고 홍수터는 농경지나 타 용도로 전용된 국내 여건을 감안하면 이 같은 제방월류, 후퇴, 철거를 통한 홍수터복원은 지역에 따라 그 타당성이 크다. 배후습지나 샛강의 복원은 과거 자연상태 홍수터에서 흔히 나타났던 배후습지, 웅덩이, 샛강 등을 복원하는 것으로서, 이러한 장소는 하천에 서식하는 무척추동물, 물고기, 물새, 양서파충류, 포유류 등의 귀중한 피난처, 산란처, 양육처 역할을 한다.

식생복원은 물가나 강턱의 보호와 홍수터 복원 등에 이용된다. 물가/강턱은 홍수시는 물론 평상시에도 침식에 취약하여 지속적으로 훼손될 수 있다. 이를 보호하기 위해 기존에 설치된 콘크리트 호안(이 경우 대부분 저수호안)은 수생서식처와 육상 서식처를 단절하는 주요 요인으로 작용하기 때문에 하천복원사업의 주요 철거대상이 된다. 나아가 하도가 복원되어도 물가/강턱은 식생이 활착되기 전까지 상당 기간 동안 침식으로부터 보호할 필요가 있다. 이 같은 물가/강턱의 보호를 위한 식생도입은 초기에는 흐름으로부터 물가 토양을 보호하기 위한 이른바 '붕대효과'를 기대하며, 장기적으로는 물가에 그늘을 제공하고 물고기 등 수생동물의 피난처를 제공하는 효과가 있다. 이를 위해 흔히 토양생물공법(soil bioengineering)이 이용된다. 토양생물공법을 이용한 자연형호안에는 크게 거석과 돌을 이용한 호안, 식생과 혼합된 호안, 순수식생호안 등으로 나뉜다. 일반적으로 소류력이 적은 중소하천에는 식생호안공법으로도 충분한 경우가 있으나, 소류력이 큰 하천의 경우 거석, 돌, 통나무, 관목, 야자섬유 등 자연자료 직포와 결합된 식생호안이 바람직하다. 이러한 자연형호안에 대해서 FISRWG(1997)의 부록이나 통합매뉴얼(국토부/건설연, 2011)의 '제6장 공법적용'에 자세히 나와 있다. 자연형 식생호안의 한 예로 그림 13.23(a)과 같이 사석, 갯버들, 통나무, 토목섬유 등을 이용하여 강턱 경사면에 꺾꽂이하거나, 살아있는 윗가지로 넓게 덮거나, 다발로 물가에 흐름방향으로 묻거나, 강턱 끝에 쌓아 놓는 것이다. 갯버들은 특히 활착률이 높고 쉽게 얻을 수 있기 때문에 생물 재료로 적합하다. 여기서 이용되는 토목 섬유는 야자 섬유와 같은 시간이 가면 스스로 썩는 재료가 바람직하다. 그림 13.23(b)도 비슷한 사례로서 국내에서 개발, 적용된 자연형 식생호안이다.

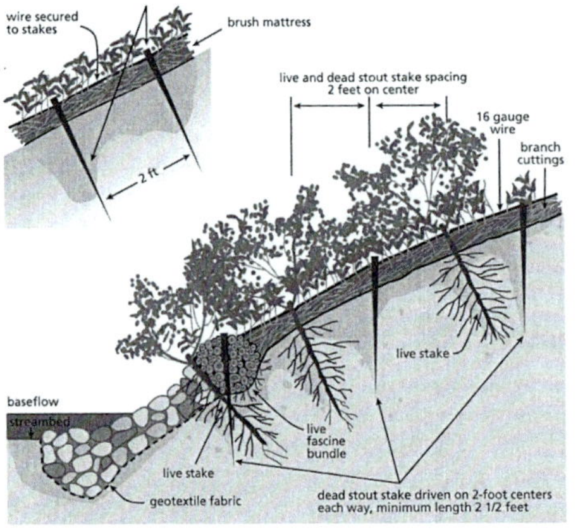

(a) 갯버들 욋가지를 이용한 호안
(FISRWG, 1998, p. 8-65~67)

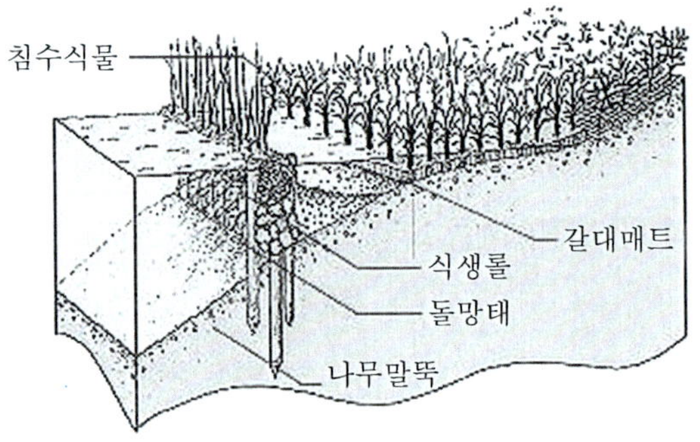

(b) 식생롤과 갈대매트를 이용한 호안
(국토부/건설연, 2011; p. Ⅵ-33)

그림 13.23 자연형호안 예

홍수터 식생복원은 과거 홍수터에 자생하던 식생이 되살아나도록 환경여건을 만들어주는 것으로서, 포플러, 버드나무 등 목본류 군집이나 갈대, 달뿌리풀, 대나무 등 초본류 군집의 복원에 초점을 맞추어 설계할 수 있다. 이러한 육상식생복원은 전 절에서 다룬 화이트리버-그린리버 문제와는 그 배경과 상황이 다른 것이다.

홍수터복원의 일환으로서 수변이 주는 다양한 생태적 기능 중에서 특히 차단 및 여과 효과를 되살리기 위한 것으로서 이른바 수변완충대(Riparian Buffer Strip, RBS) 조성이 있다. 수변완충대는 그림 13.2에서 하도를 따라 좁고 길게 자연적으로 형성된 '수변'을 재현, 또는 복원하는 것으로서 하천주변의 유역에서 들어오는 인/질소, 유기오염물 등 비점오염물질을 차단, 여과 효과를 기대할 수 있다. 외국에서 발간된 자료에는 기대하는 효과에 따라 적정한 수변완충대 폭을 제시하고 있다(CRJC, 2000). 그림 13.24는 수변완충대의 기능 별 적정 폭을 개략적으로 보여주는 것으로서, 강턱보호를 위해서는 15 m 정도, 영양물질 제거를 위해서는 30 m

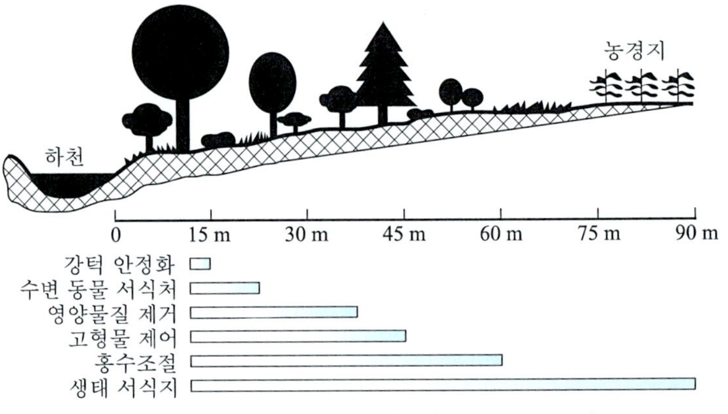

그림 13.24 수변완충대 기능별 적정 폭(CRJC, 2000)

이상, 야생서식처를 위해서는 100 m 정도 요구된다. 수변완충대 관련 자료, 벤치규모 실험, 국내 시범설치운영 등에 대해서는 건설연(2008a) 연구를 참고할 수 있다.

그밖에 어메니티복원과 역사문화적 환경복원은 수리학적 요소가 상대적으로 적기 때문에 이 책에서는 구체적으로 소개하지 않는다.

(4) 사례 연구

다음은 하천복원 사례로서 한국의 양재천 시범복원사업 사례와 미국 플로리다 주 키시미강 복원사업 사례를 소개한다. 전자는 그림 13.21에서 자연형하천사업에 가까운 사례이며, 표 13.4에서 semi-ERM모델의 하나로 분류할 수 있다. 반면에 후자는 표 13.4에서 ERM의 전형이라 할 수 있다.

1 양재천 사례

개괄 이 사례는 서울시 구간에서 한강으로 유입하는 탄천의 1차지류인 양재천 상하류 두 구간에 시험적으로 적용된 것이다(환경부/건기연, 1997~2002). 상류인 과천시 구간에는 저수호안 중심의 식생복원에 초점이 맞추어졌으며, 하류인 서울시 서초구 구간에는 하도복원, 생물서식처복원, 하천내 물정화 등에 초점이 맞추어졌다.

상류 시험사업은 1996년 말에 과천시 부림동 양재천 300 m 구간에 시공 되어, 1997년부터 모니터링이 시작되었다. 모니터링은 특히 국내에서 최초로 토양생물공법을 이용하여 만들어진 물가 호안의 홍수시 세굴 저항성에 초점이 맞추어졌다(우효섭 등, 1999). 이 사업은 비록 짧은 시간에 걸쳐 몇 군데 국한되었다는 한계는 있으나, 하천사업에서 살아 있는 갯버들이나 갈대 등을 통나무나 사석과 잘 결합하면 그때까지 사용된 콘크리트를 대신하여 호안 재료로서 충분히 이용할 수 있음을 보여주었다. 이러한 자연재료의 이용은 저수로의 자연스러운 만곡과 인공여울 등과 함께 하천을 푸르게 하고 자연스럽게 만들어 하천에 서식하는 동식물의 서식처를 크게 향상시킬 수 있다. 또한 친수성 증진이라는 도시하천에서 귀중한 효과를 얻을 수 있다.

하류시험사업은 1998년에 서울시 우면동 양재천 300 m 구간에 시공 되어, 1999년부터 모니터링이 시작되었다. 모니터링은 주수로/샛강 등 하도설계, 인공여울과 소 등 소규모서식처 설계, 비점오염물질 제거를 위한 하천내 습지조성 및 자갈층 지하시설 설치, 홍수터복원 복원 등에 초점이 맞추어졌다.

상류 과천구간 상류 과천구간은 과천시 부림동을 관류하는 양재천 구간으로서, 시험사업구간을 기준으로 유역면적은 10.5 km^{2}이고, 하천경사는 약 1/300 정도이다. 이 구간의 하상재료는 직경 약 2~10 mm 정도의 자갈과 일부 모래로 되어 있다. 이 구간은 그림 13.25(a)와 같이

(a) 공사 직전(1996. 4)

(d) 공사 3년 후(2000. 7)

그림 13.25 양재천 상류시험구간의 전경

치수기능을 위해 1970년대에 직강화, 콘크리트화, 복단면화 되었고 양안의 고수부지(좁은 홍수터)는 깨끗이 정비되었다. 저수로 호안은 길이 약 1.5 m 정도의 콘크리트 블록으로 연결되어 있고, 제방 밑에서 설계 홍수위선까지 제방 비탈면은 콘크리트 블록으로 덮여 있다. 평상시 하천유량은 1 m^3/s 미만, 평균수심은 0.3 m 미만, 평균유속은 0.5 m/s 미만이다. 수질은 BOD 기준으로 3~10 ppm 정도이다.

그림 13.25(a)와 같은 여건에서 수중과 수변 동식물의 다양성은 기대하기 어렵다. 이러한 하천에는 외래 식물이 일부 번식할 뿐이며, 강바닥에 서식하는 대소형 무척추 동물들도 오염된 하천의 경우와 크게 다르지 않다.

이 시험사업에서는 다음과 같이 일반적인 설계원칙을 정했다.

- 시험사업은 동식물 서식처 회복을 우선적으로 고려한다.
- 하도는 만곡으로 하고 좌우 비대칭으로 한다.
- 강턱과 고수부지에는 양재천과 유사한 자연상태 하천에 서식하는 관목류와 초본류를 심는다.

저수로의 만곡파장은 양재천과 같은 소규모 하천의 만곡파장이 하폭의 5~8배 정도임을 감안하여 약 50 m로 하였다. 양안의 고수부지는 제방 끝부터 저수로 호안까지 완만한 경사를 두어 자연하천의 단면형에 가깝게 하고, 그 위에는 갯버들, 달뿌리풀, 갈대 등 친수성 식물을 심었다. 홍수시 통수능 감소를 줄이기 위하여 목본류로는 수류에 쉽게 휘어지는 버드나무류를 골랐다.

저수호안은 다양한 자연형하천공법을 시범적용하였다. 만곡부의 바깥 등 수류가 집중되어 세굴 가능성이 큰 곳에는 사각형 돌망태나 나무틀 등을 이용하여 호안을 설계하였다. 반면에 수류가 호안에 직접 부딪히지 않는 곳에는 사석을 깔고 돌 사이에 갯버들이나 갈대를 심었다. 사석은 미공병단(USACE, 1994)의 경험 공식을 이용하여 25~30 cm 정도의 크기를 이용하였다.

특별한 보호 시설이나 재료 없이 호안에 풀과 나무를 심은 곳에는 야자섬유망으로 덮어 홍수시 수류의 세굴에 저항하게 하였다. 이러한 야자섬유망은 약 5년 정도 썩지 않고 지탱하여 풀과 나무가 땅속에 뿌리를 굳건히 내리기 전 유년기 동안 이들을 홍수류로부터 보호하는 역할을 한다. 한편 저수로 호안이 쉽게 미끄러져 내릴 가능성이 있는 소구간에는 야자섬유 두루마리를 흐름방향으로 밑에 묻어 미끄럼을 방지하였다.

시험구간의 생물 종에 대해서 정량적, 정성적으로 모니터링 하였다. 수변서식처에 대해서는 곤충, 양서류, 파충류, 소형 포유류 등을, 수중에서는 물고기와 하상에 서식하는 대소형 무척추 동물, 그리고 하상 자갈에 낀 이끼까지 주기적으로 관찰하였다. 하천식물은 종의 수와 번식밀도에 대해 하천변과 제방에서 관찰하였다. 3년 반 동안의 관찰 결과, 일반적으로 자연서식하는 식물의 종은 다양해진 것으로 나타났다. 특히 과거에 관찰되지 못했던 개구리와 물새류가 관찰되었다. 이렇게 생물종이 다양해지고 하천이 푸르러지고 부드러운 곡선으로 변해 친수성이 높아져 인근 주민들의 호응을 샀다. 그러나 이 시험사업은 300 m라는 비교적 짧은 구간에서 이루어졌기 때문에 시험사업 상하류의 영향이 바로 사업구간에 미쳐서 순순한 사업효과를 도출하기가 어려웠다. 다음은 하천안정 측면에서 중요한 설계홍수에 의한 하천세굴 등 홍수영향에 대해 설명한다.

1998년 8월 초부터 시작된 호우는 양재천 유역에 8월 8일과 9일에 걸쳐 24시간에 430 mm의 비가 내려 설계강우 385 mm를 훨씬 초과하였다. 이러한 집중호우로 시험구간에서 만곡부 바깥쪽이 일시적으로 월류되었다.

그림 13.26에서 보듯이 당시 홍수에 일부 세굴피해를 입었지만 전체적으로 저수로 호안의 형태는 그대로 유지되었다. 그럼에도 불구하고 일부 지속적으로 나타난 자연형 하천공법의 세굴피해는 이러한 생물공법들이 시험과정 없이 적용되는 것은 위험하다는 경고이다. 그림 13.26(b)와 같이 고수부지가 띠 모양으로 세굴된 것은 설계홍수를 초과한 홍수류에 의한 것이다.

1997년 5월 홍수시 세굴 피해가 있었던 구간 중 버드나무 다발을 이용하여 복구된 곳은 그림 13.26(c)와 같이 뿌리가 활착하여 견고한 자연하안을 이루어 1998년 8월 홍수에 문제가

(a) 저수호안의 세굴 (b) 고수부지의 세굴 (c) 버드나무다발의 성장

그림 13.26 시험 구간의 홍수 피해

(a) 공사 직전(1998. 4)

(b) 공사 2년 후(2000. 8)

그림 13.27 양재천 하류시험구간의 전경

없었다. 여기서 버드나무 등 살아있는 생물재료가 콘크리트를 대신하여 하천사업에 쓰일 수 있다는 사실은 그 동안 콘크리트만을 이용해온 국내 하천실무의 관행에 비추어 볼 때 큰 의미가 있다.

하류 우면동구간　하류 우면동구간은 서울시 서초구 우면동을 관류하는 양재천 구간으로서, 시험사업구간을 기준으로 유역면적은 38 km^{2}이고, 하천경사는 약 1/500 정도이다. 이 구간의 하상재료는 직경 약 1~2 mm 정도의 굵은 모래로 되어 있다. 이 구간은 그림 13.27(a)와 같이 치수기능을 위해 1970년대에 직강화, 콘크리트화, 복단면화 되었고 양안의 고수부지(좁은 홍수터)는 깨끗이 정비되었다. 저수로 호안은 콘크리트 블록으로 연결되어 있고, 제방 비탈면은 설계홍수위까지 콘크리트 블록으로 덮여 있다.

시험구간의 길이는 약 300 m이며, 이 시험사업에서는 전술한 상류시험구간의 설계원칙에 추가하여 다음과 같은 설계원칙을 정했다.

- 자연형 여울과 소, 샛강, 폐쇄형 연못, 식생군락 등을 설치하여 시험운영한다.
- 고수부지에 습지를 조성하여 합류식 관거에서 월류하여 하천으로 유입하는 비점오염물질을 제거하면서 동시에 서식처 역할을 꾀한다.

그림 13.28은 이 시험사업의 평면도를 보여주는 것으로서 저수호안, 샛강, 여울과 소, 수처리겸용 습지, 폐쇄형 웅덩이, 자갈층 수처리시설 등의 위치가 나타나 있다. 이 중 특히 눈여겨 볼 것은 샛강과 여울 설계 이다. 샛강과 여울은 2차원 흐름모형을 이용하여 설계유량에서 흐름과 유사이송 특성을 분석하여 설계에 반영하기 위해 그림 13.29와 같이 2차원 흐름분석을 수행하였다. 이 그림과 평면도 그림 13.29를 비교하면 주 하도에서 먼저 나타나는 V자 여울, 그 다음에 나타나는 징검다리 여울과 또 다른 V자 여울 등에서 유속 변화가 큰 것을 알 수 있다. 한편 샛강에서는 주하도보다 유속이 적게 나타나 느린 유속을 좋아하는 수생생물의 서식 조건을 만족하는 것으로 나타났다. 다만 상대적으로 적은 유속으로 샛강은 조성 후 얼마 안 되어 유사퇴적으로 하상이 높아져 주하도와 연결성이 줄어들었다.

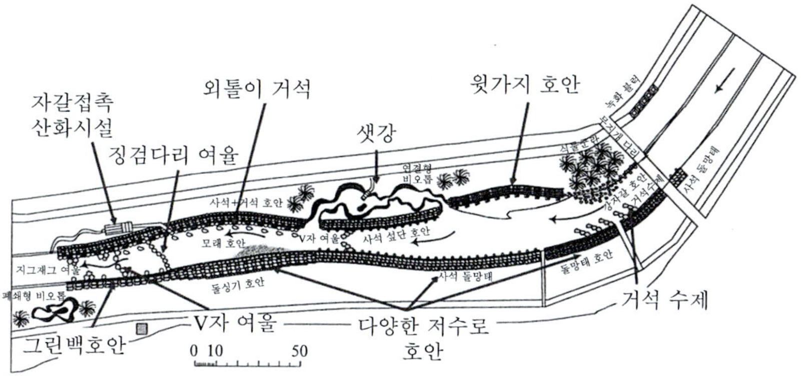

그림 13.28 하류시험구간의 평면설계도

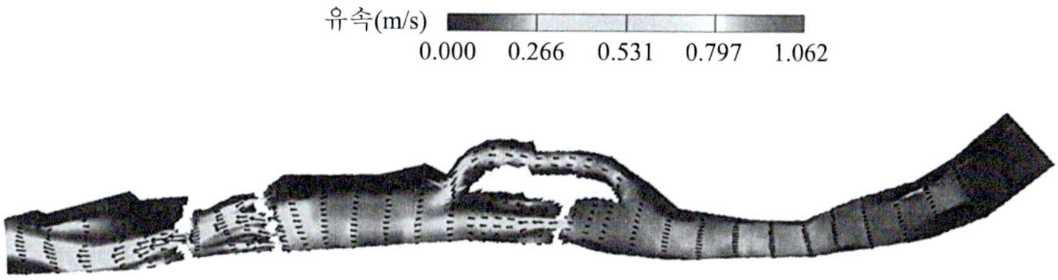

그림 13.29 2차원 하천수치모형을 이용한 하류시험구간의 유속분포

그림 13.30은 V자 여울의 수리적 효율을 확인하기 위한 실험으로서, 이러한 실험을 통해 양 날개가 흐름방향으로 있는 경우와 그 반대의 경우 개구 폭, 날개각도 등과 하류 세굴깊이와 부피와의 경험식을 도출하였다(Yu 등, 2007). 여기서 여울은 재폭기 효율을 높이며 급류를 좋아하는 수생생물의 서식처 역할을 하며, 소는 유속이 작은 웅덩이를 좋아하는 수생생물의 서식처는 물론 특히 갈수시 다양한 물고기의 피난처 역할을 한다. 이러한 실험을 통해 개발된 경험식은 본 시험사업 설계에 적용되었다.

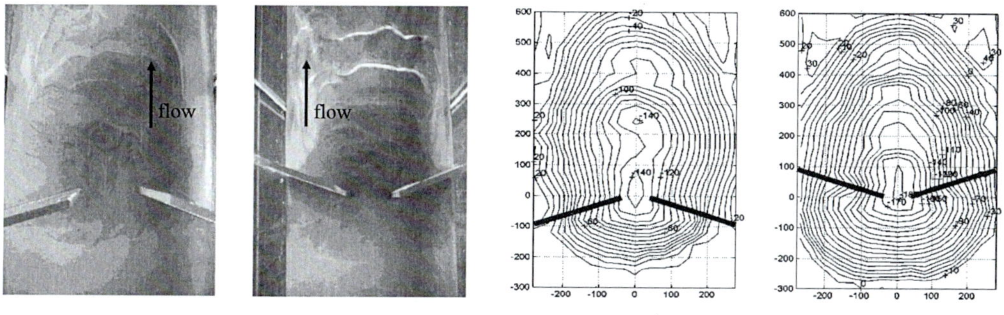

(a) Case 8 (b) Case 17

그림 13.30 V자형 여울 조성을 위한 세굴 실험과 결과(Yu 등, 2007)

2 미국 키시미 강 복원사례(우효섭 등, 2011)

개요 키시미 강은 미국 플로리다 주 중남부 광활한 저습지를 북에서 남으로 흘러 이곳 최대 호수인 오키초비 호로 들어가는 길이 216 km의 강이다. 이 유역에 내리는 강우량은 연평균 약 1.33 m로서, 우리나라 연 평균 강우량과 비슷하다.

키시미 강은 1960년 이전만 해도 주변 홍수터가 아열대성 소택지여서 많은 물새들과 왜가리, 황새, 물고기와 다양한 야생동식물이 생활하는 귀중한 서식처였다(그림 13.31 참조). 그러나 1947년에 연이은 허리케인의 습격으로 플로리다 주 남부가 큰 피해를 입게 되면서 연방정부는 근본적인 홍수조절의 필요성을 인정하여 1960년대에 미 공병단에서 대대적인 하천정비 사업을 추진하였다.

그러나 이러한 치수위주의 정비사업은 결국 주변 생태계에 커다란 재앙을 가져왔다. 강은 말라갔고, 물새들은 살아갈 터전을 잃어버렸다. 사람들의 중요한 수입원이던 큰입배스의 출어량은 지속적으로 감소하였다. 더욱이 정비사업 후 많은 비점오염물질이 들어와 이 강은 하류 오키초비 호를 오염시키는 주범으로 전락하고 말았다.

이 같은 환경재해에 대해 지역주민들의 염려가 계속되자 연방정부는 1992년 키시미 강을 원래의 형태로 복원하는 사업을 인준하였으며, 2015년에 종료될 계획으로 1997년부터 복원사업을 시작하였다. 현재 상당 부분 복원사업이 진행되어 키시미 강은 원래의 하천형태는 물론 그 동안 사라졌던 생물이 다시 돌아오는 등 옛 모습이 살아나고 있다. 이 사업은 그 규모와 성과 면에서 세계 최대의 하천복원 성공사업으로 꼽히고 있다.

배경 1947년은 유난히 플로리다 주에 대형 허리케인의 내습이 많았다. 이 해에 포트 로더데일 허리케인과 가을 허리케인은 플로리다 남부를 강타하여 많은 홍수피해가 났다. 허리케인에 의한 홍수를 막기 위해 연방정부와 주정부는 이른바 '중앙 및 남부 플로리다 홍수조절사업(C&SF)'을 시작하여 1950년대와 1971년 사이에 남플로리다 지역에 2,300 km의 수로와 제방을 만들었다. 이 홍수조절 사업의 일환이 바로 키시미 강의 직강화를 위한 수로굴착사업으로,

그림 13.31 직강화되기 전 키시미 강의 하도와 홍수터 (1961년)

그림 13.32 홍수조절을 위해 깊게 파서 직선으로 만든 키시미 강('60–'70년대)

이렇게 만들어진 수로(canal)를 그들은 C-38 수로라 이름 지었다.

홍수조절사업으로 90 m 폭에 9 m 깊이의 새로운 수로가 만들어졌고(그림 13.32 참조), 키시미 호와 오키초비 호 사이의 166 km 길이의 강이 90 km로 무려 70 km 이상이나 짧아졌다. 이 사업은 분명 주변 저습지의 빗물을 하류로 단숨에 흘려보내 홍수조절이라는 목표는 달성하였으나, 물길 자체와 주변 소택지의 생물서식처를 극단적으로 변화시키고 말았다. 겨울을 나는 철새 수가 90%나 줄어들었으며, 왜가리, 황새 등 얕은 물 위를 걸어 다니는 새들은 대부분 사라졌다. 원래 큰입농어(large mouth bass) 낚시로 유명했던 이 강은 bowfin(아미아 과의 민물고기)이나 동갈치(gar)같은 '거친' 물고기의 천국이 되어버렸다. 광활한 습지를 활공하던 대머리독수리(bald eagle)는 2/3가 사라졌다. 다양한 습지식물의 보고였던 키시미 강 홍수터의 대부분인 160 km^{2}가 목장으로 변하였다.

원래 키시미 강은 하류에 있는 오키초비 호의 오염원이 아니었으나, 이 사업 후 키시미 강은 하류 호수로 들어가는 질소의 25%와 인의 20%를 차지하게 되었다. 그 이유는 자연의 정화능력이 있는 습지가 말라가면서 목장, 낙농, 감귤농장이 들어서자 거기서 나오는 오염물질이 그대로 강으로 들어갔기 때문이다.

이 문제를 해결하기 위해서는 결국 지금까지 해온 하천정비사업을 거꾸로 올라가는, 즉 복원사업을 하여야 한다고 주장이 거세졌다.

복원사업 키시미 강 복원사업은 연방정부와 주정부가 같이 하는 사업으로서, 첫 삽은 1999년 6월에 떠졌다. 1단계 사업으로 갑문 하나를 철거하고 12 km의 수로를 흙으로 다시 메워져서 24 km의 새로운 강과 44 km^{2}의 저습지가 복원되었다. 키시미 강 복원사업으로 최종적으로 69 km의 강과 102 km^{2}의 홍수터 저습지가 복원된다.

이 사업은 공간적으로 크게 둘로 나누어진다. 하나는 상류유역(키시미 수원 재생사업)이고 다른 하나는 하류유역(키시미 강 복원사업)이다. 상류유역은 키시미 강 상류에 있는 다수의 호수를 포함하며, 하류유역은 키시미 호에서 오키초비 호까지를 연결한다.

그림 13.33 되 메워진 직선수로 및 되살아난 구 사행하도

그림 13.34 복원된 사행하도 안쪽에 자연적으로 생성된 사주

상류유역 복원사업에는 두 개의 수로 개선사업, 키시미 호/해치니어 호/사이프레스 호의 수위조절 변경사업, 그리고 주변토지의 매입 등이 포함된다. 하류유역 복원사업에는 C-38 수로에서 35 km 구간의 되채우기, 14 km 구간의 굴착, 그리고 두 개의 물 조절용 보와 갑문의 철거 등이 이루어진다. 이러한 사업을 통해 강의 수위는 더 자연스럽게 변화하면서 주변 저습지 홍수터에 물을 공급함으로써 강과 홍수터가 되살아나게 된다. 나아가 1.6~3.2 km 폭의 저습지 홍수터에 있는 물고기와 다양한 야생동물 서식처는 되살아나게 된다. 키시미 강 복원사업을 정리하면 첫 번째로 주변토지를 사서 강에 돌려주는 것, 두 번째로 예전에 흘렀던 강의 자취를 되살리기 위해 인공적으로 직강화 된 C-38 수로의 1/3 정도를 되메우고 옛 물길을 다시 파는 것, 그 밖에 세 번째로 제방을 철거하고 수량조절시설을 개선하며 사업 구간 내에 홍수방어 및 기간시설물을 개선하는 것 등으로 구분된다. 수로 메우기 공사는 완벽을 기하기 위해서 일부 짧은 구간을 시범적으로 복원하였다.

사업평가 키시미 강 복원평가사업의 목표는 첫 번째로 생태적 보전이라는 사업 목표의 달성도를 평가하고, 두 번째로 복원사업과 실제 관찰 결과 사이의 원인과 효과를 확인하고, 세 번째로는 사업 후 필요 시 적응관리를 지원하는 것이다. 생태적 보전 목표의 달성도를 평가하기 위해서 이 프로그램에서는 우선 생태시스템의 주요 비생물적 요소(물 순환, 지형, 수질)와 생물군집(식생, 무척추동물, 물고기, 새) 등을 고려하고 있다. 복원사업의 성공 여부의 평가는 첫째 강-홍수터 생태시스템의 상태를 나타내는 주요 계량인자의 변화를 평가하기 위한 모니터링과, 둘째 복원 기대치의 개발에 달려 있다. 이러한 평가를 위해서 복원사업 전 직강화 된 수로를 베이스라인(비교기준)으로 삼았다. 베이스라인 자료는 공사 후 복원된 상태에서 얻어지는 자료와 비교된다. 사업 지역 내 모니터링으로 나타나는 변화는 개별적인 복원사업 기대치에 의해 그려지는 예상 변화와 비교하여 당초 기대치가 달성되었는지 평가된다. 기대치를 달성하지 못하는 경우 적응관리 전략의 추진 여부를 고려한다.

2015년에 모든 사업이 마무리 되면 2018년까지 생태 모니터링이 계속될 것이다. 지금까지 복원된 구간에서 이뤄진 모니터링 결과는 키시미 강 복원사업이 얼마나 놀라운 결과를 가져왔는가를 잘 보여준다.

구체적으로, 복원된 강과 홍수터에서 얕은 물을 걷는 새들이 3배 이상 증가하였다(이 수치는 복원 목표를 2배 달성한 것임). 지난 40년간 강이 수로로 바뀌면서 사라졌던 수많은 철새들이 다시 홍수터로 돌아왔고, 다양한 물새들이 복원된 강과 홍수터로 돌아왔다. 강바닥의 유기물이 71%나 줄어들었으며, 모래 사주가 만들어져 물새나 조개 같은 무척추동물의 새로운 서식처가 되어주었다. 장기적으로는 물고기와 다른 수생 생물에 중요한 용존산소량이 두 배로 증가하였다. 2006~2007년에는 극심한 가뭄 속에서 물리적으로 복원된 구간은 수로화 된 구간보다 극단적인 기후 상태에 훨씬 더 잘 적응하는 것이 확인되기도 하였다. 농어, 개복치(sunfish) 등 원래 서식하던 물고기들도 종전 어류군집의 38% 수준에서 63% 수준으로 증가하였다.

참고로 이 사례에서는 구체적으로 언급되지 않았지만 위와 같은 대규모 하천복원사업을 계획, 설계하기 위해서는 하도, 홍수터, 제방 등 경계조건이 모두 바꾸기 때문에 적절한 하천모형을 이용한 수리검토가 필수적이다. 동시에 홍수시 미립토사의 이송이 활발하기 때문에 이에 대한 분석이 필요하다. 또한 이 사업은 하천과 호수의 수질평가가 중요하기 때문에 적절한 수질모형을 이용한 수질검토가 중요하다. 마지막으로 이사업은 기존의 직선하도를 되메우고 구 만곡하도를 되살리는 것이 핵심이며 과거 이와 유사한 사업경험이 없었으므로 구간 구간 단계적으로 시행한 것에 큰 교훈을 얻을 수 있다.

3 보철거 사례 – 또 다른 하천복원

보는 하천에서 수위를 높일 목적으로 하천을 가로질러 축조된 인공구조물로서 국내 중소하천에 흔한 하천시설물로서, 전국적으로 총 18,000여개가 있다(건설연, 2008b). 문제는 이러한 하천시설물이 관리가 제대로 되지 않으면 하천 상하류 생태통로의 차단, 보로 형성된 상류소의 수질악화, 식생이입 및 활착으로 인한 하류하도의 육역화 등 하천환경에 부정적인 영향을 준다는 것이다. 특히 주변 농경지가 주거지 등으로 바뀌어 용도 면에서 보를 이용한 농업용수 공급 필요성이 없어졌거나, 기능면에서 보가 노후화되어 수위상승 및 용수공급 역할을 제대로 하지 못하는 경우가 많다. 이러한 경우 보를 물리적으로 철거하여 하천의 연속성을 회복하고 수질개선도 꾀할 수 있다. 심지어 미국, 유럽 등지에서는 보나 댐의 용도나 기능이 유효한 경우에도 그러한 시설물로 인해 회유성 물고기의 이동통로차단 문제가 있게 되면 그러한 시설물의 철거를 진지하게 고려하는 단계까지 가 있다. 이러한 점에서 보나 소형댐의 철거는 또 다른 하천복원이다.

여기서는 국내에서 최초로 보를 시험적으로 철거한 다음 전후변화를 모니터링한 사례인 곡능천의 공릉2보 철거사례를 소개한다(건설연, 2008b). 공릉2보는 경기도 고양시 공릉천 중상류에 위치하며, 과거 주변 농경지의 농업용수 공급을 위해 1970년대에 높이 1.5 m, 길이 75 m,

그림 13.35 보철거 전후 사진(좌: 철거 전, 우: 철거 직후)

보 길이 8.8 m로 설치되었다. 그 후 인근토지가 비닐하우스로 바뀜에 따라 더 이상 보를 통해 농업용수 공급이 필요 없게 되었지만 그대로 하천에 방치되어 하천 상하류 단절과 상류 소의 수질악화 문제가 지속되었다. 이 시범사업으로 공릉2보는 2006년 4월 완전 철거되고(그림 13.35 참조) 철거 전후의 물리적, 생태적 모니터링이 시작되었다.

보철거 전후의 변화를 모니터링 하기 위해 철거 전에 보 상하류의 종단 및 횡단 하상고, 하상재료, 수질, 식생, 무척추동물과 물고기 등 수생생물 등을 조사하였다(최성욱 등, 2009). 그림 13.36은 보철거 전후 보에서 197 m 상류단면의 하상재료 입경분포 비교이다. 이 그림에서 보철거 후 같은 해 7월 홍수로 상류단면의 하상재료가 하류로 쓸려 내려갔고 하상재료가 조립화되어 보철거 전 평균입경이 0.5 mm 수준에서 2.0 mm 수준으로 변하였다. 하상의 조립화 현상은 보 상류 공통적으로 나타났다.

그림 13.37은 보철거 전후 하상종단변화를 보여주는 것으로서, 보가 철거됨에 따라 상류하상은 침식되어 낮아지고 하류하상은 400 m 하류부터 일부 퇴적되었다. 보철거 전후 하상고 최대

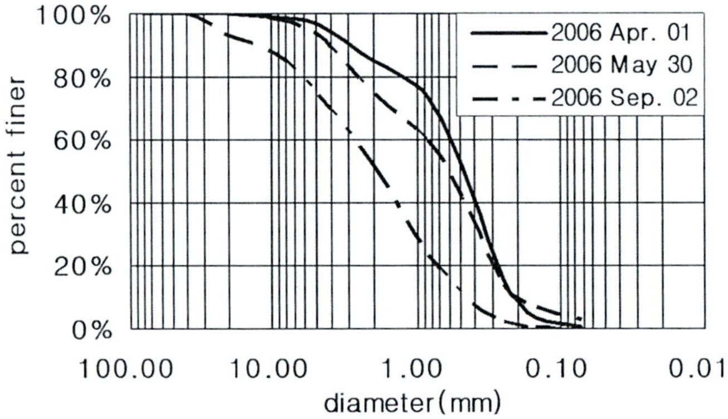

그림 13.36 보철거 전후 하상재료 입경변화(최성욱 등, 2009)

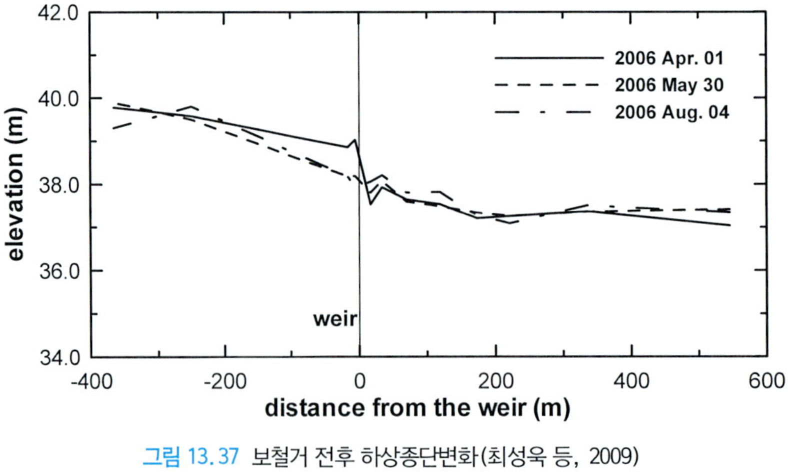

그림 13.37 보철거 전후 하상종단변화(최성욱 등, 2009)

변화는 약 1 m 정도로 나타났다. 그에 따른 종단하상경사는 보철거 전 상류부에서 0.00125, 하류부에서 0.0031 수준이었으나 철거후 8월에 전체적인 하상경사는 0.00325로서 그 구간에서 원래 하천경사 0.0031에 근접함으로써 보철거 후 하상이 급속히 평형을 찾아가는 것을 알 수 있다. 이 같은 현상은 대상하천구간에 HEC-RAS 프로그램을 이용하여 추정된 무차원 하상소류력의 종단변화도 철거 전에는 상류부가 전체적으로 하상변동의 임계값인 0.06 이하이고 하류는 그 이상이었으나, 철거 후 상류는 급격히 증가하고 하류부는 큰 변화가 없는 것으로 알 수 있다.

수질 모니터링 결과 보철거로 인해 상류 소가 없어지고 하상에 축적된 오염물이 씻겨 내려감에 따라 BOD, SS, TN, TP 등 주요 수질 항목이 전체적으로 개선된 것으로 나타났다(건설연, 2008b). 보철거 후 새로이 들어난 물 바닥에는 일년생 교란지 식생이 나타났으나, 점차 시간이 가면서 다년생 식생으로 천이가 일어났다. 보철거 전후 상하류 대형무척추동물의 종다양성을 비교하면 호소형 생태계인 상류에서는 13개 종이, 유수형 생태계인 하류에서는 36개 종이 출현하여 상류보다 하류가 종의 수가 더 풍부한 것을 알 수 있다. 보철거 후에는 상류에서 21개, 하류에서 38개가 출현하여 상류 생태계가 점차적으로 하류와 같이 다양해지는 것을 확인할 수 있다. 어류의 경우에도 보철거 전보다 후에 종의 다양성이 조금 더 크게 나타났으며, 특히 과거 상류에는 보이지 않고 하류에 서식하던 메기와 게가 상류에 출현하여 생태통로가 다시 연결되었음을 확인할 수 있다. 그러나 이 같은 수질, 생태 모니터링 결과는 모니터링 기간이 짧았고(1년 이내), 모니터링 구간이 상하류로 개방되었기 때문에 확증자료로서 충분하지 않은 면이 있다.

연습 문제

13.1 하천에서 질소의 순환과정을 그림 13.5와 같은 산소의 순환과정 형태로 표시하고 각 주요 반응을 화학식으로 표시하시오(FISRWG, 1997 자료 참조).

13.2 홍수터 한쪽에 수목이 울창한 하천에서 수위-유량 관계를 산정한다. 이를 위해 하천단면을 수목이 있는 소단면과 없는 소단면으로 나눈 다음 단면수위는 같다고 보고 각 소단면에 적절한 마찰계수를 추정하여 등류공식으로 소단면의 유량을 구해 합산하여 전체유량을 구한다. 이 방법의 한계를 검토하시오.

13.3 식 (13 - 1)과 (13 - 2)를 이용하여 평균유속 2.5 m/s, 수심 2.5 m인 폭이 넓고 잔디(갈대)로 덮인 홍수터에서 각각의 경우 매닝계수를 산정하시오. 그 결과를 기존 관련자료를 이용하여 평가하시오.

13.4 하천내에 있는 한 나무줄기의 직경이 30 cm인 경우 식 (13 - 4)를 이용하여 1) 이 나무의 내력모멘트를 구하고, 2) 홍수시 나무가 지상에서 2 m까지 잠기게 되면 이 나무가 쓰러지는 한계조건의 평균 접근유속을 구하시오. 단 나무 줄기에는 잔가지가 없고, 전도중심은 지상이고, 항력계수는 0.5로 가정하시오.

13.5 등류 하천에서 1회 측정한 수위와 유량 자료와 매닝공식을 이용하여 한 단면에서 수위-유량 관계를 도출하는 방법을 설명하시오. 단 유량변화에 대해 매닝계수와 하천경사는 일정하다고 가정하시오.

13.6 문제 13.5에서 나온 방법으로 폭 200 m인 여울에서 측정한 유량 17 m^3/s, 수심 30 cm를 이용하여 그 단면에서 수심 - 유량 관계를 구하시오. 하천 폭이 넓으므로 수심과 동수반경은 같다고 보시오.

13.7 수생서식처로서 여울과 소의 중요성에 대해 관련자료를 수집하여 검토하시오.

13.8 모래하천에서 여울이 생기지 않는 이유를 Shields의 한계조건을 이용하여 설명하시오.

13.9 국내에서 과거 AMD 피해와 대처 사례를 조사하여 개요, 배경, 피해, 대책 수립 및 시행, 모니터링 결과 및 교훈 등으로 나누어 검토하시오.

13.10 그림 13.24와 같은 RBS의 국내하천에 도입, 조성 시 한계와 대안 등을 검토하시오.

13.11 어느 하천의 대상구간을 그림 13.16의 A와 같이 6개의 종측선으로 균등분할하여 모두 7개의 셀로 나누었다. 아래의 피라미 서식처적합도지수(강현식 등, 2010)를 이용하여 대상구간의 중앙 셀에서 유속이 15 cm/s, 수심이 40 cm인 경우 유년기에서 1) 그 셀의 유속적합도지수와 수심적합도지수를 구하고, 2) 그 셀의 복합적합도지수를 구하고, 3) 주변 좌우측 셀의 복합적합도지수가 각각 10% 씩 단계별로 감소한다고 보고 대상구간의 가중가용면적을 구하시오. 여기서 모든 셀의 수면적은 다 같이 100 m^2 이다. 마지막으로, 그 구간의 수리서식처지수를 구하시오.

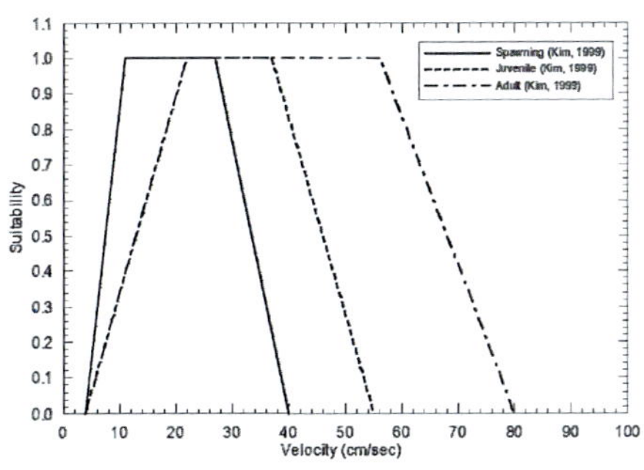

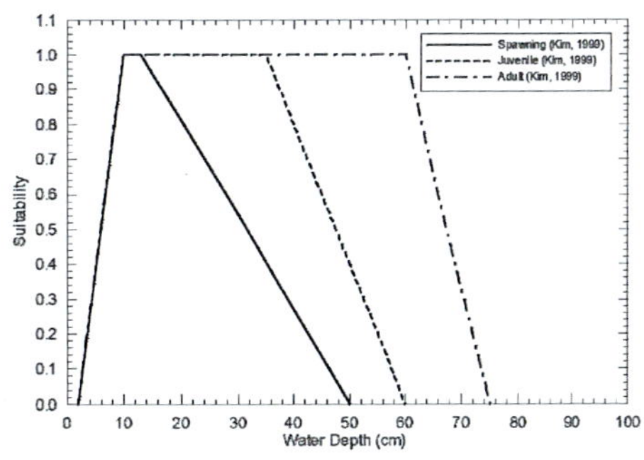

13.12 국내외 자료를 이용하여(우효섭 등, 2011) 외국의 ERM 대표사례 하나를 선정하여 개요, 배경, 설계 및 시공, 모니터링 결과, 교훈 등으로 나누어 검토하시오.

참고 문헌

1. 강현식, 임동균, 김규호, "댐 하류 하천에서 발전방류로 인한 어류 물리서식처 변화 수치모의," **대한토목학회 논문집**, 제30권 제2B호, 2010. 3.
2. 건설교통부/한국건설기술연구원(건기연), **하천환경관리기법 연구·조사**, 1991～1996.
3. 건설교통부, **하천에서 나무심기 및 관리에 관한 기준**, 하천환경팀-1056, 2007.
4. 건설연(한국건설기술연구원), **수변완충지대 조성 가이드라인(시안)**, 2008a.
5. 건설연(한국건설기술연구원), **기능/용도를 상실한 보철거 가이드라인(시안)**, 2008b.
6. 국토부/건설연(한국건설기술연구원), **하천복원통합매뉴얼**, 2011.
7. 권기원, 최성욱, "식생된 개수로 흐름의 $k-\varepsilon$난류 해석", **대한토목학회 논문집**, 제20권 제1-B호, 2000. 1.
8. 김규호, **하천 어류서식 환경의 평가와 최적유량 산정**, 연세대학교 토목공학과 박사학위 논문, 1999. 12.
9. 김양수, 우효섭, "생태수문학의 소개", **한국수자원학회지**, 2004. 9.
10. 우효섭, "글렌캐년댐 폐기 논쟁-진정한 자연환경복원 운동인가? 우스꽝스러운 주장인가?", **대한토목학회지**, vol. 47, no. 3, 1999. 3.
11. 우효섭, "화이트리버, 그린리버?", **한국수자원학회지**, 2008. 12.
12. 우효섭, "하천에서 식생활착 연구 문헌조사(1, 2)－화이트리버가 그린리버로 변하는 과정의 연구", **물과 미래**, 한국수자원학회, 제42권 8호, 2009. 8.
13. 우효섭, 김한태, "하천복원의 목표－자연성에 초점을? 인간 서비스에 초점을?", **대한토목학회 정기학술대회 논문집**, 2010. 10.
14. 우효섭, 김혜주, 한명수, 오종민, 김현준, 김한태, 원두희, 김원, 김상호, **생명의 강 살리기**, 청문각. 2011. 1, pp. 100～120.
15. 우효섭, 박문형, 정상준, "하천식생 활착유형과 사례의 기초 조사연구", 한국수자원학회 학술발표회, 2009. 5.
16. 우효섭, 박문형, 조강현, 조형진, 정상준, "댐 하류 충적하천에서 식생 이입 및 천이－낙동강 안동/임하 댐 하류하천을 중심으로", **한국수자원학회 논문집**, 43권 5호, 2010.
17. 우효섭, 유대영, 박정환, "국내하천사업의 진화와 전망", **대한토목학회 정기학술대회 논문집**, 2001. 11.
18. 우효섭, 이진원, 김규호, "물고기 서식처를 고려한 하천 유지유량 결정방법의 개발－금강 본류에의 적용", **대한토목학회 논문집**, 제18권 제Ⅱ-4호, 1998. 7.
19. 우효섭, 이진원, 이두한, 박재로, "생물 재료를 이용한 저수 호안의 세굴 저항성 평가－하천복원 시험연구 결과의 기술전파", 대한토목학회지, vol. 47, no. 11, 1999. 11.
20. 우효섭, 정상준, 조형진, "식생사주 역에서 지하수위와 토양수분의 분석", **한국수자원학회 논문집**, vol. 44, no. 10, 2010. 10.
21. 우효섭, 조강현, 박문형, 조형진, "하천의 식생이입의 컴퓨터모의에 관한 국내 연구성과 및 향후과제", **대한토목학회 정기학술대회 논문집**, 2014. 11.
22. 이동섭, **식생에 의한 개수로 흐름에서의 조도특성분석**, 서울대학교 건설환경공학부 박사학위논문, 2015. 2.
23. 이진원, 우효섭, "댐 건설로 인한 5대 수계의 유황변화 분석", **대한토목학회 논문집**, 1993. 8.

24. 임동균, 김원, 최성욱, 김용전, "현장 인발시험을 통한 수목의 한계 전도모멘트 검토", **대한토목학회 논문집**, 제31권 제4B호, 2011. 7, pp. 323~332.

25. 정상화, *Development of Data-driven Analysis for Physical Habitat Simulations Using the Anfis Method*, Ph.D. Dissertation, Department of Civil and Environmental Engineering, The Graduate School of Yonsei University, June, 2014.

26. 최성욱, 이혜은, 윤병만, 우효섭, "공릉2보 철거에 따른 하천형태학적 변화", **한국수자원학회 논문집**, 제42권, 제5호, 2009. 5., pp. 425~432.

27. 한국수자원공사/건기연(한국건설기술연구원), **하천유지유량 결정방법의 개발 및 적용**, 1995. 5.

28. 환경부/건기연(한국건설기술연구원), **국내여건에 맞는 자연형 하천공법의 개발**, 제 1~6차년도 연차보고서, 1997~2002.

29. 山海堂, **河道内の樹木の伐採·植樹のためのガイドライン(案)**, 建設省河川局治水課 監修, 財團法人リバーフロント整備センター編輯, 1994.

30. Abt, S. R., Clary, W. P., and Thornton, C. I., "Sediment Deposition and Entrapment in Vegetated Streambeds", *J. of Irrigation and Drainage*, ASCE, vol. 120, no. 6, 1994.

31. Armanini, A. Righetti, M., and Grisenti, P., "Direct Measurement of Vegetation Resistance in Prototype Scale", *J. of Hydraulic Research*, vol. 43, no. 5, 2005, pp. 481~487.

32. Armour, C. A., Guidance for *Evaluating and Recommending Temperature Regimes to Protect Fish*, US Fish and Wildlife Service, Biological Report, vol. 90, no. 22, 1991.

33. ASCE Task Committee on Sediment Transport and Aquatic Habitats, Sedimentation Committee, "Sediment and Aquatic Habitat in River System", *J. of Hydraulic Engineering*, vol. 118, no. 5, May, 1992.

34. ASCE Manuals and Reports on Engineering Practice, *Sedimentation Engineering – Process, Measurements, Modeling, and Practice*, edited by M. H. Garcia, 2007.

35. Barnes, H. H., "Roughness Characteristics of Natural Channels", *Geological Survey Water-Supply Paper 1849*, US Government Printing Office, Washington, D. C., 1967.

36. Bartholow, J. M., *Stream Temperature Investigations: Field and Analytic Methods*, US Fish and Wildlife Service, Biological Report, vol. 89, no. 17, 1989.

37. Benjankar, R., Egger, G., Yi Xie, and Jorde, K., "Reservoir Operations and Ecosystem Losses: Concept and Application of a Dynamic Floodplain Vegetation Model at the Kootenai River, USA", *Proceedings of the 6th International Symposium on Ecohydraulics*, Christchurch, New Zealand, 2007.

38. Benjankar, R., et al., "Dynamic Floodplain Vegetation Model Development for the Kootani River, USA", J. of Environmental Management, vol. 92, 2011, pp. 3058~3070.

39 Bovee, K. D. and Milhous, R. T., "Hydraulic Simulation in Instream Flow Studies: Theory and Techniques," Instream Flow Information Paper 5, US Fish and Wildlife Service, FWS/OBS-78/33, 1978.

40. Brookes, A., *Channelized Rivers: Perspectives for Environmental Management*, John Wiley and Sons, Inc., New York, 1988.

41. Burke, R. W. and Stolzenbach, K. D., "Free Surface Flow through Salt Marsh Grass", *MIT-Sea Grant Report MITSG 83-16*, Cambridge, MA, 1983.

42. Choi, S. U., and Kang, H., "Reynolds Stress Modelling of Vegetated Open-channel Flows", *Journal of Hydraulic Research*, IAHR, 42(1), pp. 3-11, 2010.

43. Choi, S. U., Yoon, B. M., and Woo, H., "Effects of Dam-induced Flow Regime Change on Downstream River Morphology and Vegetation Cover in the Hwang River, Korea", *River Research and Applications, John Wiley & Sons,* vol. 21, 2005, pp. 315～325.

44. Chow, *V. T., Open-Channel Hydraulics*, Mc-Graw Hill, New York, USA, 1959, pp. 116～123.

45. Christensen, B. A., "Open Channel and Sheet Flow over Flexible Roughness", *21st Congress of* IAHR, Melbourne, Australia, 1985.

46. Connecticut River Joint Commission (CRJC), http://www.crjc.org/buffers/Introduction'pdf#search=' riparian%20buffer%20zone', 2000.

47. Darby, S. E., "Effect of Riparian Vegetation on Flow Resistance and Flood Potential", *J. of Hydraulic Engineering*, ASCE, vol. 125, no. 5, May, 1999.

48. Darby, S. E. and Thorne, C. R., "Fluvial Maintenance Operations in Managed Alluvial Rivers", *Aquatic Conservation: Marine and Freshwater Ecosystems*, vol. 4, 1994.

49. Dufour, S. and Peigay, H., "From the myth of a lost paradise to targeted river restoration: forget natural references and focus on human benefits", *River Research and Applications*, vol. 25, 2009, pp. 568～581.

50. Egger, G., et al., "Dynamic Vegetation Model as a Tool for Ecological Impacts Assessment of Dam Operation" *J. of Hydro-environment Research*, vol. 6, 2012, pp. 151～161.

51. Egger, G., et al., "Embodying Interactions between Riparian Vegetation and Fluvial Hydraulic Processes within a Dynamic Floodplain Model: Concepts and Applications," Ch. 24, *Ecohydraulics - An Integrated Approach,* Ian Maddock et al. edited, Wiley Blackwell, 2013, pp. 407～427.

52. Federal Interagency Stream Restoration Working Group (FISRWG), *Stream Corridor Restoration-Principles, Processes, and Practices*, USDC, National Technical Information Service, Springfield, VA., Oct., 1997.

53. Green, J. E. P. and Garton, J. E., "Vegetation Lined Channel Design Procedures", *Transaction of the American Society of Agricultural Engineering*, vol. 27, pp. 437～439, 1983.

54. Gore, J. A. and Judy, R. D., "Predictive Models of Benthic Macroinvertebrate Density for Use in Instream Flow Studies and Regulated Flow Management", *Canadian J. of Fisheries and Aquatic Sciences*, vol. 38, 1981.

55. IAHR, "Hydraulics and the Environment-Partnership in Sustainable Development," *IAHR Workshop on Matching Hydraulics and Ecology in Water System*, Utrecht, March 14～16, *J. of Hydraulics Research*, IAHR, vol. 29, extra issue, 1991.

56. Jorde, K., Schneider, M., Peter, A., and Zoellner, F., "Fuzzy-based Models for the Evaluation of the Fish Habitat Quality and Instream Flow Assessment", *Proceedings of the 3rd International Symposium on Environmental Hydraulics*, Tempe, AZ, USA, 2002.
57. Karr, J. R., "Assessment of Biotic Integrity Using Fish Communities", *Fisheries*, vol. 6, no. 6, 1981.
58. Kim, T. B., Bae, H., and Choi, S. U., "Development and Application of Depth-integrated 2-D Numerical Model for the Simulation of Hydraulic Characteristics in Vegetated Open-channels", *Journal of the Korean Society of Civil Engineers* 30(6B), 607-615 (in Korean), 2010.
59. Kim, E. J., Cho, K. H., and Kang, J. G., "The Study of Correlation between Riparian Environment and Vegetation Distribution in Nakdong River", J. Korea Water Resources Association, vol. 47, no. 4, 2014, pp. 321～330.
60. Kim, J. S., Kim, W., Lee, H., and Kim, E. M., "One-dimensional Upwind Implicit Scheme for Estimating Flow Resistance by Tree", *Proceedings of KWRA Annual Meeting* (in Korean), 2009.
61. Knighton, D., *Fluvial Forms and Processes - A New Perspective*, Arnold, 1998, p. 299
62. Li, R., Chen, Q., Tonina, L., and Cai, D., "Effects of Upstream Reglation on the Hydrological Regime and Fish Habitats of the Lijing River, China", Ecological Engineering, ECOENG-2989, 2014.
63. Lopez, F. and Garcia, M., "Open-Channel Flow through Simulated Vegetation: Suspended Sediment Transport Modeling", *Water Resources Research*, vol. 34, no. 9, 1998.
64. Masterman, R. and Thorne, C. R., "Predicting Influence of Bank Vegetation on Channel Capacity", *J. of Hydraulic Engineering*, ASCE, vol. 118, no. 7, July, 1992.
65. Merritt, D. M., et al. "Theory, Methods, and Tools for Determining Environmental Flows for Riparian Vegetation", Riparian Vegetation－Flow Response Guilds, Freshwater Biology, vol. 55, 2010, pp. 206～225.
66. Milhous, R. T., Updike, M. AT., and Schneider, D. M., *Physical Habitat Simulation System Reference Manual-Version Ⅱ*, US Fish and Wildlife Service, Biological Report, vol. 89, no. 16, 1989.
67. National Biological Service(NBS), *The Instream Flow Incremental Methodology - A Primer for IFIM*, Biological Report 29, USDI, Washington, D. C., 1995.
68. Nepf, H. M. and Vivoni, E. R., "Turbulence structures in depth-limited, vegetated flow", *Journal of Geophysical Research,* AGU, 105(C12), 28547～28557, 2000.
69. Noack, M., Schneider, M., and Wieprecht, S., "Ch. 4 The Habitat Modelling System CASiMiR: A Multivarite Fuzzy Approach and Its Applications," *Ecohydraulics－An Integrated Approach*, Maddock, I., et al edited, Wiley Blackwell, 2013.
70. Okabe, T., Anase, Y., and Kamada, M., "Relationship between Willow Community Establishment and Hydrogeomorphologic Process in a Reach of Alternate Bars", *Proceedings of IAHR*, Beijing, China, 2001.
71. Rhee, D. S., Woo, H., Kwon, B. A., and Ahn, H. K., "Hydraulic Resistance of Some Selected Vegetation in Open Channel Flows", *River Research and Applications*, vol. 24, 2008, pp. 673～687.

72. Shields, Jr., F. D., "Design of Habitat Structures in Open Channels", *J. of Water Resources Planning and Management,* ASCE, vol. 109, no. 4, 1983, pp. 331～344.

73. Shields, Jr., F. D., "Stream Corridor Restoration: Principles, Processes, and Practice (New Federal Interagency Guidance Document)", Forum Article, *J. of Hydraulic Engineering*, ASCE, May, 1999.

74. Shields, Jr., F. D. and Gippel, C. J., "Prediction of Effects of Woody Debris Removal on Flow Resistance", *J. of Hydraulic Engineering*, ASCE, vol. 121, no. 4, Apr., 1995.

75. Sparks, R., "Need for Ecosystem Management of Large Rivers and Their Floodplains", *Bioscience*, vol. 45, no. 3, 1995, p. 170.

76. Stalnaker, C. B., *The Instream Flow Incremental Methodology: a primer for IFIM,* Technical Report Series. Fort Collins: National Biological Service, *Biological Report 29*, Fort Collins, Colorado, 1995.

77. Steffler, P. and Blackburn, J., "River2D, Two-dimensional Depth Averaged Model of River Hydrodynamics and Fish Habitat", *Introduction to Depth Averaged Modelling and User's Manual,* University of Alberta, Canada, 2002.

78. Thorne, C. R., "Effects of Vegetation on Riverbank Erosion and Stability", *Vegetation Erosion*, J. B. Thorne (ed.), Wiley, Chichester, England, 1990.

79. Trihey, E. W. and Stalnaker, C. B., "Evolution and Application of Instream Flow Methodologies to Small Hydropower Development: An Overview of the Issues", F. W. Olson, R. G. White, and R. H. Hamre (eds.), *Proceedings of the Symposium on Small Hydropower and Fisheries*, American Fisheries Society, Bethesda, MD., 1985.

80. Tsujimoto, T., "Fluvial Processes in Streams with Vegetation", *J. of Hydraulic Research*, IAHR, Special Issue, vol. 37, no. 6, 1999.

81. Tsujimoto, T., Simizu, Y., and Nakagawa, H., "Concentration Distribution of Suspended Sediment in Vegetated Sand Bed Channel", *International Symposium on Transport of Suspended Sediment and its Mathematical Model*, Florence, Italy, 1991.

82. US Army Corps of Engineers (USACE), *Engineering and Design - Hydraulic Design of Flood Control Channels*, Engineer Manual no. 1110-2-1601, 1994

83. US Geological Survey (USGS), *Stream Habitat Analysis Using the Instream Flow incremental Methodology*, Information and Technology Report, USGS/BRD/ITR, 1998-0004, US Geological Survey, Biological Resources Division, Mid-continent Ecological Science Center, Fort Collins, Colo., 1998.

84. Vannote, R. L., Minshall, G. W., Cummins, K. W., Sedell, J. R., and Cushing, C. E., "The River Continuum Concept", *Canadian J. of Fisheries and Aquatic Sciences*, vol. 37, no. 1, 1980.

85. Wang, Z.-Y. and Pan, B.-Z., Ch. 3 "River Ecology", Modern Water Resources Engineering, L. K. Wang and C. T. Yang edited, Handbook of Environmental Engineering, vol. 15, Humana Press, Springer, N. Y., 2014.

86. Williams, G. P. and Wolman, M. G., "Downstream Effects of Dams on Alluvial Channels", USGS Professional Papers 1286, Dept. of the Interior, USA, 1984.

87. Woo, H. and Choi, S. U., "Hydraulic Modelling of Floodplain Vegetation in Korea", Ch.17, Ecohydraulics - An Integrated Approach, Maddock, I. et al, Edited, Wiley Blackwell, 2013, pp. 293 ~307.

88. Woo, H. and Kim, H. J., "An urban stream restoration model focused on amenity: case of the Cheonggye-cheon, Korea", 7th ICHE, Philadelphia, September, 2006.

89. Woo, H., Kim, J.-S., Cho, K.-H., and Cho, H.-J., "Vegetation Recruitment on the White Sandbars on the Nakdong River at the Historical Village of Hahoe, Korea", Water and Environment J., vol. 28, 2014, pp. 577~591.

90. Yu, D., Choi, S.-U., and Woo, H., "An Experimental Study of Local Scour around V-deflector over Fine-Grained Bed", Water International, Special Issue, vol. 32, no. 55, 2007, pp. 786~797.

/ ㄱ /

/ ㄴ /

/ ㄷ /

/ ㄹ /

/ ㅁ /

/ ㅂ /

/ ㅅ /

/ ㅇ /

/ ㅈ /

/ ㅊ /

/ ㅌ /

/ ㅍ /

/ ㅎ /

/ T /

/ U /

/ V /

/ W /

/ Y /

/ Z /

저자소개

우효섭

1985년 미 콜로라도 주립대 토목공학과 공학박사(수리학)
1986년~1988년 미 신시내티대학 연구교수
1988년~2015년 한국건설기술연구원 재직(원장 역임)
2015년~현재 광주과학기술원 환경공학부 교수
미국/한국 수자원기술사
응용생태공학회 회장, IAHR-APD 의장

김 원

2000년 경북대학교 토목공학과 공학박사(수리 및 환경공학)
1999년 9월~12월 대통령비서실 수해방지대책기획단 근무
2002년 12월~2003년 12월 미 미시간대학(앤아버) 연수
1991년~현재 한국건설기술연구원 선임연구위원
과학기술연합대학원대학교 건설환경공학과 교수
중앙하천관리위원회 위원

지 운

2006년 미 콜로라도 주립대 토목공학과 공학박사(수리학)
2007년~2012년 명지대학교 박사후연구원/연구교수
2012년~현재 한국건설기술연구원 수석연구원
과학기술연합대학원대학교 건설환경공학과 부교수

하천수리학

2015년 7월 20일 2판 1쇄 펴냄
2015년 12월 31일 2판 2쇄 펴냄

지은이 우효섭·김 원·지 운
펴낸이 류원식
펴낸곳 **청문각 출판**

주소 413-120 경기도 파주시 교하읍 문발로 116
전화 1644-0965(대표)
팩스 070-8650-0965
홈페이지 www.cmgpg.co.kr
등록 2015. 01. 08. 제406-2015-000005호

ISBN 978-89-6364-235-2 (93530)
값 30,000원

* 잘못된 책은 바꾸어 드립니다.